E-Book inside.

Mit folgendem persönlichen Code erhalten Sie die E-Book-Ausgabe dieses Buches zum kostenlosen Download.

W0214221

70181-r65p6-
wow00-61441

Registrieren Sie sich unter **www.hanser-fachbuch.de/ebookinside** und nutzen Sie das E-Book auf Ihrem Rechner*, Tablet-PC und E-Book-Reader.

* Systemvoraussetzungen:
Internet-Verbindung und Adobe® Reader®

Bernd Gischel

Handbuch EPLAN Electric P8

Bernd Gischel

Handbuch
EPLAN Electric P8

4., überarbeitete Auflage

HANSER

Der Autor: Bernd Gischel, Lünen

Bibliografische Information der deutschen Nationalbibliothek:

Die Deutsche Nationalbibliothek verzeichnet diese Publikation in der Deutschen Nationalbibliografie; detaillierte bibliografische Daten sind im Internet unter http://dnb.d-nb.de abrufbar.

Gesamtlektorat: Julia Stepp
Sprachlektorat: Kathrin Powik, Lassan
Herstellung: Andrea Stolz
Umschlagkonzept: Marc Müller-Bremer, www.rebranding.de, München
Umschlagrealisation: Stephan Rönigk
Satz: Kösel, Krugzell
Druck und Bindung: Kösel, Krugzell
Printed in Germany
ISBN 978-3-446-43476-9
E-Book-ISBN 978-3-446-43584-1
www.hanser-fachbuch.de

Inhalt

Vorwort

Liebe Anwenderinnen und liebe Anwender,

EPLAN Electric P8 ist eine CAE-Software, die unzählige Möglichkeiten der Projektbearbeitung bietet, die von Version zu Version Innovationen bereithält und sich stetig weiterentwickelt.

Die aktuelle Version 2.2 ist das Ergebnis der ständigen Weiterentwicklung der Vorversionen. Auch in dieser Version sind wieder eine ganze Reihe von Anwenderanforderungen und -wünschen, die in der praktischen Arbeit mit EPLAN entstanden sind, eingeflossen.

Auf Basis von Version 2.2 zeigt dieses Buch in seiner vierten, überarbeiteten Auflage die Funktionsvielfalt von EPLAN Electric P8 auf. Es hilft Ihnen, den Einstieg in die Software leichter zu gestalten und die anfänglichen Klippen in der Arbeit mit EPLAN Electric P8 elegant zu umschiffen. Zahlreiche praktische Beispiele zeigen Ihnen, was mit Version 2.2 alles möglich ist und wäre.

Natürlich kann und wird auch diese Ausgabe, wie schon die Vorgängerausgaben, nicht alle Funktionen der Software beschreiben und für jede erdenkliche Funktion Beispiele zeigen können. EPLAN Electric P8 wird von Version zu Version umfangreicher und bietet eine Funktionsvielfalt, die in einem einzigen Buch nicht erfasst werden kann. Würde man alle Funktionen beschreiben wollen, müssten Sie ein Buch mit Tausenden von Seiten lesen, und das, denke ich, sollte nicht das Ziel sein.

Auch mit Version 2.2 führen viele Wege zum gleichen Ziel. Einige Lösungen werde ich zeigen und ansprechen, andere Lösungen werden Sie selbst entdecken und sich fragen, warum Sie es bisher noch nie so probiert haben.

Das Buch will Lösungsansätze vorschlagen bzw. Lösungen zeigen, und somit Ihre praktische Arbeit im Alltag erleichtern. Es wird Ihnen also die eigenen Entscheidungen ein bisschen einfacher machen, sie Ihnen aber nicht völlig abnehmen.

Das Buch wendet sich an alle, die ihre elektrotechnischen Konstruktionen mit EPLAN Electric P8 durchführen oder dies künftig tun möchten – an den täglichen ebenso wie den sporadischen EPLAN Electric P8-Anwender sowie an alle interessierten Ingenieure, Elektrotechniker, Schüler oder Studenten.

An der Stelle möchte ich mich für die Möglichkeit, dieses Buch zu schreiben und zu veröffentlichen, sehr bei Frau Julia Stepp und ihrem Team vom Carl Hanser Verlag bedanken. Ganz herzlich möchte ich mich auch bei meiner Familie, insbesondere natürlich bei meiner Frau Susanne, bedanken. Sie haben und hatten immer sehr viel Geduld mit mir.

In diesem Zuge möchte ich mich auch bei allen bisherigen Lesern bedanken, die diesem Buch zu seinem Erfolg verhalfen! Alle Rückmeldungen, ob nun Kritik, Lob oder Verbesserungen, sind stets eine große Motivation für mich gewesen, dieses Buch zu überarbeiten.

Zu guter Letzt möchte ich mich bei der Firma EPLAN Software & Service GmbH & Co. KG für die gewohnt freundliche Unterstützung und Zusammenarbeit beim Zusammentragen von einigen Informationen für diese Ausgabe des EPLAN Electric P8 Handbuches bedanken.

Wichtige Hinweise

Alle Beispiele und Erläuterungen gehen im Normalfall von einer lokalen Installation und einem lokalen Betrieb von EPLAN aus. Weiterhin wird vorausgesetzt, dass der Anwender alle Rechte in EPLAN besitzt und als lokaler Administrator am Rechner selbst angemeldet ist.

Es kann vorkommen, dass je nach vorhandener Lizenz und Ausbaustufe des Anwenders die eine oder andere beschriebene Funktionalität bzw. Funktion nicht vorhanden bzw. nicht so durchführbar ist, wie es stellenweise erklärt und gezeigt wird. Daher sollte zuerst immer überprüft werden, welcher Lizenzumfang vorhanden ist (über **HILFE/ INFO/REGISTERKARTE LIZENZUMFANG**).

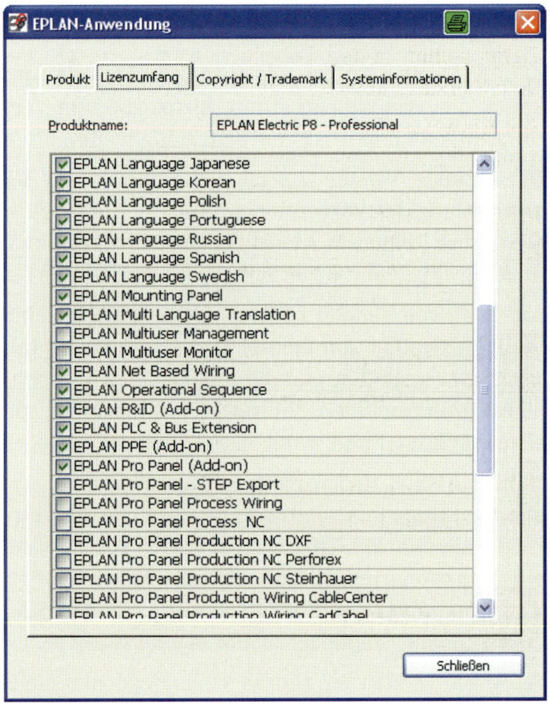

Hilfe/Info/Registerkarte Lizenzumfang (Auszug)

Für das vorliegende Buch wurde eine EPLAN Electric P8 Professional Edition 2.2.5 Build 6338-Version mit dem in Bild 0.1 dargestellten Lizenzumfang benutzt.

HINWEIS für Benutzer von Vorversionen: Gewisse Teile der hier beschriebenen Funktionen sind in den EPLAN Electric P8-Versionen 1.7.x, 1.8.x, 1.9.x, 2.0.x und 2.1.x zwar eventuell auch vorhanden, aber die Bedienung, die Einstellungen bzw. der Umfang der Funktionalität kann von der aktuellen Version 2.2 abweichen.

Unter *http://downloads.hanser.de* stehen die im Buch beschriebenen Beispiele als EPLAN Electric P8-Projekt zur Verfügung. Das Beispielprojekt steht zusätzlich auch im Format der EPLAN Electric P8 Education-Version zum Download bereit.

In diesem Buch werden, abweichend von einer EPLAN-Standardinstallation, eigene Einstellungen, zum Beispiel für Filter oder Schemata, genutzt. All diese zusätzlich benutzten Daten stehen in den Beispieldaten zur Verfügung. Darüber hinaus werden auch eigene, vom Standard abweichende Tastenkombinationen verwendet.

Um Hinweise, Tipps etc. optisch besser hervorzuheben, kommen folgende Hinweiskästen zum Einsatz.

HINWEIS: In diesem Kasten finden Sie wichtige Hinweise, die im Umgang mit EPLAN Electric P8 zu beachten sind.

TIPP: In diesem Kasten finden Sie hilfreiche Tipps für die tägliche Arbeit mit EPLAN Electric P8.

TO DO: In diesem Kasten finden Sie praktische Aufgabenstellungen, anhand derer Sie das Erlernte selbst erproben können.

In diesem Kasten finden Sie weiterführende Informationen und Hinweise.

Immer wenn das in der Randspalte sichtbare Symbol im Buch auftaucht, finden Sie Fragen und Antworten zu Problemstellungen aus der Praxis.

1 EPLAN Electric P8 installieren

Da sich die Installation auf ein paar Punkte beschränkt und auch nur dem Systemadministrator vorbehalten ist, enthält dieses Kapitel auch nur wenige Grundaussagen zu diesem Thema. In der Regel ist EPLAN auf dem entsprechenden Arbeitsplatz schon fertig vorinstalliert.

Generell erfordert EPLAN zur Installation Administratorrechte. Der Systemadministrator legt auch mindestens einen EPLAN-Administrator fest, der später die Benutzerverwaltung (auch Rechteverwaltung genannt) in EPLAN betreut. Wird die Rechteverwaltung nicht genutzt, gilt für alle EPLAN-Anwender, dass EPLAN ohne jegliche Kennwörter/Passwörter etc. gestartet werden kann.

Die Benutzerverwaltung (ein kostenpflichtiges Add-on, daher auch nicht standardmäßig bei jeder Lizenz dabei) wird in diesem Buch nicht behandelt. Es werden nur allgemeine, kurze Informationen gegeben, wenn sie an entsprechender Stelle nötig sind.

1.1 Hardware

EPLAN empfiehlt für die Versionen 2.x eine CPU vergleichbar mit Intel Pentium D mit 3 GHz oder Intel Core 2 Duo mit 2,4 GHz Prozessortakt sowie 4 GB RAM oder höher.

An die Grafikkarte oder andere Bauteile des Rechners stellt EPLAN keine besonderen Anforderungen. Hier reicht ein Standardrechner, wie er auch zum Beispiel für Office-Anwendungen benötigt wird, völlig aus. Auch für die Grafikkarte gilt: Je mehr Speicher, umso flüssiger läuft EPLAN. Für gewisse Add-ons, wie beispielsweise EPLAN Pro Panel inklusive deren Erweiterungen, gelten allerdings etwas andere Hardware-Anforderungen, was die Grafikkarte und deren Treiber betrifft.

Eine Einschirmlösung ist mit EPLAN in meinen Augen nicht mehr zu empfehlen, aufgrund der vielen zusätzlich einblendbaren modularen Dialoge, beispielsweise der verschiedenen Navigatoren. Hier ist ganz klar mindestens eine Zweischirmlösung vorzuziehen, ideal wäre eine Dreischirmlösung, jeder Schirm mit einer Auflösung von mindestens 1680 × 1050.

Natürlich funktioniert EPLAN aber auch weiterhin mit einem Bildschirm. Dieser sollte aber mindestens eine Auflösung von 1280 × 1024 besitzen.

1.2 Die Installation

EPLAN ist ein normales Windows-Programm, was die Installation betrifft. Bis auf wenige Eingaben während der Installation übernimmt der neue EPLAN Setup Manager (seit der Version 2.1.x) die meiste Arbeit. Die Einträge in der Windows-Registrierung beschränken sich auf sehr wenige, was lobenswert ist und in der heutigen Zeit nicht unbedingt als selbstverständlich gilt.

Die Installation wird üblicherweise von der mitgelieferten Installations-DVD gestartet. Dazu wird die Datei *Setup.exe* im Hauptverzeichnis der DVD ausgeführt. Ebenso verhält es sich, wenn man die Installation nach dem Download des Installationspakets von der EPLAN-Homepage startet (das heruntergeladene Zip-Archiv entpackt die Installationsdaten in die gleichen Verzeichnisse wie sie auf einer Installations-DVD vorhanden wären).

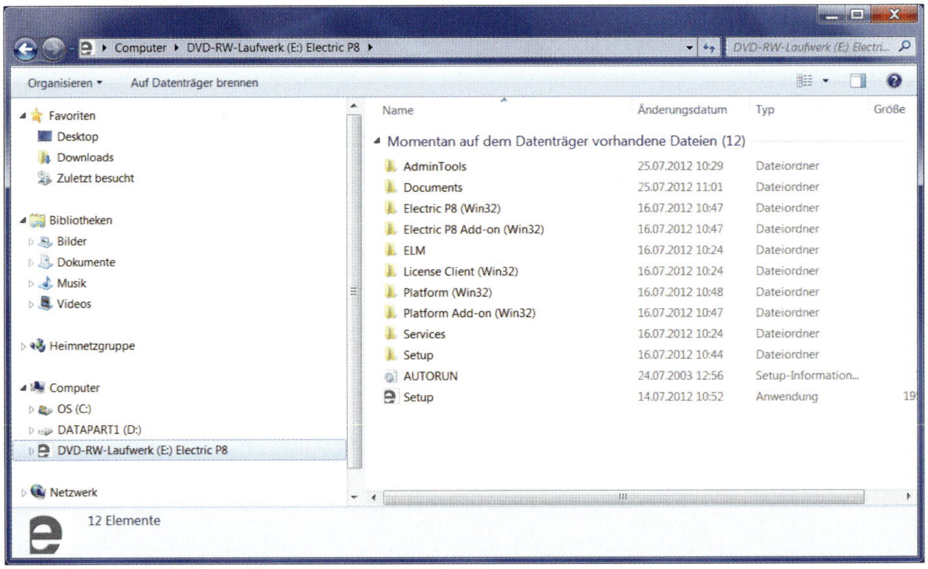

Bild 1.1 Installationsverzeichnis

> **HINWEIS:** EPLAN Electric P8 braucht zum Ausführen des Programms die Systemkomponente .NET Framework in der jeweils geforderten Version. Sollte diese nicht oder nicht in der benötigten Version vorhanden sein, muss sie erst installiert werden, bevor mit der EPLAN-Installation fortgesetzt werden kann.

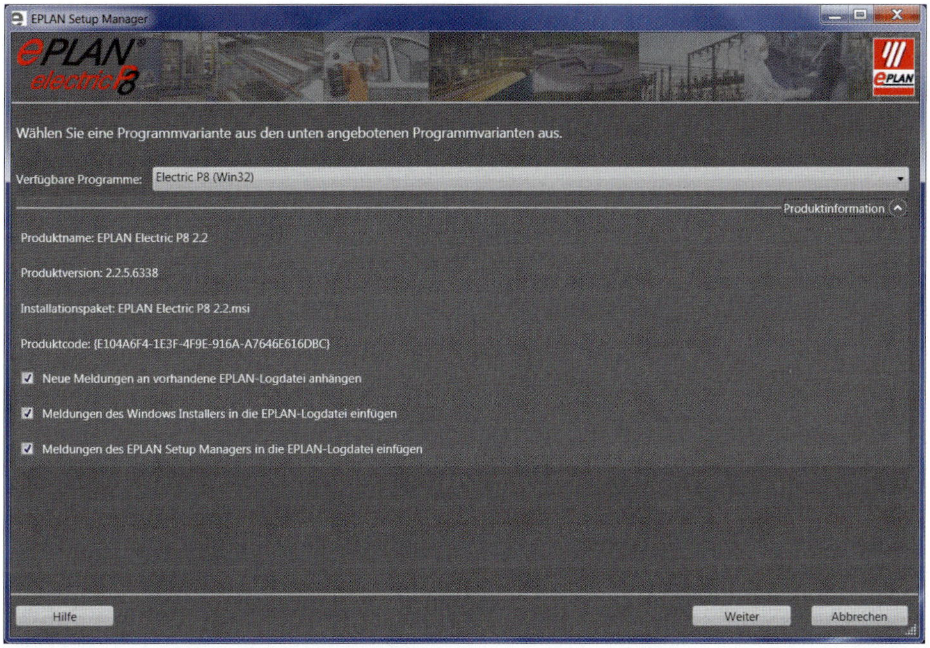

Bild 1.2 Grundlegende Einstellungen des EPLAN Setup Managers

Nach dem Klick auf den Button **WEITER** folgt der Dialog, welcher die Lizenzvereinbarung enthält. Diese muss akzeptiert werden, ansonsten kann der EPLAN Setup Manager nicht weitergeführt werden.

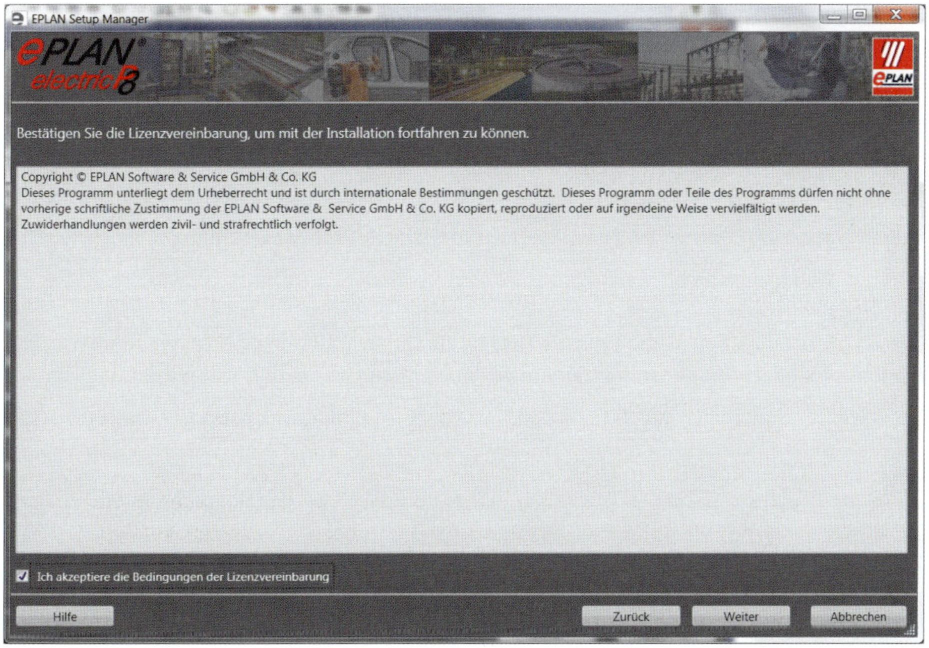

Bild 1.3 Dialog Lizenzvereinbarung

Nach den Dialogen, die einige grundlegende Einstellungen zum EPLAN Setup Manager und dem Umfang der verfügbaren Installations-Programme zeigen, folgt der erste Installationsdialog.

Mit dem Button **WEITER** folgt der Dialog für die **Zielverzeichnisse, Einstellungen**. Hier werden das gewünschte *Programmverzeichnis*, das *Verzeichnis für die Systemstammdaten*, die *Firmenkennung* (CompanyCode) sowie die Verzeichnisse der *Anwender-, Stations- und Firmeneinstellungen* eingestellt. Ebenso muss hier die *Maßeinheit* für das System festgelegt werden sowie zusätzlich das Verzeichnis für die *EPLAN-Originalstammdaten*. Damit ist später gewährleistet, dass ein Abgleich der eigenen Stammdaten immer mit den EPLAN-Originalstammdaten erfolgt.

EPLAN schlägt grundsätzlich erst einmal Standardverzeichnisse für die Installation vor.

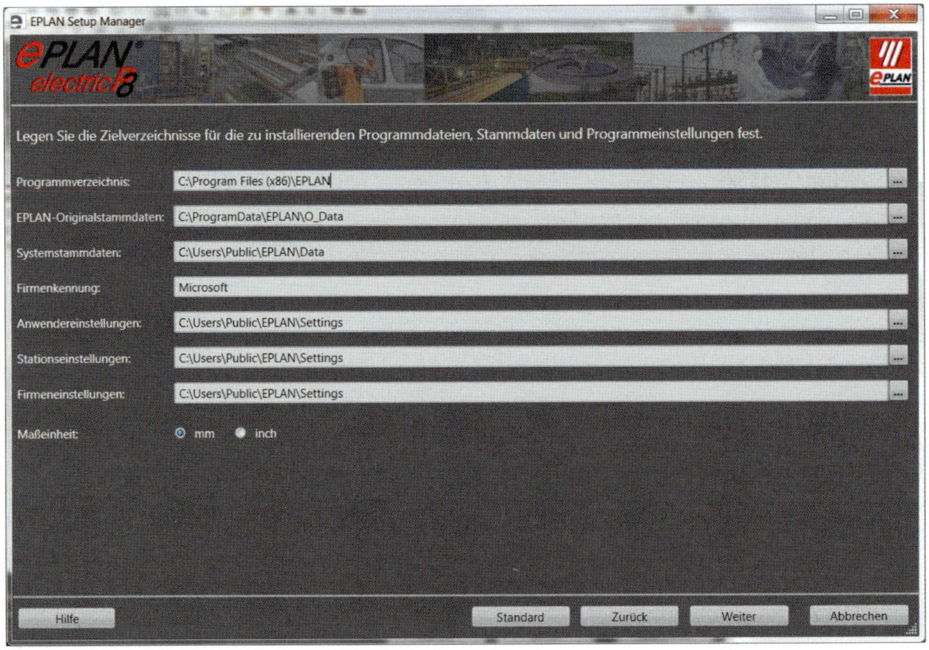

Bild 1.4 Zielverzeichnisse festlegen

Diese vorgeschlagenen Verzeichnisse können nun übernommen oder abgeändert werden. Persönlich ändere ich diese Verzeichnisse (ebenso natürlich die Firmenkennung) immer auf eigene Zielverzeichnisse ab.

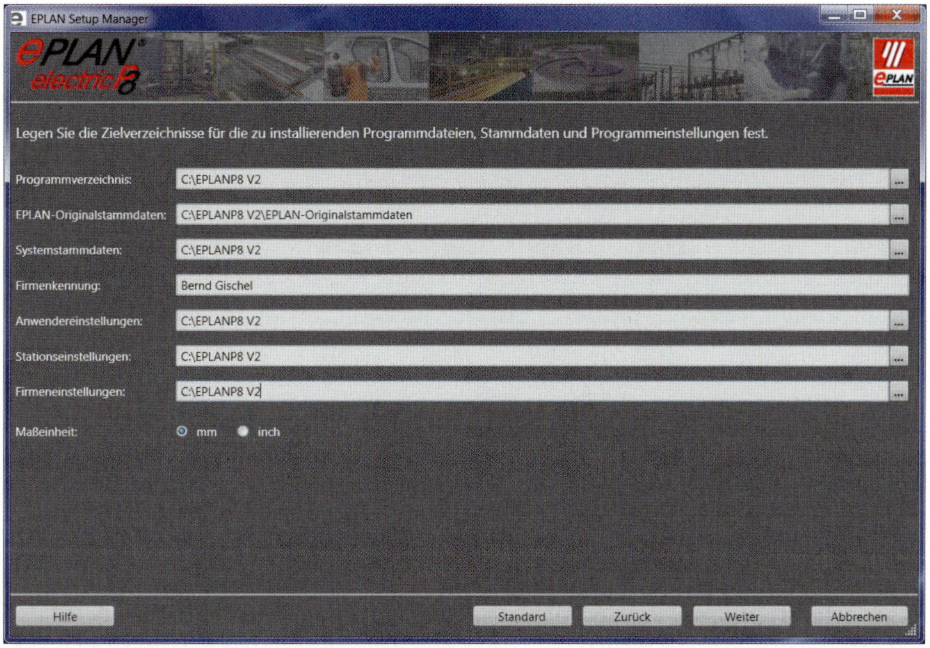

Bild 1.5
Geänderte Zielverzeichnisse und Firmenkennung

Wurden alle Verzeichnisse entsprechend angepasst, kann der Dialog mit Klick auf den Button **WEITER** verlassen werden. EPLAN setzt die Installation fort und fragt den zu installierenden Umfang der Programmkomponenten, Stammdaten und Sprachen ab.

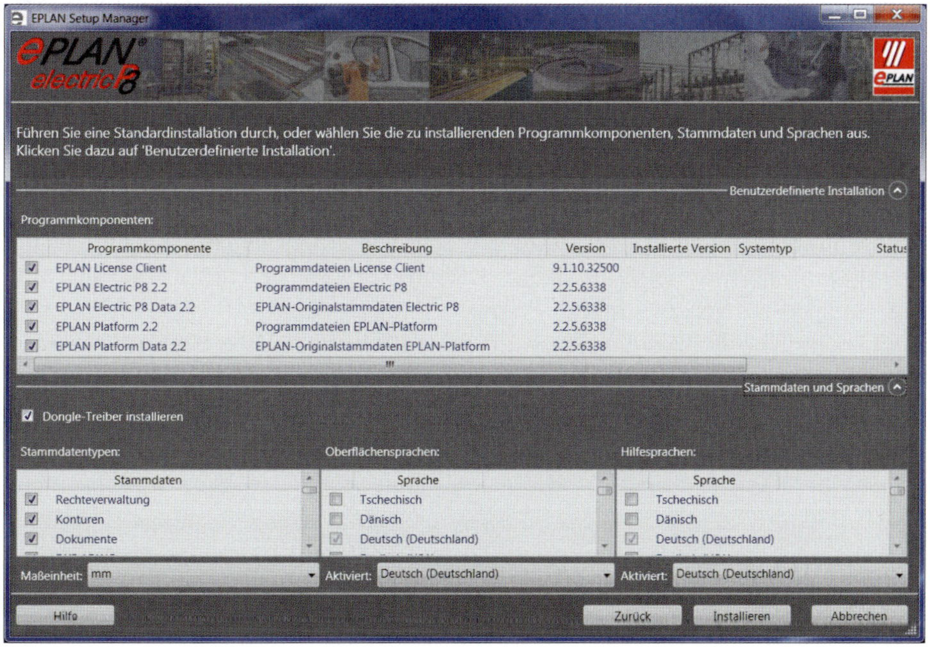

Bild 1.6
Umfang der zu installierenden Komponenten

Nach dem Einstellen aller benötigten Informationen und dem Bestätigen des Buttons **INSTALLIEREN** bereitet der EPLAN Setup Manager die benötigten Komponenten vor, und es folgt die eigentliche Installation.

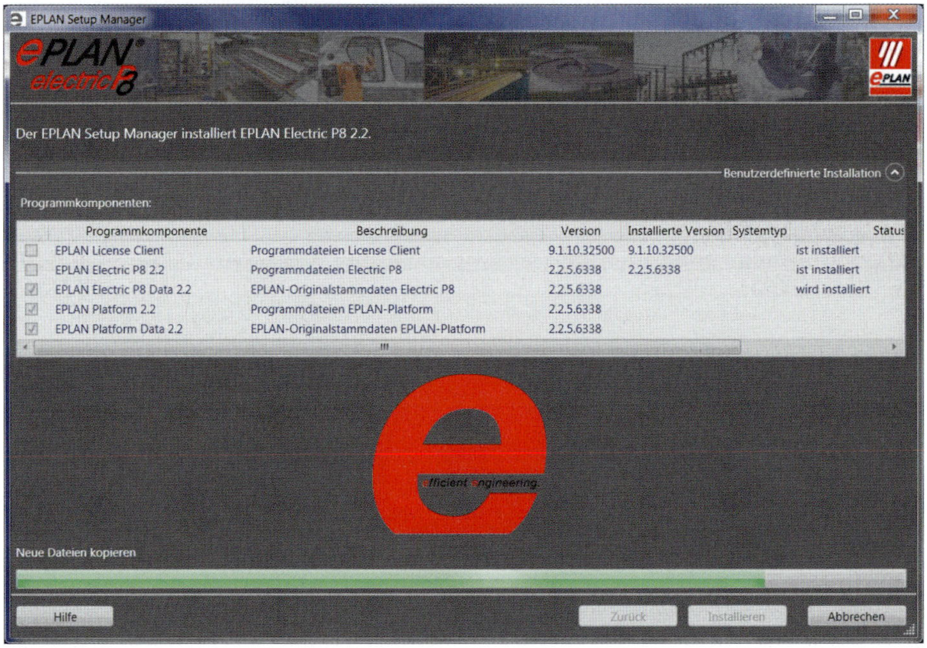

Bild 1.7 EPLAN wird installiert.

> **HINWEIS:** Eigene Systemstammdaten werden durch EPLAN nicht ersetzt. Möchte man später mit den neuen Systemstammdaten von EPLAN arbeiten, muss ein Abgleich dieser Daten durchgeführt werden.

EPLAN überschreibt absichtlich nicht die anwenderbezogenen Stammdaten, da der Anwender möglicherweise originale Systemstammdaten geändert, diese aber unter dem originalen Dateinamen (den EPLAN vergeben hatte) abgespeichert hat. EPLAN erkennt bei einer Installation nicht, ob es sich um geänderte Daten handelt und würde sie ggf. ersetzen. Das ist im Normalfall vom Anwender nicht gewünscht.

Wenn EPLAN die Installation komplett durchgeführt hat, folgt der Abschlussdialog. Hier muss der Button **FERTIGSTELLEN** betätigt werden. Damit ist die eigentliche Installation von EPLAN Electric P8 abgeschlossen.

Bild 1.8 Installation fertigstellen

EPLAN Electric P8 kann jetzt über das Startmenü oder über die Desktopverknüpfung gestartet werden.

Ist noch keine Lizenz installiert, folgt vor dem eigentlichen Start die einmalige Abfrage und Eingabe des dem entsprechenden Dongle (Hardwareschutz) zugeordneten Freischaltcodes (Lizenznummer).

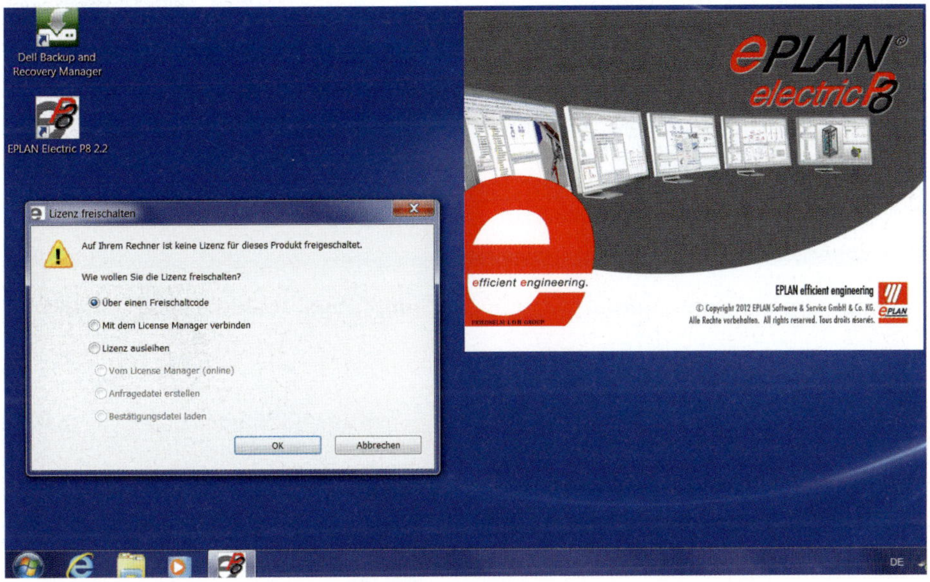

Bild 1.9 EPLAN aktivieren

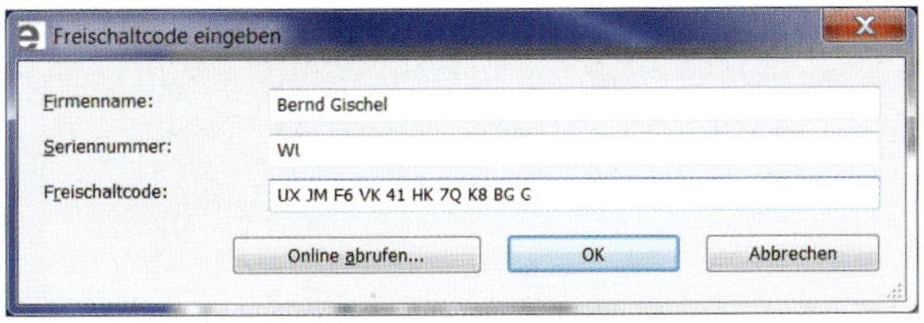

Bild 1.10 Freischaltcode eingeben oder online anfordern

EPLAN startet mit dem Dialog **Menüumfang auswählen**. Hier kann man eine der Optionen *Einsteiger* (nur Grundmenüs verfügbar, die es beispielsweise ermöglichen, ein Projekt zeichnerisch zu erstellen oder mit Makros zu arbeiten), *Fortgeschrittene* (weitergehende Anzeigeoptionen, wie Mindesttextgröße oder leere Textfelder, können angezeigt und genutzt werden) bzw. *Experten* (kompletter Umfang aller Menüs und Funktionen) wählen und mit **OK** bestätigen. Die Optionen *Einsteiger*, *Fortgeschrittene* bzw. *Experten* sind von EPLAN fest einprogrammiert und können nicht selbst geändert oder erweitert werden.

HINWEIS: Der Dialog **Menüumfang auswählen** erscheint nur, wenn man EPLAN ohne eine Rechteverwaltung betreibt.

Falls eine Vorversion verwendet wird, besteht jetzt **einmalig** die Möglichkeit, im Folgedialog die Einstellungen (Benutzer, Station und Firma) dieser Version zu übernehmen. Beim Klick auf den Button **ABBRECHEN** werden keine Einstellungen der Vorversion übernommen.

Nun öffnet sich EPLAN mit dem Arbeitsbereich *Standard* (eine Standardansicht) und der **Tipp des Tages** erscheint.

Bild 1.11 Der erste EPLAN-Start

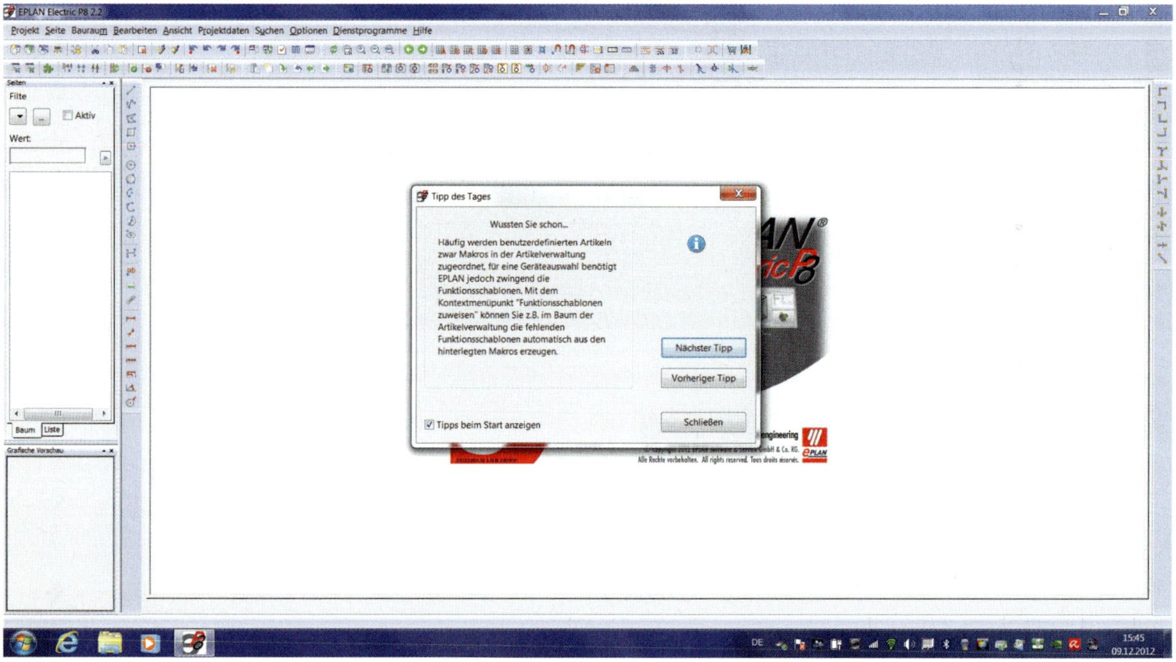

Bild 1.12 Der erste EPLAN-Start

1.3 Wichtige Hinweise für Anwender von Vorversionen

Eigene erstellte Schemata, Filter etc. der Vorversionen sollten mit der Exportfunktion aus der Vorversion exportiert werden, damit sie später bei Bedarf einfach in die Version 2.2 importiert werden können.

1.3.1 Parallelbetrieb mit Vorversionen

Da EPLAN mit der Version 2.2 auch wieder einige Änderungen an den Datenbanken durchgeführt hat und diese dadurch nicht mehr kompatibel zu den Vorgängerversionen sind, empfiehlt es sich, die Version 2.2 in ein separates Verzeichnis inklusive der Stammdaten zu installieren.

Das betrifft vor allem Änderungen an der Artikeldatenbank. Diese kann, wenn sie einmal mit der Version 2.2 geöffnet und in das Format der Version 2.2 überführt wurde, nicht mehr schreibend (also änderbar) mit den Vorversionen geöffnet werden. Lesbar ist sie allerdings weiterhin mit den Vorversionen.

2 Grundlagen des Systems

Dieses Kapitel erläutert in kompakter Weise einige wichtige Grundsätze, Funktions- und Arbeitsweisen von EPLAN und zeigt anhand von Beispielen und ausgewählten Fakten viele Einstellungen des Systems.

Wichtige Punkte sind die Verzeichnisstruktur, Einstellungen, Mehrfachstart, Hinweise auf Eigenschaften von Projekten oder Seiten, Hinweise auf allgemeine Dialogeigenschaften, der Umgang mit Schemata, Formularen und Normblättern, Symbolbibliotheken sowie eine aktualisierte Übersicht der für mich persönlich wichtigsten Tastenkombinationen.

2.1 Fünf Grundsätze, die für das Arbeiten mit EPLAN Electric P8 gelten

Grundsatz 1: Fehler während der Projektbearbeitung sind in EPLAN Electric P8 grundsätzlich erlaubt.

Grundsätzlich gilt: Fehler sind beim Arbeiten mit EPLAN Electric P8 erlaubt. Ein Beispiel soll diesen Grundsatz, Fehler sind erlaubt, kurz erläutern: Ein Schütz kann im Stromlaufplan zwei Hilfskontakte besitzen, die beide vorerst die gleichen Anschlussbezeichnungen haben. Was praktisch nicht möglich wäre, lässt EPLAN während der Projektbearbeitung erst einmal »durchgehen«. Somit wird der Anwender nicht durch »nervende« Fehler- oder Bearbeitungsmeldungen ausgebremst. Natürlich taucht solch ein Fehler in der Meldungsverwaltung auf, aber nur als Meldungseintrag, je nach Einstellung innerhalb des gewählten Prüflaufes. Folgen hat dieser Eintrag erst einmal nicht. Ist die Projektbearbeitung weit fortgeschritten oder schon abgeschlossen, können Prüfläufe durch EPLAN vorgenommen werden. Dabei werden fehlerhafte Eingaben, wie oben beschrieben, im Projekt aufgelistet, falls sie nicht schon automatisch in der Meldungsverwaltung stehen.

Diese Fehler sollten natürlich, um einen korrekten praktischen Bezug zu haben, beseitigt werden. Es ist aber kein **Muss!** Das heißt, EPLAN überlässt es dem Anwender, ob das Projekt fehlerfrei sein und in welche Priorität eine Meldung (Fehler, Warnung oder Hinweis) eingestuft werden soll. Natürlich ist es möglich, solche Fehler zu vermeiden. Mit der Prüfoption *Fehler verhindern* wäre die oben beschriebene Vorgehensweise nicht möglich. Aber das ist eine frei einstellbare Einstellung.

Grundsatz 2: Bearbeitet wird in EPLAN Electric P8 grundsätzlich immer das, was selektiert ist.

Ein kleines Beispiel soll dies verdeutlichen. Selektiere ich auf einer Seite drei Texte und starte die Übersetzungsfunktion, werden genau diese drei Texte übersetzt. Markiere ich diese Seite hingegen im Seiten-Navigator, wird mir die Übersetzungsfunktion die komplette Seite mit allen Texten, je nach Einstellung, übersetzen.

Grundsatz 3: EPLAN Electric P8 hält Daten und deren Verweise grundsätzlich online.

EPLAN ist ein Online-System. Alle Verweise oder Betriebsmitteldaten werden ständig (also online) aktuell gehalten. Einschränkungen (wenn man sie so benennen mag) gibt es nur bei den Daten der Verbindungen. Diese werden aus Performance-Gründen erst auf Wunsch bei einigen wenigen Aktionen aktualisiert, den Rest erledigt EPLAN komplett selbsttätig.

Ein typisches Beispiel wäre das Bearbeiten einer Seite und ein anschließender Seitenwechsel. Hier müsste man das Aktualisieren der Verbindungen manuell anstoßen, wenn es benötigt wird. Natürlich gibt es für diese Art des Aktualisierens von Verbindungen auch eine Einstellung, sodass EPLAN das automatisch erledigen könnte. Aber die Performance eines Projekts kann darunter leiden.

Aus meiner Sicht ist das ständige (Online-)Aktualisieren von Verbindungen aber auch nicht nötig, da bei relevanten Aktionen, wie den grafischen Auswertungen für das Projekt, oder bei Automatikläufen, wie dem Nummerieren von Betriebsmitteln, die Verbindungen vor der eigentlichen Aktion automatisch aktualisiert werden.

Grundsatz 4: EPLAN Electric P8 kann grundsätzlich über den grafischen Ansatz bedient werden.

Das heißt, die Geräte (Symbole) können erst im Stromlaufplan platziert werden und anschließend können den Geräten (Symbolen) die Artikel inklusive der dazugehörigen Funktionsdefinitionen zugeordnet werden. Es gibt hier keine Zwänge, und man ist während der Projektbearbeitung völlig frei.

Grundsatz 5: EPLAN Electric P8 kann grundsätzlich auch über den objektorientierten Ansatz bedient werden.

Das heißt, es können zum Beispiel externe Motor- oder andere Komponentenlisten in das System als Gerätelisten eingelesen und das Projekt kann von dieser Seite aus begonnen werden.

HINWEIS: Natürlich können der Grundsatz 4 und 5 auch miteinander gemischt werden. Hier gibt es ebenfalls keinerlei Einschränkungen beim Arbeiten mit EPLAN Electric P8.

2.2 Verzeichnisstruktur, Speicherorte

Die Verzeichnisstruktur in EPLAN ist beliebig. EPLAN lässt dem Anwender die freie Wahl. Ein Einbinden der Daten, wie Projekte oder Stammdaten, ist also ohne Weiteres in die bestehende Datenablagestruktur einer Firma möglich.

EPLAN empfiehlt, die Programmdateien lokal zu installieren bzw. auszuführen und nur die Daten im Netz zu speichern. Dieser Empfehlung kann ich mich nur anschließen. Jede weitere Strukturierung oder Organisation der restlichen Stammdaten obliegt am Ende dem Anwender.

EPLAN erzeugt standardmäßig das Programmverzeichnis mit folgenden Unterverzeichnissen:

- **BIN:** enthält die Programmmodule und in weiteren Unterverzeichnissen die Sprachdateien (beispielsweise de-DE für Deutsch)
- **CFG:** enthält Konfigurationsdateien für den Benutzer, die Firma, die Station und Projekte
- **P_ID:** ist nur für den PPE-Anwender interessant

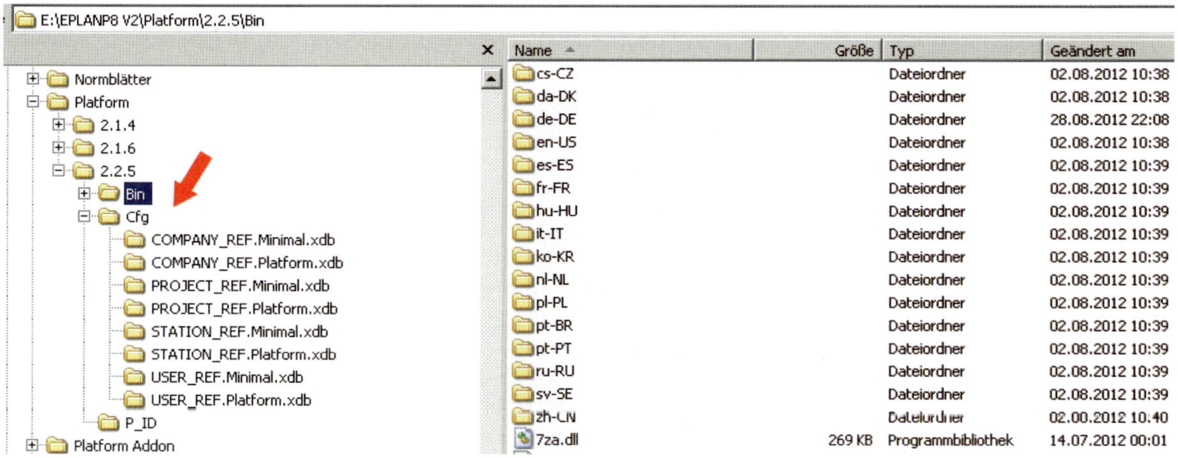

Bild 2.1 Programmverzeichnis mit Unterverzeichnissen

Des Weiteren legt EPLAN für bestimmte Systemdaten und andere Daten während der Installation nach einem gleichen Schema gewisse Standardverzeichnisse an.

Beispielsweise wird ein Hauptverzeichnis *Artikel* und darunter das Verzeichnis mit der *Firmenkennung* angelegt. Diese entnimmt EPLAN aus den Angaben während der Installation, hier also beispielsweise *Bernd Gischel*.

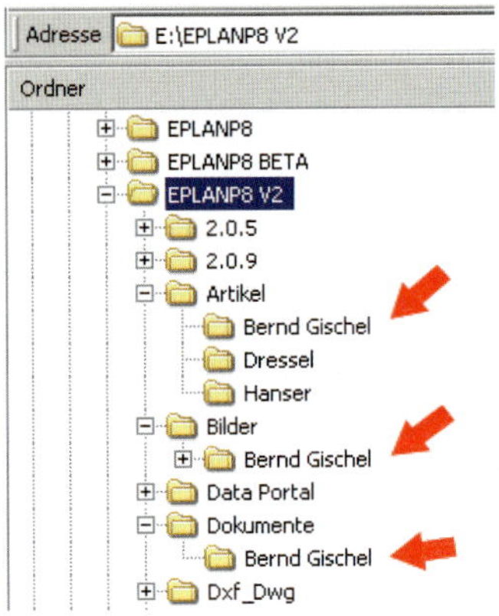

Bild 2.2 Standardkundenverzeichnisse

Folgende *Verzeichnisse* werden erst einmal als Standardverzeichnisse angelegt und mit entsprechenden Daten während der Installation gefüllt:

- *Artikel:* enthält die Artikeldatenbank (Format Microsoft Access **.mdb*) sowie Konfigurationsdateien für den Artikelimport und -export
- *Bilder:* enthält alle Bilder
- *Dokumente:* enthält Dokumente, wie beispielsweise *PDF*-Dokumente oder Excel-Tabellen
- *Dxf_Dwg:* enthält CAD-Zeichnungen im *DXF*- oder *DWG*-Format
- *Formulare:* enthält alle Formulare (Systemstammdaten)
- *Funktionsdefinition:* enthält die Dateien für die Funktionsdefinitionen
- *Makros:* enthält alle Makros, wie Fenstermakros (**.ema*) oder Seitenmakros (**.emp*)
- *Mechanikmodelle:* enthält mechanische Daten
- *Normblätter:* enthält alle Normblätter (Systemstammdaten)
- *PPE:* enthält Daten für das Programmmodul EPLAN PPE
- *Projekte:* Standardverzeichnis für die Projekte
- *Revisionen:* enthält die Revisionsdatenbank
- *Schemata:* enthält fertige oder eigene angelegte Schemata, zum Beispiel eigene Filtereinstellungen oder eigene Sortiereinstellungen
- *Skripte:* enthält die entsprechenden Skriptdateien **.cs* oder **.vb*
- *Symbole:* enthält alle Symbolbibliotheken (Systemstammdaten)
- *Symbolmakros:* enthält alle Symbolmakros (**.ems*)
- *Übersetzung:* enthält die Wörterbücher (Übersetzungsdatenbanken im Format von Microsoft Access, **.mdb*)
- *Verwaltung:* enthält standardmäßig die Projektdatenbank, in der alle Projekte aus der Projektverwaltung eingelesen wurden, sowie weitere Verwaltungsdatenbanken, wie die Rechteverwaltungsdatenbank
- *Vorlagen:* enthält Vorlagen-, Basisprojekte sowie Austauschdateien für den Export (Beschriftungen) von Projektdaten
- *Xml:* enthält *XML*-Dateien

All dies sind Standardvorgaben von EPLAN. Natürlich kann der EPLAN-Anwender diese Verzeichnisstrukturen seinen Anforderungen entsprechend anpassen. Das sollte zweckmäßigerweise nach dem ersten Programmstart und vor dem ersten Start der Projektverwaltung erfolgen.

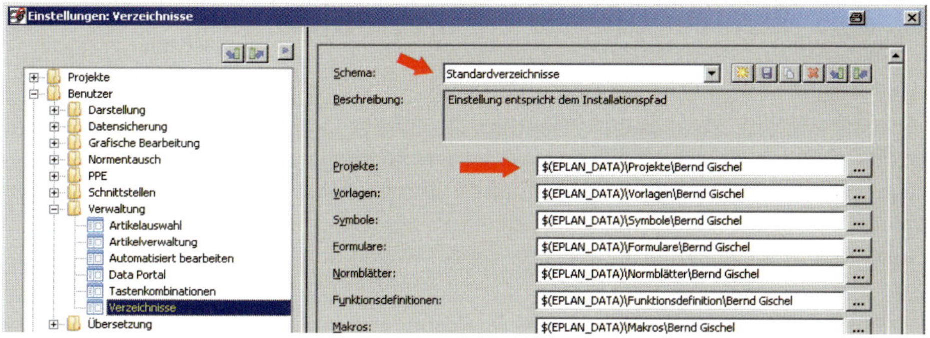

Bild 2.3 Verzeichniseinstellungen

Benutzer/Verwaltung/Verzeichnisse

Unter OPTIONEN/EINSTELLUNGEN/BENUTZER/VERWALTUNG/VERZEICHNISSE werden diese Verzeichnisse angezeigt und können dort auch abgeändert werden. Vorteilhaft ist auch, dass hier für verschiedene Verzeichniseinstellungen jeweils separate Schemata erstellt und bei Bedarf eingestellt werden können.

> **TIPP:** Es ist möglich, EPLAN Electric P8 mit einem entsprechenden Aufrufparameter zu starten und dabei automatisch bestimmte Verzeichnisstrukturen einstellen zu lassen. Beispielaufruf: »E:\EPLANP8 V2\Platform\2.2.5\BIN\Eplan.exe« /Variant: »Electric P8«/PathsScheme:EigenerSchemaName (ohne Vor- oder Zusätze).

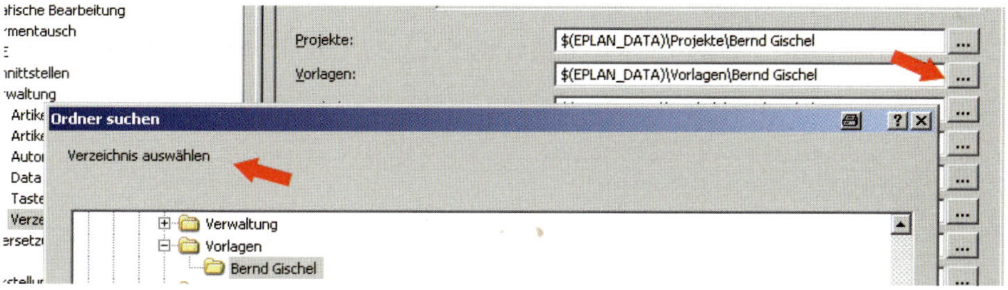

Bild 2.4 Andere Verzeichnisse auswählen

Über den Button ... verzweigt EPLAN in den Dialog **Ordner suchen** (Verzeichnisse auswählen). Hier kann ein anderes Verzeichnis ausgewählt oder über den Button NEUEN ORDNER ERSTELLEN ein solcher am gewünschten Speicherort erstellt werden.

> **HINWEIS:** Diese geänderten Einstellungen werden erst nach dem nächsten, also neuen, Programmstart von EPLAN übernommen.

2.3 Einstellungen – Allgemeines

Vereinfacht gesagt enthält ein Projekt immer alle für sich benötigten und relevanten benutzten Daten. Das heißt, ein Projekt ist unabhängig von den allgemeinen Systemstammdaten, da EPLAN alle benötigten und genutzten Daten beim erstmaligen Benutzen automatisch in das Projekt einlagert.

Der Vorteil dieser Methode des »Einlagerns« ist nicht zu unterschätzen, da solch ein Projekt auch nach mehreren Jahren mit genau den damaligen benutzten Stammdaten, wie Normblättern, Symbolbibliotheken etc., geöffnet und weiterbearbeitet werden kann. Das gilt auch, wenn sich zum Beispiel die Grafik eines Firmennormblattes in der Zwischenzeit geändert hat (beispielsweise wenn das Firmenlogo überarbeitet wurde).

Natürlich kann in EPLAN dieses Verhalten, wenn gewünscht, über Einstellungen (Parameter) geändert werden. Dafür gibt es vier grundsätzliche Einstellungsbereiche, die im Folgenden erläutert werden.

Erreicht werden die Einstellungen über den Menüpunkt **OPTIONEN/EINSTELLUNGEN.** Durch das Einlagern dieser vielen verschiedenen, projektbezogenen Daten erhöht sich natürlich auch die Datenmenge des Projekts.

> Ein leeres Projekt hat im Durchschnitt eine Größe von ca. 4 MB bis 5 MB.

Die folgenden Abschnitte sollen einen kurzen Überblick über die Einstellungen geben. Eine Reihe der hier aufgeführten Einstellungen wird in anderen Kapiteln weitergehend erläutert. Dort sind sie dem eigentlichen Thema, zu dem sie gehören, zugeordnet und demnach besser aufgehoben.

2.3.1 Einstellungen – Projekt

Alle Projekteigenschaften (und nur diese) werden unter **EINSTELLUNGEN/PROJEKTE/[PROJEKTNAME]** festgelegt. Die Einstellungen im Knoten *Projekte* sind nur verfügbar, wenn mindestens ein Projekt im **Seiten-Navigator** geöffnet ist.

In den Einstellungen für ein Projekt kann man beispielsweise festlegen, ob die Projektstammdaten beim Öffnen des Projekts automatisch mit den Systemstammdaten abgeglichen werden sollen. Diese und viele weitere Einstellungen des Projekts (also »Automatismen« beim Öffnen eines Projekts) sollte man immer abwägen, da eine Änderung der Einstellung weitreichende Auswirkungen auf das zu öffnende Projekt haben kann. Es gibt an dieser Stelle in EPLAN keinen richtigen »Zurückknopf«, und wenn keine ältere Datensicherung vorhanden ist, sind die alten Daten unwiderruflich überschrieben.

Einige wichtige Projekteigenschaften sind beispielsweise unter **OPTIONEN/EINSTELLUNGEN/PROJEKTE/PROJEKTNAME/VERWALTUNG/SEITEN** und unter dem Eintrag des *Standard-Normblattes* zu finden. Dieser Eintrag des globalen Normblattes gilt für alle Seiten, auch für mögliche Auswertungsseiten, wenn kein anderes Normblatt über die Seiteneigenschaften zugeordnet wurde. Symbolbibliotheken sind unter **OPTIONEN/EINSTELLUNGEN/PROJEKTE/PROJEKTNAME/VERWALTUNG/SYMBOLBIBLIOTHEKEN** zu finden. Auch diese werden mit dem aktuellen Stand nach Auswählen und Eintragen in den Einstellungen in das Projekt eingelagert.

Es gibt eine Vielzahl von Einstellungen, die leider den Umfang dieses Buches sprengen würden. Daher werden nur einzelne wichtige Projekteigenschaften aufgeführt und erklärt.

2.3.1.1 Einstellung Projekte [Projektname]/Auswertungen

Dieser Bereich hat Auswirkungen auf die Ausgabe grafischer Auswertungen (weitergehende Erläuterungen können Sie in Kapitel 6, »Auswertungen«, nachlesen).

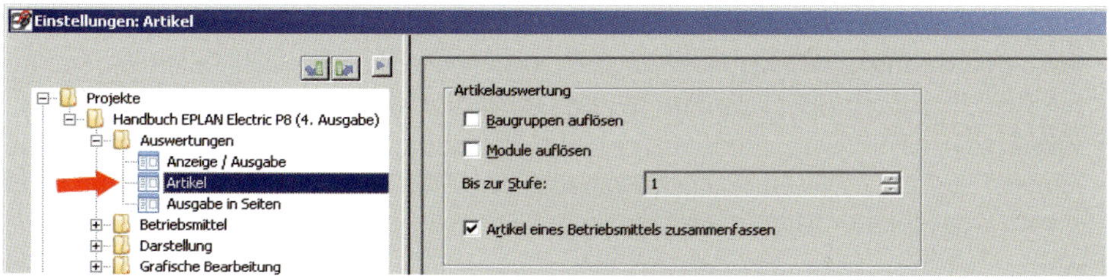

Bild 2.5 Einstellungen für Auswertungen

- **Anzeige/Ausgabe:** Einstellungen, um die Ausgabe bzw. die Anzeige von Daten in den Auswertungen (Formularen) zu beeinflussen
- **Artikel:** Einstellung, um die Ausgabe von Artikeldaten und deren Verhalten in den Auswertungen/Anzeigen in bestimmten Navigatoren zu beeinflussen
- **Ausgabe in Seiten:** Übergreifende Einstellmöglichkeiten für Auswertungen (Formulare) der verschiedenen Auswertungstypen eines Projekts

2.3.1.2 Einstellung Projekte [Projektname]/Betriebsmittel

Im Bereich Betriebsmittel werden verschiedene Einstellungen, wie Nummerierungsschemata oder Syntaxprüfungen, für die Betriebsmittel festgelegt.

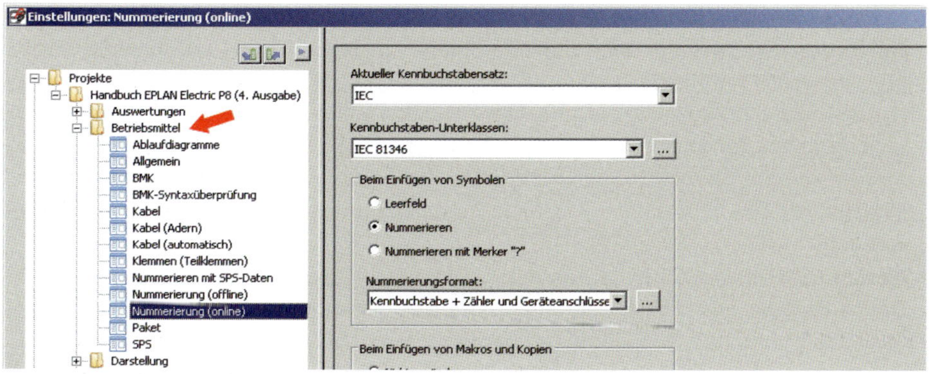

Bild 2.6 Einstellungen für Betriebsmittel

- **Ablaufdiagramme:** Enthält Voreinstellungen für die zu platzierenden Symbole für Ablaufdiagramme (beispielsweise einfache Abläufe (Schrittketten) der Vorgänge einer Anlage oder Maschine als grafische Auflistung nach dem GRAFCET-Standard)
- **Allgemein:** Enthält u. a. den Parameter der *Großbuchstabenkonvertierung* für Betriebsmittel. Wird der Parameter umgestellt, erfolgt keine automatische Konvertierung von Großbuchstaben auf Kleinbuchstaben oder umgekehrt. Es ist nur möglich, entweder mit Großbuchstaben (Parameter aktiviert) oder mit Groß- und Kleinbuchstaben (Parameter nicht aktiviert) zu arbeiten. EPLAN fügt generell erst einmal immer Großbuchstaben für die Kennbuchstaben ein. Im Weiteren kann über diese Einstellung festgelegt werden, welche Betriebsmittel automatisch Vorzeichen beim Einfügen bekommen sollen.
- **BMK:** Hier werden Einstellungen für die Vorzeichensetzung oder auch die Großbuchstabenkonvertierung festgelegt
- **BMK-Syntaxüberprüfung:** Diese Einstellungen legen die möglichen *Sonderzeichen* für die Strukturkennzeichen sowie für die Betriebsmittel fest
- **Kabel:** Voreinstellungen zum Einfügen von Kabeldefinitionslinien (Kabel) sowie Abschirmungen und deren Verbindungsdefinitionspunkte (d. h., welches grafische Symbol des Verbindungsdefinitionspunkts vorrangig benutzt werden soll)
- **Kabel (Adern):** Diese Einstellungen ermöglichen eine Vorbelegung, welche Symbole EPLAN beim Einfügen, beispielsweise einer Verbindungsdefinition, verwenden soll
- **Kabel (automatisch):** Enthält die Einstellungen für die automatische Kabelerzeugung und Kabelauswahl sowie die Kabelnummerierung. Alle Einstellungen werden über Filterschemata festgelegt. Es können vordefinierte oder auch eigene Schemata benutzt werden.
- **Klemmen (Teilklemmen):** Enthält Vorgaben zur Vorgehensweise beim Arbeiten mit Teilklemmen, wie beispielsweise: Welche Funktionsdefinition soll für Teilklemmen werden benutzt oder ab wann werden Klemmen beim Platzieren automatisch zu Teilklemmen (Anschlusszahl)?
- **Nummerieren mit SPS-Daten:** Vorgabe eines Schemas der Nummerierung angeschlossener Betriebsmittel mit SPS-Daten. Es können mit der SPS-Nummerierung u. a. folgende Betriebsmittel nummeriert werden: Klemmen, Steckerkontakte sowie allgemeine Betriebsmittel.
- **Nummerierung (offline):** Einstellung eines Schemas, um Betriebsmittel offline (nachträglich) zu nummerieren. Die Offline-Nummerierung wird genutzt, um einen Stromlaufplan nachträglich mit einer anderen BMK-Zusammensetzung zu versehen. Beispielsweise wurden erst die Betriebsmittel mit der Vorgabe [KennbuchstabeZähler] nummeriert. Jetzt sollen die Betriebsmittel aber nach dem Schema [SeiteKennbuchstabeSpalte] nummeriert werden. Dazu wird hier das Schema voreingestellt. Es ist aber nicht zwingend zu benutzen. Das Schema für die Offline-Nummerierung kann später beliebig geändert werden.
- **Nummerierung (online):** Enthält die Vorgabe von Nummerierungsschematas für die Online-Vergabe von Betriebsmitteln. Diese Schemata werden beim Erstellen eines Stromlaufplanes bzw. beim Einfügen von Symbolen, Makros oder auch Kopieraktionen sofort angewandt. Weiterhin bestimmt diese Einstellung, welcher Kennbuchstabensatz

für das Projekt benutzt bzw. wie Kennbuchstaben beim Einfügen von Symbolen oder Makros behandelt werden sollen.

- **Paket:** Enthält die Einstellung, welches Symbol des Verbindungsdefinitionspunktes beim Erzeugen von Paketdefinitionslinien (beispielsweise einer Schlauch- oder Rohrverbindung) des Add-ons EPLAN-Fluid platziert werden soll
- **SPS:** Voreinstellungen für die Ausgabe u. a. von SPS-Zuordnungslisten und für das Format der Ausgabe

2.3.1.3 Einstellung Projekte [Projektname]/Darstellung

Mit dieser Einstellung kann die Darstellung der Anzeige der Projektstrukturen in den Navigatoren sowie im Seiten-Navigator geändert werden. Mit in diesem Knoten *Darstellung* ist die Anzeige bzw. das Format von Zahlen, der Uhrzeit und des Datums.

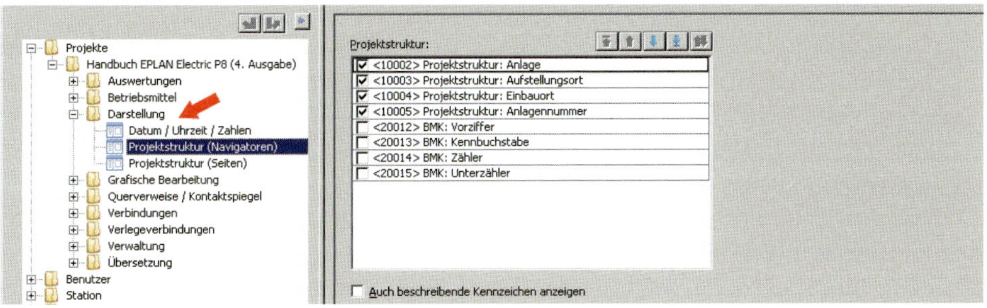

Bild 2.7 Einstellung der Darstellung von Projektstrukturen und Formaten

- **Datum/Uhrzeit/Zahlen:** Einstellungen, um das Format der Anzeige des Datums, der Uhrzeit und von Zahlen generell entsprechend dem Betriebssystem anzupassen oder ein projektbezogenes Format zu wählen (beispielsweise, um das Datums- oder Zeitformat auf ausländische Anzeigen umzustellen)
- **Projektstruktur (Navigatoren):** Mit diesen Einstellungen wird die Reihenfolge der Anzeige der Strukturkennzeichen bzw. der BMK in den Navigatoren (außer dem Seiten-Navigator) verändert. Das bezieht sich aber nur auf die Anzeige in den verschiedenen Navigatoren. Es werden keine Änderungen an Betriebsmitteln durchgeführt.
- **Projektstruktur (Seiten):** Mit dieser Einstellung wird die Reihenfolge der Anzeige, speziell im Seiten-Navigator, beeinflusst

> **HINWEIS:** Diese Einstellung verändert nur die Darstellung bzw. Anzeige der Projektstruktur bzw. der Betriebsmittel in den Navigatoren. Die Seitenstruktur sowie die Betriebsmittelkennzeichenstruktur wird dabei nicht geändert.

2.3.1.4 Einstellung Projekte [Projektname]/Grafische Bearbeitung

Im Folgenden stelle ich die allgemeinen Einstellungen zur grafischen Bearbeitung (Ausgewählte) vor.

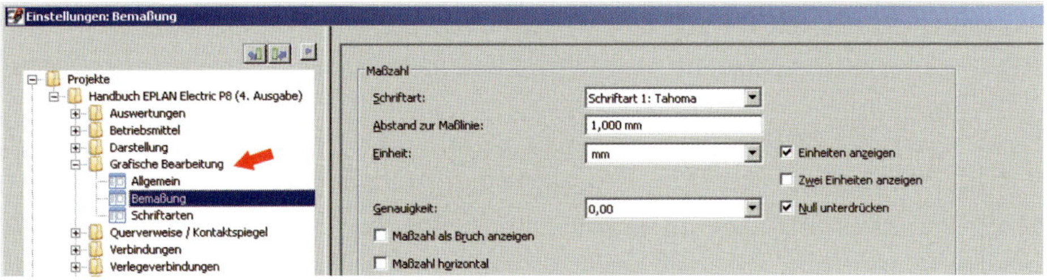

Bild 2.8 Einstellungen zur grafischen Bearbeitung

- **Allgemein:** Hier werden u.a. Vorgaben für das Darstellen von Verbindungsabzweigungen eingestellt, also ob die Darstellung zielorientiert, als Punkt oder wie gezeichnet erfolgen soll. Die Einstellung ist allerdings abhängig von der Benutzereinstellung EINSTELLUNGEN/BENUTZER/GRAFISCHE BEARBEITUNG/VERBINDUNGSSYMBOLE und hier speziell vom Parameter *Verbindungssymbole mit Abfragedialog*.

Mit Zielfestlegung: Diese Vorgabe bedeutet, dass beispielsweise ein T-Stück als Zielverdrahtung gezeichnet wird. Auch dieses T-Stück wird erst abgesetzt und kann anschließend auf Punktverdrahtung oder auf ein anderes Ziel umgestellt werden. Der Parameter bewirkt, dass anschließend die Darstellung als Zielverdrahtung bleibt, unabhängig davon, wie das T-Stück intern eingestellt ist.

Als Punkt: Diese Vorgabe ermöglicht die Eingabe von T-Stücken (Abzweigungen) mit der optischen Anzeige einer Punktverdrahtung. Intern kann auch solch eine Abzweigung auf Zielverdrahtung eingestellt werden.

Wie gezeichnet: Bedeutet, dass ein T-Stück zum Beispiel generell als Zielverdrahtung abgesetzt wird. Eine Änderung während des Absetzens (Einfügens) im Stromlaufplan ist nicht möglich. Ist das T-Stück abgesetzt, kann anschließend mit einem Doppelklick der Dialog **T-Stück [Richtung]** aufgerufen werden und die Ziele können geändert werden. Es ist möglich, dieses T-Stück von der Anzeige Zielverdrahtung auf die Punktverdrahtung umzustellen. Diese Darstellung wird dann auch im Stromlaufplan angezeigt. Mit dieser Einstellung ist also eine gemischte Darstellung von Ziel- und Punktverdrahtung möglich.

Generell ist es möglich, mit diesen Parametern von der Darstellung Punktverdrahtung auf die Zielverdrahtung oder umgekehrt zu wechseln. Das heißt, wenn alle T-Stücke (Abzweigungen) mit der Darstellung Punkt gezeichnet wurden, ermöglicht der Parameter zielorientiert die Umstellung der Darstellung auf Zielverdrahtung.

Das Einfügen von T-Stücken (Abzweigungen) wird also übergeordnet anhand des Parameters EINSTELLUNGEN/BENUTZER/GRAFISCHE BEARBEITUNG/VERBINDUNGSSYMBOLE und hier mit dem Parameter *Verbindungssymbole mit Abfragedialog* gesteuert.

Ist dieser Parameter der Abfrage nicht eingeschaltet, wird das T-Stück (Abzweigung) erst abgesetzt und kann später geändert werden. Ist der Dialog eingeschaltet, erscheint er vor dem Absetzen des T-Stückes (Abzweigung) zum Einstellen der Zielverfolgung bzw. der Punkt- oder Zielverdrahtung.

Neben den Einstellungen der Verbindungssymbole sind weitere allgemeine Einstellungen in diesem Knoten enthalten.

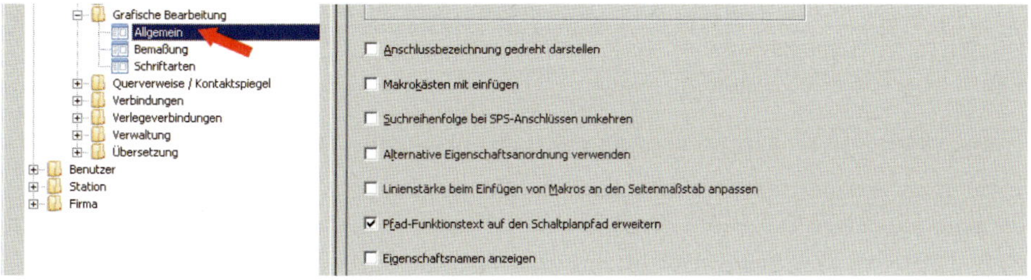

Bild 2.9 Weitere allgemeine Einstellungen

- **Anschlussbezeichnung gedreht darstellen:** Wenn diese Einstellung aktiviert wird, werden die Anschlussbezeichnungen um 90 Grad gedreht dargestellt. Diese Einstellung gilt auch für Stecker- und Klemmenbezeichnungen.
- **Makrokästen mit einfügen:** Ist diese Einstellung aktiviert, werden die Makrokästen, wenn am Makro vorhanden, mit eingefügt
- **Pfad-Funktionstext auf den Schaltplanpfad erweitern:** Wird diese Einstellung gesetzt, braucht der Einfügepunkt eines Pfad-Funktionstexts nicht direkt im Pfad des Betriebsmittels zu sein, um übernommen zu werden. Es reicht, wenn sich der Pfad-Funktionstext im Pfad (des Normblattes) befindet.
- **Bemaßung:** Formateinstellungen zur Eingabe von Bemaßungen, wie Schriftart oder Maßlinienbegrenzung. Eine Änderung dieser Einstellungen wirkt sich nicht auf bisherige Bemaßungen aus, sondern greift erst bei neu eingefügten Bemaßungen. Die Anzahl der Nachkommastellen wird dabei aus der Einstellung BENUTZER/DARSTELLUNG/ANZEIGEEINHEITEN ermittelt.
- **Schriftarten:** Festlegung, welche Schriftarten (bis zu zehn Stück) für das Projekt verwendet werden sollen. Dabei haben diese Einstellungen Vorrang vor den Einstellungen der Schriftarten in den Firmeneinstellungen (*Firma/Grafische Bearbeitung/Schriftarten*).

2.3.1.5 Einstellung Projekte [Projektname]/Querverweise/Kontaktspiegel

Diese Einstellungen bieten viele Parameter zur Darstellung von Verweisen für die Bereiche Abbruchstellen, Motorschutzschalter, Schützen sowie die Bereiche allgemein (beispielsweise die Darstellung von Verweisen zwischen verschiedenen Seiten- und Auswertungstypen und welche Symbolik genutzt werden soll) und den Bereich der Anzeige selbst (hier werden die Optionen für die Übersichtsquerverweise zwischen den Arten allpolig, einpolig und den Übersichten voreingestellt).

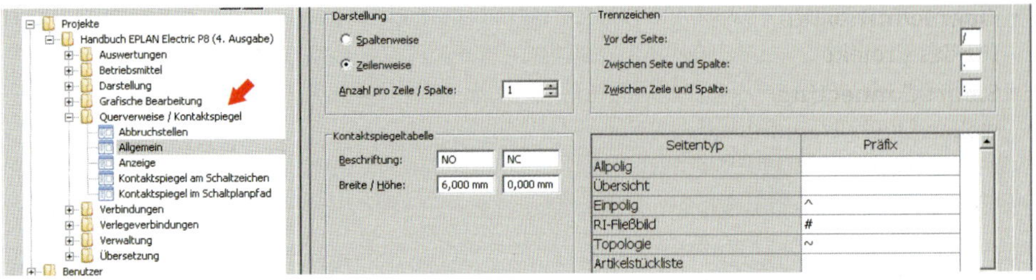

Bild 2.10 Einstellungen Querverweise/Kontaktspiegel

Die Einstellungen an den Betriebsmitteln selbst haben allerdings immer Vorrang.

Werden an den Betriebsmitteln keinerlei Änderungen, beispielsweise der Querverweisdarstellung, gewählt, so werden die Voreinstellungen aus diesen Parametern (in Abhängigkeit von den Symboleigenschaften) übernommen.

- **Abbruchstellen:** Voreinstellung zur Darstellung von Querverweisen, wie die spalten- oder zeilenweise Darstellung, die Darstellung mit oder ohne Seitennamen und weitere Einstellungen
- **Allgemein:** Einstellungen zur Anzeige allgemeiner Querverweise, zum Beispiel wie und welche Trennzeichen zwischen Seite und Spalte gesetzt werden sollen oder die Setzung eines Querverweises in Klammern
- **Anzeige:** Einstellung, zwischen welchen Darstellungsarten (allpolige, einpolige Übersicht etc.) Betriebsmittelquerverweise angezeigt werden sollen
- **Kontaktspiegel am Schaltzeichen:** Voreinstellung für die Anzeige von Querverweisen am Schaltzeichen, wie beispielsweise an Motorschutzschaltern und Sicherungsautomaten
- **Kontaktspiegel im Schaltplanpfad:** Voreinstellung für die Anzeige beispielsweise von Querverweisen der Abwicklungen (Kontaktspiegel) von Schützspulen

2.3.1.6 Einstellung Projekte [Projektname]/Verbindungen

In diesem Knoten werden Voreinstellungen für die Eigenschaften von Verbindungen festgelegt.

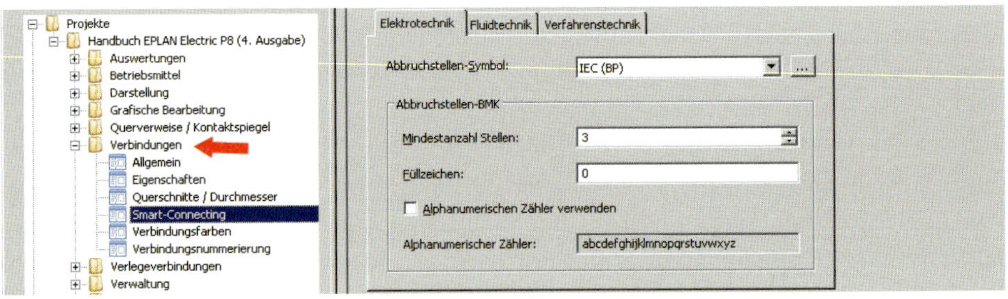

Bild 2.11 Einstellungen für Verbindungen

- **Allgemein:** Einstellung für die Ermittlung von Quelle und Ziel
- **Eigenschaften:** Voreinstellungen für bestimmte Eigenschaften einer Verbindung, wie beispielsweise die Einheit (mm^2)

- **Querschnitte/Durchmesser:** Vorbelegung für Querschnitte und Durchmesserwerte für das Projekt
- **Smart-Connecting:** Voreinstellungen u. a. für die Verwendung eines speziellen Abbruchstellen-Symbols und für Abbruchstellen-Bezeichnungen, bei den von EPLAN automatisch erzeugten Abbruchstellen, wenn das Smart-Connecting genutzt werden soll
- **Verbindungsfarben:** editier- und erweiterbare Tabelle mit Farbcodes, Farbnamen und der zu benutzenden Farbe in einem Bauraum
- **Verbindungsnummerierung:** Festlegung des Schemas, um Verbindungen zu nummerieren. Es können hier vordefinierte oder auch eigene Schemata genutzt werden.

2.3.1.7 Einstellung Projekte [Projektname]/Verlegeverbindungen

Hier werden Voreinstellungen für Verbindungen, deren Verlegung und dazugehörige Verbindungsenden, beispielweise Doppelendhülsen, getroffen. Diese Daten bzw. Einstellungen werden für einen Export benötigt.

Des Weiteren befinden sich an dieser Stelle die Einstellungen für den Import (Textdatei) von Verbindungen und deren Informationen, wie u. a. Quell- und Ziel-BMK, Aderfarbe oder Querschnitt.

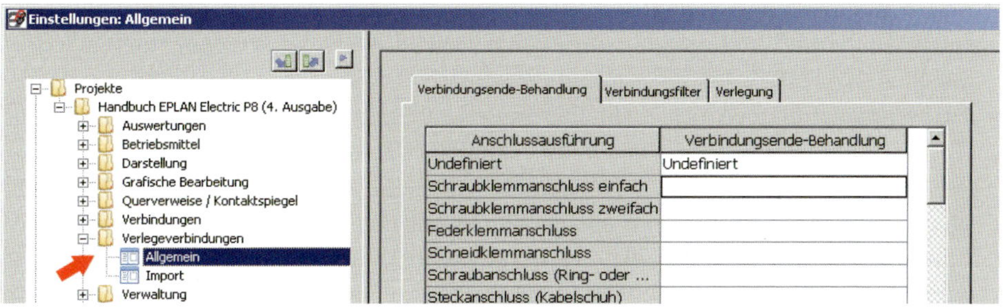

Bild 2.12 Einstellungen für Verlegeverbindungen

2.3.1.8 Einstellung Projekte [Projektname]/Verwaltung

Darunter fallen Voreinstellungen, wie EPLAN beispielsweise Stammdaten oder bestimmte Module im Projekt behandeln soll.

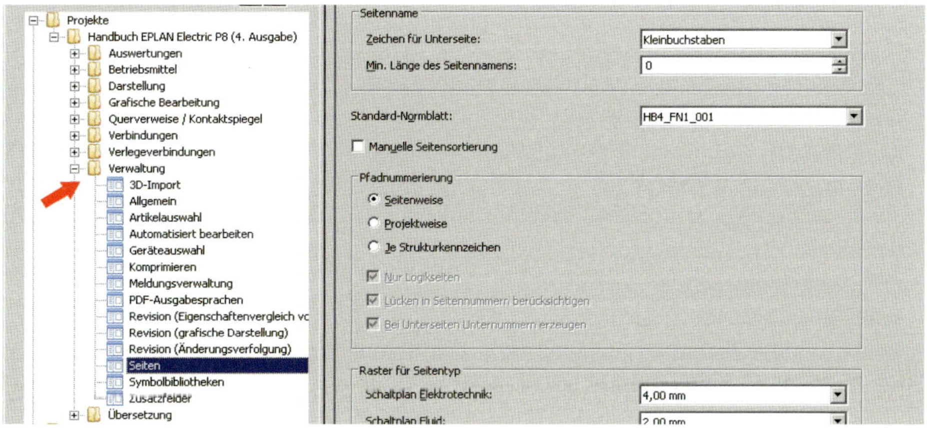

Bild 2.13 Einstellungen für die Verwaltung des Projekts

- **3D-Import:** Vorgabe einer Funktionsdefinition zum Import von 3D-Daten
- **Allgemein:** Diese Einstellung enthält drei sehr wichtige Parameter. Die Einstellung *Projektstammdaten beim Öffnen abgleichen* bewirkt, dass die Projektstammdaten, beispielsweise ein Klemmenplanformular oder eine Symbolbibliothek, beim Öffnen des Projekts mit den Systemstammdaten abgeglichen und eventuell aktualisiert werden. Die Einstellung *Normblätter abgleichen* gleicht nach dem Projektstart Normblätter ab. Die letzte Einstellung *Eingelagerte Artikel beim Öffnen abgleichen* bewirkt, dass hier ein automatischer Artikelabgleich mit den Stammdaten stattfindet.

> **HINWEIS:** Formulare werden nur abgeglichen, wenn unter der Einstellung **PROJEKTE [PROJEKTNAME]/AUSWERTUNGEN/AUSGABE IN SEITE** die Option *Abgleichen* für die entsprechenden Formulare zusätzlich aktiv gesetzt wurde.

EPLAN bringt vor einem Abgleichen der Stammdaten noch eine Sicherheitsmeldung, die mit dem Button **JA** bestätigt werden muss. Erst dann werden die Projektstammdaten aktualisiert, aber auch nur dann, wenn sie älter als die Systemstammdaten sind.

- **Artikelauswahl:** Vorauswahl von Artikeln (über Filterschemata können beispielsweise nur bestimmte Schütztypen für die Artikelauswahl angezeigt werden) sowie darüber, welche Artikeldatenbank EPLAN benutzen soll
- **Automatisiert bearbeiten:** Einstellbares aktives Skript. Dieses Skript wird als Voreinstellung für die Funktion *Automatisiert bearbeiten* verwendet.
- **Geräteauswahl:** Neben der Artikelauswahl gibt es in EPLAN die effektivere Geräteauswahl. Während die Artikelauswahl unabhängig von den im Stromlaufplan verwendeten Funktionsdefinitionen ist, erfolgt eine Geräteauswahl nur anhand der zum Betriebsmittel gefundenen Funktionsdefinitionen. Hier wird eine Vorauswahl getroffen, wie EPLAN die Geräteauswahl behandeln soll: Sollen beispielsweise vorhandene Funktionsdaten genutzt werden und, wenn ja, welche etc.?
- **Komprimieren:** Voreinstellung eines Schemas zum Komprimieren des Projekts
- **Meldungsverwaltung:** Wichtige Einstellung, da hier der Umfang und die Art von Prüfläufen für das aktuelle Projekt festgelegt werden. Prüfläufe sind nicht notwendig und müssen auch nicht durchgeführt werden. Sie decken aber während einer Projektbearbeitung mögliche Bearbeitungs- und/oder Eingabefehler auf, und listen die Problemstellen in der Meldungsverwaltung auf. Welche Prüfläufe, in welchem Umfang, für dieses Projekt gelten sollen, wird in dieser Einstellung bestimmt. Gleichzeitig kann hier die Anzahl von Prüflaufmeldungen begrenzt werden. Dieses Schema wird beim erstmaligen Verwenden in das Projekt eingelagert aber nicht automatisch mit einer neueren Version dieses Prüflaufes abgeglichen. Das gilt es bei einem Einsatz zu beachten.
- **PDF-Ausgabesprachen:** Voreinstellung für die Ausgabe von Sprachen in das zu erzeugende PDF-Dokument
- **Revision (Eigenschaftenvergleich von Projekten):** Einstellungen für die Revisionsmarkierungen bei Verbindungen

- **Revision (grafische Darstellung):** Einstellungen für die Revisionsverwaltung von Projekten: Welche Farbe oder Linienstärken sollen die Revisionsmarkierungen für geänderte, gelöschte, hinzugefügte Objekte oder Änderungen in den Auswertungen bekommen?
- **Revision (Änderungsverfolgung):** Einstellungen für die Revisionsverwaltung mit Änderungsverfolgung, u.a.: Welches Wasserzeichen soll auf einer noch nicht abgeschlossenen Seite angezeigt werden? Soll ein Projekt beim Abschließen als PDF gespeichert werden?
- **Seiten:** Festlegung der Seitenbehandlung. In welcher Kombination mit dem Seitennamen sind Buchstaben als Unterseiten zugelassen? Wie soll die Pfadnummerierung erfolgen: seitenweise, projektweise oder je nach Strukturkennzeichen? Wichtigster Parameter dieser Einstellung ist, dass hier das globale Normblatt für das Projekt festgelegt bzw. geändert (auch nachträglich) wird. Unabhängig von dieser globalen Normblatteinstellung kann für jede einzelne Seite in den Seiteneigenschaften ein separates Normblatt festgelegt werden. Die Seiteneinstellungen haben immer Vorrang vor der globalen Projekteinstellung.
- **Symbolbibliotheken:** Festlegung, welche Symbolbibliotheken mit diesem Projekt genutzt werden. Neueinträge (Hinzufügen) von Symbolbibliotheken werden nach dem Speichern der Einstellung automatisch im Projekt eingelagert.
- **Zusatzfelder:** EPLAN bietet dem Anwender jeweils 100 frei definierbare Zusatzfelder für die Bereiche Projekt, Seite und Funktion an. Für die Registerkarte *Artikelreferenz* gibt es fünf frei definierbare Zusatzfelder. Frei definierbar bedeutet, dass der Anwender der Eigenschaft *Benutzer-Zusatzfeld 1 dem Projekt* einen eigenen Namen geben kann. Dieser Name wird dann anstelle der bisherigen Namensgebung in den entsprechenden Bereichen angezeigt.

In der Einstellung **VERWALTUNG/ZUSATZFELDER** tragen die benutzerdefinierten Zusatzfelder standardmäßig keine eigenen Klarnamen. An einer Funktion würden daher die Eigenschaften mit den von EPLAN vorgegebenen Standardnamen angezeigt werden.

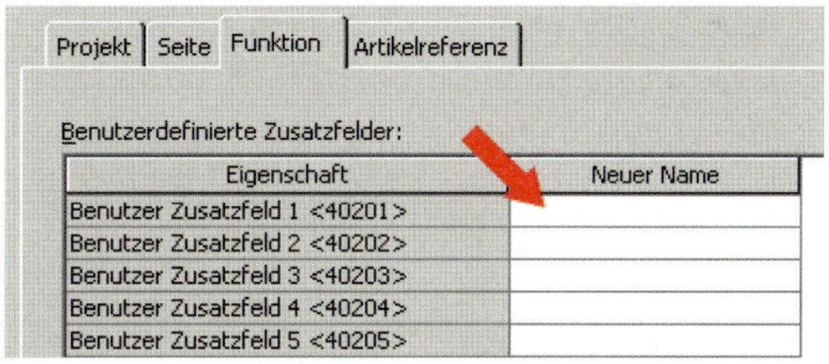

Bild 2.14 Registerkarten der benutzerdefinierten Zusatzfelder

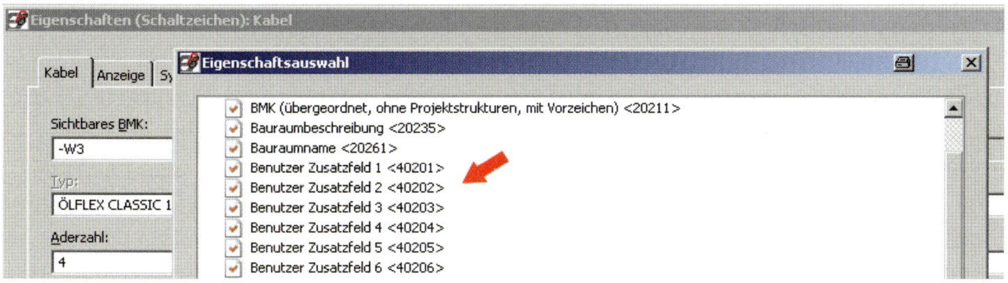

Bild 2.15 Benutzer-Zusatzfelder an einer Funktion (hier Kabel)

Nun kann man diesen Benutzer-Zusatzfeldern eigene Namen geben, damit sie von den Begrifflichkeiten besser zugeordnet werden können.

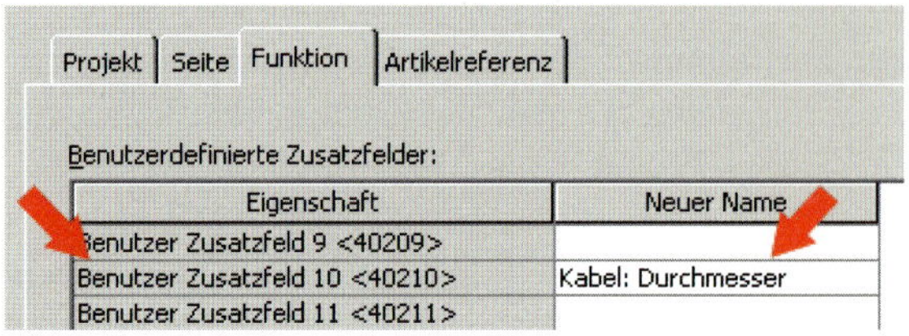

Bild 2.16 Vergabe eines eigenen Namens für das Benutzer-Zusatzfeld 10 <40210>

Anhand einer Funktion (hier ein Kabel) kann dann das *Benutzer-Zusatzfeld 10 <40210>* mit seinem neuen Namen hinzugefügt werden.

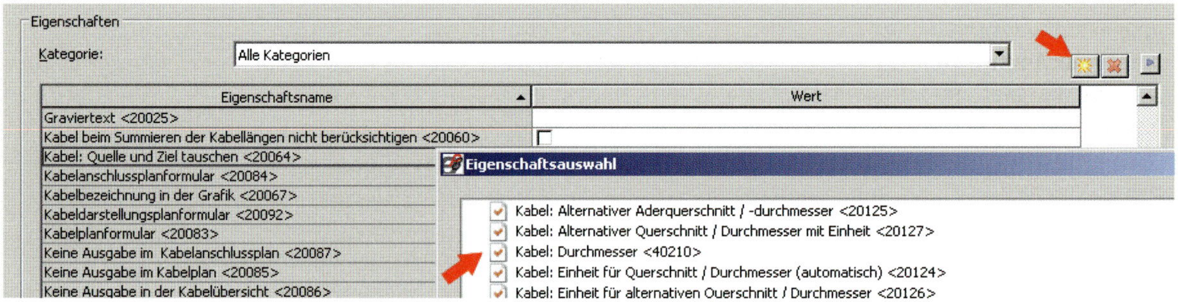

Bild 2.17 Eigenschaft <40210> mit dem »neuen« Namen

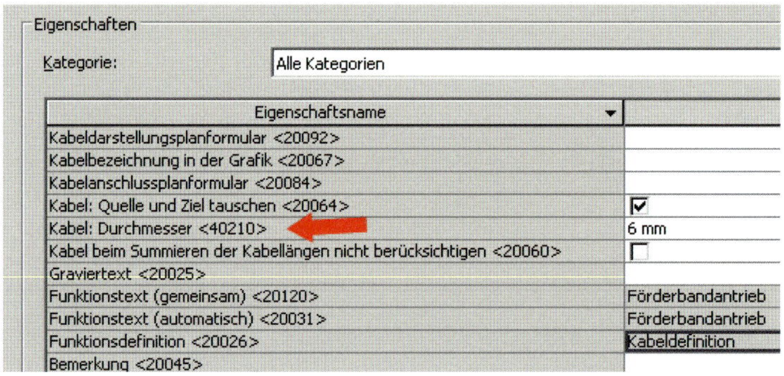

Bild 2.18 Das benutzerdefinierte Zusatzfeld in die Eigenschaften eingebunden

Der Vorteil dieser Vergabe von eigenen Namen für die benutzerdefinierten Zusatzfelder liegt klar auf der Hand: eindeutige Vorgaben für Einträge bei ganz bestimmten Eigenschaften, die dann später eventuell korrekt ausgewertet werden sollen. Damit entfallen Fehleinträge, mühsame Nacharbeit, weil Werte den falschen Eigenschaften zugeordnet worden sind.

2.3.1.9 Einstellung Projekte [Projektname]/Übersetzung

Unter diesem Punkt der Einstellungen verbirgt sich, welche Datenbanken für die Übersetzung genutzt werden oder in welchem Umfang EPLAN Übersetzungen vornehmen soll.

Bild 2.19 Einstellungen für die Übersetzung

- **Allgemein:** Hier werden Einstellungen zu den Sprachen im Projekt und zur Behandlung der Texte während der Übersetzung bei der Eingabe vorgenommen. Auch Einstellungen zur Anzeige von Übersetzungssprachen (der Anzeige von Übersetzungen im Projekt) werden hier eingestellt. Ebenfalls ist es nötig, an dieser Stelle eine Quellsprache festzulegen.
- Die Festlegung einer **Quellsprache** ist wichtig, da EPLAN diese Sprache in den verschiedenen Dialogboxen immer **an der ersten Stelle** anzeigt. Damit entfällt eine Fehlbedienung, d. h., dass hier aus Versehen beispielsweise Deutsch in die falsche »Sprachenzeile« eingetragen wird.

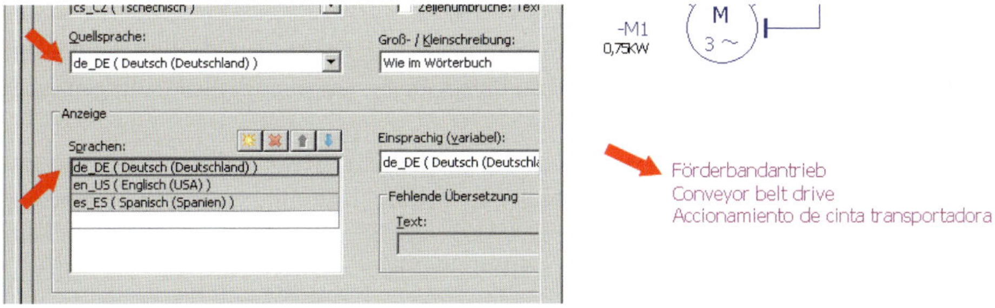

Bild 2.20 Einstellung der Übersetzungsreihenfolge »Deutsch, Englisch, Spanisch«

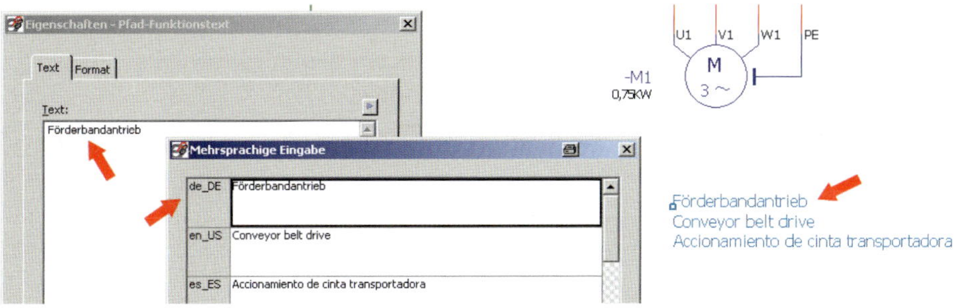

Bild 2.21 Anzeige in der grafischen Bearbeitung

Wird in den Einstellungen nun die Reihenfolge der *Anzeigesprachen* umgestellt, bleibt die *Quellsprache* in den Dialogen jedoch immer an der ersten Stelle.

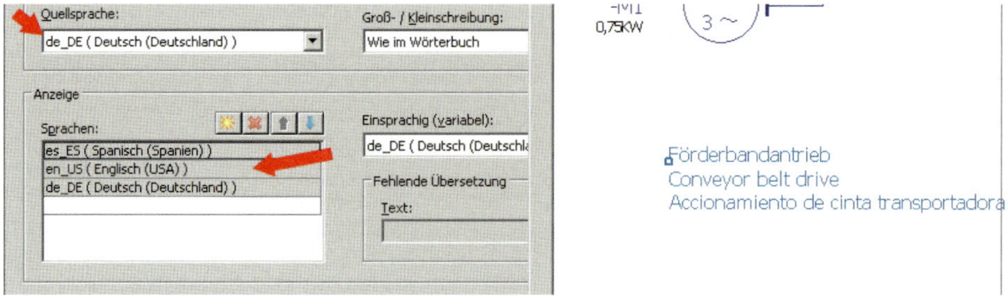

Bild 2.22 Umstellung der Übersetzungsreihenfolge in »Spanisch, Englisch, Deutsch«

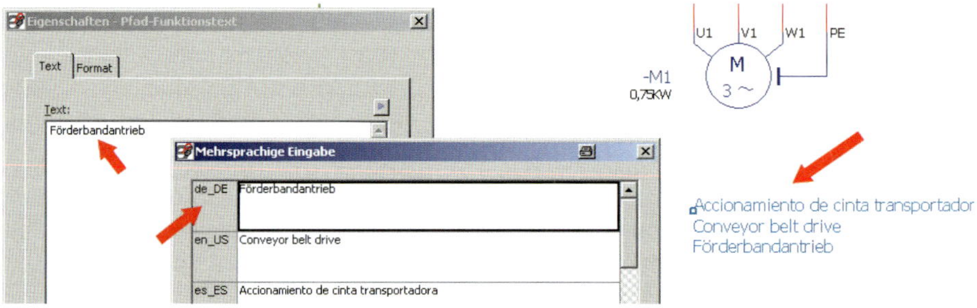

Bild 2.23 Anzeige in der grafischen Bearbeitung

Die Reihenfolge der Anzeigesprachen wurde korrekt umgestellt, aber die Reihenfolge der Sprachen in den Dialogen bleibt wie sie ist. Damit ist ein versehentliches Eintragen einer Übersetzung nicht mehr möglich.

- **Umfang:** Der Punkt ermöglicht dem Anwender, den Umfang der zu übersetzenden Eigenschaften für bestimmte Texte aus Formularen, Projekten oder Bauteilen festzulegen. Aktiv gesetzte Eigenschaften werden übersetzt bzw. durch Abwahl des Häkchens nicht übersetzt. Damit können gezielt bestimmte Eigenschaften von einer Übersetzung ausgeschlossen werden. Die Eigenschaften der Bereiche selbst sind fest von EPLAN vorgegeben und können nicht erweitert werden.
- **Übersetzbare Seiten:** Die Einstellung ist ähnlich wie **Umfang**. Sie bezieht sich aber generell auf einen Seitentyp. Werden Seitentypen von einer Übersetzung ausgeschlossen, werden sie bei einem automatischen Übersetzungslauf nicht berücksichtigt.

2.3.2 Einstellungen – Benutzer

Bei den Einstellungen für den Benutzer handelt es sich um persönliche Einstellungen, wie den Aufbau der Oberfläche, welche Dialoge wo auf dem Bildschirm geöffnet sind, die Verzeichnisstruktur bei einigen eigenen Daten oder die unterschiedliche Darstellung von Einstellungen. Alle diese Einstellungen sind jeweils vom Anmeldenamen des Windows-Logins abhängig und werden im Verzeichnis *\\Basic\...\USER...CFG* stationsbezogen (Rechner) gespeichert. Legt man diese Einstellungen beispielsweise auf ein Netzlaufwerk, kann man von einem beliebigen Rechner aus, seine eigene EPLAN-Konfiguration aufrufen.

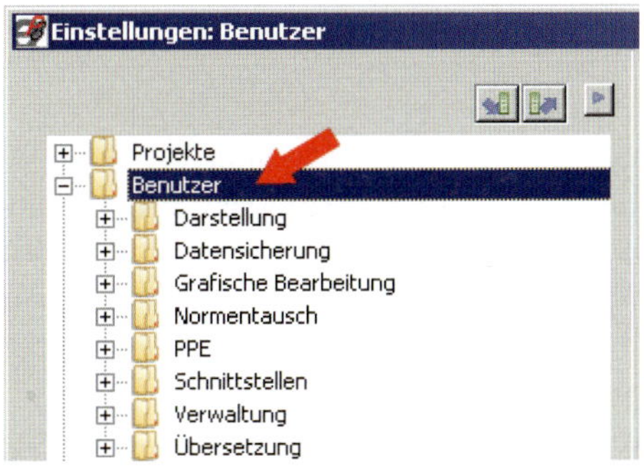

Bild 2.24 Einstellungen für Benutzer

2.3.2.1 Einstellung Benutzer – Darstellung

Dieser Bereich der Benutzereinstellungen enthält die persönlichen Oberflächeneinstellungen oder die Voreinstellung für einen benutzerbezogenen Arbeitsbereich.

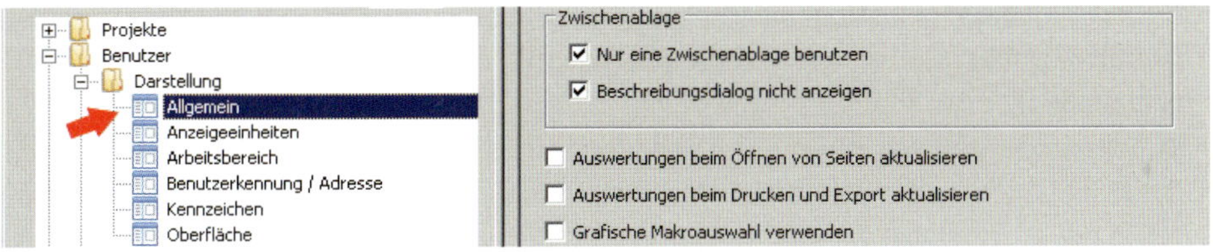

Bild 2.25 Einstellungen für die allgemeine Darstellung

Einige wichtige Einstellungen werden nachfolgend erläutert.

- **Allgemein:** Einstellungen, ob mehrere Zwischenablagen oder dazugehörende Beschreibungsdialoge genutzt werden sollen
- Dieser Einstellpunkt enthält einige weitere wichtige Einstellungen.

Auswertungen beim Öffnen von Seiten aktualisieren: Ist diese Einstellung aktiv, werden Auswertungen, die schon im Projekt erzeugt und als grafische Ausgaben vorhanden sind, beim Öffnen einer solchen Seite von EPLAN automatisch aktualisiert.

Das kann gewollt sein, aber es könnte auch sein, dass diese Auswertungen grafisch von EPLAN nicht verändert werden sollen, bei-

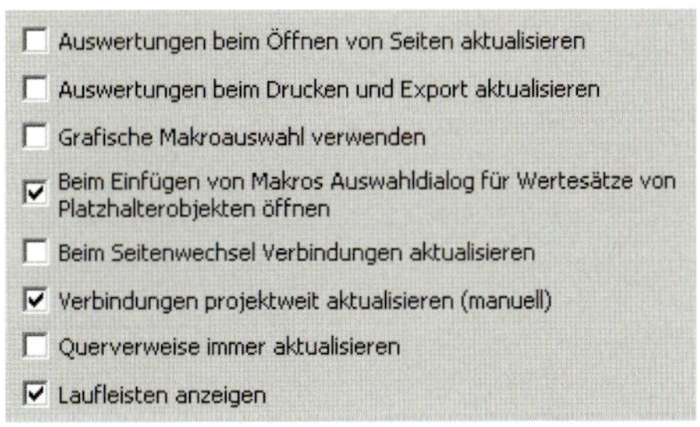

Bild 2.26 Weitere allgemeine Einstellungen

spielsweise aus Revisionsgründen oder zur Nachverfolgung von Änderungen. Dann ist dieser Parameter abzuschalten, indem die Option abgewählt wird (kein Häkchen setzen).

Der Parameter sollte auch abgeschaltet werden, wenn aus Gründen der Performance eine Projektbearbeitung sehr langsam wird (EPLAN hält die Daten im Hintergrund ständig aktuell und muss anschließend die Auswertung aktualisieren, sobald sie geöffnet wird – das erfordert einen schnellen Rechner). Dies gilt ebenfalls für die Einstellung **Beim Seitenwechsel Verbindungen aktualisieren**. Für die Einstellung **Verbindungen projektweit aktualisieren (manuell)** gilt: Wenn diese gesetzt ist, werden die Verbindungen über das gesamte Projekt aktualisiert. Wenn die Einstellung nicht aktiv ist, werden nur die Verbindungen aktualisiert, die auch selektiert wurden (eine oder mehrere Seiten oder markierte Betriebsmittel etc.).

- **Auswertungen beim Drucken und Export aktualisieren:** Damit sind die Auswertungen immer aktuell, wenn das Projekt gedruckt oder exportiert wird.
- **Grafische Makroauswahl verwenden:** Diese Einstellung kann nur im Zusammenhang mit den Einstellungen im Knoten *Firma/Darstellung/Grafische Makroauswahl* genutzt werden.

Des Weiteren befinden sich im Knoten folgende Einstellungen:

- **Anzeigeeinheiten:** Hier werden die Einheiten für Länge und Gewichte sowie für die anzuzeigenden Nachkommastellen festgelegt.
- **Arbeitsbereich:** Hier wird der bevorzugte Arbeitsbereich des Benutzers eingestellt. Die Arbeitsbereiche können aber beliebig während der Projektbearbeitung umgeschaltet werden. Das Thema Arbeitsbereiche wird in Abschnitt 2.9.1 noch ausführlicher behandelt.
- **Benutzerkennung/Adresse:** Hier werden Einträge wie Kennung, Name, Telefon oder die E-Mail-Adresse des Benutzers eingetragen. Ein Teil dieser Einträge wird beispielsweise für die Seiten- oder Projekteigenschaften genutzt, ein anderer Teil für Systemmeldungen, beispielsweise bei einem Konflikt mit einem anderen Benutzer während der Projektbearbeitung. Diese Einträge sind auch für Formulare, Normblätter etc. nutzbar.
- **Kennzeichen:** Voreinstellungen, wie EPLAN die Einsortierung von Strukturkennzeichen, wie beispielsweise Anlage oder Aufstellungsort, behandeln soll, die während der Projektbearbeitung neu vergeben werden

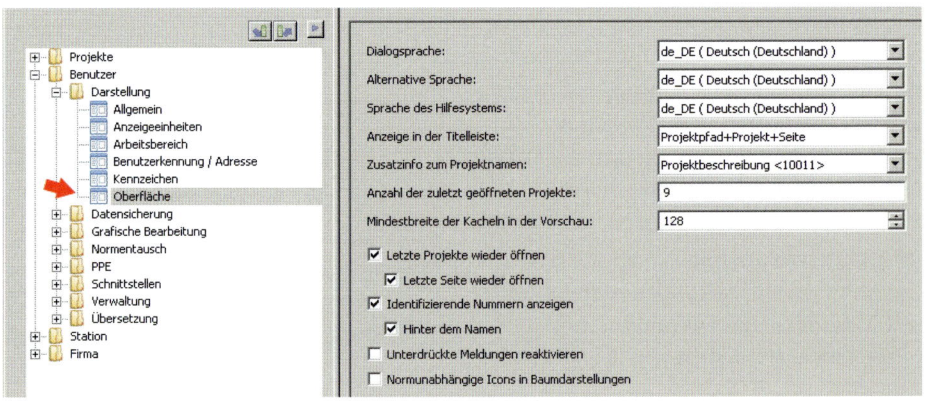

Bild 2.27
Erweiterte Einstellungen zur Oberfläche

- **Oberfläche:** Allgemeine Einstellungen zur Dialogsprache oder zur Spracheinstellung der Hilfedateien. Weitere Einstellungen zur Oberflächendarstellung sind hier möglich: Sollen die letzten Projekte beim Programmstart geöffnet oder zu den Eigenschaften in EPLAN die Eigenschaftsnummer angezeigt werden (= meine Empfehlung)? Interessant ist die Einstellung *Unterdrückte Meldungen reaktivieren*. Wird diese gesetzt, so werden Dialoge, deren Anzeige einmal deaktiviert worden ist, wieder zur Anzeige gebracht. Daneben gibt es die Einstellung *Anzeige in der Titelleiste*. Hier kann eingestellt werden, welche Informationen in der Titelleiste auftauchen sollen: Nur die aktuelle Seite, nur der Projektname und die aktuelle Seite oder der Projektname inklusive des Projektpfades und der aktuell geöffneten Seite.

2.3.2.2 Einstellung Benutzer – Datensicherung

Unter diesem Punkt der Benutzereinstellungen werden Voreinstellungen zum Sichern der Projekte getroffen.

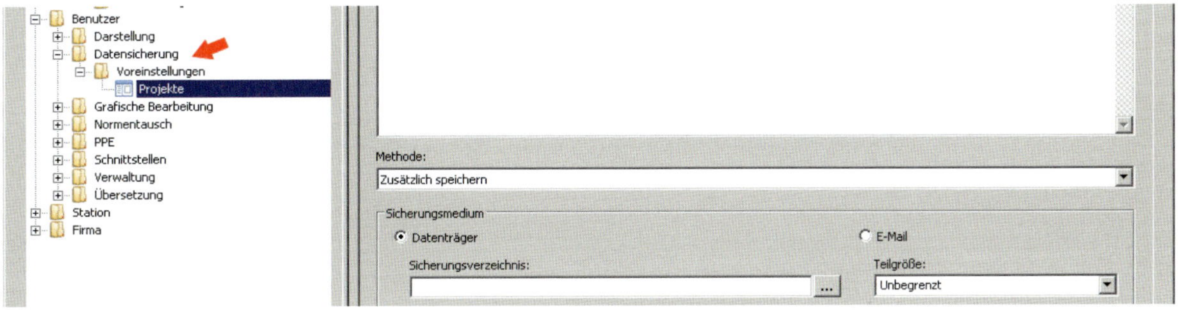

Bild 2.28 Einstellungen zur Datensicherung

- **Voreinstellung/Projekte:** Bestimmte Detailangaben, wie E-Mail-Teilgröße oder das Sicherungslaufwerk als Voreinstellungen für das Sichern von Projekten

2.3.2.3 Einstellung Benutzer – Grafische Bearbeitung

Unter diesen Einstellungen verbergen sich u.a. weitere Oberflächeneinstellungen, wie Farben oder Einstellungen zum Setzen von Verbindungssymbolen (T-Stücke etc.)

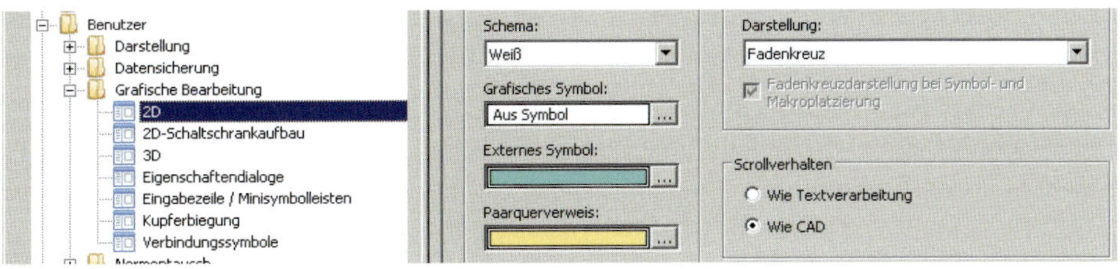

Bild 2.29 Einstellungen für die grafische Bearbeitung

- **2D:** Anzeige von Farbeinstellungen, Hintergrundfarbe, Rastergrößen, Cursoreinstellungen sowie des Verhaltens beim Scrollen

Folgende Einstellungen haben sich bisher bewährt, wobei besonders auf die Rastergrößen hingewiesen wird. Die Abstufungen 4; 2; 1; 0,5 und 0,25 haben sich für mich als sehr praktisch erwiesen.

- **2D-Schaltschrankaufbau:** Einstellungen für die Artikelplatzierungen, deren Bestückungsoptionen und Einstellungen zur Übernahme der Abmessungen aus dem Artikelstamm oder der manuellen Eingabe
- **3D:** Einstellungen für den 3D-Bereich, Raster, Farbeinstellungen oder auch, wie Klemmenleisten beim Platzieren behandelt werden sollen
- **Eigenschaftendialoge:** Einstellungen, ob bestimmte Eigenschaftendialoge, wie beispielsweise der Dialog **Eigenschaften Abschirmungen**, nach dem Platzieren dieser Objekte automatisch geöffnet werden sollen oder nicht
- **Verbindungssymbole:** Wichtige Einstellungen, um beispielsweise den Verbindungsdialog vor dem Platzieren einer Verbindungsabzweigung (T-Stück) zu erhalten oder ihn abzuschalten oder auch Einstellungen, die festlegen, ob Änderungen von Verbindungsbezeichnungen an folgende Verbindungen übertragen werden sollen

2.3.2.4 Einstellung Benutzer – Normentausch

Hierbei handelt es sich um einen wichtigen Bereich für Projekte, in denen ein Normentausch durchgeführt wurde. Solange kein Normentausch durchgeführt wurde, sind diese Einträge leer.

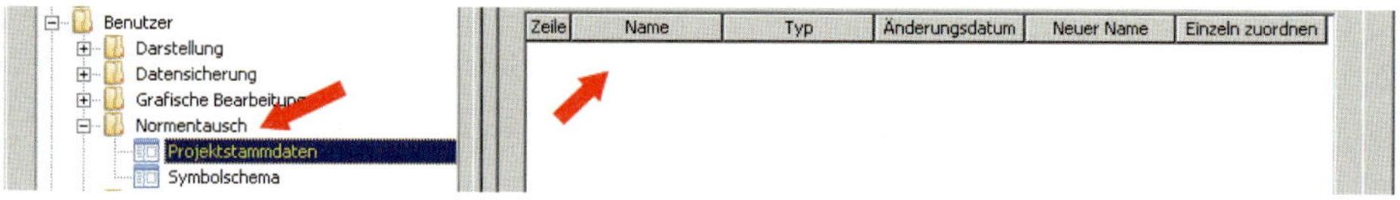

Bild 2.30 Normentausch

- **Projektstammdaten:** Enthält Zuordnungen von Projektstammdaten. Dieser Bereich ist nur mit Daten gefüllt, wenn ein Normentausch stattgefunden hat.
- **Symbolschema:** Enthält Zuordnungen von Symbolen. Hier gilt das Gleiche wie bei den Projektstammdaten. Wurde bisher kein Normentausch durchgeführt, ist auch dieser Bereich leer.

2.3.2.5 Einstellung Benutzer – Schnittstellen

EPLAN bietet eine Reihe verschiedenster Schnittstellen an, um Daten zu importieren bzw. exportieren. Dieser Bereich legt die Einstellungen für die Schnittstellen global fest.

Diese Einstellungen werden als Voreinstellung übernommen, solange bei der direkten Ausgabe keine anderen Einstellungen benutzt werden.

- **Beschriftung:** Hier werden Voreinstellungen für das am häufigsten benötigte Schema festgelegt, um Daten an die Beschriftung zu übergeben.
- **Bilddateien-Export:** Voreinstellungen für die Ausgabe von Bilddateien im BMP- und TIFF-Format
- **Dxf-/Dwg-Export und -Import:** Voreinstellungen für den Import und den Export von DXF-/DWG-Dateien

- **EPLAN 5-Datenübernahme:** Einstellungen für die Übernahme von EPLAN 5.x-Daten
- **EPLAN 21-Datenübernahme:** Einstellungen für den Import von EPLAN 21-Projekten, wie Symbolbibliothekszuordnung, Verzeichniseinstellungen, Sprachen und allgemeine Übernahmeparameter
- **Externe Bearbeitung [Art]:** Festlegung der am häufigsten benutzten Schemata für die externe Bearbeitung. Diese Einstellungen betreffen verschiedene Bereiche, wie Funktionen, Seiten oder auch Verbindungen.
- **PDF-Export:** Einstellungen für die interne PDF-Ausgabe von Seiten oder Projekten

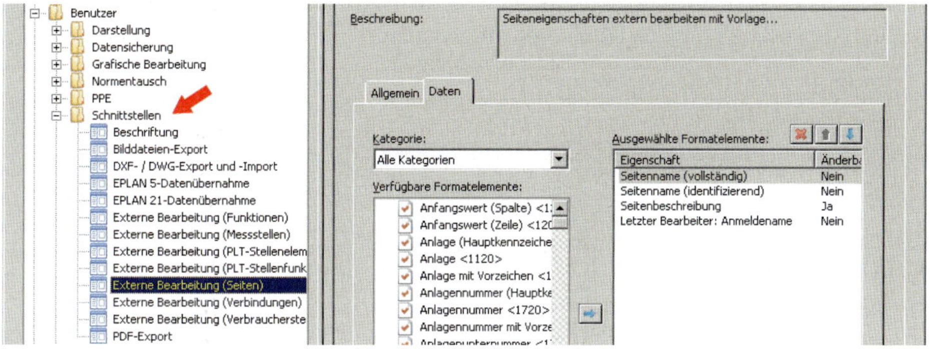

Bild 2.31 Diverse Schnittstelleneinstellungen

2.3.2.6 Einstellung Benutzer – Verwaltung

In diesem Bereich ermöglicht EPLAN benutzerbezogene Einstellungen für Verwaltungsaufgaben.

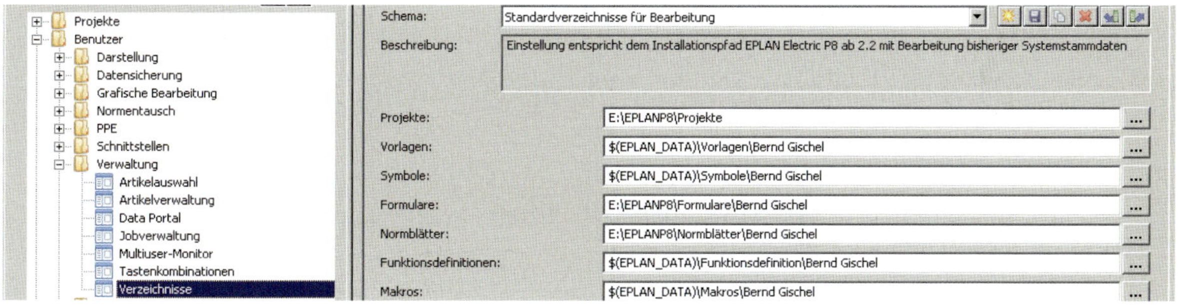

Bild 2.32 Verwaltungseinstellungen

- **Artikelauswahl:** Festlegung der Artikelauswahl. Woher werden die Artikel ausgewählt und über welche Schnittstelle (API, intern, SQL-Server oder ODBC-Schnittstelle)? Das kann also auch ein externes PPS-System sein.
- **Artikelverwaltung:** Mithilfe dieser Einstellungen werden die Artikeldatenbank sowie einige Einstellungen, welche die Artikel und deren Anzeige (Baumkonfiguration) betreffen, festgelegt. So zum Beispiel, ob EPLAN sich die Artikel aus der internen Artikelverwaltungs-Datenbank oder einer SQL-Datenbank holen soll.

- **Data Portal:** Einstellungen für den Benutzer, das Portal und die Verbindungseinstellungen zum Portal betreffend
- **Tastenkombinationen:** Benutzerbezogene Einstellungen der Tastenkombinationen zu den Befehlen in EPLAN. Hier können die Tastenkombinationen einzeln erstellt und entfernt oder die Tastaturbelegung wieder auf Standardeinstellungen zurückgesetzt werden.
- **Verzeichnisse:** Kompletter Überblick der installierten Verzeichnisse für die verschiedenen Stammdaten und Datenbanken in EPLAN. Hier besteht auch die Möglichkeit, anhand eigener Schemata die Verzeichnisse »in einem Rutsch« umzustellen.

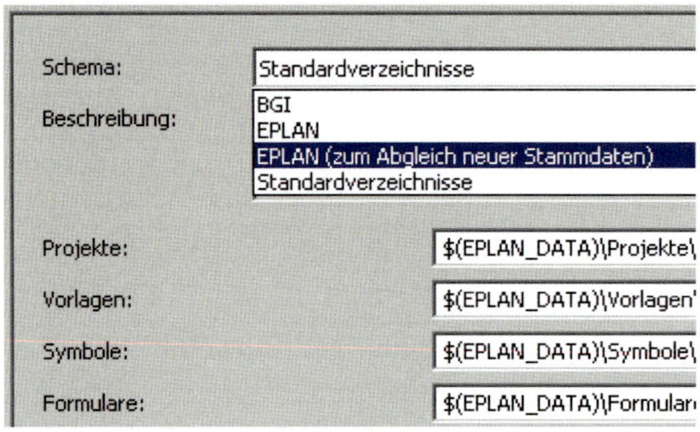

Bild 2.33 Standardverzeichnisse

2.3.2.7 Einstellung Benutzer – Übersetzung

Hierbei handelt es sich um allgemeine Festlegungen, wie Sprachen und deren Übersetzungen behandelt werden sollen.

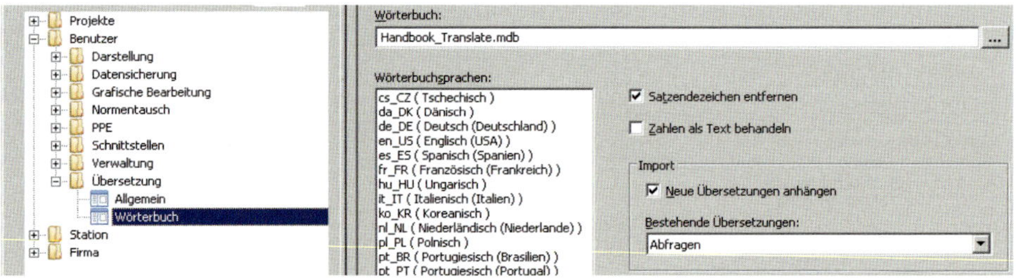

Bild 2.34 Übersetzungen und Fremdsprachen

- **Allgemein:** Festlegungen, wie projektunabhängige Texte übersetzt werden sollen oder auch, welche Quellsprache benutzt werden soll. Die Quellsprache ist die Sprache, zu der später die Übersetzungen generiert werden.
- **Wörterbuch:** Festlegung, mit welchem Wörterbuch der Benutzer arbeiten möchte. Gleichzeitig werden die verfügbaren Fremdsprachen der Datenbank angezeigt. Voreinstellungen für den Import von neuen Übersetzungen und das Verhalten bei der Eingabe von Texten (AutoVervollständigen oder AutoKorrigieren) runden die Parameter an dieser Stelle ab.

2.3.3 Einstellungen – Station

Hinter diesen Einstellungen befinden sich allgemeine Einstellungen zur aktuellen Arbeitsstation.

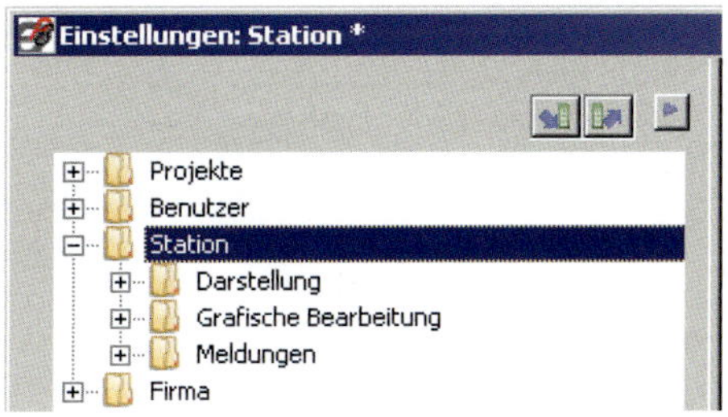

Bild 2.35 Stationseinstellungen

- **Darstellung/Allgemein:** Hier besteht die Möglichkeit, wenn ein Terminalserver benutzt wird, Optimierungen zum Betrieb einzustellen.
- **Grafische Bearbeitung/Drucken – PDF-Ausgabegröße:** Verschiedene globale Möglichkeiten rund um das Thema Drucken, wie Druckränder oder Druckgröße einstellen, und Einstellungen, um die Größe (Skalierung) einer PDF-Ausgabe zu beeinflussen
- **Meldungen/System:** Hier werden der Pfad und die maximale Größe zur Systemmeldungsdatei festgelegt.

2.3.4 Einstellungen – Firma

Damit beispielsweise Vergleiche mit Projekten von externen Zulieferern gemacht werden können, gibt es unter den Firmeneinstellungen eine Reihe von Parametern, die dies erleichtern sollen.

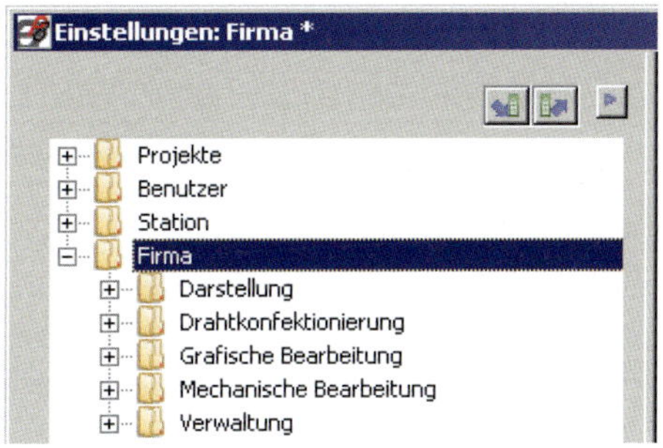

Einstellungen Firma

Bild 2.36 Firmeneinstellungen

- **Darstellung/Grafische Makroauswahl:** Diese Einstellung bietet die Möglichkeit, Makros und deren Verzeichnisse anhand von eigenen Texten (Bezeichnungen) und/oder Bilder einfacher zu finden und auszuwählen.

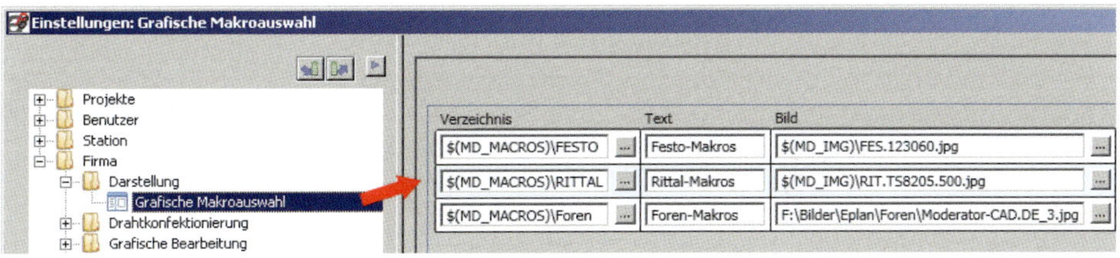

Bild 2.37 Festlegen der Einstellungen der grafischen Makroauswahl

- Diese Voreinstellungen können nur im *Grafischen Editor* genutzt werden, wenn in den Einstellungen *Benutzer/Darstellung/Allgemein* die Option *Grafische Makroauswahl verwenden* aktiviert wurde.

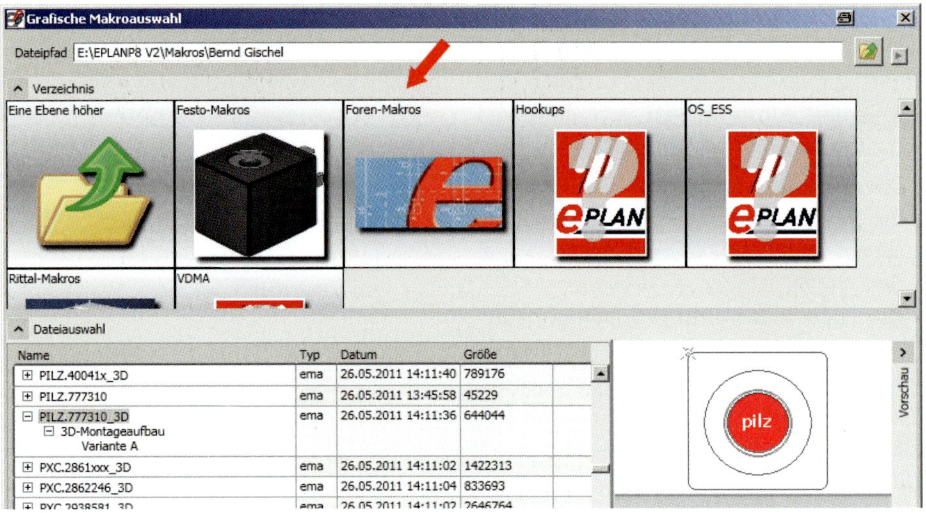

Bild 2.38 Dialog Grafische Makroauswahl (Aufruf im Grafischen Editor)

- **Grafische Bearbeitung/Schriftarten:** Vorgabe von bis zu zehn Firmenschriftarten. Diese zehn verschiedenen Schriftarten ermöglichen ein späteres problemloses Umschalten von einer Schriftart auf eine andere im gesamten Projekt, wenn an den betroffenen Objekten eine der globalen Schriftarten eingestellt wurde. Allerdings haben die projektbezogenen Schriftarten (Einstellung unter *Projekte/[Projektname]/Grafische Bearbeitung/Schriftarten*) immer Vorrang.
- **Verwaltung/Eigenschaftenvergleich** von Projekten: Einstellungen, welche Eigenschaften für einen Projektvergleich. herangezogen werden sollen. Für diese Vergleiche können eigene Schemata erstellt werden.
- **Verwaltung/Projektverwaltungsdatenbank:** Hier kann der Speicherort der firmenbezogenen Projektdatenbank eingestellt werden.
- **Verwaltung/Zusatzmodule:** Ermöglicht das automatisierte Steuern beim Start von EPLAN Electric P8 per manueller Vorgaben während des Startens anhand einer *Install.xml*-Datei, auf die hier in den Einstellungen verwiesen wird
- **Verwaltung/Änderungsverfolgung (Nummerierung des Revisionsindex):** Einstellungen (über eigene Schemata steuerbar) für den Index von Revisionen

2.4 EPLAN und Mehrfachstarts?

EPLAN kann beliebig oft gestartet werden. Warum, wird man sich fragen, da man doch innerhalb von EPLAN z. B. mehrere Projekte gleichzeitig öffnen und bearbeiten kann. Generell ist es nicht nötig, EPLAN mehrfach zu starten, aber möglich ist es.

Einer der praktischen Nutzen eines Mehrfachstarts von EPLAN liegt zum Beispiel darin, dass zeitgleich die Artikelverwaltung und das Wörterbuch geöffnet sein und parallel zu laufenden Projekten fehlende Einträge nachgetragen werden können, ohne die Projektbearbeitung an dieser Stelle zu unterbrechen.

Natürlich muss und sollte am Ende einer Bearbeitung, zum Beispiel der Artikelverwaltung, ein Abgleich dieser Daten mit dem Projekt erfolgen und die Klärung, wo diese Artikel eingelagert werden sollen. Das kann aber nach einem einmaligen Aufruf immer automatisch erfolgen. Auch hier gilt es abzuwägen, ob eine Automatik an dieser Stelle sinnvoll ist. EPLAN überlässt dies dem Anwender.

2.5 Eigenschaften

In EPLAN werden neben der eigentlichen Grafik von Symbolen, Form- oder Normblättern auch logische Informationen ausgegeben. Damit diese logischen Informationen optisch erscheinen, müssen sie den Symbolen, Form- oder Normblättern mitgegeben werden. Das erfolgt über das Zuweisen von Eigenschaften.

Die verschiedenen Arten von Eigenschaften in EPLAN

Jede Eigenschaft hat einen Eigenschaftsnamen und eine dazugehörige Eigenschaftsnummer (eine so genannte ID und möglicherweise noch einen Index dazu), die nur für diese eine Eigenschaft gültig ist. Anhand dieser Eigenschaftsnummer kann man *grob* unterscheiden, in welche Bereiche (Projekt, Seite etc.) die Eigenschaft fällt. Zu jeder Eigenschaft gehört ein nur dieser Eigenschaft zugeordneter Eigenschaftswert.

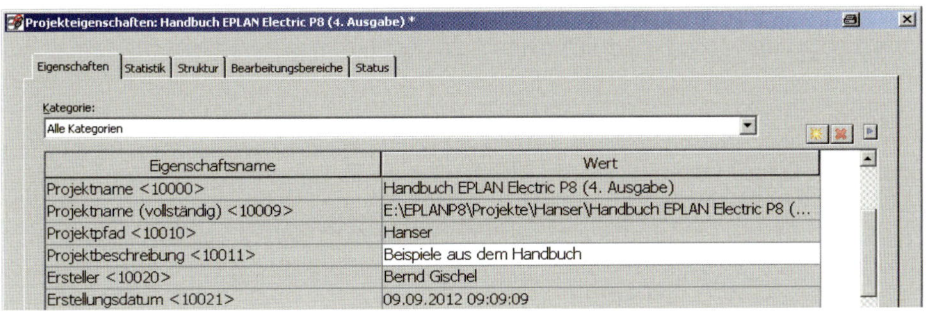

Bild 2.39 Projekteigenschaften

Zur Eigenschaft *Projektname <10000>* gehört der Wert <*Projektname*> (der Name des Projekts).

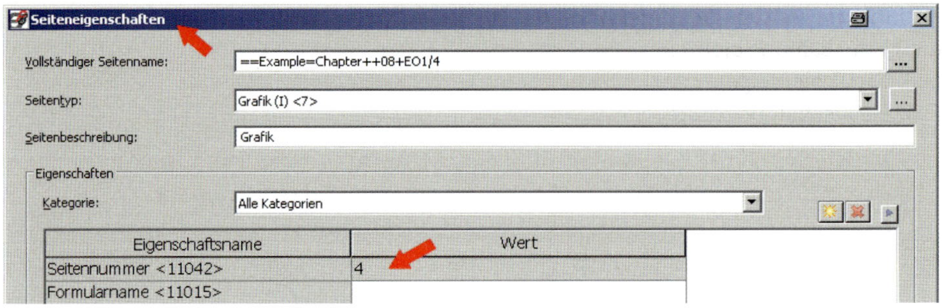

Bild 2.40 Seiteneigenschaften

Zur Eigenschaft *Seitennummer <11042>* gehört der Wert *<n>* (n = die eigentliche Seitennummer).

EPLAN unterscheidet generell zwischen mehreren verschiedenen Eigenschaften. Es gibt *Projekteigenschaften* (relevante Projektinformationen, wie z. B. der Projektname; 10000), *Seiteneigenschaften* (Eigenschaften einer Seite im Projekt selbst, wie z. B. die aktuelle Seitennummer; 11042), *Symboleigenschaften* (Eigenschaft eines Symbols, wie z. B. das sichtbare Betriebsmittelkennzeichen; 20010), *Formulareigenschaften* (Eigenschaften zum Aufbau des Formulars und der Auswertung von Daten, wie z. B. die Klemmen- und Steckerkontaktbezeichnung; 20030), *Normblatteigenschaften* (eine Eigenschaft wäre z. B. die Auswertungsrichtung von Betriebsmittelkennzeichen, ob das Betriebsmittelkennzeichen beispielsweise automatisch vom ersten zu findenden linken Betriebsmittel übernommen werden soll; 12103) und eine Vielzahl anderer Funktionseigenschaften.

2.5.1 Projekteigenschaften

Projekteigenschaften kann man auch als übergreifende Eigenschaften bezeichnen. Diese Eigenschaften können als Sondertext - Projekteigenschaft überall eingesetzt werden, zum Beispiel in der grafischen Bearbeitung über den Menüaufruf EINFÜGEN/SONDERTEXT/PROJEKTEIGENSCHAFTEN. Daraufhin öffnet sich der Dialog **Sondertext – Projekteigenschaften**.

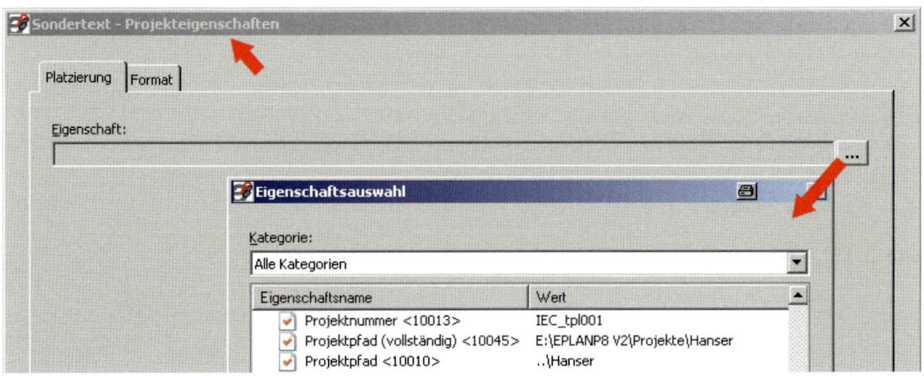

Bild 2.41 Projekteigenschaft auswählen und einfügen

Mithilfe des Buttons ... wird in den Dialog **Eigenschaftsauswahl** verzweigt. Hier kann die gewünschte Projekteigenschaft gewählt und mit dem Button **OK** übernommen werden. Die Projekteigenschaft wird im Dialog **Sondertext – Projekteigenschaften** in das Feld Eigenschaft übernommen.

Bild 2.42 Übernommene Projekteigenschaft

Anschließend kann der Sondertext auf der Registerkarte **Format** noch formatiert werden (Textart, Breite, kursiv etc.). Nach Abschluss der Eingaben bestätigen Sie mit dem Button **OK**. Die Projekteigenschaft hängt jetzt am Cursor und kann platziert werden.

Bild 2.43 Projekteigenschaft platzieren

Projekteigenschaften dem Projekt können innerhalb der Projekteigenschaften über den grafischen Button hinzugefügt werden. Dazu werden die Projekteigenschaften über das Menü **PROJEKT/EIGENSCHAFTEN** zum Bearbeiten geöffnet. Durch Anklicken des Buttons wird der Dialog **Eigenschaftsauswahl** geöffnet.

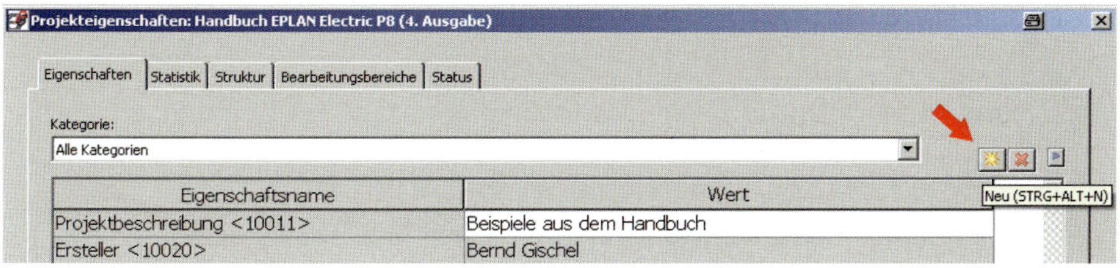

Bild 2.44 Projekteigenschaft hinzufügen

Im Dialog **Eigenschaftsauswahl** können nun durch die üblichen Windows-Funktionen eine oder mehrere Eigenschaften markiert und mit Bestätigen des Buttons **OK** in das Projekt als Projekteigenschaften übernommen werden.

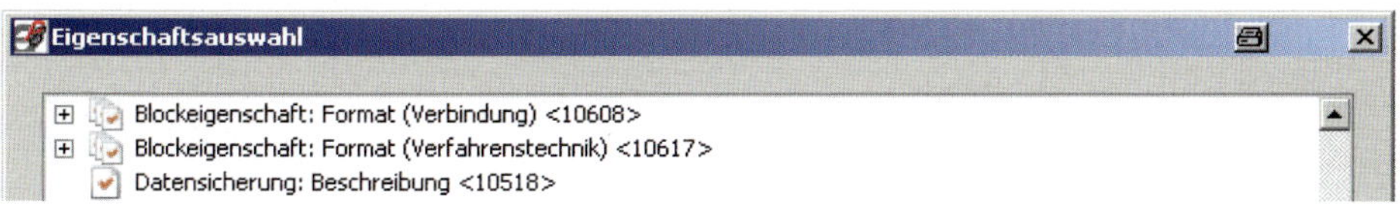

Bild 2.45 Eigenschaftsauswahl

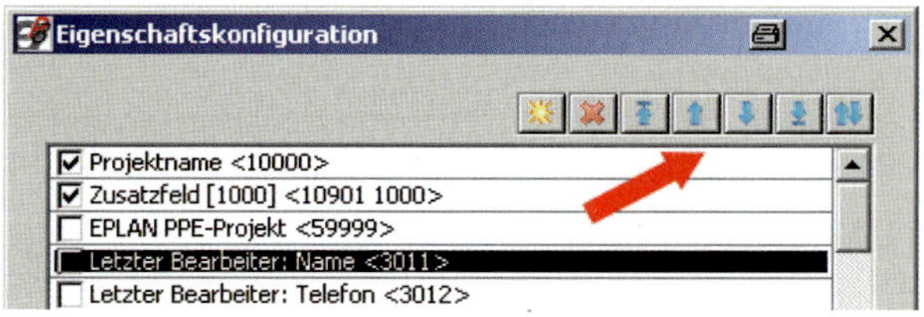

Bild 2.46 Eigenschaftskonfiguration

Mithilfe des Kontextmenüs (rechte Maustaste) oder über den grafischen Button ist es auch möglich, die Projekteigenschaften für die Anzeige zu sortieren. Dazu wählt man im Kontextmenü den Befehl **KONFIGURIEREN**. Anschließend öffnet sich der Dialog **Eigenschaftsanordnung**. Hier können mithilfe der grafischen Buttons die Eigenschaften nach Wunsch angeordnet werden.

2.5.2 Seiteneigenschaften

Mit **Seiteneigenschaften** bezeichnet EPLAN diejenigen Eigenschaften, die zu einer Seite gehören. Für die Seiteneigenschaften gilt ebenfalls, dass sie universell einsetzbar sind. Über den Menüaufruf in der grafischen Bearbeitung **EINFÜGEN/SONDERTEXTE/SEITENEIGENSCHAFTEN** wird der Dialog **Sondertext – Seiteneigenschaften** gestartet. Im Feld *Eigenschaft* kann über den Button der Dialog **Eigenschaftsauswahl** gestartet werden.

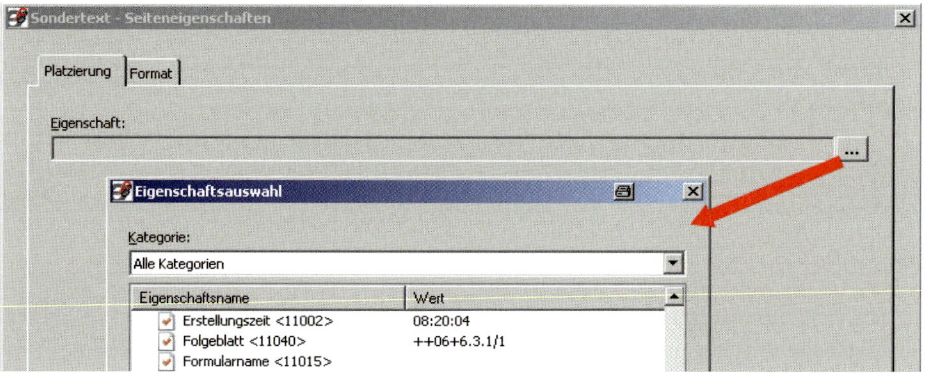

Bild 2.47 Seiteneigenschaften hinzufügen

Hier kann anschließend die gewünschte Eigenschaft gewählt (markiert) und mit dem Button **OK** in das Feld *Eigenschaft* des Dialogs **Sondertext – Seiteneigenschaft** übernommen werden.

Nach einer eventuellen Formatierung des Textes (auf der Registerkarte *Format*) wird der Dialog **Sondertext – Seiteneigenschaften** mit dem Button **OK** geschlossen. Der Sondertext hängt jetzt am Cursor und kann entsprechend platziert werden.

Bild 2.48 Seiteneigenschaft platzieren

2.5.3 Symboleigenschaften (Schaltzeichen)

Symboleigenschaften sind Eigenschaften, die speziellen Symbolen (Schaltzeichen) zugeordnet sind. Es gibt Symboleigenschaften, die direkt erreichbar sind, wie Anschlussbezeichnungen oder das Betriebsmittelkennzeichen.

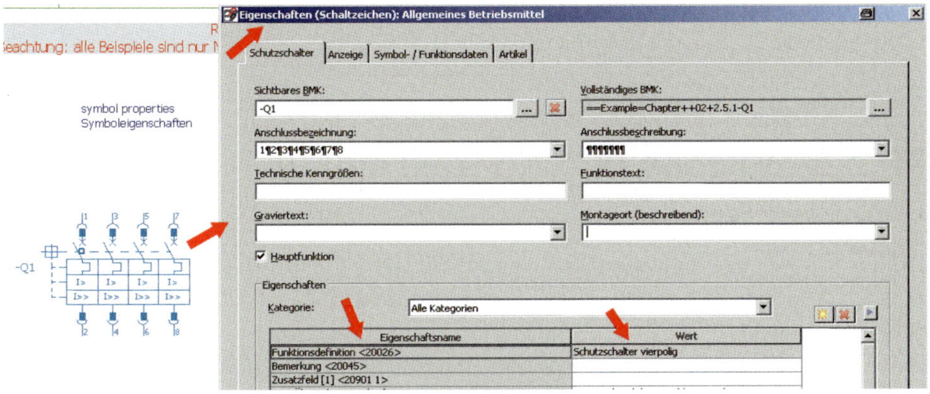

Bild 2.49 Eigenschaften eines Symbols (Schaltzeichen)

Neue Eigenschaften werden wie die vorangegangenen Eigenschaften (Projekteigenschaften oder Seiteneigenschaften) hinzugefügt. Dazu wird der grafische Button auf der Registerkarte *Eigenschaft (Art des Betriebsmittels)* angeklickt. EPLAN öffnet nun den Dialog **Eigenschaftsauswahl**. Hier kann man wieder die gewünschte(n) Eigenschaft(en) markieren und mit dem Button **OK** in die Symboleigenschaften übernehmen. Die Eigenschaft wurde nun hinzugefügt.

Auch in einem Symbol ist es möglich, die Reihenfolge der Anzeige von Eigenschaften anzupassen. Dazu wird entweder das Kontextmenü der rechten Maustaste gestartet oder der Button angeklickt. Im erscheinenden Menü müssen Sie den Eintrag **KONFIGURIEREN** auswählen. EPLAN öffnet den Dialog **Eigenschaftsanordnung**. Hier können nun wieder über die schon bekannten grafischen Buttons die Eigenschaften entsprechend verschoben bzw. sortiert werden.

2.5.4 Formblatteigenschaften

Mit **Formblatteigenschaften** bezeichnet EPLAN Eigenschaften des Formblattes. Formblätter (Auswertungen) unterscheiden sich je nach Auswertungstyp. Es gibt gemeinsame Eigenschaften für alle Typen von Formularen, aber es gibt auch Eigenschaften, die nur auf bestimmte Auswertungstypen zutreffen. Formblatteigenschaften selbst können nur im **Formblatt-Editor** bearbeitet werden.

2.5.5 Normblatteigenschaften

Normblatteigenschaften sind Eigenschaften, die dem Aufbau und der Auswertung von normalen Seitentypen, wie zum Beispiel dem Seitentyp *Schaltplan allpolig*, zugeordnet sind. Ein Beispiel wäre die Eigenschaft *Pfadbereiche* und deren Größe. Normblatteigenschaften können nur im **Normblatt-Editor** bearbeitet werden.

2.6 Buttons und Kontextmenüs

EPLAN benutzt eine Vielzahl von Dialogen. Das ist an sich nichts Neues in einem so umfangreichen Programm. An dieser Stelle möchte ich aber einige Dialogelemente, die sich in sehr vielen Dialogen wiederholen, herausstellen und erklären. Diese Dialoge gleichen sich in EPLAN an sehr vielen Stellen. Daher ist es wichtig zu wissen, wie sie aufgebaut sind, bedient und genutzt werden können.

Grafische Buttons spielen eine wichtige Rolle, da ein großer Teil von Funktionen und Funktionsweisen in EPLAN damit leichter erreichbar ist.

2.6.1 Buttons im Betriebsmitteldialog

Betriebsmitteldialoge unterscheiden sich in EPLAN, bis auf ein paar Kleinigkeiten, generell nicht. Das heißt, sie sind immer gleich aufgebaut, ob es sich nun um einen Betriebsmitteldialog für einen Motorschutzschalter, einen Transformator oder ein anderes Schaltzeichen handelt.

EPLAN benutzt in unterschiedlichen Registerkarten verschiedene Buttons, um die Bedienung zu vereinfachen. Im Folgenden finden Sie eine Auflistung der am häufigsten verwendeten Buttons und deren Bedeutung.

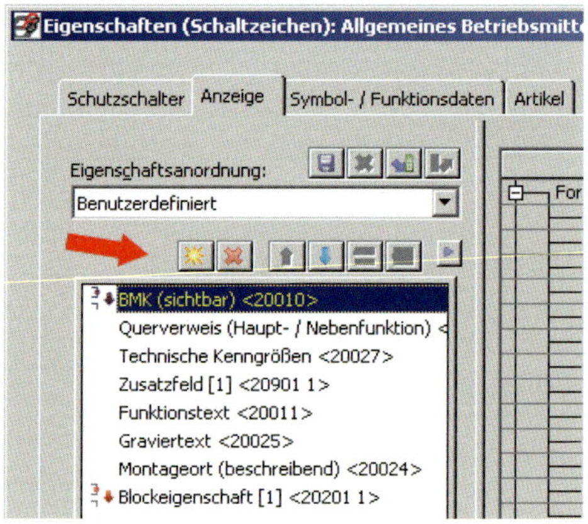

Bild 2.50 Verschiedene Buttons

	Neue Eigenschaft der Eigenschaftsanordnung hinzufügen
	Eigenschaft aus der Eigenschaftsanordnung entfernen
	Eigenschaft, um einen Platz nach oben verschieben
	Eigenschaft, um einen Platz nach unten verschieben
	Eigenschaft abdocken (frei stellen)
	Eigenschaft andocken (an den oberen Bereich ankoppeln)
	Speichern
	Löschen
	Importieren
	Exportieren

2.6.2 Buttons in Dialogen (Konfigurieren)

Der Menübefehl **KONFIGURIEREN** wird benutzt, um Eigenschaften in Dialogen persönlich besser anzuordnen oder umzusortieren.

Bild 2.51 Buttons im Dialog Eigenschaftskonfiguration

Das können Seiteneigenschaften sein, aber auch Einstellungen in anderen Dialogen wie zum Beispiel im Dialog **DIENSTPROGRAMME/AUSWERTUNGEN ERZEUGEN/EINSTELLUNGEN/AUSGABE IN SEITEN**. Die Anzahl der Buttons kann dabei unterschiedlich sein. Prinzipiell bleibt die Bedeutung bzw. die Funktion der Buttons immer gleich.

	Den oder die markierten Einträge an den Anfang der Liste schieben
	Den oder die markierten Einträge an das Ende der Liste schieben
	Zwei markierte Einträge tauschen (die Positionen wechseln)

Im Gegensatz zu den grafischen Buttons der Betriebsmitteldialoge ist hier eine Auswahl von mehreren Einträgen möglich. Die anderen grafischen Buttons sind in ihrer Arbeitsweise schon bekannt.

2.6.3 Buttons in Dialogen wie Filterschemata

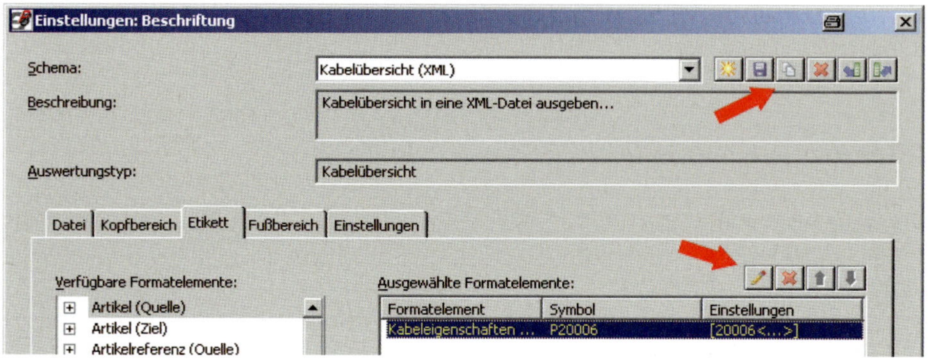

Bild 2.52 Buttons in diversen Einstelldialogen

Neben den bisher schon bekannten grafischen Buttons besitzen einige Dialoge, wie **Filter, Sortierungen** oder andere Einstelldialoge, neben den bisher bekannten noch weitere zusätzliche grafische Buttons.

Zusätzliche Buttons in den Dialogen **Filter** oder **Sortierung:**

 Eintrag editieren

 Eintrag kopieren

2.6.4 Kleiner blauer Dreiecksbutton

Sobald in einem beliebigen Dialog der Button ▶ auftaucht, kann mit der rechten Maustaste ein Kontextmenü aufgerufen werden. Klickt man den Button selbst an, kommt das Kontextmenü der rechten Maustaste zum Vorschein.

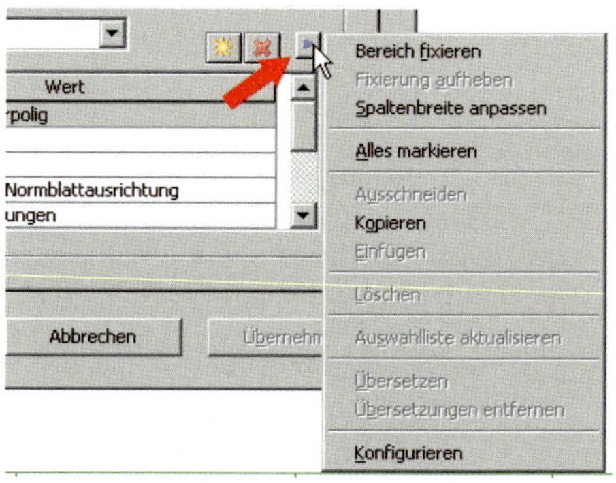

Bild 2.53
Blauer Button

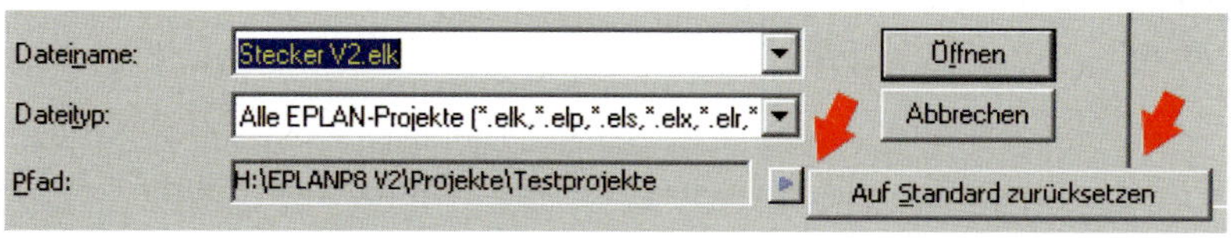

Bild 2.54 Weitere Funktionsmöglichkeiten

Je nach Dialog kann das Kontextmenü »hinter« dem blauen Button verschiedene Funktionen haben. Sehr nützlich ist er in Dialogen, die Dateien oder Verzeichnisse öffnen. Hier kann man schnell die Standardverzeichnisse einstellen, ohne sich mühsam selbst bis zum Standardverzeichnis durchklicken zu müssen.

2.6.5 Eigenschaftsanordnungen (Schaltzeichen)

EPLAN bietet für die Eigenschaftsanordnungen immer auch eine *Standardvorgabe* an. Die Standardvorgabe wird im Symbolbau festgelegt und ist so nicht änderbar. Möchte man diese Standardvorgaben ändern, muss man die Symbole überarbeiten. Ich empfehle hier keine Änderungen an den original mitgelieferten EPLAN-Symbolbibliotheken vorzunehmen, da ein späterer Abgleich mit neueren Versionen der EPLAN-Symbolbibliotheken eventuell aus Kompatibilitätsgründen scheitern könnte.

Bild 2.55 Standardvorgabe

Diese Eigenschaftsanordnungen können aber auch selbst geändert werden. Sie tauchen in der Eigenschaftsanordnung, nach einer Änderung, erst einmal mit der Bezeichnung *Benutzerdefiniert* auf.

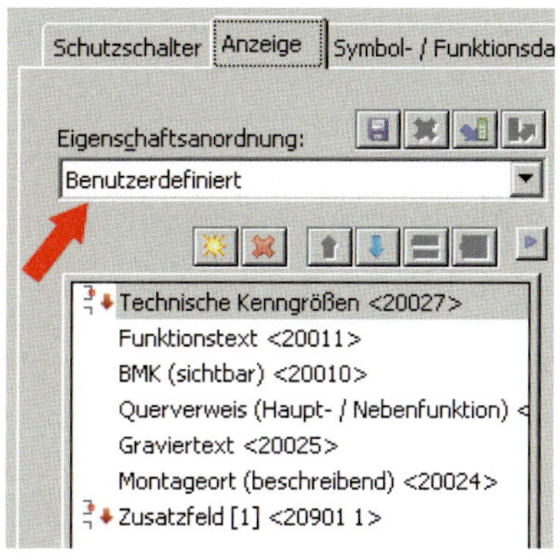

Bild 2.56 Benutzerdefinierte Anordnung

Um diese benutzerdefinierte Eigenschaftsanordnung wieder rückgängig zu machen, muss in der Auswahlliste *Eigenschaftsanordnung* die Auswahl *Standardvorgabe* getroffen werden. Dabei werden alle manuell geänderten Einstellungen an einem Symbol wieder auf die dem Symbol hinterlegten Standardwerte zurückgesetzt.

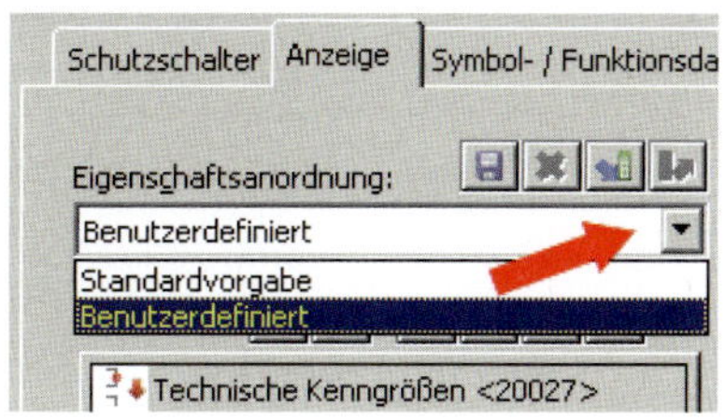

Bild 2.57 Rückgängigmachen

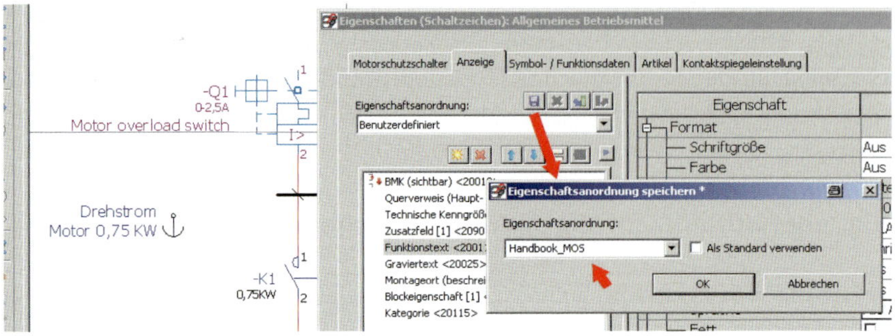

Bild 2.58
Eigene Eigenschaftsanordnung abspeichern

Wurde eine Eigenschaft abgeändert, ist sie für EPLAN keine Standardvorgabe mehr, und die Anzeige im Auswahlfeld *Eigenschaftsanordnung* wechselt auf *Benutzerdefiniert*. Diese benutzerdefinierte Anordnung kann auch mit dem Button  gespeichert und projektweit an ähnlichen Symbolen aufgerufen bzw. eingestellt werden. Dazu kann ein aussagekräftiger Name für die Eigenschaftsanordnung vergeben werden. Nach einem Klick auf den Button **OK** wird diese Eigenschaftsanordnung gespeichert, in das Auswahlfeld eingetragen und steht dann allen Symbolvarianten zur Verfügung.

Eine Eigenschaftsanordnung eines Schutzschalters kann demnach nicht an eine Klemme in deren Eigenschaftsanordnungen übertragen werden, sondern nur an gleiche »Typen« (gleiche Funktionsschablone) von Geräten.

Die Option *Als Standard verwenden* ermöglicht es, dass EPLAN ab sofort (beim nächsten Einfügen einer gleichen Funktion) die eigene Eigenschaftsanordnung übernimmt, also automatisch voreinstellt.

2.6.6 Eigenschaften formatieren

Unterschiedliche Formatierungen, beispielsweise von Texten, sind mit EPLAN leicht zu realisieren. Die prinzipielle Vorgehensweise bleibt, trotz eventuell etwas unterschiedlicher Dialoge, immer sehr ähnlich.

Als Beispiel soll hier der normale Textdialog dienen. Um einen Text einzufügen, wird über das Menü **EINFÜGEN/GRAFIK/TEXT** der Textdialog **Eigenschaften** gestartet.

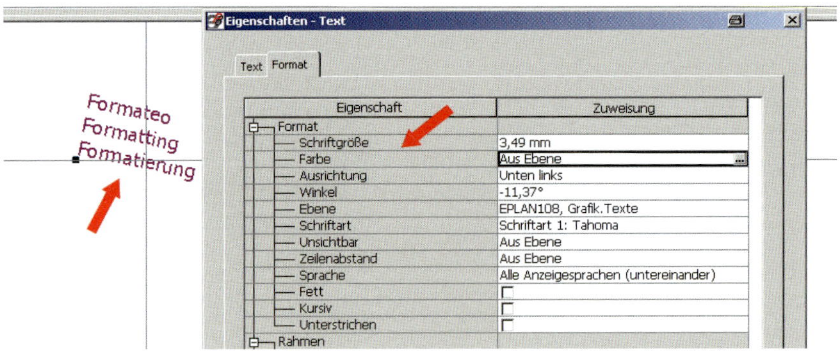

Bild 2.59
Formatierungsmöglichkeiten für Texte (Beispiel)

Im geöffneten Dialog kann auf der Registerkarte **Text** in das Eingabefeld *Text eingeben* der gewünschte Text eingetragen werden. Um nun den Text nach den persönlichen Wünschen zu formatieren, wird zur Registerkarte **Format** gewechselt. Hier stehen dem Anwender alle Möglichkeiten offen, um den eben eingegebenen Text zu formatieren. Die Auswahlfelder sind frei editierbar, oder es wird eine Vorgabe ausgewählt.

Bild 2.60 Beispiele verschiedener Formatierungen

Im Beispiel ist ersichtlich, wie unterschiedlich ein Text aussehen kann, wenn er mit der Standardvorgabe *Ausrichtung* formatiert wird (die kleinen schwarzen Punkte sind die Anfasspunkte des Textes).

2.6.7 Buttons (kleine schwarze Dreiecke)

In verschiedenen Dialogen sind Buttons mit einem kleinen schwarzen Dreieck versehen. Hinter diesen Buttons »verstecken« sich weitere Menüaufrufe.

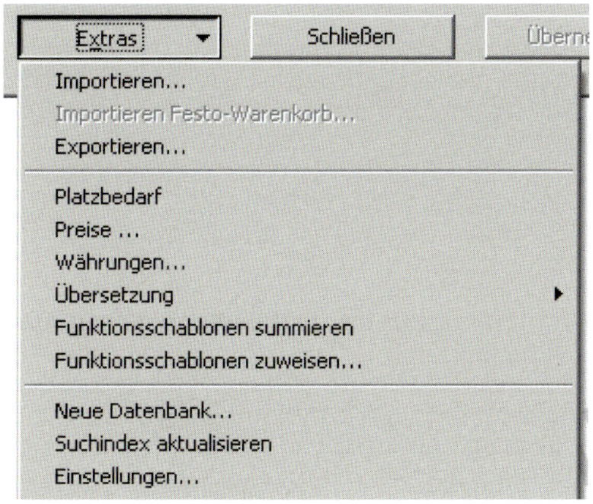

Bild 2.61 Artikelverwaltung

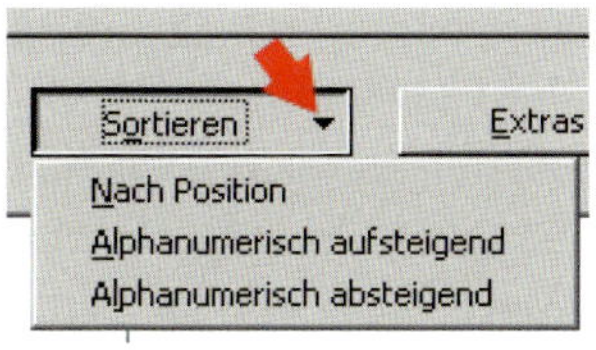

Bild 2.62 Strukturkennzeichen-Verwaltung

2.6.8 Dialoge für Schemata

Dialoge für Schemata bieten die Option, die erstellten Schemata zu exportieren bzw. zu importieren.

Bild 2.63 Import- und Exportmöglichkeiten von Schemata

TIPP: Selbst erstellte Schemata sollten regelmäßig, am besten sofort nach der Erstellung, exportiert werden. Somit sind diese Schemata für neue Versionen, andere Projekte oder andere Arbeitsstationen (je nach Installation) immer verfügbar.

In vielen Bereichen bietet EPLAN für den Typ Schema ein besonderes Kennzeichen an. Damit werden bei einem Import nur die Typen der Schemata gezeigt, die auch in das aktuelle Schema importiert werden können.

CBnu..xml*	Vorzeichen Schema für Kabelnummerierung
LB..xml*	Vorzeichen Schema für Beschriftungen
WS..xml*	Vorzeichen Schema für Arbeitsbereiche

2.7 Stammdaten

EPLAN unterscheidet zwischen zwei Arten von Stammdaten: den **Systemstammdaten** und den **Projektstammdaten**.

Systemstammdaten werden in den bei der Installation eingestellten Verzeichnissen mit dem dazugehörigen Anwenderverzeichnis abgelegt. Zusätzlich zu den anwenderbezogenen Systemstammdaten werden auch die originalen EPLAN-Systemstammdaten jeweils in das Verzeichnis *EPLAN Originalstammdatenverzeichnis* installiert (je nach Auswahl des Verzeichnisses während der Installation).

Es gilt zu beachten, dass bei einer Installation immer nur die originalen EPLAN-Systemstammdaten in den Verzeichnissen \EPLAN überschrieben bzw. aktualisiert werden. Die anwenderbezogenen Systemstammdaten werden bei Neuinstallationen oder der Installation eines Updates **nicht** überschrieben bzw. aktualisiert. Generell ist es aber möglich, dass die eigenen Systemstammdaten mit den originalen EPLAN-Systemstammdaten abgeglichen werden können. Dafür wird im Menü **DIENSTPROGRAMME/STAMMDATEN** der

Menüpunkt **SYSTEMSTAMMDATEN ABGLEICHEN** aufgerufen. Im folgenden Dialog können die eigenen Systemstammdaten dann entsprechend auf den neuesten Stand gebracht werden.

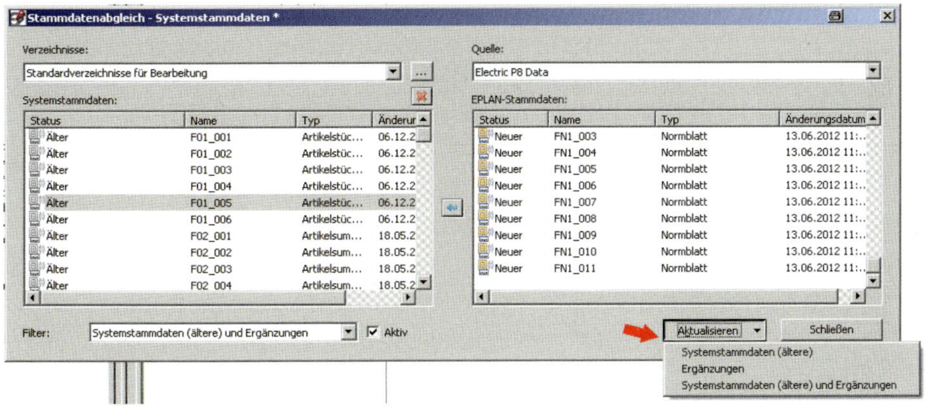

Bild 2.64 Stammdatenabgleich

Sollte der Anwender also beispielsweise das mitgelieferte Inhaltsverzeichnisformular *F06_001.f06* abgeändert haben, würde EPLAN dieses Formular in den anwenderbezogenen Stammdatenverzeichnissen *\\Formulare\Firmenkennung* nicht gegen ein aktuelles, eventuell verbessertes Formular ersetzen, sondern dieses Formular nur im Verzeichnis *\\Formulare\EPLAN* überschreiben.

Systemstammdaten sind u.a. Symbolbibliotheken mit den dazugehörigen Symbolen, Funktionsdefinitionen, Formblättern oder auch Normblättern.

Projektstammdaten sind die andere Art von Stammdaten. Projektstammdaten werden aus den Systemstammdaten nach dem ersten Gebrauch in das Projekt eingelagert und sind nach der Einlagerung unabhängig von den Systemstammdaten.

2.8 Die Bedienung

EPLAN lässt sich bequem mit der Maus bedienen. Um die eigene Arbeitsgeschwindigkeit zu erhöhen, ist EPLAN sehr flexibel, wenn es darum geht, mögliche aufrufbare Funktionen aus den Menüs per Tastenkombination festzulegen. Es lassen sich Funktionen mit einer Tastenkombination belegen, die auch in den Hauptmenüs, wie Seite, Projekt etc., erreichbar sind.

Um einen Text im Textdialog zu übersetzen, kann man den entsprechenden Befehl mit der Maus über **DIENSTPROGRAMME/ÜBERSETZUNG** anwählen. Diese Funktion kann mit einer Tastenkombination belegt werden, da es sich um einen normalen Menübefehl handelt. Ich benutze **STRG** (oder **CTRL**) + **L** als Tastenkombination.

2.8.1 Tastaturbedienung

EPLAN lässt es dem Anwender frei, mögliche Funktionen und Befehlsaufrufe mit Tastenkombinationen zu belegen.

HINWEIS: Es gibt an dieser Stelle folgende Einschränkung: In der Regel sind nur eigene Tastenkombinationen in Verbindung mit der **STRG-/CTRL-** und/oder **ALT**-Taste zugelassen.

Natürlich sollten wichtige und Windows-übliche Tastenkombinationen, wie **STRG + C** (Kopieren) oder **STRG + V** (Einfügen), wenn möglich, **nicht** anders belegt werden. Die Möglichkeit besteht zwar, aber sie ist nicht zu empfehlen.

Ausgewählte Tastenkombinationen

Es folgen einige Empfehlungen von Tastenkombinationen, die sich im praktischen Betrieb bewährt haben.

Seite kopieren von/in	**STRG + SHIFT + K**
Bearbeiten/Format kopieren	**ALT + K**
Bearbeiten/Format zuweisen	**ALT + Z**
Dienstprogramme/Auswertungen/Erzeugen	**STRG + ALT + E**
Suchen/Auswahl synchronisieren	**STRG + SHIFT + Y**
Projektdaten/Betriebsmittel-Navigator	**STRG + SHIFT + B**
Projektdaten/Verbindungen aktualisieren	**F11**
Dienstprogramme/Artikel/Verwaltung	**ALT + V**
Dienstprogramme/Übersetzung/Wörterbuch	**ALT + Ü**

Um Funktionen mit einer eigenen Tastenkombination zu belegen, wird im Menü **OPTIONEN/EINSTELLUNGEN** der Knoten **BENUTZER/VERWALTUNG/TASTENKOMBINATIONEN** geöffnet.

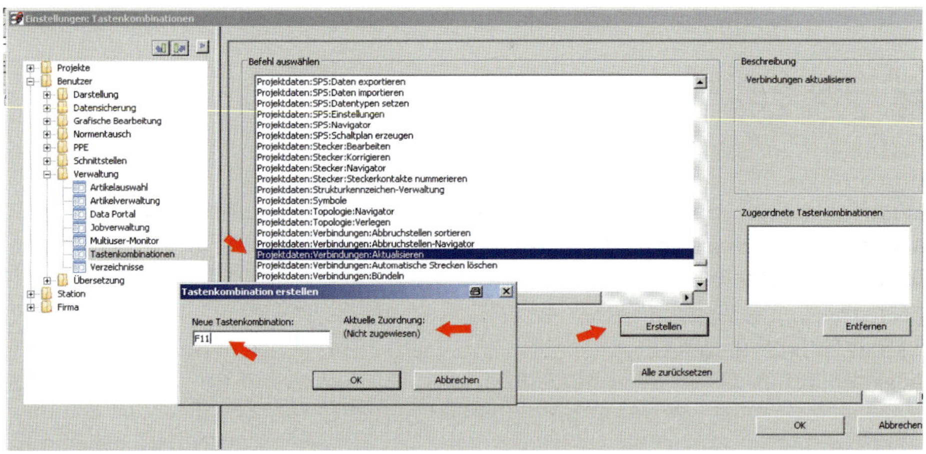

Bild 2.65 Zuordnung von Tastenkombinationen zu Funktionen

In diesem Dialog wird die gewünschte Aktion ausgesucht und über den Button **ERSTELLEN** einer Tastenkombination zugewiesen. Mit Klick auf **OK** wird die Tastenkombination übernommen und ist ab sofort »einsatzbereit«.

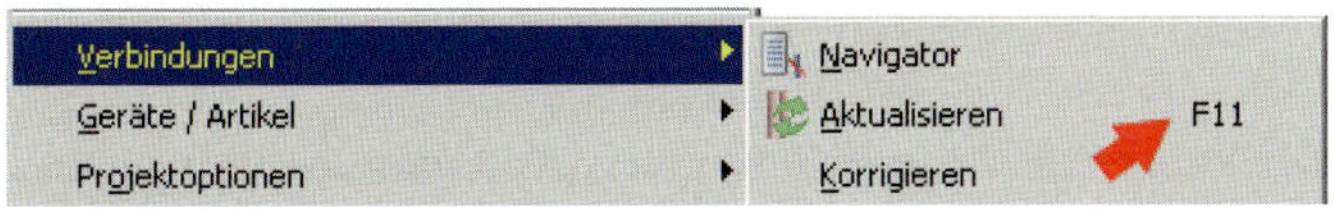

Bild 2.66 Übernommene Tastenkombination im Menü Verbindungen

2.8.2 Mausbedienung

EPLAN lässt sich komplett mit der Maus bedienen. Viele Menüpunkte lassen sich, zugegebenermaßen, mit der Maus besser erreichen als mit manchen kryptischen Tastenkombinationen, die man sich meistens doch nicht merken kann.

2.9 Die Oberfläche – weiteres Nützliches

EPLAN kann eine Menge leisten, um den Anwender in der Projektbearbeitung, aber auch in der Bedienung des Programms, zu unterstützen.

Eine sehr schöne und nützliche Möglichkeit ist es, sich die Oberfläche in EPLAN frei zu konfigurieren. Die so genannten Arbeitsbereiche werden abhängig vom angemeldeten EPLAN-Benutzer eingestellt. So ist es möglich, dass beim Start von EPLAN auf demselben Rechner immer die eigene Oberflächenkonfiguration beim Start von EPLAN aufgerufen wird.

2.9.1 Mit Arbeitsbereichen arbeiten

Unter einem **Arbeitsbereich** versteht man, vereinfacht ausgedrückt, die Aufteilung von Dialogen oder mit welchen Symbolleisten man bei bestimmten Arbeitsvorgängen in EPLAN arbeiten möchte. EPLAN ermöglicht es, sich für bestimmte Bereiche separate Arbeitsbereiche zu schaffen, die genau diese benötigten Symbolleisten, Ansichten oder Dialoge enthalten.

Die Funktion Arbeitsbereich ist über das Menü in der grafischen Bearbeitung **ANSICHT/ARBEITSBEREICH** zu erreichen. Wählt man diese Funktion, öffnet EPLAN den Dialog **Arbeitsbereich**, und es ist über das Auswahlfeld möglich, einen solchen auszuwählen.

2.9.1.1 Einen Arbeitsbereich einrichten und auswählen

Ein Arbeitsbereich wird durch das Platzieren von gewünschten Dialogen oder Symbolleisten an die persönlichen Eigenschaften angepasst. Um einen neu gestalteten Arbeitsbereich dauerhaft zu speichern, wird über das Menü **ANSICHT/ARBEITSBEREICH** der Dialog **Arbeitsbereich** gestartet.

Mit dem Button wird ein neuer Arbeitsbereich angelegt. EPLAN öffnet anschließend den Dialog **Neues Schema**. Im Feld *Name* wird ein noch nicht bestehender Name vergeben und im Feld *Beschreibung* eine aussagekräftige Beschreibung des neu zu erstellenden Arbeitsbereiches.

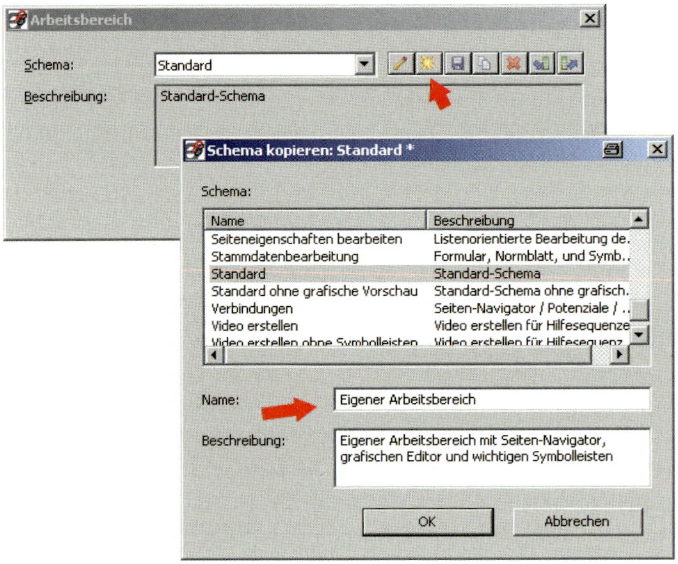

Bild 2.67 Arbeitsbereich erstellen

Nach Klick auf den Button **OK** ist der Arbeitsbereich gespeichert und kann anschließend als aktueller Arbeitsbereich übernommen werden.

2.9.2 Darstellung von Dialogen

EPLAN bietet sehr viele Daten und weiterführende Informationen. Um die Informationen übersichtlich anzuzeigen, gibt es unter EPLAN verschiedene Darstellungsarten in den Navigatoren.

2.9.2.1 Baumdarstellung

Eine Art der Darstellung ist die so genannte **Baumdarstellung**. Dabei werden alle Informationen wie im Windows Explorer mit kleinen Symbolen baumartig (verzweigt) dargestellt.

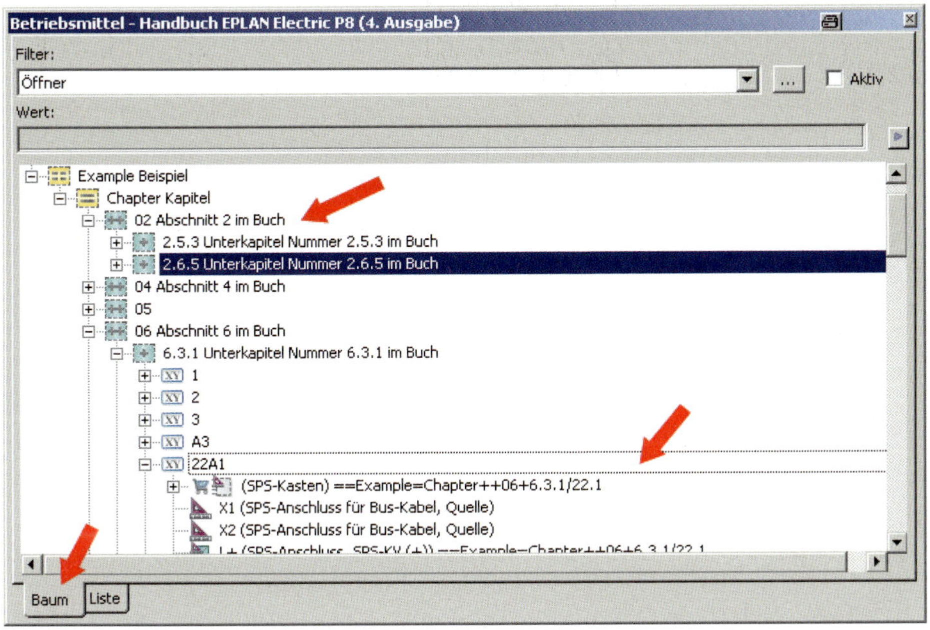

Bild 2.68 Baumdarstellung

Diese Darstellungsart dient der Übersicht, um Objekte relativ leicht zu finden. EPLAN stellt in dieser Darstellung immer alle Betriebsmittel (abhängig von der Funktionsdefinition) dar. An der Form und am Inhalt der Baumdarstellung sind keine Änderungen möglich. EPLAN stellt hier auch keine weiteren Optionen bereit.

Einzig für die Reihenfolge der Darstellung der Betriebsmittel gibt es unter **OPTIONEN/ EINSTELLUNGEN/PROJEKTE [PROJEKTNAME]/DARSTELLUNG/PROJEKTSTRUKTUR (NAVIGATOREN)** bzw. **PROJEKTSTRUKTUR (SEITEN)** die Einstellung, wie Betriebsmittel in der Baumdarstellung angezeigt werden sollen, beispielsweise nach dem Kennbuchstaben, nach der Seitenvorziffer oder nach der Reihenfolge bestimmter Strukturkennzeichen.

2.9.2.2 Listendarstellung

Eine weitere Form der Darstellung ist die **Listendarstellung**. Diese Form der Darstellung bietet wesentlich mehr Optionen, um sie den eigenen Gewohnheiten anzupassen. Auch hier stellt EPLAN wie in der Baumdarstellung alle Betriebsmittel dar (wieder abhängig davon, welcher Navigator gewählt wurde). Der Kabel-Navigator stellt nur Kabel dar, der Klemmen-Navigator nur Betriebsmittel der Funktionsarten Klemmen etc.

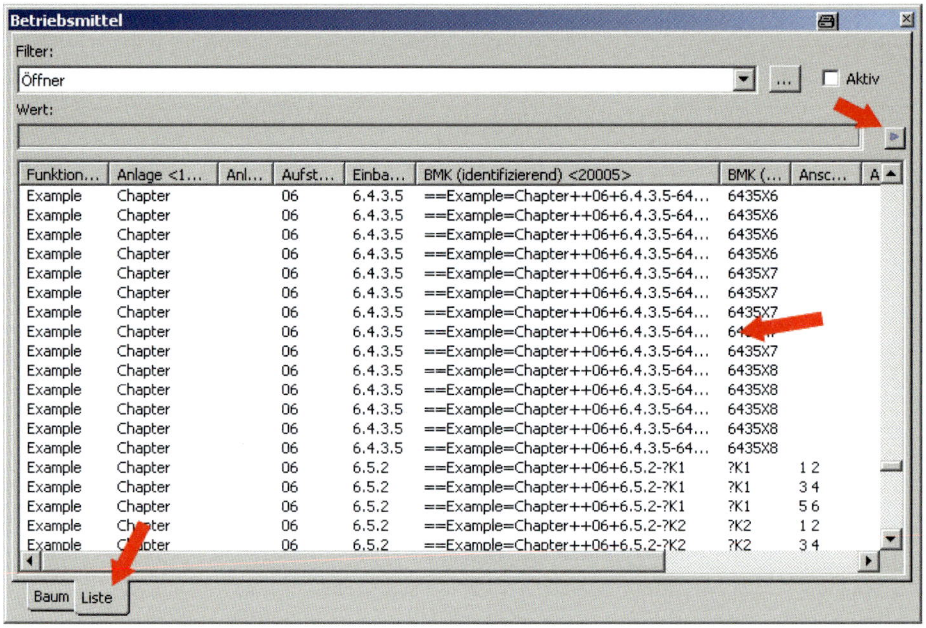

Bild 2.69 Listendarstellung

Die Listendarstellung kann, im Gegensatz zur Baumdarstellung, mit weiteren Informationen ergänzt werden. Über das Kontextmenü der rechte Maustaste oder über den Button wird das Kontextmenü aufgerufen und die Funktion SPALTEN KONFIGURIEREN gewählt. EPLAN öffnet den Dialog **Spaltenkonfiguration**. Hier können nun die gewünschten Spalten an- oder abgewählt sowie in der Reihenfolge abgeändert werden. Nach Klick auf den Button OK werden die Einstellungen gespeichert, und die Listendarstellung wurde auf die persönliche Einstellung angepasst.

2.9.2.3 Kombinierte Baum- und Listendarstellung (Artikel)

Neben den bisherigen Darstellungen gibt es im Navigator *Artikelstammdaten* eine kombinierte Darstellung von Listen- und Baumdarstellung, die so genannte **Kombination**.

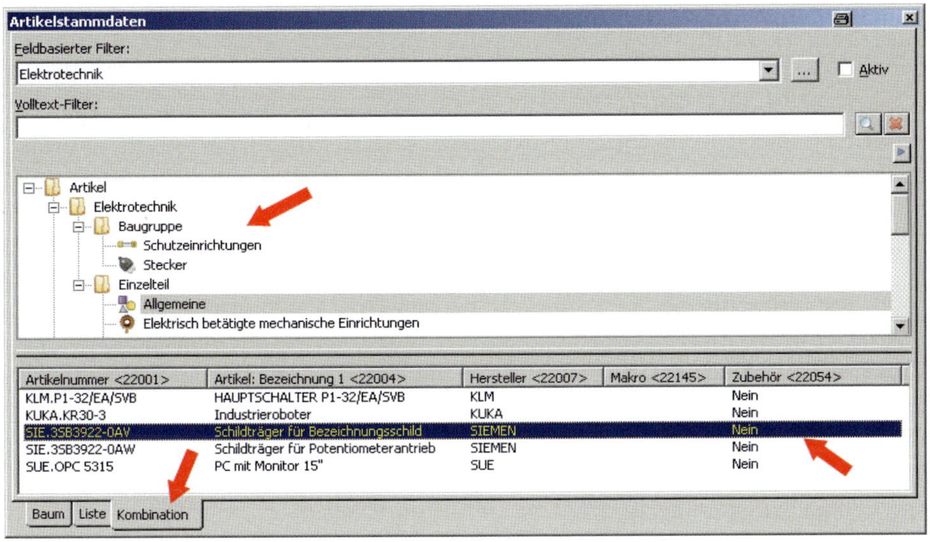

Bild 2.70 Kombinierte Darstellung

Dabei wird im oberen Bereich die Baumdarstellung angezeigt, die eine gewisse Vorauswahl ermöglicht (beispielsweise den Knoten *Kabel* auswählen). Im unteren Bereich werden dann nur die entsprechenden Artikel (aus der Vorauswahl) übersichtlich mit weiteren Einzelinformationen in der Listendarstellung aufgelistet.

2.9.2.4 Tabellarische Bearbeitung

Die **tabellarische Bearbeitung** ist eine weitere Form, um die Eigenschaften komfortabel bearbeiten und anzeigen zu können. Die tabellarische Bearbeitung wird im Normalfall aus der Baumdarstellung mithilfe des Kontextmenüs der rechten Maustaste oder über den Button aufgerufen.

Abweichend von den bisherigen Darstellungen (Baum- bzw. Listendarstellung) werden hier nur die Betriebsmittel und deren Funktionen angezeigt, die auch zuvor im Navigator markiert wurden.

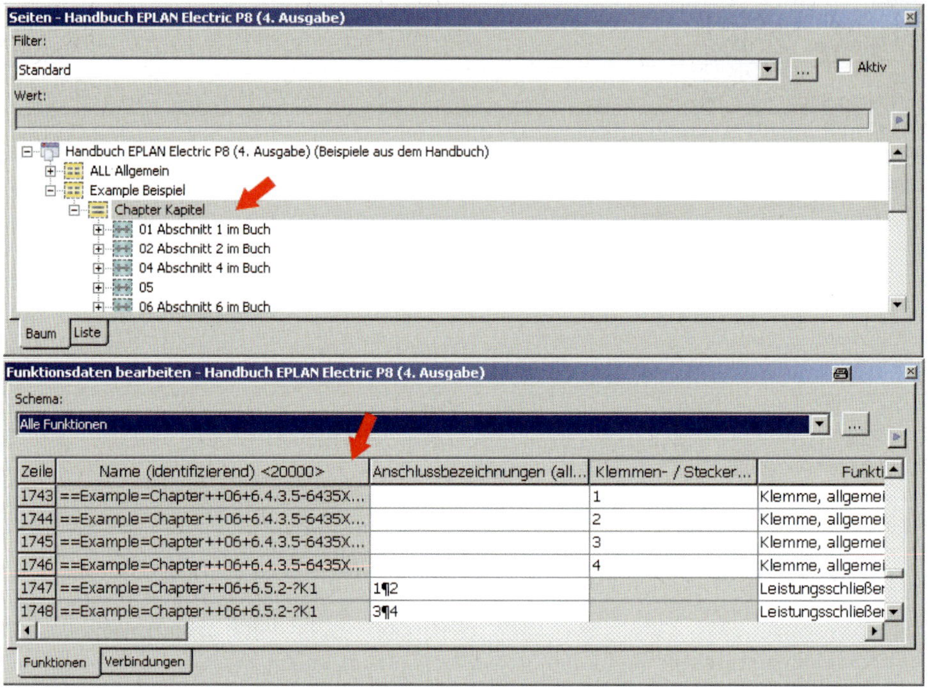

Bild 2.71 Funktionsdaten in der tabellarischen Bearbeitung bearbeiten

Die angezeigten Betriebsmittel können nun im Dialog **Funktionsdaten bearbeiten** tabellarisch bearbeitet werden. Das heißt, Funktionen, wie Kopieren, Einfügen, Abändern oder andere Bearbeitungsfunktionen, sind mit der tabellarischen Darstellung kein Problem.

3 Projekte

Vor Beginn der Bearbeitung von Stromlaufplänen in EPLAN ist das Anlegen eines Projekts notwendig.

> **HINWEIS:** In EPLAN ist der Speicherort von Projekten und die Namensgebung der einzelnen Projekte beliebig wählbar. Einschränkungen gibt es nur hinsichtlich der Namenskonventionen des eingesetzten Windows-Systems.

Ein Projekt beinhaltet über die festzulegende Seiten- und Betriebsmittelstruktur alle notwendigen Eigenschaften, wie zum Beispiel die *Struktur der Betriebsmittel* (die zu verwendenden Strukturkennzeichen wie Anlage oder Aufstellungsort), und enthält auch alle Stammdaten wie Formulare, Artikeldaten, Funktionsdefinitionen, Symbolbibliotheken und vieles mehr, um eine unabhängige Projektbearbeitung durchführen zu können.

Seitenstruktur eines Projekts

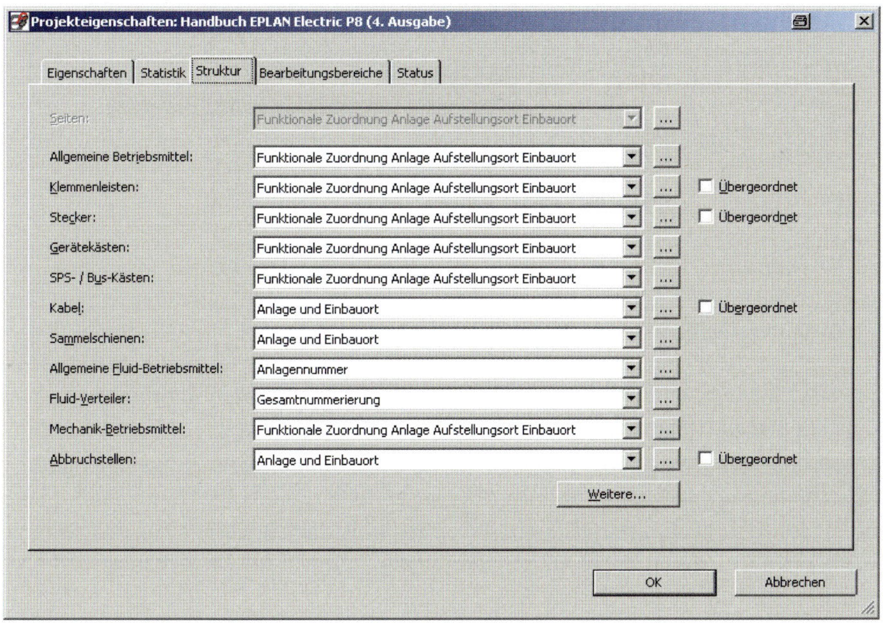

Bild 3.1 Projekteigenschaften – Registerkarte Struktur

Diese Daten werden alle **komplett** in das Projekt eingelagert. Später neu hinzukommende Daten wie beispielsweise Formulare werden ebenfalls in das Projekt eingelagert.

Damit ist gewährleistet, dass dieses Projekt auch zu einem späteren Zeitpunkt mit genau den Daten bearbeitet werden kann, die bei der Erstellung aktuell waren bzw. die zu Beginn der Projektbearbeitung für dieses Projekt erzeugt oder später in dieses Projekt eingelagert wurden.

3.1 Projekttypen

EPLAN unterscheidet generell zwischen zwei **Projekttypen:** dem *Schaltplanprojekt* (das ist in der Praxis der Normalfall) und dem *Makroprojekt*.

Ein *Makroprojekt* wird zum Erstellen, zum automatischen Erzeugen von Fenstermakros und zum Verwalten von Makros verwendet. Logische Funktionen wie zum Beispiel Querverweise oder Verbindungsinformationen werden in einem Makroprojekt nicht unterstützt und auch nicht angezeigt.

Ein *Schaltplanprojekt* kann bei Bedarf über das Ändern der Projekteigenschaft *<10902 Art des Projektes>* einfach von *Schaltplanprojekt* auf *Makroprojekt* umgestellt werden.

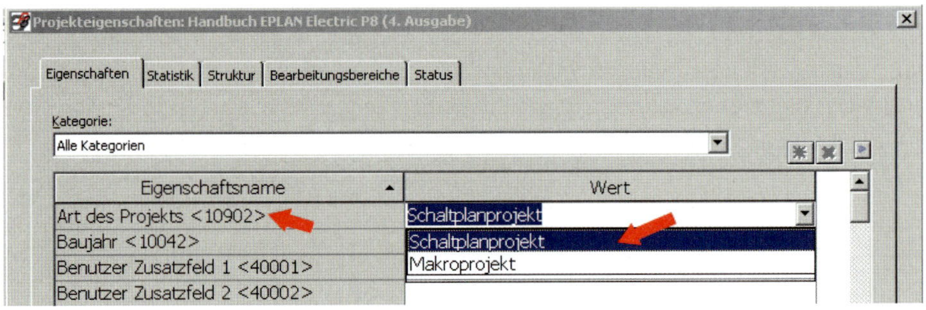

Bild 3.2 Projekteigenschaften – Registerkarte Eigenschaften

Andere Projekttypen, wie beispielsweise ein Formularprojekt oder ein Symbolprojekt, sind nicht möglich. Stammdaten (also z. B. Formulare oder Symbole) werden immer temporär (mit den vorhandenen Systemstammdaten) direkt in einem beliebigen Projekt bearbeitet, nach dem Schließen des Formulars gespeichert und eventuell mit dem aktuellen Projekt – je nach Einstellung und Verwendung – automatisch (auch hier abhängig von den Einstellungen) abgeglichen.

Um es vorwegzunehmen: Natürlich können die Systemstammdaten auch manuell mit den Projektstammdaten abgeglichen werden. Ebenso ist der Abgleich der Stammdaten in die andere Richtung möglich, also der Abgleich von Projektstammdaten mit Systemstammdaten. Sollte EPLAN an dieser Stelle Inkonsistenzen der Stammdaten bemerken, erfolgt eine entsprechende Meldung, und EPLAN bricht den Abgleich ab, da nicht kompatible Stammdaten generell keine vorhandenen Stammdaten überschreiben können. Das ist beispielsweise der Fall, wenn vorhandene und benutzte Symbole um Anschlüsse erweitert worden sind. Damit »passt« dieses Symbol von den logischen Daten nicht mehr zum schon benutzten oder vorhandenen Symbol und diese Daten können deshalb nicht mehr abgeglichen werden.

Ein Projekt besteht in EPLAN aus einem Verzeichnis, **Projektname.edb**, und einer Verknüpfung, **Projektname.elk** (die Dateiendung *.elk entspricht dem normalen, zu bearbeitenden Schaltplanprojekt).

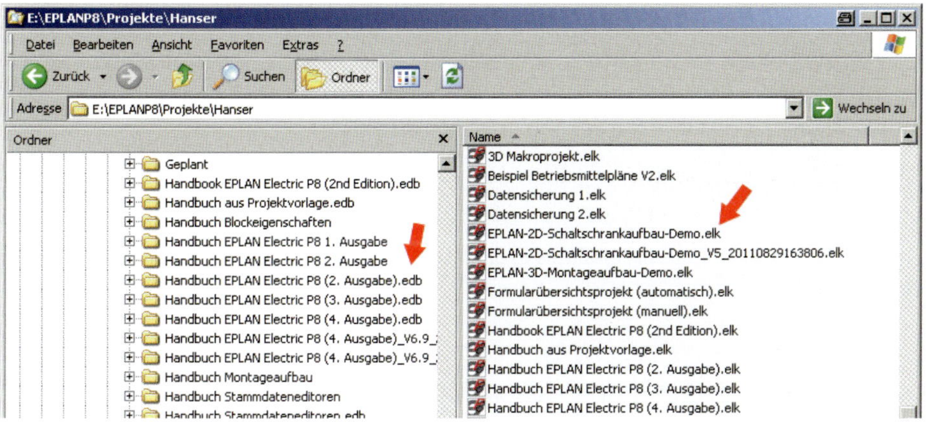

Bild 3.3 Projektverzeichnis mit Projekten

Über die Verknüpfung *Projektname.elk* kann das Projekt auch aus dem jeweils benutzten Dateimanager (beispielsweise dem Explorer) mit einem Doppelklick gestartet werden. Eine weitere Möglichkeit besteht darin, die Verknüpfung *Projektname.elk* mit gedrückter linker Maustaste direkt in den Seiten-Navigator zu ziehen. EPLAN öffnet anschließend das Projekt.

3.1.1 Projektarten in EPLAN

In EPLAN werden die normalen Schaltplanprojekte in verschiedene **Projektarten** unterteilt.

EPLAN verwaltet verschiedene Projektarten als Schaltplanprojekte.

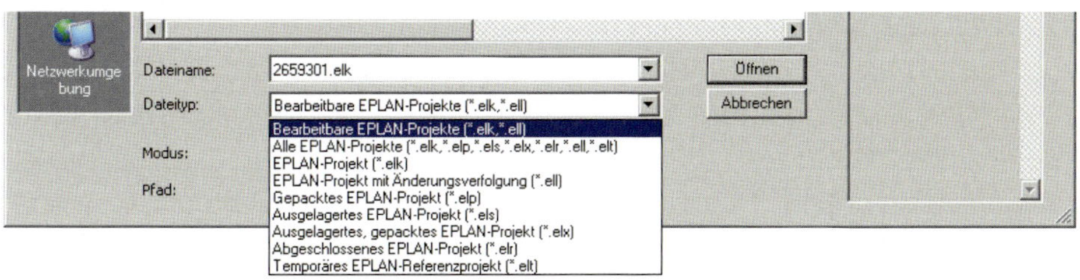

Bild 3.4 Dialog Projekt öffnen mit den verschiedenen Dateitypen

Projektarten definieren das Projekt nach seiner funktionellen Bedeutung wie zum Beispiel ein normales Projekt oder ein Revisionsprojekt. EPLAN unterscheidet die nachfolgend dargestellten Projektarten.

Für den Anwender hat das »normale« EPLAN-Projekt (*.elk entspricht dem Schaltplanprojekt) die größte Bedeutung. Neben dieser Projektart gibt es in EPLAN noch weitere Projektarten:

- ***.elk: normales, bearbeitbares Projekt** (normales EPLAN-Schaltplanprojekt)
- ***.ell: Projekt mit Änderungsverfolgung**
- ***.elp: gepacktes Projekt**
- ***.els: ausgelagertes Projekt**
- ***.elx: ausgelagertes und gepacktes Projekt**
- ***.elr: abgeschlossenes Projekt**
- ***.elt: temporäres EPLAN-Referenzprojekt** (Vergleich)

In einem normalen Projekt spielt sich die zentrale Projektbearbeitung ab. Aus dem normalen EPLAN-Projekt (Schaltplanprojekt) werden alle anderen Projektarten abgeleitet wie zum Beispiel ein abgeschlossenes Projekt, ein archiviertes Projekt oder Basisprojekte bzw. Vorlagenprojekte.

3.1.2 Projektvorlagen und Basisprojekte

EPLAN ermöglicht es dem Anwender, auf der Grundlage vorhandener oder zur Verfügung gestellter *Basisprojekte* und *Projektvorlagen* schnell und gezielt Projekte neu zu erstellen.

Eine Projektvorlage enthält voreingestellte Werte. Diese können später, als Vorlage für ein neues Projekt, in ihrer Projekt- und Seitenstruktur noch **einmalig** abgeändert werden.

Ein neues Projekt, das mit einer Projektvorlage erstellt wurde (über PROJEKT – NEU (ASSISTENT)), enthält im Gegensatz zum Basisprojekt im Normalfall keine Seiten, da hier die spätere Seitenstruktur noch festgelegt werden kann. Es ist aber durchaus möglich, dass Seiten auch in Projektvorlagen enthalten sind.

Eine *Projektvorlage* besitzt die Endung ***.ept** (und ***.epb** – das ist die alte Version der Projektvorlage und diese sollten nicht mehr benutzt werden) und lässt sich nicht direkt aufrufen bzw. gezielt nachbearbeiten. Allerdings kann man eine schon vorhandene, aber eventuell mit falschen oder geänderten Eigenschaften versehene Projektvorlage mit einer neuen Projektvorlage problemlos überschreiben.

Projektvorlage öffnen

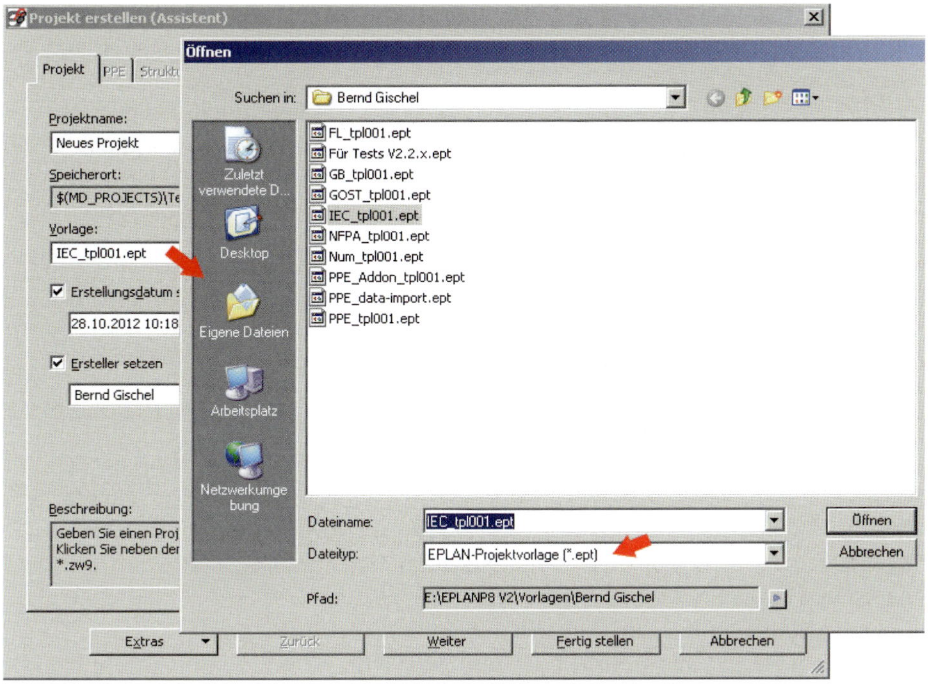

Bild 3.5 Projektvorlage *.ept

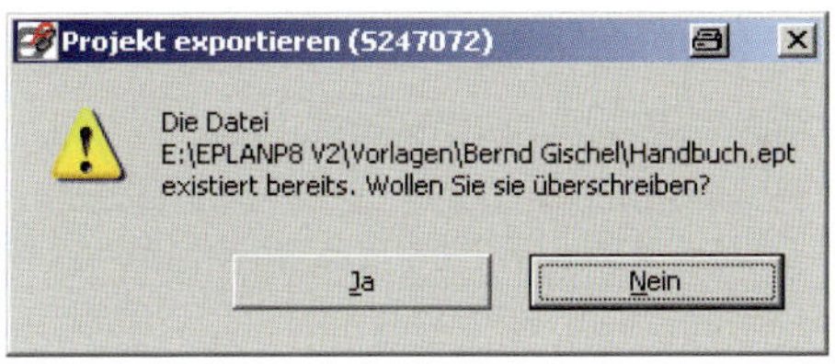

Bild 3.6 Projektvorlage überschreiben

Projektvorlagen lassen sich aus vorhandenen Projekten im grafischen Editor über das Menü **PROJEKT/ORGANISIEREN/ PROJEKTVORLAGE ERSTELLEN** erzeugen. Dazu wird das Projekt, das als spätere Projektvorlage dienen soll, mit der Maus im Seiten-Navigator markiert und anschließend über das Menü **PROJEKT/ORGANISIEREN/PROJEKTVORLAGE ERSTELLEN** über folgende Abläufe von EPLAN als Projektvorlage erstellt.

Es folgt der Abfragedialog **Projektvorlage erstellen**, in dem der Speicherplatz und der Name der neuen Projektvorlage festgelegt werden müssen. Es ist empfehlenswert, sich unterhalb des Stammverzeichnisses ein Verzeichnis *Projektvorlagen*, eventuell unterteilt in verschiedene Ordner pro Kunde, zu erstellen.

Basisprojekte sind z. B. vorgefertigte Projekte mit entsprechenden Kundenvorgaben wie festgelegte Seitenstruktur, Musterseiten, Vorlagen für grafische Auswertungen, diverse Stammdaten und vieles mehr.

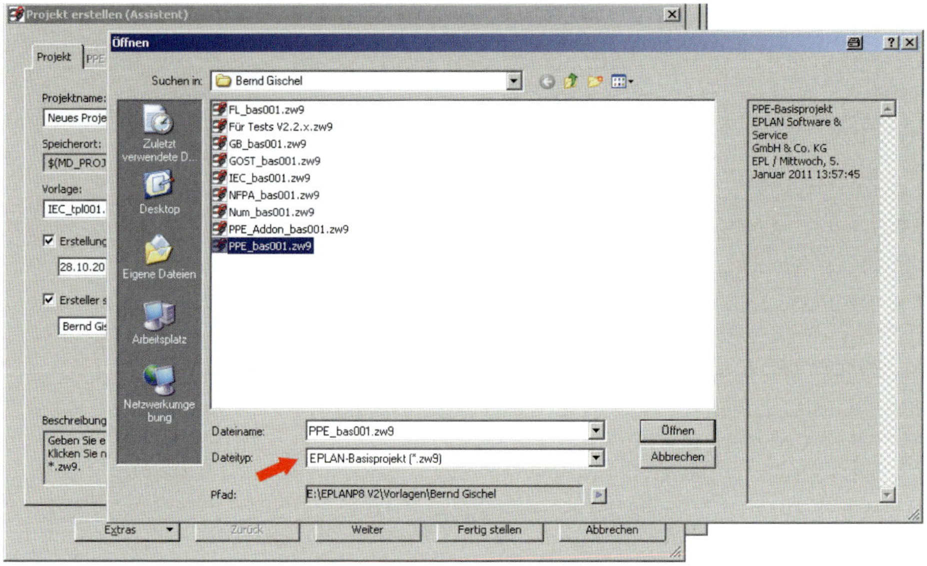

Bild 3.7 Basisprojekt *.zw9

In einem Projekt, das aus den Daten eines Basisprojekts erstellt wurde, sind die Projekt- und Seitenstrukturen festgelegt und nicht mehr änderbar.

Ein Basisprojekt besitzt die Endung ***.zw9** und lässt sich wie eine Projektvorlage nicht direkt aufrufen. Basisprojekte lassen sich, ebenso wie Projektvorlagen, aus vorhandenen Projekten im grafischen Editor über das Menü PROJEKT/ORGANISIEREN/BASISPROJEKT ERSTELLEN erzeugen.

EPLAN führt anschließend einige Funktionen aus, um das Basisprojekt zu erstellen. Es folgt der Abfragedialog **Basisprojekt erstellen**, in dem das Verzeichnis und der Projektname des zu erzeugenden Basisprojekts festgelegt werden müssen.

Auch hier ist es empfehlenswert, sich unterhalb des Stammverzeichnisses einen Ordner **Basisprojekte**, eventuell aufgeteilt nach Kunden, anzulegen.

Einmal angelegte Basisprojekte bzw. Projektvorlagen lassen sich nicht mehr nachträglich ändern, d. h. direkt bearbeiten. Sie können jedoch mit neuen oder geänderten Daten überschrieben werden.

3.2 Ein neues Projekt erstellen

Um einen schnellen Projektbeginn zu gewährleisten, können neue Projekte in EPLAN über mehrere Wege erzeugt werden. Direkt aus der *Projektbearbeitung* heraus stehen zwei Wege zur Verfügung.

Über das Menü **PROJEKT/NEU** kann ein neues Projekt auf der Grundlage eines vorhandenen Basisprojekts oder einer Projektvorlage mit »einem Knopfdruck« erzeugt werden.

EPLAN liefert mehrere Basisprojekte und Projektvorlagen mit. Die Projektvorlage *IEC_tpl001.ept* enthält die IEC-Kennzeichenstruktur, während beispielsweise die mitgelieferte Projektvorlage *Num_tpl001.ept* eine Gesamtnummerierungsstruktur enthält.

Aus dem Menü **PROJEKT/NEU (ASSISTENT)** wird über mehrere Arbeitsschritte (diese werden von EPLAN mit ausführlichen Beschreibungen im unteren Bereich der einzelnen Dialogen unterstützt), die weitere einfache Eingaben erforderlich machen, das neue Projekt erzeugt.

Als Vorlagen stehen hier die Basisprojekte (*.zw9) und die Projektvorlagen (*.ept und *.epb) als Grundlage eines neuen Projekts zur Verfügung.

Der dritte Weg, ein neues Projekt zu erzeugen, ist es, die optionale Projektverwaltung zu nutzen. Hier kann, auf der Grundlage vorhandener Basisprojekte oder Projektvorlagen, das neue Projekt ähnlich schnell wie im Menü **PROJEKT** erzeugt werden.

Natürlich kann ein Projekt auch einfach kopiert und mit einem anderen Namen versehen werden.

3.2.1 Ein neues Projekt (aus Basisprojekt)

Wir öffnen den Menüpunkt **PROJEKT/NEU** oder benutzen eine eigene Tastenkombination dafür.

Bild 3.8 Menü Projekt/Neu

Es folgt der Dialog **Projekt erstellen**. In diesem Dialog müssen bzw. können folgende Einstellungen festgelegt werden:

- Projektname (um die Dateiendungen braucht man sich nicht zu kümmern, diese ergänzt EPLAN später automatisch)
- Speicherort
- Erstellungsdatum
- Ersteller

Nach dem Festlegen der oben genannten Einträge muss eine Vorlage ausgewählt werden. Dies kann eine Projektvorlage oder ein Basisprojekt sein.

Dazu wird der More-Button angeklickt. Daraufhin öffnet sich der Dialog **Projektvorlage/Basisprojekt auswählen**, wobei in diesem Beispiel das Basisprojekt **Handbuch.zw9** als Grundlage für das neue Projekt dienen soll. Im Feld *Dateityp* kann der entsprechende Projekttyp ausgewählt werden.

Bild 3.9
Dialog Projekt erstellen

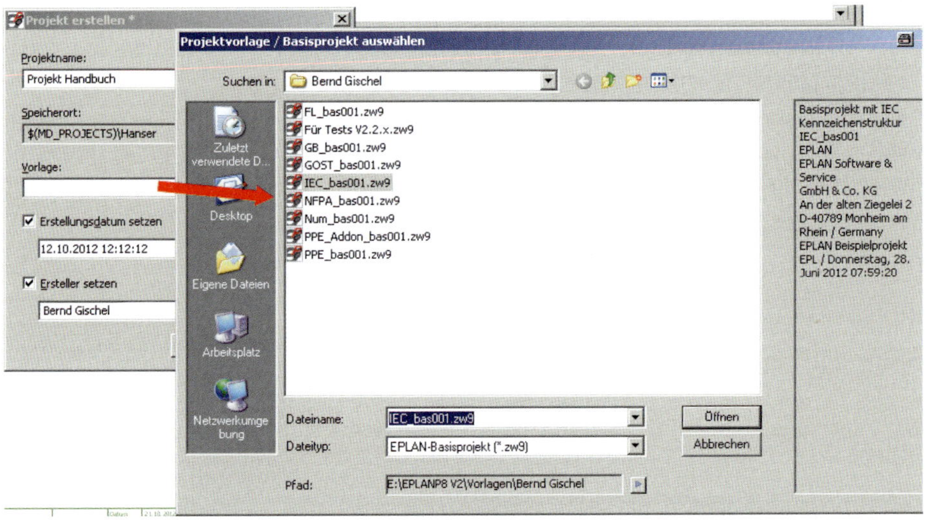

Bild 3.10 Dialog Projektvorlage/Basisprojekt auswählen

Neues Projekt auf Grundlage eines Basisprojekts erstellen

Nun wird aus dem Dialog **Projektvorlage/Basisprojekt auswählen** ein vorhandenes Basisprojekt mit dem Button **ÖFFNEN** ausgewählt und anschließend übernommen.

Anschließend kehrt EPLAN zurück in den Dialog **Projekt erstellen** und übernimmt das ausgewählte Basisprojekt (oder das Vorlagenprojekt) in das Feld *Vorlage*.

Jetzt muss dieser Dialog nur noch mit einem Klick auf den Button **OK** bestätigt werden, und EPLAN erzeugt das neue Projekt in das angegebene Verzeichnis.

Das neue Projekt wird aus dem gewählten Basisprojekt erstellt. Das kann, in Abhängigkeit von der benutzten Hardware sowie vom Speicherort (Server, Lokal), eine gewisse Zeit dauern.

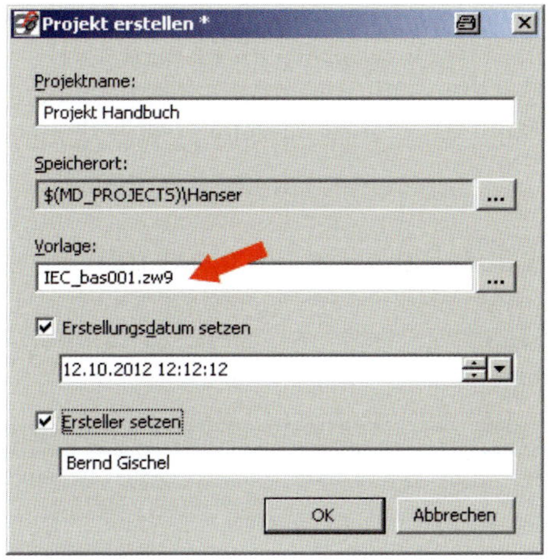

Bild 3.11 Dialog Projekt erstellen mit der Vorlage

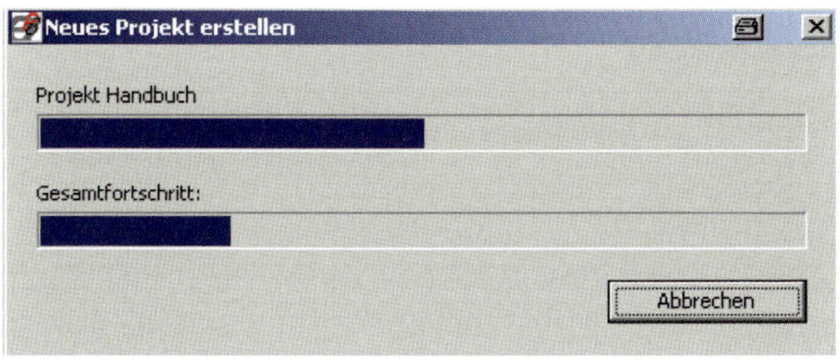

Bild 3.12 Das neue Projekt wird erstellt

Hat EPLAN die Daten des neuen Projekts erfolgreich erzeugt, folgt der Dialog **Projekteigenschaften**. Eine Bearbeitung ist an dieser Stelle nicht zwingend notwendig und kann auch in der weiteren Projektbearbeitung durchgeführt werden.

EPLAN startet den Dialog **Projekteigenschaften** mit der Registerkarte *Eigenschaften*. Die Projekteigenschaften können nun in den entsprechenden Registerkarten *Eigenschaften*, *Struktur* etc. noch angepasst oder komplett abgeändert werden.

Eine Einschränkung besteht: Die *Struktur der Seiten*, zu finden unter der Registerkarte *Struktur*, ist nicht mehr änderbar (ausgegraut). Diese steht fest, da die Seitenstruktur mit dem Basisprojekt festgelegt wurde.

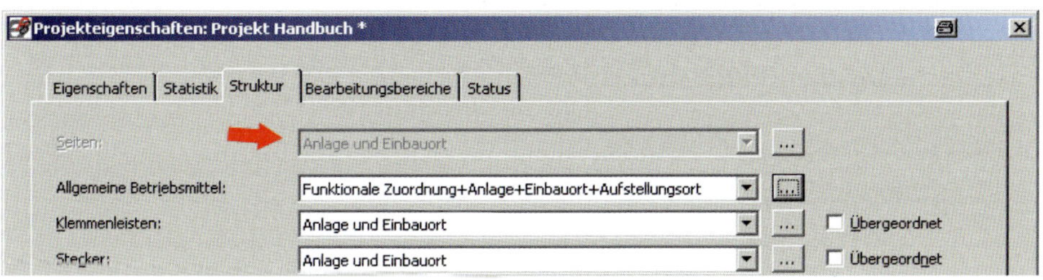

Bild 3.13 Projekteigenschaften Registerkarte Struktur

Nach dem Anklicken des Buttons **OK** werden die Projekteigenschaften gespeichert und das Projekt zeitgleich im Seiten-Navigator geöffnet (er kann auch mit der Tastenkombination **F12** geöffnet werden; alternativ erfolgt die Übersicht über das Menü **SEITE/NAVIGATOR**). Das Projekt kann nun bearbeitet werden.

3.2.2 Ein neues Projekt (mit Projektassistent)

Wir öffnen das Menü **PROJEKT/NEU (ASSISTENT)** oder nutzen eine eigene Tastenkombination.

Bild 3.14 Menü Projekt/Neu (Assistent)

Der Assistent öffnet den Dialog **Projekt erstellen**. Dieser Dialog besteht aus mehreren Registerkarten (*Projekt*, *Struktur* oder *Nummerierung* und *Eigenschaften*), die mindestens auf der Registerkarte *Projekt* Eingaben erforderlich machen (PPE nur bei Lizenz).

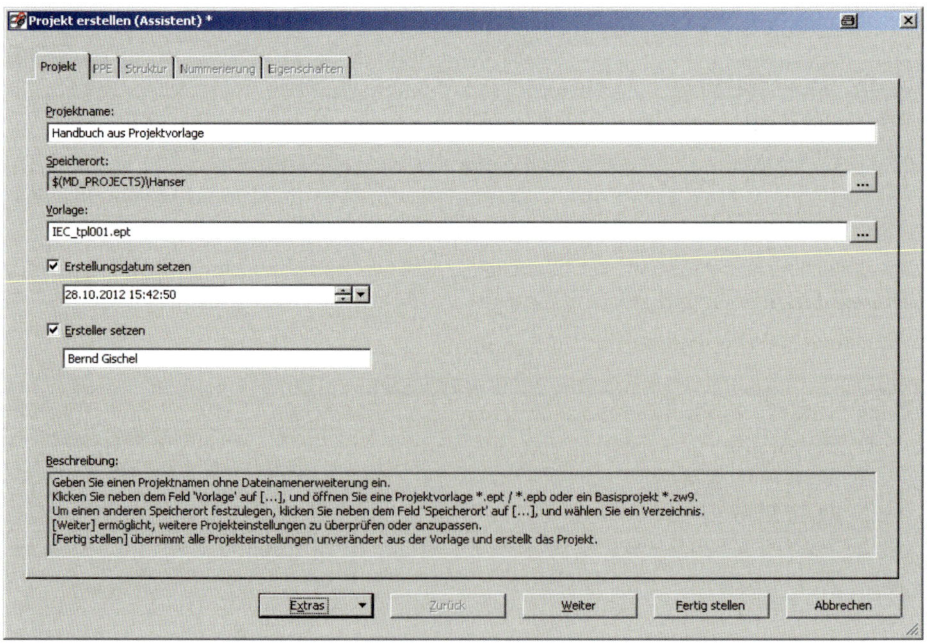

Bild 3.15 Projekt erstellen mit dem Assistenten

Ein neues Projekt mit dem Assistenten erstellen

Im unteren Bereich des Dialogs **Projekt erstellen** befinden sich fünf Buttons (Button **EXTRAS**, **ZURÜCK**, **WEITER**, **FERTIG STELLEN** und **ABBRECHEN**), die folgende Bedeutung haben.

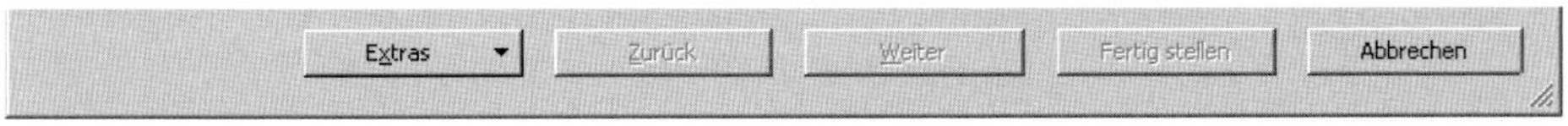

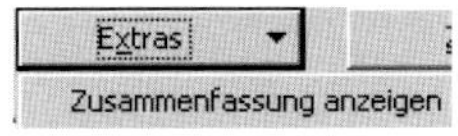

Über den Button **EXTRAS** ist es möglich, sich eine Zusammenfassung des Projekts im Browser anzeigen zu lassen. Das funktioniert allerdings nicht vor dem erfolgreichen Beenden der ersten Registerkarte *Projekt*.

Über den Button **ZURÜCK** geht es zurück auf die vorhergehende Registerkarte. Auch hier gilt, dass dieser Button erst benutzt werden kann, wenn alle benötigten Informationen in der Registerkarte *Projekt* ausgefüllt worden sind und EPLAN das Projekt erstellt hat bzw. man mit dem Button **WEITER** auf die nächste Registerkarte wechseln kann.

Sind alle erforderlichen Eingaben auf den aktuellen Registerkarten erfolgt, wird der Button **WEITER** freigeschaltet, und man kann auf die nächste Registerkarte wechseln.

Der Button **FERTIG STELLEN** hat eine besondere Funktion. Er ermöglicht das Fertigstellen des Projekts, ohne weitere Eingaben manuell anzupassen. Bedingung ist, dass auf der Registerkarte *Projekt* ein *Neuer Projektname*, eine *Vorlage* (ein Vorlagenprojekt oder ein Basisprojekt) und der *Speicherort* des neuen Projekts ausgewählt wurden.

Der Button **ABBRECHEN** ist schnell erklärt. Er beendet den Assistenten **Neues Projekt** an jeder beliebigen Stelle.

Zurück zu den Registerkarten: Die Registerkarte *Projekt* ist der wesentliche Kern des Projektassistenten. Die Angaben, die in dieser Registerkarte abgefragt werden, sind für das Erstellen eines neuen Projekts zwingend erforderlich.

TIPP: Alle anderen Registerkarten können, müssen aber nicht, im Zuge der Projekterstellung durch den Assistenten bearbeitet werden. Sie können auch erst später angepasst bzw. verändert werden (**Ausnahme:** die Registerkarte *Struktur* und das Auswahlfeld *Seiten*, das später nicht mehr verändert werden kann).

Die Registerkarte *Projekt* erfordert zwingend folgende Eingaben:

- Eingabefeld **Projektname:** Hier wird der neue Projektname eingetragen.

HINWEIS: Erst nach der Auswahl und Übernahme einer Vorlage (Projektvorlage oder Basisprojekt) und Klick auf den Button **WEITER** wird geprüft, ob der Projektname schon vorhanden ist. Dann kann die Aktion immer noch abgebrochen werden.

Von EPLAN vorgeschlagen wird immer der Projektname *Neuer Name*, eventuell mit einer fortlaufenden Zahl als Projektname. Dieser kann natürlich beliebig geändert werden.

- Auswahlfeld **Vorlage:** Über den Auswahlbutton ... erfolgt die Auswahl einer Vorlage, wobei hier wie gewohnt Projektvorlagen oder Basisprojekte zur Auswahl stehen und übernommen werden können.
- Auswahlfeld **Speicherort:** Angabe des Speicherortes des neuen Projekts. Der Speicherort ist über den Button ... beliebig auswählbar.

EPLAN benötigt nach Eingabe dieser drei Informationen keine weiteren Angaben mehr. Der Projektassistent kann nun über den Button **FERTIG STELLEN** sofort das neue Projekt erzeugen. In diesem Fall (Button **FERTIG STELLEN** auswählen) würde EPLAN die Einstellungen auf den anderen Registerkarten für das neue Projekt einfach übernehmen, das neue Projekt erzeugen und den Projektassistenten anschließend schließen.

Die beiden Angaben *Erstellungsdatum setzen* und *Ersteller setzen* können (müssen aber nicht) je nach Belieben ausgefüllt werden.

> **HINWEIS:** Diese Felder sind anschließend nicht mehr änderbar. Daher sollte hier auf die korrekte Eingabe der Daten geachtet werden.

EPLAN erzeugt beim Klick auf den Button **WEITER** anhand der gewählten Vorlage die Grundlage des neuen Projekts. Optisch öffnet sich der Dialog **Projekt importieren**. Hier kann der Vorgang, wenn gewünscht, abgebrochen werden. Der Importvorgang kann, je nach Umfang, einige Zeit dauern.

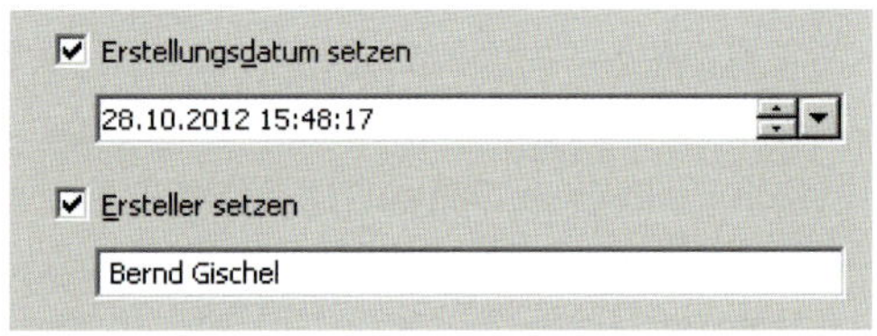

Bild 3.16 Angaben zum Erstellungsdatum und Ersteller

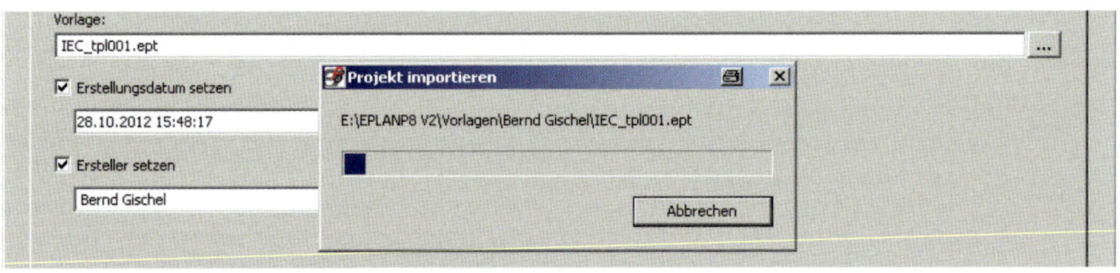

Bild 3.17 Der Assistent erstellt das neue Projekt

EPLAN bleibt anschließend in der Registerkarte *Projekt* (bzw. *PPE*) stehen. Man hat nun weitere Möglichkeiten, z. B. ein anderes Vorlagenprojekt oder einen anderen Speicherort festzulegen, wenn man wieder den Button **ZURÜCK** betätigen würde.

Auf der Registerkarte *Struktur* werden die spätere Seitenstruktur sowie die Struktur der einzelnen Betriebsmittelgruppen für das Projekt festgelegt.

HINWEIS: Die eingestellte Struktur für die Seiten ist nach dem Übernehmen bzw. Speichern nicht mehr änderbar. Das gilt jedoch nur für die Struktureinstellungen der Seiten. Alle anderen Struktureinstellungen, wie die der allgemeinen Betriebsmittel etc., sind später noch veränderbar.

Bild 3.18 Struktur des Projekts und dessen Bestandteile festlegen

Über den Button am Ende jeder Betriebsmittelgruppe kann eine andere fertige Struktur (ein Schema) über das Auswahlfeld **SCHEMA** ausgewählt oder eine neue Struktur (ein neues Schema) über den Button angelegt werden.

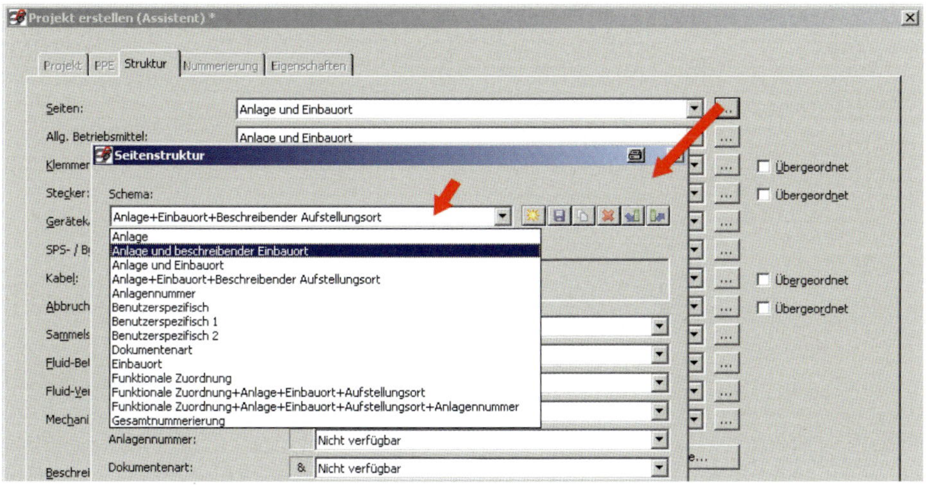

Bild 3.19 Auswahl eines anderen Strukturschemas

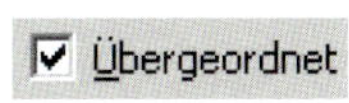

Die Option **Übergeordnet** ermöglicht es dem Anwender, die Auswertung der Klemmenleisten, Stecker, Kabel und Abbruchstellen nochmals unabhängig vom eingestellten Strukturschema festzulegen. Dabei wertet EPLAN das dem Betriebsmittelkennzeichen vorangestellte bzw. nicht vorangestellte »-« besonders aus.

Für Abbruchstellen wurde das Schema *Anlage und Einbauort* eingestellt. Zusätzlich wurde die Option *Übergeordnet* eingestellt. Wurde eine Abbruchstelle im Stromlaufplan mit **–L12** bezeichnet, ordnet EPLAN anhand des eingestellten Schemas *Anlage und Einbauort* dem Betriebsmittelkennzeichen die Anlage und den Einbauort der Stromlaufplanseite zu (wenn vorhanden).

Eingabe: *-L12*

Ergebnis: *= Anlage + Einbauort-L12*

Für Abbruchstellen wurde das Schema *Anlage und Einbauort*, zusätzlich die Option *Übergeordnet* eingestellt. Wird die Abbruchstelle im Stromlaufplan mit **L12** (ohne das Vorzeichen Strich) bezeichnet, ordnet EPLAN anhand der eingestellten Option *Übergeordnet* und des Schemas *Anlage und Einbauort* dem Betriebsmittelkennzeichen **nicht** die Anlage und den Einbauort der Stromlaufplanseite zu (wenn vorhanden).

Eingabe: *L12*

Ergebnis: *L12*

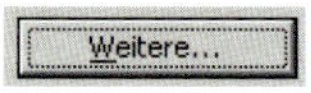

Der Button WEITERE... in der Registerkarte **Struktur** öffnet den Dialog **Erweiterte Projektstrukturen**, um beispielsweise die *Trennzeichen* sowie die Verschachtelung von Betriebsmitteln für das neue Projekt festzulegen.

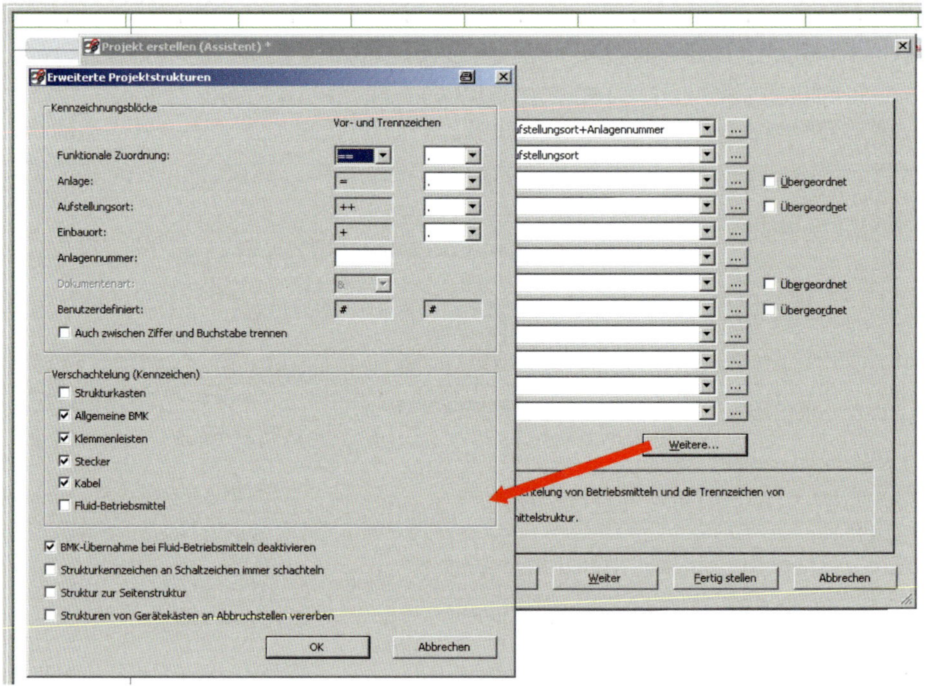

Bild 3.20 Einstellmöglichkeiten für weitere Projektstrukturen

Erweiterte Projektstrukturen

Hier besteht die Möglichkeit der Kontrolle sowie der Eingabe anderer Trennzeichen. Die Möglichkeiten der Änderungen sind allerdings abhängig vom eingestellten Seitenschema. An dieser Stelle werden gewisse Vorbedingungen für die *Verschachtelung von Betriebsmitteln* vorgegeben.

HINWEIS: Alle Einstellungen, bis auf die wichtigste Eigenschaft, die Seitenstruktur, können auch zu einem späteren Zeitpunkt auf andere Werte geändert werden.

Es empfiehlt sich, mindestens das Schema *Anlage und Einbauort* auszuwählen. Da EPLAN bei derartig eingestellten Schemata (wie auch bei anderen Strukturkennzeichen) nicht unbedingt eine Anlage bzw. einen Einbauort erwartet, kann man dieses Schema auch benutzen, um Stromlaufpläne mit durchnummerierten Seiten zu erstellen.

Sollte sich später herausstellen, dass doch eines der beiden Kennzeichen benutzt werden soll, stellt das Ändern der Seiten in der gewünschten Anlagen- bzw. Einbauortstruktur kein Problem dar.

Nach dem Einstellen bzw. der Übernahme aller gewünschten Einstellungen betätigen Sie den Button **WEITER.** Nun öffnet sich die Registerkarte **Nummerierung**.

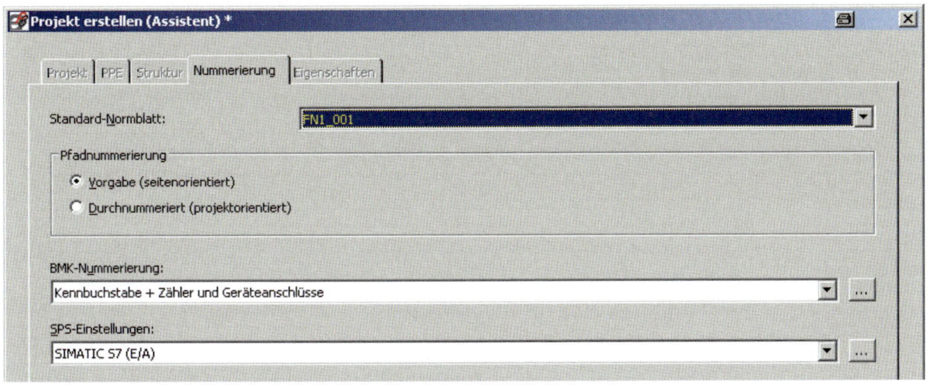

Bild 3.21 Möglichkeiten und Vorgaben für die Nummerierung

Hier lassen sich allgemeine Einstellungen wie ein *Standard-Normblatt* (Voreinstellung für jede neue Seite) oder die *Pfadnummerierung* (seitenorientiert oder pfadorientiert) für das Projekt einstellen.

Das Standard-Normblatt kann aus dem Systemstammdatenpool ausgewählt werden und wird dann von EPLAN automatisch in das Projekt eingelagert.

Die Pfadnummerierung kann global seitenbezogen eingestellt werden (*Vorgabe Seitenorientiert*: Jede Seite beginnt dann beispielsweise mit Pfad 1 und endet mit Pfad 10), oder die Pfadnummerierung soll seitenübergreifend funktionieren.

Seitenübergreifend (Vorgabe *Projektorientiert*) bedeutet, dass die Pfade über alle Seiten durchnummeriert werden. Beispielsweise beginnt Pfad 1 auf Seite 1 und Pfad 30 endet auf Seite 3.

HINWEIS: All diese Einstellungen können später in den Einstellungen des Projektes beliebig abgeändert werden.

Festlegung von Nummerierungs-schemata

Des Weiteren wird in dieser Registerkarte über ▾ im Auswahlfeld anhand fertiger Schemata der *BMK-Nummerierung* festgelegt, wie neue Betriebsmittel beim Einfügen online nummeriert werden sollen.

Über den Button [...] kann das gewünschte Schema aus der Liste ausgewählt werden, oder man legt über den Button **NEU** ein neues Schema an, füllt es mit den gewünschten Werten und übernimmt es für dieses Projekt.

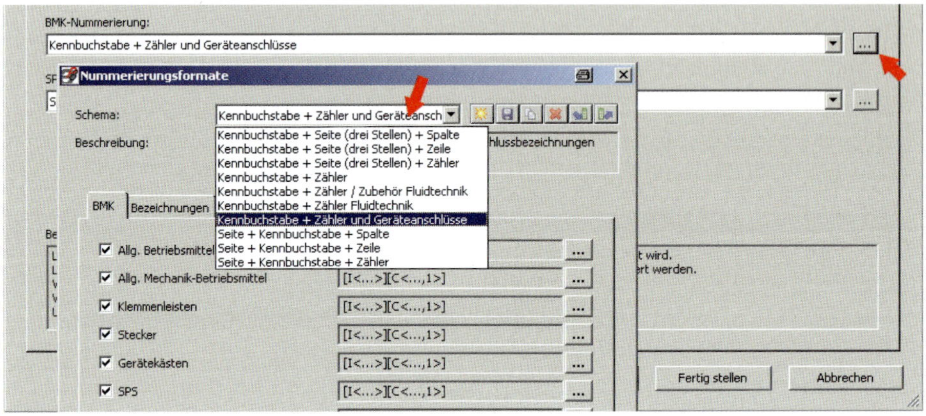

Bild 3.22 Einstellmöglichkeiten für die BMK-Nummerierung

Das Gleiche gilt für die Einstellung im Auswahlfeld *SPS-Nummerierung* auf der Registerkarte *Nummerierung*. Hier besteht ebenfalls die Möglichkeit, vorhandene Schemata aus der Auswahlliste zu übernehmen. Des Weiteren stehen über den Button [...] die Schemata (aus der Auswahlliste) zur Verfügung. Sie können an dieser Stelle übernommen oder verändert werden.

Über den Button **NEU** werden neue Schemata erstellt und können anschließend dem Projekt zugeordnet werden.

> **TIPP:** Alle erstellten Schemata können in EPLAN exportiert bzw. importiert werden. Damit ist beispielsweise ein leichtes Austauschen dieser Einstellungen zwischen verschiedenen EPLAN-Stationen oder Anwendern möglich. Um exportierte Schemata leicht wiederzufinden, sollte ein einheitliches Verzeichnis benutzt werden.

Damit wären alle Angaben auf der Registerkarte *Nummerierung* erledigt. Über den Button **WEITER** kommen wir auf die Registerkarte *Eigenschaften*, die allgemeine, nicht notwendige, beschreibende Informationen zum Projekt enthält.

Damit zum Beispiel das Normblatt mit Informationen wie Kundenname oder Projektverantwortlicher aus den Projekteigenschaften gefüllt werden kann, müssen diese in den Projekteigenschaften eingetragen werden.

Das ist an dieser Stelle nicht zwingend notwendig und kann auch zu einem späteren Zeitpunkt erfolgen, da es sich hierbei um beschreibende Informationen zum Projekt handelt.

Nach dem Klick auf den Button **FERTIG STELLEN** wird das Projekt erzeugt und kann im Seiten-Navigator (der Seitenübersicht) geöffnet werden. Den Seiten-Navigator erreicht man mit der Tastenkombination **F12** oder über das Menü **SEITE/NAVIGATOR**.

Bild 3.23 Das neu erzeugte Projekt im Seiten-Navigator

Einer weiteren Projektbearbeitung steht nun nichts mehr im Weg.

4 Der grafische Editor (GED)

Den Hauptbereich für das Arbeiten mit EPLAN Electric P8 bildet der grafische Editor, auch kurz GED genannt. Im grafischen Editor werden alle Funktionen, die für eine Projektbearbeitung gebraucht werden, zur Verfügung gestellt. Er ist sozusagen der Dreh- und Angelpunkt in EPLAN Electric P8.

4.1 Seiten-Navigator

Ein Projekt besteht neben den eigentlichen Daten, wie den Artikeldaten und den Funktionsschablonen, aus einem Paket einzelner Seiten, wie zum Beispiel aus Stromlaufplänen, Aufbauzeichnungen oder Klemmenplänen, die wiederum in bestimmten Strukturen wie Anlagen oder Einbau- oder Aufstellungsorten aufgeteilt sein können.

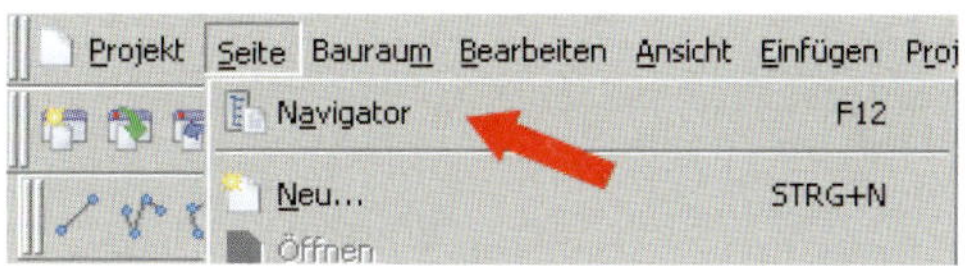

Bild 4.1 Den Seiten-Navigator öffnen

Um eine gewisse Übersichtlichkeit und einfache Bearbeitung der Seiteneigenschaften zu erreichen, gibt es in EPLAN den **Seiten-Navigator**. Der **Seiten-Navigator** selbst wird über das Menü **SEITE/NAVIGATOR** geöffnet. Die Ansicht des **Seiten-Navigators** kann, wie in EPLAN üblich, entweder als Baumstruktur oder als Listendarstellung gewählt werden.

Seiten-Navigator Baum/ Liste

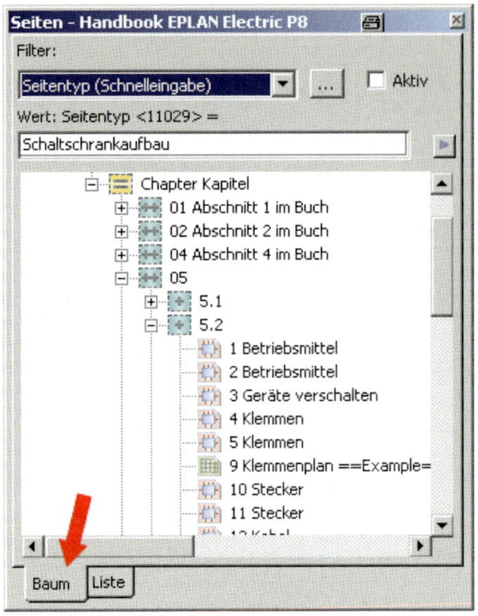

Bild 4.2 Darstellung als Baumstruktur

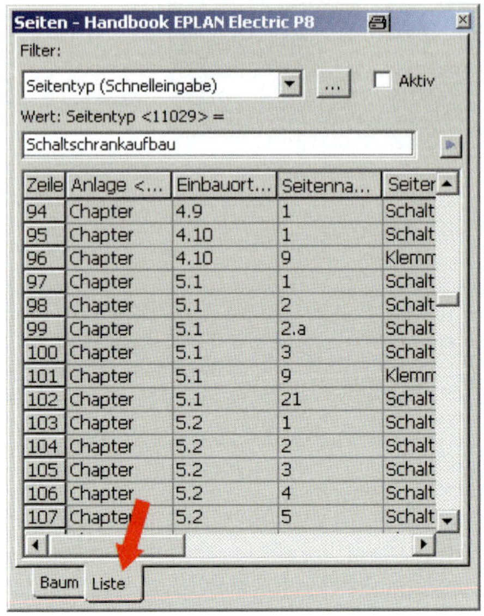

Bild 4.3 Darstellung als Liste

Die Darstellung als Baumstruktur eignet sich hervorragend zur optischen Übersicht aller Seiten in einem Projekt. Anhand der kleinen vorangestellten Symbole werden die Kennzeichen und die Seiten selbst grafisch unterschieden. Die Darstellungsreihenfolge kann über den Parameter im Menü OPTIONEN/EINSTELLUNGEN/PROJEKTE [PROJEKTNAME]/DARSTELLUNG/PROJEKTSTRUKTUR (SEITEN) festgelegt werden.

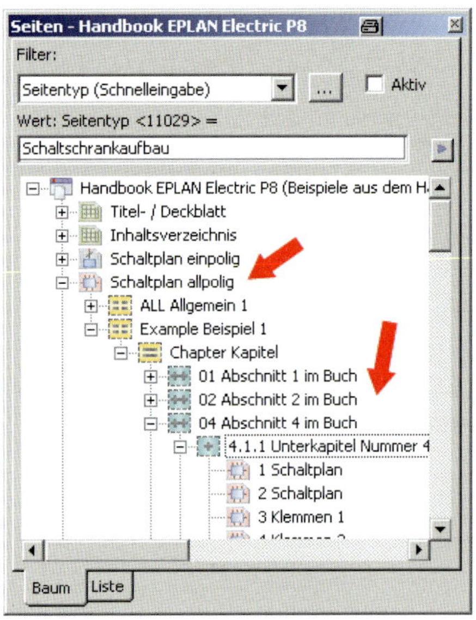

Bild 4.4 Nach Seitentyp strukturiert

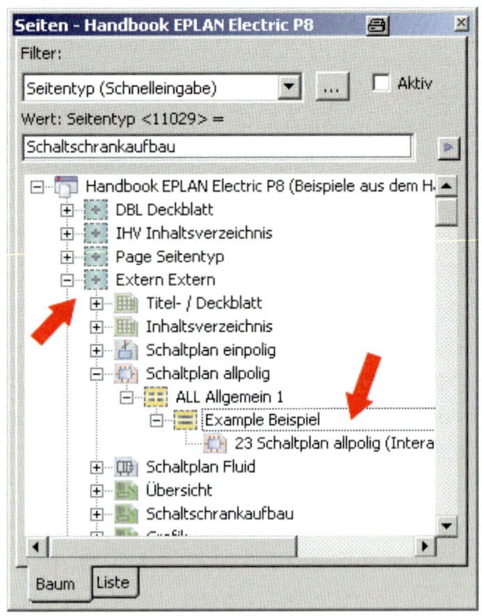

Bild 4.5 Nach Einbauort strukturiert

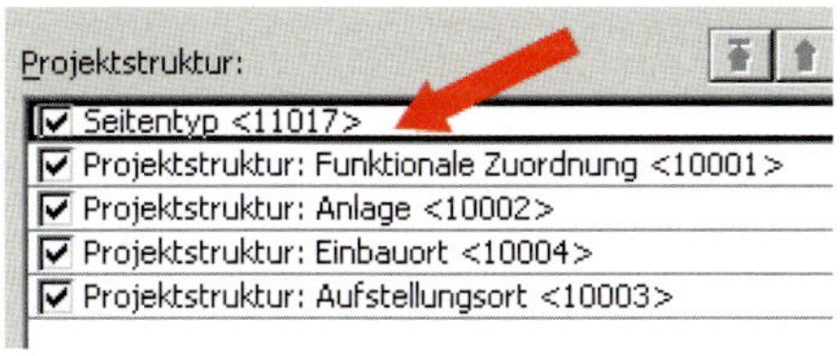

Bild 4.6 Projekteinstellung nach Seitentyp

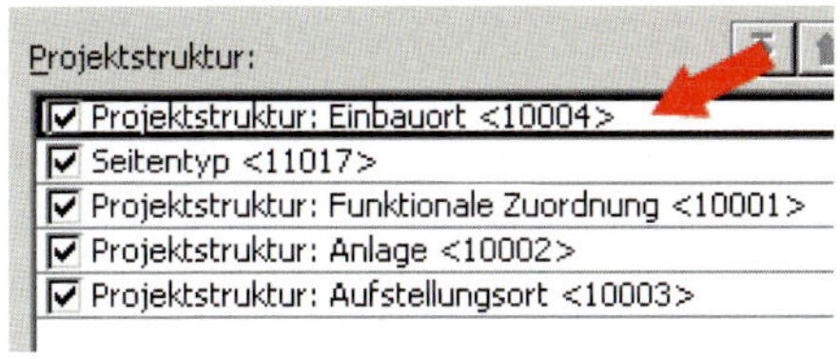

Bild 4.7 Projekteinstellung nach Einbauort

Das betrifft aber nur die Darstellung im **Seiten-Navigator**. Die Sortierung der Kennzeichen selbst wird in der *Strukturkennzeichen-Verwaltung* festgelegt, also ob beispielsweise die Anlage = A 1 vor oder hinter die Anlage =A 2 einsortiert werden soll.

4.1.1 Seitentypen

Auflistung einiger Seitentypen

EPLAN bietet eine ganze Reihe verschiedener Seitentypen für bestimmte Zwecke an. Diese Seiten sind in EPLAN durch kleine Symbole gekennzeichnet, um sie auf den ersten Blick besser unterscheiden zu können.

EPLAN unterscheidet grundsätzlich zwischen logischen und grafischen Seiten.

Logische Seiten wären zum Beispiel *Schaltplan allpolig*, *Schaltplan einpolig* oder auch *RI-Fließbild*. Diese Seitentypen werden durch EPLAN auf ihre Logik hin untersucht und entsprechend (Querverweise etc.) ausgewertet.

Der Seitentyp *Grafik* oder die *Modell-Ansicht* sind dagegen reine grafische (nicht-logische) Seiten, die erst einmal keine weiteren logischen Informationen enthalten.

EPLAN unterscheidet im Weiteren, ob die Seiten selbst bearbeitet werden können (interaktive Seiten) oder ob es sich um generierte Seiten (automatische Seiten) handelt. Eine interaktive Seite wäre beispielsweise der Seitentyp *Schaltschrankaufbau*, der Seitentyp *Klemmenplan* hingegen eine generierte (automatische) Seite.

Alle Seitentypen in EPLAN besitzen zur Unterscheidung kleinere Symbole im Seiten-Navigator, wie einleitend zu diesem Abschnitt schon erwähnt.

Als Ausnahme steht im *Bauraum* kein Seitentyp zur Verfügung. Der Bauraum bildet die Grundlage für die 3D-Darstellung von Schaltschränken oder anderen Komponenten für den Schaltschrankaufbau und bildet hier nur die Sicht auf die 3D-Daten und ihre weitere Bearbeitung.

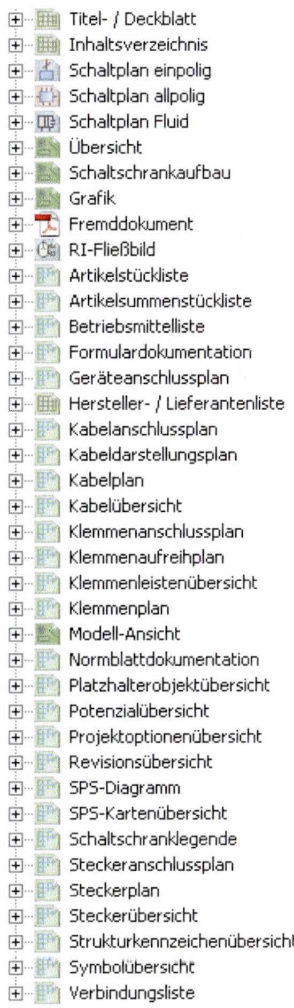

Bild 4.8 Seitentypen

4.1.2 Das Kontextmenü im Seiten-Navigator

Die Seitenbearbeitung, jedoch nicht das grafische Bearbeiten der Seite, erfolgt über das Menü **SEITE**, oder es wird das Kontextmenü im Seiten-Navigator dafür genutzt.

Die Funktionen des *Kontextmenüs* sind erreichbar mit der rechten Maustaste oder über den Button im **Seiten-Navigator**.

Menü Seite und Seiten-Navigator

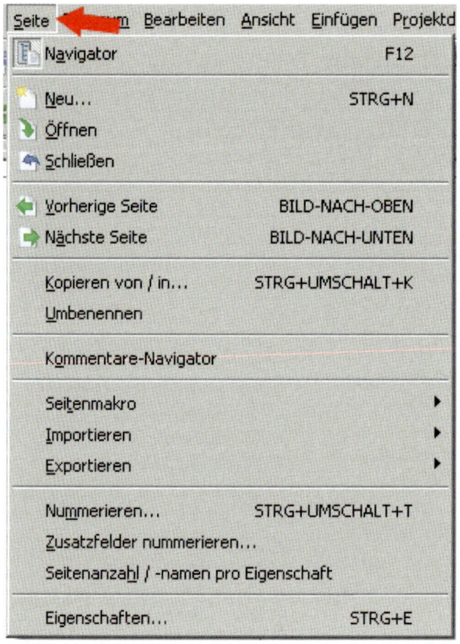

Bild 4.9 Menü Seite

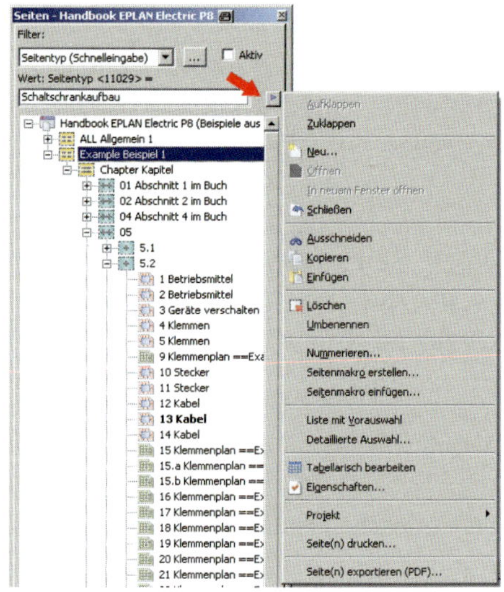

Bild 4.10 Kontextmenü

4.1.2.1 Seiten neu anlegen

Im Normalfall werden die Seiten eines Projektes neu angelegt (sieht man hier erst einmal vom Kopieren ab). Das kann über die Tastenkombination **STRG + N** erfolgen oder über das Menü **SEITE/NEU**. Die Vorgehensweise über das Kontextmenü ist die gleiche, nur dass man hier den Menüeintrag **NEU** wählt. Anschließend öffnet sich der Dialog **NEUE SEITE**.

Dialog Neue Seite

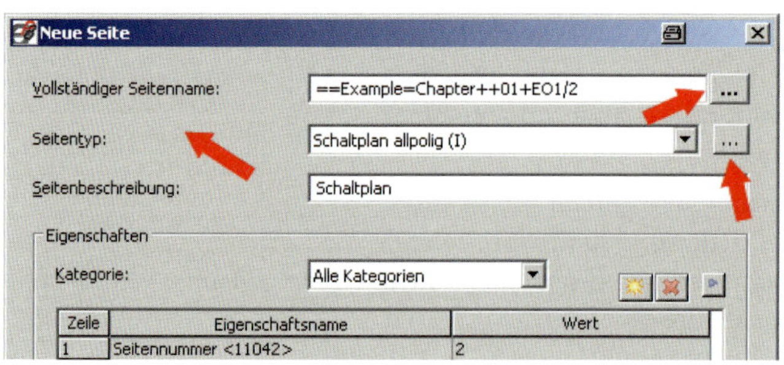

Bild 4.11 Dialog Neue Seite

Es gibt nun zwei Möglichkeiten, die neue Seite in eine vorhandene Struktur einzubinden. Man kann manuell den vollständigen Seitennamen im gleichnamigen Eingabefeld *Vollständiger Seitenname* festlegen. Dazu wird dort der bisherige Eintrag manuell angepasst, oder er kann auch komplett neu, mit den Vorzeichen für die Strukturkennzeichen, eingetragen werden. Alternativ wird über den Button der Dialog **VOLLSTÄNDIGER SEITENNAME** aufgerufen.

EPLAN öffnet dann den Dialog **VOLLSTÄNDIGER SEITENNAME**, wo jedes Strukturkennzeichen (wenn in den Strukturen des Projektes benutzt) ein eigenes Eingabefeld mit jeweils einem eigenen Auswahlbutton besitzt, mit dem weiter in den Auswahldialog des gewählten Kennzeichens verzweigt werden kann.

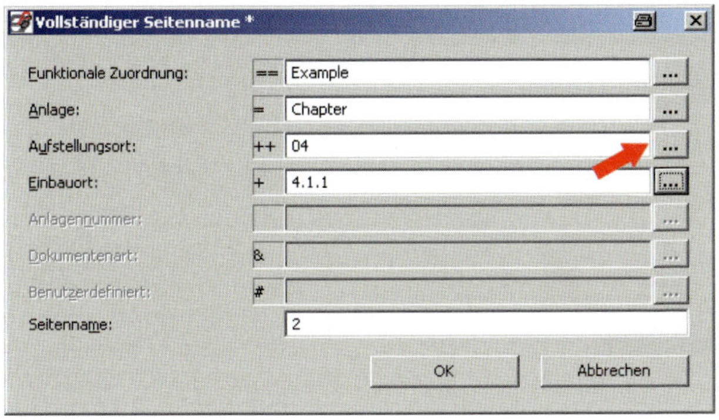

Bild 4.12 Dialog Vollständiger Seitenname

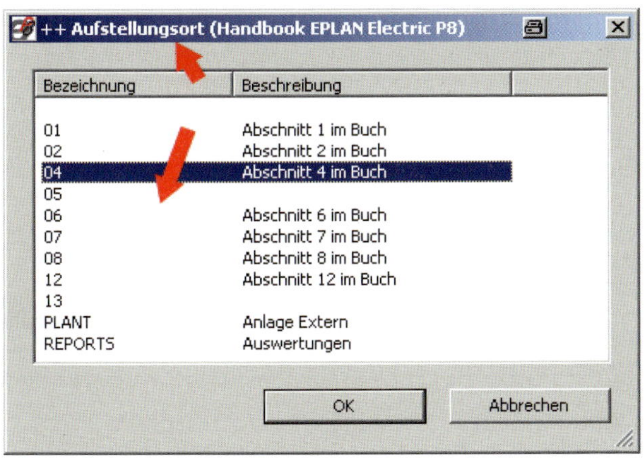

Bild 4.13 Dialog Kennzeichen

Nun besteht die Möglichkeit (abhängig von der gewählten Seitenstruktur), eine *Anlage*, einen *Einbauort* etc. per Mausklick auszuwählen und die gewünschten Kennzeichen anschließend mit dem Button **OK** zu übernehmen.

HINWEIS: Sollte es der Fall sein, dass ein vorhandenes Kennzeichen nicht übernommen werden kann, kann das neue Kennzeichen auch direkt in das Eingabefeld [Kennzeichenart] des Dialogs **VOLLSTÄNDIGER SEITENNAME** eingetragen werden.

EPLAN speichert bei neuen Kennzeichen lediglich die Sortierreihenfolge, die in den Einstellungen vorgenommen wurde. Die Einstellung ist unter **OPTIONEN/EINSTELLUNGEN/BENUTZER/DARSTELLUNG/KENNZEICHEN** zu finden. Es erfolgt keine weitere Abfrage.

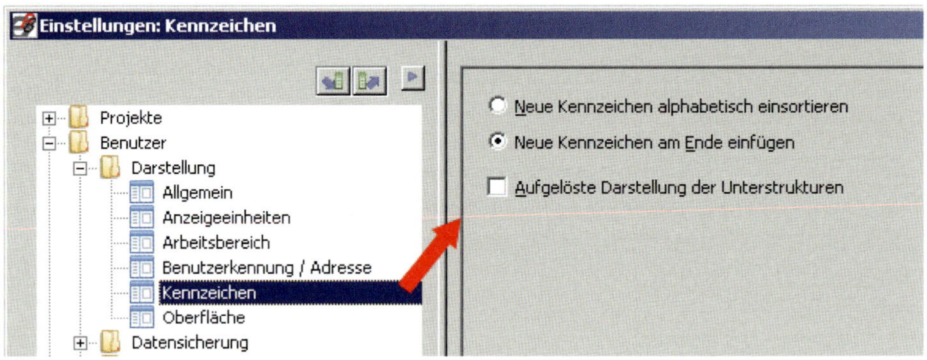

Bild 4.14 Einstellungen Kennzeichen

Die Sortierung kann später in der Strukturkennzeichen-Verwaltung manuell oder in Teilen auch automatisch erfolgen.

Wurden nun alle Einstellungen und Einträge im Dialog **NEUE SEITE** ausgeführt und eingetragen und die fehlenden Strukturkennzeichen eventuell neu angelegt, kann der Dialog geschlossen werden, und EPLAN legt die neue Seite an und stellt sie im Seiten-Navigator in der gewählten Struktur dar.

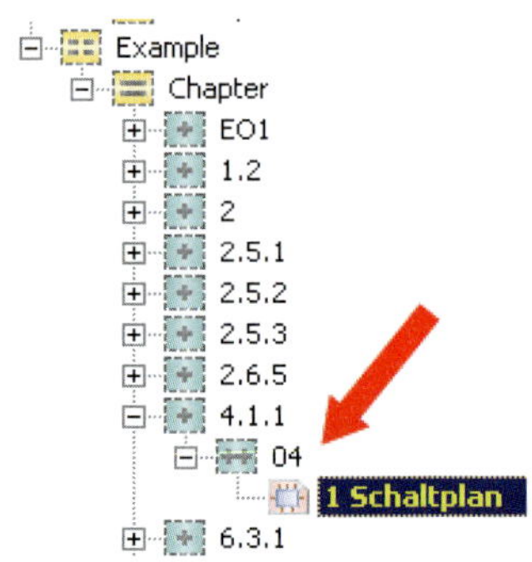

Bild 4.15
Neue angelegte Seite

4.1.2.2 Seiten öffnen

Der Menüpunkt **SEITE/ÖFFNEN** öffnet, wie die Funktion besagt, eine Seite. Daran ist nichts Außergewöhnliches. Interessanter und vielseitiger ist der Menüpunkt **IN NEUEM FENSTER ÖFFNEN** im Kontextmenü des Seiten-Navigators. Dieser Menüpunkt ermöglicht es, mehrere Seiten gleichzeitig und sogar ein und dieselbe Seite **mehrmals** zu öffnen.

Die Vorgehensweise ist einfach. Die Seite oder die Seiten (es ist möglich, in einem Arbeitsgang mehrere Seiten gleichzeitig zu öffnen) wird/werden im Seiten-Navigator markiert und im Kontextmenü der Menüpunkt **IN NEUEM FENSTER ÖFFNEN** aufgerufen. Alternativ lässt sich die Tastenkombination **STRG + ENTER** nutzen. EPLAN öffnet anschließend alle markierten Seiten.

Bild 4.16 In neuem Fenster öffnen

Funktion Im neuen Fenster öffnen

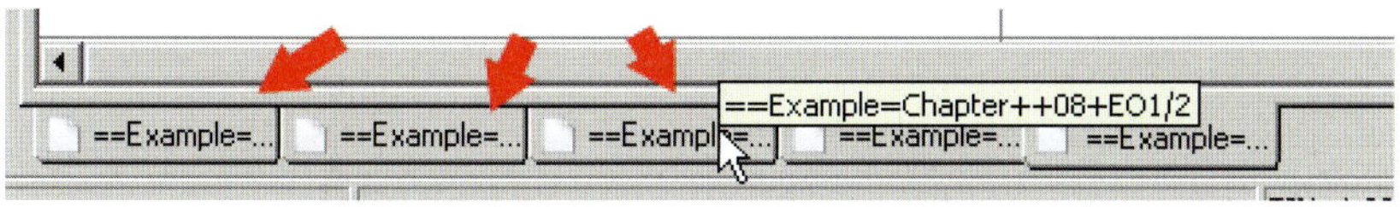

Bild 4.17 Mehrere Seiten geöffnet

Wurde im Menü **ANSICHT** der Menüpunkt **ARBEITSMAPPE** aktiviert, erscheinen alle geöffneten Seiten im Excel-Look (Seitenlasche) am unteren Rand des Arbeitsbereichs. Zwischen diesen Seiten kann jetzt mit der Maus hin und her gewechselt werden – oder es wird mit der Tastenkombination **STRG + TAB** zwischen den Seiten umgeschaltet, wobei die Seiten immer ganz durchlaufen werden. Also wird bei drei Seiten mit der Seite 1 begonnen, danach folgen Seite 2, Seite 3 und dann wieder die Seite 1 etc.

Wenn mehrere Seiten geöffnet sind, kann man auch über das Menü **FENSTER** die gewünschte Seite direkt anwählen.

Um die geöffneten Seiten wieder zu schließen, reicht es, die Seiten im Seiten-Navigator zu markieren und über das Menü **SEITE** den Menüpunkt **SCHLIESSEN** zu wählen. EPLAN schließt anschließend alle markierten Seiten.

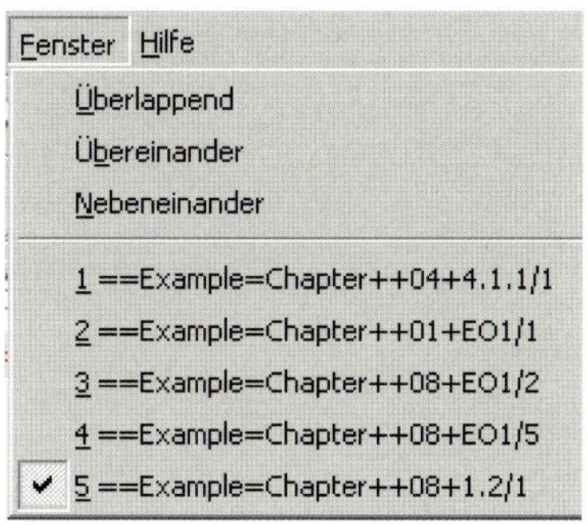

Bild 4.18 Menü Fenster

4.1.2.3 Seiten kopieren

Seiten können neu angelegt werden, aber sie werden dann ohne jeglichen Seiteninhalt (Betriebsmittel, Grafik etc.) neu erstellt. Um einen vorhandenen Seiteninhalt mit auf eine neue Seite zu übernehmen, müssen die Seite oder mehrere Seiten kopiert werden. Das kann in EPLAN über mehrere Wege geschehen. Es besteht die Möglichkeit, die üblichen Windows-Funktionen, wie **STRG + C** (Seite kopieren) und **STRG + V** (Seite einfügen), zu nutzen, oder es wird das Menü **SEITE** (oder das Kontextmenü des Seiten-Navigators) benutzt.

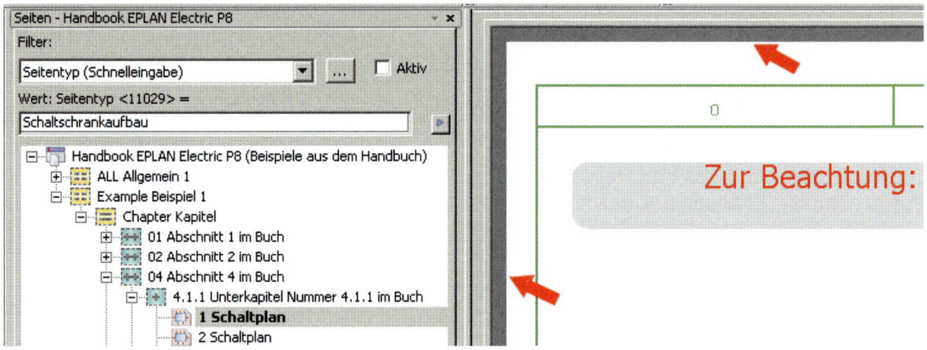

Bild 4.19 Seite markieren mit STRG + M

Um eine Seite zu kopieren, wird in EPLAN die Seite mit **STRG + M** in der grafischen Bearbeitung markiert. EPLAN zeichnet anschließend einen dicken grauen Rahmen (eine Art Markierung) um die Seite.

Wird anschließend die Windows-Tastenkombination **STRG + C** (eine Windows-Standardfunktion für das Kopieren) gedrückt, kopiert EPLAN die Seite in die Zwischenablage. Um die kopierte Seite aus der Zwischenablage nun wieder herauszuholen und an anderer Stelle einzufügen, führt man die Windows-Tastenkombination **STRG + V** (einfügen) durch. EPLAN öffnet anschließend den Dialog **STRUKTUR ANPASSEN**.

Seiten kopieren im Projekt und projektübergreifend

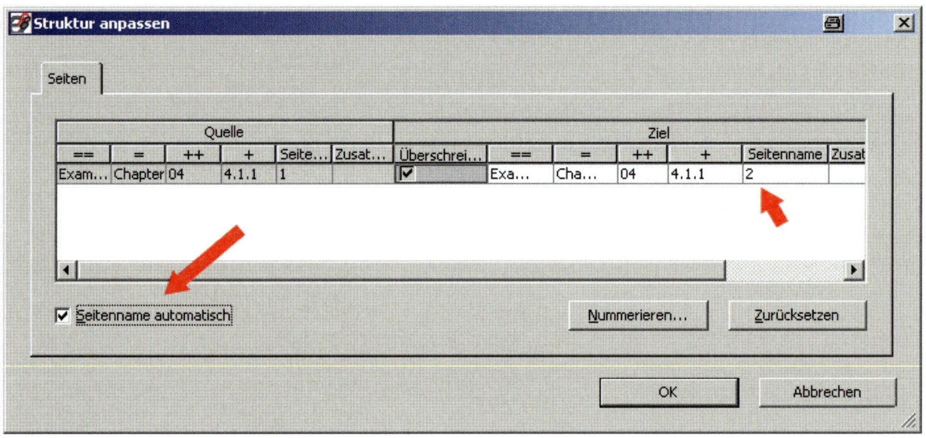

Bild 4.20 Dialog Struktur anpassen

Im Dialog können jetzt die passenden Eingaben, wie Vergabe von Kennzeichen oder der neue Seitenname, editiert werden. Allerdings kann man EPLAN auch den neuen Seitennamen automatisch selbst ermitteln lassen (Einstellung *Seitenname automatisch*). Dabei wird immer der höchste freie Seitenname vorgeschlagen, der in dieser Struktur möglich ist. Stimmen alle Angaben, kann die Seite mit dem Button **OK** übernommen werden.

Es folgt der Dialog **EINFÜGEMODUS** (je nach Einstellung), um eventuell vorhandene Betriebsmittel gleich auf der kopierten Seite zu nummerieren. Wird der Dialog mit der entsprechenden Einstellung per Klick auf den Button **OK** verlassen, kopiert EPLAN die (Quell-)Seite, erzeugt eine neue (Ziel-)Seite und ordnet sie in die Seitenstruktur ein.

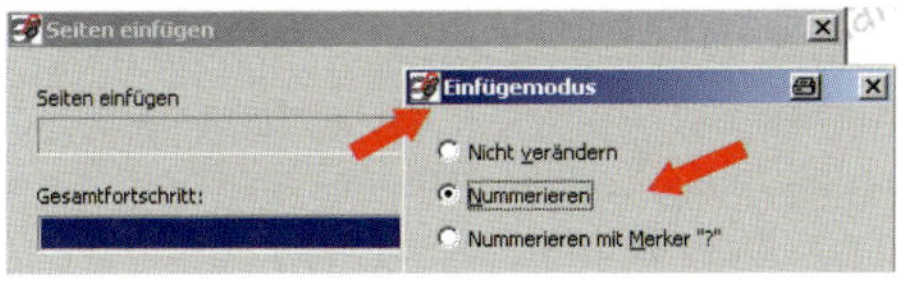

Bild 4.21 Einfügemodus wählen

Über den Dialog **STRUKTUR ANPASSEN** ist es an dieser Stelle auch möglich, vorhandene Seiten überschreiben zu lassen (über die Spalte **Ziel – Überschreiben**). EPLAN bringt vor dem eigentlichen Überschreiben von Seiten aber noch eine Hinweismeldung, die mit dem Button **JA** (Kopieraktion wird fortgesetzt) oder mit dem Button **NEIN** (Kopieraktion wird abgebrochen, und EPLAN öffnet wieder den Seiten-Navigator) bestätigt werden muss.

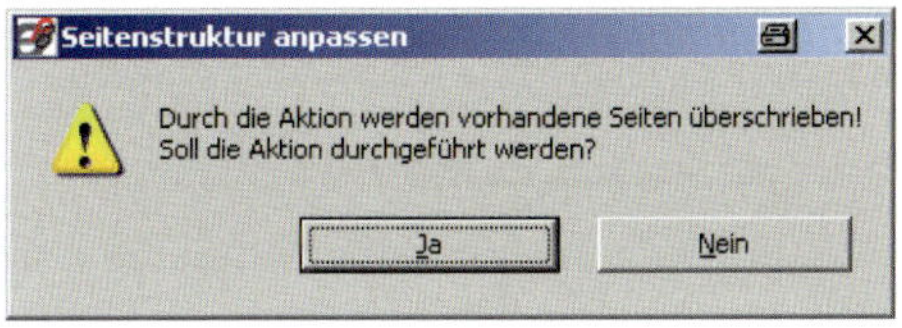

Bild 4.22 Möglichkeit des Überschreibens

Auch beim Kopieren von Seiten gilt wieder: Neue Kennzeichen werden von EPLAN automatisch und ohne weitere Abfrage in die vorhandene Struktur einsortiert (je nach gewählter Einstellung alphabetisch oder am Ende) und können später in der Strukturkennzeichen-Verwaltung umsortiert werden.

Das Kopieren von Seiten ist natürlich nicht nur für eine Seite möglich. Im Seiten-Navigator können mehrere Seiten markiert und hier mit der Tastenkombination **STRG + C** in die Zwischenablage kopiert werden.

Seiten im Seiten-Navigator kopieren

Mit **STRG + V** (einfügen) öffnet EPLAN wieder den schon bekannten Dialog **STRUKTUR ANPASSEN**. Nach Abschluss aller Angaben und Bestätigen aller eventuellen Folgedialoge werden diese Seiten in das EPLAN-Projekt und die gewählte Struktur eingefügt.

Seiten-Navigator Listendarstellung

Seiten können aber nicht nur mit den Tastenbefehlen **STRG + C** und **STRG + V** kopiert bzw. eingefügt werden, sondern auch mit den Befehlen **KOPIEREN** und **EINFÜGEN** des Kontextmenüs im **Seiten-Navigator**. Diese beiden Befehle beziehen sich immer auf die markierten Seiten. Ob nun Seiten in der Baum- oder in der Listendarstellung markiert und anschließend kopiert bzw. eingefügt werden, spielt dabei keine Rolle.

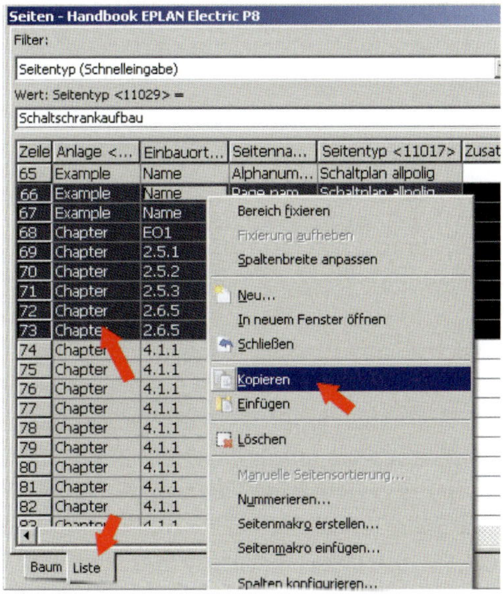

Bild 4.23 Kopieren in der Listendarstellung

TIPP: Die Tastenkombination **STRG + M** (Seite markieren) sollte man sich gut merken. Alle Seitenbefehle, also eine Seite kopieren oder eine Seite löschen oder auch die Seiteneigenschaften bearbeiten, erfolgen über diese Tastenkombination **STRG + M** und die nachfolgenden Befehle.

Neben dem Kopieren von Seiten innerhalb eines Projekts ist es natürlich auch möglich, Seiten eines Projekts in die Zwischenablage zu kopieren, in ein anderes Projekt zu wechseln (was natürlich im Seiten-Navigator geöffnet sein sollte) und die Seiten dann dort aus der Zwischenablage wieder einzufügen.

4.1.2.4 Seiten kopieren von/in

Das Gegenstück zum einfachen Seitenkopieren (innerhalb eines Projekts, aber auch in andere Projekte) ist die Funktion **SEITEN KOPIEREN VON/IN**. Da EPLAN es ermöglicht, im Seiten-Navigator mehrere Projekte gleichzeitig zu öffnen und danach zu bearbeiten, darf eine Funktion, um Seiten projektübergreifend komfortabel zu kopieren, natürlich nicht fehlen.

Funktion Seiten kopieren von/in

Über das Menü **SEITE/SEITEN KOPIEREN VON/IN** kann man Seiten aus verschiedenen Projekten (auch aus nicht geöffneten Projekten im Seiten-Navigator) in das aktuelle Projekt kopieren. EPLAN öffnet nach dem Anwählen des Menüpunktes **SEITEN KOPIEREN VON/IN** den Dialog **SEITEN KOPIEREN**. Um Seiten aus einem anderen Projekt kopieren zu können, muss das Projekt aber, wie schon beschrieben, nicht zwingend im Seiten-Navigator geöffnet sein.

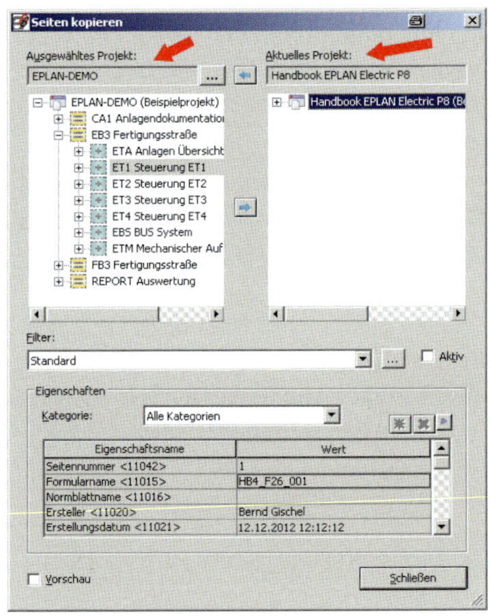

Bild 4.24 Dialog Seiten kopieren

Der untere Bereich des Dialogs **SEITEN KOPIEREN** zeigt weitere Informationen zur jeweiligen markierten Seite an. Ebenso kann eine Vorschau für die markierten Seiten aktiviert werden. Das rechte Feld im Dialog **SEITEN KOPIEREN** steht fest und verweist immer auf das *aktuelle Projekt*. Es kann nicht geändert werden. Das linke Feld ist in der Projektauswahl variabel, über den Button [...] kann ein anderes beliebiges Projekt ausgewählt und geöffnet werden.

Durch Anklicken des Buttons [...] öffnet EPLAN den Dialog **PROJEKTAUSWAHL**. Aufgelistet werden erst einmal nur Projekte, die im Seiten-Navigator schon geöffnet sind.

Mithilfe des Buttons (Öffnen) öffnet EPLAN den Dialog **PROJEKT ÖFFNEN**. In diesem Dialog können jetzt ein oder mehrere Projekte zur Übernahme in den Dialog

Bild 4.25 Dialog Projektauswahl

PROJEKTAUSWAHL angewählt und geöffnet werden. Dazu werden das Projekt oder die Projekte markiert und mit dem Button **ÖFFNEN** dem Dialog **PROJEKTAUSWAHL** hinzugefügt.

Nach Abschluss der gewünschten Projektauswahl stehen die gewählten Projekte im Dialog **PROJEKTAUSWAHL** zum Kopieren von Seiten bereit und werden gleichzeitig im Seiten-Navigator geöffnet.

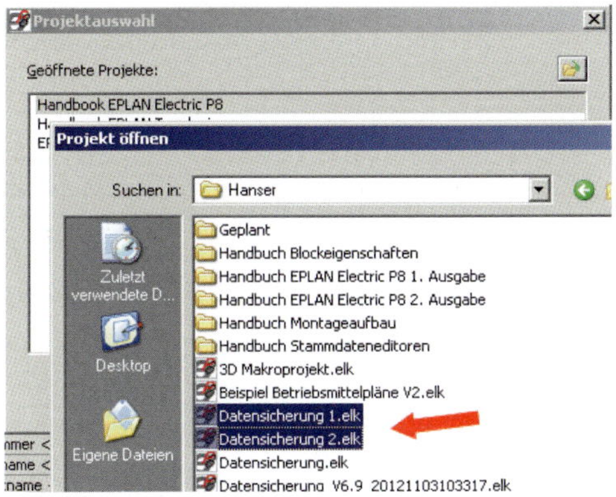

Bild 4.26 Dialog Projekt öffnen

Das gewünschte Projekt kann jetzt im Dialog **PROJEKTAUSWAHL** markiert und mit dem Button **OK** in den Dialog **SEITEN KOPIEREN** übernommen werden.

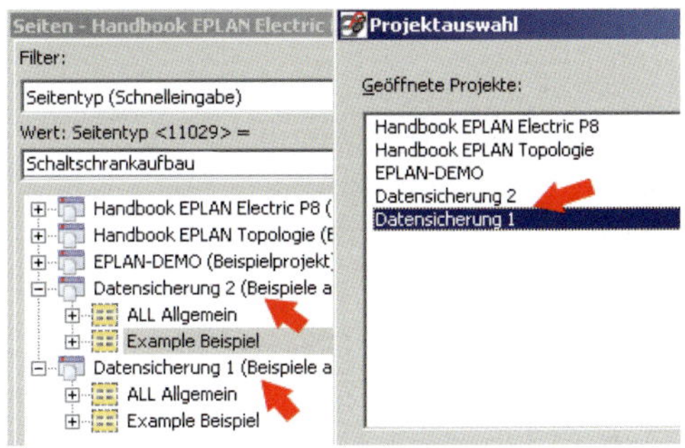

Bild 4.27 Geöffnete Projekte

> **HINWEIS:** Es kann immer nur ein Projekt in die Auswahl des Dialogs **SEITEN KOPIEREN** übernommen werden. EPLAN merkt sich jedoch die dem Dialog **PROJEKTAUSWAHL** hinzugefügten Projekte so, dass ein späteres Kopieren ohne eine erneute Projektauswahl erfolgen kann.

Im Dialog **SEITEN KOPIEREN** werden jetzt die zu kopierenden Seiten aus dem Fremdprojekt *markiert* und mit dem mittleren Button in das aktuelle Projekt kopiert (geschoben). EPLAN öffnet anschließend wieder den Dialog **STRUKTUR ANPASSEN**.

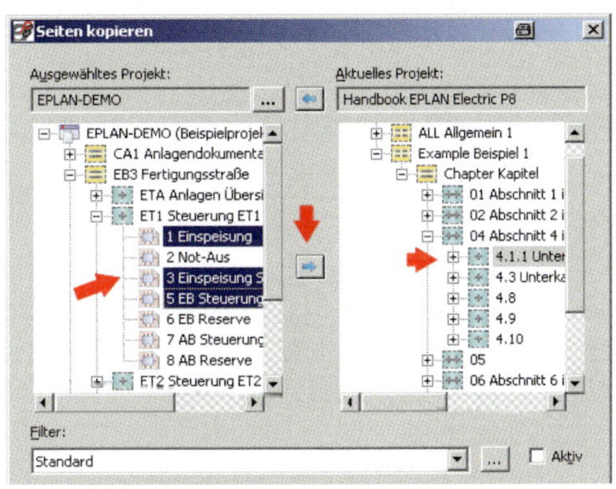

Bild 4.28 Seiten kopieren aus einem Projekt

Struktur anpassen

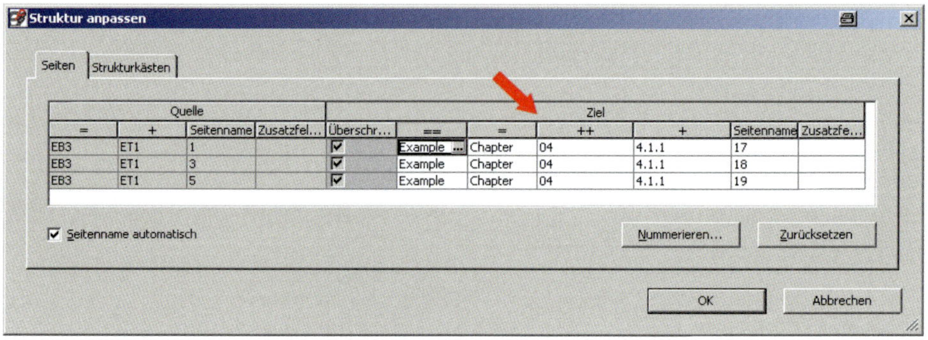

Bild 4.29 Seiten in die Seitenstruktur einfügen lassen

Im Dialog **STRUKTUR ANPASSEN** wird dann die Seitenstruktur so geändert, wie gewünscht.

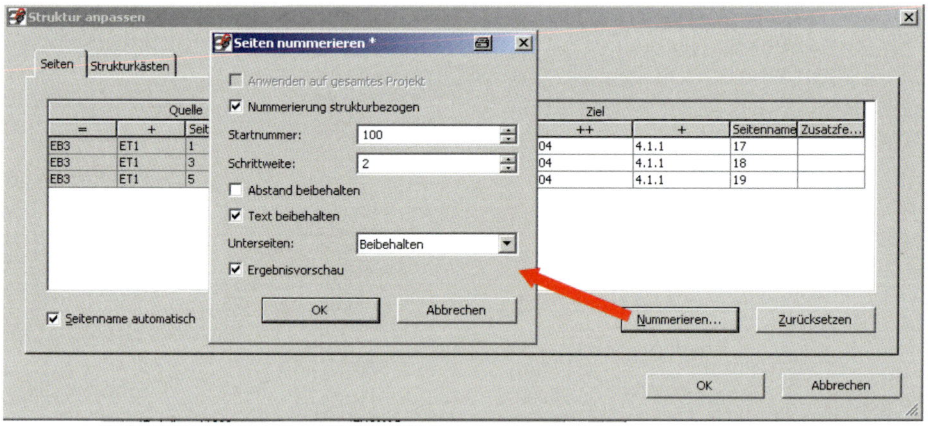

Bild 4.30 Seiten nummerieren lassen

Es besteht auch die Möglichkeit, neue Seiten anhand des Dialogs **SEITEN NUMMERIEREN** nach bestimmten Einstellungen neu zu nummerieren. Dann, wenn beispielsweise viele Unterseiten kopiert werden und diese in Hauptseiten umgewandelt werden sollen.

Nach Klick auf den Button **OK** im Dialog **STRUKTUR ANPASSEN** kopiert EPLAN die Seiten in das aktuelle Projekt. Eventuell folgen noch weitere Dialoge, wie zum Beispiel der Dialog **EINFÜGEMODUS**, die entsprechend bestätigt werden müssen.

Damit ist das Seitenkopieren aus Fremdprojekten abgeschlossen. EPLAN schließt alle Dialoge und setzt den Fokus wieder auf den Dialog **SEITEN KOPIEREN**. Jetzt können im Anschluss weitere Seiten aus anderen Projekten kopiert werden. Sollte das nicht der Fall sein, kann der Dialog **SEITEN KOPIEREN** mit dem Button **SCHLIESSEN** verlassen werden. EPLAN schließt den Dialog, schließt zugleich alle temporär geöffneten Projekte und befindet sich anschließend wieder in der grafischen Bearbeitung des aktuell geöffneten Projekts.

4.1.2.5 Seiten umbenennen

Seiten bekommen in EPLAN einen eindeutigen Seitennamen (Seitennummer). Dieser Seitenname **darf** auch aus alphanumerischen Zeichen bestehen. So darf beispielsweise eine Seite auch *=ANL2+ORT2/14_Übersicht* heißen, wobei das Wort »Übersicht« mit zum Seitennamen gehört und nicht zur Seitenbeschreibung.

Mit dem Menüpunkt **SEITE UMBENENNEN** wird der Seitenname (die Seitennummer) umbenannt. Im **Seiten-Navigator** reicht es auch aus, die Seite zu markieren und dann die Taste **F2** zu drücken.

EPLAN ermöglicht anschließend, dass der Seitenname (Seitennummer) geändert wird, ohne dass die Seiteneigenschaften dieser Seite direkt geöffnet werden. Mit **ENTER** wird der geänderte Seitenname (Seitennummer) gespeichert.

Seitenname (Seitennummer) umbenennen

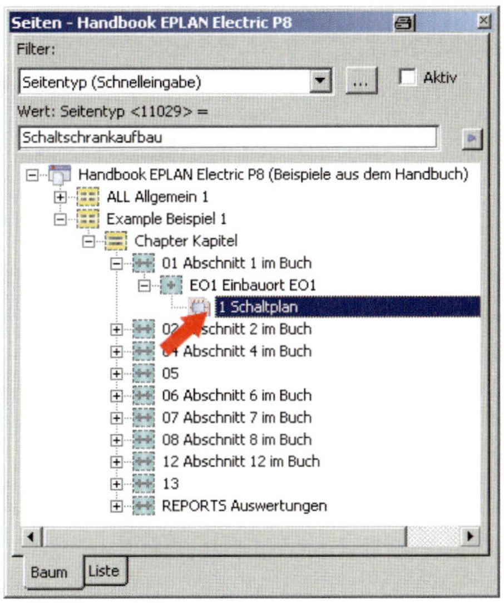

Bild 4.31 Seite markieren

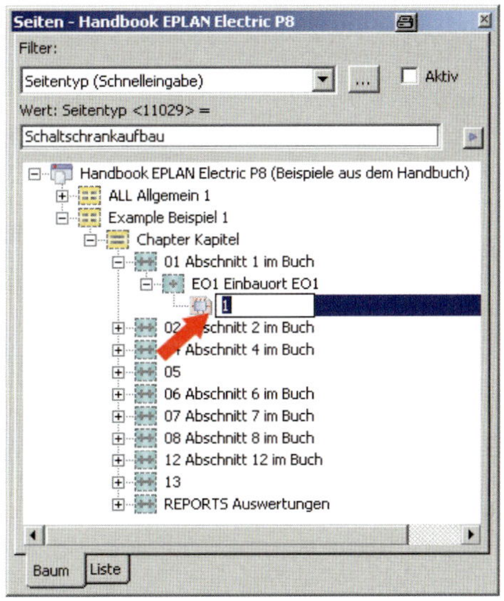

Bild 4.32 Mit F2 direkt editieren

4.1.2.6 Seiten löschen

Seiten werden nicht nur neu angelegt oder kopiert. Seiten müssen auch ab und zu gelöscht werden können. EPLAN bietet dazu im Kontextmenü des Seiten-Navigators die Funktion **LÖSCHEN** an.

Die Vorgehensweise ist die bereits bekannte. Die Seiten, die gelöscht werden sollen, werden im Seiten-Navigator markiert und anschließend mit der Funktion **LÖSCHEN** im Kontextmenü des Seiten-Navigators oder über das Drücken der Taste **ENTF** gelöscht.

Vor dem eigentlichen Löschen fragt EPLAN noch im Dialog **SEITEN LÖSCHEN** über eine Warnmeldung nach, ob die Seite/die Seiten wirklich gelöscht werden soll/sollen.

HINWEIS: Ich empfehle, Meldungen, die **JA** oder **JA FÜR ALLE** anzeigen, nicht **achtlos** zu bestätigen, sondern sich die Meldungen genau durchzulesen, bevor geklickt wird.

HINWEIS: Folgendes, sehr Wichtiges, ist beim Löschen von Seiten zu beachten. Es gibt einen Unterschied, wie die Seiten im Seiten-Navigator markiert werden.

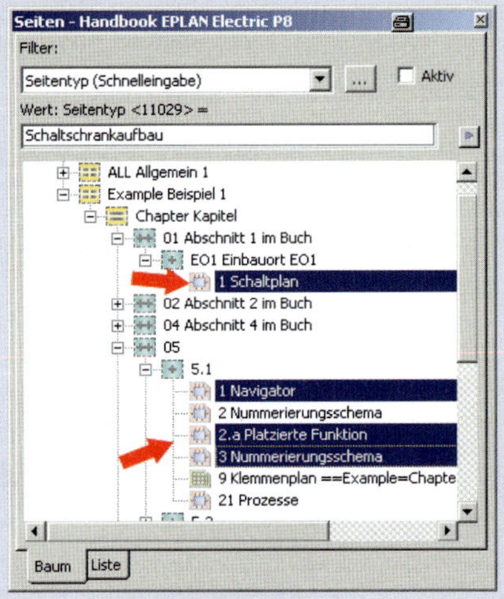

Bild 4.33 Markierung 1: 4 Seiten

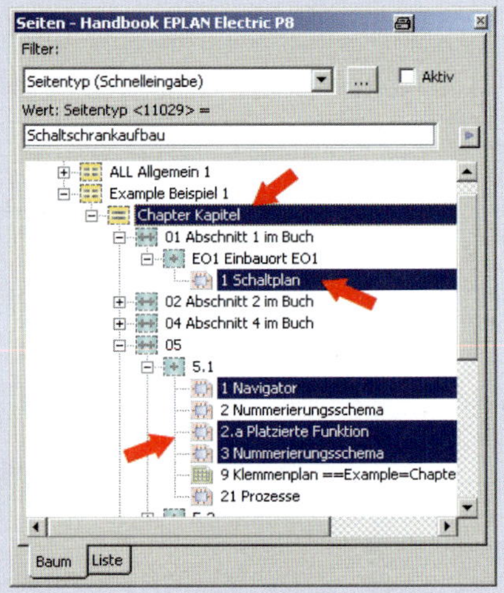

Bild 4.34 Markierung 2: Gesamte Anlage (Chapter)

In Bild 4.33 sind vier Seiten zum Löschen markiert worden. Hier werden auch nur diese vier Seiten gelöscht. Die Warnmeldung im Dialog **SEITEN LÖSCHEN** spricht auch eine deutliche Sprache: »Soll die Seite … von 4 gewählten Seiten gelöscht werden?«

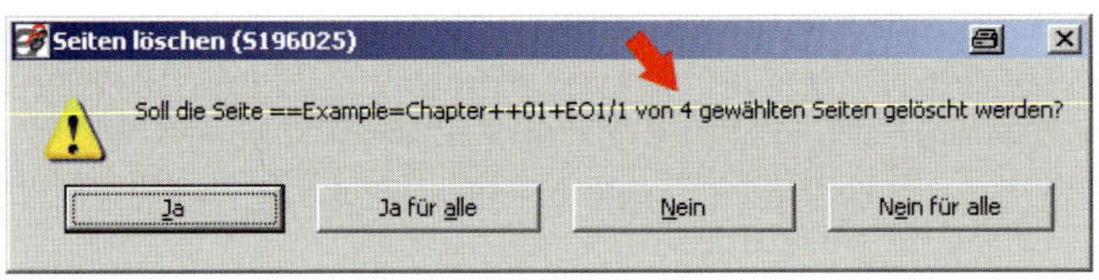

Bild 4.35 Warnmeldung: 4 Seiten löschen

In Bild 4.34 dagegen wurde versehentlich die Markierung auf die gesamte Anlage *=Chapter* ausgeweitet, da die Anlage mit im **Seiten-Navigator** markiert wurde.

Bild 4.36 Warnmeldung: 234 Seiten löschen (anstatt, wie gewollt 4)

Werden jetzt diese markierten Seiten zum Löschen geschickt, bringt EPLAN, wie schon bekannt, den Dialog **SEITEN LÖSCHEN** mit der entsprechenden Warnmeldung, aber mit dem kleinen Unterschied, dass die *Anzahl der zu löschenden Seiten* nicht mehr stimmt.

Wird dieser Dialog gedankenlos mit **JA** bestätigt, löscht EPLAN die komplette Anlage *=Chapter* aus dem Projekt. Im Normalfall wird das unbeabsichtigte Löschen von Seiten gleich bemerkt, da der Seiten-Navigator nach einer Löschaktion aktualisiert wird und die fehlenden Seiten, Anlagen oder Orte auffallen (sollten). Mit dem üblichen UNDO-Befehl **STRG + Z** oder auch mit der Funktion **RÜCKGÄNGIG** bzw. **RÜCKGÄNGIG ÜBER LISTE** im Menü **BEARBEITEN** können die Seiten *direkt nach dem Löschen* wiederhergestellt werden.

HINWEIS: Wurde ein Projekt zwischenzeitlich geschlossen, sind gelöschte Seiten endgültig verloren!

HINWEIS: Sollte der Projektname markiert sein, wird die Funktion **LÖSCHEN** von EPLAN gesperrt. Daher ist ein versehentliches Löschen von ganzen Projekten aus dem Kontextmenü des Seiten-Navigators ausgeschlossen.

4.1.2.7 Seiten schließen

Diese Funktion erklärt sich fast von selbst. Damit werden offene Seiten geschlossen. Die Funktion **SCHLIESSEN** ist erreichbar über das Menü **SEITE** sowie über das Kontextmenü des Seiten-Navigators. Es ist möglich, mehrere geöffnete Seiten im Seiten-Navigator zu markieren und gleichzeitig zu schließen. Mit der Funktion **SCHLIESSEN** wird also nicht das Projekt geschlossen, auch wenn es markiert ist, sondern nur die Seite bzw. die Seiten.

4.1.2.8 Seiteneigenschaften bearbeiten

Um die Einträge der Seite selbst bearbeiten zu können, die so genannten *Seiteneigenschaften*, wird im Seiten-Navigator die entsprechende Seite markiert und über das Kontextmenü die Funktion **EIGENSCHAFTEN** aufgerufen.

Das funktioniert natürlich auch ohne den Seiten-Navigator direkt auf der geöffneten Seite mit der Tastenkombination **STRG + M** und **STRG + D**. **STRG + M** markiert die Seite, und das folgende **STRG + D** führt die Funktion **EIGENSCHAFTEN BEARBEITEN** aus. EPLAN öffnet anschließend den Dialog **SEITENEIGENSCHAFTEN**.

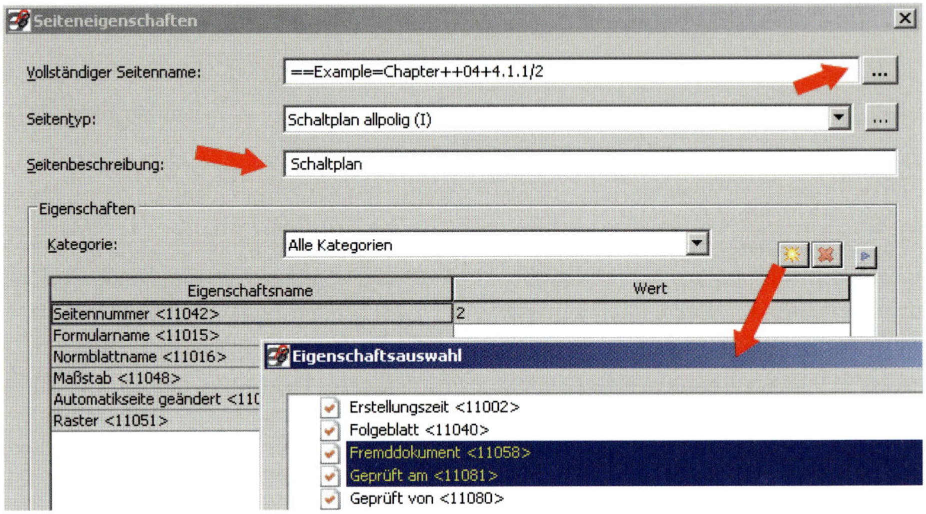

Bild 4.37 Dialog Seiteneigenschaften bearbeiten

Eigenschaften einer Seite bearbeiten

Im Dialog **SEITENEIGENSCHAFTEN** können nun alle Eigenschaften der Seite bearbeitet werden. Es kann der *Vollständige Seitenname* geändert (zum Beispiel könnte man die Seitennummer von 2 auf 3 ändern, was einer Verschiebung der Seite gleichkäme) oder die *Seitenbeschreibung* angepasst werden.

Im Bereich *Eigenschaften* werden weitere Eigenschaften angezeigt, wie beispielsweise der Maßstab der Seite (*Maßstab <11048>*) oder das eingestellte Raster (*Raster <11051>*). Diese Eigenschaften sind alle änderbar, solange sie nicht grau unterlegt sind.

Neue Eigenschaften werden über den Button hinzugefügt. EPLAN öffnet nach Klick auf diesen Button den Dialog **EIGENSCHAFTSAUSWAHL**. Hier können die die gewünschten Eigenschaften (eine Mehrfachauswahl ist möglich) ausgewählt und mit Klick auf den Button **OK** in die Anzeige **Eigenschaften der Seite** übernommen werden.

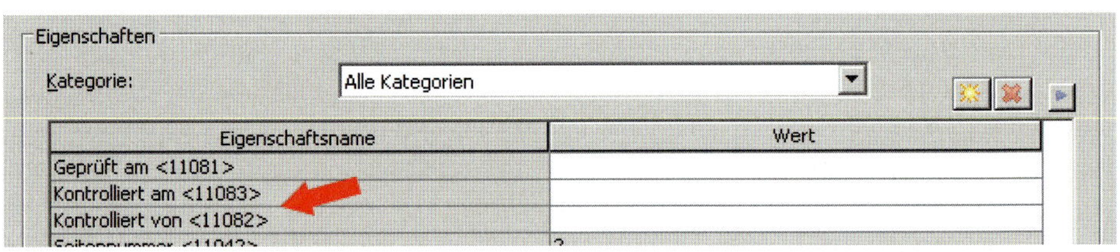

Bild 4.38 Neu hinzugefügte Eigenschaften

Im **Seiten-Navigator** kann aber, im Gegensatz zur Tastenkombination **STRG + M** und **STRG + D**, nicht nur eine Seite bearbeitet werden.

Werden im Seiten-Navigator mehrere Seiten markiert und über das Kontextmenü die Funktion **EIGENSCHAFTEN** aufgerufen, können für alle markierten Seiten die Eigenschaften in einem Zug bearbeitet werden.

Eigenschaften mehrerer Seiten bearbeiten

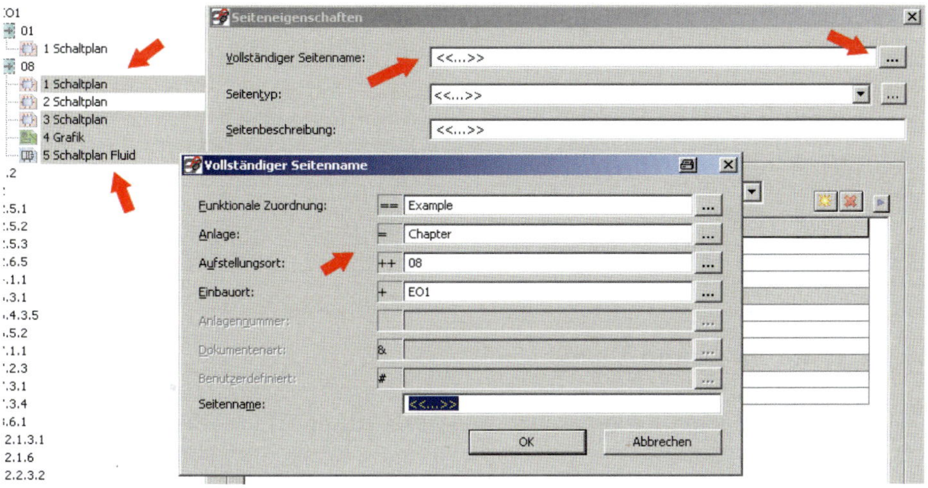

Bild 4.39 Eigenschaften mehrerer Seiten bearbeiten

Alle Eigenschaften, die bei den markierten Seiten gleich sind, werden im »Klartext« angezeigt. Beispiele wären der Maßstab oder das Raster der Seiten. Weichen die Einträge der Seiteneigenschaften untereinander ab, werden sie mit der Zeichenkette <<...>> optisch in den entsprechenden Eingabefeldern dargestellt.

HINWEIS: Felder mit der Zeichenkette <<...>> sollten sehr vorsichtig bearbeitet werden, da ein geänderte Eintrag in einem Feld auch alle anderen abweichenden Einträge der anderen Seiten mit dem neuen (geänderten) Eintrag überschreibt.

Sind alle Eingaben erfolgt, kann der Dialog **SEITENEIGENSCHAFTEN** mit Klick auf den Button **OK** verlassen werden. EPLAN speichert alle Angaben und schließt den Dialog anschließend.

4.1.2.9 Seiteneigenschaften direkt bearbeiten

Neben der eben beschriebenen Arbeitsweise, den Dialog **SEITENEIGENSCHAFTEN** über das Kontextmenü des Seiten-Navigators oder per Tastenkombination **STRG + M** und **STRG + D** aufzurufen und die Eigenschaften, wie Seitenbeschreibung etc. anzupassen oder abzuändern, ist es jetzt möglich, einfach per Doppelklick mit der linken Maustaste auf ein vorhandenes Objekt (Seitenbeschreibung, Kundenname) im Normblatt, die Seiteneigenschaften durch EPLAN öffnen zu lassen.

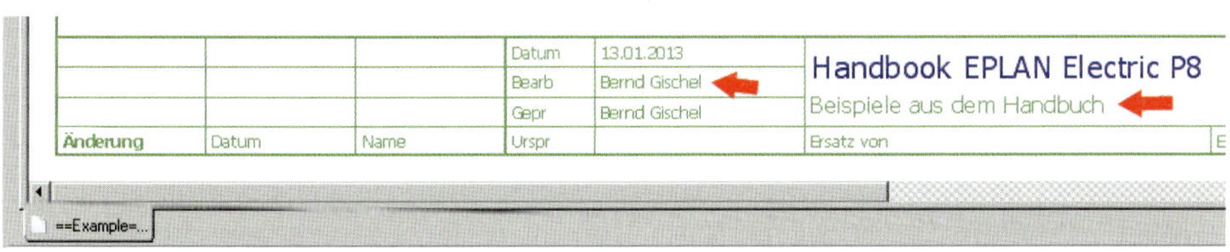

Bild 4.40 Beliebiges Objekt im Normblatt doppelklicken öffnet Seiteneigenschaften

Allerdings muss dies ein Bereich sein, in dem Inhalte stehen. In einem leeren Bereich funktioniert das Öffnen der Seiteneigenschaften mit einem Doppelklick *nicht.*

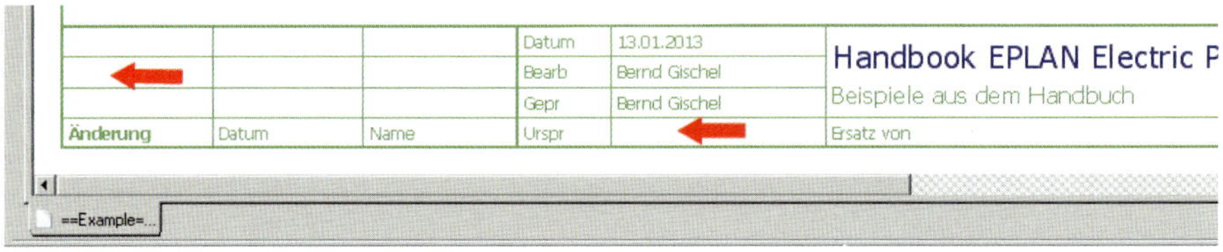

Bild 4.41 Leere Bereiche funktionieren nicht.

4.1.3 Filter im Seiten-Navigator

Neben den bisher beschriebenen Funktionen ist es jetzt mit EPLAN Electric P8 2.2 möglich, im Seiten-Navigator, wie in anderen Navigatoren, einen Filter über vorher erstellte Schemata direkt zu aktivieren und auch die Funktionen der Schnelleingabe zu nutzen.

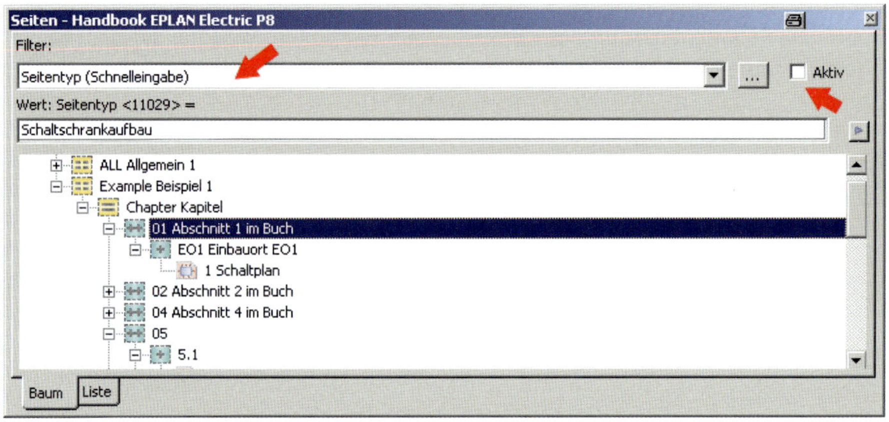

Bild 4.42 Filtermöglichkeiten

Damit kann man schnell und einfach, beispielsweise die Auswahl der Seitenanzeige auf einen bestimmten **Seitentyp**, filtern (»schnell eingeben«). Dazu wird ein Filterschema erstellt und die Spalte **Schnelleingabe** aktiviert.

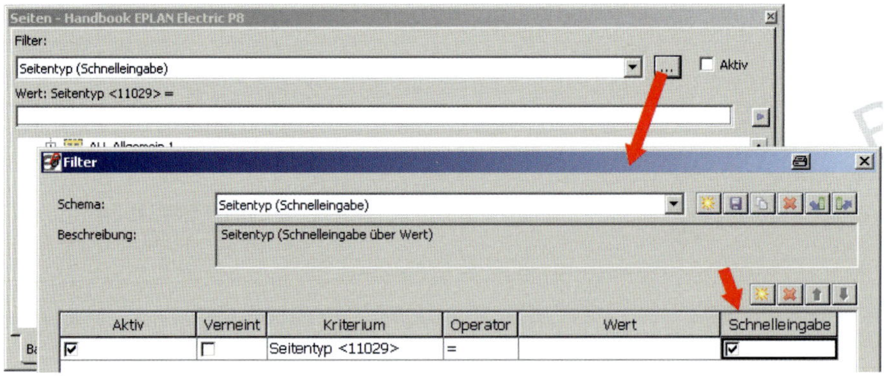

Bild 4.43 Filtern über Schnelleingaben

Wird der Filter aktiv geschaltet, kann man über die Auswahl **Wert: [Kriterium]** eine Schnelleingabe, hier im Beispiel den Wert **Seitentyp**, durchführen.

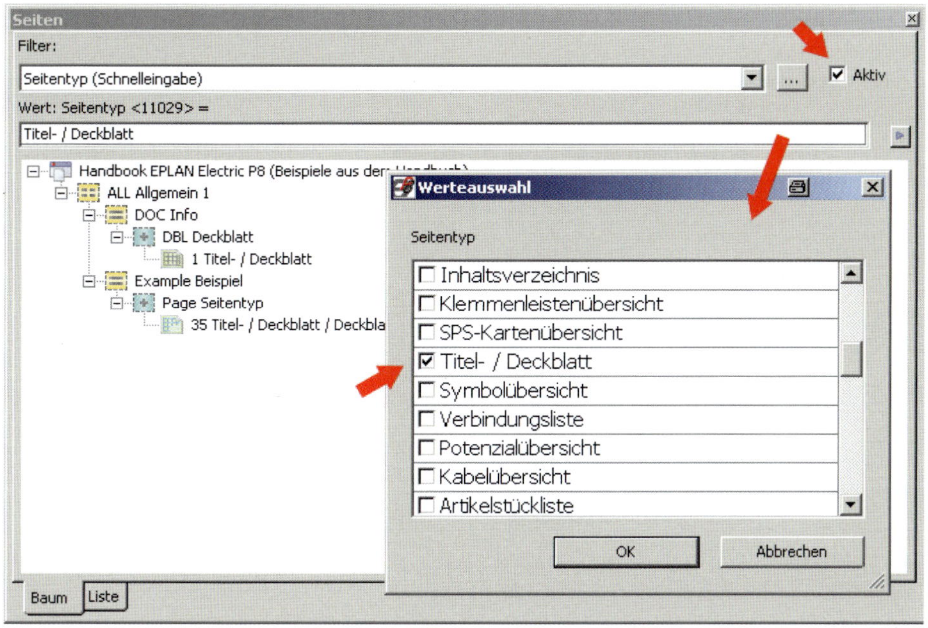

Bild 4.44 Aktiver Wert Seitentyp

Der große Vorteil dieser Möglichkeit, Filter mit der Schnelleingabe zu kombinieren, besteht darin, dass man nicht für jede einzelne Möglichkeit ein extra Filterschema erstellen muss, sondern, wie hier im Filter **Seitentyp**, nur einen einzigen. Man aktiviert dann einfach den entsprechenden Wert, hier den zu filternden **Seitentyp**.

HINWEIS: Die aus den Vorgängerversionen (vor den Versionen 2.0.x) bekannte Filterfunktion befindet sich jetzt im Kontextmenü des **Seiten-Navigators** und heißt DETAILLIERTE AUSWAHL. Damit können dann, wie bisher, Filter auf die Suchergebnisse gesetzt oder bestimmte Strukturkennzeichen gesucht bzw. gefiltert werden.

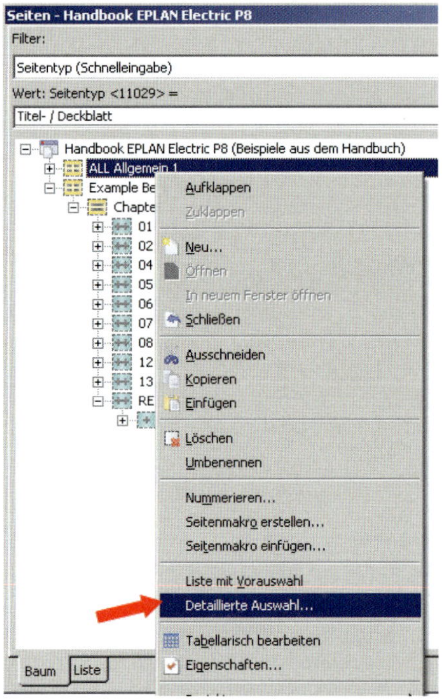

Bild 4.45 »Alte« Detaillierte Auswahl

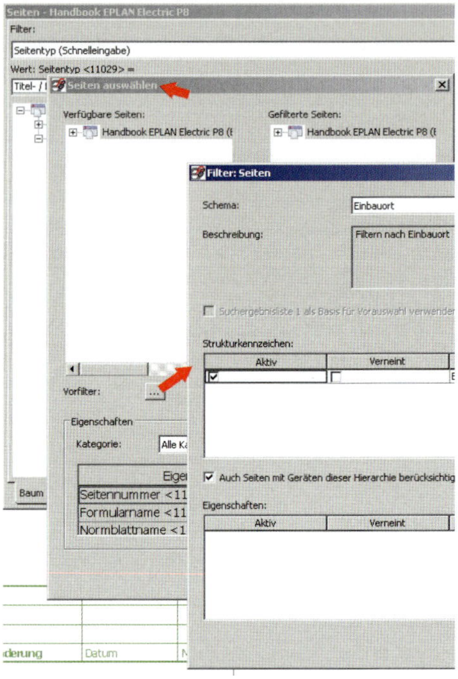

Bild 4.46 »Alte« Filtermöglichkeiten

4.2 Allgemeine Funktionen

Der grafische Editor kann sich standardmäßig in mehrere Bereiche aufteilen. Der Hauptbereich ist die Arbeitsfläche zum Bearbeiten des Stromlaufplanes (der grafische Editor). Dazu kann nun noch eine Reihe von Dialogen angeordnet werden. Das reicht vom Seiten-Navigator bis hin zu selbst erstellten Symbolleisten.

Der grafische Editor ist aber nicht nur auf eine Darstellung festgelegt. Anhand der schon bekannten **Arbeitsbereiche** kann blitzschnell die gesamte EPLAN-Oberfläche von einer Darstellung in eine andere umgeschaltet werden und mit ihr auch die dazugehörigen Dialoge, Symbolleisten etc.

4.2.1 Die Titelleiste

Neben der eigentlichen Arbeitsfläche gibt es die *Titelleiste*, die zwar wenige, aber dafür wichtige Informationen anzeigt. Die wichtigste Funktion der Titelleiste ist die Anzeige des aktuell geöffneten Projektnamens.

Diese Anzeige kann je nach Wunsch eingestellt werden. Dazu kann im Menü **OPTIONEN/ EINSTELLUNGEN/BENUTZER/DARSTELLUNG/OBERFLÄCHE** der Eintrag *Anzeige in der Titelleiste* verändert werden.

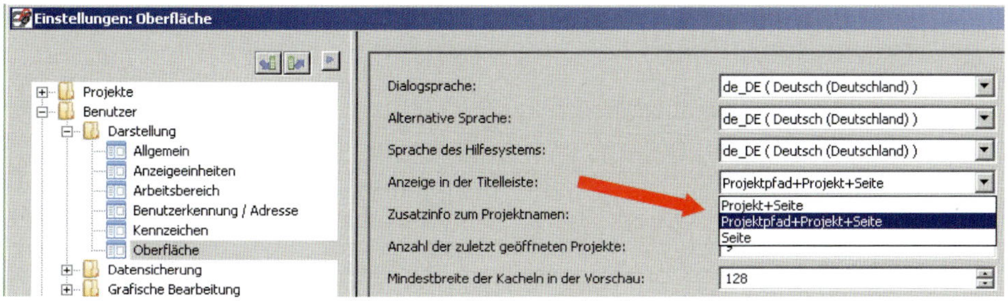

Bild 4.47 Einstellbare Anzeige der Titelleiste

Möglich sind hier folgende Einträge: **Projekt+Seite; Projektpfad+Projekt+Seite** und nur die **Seite**. In Bild 4.48 wurde die Einstellung **Projektpfad+Projekt+Seite** gewählt.

Bild 4.48 Beispieleinstellung

Die Auswahl der Anzeige der Titelleiste kann nicht verändert bzw. ergänzt werden.

4.2.2 Die Statuszeile

Die Statuszeile im grafischen Editor zeigt einige aktuelle Informationen ständig an.

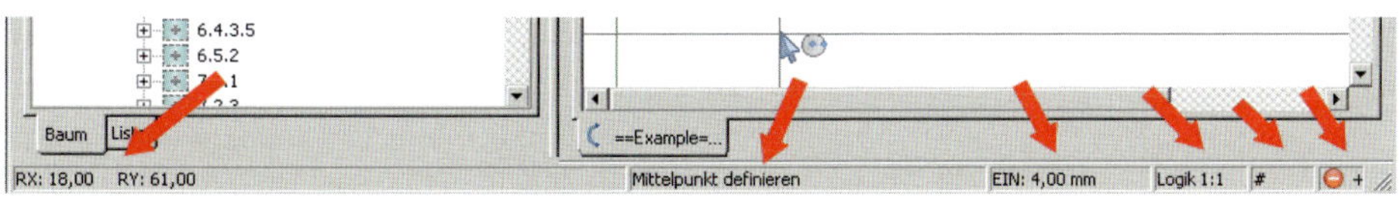

Bild 4.49 Statuszeile

Da sind zum Beispiel die Koordinaten RX und RY der momentanen Cursorposition, die Information, welches Raster eingestellt (hier 4,00 mm) und ob das Raster eingeschaltet ist (hier EIN:). Die Information Logik 1:1 zeigt den jeweiligen Seitentyp und den Maßstab dieser Seite an. Im Beispiel ist eine logische Seite mit dem Maßstab 1:1 geöffnet.

Weiter zeigt EPLAN in der Statuszeile unterstützende Informationen zur gerade benutzten Funktion an (hier soll ein Kreis gezeichnet werden). Das gilt zwar nicht für alle Funktionen, aber ein Blick in die Statuszeile ist für manche Aktionen in EPLAN sehr hilfreich, um die Übersicht zu erleichtern.

Die letzten Zeichen in der Statuszeile haben folgende Bedeutungen:

#	Die Raute bedeutet, dass im Projekt nicht aktualisierte Verbindungen vorhanden sind.[1)]
*	Ein Sternchen bedeutet, dass sich auf der aktuellen Seite nicht aktualisierte Verbindungen befinden.[1)]
	Tritt nach dem letzten Öffnen der Systemmeldungen ein neuer Fehler auf, wird dieses Icon wieder eingeblendet.[2)]
+	Wenn der Support-Protokoll-Modus »advanced« eingeschaltet wurde (über das von EPLAN mitgelieferte Tool »ELogFileConfigToolu.exe«), wird dies durch dieses Zeichen angezeigt.

1) Da es möglich ist, in EPLAN die Menübefehle als Tastenkombinationen anzulegen, würde ich den Menübefehl **PROJEKTDATEN/VERBINDUNGEN/AKTUALISIEREN** direkt auf die Tastenkombination **F11** legen. Das lässt sich gut merken, und der Befehl ist nur einen Tastendruck entfernt.

2) Das Icon kann mit der Maus doppelt angeklickt werden. Nun öffnet sich der Dialog **SYSTEMMELDUNGEN**. Hier können die aktuellen Systemmeldungen nachgelesen werden. Wird der Dialog **SYSTEMMELDUNGEN** geschlossen, verschwindet auch das Icon wieder, bis zum Auftreten nächster Systemmeldungen. Über den Menüpfad **DIENSTPROGRAMME/SYSTEMMELDUNGEN** kann der Dialog **SYSTEMMELDUNGEN** aber jederzeit aufgerufen werden. Alle Systemmeldungen sind bis zum Beenden von EPLAN sichtbar vorhanden. Erst ein Beenden von EPLAN löscht dann auch die aktuellen Systemmeldungen aus dieser Liste.

4.3 Koordinatensysteme

Das Koordinatensystem ist in EPLAN wie im Folgenden dargestellt aufgebaut. Es gibt dabei unterschiedliche Betrachtungsweisen: das grafische System und die logischen Systeme für den Bereich der Elektrotechnik, Fluidtechnik und die Verfahrenstechnik.

4.3.1 Grafisches Koordinatensystem

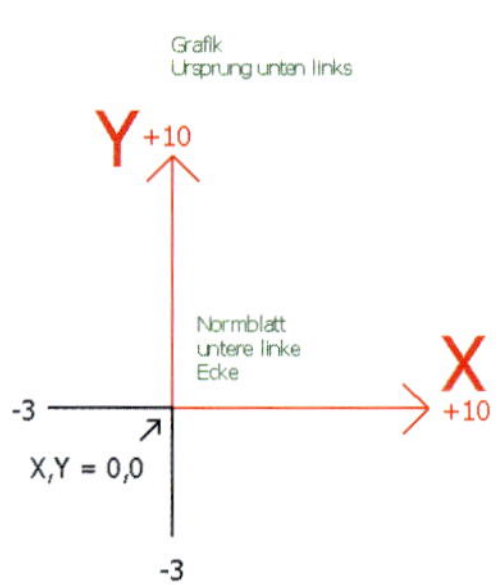

Bild 4.50 Grafik

Das grafische System hat seinen Ursprung (X,Y = 0,0) unten links auf der Seite. Das heißt, ändert sich der Maßstab der Seite, so wird die Seite nach oben und rechts positiv vergrößert.

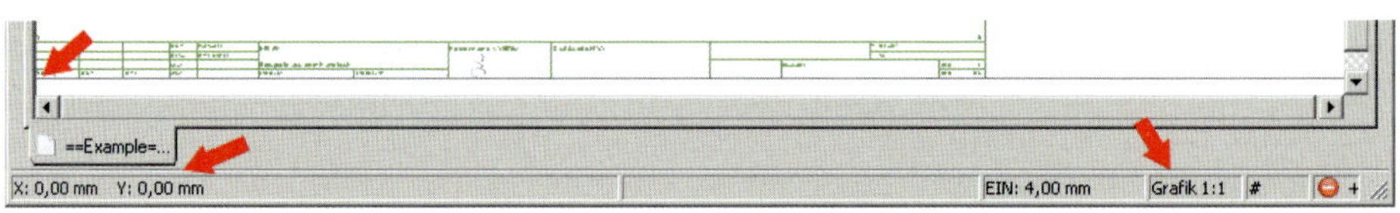

Bild 4.51 Anzeige in der Statuszeile

4.3.2 Logisches Koordinatensystem

Das logische System hat seinen Ursprung (X,Y = 0,0) oben links. Diese Positionen werden also immer vom Ursprungselement und von dessen Ursprung (im Normalfall der so genannte Einfügepunkt) aus in die verschiedenen Richtungen bemessen.

In diesem Fall sind dies also negative Werte, da die Eigenschaft nach unten und nach links mit der Koordinateneingabe X/Y im Eigenschaftsdialog verschoben wurden.

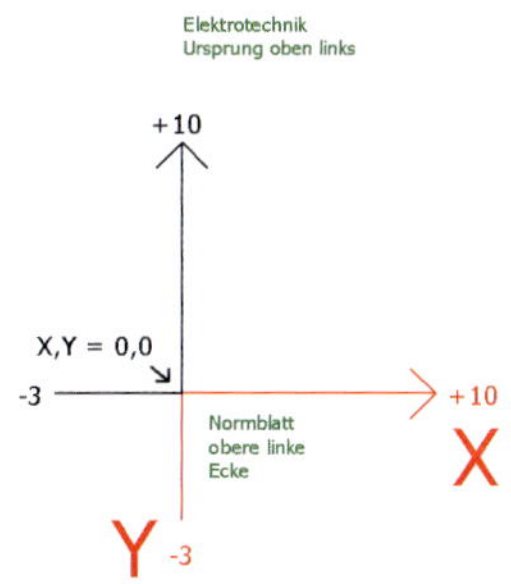

Bild 4.52 Logik

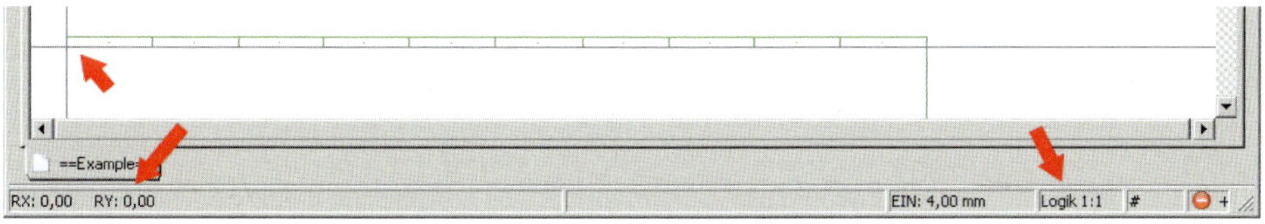

Bild 4.53 Anzeige in der Statuszeile

4.4 Raster

EPLAN kann den Anwender durch ein festgelegtes **Raster** beim Platzieren (zum Beispiel von Symbolen) oder beim Zeichnen (zum Beispiel von Pultaufbauten) unterstützen. Das Raster selbst wird durch kleine Punkte optisch angezeigt. Die Anzeige des Rasters ist aber auch über das Menü **ANSICHT/RASTER** oder die Tastenkombination **STRG + SHIFT + F6** ein- bzw. ausschaltbar.

Es können fünf verschiedene Raster über **OPTIONEN/EINSTELLUNGEN/BENUTZER/GRAFISCHE BEARBEITUNG/2D** voreingestellt werden. Meine Empfehlung für die Einstellung der Raster sind folgende Werte. Für das Raster A = 0,25 mm; Raster B = 0,5 mm; Raster C = 1 mm; Raster D = 2 mm und Raster E = 4 mm.

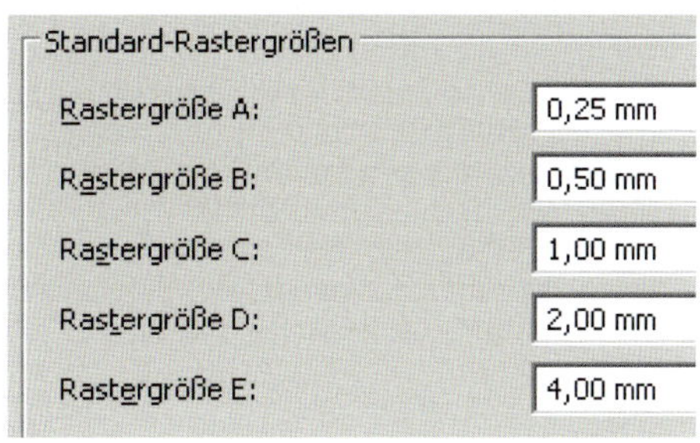

Bild 4.54 Rastereinstellungen

Diese Rastereinstellungen sind dann im Menü **BEARBEITEN/WEITERES/RASTER** [A bis E] oder in der Symbolleiste **ANSICHT** wählbar.

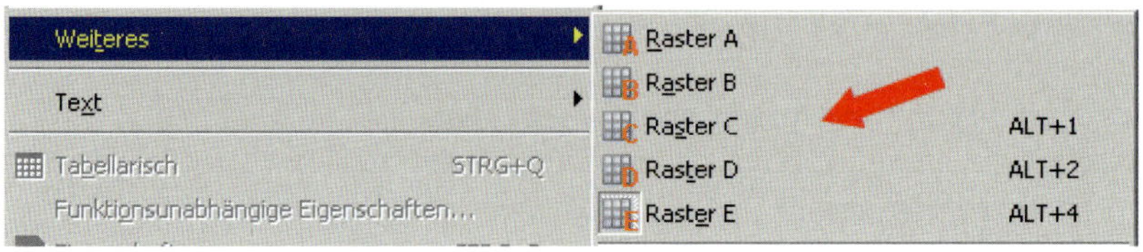

Bild 4.55 Menüpunkt Weiteres mit Rastereinstellungen

In der Symbolleiste **ANSICHT** gibt es noch weitere Buttons, von denen einige kurz erläutert werden sollen. Sie lassen sich auch alle mit einer Tastenkombination belegen.

Bild 4.56 Symbolleiste Ansicht

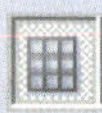	Mithilfe dieses Buttons wird das Raster sichtbar eingeschaltet bzw. ausgeschaltet.
	Mit dieser Funktion wird der Rasterfang ein- bzw. ausgeschaltet. Das bedeutet, bei eingeschaltetem Rasterfang können Elemente nur auf dem eingestellten Raster platziert werden. Zwischenschritte bzw. eine freie Platzierung sind nicht möglich. Ist der Rasterfang ausgeschaltet, ist eine freie Platzierung aller Elemente möglich (das gilt auch für Logikelemente wie Symbole).
	Die Funktion Rasterfang ermöglicht das Ausrichten verschiedener Elemente (außerhalb des Rasters) in dem momentan eingestellten Raster.[1]
	Der Objektfang ermöglicht beim Zeichnen, dass eine Linie beispielsweise automatisch an Einfügepunkte (logische Objekte) oder an Elementepunkte (grafische Objekte) angebunden (von diesen gefangen) werden kann.
	Der Konstruktionsmodus ermöglicht, grafische Elemente an bestimmten Punkten auszurichten und damit auf bestimmten Koordinaten zu platzieren. Ist der Konstruktionsmodus eingeschaltet, wird erst die Aktion, zum Beispiel Verschieben, gewählt und danach das Objekt markiert und dessen Start- und Endpunkt festgelegt.

1) Die Vorgehensweise ist hier wie folgt: Klicken Sie auf den Button in der Symbolleiste **Ansicht**. Nun wird mit der Maus ein Fenster um die verschobenen Elemente gezogen. Dabei ist egal, in welche Richtung das Fenster aufgezogen wird. Nach Fertigstellen (alle Elemente wurden im Fenster gesammelt) wird die Maustaste losgelassen, und EPLAN richtet alle Elemente, die sich innerhalb des Fensters befinden, am Raster selbsttätig aus. Aber auch der umgekehrte Weg funktioniert. Das heißt, das oder die auszurichtende Objekte werden markiert und danach wird der Button angeklickt. EPLAN richtet dann die markierten Objekte am eingestellten Raster aus.

4.5 Schrittweiten, Koordinateneingabe

In EPLAN gibt es neben den Rastereinstellungen auch die Möglichkeiten, Schrittweiten und Koordinaten einzugeben. Diese beiden Möglichkeiten beziehen sich auf den Cursor selbst.

4.5.1 Schrittweite

Die Schrittweite kann über die Taste **S** oder im Menü **OPTIONEN/SCHRITTWEITE** eingestellt werden. EPLAN öffnet jeweils den Dialog **SCHRITTWEITE AUSWÄHLEN**.

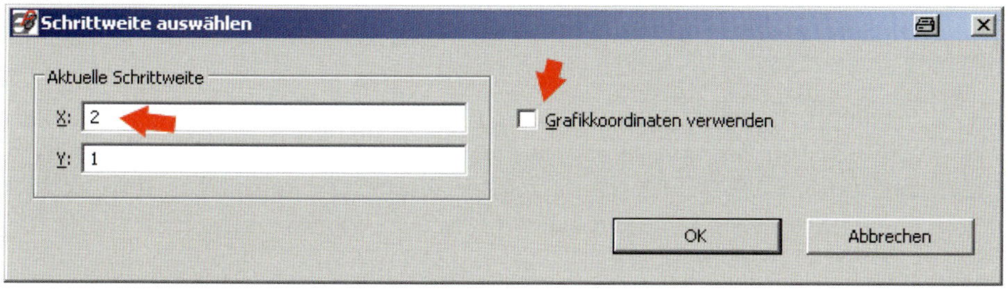

Bild 4.57 Ganzzahlige Schrittweiteneinstellung

In diesem Dialog können die Schrittweiten für den Cursor in die Felder **Aktuelle Schrittweite X und Y** eingegeben werden. Ist die Option **GRAFIKKOORDINATEN VERWENDEN** deaktiviert, ist es nur möglich, ganzzahlige Werte, also 1, 3 oder 17, einzugeben.

Ist dagegen die Option **GRAFIKKOORDINATEN VERWENDEN** aktiviert, ist es auch möglich, gebrochene Zahlen, wie 1,75 oder 3,88 einzugeben, da dann die Grafikkoordinaten ausgewertet werden. Schrittweiteneingabe

Bild 4.58 Gebrochene Schrittweiteneinstellung

EPLAN liefert jeweils die Information, egal ob im Dialog **SCHRITTWEITE AUSWÄHLEN** die Option **GRAFIKKOORDINATEN VERWENDEN** aktiviert bzw. deaktiviert ist, auch optisch in der Statusleiste als Angaben mit.

4.5.2 Koordinateneingabe

Neben der Schrittweite ist es möglich, in EPLAN auch Koordinaten einzugeben, um damit einen bestimmten Punkt mit dem Klick auf **OK** direkt anzuspringen.

Koordinateneingabe

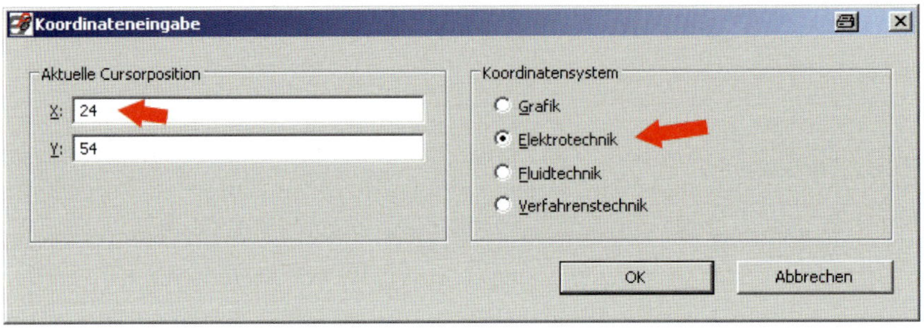

Bild 4.59 Koordinateneingabe

Der Dialog **KOORDINATENEINGABE** wird mit der Taste **P** oder über das Menü **OPTIONEN/KOORDINATEN** gestartet. In diesem Dialog können direkt die X- und Y-Positionen eingegeben werden. Sobald der Dialog mit dem Button **OK** geschlossen wird, springt EPLAN an die angegebene X-/Y-Koordinate.

HINWEIS: Im vorangehend genannten Falle sollte aber auf den Einsatz der Maus verzichtet werden, da ansonsten ein »Verriss« der anzuspringenden Position ziemlich sicher wäre.

Auch bei der Koordinateneingabe ist es möglich, zwischen den verschiedenen Koordinatensystemen (Grafik, Elektrotechnik, Fluidtechnik und Verfahrenstechnik) zu wechseln.

4.5.3 Relative Koordinateneingabe

Neben der **statischen** Koordinateneingabe (in den vorherigen Abschnitten beschrieben) ermöglicht EPLAN auch eine **relative** Koordinateneingabe. Aufgerufen wird die Funktion **RELATIVE KOORDINATENEINGABE** über das Menü **OPTIONEN**.

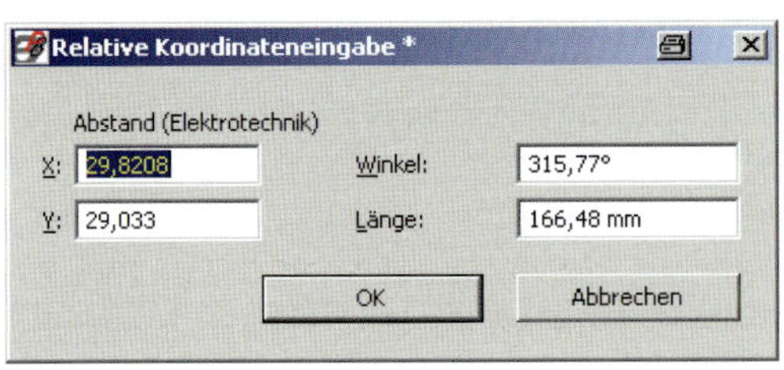

Bild 4.60 Relative Koordinateneingabe

Mit dieser Funktion kann der Cursor, an dem beispielsweise eine Linie zum Absetzen »hängt«, auf eine neue Position platziert werden. Das heißt, man könnte beginnen, eine Linie zu zeichnen und danach die relative Koordinateneingabe aufrufen. Hier kann man im einfachsten Fall die Länge der Linie angeben, und EPLAN würde diese Länge übernehmen, den Cursor an die Position setzen und das Zeichnen der Linie beenden. Die Eingabe erfolgt, im Gegensatz zur statischen Koordinateneingabe, immer relativ zur aktuellen Cursorposition.

HINWEIS: Ist ein Raster eingeschaltet, und das Springen auf den Cursorendpunkt liegt nicht auf dem Raster, springt EPLAN trotzdem an den nächstgelegenen Rasterpunkt. Das gilt es beim Zeichnen zu beachten.

4.5.4 Bezugspunktverschiebung

Mit der Funktion **BEZUGSPUNKTVERSCHIEBUNG**, erreichbar über das Menü **OPTIONEN** oder über die Taste **O**, wird ein neuer Bezugspunkt (jeweils für X und Y = 0) gesetzt, der abweichend vom **Standardbezugspunkt** (je nach Koordinatensystem Grafik, Elektrotechnik) manuell festgelegt werden kann.

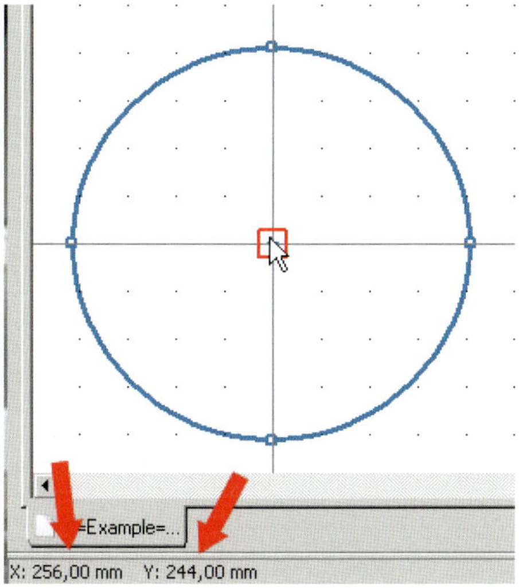

Bild 4.61 Bezugspunkt Standard

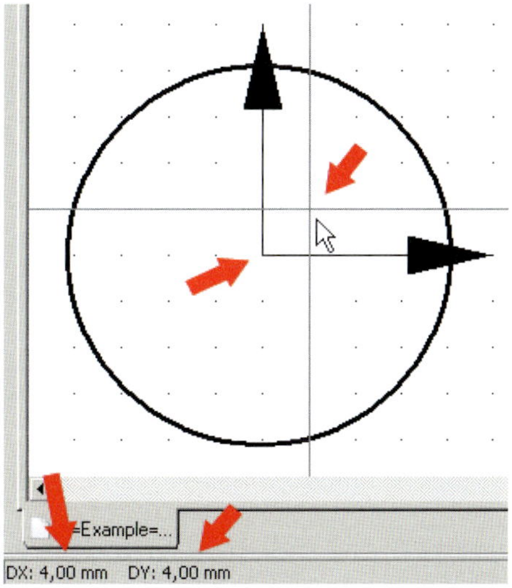

Bild 4.62 Neuer Bezugspunkt

Im Beispiel (Mittelpunkt des Kreises) ist der Bezugspunkt X = 256,00 mm und Y = 244,00 mm. Um den Bezugspunkt neu festzusetzen, beispielsweise um die horizontalen Werte vom Mittelpunkt des Kreises aus berechnen zu können, wird der Cursor auf dem **Mittelpunkt** platziert, dann die Taste **O** gedrückt und anschließend **ENTER**.

EPLAN erzeugt jetzt aktuell für diese Seite einen neuen Bezugspunkt mit X und Y = 0. Alle Positionen werden ab sofort von diesem neuen Bezugspunkt aus berechnet und in der Statuszeile angezeigt. Zur Unterscheidung zu den üblichen angezeigten Werten (X = n; Y = n) zeigt EPLAN die Werte der Bezugspunktverschiebung mit einem D an. In der Statuszeile werden die X- und Y-Werte dann mit folgender Optik angezeigt – DX = n bzw. DY = n.

Die Bezugspunktverschiebung kann mit Drücken der Taste O wieder zurückgesetzt werden oder es wird einfach die Seite gewechselt.

4.6 Grafische Bearbeitungsfunktionen

Neben dem Erstellen von Stromlaufplänen bietet EPLAN die Möglichkeit, auch eine Art CAD-Zeichnung (CAD = Computer Aided Design) zu erstellen. Maßstabsgerechte Zeichnungen, mit vielen Bemaßungsmöglichkeiten und weiteren Funktionen, wie dem Stretchen, Trimmen (Länge ändern) oder dem Gruppieren von Elementen, die aus der CAD-Welt bekannt sind, runden die Möglichkeiten ab.

Bild 4.63 Menü Bearbeiten/Grafik

Bild 4.64 Menü Bearbeiten/Weiteres

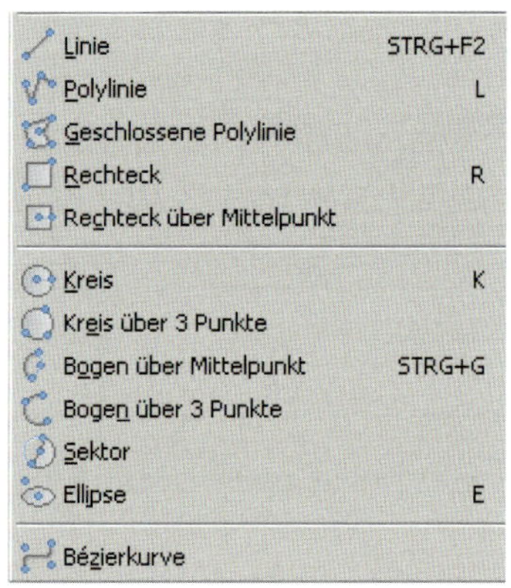

Bild 4.65 Menü Einfügen/Grafik

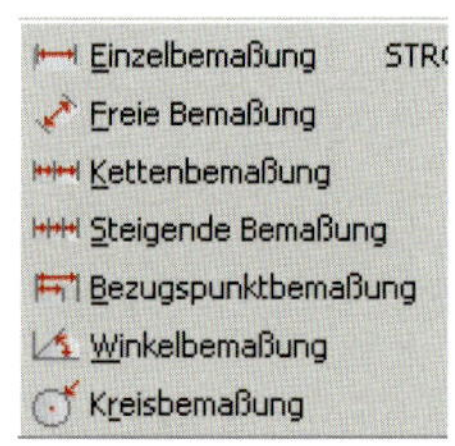

Bild 4.66 Menü Einfügen/Bemaßung

Erreichbar sind diese Grafikfunktionen über das Menü **EINFÜGEN/GRAFIK [ART DER FUNKTION]**. Besondere Funktionen, wie Stretchen, Gruppieren oder ein Schaltzeichen in eine Grafik umwandeln, befinden sich im Menü **BEARBEITEN/GRAFIK** bzw. im Menü **BEARBEITEN/WEITERES [ART DER FUNKTION]**, wie Gruppieren, In den Vordergrund etc.

Die Bemaßungsfunktionen befinden sich im Menü **EINFÜGEN/BEMASSUNG**.

Natürlich bleibt EPLAN ein reinrassiges CAE-System (CAE = Computer Aided Engineering), aber die Möglichkeiten, mit CAD-Funktionen zu arbeiten, erleichtern die eine oder andere – rein zeichnerische – Aufgabe schon sehr.

4.6.1 Grafikobjekte: Linien, Kreise, Rechtecke

EPLAN bietet mit den Funktionen *Kreis*, *Rechteck*, *Linie* oder *Polylinie* und weiteren mehr viele Möglichkeiten, grafische Zeichnungen zu erstellen. Das soll an dieser Stelle nicht näher erläutert werden, da die Aufrufe und die Funktionen sehr einfach und verständlich sind.

> **TIPP:** Es empfiehlt sich, bei den Grafikfunktionen das *Raster* eingeschaltet zu haben bzw. die Funktion **RASTERFANG** auf aktiv zu schalten.

Auch sollte mit dem eingestellten Raster der Seite »gespielt« werden. Wenn man 1-mm-Schritte braucht, sollte man für diese Seite das Raster auch auf 1 (1 mm) einstellen; entweder über die Buttons der Rastereinstellungen oder direkt in den Seiteneigenschaften und hier die dann Seiteneigenschaft **Raster <11051>**.

Ein Rechteck beispielsweise, wird über das Menü **EINFÜGEN/GRAFIK/RECHTECK** oder mit der Taste **R** aufgerufen und der Anfangspunkt auf die Zeichnung gesetzt. Jetzt gibt es drei Möglichkeiten.

Erste Möglichkeit: Das Rechteck wird einfach mit der Maus oder der Tastatur aufgezogen, entweder per Rasterschritte gezählt, oder es werden nachträglich über die Eigenschaften des Rechtecks die Breite und Höhe angepasst.

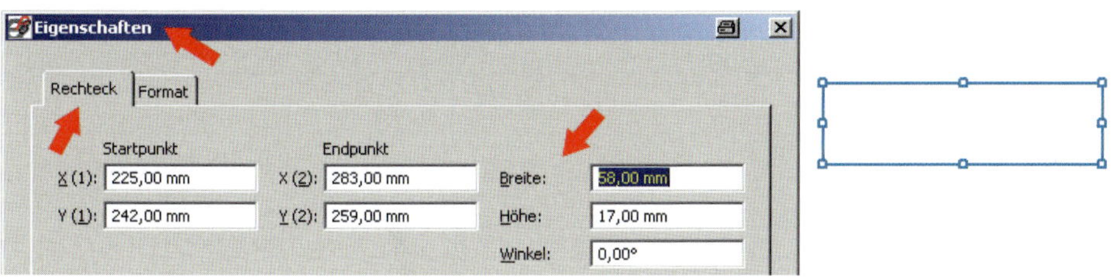

Bild 4.67 Einfaches Rechteck mit manueller Breite und Höhe zeichnen

Zweite Möglichkeit: Das Rechteck wird zu zeichnen begonnen, und über die relative Koordinateneingabe wird die Größe festgelegt.

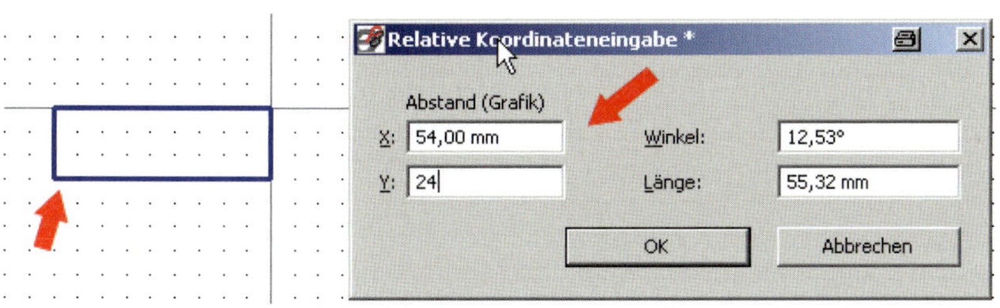

Bild 4.68 Rechteck über die relative Koordinateneingabe zeichnen

Dritte Möglichkeit: Man schaltet über das Menü **OPTIONEN** die **EINGABEZEILE** (»hängt« dann immer am Cursor) ein. Hier kann man über die direkte Eingabe von Werten, beispielsweise Breite und Höhe, das Rechteck von EPLAN zeichnen lassen.

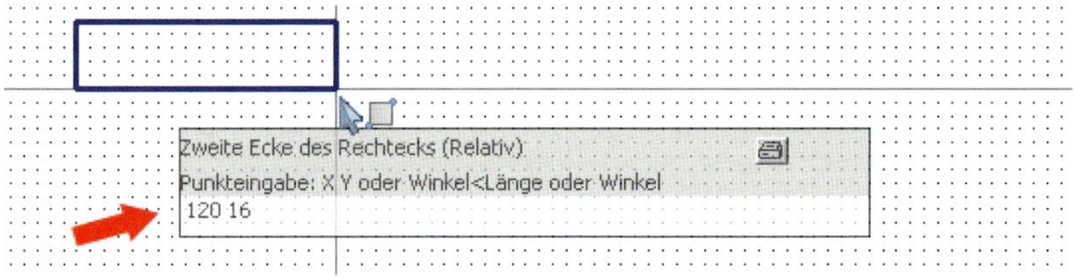

Bild 4.69
Rechteck zeichnen durch direkte Eingabe in die Eingabezeile

4.6.2 Trimmen, Fasen, Stretchen und mehr ...

Neben den reinen Grafikfunktionen, wie ein Rechteck oder einen Kreis zeichnen, gibt es in EPLAN die Möglichkeiten, diese Grafikobjekte anschließend weiter zu bearbeiten. Das weitere Bearbeiten könnten folgende Schritte sein: Länge von Grafikelementen ändern, Teile von Grafikelementen ausschneiden, Ecken runden und vieles mehr. Anhand einiger Beispiele der Bearbeitungsfunktionen aus dem Menü **BEARBEITEN/GRAFIK** sollen die Möglichkeiten kurz aufgezeigt werden.

HINWEIS: Alle Beispiele werden mit eingeschalteter Eingabezeile (im Menü **OPTIONEN**) durchgeführt.

4.6.2.1 Drehen

Die Funktion **DREHEN** dreht ein markiertes Objekt um einen beliebigen Winkel. Dazu wird die Funktion über das Menü **BEARBEITEN/DREHEN** aufgerufen. EPLAN erwartet jetzt das Markieren des zu drehenden Objekts. Anschließend muss der Drehpunkt (um den das Objekt gedreht werden soll) festgelegt werden. Nun kann der Drehwinkel direkt in die Eingabezeile eingegeben und mit **ENTER** abgeschlossen werden. EPLAN hat das Objekt gedreht.

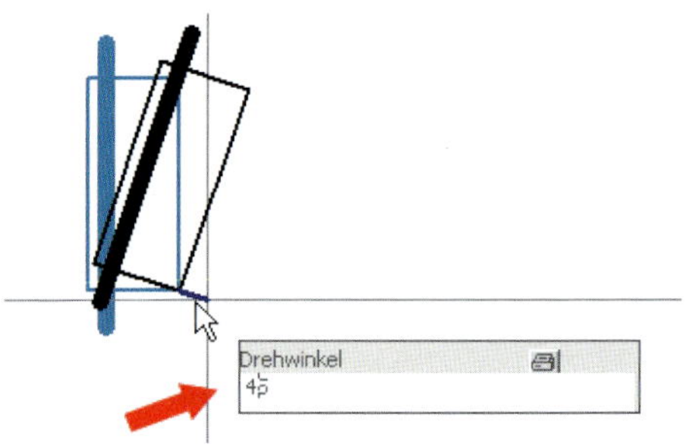

Bild 4.70
Drehen

HINWEIS: Neben grafischen Objekten können auch reine Symbole (Schaltzeichen) gedreht werden. Damit entfällt das Umstellen der entsprechenden Variante des Schaltzeichens in den Eigenschaften (Schaltzeichen) auf der Registerkarte *Symbol-/Funktionsdaten*. Aber es können hier nur die Drehwinkel genutzt werden, die als Variante im Symbol vorhanden sind.

4.6.2.2 Spiegeln

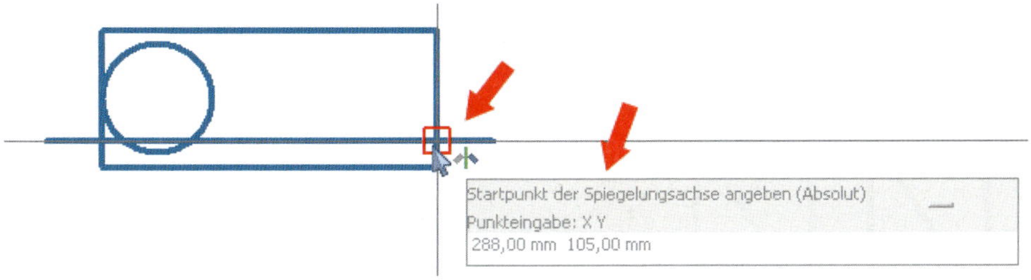

Bild 4.71 Startpunkt der Spiegelachse festlegen

Eine weitere Funktion ist die Funktion **SPIEGELN**. Auch hier wird die Funktion aus dem Menü **BEARBEITEN/SPIEGELN** aufgerufen. Anschließend wird wieder das Objekt markiert, das gespiegelt werden soll. EPLAN erwartet nun die Eingabe bzw. die Festlegung von *Startpunkt der Spiegelachse*.

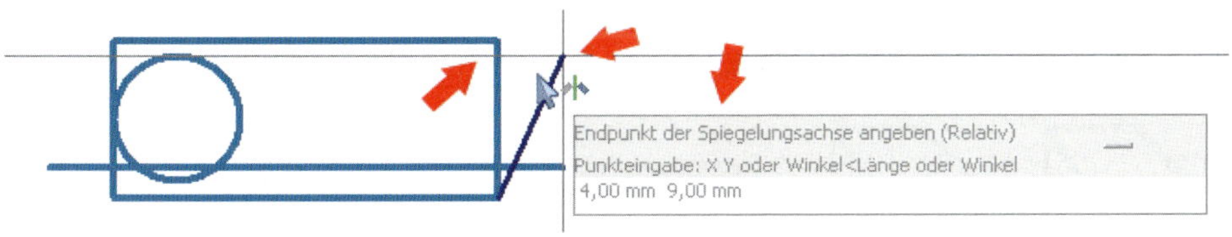

Bild 4.72 Endpunkt der Spiegelachse festlegen

Nachdem der Startpunkt der Spiegelachse gesetzt wurde, muss auch der *Endpunkt der Spiegelachse* festgelegt werden. Wenn dieser angeklickt wird, spiegelt EPLAN das Objekt um die festgelegte Spiegelachse.

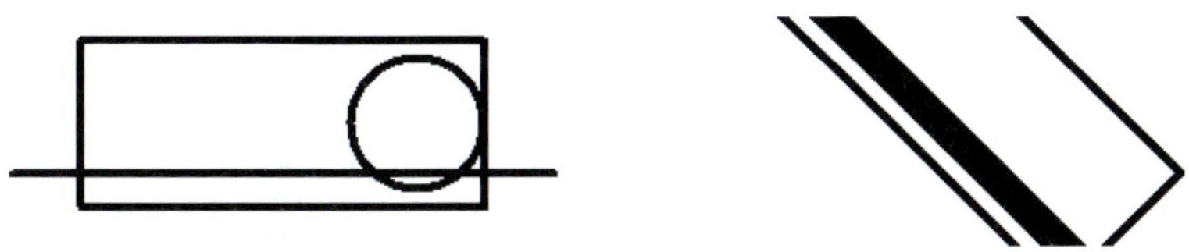

Bild 4.73 Gespiegeltes Objekt

HINWEIS: Neben grafischen Objekten können auch reine Symbole (Schaltzeichen) gespiegelt werden. Damit entfällt auch hier das Umstellen der entsprechenden Variante des Schaltzeichens in den Eigenschaften (Schaltzeichen) auf der Registerkarte *Symbol-/Funktionsdaten*. Aber es können hier nur Winkel zum Spiegeln genutzt werden, die auch als Variante im Symbol vorhanden sind.

4.6.2.3 Skalieren

Neben dem Drehen und Spiegeln kann man Objekte auch vergrößern oder verkleinern. EPLAN fasst diese Aktionen unter dem Begriff **Skalieren** zusammen. Das Skalieren wird im Menü **BEARBEITEN/GRAFIK/SKALIEREN** aufgerufen.

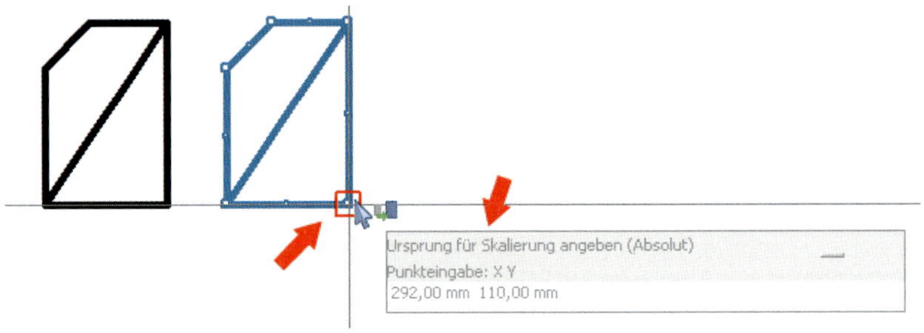

Bild 4.74 Ursprung für die Skalierung angeben

Nachdem der *Ursprung* ausgewählt wurde, kann der Ursprung angeklickt werden. EPLAN öffnet den Dialog **SKALIEREN ANGEBEN**.

Bild 4.75 Skalierungsfaktor angeben

Wird dieser Dialog mit **OK** bestätigt, skaliert (hier verkleinert) EPLAN das markierte Objekt.

Bild 4.76 Skaliertes Objekt

Zum **Skalierfaktor** ist noch Folgendes zu sagen. EPLAN erwartet hier für eine Verkleinerung einen Faktor kleiner 1; für eine Vergrößerung einen Faktor größer 1. Alle Skalierfaktoren müssen mit einem Komma angegeben werden, damit sie wirksam werden.

4.6.2.4 Stretchen

Die Funktion **STRETCHEN** ermöglicht das Strecken und Stauchen von Objekten. Die Funktion wird wieder aus dem Menü **BEARBEITEN/GRAFIK/STRETCHEN** gestartet. Anschließend wird (im Beispiel) der rechte Bereich des Rechteckes mit einem Fenster markiert. EPLAN setzt an den Ecken jeweils eine runde Markierung und erwartet die Festlegung des Startpunktes der Streckung.

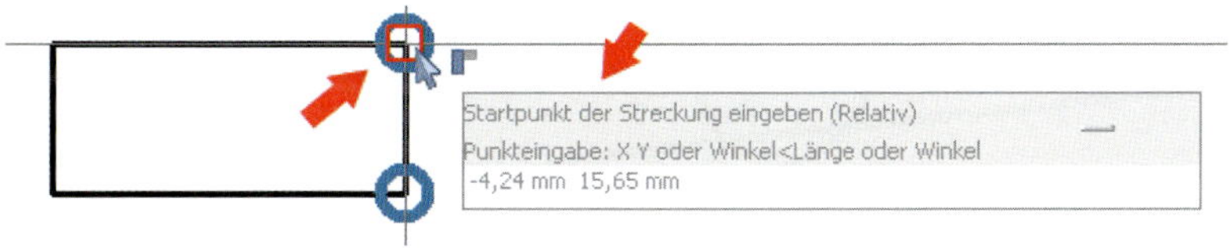

Bild 4.77 Startpunkt der Streckung festlegen

Wurde der **Startpunkt** festgelegt, kann mit der Maus oder der Tastatur der Endpunkt festgelegt werden.

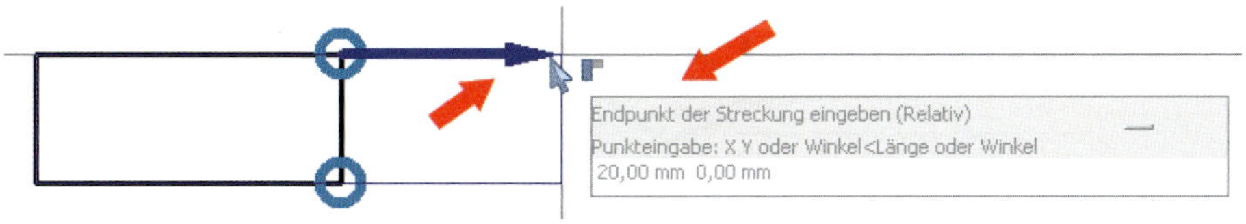

Bild 4.78 Endpunkt der Streckung festlegen

Wurde der **Endpunkt** festgelegt, kann er mit **OK** bestätigt werden, und EPLAN führt die Streckung aus.

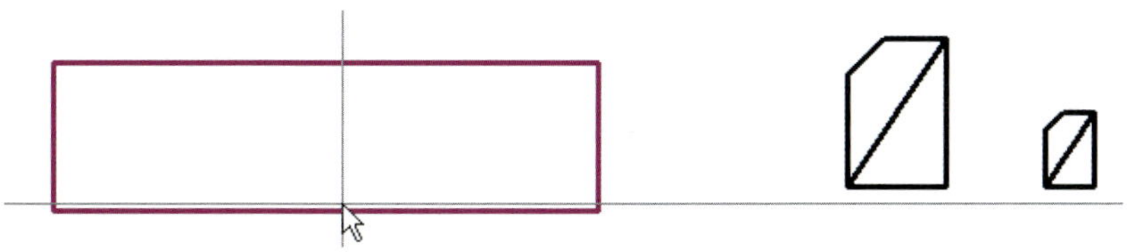

Bild 4.79 Gestrecktes Objekt

Natürlich lassen sich nicht nur einfache Rechtecke in der Länge ändern.

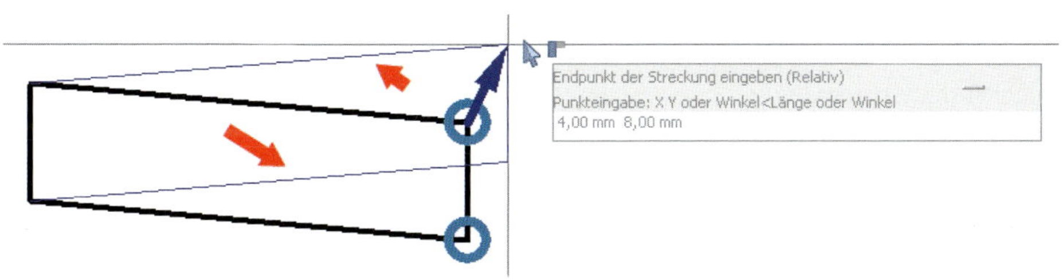

Bild 4.80 Ein anderes Objekt strecken oder stauchen

4.6.2.5 Abschneiden

Die Funktion **ABSCHNEIDEN**, im CAD-Bereich auch **Trimmen** genannt, ermöglicht das »Wegschneiden« von Elementen eines so genannten Teilstückes. Aufgerufen wird die Funktion über das Menü **BEARBEITEN/GRAFIK/ABSCHNEIDEN.** Nach der Auswahl der Funktion erwartet EPLAN das Markieren des zu entfernenden Teilstücks.

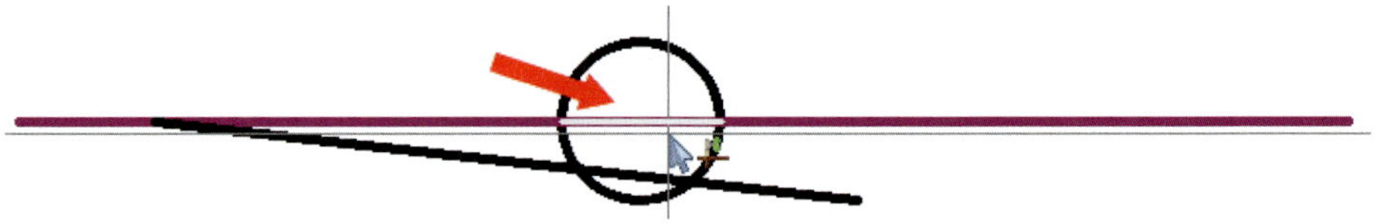

Bild 4.81 Zu entfernendes Element markieren

Wird, wie in Bild 4.81 zu sehen, das kleine Teilstück innerhalb des Kreises angeklickt, schneidet EPLAN es weg.

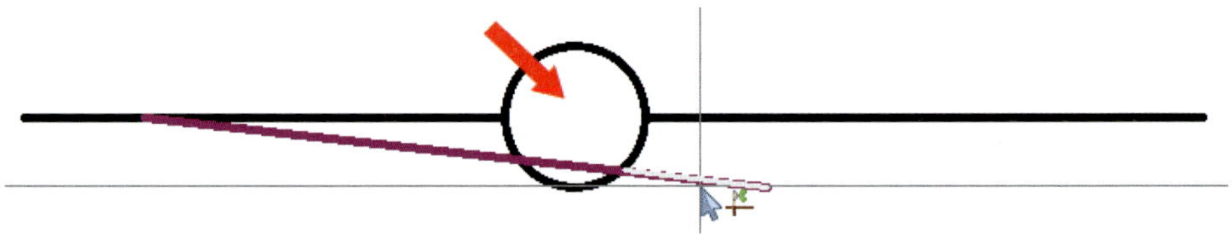

Bild 4.82 Abgeschnittenes Teilstück

Ein typisches Beispiel für diese Funktion wäre das Wegschneiden von Teilstücken einer bestückten Profilschiene oder einer Tragschiene im Montageplattenaufbau.

HINWEIS: Das Abschneiden funktioniert nicht ohne Weiteres bei gruppierten Objekten. Möchte man in gruppierten Objekten Teilstücke wegschneiden, muss man dazu die Taste **SHIFT** gedrückt halten und dann das entsprechende Teilstück abschneiden.

4.6.2.6 Länge ändern

Der Menüeintrag **LÄNGE ÄNDERN** führt das aus, was er ausführen soll: Er ändert einfach die Längen von Objekten. Aufgerufen wird diese Funktion über das Menü **BEARBEITEN/GRAFIK/LÄNGE ÄNDERN.** Nach dem Start dieser Funktion wird das entsprechende Objekt angeklickt und die Länge über die Eingabezeile oder mit der Tastatur bzw. der Maus verändert werden.

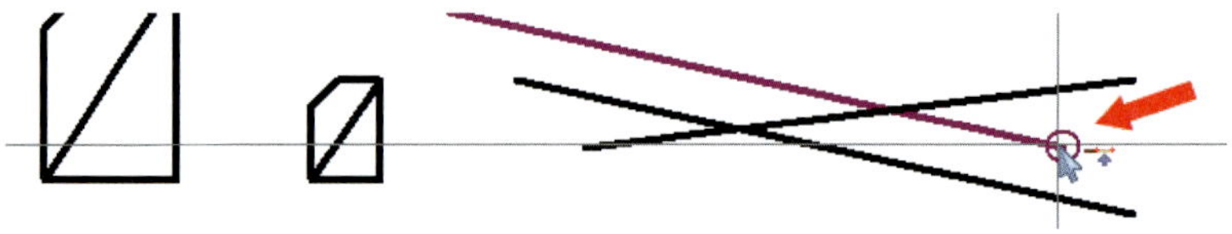

Bild 4.83 Länge einer Linie ändern

4.6.2.7 Ecken abrunden

Die Funktion **ECKEN ABRUNDEN** rundet Ecken ab. Sie wird aus dem Menü **BEARBEITEN/GRAFIK/ECKEN ABRUNDEN** aufgerufen. Nach dem Start kann man die gewünschte Ecke anklicken und in der Eingabezeile den *Rundungsradius* festlegen.

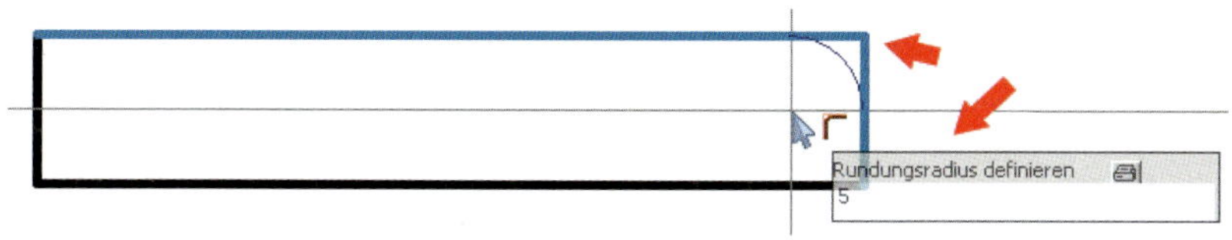

Bild 4.84 Ecken abrunden

Wird jetzt die Taste **ENTER** gedrückt, übernimmt EPLAN den Radius und rundet die Ecke ab.

Bild 4.85 Die nächste Ecke abrunden

Klickt man anschließend die nächste Ecke an, wird diese automatisch mit dem eben definierten Radius abgerundet.

4.6.2.8 Fasen

Die letzte Funktion ist das **FASEN**. Mit dem Fasen werden Ecken nicht abgerundet, sondern abgeschrägt. Wie alle anderen Funktionen wird sie über das Menü **BEARBEITEN/GRAFIK/FASEN** aufgerufen.

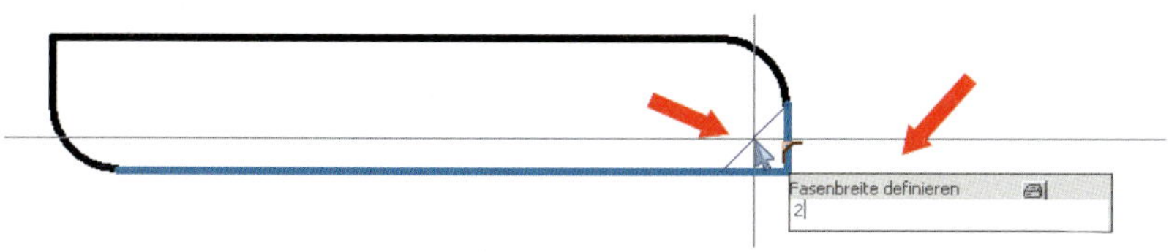

Bild 4.86 Ecke abschrägen (fasen)

Nach dem Start der Funktion, dem Markieren des Objekts und dem Anklicken der ersten Ecke kann in der Eingabezeile direkt die Fasung angegeben werden. EPLAN übernimmt diese nach einem **ENTER** oder mit einem linken Mausklick auf das Objekt. Danach kann sofort die nächste Ecke mit der gleicher Fasung gefast werden.

Bild 4.87 Mehrere Ecken gefast

4.6.3 Gruppieren und Gruppierung wieder aufheben

Bei mehreren Grafikelementen stellt sich das Verschieben oder auch beispielsweise das Skalieren (Vergrößern, Verkleinern) all dieser einzelnen Grafikelemente als etwas schwierig heraus. Jedes Element müsste über den Dialog **EIGENSCHAFTEN** manuell an seine neue Größe angepasst werden, bzw. bei einer Mehrfachmarkierung müssten die Elemente, die nicht skaliert werden sollen, manuell aus der Markierung herausgenommen werden.

EPLAN bietet mit den Funktionen **GRUPPIEREN** bzw. **GRUPPIERUNG AUFHEBEN** im Menü **BEARBEITEN/WEITERES** die Möglichkeit an, bestimmte Elemente, die zusammengehören, zu gruppieren und ab sofort als ein Element zu betrachten. Dabei werden alle Elemente, die zusammengehören sollen, mit der Maus markiert und danach der Befehl **GRUPPIEREN** aus dem Menü aufgerufen (oder alternativ die Taste **G** drücken).

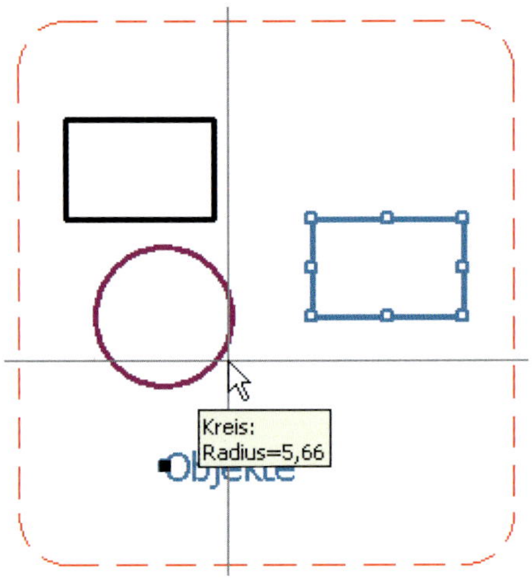

Bild 4.88 Einzelne Objekte

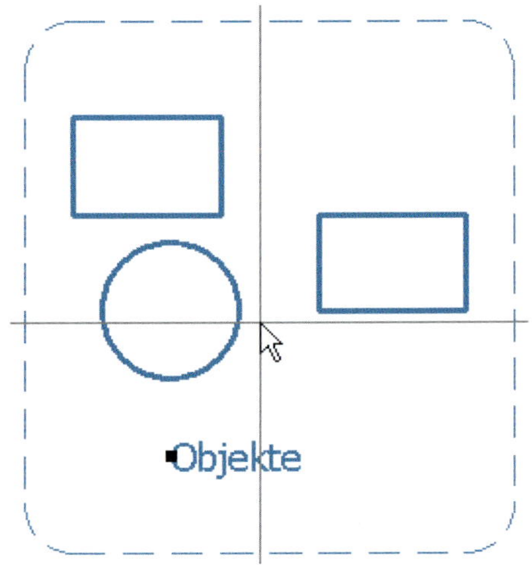

Bild 4.89 Gruppierte Objekte

Eine Gruppierung kann natürlich auch wieder aufgehoben werden. Dazu werden die gruppierten Elemente markiert (EPLAN markiert den Rest ja wieder automatisch mit). Im Menü **BEARBEITEN/WEITERES** wird dann die Funktion **GRUPPIERUNG AUFHEBEN** gewählt. EPLAN hebt damit die Gruppierung auf, und alle Elemente sind wieder einzeln erreichbar.

Unabhängig davon können auch einzelne Elemente innerhalb einer Gruppierung bearbeitet werden. Dazu wird die Taste **SHIFT** gedrückt (und gedrückt gehalten), und mit der Maus wird nun das gewünschte Objekt innerhalb der Gruppierung doppelt angeklickt. Nun öffnet sich der entsprechende Eigenschaftsdialog dieses Objekts, und die Eigenschaften können - ohne die gesamte Gruppierung aufzuheben - einzeln bearbeitet werden. Nach dem Beenden der Eingaben übernimmt EPLAN die Änderungen für dieses Objekt. Die restlichen Elemente der Gruppierung sind davon nicht betroffen.

4.6.4 Kopieren, Verschieben, Löschen ...

Neben dem Einfügen und Neuzeichnen fehlen nun noch die Funktionen, um Elemente zu kopieren oder zu löschen.

Diese Funktionen sind erreichbar über das Menü **BEARBEITEN**. Hier sind die Funktionen **KOPIEREN**, **VERSCHIEBEN** etc. aufrufbar. Aber auch mit der Tastatur sind diese Funktionen erreichbar: **STRG + C** zum Beispiel für das **KOPIEREN** oder **STRG + X** für die Funktion **AUSSCHNEIDEN**. Um die Funktionen auf Elemente anwenden zu können, werden diese zuerst markiert (mit der linken Maustaste anklicken), und dann wird die Funktion gewählt.

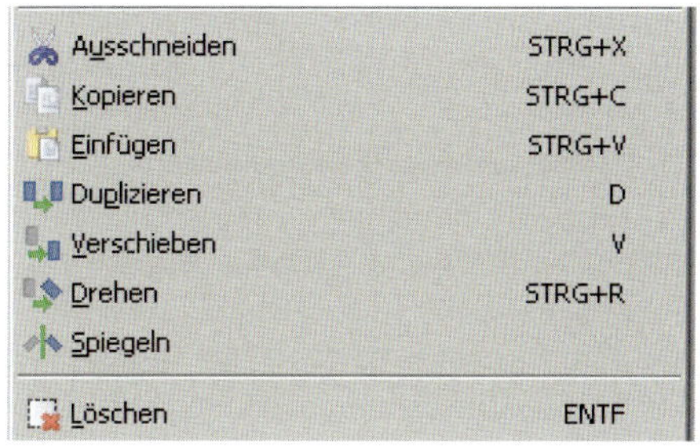

Bild 4.90 Bearbeitungsfunktionen

4.6.5 Bemaßungen

Neben dem eigentlichen Zeichnen können auch die gezeichneten Elemente bemaßt werden. EPLAN bietet, abhängig vom eingestellten Maßstab der Seite, eine maßstabsgerechte Bemaßung an.

EPLAN besitzt eine Reihe von Funktionen für die Bemaßung. Bemaßungsarten sind zum Beispiel das Kettenmaß oder auch die Kreisbemaßung. Die Vorgehensweise, um Elemente zu bemaßen, ist ebenso einfach wie das Zeichnen der Elemente selbst. Die Bemaßungsarten sind im Menü **EINFÜGEN/BEMASSUNG [BEMASSUNGSARTEN]** aufrufbar.

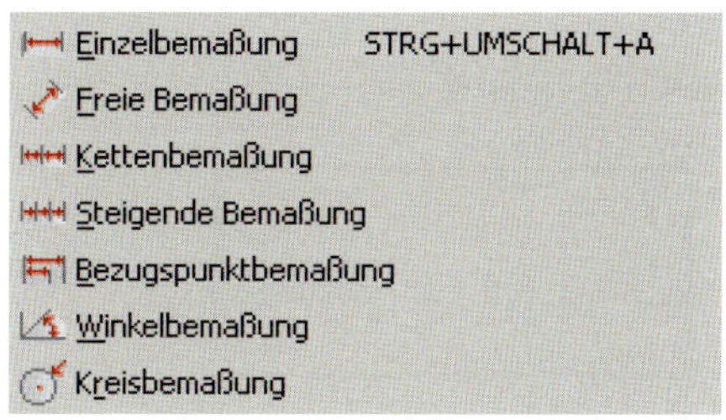

Bild 4.91 Bemaßungsfunktionen

Anhand eines Beispiels soll die Vorgehensweise von Bemaßungen gezeigt werden.

> **TIPP:** Es wird empfohlen, zum Bemaßen die Funktion **OBJEKTFANG** einzuschalten (erreichbar über das Menü **OPTIONEN/OBJEKTFANG**). Sie ermöglicht es, dass EPLAN genau an den Enden (bzw. den Mittelpunkten) von Elementen beginnt, ohne dass man mühsam selbst versuchen muss, die Enden, beispielsweise einer Linie, zu erreichen. Das ist in der Regel nicht exakt möglich.

Im Folgenden soll ein Rechteck vermaßt werden. Dafür wird über das Menü **EINFÜGEN/ BEMASSUNG** die Funktion **EINZELBEMASSUNG** aufgerufen.

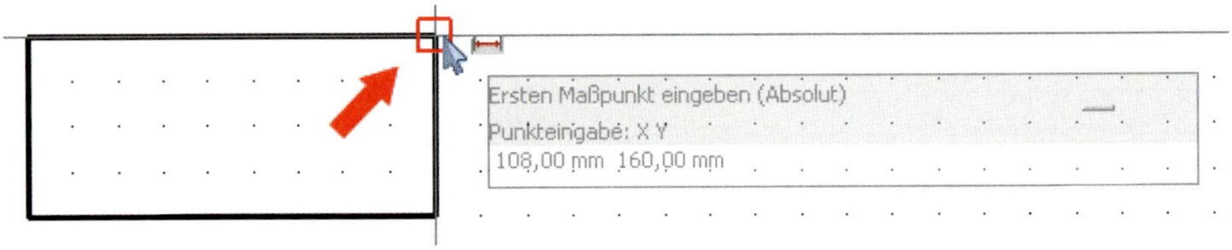

Bild 4.92 Bemaßung starten

Mit dem Cursor wird der erste **Bemaßungspunkt** (Ecke des Rechtecks) markiert und mit der linken Maustaste angeklickt. EPLAN setzt den Anfang der Bemaßung.

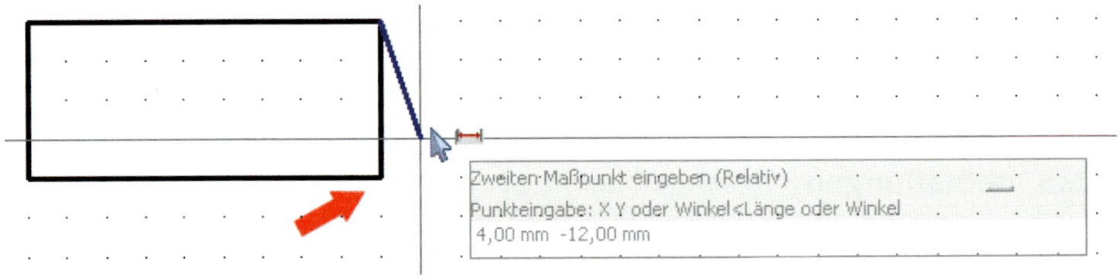

Bild 4.93 Zweiten Punkt der Bemaßung festlegen

Dann wird der zweite Punkt gesucht. Die erste Bemaßung »hängt« am Cursor und wird mit der Maus platziert sowie mit einem linken Mausklick abgesetzt.

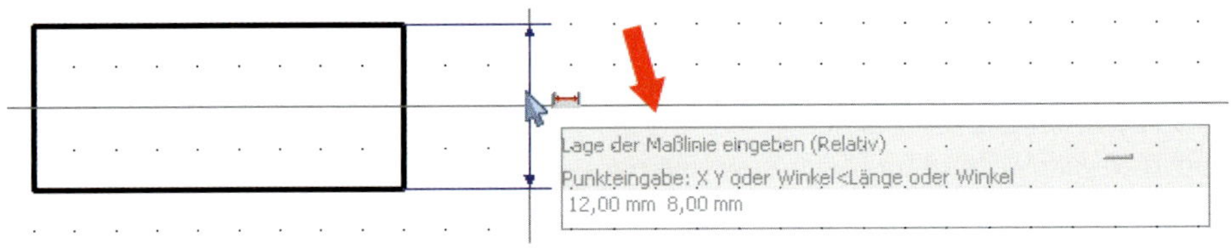

Bild 4.94 Maßlinien-Lage festlegen

Wenn die Lage der Maßlinie festgelegt wurde, bemaßt EPLAN das Objekt. Für die Bemaßung selbst gibt es eine Reihe von Eigenschaften, die man durch einen Doppelklick auf die Bemaßung selbst erreicht.

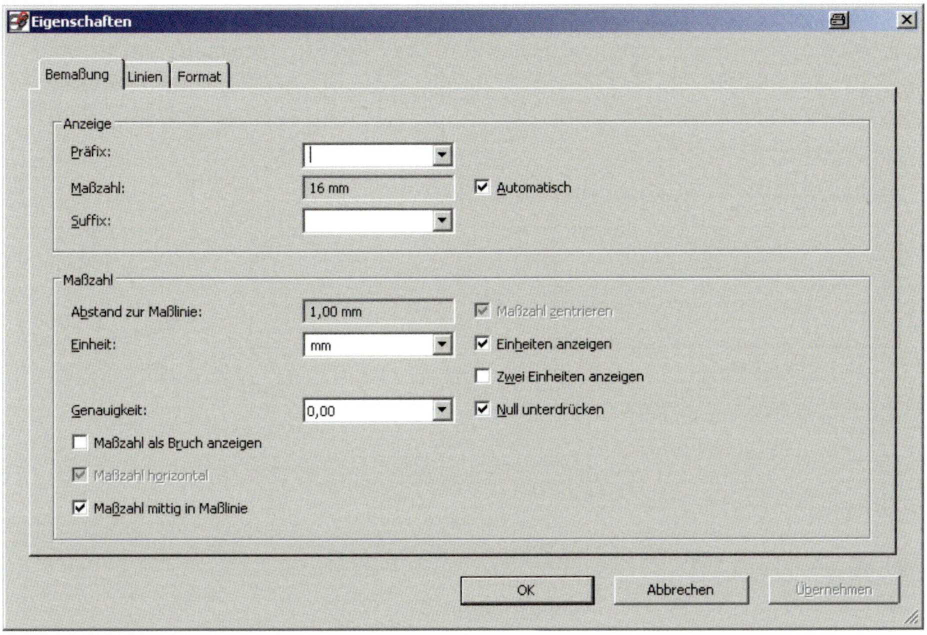

Bild 4.95
Aktuelle Bemaßung einstellen

Daneben gibt es weitere Registerkarten für die *Linien* und für das *Format* der Bemaßungsbeschriftung.

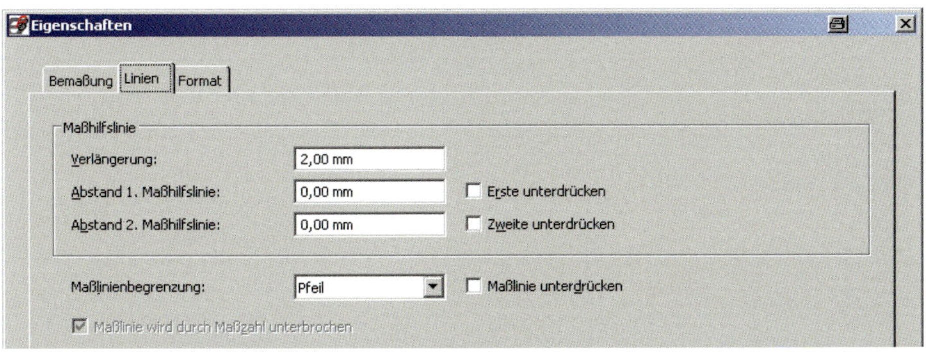

Bild 4.96
Maßlinien einstellen

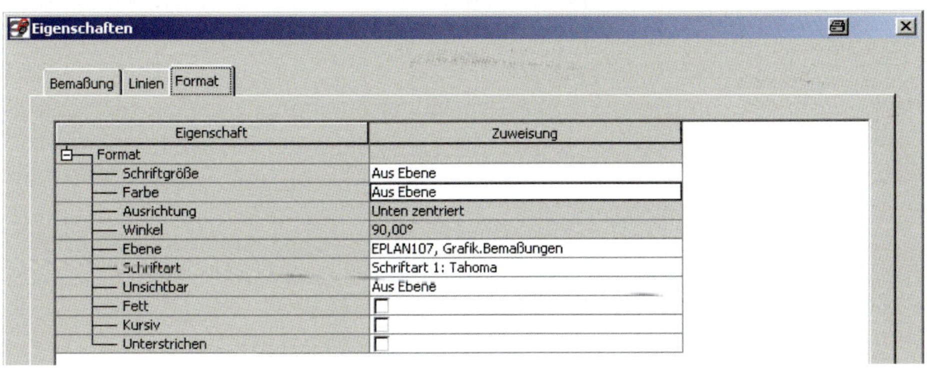

Bild 4.97
Format (Maßzahlen etc.) einstellen

Auf der Registerkarte *Format* werden Einstellungen für die Maßzahlen etc. getroffen. Hiervon werden die Bemaßungslinien nicht beeinflusst. Um die Bemaßungslinien direkt zu beeinflussen, muss in der Ebenenverwaltung die Ebene **EPLAN107** geändert werden.

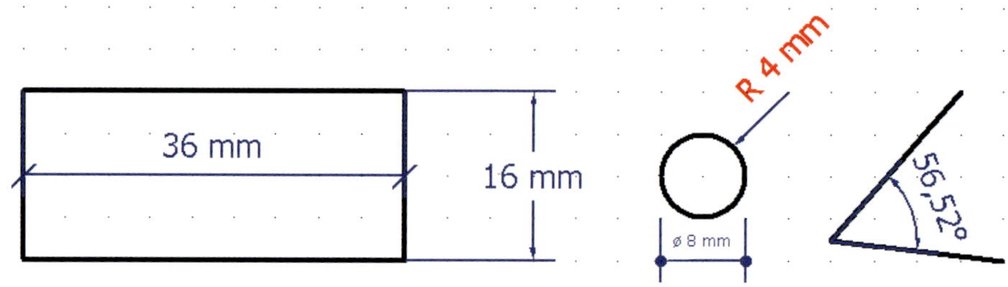

Bild 4.98 Beispiele verschiedener Bemaßungen

4.7 Texte

EPLAN bietet neben den Grafik- oder elektrotechnischen Funktionen, wie den Symbolen oder Geräten, auch die Möglichkeit der Eingabe einfacher freier Texte an.

Bild 4.99 Freier grafischer Text

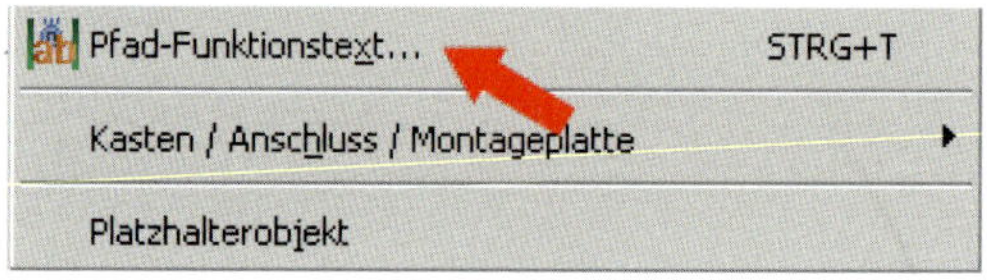

Bild 4.100 Funktioneller Text

Das ist keine neue Errungenschaft, sondern eher eine Notwendigkeit, um verschiedene Funktionen des Stromlaufplanes mit Texteinträgen zu verdeutlichen und den Stromlaufplan mit seinen Funktionen erklärend näher zu bringen oder auch Auswertungen mit weiterführenden Informationen zu füllen oder von EPLAN füllen zu lassen.

In EPLAN werden immer *Klartexte* benutzt. Es werden keine Nummern- oder sonstige Code-Systeme verwendet, sodass der Anwender sofort sehen kann, um welchen Text es sich handelt, und nicht erst eine Nummer in einer Textdatei nachschlagen muss, um zu wissen, welcher Texteintrag sich hinter der entsprechenden Nummer verbirgt.

4.7.1 Normale (freie) Texte

EPLAN bietet die Eingabe normaler (freier) Texte an. Normale Texte sind Texte, die keinerlei weitere Funktion (außer der optischen Anzeige) besitzen.

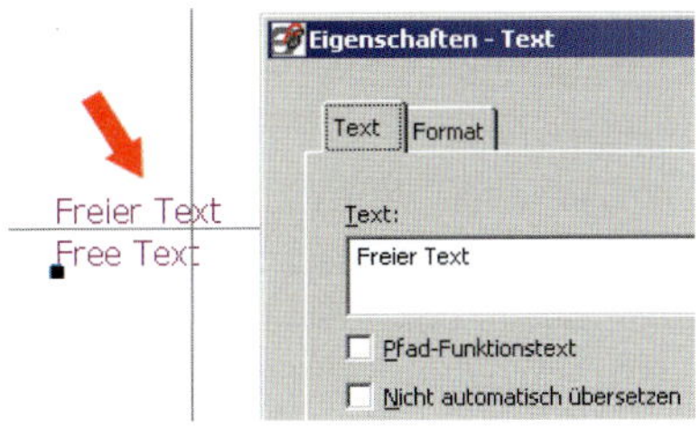

Bild 4.101 Freier Text

Eine Übersetzung dieser Textart ist ohne Probleme möglich. Im Regelfall sollte aber ein normaler Text nur benutzt werden, um beispielsweise in einem Gerätekasten einen Text (zum Beispiel eine weitere Information) zu platzieren, der nicht weiter ausgewertet werden sollte. Normale Texte werden über das Menü **EINFÜGEN/GRAFIK/TEXT** eingefügt oder es wird die Taste **T** für den normalen Text verwendet.

Grundsätzlich kann man einen normalen (freien) Text aber auch erst später durch das Aktivieren der Auswahlbox **PFAD-FUNKTIONSTEXT** zum funktionellen Text umstellen.

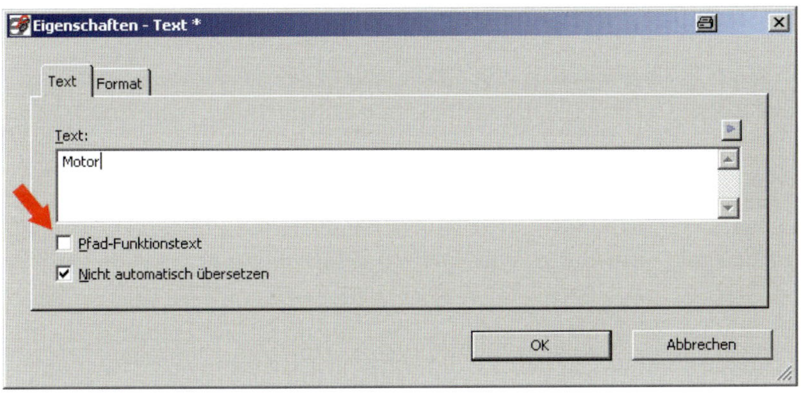

Bild 4.102 Auswahlbox Pfad-Funktionstext

4.7.2 Pfad-Funktionstexte

Neben den normalen (freien) Texten gibt es in EPLAN die Pfad-Funktionstexte. Diese sind mit einer »Intelligenz« ausgestattet. Pfad-Funktionstexte sollten generell verwendet werden, um die entsprechenden Betriebsmittel (Geräte) mit automatischen Funktionstexten, beispielsweise aus dem Pfad einer Seite, zu füllen.

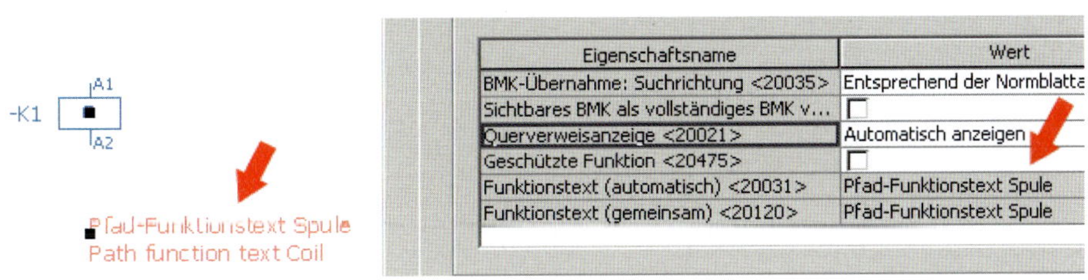

Automatik Pfad-Funktionstext

Bild 4.103 Pfad-Funktionstext

EPLAN benutzt die Pfad-Funktionstexte, um sie in die verschiedensten Auswertungen mit einzubetten (je nach Aufbau des Formulars). Daher ist es von Vorteil, immer mit Pfad-Funktionstexten zu arbeiten, da ein nachträgliches Umstellen von normalen Texten auf Pfad-Funktionstexte zwar möglich ist, aber dann unnötige Arbeit bedeutet.

Der Pfad-Funktionstext wird über das Menü **EINFÜGEN/PFAD-FUNKTIONSTEXT** eingefügt. Sollte generell mit Pfad-Funktionstexten gearbeitet werden, dann könnte man den Tastenaufruf des freien Textes für den Pfad-Funktionstext belegen. Dann sollte natürlich die Tastenkombination für normale (freie) Texte auf eine andere Tastenkombination gelegt werden.

Bild 4.104
Pfad-Funktionstext

TIPP: Normale (freie) Texte können durch einfaches Setzen der Einstellung *Pfad-Funktionstext* im Dialog **EIGENSCHAFTEN – TEXT** auf Pfad-Funktionstexte umgeschaltet werden. Nach dem Verlassen des Dialogs **EIGENSCHAFTEN – TEXT** wird auch die Ebene automatisch auf die Standardebene für Pfad-Funktionstexte **EPLAN110, Grafik.Pfad-Funktionstexte** eingestellt.

Um einen Pfad-Funktionstext für Betriebsmittel auswerten zu lassen, ist es im Normalfall notwendig, dass er direkt (im Pfad) unter oder über den Betriebsmitteln steht (die Einfügepunkte des Pfad-Funktionstextes und des Betriebsmittels befinden sich dann in »einer Flucht«).

Doch kann es auch den Fall geben, dass das nicht so gewollt ist, aus Platzgründen oder weil der Pfad-Funktionstext für mehrere Betriebsmittel gleich gelten soll. Damit man nun nicht den Pfad-Funktionstext mehrmals in den Pfad der einzelnen Betriebsmittel einordnen muss, kann man die Projekteinstellung **GRAFISCHE BEARBEITUNG/ALLGEMEIN** und hier *Pfad-Funktionstext auf den Schaltplanpfad erweitern* setzen.

Damit spielt es dann keine Rolle mehr, ob der Einfügepunkt direkt unter dem Betriebsmittel steht. Es reicht, wenn sich beide, also der Pfad-Funktionstext und das Betriebsmittel, im gleichen Pfad (der Spalte) befinden.

HINWEIS: Das Erweitern der Auswertung von Texten auf den Schaltplanpfad kann aber auch zu den Ergebnissen führen, dass Texte dann eventuell mit in diesem Pfad befindlichen Objekten zugeordnet werden, obwohl das nicht erwünscht ist. Das gilt es beim Einsatz der Einstellung *Pfad-Funktionstext auf den Schaltplanpfad erweitern* zu beachten.

4.7.3 Sondertexte

Sondertexte sind eine weitere Textart, die EPLAN kennt. Sondertexte können *Seiteneigenschafts-* oder *Projekteigenschaftstexte* sein. Sie werden in der Regel in Formularen (Projekteigenschaften) oder im Normblatt (Seiteneigenschaften) benutzt und weniger als Texte auf Projektseiten.

Eingefügt werden Seiteneigenschafts- oder Projekteigenschaftstexte über das Menü **EINFÜGEN/SONDERTEXT/PROJEKTEIGENSCHAFT** bzw. **SEITENEIGENSCHAFT**. Damit kann man Texte auf Seiten platzieren, die aus den Projekteigenschaften oder aus den Seiteneigenschaften genommen werden.

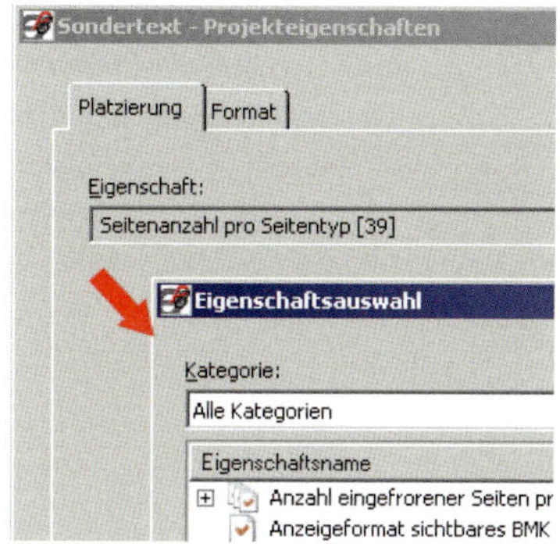

Bild 4.105 Sondertexte

Ein Beispiel soll einen Anwendungsfall zeigen. In den Projekteigenschaften wird die Eigenschaft **Zusatzfeld [10] <10901 10>** mit dem Wert 400V AC für die Angabe der Spannung des Hauptstromkreises gefüllt.

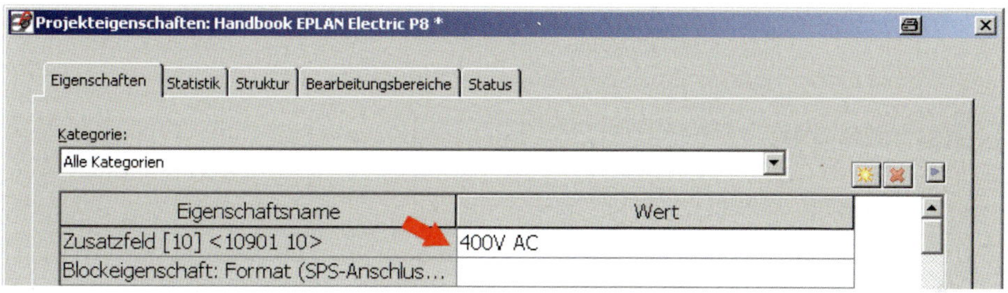

Bild 4.106 Projekteigenschaft Zusatzfeld [10] <10901 10>

Diese Projekteigenschaft kann jetzt im Stromlaufplan benutzt werden, um beispielsweise die Angabe der Spannung der Hauptstromkreise darzustellen. Dazu wird die Projekteigenschaft über **EINFÜGEN/SONDERTEXT/PROJEKTEIGENSCHAFT** ausgewählt und platziert.

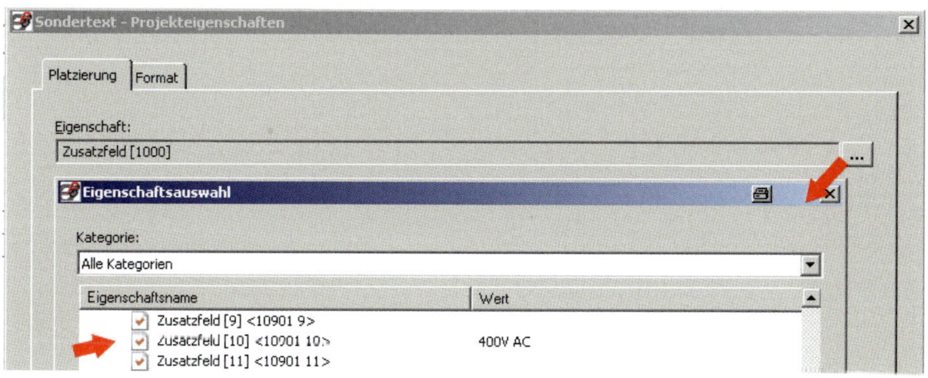

Bild 4.107 Projekteigenschaft auswählen

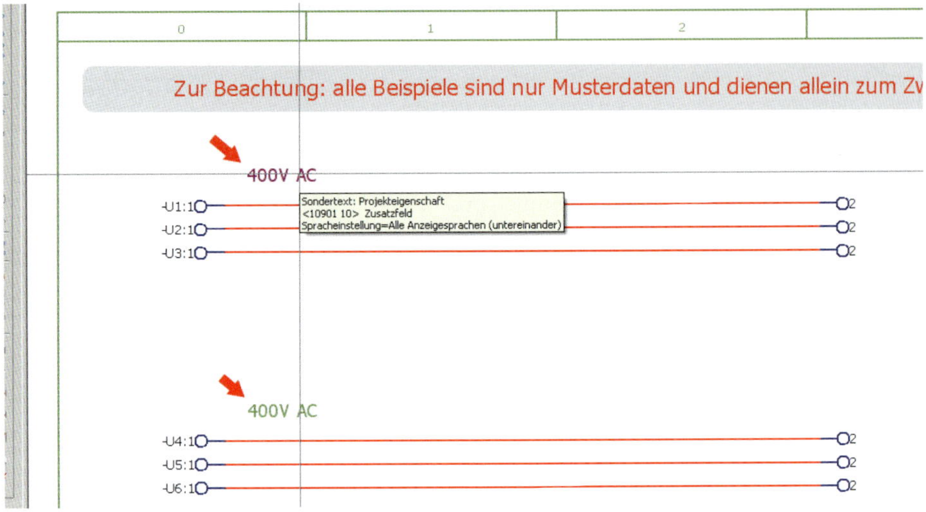

Bild 4.108
Platzierte Projekteigenschaft

Ändert sich später die Angabe der Spannung oder sind hier Zusätze erforderlich, kann man in den Projekteigenschaften diesen Wert einfach ändern, und überall dort im Projekt, wo diese Projekteigenschaft verwendet wurde, wird die Anzeige automatisch umgestellt. Damit erspart man sich das manuelle Abändern dieser Angabe.

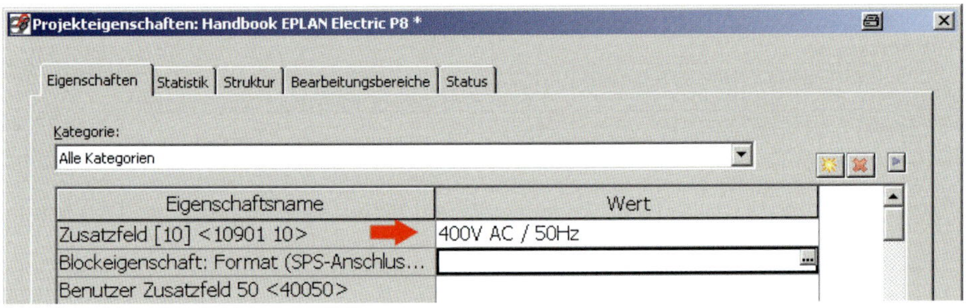

Bild 4.109
Geänderter Wert der benutzten Projekteigenschaft

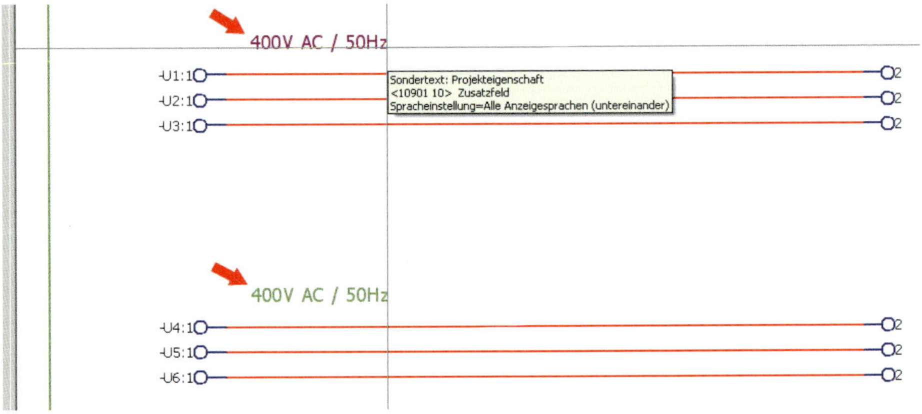

Bild 4.110
Geänderte Darstellung im Projekt

4.7.4 Der Dialog Eigenschaft – Texte

Um Texte nun nicht nur einzufügen, sondern auch entsprechend den Anforderungen zu formatieren, muss der Dialog **EIGENSCHAFTEN – TEXT** des Textes aufgerufen werden. Dazu wird der Text markiert, und mit der Taste **ENTER** bzw. mit einem linken doppelten Mausklick wird der Dialog geöffnet. Die Dialoge des normalen Textes und des Pfad-Funktionstextes unterscheiden sich nicht. Einzig die Fenstertitelleiste des Texteingabefeldes trägt die unterschiedlichen Textartennamen.

4.7.4.1 Registerkarte Text

In der Registerkarte *Text* befindet sich das eigentliche *Eingabefeld* für den Text. Im Feld *Text* wird der Text eingetragen, und an dieser Stelle wird er auch übersetzt, oder die Übersetzung kann entfernt werden.

Bild 4.111 Texteingabefeld

Dazu wird das Kontextmenü mit der rechten Maustaste aufgerufen oder über den Button gestartet. Im Kontextmenü befinden sich neben den üblichen Windows-Befehlen, wie **KOPIEREN**, **EINFÜGEN**, **LÖSCHEN** oder **AUSSCHNEIDEN** des Textes, auch weitere Funktionsaufrufe, wie **SONDERZEICHEN** oder **ÜBERSETZEN**, **ÜBERSETZUNG ENTFERNEN**, **KENNZEICHNUNG ENTFERNEN** oder die **MEHRSPRACHIGE EINGABE**.

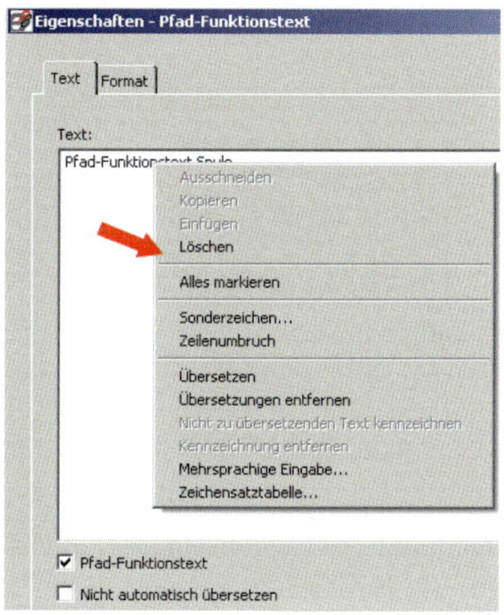

Bild 4.112 Kontextmenü

4.7.4.2 Registerkarte Format

Die Registerkarte *Format* trägt alle Funktionen, um den Text zu formatieren (*Schriftgrad* oder *Schriftart*) oder ihm beispielsweise eine andere Ebene zuzuweisen. Die Formatierungs- und Einstellmöglichkeiten unterteilen sich grob in die drei Knoten *Format*, *Rahmen* und *Wert/Einheit*.

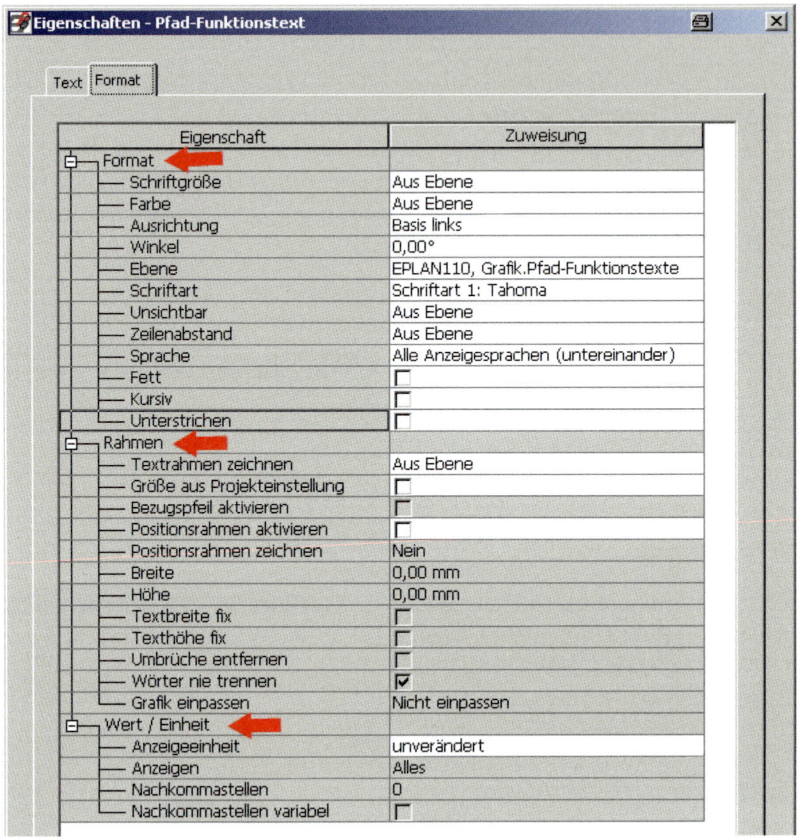

Bild 4.113 Formatierungsmöglichkeiten für Texte

Die meisten Felder sind Auswahlfelder, das heißt, wird beispielsweise das Feld **Ausrichtung** aufgeklappt, sind alle Auswahlmöglichkeiten dargestellt.

Eine Reihe der Eigenschafts-Felder sind aber auch freie Eingabefelder, wie beispielsweise für die Eigenschaft **Winkel**. Hier können Vorgaben ausgewählt, beispielsweise die Vorgabe des Winkels aus der Ebeneneinstellung, aber auch selbst Werte eingetragen werden.

Bild 4.114 Freie Eingabefelder

Einige Erläuterungen von ausgewählten Eigenschaften der Registerkarte *Format* folgen im nächsten Abschnitt.

4.7.4.2.1 Registerkarte Text – Knoten Format – Sprache

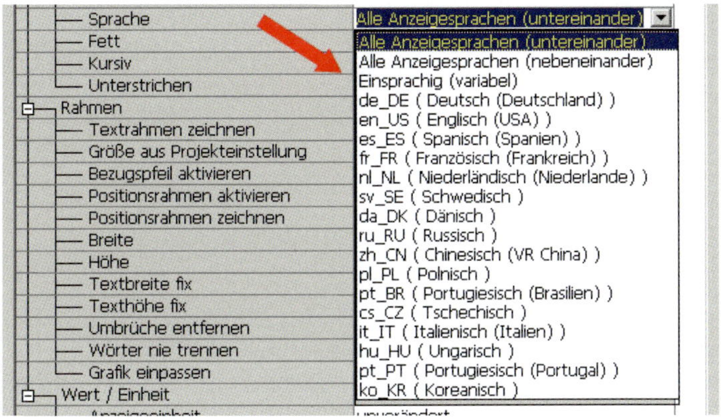

Bild 4.115 Auswahlliste Sprache

Der Knoten *Sprache* enthält die Funktionen zur Darstellung von übersetzten Texten im Projekt. Der Auswahleintrag **EINSPRACHIG (VARIABEL)** ist abhängig von den Einstellungen **DIENSTPROGRAMME/ÜBERSETZUNG/EINSTELLUNGEN**. In diesen Einstellungen (Dialog **EINSTELLUNGEN/ÜBERSETZUNG [PROJEKTNAME]**) werden auch die generellen Projektsprachen und die Sprachen der Anzeige im Projekt festgelegt.

Bild 4.116 Einige Einstellungen für Übersetzungen

Aus den vorhandenen *Projektsprachen* können die *Anzeigesprachen* ausgewählt werden. Abhängig von den vorhandenen Projektsprachen kann dann im Auswahlfeld *Einsprachig (variabel)* die gewünschte *Anzeigesprache* gewählt werden.

4.7.4.2.2 Registerkarte Text – Knoten Rahmen – Positionsrahmen aktivieren

Neben den bisherigen Knoten *Format* und *Sprache* befindet sich ein weiterer Knoten *Rahmen* auf der Registerkarte *Format*. In diesem Knoten befinden sich Eigenschaften, um für Texte beispielsweise immer nur eine begrenzte Ausdehnung in der *Breite* und *Höhe* zuzulassen. Weitere Möglichkeiten wären, Umbrüche aus Texten zu entfernen oder anzugeben, dass Wörter (bei Automatikumbrüchen durch die Begrenzung der Breite und Höhe) nicht zu trennen sind.

Diese Funktionen sind sehr nützlich, vor allem bei Übersetzungen. So wird verhindert, dass sich Übersetzungen gegenseitig optisch überschneiden (überschreiben), da beispielsweise die Breite der Textausdehnung beschränkt werden kann.

In Bild 4.117 ist ein typisches Beispiel zu sehen. Ob sich es hier nun um einen reinen Text oder einen Text eines Betriebsmittels handelt, spielt keine Rolle. Die Vorgehensweise ist immer die gleiche.

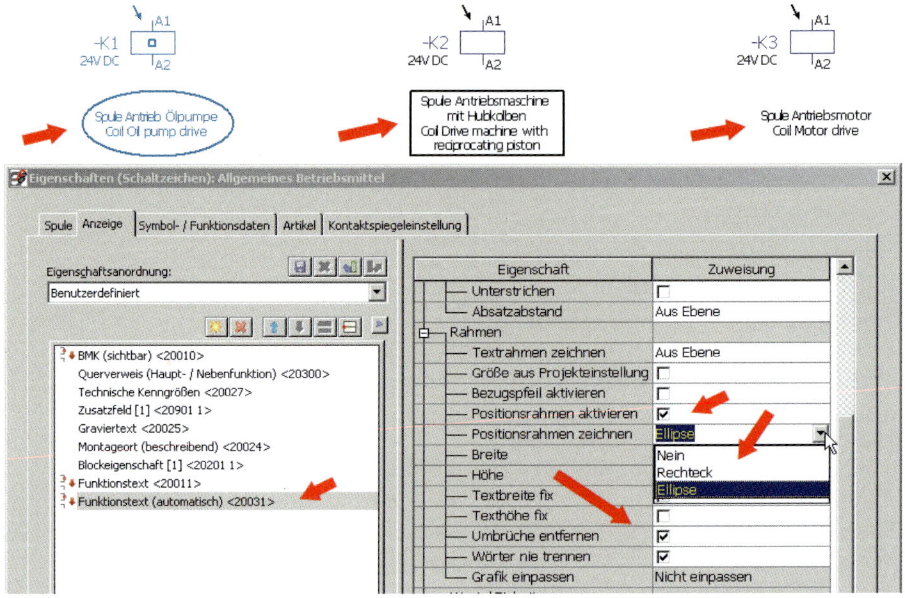

Bild 4.117 Beispiele eines aktivierten Positionsrahmens

TIPP: Um die doch manchmal recht vielen Eigenschaften und deren Werte in den Dialogen besser lesen zu können, kann man die Höhe der Zeilen verändern. Dazu wird in die Tabelle geklickt und mit gedrückter **STRG**-Taste das **SCROLLRAD** der Maus gedreht. Je nach Richtung werden die Zeilen höher oder niedriger, und somit verbessert sich auch die Lesbarkeit.

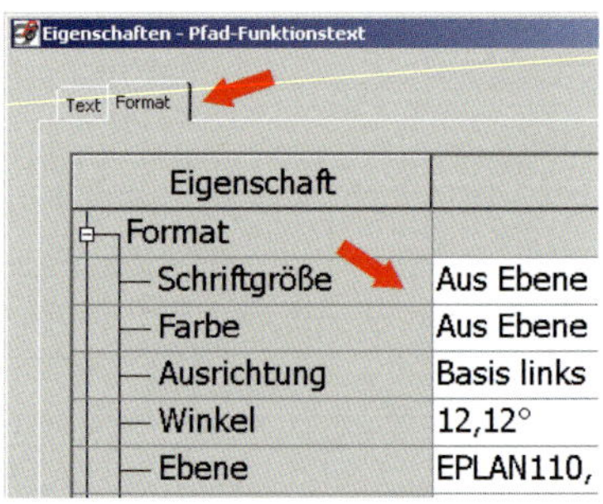

Bild 4.118 Große Zeilenhöhe

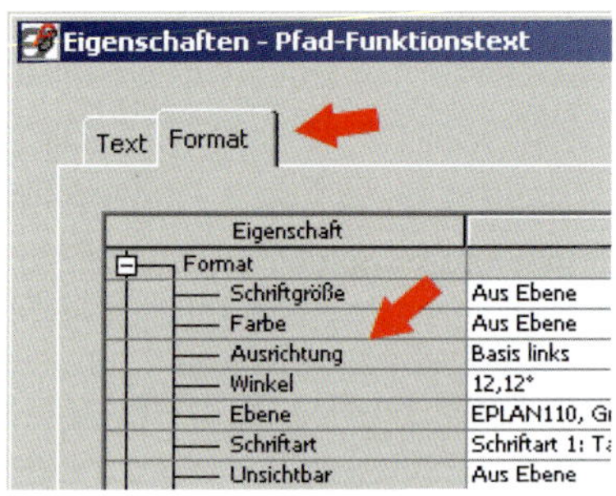

Bild 4.119 Kleine Zeilenhöhe

Diese Einstellungen merkt sich EPLAN. EPLAN behandelt aber alle Dialoge unterschiedlich. Das heißt, man könnte, wenn man wollte, überall verschiedene Zeilenhöhen einstellen.

4.8 Schaltzeichen (Symbole)

Schaltzeichen, auch Symbole genannt, gehören zu den wichtigsten Elementen in EPLAN und natürlich zu einem Schaltplan. Anhand von Schaltzeichen und deren eingetragenen Eigenschaften bzw. zugewiesenen Funktionsdefinitionen können logische Schaltungen erzeugt oder Auswertungen erstellt werden.

4.8.1 Schaltzeichen (Symbole) einfügen

Schaltzeichen können auf mehreren Wegen in EPLAN eingefügt werden. Der übliche Weg ist über das Menü **EINFÜGEN/SYMBOL** oder die Taste **EINFG**. EPLAN öffnet anschließend den Dialog **SYMBOLAUSWAHL**. In diesem Dialog kann nun das entsprechende Symbol ausgewählt werden. Entweder, es wird die Direkteingabe (*Listendarstellung*) genutzt, dazu muss man sich ein wenig mit Kennbuchstaben auskennen und trägt dann den Symbolnamen in das Feld **Direkteingabe** ein, oder das Symbol wird mit der Maus aus der Liste ausgewählt.

Dialog Symbolauswahl (Liste)

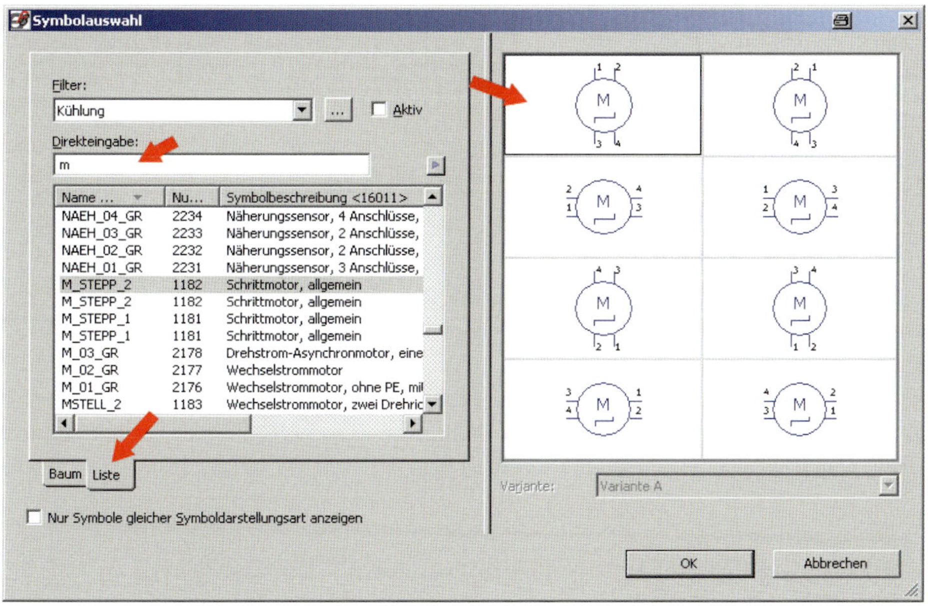

Bild 4.120 Symbolauswahl über die Listendarstellung

Neben der Symbolliste befindet sich die *Symbolvorschau*. EPLAN liefert (im Normalfall) Symbole in acht Varianten mit. Die üblichen vier Varianten lauten: Variante A = 0°, Variante B = 90°, Variante C = 180° und Variante D = 270°. Die restlichen vier Varianten E bis H sind um 180° gespiegelte Varianten der ersten vier Varianten.

Wie in vielen anderen Dialogen, ist es auch in diesem Dialog möglich, einen Filter über den Auswahlbutton ... zu setzen. So können hier über Filter nur *Allpolige Symbole* angezeigt werden oder nur eine spezielle *Symbolbibliothek*.

Der Parameter *Nur Symbole mit gleicher Symboldarstellungsart* ermöglicht, dass zum Beispiel nur allpolige Symbole aus allen angezeigten Symbolbibliotheken angezeigt werden.

Neben der *Listendarstellung* gibt es auch im Dialog **SYMBOLAUSWAHL** die Möglichkeit, eine Symbolauswahl aus der *Baumdarstellung* vorzunehmen. Im Gegensatz zur Listendarstellung werden hier die einzelnen Symbole anhand einer Struktur aufgelistet. Je nach Bedarf kann also ein Symbol schneller gefunden werden, wenn man das Symbol *Motorschutzschalter* vom Klartext her sucht.

Dialog Symbolauswahl (Baum)

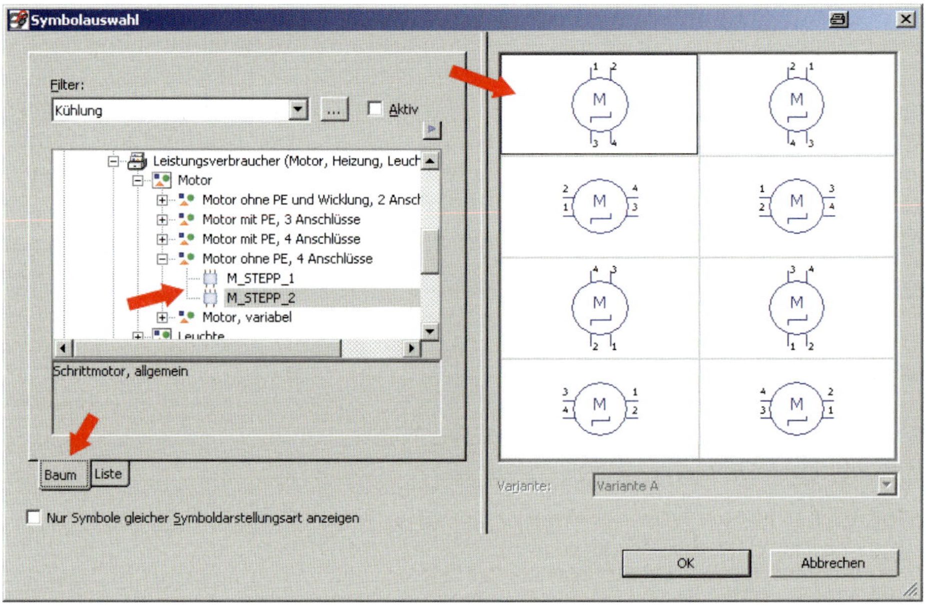

Bild 4.121 Symbolauswahl über die Baumdarstellung

Wurde ein Schaltzeichen (Symbol) ausgewählt, kann es mit **ENTER** oder mit dem Button **OK** in den Schaltplan übernommen werden.

4.8.2 Dialog Eigenschaften (Schaltzeichen) – Registerkarte [Betriebsmittel]

Nach der Übernahme eines Schaltzeichens aus der Symbolauswahl »hängt« dieses am Cursor und kann nun im Schaltplan platziert werden.

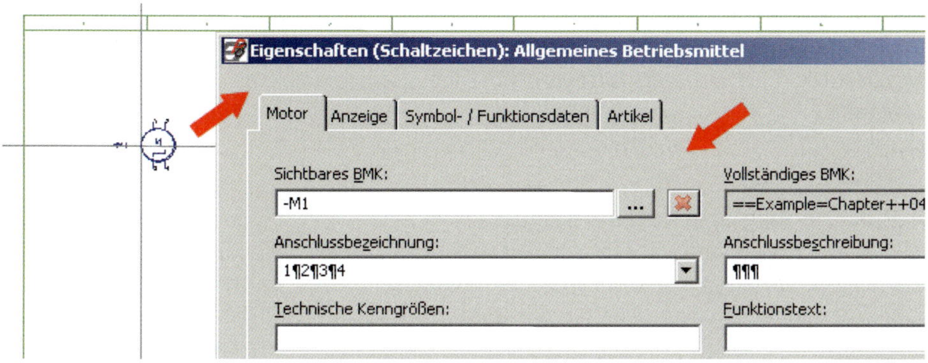

Bild 4.122 Dialog Eigenschaften (Schaltzeichen)

Nach der Platzierung öffnet EPLAN den Dialog **EIGENSCHAFTEN (SCHALTZEICHEN) [ART DES BETRIEBSMITTELS]**. Der Dialog setzt sich aus den verschiedenen Registerkarten *[Art des Betriebsmittels]*, *Anzeige*, *Symbol-/Funktionsdaten* und *Artikel* (bei einer Hauptfunktion) zusammen.

Hier gibt es die Felder für das **Sichtbare BMK** (editierbar), das Feld **Vollständiges BMK** (indirekt editierbar über den Auswahlbutton und den folgenden Dialog **Vollständiges BMK**, wo das BMK in seine einzelnen Bestandteile zerlegt und einzeln bearbeitbar ist), die Felder **Anschlussbezeichnung** (wählbar aus der Auswahlliste), **Anschlussbeschreibung** (wählbar aus der Auswahlliste), **Technische Kenngröße**, **Funktionstext** (des Symbols!), das Feld **Graviertext** (editierbar und wählbar aus einer Auswahlliste, wenn es schon weitere Einträge im Projekt dazu gibt) und das Feld **Montageort (beschreibend)**, ebenfalls wählbar aus einer Auswahlliste.

Neben diesen Einträgen gibt es noch das wichtige Häkchen: *Hauptfunktion*. Damit entscheidet man, ob dieses Schaltzeichen eine Hauptfunktion ist und somit einen Artikel tragen kann oder es sich hierbei um eine Nebenfunktion handelt, die keine Artikeldaten besitzt.

Bild 4.123 Hauptfunktion

Die untere Hälfte des Dialogs **EIGENSCHAFTEN (SCHALTZEICHEN) [ART DES BETRIEBSMITTELS]** setzt sich aus den Spalten **Eigenschaftsname** und **Wert** (für die Eigenschaften) zusammen. Über den Button können neue Eigenschaften hinzugefügt werden.

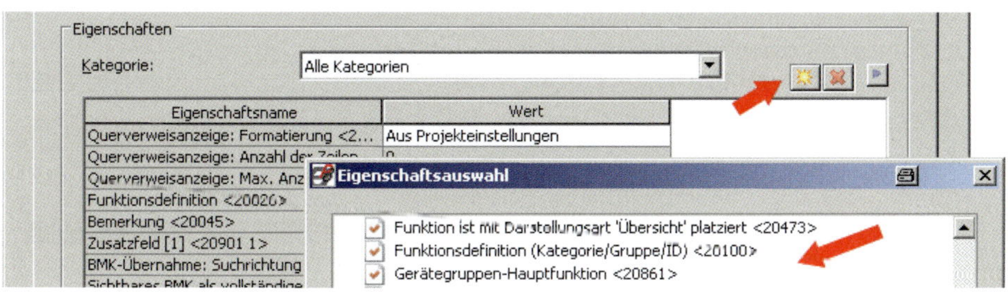

Bild 4.124 Neue Eigenschaften hinzufügen

EPLAN öffnet nach Klick auf den Button den Dialog **EIGENSCHAFTSAUSWAHL**. Hier kann eine neue Eigenschaft gewählt, markiert und mit dem Button **OK** in den Dialog **EIGENSCHAFTEN (SCHALTZEICHEN)** übernommen werden. Alle Eigenschaften in diesem Dialog, die in der Spalte **Wert** nicht grau unterlegt sind, sind änderbar.

4.8.3 Die Registerkarte Anzeige

Die Registerkarte *Anzeige* ermöglicht es, zusätzlich zu den am Symbol standardmäßig vorhandenen Symboleigenschaften *zur Anzeige* neue hinzuzufügen oder vorhandene zu entfernen.

Weiterhin beinhaltet die Registerkarte *Anzeige* alle Elemente, um die Anzeige der Eigenschaften zu verändern. Hier können das Format, die Schriftgröße oder die Schriftart für jede Eigenschaft, auch die der Anschlüsse von Betriebsmitteln, einzeln verändert werden. Dafür sollten Sie beispielsweise die Lasche *Anschlüsse* in der Eigenschaftsanordnung anwählen.

Mithilfe der Buttonleiste in der Eigenschaftsanordnung können neue Eigenschaften hinzugefügt, Eigenschaften in ihrer Reihenfolge verschoben oder angedockt bzw. abgedockt werden.

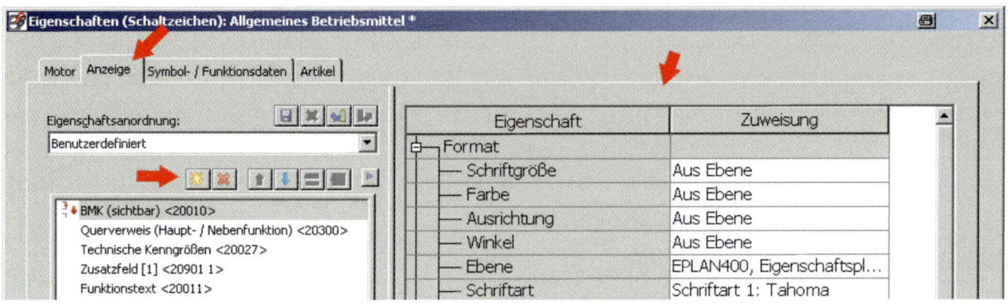

Bild 4.125 Registerkarte Anzeige mit ihren Möglichkeiten

Die Möglichkeit, *Eigenschaften an- bzw. abzudocken*, soll hier kurz näher erläutert werden. *Angedockt* nennt man Eigenschaften, die kein Symbol vor dem Eigenschaftsnamen tragen. Diese Eigenschaften sind alle der nächstliegenden oberen, mit einem Symbol versehenen Eigenschaft zugeordnet.

In Bild 4.126 wären alle rot umrandeten Eigenschaften ein »Block«. Verschiebt man beispielsweise eine der Eigenschaften aus diesem »Block«, werden alle anderen Eigenschaften dieses »Blocks« mit verschoben.

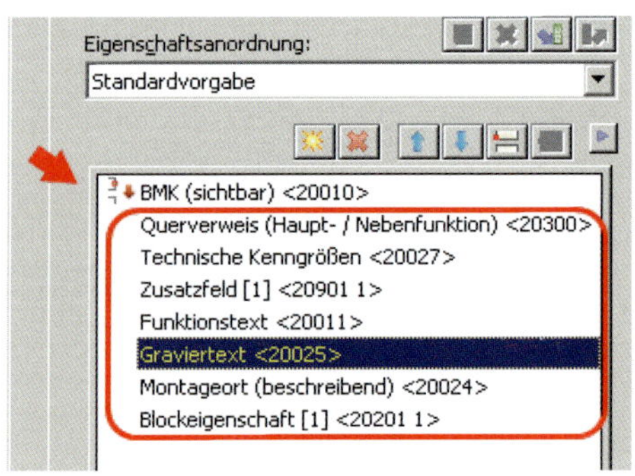

Bild 4.126 Zusammenhängende Eigenschaften

Dockt man jetzt eine Eigenschaft ab, so wird sie aus diesem »Block« herausgelöst und steht frei. Damit ist sie unabhängig von den anderen Eigenschaften und kann zum Beispiel frei platziert werden.

Eine Eigenschaft kann man abdocken, indem sie markiert und dann mithilfe des Buttons abgedockt wird. Danach sollte man sie mit den Richtungsbuttons an das Ende der Eigenschaftsanordnung verschieben. Wird das nicht durchgeführt, bildet diese abgedockte Eigenschaft mit allen Eigenschaften, die in der Anzeige folgen, wieder einen »Block«.

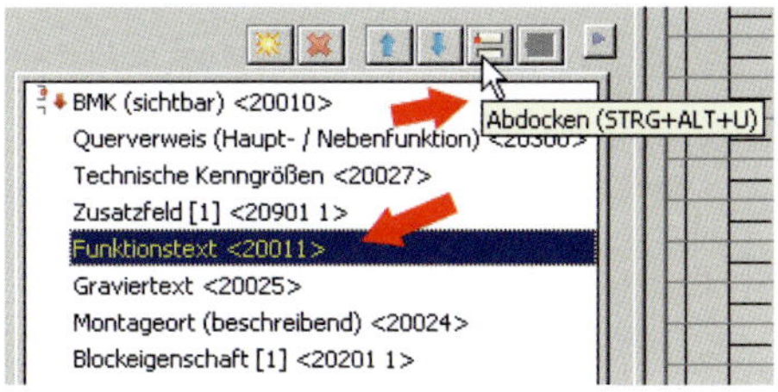

Bild 4.127 Eigenschaft abdocken

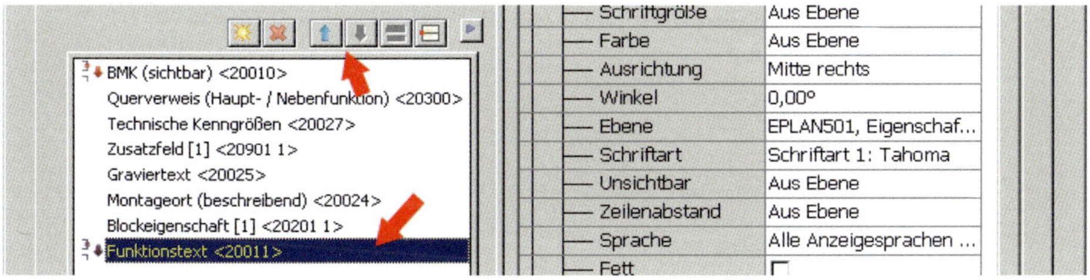

Bild 4.128 Abgedockte und verschobene Eigenschaft

Weiterhin befinden sich auf der Registerkarte *Anzeige* ebenfalls alle Funktionen, um die Texte zu formatieren bzw. zu positionieren. Sei es nun, um einen Rahmen um den Text zu legen, eine andere Schriftgröße für eine bestimmte Eigenschaft einzustellen oder eine Position (X/Y) vorzugeben bzw. anzupassen.

Die Vorgehensweise ist der bei Texten identisch, sodass sie hier nicht weiter behandelt wird, ebenso die Steuerung der Sprachanzeige.

4.8.3.1 Eigenschaft Bezugspfeil aktivieren

Es bestehen Unterschiede zu Formatierungen von Texten in einigen Eigenschaften. Als Beispiel sei hier die Einstellung *Bezugspfeil aktivieren* genannt.

Die Einstellung *Bezugspfeil aktivieren* ermöglicht es für jede Eigenschaft, die an einem Betriebsmittel zur Anzeige gebracht wird, einen Bezugspfeil zu aktivieren. Damit kann man beispielsweise Eigenschaften abdocken, verschieben, und durch den Bezugspfeil ist einen Art »Verbindung« zum eigentlichem Betriebsmittel gewährleistet.

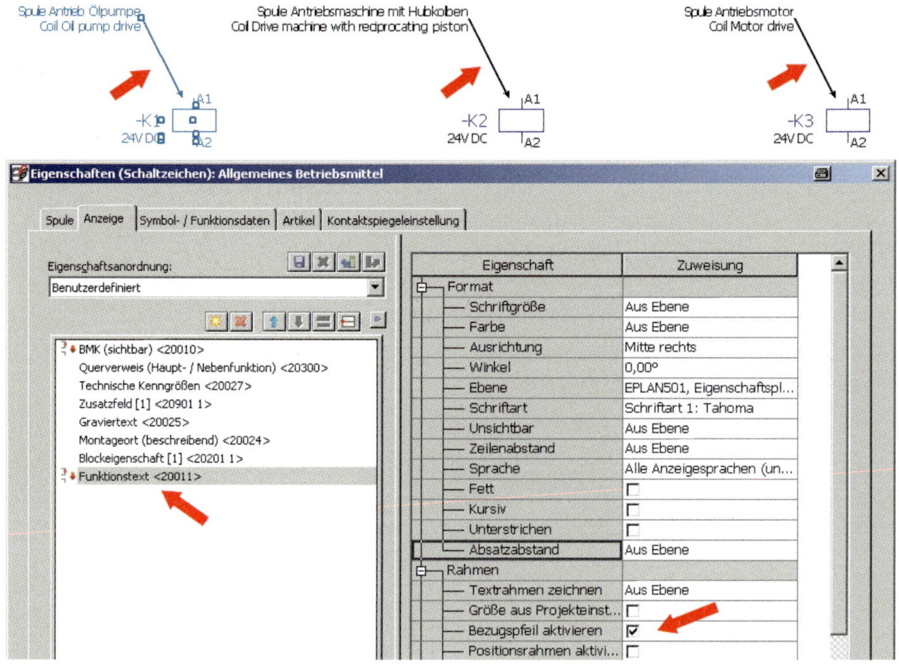

Bild 4.129 Beispiel Bezugspfeil aktiviert

4.8.4 Die Registerkarte Symbol-/Funktionsdaten

Die Registerkarte *Symbol-/Funktionsdaten* enthält die wichtigen Daten, um dem grafischen Symbol **Logik** einzuhauchen.

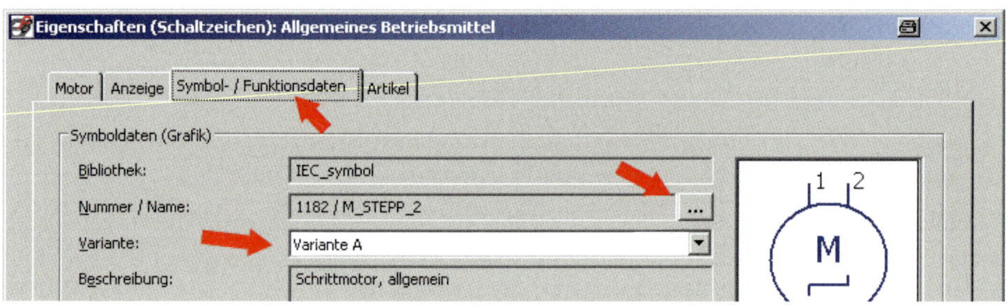

Bild 4.130 Grafische Informationen zum Symbol

Im oberen Bereich befinden sich die grafischen Symboldaten. Im Feld **Nummer/Name** kann über den Button ... das vorhandene Symbol gegen ein anderes getauscht werden. Im Feld **Variante** kann eine andere Winkelvariante des Symbols gewählt werden. Dazu wird die Auswahlliste aufgeklappt und die gewünschte Variante gewählt. Alle anderen

Felder (**Bibliothek** etc.) sind nicht editierbar und ergeben sich aus den grafischen Symboldaten.

Der untere Bereich dieser Registerkarte enthält die logischen Symbolinformationen, wie welche *Funktionsdefinition* trägt das Symbol, welche *Darstellungsart* oder ist es eine **HAUPTFUNKTION** etc.

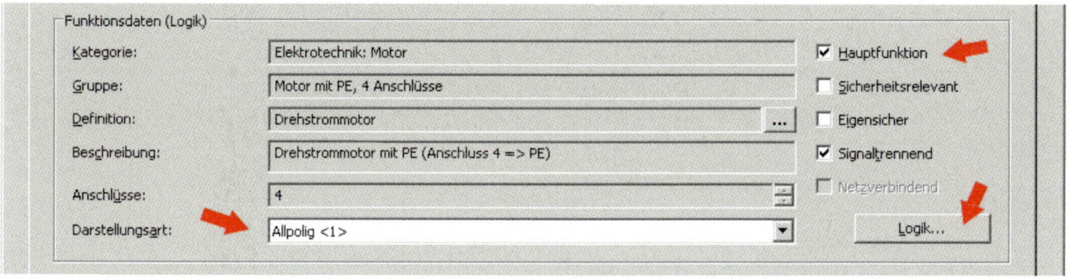

Bild 4.131 Logische Funktionen zum Symbol

Im Feld **Definition** kann über den Button ... dem Symbol eine andere Funktionsdefinition zugeordnet werden, wenn es benötigt wird. Alle restlichen Felder ergeben sich automatisch aus der übernommenen Funktionsdefinition.

Die **Darstellungsart** kann hier aus einer Auswahlliste geändert werden. Das kann zum Beispiel nötig sein, wenn man eine Übersichtsdarstellung auf einer allpoligen Schaltplanseite erstellen bzw. darstellen möchte.

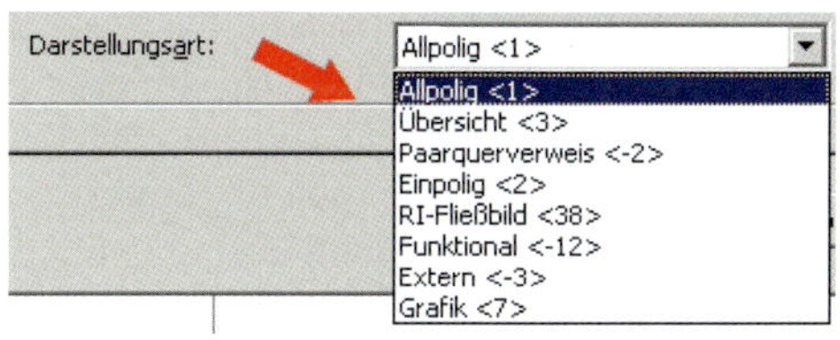

Bild 4.132 Auswahl Darstellungsart

Neben den bisherigen grafischen und funktionellen Informationen kommen weitere Einstellmöglichkeiten unter dem Button **LOGIK** zum Vorschein. Hier können gezielt logische Informationen, wie **Anschlussart** oder die **Anzahl Ziele**, **Potenzialtyp** und viele mehr, für den einzelnen Anschluss eines Gerätes geändert oder angepasst werden.

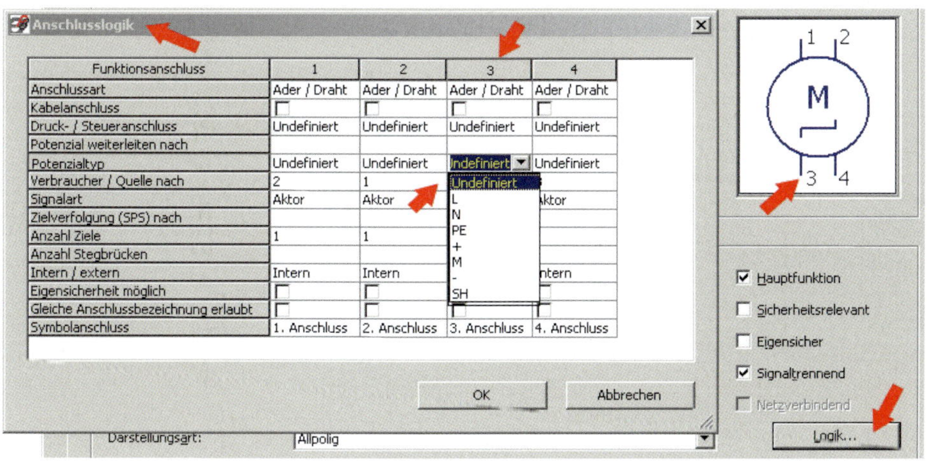

Bild 4.133 Logische Funktionen der einzelnen Anschlüsse

Ein typisches Beispiel zum Ändern der *Anschlusslogik* wäre das Setzen der Einstellung *Gleiche Anschlussbezeichnung erlauben* beim Einsatz von Geräteanschlüssen (hier PE). Damit ist es, wie bei Klemmen, möglich, mehrfach die gleiche Bezeichnung zu benutzen (PE-Schiene), ohne dass hier doppelte Anschlussbezeichnungen im Prüflauf gefunden werden.

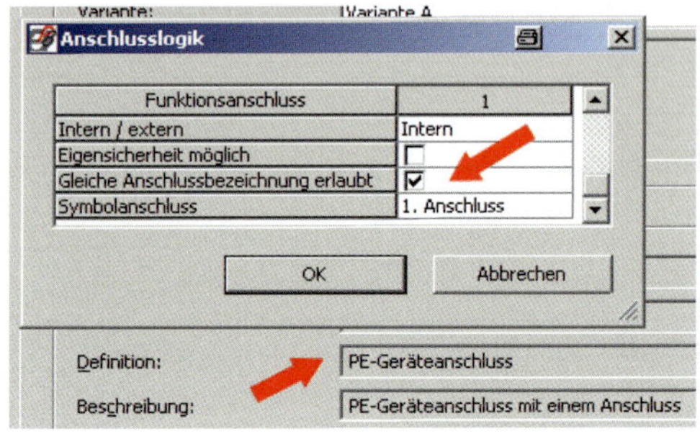

Bild 4.134 Gleiche Bezeichnung erlauben

4.8.5 Die Registerkarte Artikel

Die Registerkarte *Artikel* ermöglicht es, dem Symbol einen oder mehrere Artikel zuzuordnen. Dafür wird mit dem Cursor in das Feld **Artikelnummer** geklickt. Über den dann erscheinenden Button [...] kann in die Artikelverwaltung gewechselt werden.

Aus der sich dann öffnenden **Artikelverwaltung** kann der benötigte Artikel ausgewählt und mit dem Button **OK** an das Symbol übernommen werden. Die Artikelverwaltung wird nach der Übernahme automatisch geschlossen.

Bild 4.135 Einfache Artikelauswahl

Neben der einfachen Artikelauswahl besitzt dieser Dialog noch den Button **GERÄTEAUSWAHL**. Damit werden, im Gegensatz zur einfachen Artikelauswahl, nur Geräte zur Auswahl gestellt, die auf die mindestens vorhandenen Funktionen des Symbols im Projekt passen. Damit ist gewährleistet, dass EPLAN hier zum Beispiel für eine Spule auch eine Spule aus der Funktion wählt und nicht etwa einen Motorschutzschalter. Die **GERÄTEAUSWAHL** sollte bevorzugt eingesetzt werden.

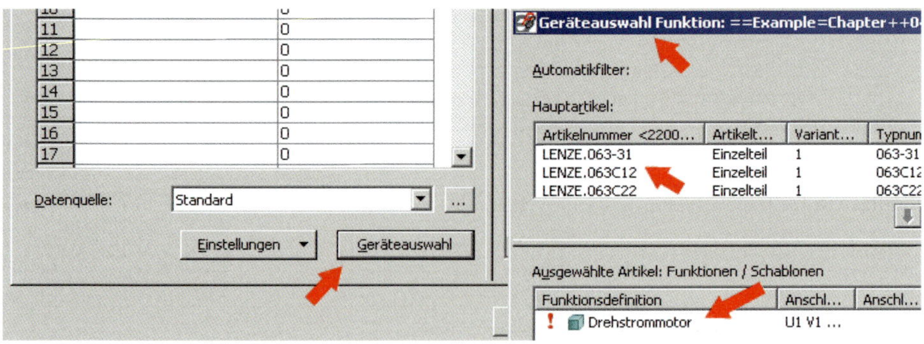

Bild 4.136 Geräteauswahl

4.9 Querverweise

Querverweise sind eines der wichtigsten Elemente in EPLAN. Mit ihrer automatischen Erzeugung werden optische wie auch logische Verbindungen, zum Beispiel zwischen *Haupt- und Nebenfunktionen*, hergestellt.

> **HINWEIS:** Das Einfügen und Ausfüllen der entsprechenden Symbole für die Beispiele der Querverweisdarstellung werden in den folgenden Abschnitten nicht mehr näher erläutert. Dazu lesen Sie bitte in den folgenden Abschnitten dieses Buches nach.

4.9.1 Kontaktspiegel am Schaltzeichen

Ein Motorschutzschalter oder ein Drucktaster kann beispielsweise Hilfskontakte besitzen. Die Hilfskontakte gehören physikalisch zum Symbol **Motorschutzschalter** oder **Drucktaster** und sollten zum besseren Verständnis auch an ihm abgebildet werden.

Im Folgenden wird ein Motorschutzschalter im Stromlaufplan eingefügt. Der Motorschutzschalter besitzt am Symbol erst einmal keine Hilfskontakte. Das ist insofern kein Problem, da EPLAN die im Stromlaufplan benutzten Hilfskontakte anhand der Einstellungen auf der Registerkarte *Anzeige* im Auswahlfeld *Kontaktspiegel* (hier steht die Auswahl auf **AM SCHALTZEICHEN**) auswertet. Damit werden die benutzten Kontakte und deren Querverweise automatisch abgebildet.

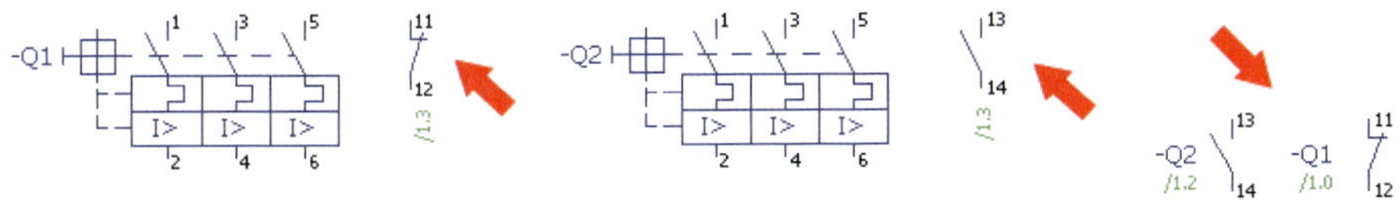

Bild 4.137 Automatische Querverweisbildung

Soweit ist das in Ordnung, wenn beide oder alle Hilfskontakte, die solch ein Motorschutzschalter haben kann, im Stromlaufplan auch benutzt werden.

Nun werden ja nicht immer alle Hilfskontakte verwendet, sodass EPLAN den Motorschutzschalter mit nur den benutzten Hilfskontakten (als grafische Darstellung am Motorschutzschalter) darstellen würde. Die anderen Hilfskontakte, die zwar physikalisch vorhanden sind, werden bei dieser Einstellung einfach »unterschlagen«. Um sie dennoch abbilden zu können, muss jetzt ein Gerät mit der entsprechenden *Funktionsdefinition* dem Symbol **Motorschutzschalter** zugeordnet werden.

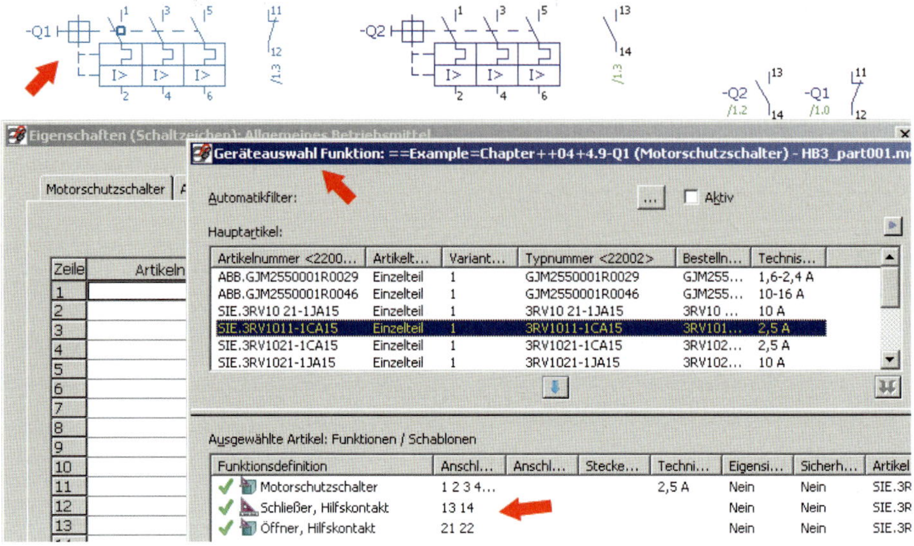

Bild 4.138 Neue Geräteauswahl

Das geschieht am besten mithilfe der Geräteauswahl. Dazu werden die Eigenschaften des Symbols geöffnet, auf die Registerkarte *Artikel* gewechselt und der Button **GERÄTEAUSWAHL** angeklickt.

TIPP: Hinter dem Button **EINSTELLUNGEN** verbergen sich die Einstellungen, wie EPLAN sich bei einer Geräteauswahl verhalten soll: Sollen vorhandene Funktionsdaten genutzt werden oder nicht, sollen sonstige andere Kriterien von Geräten, Funktionen berücksichtigt werden etc. All dies gilt es bei einer Geräteauswahl zu beachten.

Dies ist wichtig zu wissen, da es unter bestimmten Umständen zu keiner Anzeige und Auswahl von Geräten in der Geräteauswahl kommen kann. Bestimmte Umstände wären zum Beispiel »falsche« oder nicht passende Einstellungen der Geräteauswahl, oder es befindet sich einfach kein Artikel mit den entsprechenden Funktionen in der Artikelverwaltung.

Zurück zur Geräteauswahl: EPLAN erkennt, dass der Motorschutzschalter aus dem Motorschutzschalter selbst und einem platzierten Hilfskontakt besteht (als Funktion betrachtet). Es werden nun alle Artikel zur Geräteauswahl angeboten, die auf den markierten Motorschutzschalter (inklusive seiner benutzten Funktionen), das heißt auf die Artikel mit ihren Funktionsdefinitionen passen.

Im oberen Bereich des Dialogs **GERÄTEAUSWAHL FUNKTION** kann jetzt der entsprechende passende Artikel ausgewählt und mit dem Button [⇩] übernommen werden. EPLAN »schiebt« den Artikel über die schon vorhandenen Funktionen des Motorschutzschalters und ergänzt die Funktionsschablone um die noch nicht platzierten Funktionen.

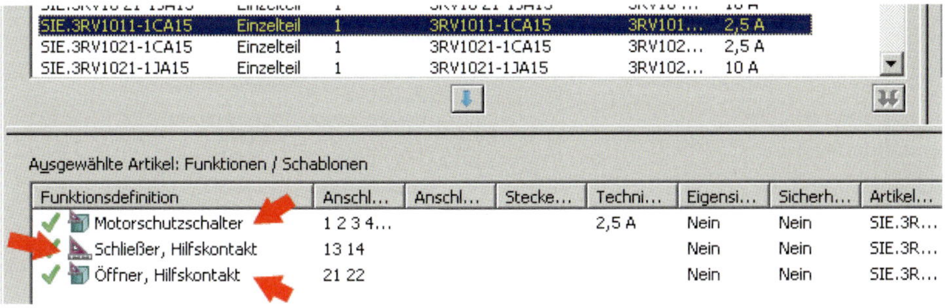

Bild 4.139 Gewählter Artikel mit Funktionsschablone

Der Dialog **GERÄTEAUSWAHL FUNKTION** kann nun mit dem Button **OK** geschlossen werden. EPLAN überträgt den Artikel in die Registerkarte *Artikel*. Wird der Dialog **SYMBOLEIGENSCHAFTEN** jetzt mit Klick auf den Button **OK** verlassen, bildet EPLAN aufgrund der hinterlegten Funktionsdefinitionen den kompletten Kontaktspiegel für die Hilfskontakte grafisch nach. Dabei spielt es nun keine Rolle mehr, ob die Hilfskontakte im Stromlaufplan verwendet wurden oder noch nicht.

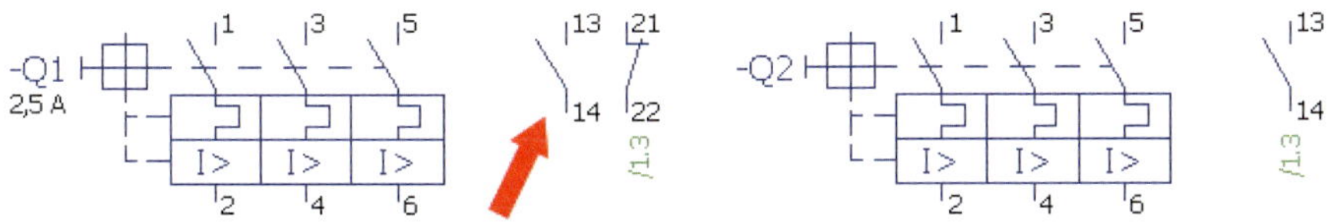

Bild 4.140 Kompletter Kontaktspiegel

Diese Darstellung wird aber nur erreicht, wenn die Anzeige für den Kontaktspiegel in den Symboleigenschaften der Registerkarte *Anzeige* dementsprechend eingestellt ist.

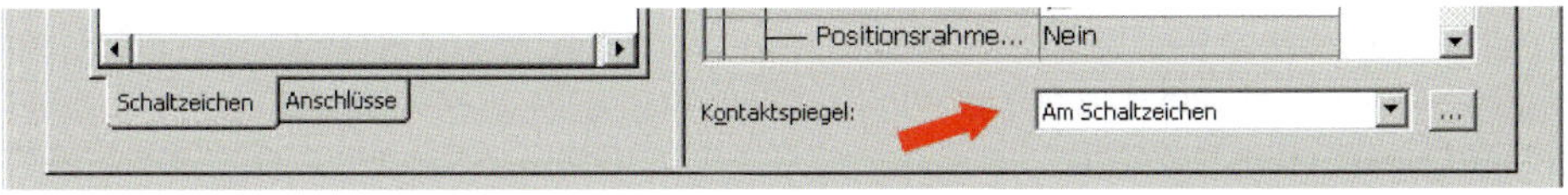

Bild 4.141 Kontaktspiegeleinstellung

Diese Darstellung der platzierten Kontakte wird von EPLAN erst einmal automatisch gesetzt. Möchte oder muss man von dieser automatischen Einstellung her abweichen, dann kann man die Position manuell beeinflussen. Dazu wird der **MORE-BUTTON** gedrückt. Im folgenden Dialog **KONTAKTSPIEGELPOSITION** kann man dann die Position für den Y- und X-Wert manuell editieren.

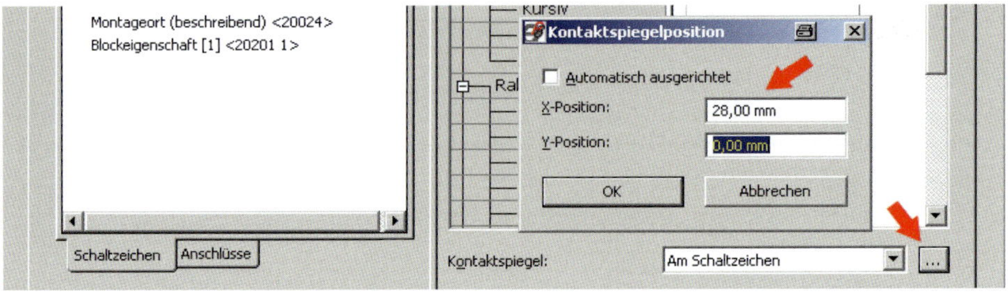

Bild 4.142 Manuelle Editiermöglichkeit der Position des Kontaktspiegels

4.9.2 Kontaktspiegel im Pfad

Im Gegensatz zum Kontaktspiegel am Schaltzeichen, der im Normalfall rechts neben dem Symbol abgebildet wird, werden bei Schützen zum Beispiel die Kontaktspiegel unterhalb der Schützspule in der Spalte (Pfad) von EPLAN generiert.

Ähnlich wie im vorherigen Beispiel werden erst einmal nur die verwendeten Kontakte im Kontaktspiegel automatisch angezeigt.

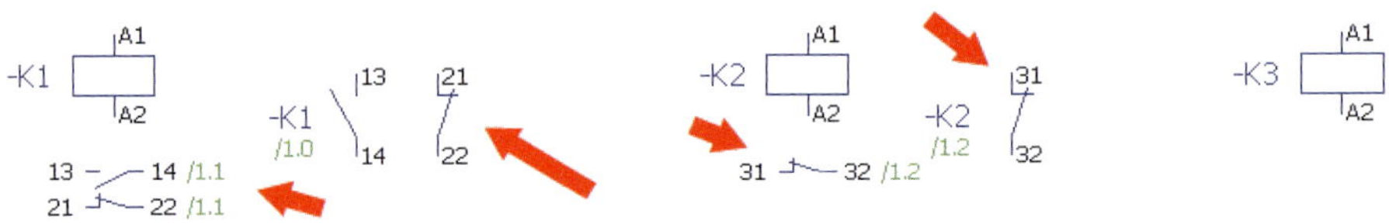

Bild 4.143 Automatisch erzeugter Kontaktspiegel aus den benutzten Funktionen

Um auch hier einen kompletten *Kontaktspiegel* zu bekommen, wird, wie im Beispiel des Motorschutzschalters, eine **GERÄTEAUSWAHL** durchgeführt. Die Vorgehensweise ist identisch mit der schon beim Motorschutzschalter gezeigten Vorgehensweise. Nach der Geräteauswahl wird der Kontaktspiegel komplett angezeigt. Sollte das nicht so sein, muss auf der Registerkarte *Anzeige* im Dialog **SYMBOLEIGENSCHAFTEN** der Eintrag *Kontaktspiegel* kontrolliert werden. Dieser muss auf dem Eintrag **Im Pfad** stehen.

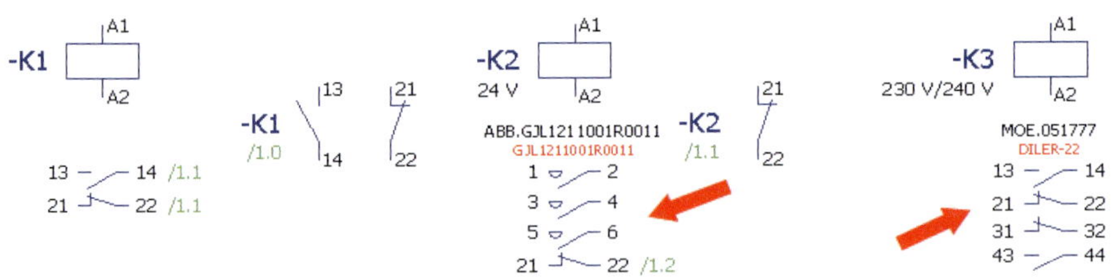

Bild 4.144 Vollständiger Kontaktspiegel nach Geräteauswahl

HINWEIS: EPLAN ermöglicht auch das Verschieben von Kontaktspiegeln. Dabei kann jeder Kontaktspiegel (dabei ist es gleich, ob es sich um Kontaktspiegel der Art *Am Schaltzeichen* oder *Im Schaltplanpfad* handelt) einzeln verschoben werden.

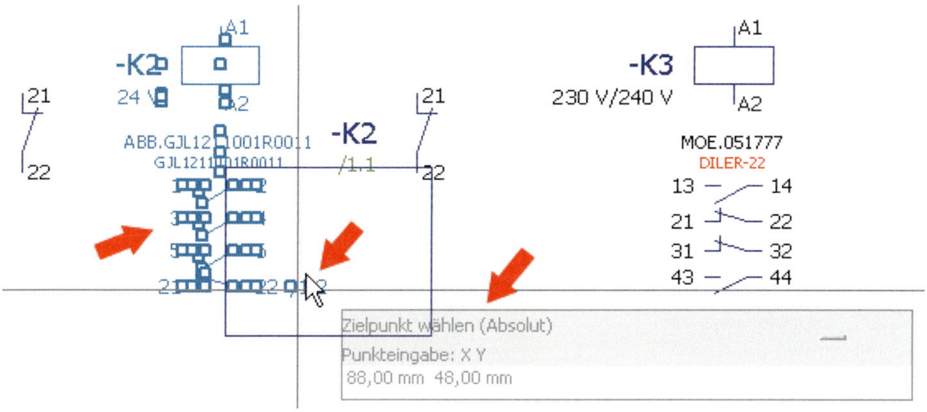

Bild 4.145 Kontaktspiegel manuell verschieben

Dazu wird das Symbol markiert und die Tastenkombination **STRG + B** oder im Menü **BEARBEITEN/TEXTE** die Funktion **EIGENSCHAFTSTEXTE VERSCHIEBEN** ausgeführt. EPLAN zeigt jetzt optisch die kleinen blauen Rechtecke zum »Anfassen« mit der Maus an. Der Kontaktspiegel wird jetzt mit der Maus angeklickt, »hängt« als blaues Rechteck am Cursor und kann nun beliebig, bei gedrückter linker Maustaste, frei platziert werden. Mit einem linken Mausklick wird er dann an der gewünschten Stelle abgesetzt.

Es sollte hier an dieser Stelle noch erwähnt werden, dass die Positionen der Kontaktspiegel für den Motorschutz bzw. für die Schützspulen im jeweiligen Normblatt (oder nur für diese Seite, dann in den Seiteneigenschaften) u. a. als Normblatteigenschaften **Kontaktspiegelabstand (am Schaltzeichen) <12059>** und **Kontaktspiegelabstand (im Schaltplanpfad) <12060>** vorgegeben werden können.

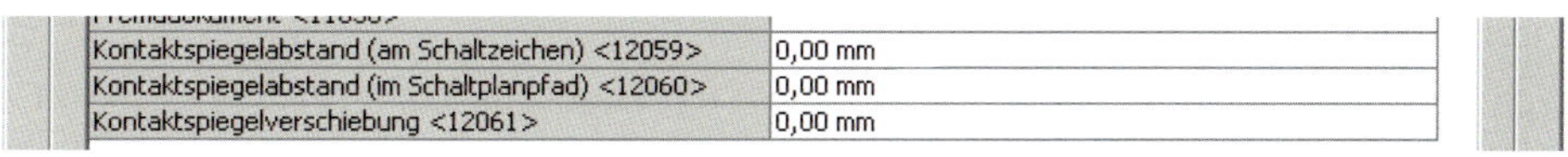

Kontaktspiegelabstand (am Schaltzeichen) <12059>	0,00 mm
Kontaktspiegelabstand (im Schaltplanpfad) <12060>	0,00 mm
Kontaktspiegelverschiebung <12061>	0,00 mm

Bild 4.146 Eigenschaften für die Kontaktspiegelverschiebungen

Unabhängig von diesen Standardwerten können natürlich alle Kontaktspiegel separat und manuell auf beliebige Werte im Stromlaufplan an den jeweiligen Geräten platziert werden.

4.9.3 Besonderheit Paarquerverweis

Neben den bisherigen Beispielen wurden die Funktionalitäten von EPLAN anhand der Geräteauswahl und deren Funktionen benutzt. Nun kann es immer Fälle geben, wo keine Artikel mit korrekten Funktionsschablonen vorhanden sind. Denn nur wegen der Funktionsschablonen weiß EPLAN, dass beispielsweise ein Leuchtdrucktaster aus mehreren Funktionen besteht.

Anhand eines Leuchtdrucktasters wird gezeigt, wie man ohne Artikel auch Kontaktspiegel auf die miteinander verbundenen Funktionen verweisen kann. Dazu wird u. a. die Darstellungsart **Paarquerverweis** genutzt (im Dialog **EIGENSCHAFTEN (SCHALTZEICHEN)** auf der Registerkarte *Symbol-/Funktionsdaten* in der Auswahlliste **Darstellungsart**).

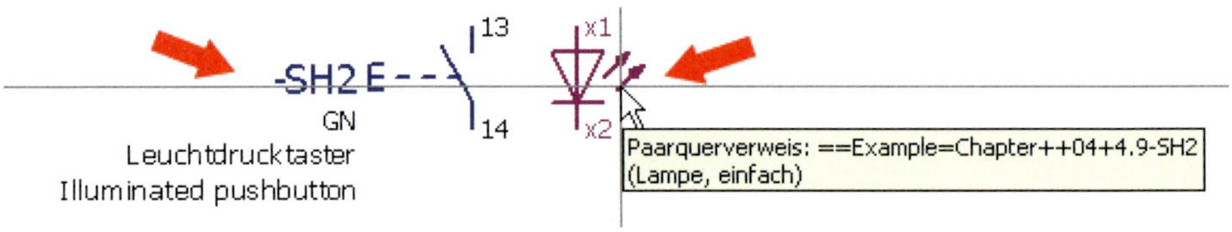

Bild 4.147 Symbole einfügen und bezeichnen

Es wird ein Drucktaster eingefügt, dieser bekommt ein BMK und wird als Hauptfunktion gekennzeichnet. Dazu wird neben dem Drucktaster eine Lampe eingefügt. Sie bekommt **kein BMK** und **nicht die Kennung Hauptfunktion**. Zusätzlich wird an der Lampe die Darstellungsart auf **Paarquerverweis** eingestellt.

Bild 4.148 Darstellungsart Paarquerverweis einstellen

Nun wird an der Nebenfunktion (der Lampe) die Eigenschaft **Querverweis (Haupt-/Nebenfunktion) <20300>** noch auf die optimale Position für die Darstellung des Querverweises eingestellt. Dazu wird der **Winkel auf 90°**, die **Ausrichtung auf Mitte rechts** und die **Position** für die **X-Koordinate auf 0,00 mm** und für die **Y-Koordinate auf −6,00 mm** eingestellt.

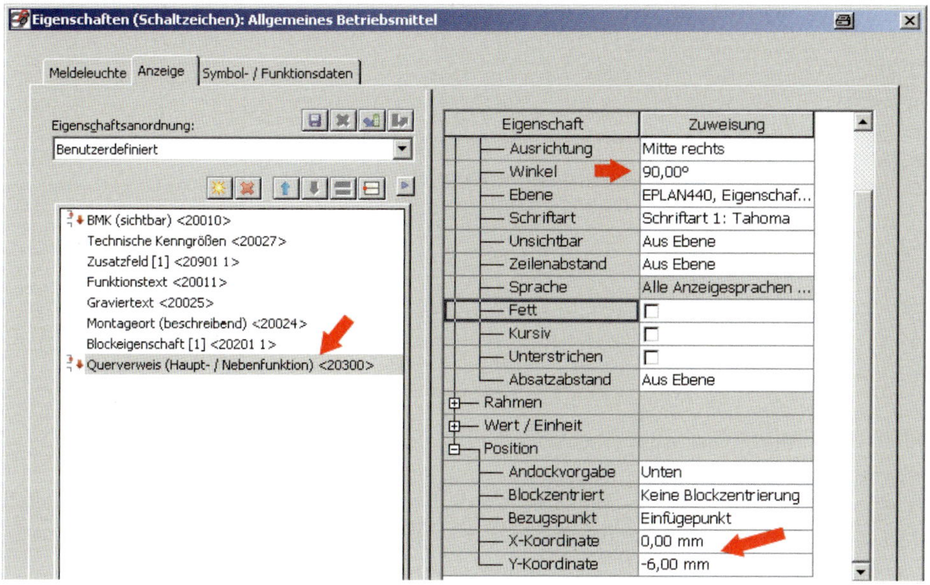

Bild 4.149 Passende Werte für den Querverweis einstellen

Wurden alle Werte dementsprechend eingestellt, wird der Querverweis später direkt unter der Lampe um 90° gedreht.

Jetzt kann die Lampe platziert werden, entweder aus dem **Betriebsmittel-Navigator** aus dem Kontextmenü **PLATZIEREN/ALLPOLIG** oder über die Symbolauswahl.

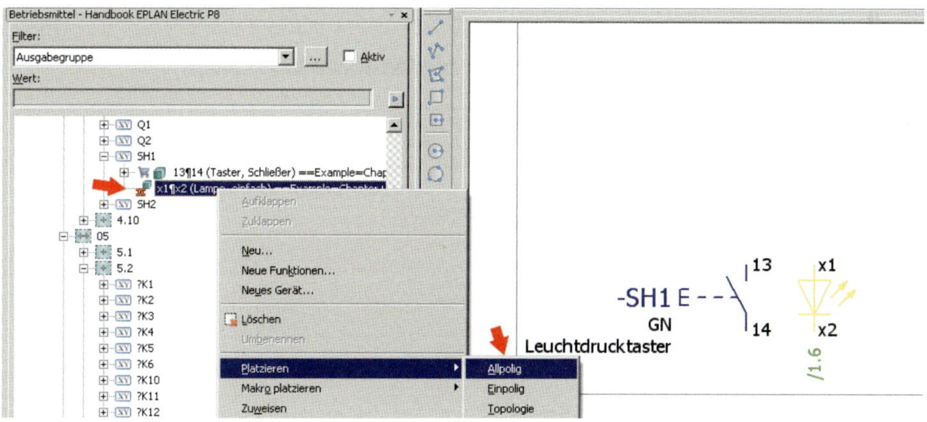

Bild 4.150 Funktion allpolig platzieren aus dem Betriebsmittel-Navigator

Nachdem diese Funktion platziert wurden, stellt EPLAN sofort den Querverweis auf beiden Seiten dar; einmal am Komplettgerät Leuchtdrucktaster und einmal an dem verteilt dargestellten Betriebsmittel der Lampe selbst.

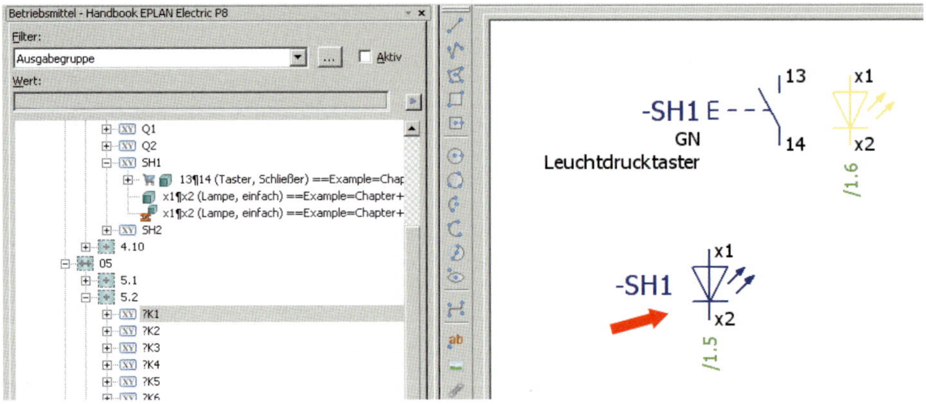

Bild 4.151 Querverweis mit der Darstellungsart Paarquerverweis

Abschließend wird noch die Standardeinstellung der Eigenschaftsanordnung am verteilt dargestellten Symbol eingestellt. Damit steht der Querverweis dann auch an der »richtigen« Stelle.

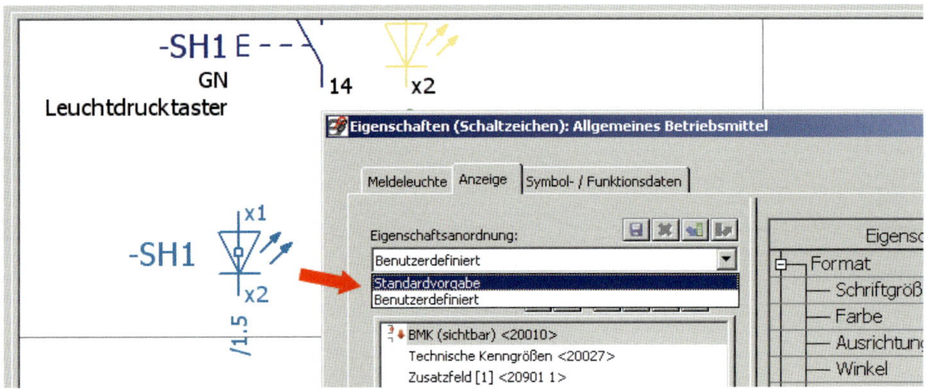

Bild 4.152 Standardeinstellung Eigenschaftsanordnung

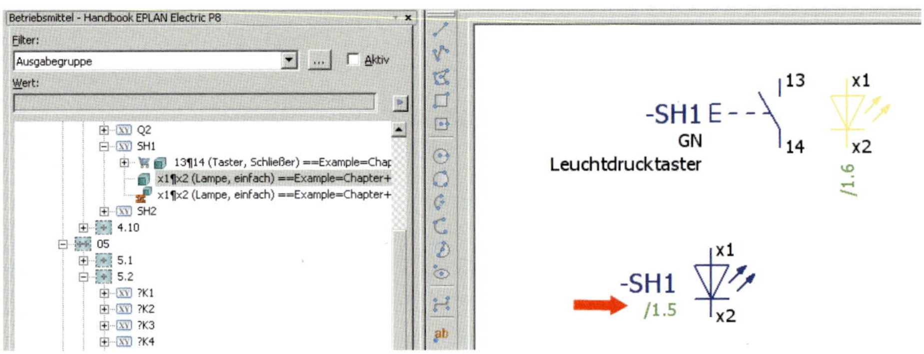

Bild 4.153 Ergebnis

HINWEIS: Das Platzieren von Funktionen aus dem Betriebsmittel-Navigator ist immer dem manuellen Platzieren (Symbol einfügen, BMK ausfüllen etc.) vorzuziehen, da EPLAN automatisch alle wichtigen Einstellungen sofort selbst setzt und es damit immer passt.

4.9.4 Einstellungen zur Geräteauswahl

Für die Geräteauswahl gibt es eine Reihe von Einstellungen, die je nach dem, wie sie gesetzt oder eingestellt sind, die **GERÄTEAUSWAHL** und somit die Auswahl der Artikel beeinflussen.

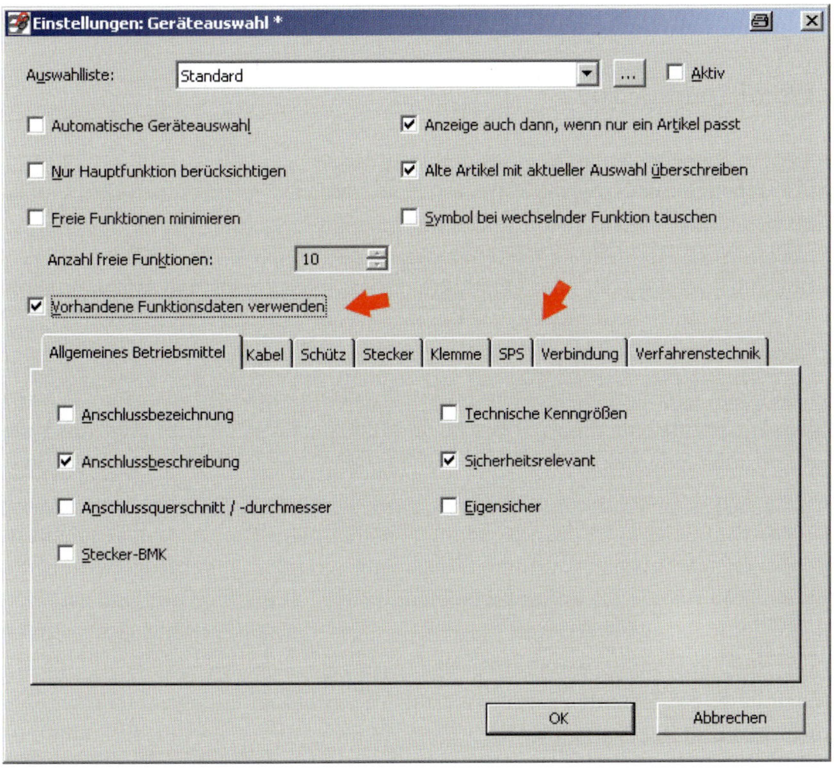

Bild 4.154 Einstellungen Geräteauswahl

Von Vorteil ist es, wenn die Einstellung *Vorhandene Funktionsdaten verwenden* und die gewünschten Eigenschaften aktiviert werden. Damit werden nur Artikel zur Auswahl angeboten, auf welche die (identifizierenden) Funktionsdaten passen. Identifizierende Funktionsdaten sind diejenigen, die sich in den Registerkarten *Allgemeines Betriebsmittel*, *Kabel*, *Schütz* etc. befinden und auch aktiv sind.

Wird die Einstellung *Vorhandene Funktionsdaten verwenden* deaktiviert, ist eine freie Auswahl von Geräten möglich. Es müssen also die schon im Projekt (an der Funktion) vorhandenen Funktionsdaten nicht mit den Funktionsdaten in der Artikelauswahl übereinstimmen.

4.10 Makros

Neben dem eigentlichen Konstruieren mit Geräten (Symbolen) bietet EPLAN die Möglichkeit, mit Teilschaltungen, den so genannten Makros, zu arbeiten.

4.10.1 Typen von Makros

In EPLAN gibt es verschiedene Typen von Makros. Dabei handelt es sich um Fenster-, Seiten- und Symbolmakros. Spezielle Makros sind Makros mit Wertesätzen. Diese können Fenster- und Seitenmakros sein. In der Bedienung bzw. der Erstellung (Ausnahme: Makros mit Wertesätzen) wird kein Unterschied gemacht, ob es sich dabei um ein Fenstermakro einer allpoligen Schaltplanseite oder ein Makro auf einer Seite vom Typ Grafik handelt.

4.10.1.1 Fenstermakros

Fenstermakros sind (können) die kleinste Teilschaltung innerhalb EPLAN (sein). Fenstermakros können einzelne oder mehrere Geräte und Objekte eines Bereiches bzw. mehrere Teile innerhalb einer Seite umfassen.

Um ein Fenstermakro zu erstellen, werden die dazugehörenden Geräte mit der Maus auf der entsprechenden Seite markiert. Das können auch einzelne Geräte oder nicht zusammenhängende Teilschaltungen auf einer Projektseite sein. Diese werden »gesammelt«, indem das erste Gerät markiert und anschließend die Taste **STRG** gedrückt (und gedrückt gehalten) und dann alle anderen Geräte markiert werden, die zum Fenstermakro gehören sollen.

Anschließend kann die Tastenkombination **STRG + F5** gedrückt oder die Funktion über das Menü **BEARBEITEN/FENSTERMAKRO ERSTELLEN** gestartet werden. EPLAN öffnet den Dialog **SPEICHERN UNTER**. Hier sollte als Erstes ein aussagekräftiger Dateiname für das Fenstermakro festgelegt werden. Das Makroverzeichnis ist in der Regel das firmeneigene Makroverzeichnis. Aber auch das kann beliebig geändert werden.

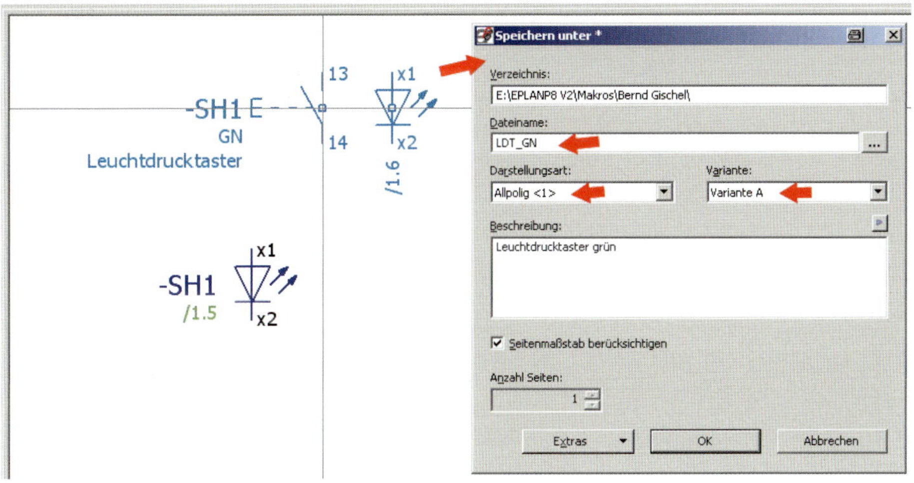

Bild 4.155 Makro speichern

Fenstermakros werden mit der Taste **M** oder über das Menü **EINFÜGEN/FENSTERMAKRO** in die Seite eingefügt. Es folgt der Dialog **MAKRO AUSWÄHLEN**. Hier kann aus dem Standardverzeichnis (oder einem anderen Makroverzeichnis – dazu im Auswahlfeld *Suchen in:* ein anderes Verzeichnis wählen) das Makro, die gewünschte *Variante* bzw. *Darstellungsart* gewählt werden. Mit Klick auf den Button **ÖFFNEN** wird das Makro an den Cursor übernommen und kann an eine beliebige Position auf der Seite platziert werden.

Zusammengefasst sind Fenstermakros nur auf *einer* (der gleichen) Seite möglich, aber hier mit unterschiedlichen Ausprägungen, wie dem Sammeln von Objekten, die sich nicht innerhalb eines Fensters befinden müssen. Aber ein Fenstermakro kann auch der Inhalt (alle Objekte, die sich darauf befinden) der gesamten Seite sein. Fenstermakros besitzen die Dateiendung **.ema*.

4.10.1.1.1 Einstellung Anfasspunkt festlegen

Im Dialog **SPEICHERN UNTER** gibt es noch weitere Einstellmöglichkeiten rund um das Makro sowie unter dem Button **EXTRAS**.

Der Menüpunkt **ANFASSPUNKT VERSCHIEBEN** ermöglicht es, einen (eigenen) Anfasspunkt (Bezugspunkt) mit im Makro zu speichern. Anfasspunkt bedeutet, dass das Makro beim Einfügen diesen Anfasspunkt als Bezugspunkt an das Cursorkreuz »hängt«. Dazu wird der Menüpunkt **ANFASSPUNKT VERSCHIEBEN** angeklickt, EPLAN schließt vorübergehend den Dialog **SPEICHERN UNTER**, und man erhält die Möglichkeit, den Anfasspunkt durch Anklicken mit der linken Maustaste festzulegen.

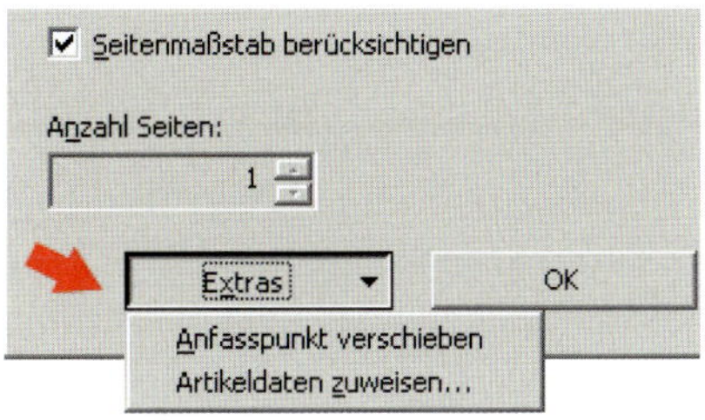

Bild 4.156 Einstellungen Extras

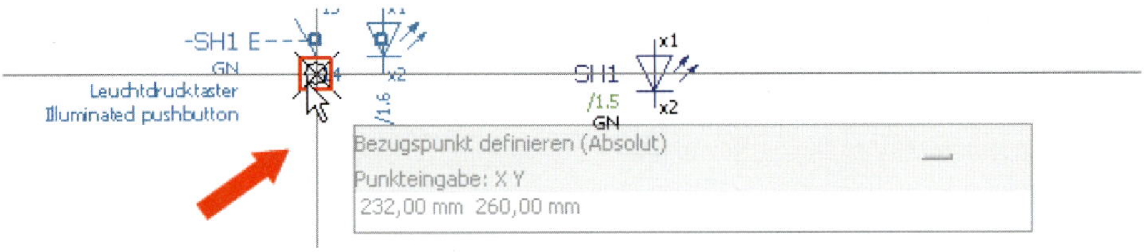

Bild 4.157 Neuen Anfasspunkt festlegen

Der Mauszeiger hat während dieser Phase ein geändertes Aussehen, wie in Bild 4.157 zu sehen ist. Es empfiehlt sich, hier die Einstellung **OBJEKTFANG** einzuschalten. Wurde der Anfasspunkt festgelegt, kehrt EPLAN wieder zurück zum Dialog **SPEICHERN UNTER**, und das Makro kann gespeichert werden.

4.10.1.1.2 Einstellung Darstellungsart festlegen

Die Auswahl **Darstellungsart** bietet die Möglichkeit, die Darstellungsart für das Makro festzulegen.

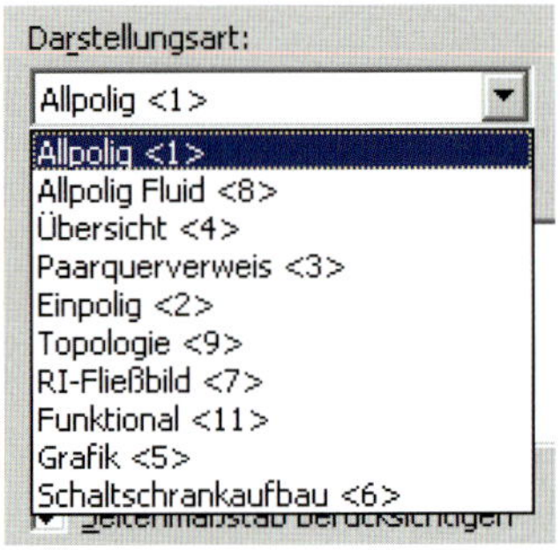

Bild 4.158 Darstellungsarten

Im Normalfall werden über die Geräte die einzelnen Darstellungsarten schon am Symbol festgelegt (Registerkarte **SYMBOL-/FUNKTIONSDATEN**). EPLAN ermöglicht es aber, zu jedem Makro die unterschiedlichen Darstellungsarten noch einmal separat festzulegen. Damit ist es möglich, unter einem Makronamen viele Darstellungen abzuspeichern.

Denkbar wäre es, ein Makro für die Darstellungsart **allpolig**, eines für die **Artikelplatzierung** und eines für die **einpolige Darstellung** zu haben. Bei einer Auswahl des Makros übernimmt EPLAN anhand des eingestellten Seitentyps die richtige Darstellungsart. Natürlich muss diese im Makro vorhanden sein.

4.10.1.1.3 Einstellung Variante festlegen

Die nächste Möglichkeit, um noch effektiver zu arbeiten, besteht in der Auswahlbox **Variante**.

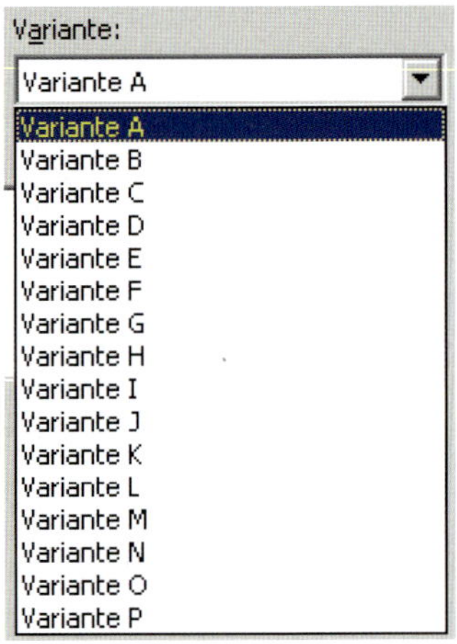

Bild 4.159 Varianten

Hier können verschiedene Varianten (bisher sechzehn Varianten A bis P) innerhalb eines Makros gespeichert werden. Das bedeutet einfach, dass hier der gleiche Makroname (Dateiname des Makros) unterschiedliche Inhalte haben kann. Je nach angewendeter Variante und in Verbindung mit den Darstellungsarten sind hier also bis zu 160 Möglichkeiten (Makrovarianten) innerhalb eines Makros denkbar. Beispielweise ist es möglich, in einem Makro verschiedene Makrovarianten einer SPS-Karte abzuspeichern.

4.10.1.1.4 Einstellung Seitenmaßstab berücksichtigen

Zusätzlich zu allen anderen Einstellmöglichkeiten für ein Fenstermakro gibt es die Option **Seitenmaßstab berücksichtigen**. Wird diese Option aktiviert, verkleinert bzw. vergrößert EPLAN das Makro beim Einfügen auf eine Seite maßstabsgerecht.

4.10.1.2 Seitenmakros

Seitenmakros sind eine Art Gegenstück zum Fenstermakro. Seitenmakros können eine oder mehrere Seiten innerhalb eines EPLAN-Projektes umfassen. Seitenmakros werden mit der Tastenkombination STRG + F10 (dafür muss aber zwingend mindestens eine Seite geöffnet sein und der Anwender sich darin befinden) erstellt oder die im **Seiten-Navigator** markierten Seiten über das Kontextmenü SEITENMAKRO ERSTELLEN aktiviert.

Es öffnet sich anschließend der aus Abschnitt 4.10.1.1, »Fenstermakros«, bekannte Dialog SPEICHERN UNTER. Hier können der *Dateiname* und eine *Beschreibung* eingegeben werden. Für Seitenmakros sind **keine** Anfasspunkte, **keine** Darstellungsarten sowie **keine** Varianten möglich. In Seitenmakros werden aber alle Informationen der Seite oder der Seiten (Seiteneigenschaften) gespeichert. Das sind beispielsweise die Strukturkennzeichen oder auch in den Seiteneigenschaften eingetragene Formblätter.

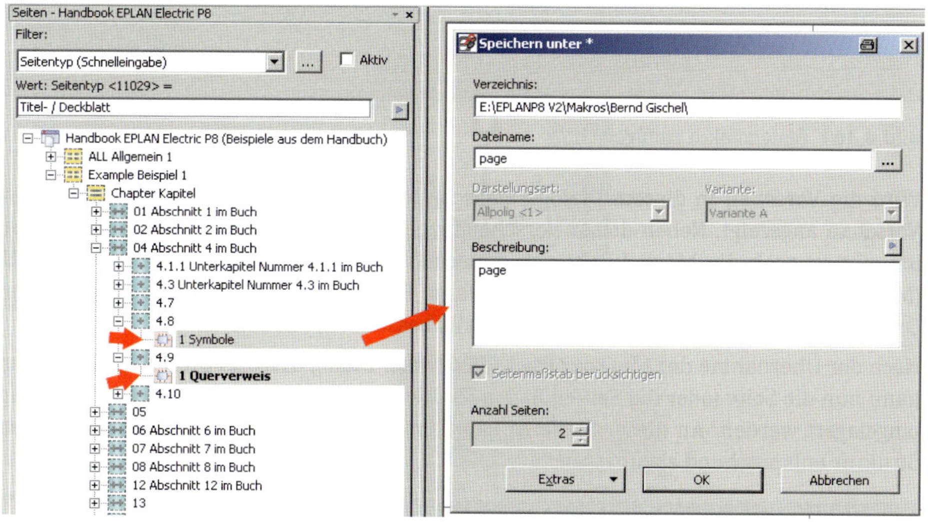

Bild 4.160 Seitenmakro erzeugen

Neben dem einzelnen Seitenmakro (direkt auf der Seite) ist es aber im **Seiten-Navigator** auch möglich, mehrere Seiten (auch nicht zusammenhängende) in ein Seitenmakro von EPLAN schreiben zu lassen. Dazu wird der **Seiten-Navigator** geöffnet. Jetzt werden die gewünschten Seiten markiert und nun über das Kontextmenü der rechten Maustaste der Befehl SEITENMAKRO ERSTELLEN aufgerufen.

Um Seitenmakros einzufügen, können selbst festgelegte Tastenkombinationen wie beispielsweise STRG + ALT + F10 genutzt werden, oder es wird im **Seiten-Navigator** das Kontextmenü der rechten Maustaste aufgerufen und hier der Befehl SEITENMAKRO EIN-

Beispielsweise können alle Betriebsmittel des Fenstermakros mit »Siemens-Artikeln« bestückt sein. Ein zweiter Wertesatz kann dann für alle Betriebsmittel »Moeller-Artikeldaten« enthalten. Anhand des Wertesatzes wird also für ein und dasselbe Makro von Siemens- auf Moeller-Artikeldaten einfach per Mausklick umgeschaltet.

Sind diese Makros und deren enthaltenen Eigenschaften einmal entwickelt und geprüft worden, kann an dieser Stelle immer auf fehlerfreie Daten zurückgegriffen werden.

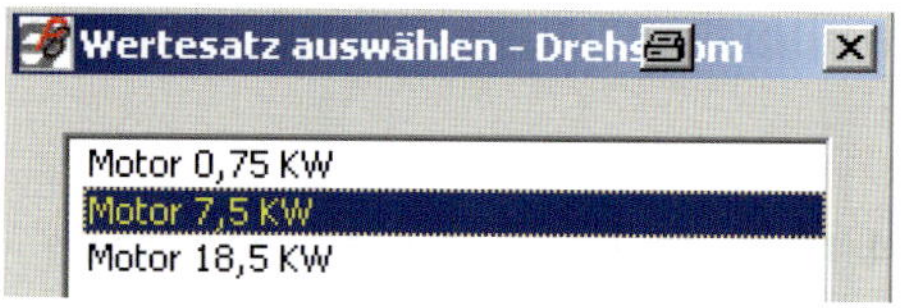

Bild 4.165 Wertesatz auswählen

4.10.2.1 Platzhalterobjekt

Das wichtigste Objekt eines Makros mit Wertesätzen (ab sofort Wertesatzmakro genannt) ist das *Platzhalterobjekt*. Ein Platzhalterobjekt kann über das Menü **EINFÜGEN/PLATZHALTEROBJEKT** eingefügt werden und ermöglicht später das einfache Umschalten von einem Wertesatz auf einen anderen. Das Symbol für ein Platzhalterobjekt ist ein Anker. Da das Platzhalterobjekt ein Symbol ist, besitzt es demzufolge ähnliche Einstellungsmöglichkeiten wie andere Symbole.

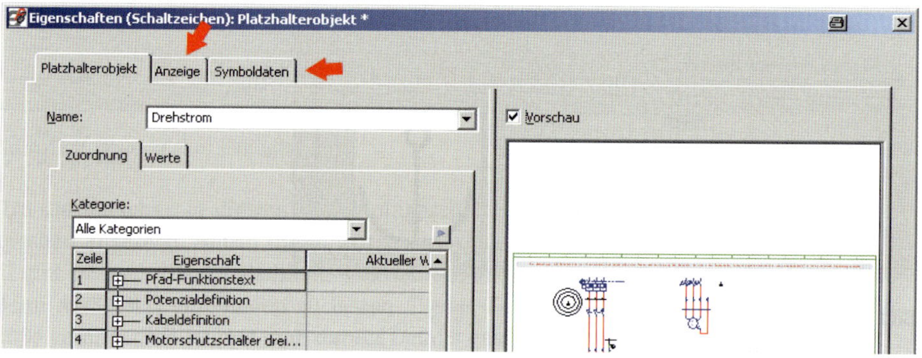

Bild 4.166 Eigenschaften Symbol Platzhalterobjekt

4.10.2.2 Wertesatz

Ein *Wertesatz* ist eine Sammlung von Variablen der markierten, in einem Fenstermakro gespeicherten Objekte. Wertesätze werden »hinter dem Platzhalterobjekt« in einer Art Tabelle verwaltet (Registerkarte *Platzhalterobjekt*) und enthalten neben allen Eigenschaften der Betriebsmittel (gefüllt oder auch leer) noch weitere Informationen, wie die eigentlichen Werte oder die Variablen für die Werte.

4.10.2.3 Variablen eines Wertesatzes

Variablen erfüllen einen Wertesatz mit Leben. Ohne diese Variablen gibt es keine Tabelle für die eigentlichen Werte zum Umschalten des Wertesatzes. Jede Eigenschaft eines Betriebsmittels kann mit einem beliebigen Variablennamen versehen werden. Variablennamen stehen immer zwischen dem »Kleiner-Zeichen **(<)**« und dem »Größer-Zeichen **(>)**« auf der Tastatur. Beispielhaft: **<Variablenname>**.

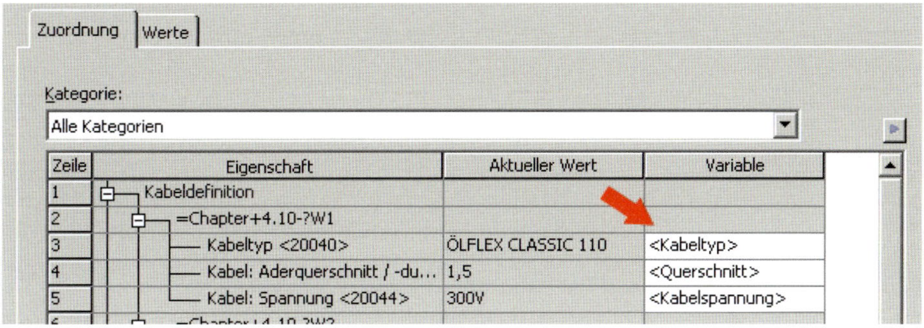

Bild 4.167 Beispiel von Variablen

Bis auf eine Ausnahme können alle Zeichen benutzt werden. Die Ausnahme betrifft die eckigen Klammern. Diese haben eine besondere Funktion innerhalb einer Variablen. Sie werden zum definierten Zeilenumbruch verwendet.

Beispielsweise wird eine Variable **<Variablenname[12]>** an der zwölften Stelle umbrochen (Zeilenumbruch), und die Wörter werden an dieser zwölften Stelle einfach getrennt. Wird in die eckige Klammer zusätzlich die Option 1 eingefügt: **<Variablenname[12,1]>**, dann wird ebenfalls an der zwölften Stelle (also maximal zwölf Zeichen) getrennt, aber es wird versucht, das Ende von Wörtern zu erkennen. Das heißt, hier werden die Wörter nicht »auseinandergerissen«, sondern sie bleiben zusammen, und erst zwischen den Wörtern wird der Zeilenumbruch durchgeführt.

> **HINWEIS:** Die eckigen Klammern **müssen** unmittelbar hinter dem Variablennamen eingetragen werden. Leerzeichen sind zwar erlaubt, aber damit greift die Option des definierten Zeilenumbruches anschließend nicht.

4.10.2.4 Ein Makro mit Wertesatz erstellen

Um ein Wertesatzmakro zu erstellen, sind nur wenige Schritte nötig. Als Erstes wird die Teilschaltung erstellt, mit allen nötigen bzw. gewünschten Geräten (Betriebsmitteln) und den dazugehörenden Funktionen, wie Artikelnummern, technischen Kenngrößen oder Funktionstexten. Anschließend wird das Symbol **Platzhalterobjekt** über das Menü **EINFÜGEN/PLATZHALTEROBJEKT** eingefügt. EPLAN kennt mehrere Möglichkeiten, um Objekte einem Platzhalterobjekt zuzuordnen.

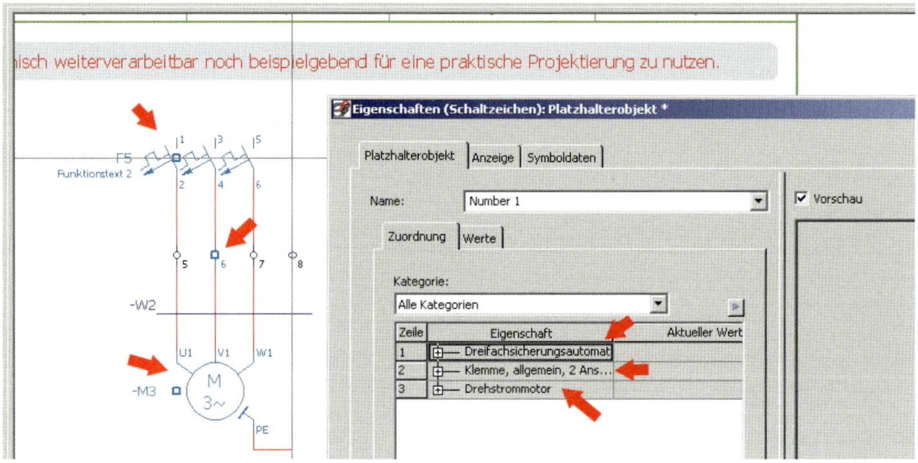

Bild 4.168 Einzelne Objekte dem Platzhalterobjekt zuordnen (Möglichkeit 1)

Möglichkeit 1: Es werden erst alle Objekte markiert und dann über das Menü **EINFÜGEN/PLATZHALTEROBJEKT** das Platzhalterobjekt eingefügt. Nach dem Absetzen des Platzhalterobjektes öffnet EPLAN den Dialog **EIGENSCHAFTEN (SCHALTZEICHEN) PLATZHALTEROBJEKT**, und die Daten können bearbeitet werden. Diese Vorgehensweise ist zu empfehlen, da man hier genau die Objekte markieren kann, die in das Platzhalterobjekt übernommen werden sollen.

Möglichkeit 2: Es kann erst über das Menü **EINFÜGEN/PLATZHALTEROBJEKT** das Platzhalterobjekt in die Seite eingefügt werden. Bevor EPLAN es aber absetzt, müssen alle Objekte mit einem Fenster (wird mit der Maus aufgezogen) markiert werden.

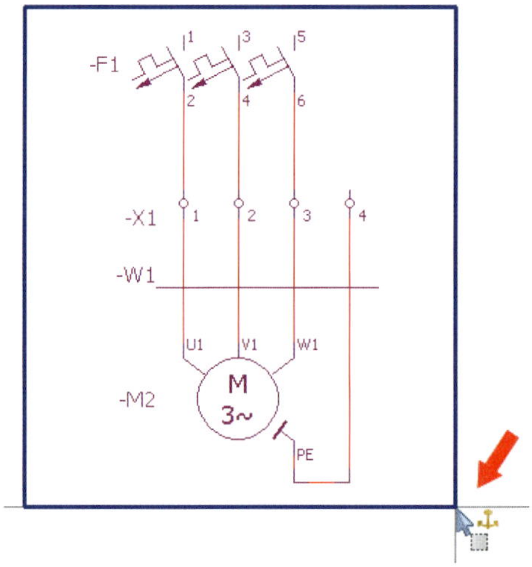

Bild 4.169 Objekte mit einem Fenster markieren (Möglichkeit 2)

HINWEIS: Nachteil von Möglichkeit 2: Es können keine entfernten, außerhalb eines Fensters liegenden, Objekte mit in den Wertesatz hineingenommen werden.

Wurde eine der Möglichkeiten ausgewählt, kann das Platzhalterobjekt platziert werden. Es ist zu empfehlen, das Platzhalterobjekt in der Nähe des Makros zu platzieren. Dafür wird das Platzhalterobjekt einfach mit der linken Maustaste an der gewünschten Stelle platziert und mit einem Mausklick abgesetzt.

EPLAN öffnet anschließend jeweils den Dialog **EIGENSCHAFTEN (SCHALTZEICHEN) PLATZHALTEROBJEKT**. Hier sollte im Feld **Name** ein aussagekräftiger Name für das Platzhalterobjekt eingetragen werden.

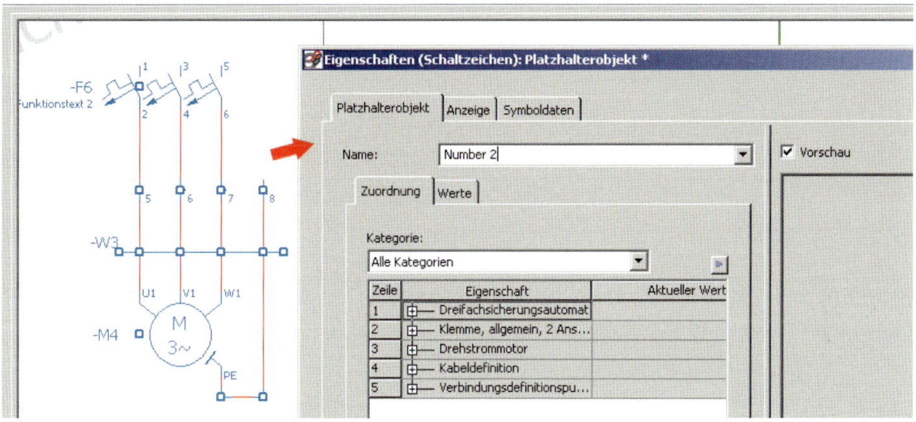

Bild 4.170 Platzhalterobjekt bearbeiten

Anschließend kann man auf der Registerkarte *Platzhalterobjekt* die Registerkarte *Werte* öffnen, um die Variablen, die später durch Auswählen des Wertesatzes umgeschaltet werden sollen, festzulegen. Dafür wird im freien Feld die rechte Maustaste betätigt und die Funktion **NEUE VARIABLE BENENNEN** ausgewählt.

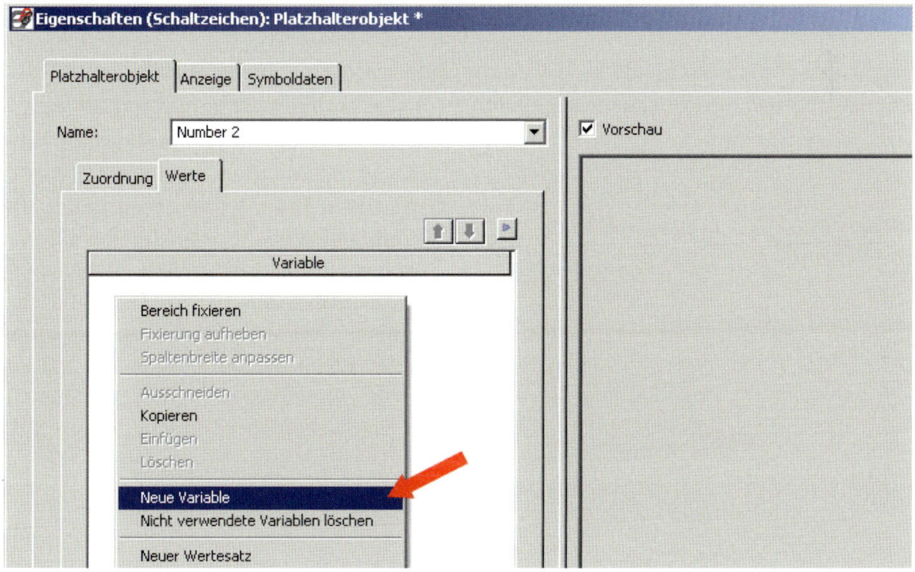

Bild 4.171 Neue Variable erstellen

EPLAN öffnet den Dialog **NEUE VARIABLE BENENNEN**. Nun wird der *Variablenname* festgelegt. Nach Klick auf den Button **OK** wird die Variable in die Registerkarte *Werte* übernommen.

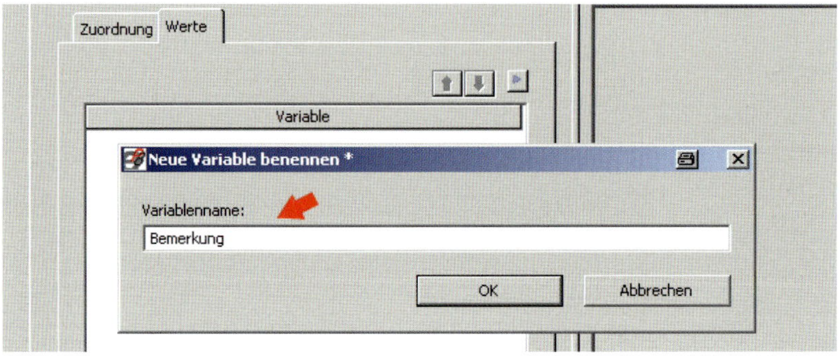

Bild 4.172 Neue Variable benennen

Sollten sich unzulässige Zeichen im Variablennamen befinden, weist EPLAN mit einer Hinweismeldung darauf hin und übernimmt die Variable nicht.

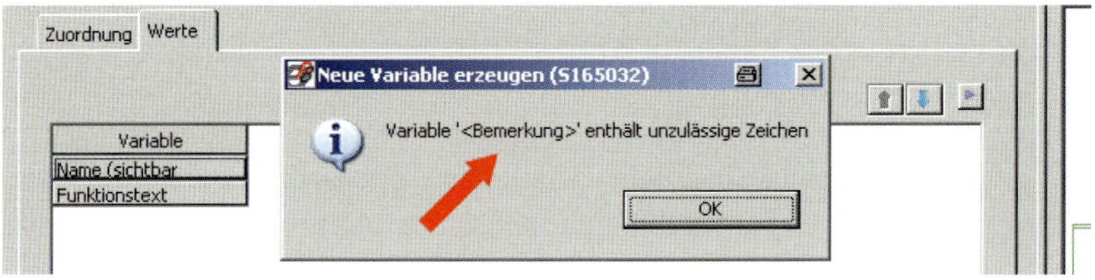

Bild 4.173 Hinweismeldung bei unzulässigen Zeichen

Damit nun für unterschiedliche Wertesätze Daten in die Variablen eingetragen werden können, müssen die Wertesätze, die später zur Auswahl stehen, festgelegt werden.

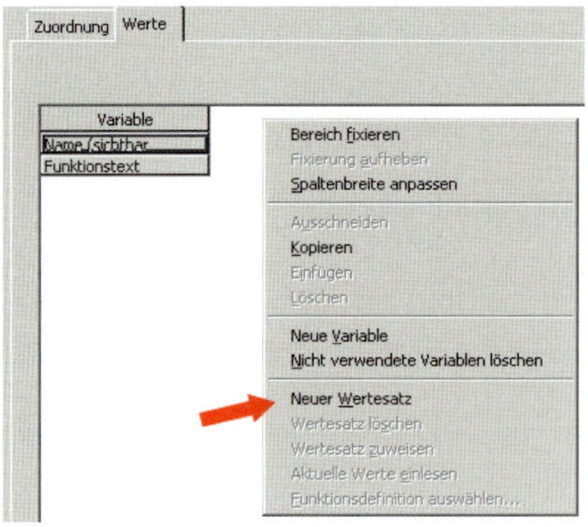

Bild 4.174 Neuen Wertesatz erstellen

Dazu wird wieder die rechte Maustaste betätigt und die Funktion **NEUER WERTESATZ** ausgewählt. EPLAN fügt neben der Spalte **Variable** eine neue Spalte ein. Hier wird im Spaltenkopf die gewünschte Bezeichnung des Wertesatzes eingetragen. Für den nächsten neuen Wertesatz wird identisch vorgegangen. Somit stehen jetzt für die spätere Auswahl von »umschaltbaren« Werten mehrere Wertesätze zur Verfügung.

Anschließend können für die Variablen jetzt Daten (die eigentlichen Werte) unterhalb des Wertesatznamens eingetragen werden.

Um nun eine Zuordnung der Variablen (und ihrer Werte) zu den Eigenschaften der Betriebsmittel zu erreichen, wird auf die Registerkarte *Zuordnung* gewechselt und die Eigenschaft gewählt, die später umgeschaltet werden soll.

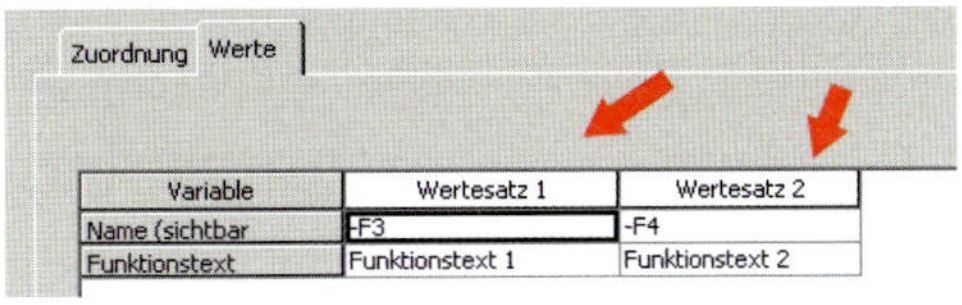

Bild 4.175 Wertesätze mit Daten füllen

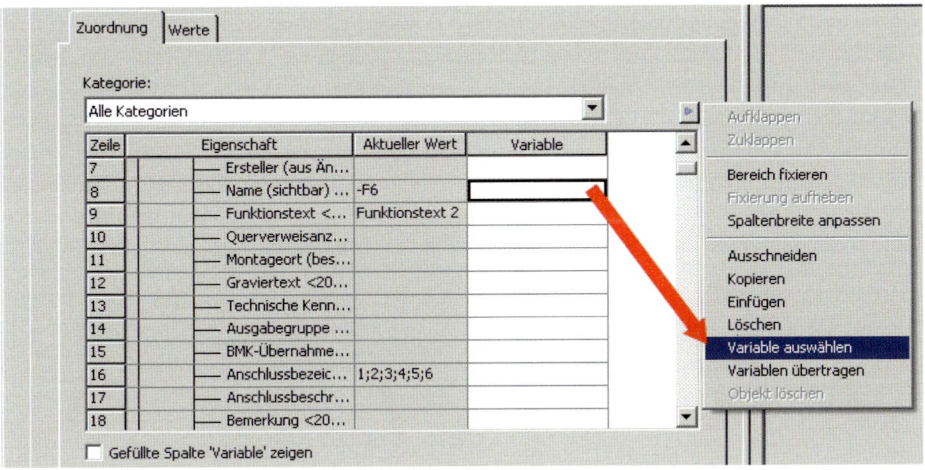

Bild 4.176 Variable auswählen

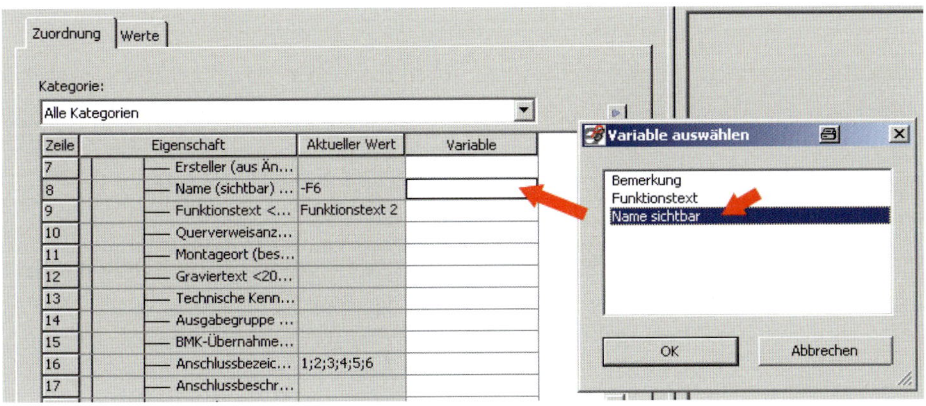

Bild 4.177 Variable übernehmen

Die Variable kann jetzt aus dem Dialog **VARIABLE AUSWÄHLEN** gewählt und übernommen werden. EPLAN übernimmt die Variable und trägt sie korrekt in die Spalte **Variable** ein.

TIPP: Die vorangehend genannte Vorgehensweise ist zu empfehlen, da die Variablen aus einem Dialog einfach übernommen werden können und EPLAN diese mit korrekter Syntax einträgt. Fehlerhafte Einträge sind dadurch ausgeschlossen, was bei einer manuellen Eingabe nicht immer gewährleistet ist.

Wurde die Variable übernommen, stellt EPLAN die Zuordnung zwischen dem Variablenwert und dem Wertesatz(namen) her. Nun kann der Dialog mit **OK** gespeichert und verlassen werden. Um zwischen den einzelnen Wertesätzen umzuschalten, wird das Platzhalterobjekt markiert und mit der rechten Maustaste der Befehl aus dem Kontextmenü **WERTESATZ ZUWEISEN** gewählt. EPLAN öffnet nun den Dialog **WERTESATZ AUSWÄHLEN**. Hier markieren Sie den gewünschten Eintrag und übernehmen ihn mit **OK**. EPLAN schaltet jetzt die in diesen Wertesatz eingefügten Variablen bzw. deren Werte automatisch um. Im Beispiel wäre das beispielsweise der Funktionstext.

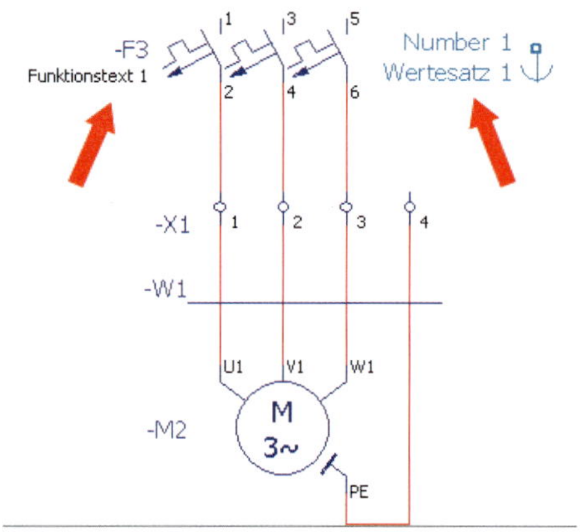

Bild 4.178 Beispiel Wertesatz 1

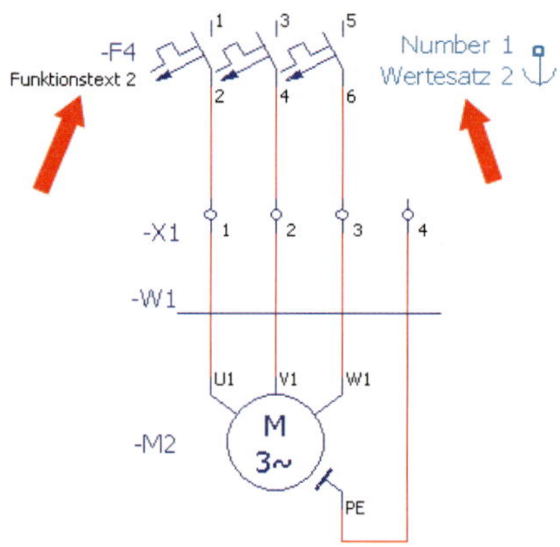

Bild 4.179 Beispiel Wertesatz 2

Zusammenfassend kann gesagt werden, dass diese Art von Makros auf vielfältige Weise in Projekten eingesetzt werden kann. Das hier gezeigte Beispiel ist sehr einfach gehalten und soll nur die Möglichkeit von Makros mit Wertesätzen aufzeigen. Dem Ideenreichtum sind prinzipiell keine Grenzen gesetzt, und mögliche Fehlerquellen, wie beispielsweise falsche Daten bei Artikeln oder falsche Kabelquerschnitte beim Wechsel auf andere Motorenleistungen, sind damit endgültig beseitigt worden.

5 Navigatoren

Der grafische Editor mit seinen vielen Hilfsmitteln, u. a. den vielen Navigatoren, ist der Dreh- und Angelpunkt der eigentlichen Projektbearbeitung. Welcher Ansatz auch gewählt wird, der grafische oder der objektorientierte oder ein Mischbetrieb, man bleibt im grafischen Editor. Nur die Vorgehensweise kann unterschiedlich sein.

Was ist nun ein Navigator? Ein Navigator hat eine ganz bestimmte »Sichtweise« auf Projektdaten. Ein Kabel-Navigator »schaut« nur auf Betriebsmittel mit der Funktion Kabel, wie es der Name des Navigators schon sagt. Ein SPS-Navigator schaut nur auf die Betriebsmittel mit der Funktion »SPS«.

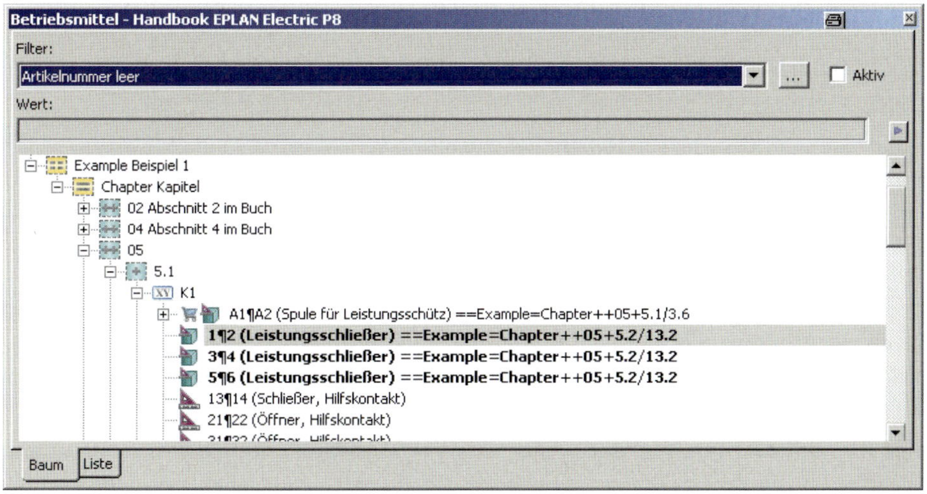

Bild 5.1 Ein Navigator und seine Sicht auf die Betriebsmittel

Dieses Kapitel wird sich mit einigen Navigatoren, deren grundlegenden Funktionen und den zusätzlichen Funktionen im Menü **PROJEKTDATEN** beschäftigen. Es wird mit einer Reihe von nachvollziehbaren Beispielen auf die richtige Anwendung von Betriebsmitteln und deren Einstellungen bzw. Eigenschaften eingehen.

Wer schnell und effizient mit EPLAN arbeiten möchte, kommt in meinen Augen um den Einsatz der verschiedenen Navigatoren nicht herum, da sich gewisse Projektaktionen einfach wesentlich schneller und besser umsetzen lassen – Stichwort **Massenbearbeitung.**

Dieses Kapitel wird sich nicht mit allen Funktionen der Navigatoren beschäftigen und auch nicht mit allen Navigatoren, die es in EPLAN Electric P8 gibt. Vielmehr liegt das Wesentliche darin, dass häufig benötigte Funktionen in der praktischen Arbeit erklärt und erläutert werden.

5.1 Übersicht der wichtigsten Navigatoren

Es empfiehlt sich, einzelne Navigatoren, wie zum Beispiel den **Betriebsmittel-Navigator** (er gilt als der umfangreichste, da er alle Projektdaten darstellt), ständig geöffnet zu haben, wenn die Möglichkeit besteht.

Aber es gibt nicht nur den Betriebsmittel-Navigator. Für die verschiedenen **Betriebsmittelarten** der Projektdaten gibt es in EPLAN je einen separaten Navigator. Jeder dieser Navigatoren hat seine Aufgaben im Bereich der gewählten Projektdaten und in seinen speziellen Fähigkeiten.

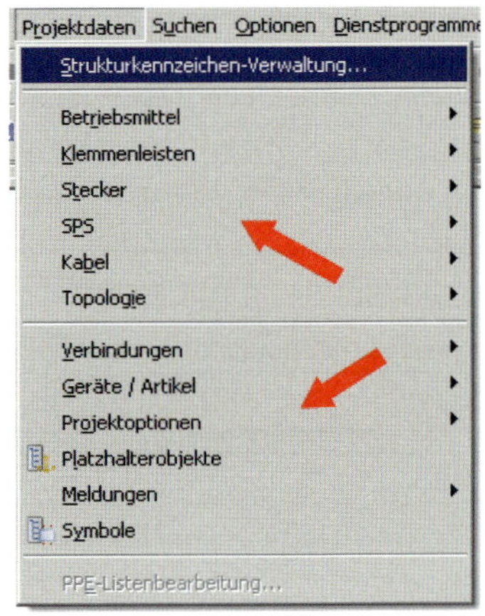

Bild 5.2 Navigatorenvielfalt

Zusätzlich gibt es in jedem Menüpunkt **PROJEKTDATEN/[BETRIEBSMITTELART]** noch weitere Funktionen mit einem ähnlichen Funktionsumfang wie in den Navigatorenmenüs. Es gibt in EPLAN u.a. die folgenden Navigatoren.

Der **Betriebsmittel-Navigator** zeigt alle *Projektdaten* an und ist in der Lage, zum Beispiel direkt die Eigenschaften eines Betriebsmittels zu bearbeiten. Er kann aber beispielsweise keine Klemmen nummerieren, das ist dem speziellen Klemmenleisten-Navigator vorbehalten.

Der **Klemmenleisten-Navigator** zeigt nur Projektdaten für *Klemmen* an und enthält Funktionen rund um die Klemmenbearbeitung, wie Klemmenleisten neu nummerieren oder neue Klemmenleisten erstellen.

Der **Stecker-Navigator** zeigt nur Projektdaten für *Stecker/Buchsen* an und enthält die Funktionen, um eine Stecker- oder Buchsenbearbeitung durchzuführen.

Der **SPS-Navigator** beinhaltet nur Projektdaten zu *SPS*, wie beispielsweise neue SPS-Karten anlegen, bzw. ermöglicht den Überblick auf weitere Funktionen der SPS-Kästen (das können auch Frequenzumformer mit integrierter EA-Ebene sein). Der SPS-Navigator bietet verschiedene Ansichten (Darstellungen) auf die Projektdaten.

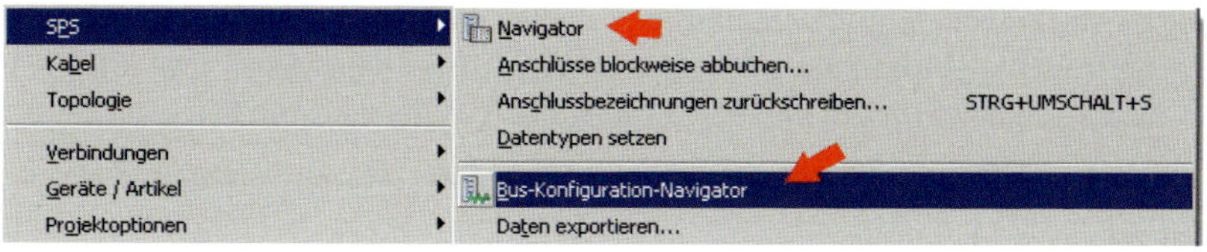

Bild 5.3 Weiterer Navigator: Bus-Konfiguration-Navigator

Zum SPS-Navigator gehört auch der **Bus-Konfiguration-Navigator** (ein weiterer Navigator zum Objekt SPS). Hier werden die *Bus-Konfigurationen Master/Slave* und die Zuordnung *Baugruppenträger/Modul* verwaltet.

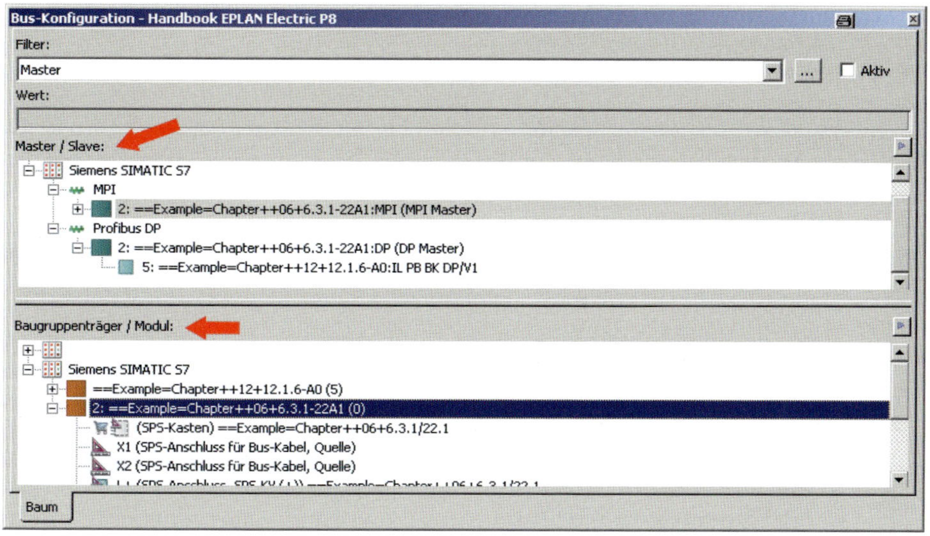

Bild 5.4 Der Bus-Konfiguration-Navigator

Der **Kabel-Navigator** enthält alle Projektdaten für *Kabel* sowie deren Eigenschaften. Mit ihm kann man zum Beispiel *Adern* auflegen oder Adern sammeln.

Der **Topologie-Navigator** enthält die Informationen für die im Projekt definierten *Streckennetze* (2D-Ausführung), wie Strecken oder Verlegepunkte.

Der **Verbindungs-Navigator** enthält alle Projektdaten der *Verbindungen* eines Projekts. Mit ihm kann man beispielsweise Verbindungen abbuchen.

Bild 5.5 Weitere Navigatoren für Projektdaten-Verbindungen

Zu den Projektdaten der Verbindungen gehören noch der **Potenziale-Navigator**, der **Prozesse-Navigator** und der **Abbruchstellen-Navigator!** Diese verwalten jeweils Potenziale, Signale, Netze, Abbruchstellen oder die im Projekt definierten Prozesse.

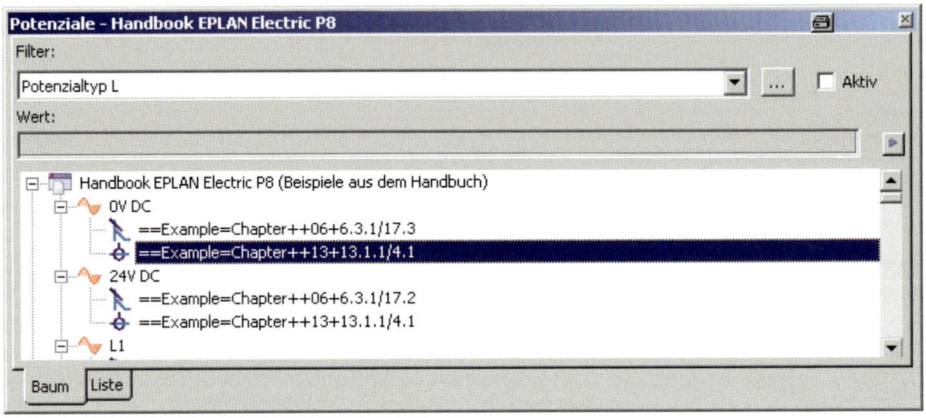

Bild 5.6 Potenziale-Navigator

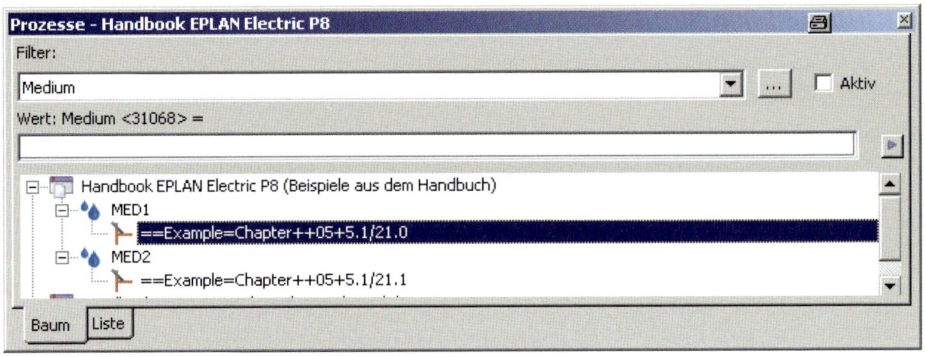

Bild 5.7 Prozesse-Navigator

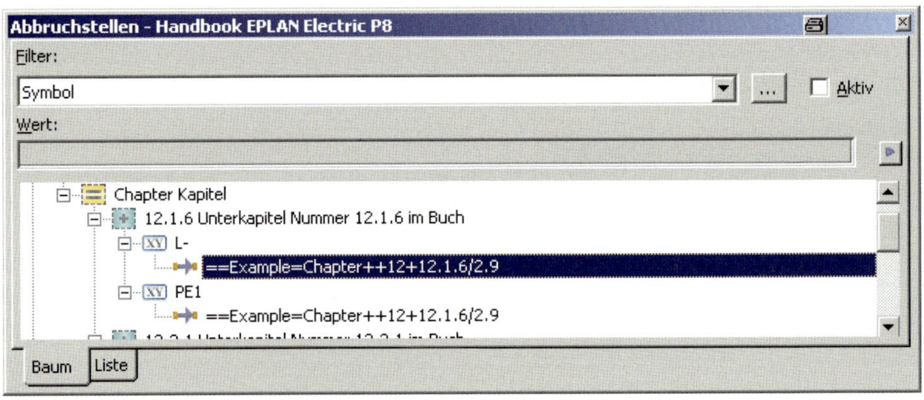

Bild 5.8 Abbruchstellen-Navigator

Im Menü PROJEKTDATEN/GERÄTE/ARTIKEL gibt es weitere Navigatoren. Der **Stücklisten-Navigator** enthält alle Funktionen, um eine Artikelbearbeitung für die Projektdaten an zentraler Stelle durchführen zu können, wie Artikel tauschen oder eine Schützauswahl durchführen. Der Stücklisten-Navigator bietet im Gegensatz zu anderen Navigatoren auch spezielle Ansichten der Projektdaten in der Baumdarstellung.

Daneben gibt es noch weitere Navigatoren innerhalb des Menüs GERÄTE/ARTIKEL.

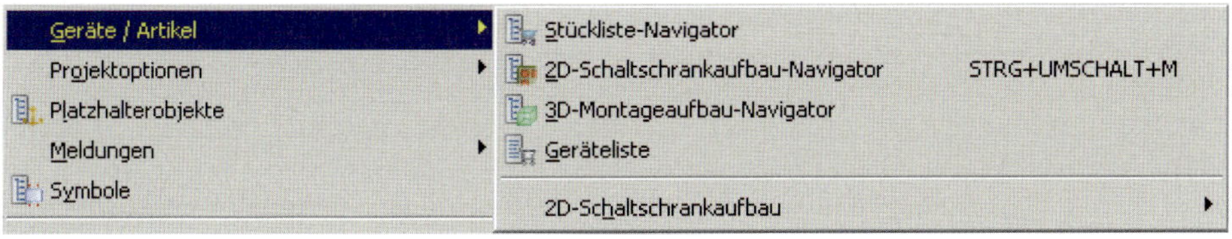

Bild 5.9 Navigatoren im Menü Geräte/Artikel

Der **2D-Schaltschrankaufbau-Navigator** ermöglicht u. a. die Erstellung eines 2D-Aufbauplanes der im Projekt verwendeten Geräte mithilfe der technischen Daten (mindestens Breite und Höhe) aus dem Artikelstamm oder manueller Eingaben.

Der **3D-Montageaufbau-Navigator** ermöglicht einen 3D-Aufbau der im Projekt verwendeten Geräte mithilfe der technischen Daten (mindestens Breite, Höhe und Tiefe) aus dem Artikelstamm.

Der **Projektoptionen-Navigator** ermöglicht das Erstellen von Stromlaufplänen mit verschiedenen Optionen. Die Optionen sind im Navigator einfach zu- und abschaltbar, seitenweise, seitenübergreifend oder beispielsweise auch nur als Ausschnitte.

Der **Platzhalterobjekte-Navigator** verwaltet Makros mit Wertesätzen komfortabel von einer Stelle aus, ob nun global Wertesätze geändert oder dazugehörige Objekte bearbeitet werden müssen.

5.1.1 Weitere Navigatoren und Module

Keine Navigatoren, im Sinne der im Abschnitt 5.1 aufgeführten, sind folgende Einträge im Menü PROJEKTDATEN/SYMBOLE. Dieser Eintrag ermöglicht es, dass die Symbolauswahl, wie ein Navigator, ständig geöffnet ist.

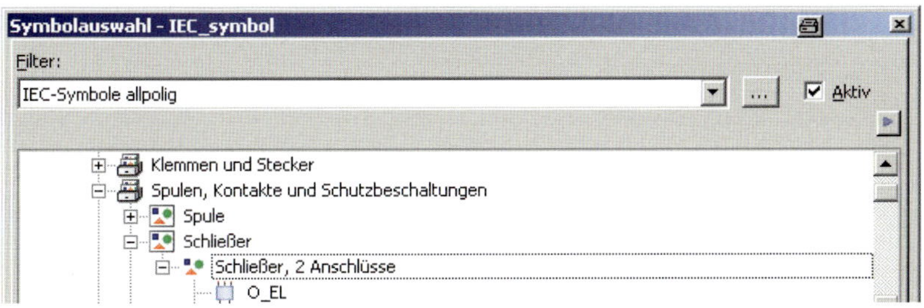

Bild 5.10 Ständig geöffnete Symbolauswahl

Eher etwas abseits sind noch folgende Navigatoren zu finden, der **Artikelstammdaten-Navigator** sowie der EPLAN **Data Portal Navigator**. Der Artikelstamm-Navigator wird im Menü **DIENSTPROGRAMME/ARTIKEL/ARTIKELSTAMMDATEN-NAVIGATOR** gestartet, der EPLAN Data Portal Navigator im Menü **DIENSTPROGRAMME/DATA PORTAL NAVIGATOR**.

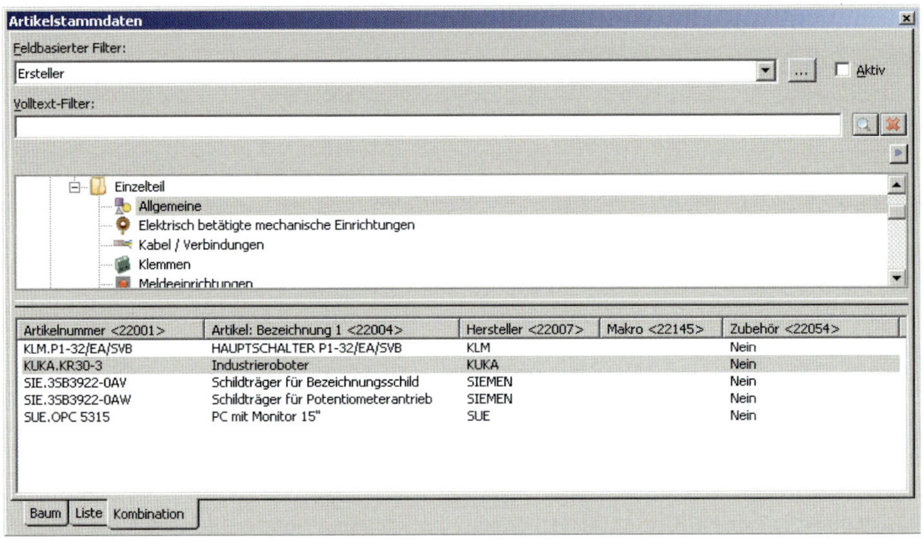

Bild 5.11 Der Artikelstammdaten-Navigator

Bild 5.12 Der EPLAN Data Portal Navigator

Diese beiden Navigatoren sind eigenständige Dialoge, die, wie auch die eigentlichen Navigatoren, immer geöffnet bleiben können. Beispielsweise ermöglicht der **Artikelstammdaten-Navigator** immer den Zugriff auf die Artikelverwaltung, ohne dass die Artikelverwaltung über **DIENSTPROGRAMME/ARTIKEL/VERWALTUNG** geöffnet werden muss.

5.2 Betriebsmittel-Navigator

Im **Betriebsmittel-Navigator** sind alle Informationen und Projektdaten aufgeführt. Der Betriebsmittel-Navigator ist als separater Dialog im Menü **PROJEKTDATEN/BETRIEBSMITTEL/NAVIGATOR** beliebig auf dem Desktop platzierbar. Der Betriebsmittel-Navigator selbst kann alles, was auch manuell pro Betriebsmittel im Projekt während der Betriebsmittelbearbeitung möglich ist; also das Ändern von Betriebsmittelkennzeichen, das Ändern des Formates der Anzeige, die verschiedenen Eigenschaften eines Betriebsmittels bearbeiten und vieles mehr. Aber, und das ist der größte Vorteil des Betriebsmittel-Navigators, er kann alles an zentraler Stelle mit Sicht auf das komplette Projekt durchführen.

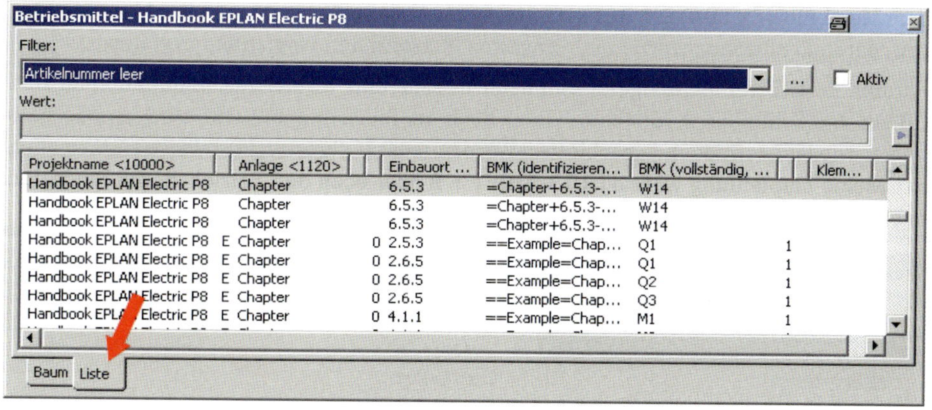

Bild 5.13 Listendarstellung des Betriebsmittel-Navigators

Anhand von *Filtern* und *Sortiermöglichkeiten* können mit dem Betriebsmittel-Navigator Funktionsdefinitionen oder Anschlussbezeichnungen einfach und komfortabel ausgetauscht werden. Der Betriebsmittel-Navigator kann aber nicht nur anzeigen oder die Eigenschaften eines Betriebsmittels bearbeiten. Mit ihm ist es möglich, anhand von Blockfunktionen mehrere Betriebsmittel in »einem Rutsch« zu bearbeiten oder auch zu nummerieren (Massenbearbeitung).

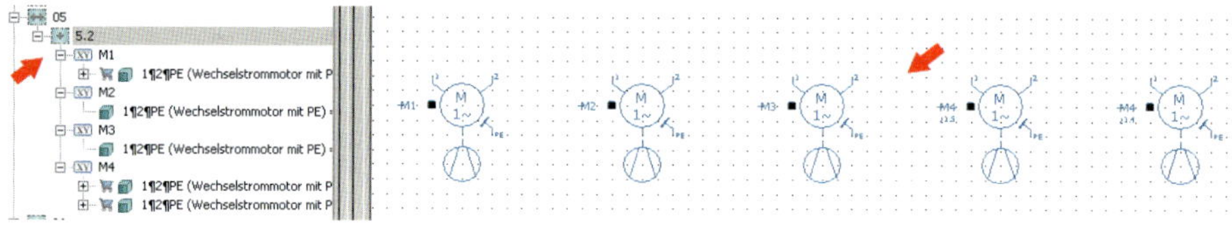

Bild 5.18 Markierte Geräte

Anschließend wurde die Funktion **NUMMERIEREN** im Menü **PROJEKTDATEN/BETRIEBSMITTEL/NUMMERIEREN** ausgeführt. EPLAN würde aber nicht alle Geräte nummerieren wollen. Einige der Geräte werden nicht nummeriert, da sie nicht das Merkmal **Hauptfunktion** tragen.

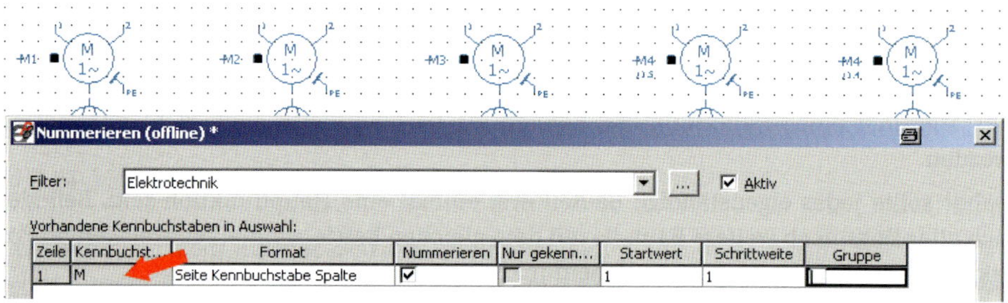

Bild 5.19 Festlegungen vor dem Nummerieren

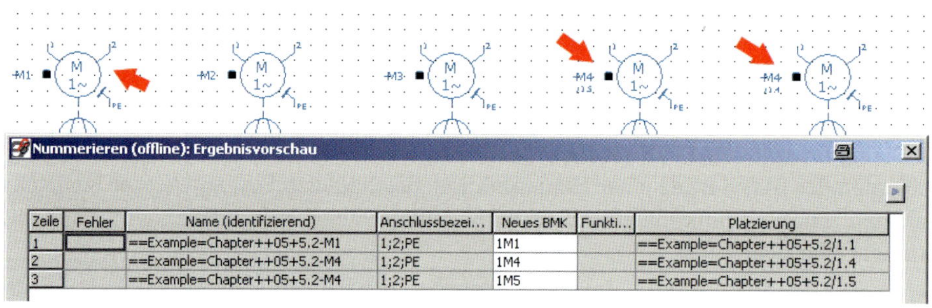

Bild 5.20 Ergebnisvorschau vor dem endgültigen Nummerieren

> **TIPP:** Ich empfehle, wo es möglich ist, sich die Ergebnisvorschau in den Folgedialogen anzeigen zu lassen. Auch wenn es eventuell einen Moment länger dauert, bringt diese Vorschau Vorteile, da man hier bei Bedarf noch sofort eingreifen kann, ohne dass etwas im Projekt »passiert« ist.

Das Ergebnis der Nummerierung würde dann schließlich wie in Bild 5.21 aussehen. Die Geräte, bis auf einige, wurden nummeriert. Alle Geräte ohne die Hauptfunktion wurden nicht nummeriert.

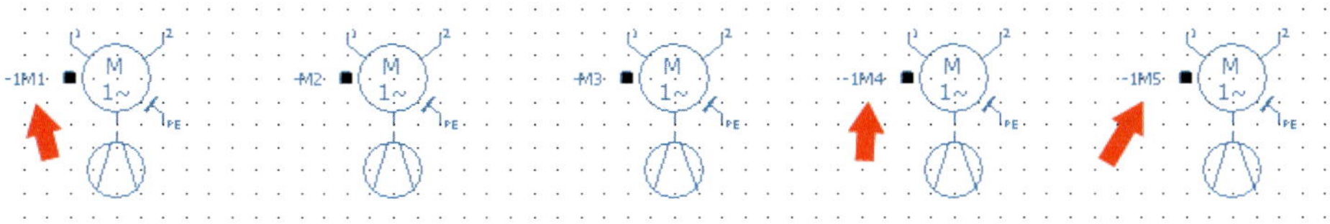

Bild 5.21 Ergebnis der Nummerierung

Hauptfunktion zuweisen

Mit **HAUPTFUNKTION ZUWEISEN** kann man nun den Geräten ohne Hauptfunktion das Merkmal übergeben. Dazu werden die Geräte nacheinander im Stromlaufplan markiert und die Funktion **HAUPTFUNKTION ZUWEISEN** im Menü **PROJEKTDATEN/BETRIEBSMITTEL** ausgewählt.

Nach dem Durchführen der Aktion (also durch Anklicken im Menü) besitzen nun alle Geräte die Hauptfunktion. Wenn man jetzt zum Vergleich die Funktion **NUMMERIEREN** noch einmal startet, befinden sich im Vorschaudialog alle Geräte, die zum Übernehmen der neuen Betriebsmittelkennzeichen bereit sind.

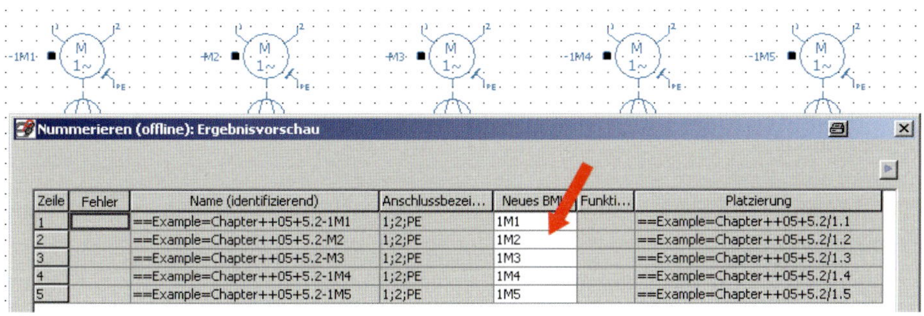

Bild 5.22 Alle Geräte werden jetzt nummeriert.

Die Funktion **HAUPTFUNKTION ZUWEISEN** lässt sich natürlich auch mit einer eigenen Tastenkombination belegen.

5.2.2 Betriebsmittel-Navigator/BMK zusammenführen

Diese Funktion führt bei markierten Betriebsmitteln das Betriebsmittelkennzeichen zusammen. Genauer heißt das, das Betriebsmittelkennzeichen wird bei allen markierten Betriebsmitteln gleichgesetzt. Die Bedeutung liegt hier aber auf »markiertem Betriebsmittel«. Dabei werden nicht die zum Betriebsmittel zugehörigen Haupt- oder Nebenfunktionen erfasst, sondern nur die *wirklich* markierten Betriebsmittel. Dies gilt es zu beachten, wenn man diese Funktion einsetzt.

Alle Betriebsmittel in Bild 5.23 sollen das Betriebsmittelkennzeichen **–K2** bekommen. Es werden alle Betriebsmittel markiert (mindestens zwei müssen es immer sein, sonst kann die Funktion **BMK ZUSAMMENFÜHREN** nicht ausgeführt werden) und im Menü **PROJEKTDATEN/BETRIEBSMITTEL** die Funktion **BMK ZUSAMMENFÜHREN** gewählt.

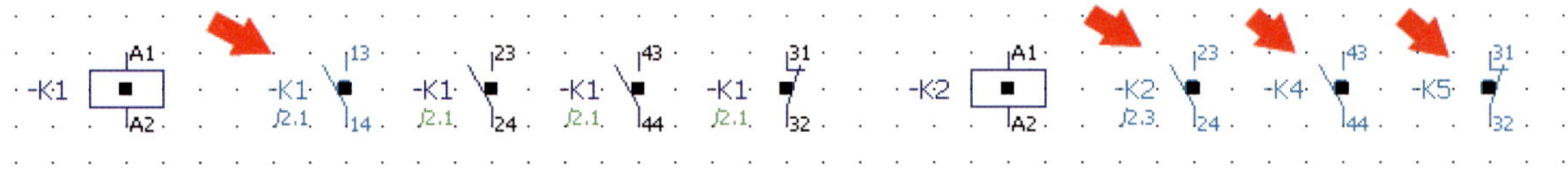

Bild 5.23 Gewünschte Betriebsmittel markieren

Bild 5.24 Dialog BMK zusammenführen

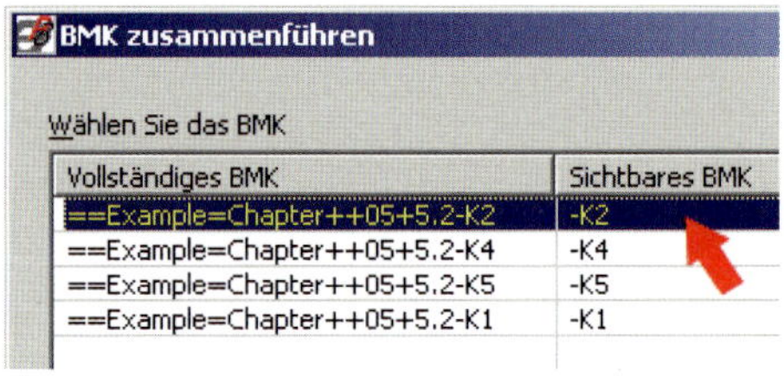

Es folgt der Dialog **BMK ZUSAMMENFÜHREN**. Hier wird **genau** das Betriebsmittelkennzeichen angeklickt, das anschließend an alle anderen übertragen werden soll. Im Beispiel wird in die Zeile –K2 geklickt. Damit wird das Betriebsmittelkennzeichen –K2 an die anderen Betriebsmittelkennzeichen übertragen.

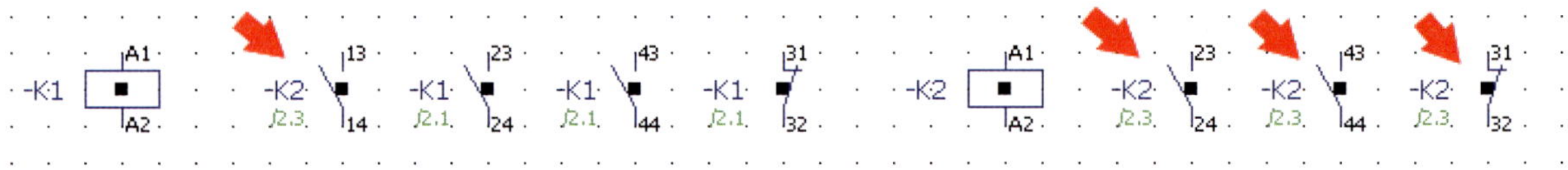

Bild 5.25 Zusammengeführte Betriebsmittel

Alle anderen Geräte behalten ihr ursprüngliches Betriebsmittelkennzeichen, da sie nicht mit markiert wurden.

5.2.3 Betriebsmittel-Navigator/Funktionstexte abgleichen

Diese Funktion ermöglicht es dem Anwender, einen Funktionstextabgleich des markierten Betriebsmittels, inklusive aller Nebenfunktionen und der Hauptfunktion, durchzuführen. Dabei spielt es keine Rolle, ob die Hauptfunktion oder eine der möglichen Nebenfunktionen markiert wird.

Es muss sich aber immer um das gleiche Betriebsmittel handeln. Unterschiedliche Betriebsmittel können nicht mit dieser Funktion bearbeitet werden.

Alle Betriebsmittel sollen den gleichen Funktionstext bekommen. Dazu wird ein Element markiert. Das kann die Hauptfunktion oder eine beliebige Nebenfunktion im Stromlaufplan sein.

Anschließend wird die Funktion **FUNKTIONSTEXTE ABGLEICHEN** über das Menü **PROJEKTDATEN/BETRIEBSMITTEL** ausgeführt.

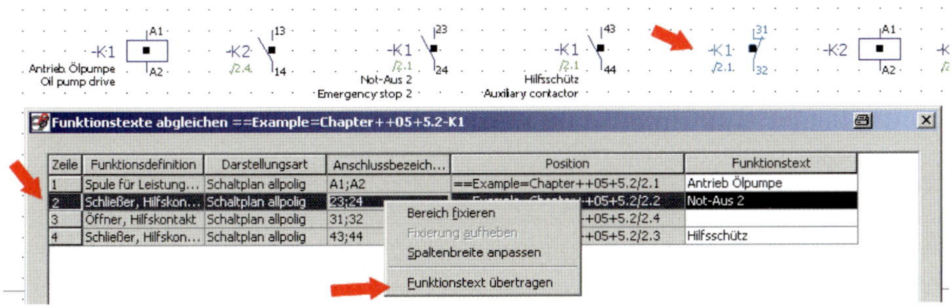

Bild 5.26 Markiertes Element und Dialog Funktionstexte abgleichen

EPLAN öffnet den Dialog **FUNKTIONSTEXTE ABGLEICHEN**. In diesem Dialog wird genau die Zeile markiert, deren Funktionstext an alle anderen Funktionen übertragen werden soll. Im Beispiel soll der Funktionstext der Zeile 2 an alle anderen Elemente übertragen werden. Dazu wird das Kontextmenü mit der rechten Maustaste geöffnet und die Funktion **FUNKTIONSTEXT ÜBERTRAGEN** gewählt. EPLAN überträgt nun den Funktionstext an alle anderen Einträge im Dialog.

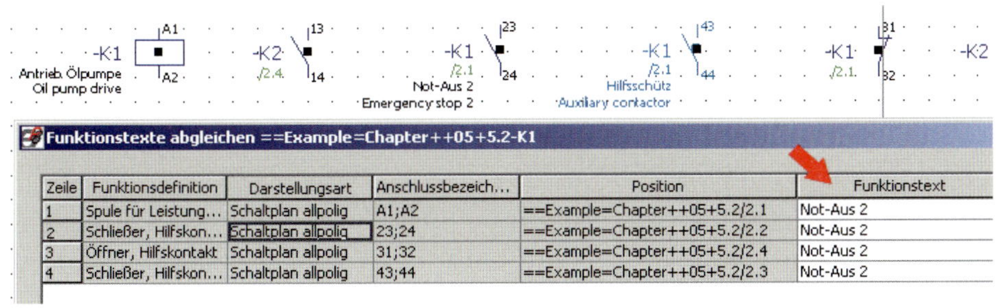

Bild 5.27 Übertragener Funktionstext im Dialog

Nach dem Übertragen wird der Button **OK** gedrückt. EPLAN verlässt den Dialog und überträgt jetzt den Funktionstext an alle Elemente und schreibt diesen in die Symboleigenschaften **Funktionstext <20011>**, **Funktionstext (automatisch) <20031>** und **Funktionstext (gemeinsam) <20120>.**

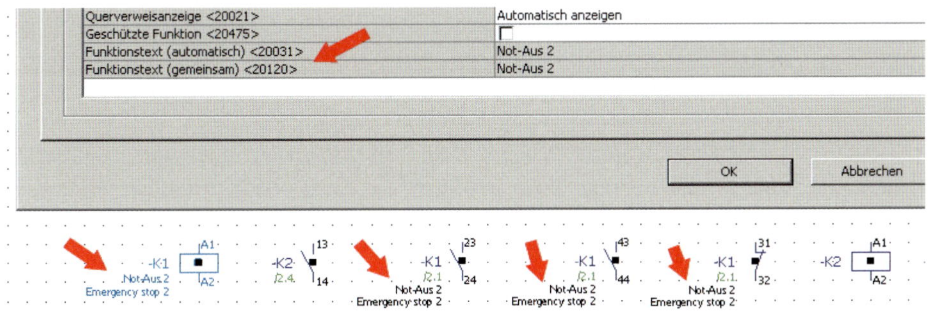

Bild 5.28 Übertragener Funktionstext im Stromlaufplan

5.2.4 Betriebsmittel-Navigator/Geräte verschalten

Mit der Funktion **GERÄTE VERSCHALTEN** können in EPLAN Betriebsmittel verschaltet werden. Verschaltet werden bedeutet in dem Fall, dass zwischen den gewählten verschalteten Betriebsmitteln Verbindungen erzeugt werden. Diese Betriebsmittel können schon platziert, also im Stromlaufplan grafisch vorhanden sein, aber es können auch nichtplatzierte, also bisher nur im Betriebsmittel-Navigator existierende Betriebsmittel sein. Auch ein Mischen beider Platzierungsarten ist natürlich möglich, und es können beliebige Betriebsmittel sein.

Im Beispiel werden zwei Klemmenleisten (mit mehreren nichtplatzierten Klemmen und isolierten Kabelenden) mit einem vorhandenen Kabel und dessen Reserveadern verschaltet, ohne dass sie grafisch auf einer Seite platziert werden.

 Icon einer platzierten Klemme im Betriebsmittel-Navigator

 Icon einer nichtplatzierten Klemme im Betriebsmittel-Navigator

Die Funktion **GERÄTE VERSCHALTEN** wird über das Menü **PROJEKTDATEN/BETRIEBSMITTEL** gestartet. EPLAN öffnet anschließend den Dialog **GERÄTE VERSCHALTEN**.

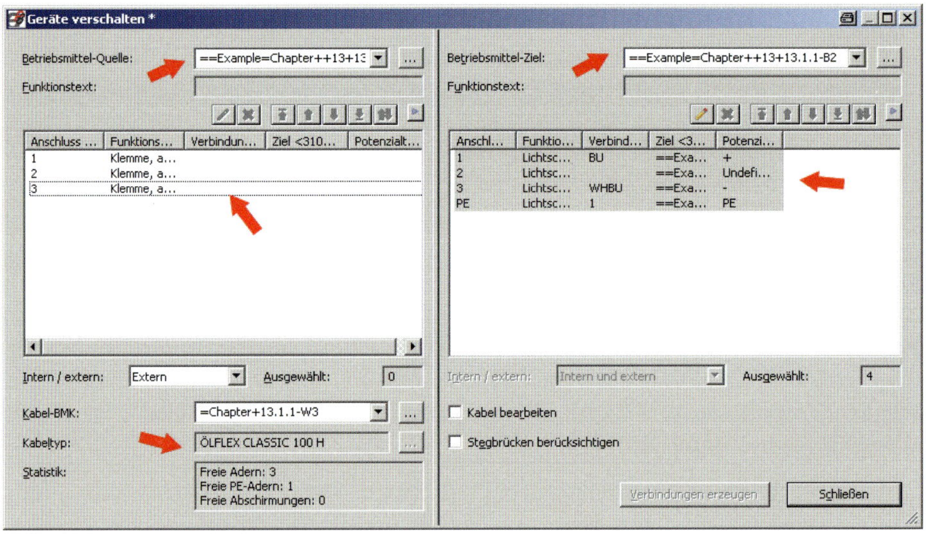

Bild 5.29 Dialog Geräte verschalten

Der Dialog **GERÄTE VERSCHALTEN** kann nach dem Aufruf mit diversen Daten gefüllt sein. Sollten sich solche Einträge darin befinden, die nicht benötigt werden, kann man diese einfach herauslöschen. Gelöscht wird, indem die Einträge in den Feldern markiert und der Löschbutton  betätigt wird.

Sollte das nicht möglich sein, so können auch die Einträge in den Feldern **Betriebsmittel-Quelle**, **Betriebsmittel-Ziel** und im Feld **Kabel-BMK** entfernt werden. Dazu wird in diese Felder geklickt, der entsprechende Eintrag markiert und die Taste **ENTF** gedrückt. Danach sind alle Einträge entfernt, und es können neue Betriebsmittel gewählt und verschaltet werden.

Neue Betriebsmittel werden in den Feldern **Betriebsmittel-Quelle** bzw. **Betriebsmittel-Ziel** mithilfe des Buttons ... ausgewählt. EPLAN startet anschließend jeweils den Dialog **BETRIEBSMITTEL AUSWÄHLEN**. In diesem Dialog sollten das bzw. die gewünschten Betriebsmittel für Quelle und Ziel ausgewählt (jeweils einzeln) und mit dem Button **OK** übernommen werden.

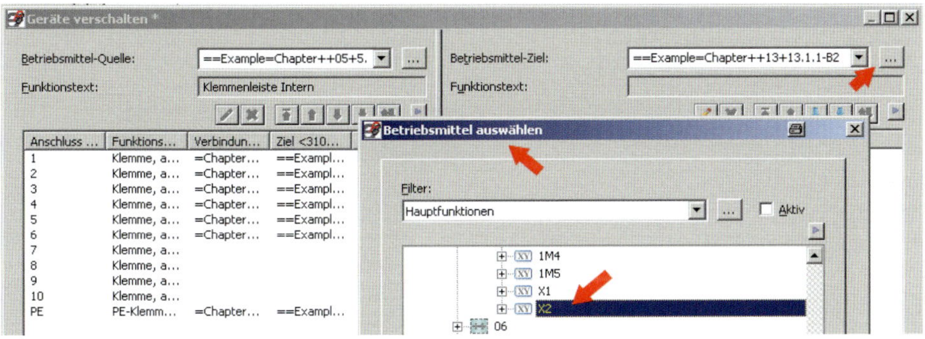

Bild 5.30 Betriebsmittel Quelle und Ziel wählen

Das bzw. die gewählten Betriebsmittel werden jetzt von EPLAN in die Felder **Betriebsmittel-Quelle** bzw. **Betriebsmittel-Ziel** übernommen. Zwischen den beiden zu verschaltenden Klemmenleisten soll zusätzlich ein Kabel als Verbindung dienen. Dafür wird im Feld **Kabel-BMK** ein vorhandenes Kabel ausgewählt.

> **TIPP:** Es kann an dieser Stelle aber auch einfach ein neues, nicht vorhandenes Kabel erzeugt werden. Dazu klicken Sie einfach in das Feld und schreiben das Kabel-BMK hinein.

Soll also ein vorhandenes **Kabel-BMK** benutzt werden, wird es über den Button ... aus dem Dialog **KABEL AUSWÄHLEN** gewählt und mit dem Button **OK** übernommen.

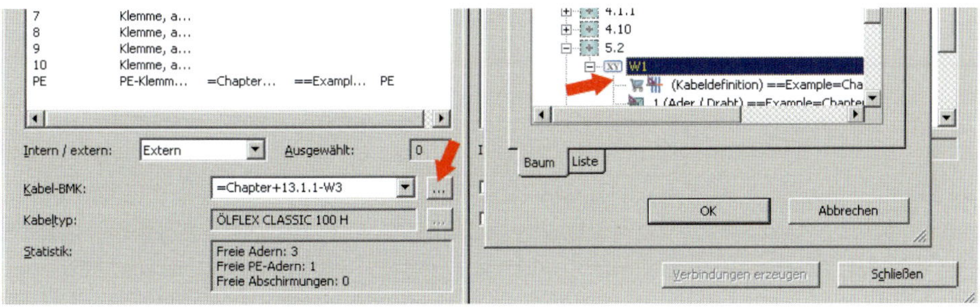

Bild 5.31 Kabel zum Verschalten wählen

Nachdem die vorbereitenden Maßnahmen erledigt sind, können jetzt beide Klemmenleisten, inklusive der dafür vorgesehenen Funktionen (nichtplatzierte Klemmen und die nichtplatzierten isolierten Verbindungsenden), verschaltet werden. Dazu werden die **Klemmen** und die **isolierten Verbindungsenden** in den Feldern markiert (reinklicken und danach mit gedrückter **STRG**-Taste und der Maus die gewünschten Klemmen bzw. isolierten Verbindungsenden markieren) und danach der Button **VERBINDUNGEN ERZEUGEN** angeklickt.

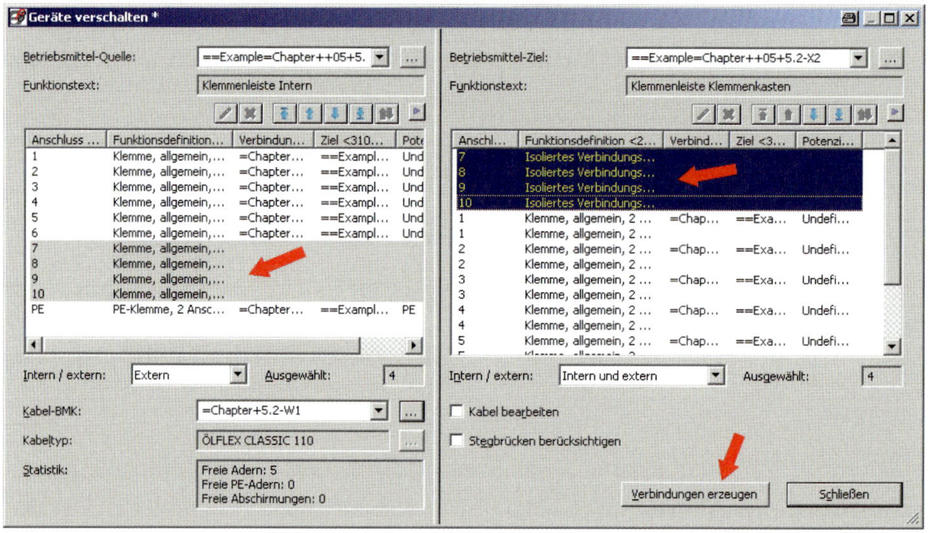

Bild 5.32 Verbindungen erzeugen

EPLAN erzeugt jetzt die nichtplatzierten Verbindungen zwischen den Klemmen und den isolierten Verbindungsenden und ordnet das Kabel bzw. die Kabeladern dazu.

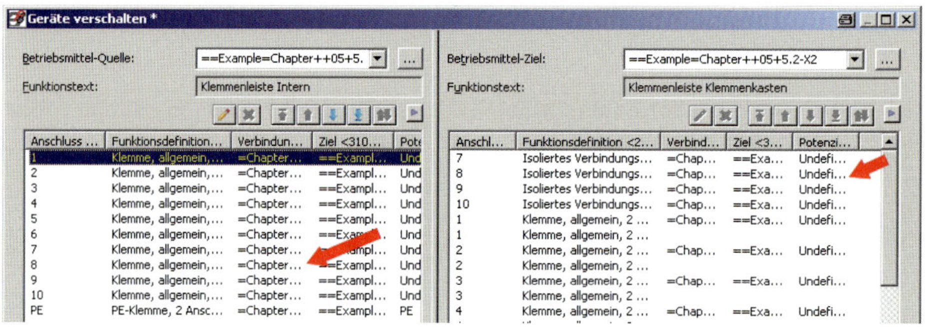

Bild 5.33 Verbindungen wurden erzeugt.

Diese Verbindungen kann man nun direkt aus dem Dialog **GERÄTE VERSCHALTEN** noch editieren. Dazu wird einfach die Verbindung doppelt angeklickt. Daraufhin öffnet EPLAN den Dialog **EIGENSCHAFTEN (SCHALTZEICHEN)**.

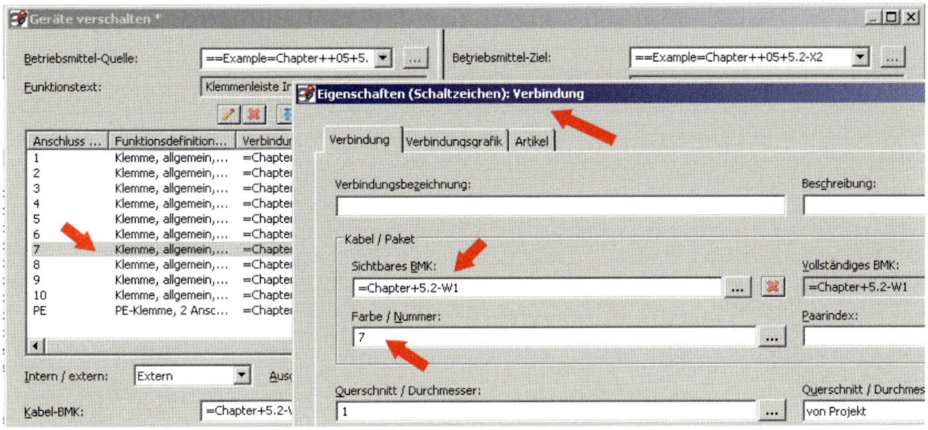

Bild 5.34 Direktes Editieren von Einzelverbindungen

Damit wäre das Erzeugen von Verbindungen prinzipiell abgeschlossen. Hätte man vor dem Verschalten von Geräten eine Auswertung erzeugt (hier ein Kabelplan des betroffenen Kabels), würde EPLAN nur die benutzten Geräte, inklusive der benutzten Kabeladern, in der Auswertung auflisten.

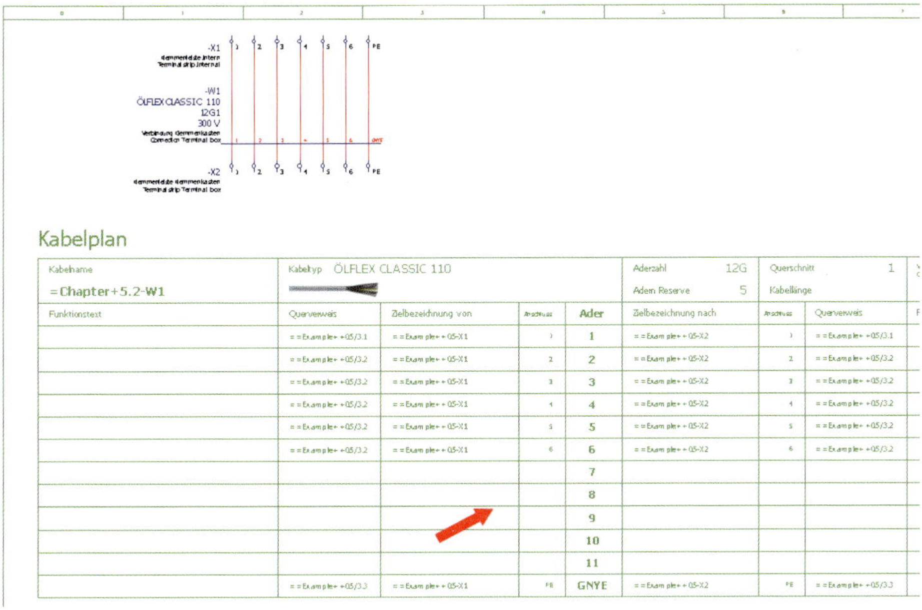

Bild 5.35 Auswertung vor dem Geräte verschalten

Nach dem Aktualisieren der Auswertung **Kabelplan** fügt EPLAN die verschalteten Geräte in die Auswertung mit ein. Die Geräte bekommen keinen Querverweis (Seite/Pfad), da sie ja nirgendwo platziert sind.

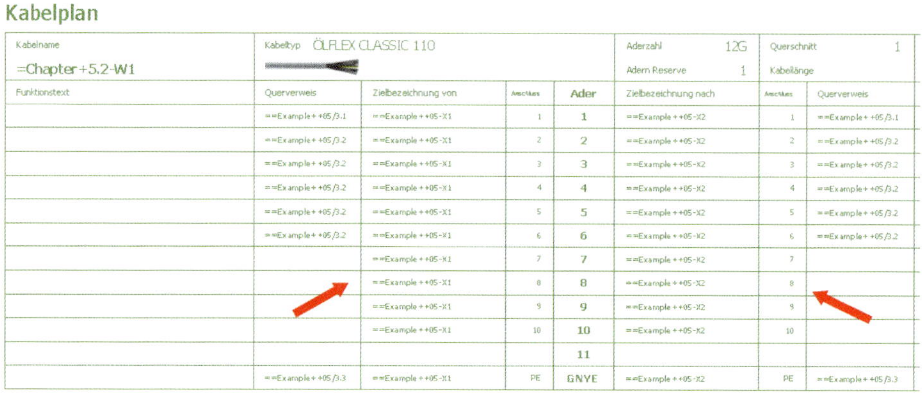

Kabelplan

Kabelname =Chapter+5.2-W1	Kabeltyp ÖLFLEX CLASSIC 110				Aderzahl 12G / Adern Reserve 1	Querschnitt 1 / Kabellänge	
Funktionstext	Querverweis	Zielbezeichnung von	Anschluss	Ader	Zielbezeichnung nach	Anschluss	Querverweis
	==Example+ +05/3.1	==Example + +05-X1	1	1	==Example + +05-X2	1	==Example+ +05/3.1
	==Example+ +05/3.2	==Example + +05-X1	2	2	==Example + +05-X2	2	==Example+ +05/3.2
	==Example+ +05/3.2	==Example + +05-X1	3	3	==Example + +05-X2	3	==Example+ +05/3.2
	==Example+ +05/3.2	==Example + +05-X1	4	4	==Example + +05-X2	4	==Example+ +05/3.2
	==Example+ +05/3.2	==Example + +05-X1	5	5	==Example + +05-X2	5	==Example+ +05/3.2
	==Example+ +05/3.2	==Example + +05-X1	6	6	==Example + +05-X2	6	==Example+ +05/3.2
		==Example + +05-X1	7	7	==Example + +05-X2	7	
		==Example + +05-X1	8	8	==Example + +05-X2	8	
		==Example + +05-X1	9	9	==Example + +05-X2	9	
		==Example + +05-X1	10	10	==Example + +05-X2	10	
				11			
	==Example+ +05/3.3	==Example + +05-X1	PE	GNYE	==Example + +05-X2	PE	==Example+ +05/3.3

Bild 5.36 Aktualisierte Auswertung

Die Betriebsmittel selbst bekommen zur optischen Kennzeichnung ein rotes Häkchen am Symbol angezeigt. Damit weiß man, dass hier eine nichtplatzierte Verbindung vorliegt.

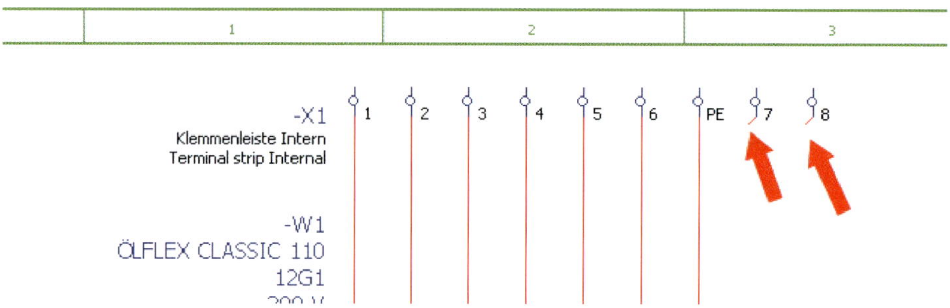

Bild 5.37 Optische Kennzeichnung von nichtplatzierten Verbindungen

5.2.4.1 Verschaltete nichtplatzierte Geräte platzieren

Natürlich ist es auch möglich, diese eben verschalteten Geräte, inklusive der Verbindungsinformationen (Kabel-BMK und deren Adern), auch zu platzieren, ohne alles neu zeichnen zu müssen. Dazu werden entweder die **Betriebsmittel-Quelle** oder das **Betriebsmittel-Ziel** aus dem Betriebsmittel-Navigator allpolig auf eine Stromlaufplanseite platziert.

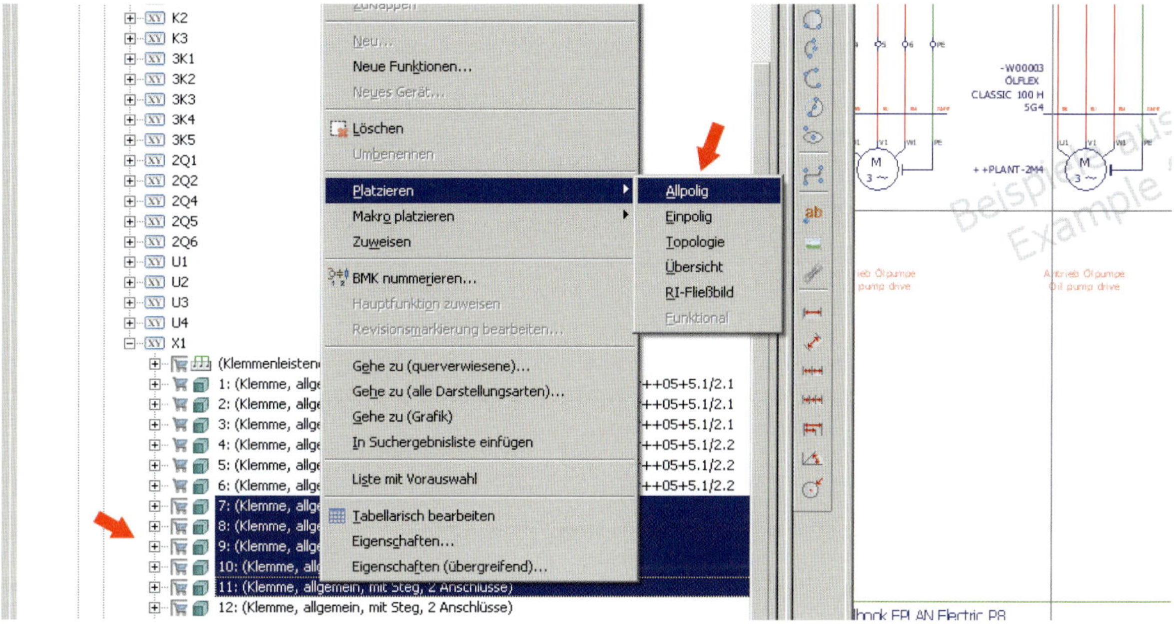

Bild 5.38 Funktionen aus dem Betriebsmittel-Navigator allpolig platzieren

Nachdem die Betriebsmittel platziert wurden, kann aus dem Menü **EINFÜGEN** der Menüeintrag **ANGESCHLOSSENE FUNKTIONEN** aufgerufen werden.

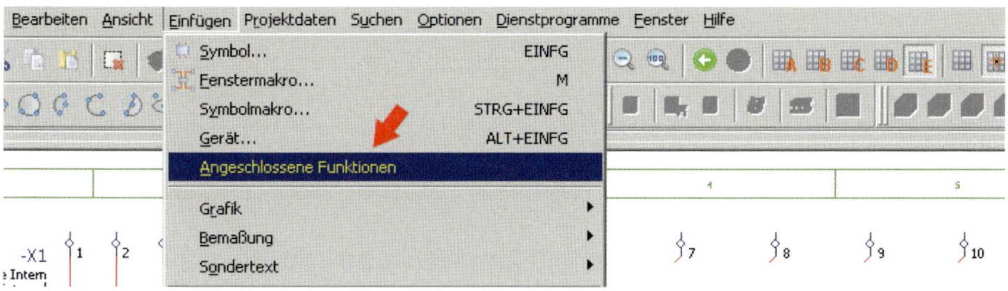

Bild 5.39 Angeschlossene Funktionen einfügen

Anschließend fragt EPLAN, an welchen Betriebsmitteln die angeschlossenen Funktionen dargestellt werden sollen. Diese sollten mit einem Fenster markiert werden.

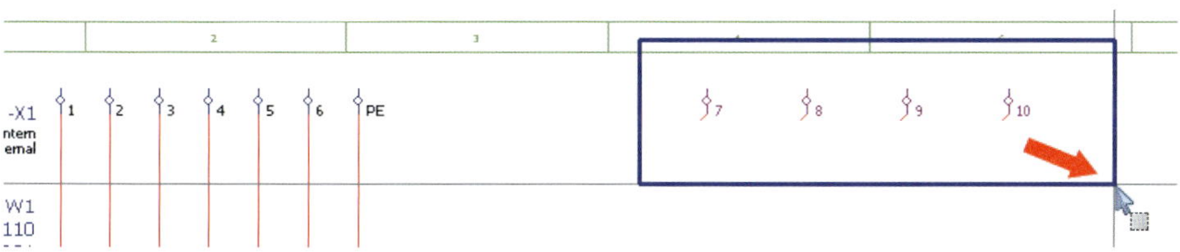

Bild 5.40 Markieren der betroffenen Funktionen

Wenn die zweite Ecke des Fensters festgelegt wurde (Mausklick), bildet EPLAN sofort die entsprechenden Funktionen auf der Stromlaufplanseite ab.

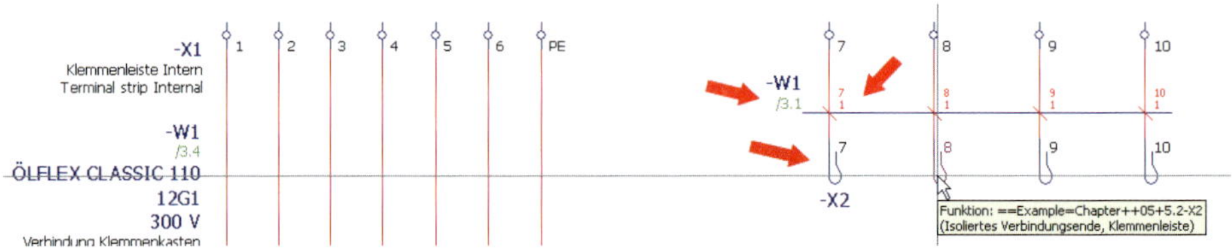

Bild 5.41 Platzierte Funktionen

Würde man die entsprechende Auswertung jetzt wieder aktualisieren, würden die Daten der vormals nichtplatzierten Funktionen im Kabelplan um die Angabe des Querverweises ergänzt werden.

Kabelplan

Kabelname =Chapter+5.2-W1	Kabeltyp ÖLFLEX CLASSIC 110				Aderzahl 12G / Adern Reserve 1	Querschnitt / Kabellänge	
Funktionstext	Querverweis	Zielbezeichnung von	Anschluss	Ader	Zielbezeichnung nach	Anschluss	Querverweis
	==Example++05/3.1	==Example++05-X1	1	1	==Example++05-X2	1	==Example++05,
	==Example++05/3.2	==Example++05-X1	2	2	==Example++05-X2	2	==Example++05,
	==Example++05/3.2	==Example++05-X1	3	3	==Example++05-X2	3	==Example++05,
	==Example++05/3.2	==Example++05-X1	4	4	==Example++05-X2	4	==Example++05,
	==Example++05/3.2	==Example++05-X1	5	5	==Example++05-X2	5	==Example++05,
	==Example++05/3.2	==Example++05-X1	6	6	==Example++05-X2	6	==Example++05,
	==Example++05/3.4	==Example++05-X1	7	7	==Example++05-X2	7	==Example++05,
	==Example++05/3.4	==Example++05-X1	8	8	==Example++05-X2	8	==Example++05,
	==Example++05/3.5	==Example++05-X1	9	9	==Example++05-X2	9	==Example++05,
	==Example++05/3.5	==Example++05-X1	10	10	==Example++05-X2	10	==Example++05,
				11			
	==Example++05/3.3	==Example++05-X1	PE	GNYE	==Example++05-X2	PE	==Example++05,

Bild 5.42 Aktualisierte Auswertung

5.2.5 Betriebsmittel-Navigator/Nummerieren (offline)

EPLAN kann Betriebsmittel schon beim Einfügen nach einem bestimmten einstellbaren Nummerierungsschema nummerieren (je nach persönlicher Einstellung). Müssen der Stromlaufplan bzw. dessen Betriebsmittel später ein anderes Nummerierungsformat bekommen, ist ein schnelles und effektives Umnummerieren wichtig.

EPLAN bietet für diese Aufgaben die Funktion **BETRIEBSMITTEL NUMMERIEREN** an. Im Gegensatz zum Nummerieren während des Einfügens von Symbolen (**Online-Nummerierung**) ist das nachträgliche Nummerieren eine so genannte **Offline-Nummerierung**. Es sind eigene Filter und Schemata zum Nummerieren möglich, aber es können fertige Schemata übernommen, exportiert oder importiert werden.

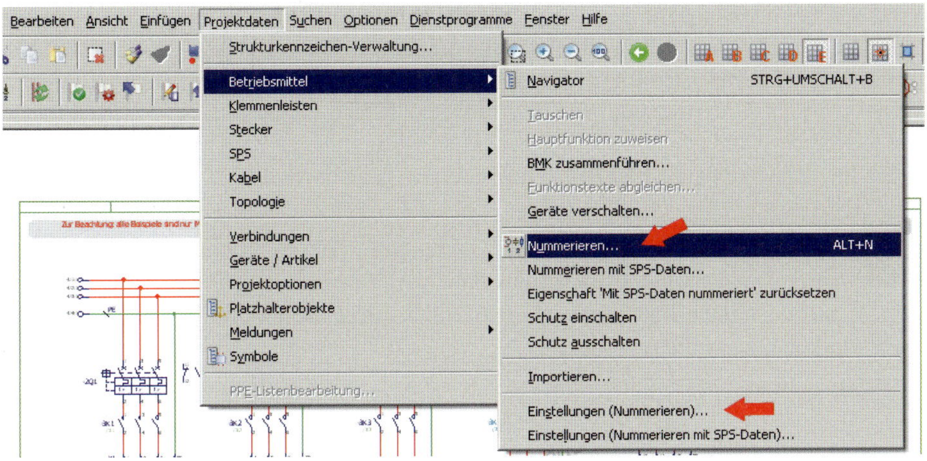

Bild 5.43
Betriebsmittel nummerieren

Beim Offline-Nummerieren gilt es, einen wichtigen Punkt zu beachten. Nummerieren lassen sich keine Nebenfunktionen. Sollten diese Bauteile markiert worden sein und wird versucht, eine Nummerierung zu starten, gibt EPLAN eine Meldung aus.

Wie funktioniert nun die Nummerierungsfunktion? Das ist recht einfach. Die zu nummerierenden Betriebsmittel werden markiert und die Funktion **NUMMERIEREN** wird über das Menü **PROJEKTDATEN/BETRIEBSMITTEL** gestartet.

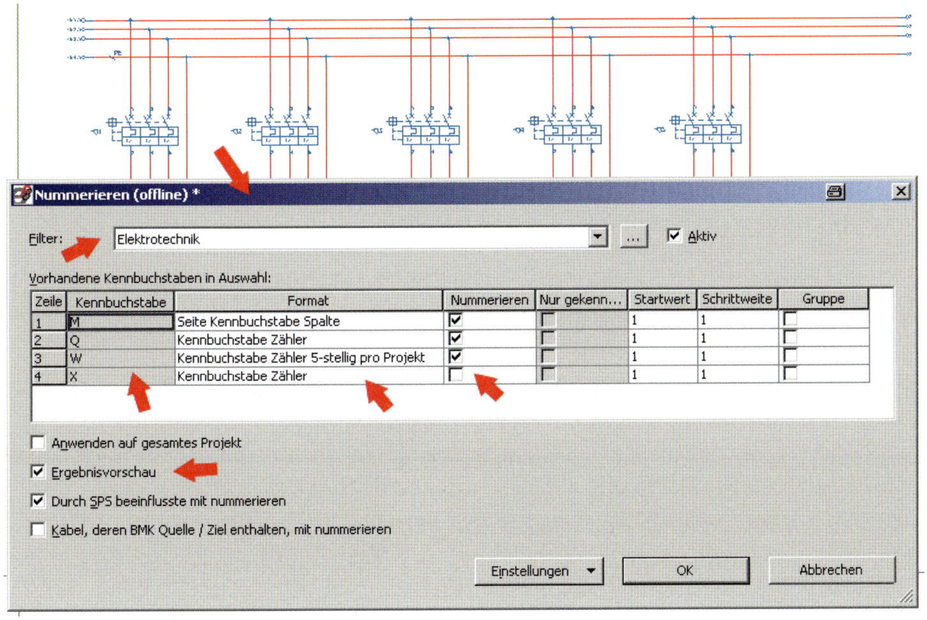

Bild 5.44
Einstellungen im Dialog Nummerieren (offline)

Nummerieren (offline)

EPLAN öffnet anschließend den Dialog **NUMMERIEREN (OFFLINE)** und führt die, in der Markierung, gefundenen **Kennbuchstaben** in der Tabelle auf. Für jeden Kennbuchstabeneintrag kann in diesem Dialog ein eigenes **Nummerierungsformat** festgelegt werden sowie auch ein Startwert oder die Schrittweite. Ebenso können hier ganze Kennbuchstaben von der Nummerierung ausgeschlossen werden, sodass man nicht gezwungen ist, schon bei der Markierung von Betriebsmitteln nur ganz bestimmte zu markieren.

HINWEIS: Es ist wichtig, dass Sie immer die Einstellung *Ergebnisvorschau* setzen. Damit kann, bevor EPLAN die neue Nummerierung in das Projekt zurückschreibt, noch einmal kontrolliert werden, ob alles wie gewünscht nummeriert wurde.

Ein anderes Nummerierungsformat wird einfach in der Auswahlliste *Format* ausgewählt, oder es kann über den Button **EXTRAS** im unteren Bereich des Dialoges ein neues Nummerierungsschema erstellt werden.

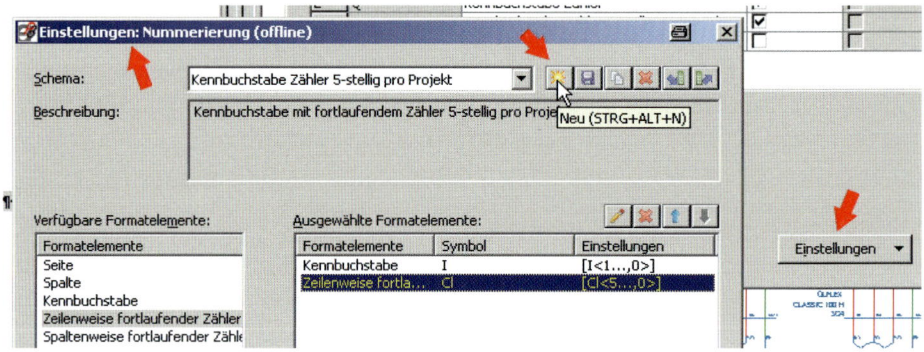

Bild 5.45 Dialog Einstellungen Nummerierung (offline)

Nach der Auswahl des Formates zum Nummerieren kann der Button **OK** gedrückt werden. EPLAN nummeriert alle Betriebsmittel nach dem angegebenen Format und gibt diese Nummerierung in einer *Ergebnisvorschau* aus.

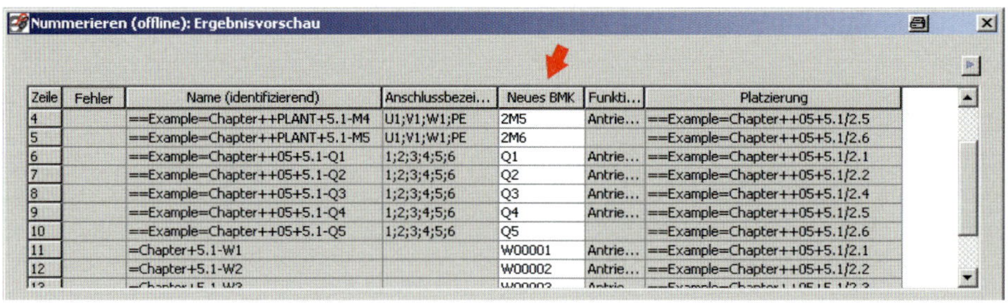

Bild 5.46 Dialog Ergebnisvorschau

Wird die **ERGEBNISVORSCHAU** bestätigt (wenn sie benutzt wird), dann schreibt EPLAN die geänderten Betriebsmittelkennzeichen in den Stromlaufplan zurück.

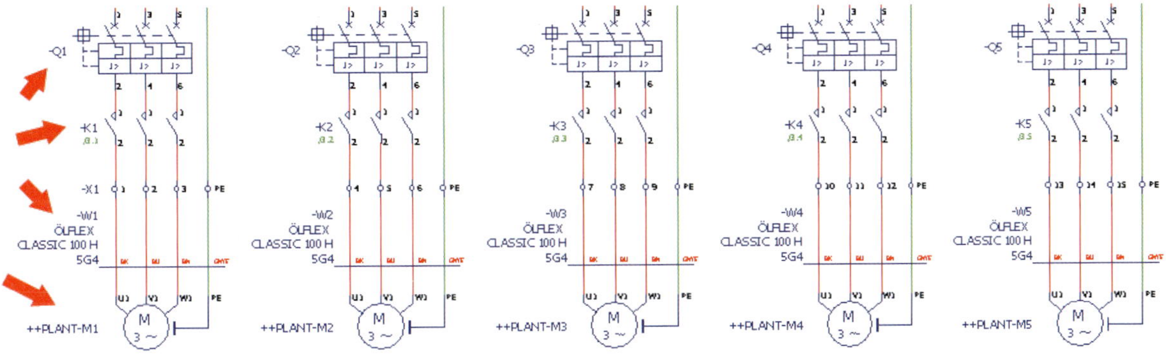

Bild 5.47 Vor dem Nummerieren

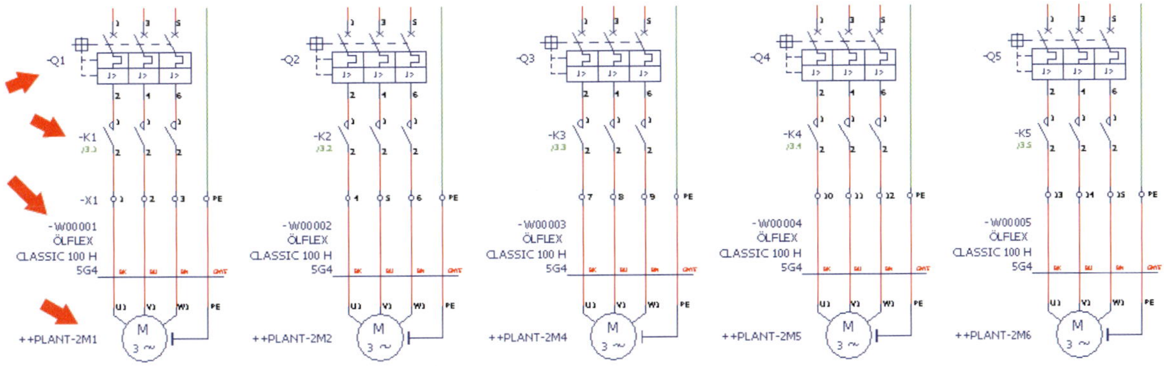

Bild 5.48 Nach dem Nummerieren

Im Beispiel ist klar ersichtlich, dass EPLAN nur die Betriebsmittel nummeriert, die auch eine Hauptfunktion sind. Im Beispiel wären das alle, bis auf die Kontakte der Spulen. Diese wurden erst gar nicht mit in den Nummerierungsdialog aufgenommen.

Daher ist es wichtig, zu wissen, dass man zwar mit einer Markierung auf einer Seite recht schnell Betriebsmittel neu oder nachnummerieren kann, aber eben immer nur Hauptfunktionen. Möchte man das vermeiden, muss man das Nummerieren über den Betriebsmittel-Navigator erledigen. Dazu werden die Betriebsmittel markiert und dann über das Kontextmenü der Menüeintrag **BMK NUMMERIEREN** gewählt.

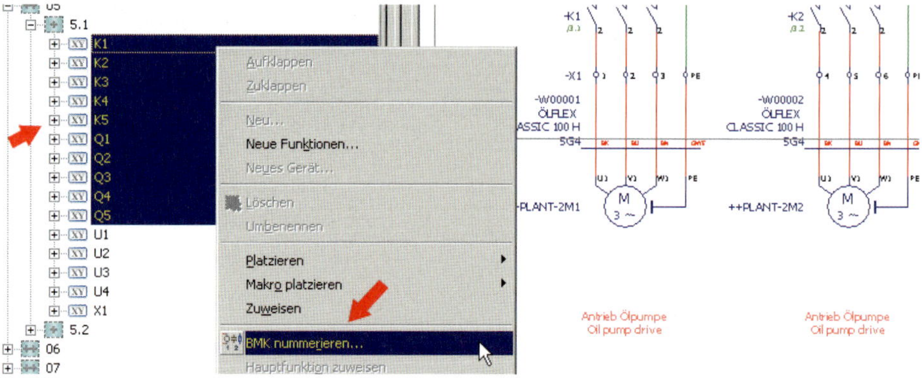

Bild 5.49 BMK im Kontextmenü nummerieren

Anschließend startet EPLAN wieder den Dialog **NUMMERIEREN (OFFLINE)**, und es kann, wie vorangehend beschrieben, das Nummerieren durchgeführt werden. Dieses Mal werden dann aber auch alle Funktionen erfasst, da die Kontakte *und* die Spule (im Betriebsmittel-Navigator) markiert wurden.

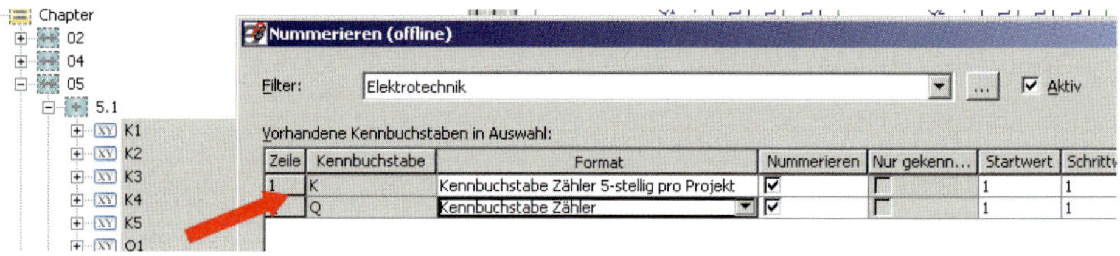

Bild 5.50 Dialog Nummerieren (offline) im Betriebsmittel-Navigator

5.2.6 Betriebsmittel-Navigator/Neu ...

Die Funktion **NEU...** fügt eine neue Funktionsdefinition hinzu, zum Beispiel für einen Motorschutzschalter einen zusätzlichen Hilfskontakt-Öffner.

Dazu wird im Betriebsmittel-Navigator der Motorschutzschalter markiert. Danach wird die Funktion **NEU ...** aus dem Kontextmenü des Betriebsmittel-Navigators aufgerufen. EPLAN startet den Dialog **FUNKTIONSDEFINITIONEN**.

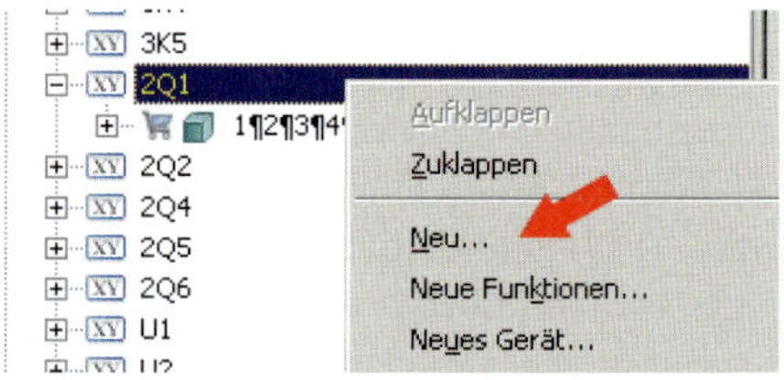

Bild 5.51 Menüaufruf Neu...

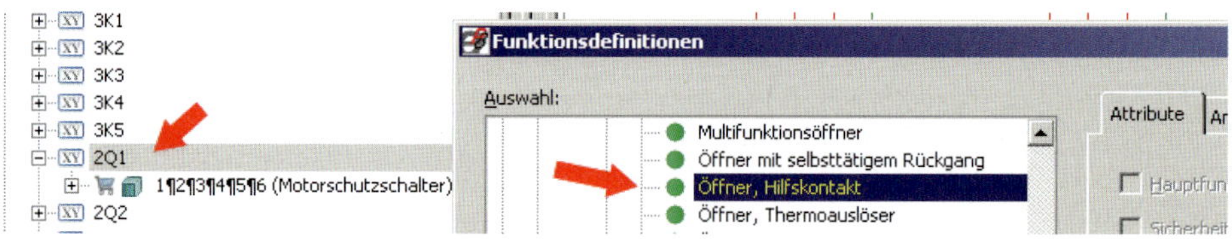

Bild 5.52 Dialog Funktionsdefinitionen

In diesem Dialog wird die Funktionsdefinition *Öffner, Hilfskontakt* ausgewählt und mit dem Button **OK** übernommen. EPLAN fragt anschließend im Dialog **EIGENSCHAFTEN (SCHALTZEICHEN)** noch u. a. das *Betriebsmittelkennzeichen* ab.

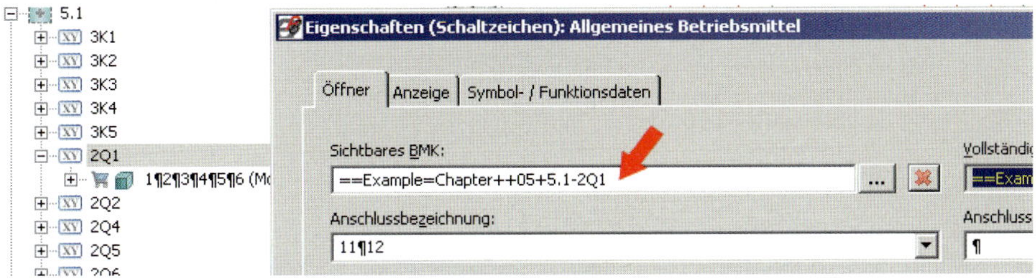

Bild 5.53 Dialog Eigenschaften (Schaltzeichen)

Nach Verlassen des Dialoges mit dem Button **OK** wird der *Öffner, Hilfskontakt* im Betriebsmittel-Navigator dem markierten Motorschutzschalter zugeordnet.

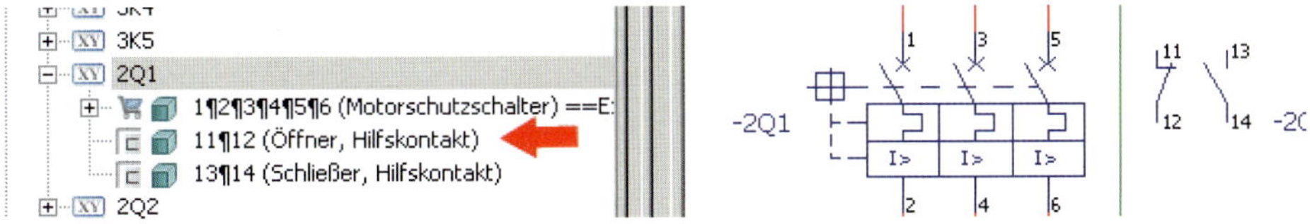

Bild 5.54 Neue Funktion am Motorschutzschalter

5.2.7 Betriebsmittel-Navigator/Neues Gerät ...

Um im Betriebsmittel-Navigator ein neues Gerät hinzuzufügen, wird im Kontextmenü des Betriebsmittel-Navigators die Funktion **NEUES GERÄT ...** aufgerufen.

Über die Funktion **NEUES GERÄT ...** startet EPLAN die *Artikelverwaltung*. Hier wird das entsprechende Gerät ausgewählt und mit dem Button **OK** übernommen.

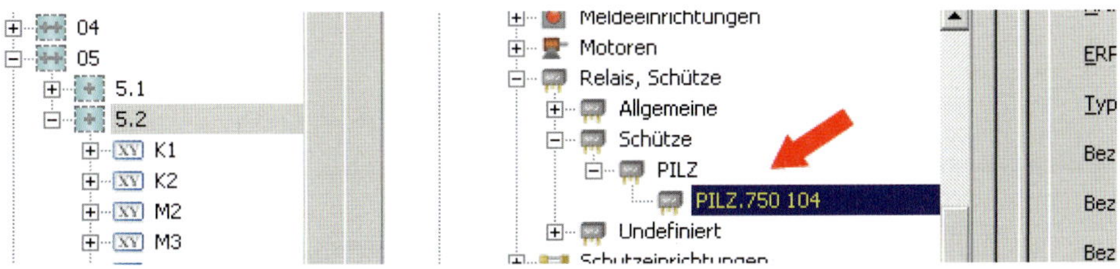

Bild 5.55 Gerät auswählen

EPLAN sortiert das Gerät entsprechend dem *Kennbuchstaben* in den Betriebsmittel-Navigator ein. Es kann jetzt anschließend noch nachbearbeitet werden. Dazu wird über das Kontextmenü die Funktion **EIGENSCHAFTEN** aufgerufen, die den Dialog **EIGENSCHAFTEN (SCHALTZEICHEN)** öffnet.

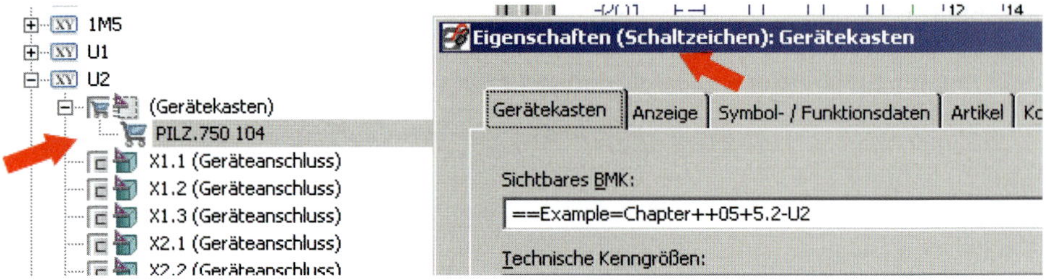

Bild 5.56 Gerät nachbearbeiten

Es können dem Betriebsmittel-Navigator nur neue Geräte zugeordnet werden, die mindestens eine der Eigenschaften Makro, Funktionsschablone, Symboldatei oder Symbolnummer aufweisen muss. Falls das nicht der Fall ist, bringt EPLAN eine entsprechende Meldung.

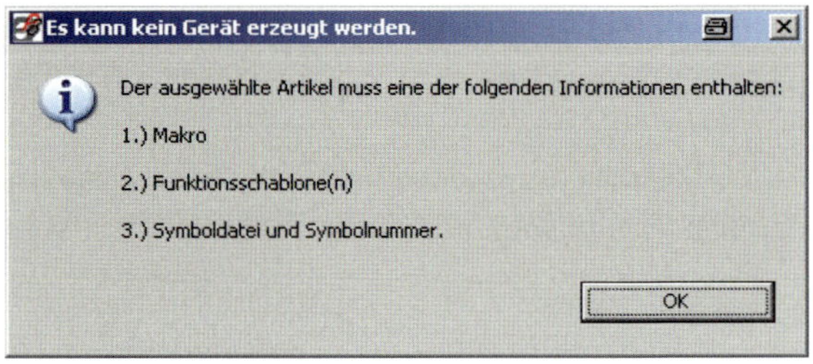

Bild 5.57 Hinweismeldung, wenn kein Gerät erzeugt werden kann

5.2.8 Betriebsmittel-Navigator/Platzieren/[Darstellungsart]

Im letzten Beispiel in Abschnitt 5.2.7 wurde ein Betriebsmittel dem Navigator hinzugefügt. Es wurde als nichtplatziertes Gerät in den Navigator eingefügt. Um dieses Gerät in den Stromlaufplan zu bekommen (also es zu platzieren), wird die Funktion **PLATZIEREN** und weiter **ALLPOLIG** aus dem Kontextmenü des **Betriebsmittel-Navigators** aufgerufen.

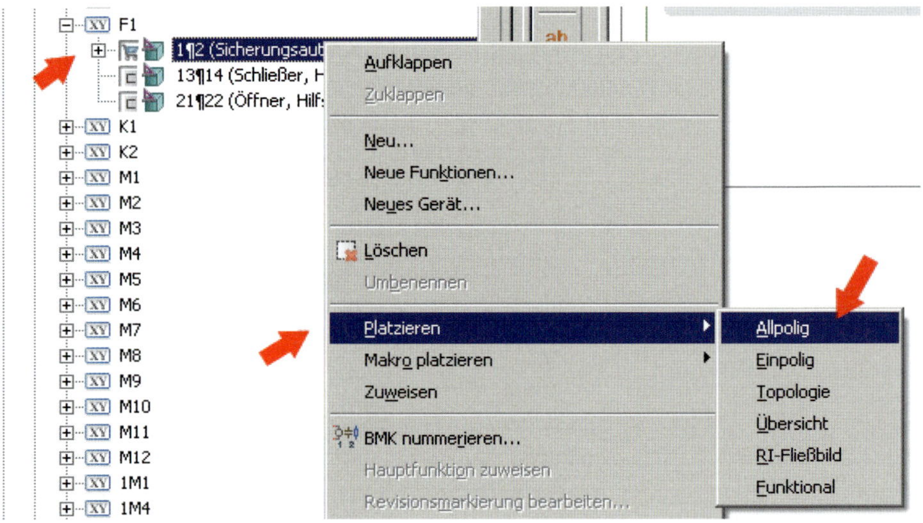

Bild 5.58 Gerät platzieren

Anschließend »hängt« das Gerät am Cursor und kann auf der Schaltplanseite platziert werden. Es ist aber nicht nur möglich, ein Gerät in das Blatt zu ziehen. Im Betriebsmittel-Navigator können mehrere Geräte markiert und auf dem Blatt platziert werden. EPLAN setzt dann nach jedem Mausklick ein Gerät ab.

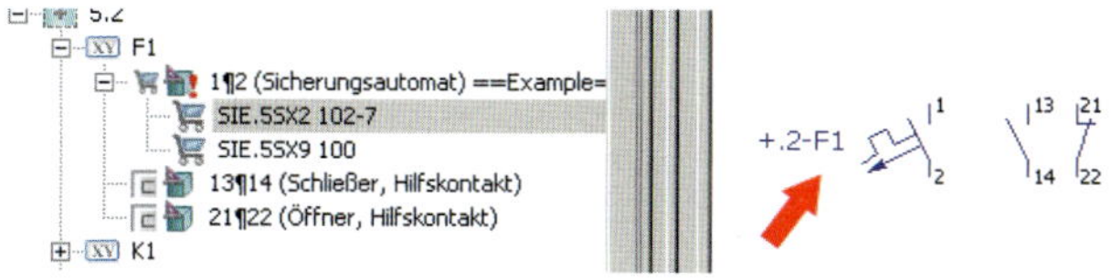

Bild 5.59 Platziertes Gerät

Der große Vorteil dieser Platzierungen aus dem Betriebsmittel-Navigator ist, dass EPLAN hier alle wichtigen Informationen bzw. Daten selbst ergänzt und einträgt. Man kann also kein falsches BMK oder fehlende technische Kenngrößen am Gerät haben, da EPLAN die richtigen (vorhandenen) Informationen aus dem Navigator einträgt!

5.3 Klemmenleisten-Navigator

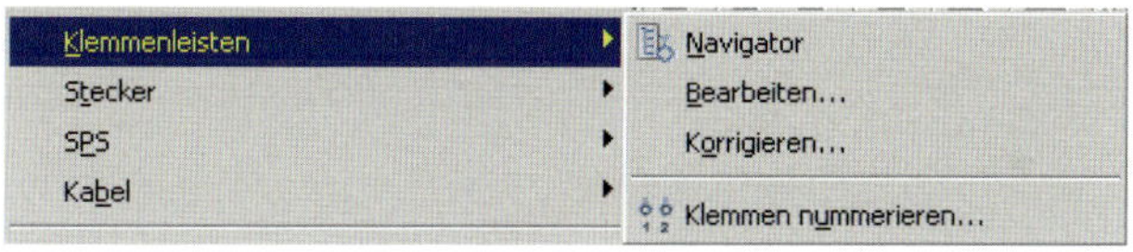

Bild 5.60 Menü Klemmenleisten

Zum Thema Klemmenleisten muss nicht viel gesagt werden. Der **Klemmenleisten-Navigator** unterstützt den Anwender in vielen sich immer wiederholenden Aktionen, zum Beispiel im Nummerieren von Klemmen.

Neben dem eigentlichen Klemmenleisten-Navigator enthält das Menü **PROJEKTDATEN/ KLEMMENLEISTEN** noch weitere Funktionen. Diese können direkt auf einer Seite nur mit den markierten Elementen durchgeführt werden oder mit markierten Seiten im **Seiten-Navigator**. Auch im **Klemmenleisten-Navigator** gibt es das mit der rechten Maustaste aufrufbare Kontextmenü, oder man klickt den Button ▸ an, und das Kontextmenü öffnet sich anschließend.

5.3.1 Klemmenleisten-Navigator/Bearbeiten ...

Mithilfe der Funktion **BEARBEITEN** im Menü **PROJEKTDATEN/KLEMMENLEISTEN** wird der Dialog **KLEMMENLEISTEN BEARBEITEN** aufgerufen. In diesem Dialog können verschiedene Funktionen aus dem Kontextmenü für das Bearbeiten von Klemmen durchgeführt bzw. genutzt werden. Beispiele wären *Klemmen nummerieren, verschieben, Leistenzubehör hinzufügen* oder löschen oder *Mehrstockklemmen auflösen*.

Das Kontextmenü im Klemmeneditor lässt sich wie alle Menüs in EPLAN mit der rechten Maustaste oder mithilfe des Buttons aufrufen.

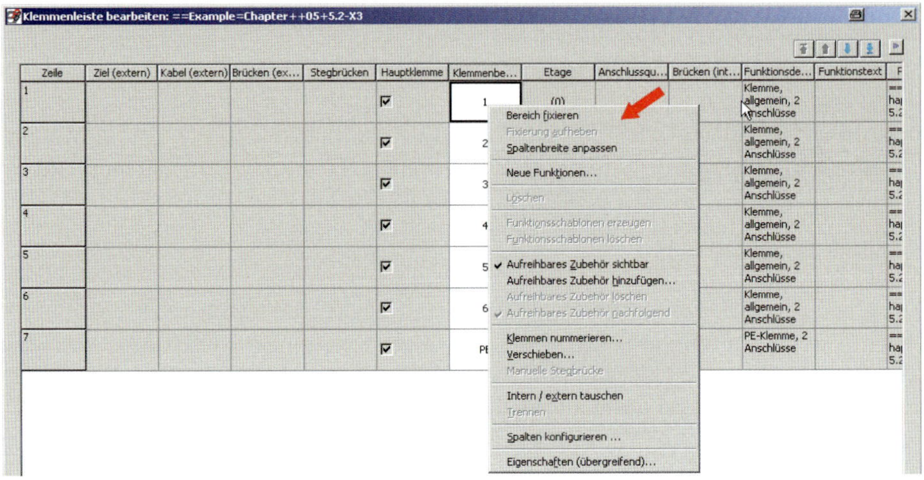

Bild 5.61 Dialog Klemmenleisten bearbeiten

Im unteren Bereich des Dialoges befinden sich weitere Funktionen zur Bearbeitung von Klemmen nach dem Anklicken des Buttons **SORTIEREN**.

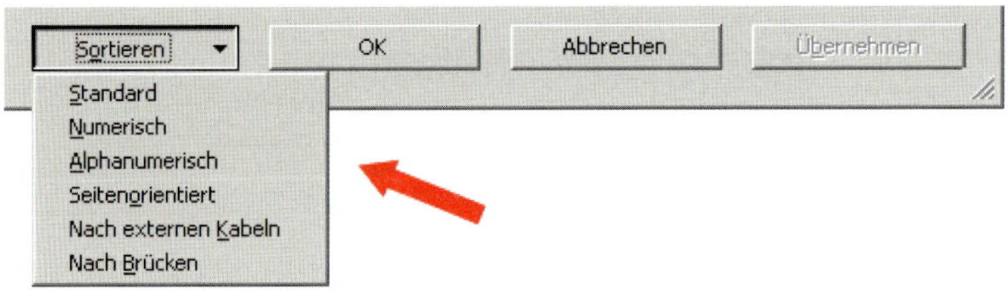

Bild 5.62 Button Sortieren und dessen Funktionen

Mithilfe des Buttons **SORTIEREN** öffnet sich ein weiteres Menü mit Funktionen für die Sortierung von Klemmen. Die Funktion **STANDARD** beispielsweise, setzt die bisherige Sortierung der Klemmen wieder auf den Standard zurück. Die Funktion **NUMERISCH** sortiert die Klemmen nach Nummern, die Funktion **ALPHANUMERISCH** nach alphanumerischen Bestandteilen in der Klemmenbezeichnung.

Die restlichen Buttons **OK**, **ABBRECHEN** sprechen für sich. Der Button **ÜBERNEHMEN** übernimmt die Änderungen erst im Dialog **KLEMMENLEISTEN BEARBEITEN** und schließt den Dialog an dieser Stelle noch nicht.

Um mithilfe des Klemmeneditors eine Klemmenleiste zu bearbeiten, wird die Klemmenleiste im Stromlaufplan oder im Klemmenleisten-Navigator markiert (es reicht EPLAN, wenn mindestens eine Klemme von der zu bearbeitenden Klemmenleiste markiert wird) und anschließend im Menü **PROJEKTDATEN/KLEMMENLEISTEN** die Funktion **BEARBEITEN** aufgerufen.

> **TIPP:** Um die Zeilenhöhe im Dialog **KLEMMENLEISTEN BEARBEITEN** zu ändern, wird der Cursor auf eine Zeile gesetzt und danach die Zeile mit gedrückter linker Maustaste größer oder kleiner gezogen.

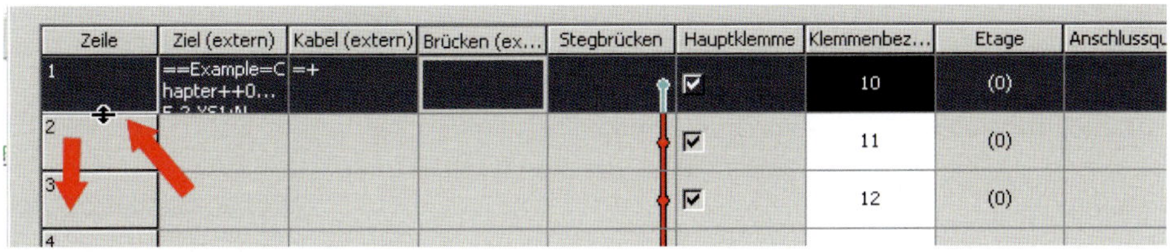

Bild 5.63 Zeilenhöhe ändern

EPLAN öffnet den Dialog **KLEMMENLEISTEN BEARBEITEN**. Hier werden nun die Klemmen nach dem Standard sortiert. Dazu wird der Button **SORTIEREN** angeklickt und der Eintrag **STANDARD** ausgewählt. EPLAN sortiert sofort die Klemmenleiste nach dem Standard.

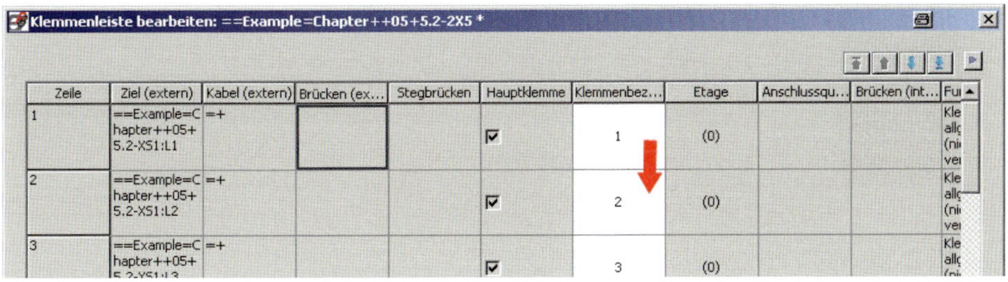

Bild 5.64 Klemmenleiste neu sortiert

Um jetzt beispielsweise die Klemmen 1, 2 und 3 in der Reihenfolge zu verändern (von 1-2-3 nach 3-2-1), werden die Klemmen jeweils markiert und mit den Buttons oder mit den dazugehörenden Tastenkombinationen an die gewünschte Position verschoben.

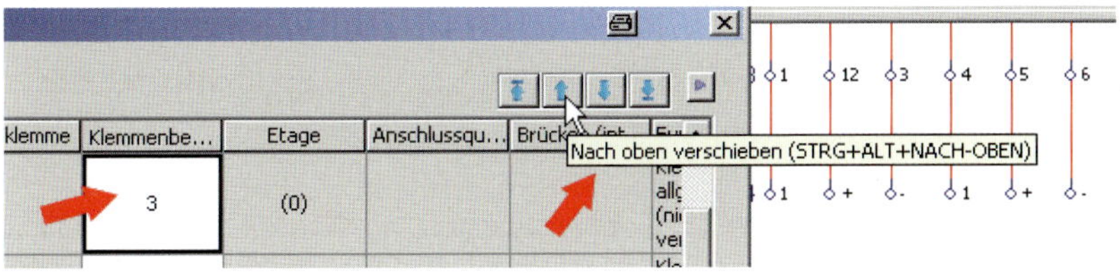

Bild 5.65 Klemme manuell verschieben

Um einer oder mehreren Klemmen eine andere Klemmenbezeichnung zu geben, reicht es, wenn das Feld **Klemmenbezeichnung** direkt editiert wird. EPLAN würde

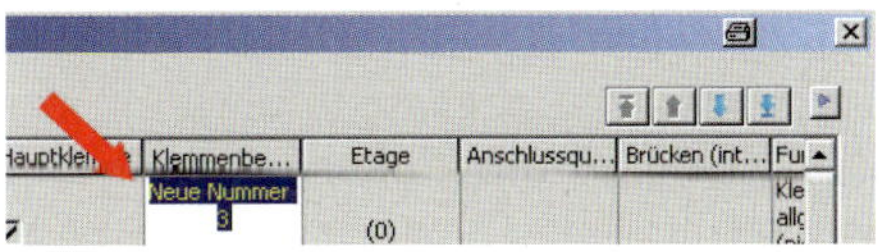

Bild 5.66 Klemmenbezeichnung umbenennen

beim Verlassen (und Speichern der Änderungen) des Dialoges diese geänderte Klemmenbezeichnung sofort an die entsprechenden Klemmen schreiben.

Natürlich können Klemmen auch im Dialog nummeriert werden. Dazu werden die gewünschten Klemmen einfach mit der Maus markiert und im Kontextmenü der Menüeintrag **KLEMMEN NUMMERIEREN** aufgerufen. Anschließend startet EPLAN den Dialog **KLEMMEN NUMMERIEREN**, wo die entsprechenden Einstellungen zu setzen sind, und EPLAN kann dann die Klemmen nummerieren.

Bild 5.67 Klemmen nummerieren

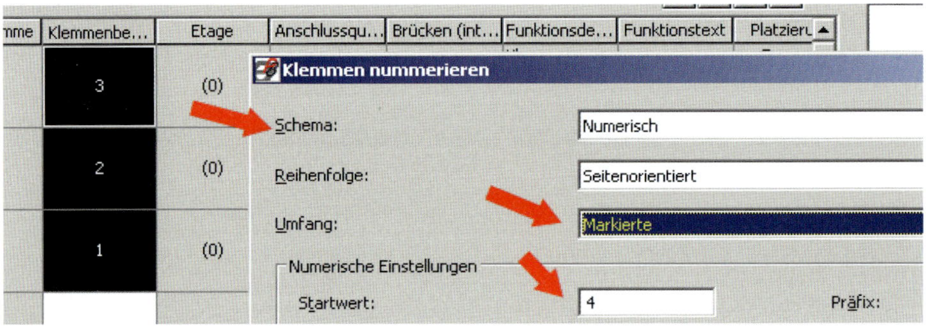

Bild 5.68 Dialog Klemmen nummerieren

5.3.2 Klemmenleisten-Navigator/Korrigieren

Eine weitere und wichtige Funktion im Menü **PROJEKTDATEN/KLEMMENLEISTEN** ist die Funktion **KORRIGIEREN**. Bevor diese Funktion aufgerufen werden kann, muss mindestens eine Klemme oder Klemmenleiste markiert sein. Wird die Funktion **KORRIGIEREN** dann aufgerufen, öffnet EPLAN den Dialog **KLEMMENLEISTEN KORRIGIEREN**.

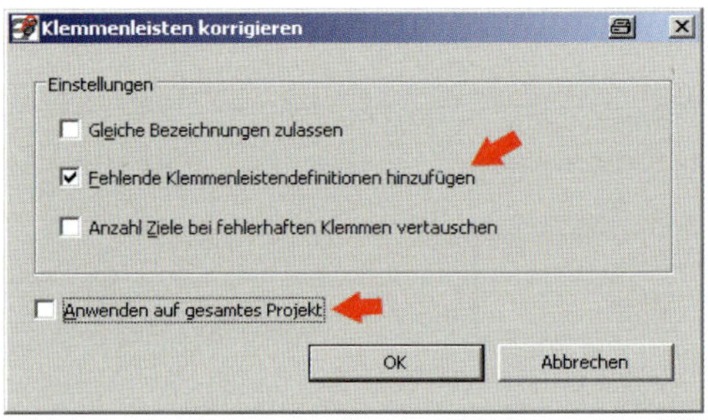

Bild 5.69 Dialog Klemmenleisten korrigieren

Der Dialog bietet insgesamt vier Einstellmöglichkeiten. Die Einstellung *Gleiche Bezeichnungen zulassen* erlaubt es, dass Klemmen mit der gleichen Klemmennummer nicht als Fehler gemeldet werden, und setzt zugleich die Eigenschaft der Klemme **Mehrfacheingabe erlaubt <20811>** bei Klemmen mit der gleichen Klemmennummer auf Mehrfacheingabe.

Die Einstellung *Anzahl Ziele bei fehlerhaften Klemmen vertauschen* bewirkt, dass EPLAN Klemmen mit einer unterschiedlichen Anzahl der Ziele korrigiert.

Weiter ist es möglich, dass EPLAN mit der Einstellung *Fehlende Klemmenleistendefinitionen hinzufügen* automatisch alle fehlenden Klemmenleistendefinitionen erzeugt und sie als nichtplatzierte Funktion der Klemmenleiste im Klemmen-Navigator hinzufügt.

Was bewirkt und warum sollte man eine Klemmenleistendefinition benutzen? Nur mithilfe von erzeugten Klemmenleistendefinitionen können Klemmenleisten einfach und problemlos beispielsweise von verschiedenen Auswertungen ausgenommen werden (**Eigenschaften <20851, 20853 und 20857> Keine Ausgabe ...**), oder es kann Klemmenleisten ein beschreibender Klemmenleistendefinitionstext (Feld **Funktionstext**) zugeordnet oder die Klemmenleiste soll mit einem besonderen Formular (Felder **Klemmenplan- und/oder Anschlussplanformular**) grafisch ausgegeben werden.

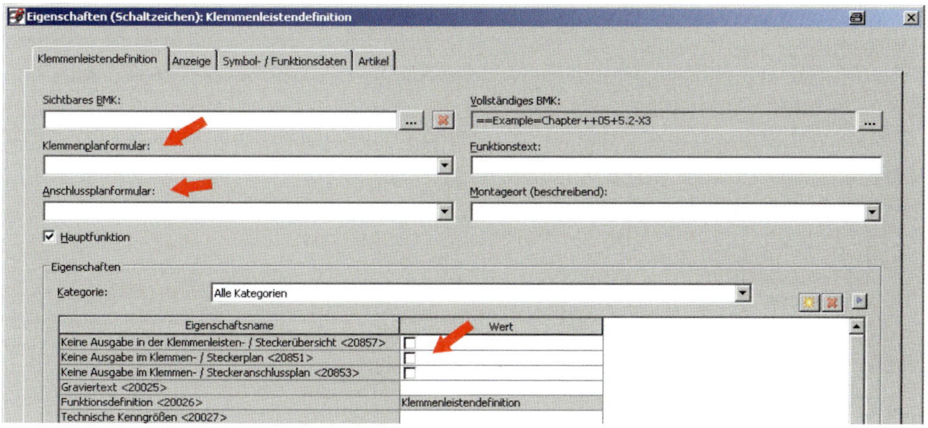

Bild 5.70 Klemmenleistendefinition und ihre Eigenschaften

Diese Eingaben sind alle nur dann möglich, wenn eine Klemmenleistendefinition angelegt worden ist. An einer Klemme können solche Informationen nicht in den Eigenschaften eingetragen bzw. hinterlegt werden.

Wird das Häkchen bei der Einstellung *Fehlende Klemmenleistendefinitionen hinzufügen* gesetzt, dazu die Einstellung *Anwenden auf gesamtes Projekt* und der Dialog mit dem Button **OK** bestätigt, erzeugt EPLAN für alle Klemmenleisten die Klemmenleistendefinition, aber nur da, wo eine fehlt.

5.3.3 Klemmenleisten-Navigator/Klemmen nummerieren

Klemmen können in EPLAN durch verschiedene Aktionen innerhalb eines Projektes – durch Kopieren oder Kopieren von Seiten aus anderen Projekten – nicht mehr die richtigen bzw. die völlig falsche Bezeichnungen tragen. Um sich zu ersparen, nun nicht alle Klemmen von Hand neu nummerieren zu müssen, befindet sich im Menü **PROJEKTDATEN/KLEMMENLEISTEN** die Funktion **KLEMMEN NUMMERIEREN**.

Bild 5.71 Dialog Klemmen nummerieren

Das Nummerieren von Klemmen ist aber nicht nur nach einfachen Schemata möglich, beispielsweise alle Klemmen ganzzahlig mit 1 bis 10 durchzunummerieren, sondern EPLAN bietet auch die Möglichkeit, sich eigene Nummerierungsschemata anzulegen, zum Beispiel für Initiatorklemmen.

Im Stromlaufplan (oder im Klemmenleisten-Navigator) wird die neu zu nummerierende Klemmenleiste markiert. Es reicht dabei die Markierung einer beliebigen Klemme dieser Klemmenleiste aus.

Bild 5.72 Klemmen markieren

Der Dialog **KLEMMEN NUMMERIEREN** wird nun über das Menü **PROJEKTDATEN/ KLEMMENLEISTEN** mit der Funktion **KLEMMEN NUMMERIEREN** gestartet.

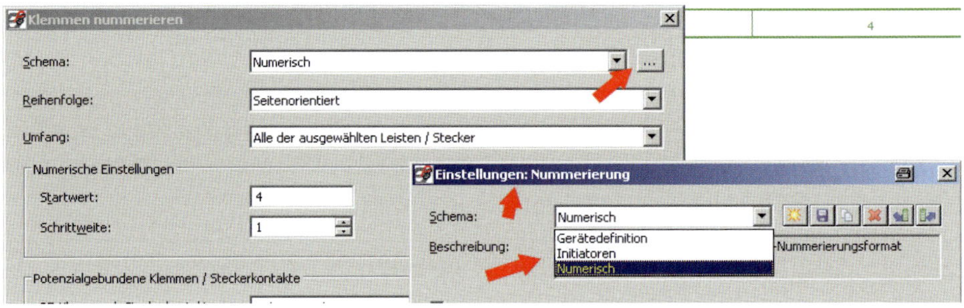

Bild 5.73 Dialog Klemmen nummerieren mit Auswahl des Nummerierungsschemas

Im Dialog **KLEMMEN NUMMERIEREN** wird nun im Auswahlfeld **Schema** das gewünschte Schema ausgewählt, im Beispiel das Schema *Numerisch*. Das Schema kann vor einer Nummerierung mithilfe des Buttons [...] auch noch geändert oder über den Dialog **EINSTELLUNGEN NUMMERIERUNG** ein neues Schema erstellt werden.

Vor dem eigentlichen Nummerieren sollten die anderen Einstellungen des Dialoges, wie die numerischen Einstellungen, der Umfang oder die Behandlung von PE-Klemmen, kontrolliert bzw. angepasst werden.

Nach Klick auf **OK** im Dialog **KLEMMEN NUMMERIEREN** nummeriert EPLAN die Klemmenleisten nach den Angaben durch.

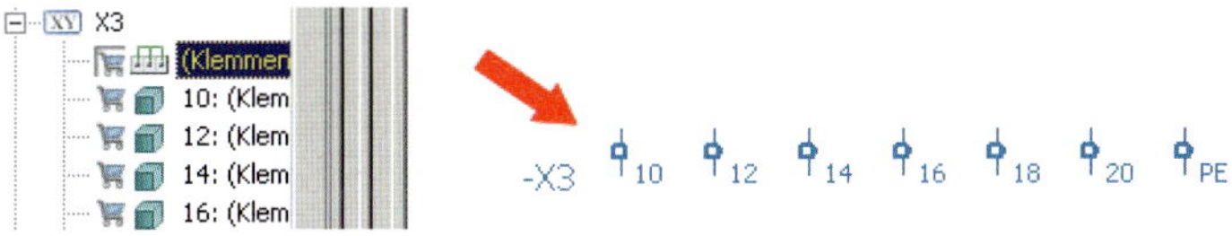

Bild 5.74 Neu nummerierte Klemmen

Mit diesem einfachen Beispiel soll hier natürlich nur die Vorgehensweise im Umgang mit der Funktion **KLEMMENLEISTEN NUMMERIEREN** gezeigt werden. Anhand der vielfältigen einstellbaren Klemmenschemata lassen sich auch komplexere Nummerierungsaufgaben erledigen.

5.3.3.1 Einstellungen Klemmen nummerieren

Im Dialog **KLEMMEN NUMMERIEREN** gibt es neben den einfachen Einstellungen für die Nummerierung noch weitere Optionen, die nachfolgend erläutert werden sollen.

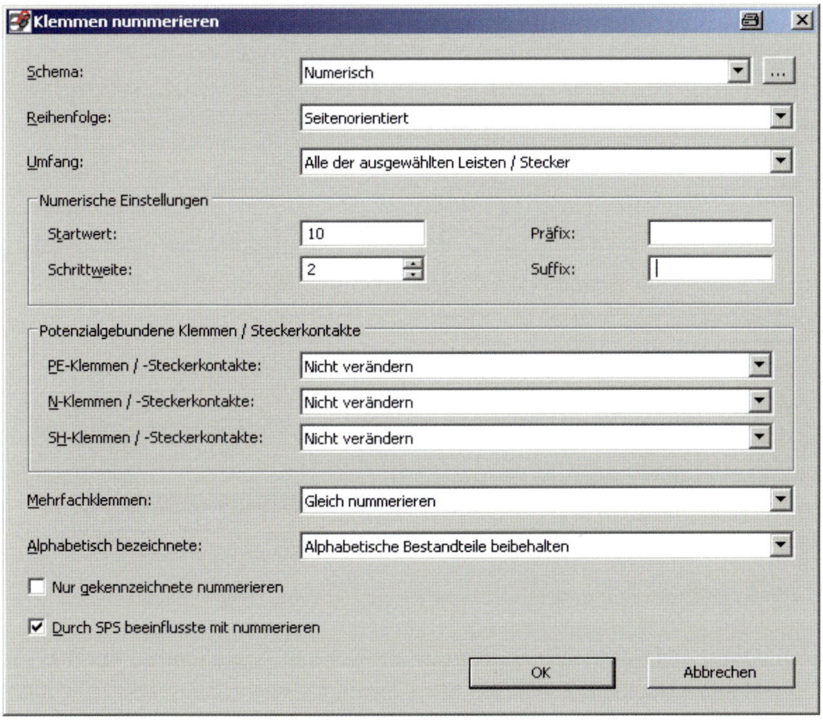

Bild 5.75 Dialog Klemmen nummerieren

Schema: Hier kann aus der Auswahlliste das gewünschte Schema eingestellt werden. Die auswählbaren Schemata sind beliebig erweiterbar.

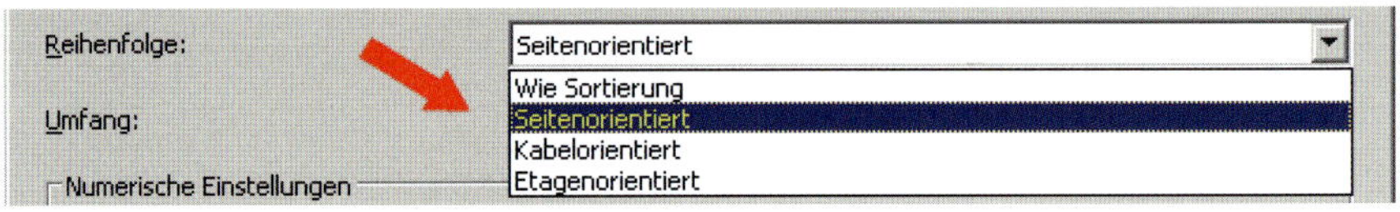

Bild 5.76 Einstellung Reihenfolge

Reihenfolge: In dieser Auswahlliste wird die Reihenfolge für das Nummerieren festgelegt. Soll sich die Reihenfolge an den Seiten, den Kabeln oder Etagen orientieren oder soll die vorhandene Sortierung übernommen werden?

Bild 5.77 Einstellung Umfang

Umfang: Mit dieser Einstellung wird der Umfang der zu nummerierenden Klemmen festgelegt. Sollen nur die markierten, die gesamte Klemmenleiste oder alle Klemmen im Projekt nummeriert werden?

Bild 5.78 Einstellungen Numerische Einstellungen

Numerische Einstellungen: Hier werden der Startwert, die Schrittweite, das Präfix (ein Zeichen vor der Klemmenbezeichnung) und das Suffix (ein Zeichen nach der Klemmenbezeichnung) festgelegt.

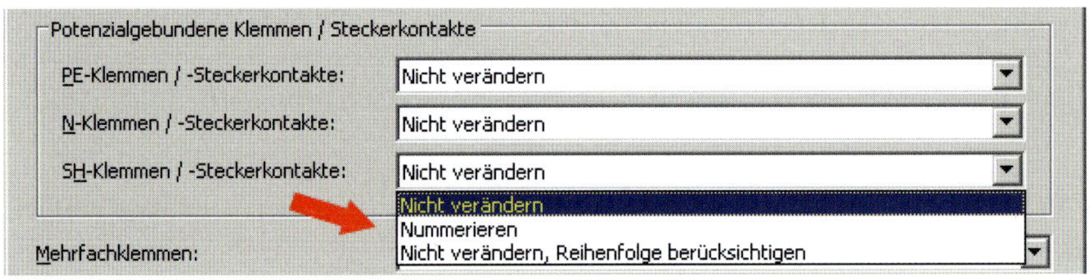

Bild 5.79 Einstellungen für bestimmte Klemmentypen

Potenzialgebundene Klemmen/Steckerkontakte: Hier werden Einstellungen für die PE-, N- oder SH-Klemmen festgelegt. Sollen sie nicht geändert, mit nummeriert oder nicht verändert werden, aber sich an die eingestellte Reihenfolge halten? Entscheidend ist hier der Potenzialtyp der Klemmen!

Bild 5.80 Einstellungen für Mehrfachklemmen

Mehrfachklemmen: Wie sollen Mehrfachklemmen beim Nummerieren behandelt werden? Nicht verändern, sollen sie alle gleich nummeriert oder einzeln nummeriert werden?

Bild 5.81 Einstellungen für alphabetisch bezeichnete Klemmen

Alphabetische bezeichnete: Mit dieser Einstellung werden Klemmenbezeichnungen berücksichtigt, die alphabetische Bestandteile in der Klemmenbezeichnung haben. Je nach Einstellung werden diese nicht verändert, die Bestandteile werden behalten, oder sie werden komplett neu nummeriert. Dabei gehen die alphabetischen Bestandteile verloren.

Neben diesen Einstellungen gibt es noch zwei weitere Optionen.

Nur gekennzeichnete nummerieren: Dabei werden nur Klemmen mit einem Platzhalter nummeriert. Die letzte Einstellung *Durch SPS beeinflusste mit nummerieren* nummeriert nur Klemmen, die durch die SPS beeinflusst wurden.

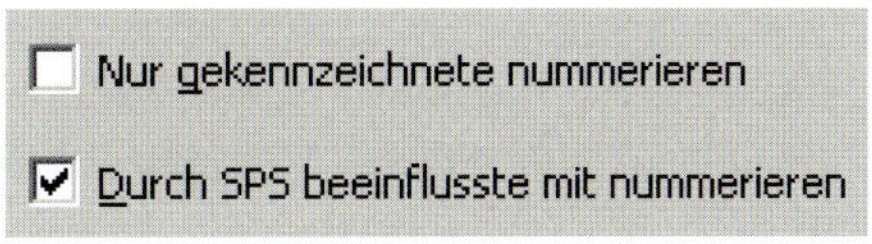

Bild 5.82 Weitere Optionen

5.3.4 Klemmenleisten-Navigator/Neu ...

Die Funktion NEU ... ist identisch mit der Funktion, die auch der **Betriebsmittel-Navigator** zu bieten hat. Im Gegensatz zum Betriebsmittel-Navigator, der eine beliebige Funktionsdefinition einfügen kann, ist es im **Klemmenleisten-Navigator** aber nur möglich, die Funktionsdefinition Klemme bzw. Klemmenleiste einzufügen.

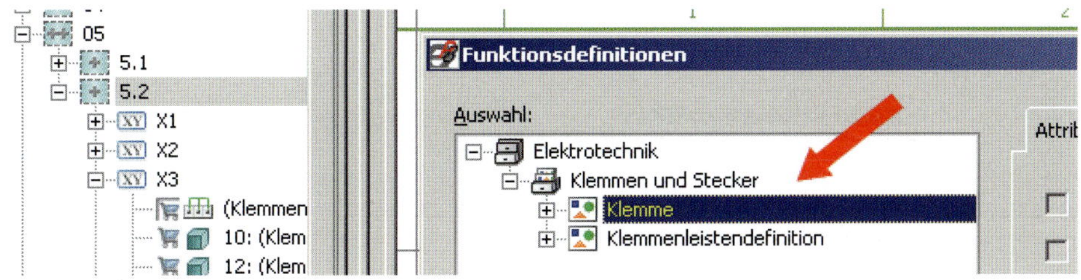

Bild 5.83 Neue Klemmen einfügen

5.3.5 Klemmenleisten-Navigator/Neue Funktionen ...

Mit der Funktion **NEUE FUNKTIONEN...** können im **Klemmen-Navigator** schnell komplette Klemmenleisten mit bestimmten (eigenen) Nummerierungen erzeugt werden.

Die Funktion **NEUE FUNKTIONEN...** wird im Kontextmenü des **Klemmenleisten-Navigators** aufgerufen. EPLAN startet den Dialog **FUNKTIONEN ERZEUGEN**, der zu Beginn erst einmal leer ist, oder es wurde eine Klemmenleistenbezeichnung übernommen. Das vollständige BMK wird vorab gebildet, je nachdem, wo der Fokus im Klemmenleisten-Navigator steht.

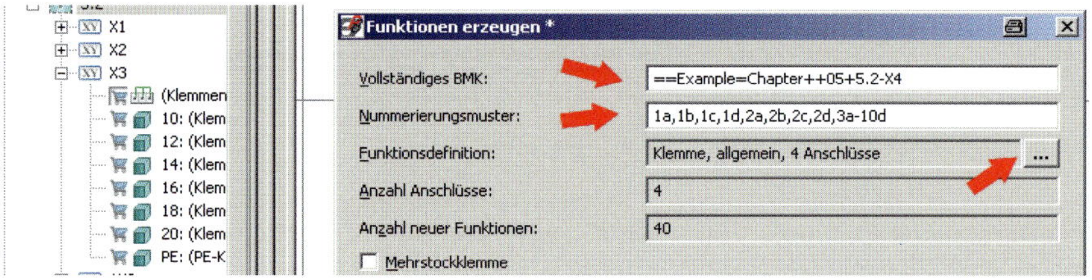

Bild 5.84 Dialog Funktionen erzeugen

Im Dialog sollten das vollständige BMK (die Klemmenleistenbezeichnung), das Nummerierungsmuster sowie die Einstellung, ob es sich um Mehrstockklemmen handelt, ausgewählt bzw. eingetragen werden.

Funktionen erzeugen

Es ist auch möglich, eine andere Funktionsdefinition anstatt der voreingestellten Klemme zu wählen. Dafür wird einfach der Button ... angeklickt. EPLAN wechselt in den Dialog **FUNKTIONSDEFINITIONEN**, wo eine andere Funktionsdefinition ausgewählt und mit dem Button **OK** übernommen werden kann.

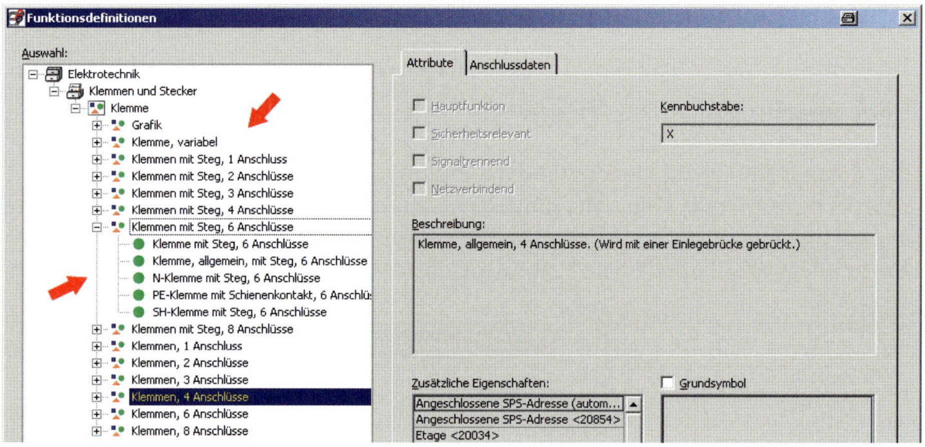

Bild 5.85 Dialog Funktionsdefinitionen

Das ist aber keine Bedingung. Alle Funktionsdefinitionen können später mit der Blockbearbeitung im Klemmenleisten-Navigator einfach geändert werden.

Zurück zum Erzeugen der Funktionen: Die Funktionen lassen sich anschließend erst erzeugen (der Button **OK** wird von EPLAN aktiv geschaltet), wenn alle Angaben korrekt sind. Befindet sich zum Beispiel im Nummerierungsmuster ein Fehler, beispielsweise fehlt ein Komma, wird der Button **OK** nicht aktiv. Das ist zu kontrollieren. Nach dem Klick auf den Button **OK** erzeugt EPLAN eine Klemmenleiste mit der eingestellten Auswahl.

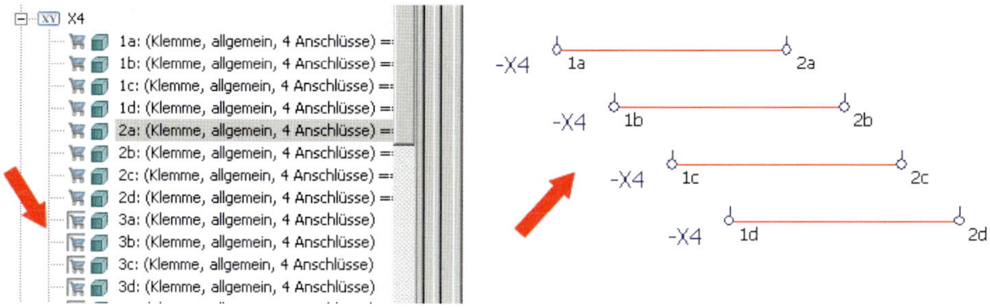

Bild 5.86 Neue Klemmenleiste mit platzierten und nichtplatzierten Klemmen

> **HINWEIS:** Die neu erzeugten Klemmen besitzen keine Artikeldaten. Diese müssen später noch mit einer Geräteauswahl zugeordnet werden.

5.3.6 Klemmenleisten-Navigator/Neue Klemmen (Geräte) ...

Neben dem einfachen Erzeugen von neuen Klemmenleisten und neuen Klemmen ist es im Kontextmenü des Klemmenleisten-Navigators möglich, neue Klemmen auch als Geräte, also anhand von vorhandenen Artikeln und deren Funktionsschablonen, zu erzeugen.

Dafür wird im Kontextmenü der Menüeintrag **NEUE KLEMMEN (GERÄTE)...** gestartet.

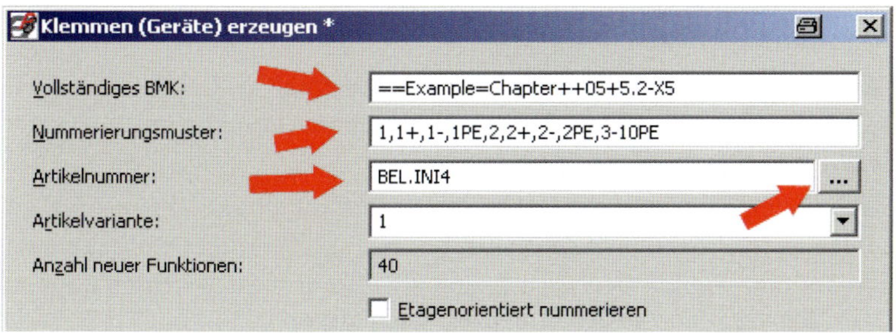

Bild 5.87 Dialog Klemmen (Geräte) erzeugen

EPLAN öffnet den Dialog **KLEMMEN (GERÄTE) ERZEUGEN**. Hier werden ähnliche Eintragungen wie im vorangegangenen Abschnitt erzeugt. Also ein BMK festgelegt, ein Nummerierungsmuster und, das Entscheidende, ein Artikel (das Gerät) aus der Artikelverwaltung ausgewählt.

Sind alle Eingaben korrekt, kann mit dem Klick auf den Button **OK** das Erzeugen der Geräte gestartet werden. EPLAN legt die Funktionen im Navigator als nichtplatzierte Funktionen an.

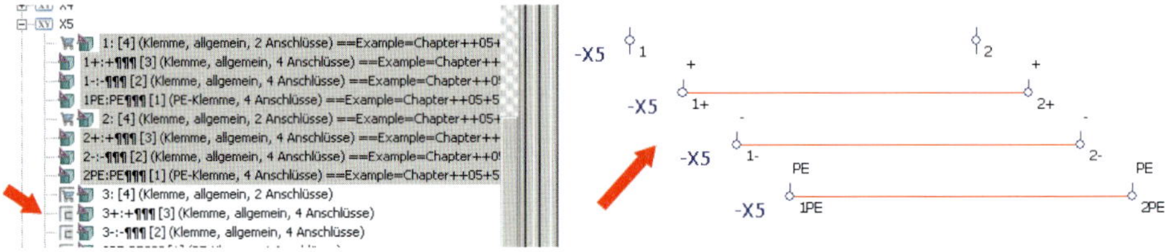

Bild 5.88 Erzeugte neue Klemmen (Geräte)

Im Gegensatz zum letzten Abschnitt sind diese neuen Klemmen aber wirkliche Geräte. Sie tragen demnach schon Artikeldaten.

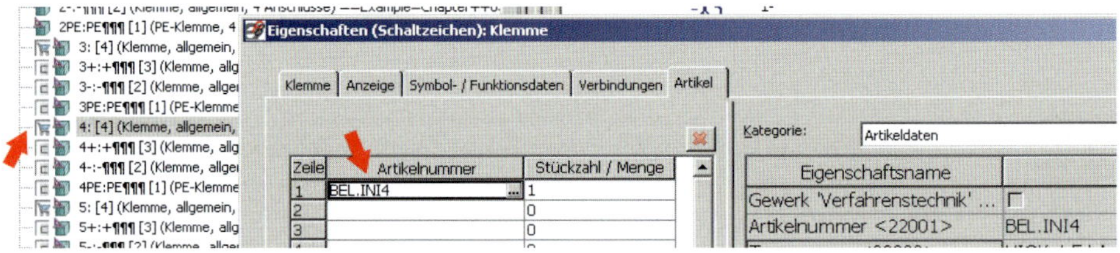

Bild 5.89 Artikeldaten einer Klemme

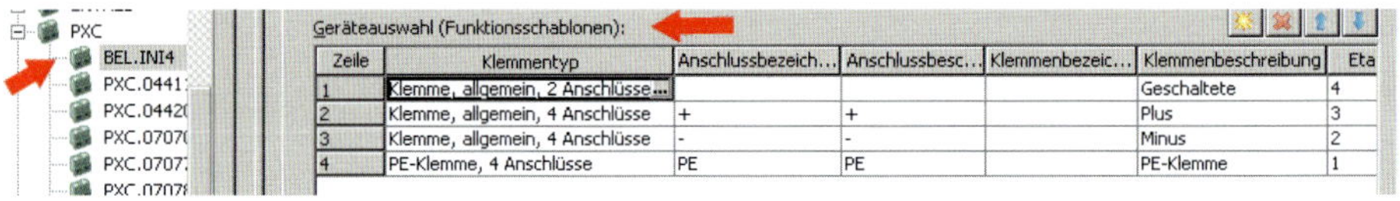

Bild 5.90 Funktionsschablone des Klemmen-Artikels

5.3.6.1 Hauptklemmen/Nebenklemmen

Neben dem bisherigen Erzeugen von Klemmen oder von Klemmen als Geräte ist es wichtig, zu wissen, dass EPLAN mit der Version 2.0.x neue Klemmenfunktionen und einen neuen Begriff eingeführt hat – die **Hauptklemme**.

Was ist nun eine Hauptklemme? Sie ist vergleichbar mit einer Hauptfunktion und darf bei einer Klemme mit mehreren Funktionsdefinitionen nur einmal als Hauptklemme gekennzeichnet sein. Alle anderen Funktionen dieser Klemme dürfen nicht als Hauptklemme gekennzeichnet sein. Sie sind dann so genannte **Nebenklemmen**.

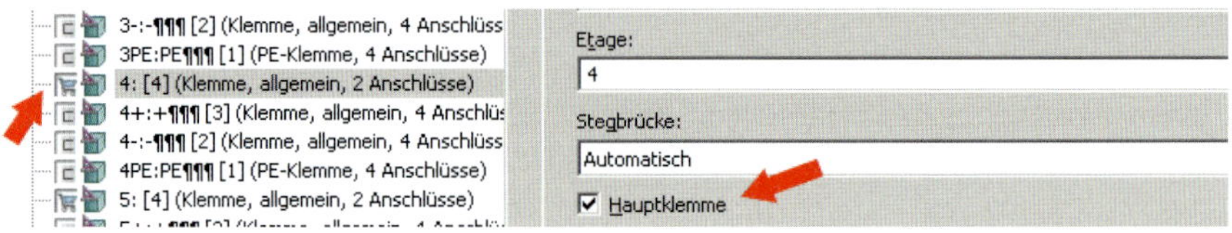

Bild 5.91 Hauptklemme

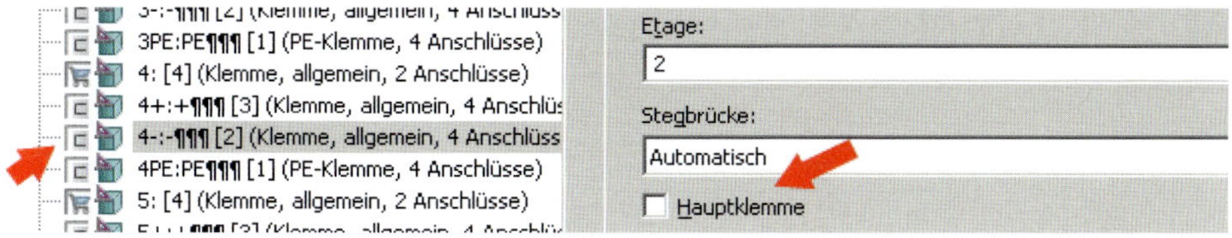

Bild 5.92 Nebenklemme

Nur Hauptklemmen können *Artikeldaten* tragen. Diese neuen Haupt- und Nebenklemmen werden nun wie alle anderen Geräte behandelt und können wie andere Geräte in EPLAN benutzt werden. Man hat daher die Möglichkeit, bestimmte Funktionen dieser Klemme abzubuchen oder zu platzieren, also wie beispielsweise einen Schützkontakt und eine Spule. Hauptklemmen und Nebenklemmen stehen im gleichen Verhältnis zueinander. Ebenso kann für diese Hauptklemmen eine Geräteauswahl durchgeführt werden. Die Klemmenleistendefinition ist aber weiterhin die **Hauptfunktion** einer Klemmenleiste.

5.3.7 Klemmenleisten-Navigator/Platzieren/[Darstellungsart]

Sollen beispielsweise nichtplatzierte Klemmen im Stromlaufplan benötigt werden, können sie mit der Funktion **PLATZIEREN** aus dem Klemmenleisten-Navigator dahin übertragen werden.

Im Klemmenleisten-Navigator werden die benötigten Klemmen mithilfe der Maus oder der Tastatur markiert (mit der Maus ist hier effektiver). Anschließend wird die Funktion **PLATZIEREN/ALLPOLIG** (für eine allpolige Darstellung) aus dem Kontextmenü der rechten Maustaste im Klemmenleisten-Navigator ausgewählt.

Bild 5.93 Allpoliges Platzieren von Klemmen

EPLAN »hängt« jetzt alle markierten Klemmen an den Mauszeiger, und die Klemmen können durch einen Linksklick mit der Maus alle einzeln abgesetzt werden.

Auch kann man die linke Maustaste gedrückt halten und zum Beispiel nach rechts über das Blatt ziehen. EPLAN setzt dann in einem Zug mehrere Klemmen ab, bis die Maustaste wieder losgelassen wird. Es müssen aber Gegenziele vorhanden sein, damit EPLAN hier eine automatische Verbindung erstellen kann.

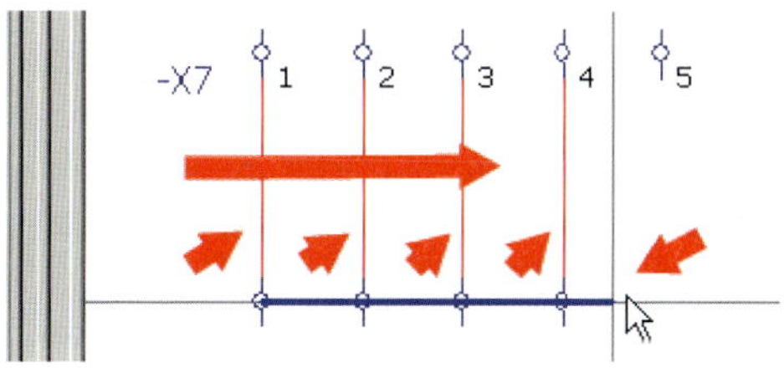

Bild 5.94 Mehrfachplatzierung

5.4 Stecker-Navigator (Buchsen-Navigator)

Neben den Klemmen gibt es die Stecker bzw. Buchsen. Für den **Stecker-Navigator** gelten prinzipiell die gleichen Funktionen und Arbeitsweisen wie bei der Bearbeitung von Klemmen bzw. Klemmenleisten. Deshalb beschränkt sich dieser Abschnitt auf die, vom Klemmenleisten-Navigator bekannten, abweichenden Funktionen der Stecker- und/oder Buchsenbearbeitung.

Stecker ist ein großer Oberbegriff in EPLAN. Stecker werden weiter feiner unterschieden in Steckerkontakte (Stifte) und Buchsen. Dementsprechend sind auch Funktionsdefinitionen vorhanden, oder Menüeinträge tragen diese unterschiedlichen Bezeichnungen.

5.4.1 Stecker-Navigator/Bearbeiten

Neben dem eigentlichen **Stecker-Navigator** gibt es auch für die Projektdaten **Stecker** ein Untermenü mit einigen weiteren Funktionen. Die Funktion **STECKER BEARBEITEN** ist dabei der Vorgehensweise der Funktion **KLEMMEN BEARBEITEN** sehr ähnlich. Es handelt sich hierbei nur um Steckerkontakte bzw. Buchsen.

EPLAN startet nach dem Menüaufruf den Dialog **STECKER BEARBEITEN**. Hier können die im Kontextmenü vorliegenden Funktionen benutzt werden, wie *Steckerkontakte nummerieren* oder die *Eigenschaften bearbeiten*.

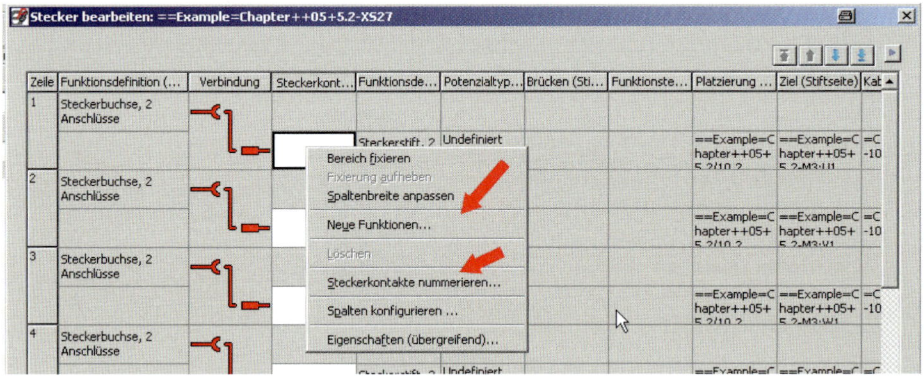

Bild 5.95 Dialog Stecker bearbeiten

5.4.2 Stecker-Navigator/Korrigieren

Die Funktion **KORRIGIEREN** im Menü **PROJEKTDATEN/STECKER** legt u. a. korrekte Steckerdefinitionen an. Während es bei Klemmen nur eine Definition – die Klemmenleistendefinition – gibt, unterscheidet EPLAN bei den Steckern drei verschiedene Definitionen.

Es gibt *Steckerdefinitionen* für Buchsen, für Stifte und für die Kombination aus beiden für Stifte und Buchsen.

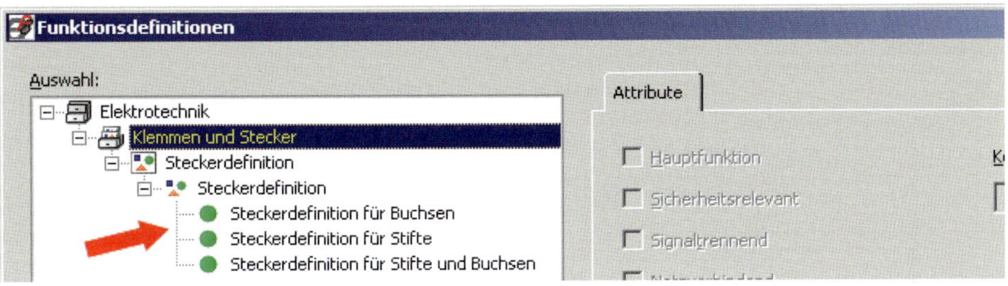

Bild 5.96 Verschiedene Arten von Steckerdefinitionen

Es ist sehr wichtig, dass die passenden *Steckerdefinitionen* zur entsprechenden Stecker-, Buchsen- oder Steckerbuchsenleiste erzeugt werden. Wird zum Beispiel einer Buchsenleiste mit eingetragenem Auswertungsformular (abweichend vom eingetragenen Steckerplan-Standardformular, um es später manuell auf einer Schaltplanseite platzieren zu können) eine falsche Steckerdefinition zugeordnet, wird EPLAN für diese Buchsenleiste keine manuell platzierte Auswertung erzeugen.

HINWEIS: Da dieser Punkt sehr wichtig ist, würde ich empfehlen, Steckerdefinitionen immer automatisch erzeugen zu lassen. EPLAN ordnet den verschiedenen Funktionen dann automatisch die richtige Steckerdefinition zu, da EPLAN dazu die nötigen Informationen, wie Funktionsdefinitionen, aus dem Projekt selbst ermittelt.

5.4.3 Stecker-Navigator/Steckerkontakte nummerieren

Diese Funktion ist identisch mit der Funktion **KLEMMEN NUMMERIEREN** – mit einer Ausnahme. Im Dialog **STECKERKONTAKTE NUMMERIEREN** ist die Option **MEHRFACH-KLEMMEN** bei Steckern nicht möglich.

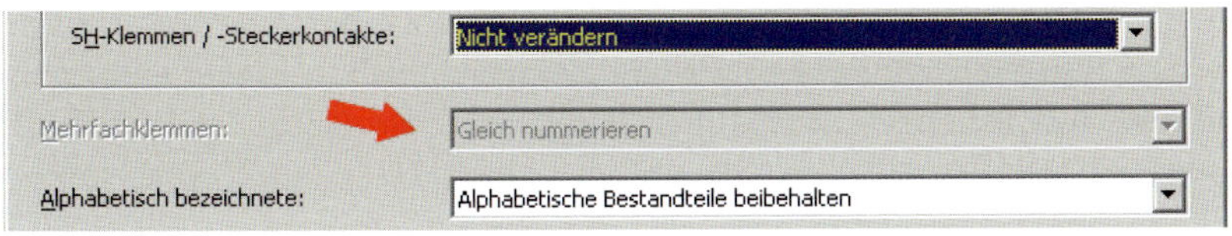

Bild 5.97 Dialog Stecker nummerieren

5.4.4 Stecker-Navigator/Neu ...

Im Kontextmenü des **Stecker-Navigators** (erreichbar mit der rechten Maustaste bzw. über ▶) befindet sich der Menüpunkt **NEU...** Die Vorgehensweise ist gleich der des **Klemmen-Navigators** mit seiner Funktion **NEU...**. Es kann hier ebenfalls eine neue Funktionsdefinition ausgewählt werden. Im Gegensatz zu Klemmen sind hier nur Funktionsdefinitionen für Stecker und Buchsen möglich.

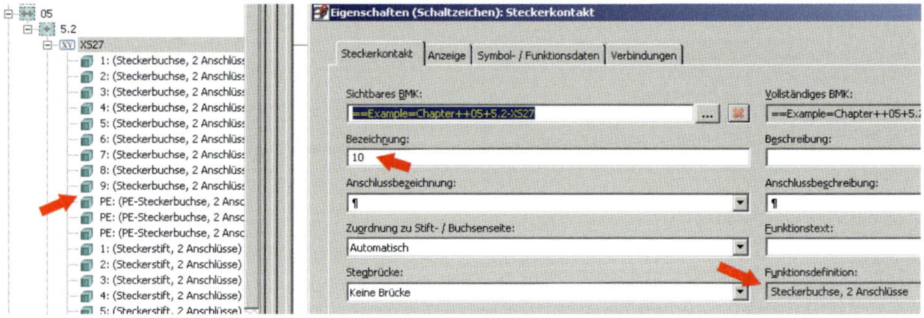

Bild 5.98 Neue einzelne Steckerbuchse anlegen

5.4.5 Stecker-Navigator/Neue Funktionen ...

Mit diesem Menüpunkt im Kontextmenü des **Stecker-Navigators** werden (genau wie im **Klemmenleisten-Navigator**) neue Steckerleisten angelegt. Während es im Klemmenleisten-Navigator neue Klemmenleisten sind, sind es im Stecker-Navigator neue Stecker, Buchsen oder Stecker-/Buchsenleisten – je nach Einstellung der Funktionsdefinition.

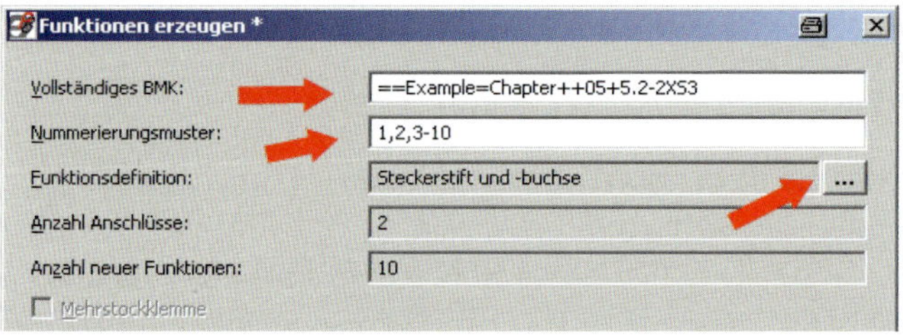

Bild 5.99 Beispiel Erzeugen neuer Funktionen

Im Gegensatz zum Erzeugen neuer Funktionen im Klemmenbereich ist es hier nicht möglich, Mehrstockklemmen anzulegen. Die restliche Vorgehensweise gleicht der Vorgehensweise des Klemmenleisten-Navigators.

5.4.6 Stecker-Navigator/Steckerdefinition erzeugen

Neue Stecker werden, ebenfalls wie im **Klemmenleisten-Navigator**, auch im **Stecker-Navigator** einfach über den Menüpunkt des Kontextmenüs STECKERDEFINITION ERZEUGEN bestimmt. Anschließend muss hier unter den Menüeinträgen STIFTE UND BUCHSEN, NUR STIFTE oder NUR BUCHSEN gewählt werden.

EPLAN öffnet beispielsweise beim Eintrag *Nur Stifte* den Dialog **EIGENSCHAFTEN (SCHALTZEICHEN)/STECKERDEFINITION** und trägt die richtige Funktionsdefinition ein. Die restlichen Angaben, wie Betriebsmittelkennzeichen oder Formulare, können entsprechend eingetragen bzw. ergänzt werden.

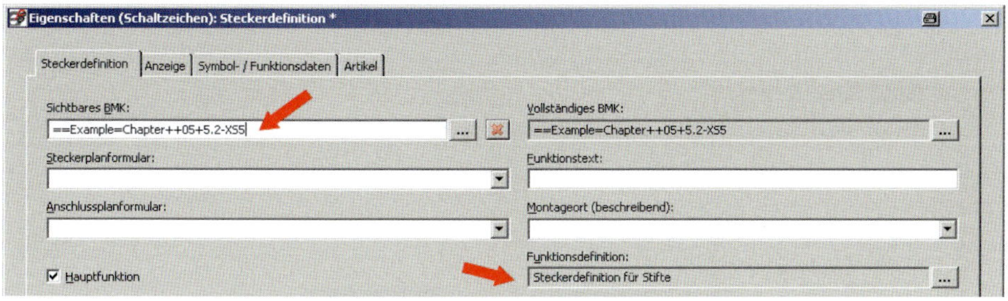

Bild 5.100 Neue Definition für Steckerstifte

5.4.7 Stecker-Navigator/Steckerkontakt erzeugen

Die Funktion **STECKERKONTAKT ERZEUGEN** erzeugt zur, im Stecker-Navigator, gewählten Stecker-, Buchsen- oder Steckerbuchsenleiste einen neuen Kontakt.

Über das Kontextmenü des Stecker-Navigators wird die Funktion **STECKERKONTAKT ERZEUGEN** und hier beispielsweise der Eintrag **STECKERKONTAKT** aufgerufen. EPLAN öffnet anschließend sofort den Dialog **EIGENSCHAFTEN (SCHALTZEICHEN)/STECKERKONTAKT**. Das Betriebsmittelkennzeichen des Steckers wird automatisch übernommen.

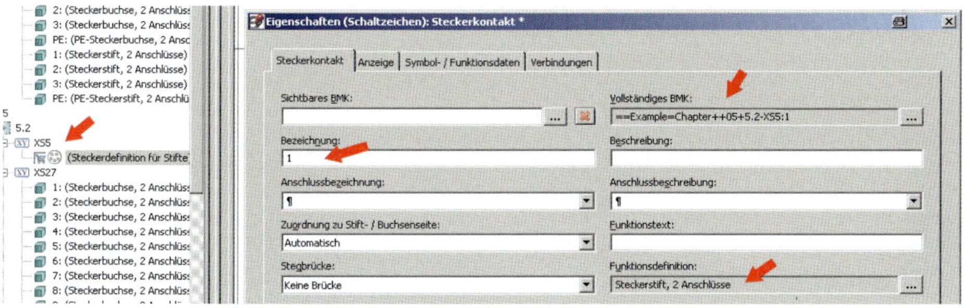

Bild 5.101 Einzelnen Steckerstift erstellen

Im Feld **Sichtbares BMK** kann über [...] zur **HILFE** in den Dialog **BMK-AUSWAHL** verzweigt werden. Hier sind alle Steckerkontakte, die dieser Stecker bisher hatte, aufgelistet. Der Steckerstift kann bezeichnet werden und wird nach Klick auf **OK** dem Stecker als nichtplatzierter Steckerstift zugeordnet.

Bild 5.102 Nichtplatzierter Steckerstift

5.4.8 Stecker-Navigator/Platzieren/[Darstellungsart]

Um, identisch wie im Klemmenleisten-Navigator, nichtplatzierte Stecker, Buchsen oder kombinierte Stecker/Buchsen im Stromlaufplan zu platzieren, wird über das Kontextmenü die Funktion **PLATZIEREN** und danach die Auswahl der Darstellungsart getroffen.

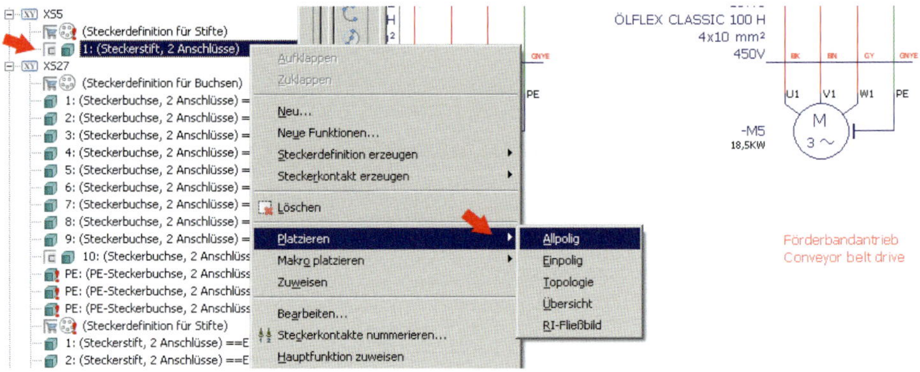

Bild 5.103 Platzieren eines nichtplatzierten Steckerstiftes

Diese Funktion ist beispielsweise wieder identisch mit der Funktionsweise des Klemmenleisten-Navigators.

5.5 Kabel-Navigator

Kabel und deren Adern verbinden die einzelnen Betriebsmittel. Der **Kabel-Navigator** bietet die Übersicht auf alle im Projekt verwendeten bzw. nichtplatzierten Kabel.

> **HINWEIS:** Für das Bearbeiten von Kabeln mit allen Funktionen, die der Kabel-Navigator und seine weiteren Funktionen, wie zum Beispiel die automatische Kabelauswahl, ermöglichen, müssen die logischen Verbindungsdaten immer aktuell vorliegen.

Das **VERBINDUNGEN AKTUALISIEREN** geschieht in den meisten Fällen vor solchen Aktionen von EPLAN automatisch. Aber falls die Verbindungsdaten nicht aktuell sind, kann es auch passieren, dass dann Folgeaktionen nicht so klappen wie gewünscht oder wie erwartet. Daher ist der *Status der Verbindungen* (aktuell oder nicht aktuell) in der Statuszeile (Hinweiszeichen # oder *) zu kontrollieren, und bei Bedarf sind die Verbindungen selbst zu aktualisieren.

Meine persönliche Empfehlung ist, wie schon an anderer Stelle in diesem Buch bemerkt, die Funktion **VERBINDUNGEN AKTUALISIEREN** auf die Taste **F11** zu legen. Dann ist das Aktualisieren der Verbindungen nur ein Tastendruck entfernt.

Wie bei allen anderen Navigatoren ist es auch möglich, ein Kontextmenü im Kabel-Navigator mit weiteren Funktionen zur Kabelbearbeitung aufzurufen. Das Kontextmenü wird, wie schon hinreichend bekannt, in EPLAN über die rechte Maustaste oder über den Button aufgerufen.

5.5.1 Kabel-Navigator/Bearbeiten

Im Menü **PROJEKTDATEN/KABEL** befindet sich der Menüpunkt **BEARBEITEN**. Mit dieser Funktion kann die Zuordnung der einzelnen Verbindungen (welche Kabelader – Quelle/Ziel) manuell geändert werden, ohne dass am Kabel im Stromlaufplan die einzelnen Adern geändert werden müssen.

Nach verschiedenen Kopier- und Löschaktionen stimmt die Zuordnung Kabelader/Klemme für ein Kabel nicht mehr genau mit der gewünschten Belegung überein. Um die Zuordnung jetzt komfortabel abzuändern, wird das zu ändernde Kabel im Stromlaufplan markiert (ein Mausklick auf das Kabelsymbol) und anschließend im Menü **PROJEKTDATEN/KABEL** die Funktion **BEARBEITEN** aufgerufen.

EPLAN startet den Dialog **KABEL BEARBEITEN**. Im linken Feld ist das Kabel mit seinen Eigenschaften (hinterlegten **Funktionsschablonen** – Ader/Draht) aufgelistet. Im rechten Feld befinden sich die zum Kabel ermittelten Verbindungen.

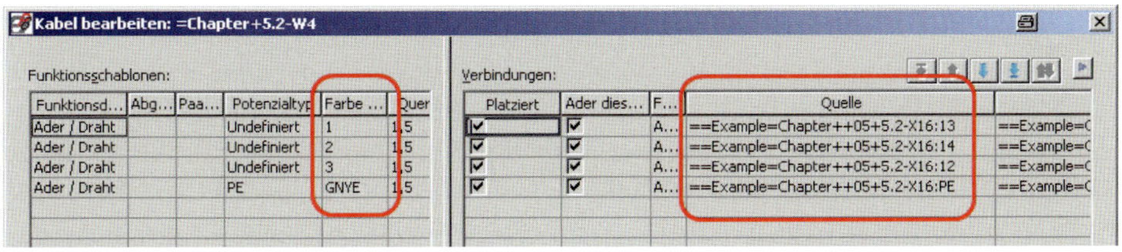

Bild 5.104 Zuordnung Ader zu Quell- und Ziel-BMK

Jetzt können im Feld **Verbindungen** die entsprechenden Adern angeklickt und über beispielsweise die Buttons (nach oben bzw. nach unten verschieben) geschoben und den richtigen (gewünschten) Verbindungen zugeordnet werden. Auch können Verbindungen gegenseitig die Plätze tauschen. Dafür werden die beiden zu tauschenden Verbindungen markiert und der Button betätigt. EPLAN tauscht jetzt die Anordnung in der Tabelle.

Die anderen »falschen« Verbindungen können auf die gleiche Weise korrigiert werden. Nach Beenden der geänderten Zuordnung kann der Dialog **KABEL BEARBEITEN** verlassen werden. EPLAN aktualisiert anschließend die Zuordnung Ader – Quelle/Ziel im Stromlaufplan automatisch, wie in Bild 5.105 und Bild 5.106 zu sehen ist.

Bild 5.105 Aderzuordnung vor dem Dialog Kabel bearbeiten

Bild 5.106 Aderzuordnung nach Verlassen des Dialoges Kabel bearbeiten

5.5.2 Kabel-Navigator/Nummerieren

Stromlaufpläne können aus vielen verschiedenen Makros oder anderen Projektseiten zusammengestellt werden. Dabei können die **Kabel-BMK** recht unterschiedlich sein. Um sie dem Projekt einheitlich anzupassen, kann die Funktion **NUMMERIEREN** im Menü **PROJEKTDATEN/KABEL** benutzt werden.

Die neu zu nummerierenden Kabel werden vor der Nummerierung im Stromlaufplan oder im **Kabel-Navigator** markiert.

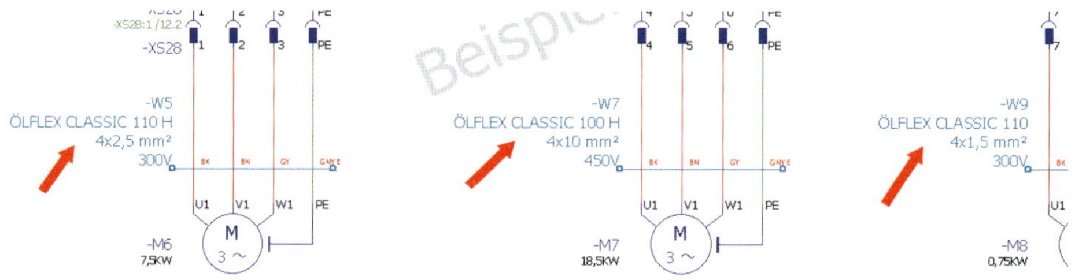

Bild 5.107 Markierte Kabel

Anschließend wird nun die Funktion **NUMMERIEREN** im Menü **PROJEKTDATEN/KABEL** aufgerufen. EPLAN startet den Dialog **KABEL NUMMERIEREN**. Im Auswahlfeld *Einstellungen* können die Nummerierungsoptionen vorgenommen werden.

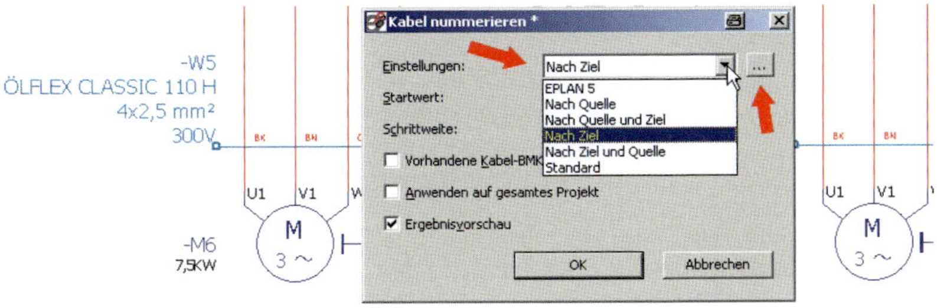

Bild 5.108 Dialog Kabel nummerieren

Mit dem Button [...] kann in den Dialog **EINSTELLUNGEN/KABELNUMMERIERUNG** gewechselt werden, um eigene Schemata für die Kabelnummerierung festzulegen oder vorhandene zu überarbeiten und neu zu speichern.

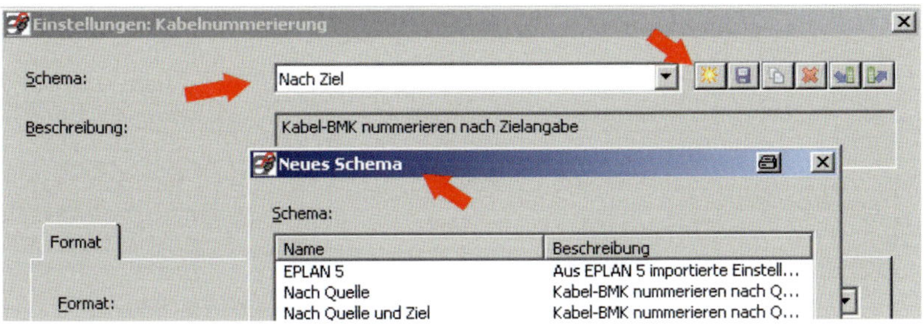

Bild 5.109 Dialog Einstellungen Kabelnummerierung

Im Beispiel wird im Dialog **KABEL BEARBEITEN** aber das vorhandene eigene *Schema: Nach Ziel* für die Nummerierung der markierten Kabel ausgewählt. Auch hier wird empfohlen, den Parameter *Ergebnisvorschau* zu aktivieren. Damit besteht die Möglichkeit, die neuen Kabel-BMK vor dem Zurückschreiben in den Stromlaufplan noch einmal zu kontrollieren und gegebenenfalls die Nummerierung mit dem Button **ABBRECHEN** vorher zu beenden.

Nach Klick auf **OK** nummeriert EPLAN die **Kabel-BMK** nach dem eingestellten Schema um und zeigt das Ergebnis im Dialog **KABEL NUMMERIEREN: ERGEBNISVORSCHAU** an.

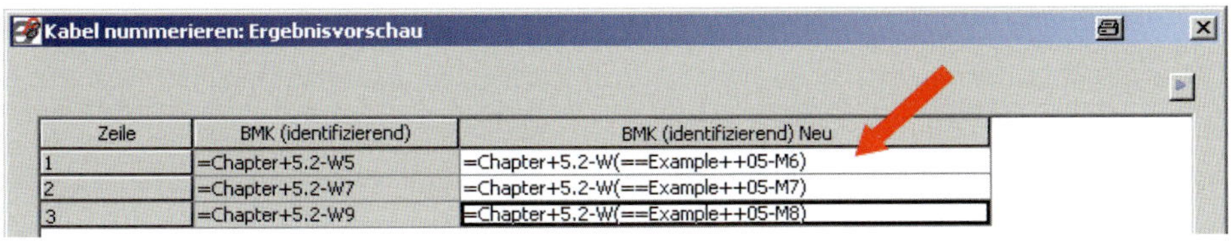

Bild 5.110 Dialog Ergebnisvorschau

Ist das Ergebnis wie gewünscht, kann der Dialog **KABEL NUMMERIEREN: ERGEBNISVORSCHAU** mit **OK** verlassen werden. EPLAN schließt die Nummerierung mit dem Zurückschreiben der neuen Kabel-Betriebsmittelkennzeichen ab.

Bild 5.111 Geänderte Kabel-Betriebsmittelkennzeichen

Eine Vorbelegung der Schemata für die verschiedenen Kabelbearbeitungsfunktionen, wie zum Beispiel die **Nummerierungsfunktion** erfolgt in den Projekteinstellungen. Zu finden sind die Einstellungen unter OPTIONEN/EINSTELLUNGEN/PROJEKT [PROJEKTNAME]/BETRIEBSMITTEL/KABEL (AUTOMATISCH).

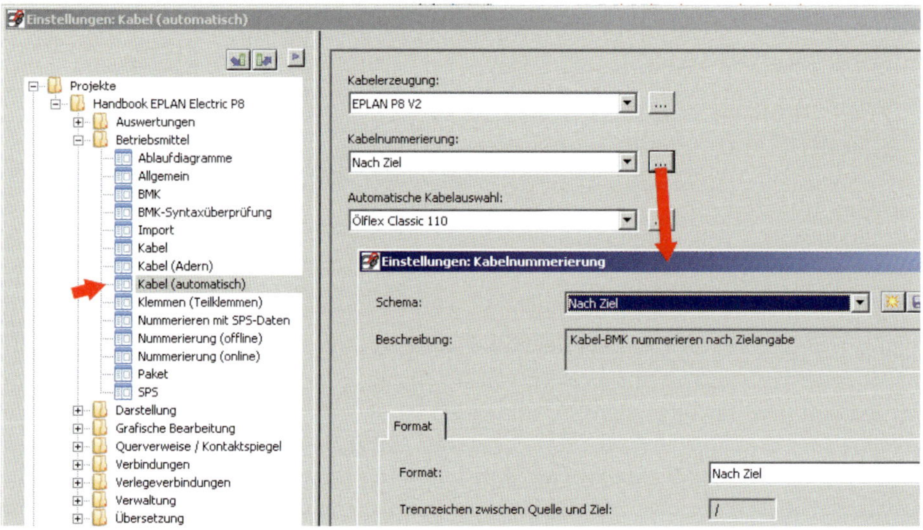

Bild 5.112 Voreinstellungen für Kabelbearbeitungsfunktionen

5.5.3 Kabel-Navigator/Kabel automatisch erzeugen

EPLAN kann Kabel mit seinen dazugehörigen Funktionen, wie Kabeltyp etc., automatisch erzeugen und den Stromlaufplan damit vervollständigen.

Vorbedingungen: Die Kabel, die für eine automatische Erzeugung vorgesehen sind, wurden im Stromlaufplan bereits mit einer Kabeldefinitionslinie an den Verbindungen eingetragen. Das Kabel-Betriebsmittelkennzeichen wurde aus der Online-Nummerierung gebildet. Dabei spielt die Reihenfolge der Kabel-Betriebsmittelkennzeichen eine eher untergeordnete Rolle. Eine untergeordnete Rolle daher, da in den Einstellungen für die automatische Kabelerzeugung das Format des Kabel-Betriebsmittelkennzeichens noch nachträglich festgelegt werden kann.

Vor dem Aufruf des Menüpunktes **KABEL AUTOMATISCH ERZEUGEN** werden nun die entsprechenden Seiten im **Seiten-Navigator** oder die einzelnen Kabel im Stromlaufplan markiert, die automatisch erzeugt werden sollen.

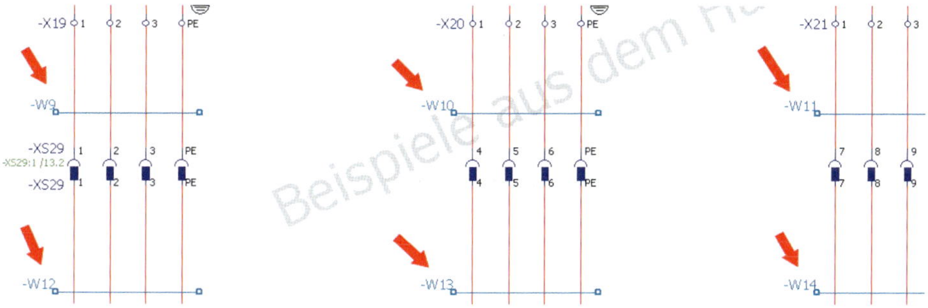

Bild 5.113 Vorhandene Kabel markieren

Im Menü **PROJEKTDATEN/KABEL** wird anschließend die Funktion **KABEL AUTOMATISCH ERZEUGEN** aufgerufen.

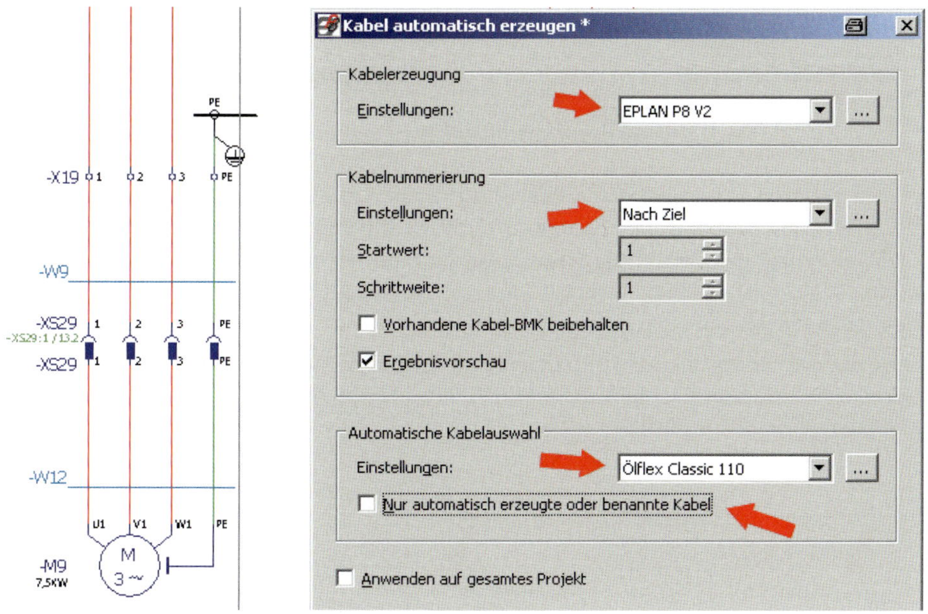

Bild 5.114 Dialog Kabel automatisch platzieren mit seinen Einstellungen

EPLAN startet den gleichnamigen Dialog. Er übernimmt die im Projekt vorgenommenen Einstellungen für die automatische Kabelerzeugung. Alle Einstellungen lassen sich aber für diesen Vorgang der automatischen Kabelerzeugung abändern. Dazu muss über den jeweiligen Button [...] in den nachfolgenden Einstellungsdialog verzweigt werden. Dort können neue Schemata erstellt oder vorhandene abgeändert und neu gespeichert werden.

Empfehlenswert ist es auch, bei dieser Funktion die Einstellung *Ergebnisvorschau* zu aktivieren. So besteht wieder vor dem eigentlichen Erzeugen der Kabel die Möglichkeit, die Aktion abzubrechen.

> **HINWEIS:** Die Einstellungen *Automatische Kabelauswahl* und hier *Nur automatisch erzeugte oder benannte Kabel* muss, wenn nicht an der Kabelhauptfunktion vorhanden, abgewählt werden. EPLAN würde sonst nach der Eigenschaft des Kabels **Automatisch erzeugt <20059>** suchen und, wenn diese nicht aktiviert ist, das Kabel nicht automatisch um die Kabeldaten, wie Kabeltyp etc., ergänzen.

Passen alle Einstellungen im Dialog **KABEL AUTOMATISCH NUMMERIEREN**, kann die Erzeugung mit einem Klick auf **OK** beginnen. EPLAN erzeugt anschließend die Kabel und bietet im Dialog **ERGEBNISVORSCHAU** das zukünftige Ergebnis zur Kontrolle an.

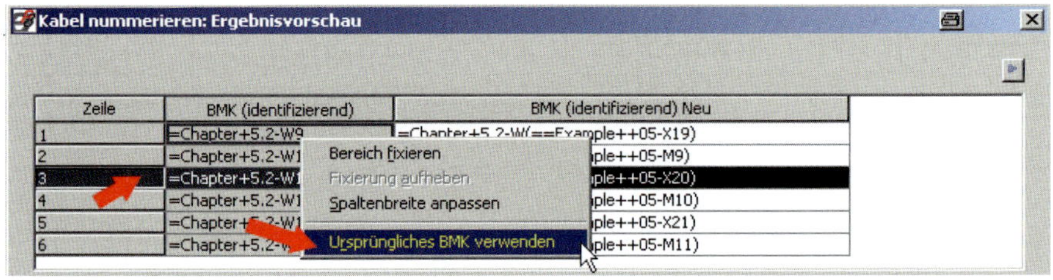

Bild 5.115
Die Ergebnisvorschau

Wie in anderen Ergebnisvorschaudialogen besteht die Möglichkeit, über das Kontextmenü oder den Button die Funktion **URSPRÜNGLICHES BMK VERWENDEN** zu benutzen. Dafür wird das Betriebsmittelkennzeichen markiert und auf das alte BMK zurückgesetzt. Ebenso ist es möglich, direkt im Vorschaudialog im Feld **BMK (identifizierend) Neu** das Kennzeichen noch manuell zu editieren.

Sind alle Einstellungen korrekt, kann der Dialog **ERGEBNISVORSCHAU** mit **OK** verlassen werden. EPLAN schreibt die geänderten Kabeldaten in das Projekt an die markierten Kabeldefinitionslinien zurück.

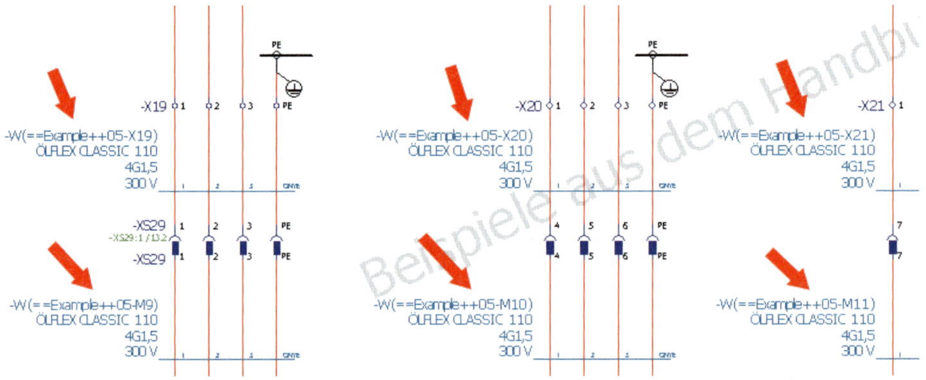

Bild 5.116 Automatisch erzeugte Kabeldaten

5.5.4 Kabel-Navigator/Automatische Kabelauswahl

Der Dialog **AUTOMATISCHE KABELAUSWAHL** ermöglicht es, im Plan vorhandene Kabel mit einem in den Kabeleinstellungen vorgegebenen Kabeltypen zu ergänzen.

Um die Kabel automatisch zu vergeben, werden erneut die zu ändernden Kabel im Stromlaufplan markiert und anschließend im Menü **PROJEKTDATEN/KABEL** die Funktion **AUTOMATISCHE KABELAUSWAHL** aufgerufen. EPLAN startet den Dialog **AUTOMATISCHE KABELAUSWAHL**.

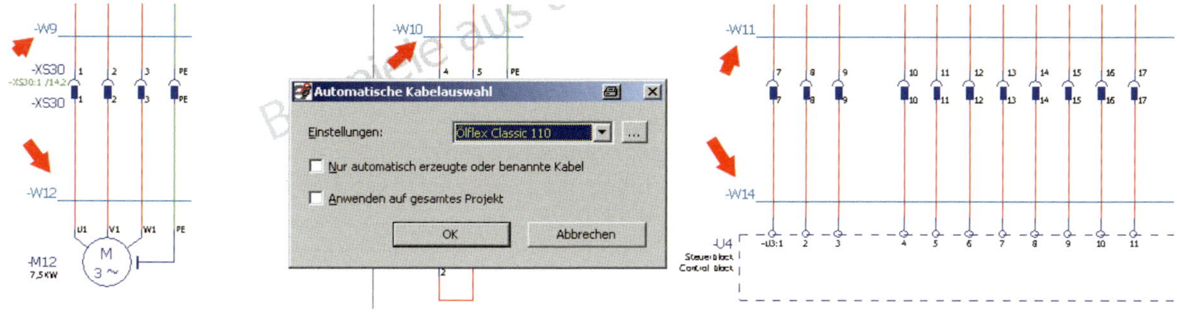

Bild 5.117 Dialog Automatische Kabelauswahl

Der Dialog selbst bietet drei Einstellungen:

- Die Auswahl, welches Kabel genommen werden soll (hier kann das vorhandene Schema benutzt oder über den Button ... ein neues anlegt und dann ausgewählt werden),
- auf welche Kabel sich die automatische Kabelauswahl bezieht und
- ob die automatische Kabelauswahl über das gesamte Projekt angewendet werden soll.

Das *Schema für die Kabeltypen* (Einstellungen) kann mehrere Kabeltypen enthalten. EPLAN ermittelt dann automatisch die benötigte Aderzahl und übernimmt dieses Kabel für das markierte Kabel-BMK in den Stromlaufplan.

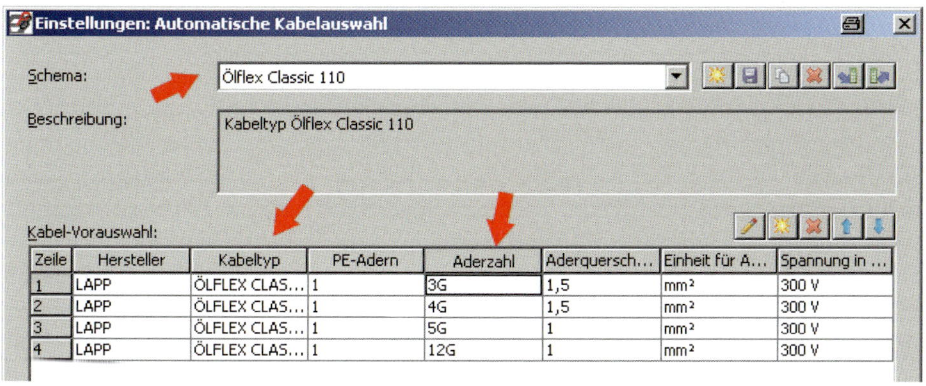

Bild 5.118 Dialog Einstellungen für die Automatische Kabel(typen)auswahl

Sind alle Einstellungen im Dialog **AUTOMATISCHE KABELAUSWAHL** richtig vorgenommen, kann die automatische Kabelauswahl mit **OK** gestartet werden. EPLAN vergleicht die vorhandenen Kabel- und Verbindungsdaten mit dem eingetragenen Standardkabeltypen und ordnet den oder die neuen Kabeltypen den Verbindungen zu. Anschließend werden je nach Einstellungen auch die Daten des Kabels an die Kabeldefinitionslinie übertragen bzw. aktualisiert.

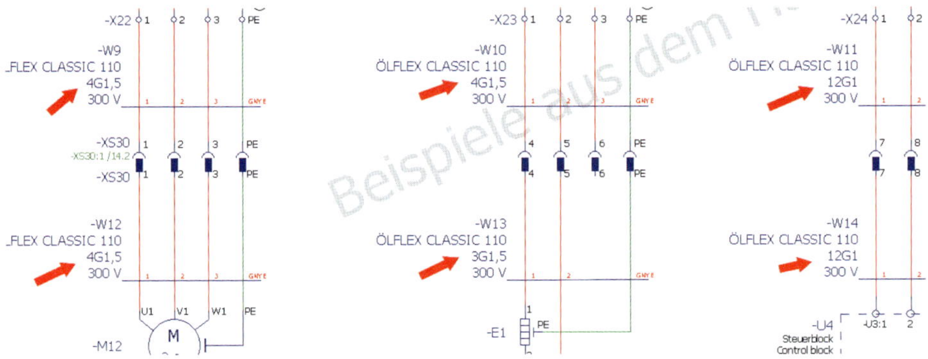

Bild 5.119 Automatisch erzeugte Kabeldaten

5.5.5 Kabel-Navigator/Adern zuordnen

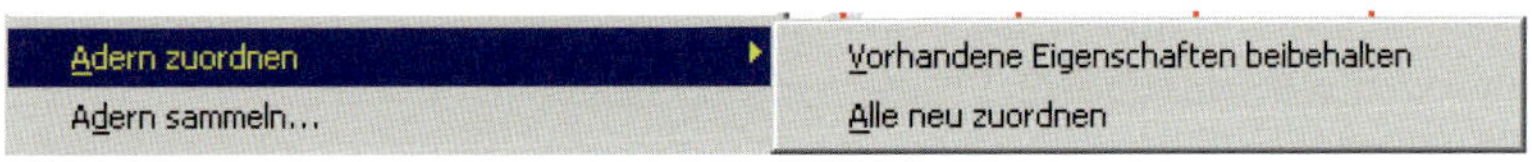

Bild 5.120 Menüpunkt Adern zuordnen im Kabelmenü

Im Menüpunkt **PROJEKTDATEN/KABEL/ADERN ZUORDNEN** befinden sich zwei weitere Menüpunkte, deren Bedeutung und Auswirkung in den folgenden Abschnitten erläutert werden sollen.

5.5.5.1 Vorhandene Eigenschaften beibehalten

Der Menüpunkt **VORHANDENE EIGENSCHAFTEN BEIBEHALTEN** ermöglicht es, hier eine neue Zuordnung von Adern zu treffen, aber die schon bestehenden Aderzuordnungen werden dabei nicht angetastet. Sie bleiben demnach wie schon vergeben am Kabel und deren Verbindung erhalten. Das wäre beispielsweise notwendig, wenn Kabeladern schon aufgelegt worden sind und diese Zuordnung später nicht mehr verändert werden darf. Daher sollte die neue Zuordnung der Adern über diesen Menüpunkt durchgeführt werden.

Im Normalfall werden schon bei der *Geräteauswahl* des Kabels alle Adern bezeichnet. Sollten jetzt Komponenten, wie neue Kabelverbindungen aus den Reserveadern, hinzukommen, sollen sich die bisherigen Aderzuordnungen nicht verändern. Trotzdem ist es wünschenswert, dass man die restlichen neuen Adern automatisch dem Kabel und deren

Verbindungen zuordnen kann. Das wird mit dem Menüpunkt **VORHANDENE EIGENSCHAFTEN BEIBEHALTEN** erreicht.

Das zu bearbeitende (zu ergänzende) Kabel wird an der Hauptfunktion markiert.

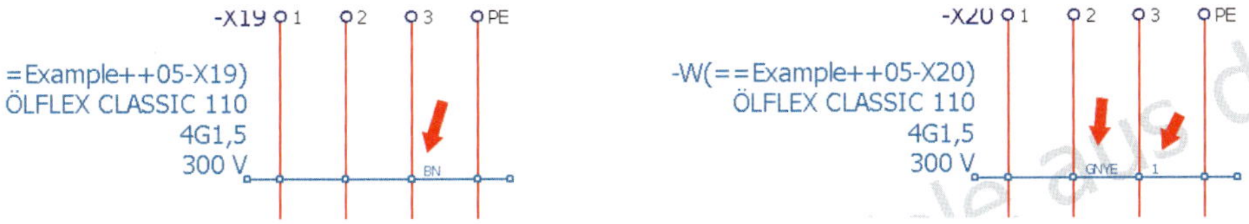

Bild 5.121 Kabel an der Hauptfunktion markieren

Jetzt wird über das Menü **PROJEKTDATEN/KABEL/ADERN ZUORDNEN** die Funktion **VORHANDENE EIGENSCHAFTEN BEIBEHALTEN** aufgerufen. EPLAN schreibt aus den im Kabelartikel hinterlegten Funktionsdefinitionen für die Aderbezeichnungen diese an die bisher noch nicht festgelegten Verbindungsdefinitionspunkte (Aderbezeichnungen), wobei die vorhandenen Aderbezeichnungen nicht überschrieben werden.

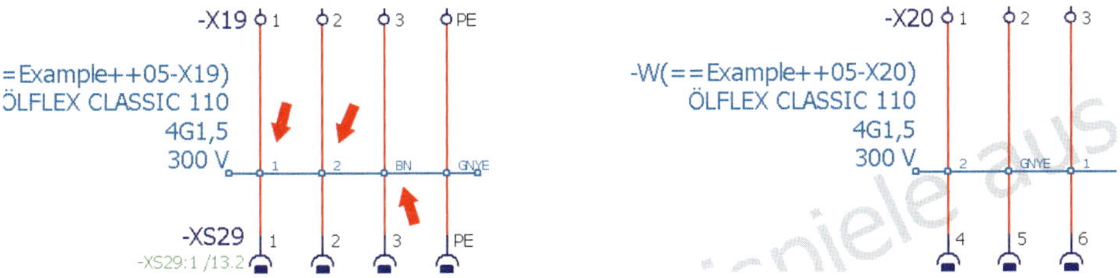

Bild 5.122 Noch nicht bezeichnete Adern wurden beschrieben.

5.5.5.2 Alle neu zuordnen

Das Gegenstück zur Funktion aus Abschnitt 5.5.5.1 ist der Menüeintrag **ALLE NEU ZUORDNEN**. Hier werden die schon bezeichneten Adern mit den (Ader-)Bezeichnungen aus der Funktionsdefinition des Kabels (neu) überschrieben. Es werden also die alten Aderbezeichnungen komplett ersetzt.

Die Vorgehensweise ist wie folgt. Es werden die Kabel markiert, deren Aderbezeichnungen komplett neu zugeordnet werden sollen.

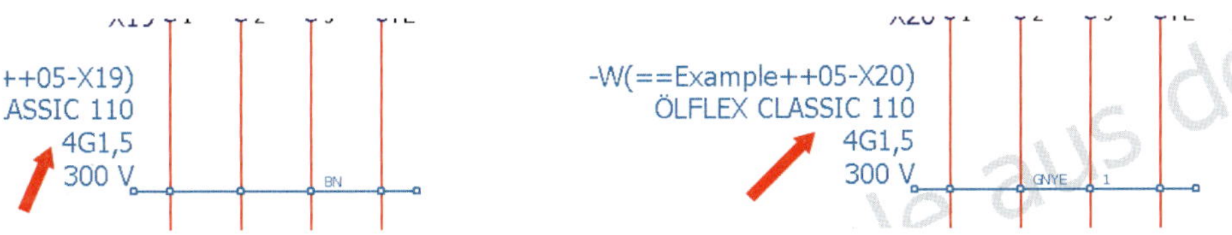

Bild 5.123 Kabel markieren

Anschließend wird aus dem Menü **PROJEKTDATEN/KABEL/ADERN ZUORDNEN** der Menüeintrag **ALLE NEU ZUORDNEN** gewählt. EPLAN ordnet anschließend, ohne weitere Rückfragen, für alle markierten Kabel die Adern neu zu.

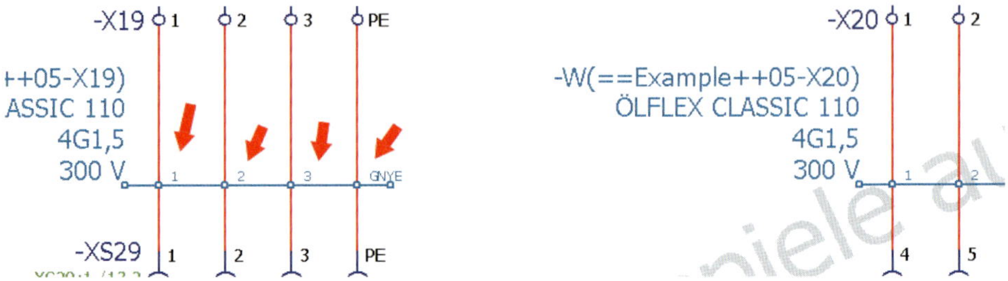

Bild 5.124 Alle Adern wurden neu zugeordnet.

5.5.6 Kabel-Navigator/Neu ...

Der **Kabel-Navigator** bietet ähnliche Funktionen wie alle anderen Navigatoren. Mit der Funktion **NEU...** im Kontextmenü des Kabel-Navigators wird eine neue Funktion **KABELDEFINITION** angelegt.

EPLAN öffnet anschließend den Dialog **EIGENSCHAFTEN (SCHALTZEICHEN)/KABEL**. Hier können die üblichen Einträge, wie beispielsweise eine Geräteauswahl, vorgenommen und der Dialog gespeichert werden. EPLAN fügt diese Kabeldefinition dem Kabel-Navigator als nichtplatzierte Funktion hinzu.

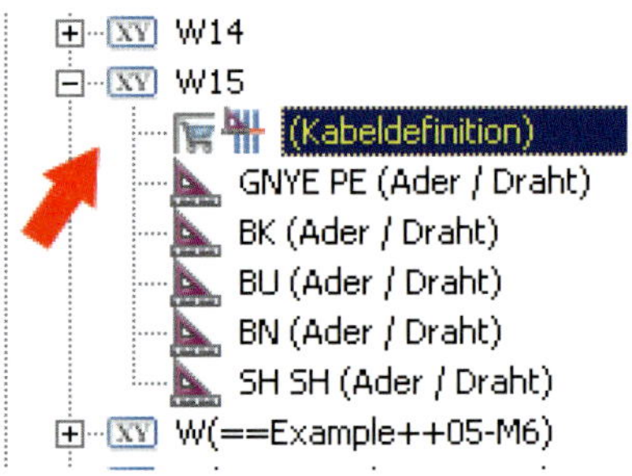

Bild 5.125 Neues Kabel

5.5.7 Kabel-Navigator/Platzieren/[Darstellungsart]

Auch im **Kabel-Navigator** können Betriebsmittel, hier natürlich dann Kabel, in den Stromlaufplan über die Funktion **PLATZIEREN** eingefügt werden.

> **HINWEIS:** Wird im Navigator nur die Funktion **KABELDEFINITION** markiert, wird auch nur die Kabeldefinitionslinie platziert.

Das zu platzierende Kabel und die zu platzierenden Adern werden im **Kabel-Navigator** markiert. Alternativ kann auch das **Kabel-BMK** direkt markiert werden. Damit werden dann aber alle Funktionen, die zu diesem Kabel-BMK gehören, zum Platzieren angeboten.

Jetzt wird die Funktion **PLATZIEREN**, hier beispielsweise **ALLPOLIG**, über das Kontextmenü gestartet.

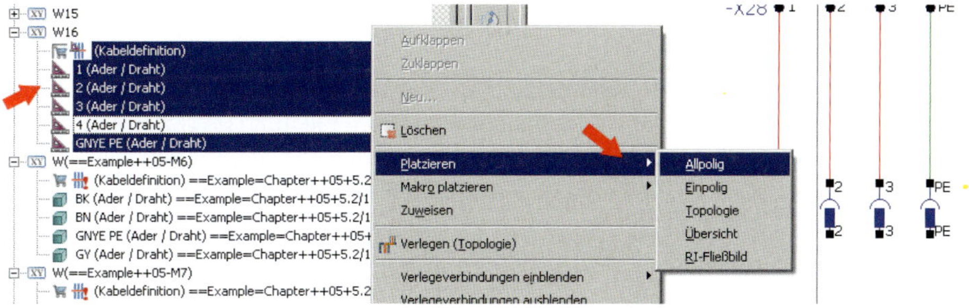

Bild 5.126
Kabel platzieren

EPLAN »hängt« jetzt das Kabel und die markierten Adern an den Cursor, und sie können im Stromlaufplan platziert werden. Dazu wird links neben der ersten eigentlichen Verbindung mit der linken Maustaste der Startpunkt des Kabels festgelegt. Dann wird das Kabel nach rechts über die Verbindungen gezogen und mit einem nächsten linken Mausklick rechts neben der letzten Verbindung das Kabel abgesetzt. Nach dem Absetzen füllt EPLAN die Kabeleigenschaften aus.

Das Kabel wurde nun platziert, und es können anschließend die Adern platziert werden, die immer noch am Cursor »hängen«.

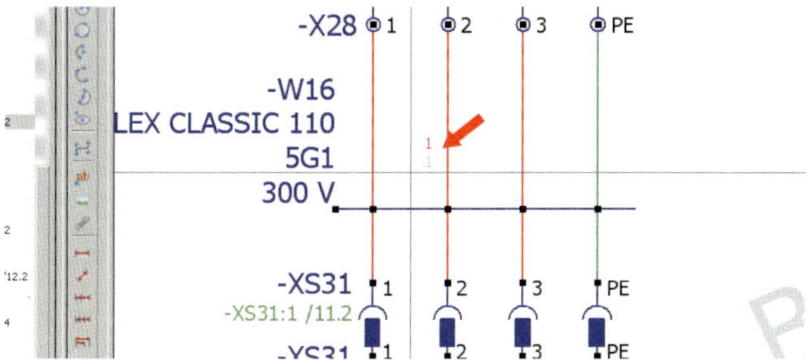

Bild 5.127
Ader platzieren

Dazu kann die Ader direkt auf der Verbindung platziert werden. Da EPLAN auf dieser Verbindung schon einen Verbindungsdefinitionspunkt platziert hat, folgt eine Abfrage, ob die vorhandene Verbindungsdefinition ersetzt werden soll. Diese kann mit **JA** bestätigt werden und EPLAN ersetzt die Daten.

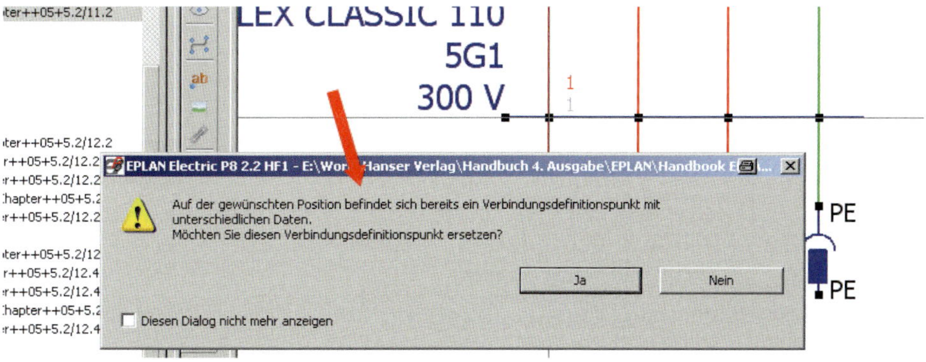

Bild 5.128
Abfrage Ersetzung Verbindungsdefinitionspunkt

Damit ist das allpolige Platzieren eines Kabels, inklusive dessen Adern, abgeschlossen.

5.5.8 Kabel-Navigator/Kabel-BMK nummerieren

Die Funktion KABEL-BMK NUMMERIEREN im **Kabel-Navigator** ist in ihrer Funktions- und Vorgehensweise identisch mit der Funktion im Menü **PROJEKTDATEN/KABEL NUMMERIEREN**. Auch hier werden die zu nummerierenden Kabel im Kabel-Navigator markiert und im Kontextmenü die Funktion **KABEL-BMK NUMMERIEREN** aufgerufen.

Es folgen die schon bekannten Dialoge und Einstellungen. Auf eine Erklärung wird hier aber verzichtet, da sie schon im vorangehend genannten Abschnitt erfolgte.

5.5.9 Kabel-Navigator/BMK nummerieren

In EPLAN ist auch ein Kabel ein normales Betriebsmittel, wenn auch mit besonderen Eigenschaften. EPLAN ermöglicht aber nicht nur eine *Kabelnummerierung* mit beispielsweise Quelle/Ziel im **Kabel-BMK**, sondern auch die normalen *Nummerierungsformate*, wie beispielsweise [Seite, Kennung, Spalte].

Die Kabel, die nummeriert werden sollen, werden im **Kabel-Navigator** oder im Stromlaufplan markiert und der Menüeintrag **BMK NUMMERIEREN** im Kontextmenü aufgerufen.

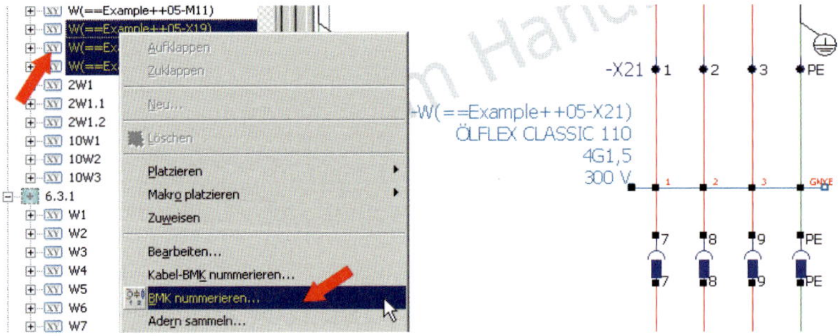

Bild 5.129 Markierte Kabel im Kabel-Navigator

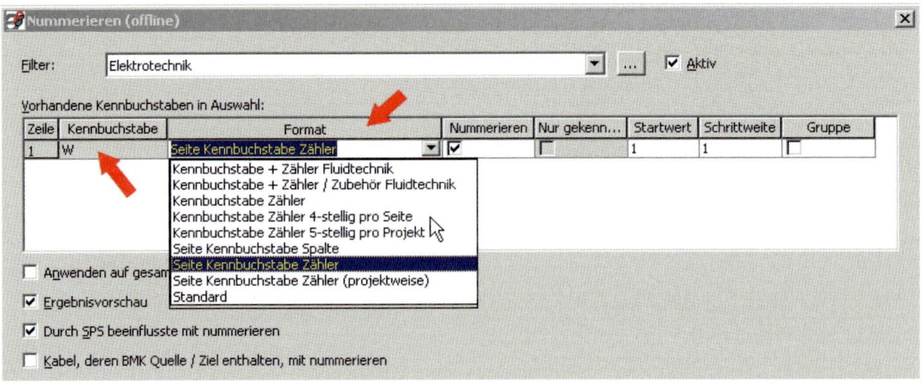

Bild 5.130 Dialog Nummerieren (offline)

EPLAN startet den bekannten Dialog **NUMMERIEREN (OFFLINE)**. In diesem werden das gewünschte *Nummerierungsschema* und die eventuell anderen benötigten Einstellungen festgelegt. Nach Klick auf den Button **OK** nummeriert EPLAN die Kabel wie normale Betriebsmittel durch.

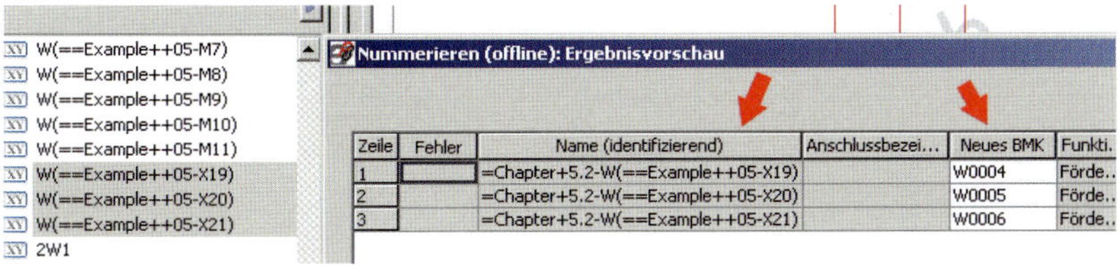

Bild 5.131 Vorschau

Bild 5.132 Endergebnis fertig nummerierter Kabel

5.6 SPS-Navigator

Der **SPS-Navigator** bietet die Möglichkeit, die Daten der im Projekt verwendeten SPS-Karten und anderer SPS-Komponenten komfortabel an zentraler Stelle zu verwalten. Der SPS-Navigator zeigt die einzelnen Funktionen der SPS-Karten, wie *Adressen*, *Versorgungsanschlüsse* oder auch *Kanäle*, an.

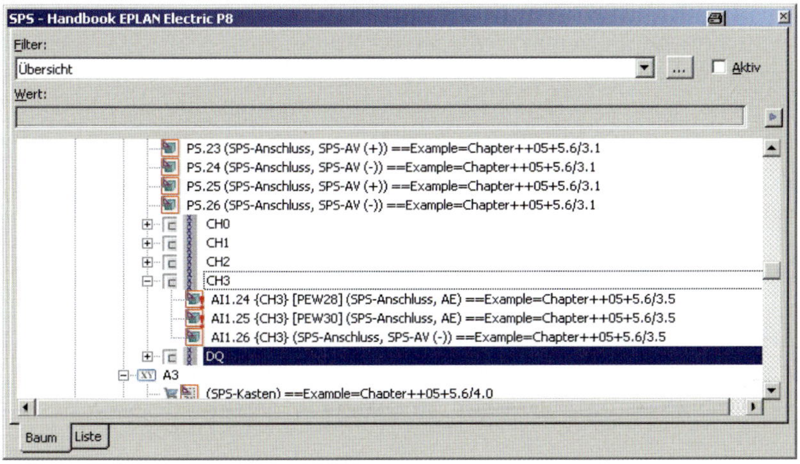

Bild 5.133 Der SPS-Navigator

Zusätzlich zum SPS-Navigator befinden sich im Menü **PROJEKTDATEN/SPS** noch weitere Funktionen, um SPS-Daten zu bearbeiten, wie **DATENTYPEN SETZEN** oder Karten **ADRESSIEREN**.

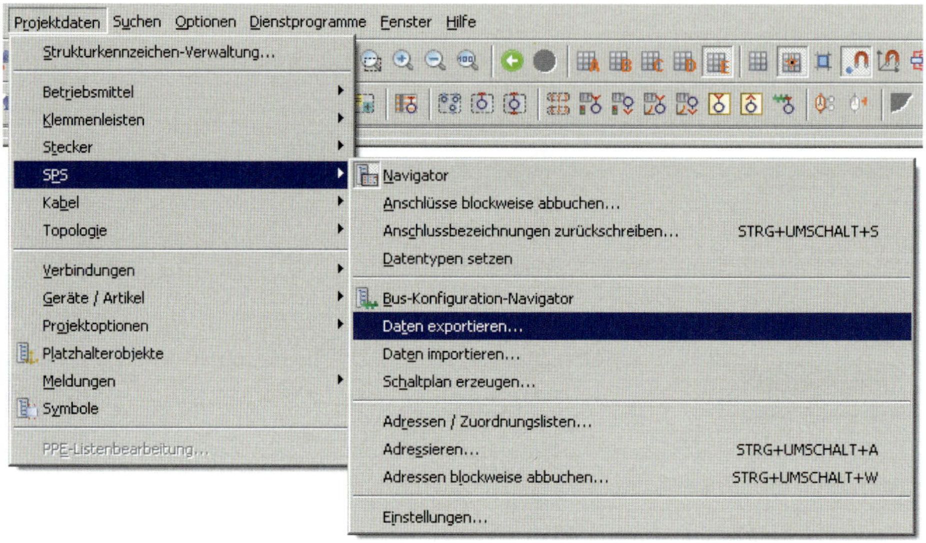

Bild 5.134 Menü Projektdaten/SPS

> **HINWEIS:** Eine wichtige Tatsache ist, dass EPLAN als **identifizierende Eigenschaft** einer SPS-Funktion die **Anschlussbezeichnung** auswertet. Das heißt, nicht die Bezeichnung E1.0 oder A23.7 ist die identifizierende Eigenschaft, sondern die Anschlussbezeichnung (auch PIN-Nummer, Klemmennummer o. Ä.) der Funktion des SPS-Bauteils.

Darstellungen von SPS-Komponenten

Die Darstellung von SPS-Bauteilen kann variieren. Eine Möglichkeit ist das »Dritteln«. Das heißt, es gibt eine *grafische SPS-Übersicht* (Aufbau des Racks), eine *logische SPS-Übersicht* (Karte mit Querverweisen) sowie die *verteilte Darstellung* im Stromlaufplan (benutzte Ein- und Ausgänge, Versorgungsanschlüsse etc.). Diese Darstellung ist aber kein Muss, erleichtert aber den Umgang mit SPS-Daten im Projekt.

Die verschiedenen Möglichkeiten zur Bearbeitung von SPS-Daten werden in den folgenden Abschnitten 5.6.1 bis 5.6.8 beschrieben, wobei davon ausgegangen wird, dass der SPS-Aufbau, wie zuvor geschildert, durchgeführt worden ist, das heißt, es gibt mindestens eine fertige logische SPS-Übersicht mit korrekten Einträgen (Adressenbelegung und Anschlussbezeichnungen) und einen oder mehrere verteilt dargestellte Ein- bzw. Ausgänge im Stromlaufplan (allpolige Darstellung).

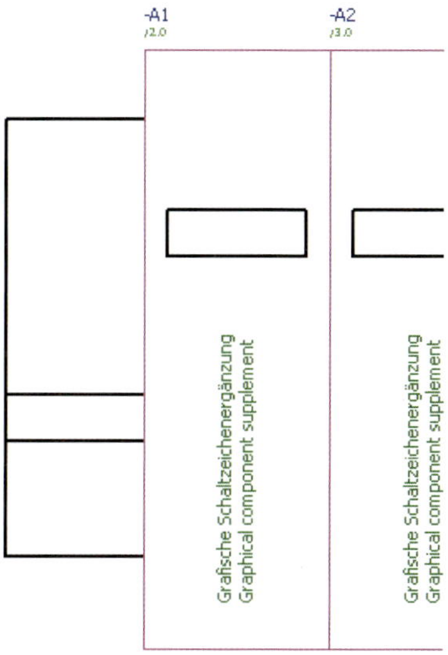

Bild 5.135 Grafische Übersicht (Rackaufbau)

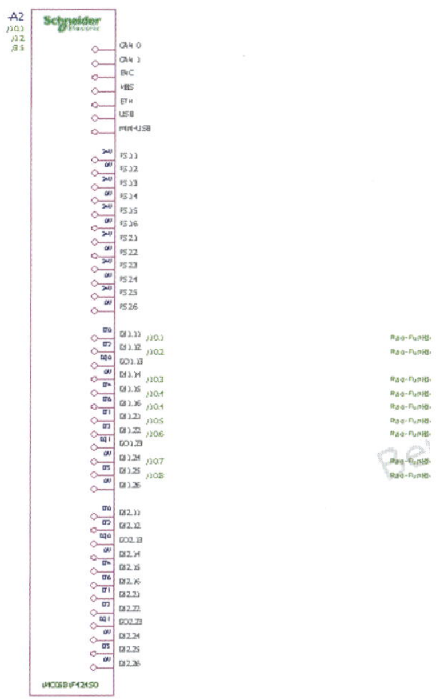

Bild 5.136 Logische Übersicht (Verweise etc.)

Bild 5.137 Verteilte Darstellung (Allpolig)

5.6.1 SPS-Navigator/Anschlussbeschreibungen zurückschreiben

Die Funktion **ANSCHLUSSBEZEICHNUNGEN ZURÜCKSCHREIBEN**, zu finden im Menü **PROJEKTDATEN SPS**, schreibt die Anschlussbezeichnungen aus der SPS-Übersicht an die verteilt im Stromlaufplan dargestellten SPS-Klemmen zurück.

Um die Funktion anwenden zu können, werden SPS-Klemmen im Plan gezeichnet oder aus einem Makro eingefügt. Die SPS-Adressen sind bekannt und werden schon während der Projektbearbeitung im Stromlaufplan korrekt eingetragen. Die verteilte Darstellung der SPS-Klemmen ist also abgeschlossen.

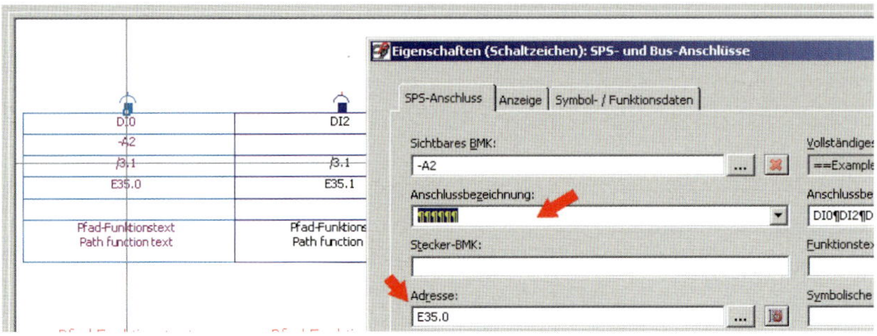

Bild 5.138 Eingefügte verteilte SPS-Daten im Stromlaufplan

Nach beendeter Bearbeitung wird auf die logische Übersichtsseite (SPS) gewechselt. Hier werden die entsprechende Karte, die Karten oder die entsprechenden Adressbereiche markiert. Anschließend wird aus dem Menü **PROJEKTDATEN/SPS** die Funktion **ANSCHLUSSBEZEICHNUNGEN ZURÜCKSCHREIBEN** gewählt.

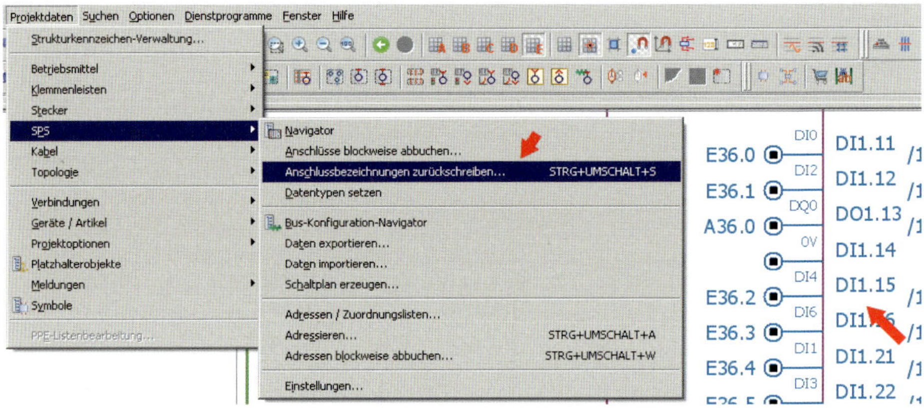

Bild 5.139 Funktion Anschlussbezeichnungen zurückschreiben ausführen

EPLAN startet den Dialog **ANSCHLUSSBEZEICHNUNGEN ZURÜCKSCHREIBEN**. Dieser Dialog wird mit **OK** bestätigt. Jetzt werden die Anschlussbezeichnungen aus der logischen SPS-Übersicht (der markierten SPS-Klemmen) in den Stromlaufplan an die verteilt dargestellten SPS-Daten zurückgeschrieben.

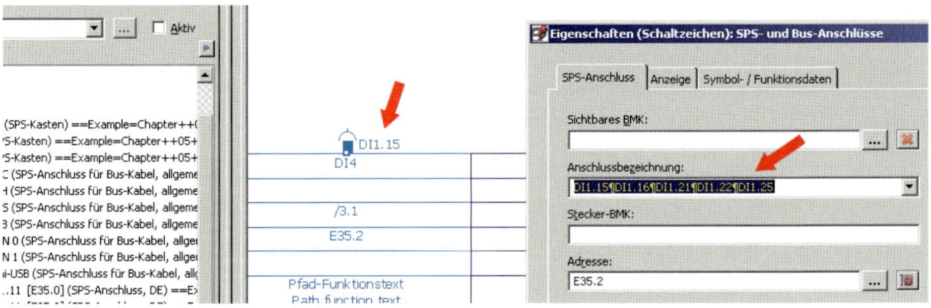

Bild 5.140 Zurückgeschriebene Anschlussbezeichnungen

Das Ergebnis ist in Bild 5.140 zu sehen. Alle Anschlussbezeichnungen wurden korrekt an die SPS-Klemmen übertragen. Aber das funktioniert nur, wenn die Adressen selbst schon korrekt eingetragen sind. Ansonsten kann EPLAN hier keinen Zusammenhang zwischen der SPS-Klemme auf der logischen SPS-Übersicht und der SPS-Klemme in der verteilten Darstellung erkennen.

5.6.2 SPS-Navigator/Datentypen setzen

Mit der Funktion **DATENTYPEN SETZEN** werden an den SPS-Klemmen die entsprechenden Datentypen automatisch ergänzt, falls nicht vorhanden. Die Datentypen ermittelt EPLAN aus den Funktionen. Es werden dazu die SPS-Klemmen in der *logischen SPS-Übersicht* oder die *SPS-Klemmen im Stromlaufplan* markiert und im Menü **PROJEKTDATEN/SPS** die Funktion **DATENTYPEN SETZEN** aufgerufen. EPLAN schreibt den Datentyp in die Eigenschaften der SPS-Klemme.

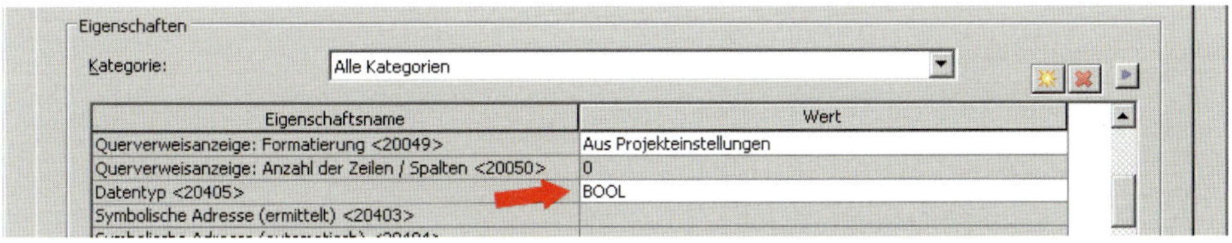

Bild 5.141 Gesetzter Datentyp

5.6.3 SPS-Navigator/Adressen/Zuordnungslisten

Im Menü **PROJEKTDATEN/SPS** wird mit der Funktion **ADRESSEN/ZUORDNUNGSLISTEN** der gleichnamige Dialog aufgerufen (eine Tabelle aller im Plan verwendeten Adressen).

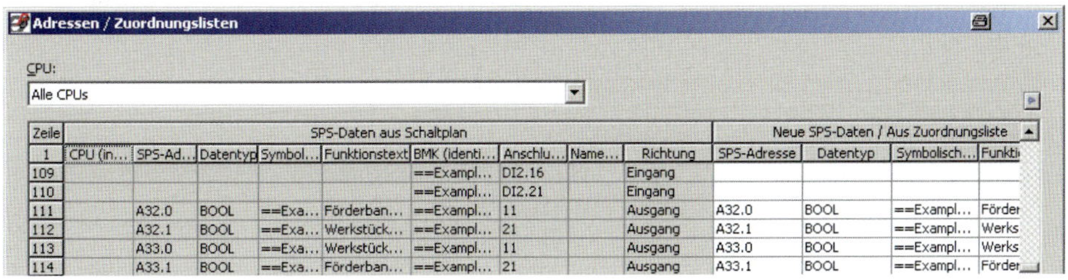

Bild 5.142 Dialog Adressen/Zuordnungslisten

In diesem Dialog können die Eigenschaften *SPS-Adresse*, *Datentyp*, die *Symbolische Adresse* und der ermittelte *Funktionstext* auch manuell geändert werden. Die geänderten Daten werden dann an die SPS-Klemmen und der geänderte Funktionstext an den manuell im Pfad der SPS-Klemme platzierten Pfad-Funktionstext automatisch von EPLAN zurückgeschrieben.

Es ist also möglich, an dieser Stelle, bleibt man bei den Funktionstexten, die Funktionstexte zu überarbeiten, um sie anschließend in den Plan zurückschreiben zu lassen. Da das an einer zentralen Stelle erfolgt, entfällt das lästige Blättern durch den Plan, um an den entsprechenden SPS-Klemmen den platzierten Pfad-Funktionstext abzuändern.

Neben diesen Manipulierungsvorgängen kann aus diesem Dialog heraus eine *Zuordnungsliste* exportiert (für die nachgelagerte SPS-Software) oder importiert werden (von der SPS-Software). Dazu wird der Button **EXTRAS** im unteren Bereich des Dialogs angeklickt, und EPLAN öffnet ein weiteres Menü.

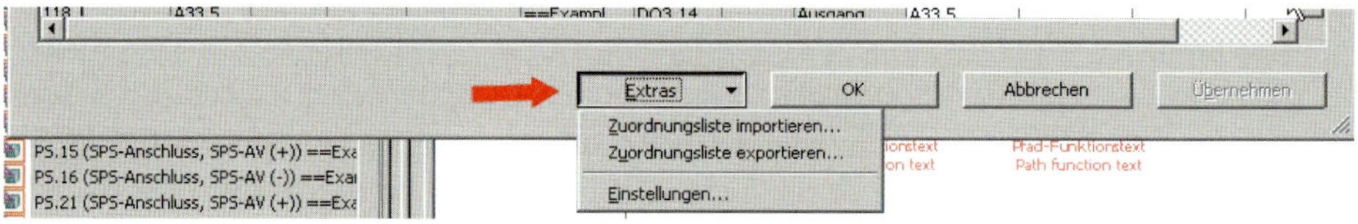

Bild 5.143
Der Button Extras mit seinen Funktionen

Hier besteht die Möglichkeit, nun *Zuordnungslisten* (Zulis) zu *exportieren* oder zu *importieren*. Je nach SPS und deren Software sind dann verschiedene Einstellungen nötig.

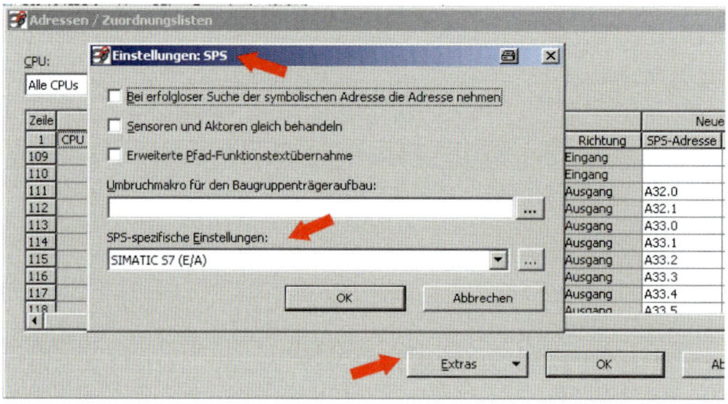

Bild 5.144 Einstellungen der SPS

EPLAN liefert für eine Reihe von SPS-Software schon entsprechende fertige Schemata für den Ex- und Import mit, sodass hier nur in den Einstellungen unter *SPS-spezifische Einstellungen* die richtige SPS-Software gewählt werden muss.

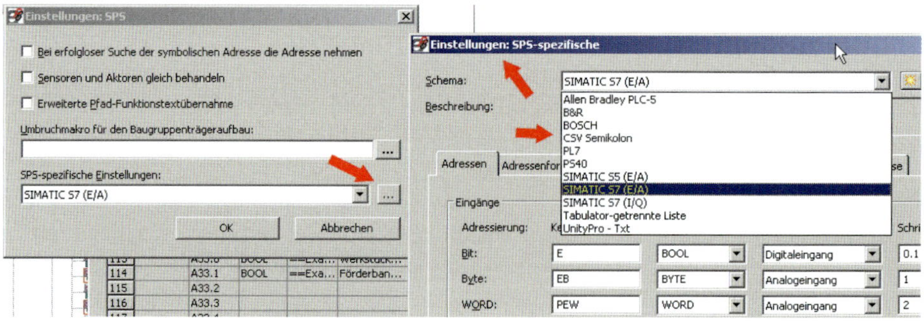

Bild 5.145 Verschiedene SPS-Schemata

Wurden alle Einstellungen korrekt ausgewählt, kann EPLAN die Zuordnungsliste erzeugen. Dazu wird über den Button **EXTRAS** im Dialog **ADRESSEN/ZUORDNUNGSLISTEN** der Eintrag **ZUORDNUNGSLISTEN EXPORTIEREN** gewählt. Im Folgedialog **ZUORDNUNGSLISTEN EXPORTIEREN** werden die dortigen Einstellungen noch einmal kontrolliert und gegebenenfalls angepasst. Je nach vorhandenen CPUs (es könnten sich mehrere Steuerungen im Projekt befinden) ist die richtige auszuwählen. Anschließend wird der Dialog mit **OK** bestätigt. EPLAN erzeugt nun die Zuordnungsliste im gewünschten SPS-Softwareformat und speichert sie im angegebenen Verzeichnis.

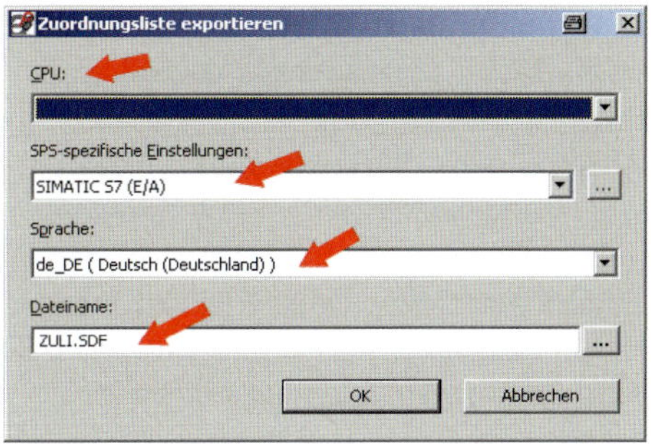

Bild 5.146
Dialog Zuordnungslisten exportieren

5.6.4 SPS-Navigator/Adressieren

EPLAN ermöglicht das einfache Adressieren bzw. Umadressieren von SPS-Klemmen im Menü **PROJEKTDATEN/SPS** mit der Funktion **ADRESSIEREN**. Dabei werden die Funktionen auf der logischen SPS-Übersicht und die Funktionen im Stromlaufplan an den verteilt dargestellten SPS-Klemmen neu bzw. überhaupt erst einmal adressiert.

> **HINWEIS:** Damit alle SPS-Funktionen adressiert werden, ist es nötig, die SPS-Karte im SPS-Navigator vorher zu markieren. Damit werden alle Funktionen, die der logischen SPS-Übersicht und die verteilt dargestellten SPS-Funktionen, erfasst und adressiert.

Im SPS-Navigator wird die zu adressierende Karte markiert. Anschließend wird die Funktion **ADRESSIEREN** im Menü **PROJEKTDATEN/SPS** aufgerufen.

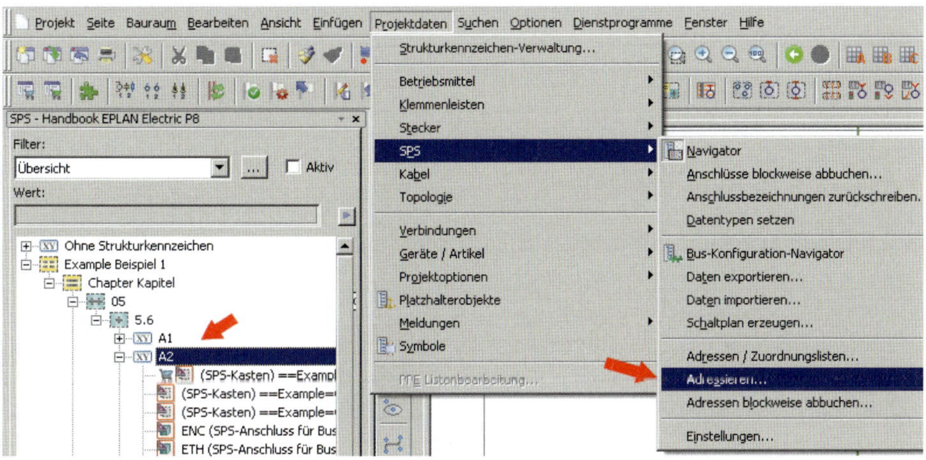

Bild 5.147
Zu adressierende Karte markieren und Adressieren aufrufen

EPLAN öffnet nun den Dialog **SPS-ANSCHLÜSSE NEU ADRESSIEREN**.

In die Felder **Startadresse digital** und **Startadresse analog** wird die neue Adresse *ohne* Vorzeichen eingegeben. Das Vorzeichen, also ob ein Eingang jetzt mit E oder mit I beginnt, holt sich EPLAN aus dem eingestellten Schema, das im Auswahlfeld *SPS-spezifische Einstellungen* eingetragen ist. Es ist aber möglich, dass man das Vorzeichen, beispielsweise ein »IX«, mit in das Eingabefeld der Startadressen eintragen kann. EPLAN würde es dann beim Adressieren mit benutzen.

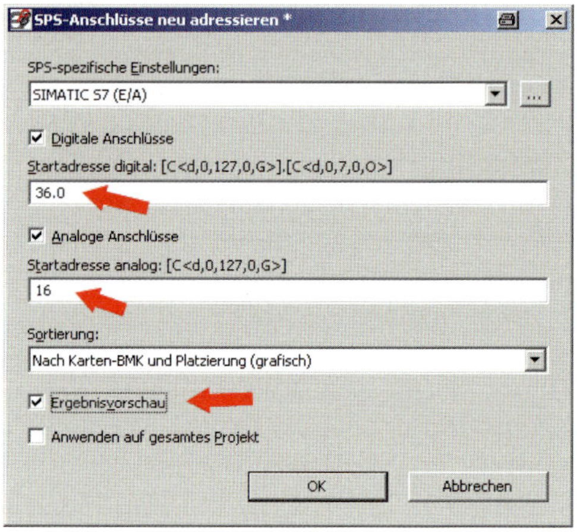

Bild 5.148 Startadressen festlegen

Den Parameter *Ergebnisvorschau* würde ich empfehlen, eingeschaltet zu lassen. Zur Kontrolle öffnet sich nach Klick auf **OK** der Dialog **SPS-ANSCHLÜSSE ADRESSIEREN/ ERGEBNISVORSCHAU**, und man kann an dieser Stelle eventuell den Adressiervorgang, wie bekannt, noch mit dem Button **ABBRECHEN** beenden.

SPS-Anschlüsse adressieren

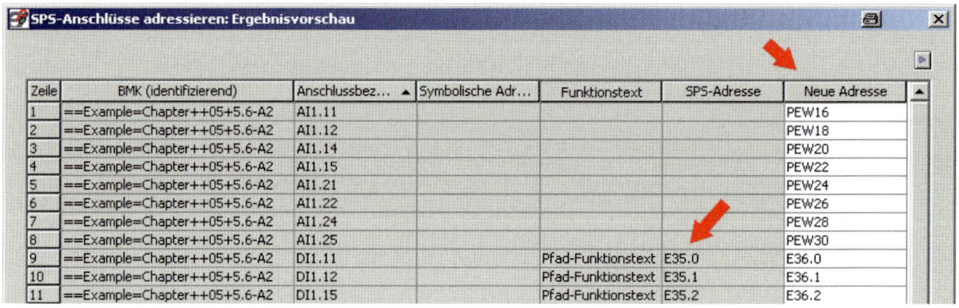
SPS-Anschlüsse adressieren: Ergebnisvorschau

Zeile	BMK (identifizierend)	Anschlussbez...	Symbolische Adr...	Funktionstext	SPS-Adresse	Neue Adresse
1	==Example=Chapter++05+5.6-A2	AI1.11				PEW16
2	==Example=Chapter++05+5.6-A2	AI1.12				PEW18
3	==Example=Chapter++05+5.6-A2	AI1.14				PEW20
4	==Example=Chapter++05+5.6-A2	AI1.15				PEW22
5	==Example=Chapter++05+5.6-A2	AI1.21				PEW24
6	==Example=Chapter++05+5.6-A2	AI1.22				PEW26
7	==Example=Chapter++05+5.6-A2	AI1.24				PEW28
8	==Example=Chapter++05+5.6-A2	AI1.25				PEW30
9	==Example=Chapter++05+5.6-A2	DI1.11		Pfad-Funktionstext	E35.0	E36.0
10	==Example=Chapter++05+5.6-A2	DI1.12		Pfad-Funktionstext	E35.1	E36.1
11	==Example=Chapter++05+5.6-A2	DI1.15		Pfad-Funktionstext	E35.2	E36.2

Bild 5.149 Kontrolle der Neuadressierung

Ist das Ergebnis in Ordnung, wird der Dialog **ANSCHLÜSSE ADRESSIEREN/ERGEBNISVORSCHAU** mit dem Button **OK** bestätigt, und EPLAN adressiert die SPS-Funktionen der markierten Karte im gesamten Projekt neu.

5.6.5 SPS-Navigator/Neu ...

Wie schon in den anderen Navigatoren kann auch im **SPS-Navigator** ein neues Betriebsmittel mit einer Funktionsdefinition angelegt werden. Dazu wird im Kontextmenü der Eintrag **NEU...** ausgewählt.

EPLAN startet nun den Dialog **FUNKTIONSDEFINITIONEN**. Hier können im SPS-Navigator nur Funktionsdefinitionen aus dem Bereich SPS ausgewählt werden. Nach der Übernahme der Funktionsdefinition mit dem Button **OK** öffnet EPLAN den Dialog **EIGEN-**

SCHAFTEN (SCHALTZEICHEN) SPS-KASTEN. Hier müssen die gewünschten Einträge eingetragen und die Eigenschaften gespeichert werden. Ebenso kann hier sofort eine *Geräteauswahl* für die neue SPS-Karte durchgeführt werden.

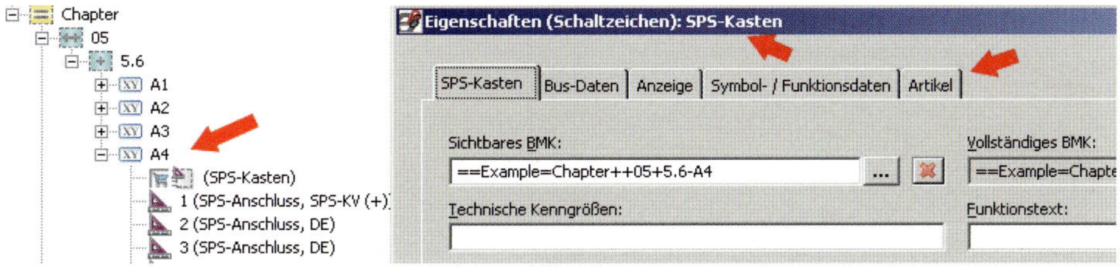

Bild 5.150 Neue nichtplatzierte SPS-Karte im Navigator

Das neue Betriebsmittel wurde mit der Funktionsdefinition **SPS-KASTEN** und den Funktionsdefinitionen des ausgewählten Artikels als nichtplatzierter SPS-Kasten in den **SPS-Navigator** eingelagert.

5.6.6 SPS-Navigator/Neue Funktionen ...

Um Betriebsmitteln weitere Funktionen hinzuzufügen, wird im SPS-Navigator die Funktion **NEUE FUNKTIONEN...** benutzt. Gestartet wird der Aufruf, wie üblich, aus dem Kontextmenü des **SPS-Navigators**.

EPLAN startet den Dialog **FUNKTIONEN ERZEUGEN**. Im Feld **Funktionsdefinition** kann jetzt zum Beispiel ein SPS-Anschluss, DE mit dem Button ... und dem daraus folgenden Dialog **FUNKTIONSDEFINITIONEN** ausgewählt werden. Das Nummerierungsmuster wird bei einer Karte mit 20 Anschlüssen auf 1-20 eingestellt.

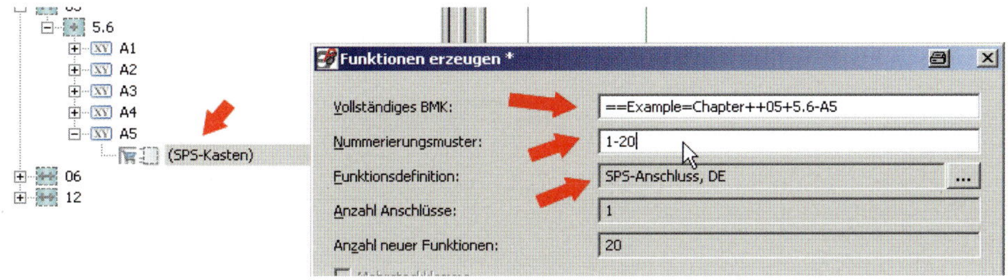

Bild 5.151 Neue SPS Funktionen erzeugen

Neue SPS-Funktionen erzeugen

Nach dem Klick auf **OK** werden diese Funktionen erzeugt. Ebenso ist die Vorgehensweise für das Erzeugen von Versorgungsanschlüsse o.Ä. einer Karte. Auf diesem Wege kann man im SPS-Navigator eine komplette SPS-Karte mit korrekten *SPS-Adressen* und ihren *Anschlussbezeichnungen* zum Platzieren erstellen.

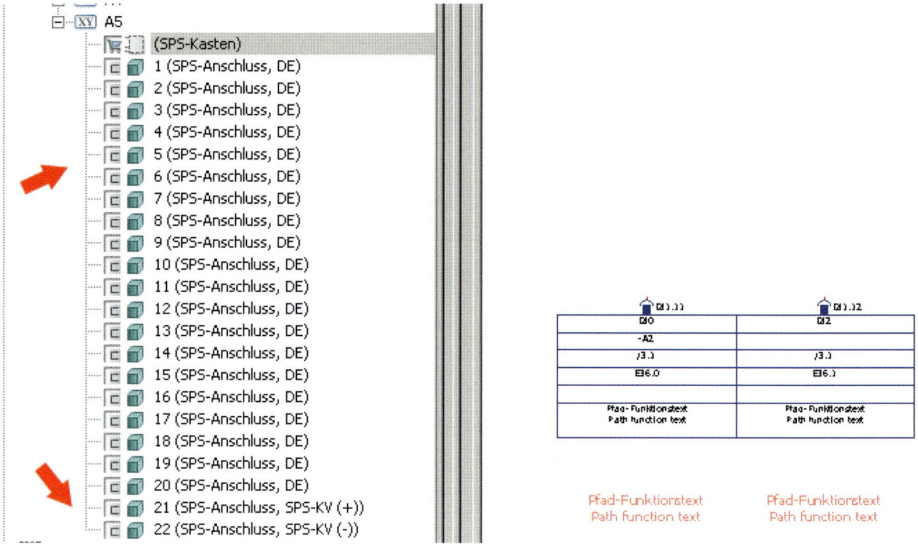

Bild 5.152 Neue SPS-Funktionen

5.6.7 SPS-Navigator/Neues Gerät ...

Im Gegensatz zum Anlegen einzelner neuer Funktionen erzeugt der Eintrag im Kontextmenü **NEUES GERÄT ...** ein komplettes neues Gerät, das schon mit Funktionsdefinitionen vorbelegt ist, im SPS-Navigator natürlich eine SPS-Funktion wie beispielsweise eine Eingangskarte.

Nach dem Aufruf **NEUES GERÄT...** aus dem Kontextmenü des **SPS-Navigators** öffnet EPLAN den Dialog **ARTIKELVERWALTUNG**. Es stehen nur SPS-Artikel zur Auswahl. Das ausgewählte Gerät wird nun mit **OK** in den SPS-Navigator übernommen.

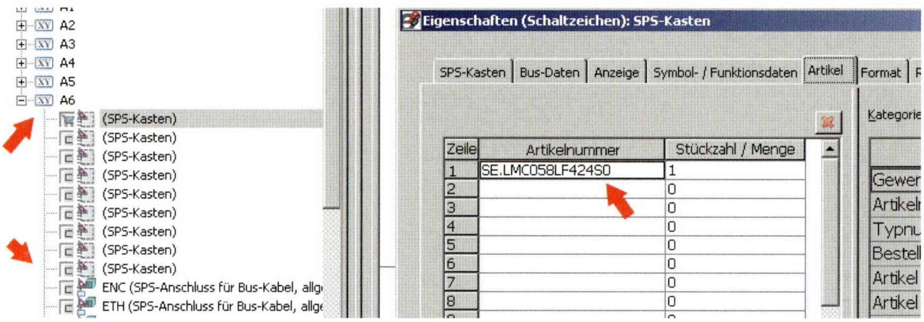

Bild 5.153 Neues nichtplatziertes Gerät im Navigator

EPLAN ordnet dem neuen Gerät automatisch das nächste verfügbare Betriebsmittelkennzeichen im SPS-Navigator zu. Somit ist das Gerät bereit, um im Stromlaufplan verwendet zu werden bzw. um die Funktionen zu platzieren.

5.6.8 SPS-Navigator/Ansicht

EPLAN bietet im **SPS-Navigator** verschiedene *Ansichten* auf die SPS-Daten: Die **BMK-orientierte** Ansicht, die **Adressenorientierte** Ansicht sowie die **Kanalorientierte** Ansicht.

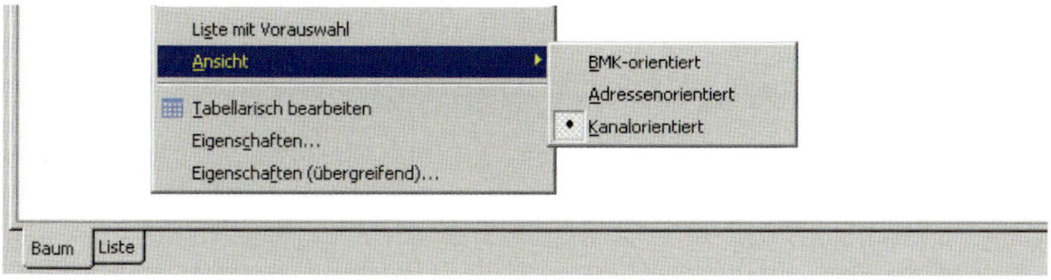

Bild 5.154 Ansichtenwahl im Kontextmenü

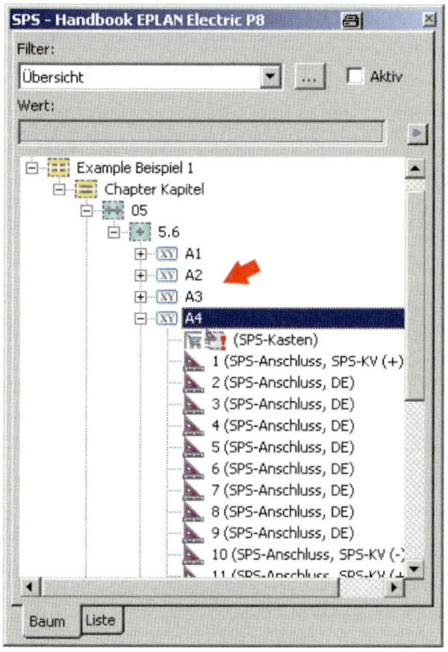

Bild 5.155 Ansicht BMK-orientiert

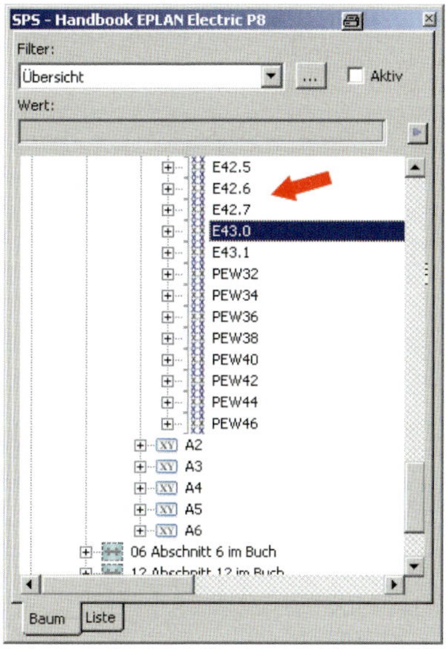

Bild 5.156 Ansicht Adressenorientiert

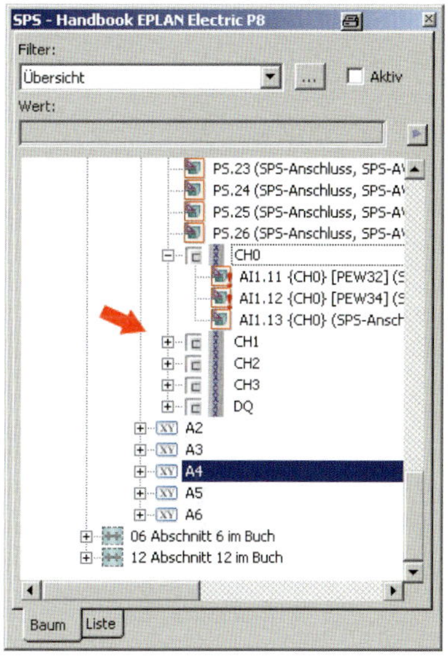

Bild 5.157 Ansicht Kanalorientiert

In der BMK-orientierten Ansicht werden die SPS-Daten entsprechend ihrem Betriebsmittelkennzeichen aufgelistet. In der adressenorientierten Ansicht dagegen ordnet der SPS-Navigator die SPS-Daten nach Adressen. Und zu guter Letzt zeigt die kanalorientierte Ansicht die Sicht auf die Kanalgruppen und alle dazugehörenden SPS-Funktionen an. Die kanalorientierte Ansicht hat den Vorteil, dass man alle zum Kanal gehörenden Funktionen »in einem Rutsch« markieren und platzieren kann. So kann keine Funktion aus der Kanalgruppe vergessen werden.

5.7 Stücklisten-Navigator (Geräte/Artikel)

Der **Stücklisten-Navigator** hat den Blick auf alle Geräte mit oder auch ohne Artikelnummern, die im Projekt vorhanden sind. Der Stücklisten-Navigator selbst wird über das Menü **PROJEKTDATEN/GERÄTE/ARTIKEL** gestartet.

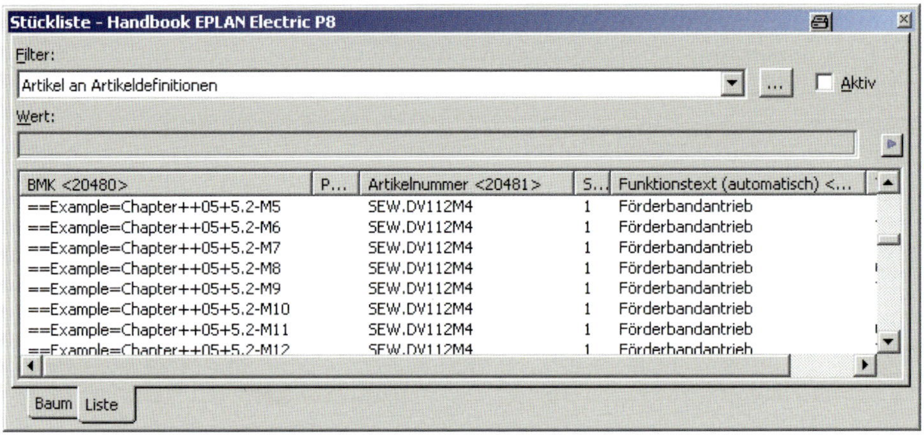

Bild 5.158 Der Stücklisten-Navigator als Listendarstellung

Ebenso wie andere Navigatoren bietet der Stücklisten-Navigator erst einmal auch grundsätzlich verschiedene Sichtweisen auf das Projekt und seine Daten.

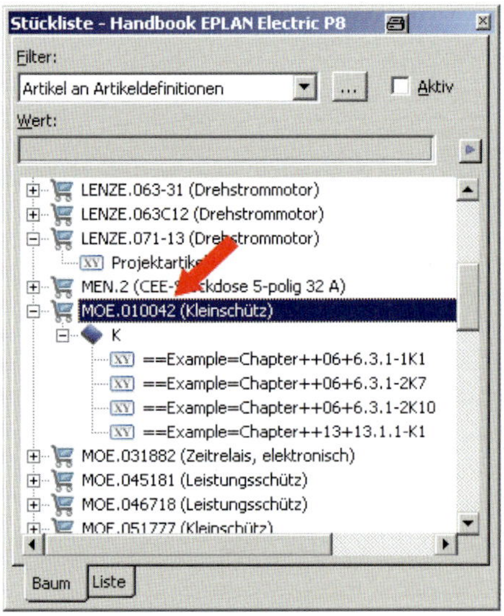

Bild 5.159 Ansicht Artikelnummer (führend)

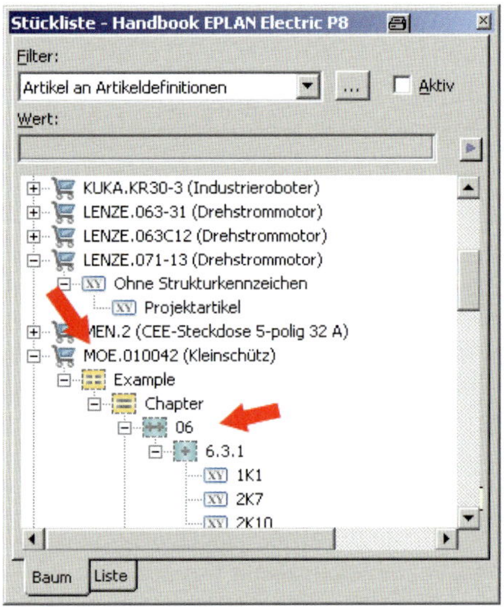

Bild 5.160 Ansicht Artikelnummer/Strukturkennzeichen

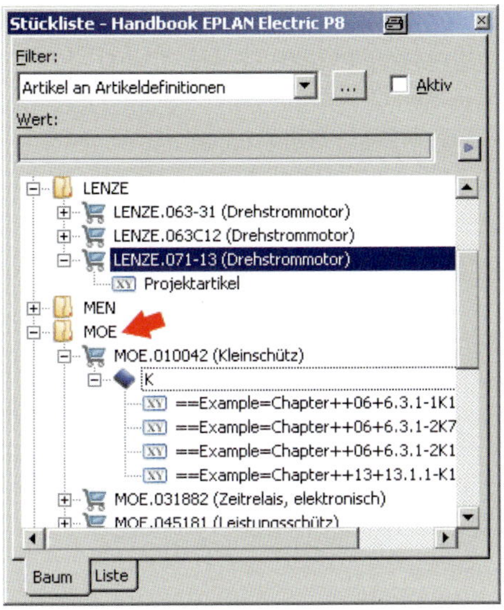

Bild 5.161 Ansicht nach Herstellerkürzel

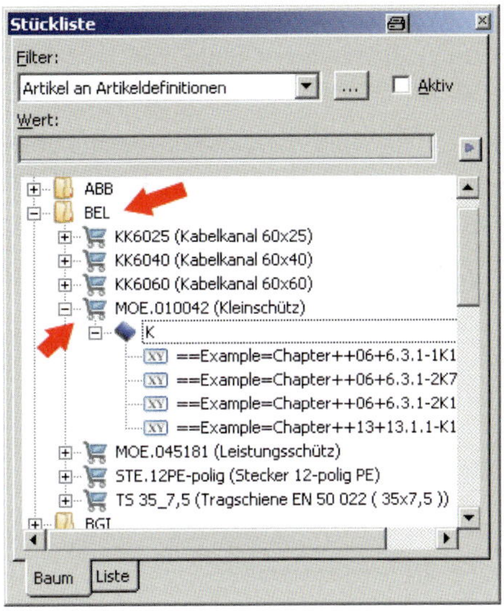

Bild 5.162 Ansicht nach Lieferant

Mit dem Stücklisten-Navigator ist eine große Vielfalt, um Artikeldaten projektweit einfach und schnell zu bearbeiten, gegeben.

5.7.1 Funktionen des Kontextmenüs

Der **Stücklisten-Navigator** bietet in seinem Kontextmenü eine Reihe verschiedener Funktionen an, um die Projektbearbeitung rund um die Artikel zu erleichtern.

5.7.1.1 Projektartikel hinzufügen

Wird der Menüeintrag **PROJEKTARTIKEL HINZUFÜGEN** gewählt, so öffnet EPLAN anschließend die *Artikelverwaltung*, und es kann dem Projekt ein Artikel als *Projektartikel* hinzugefügt werden.

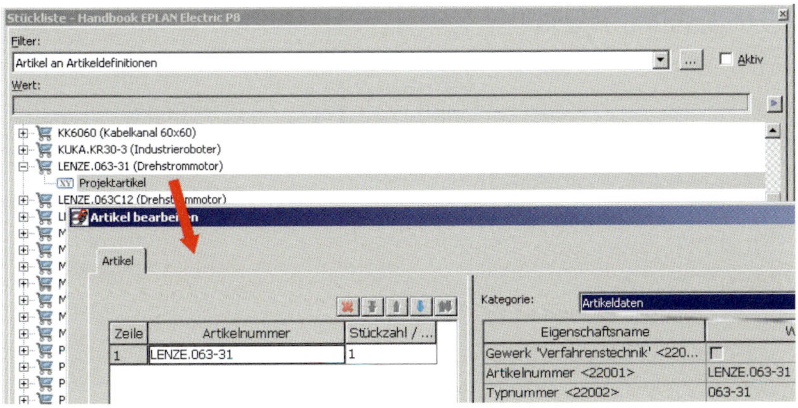

Bild 5.163 Hinzugefügter Projektartikel

Projektartikel besitzen erst einmal kein Betriebsmittelkennzeichen. Es sind im Normalfall Artikel, die als Beistellteile oder lose Artikel mitgeliefert werden. Projektartikel können auch gezielt gefiltert oder ausgewertet werden.

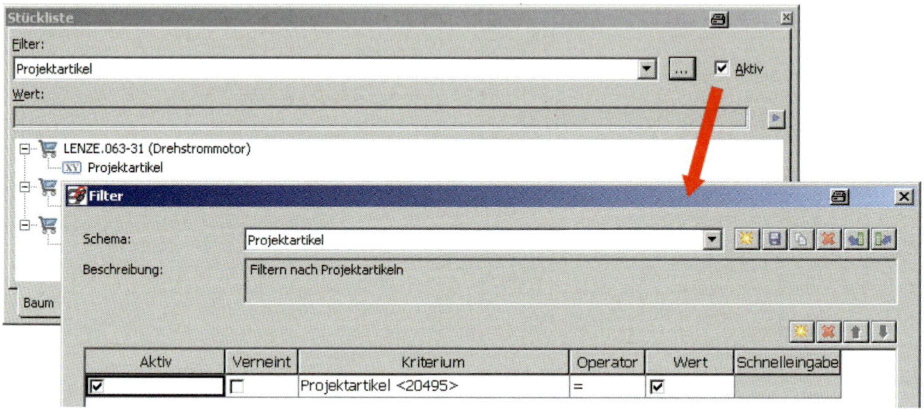

Bild 5.164 Filter auf Projektartikel

5.7.1.2 Artikel hinzufügen

Mit dem Menüeintrag **ARTIKEL HINZUFÜGEN** kann man einem vorhandenen Betriebsmittel weitere Artikel komfortabel hinzufügen. Dafür wird das Betriebsmittel markiert und der Menüeintrag **ARTIKEL HINZUFÜGEN** aufgerufen.

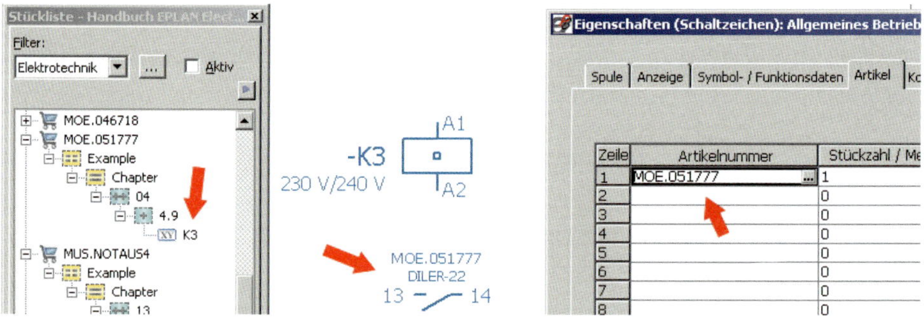

Bild 5.165 Vor dem Ausführen der Funktion Artikel hinzufügen

EPLAN startet nach dem Ausführen der Funktion **ARTIKEL HINZUFÜGEN** die *Artikelverwaltung*. Hier wird der gewünschte Artikel ausgewählt, markiert und mit **OK** an das markierte Betriebsmittel mit übernommen.

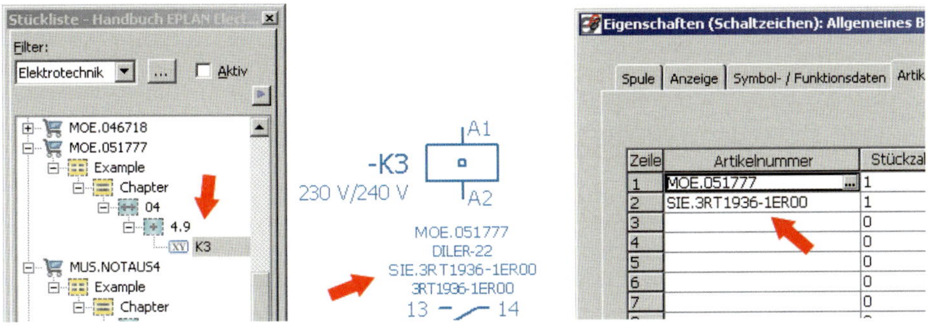

Bild 5.166 Ein Artikel wurde hinzugefügt.

Diese Funktion klappt natürlich auch mit einer Mehrfachauswahl. Man könnte also hier »in einem Rutsch« beispielsweise die »vergessenen« Überspannungsbegrenzer mehreren Schützen hinzufügen.

5.7.1.3 Platzieren mit ...

Der Menüeintrag **PLATZIEREN MIT ...** beinhaltet noch weitere Unter-Menüeinträge.

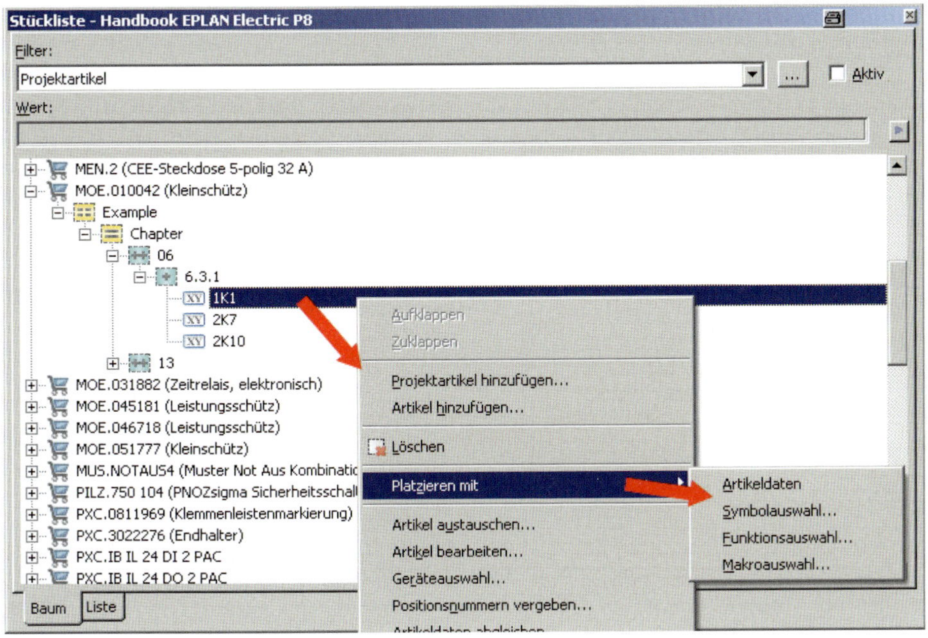

Bild 5.167 Platzieroptionen

Der Unter-Menüeintrag **MIT ARTIKELDATEN PLATZIEREN** bedeutet, dass EPLAN die beim Artikel hinterlegten *Symbole* oder *Makros* nach dem Absetzen auf dem Stromlaufplan platzieren würde.

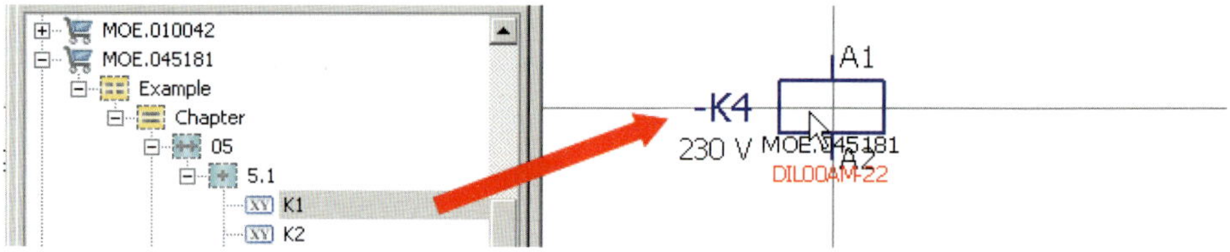

Bild 5.168 Mit Artikeldaten platzieren

Der Unter-Menüeintrag **MIT SYMBOLDATEN PLATZIEREN** erlaubt es EPLAN, die Symbolauswahl vor dem Platzieren zu öffnen. Es muss das entsprechende oder gewünschte Symbol ausgewählt werden. Anschließend kann man dieses Symbol auf der Stromlaufplanseite platzieren, und EPLAN trägt zu diesem Symbol die Artikeldaten ein.

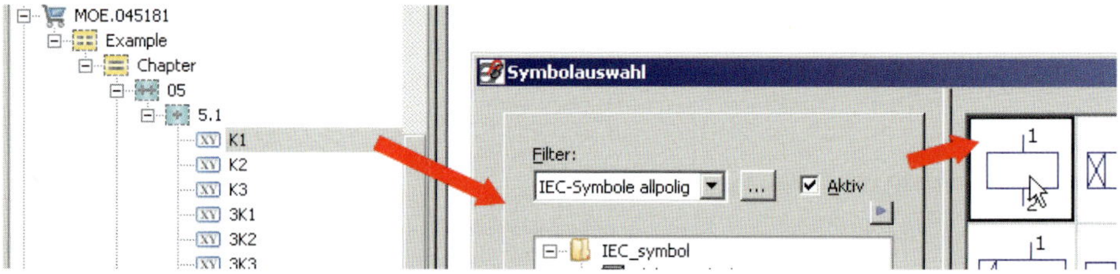

Bild 5.169 Mit Symboldaten platzieren

Ein weiterer Unter-Menüeintrag startet vor dem Platzieren die **FUNKTIONSSAUSWAHL**. Im Dialog **FUNKTIONSDEFINITIONEN** wird vor dem Platzieren des Artikels die gewünschte Funktionsdefinition gewählt und übernommen. Anschließend kann der Artikel abgesetzt werden. EPLAN ordnet ihm dann die vorher ausgewählte *Funktionsdefinition* zu.

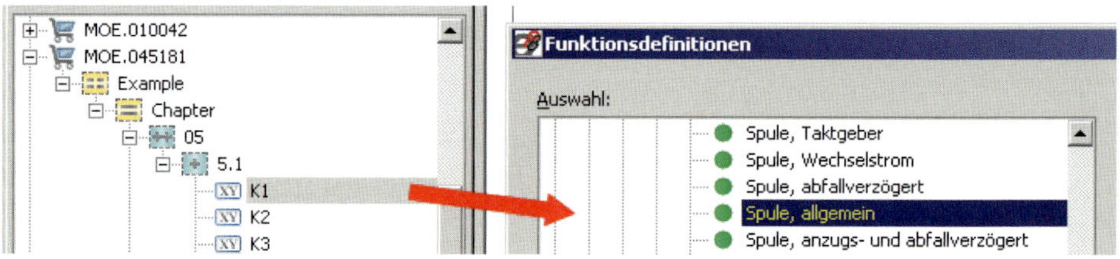

Bild 5.170 Mit Funktionsdaten platzieren

Der letzte Unter-Menüeintrag erlaubt das Platzieren des Artikels mit einer **MAKROAUSWAHL** vorher. Dazu öffnet EPLAN nach der Anwahl des Menüpunktes den Dialog **MAKRO AUSWÄHLEN**. Hier wird nun das Makro ausgewählt und kann dann mit dem Button **ÖFFNEN** übernommen und platziert werden.

Bild 5.171 Makroauswahl vor dem Platzieren

5.7.1.4 Artikel austauschen

Dieser Menüpunkt bietet die Möglichkeit, schnell und einfach einen Artikel auszutauschen. Dazu wird der Artikel im **Stücklisten-Navigator** markiert und der Menüeintrag **ARTIKEL AUSTAUSCHEN** gewählt. EPLAN öffnet anschließend die **Artikelverwaltung**, wo der *auszutauschende Artikel* gewählt und mit **OK** übernommen wird. EPLAN tauscht augenblicklich diesen Artikel gegen den eben gewählten aus.

5.7.1.5 Geräteauswahl

Dieser Menüpunkt ist eine interessante Ergänzung. Beispielsweise könnte man damit eine *Schützauswahl* für mehrere markierte Artikeldaten (Schützspulen) nachträglich durchführen. Um das zu erreichen, werden die Artikel markiert und der Menüeintrag **GERÄTEAUSWAHL** ausgeführt.

EPLAN ermöglicht nun, für jedes Betriebsmittel nach und nach eine Geräteauswahl durchzuführen. Sollte für ein Gerät beispielsweise keine Geräteauswahl durchgeführt werden, so reicht ein Tastendruck auf die Taste **ESC**. EPLAN fragt anschließend nach, ob es die gesamte Aktion abbrechen oder nur das eben gewählte Betriebsmittel überspringen soll.

Bild 5.172 Möglichkeit des Abbruchs der Geräteauswahl

5.7.1.6 Artikeldaten abgleichen

Der Menüeintrag **ARTIKELDATEN ABGLEICHEN** bietet die Möglichkeit, gezielt für bestimmte, markierte Artikel, einen Stammdatenabgleich mit der Artikelverwaltung durchzuführen. Dabei werden die Artikeldaten also mit der Artikelverwaltung verglichen, und bei Bedarf werden die eingelagerten Artikeldaten im Projekt überschrieben.

5.8 Navigatoren/Funktion Zuweisen

Eine Reihe der Navigatoren besitzt im Kontextmenü den Menüpunkt **ZUWEISEN**.

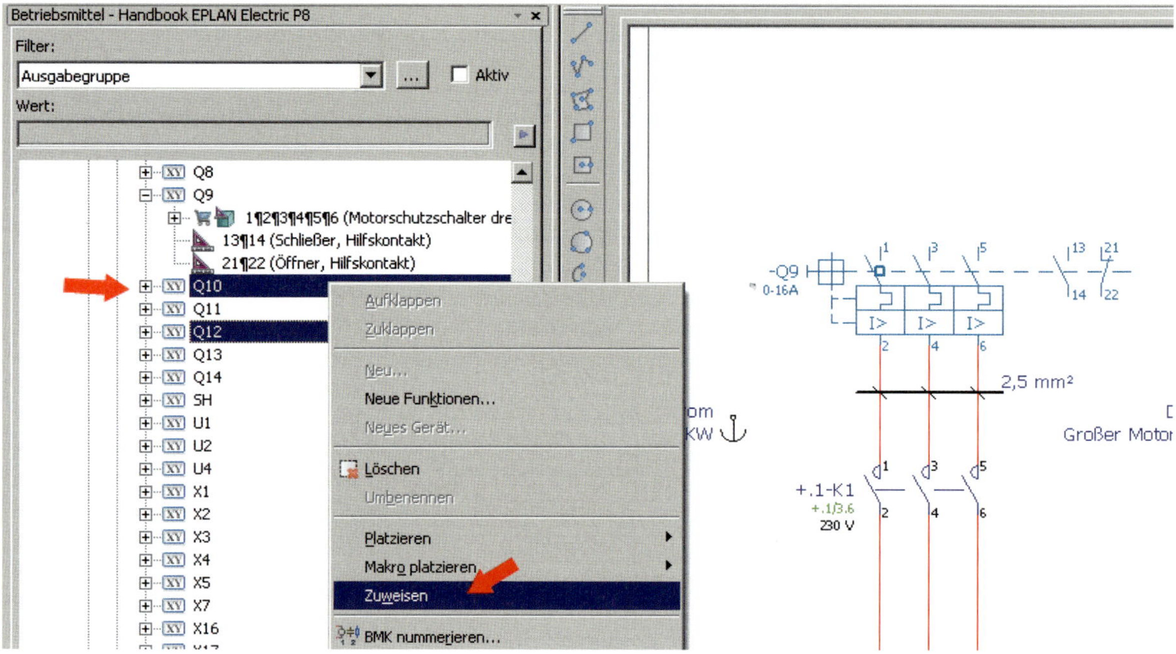

Bild 5.173 Menüeintrag Zuweisen im Betriebsmittel-Navigator

Der Menüpunkt **ZUWEISEN** ermöglicht es, die *Eigenschaften von Objekten* – wie beispielsweise ein *Betriebsmittelkennzeichen* oder auch nur Teile davon, wie ein SPS-Anschluss –, die im Navigator markiert werden, den Eigenschaften eines schon vorhandenen platzierten Objektes (beispielsweise einem Leistungskontakt) einfach zuzuweisen.

Aber nicht nur das einzelne Zuweisen ist möglich, auch mehrere Objekte können im Navigator markiert, die Funktion **ZUWEISEN** ausgeführt, und anschließend im Stromlaufplan per linken Mausklick diese Eigenschaften auf andere Objekte übertragen werden.

Im **Betriebsmittel-Navigator** wurden einige Betriebsmittel markiert und anschließend die Funktion **ZUWEISEN** ausgeführt. EPLAN »hängt« jetzt alle Eigenschaften dieser Betriebsmittel, wie beispielsweise das *Betriebsmittelkennzeichen* oder die *Funktionsdefinition*, sichtbar an den Cursor (vorrangig sichtbar ist immer das noch nicht zugewiesene Betriebsmittelkennzeichen).

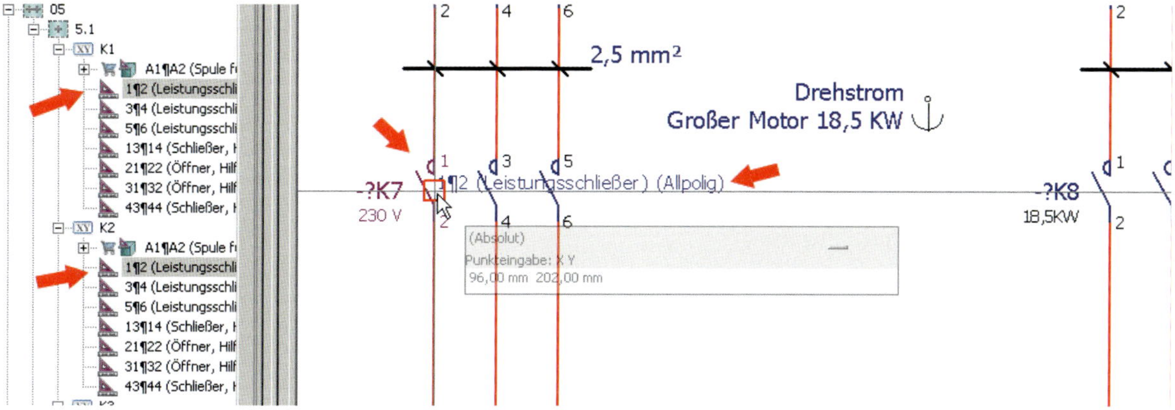

Bild 5.174 Die zuzuweisenden Eigenschaften »hängen« am Cursor.

Anschließend werden im Stromlaufplan die einzelnen, zu »bestückenden« Leistungskontakte mit der linken Maustaste nach und nach angeklickt (immer nur die, die auch ein sichtbares *Betriebsmittelkennzeichen* bekommen sollen).

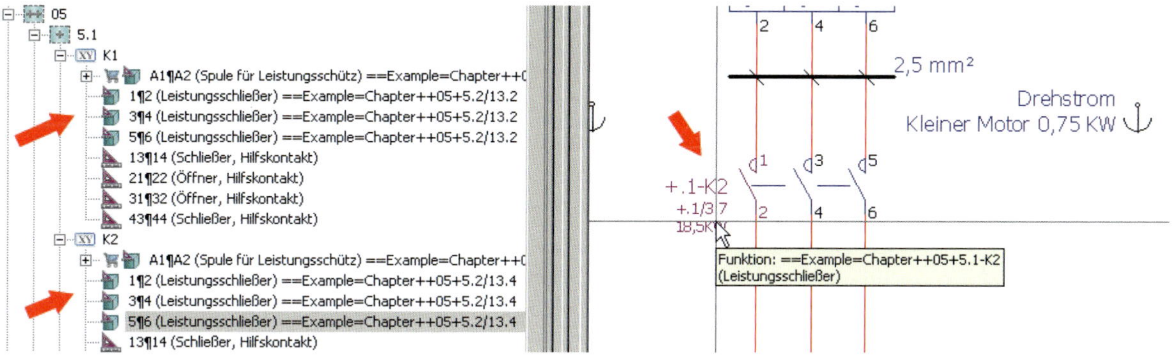

Bild 5.175 Zugewiesene Betriebsmittelkennzeichen

EPLAN überträgt jetzt u. a. ein BMK nach dem anderen an die Leistungskontakte, ohne dass das BMK selbst manuell an die Leistungskontakte eingetragen werden muss. Diese sehr nützliche Funktion, da zeitsparend und fehlerfreie Übertragung von Informationen, gibt es neben dem Betriebsmittel-Navigator noch in folgenden Navigatoren:

- Klemmenleisten-Navigator
- Stecker-Navigator
- SPS-Navigator
- Kabel-Navigator
- Topologie-Navigator
- Verbindungs-Navigator
- Abbruchstellen-Navigator

5.9 Navigatoren/Funktion Filter-Schnelleingabe

Eine weitere Möglichkeit der Arbeitserleichterung, die die meisten Navigatoren besitzen, ist die Filterung nach einem Schema, aber für unterschiedliche Werte. Also eine Art Schnelleingabe.

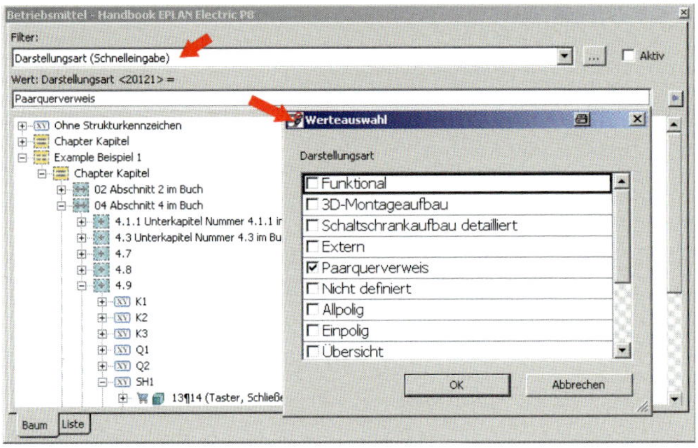

Bild 5.176 Filter-Schnelleingabe

Mit dieser Art von Filterung, das heißt der Möglichkeit der Schnelleingabe, entfallen die Einzelschemata, die man sich für jeden Wert separat erstellen müsste.

In dem in Bild 5.176 gezeigten Beispiel des **Betriebsmittel-Navigators** wäre das die Filterung nach der Darstellungsart. Bisher musste man ein Schema für jede einzelne zu filternde Darstellungsart erstellen, die sich nur dadurch unterschieden, das man nach der entsprechenden Darstellungsart filterte. Damit wuchs der Umfang der möglichen und auswählbaren Schemata ziemlich hoch an. Das konnte dazu führen, dass die Auswahl eines Schemas mit der Zeit unübersichtlich wurde.

Mit der Möglichkeit, nun für Eigenschaften die Funktion **SCHNELLEINGABE** zu nutzen, reduziert sich das Erstellen von verschiedenen Schemata und die Übersicht kehrt wieder zurück.

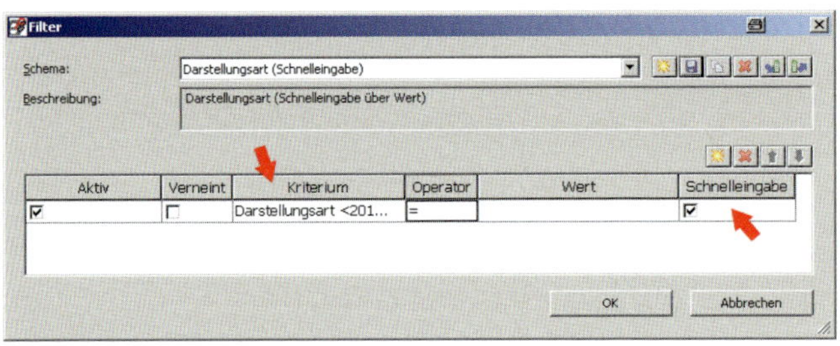

Bild 5.177 Schnelleingabe

Nicht alle Kriterien sind allerdings zum Filtern über die Möglichkeit der Schnelleingabe geeignet.

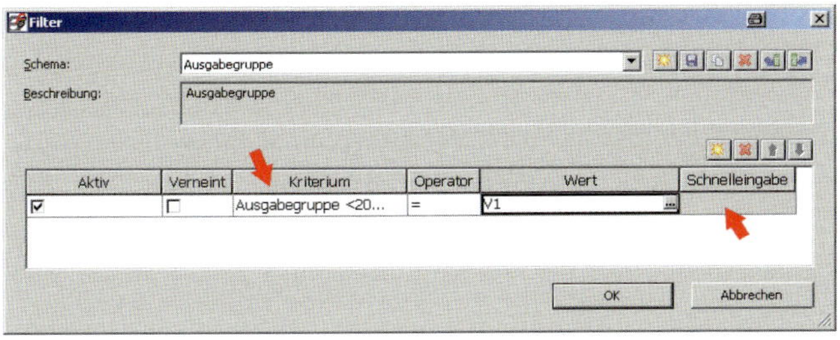

Bild 5.178 Schnelleingabe ist hier nicht möglich.

Die Möglichkeit der Schnelleingabe ist in folgenden Navigatoren verfügbar:

- Seiten-Navigator
- Betriebsmittel-Navigator
- Klemmenleisten-Navigator
- Stecker-Navigator
- SPS-Navigator
- Kabel-Navigator
- Topologie-Navigator
- Verbindungs-Navigator
- Potenziale-Navigator
- Prozesse-Navigator
- Abbruchstellen-Navigator
- Stücklisten-Navigator
- 2D-Schaltschrankaufbau-Navigator
- 3D-Montageaufbau-Navigator
- Gerätelisten-Navigator
- Projektoptionen-Navigator
- Platzhalterobjekte-Navigator
- Symbole-Navigator (Symbolauswahl)
- Kommentare-Navigator

6 Auswertungen

Dieses Kapitel wird sich um Auswertungen kümmern: Welche sind nötig, welche Einstellungen werden wo für die Auswertungen gebraucht, wie wende ich Vorlagen und Auswertungen am effektivsten an, und wo liegen die Vorteile für den Anwender? Weiter werden anhand von kleinen, einfachen Beispielen einige Möglichkeiten der externen Bearbeitung angerissen.

Im Menü **DIENSTPROGRAMME/AUSWERTUNGEN** befinden sich die entsprechenden Funktionen, um grafische Auswertungen, wie Klemmenpläne, Artikelstücklisten oder Verbindungslisten, zu generieren. Der Menüpunkt **DIENSTPROGRAMME/AUSWERTUNGEN/BESCHRIFTUNG** ermöglicht es dem Anwender, diverse Auswertungen, wie Kabelübersichtspläne oder Artikelsummenstücklisten, beispielsweise in ein Excel-Format zu exportieren.

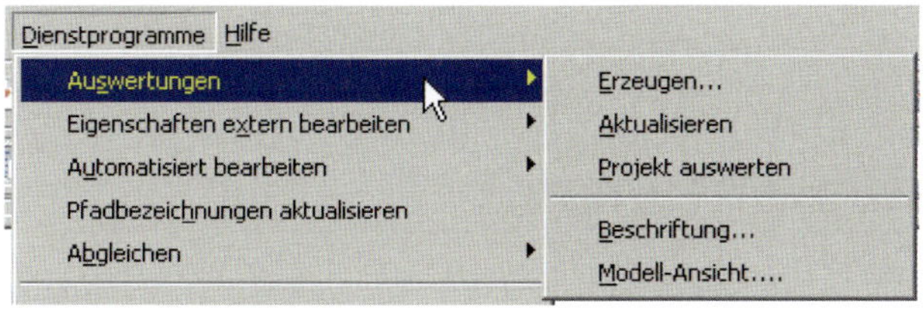

Bild 6.1 Menü Auswertungen

Damit bietet EPLAN dem Anwender die Möglichkeiten an, interne Ausgaben (Grafikausgaben für die Projektdokumentation) zu erzeugen und die ausgewerteten Daten in ein Fremdformat (Excel, Textformat etc.) zu übergeben, zum Beispiel für die Weitergabe der erzeugten Daten aus dem Stromlaufplan.

Grafische Auswertungen zu erzeugen, ist aber nur eine Möglichkeit, die EPLAN bietet. Da man diese erzeugten Daten zwar extern über die Funktion *Beschriftung* nachbearbeiten kann, diese aber anschließend nicht mehr mit dem EPLAN-Projekt abgleichen könnte, wurde ein zusätzlicher Funktionsumfang eingebaut, um Eigenschaften zu exportieren, diese dann außerhalb von EPLAN zu bearbeiten und wieder in das EPLAN-Projekt einzulesen.

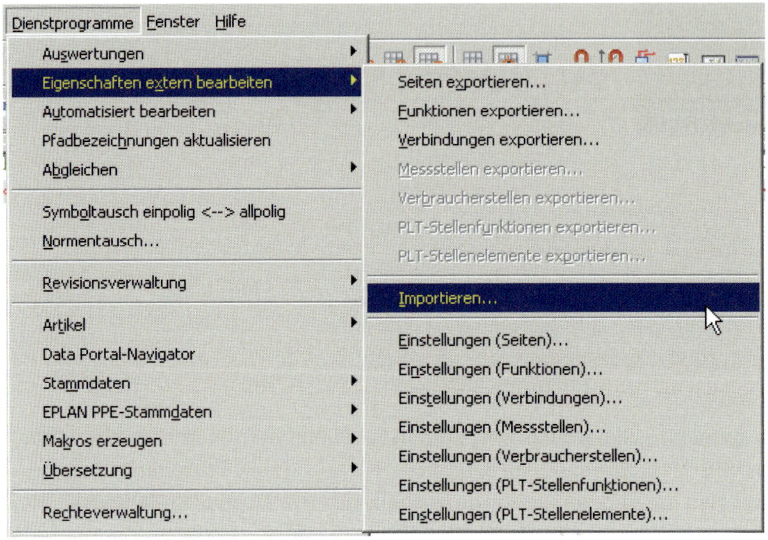

Bild 6.2 Menü Eigenschaften extern bearbeiten

Im Menü **DIENSTPROGRAMME/EIGENSCHAFTEN EXTERN BEARBEITEN** verbergen sich viele Möglichkeiten, um die verschiedensten Eigenschaften, zum Beispiel in Excel, komfortabler nachzubearbeiten und anschließend diese extern geänderten Daten wieder in das EPLAN-Projekt zu importieren. Damit werden die Daten im Projekt automatisch geändert, ohne dass man diese Änderungen in EPLAN selbst durchführen muss.

6.1 Was sind Auswertungen?

Auswertungen sind ausgewählte Projektdaten, die in grafischer Form auf neu erstellten Projektseiten z. B. einen *Klemmenplan* ausgeben (interne Auswertung) oder Daten in eine *Textdatei* (externe Auswertung) schreiben können.

Daneben hält EPLAN noch eine besondere Form der Auswertung bereit. Es ist möglich, beispielsweise einen Motorstecker als Auswertung direkt auf die Seite des Motors zu platzieren. Diese Art von Auswertung wird *manuell platziert* und bietet dem Anwender mit der vielseitigen Formulargestaltung viele individuelle Einsatzmöglichkeiten.

Da EPLAN alle Daten online hält, und die Verbindungsdaten vor einer Auswertung selbstständig aktualisiert werden, ist es nicht nötig, dass der Anwender selbst Aktualisierungen vornehmen muss.

6.2 Auswertungsarten

EPLAN unterscheidet - wie vorangehend schon erwähnt - zwischen den normalen Auswertungsseiten, den eingebetteten Auswertungen und den eingefrorenen Auswertungen. Normale Auswertungsseiten werden automatisch - je nach Vorgabe - neu im Projekt angelegt, während eingebettete Auswertungen manuell direkt auf der Seite platziert werden, auf der die Informationen (Steckerbelegung etc.) erscheinen sollen.

Eingefrorene Auswertungen wurden einmal automatisch erzeugt und dann »eingefroren«, damit diese Auswertungen ab sofort nicht mehr geändert werden können, weder automatisch noch manuell durch Aktualisieren. Eingefrorene Auswertungen (die Auswertungsseiten) müssen, wenn sie erneuert werden sollen, gelöscht und neu erzeugt werden.

6.3 Typen grafischer Auswertungen

Alle grafischen Auswertungen basieren auf einem bestimmten Auswertungstyp. Jedes Formular hat einen bestimmten Anwendungsbereich von Formulareigenschaften. Aber nicht alle Formulareigenschaften sind in jedem beliebigen Formulartyp einsetzbar. Einige ausgewählte Formulareigenschaften können aber auch in verschiedenen Formularen verwendet werden.

Die folgenden Abschnitte listen alle möglichen Auswertungstypen mit einer kurzen Beschreibung auf.

6.3.1 Auswertungstypen (Formulare)

EPLAN verwaltet für die Auswertungen verschiedene **Auswertungstypen (Formulare)**. Die Auswertungstypen werden grob nach der Extension (Dateiendung) **.fnn* unterschieden, wobei *nn* einer Nummer entspricht.

- **F01** Artikelstückliste
- **F03** Betriebsmittelliste
- **F13** Klemmenplan
- **F22** Steckerplan

> **HINWEIS:** Das Ändern von Formularen sollte **immer** mit dem internen EPLAN-Formulareditor erfolgen, da EPLAN beim Bearbeiten und späteren Speichern interne Informationen mit in das Formular schreibt, um einen eventuellen Stammdatenabgleich korrekt durchführen zu können.

6.3.1.1 Artikelstückliste *.f01

Eine Artikelstückliste beinhaltet die Aufstellung aller Artikel ohne Bildung von Gesamtsummen. Das Formular entspricht dem einer normalen Einzelstückliste.

Artikelstückliste

Bezeichnung	Artikelnummer	Menge	Benennung (BMK)
Kleinschütz	MOE.010042	1	==Example=Chapter+ +06 +6.:
Hilfsschütz	SIE.3RH1122-1BB40	1	==Example=Chapter+ +06 +6.:
Hilfsschütz	ABB.FPH1421001T8440	0	==Example=Chapter+ +06 +6.:

Bild 6.3 Beispiel einer Artikelstückliste (Dateiendung *.f01)

Eine Besonderheit des Formulars gilt es zu beachten. Artikel mit der Menge »0« werden standardmäßig erst einmal mit ausgegeben. Zusätzlich werden in den Standardformularen ebenfalls nichtplatzierte Artikel aufgelistet. Sollen diese Daten **nicht** mit ausgegeben werden, kann die Ausgabe über einen Filter eingeschränkt werden (siehe auch Abschnitt 6.3.1.2, »Artikelsummenstückliste *.f02«).

6.3.1.2 Artikelsummenstückliste *.f02

Die Artikelsummenstückliste ist die Ausgabe aller Artikel, aber im Gegensatz zur Artikelstückliste werden hier alle gleichen Artikel als Summe ausgegeben. Das entspricht einer Mengenstückliste.

Artikelsummenstückliste

Lieferant	Bestellnummer	Menge	Bezeichnung	Typnummer
MOE				
	010042	2	Kleinschütz	DILER-22-G
SIEMEN				
	3RH1122-1BB40	0	Hilfsschütz	3RH1122-1BB40
ABB				
	FPH1421001T8440	2	Hilfsschütz	FPH1421001T8440

Bild 6.4 Beispiel einer Artikelsummenstückliste (Dateiendung *.f02)

Auch für dieses Formular gilt: Artikel mit der Menge »0« werden standardmäßig mit ausgegeben. Ebenfalls in der Auflistung erscheinen als Voreinstellung für die Standardformulare, die EPLAN mitliefert, nichtplatzierte Artikel. Sollen diese Daten **nicht** mit der Artikelsummenstückliste ausgegeben werden, besteht wieder die Option, die Ausgabe über einen Filter zu beschränken.

6.3.1.3 Betriebsmittelliste *.f03

Die Betriebsmittelliste ermöglicht die Ausgabe aller im Projekt verwendeten Betriebsmittel mit ihren Informationen.

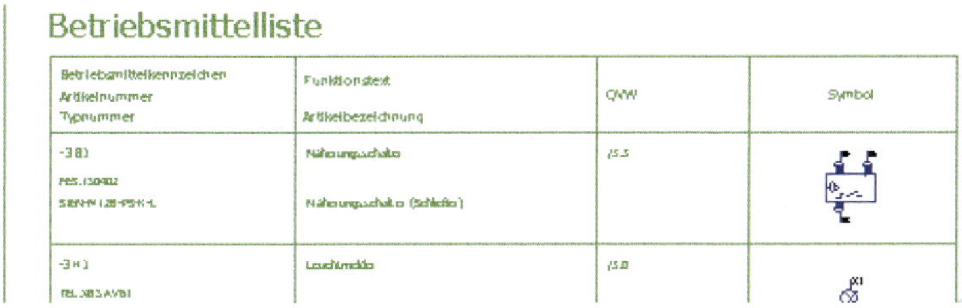

Bild 6.5 Beispiel Betriebsmittelliste (Dateiendung *.f03)

Ob nun mit oder ohne grafische Darstellung der entsprechenden Schaltzeichen, hängt vom verwendeten Formular bzw. von der Eigenschaft **<13050 Schaltzeichengrafik>** ab. Im Formular werden standardmäßig auch nichtplatzierte Betriebsmittel mit in die Ausgabe aufgenommen, oder es werden entsprechende Filterfunktionen benutzt, um nur die Projektdaten auszugeben, die gefordert oder gewünscht sind.

6.3.1.4 Formulardokumentation *.f04

Die Formulardokumentation gibt eine Übersicht darüber, welche Formulare im Projekt eingelagert und verwendet worden sind.

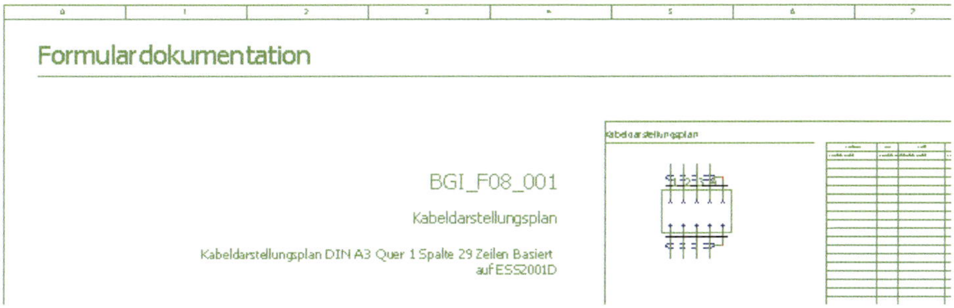

Bild 6.6 Beispiel Formulardokumentation (Dateiendung *.f04)

Für dieses Formular gibt es keine weiteren Filtermöglichkeiten, das heißt, es werden generell immer alle im Projekt eingelagerten Formulare ausgegeben.

6.3.1.5 Geräteanschlussplan *.f05

Ein Geräteanschlussplan ermöglicht die Darstellung eines Gerätes mit allen seinen Geräteanschlüssen und den daran angeschlossenen internen bzw. externen Geräten.

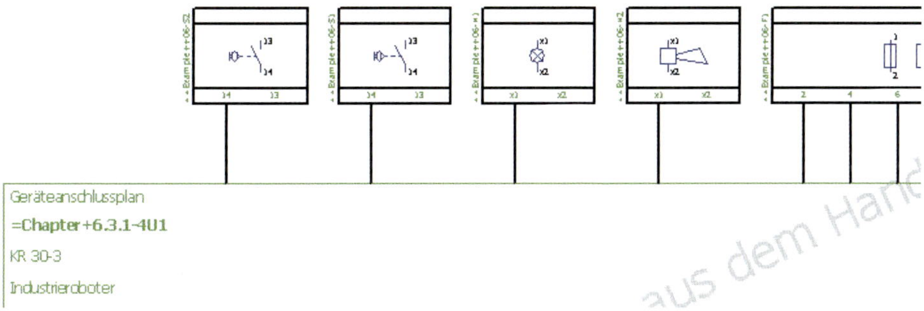

Bild 6.7 Beispiel Geräteanschlussplan (Dateiendung *.f05)

EPLAN bietet mit diesem Formular u. a. an, über mehrere Anschlussebenen der internen und externen Seite hinweg, die angeschlossenen Komponenten darzustellen.

> Interne Anschlüsse stellen in diesem Formular keine Geräteinnenschaltbilder oder Ähnliches dar.

6.3.1.6 Inhaltsverzeichnis *.f06

Das Inhaltsverzeichnis ist eine der typischen Anwendungen für Formulare in EPLAN. Mit dem Inhaltsverzeichnis, oder auch Zeichnungsverzeichnis genannt, wird eine Auflistung der kompletten Projektdokumentation (der Projektseiten) erzeugt.

Inhaltsverzeichnis

Seite	Seitenbeschreibung
==ALL=DOC+DBL/1	Titel / Deckblatt
==ALL=DOC+IHV/1	Inhaltsverzeichnis
==ALL=DOC+IHV/1.a	Inhaltsverzeichnis
==ALL=Example+Page/1	Artikelstückliste (Auswertung)

Bild 6.8 Beispiel Inhaltsverzeichnis (Dateiendung *f06)

Dabei steht, wie in anderen Formularen auch, dem Inhaltsverzeichnis eine Reihe von verschiedensten Funktionen, Filtern, Sortierungen etc. zur Verfügung, um die grafische Ausgabe je nach Bedarf zu steuern.

6.3.1.7 Kabelanschlussplan *.f07

Der Kabelanschlussplan erzeugt ein Formular eines einzelnen Kabels (Gerätes) mit allen internen und externen Zielen, die an die entsprechenden Adern des Kabels angeschlossen sind.

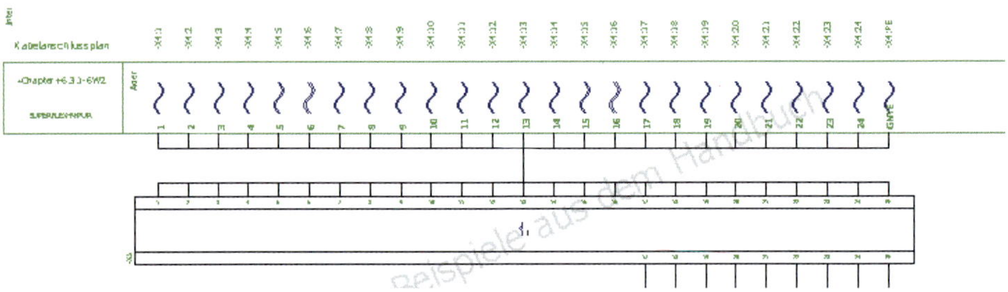

Bild 6.9 Beispiel Kabelanschlussplan (Dateiendung *f07)

Der Kabelanschlussplan gehört zu der Reihe von Formularen, die Ziele (extern/intern) über mehrere Ebenen darstellen können. Die Ausgabe des Kabelanschlussplans und somit der jeweils benötigten Projektkabel kann wieder über vorgefertigte oder selbst definierte Filter gesteuert werden.

6.3.1.8 Kabeldarstellungsplan *.f08

Der Kabeldarstellungsplan ist das einzige Formular, das nicht generell für alle Kabel in der Einstellung *Ausgabe in Seiten* eingetragen werden kann.

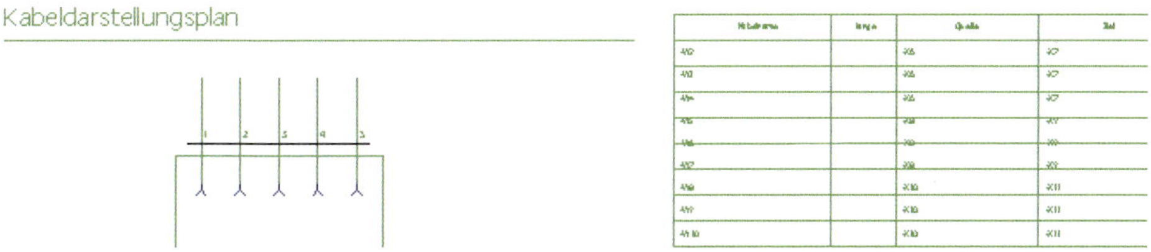

Bild 6.10 Beispiel Kabeldarstellungsplan (Dateiendung *.f08)

Es ist ein spezielles Formular, um zum Beispiel den internen Aufbau eines Kabels ausführlich darstellen zu können, und das in Verbindung mit einer Auflistung der dazu passenden Kabel im Projekt (inklusive der verschiedensten Informationen wie das Kabelbetriebsmittelkennzeichen). Alles wird auf einer Auswertungsseite zusammenhängend dargestellt.

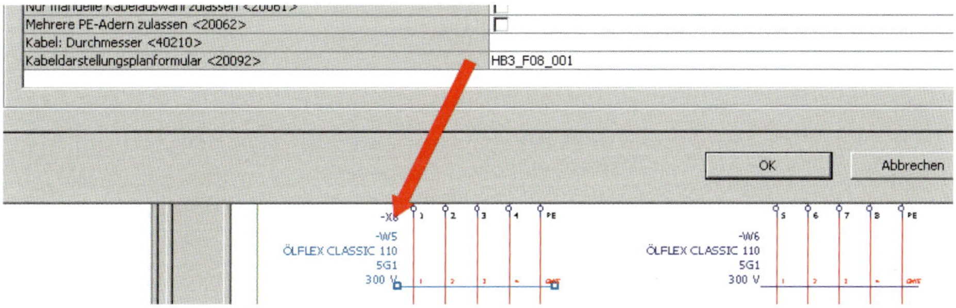

Bild 6.11 Eintrag Kabeldarstellungsplanformular am Kabel

> Da in einem Projekt in der Regel unterschiedliche Kabeltypen verwendet werden, ergäbe ein Globaleintrag eines Kabeldarstellungsplanes bzw. eine globale Auswahl für alle Kabel in den Einstellungen auch keinen Sinn.

Das Kabeldarstellungsformular kann direkt in den Kabeleigenschaften (der Eigenschaftswert wäre **<20092 Kabeldarstellungsplanformular>**) aus der Auswahlliste gewählt oder am Artikel in der Artikelverwaltung (Registerkarte *Kabeldaten*) hinterlegt werden.

Bild 6.12 Eintrag Kabeldarstellungsplanformular in der Artikelverwaltung

6.3.1.9 Kabelplan *.f09

Die Auswertung Kabelplan erzeugt die Darstellung eines einzelnen Kabels mit allen seinen Adern und deren Informationen.

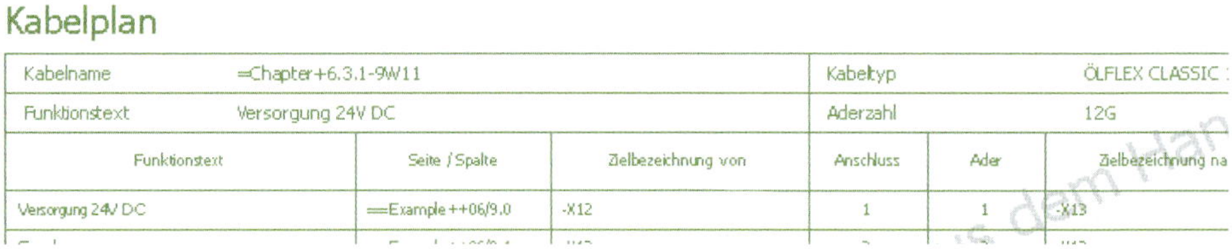

Kabelplan

Kabelname	=Chapter+6.3.1-9W11		Kabeltyp	ÖLFLEX CLASSIC :	
Funktionstext	Versorgung 24V DC		Aderzahl	12G	
Funktionstext	Seite / Spalte	Zielbezeichnung von	Anschluss	Ader	Zielbezeichnung na
Versorgung 24V DC	==Example++06/9.0	-X12	1	1	-X13

Bild 6.13
Beispiel Kabelplan (Dateiendung *.f09)

Im Formular können, je nach Aufbau, beispielsweise die internen und externen Ziele der angeschlossenen Geräte angezeigt werden. Über Filtereinstellungen kann u.a. die Ausgabe des Kabelplans gesteuert werden. Ohne eine Filtereinstellung werden zum Beispiel alle im Projekt verwendeten Kabel ausgegeben.

6.3.1.10 Kabelübersicht *.f10

Eine Kabelübersicht beinhaltet als Standard eine Auflistung aller im Projekt verbauten Kabel mit Informationen zum Kabeltypen, der Adernanzahl etc.

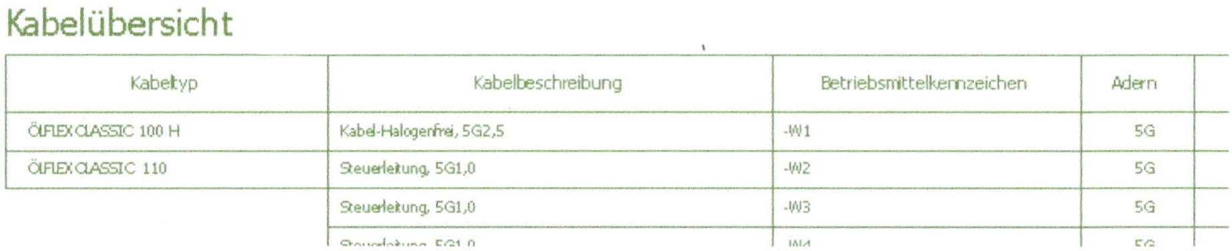

Kabelübersicht

Kabeltyp	Kabelbeschreibung	Betriebsmittelkennzeichen	Adern
ÖLFLEX CLASSIC 100 H	Kabel-Halogenfrei, 5G2,5	-W1	5G
ÖLFLEX CLASSIC 110	Steuerleitung, 5G1,0	-W2	5G
	Steuerleitung, 5G1,0	-W3	5G

Bild 6.14
Beispiel Kabelübersicht (Dateiendung *.f10)

Die Ausgabe ist wieder steuerbar über das Einstellen von Filtern oder die Sortiermöglichkeiten beispielsweise der Kabel nach Anlagen oder nach Einbauorten.

6.3.1.11 Klemmenanschlussplan *.f11

Der Klemmenanschlussplan gehört wieder zu der Kategorie von Auswertungen, die mehrere Ebenen von angeschlossenen internen und externen Zielen an der entsprechenden Klemmenleiste darstellen können.

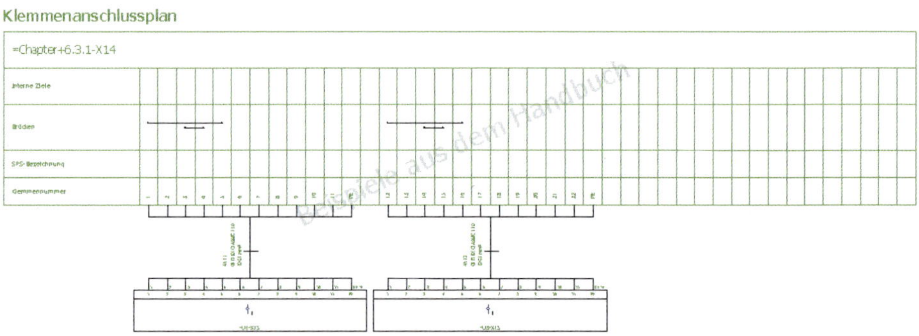

Bild 6.15
Beispiel Klemmenanschlussplan (Dateiendung *.f11)

Die Anzahl der dazustellenden Ebenen wird im Formularaufbau berücksichtigt bzw. kann in den Formulareigenschaften fest eingetragen werden. Auch bei diesem Formular gibt es wieder umfangreiche Filter- und Sortiermöglichkeiten.

6.3.1.12 Klemmenaufreihplan *.f12

Der Klemmenaufreihplan erzeugt eine grafische Auswertung jeweils einer Klemmenleiste mit den dazugehörigen Klemmen(leisten)artikeln.

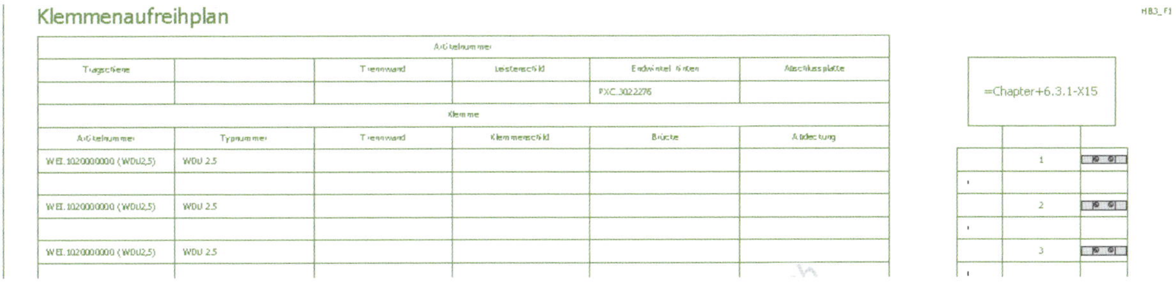

Bild 6.16 Beispiel Klemmenaufreihplan (Dateiendung *.f12)

Grafisch kann der Klemmenaufreihplan beispielsweise ähnlich einem Klemmenplan aufgebaut sein, oder man lässt anhand von Grafiken die Artikel nachbilden und fügt diese als Eigenschaft optisch mit in das Formular ein. Die gezielte Ausgabe mit Filtern oder über verschiedene Sortiermöglichkeiten funktioniert auch mit dieser Auswertung.

6.3.1.13 Klemmenplan *.f13

Mit einem Klemmenplan wird eine einzelne Klemmenleiste beispielsweise mit angeschlossenen internen und externen Zielen inklusive der verwendeten Kabel ausgegeben.

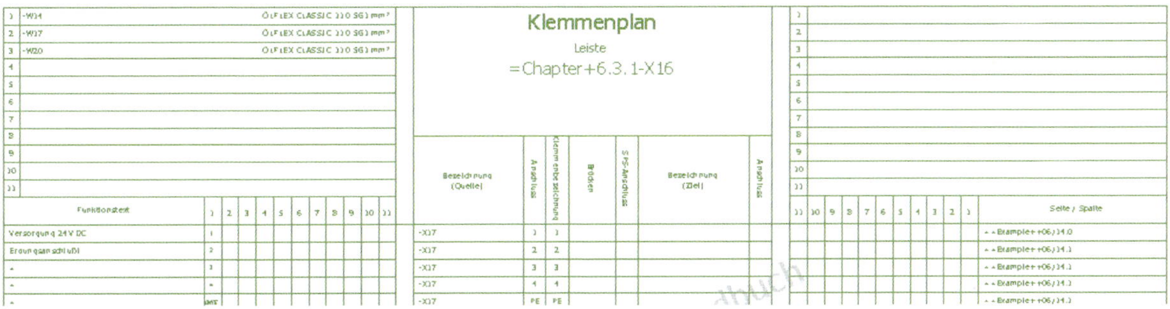

Bild 6.17 Beispiel Klemmenplan (Dateiendung *.f13)

Klemmenpläne sind über zahlreiche Filter- und Sortiermöglichkeiten für die Ausgabe steuerbar. Ebenso ist die Gestaltung von Klemmenplänen sehr vielfältig.

6.3.1.14 Klemmenleistenübersicht *.f14

Das Klemmenleistenübersichtsformular wird verwendet, um eine Übersicht aller im Projekt verwendeten Klemmenleisten zu bekommen.

Klemmenleistenübersicht

Klemmenleiste	Funktionstext	Klemmen					Seite des Klemmenplans
		erste	letzte	Summe PE	Summe N	Gesamtzahl	
		12	PE	4	0	16	
-U1-X15	Anschlußleiste Umrichter 400V AC	1	PE	1	0	12	
-U2-X15		1	PE	1	0	12	
-U3-X15		1	PE	1	0	12	
-X2	Leistung 690V AC	1	5	0	0	5	
-X3		1	5	0	0	5	

Bild 6.18 Beispiel Klemmenleistenübersicht (Dateiendung *.f14)

Um schon während der Projektbearbeitung gezielt die Ausgabe der gewünschten Klemmenleisten zu steuern, kann entweder an der Klemmenleistendefinition die Eigenschaft **<20857 Keine Ausgabe in der Klemmenleisten-/Steckerübersicht>** eingetragen oder die Ausgabe später mit einem Filter beschränkt werden. Ebenso wie in anderen Formularen stehen weitere Aktionen, wie zum Beispiel die Sortierung anhand festgelegter oder festzulegender Filter, zur Verfügung.

6.3.1.15 Normblattdokumentation *.f15

Um eine Übersicht aller im Projekt eingelagerten Normblätter zu bekommen, wird das Formular Normblattdokumentation genutzt.

Bild 6.19 Beispiel Normblattdokumentation (Dateiendung *.f15)

Für das Formular der Normblattdokumentation gibt es keine weiteren Filter- oder Sortiermöglichkeiten. Hier erfolgt immer eine Gesamtausgabe.

6.3.1.16 Potenzialübersicht *.f16

Die Auswertung Potenzialübersicht listet alle Potenziale und Signale, die im Projekt verwendet werden, je nach Einstellung und Aufbau des Formulars, übersichtlich und mit weiteren Informationen auf.

Potenzialübersicht HB3_F16_001

Potenzialname	Potenzialwert	Frequenz	Potenzialtyp	Platzierung
0V DC			-	/17.3
24V DC	24V DC		+	/17.2
L1	400	50		++08+8.6.1/2.6
L1				++07+7.3.4/1.1

Bild 6.20 Beispiel Potenzialübersicht (Dateiendung *.f16)

Über Filtereinstellungen bzw. die Sortiermöglichkeiten kann die Ausgabe der grafischen Auswertung gesteuert werden.

6.3.1.17 Revisionsübersicht *.f17

Um einen Überblick der vorhandenen Revisionen und deren Einträge, wie Ersteller der Revision oder Revisionsindex, grafisch und übersichtlich zu erhalten, wird das Revisionsübersichtsformular benutzt.

Revisionsübersicht		Projektname Revisionsverwaltung (Änderungsverfolgung) Datum 17.01.2010 Revision Revision 2	
Projekt Revision Index	Index (Seite) / Revisionsänderungsgrund (Seite) Revisionsbeschreibung (Seite)	Seitenname Seitenbeschreibung	Ersteller **Datum**
Revision 1	Index 1 / Änderungen Kunde. Erledigt	=A2+O2/1 Beispiel Revisionsverwaltung (Änderungsverfolgung)	Bernd Gischel **17.01.2010**
Revision 1	/ Änderung Revisionskommentar –	=A2+O2/2 Beispiel Revisionsverwaltung (Änderungsverfolgung)	Bernd Gischel **17.01.2010**
Revision 1	/ Änderung Revisionskommentar Bearbeitung abgeschlossen	=A2+O2/2 Beispiel Revisionsverwaltung (Änderungsverfolgung)	Bernd Gischel **17.01.2010**
Revision 1	Index 2 / Intern	=A2+O2/4	Bernd Gischel

Bild 6.21 Beispiel Revisionsübersicht (Dateiendung *.f17)

Das Formular kann die jeweiligen Seiteneigenschaften auswerten, z. B. die Eigenschaft **<11073 1 Revisionsänderungsgrund>** oder aber auch die dazugehörigen Projekteigenschaften, wie die Eigenschaft **<10155 1 Revisionsname>**.

Für die Revisionsübersicht gibt es keine weiteren Filter- oder Sortiermöglichkeiten, die über die Einstellungen für die grafische Ausgabe hinausgehen.

6.3.1.18 Schaltschranklegende *.f18

Zum Schaltschrankaufbau kann eine Legende der beispielsweise auf der Montageplatte platzierten Geräte (Artikel) gehören. EPLAN liefert mit der Schaltschranklegende ein Formular mit, das diese Aufgabe automatisch aus den weiteren Projektdaten erzeugt.

Schaltschranklegende

==Example=Chapter++06+6.3.1-M1		
Positionsnummer	Betriebsmittelkennzeichen	Typnummer
1	3H1	XB5 AV61
2	1K1	DILER-22-G
3	3Q1	3RV10 21-1JA15
4	3B1	SIEN-M12B-PS-K-L

Bild 6.22 Beispiel Schaltschranklegende (Dateiendung *.f18)

Eine Schaltschranklegende kann als eine Art Fensterlegende (als manuelle Platzierung in eine Seite eingebettet) oder als komplett neue Auswertungsseiten grafisch erzeugt werden. Für das Formular stehen zur grafischen Ausgabe weitere Filter- und Sortiermöglichkeiten zur Verfügung.

6.3.1.19 SPS-Diagramm *.f19

Neben den bekannten (manuellen) logischen SPS-(Karten-)Übersichten kann EPLAN diese in ähnlicher grafischer Form, inklusive weiterer Informationen, aus den im Projekt schon vorhandenen SPS-Daten automatisch erzeugen.

Bild 6.23 Beispiel SPS-Diagramm (Dateiendung *.f19)

Dabei werden Daten der SPS-Baugruppen sowie weiterführende Daten, wie Baugruppenträger oder Steckplatznummer, ebenso herangezogen wie Pfadfunktionstexte oder automatisch ermittelte symbolische Adressen.

Für das SPS-Diagrammformular stehen wieder zahlreiche bekannte Filter- und Sortiermöglichkeiten zur Verfügung.

6.3.1.20 SPS-Kartenübersicht *.f20

Die SPS-Kartenübersicht wird benutzt, um eine Übersicht aller verwendeten SPS-Komponenten, wie Stromversorgung, CPU oder Eingangskarten, übersichtlich in einer Liste darstellen zu können.

Bild 6.24 Beispiel SPS-Kartenübersicht (Dateiendung *.f20)

Natürlich ist auch die Möglichkeit gegeben, jede SPS-Komponente auf einer einzelnen grafischen Auswertungsseite vom Typ SPS-Kartenübersicht darstellen zu lassen. Dies hängt nur vom Aufbau des SPS-Kartenübersichtsformulars ab. Das SPS-Kartenübersichtsformular kann wieder über die Filter- und Sortiermöglichkeiten gezielt grafisch ausgegeben werden.

6.3.1.21 Steckeranschlussplan *.f21

Der Steckeranschlussplan gehört zur Kategorie der grafischen Auswertungen, die mehrere Ebenen interner und externer Ziele verwalten und grafisch (abhängig vom Formular und von dessen Einstellungen) ausgeben können.

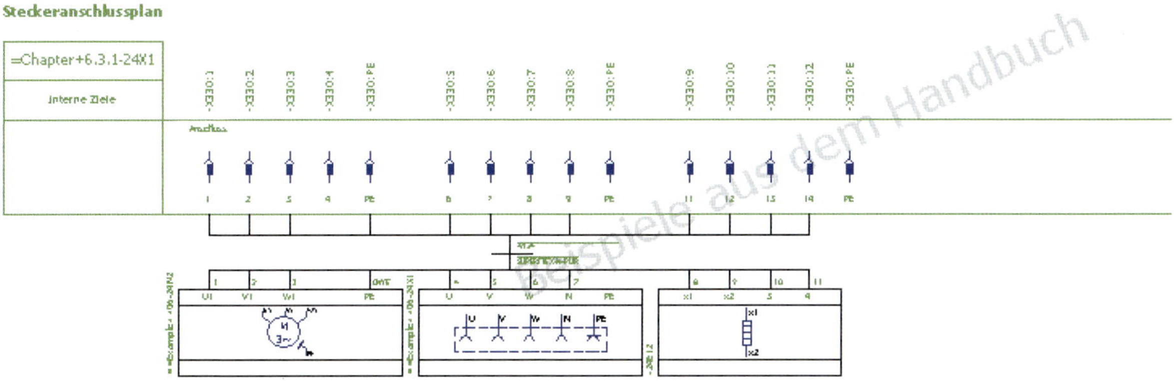

Bild 6.25 Beispiel Steckeranschlussplan (Dateiendung *.f21)

Eine grafische Ausgabe enthält im Normalfall einen Steckeranschlussplan. Diese können aber auch in den Einstellungen auf dynamisch gestellt werden, sodass auch mehrere Steckeranschlusspläne auf einer Seite dargestellt werden können (zusammengefasste Auswertung). Die grafische Ausgabe kann über Filter oder verschiedene Sortiermöglichkeiten beeinflusst werden.

6.3.1.22 Steckerplan *.f22

Der Steckerplan ist eine Auflistung des jeweils an einem Stecker angeschlossenen internen und externen Ziels mit der maximalen Auswertung einer Ebene. Das ist die normale Auswertung der Standardformulare.

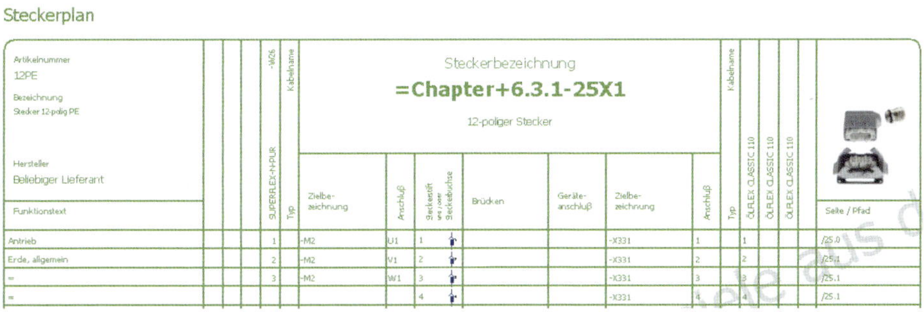

Bild 6.26 Beispiel Steckerplan (Dateiendung *.f22)

Der Steckerplan kann über die Formulareigenschaften dynamisch gestaltet werden, sodass mehrere Stecker zusammengefasst (fortlaufend) auf einer Seite grafisch ausgegeben werden können.

Weiterhin gibt es auch für den Steckerplan die schon bekannten Filter- und Sortiermöglichkeiten, um z. B. die Ausgabe einzugrenzen.

6.3.1.23 Steckerübersicht *.f23

Die Steckerübersicht ergibt eine Auflistung aller im Projekt verwendeten Stecker bzw. Buchsen, je nach Aufbau des Steckerübersichtsformulars.

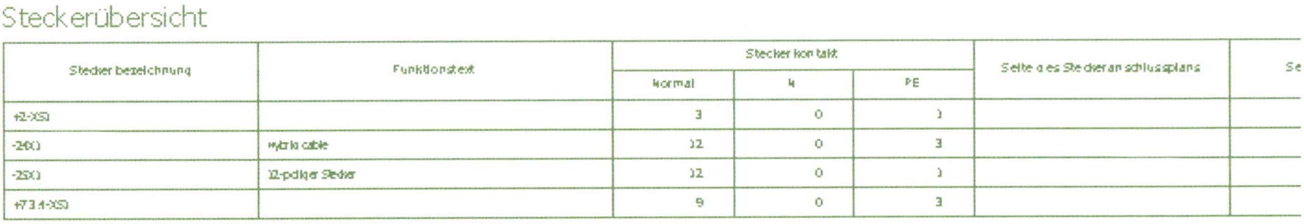

Steckerübersicht

Steckerbezeichnung	Funktionstext	Steckerkontakt			Seite des Steckeranschlussplans	Se
		Normal	N	PE		
+2-XS1		3	0	1		
-24X1	Hybrid cable	12	0	3		
-25X1	12-poliger Stecker	12	0	1		
+7.3.4-XS1		9	0	3		

Bild 6.27 Beispiel Steckerübersicht (Dateiendung *.f23)

Die Steckerübersicht kann, wie fast alle Formulare, über viele Filtereinstellungen oder Sortiermöglichkeiten sortiert werden.

6.3.1.24 Strukturkennzeichenübersicht *.f24

EPLAN kann die verschiedenen Strukturkennzeichen, wie funktionelle Zuordnung (==) der Anlage (=) oder den Einbauort (+), verwalten. Jedem Strukturkennzeichen können in EPLAN zusätzliche Beschreibungen zugeordnet werden. Um eine Übersicht dieser verwendeten oder aller im Projekt vergebenen (auch unbenutzten) Strukturkennzeichen zu erhalten, wird die Strukturkennzeichenübersicht verwendet.

Strukturkennzeichenübersicht HB3_F24_001

Vollständige Bezeichnung	Strukturbeschreibung
Funktionale Zuordnung	
==ALL	Allgemein
==Example	Beispiel
=DOC	Info
=Example	Beispiel
=Chapter	Kapitel

Einbauort	
+7.3.4	Unterkapitel Nummer 7.3.4 im Buch
+8	Unterkapitel Nummer 8 im Buch
+8.6	Unterkapitel Nummer 8.6 im Buch
+8.6.1	Unterkapitel Nummer 8.6.1 im Buch

Bild 6.28 Beispiel Strukturkennzeichenübersicht (Dateiendung *.f24)

Für deren Ausgabe sind keine weiteren Filter möglich, aber eine Reihe von Sortiermöglichkeiten.

6.3.1.25 Symbolübersicht *.f25

Eine Symbolübersicht wird zur Darstellung der verwendeten bzw. eingelagerten Symbolbibliotheken im Projekt benutzt. Je nach Einstellung der Formulareigenschaften können beispielsweise auch nur die verwendeten Symbole im Projekt ausgegeben werden (Formulareigenschaft »**Nur verwendete Symbole ausgeben <13114>**«).

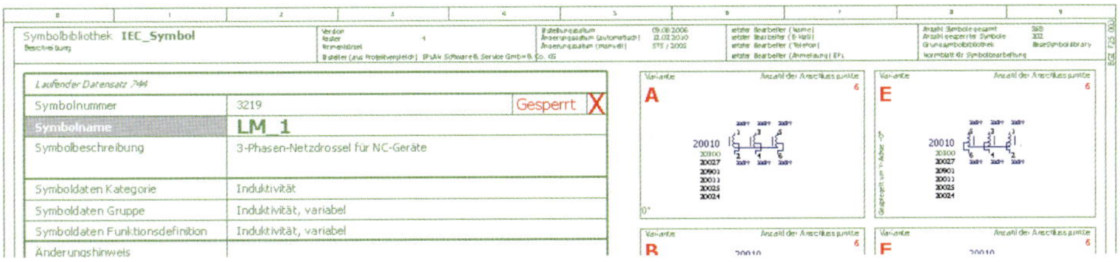

Bild 6.29 Beispiel Symbolübersicht (Dateiendung *.f25)

Für die Ausgabe der Symbolübersicht sind einfache Filter- bzw. Sortierfiltermöglichkeiten vorhanden.

6.3.1.26 Titel-/Deckblatt *.f26

Das Titel-/Deckblattformular ist in der Regel die Seite, mit der ein Projekt beginnt. EPLAN ermöglicht dem Anwender, auch diese Seiten automatisch zu generieren.

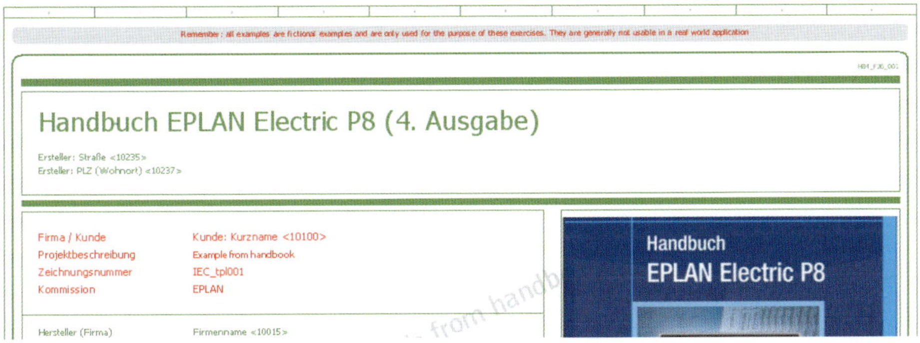

Bild 6.30 Beispiel Titel-/Deckblatt (Dateiendung *.f26)

Dabei können dem Formular diverse Projekt- oder Seiteneigenschaften zugeordnet werden. Es ist beispielsweise möglich, für die komplette Projektdokumentation ein Titel-/Deckblatt und zusätzlich für jede separate Anlage ein Deckblatt auswerten zu lassen. Weitere Filter sind leider nicht nutzbar bzw. auswertbar.

6.3.1.27 Verbindungsliste *.f27

Das Verbindungslistenformular erzeugt eine Auswertung aller Verbindungsprojektdaten.

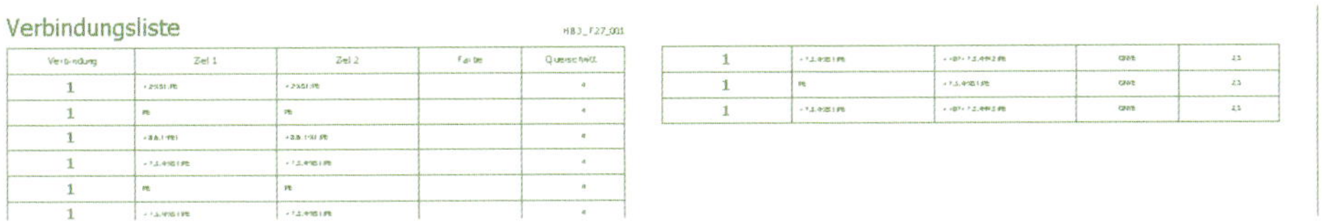

Bild 6.31 Beispiel Verbindungsliste (Dateiendung *.f27)

Diese Ausgabe ist ebenfalls vielfältig über vorhandene oder eigene Filter- oder Sortiermöglichkeiten beeinflussbar.

6.3.1.28 Grafik *.f28

Das Grafikformular ist kein »echtes« Formular im eigentlichen Sinne einer Auswertung. Der Vollständigkeit halber führe ich es mit auf. Grafikformulare besitzen die Endung *.f28 und können als »Platzhalterformulargrafik« in den Seiteneigenschaften eingetragen werden.

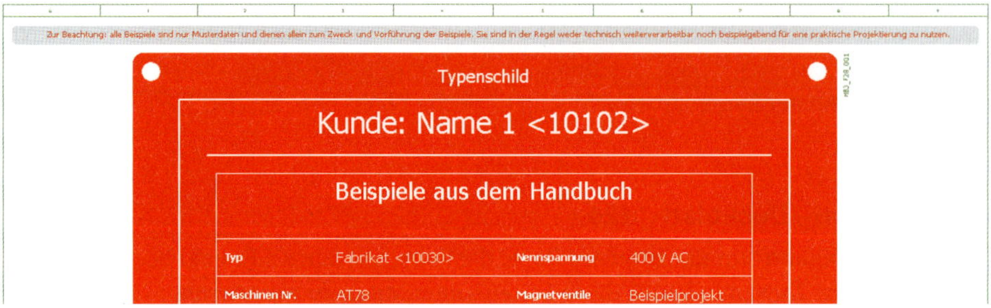

Bild 6.32 Beispiel Grafikformular (Dateiendung *.f28)

Beispielsweise kann man damit bestimmte Seiten auswerten und mit bestimmten Informationen der Seiten- und/oder Projekteigenschaften füllen.

Da es für die »Auswertung« Grafik keine Auswertungsvorlagen oder Ähnliches gibt, wird das Formular in den Seiteneigenschaften direkt eingetragen.

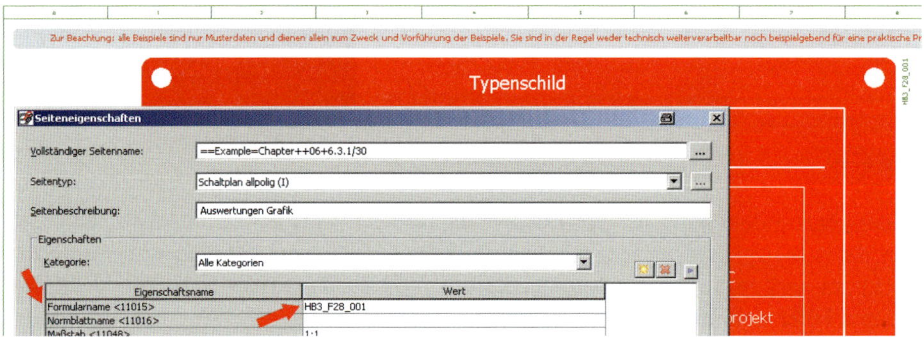

Bild 6.33 Eintrag des Formulars in den Seiteneigenschaften

6.3.1.29 Projektoptionenübersicht *.f29

Die Auswertung Projektoptionenübersicht enthält Informationen zu möglichen Optionen eines Projekts.

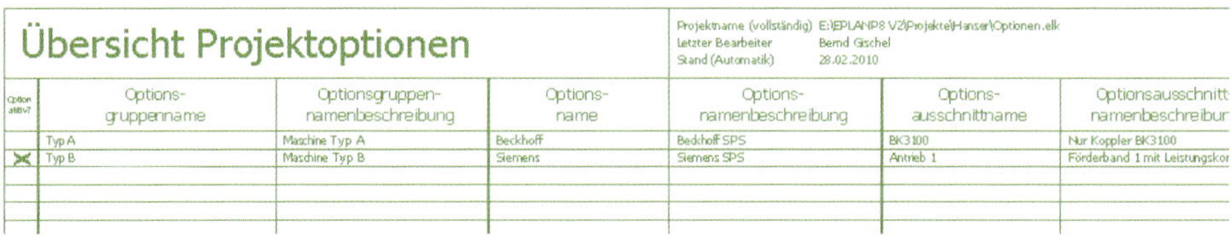

Bild 6.34 Beispiel Projektoptionenübersicht (Dateiendung *.f29)

Das können Informationen über Projektoptionen selbst oder auch die Projektoptionenausschnitte sein bzw. Informationen über enthaltene Platzhalterobjekte mit den entsprechenden Wertesätzen. Für das Formular stehen Filter- und Sortiermöglichkeiten zur grafischen Ausgabe zur Verfügung.

6.3.1.30 Platzhalterobjekteübersicht *.f30

Die Auswertung Platzhalterobjekteübersicht enthält Informationen über verwendete Platzhalterobjekte mit deren verschiedenen Wertesätzen.

Platzhalterobjekteübersicht

Platzhalterobjekt: zuletzt gewählter Wertesatz	Platzhalterobjektname	Platzierung
Motor 0,75 KW	Drehstrom	=A02+O02/1.0
Motor 7,5 KW	Drehstrom	=A02+O02/1.3
Motor 18,5 KW	Drehstrom	=A02+O02/1.5
Motor 7,5 KW	Drehstrom	=A02+O02/2.0
Motor 18,5 KW	Drehstrom	=A02+O02/2.3

Platzhalterobjekt: zul gewählter Wertesat

Bild 6.35 Beispiel Platzhalterobjekteübersicht (Dateiendung *.f30)

Die Ausgabe kann über Filter- und Sortiermöglichkeiten gesteuert werden.

6.3.1.31 Hersteller-/Lieferantenliste *.f31

Die Auswertung Hersteller-/Lieferantenliste ermöglicht eine gezielte Auflistung der verwendeten Hersteller und/oder Lieferanten.

Hersteller-/Lieferantenliste

Firma	Kurzname	Strasse	Postleitzahl	Ort
ABB	ABB	Eppelheimer Str. 82	69123	Heidelberg
Beliebiger Lieferant	BEL			
Festo	FESTO	Ruiter Str. 82	73734	Esslingen am Neckar
Kuka	KUKA	Zugspitzstr. 140	86165	Augsburg
Moeller	MOE	Hein-Moeller-Str. 7-11	53115	Bonn
Phoenix Contact	PXC	Flachsmarktstr. 8	32825	Blomberg

Bild 6.36 Beispiel Hersteller-/Lieferantenliste (Dateiendung *.f31)

Dabei sind wieder die üblichen Filter- und Sortiermöglichkeiten in EPLAN gegeben.

> Die folgenden Auswertungen sind spezielle Auswertungen für weitere Add-ons, wie EPLAN Pro Panel, PPE oder auch das neue Add-on Topologie (FieldSys). Der Vollständigkeit halber werden sie hier mit aufgelistet. ■

6.3.1.32 Montageliste *.f32

Die Auswertung Montageliste ermöglicht die Auflistung der Struktur eines Montageaufbaus für ganz bestimmte Artikelplatzierungen im EPLAN Pro Panel Bauraum abzubilden.

6.3.1.33 PLT-Stellenlegende *.f33

Die Auswertung PLT-Stellenlegende bietet die Möglichkeit, die Daten einer Mess- oder einer Verbraucherstelle übersichtlich aufzulisten. Dazu gehören Daten wie Funktionen, Messdaten oder auch die Stoffdaten einer Mess- oder Verbraucherstelle.

6.3.1.34 Topologie: Streckenliste *.f34

Die Auswertung Topologie: Streckenliste ermöglicht u. a. eine Übersicht der Strecken und ihrer Verlegepunkte mit den entsprechenden Daten.

6.3.1.35 Topologie: Streckenplan *.f35

Die Auswertung Topologie: Streckenplan erstellt eine Auflistung der Einzelstrecken und den dazugehörenden Daten, wie Kabel und Verbindungen.

6.3.1.36 Topologie: Verlegte Kabel/Verbindungen *.f36

Die Auswertung Topologie: Verlegte Kabel/Verbindungen gibt alle verlegten Kabel bzw. Verbindungen im aktuellen Projekt aus.

6.3.1.37 Prozessübersicht *.f37

In der Auswertung Prozessübersicht werden die für einen verfahrenstechnischen Prozess definierten Medien, Zustände und Eigenschaften, wie Druck, Durchfluss etc., ausgegeben.

6.3.2 Spezielle Verbindungsdiagramme

Neben den bisherigen Auswertungstypen gibt es in EPLAN spezielle Verbindungsdiagramme. Diese bilden unabhängig von Größe und Platzierung auf der Montageplatte Verbindungsübersichten zwischen den Geräten.

EPLAN bietet Verbindungsdiagramme für folgende Auswertungen an: Geräteanschlüsse, Klemmenanschlüsse und Steckeranschlüsse. Vorbedingung für das Erzeugen von Verbindungsdiagrammen ist eine Platzierung der Geräte auf einer Montageplatte. Ein Beispiel solcher Verbindungsdiagramme ist in Bild 6.38 und Bild 6.39 zu sehen.

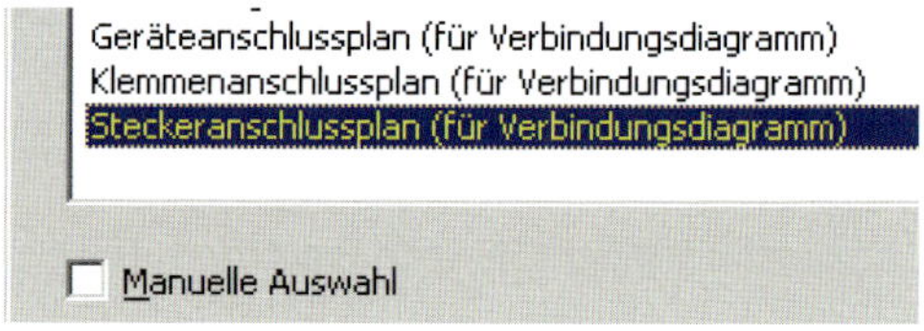

Bild 6.37 Spezielle Verbindungsdiagramme

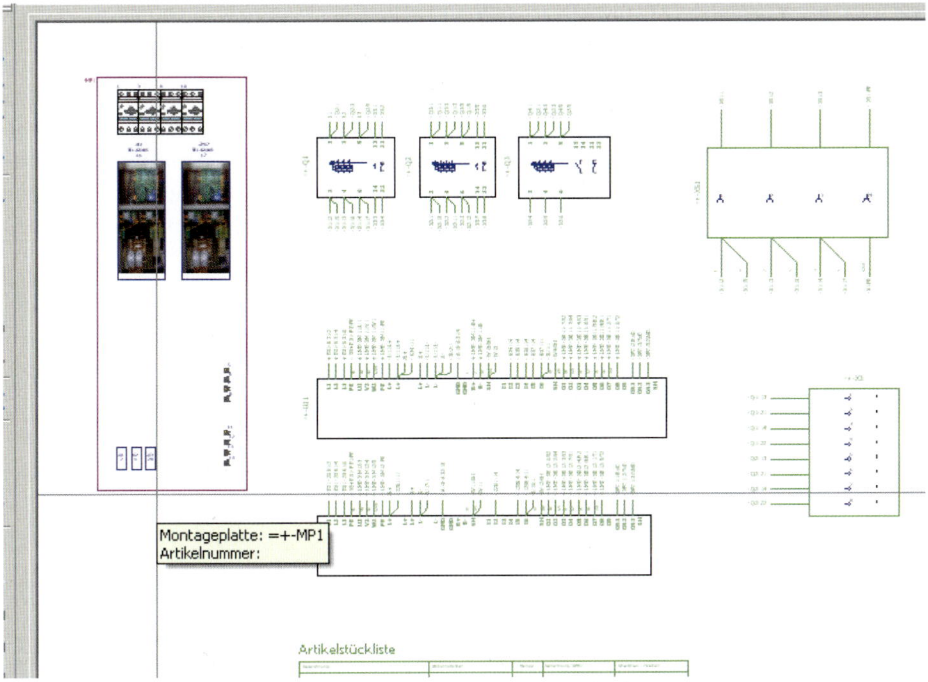

Bild 6.38 Darstellung von Verbindungsdiagrammen (hier Geräteanschlüsse)

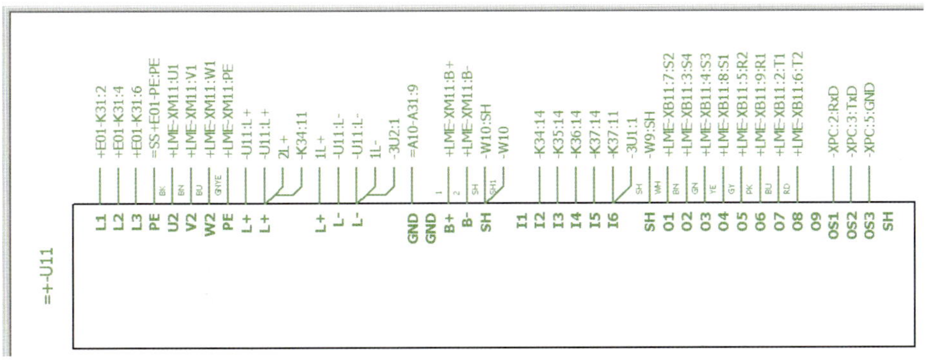

Bild 6.39 Aufgelöste Darstellung der Geräteanschlüsse eines Gerätes mit einem Verbindungsdiagramm

6.4 Einstellungen (Optionen für die Ausgabe)

Bevor Auswertungen für ein Projekt erzeugt werden, sind in der Regel einige Einstellungen notwendig bzw. sollten auf die eigenen Anforderungen abgeändert werden. Diese Einstellungen beziehen sich nur auf die Ausgabe der Daten wie Formulareinstellungen oder wie EPLAN Pfad-Funktionstexte in den Formularen behandeln soll.

HINWEIS: Es ist nicht notwendig, Auswertungsläufe oder Ähnliches durchzuführen, da EPLAN alle Daten ständig online hält und diese daher aktuell sind. Selbst die Verbindungen werden, bevor EPLAN eine Auswertung erzeugt, selbstständig vom System automatisch aktualisiert.

6.4.1 Projekteinstellung Anzeige/Ausgabe

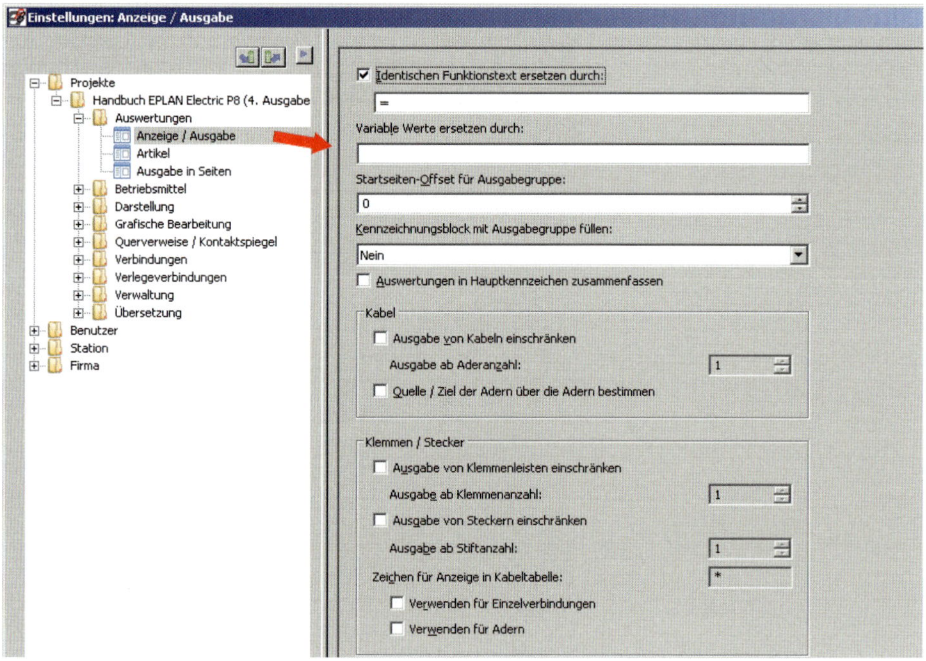

Bild 6.40 Einstellungen für die Anzeige und Ausgabe von Auswertungen

In diesen Einstellungen werden einige grundlegende Angaben für die grafische Auswertung der Formulare eingestellt. Sie haben Einfluss darauf, wie Betriebsmittelkennzeichen in den Auswertungen dargestellt oder ab welcher Anzahl von Datensätzen bestimmte Auswertungen ausgegeben werden. Die Einstellungen *Anzeige/Ausgabe* erreicht man über den Menüaufruf **OPTIONEN/EINSTELLUNGEN/PROJEKTE [PROJEKTNAME]/AUSWERTUNGEN/ANZEIGE/AUSGABE.**

Identischen Funktionstext ersetzen durch: Es kommt oft vor, dass sich beispielsweise der Funktionstext bei einer Reihe von Klemmen im Auswertungsformular wiederholen würde. Wenn diese Art der grafischen Ausgabe nicht gewünscht ist, sollten hier ein oder mehrere Zeichen für die Wiederholung des Funktionstextes festgelegt werden. Beliebt ist zum Beispiel das Gleichheitszeichen »=«.

Variable Werte ersetzen durch: Diese Einstellung ist nur für die Artikelsummenstückliste gültig. Sie greift ein, wenn in einem Projekt Platzhalterobjekte mit verschiedenen Wertesätzen benutzt werden. EPLAN kann dann in der Auswertung *Artikelsummenstückliste* anstelle der aktuellen Daten einen Platzhaltertext mit den Daten (beispielsweise einen Hinweis auf eine Extra-Seite im Projekt) aus diesem Feld füllen. Voraussetzung ist, dass im Formular die Eigenschaft **<13108> Variable Werte durch Text ersetzen** aktiviert wurde.

Startseiten-Offset für Ausgabegruppen und *Kennzeichnungsblock für Ausgabegruppen:* Diese Einstellungen sind für den Einsatz der Schaltzeichen-Eigenschaft **Ausgabebaugruppe** gedacht. Hier besteht die Möglichkeit, die Ausgabe von Auswertungen um eine weitere Ausgabevariante zu beeinflussen. Damit diese getroffenen Einstellungen greifen, sind gewisse Vorbedingungen nötig. Dazu gehört auch, dass sich am Schaltzeichen im Dialog **SYMBOLEIGENSCHAFT** ein Eintrag in der Eigenschaft **Ausgabegruppe <20033>** befindet. Ohne diesen Eintrag kann EPLAN ansonsten keine Auswertung nach einer Ausgabegruppe ausgeben.

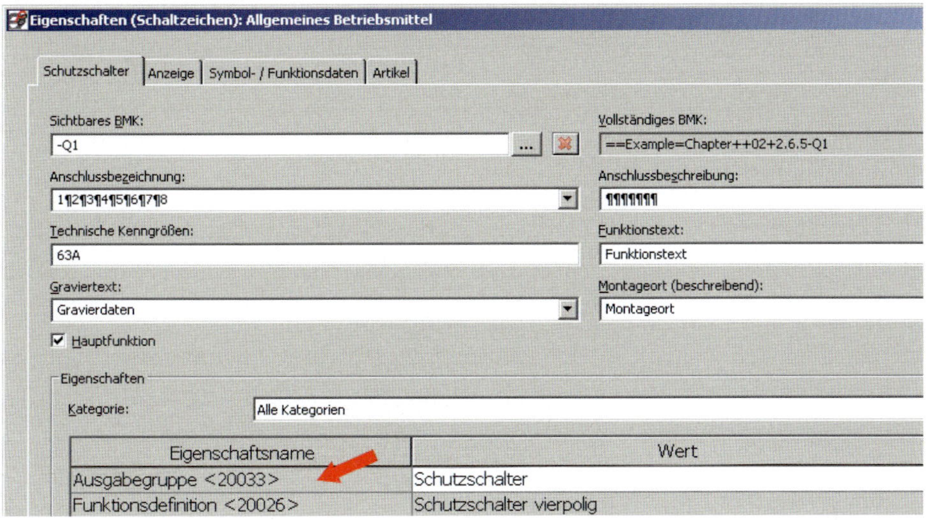

Bild 6.41 Eigenschaft Schaltzeichen Ausgabegruppe <20033>

Auswertungen in Hauptkennzeichen zusammenfassen: EPLAN listet beim Aktivieren dieser Einstellung die grafischen Auswertungen der Projektdaten hintereinander im Formular auf. Wechselt das Kennzeichen, wird es sofort hinter dem letzten abweichenden

Kennzeichen in der grafischen Auswertung platziert, ohne dass EPLAN einen Seitenwechsel der grafischen Ausgabe vornimmt. Bei Nichtaktivieren der Einstellung erzeugt EPLAN bei einem Wechsel der Hauptkennzeichen einen Seitenumbruch der grafischen Auswertung.

Weitere Einstellungen für *Klemmen/Stecker/Kabel:* Hiermit werden nur bestimmte Projektdaten ausgegeben, die eine Mindestanzahl von Daten besitzen müssen. Wenn beispielsweise für die Kabel eine Beschränkung auf fünf Adern vorgesehen ist, werden alle Kabel mit weniger als fünf Adern nicht grafisch ausgewertet. Die Standardeinträge sind auf *nicht aktiv* geschaltet und sollten im Normalfall auch so bleiben.

Zeichen für Anzeige in Kabeltabelle: Kann im Klemmenplan auf die korrekte Anzeige der Kabelader (oder Einzelverbindung) und deren Eigenschaftswerte **Adernfarbe** verzichtet werden, ist es möglich, anstelle der korrekten Farbbezeichnung einen Wert einzugeben, der anstelle der Adernfarbe in die grafische Ausgabe eingetragen wird.

Beispielsweise könnte das ein »X« sein. Es sind mehrere Zeichen zugelassen, bewährt hat sich allerdings nur ein einziges Zeichen, da es vom Platz her auch in die Formulare (Auswertungen) passen muss.

6.4.2 Projekteinstellung Artikel

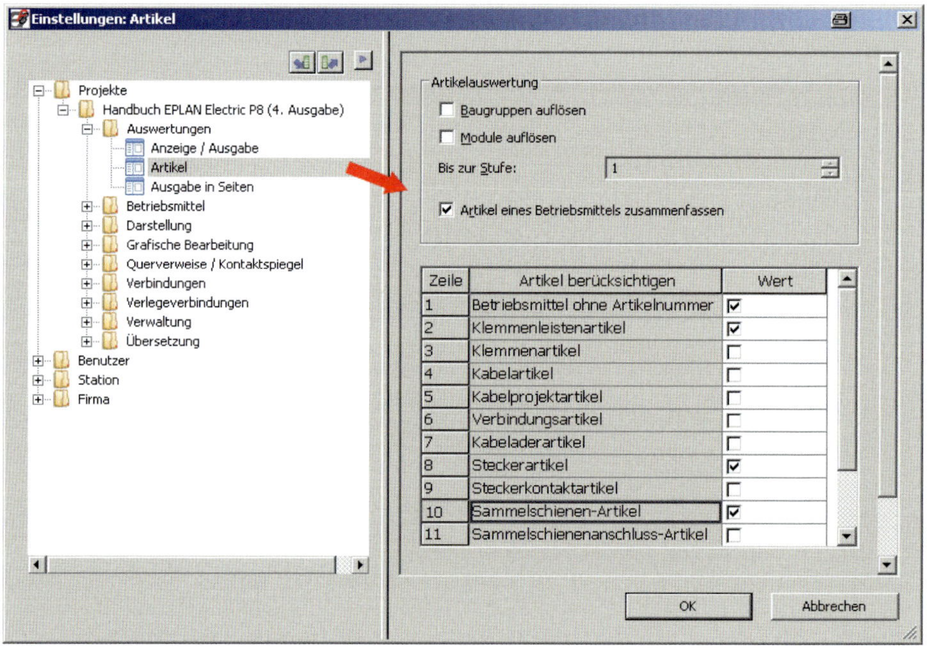

Bild 6.42 Einstellungen für die Ausgabe von Artikeln

Dieser Dialog enthält Einstellungen, wie EPLAN Artikel bei der Ausgabe grafischer Auswertungen behandeln soll. Die Einstellungen zur Berücksichtigung von Artikeln erreicht man über das Menü **OPTIONEN/EINSTELLUNGEN/PROJEKTE [PROJEKTNAME]/AUSWERTUNGEN/ARTIKEL.**

> Die Einstellungen sind hauptsächlich für die Auswertung von Formularen rund um die Projektdaten **Artikel** gedacht. Das wären beispielsweise Artikelstücklisten oder Artikelsummenstücklisten. Aber ebenso greifen diese Einstellungen auch in den Anzeigen der Navigatoren, wie beispielsweise dem Stücklisten-Navigator.

Artikelauswertung/Baugruppe & Module auflösen: Mit der Einstellung einer Stufe kann hier festgelegt werden, bis wohin EPLAN die Baugruppen (und Baugruppen innerhalb von Baugruppen) sowie Module für die Erzeugung grafischer Auswertungen auflösen und somit auswerten soll.

Artikel eines Betriebsmittels zusammenfassen: Diese Einstellung bewirkt, dass in einer Artikelstückliste beispielsweise die Klemmen einer Klemmenleiste zusammengefasst werden und nicht jeder Klemmenartikel einzeln in der Artikelstückliste aufgeführt wird.

Artikel berücksichtigen: Durch das Aktivieren der einzelnen Optionen, wie Klemmenartikel oder Kabelartikel, kann hier die Auswertung dieser Artikel für die grafische Ausgabe beeinflusst werden.

6.4.3 Projekteinstellung Ausgabe in Seiten

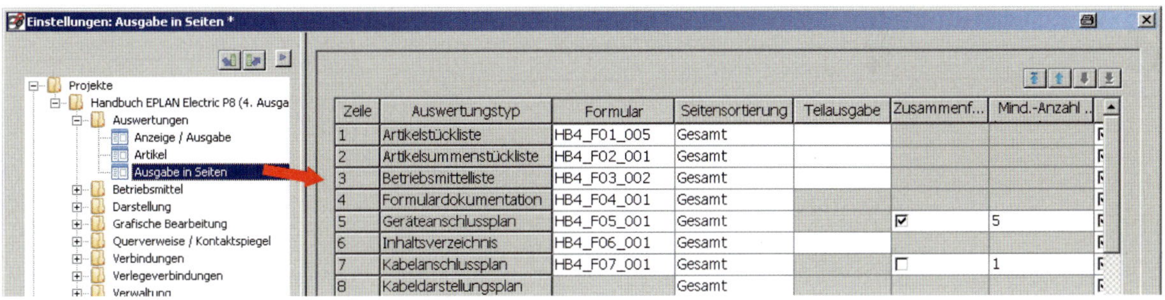

Bild 6.43 Einstellungen für die Ausgabe in Seiten

Grundsätzlich gehören Formulare zum Ausgeben von Auswertungen. Diese werden immer projektbezogen in den **OPTIONEN/EINSTELLUNGEN/PROJEKTE [PROJEKTNAME]/AUSWERTUNGEN/AUSGABE IN SEITEN** eingestellt bzw. aus den Vorlagen- oder Basisprojekten als Voreinstellungen für das Projekt übernommen. Mit diesen Einstellungen wird eine Reihe von Bedingungen für die Grafikausgabe der Projektdaten als globale Vorgaben für das Projekt festgelegt.

6.4.3.1 Spalte Auswertungstyp

Die Spalte **Auswertungstyp** kann in dieser Tabelle nicht geändert werden. EPLAN gibt hier verschiedene Auswertungstypen standardmäßig vor. Was nun nicht heißt, dass für ein Projekt alle diese Auswertungen erzeugt werden müssen. Der Anwender entscheidet, ob es zum Stromlaufplan nur einen Klemmenplan geben soll oder die komplette Palette aller möglichen Auswertungen.

Bild 6.44 Auswertungstypen

6.4.3.2 Spalte Formular

In der Spalte **Formular** kann das gewünschte Formular eingestellt werden. Dazu müssen Sie in die Zeile mit dem FORMULAR klicken und aus der nun erscheinenden aufklappbaren Auswahlliste den Eintrag DURCHSUCHEN anklicken. Es öffnet sich der Dialog FORMULAR AUSWÄHLEN. Jetzt kann aus dem Verzeichnis ein anderes Formular gewählt werden, und mit dem Button ÖFFNEN wird es in die Spalte **Formular** übernommen.

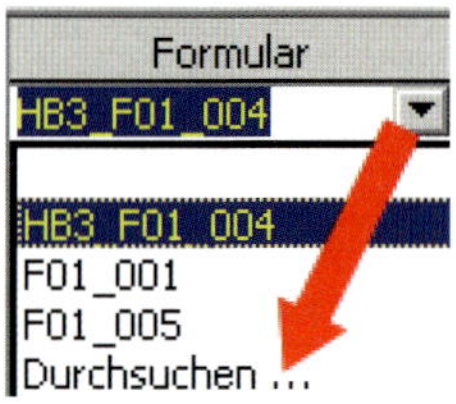

Bild 6.45 Formulare

> **TIPP:** Das Formular wird automatisch mit in das Projekt eingelagert, wenn es noch nicht in den Projektstammdaten vorhanden ist. Dabei spielt es erst einmal keine Rolle, aus welchem Verzeichnis das neue Formular ausgewählt wurde.

6.4.3.3 Spalte Seitensortierung

Die Spalte **Seitensortierung** ist entscheidend dafür, wie die grafischen Ausgabeseiten später im Projekt in die vorhandene Seitenstruktur eingeordnet werden. Die Auswahl *Gesamt* aus der Auswahlliste *Sortieren nach/in* würde alle Auswertungen unter dem gewählten Gesamtkennzeichen zusammengefasst einordnen. Möchte man beispielsweise alle Klemmenpläne nach Einbauort ausgegeben haben, dann sollte der Eintrag *Einbauort* ausgewählt werden.

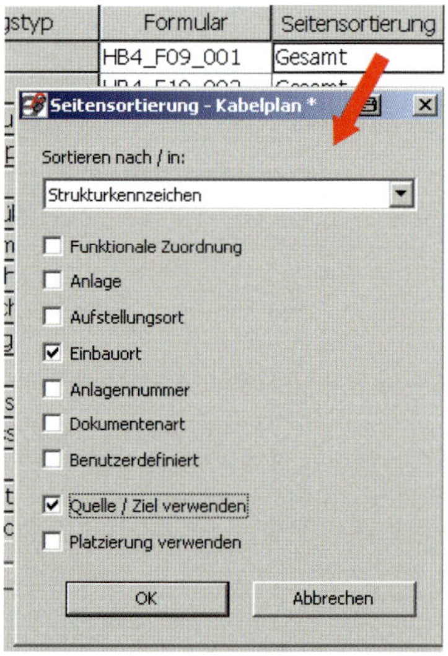

Bild 6.46 Seitensortierung

> **HINWEIS:** Es stehen aber nicht für alle Auswertungstypen alle Seitensortierungen zur Verfügung. Beispielsweise wäre eine Ausgabe einer Formulardokumentation nach Anlage und Einbauort nicht möglich und auch nicht sinnvoll.

6.4.3.4 Spalte Teilausgabe

Eine interessante Einstellung ist die *Teilausgabe*. Für den Auswertungstypen, bei dem es möglich ist, kann neben einem Hauptformular, zum Beispiel einem Gesamtdeckblatt, jeweils ein Teildeckblatt pro Anlage automatisch erzeugt werden. Damit dies auch funktioniert, muss natürlich auch die Seitensortierung auf beispielsweise den Wert *Gesamt + Anlage* eingestellt werden. Mit dieser Einstellung erzeugt EPLAN dann als Ausgabe ein (Gesamt-) Deckblatt und für jede einzelne Anlage ein (Teil-)Deckblatt. Dass die Formulare einen unterschiedlichen Aufbau und eine unterschiedliche Grafik haben können, sei hier noch zusätzlich erwähnt.

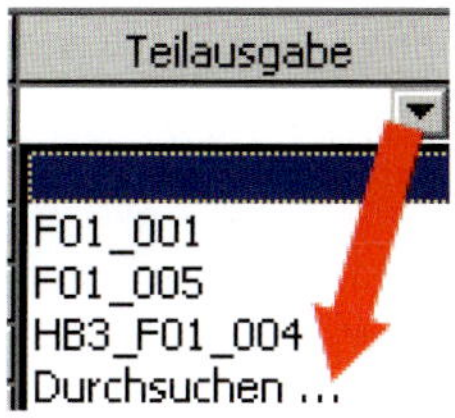

Bild 6.47 Teilausgabe

6.4.3.5 Spalte Zusammenfassen

Die Funktion **Zusammenfassen** ist eine ideale Möglichkeit, um zum Beispiel viele Klemmenleisten, die nur wenige Klemmen besitzen, auf *einer* grafischen Ausgabeseite zu platzieren (nur begrenzt durch das Platzangebot der Ausgabeseite; danach erzeugt EPLAN eine neue Seite wie bisher).

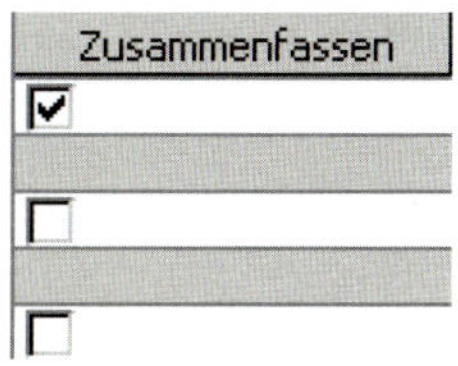

Bild 6.48 Zusammenfassen

Die Beispiele in Bild 6.49 und Bild 6.50 sollen das erläutern. In Bild 6.49 wurde die Option **Zusammenfassen** *nicht* gewählt. EPLAN erzeugt pro Klemmenleiste eine Seite vom Auswertungstyp *Klemmenplan*.

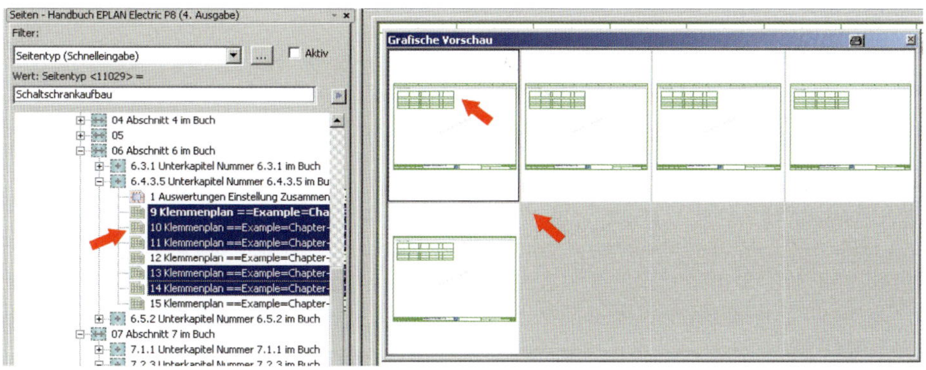

Bild 6.49 Option Zusammenfassen nicht aktiviert

In Bild 6.50 wurde die Option **Zusammenfassen** *aktiv* gesetzt. EPLAN erzeugt nun für mehrere Klemmenleisten eine oder mehrere Auswertungsseiten vom Typ *Klemmenplan*, nur begrenzt von der Größe des Normblattes und der eingestellten maximalen Anzahl an Datenzeilen, die EPLAN auf einer Auswertungsseite abbilden soll.

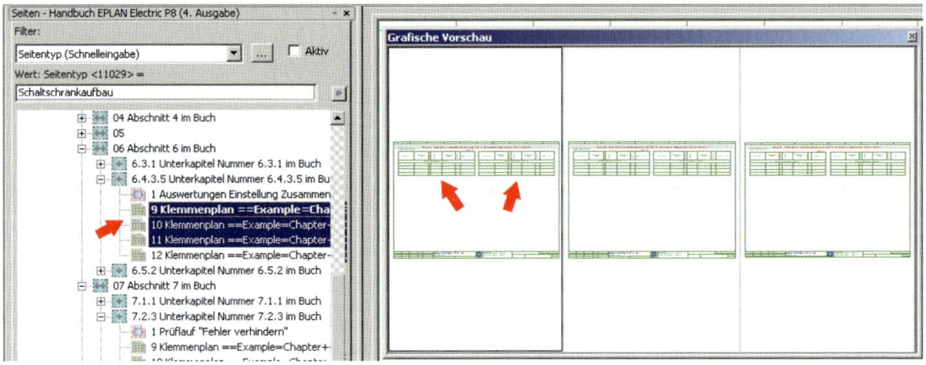

Bild 6.50 Option Zusammenfassen aktiviert

> **HINWEIS:** Es können nur Formulare für die Option **Zusammenfassen** benutzt werden, die dynamisch sind. Statische Formulare können für die Einstellung *Zusammenfassen* **nicht** benutzt werden.

6.4.3.6 Spalte Mindestanzahl der Auswertungszeilen

Die Einstellung *Mindestanzahl der Auswertungszeilen* gibt eine bestimmte Anzahl von Datensätzen für eine Ausgabe vor, bevor EPLAN einen Seitenumbruch erzeugt.

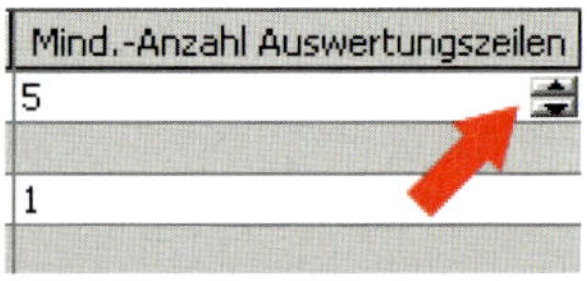

Bild 6.51 Mindestmenge an Zeilen

> Diese Einstellung ist nur sinnvoll in Verbindung mit der Option **Zusammenfassen**. Ohne die Option **Zusammenfassen** hat eine Änderung der Mindestanzahl keine Auswirkung auf die grafischen Ausgaben.

Der Normaleintrag ist **1**. Damit gibt es keine Beschränkungen der Grafikausgabeseiten, und die Projektdaten werden hintereinander ausgegeben. Ändert man beispielsweise die *Mindestanzahl* auf **10**, müssen mindestens zehn Klemmen einer Klemmenleiste noch auf der grafischen Ausgabeseite dargestellt werden, bevor EPLAN einen neuen Seitenumbruch erzwingen soll.

6.4.3.7 Spalte Unterseite

Diese Einstellung legt fest, ob EPLAN für die grafischen Ausgabeseiten Unterseiten erzeugen soll. Auswertungsseiten können in EPLAN nicht nur ganzzahlig erstellt werden, sondern es kann der Fall auftreten, dass die eigentliche Seitennummer für die Auswertung gleich bleiben soll. Somit müssen für die grafischen Ausgabeseiten *Unterseiten* angelegt werden.

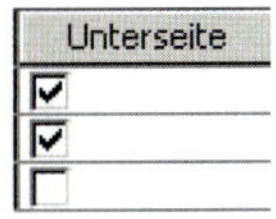

Bild 6.52
Unterseiten

6.4.3.8 Spalte: Zeichen (für Unterseite)

Diese Eigenschaft ist nur sinnvoll in Verbindung mit der Eigenschaft **Unterseiten**. Mit der Einstellung *Zeichen* wird das Format der Unterseite festgelegt. Es gibt mehrere Auswahlmöglichkeiten, aber alle Unterseiten werden generell mit einem Punkt von der Hauptseite getrennt.

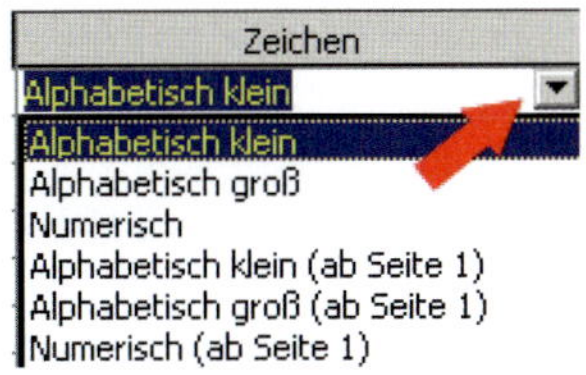

Bild 6.53
Zeichen

- **Alphabetisch klein** → Auswertungsseiten beginnen mit **20; 20.a; 20.b; 20.c**
- **Alphabetisch groß** → Auswertungsseiten beginnen mit **15; 15.A; 15.B; 15.C**
- **Numerisch** → Auswertungsseiten beginnen mit **301; 301.1; 301.2; 301.3**
- **Alphabetisch klein ab Seite 1** → Auswertungsseiten beginnen mit **5.a; 5.b; 5.c**
- **Alphabetisch groß ab Seite 1** → Auswertungsseiten beginnen mit **7.A; 7.B; 7.C**
- **Numerisch ab Seite 1** → Auswertungsseiten beginnen mit **43.1; 43.2; 43.3**

6.4.3.9 Spalte Freibleibende Seiten

EPLAN kann einen gewissen Abstand zwischen den Auswertungsseiten und den eigentlichen Stromlaufplanseiten halten bzw. automatisch einplanen, die so genannten *frei bleibenden Seiten*. Wie groß dieser Abstand ist, wird mit dieser Einstellung festgelegt.

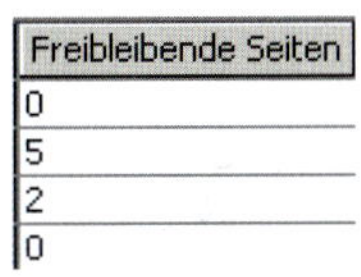

Bild 6.54
Freibleibende Seiten

Die letzte Stromlaufplanseite ist 2. Die Einstellung der frei bleibenden Seiten soll 5 betragen. 2 + 5 = 7; damit beginnen die Auswertungsseiten bei der Seitennummer 8.

6.4.3.10 Spalte Runden

Die Einstellung *Runden* bezieht sich auf die Einstellung der frei zu bleibenden Seiten.

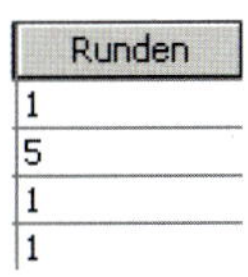

Bild 6.55
Runden

Im Beispiel soll auf 10 gerundet werden. Wenn die letzte Stromlaufplanseite Seite 12 ist, mit einem Abstand von 5 (die Einstellung frei bleibender Seiten ergibt dann 17), würde dann mit der Einstellung *Runden = 10* die erste Auswertungsseite die Seitennummer 20 tragen.

6.4.3.11 Spalte Strukturkennzeichen bei Gleichheit ausblenden

Diese Einstellung prüft, ob Strukturkennzeichen in der grafischen Ausgabe ausgegeben oder unter bestimmten Bedingungen unterdrückt werden sollen. Sie ermöglicht also zusammenfassend gesagt, das Betriebsmittelkennzeichen (BMK) in den Auswertungen »einzukürzen«, also auf die entsprechende Gleichheit zu überprüfen.

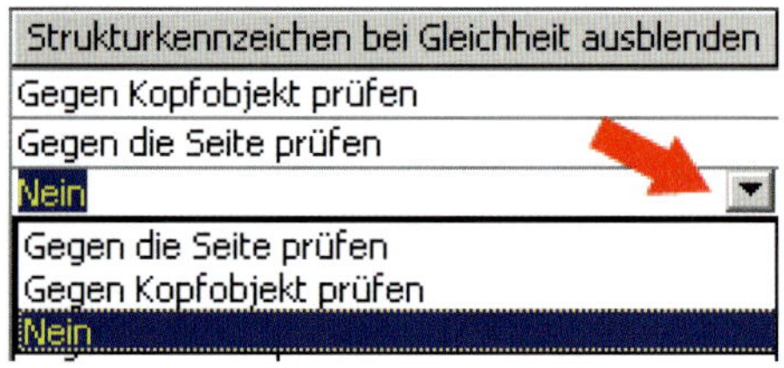

Bild 6.56 Ausblenden der Strukturkennzeichen bei Gleichheit

Es gibt drei Einstellmöglichkeiten:

- *Gegen die Seite prüfen:* Hierbei werden die Strukturkennzeichen des BMK gegen die Strukturkennzeichen der Auswertungsseite geprüft. Findet EPLAN hier Übereinstimmungen, wird das BMK um diese Übereinstimmung gekürzt in der Auswertung ausgegeben.
- *Gegen Kopfobjekt prüfen:* Diese Einstellung ist für funktionsbezogene Auswertungen, wie Klemmen- oder Kabelpläne, gedacht. Hier prüft EPLAN das ausgegebene BMK gegen das Kopfobjekt einer Auswertungsseite (ein Kopfobjekt wäre eine Klemmenleistendefinition oder eine Kabeldefinition) und kürzt das auszugebende BMK um die gefundenen gleichen Strukturkennzeichen.
- *Nein:* Mit dieser Einstellung werden immer die kompletten Strukturkennzeichen ausgegeben.

6.4.3.12 Spalte Abgleichen

Das *Abgleichen* ist eine wichtige Einstellung, um Projektstammdaten immer aktuell zu halten, also mit den Systemstammdaten abzugleichen. EPLAN bezeichnet mit Abgleichen, dass (hier Formulare), wo das Abgleichen auf *aktiv* gesetzt ist (Häkchen gesetzt), beim Öffnen des Projekts automatisch mit den Systemstammdaten abgeglichen werden.

Bild 6.57 Abgleichen

HINWEIS: Voraussetzung für das Abgleichen ist, dass die Einstellung **Projektstammdaten beim Öffnen abgleichen** unter OPTIONEN/EINSTELLUNGEN/PROJEKTE [PROJEKTNAME]/VERWALTUNG/ALLGEMEIN gesetzt ist.

Ist bei den Formularen in der Spalte **Abgleichen** *kein* Häkchen gesetzt, wird das Formular trotz der gesetzten Projekteinstellung **nicht** abgeglichen. Das muss für ein Projekt immer abgewogen werden. Wenn die Projektstammdaten ihren ursprünglichen Bearbeitungsstand behalten sollen, ist das Abgleichen zu vermeiden. Daher sollte diese Einstellung nicht aktiviert geschaltet werden.

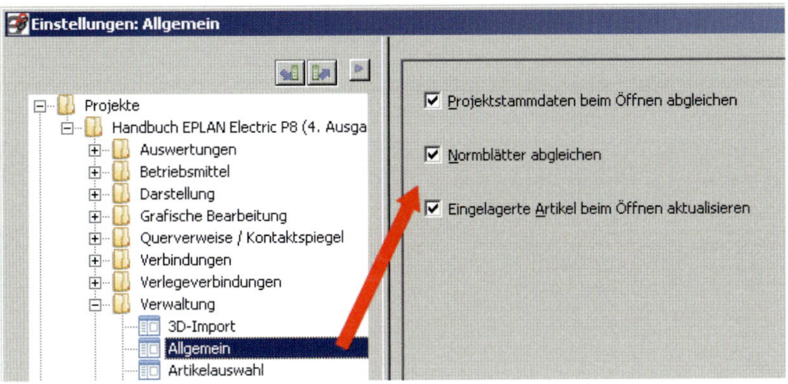

Bild 6.58 Stammdaten automatisch abgleichen lassen

6.4.3.13 Spalte Folgeformular

Folgeformulare sind Formulare, die Informationen der Hauptauswertung um zusätzliche Informationen ergänzen (beispielsweise Artikeldaten).

Beispielsweise kann einem Kabeldarstellungsplan eine Artikelsummenstückliste folgen. Dafür muss das Hauptformular (hier der Kabeldarstellungsplan) mit einem Formulareinfügepunkt erstellt worden sein. Aufgrund dessen »weiß« EPLAN, dass es noch Folgedaten (Artikeldaten) auf einem entsprechenden Folgeformular erzeugen muss.

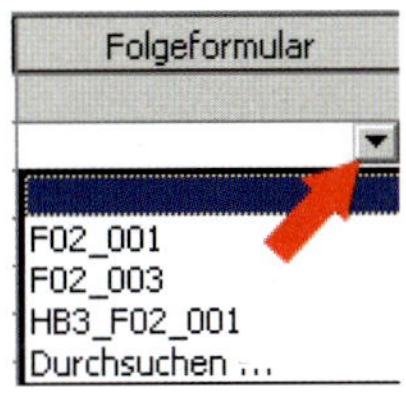

Bild 6.59 Folgeformular

> **HINWEIS:** Momentan ist als Folgeformular nur die Artikelsummenstückliste verfügbar.

6.5 Auswertungen erzeugen

Dieser Abschnitt wird das Erzeugen von Auswertungen und die verschiedenen Arten der Erzeugung in den wichtigsten Punkten behandeln. EPLAN kann Auswertungen ohne und mit Vorlagen erstellen – ohne Vorlagen, wenn es einmal schnell gehen muss bzw. wenn keine Vorlagen vorhanden sind, aber auch mit Vorlagen, wenn diese vorhanden oder selbst erstellt bzw. aus anderen Projekten importiert worden sind. Vorlagen sind jedoch keine Bedingung, um in EPLAN Auswertungen zu erstellen. Sie ermöglichen eine Projektbearbeitung, wo momentan noch keine Struktur für Auswertungen festgelegt worden und daher die Ausgabe der Auswertungen beliebig ist.

6.5.1 Der Dialog Auswertungen

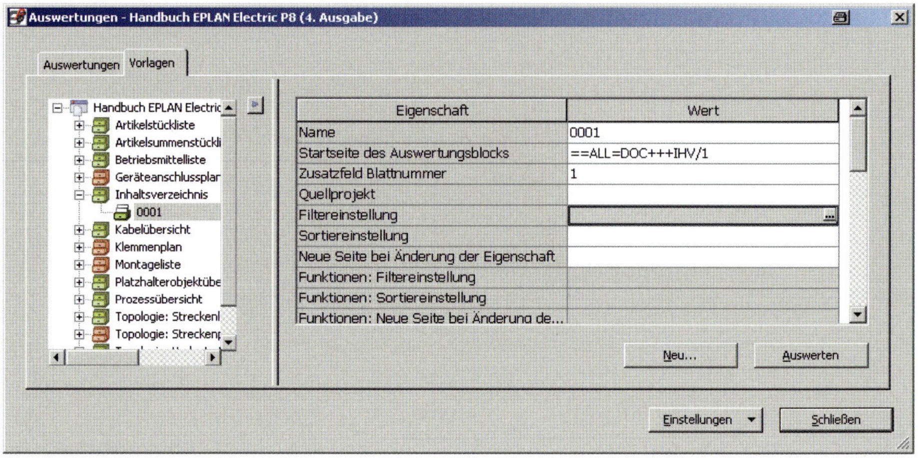

Bild 6.60 Dialog Auswertungen

Um während der Projektbearbeitung grafische Auswertungen zu erzeugen, wird über **DIENSTPROGRAMME/AUSWERTUNGEN/ERZEUGEN** von EPLAN der Dialog **AUSWERTUNGEN** gestartet.

Der Dialog unterteilt sich hauptsächlich in die Registerkarten *Auswertungen* und *Vorlagen* sowie den rechten Teil, der die Daten der Auswertungen enthält, wie beispielsweise ab welcher Seite soll die Auswertung erzeugt, welche Filter- und Sortiereinstellungen sollen benutzt werden und viele mehr.

Bild 6.61 Linker Bereich mit Registerkarten

Die Registerkarte *Auswertungen* ist vor dem ersten Auswerten von Projektdaten im Normalfall leer, also ohne irgendwelche Daten ebenso wie die Registerkarte *Vorlagen*.

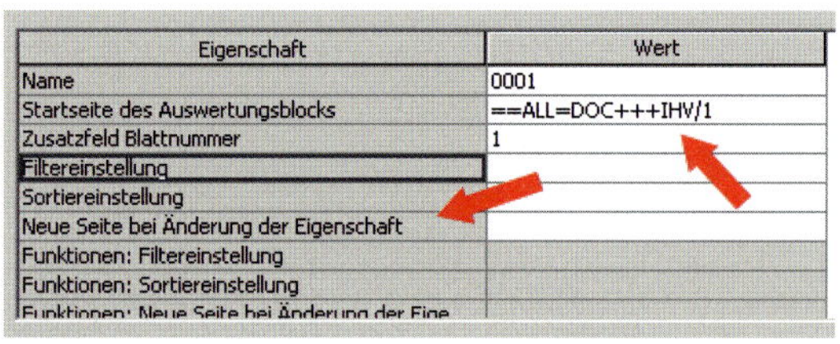

Bild 6.62 Rechter Bereich mit weiteren Informationen

HINWEIS: Sollte das Projekt mit der Option *Auswertungen mitkopieren* kopiert worden sein, befinden sich logischerweise die alten Auswertungen auf der Registerkarte *Auswertungen*. Es können dann auch schon Vorlagen vorhanden sein.

Nach dem ersten Erzeugen von grafischen Auswertungen der vorhandenen Projektdaten, wie beispielsweise einer Artikelstückliste, enthält die Registerkarte *Auswertungen* anschließend eine Übersicht der nun im Projekt vorhandenen Auswertungen. Normale Grafikausgaben (jede Grafikausgabe eine neue Seite) werden dann im Ordner *Seiten* dargestellt und erhalten zur optischen Unterscheidung kleine grafische Symbole vorgesetzt.

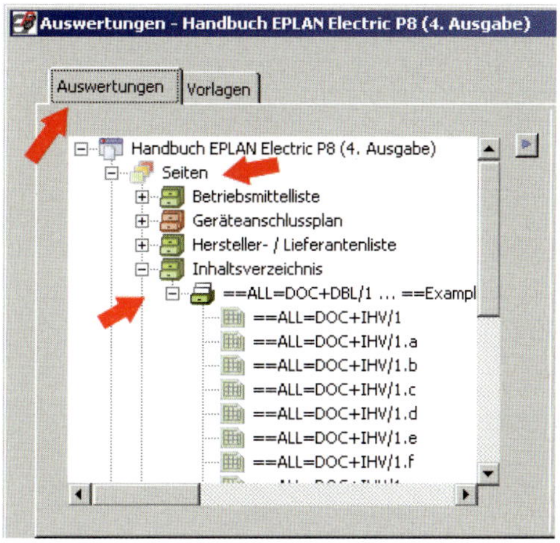

Bild 6.63
Baum: Seiten

Die grafischen Symbole unterscheiden sich wie folgt:

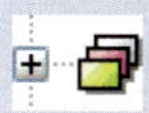	Knoten enthält generell Auswertungsseiten
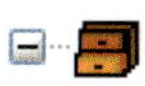	Knoten enthält funktionsbezogene Auswertungen, wie Klemmenpläne
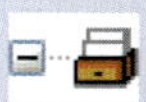	Knoten enthält alle Seiten, die zu einem Auswertungsblock gehören (funktionsbezogene Auswertungen)
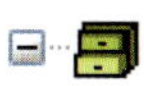	Knoten enthält Auswertungsübersichten, wie eine Kabelübersicht
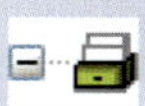	Knoten enthält alle Seiten, die zu einem Auswertungsblock gehören (Auswertungsübersichten)
	Knoten enthält platzierte Auswertungsseiten
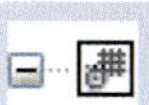	Knoten enthält in Seiten eingebettete Auswertungen

6.5.2 Auswertungen erzeugen ohne Vorlagen

Generell können in EPLAN Auswertungen direkt erzeugt werden. Dafür braucht man sich keine Vorlagen zu erstellen. Um eine Auswertung zu erstellen, wird einfach mit dem Button **NEU...** begonnen.

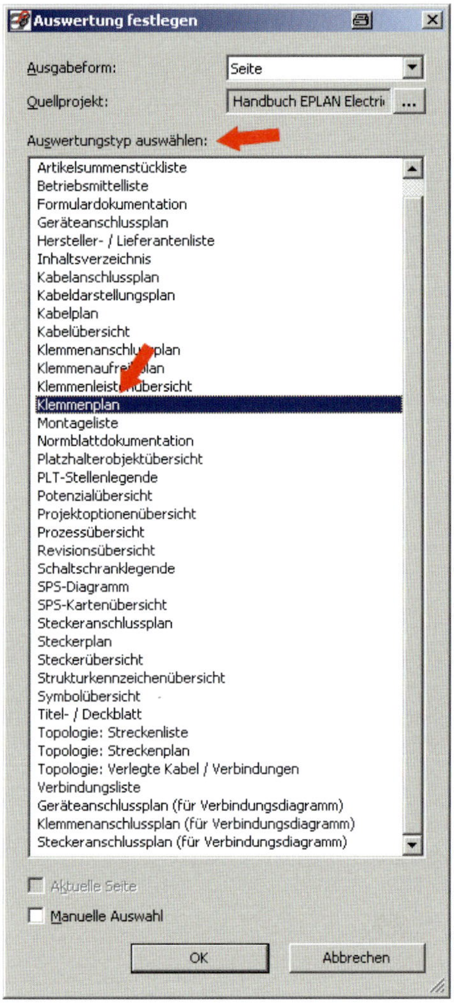

Bild 6.64 Auswertungen festlegen

6.5.2.1 Ausgabe von Projektdaten zur Grafikausgabe auf neuen Auswertungsseiten

EPLAN öffnet den Dialog **AUSWERTUNG FESTLEGEN**. Es wird nun die gewünschte Auswertung (Auswertungstyp) im Fenster ausgewählt. Es ist immer nur pro Aufruf des Dialoges die Wahl *einer* Auswertung möglich. Mehrere Auswertungen zusammen zu erzeugen, kann nur über geeignete Vorlagen erledigt werden. Nach Auswahl der Auswertung, beispielsweise einem Klemmenplan, können die restlichen Optionen im Dialog **AUSWERTUNG FESTLEGEN** geändert werden.

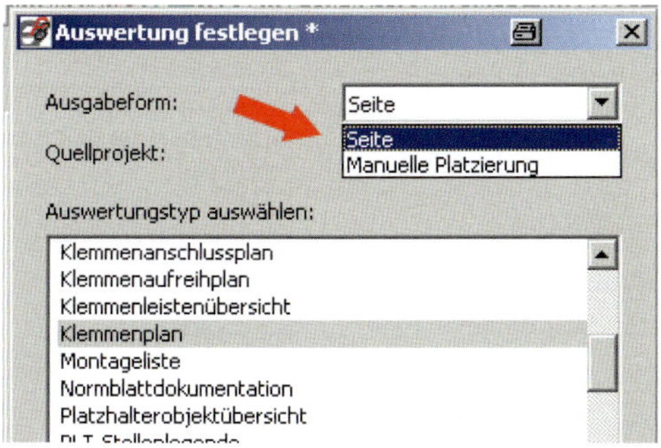

Bild 6.65 Ausgabeform

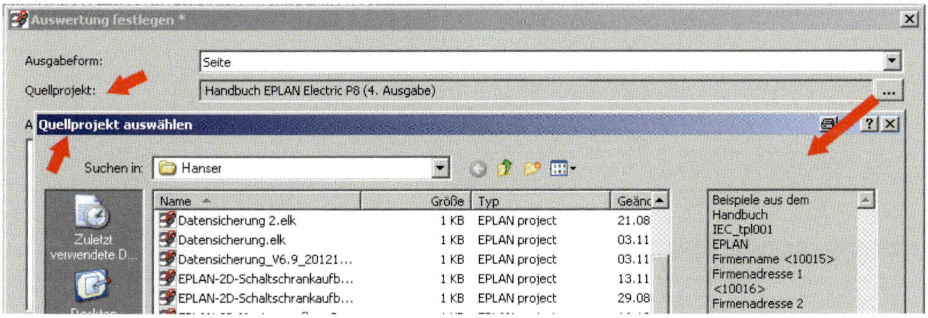

Bild 6.66 Quellprojektauswahl

Für die *Ausgabeform* stehen zwei Möglichkeiten zur Verfügung:

- die Ausgabe in (von EPLAN neu zu erzeugende) Seiten
- die Ausgabe als manuelle Platzierung (in eine vorhandene Seite)

Das *Quellprojekt* ist im Normalfall das aktuelle Projekt, aus dem die Daten für die Auswertungen kommen sollen.

Mit Klick auf den Button OK (die Checkboxen **Manuelle Auswahl** und **Aktuelle Auswahl** werden an dieser Stelle erst einmal vernachlässigt, da alle Klemmenleisten ausgegeben werden sollen) bietet EPLAN nun die Einsortierung im Projekt über bestimmte fertige Filter und/oder Sortierungen etc. bzw. eigene Filter- und Sortierungsschemata an (je nach Auswertungstyp sind hier die Möglichkeiten eventuell eingeschränkt).

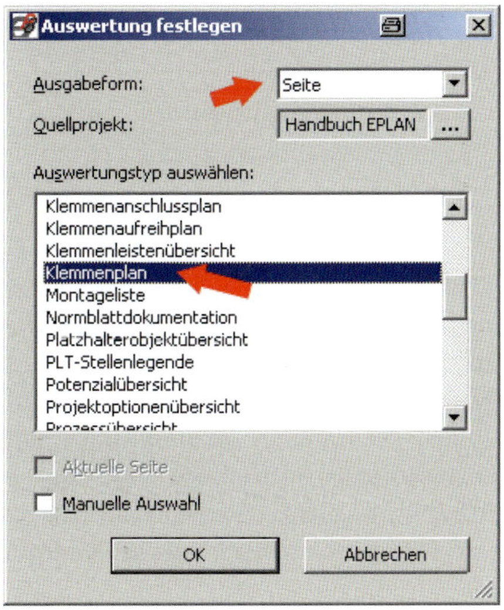

Bild 6.67 Auswertung festlegen

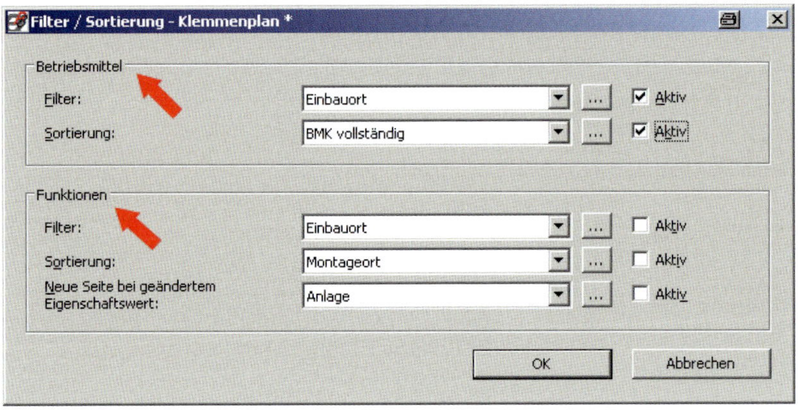

Bild 6.68 Filter- und Sortiermöglichkeiten einer Auswertung

Wenn EPLAN Filter anwenden soll, muss das Häkchen der Option *Aktiv* gesetzt werden. Nur dann ist ein Filter aktiv. Ist die Option ausgegraut, ist für diesen Bereich der grafischen Ausgabe kein Filter möglich. Sind Häkchen nicht gesetzt, haben eingestellte Filter keinerlei Auswirkungen.

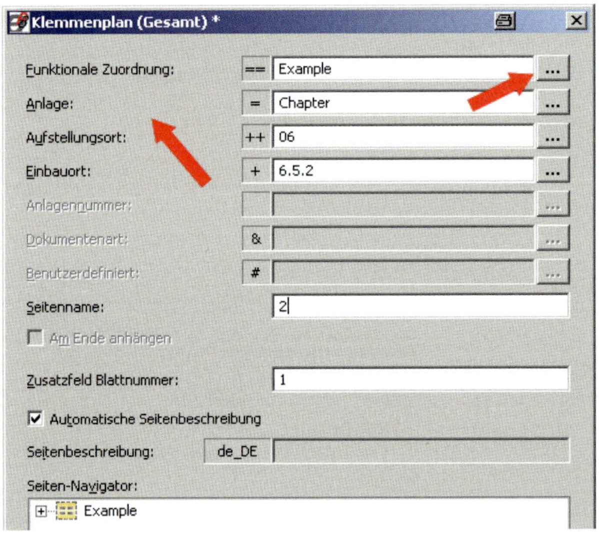

Bild 6.69
Ausgabe festlegen

EPLAN startet anschließend den Dialog **[AUSWERTUNGSTYP] (GESAMT)**. Hier können weitere Eingaben zur Einsortierung, wie die Auswahl der *Strukturkennzeichen* oder für bestimmte Einträge der Seiteneigenschaften, vorbelegt werden, wie zum Beispiel eine **Automatische Seitenbeschreibung**. Diese bildet EPLAN dann automatisch aus den Formulareigenschaften, wo natürlich den Formulareigenschaften **<13019 Format für die automatische Seitenbeschreibung>** etwas zugeordnet sein muss. Bei den restlichen Angaben im Dialog handelt es sich um die üblichen Eingaben, die hier nicht weiter erläutert werden. Nach Klick auf **OK** erzeugt EPLAN die Auswertungen.

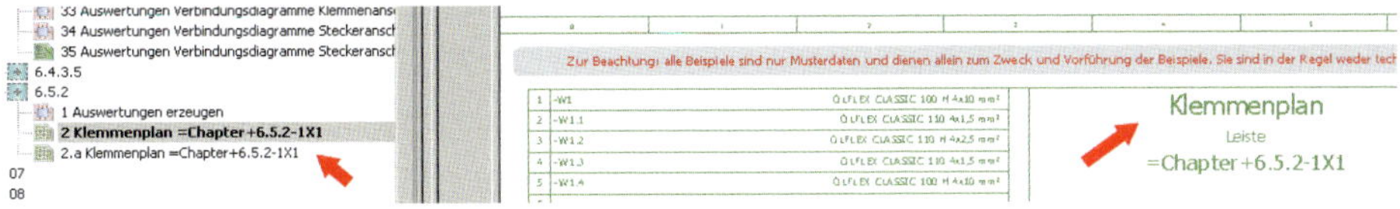

Bild 6.70 Erzeugte Ausgabe der Auswertung Klemmenplan

Nach Verlassen des Dialogs mit dem Button **OK** erzeugt EPLAN endgültig die grafischen Auswertungsseiten und sortiert sie nach den Angaben in das Projekt ein. Die Auswertung *Klemmenplan* wurde beispielsweise als grafische Ausgabe erzeugt und als Auswertungsseite im Projekt mit eingefügt.

6.5.2.2 Manuelle Auswahl der Projektdaten der aktuellen Seite zur Grafikausgabe

EPLAN ermöglicht mit dem Aktivieren der Auswahl *Aktuelle Seite* im Dialog **AUSWERTUNG** das Erzeugen einer Ausgabe der sich aktuell auf der geöffneten Seite befindlichen Daten, wie beispielsweise der dort platzierten Klemmen.

> **TIPP:** Bevor man eine Auswertung über die Funktion **Aktuelle Seite** erzeugen lassen kann, sollte die Stromlaufplanseite, dort wo die Daten der aktuellen Seite anschließend als Auswertung platziert werden sollen, geöffnet und aktiv sein. Ein Blättern zwischen den Seiten ist nach erfolgter Auswertung zwar möglich, aber damit »verliert« man die zuvor erzeugte Auswertung.

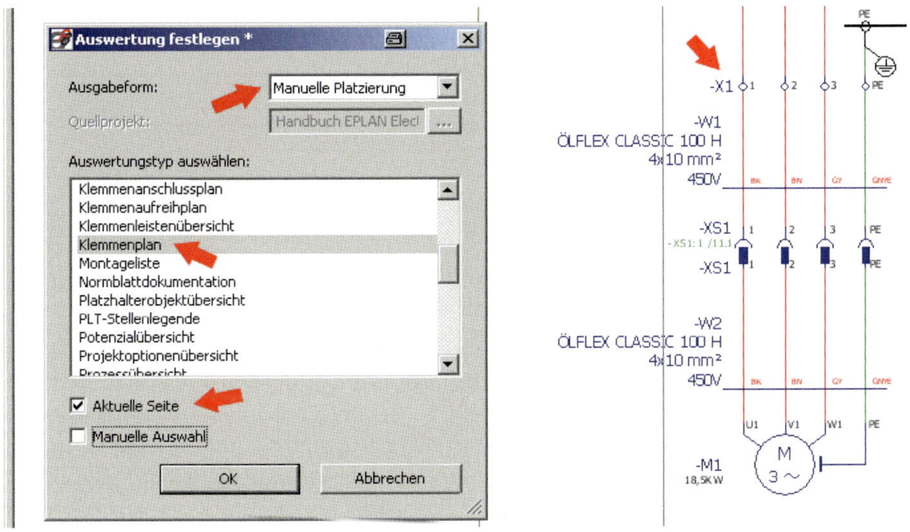

Bild 6.71 Ausgabemöglichkeit der Daten der aktuellen Seite

Dabei wird für die grafische Ausgabe das in den Einstellungen eingetragene Formular genommen. Vorrang hat jedoch ein eingetragenes Formular in den entsprechenden Einstellungen. Im Beispiel ist das eingetragene Formular das Formular der Klemmenleistendefinition.

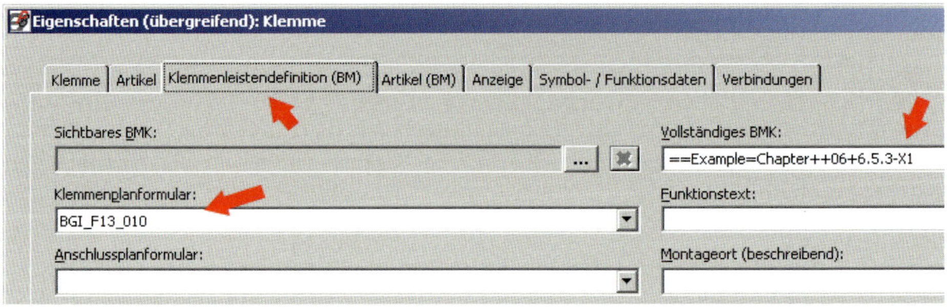

Bild 6.72 Vorgabe des Formulars

Nach Klick auf den Button **OK** fragt EPLAN noch eventuelle Sortier- und Filterkriterien ab, erzeugt anschließend die Auswertung der aktuellen Daten und hängt die grafische Ausgabe an den Cursor. Diese kann nun auf der aktuellen Seite platziert werden.

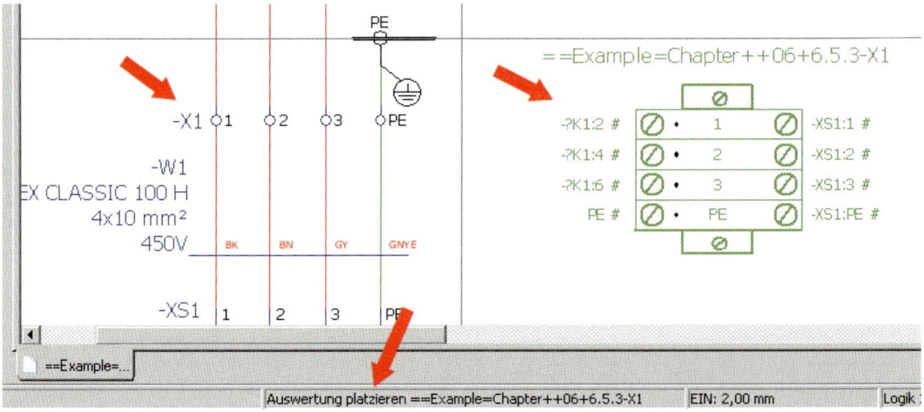

Bild 6.73 Auswertung manuell platzieren

Damit ist eine einfache Möglichkeit gegeben, um ohne langwierige Suche der genauen Daten aus der manuellen Auswahlliste genau die Daten als Auswertung auf einer Seite auszugeben, die sich auch darauf befinden.

6.5.2.3 Manuelle Auswahl bestimmter Projektdaten zur Grafikausgabe mit manueller Platzierung

Werden die Auswertungen wie bisher beschrieben erzeugt, werden immer alle oder nur ganz bestimmte (die der aktuellen Seite) Projektdaten ausgegeben. Das heißt, befinden sich im Projekt zehn Klemmenleisten, werden auch alle diese zehn Klemmenleisten (abhängig von der Einstellung in der Klemmenleistendefinition, beispielsweise *<20851 Keine Ausgabe im Klemmen-/Steckerplan>*) als grafische Ausgabeseiten im Projekt ausgegeben.

Im Folgenden werden Daten über eine manuelle Auswahl festgelegt, aber nicht auf eigenen neuen Auswertungsseiten wie in Abschnitt 6.5.2.2, sondern sie werden auf vorhandenen Stromlaufplanseiten manuell platziert.

TIPP: Bevor man eine Auswertung über die Funktion **Manuelle Platzierung** auswerten lassen kann, muss die Stromlaufplanseite, dort wo die Auswertung anschließend platziert werden soll, geöffnet und aktiv sein. Ein Blättern zwischen den Seiten ist nach erfolgter Auswertung nicht möglich.

Eine manuelle Platzierung funktioniert im Prinzip mit allen Formulargrößen (hier die grafische Ausdehnung des Formulars), aber das Formular sollte natürlich optisch, vom Platz und den auszugebenden Daten auf die entsprechende Stromlaufplanseite passen.

Die Option **Manuelle Auswahl** ermöglicht eine gezielte Ausgabe bestimmter Projektdaten, beispielsweise von bestimmten Steckerleisten. Dafür wird die entsprechende Auswertung gewählt und die Option **Manuelle Auswahl** aktiviert. Zusätzlich sollen die Daten auf der aktiven Stromlaufplanseite platziert werden. Dazu wird die Ausgabeform auf **Manuelle Platzierung** gestellt. Anschließend kann die Auswahl mit **OK** bestätigt werden.

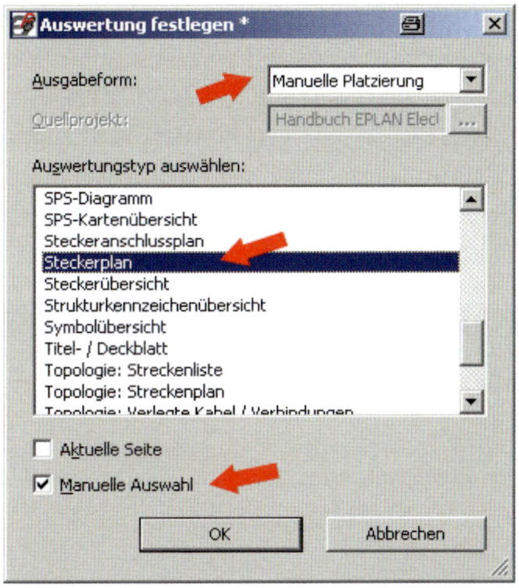

Bild 6.74
Auswertung festlegen

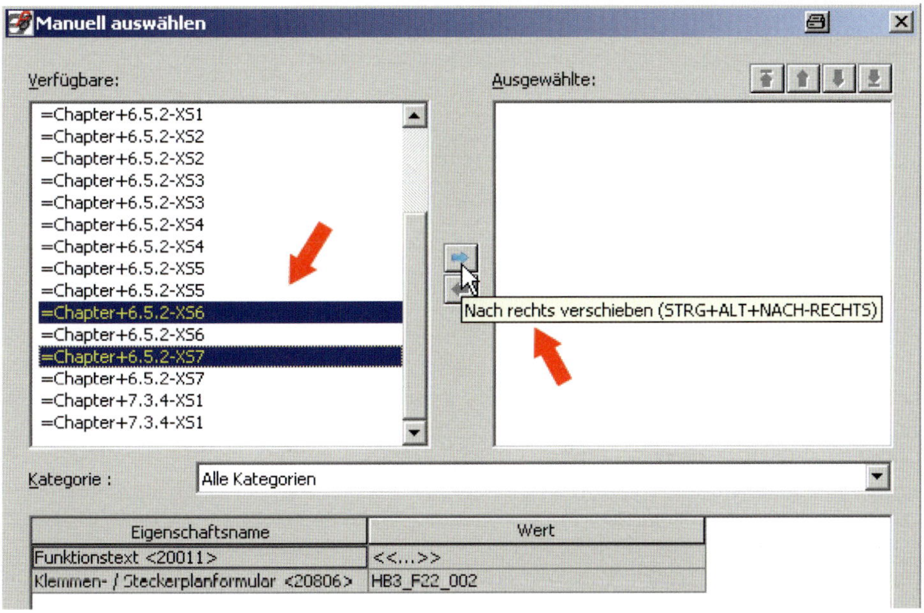

Bild 6.75
Projektdaten manuell auswählen

Es öffnet sich nun der Dialog **MANUELL WÄHLEN**. Der Dialog zeigt auf der linken Seite alle Daten, die für die gewählte Auswertung *Verfügbar* sind, an. Um die gewünschten Daten auf die rechte Seite des Dialogs in das Feld *Ausgewählte* zu stellen, werden die Buttons mit den blauen Pfeilen benutzt. Der Button fügt Daten von links nach rechts hinzu. Der untere Button (ist erst verfügbar, wenn sich Daten im rechten Feld befinden) entfernt die gewählten Daten wieder aus der Auswahl.

Die Daten selbst werden zur Auswahl einfach mit **STRG** (oder **SHIFT**) + linker Maustaste markiert, oder es werden die üblichen Windows-Funktionen wie **STRG + A** für »alles markieren« genutzt. Für die Markierung von Daten muss der Cursor entweder im linken Feld (*Verfügbare*) oder im rechten Feld (*Ausgewählte*) des Dialogs stehen.

Sind alle gewünschten Daten ausgewählt, können sie bei Bedarf noch mit dem Button **SORTIEREN** sortiert werden. EPLAN sortiert die Daten mit dieser Funktion anhand der Sortierung der vorhandenen Strukturkennzeichen ein.

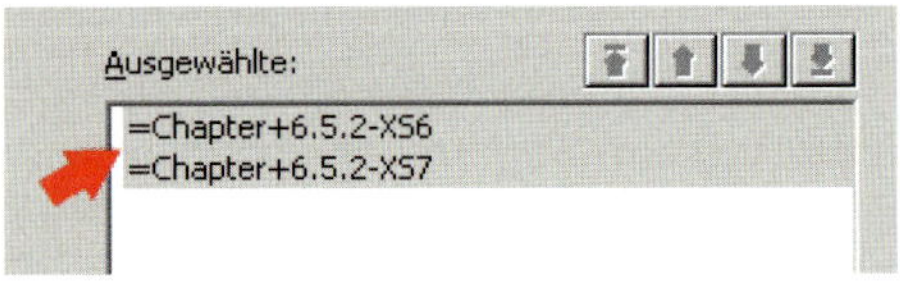

Bild 6.76 Ausgewählte Daten

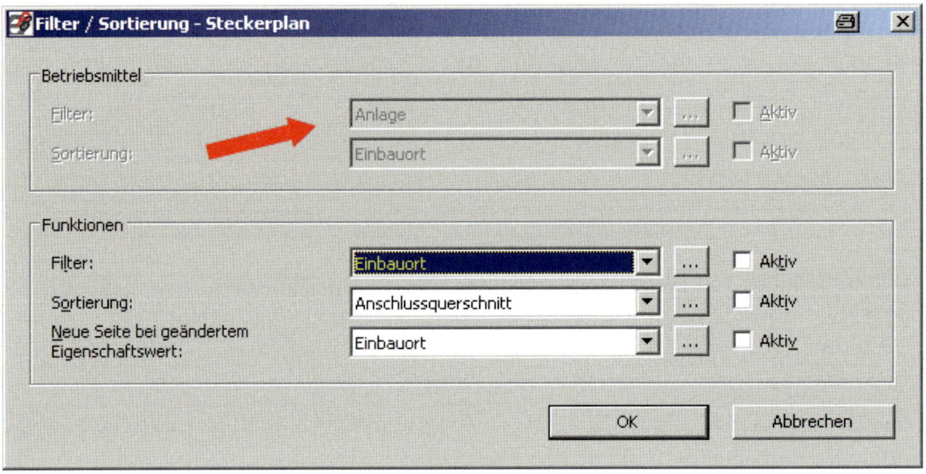

Bild 6.77 Filter- und Sortiermöglichkeiten für die manuell gewählten Funktionen

Mit Bestätigen auf **OK** startet EPLAN den schon bekannten Dialog **FILTER-/SORTIERUNG [AUSWERTUNGSTYP]**. Für die Betriebsmittel können keine Filter oder Sortierungen gewählt werden, da diese durch die manuelle Auswahl schon gegeben sind. Für die Funktionen selbst (die Daten für Steckerpin oder Klemme) können aber Filter und Sortierungen gesetzt werden.

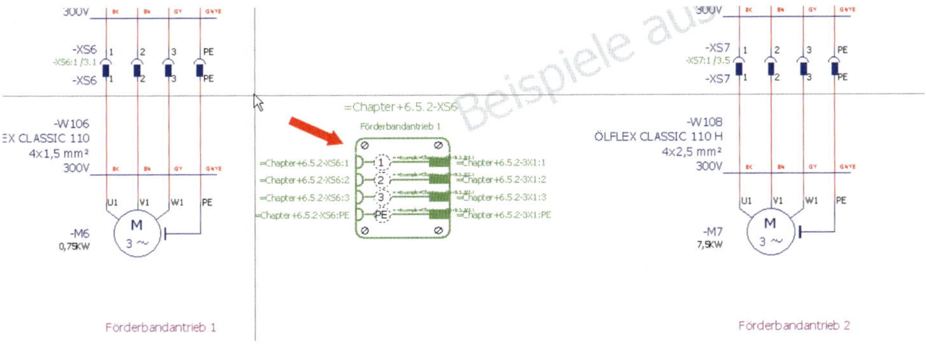

Bild 6.78 Auswertung manuell platzieren

Nach dem Klick auf **OK** schließt EPLAN alle Dialoge, und die Auswertungen hängen am Cursor und können nun auf der aktiven Stromlaufplanseite platziert werden.

Bild 6.79 Alle Auswertungen wurden manuell platziert.

> **HINWEIS:** Nicht alle Auswertungstypen funktionieren mit der Option **Manuelle Auswahl**.

6.5.2.4 Grafikausgabe von Daten in der Kombination Aktuelle Seite/ Manuelle Auswahl

Neben der Einzelauswahl der letztgenannten Möglichkeiten (Aktuelle Seite bzw. Manuelle Auswahl) ist es auch möglich, beide Auswahlen zusammen zu benutzen.

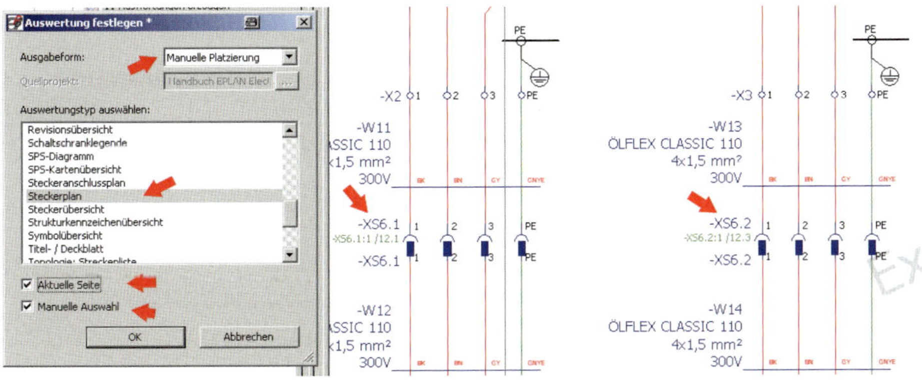

Bild 6.80 Kombination beider Möglichkeiten zur grafischen Ausgabe der Daten

Damit werden alle Daten der aktuellen Seite für eine grafische Ausgabe erfasst, aber es besteht die Möglichkeit, dann doch noch manuell einzugreifen und beispielsweise eine Klemmenleiste von der grafischen Ausgabe auszunehmen.

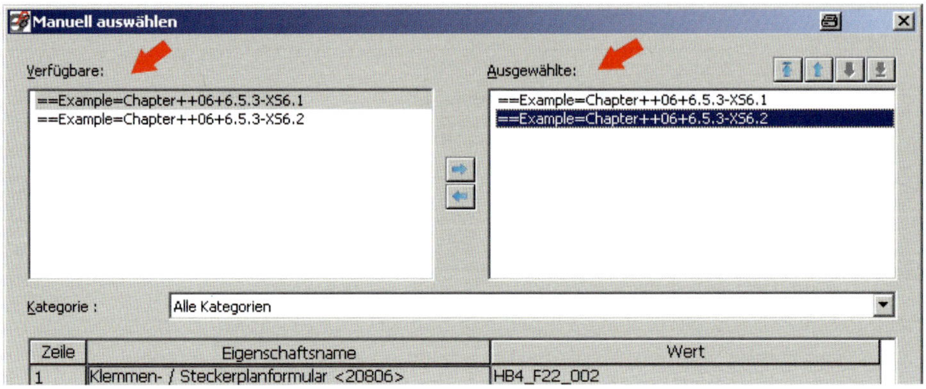

Bild 6.81
Daten auswählen

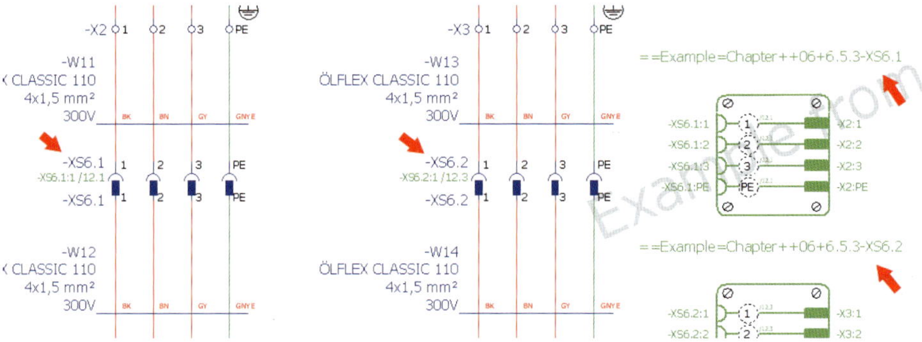

Bild 6.82
Daten wurden platziert.

6.5.3 Kontextmenüs der Registerkarte Auswertungen

Neben den bisher bekannten Funktionen, wie **Auswertungen erstellen** oder **Auswertungen manuell platzieren**, stellt EPLAN noch weitere Funktionen zur Verfügung. Auswertungen sollten natürlich auch einmal gelöscht oder innerhalb des Dialoges (beispielsweise bei Änderung einer Einstellung) schnell einmal aktualisiert werden können.

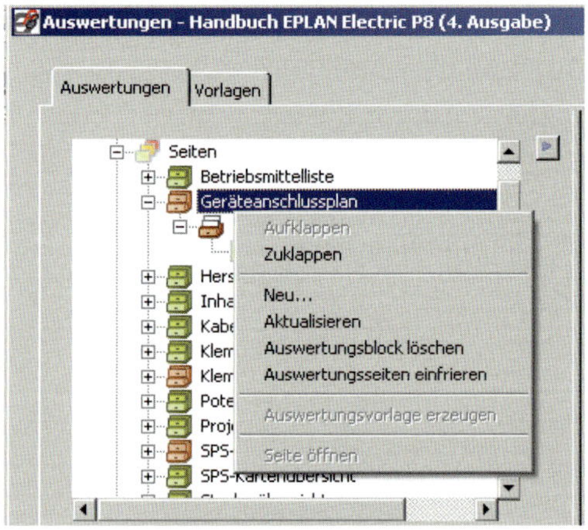

Bild 6.83
Kontextmenü

Diese Funktionen liegen u. a. im Kontextmenü der rechten Maustaste (im Feld der Registerkarte *Auswertungen* mit der Maus links klicken und anschließend mit der rechten Maustaste betätigen oder das

Kontextmenü über den Button aufrufen). Neben den üblichen Funktionen **AUFKLAPPEN** und **ZUKLAPPEN** des Auswertungsbaumes enthält das Menü noch folgende Funktionen.

Menüeinträge der Registerkarte Auswertungen

NEU: Erstellt eine neue Auswertung und hat die gleiche Funktion wie der Button **NEU...** im Dialog **AUSWERTUNGEN.**

AKTUALISIEREN: Mit dieser Funktion werden eine oder mehrere Auswertungen aktualisiert. Das ist u.a. nützlich, wenn man zum Beispiel die Sortierung der Auswertungen geändert hat und sich nur einmal das Ergebnis anschauen möchte, wo die grafischen Ausgabeseiten platziert werden.

AUSWERTUNGSBLOCK LÖSCHEN: Damit werden die Auswertungen (also die grafischen Ausgabeseiten) aus dem Projekt entfernt. Auch hier besteht die Möglichkeit, einzelne oder mehrere Auswertungen gleichzeitig zu bearbeiten.

AUSWERTUNGSBLOCK EINFRIEREN: Damit werden die markierten Auswertungen »eingefroren« und aus der Liste der Auswertungen im Dialog entfernt. EPLAN bringt vor dem Ausführen dieser Funktion noch einen Sicherheitshinweis. Damit kann die Aktion noch vor dem Ausführen abgebrochen werden.

AUSWERTUNGSVORLAGE ERSTELLEN: Ist eine Auswertung zum Erstellen von anderen Auswertungen geeignet, kann hiermit per Mausklick eine Vorlage erzeugt werden. Die Vorlage befindet sich anschließend in der Registerkarte *Vorlagen*.

SEITE ÖFFNEN: Dies ist eine nützliche Funktion, da der Anwender von hier aus direkt auf die markierte Auswertung im Projekt navigieren kann.

6.5.4 Auswertungen mit Vorlagen erzeugen

Was sind eigentlich *Vorlagen*? Man könnte den Begriff auch anders umschreiben. Es sind spezielle *Vorgaben*, wie, wohin und in welchem Umfang EPLAN die grafischen Ausgaben von verschiedenen Projektdaten erzeugen soll. Die Vorgehensweise zum Erstellen einer Vorlage gleicht dem Erstellen von reinen Auswertungen, nur dass nach dem Fertigstellen der Vorlage keine Auswertungen erzeugt werden.

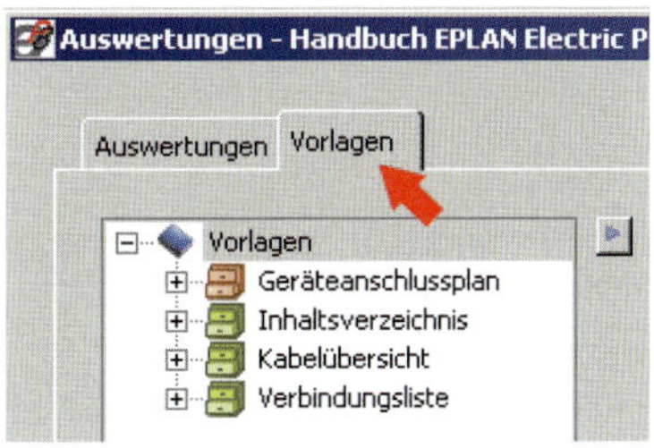

Bild 6.84
Registerkarte Vorlagen

HINWEIS: Folgende Einschränkungen gelten für das Erzeugen von Auswertungen anhand von Vorlagen: Die *Ausgabeform* ist fest auf die Auswahl *Seite* festgelegt. Auch eine *Manuelle Auswahl* kann nicht festgelegt werden.

Und wie werden Vorlagen angelegt? Das »Wie« verteilt sich auf die verschiedenen Einstellungen einer Vorlage.

Um den Auswertungstyp festzulegen, wird der Dialog **AUSWERTUNGEN** über das Menü **DIENSTPROGRAMME/AUSWERTUNG/ERZEUGEN** gestartet und auf die Registerkarte *Vorlagen* gewechselt. Mit dem Button **NEU...** wird der Dialog **AUSWERTUNG FESTLEGEN** gestartet. Hier wird nun der gewünschte *Auswertungstyp* festgelegt. Diese Auswahl wird mit **OK** bestätigt.

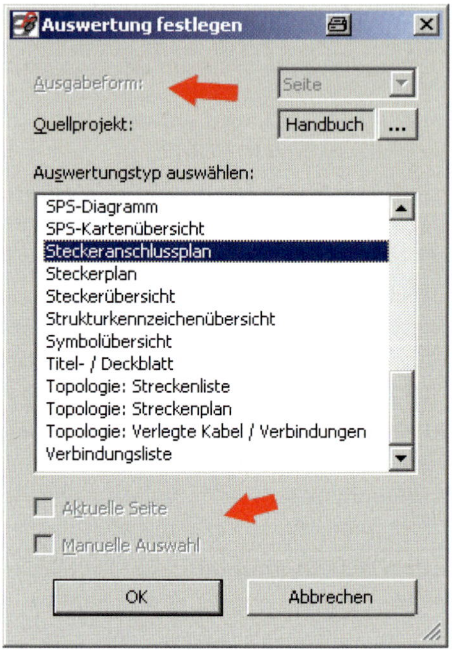

Bild 6.85 Auswertungstyp festlegen

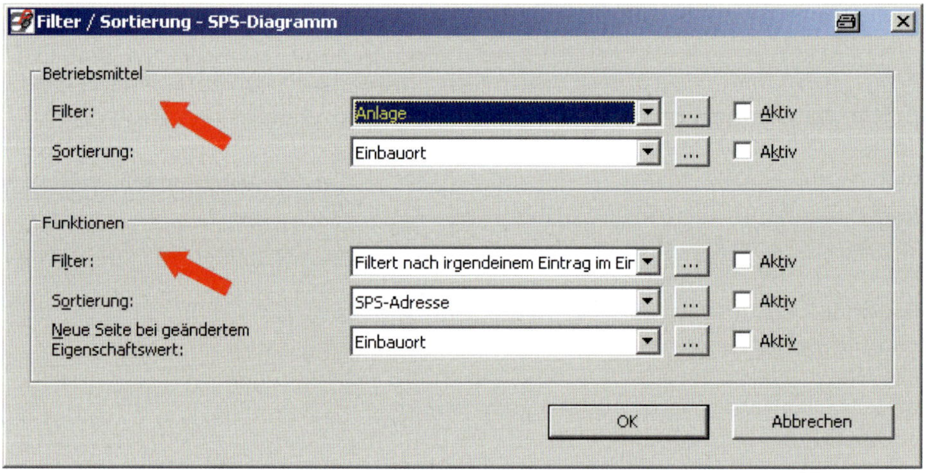

Bild 6.86 Dialog Filter/Sortierung

Im Dialog **FILTER/SORTIERUNG [AUSWERTUNGSTYP]** können, wie in EPLAN üblich, vorgegebene Filter- und Sortiermöglichkeiten genutzt oder eigene eingestellt werden. Es sollte aber immer darauf geachtet werden, dass die Häkchen gesetzt sind, da sonst die Filter und Sortierungen nicht aktiv werden.

HINWEIS: Je nach Auswertungstyp kann der Dialog **FILTER/SORTIERUNG** unterschiedlich aussehen bzw. einige der Möglichkeiten gar nicht anzeigen.

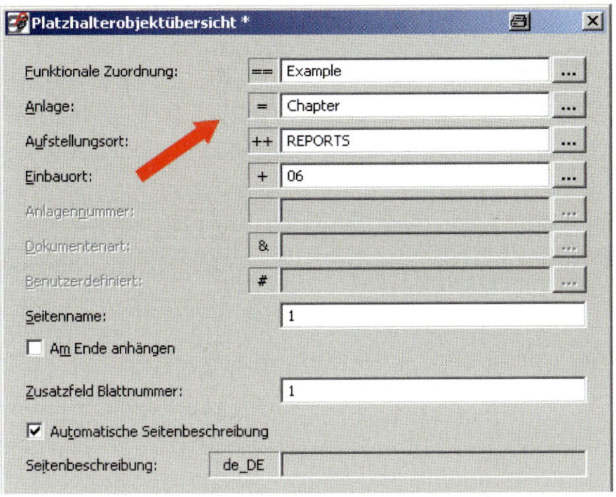

Bild 6.87 Struktur der Auswertungsseiten einstellen

Nachdem eventuelle Filter und Sortierungen der Daten festgelegt worden sind, folgt das *Festlegen der Strukturkennzeichen* für die Ausgabe der Auswertungsseiten. Die Strukturkennzeichen können direkt in die Eingabefelder geschrieben oder, falls sie schon vorhanden sind, über den Auswahlbutton [...] aus der Tabelle ausgewählt und übernommen werden.

HINWEIS: EPLAN sortiert neue Kennzeichen erst einmal automatisch in die Kennzeichenstruktur des Projektes. Sollen diese beispielsweise anders angeordnet werden, muss das später in der Strukturkennzeichen-Verwaltung angepasst werden.

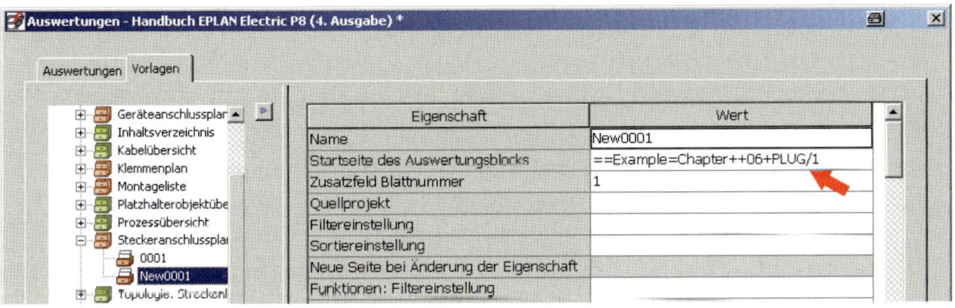

Bild 6.88 Fertig hinzugefügte Vorlage

Die Vorlage mit den entsprechenden Einstellungen wurde nun von EPLAN der Registerkarte *Vorlagen* hinzugefügt. Um die Vorlagen funktionell auseinanderzuhalten, gibt EPLAN automatisch eine Struktur beim Anlegen vor (nach Auswertungstyp). Die Vorlage bekommt den Standardnamen 0001.

HINWEIS: Werden vorher Filter festgelegt, vergibt EPLAN den Namen des Filters für die Vorlage.

Bild 6.89 Namen der Vorlage geändert

Da es mehrere Vorlagen für das Erzeugen von Auswertungstypen geben kann, ist es möglich, die Namen der Vorlagen nachträglich manuell abzuändern. Dazu klickt man in die Zeile **EIGENSCHAFT NAME: WERT** und vergibt einfach einen anderen Namen.

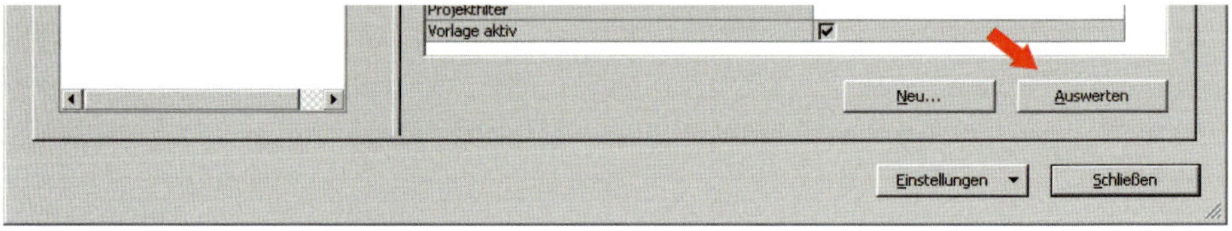

Bild 6.90 Diese Vorlage auswerten

Damit wäre das Erstellen einer Vorlage abgeschlossen. Würde man jetzt diese Vorlage markieren und den Button **AUSWERTEN** betätigen, würde EPLAN die Auswertungsseiten erzeugen und in die vorgegebene Struktur des Projektes einsortieren.

Diese Information und noch einige mehr sind erreichbar auf der *rechten Seite* der Registerkarte *Vorlagen*. In der Tabelle sind dazu weitere Eigenschaften und die dazugehörigen Werte aufgeführt. Im Gegensatz zur Registerkarte *Auswertungen* (wo diese Tabelle auch existiert) können hier aber für grundlegende Eigenschaften die entsprechenden Werte geändert werden.

Name: Hier verbirgt sich der Vorlagenname. Er ist manuell änderbar und kann an die persönlichen Anforderungen angepasst werden.

Weitere Eigenschaften der Registerkarte Vorlagen

Name	Komplettausgabe
Startseite des Auswertungsblocks	==Example=Chapter++REPORTS+6
Zusatzfeld Blattnummer	1
Filtereinstellung	
Sortiereinstellung	
Neue Seite bei Änderung der Eigenschaft	
Funktionen: Filtereinstellung	
Funktionen: Sortiereinstellung	
Funktionen: Neue Seite bei Änderung der Eigenschaft	

Bild 6.91 Grundsätzliche Eigenschaften zur Struktur und Ausgabe

Startseite des Auswertungsblocks: Dies ist die Startseite der grafischen Auswertung, die auch nachträglich änderbar ist. Dazu klicken Sie in das Feld und wählen den dann erscheinenden Auswahlbutton. Es folgt der schon bekannte Dialog zur **EINGABE DER STRUKTURKENNZEICHEN**.

Zusatzfeld Blattnummer: Dient der zusätzlichen Angabe, die in den Seiteneigenschaften der Auswertungsseiten erscheint

Filtereinstellung: Dieses Feld ist mit den ausgewählten Filtereinstellungen gefüllt und nach Anklicken ebenfalls änderbar. Anschließend ist es über den Auswahlbutton wieder möglich, ein neues Filterschema zuzuordnen.

Sortiereinstellung: Dieses Feld ist identisch mit dem Feld der nachträglichen Bearbeitung der Eigenschaft **Filtereinstellung**, also nachträglich anpassbar.

Neue Seite bei Änderung der Eigenschaft: Ermöglicht die Vorgabe, einen Seitenwechsel bei Änderung einer bestimmten Eigenschaft automatisch vornehmen zu lassen, ist in der Regel jedoch nicht änderbar

Funktionen: Filter-/Sortiereinstellung und *Neue Seite bei Änderung der Eigenschaft:* Diese Filter wirken sich direkt auf die Funktionen eines Betriebsmittels, wie beispielsweise auf eine Klemme, aus.

Manuelle Seitenbeschreibung	
Automatische Seitenbeschreibung	☑
Seitensortierung	Aus Einstellungen
Formular	
Teilausgabe	

Bild 6.92 Eigenschaften, die die Auswertungsseite selbst betreffen

Manuelle Seitenbeschreibung: Ist beliebig nachträglich änderbar

Automatische Seitenbeschreibung: Wenn diese Eigenschaft aktiviert wird, wird die Eigenschaft **Manuelle Seitenbeschreibung** auf nicht editierbar umgestellt.

Seitensortierung: Dieses Feld wird im Normalfall leer sein, da die grundsätzlichen Werte bereits in den Voreinstellungen (**EINSTELLUNG AUSGABE IN SEITE**) eingestellt werden. Aber auch dieser Wert ist änderbar.

Formular: Hier ist es möglich, ein Formular abweichend von den Standardeinstellungen (**EINSTELLUNG AUSGABE IN SEITE**) einzutragen. Dieses Formular hat dann Vorrang vor den globalen Einstellungen.

Teilausgabe: Dieses Feld ist änderbar, aber nur für einen Teil der Auswertungstypen, die auch eine Teilausgabe unterstützen, wie zum Beispiel das Inhaltsverzeichnis.

Bild 6.93 Eigenschaften, die die Artikelausgabe betreffen

Baugruppen und *Module auflösen*; *Betriebsmittel ohne Artikelnummer*; im Weiteren diverse Einstellungen für *Klemmen-*, *Kabel-*, *Projekt-* und/oder *Verbindungsartikel:* Diese Einstellungen sind nachträglich änderbar, betreffen aber nur den Teil der Auswertungstypen *Artikel*.

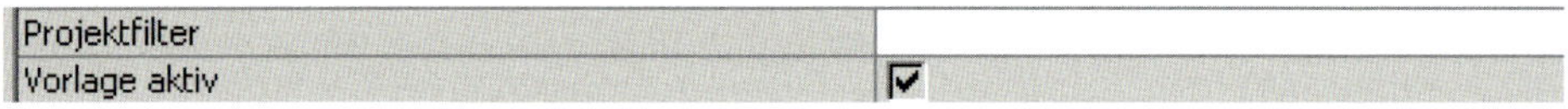

Bild 6.94 Spezielle Auswertungseinstellungen

Projektfilter: Die Einstellung eines Projektfilters ermöglicht es, Auswertungen zu erzeugen, die an eine Bedingung geknüpft sind. Bedingte Auswertungen kann man abhängig von bestimmten Projekteigenschaften erzeugen.

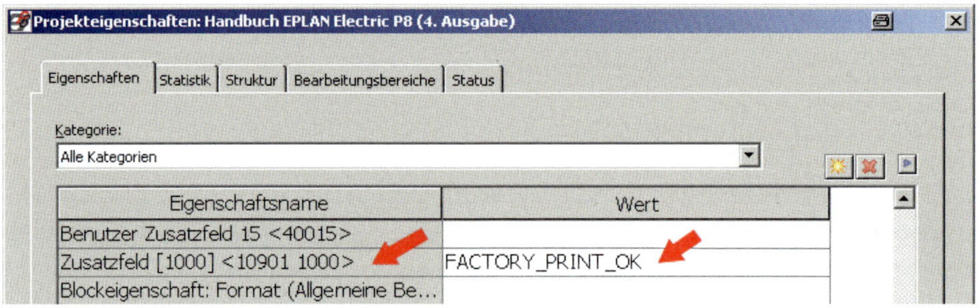

Bild 6.95 Projekteigenschaft und deren Wert festlegen

Das heißt, trifft eine definierte Projekteigenschaft vom Wert her auf den Filterwert zu, wird eine Auswertung erstellt.

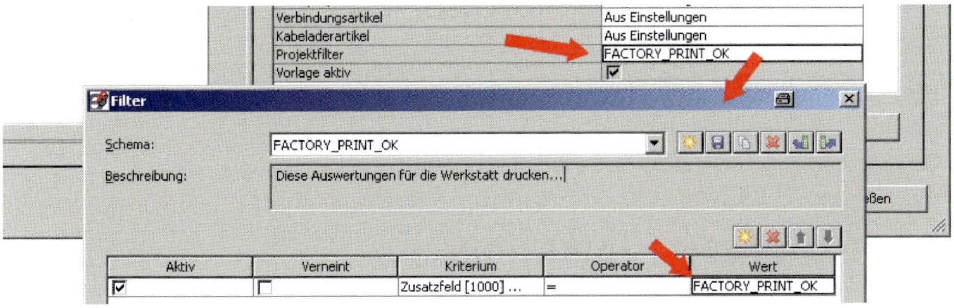

Bild 6.96 Filter auf die gewünschte Projekteigenschaft und deren Wert festlegen

Vorlage aktiv: Diese Einstellung ist nicht editierbar und wird von EPLAN automatisch gesetzt bzw. nicht gesetzt. Das Häkchen ist abhängig davon, ob der Projektfilter erfüllt wird oder nicht. Bei erfüllter Bedingung ist das Häkchen gesetzt, bei nicht erfüllter Bedingung entfernt EPLAN das Häkchen. Es wird damit auch keine Auswertung erzeugt.

6.5.4.1 Vorlagen exportieren und importieren

Wenn für Projekte sinnvolle Vorlagen für die grafischen Auswertungen erzeugt wurden, kann EPLAN sie auch für andere Projekte benutzen. EPLAN bietet an dieser Stelle *Export- und Importfunktionen* an. Dies gilt aber nur für Vorlagen. Vorhandene Auswertungen können nicht ex- bzw. importiert werden.

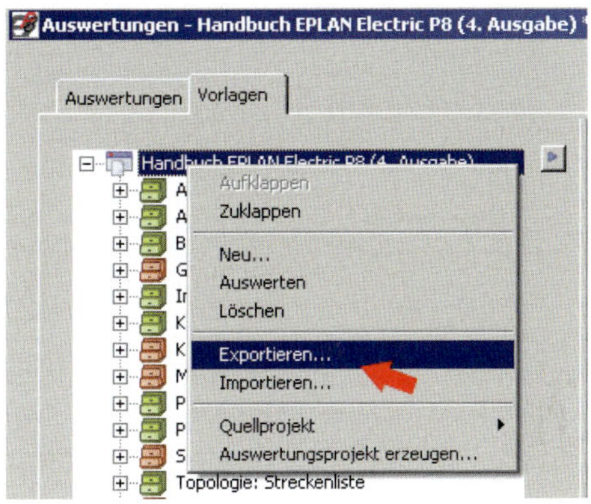

Bild 6.97 Vorlagen Exportieren/Importieren

Um Vorlagen zu ex- oder importieren, wird der Dialog **AUSWERTUNG** über das Menü **DIENSTPROGRAMME/AUSWERTUNGEN/ERZEUGEN** geöffnet. Anschließend wechseln Sie auf die Registerkarte *Vorlagen*, falls der Fokus nicht automatisch erscheint. Die Funktionen *Exportieren* bzw. *Importieren* sind erreichbar über das Kontextmenü (aufrufbar mit dem Button ▸ oder mit der rechten Maustaste).

EPLAN lässt dem Anwender offen, welche Vorlagen er exportieren oder importieren möchte. Wird der Baum beispielsweise an der obersten Stelle markiert, werden alle darunter liegenden Vorlagen gemeinsam exportiert. Es besteht aber auch die Möglichkeit, nur einzelne Vorlagen zu exportieren. Dafür wird der Vorlagenbaum geöffnet, die entsprechende Vorlage markiert und die Funktion **EXPORTIEREN** ausgeführt. EPLAN startet anschließend den Dialog **AUSWERTUNGSVORLAGEN EXPORTIEREN**. Hier muss ein Dateiname für die Vorlage festgelegt und dieser mit dem Button **SPEICHERN** bestätigt werden. Damit wurde die Vorlage exportiert.

Das Importieren vorhandener Vorlagen funktioniert genau anders herum. Dabei wird der Dialog **AUSWERTUNGEN** geöffnet und die Funktion *Importieren* gestartet (rechte Maustaste oder im Kontextmenü). EPLAN öffnet den Dialog **AUSWERTUNGSVORLAGEN IMPORTIEREN**. Hier wird die gewünschte Vorlage ausgewählt und mit dem Button **ÖFFNEN** geöffnet. EPLAN fügt nun die neue Vorlage zum Projekt hinzu.

6.6 Sonstige Funktionen

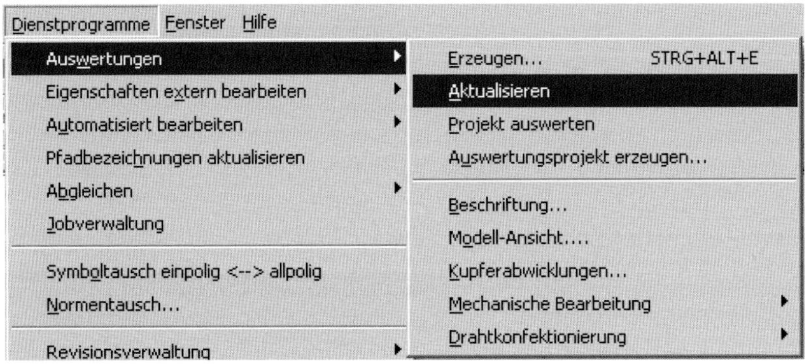

Bild 6.98 Projekt(vorlagen) auswerten

Nun wird man nicht ständig nur neue Auswertungen erstellen und sich schicke Vorlagen für die Auswertungen erarbeiten. Im Normalfall werden Auswertungen mit bestimmten Auswertungstypen erst gegen Ende einer Projektbearbeitung einmalig komplett erstellt und anschließend nur noch bei Änderungen von Projektdaten, wie Klemmenbezeichnungen oder ein anderer Kabeltyp, auf den neuesten Stand gebracht. EPLAN bietet dazu zwei weitere Funktionen an, die dies auf schnelle Weise ermöglichen.

6.6.1 Projekt auswerten

Die Funktion *Projekt auswerten* ist über das Menü **DIENSTPROGRAMME/AUSWERTUNGEN** erreichbar. Mit dem Anwählen dieser Funktion werden alle Auswertungen (die als Auswertungsvorlagen vorhanden sind) komplett ausgewertet. Das kann bei größeren Projekten eine gewisse Zeit in Anspruch nehmen.

TIPP: Wird der Menüpunkt gewählt, beginnt EPLAN sofort (ohne eine Zwischenabfrage) mit der Auswertung des Projekts. Es ist aber möglich, die Funktion im Dialog **PROJEKT AUSWERTEN** über den Button **ABBRECHEN** zu beenden. Dann bleiben die Auswertungen auf dem bisherigen Stand bzw. werden wieder auf diesen zurückgesetzt.

6.6.2 Aktualisieren

Eine weitere Funktion, die EPLAN anbietet, ist, *vorhandene* Auswertungen zu **AKTUALISIEREN**. Diese Funktion ist ebenfalls über das Menü **DIENSTPROGRAMME/AUSWERTUNGEN** aufrufbar. Im Gegensatz zur Funktion *Projekt auswerten* betrifft die Funktion *Aktualisieren* immer nur die aktuell geöffnete oder im Seiten-Navigator markierte Auswertung (Seite, das kann auch eine manuell platzierte Auswertung sein) im Projekt. Führt man dann die Funktion *Aktualisieren* aus, wird die entsprechende Auswertung aktualisiert. Wird das Aktualisieren auf einer Schaltplanseite benutzt, meldet EPLAN, dass der Anwender sich nicht auf einer Auswertungsseite befindet bzw. keine Auswertung in der Seitenübersicht markiert ist.

6.6.3 Auswertungsprojekt erzeugen

Wird dieser Menüpunkt gestartet, kann ein Auswertungsprojekt festgelegt werden. EPLAN erzeugt aus dem geöffneten Projekt (Quellprojekt) ein identisches Projekt (Auswertungsprojekt), inklusive dessen Kopfdaten, aber ohne Seiten. Damit ist es später möglich, die Auswertungen der Daten, die sich im Quellprojekt befinden, in das externe Auswertungsprojekt erzeugen zu lassen.

6.6.4 Einstellungen zur automatischen Aktualisierung

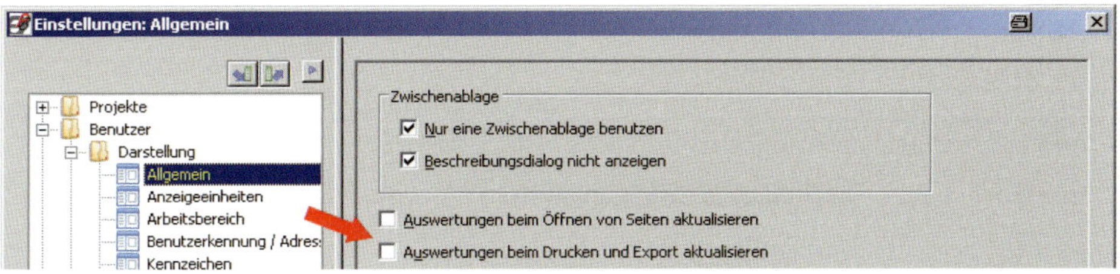

Bild 6.99 Einstellungen, um Auswertungen automatisch zu aktualisieren

Wem das alles nicht genügt, der kann in den Benutzereinstellungen festlegen, ob Auswertungsseiten beim Öffnen bzw. auch beim Drucken und Exportieren automatisch aktualisiert werden sollen. Diese Einstellung ist keine Projekteinstellung, sondern benutzerbezogen. Zu finden ist sie unter **OPTIONEN/EINSTELLUNGEN/BENUTZER/DARSTELLUNG/ALLGEMEIN**. Hier sind die beiden Einstellungen *Auswertungen beim Öffnen von Seiten aktualisieren* bzw. *Auswertungen beim Drucken und Export aktualisieren* relevant.

Man sollte aber bedenken, dass ständiges Aktualisieren zum Beispiel beim Blättern in den Projektseiten eine Projektbearbeitung verlangsamt. Auch dauert das Öffnen von Auswertungsseiten mit der oben genannten aktivierten Benutzereinstellung länger, schließlich werden die Auswertungen dann immer auf den aktuellen Projektstand gebracht werden. Da gilt es abzuwägen, ob diese Auswertungsseiten ständig aktuell gehalten werden sollen. In meinen Augen ist das nicht unbedingt nötig, aber EPLAN bietet diese Einstellungen an. Somit bleibt es dem Anwender überlassen.

6.7 Beschriftungen

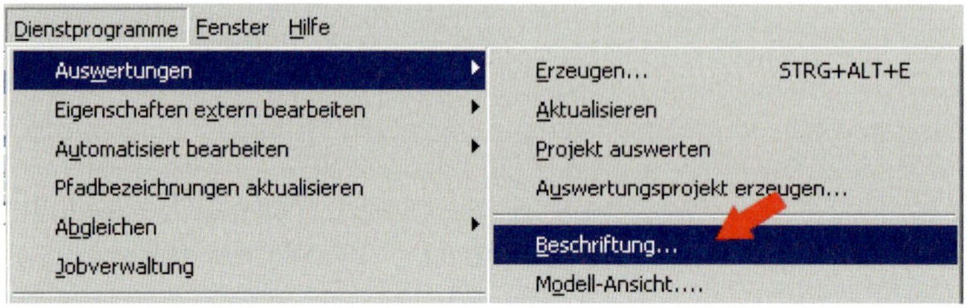

Bild 6.100 Beschriftungen

Die zweite Möglichkeit, eine Auswertung von Projektdaten zu erzeugen, ist die Funktion, die sich im Menü **DIENSTPROGRAMME/AUSWERTUNGEN/BESCHRIFTUNG** befindet. Mit dieser Funktion werden keine grafischen Ausgabeseiten erzeugt, sondern die Projektdaten werden in externe Dateien geschrieben. Diese externen Dateien können weitergegeben oder bearbeitet werden, zum Beispiel um Klemmenpläne im Excel-Format oder Etiketten zu drucken.

6.7.1 Einstellungen

Dieser Abschnitt wird sich mit den grundlegenden Einstellungen für die Ausgabe von Beschriftungen beschäftigen. Wird die Funktion **BESCHRIFTUNG** gestartet, öffnet EPLAN den Dialog **BESCHRIFTUNG AUSGEBEN**.

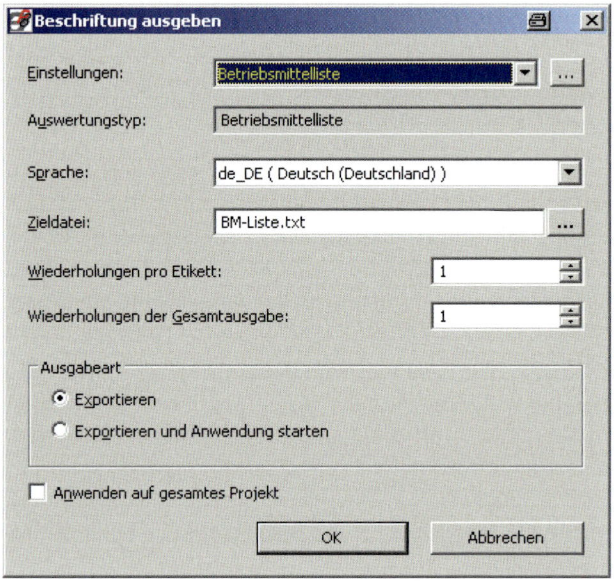

Bild 6.101
Beschriftung ausgeben

Der Dialog bietet folgende Einstellmöglichkeiten:

Einstellungen: Hier kann man grundsätzlich festlegen, welche Daten überhaupt ausgegeben werden sollen. Die Ausgabe kann man gezielt filtern sowie beispielsweise auch die Sortierung der ausgegebenen Daten steuern.

Auswertungstyp: Das Feld dient nur zur Anzeige, welcher Auswertungstyp als Grundlage das eingestellte Beschriftungsschema hat

Sprache: Diese Einstellung steuert die Sprachausgabe der Beschriftungsdatei. Es stehen nur Sprachen zur Verfügung, die auch im Projekt eingestellt sind. EPLAN bietet zur Ausgabe zwei Möglichkeiten an: Entweder eine einzelne Sprache oder alle Projektsprachen gleichzeitig.

Zieldatei: Hier erfolgt aus dem eingestellten Schema der Eintrag des Namens der Ausgabedatei für die zu erzeugenden Beschriftungsdaten.

Werte für Wiederholungen: Alle Werte größer 1 erhöhen die Ausgabe der Beschriftungsdaten um genau den Wert, der eingetragen wird. Der Standardeintrag ist hier 1 (einmalige Ausgabe der Daten).

Ausgabeart: Die erzeugte Datei wird exportiert, oder es besteht die Möglichkeit, die Datei nach dem Export mit dem eingestellten Editor öffnen zu lassen, um sie zu kontrollieren bzw. nachzubearbeiten.

> **TIPP:** Welcher Editor benutzt wird, hängt vom Eintrag in den Benutzereinstellungen ab. Der Eintrag ist unter **OPTIONEN/EINSTELLUNGEN/BENUTZER/SCHNITTSTELLEN/BESCHRIFTUNG** zu finden. Hier wählen Sie in den Schemata den Button **OPTIONEN**.

Anwenden auf gesamtes Projekt: Diese Einstellung bewirkt, dass unabhängig davon, welche Daten markiert sind, immer die Daten des gesamten Projektes geschrieben werden.

6.7.1.1 Vorbereitende Einstellungen

Der wichtigste Punkt im Dialog **BESCHRIFTUNG AUSGEBEN** sind die *Einstellungen*: Welche Daten sollen hier in welchem Zusammenhang ausgegeben werden? Das wird hier über fertige oder eigene Schemata festgelegt.

Um eine Einstellung hinzuzufügen, wird neben dem Auswahlfeld *Einstellungen* der Auswahlbutton ... angeklickt. Nun öffnet sich der Dialog **EINSTELLUNGEN/BESCHRIFTUNG.** Der Dialog wird im Groben in zwei Bereiche unterteilt: den Bereich der Informationen über das Schema selbst (Name des Schemas, Beschreibung und Auswertungstyp) und im unteren Bereich, der Bereich mit den Registerkarten für die verschiedenen Daten und Einstellungen, wie Datei, Kopfbereich, Etikett, Fußbereich und weitere Einstellungen für die Ausgabe, wie Filter, Sortierungen etc.

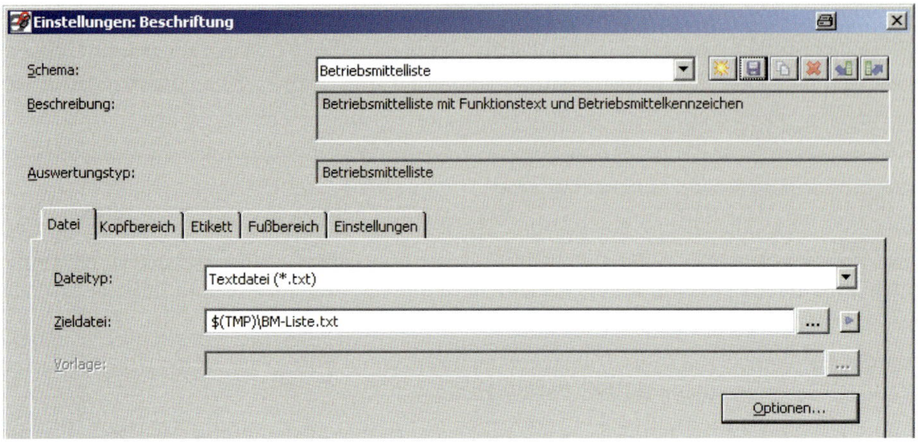

Bild 6.102 Dialog Beschriftungen mit dem Schema und den dazugehörigen Einstellungen

Wichtig für das Erstellen einer Beschriftungsdatei ist der zu erstellende Dateityp. Davon hängen weitere Einstellungen ab, wie zum Beispiel mit welchem Programm die erzeugte Datei geöffnet wird.

EPLAN bietet hier mehrere verschiedene Dateitypen an.

Dateitypen für die Ausgabe von Beschriftungen

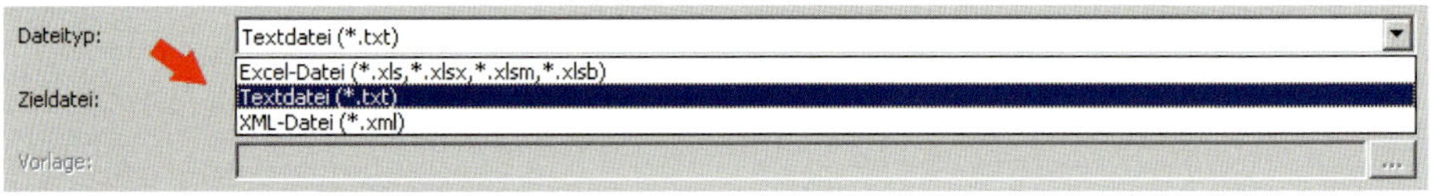

Bild 6.103 Auswahl des Dateityps

*Die Excel-Datei *.xl*:* Diese Dateiformate können, wie der Name schon sagt, mit Excel geöffnet werden. Während eine Textdatei im Normalfall unformatiert ausgegeben wird, kann das Excel-Format genutzt werden, um beispielsweise Kabelpläne in einer Excel-Vorlage formatiert auszugeben. Somit entstehen ähnliche Auswertungsdateien wie sie mit den grafischen Ausgabeseiten erzeugt werden. Mit dem Button **OPTIONEN** kann hier zusätzlich die Spaltenbezeichnung ausgegeben werden.

*Die Textdatei *.txt:* Mit diesem Dateityp wird eine normale Textdatei erzeugt. Sie kann mit einem üblichen Texteditor bearbeitet werden. Für eine Textdatei sind unter dem Button **OPTIONEN** noch weitere Einstellungen möglich. So kann hier z. B. der auszugebende Zeichensatz, wie ANSI oder Trennzeichen, für eine mehrsprachige Ausgabe eingestellt werden.

Die *XML-Datei *xml:* Der letzte mögliche Dateityp erzeugt ein XML-File, das mit entsprechenden XML-Editoren angesehen und weiter verarbeitet werden kann. Für diesen Dateityp stehen keine weiteren Optionen zur Verfügung.

Für eine Ausgabe der Beschriftungsdateien sollte vor der Ausgabe das richtige Dateiformat gewählt werden. Um Projektdaten, wie Betriebsmittelkennzeichen für Kabel (zum Beispiel für die Beschriftung von Kabelschildern) auszugeben, wäre im Normalfall das

Dateiformat **.txt* das richtige. Da gilt es in der Praxis immer abzuklären, welches Datenformat am besten in nachgelagerten Systemen verarbeitet werden kann.

Bild 6.104 Buttonleiste zum Bearbeiten des eingestellten Schemas

Neben dem Auswahlfeld *Schema* befindet sich die Buttonleiste mit Bearbeitungsfunktionen für die Schemata. Über diese Buttons werden neue Schemata angelegt, bearbeitet, gelöscht etc.

6.7.1.2 Beschriftung als Textausgabe

Bild 6.105 Auswertungstyp auswählen

Über den Button wird ein neues Schema angelegt. EPLAN fragt als Erstes den *Auswertungstyp* ab. Im anschließenden Dialog sollten der Name und die Beschreibung aussagekräftige Bezeichnungen bekommen. Das hat erstens den Vorteil, dass jeder Anwender sofort einen Einblick darüber bekommt, was das Schema bewirken kann bzw. soll. Der andere Vorteil ist, dass dieser Schemaname gleich für den Export des Schemas benutzt werden kann und man sich so später doppelte Arbeit erspart.

Nachdem die Kopfdaten des Schemas angelegt worden sind, kann das Schema mit den erforderlichen Formatelementen gefüllt werden. EPLAN bezeichnet mit Formatelementen die *verfügbaren Eigenschaften* des Projekts, der Seiten und der Betriebsmittel. Formatelemente sind also nichts anderes als *Eigenschaften*. Der Dateityp wird auf **.txt* festgelegt. Nun können dem Schema über die Registerkarten *Kopfbereich*, *Etikett* und *Fußbereich Formatelemente* zugeordnet werden.

Die Registerkarten sind alle ähnlich aufgebaut. Links befindet sich das Feld mit den *verfügbaren Formatelementen* (den eigentlichen Eigenschaften) und im rechten Bereich die Übersicht mit den bisher ausgewählten Formatelementen. Anhand des Buttons werden die Elemente, nachdem sie markiert worden sind, vom linken Feld in das rechte Feld »kopiert«.

> Je nach gewählter Eigenschaft kann sich ein zusätzlicher Dialog öffnen, um eine der Eigenschaften detaillierter auszuwählen.

Entfernen kann man Elemente aus dem rechten Feld wieder, indem in der Buttonleiste benutzt wird. Vorher muss man natürlich das entsprechende Element markieren.

> **HINWEIS:** Nach Klick auf den Button wird das Element sofort entfernt. Es erfolgt keine Sicherheitsabfrage.

Um dem Schema ein Formatelement zuzuordnen, wird auf die Registerkarte *Etikett* gewechselt. EPLAN bietet eine große Anzahl an möglichen Projektdaten (Eigenschaften) an, die für die Beschriftungen ausgewertet werden können.

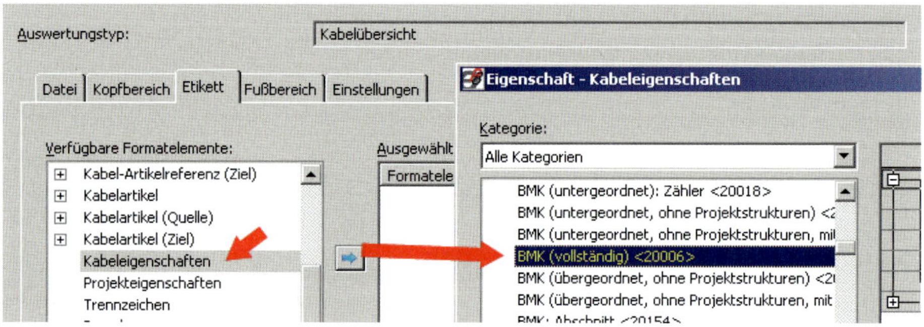

Bild 6.106 Auswahl der gewünschten Eigenschaften

Das Kabel-Betriebsmittelkennzeichen soll in einer Kabelübersicht ausgegeben werden. Das Kabel-Betriebsmittelkennzeichen gehört zur Gruppe der Kabeleigenschaften, da das BMK eine Eigenschaft eines Symbols (Klemme, Kabel etc.) ist. Das Formatelement wird mit der linken Maustaste im linken Feld markiert. Nun wird mit dem Button das Formatelement *Kabeleigenschaft* vom linken Feld (*Verfügbare Formatelemente*) in das rechte Feld (*Ausgewählte Formatelemente*) geschoben.

EPLAN öffnet in dem Zuge den Dialog **EIGENSCHAFT – KABELEIGENSCHAFT**. Hier sind alle verfügbaren Kabeleigenschaften aufgelistet.

Diese Übersicht der Eigenschaften kann man ein wenig begrenzen, indem im Auswahlfeld **Kategorie** eine andere, besser passende gewählt wird, zum Beispiel *Betriebsmittel*. Damit werden alle Eigenschaften ausgeblendet, die mit dieser Kategorie nichts zu tun haben. Das erleichtert die Übersicht enorm.

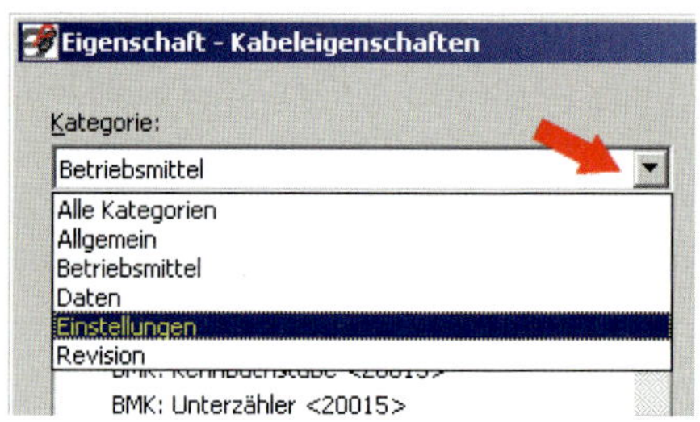

Bild 6.107 Kategorien

Damit nun das Kabel-Betriebsmittelkennzeichen später in der Beschriftungsdatei ausgegeben wird, muss an dieser Stelle die Eigenschaft **<20006 BMK (vollständig)>** aus der Liste gewählt und mit **OK** übernommen werden.

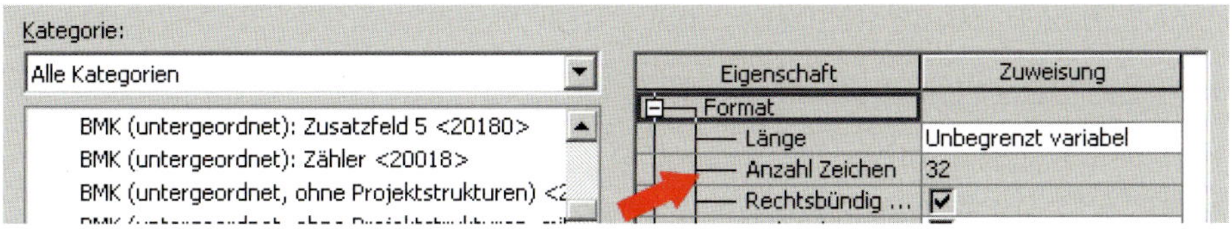

Bild 6.108 Mögliche Zuweisungen für ausgewählte Eigenschaften

Die zusätzlichen Optionen in der rechten Seite des Dialogs sollten je nach Bedarf eingestellt werden. Das erfordert keine weitere Erläuterung. EPLAN schließt nach Übernahme der Eigenschaft den Dialog. Die Eigenschaft **<20006>** befindet sich jetzt mit den entsprechenden Einstellungen (Länge unbegrenzt variabel) im rechten Feld der ausgewählten Formatelemente. Diese Einträge können jederzeit nachbearbeitet werden. Dafür ist immer die Buttonleiste oberhalb des Feldes zu benutzen. Das gilt für alle verfügbaren Registerkarten im Beschriftungsdialog.

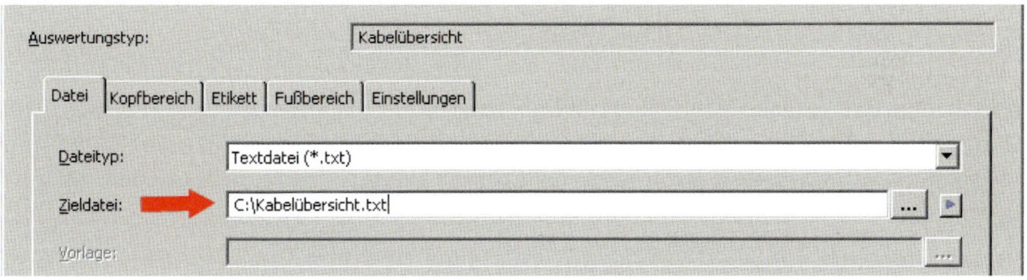

Bild 6.109 Zieldatei festlegen

Jetzt fehlt nur noch der Name der Zieldatei. Damit wären alle Eingaben komplett, und das Schema kann jetzt über dem Button gespeichert werden. Der Einstellungsdialog kann über **OK** verlassen werden. EPLAN kehrt wieder zurück zum Dialog **BESCHRIFTUNGEN**.

Die Beschriftungsdatei kann jetzt erzeugt werden. Es ist nur noch die entsprechende Ausgabeart einzustellen, je nachdem, was gewünscht ist.

Soll die Datei nur exportiert werden, reicht die Einstellung *Exportieren*. Soll die Datei anschließend noch nachbearbeitet werden, sollte die Einstellung *Ausgabeart* auf *Exportieren und Anwendung starten* eingestellt werden.

Das Ergebnis sieht im Beispiel (geöffnet mit einem Texteditor) wie in Bild 6.110 aus.

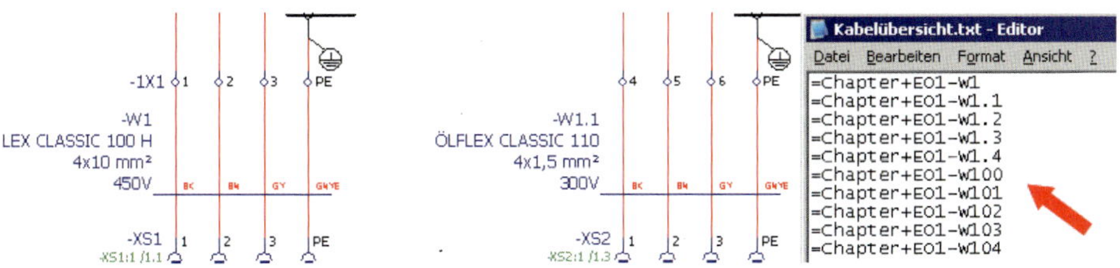

Bild 6.110 Erzeugte Textdatei mit Informationen

6.7.1.3 Beschriftung als Excel-Datei

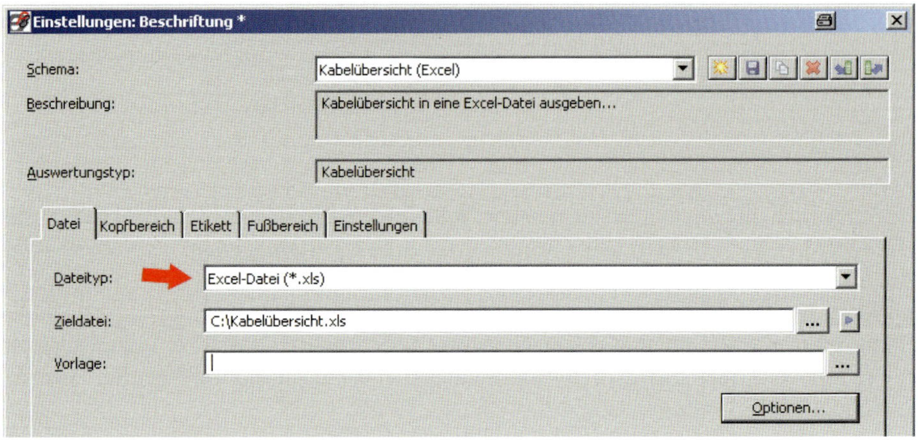

Bild 6.111 Schema für eine Ausgabe in Excel

Neben der Textausgabe ermöglicht EPLAN auch eine Ausgabe im Excel-Format **.xls*. Damit können Grafikausgaben, wenn nötig, in Excel nachgebildet werden. Die Vorgehensweise für die Vorarbeiten ist ähnlich der Ausgabe einer Textdatei. Das heißt, es wird wieder ein Schema erzeugt, dem Formatelemente zugeordnet werden.

Es gilt allerdings, für die Excel-Ausgabe folgenden Punkt zu beachten: Für eine Excel-Ausgabe **kann** eine Vorlage (Template) mit in das Schema eingelagert werden. Diese Vorlage wird vor der Ausgabe der Daten in Excel mit Variablen erstellt und später dem Schema zugeordnet. In diese Variablen schreibt EPLAN später die per Schema vorgegebenen Projektdaten.

Das folgende Beispiel wird aber **ohne** eine Excel-Vorlage erläutert, da eine Excel-Vorlage nicht zwingend nötig ist.

HINWEIS: Eine Excel-Vorlage *kann* man, *muss* man aber nicht benutzen.

Die Daten werden, wie schon bekannt, aus dem Pool der verfügbaren Eigenschaften in das Feld der *Ausgewählten Formatelemente* verschoben.

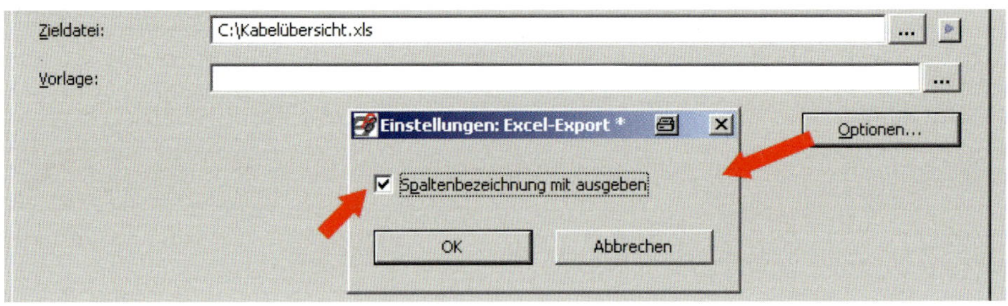

Bild 6.112 Der Button Optionen

Wichtig für eine Ausgabe in Excel ist der Button **OPTIONEN** in der Registerkarte *Datei*. Wird hier die Einstellung *Spaltenbezeichnung mit ausgeben* aktiviert, werden in Excel die Spaltenköpfe mit den Namen der entsprechenden Formatelemente (hier BMK vollständig) bezeichnet.

Sind diese Bedingungen erfüllt, die Daten im Schema richtig hinterlegt und das Schema gespeichert, kann EPLAN die Ausgabe der Projektdaten in das Excel-Format starten. Das geschieht, wie schon bekannt, über den Menüaufruf **DIENSTPROGRAMME/AUSWERTUNGEN/BESCHRIFTUNG**. Es folgt der Dialog **BESCHRIFTUNG AUSGEBEN**. Hier wird das gewünschte Schema gewählt und die entsprechende Ausgabeart eingestellt. Die Ausgabe wird nun mit **OK** gestartet. EPLAN erzeugt die Daten und übergibt sie in das Excel-Format. Wenn man die Excel-Datei öffnet, sieht man, wie in unserem Beispiel, die übergebene Kabelübersicht mit allen Daten, die vorher dem Schema zugeordnet wurden.

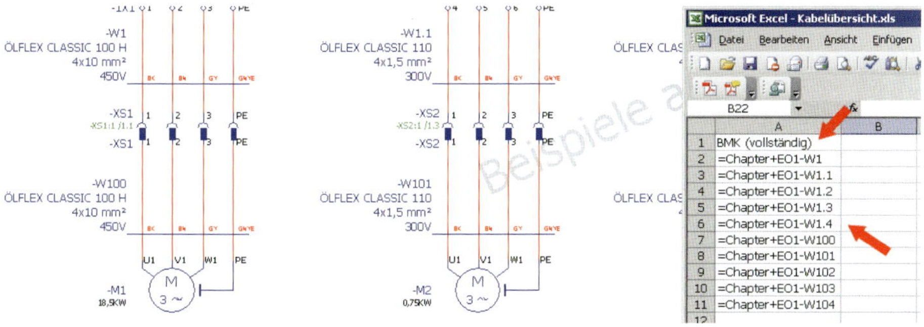

Bild 6.113 Erzeugte Excel-Datei mit den Daten aus EPLAN

■ 6.8 Eigenschaften extern bearbeiten

Bild 6.114 Menü Eigenschaften extern bearbeiten

Neben den Möglichkeiten, Auswertungen in Form grafischer Ausgabeseiten oder Dateien zu erzeugen, hält EPLAN mit der Funktion *Eigenschaften extern bearbeiten* noch ein weiteres mächtiges Werkzeug bereit.

> **HINWEIS:** Einen wichtigen Grundsatz gilt es immer zu beachten: Was extern bearbeitet werden soll, muss vorher in EPLAN markiert (selektiert) werden.

Möchte man Seiteneigenschaften bearbeiten, muss man die gewünschten Seiten selektieren, oder im Seiten-Navigator wird das komplette Projekt (der Projektname) markiert. Damit sind dann ebenfalls alle Seiten markiert. Möchte man auf einer Seite bestimmte Klemmen überarbeiten (Funktionen), dann müssen eben genau diese Klemmen markiert werden.

Ansonsten lässt sich diese Funktion recht einfach beschreiben. Mit ihr können Projektdaten an Excel übergeben, anschließend dort geändert und die geänderten Daten wieder an EPLAN zurückübergeben werden.

> **HINWEIS:** Momentan steht für das externe Bearbeiten nur Excel als Programm zur Verfügung.

Daten, die man in Excel sehr leicht umbenennen, tauschen oder beispielsweise verketten kann, werden anschließend mit den vorhandenen Projektdaten abgeglichen. Damit entfällt ein Nachbearbeiten in EPLAN; also im Grunde eine sehr mächtige Funktion.

Es wird jedoch ausdrücklich darauf hingewiesen, dass es keine UNDO-Funktion nach dem Einlesen mehr gibt. Sind die Daten mit dem Stromlaufplan abgeglichen worden, gibt es keinen Weg mehr zurück. Daher sollten Sie beim Arbeiten mit dieser mächtigen Funktion immer auch etwas Vorsicht walten lassen. Ist man sich nicht sicher, sollte man mit einer Kopie des aktuellen Projekts arbeiten. Darin kann man die Ergebnisse kontrollieren und gegebenenfalls die Einstellungen für die externen Eigenschaften anpassen.

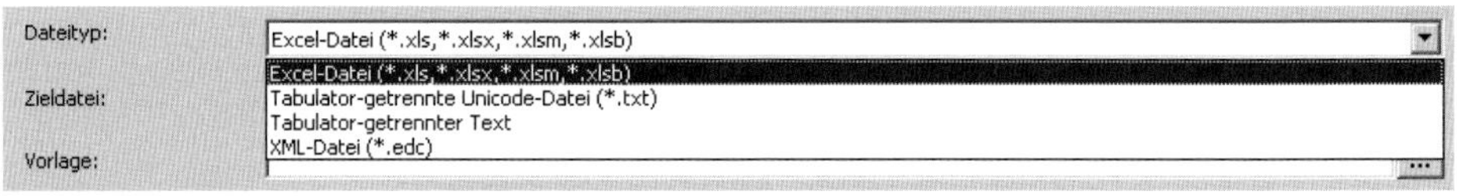

Bild 6.115 Dateitypen für das externe Bearbeiten

Natürlich ist der Weg zu Excel nicht die einzige Möglichkeit. EPLAN bietet eine Reihe weiterer Dateitypen zur Ausgabe an, die im Folgenden aufgezählt werden:

- Excel-Dateiformate (**.xl**)
- Tabulator-getrennte Unicode-Datei (**.txt*)
- Tabulator-getrennter Text
- XML-Datei (**.edc*)

Die Beispiele in den folgenden Abschnitten sind aber auf die Ausgabe in Excel beschränkt. Im Weiteren werden beispielhaft anhand des Exports von Seitendaten die Erstellung eines Schemas sowie der Export nach Excel und der Import zurück nach EPLAN beschrieben.

Die weiteren Möglichkeiten des Exports von Funktionen bzw. von Verbindungen sind von der Vorgehensweise her identisch. Sie unterscheiden sich in der Regel nur in den Daten bzw. den Eigenschaftswerten.

6.8.1 Daten exportieren

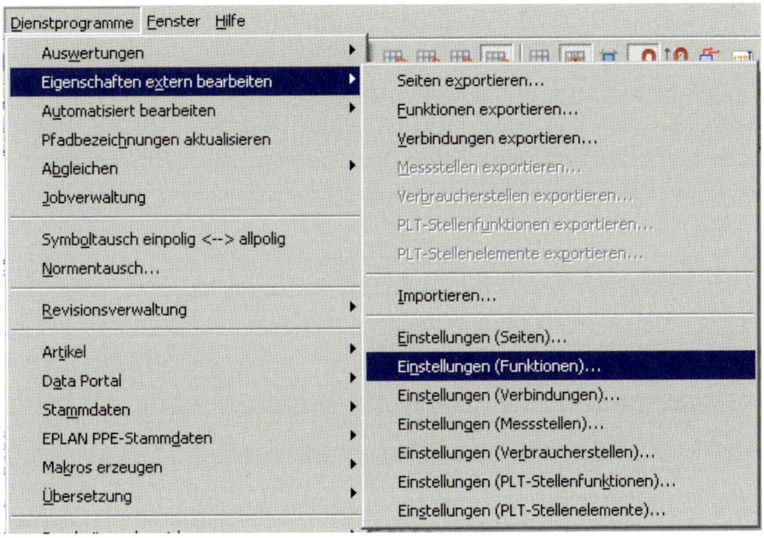

Bild 6.116 Einstellungen für das externe Bearbeiten

Bevor die Daten von EPLAN nach Excel übergeben werden können, sind einige Voraussetzungen zu erfüllen. Diese erfolgen in den Einstellungen unter **EIGENSCHAFTEN EXTERN BEARBEITEN/EINSTELLUNGEN** (Seiten, Funktionen, Verbindungen).

EPLAN bietet mehrere Möglichkeiten an, Projektdaten nach Excel zu übergeben. Es handelt sich um folgende Projektdaten (Auszug):

Seiten: Betrifft alle Daten rund um die Seiten, zum Beispiel die Seitenbenennung, die Seitenzusatzfelder oder weitere Eigenschaften, die einer Seite zugeordnet sind, wie zum Beispiel ein Formular

Funktionen: Funktionen sind Betriebsmittelkennzeichen, Kabelbemerkungen, Anschlussbezeichnungen, also alles, was mit den Geräten, den Symbolen oder den dazugehörigen Artikeln zu tun hat. Natürlich ist der Umfang der möglichen Daten noch größer, aber als Beispiel sollten die Hinweise reichen.

Verbindungen: Alle Daten, die Verbindungen betreffen

> **HINWEIS:** Grundsätzlich sind die meisten Eigenschaften zum Export geeignet. Aber nicht alle Eigenschaften können auch extern editiert werden. Das sollte man beachten.

Dies hängt damit zusammen, dass EPLAN einige wichtige Informationen braucht, um die geänderten Daten später an die richtige Stelle im Stromlaufplan zurückzuschreiben. Entzieht man EPLAN an dieser Stelle die Grundlage seiner Datenbasis, weiß EPLAN nicht, wohin mit den Daten, und erzeugt eventuell falsche Daten.

Um diesem Problem aus dem Weg zu gehen, sind einige Eigenschaften zum Editieren gesperrt. Man kann diese Daten zwar extern verändern, aber EPLAN ignoriert die Änderungen beim anschließenden Zurücklesen der Datentabellen.

6.8.1.1 Einstellungen – Beispiel Seiten

EPLAN ermöglicht eine große Anzahl von Daten für die Seiten und deren Beschreibungen. Einen großen Teil kann man komfortabel im Seiten-Navigator (Seitenübersicht) editieren. Noch leichter geht es, wenn man sich für die Seiten und deren Eigenschaften einen Export nach Excel erstellt. Damit kann man viele Excel-Funktionen nutzen, die es in EPLAN entweder nicht gibt oder die nur sehr schwer umzusetzen sind. Um diese Möglichkeit zu nutzen, muss man in EPLAN ein Schema mit den dazugehörigen Eigenschaften erstellen. Weiterhin ist eine Excel-Vorlage von Vorteil, aber nicht unbedingt nötig.

Ohne eine Excel-Vorlage bekommt man zum Beispiel ein Ergebnis wie es in Bild 6.117 zu sehen ist.

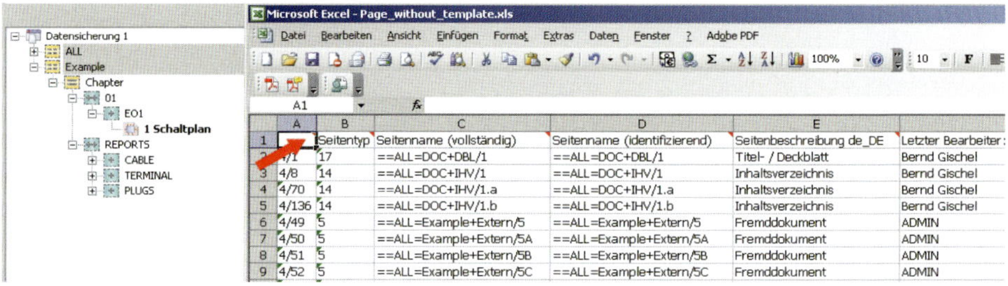

Bild 6.117 Exportierte Daten ohne Excel-Vorlage

Das Problem an dieser Darstellung ist, dass hier alle Zellen gleich aussehen und auch editiert werden können. Aber, wie eben schon erwähnt, es werden nicht alle editierten Werte in EPLAN wieder importiert. Damit nun nicht auf Fehler im Programm verwiesen wird, sondern da es sich hier nur um einen Bedienungsfehler handelt, sollte besser eine formatierte Excel-Vorlage genutzt werden. Eine formatierte Excel-Vorlage schafft den Überblick, welche Eigenschaften geändert und welche aus Programmgründen nicht in EPLAN an die neuen Werte angepasst werden können.

Ein Beispiel einer formatierten Excel-Vorlage kann beispielsweise wie in Bild 6.118 aussehen.

Um eine Excel-Vorlage zu erstellen, ist es das Einfachste, eine fertige mitgelieferte Vorlage aus den EPLAN-Stammdaten zu nehmen und diese anzupassen. Dabei werden die üblichen Excel-Bearbeitungsfunktionen eingesetzt bzw. benutzt.

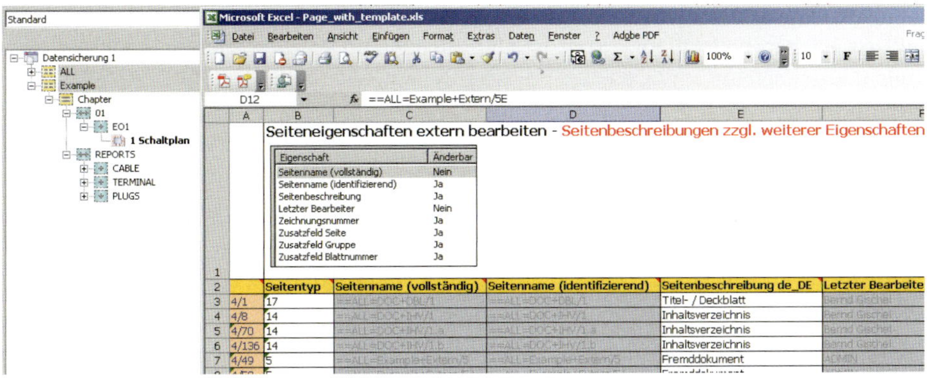

Bild 6.118 Exportierte Daten mit Excel-Vorlage

Wichtig für die Vorlage sind folgende Punkte: Es gibt einen *Kopfbereich* und einen *Datenbereich*. Der Kopfbereich wird mit dem Kennzeichen **#H#** markiert, der Datenbereich mit dem Kennzeichen **###**. Die Anzahl der übergebenen Eigenschaften aus EPLAN spielt in diesen Vorlagen keine Rolle. Die restliche Gestaltung der Vorlage ist beliebig.

Damit EPLAN bzw. Excel die unterschiedlichen Bereiche (welche Eigenschaften sind editierbar, welche nicht etc.) markieren kann, gibt es ein zweites Tabellenblatt *Format* in der Excel-Vorlage.

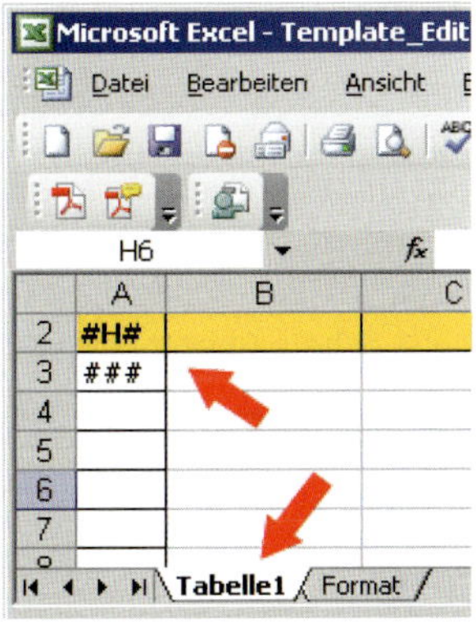

Bild 6.119 Tabellenblatt Tabelle 1

In diesem Tabellenblatt gibt es mehrere Einträge. Diese Einträge sollten nicht gelöscht oder textlich geändert werden. Das Format der Zelle (Hintergrundfarbe, Texttyp oder Textgröße etc.) kann aber beliebig abgeändert werden. Das Ändern der Zellenformate wirkt sich später auf die Optik der Datentabelle aus.

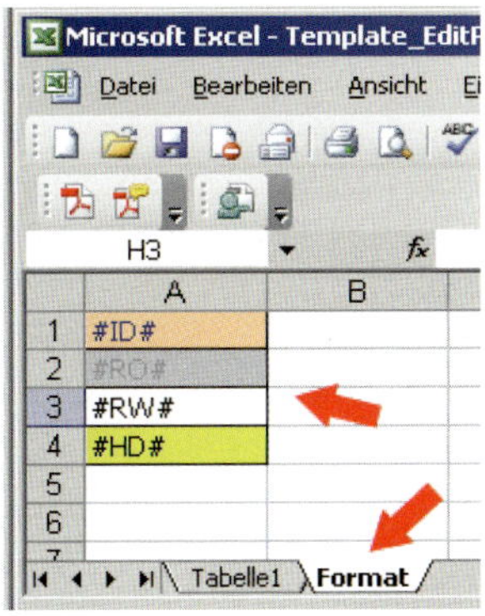

Bild 6.120 Tabellenblatt Format

Der Vollständigkeit halber sei hier erwähnt, was diese Einträge bedeuten.

- **#H#**: Kopfbereich (Überschriften)
- **#HD#**: automatisch hinzugefügte Kopfdaten
- **#F#**: Fußbereich
- **###**: Datenbereich
- **#ID#**: Identifikator für die Eigenschaft
- **#RO#**: Eigenschaft besitzt das Format »Nur lesen« (read only) und kann nicht geändert werden, bzw. EPLAN ignoriert diese Werte beim Zurücklesen

- **#RW#**: Eigenschaft besitzt das Format »Lesen und schreiben« (read write), und diese Werte können beliebig angepasst werden. Unlogische Werte werden von EPLAN aber nicht übernommen.

Damit ist die Excel-Vorlage erstellt. Sie wird nun gespeichert und in einem beliebigen Verzeichnis abgelegt. Ideal wäre das EPLAN-Verzeichnis **Vorlagen**. Was jetzt noch fehlt, ist das Schema unter EPLAN, um die Eigenschaften nach Excel übergeben zu können.

Dafür wird über das Menü DIENSTPROGRAMME/EIGENSCHAFTEN EXTERN BEARBEITEN/EINSTELLUNGEN (SEITEN) der Dialog EINSTELLUNGEN/EXTERNE BEARBEITUNG geöffnet.

Bild 121 Neues Schema erstellen

Um ein neues Schema anzulegen, klicken Sie den Button an. Nun öffnet sich der Dialog NEUES SCHEMA. Hier vergeben Sie einen aussagekräftigen Namen und eine Beschreibung für das Schema und übernehmen diese Einstellungen anschließend mit **OK**. Das neue Schema kann jetzt mit den gewünschten Einträgen gefüllt werden.

Einstellungen für die Übergabe von Daten nach Excel

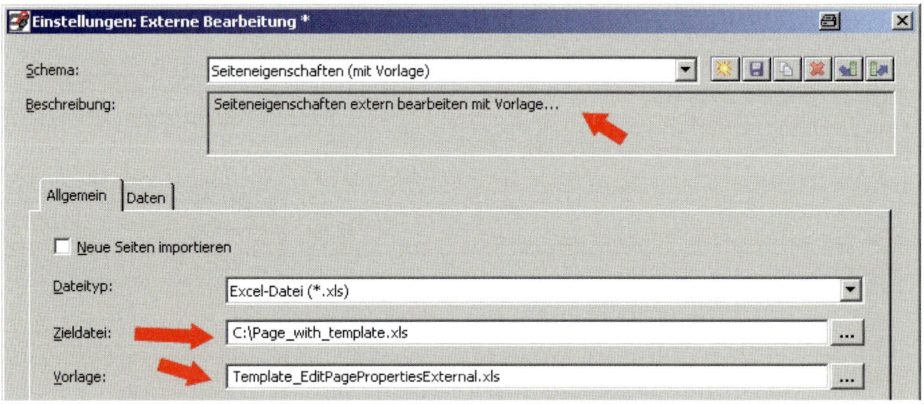

Bild 6.122 Einstellungen auf der Registerkarte Allgemein

Im Auswahlfeld *Dateityp* wird der Eintrag Excel-Datei (*.xls*) ausgewählt. Der Eintrag im Feld *Zieldatei* ist beliebig. Wichtig ist das Feld *Vorlage*. Hier sollte die eben erstellte Excel-Vorlage für das Schema ausgewählt werden. Das waren die Einträge in der Registerkarte *Allgemein*.

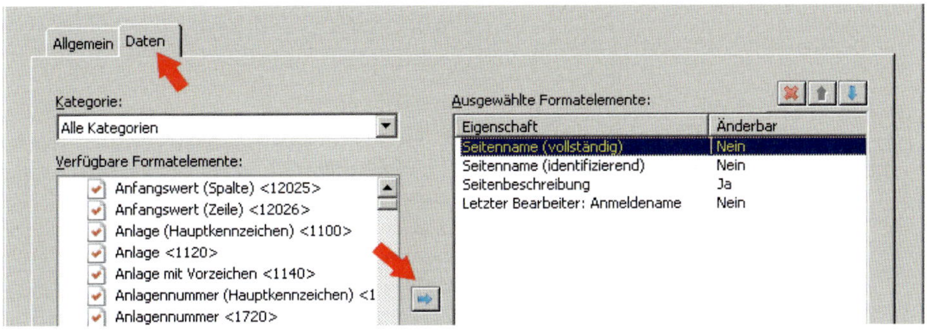

Bild 6.123 Einstellungen auf der Registerkarte Daten

Um die Eigenschaften nach Excel übergeben zu können, müssen jetzt in der Registerkarte *Daten* die Eigenschaften ausgewählt werden. Wie die Auswahl funktioniert, wurde schon bei der Erläuterung der Beschriftungsdaten beschrieben, da sich die Vorgehensweise gleicht. Im Beispiel wurde, wie in Bild 6.123 zu sehen, eine Reihe von Eigenschaften in das Feld *Ausgewählte Formatelemente* hinzugefügt.

Damit wären alle nötigen Arbeitsschritte erledigt. Das Schema wird nun gespeichert, und der Dialog kann mit **OK** bestätigt werden.

6.8.1.2 Daten exportieren – Beispiel Seiten

Damit man mit dem neuen Schema die Seiteneigenschaften eines Projekts exportieren kann, um sie anschließend extern bearbeiten zu können, wird der **Seiten-Navigator** aufgerufen und das gewünschte Projekt mit der linken Maustaste markiert, oder die entsprechenden Seiten werden einzeln im Seiten-Navigator markiert.

HINWEIS: Werden oder sind keine Seiten markiert, lässt sich die Funktion EIGENSCHAFTEN EXTERN BEARBEITEN/SEITEN EXPORTIEREN nicht ausführen.

Anschließend wird über das Menü **DIENSTPROGRAMME/EIGENSCHAFTEN EXTERN BEARBEITEN/SEITEN EXPORTIEREN** der Dialog **SEITEN EXTERN BEARBEITEN** aufgerufen. Im Auswahlfeld **Schema** müssen Sie das benötigte *Schema* auswählen und übernehmen. Im Auswahlfeld **Sprache** wählen Sie die gewünschte Option, entweder eine einzelne Sprache oder alle im Projekt eingestellten Projektsprachen.

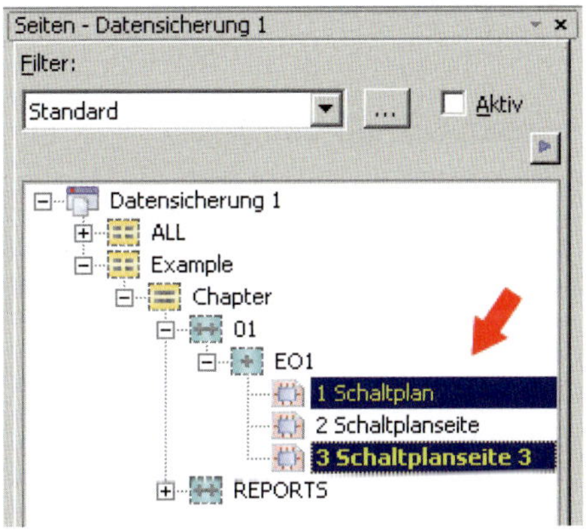

Bild 6.124 Markierte Seiten

Bild 6.125 Einstellungen für den Export

Der wichtigste Punkt zur Ausgabe der Daten sind die Optionen zur **Ausgabeart**. Die Ausgabeart *Exportieren* erzeugt die Daten und erstellt nur die Ausgabedatei. Die Option *Exportieren und Anwendung starten* erzeugt die Ausgabedatei, öffnet aber nach der Übergabe die Anwendung (hier Excel), und man kann die Ausgabedatei dann bearbeiten und speichern. Dabei werden noch keine Daten in EPLAN aktualisiert. Die gespeicherte Ausgabedatei kann zu einem späteren Zeitpunkt über Dienstprogramme **EIGENSCHAFTEN EXTERN BEARBEITEN/IMPORTIEREN** in das EPLAN-Projekt wieder eingelesen werden. Diese Option ist interessant, wenn die Daten weiter bearbeitet werden sollen, beispielsweise beim Kunden.

Die letzte Option *In externer Anwendung bearbeiten und zurücklesen* beinhaltet eine Übergabe der Daten aus EPLAN nach Excel. Dort können sie nun bearbeitet werden. Nach der Bearbeitung wird die Datei gespeichert, und Excel kann beendet werden. Es folgt eine Sicherheitsabfrage, ob die Daten wirklich importiert werden sollen. Wird der Dialog mit **JA** bestätigt, gleicht EPLAN die Daten aus der Excel-Datei mit den Daten im Projekt ab.

Um nun also die Daten zu exportieren, zu ändern und anschließend mit dem EPLAN-Projekt abzugleichen, sollte man die letzte Ausgabeart wählen. Die Zieldatei (wohin die Daten geschrieben werden) wird aus dem Schema heraus vorgegeben.

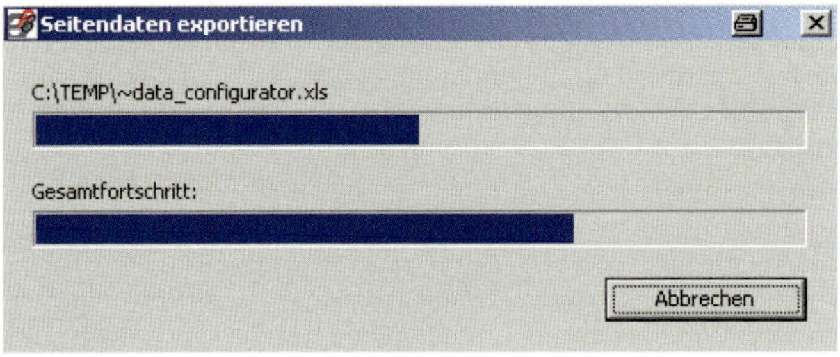

Bild 6.126 EPLAN exportiert die Daten

Mit dem Button **OK** wird die Ausgabe der Daten erzeugt, und Excel startet anschließend. Die eingelesenen Daten können nun bearbeitet oder geändert werden.

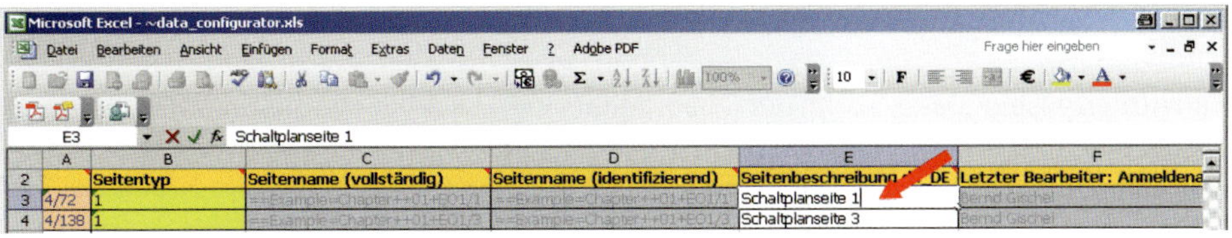

Bild 6.127 Daten in Excel bearbeiten

Nach Abschluss aller Änderungen speichern Sie die Excel-Datei einmal (einmal den Button anklicken oder mit **STRG + S**), und Excel kann geschlossen werden.

Bild 6.128 Abfrage zum Datenimport

Es folgt eine Sicherheitsabfrage, ob die geänderten Daten auch wirklich importiert werden sollen. Diese Abfrage wird mit **JA** bestätigt, und alle geänderten Daten werden jetzt in das Projekt zurückgeschrieben und sind nun dort vorhanden.

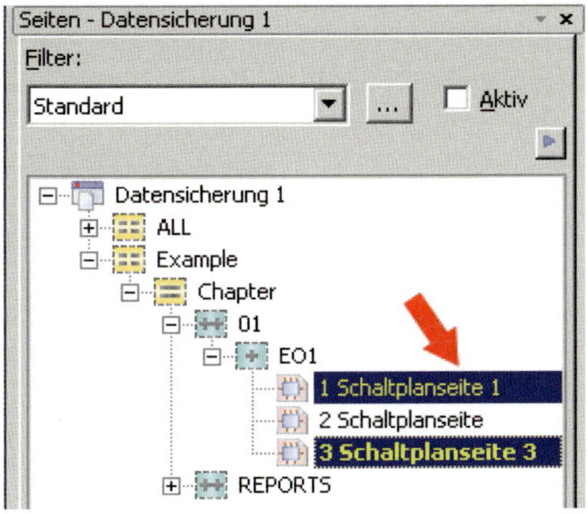

Bild 6.129 Geänderte Seitenbeschreibung

> **HINWEIS:** Es ist nicht möglich, diesen Arbeitsschritt (Importieren von geänderten Daten) rückgängig zu machen.

6.8.2 Importieren

Es wurden bisher Daten exportiert, bearbeitet und anschließend in das EPLAN-Projekt zurückgeschrieben. Es kann aber auch der Fall auftreten, dass ein sofortiges Zurückschreiben der geänderten Daten nicht erwünscht ist.

Für diesen Fall sollte man im Dialog **SEITEN EXTERN BEARBEITEN** die Ausgabeart auf *Exportieren* oder *Exportieren und Anwendung starten* einstellen. Damit werden die Daten nur nach Excel übergeben und entweder sofort in der Zieldatei gespeichert oder herausgeschrieben, und können anschließend in der Anwendung weiterbearbeitet und gespeichert werden.

Die Projektbearbeitung kann für die eben genannten Fälle auch beendet werden. Die exportierten Daten sind nun beliebig bearbeitbar und können zu einem späteren Zeitpunkt in das Projekt wieder eingelesen werden.

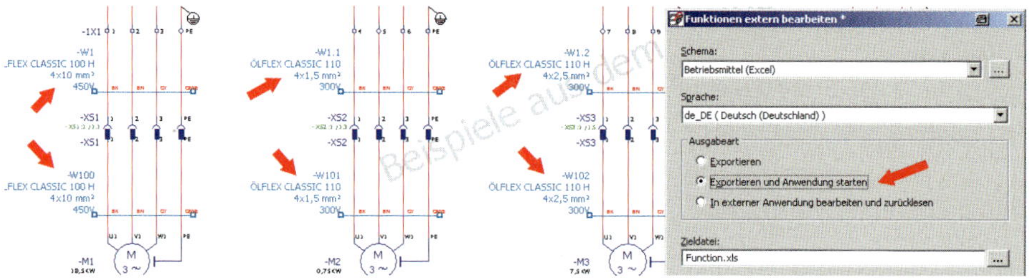

Bild 6.130 Für den Export markierte Datensätze (hier Kabel)

Ein Beispiel soll dies verdeutlichen: Im Folgenden sollen Kabelfunktionstexte nachbearbeitet bzw. überhaupt erst eingetragen werden. Dafür werden entweder über den Kabel-Navigator alle Kabel markiert (indem das Projekt markiert wird), oder es werden nur die benötigten Kabel auf einer Seite markiert. Nun werden die Funktionen mithilfe eines Schemas, das die gewünschten, zu ändernden Eigenschaften enthält, exportiert und anschließend in einer Excel-Datei gespeichert. Diese Datei kann nun auch von einem Mitarbeiter, der beispielsweise gar kein EPLAN-Programm installiert hat, bearbeitet werden.

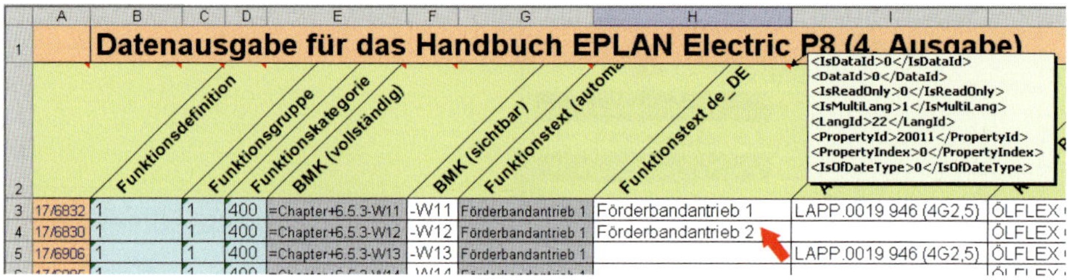

Bild 6.131 Bearbeitung einer externen Datei

Die Kabelfunktionstexte können nun in die Excel-Datei eingetragen oder überarbeitet werden, und die gespeicherte Excel-Datei kann nach der Bearbeitung wieder in EPLAN eingelesen (importiert) werden.

Bild 6.132 Gespeicherte Datei auswählen

Dazu wird über das Menü **DIENSTPROGRAMME/EIGENSCHAFTEN EXTERN BEARBEITEN/IMPORTIEREN** die Excel-Datei, die eingelesen werden soll, ausgewählt. Es folgt der Dialog **ÖFFNEN**. Hier wählen Sie die gewünschte Datei mit den bekannten Windows-Funktionen aus und öffnen die Datei mit dem Button **ÖFFNEN**. EPLAN liest jetzt **sofort und ohne weitere Rückfragen** die Datei ein und schreibt die geänderten Daten in das Projekt zurück. Damit ist der Import beendet.

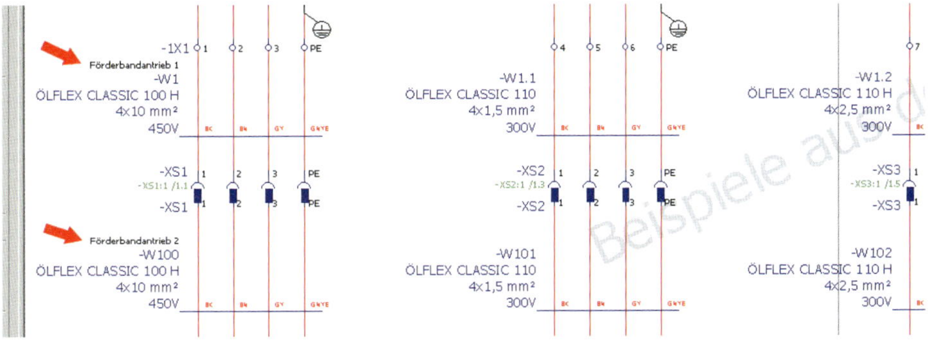

Bild 6.133 Extern geänderte Daten nach dem Import

> **HINWEIS:** Es gibt an dieser Stelle keinerlei Sicherheitsabfragen mehr. EPLAN importiert diese Daten sofort nach dem Öffnen der Datei in das Projekt. Es gibt keine UNDO-Funktionalität an dieser Stelle.

7 Verwaltungsaufgaben in EPLAN

Viele und vor allem unterschiedliche Daten müssen in EPLAN auch verwaltet werden. Dazu gibt es in EPLAN Funktionen, die diese, teilweise, unterschiedlichen Aufgaben bewältigen können. Auf einige dieser Funktionen wird in diesem Kapitel eingegangen.

Verwaltet werden in EPLAN nicht nur alle Arten von Strukturkennzeichen, sondern auch Projektmeldungen, die online während der Projektbearbeitung bzw. offline durch eventuelle Prüfläufe entstehen. Aber auch Artikeldaten oder die verschiedenen Ebenen (Layer) eines Projektes müssen organisiert bzw. verwaltet werden. Daher der Oberbegriff Verwaltung.

7.1 Strukturkennzeichen-Verwaltung

Sobald ein Projekt eine andere Seitenstruktur als **Gesamtnummerierung** bekommt, werden voraussichtlich die verschiedensten Strukturkennzeichen im Projekt irgendwann einmal benutzt werden.

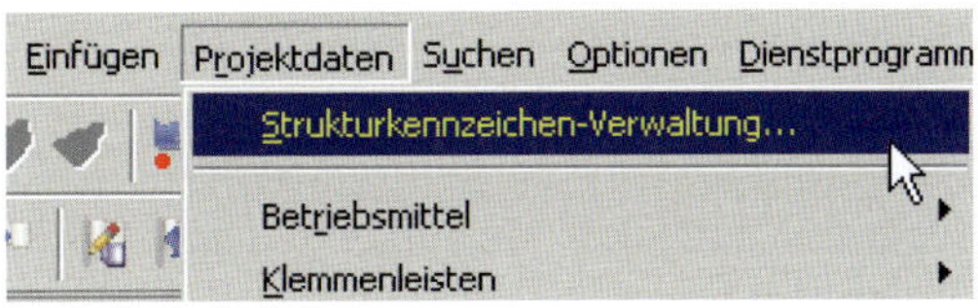

Bild 7.1 Die Strukturkennzeichen-Verwaltung

> Jedem möglichen Kennzeichnungsblock in einem Projekt wird ein bestimmtes Kennzeichen zugeordnet, das aus einer Zeichenfolge von Buchstaben und oder Ziffern bestehen kann. Diese Kennzeichen nennt man Strukturkennzeichen.

Die Strukturkennzeichen-Verwaltung wird über den Menüpunkt **PROJEKTDATEN STRUKTURKENNZEICHEN-VERWALTUNG** aufgerufen. EPLAN öffnet danach den Dialog **KENNZEICHEN – [PROJEKTNAME]**.

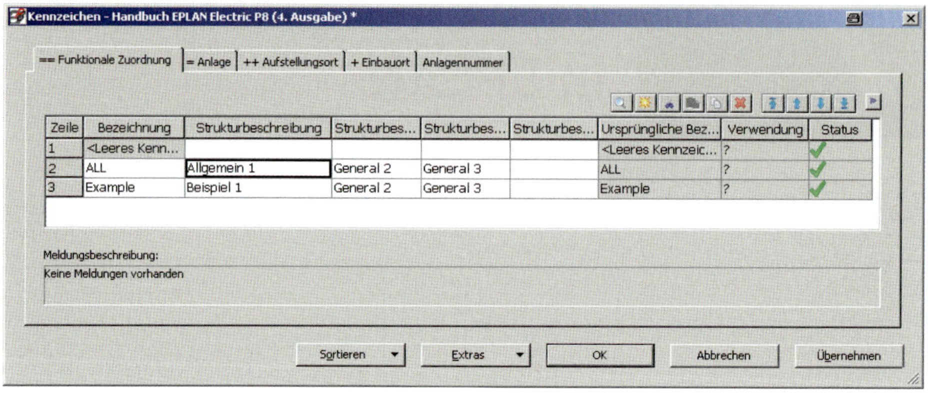

Bild 7.2 Die Schaltzentrale der Strukturkennzeichen-Verwaltung

Die möglichen Strukturkennzeichen eines Projektes, wie **Anlage**, **Aufstellungsort** oder auch der **Einbauort** werden in EPLAN gemeinsam verwaltet. Die Reihenfolge dieser Strukturkennzeichen und die Reihenfolge der Seiten im Projekt stehen im engen Zusammenhang. So wie die Strukturkennzeichen einsortiert werden, so wird auch erst einmal die Seitenstruktur im Seiten-Navigator sortiert.

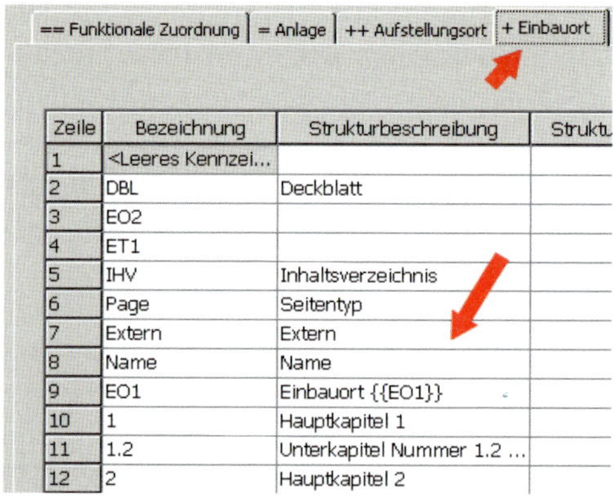

Bild 7.3 Reihenfolge des Einbauortes

In der Strukturkennzeichen-Verwaltung sind mehrere Einbauorte eingetragen (nicht alle Einbauorte müssen schon in der Seitenstruktur benutzt worden sein).

Damit wird die Seitenstruktur im Seiten-Navigator nun nach der Vorgabe in der Strukturkennzeichen-Verwaltung sortiert (Bild 7.4).

Soll jetzt zum Beispiel der Einbauort ++EO1 nach dem Einbauort ++8.6.1 in die Seitenstruktur einsortiert werden, wird diese Reihenfolge in der Strukturkennzeichen-Verwaltung geändert.

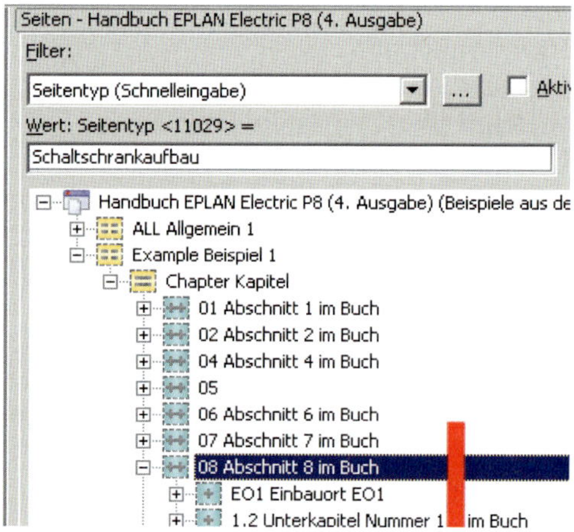

Bild 7.4 Reihenfolge im Seiten-Navigator

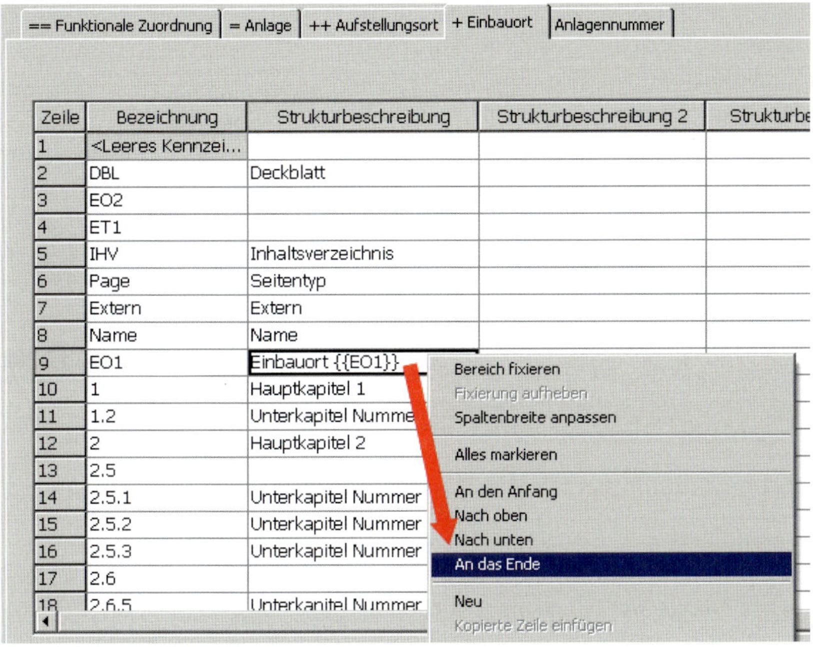

Bild 7.5 Reihenfolge der Strukturkennzeichen verändern

Das geschieht beispielsweise, indem die Zeile markiert und mit der rechten Maustaste anschließend das Kontextmenü aufgerufen wird. Hier stehen Funktionen wie **AN DEN ANFANG** (wird dorthin verschoben) oder **NACH UNTEN** (wird um eine Zeile verschoben) und viele weitere zur Verfügung.

Nach einer Neusortierung und Klick auf den Button **OK** im unteren Bereich des Dialogs fragt EPLAN, ob die Änderungen übernommen werden sollen.

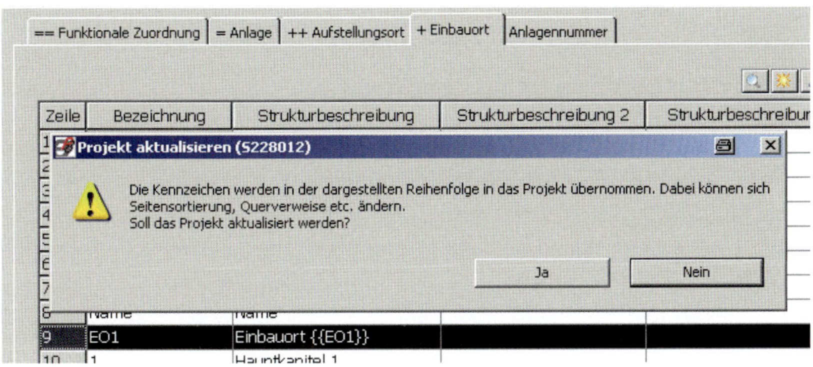

Bild 7.6 Abfrage zur Änderungsübernahme der Projektdaten

Anschließend wird die Änderung übernommen und die Seitenstruktur im Seiten-Navigator angepasst.

Aber das ist nur eine von vielen Funktionen in der Strukturkennzeichen-Verwaltung. Es ist auch u.a. auch möglich, Strukturkennzeichen zum Beispiel aus einer Excel-Tabelle in die Strukturkennzeichen-Verwaltung zu kopieren. Damit könnte man sich das zeitaufwendige Eintragen unter EPLAN ersparen.

Zu jedem Strukturkennzeichen lässt sich eine ausführliche Beschreibung eingeben. Das hat zur Folge, dass die Auswertung bzw. grafische Erzeugung von Strukturkennzeichenübersichten mit eben diesen Informationen sinnvoll gefüllt werden können und diverse Handeinträge entfallen. Solche grafischen Ausgaben und deren Informationen sind natürlich abhängig davon, wie die Formulare aufgebaut sind.

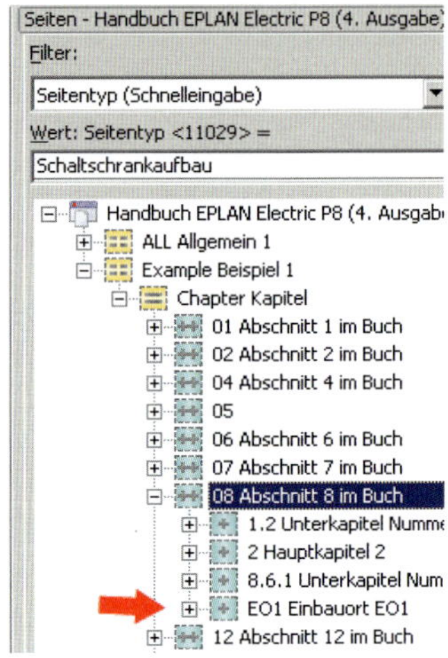

Bild 7.7
Geänderte Reihenfolge

7.1.1 Registerkarten in der Strukturkennzeichen-Verwaltung

Die vorhandenen Registerkarten entsprechen der eingetragenen Seitenstruktur, die beim Anlegen des Projektes gewählt wurde.

HINWEIS: Die Registerkarten gleichen sich vom Aufbau und von der Bedienweise. Daher wird nur auf eine Registerkarte und deren Funktionen eingegangen.

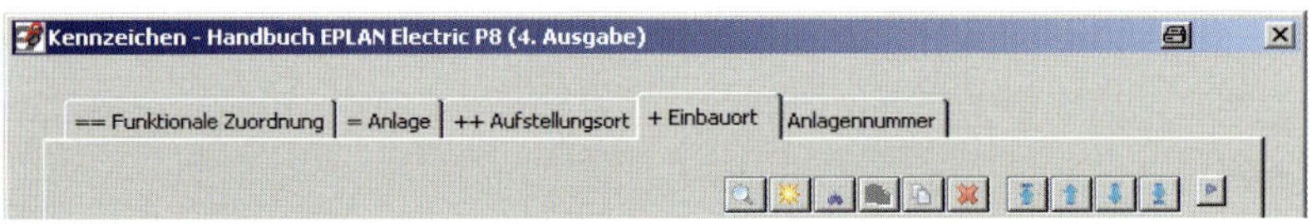

Bild 7.8 Registerkarten in der Strukturkennzeichen-Verwaltung

EPLAN kann in einem Projekt bis zu sieben Strukturkennzeichen, so genannte Kennzeichnungsblöcke, verwalten. Folgende Strukturkennzeichen sind möglich:

Mögliche Strukturkennzeichen in EPLAN

- **Funktionale Zuordnung:** Ist dem Kennzeichenblock **Anlage** übergeordnet. Folgende Vorzeichen sind für die funktionale Zuordnung in EPLAN möglich: »==«, »#« oder »≠«
- **Anlage:** Der Kennzeichnungsblock **Anlage** wird beispielsweise für das Kennzeichnen von Anlagenteilen genutzt. Mögliches Vorzeichen in EPLAN ist das »=«.
- **Aufstellungsort:** Das Kennzeichen **Aufstellungsort** beschreibt den räumlichen Ort von Betriebsmitteln oder Anlagenteilen. Als Kennzeichen wird in EPLAN das »++« genutzt.
- **Einbauort:** Der Einbauort beschreibt den Ort des Einbaus von Betriebsmitteln. Zum Beispiel würden Taster den Einbauort des Steuerpultes bekommen. Als Vorzeichen ist das »+« in EPLAN zulässig.

- **Anlagennummer:** Die Anlagennummer ist eine weitere Strukturierung von Betriebsmitteln und wird zum Beispiel für Fluid-Betriebsmittel genutzt. Das Vorzeichen ist im Normalfall beliebig wählbar, sollte aber mit den anderen Kennzeichnungsblöcken abgestimmt werden.
- **Dokumentenart:** Die Dokumentenart ist ein Kennzeichnungsblock für das so genannte KKS (Kraftwerkkennzeichnungssystem). In EPLAN ist das Vorzeichen »&« möglich. Aber auch ein Leerzeichen könnte verwendet werden.
- **Benutzerdefiniert:** Dieser Kennzeichnungsblock ist frei wählbar. Es sind alle Zeichen als Vorzeichen nutzbar. Das verwendete Vorzeichen sollte natürlich nicht mit schon vorhandenen Vorzeichen kollidieren.

Für jeden **Kennzeichnungsblock** sind beliebig viele Kennzeicheneinträge möglich. Neue Kennzeichen werden (oder können – je nach Einstellung) während der grafischen Bearbeitung am Ende oder alphabetisch (je nach Einstellung) in die Strukturkennzeichen-Verwaltung einsortiert.

Die Sortierung, die während der Bearbeitung genutzt wird, ist eine benutzerbezogene Einstellung. Die Einstellung ist unter **OPTIONEN/EINSTELLUNGEN/BENUTZER/DARSTELLUNG/KENNZEICHEN** erreichbar.

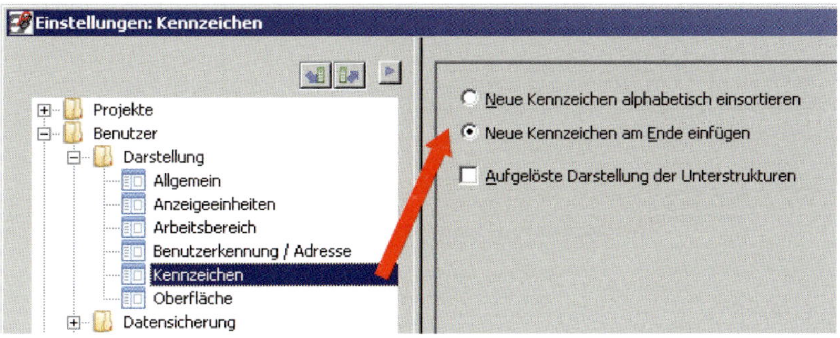

Bild 7.9 Einstellungen für Kennzeichen positionieren

Um für diese automatisch neu einsortierten Kennzeichen **Beschreibungen** zu vergeben, muss später die Strukturkennzeichen-Verwaltung gestartet werden, und die Beschreibungen können dann nachträglich eingegeben werden.

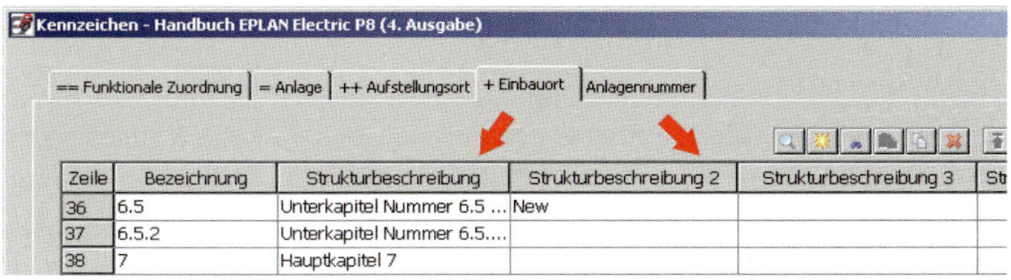

Bild 7.10 Eingabe von Strukturbeschreibungen

EPLAN bietet die Möglichkeit, mehrere Strukturbeschreibungen pro Kennzeichen zu verwalten. Das können die Strukturbeschreibungen 1 bis 3 bzw. die Strukturbeschreibungen Zusatzfeld 1 bis 10 sein. Diese werden aktiv geschaltet, indem über die rechte Maustaste das Kontextmenü aufgerufen und hier der Eintrag **SPALTEN KONFIGURIEREN (ALLE REGISTERKARTEN)** ausgewählt wird. EPLAN startet anschließend den Dialog **SPALTEN KONFIGURIEREN**. Hier können die entsprechenden Eigenschaften zur Anzeige aktiviert oder deaktiviert werden.

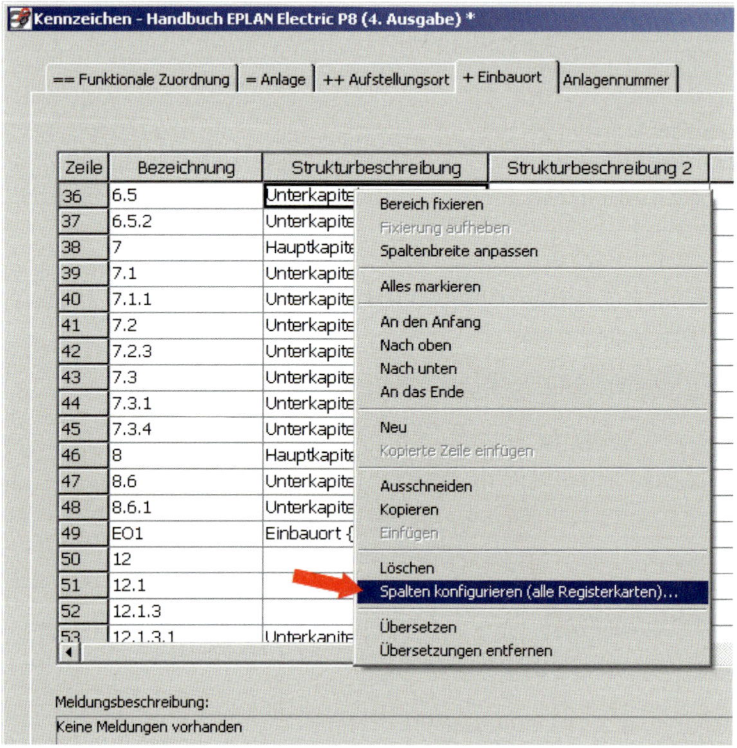

Bild 7.11 Dialog Kennzeichen/Spalten konfigurieren

7.1.2 Grafische Buttons

Nicht immer ist es möglich, während der Projektbearbeitung nur gewünschte Kennzeichen in die Kennzeichenstruktur einfließen zu lassen. Vielfältige Kopier- und Makroaktionen erzeugen meistens ungewollte Einträge in der Strukturkennzeichen-Verwaltung.

EPLAN bietet u. a. für diese Fälle ein komfortables Nachbearbeiten der Strukturkennzeichen mithilfe von Funktionen, wie Verschieben oder Löschen von Kennzeichen, anhand der grafischen Buttonleiste  an. Diese Funktionen (und einige mehr) sind auch über das Kontextmenü der rechten Maustaste erreichbar. Die grafischen Buttons besitzen folgende Funktionen:

	Öffnet den Dialog **ERSETZEN**. Ermöglicht dem Anwender, umfangreiche Suchen- und Ersetzen-Aktionen durchzuführen. Damit bleibt das manuelle Abändern von Kennzeichen im Normalfall aus.
	Fügt eine neue Zeile vor der letzten markierten Zeile ein
	Schneidet die markierte Zelle (oder Zellen) aus und ermöglicht das Einfügen dieser markierten Zelle (oder Zellen) an einer anderen Stelle im Dialog **KENNZEICHEN**
	Die Funktion **EINFÜGEN** fügt kopierte (oder ausgeschnittene) Zeilen wieder ein.
	Kopiert markierte Zeilen in die Zwischenablage
	Löscht markierte Zeilen
	Verschiebt die markierte Zeile an den Anfang
	Verschiebt die markierte Zeile um eine Position nach oben
	Verschiebt die markierte Zeile um eine Position nach unten
	Verschiebt die markierte Zeile an das Ende

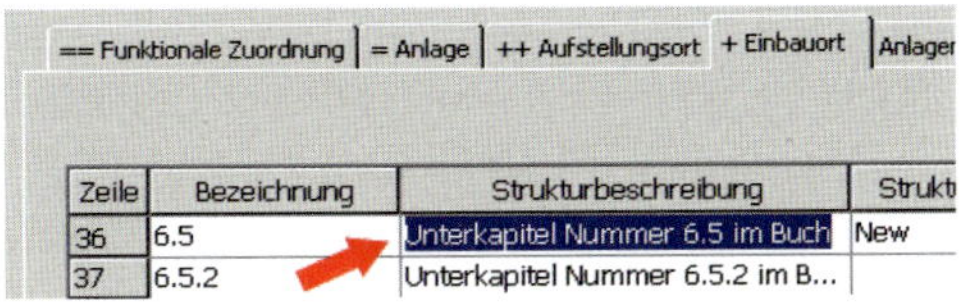

Bild 7.12 Direktes Bearbeiten mit F2

Um ein Kennzeichen zu bearbeiten, wird in das entsprechende Feld geklickt und der Eintrag kann nun bearbeite werden. Alternativ kann auch die Taste **F2** zum Bearbeiten der Einträge gedrückt werden. Beide Möglichkeiten erzeugen unterschiedliche Kontextmenüs der rechten Maustaste. Es können aber in beiden Kontextmenüs ähnliche Funktionen wie das **KOPIEREN**, **ENTFERNEN** oder **ÜBERSETZEN** genutzt werden.

Einfache Markierung

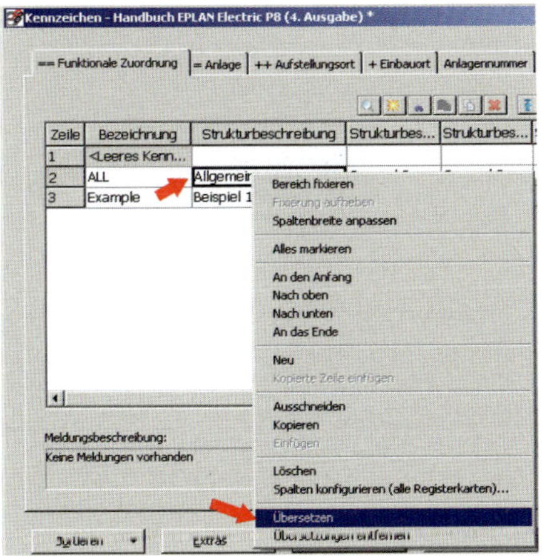

Bild 7.13 Zeile markiert

Direktmarkierung

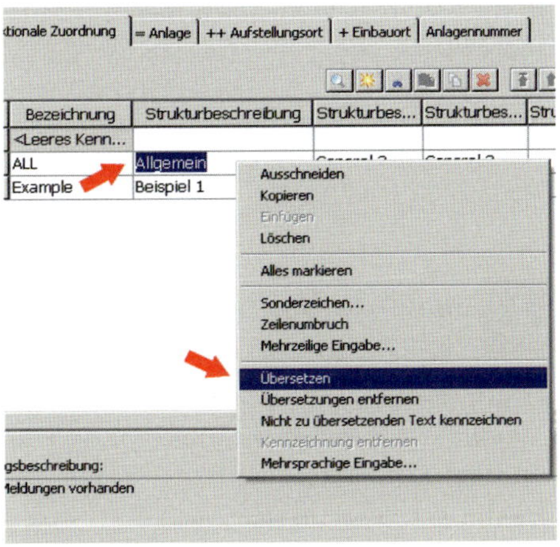

Bild 7.14 Zeile mit F2 markiert

TIPP: Die Kontextmenüs der rechten Maustaste sind auch über den Button erreichbar.

Um Einträge in der Spalte zu übersetzen, werden sie zur Übersetzung markiert und mit der Tastenkombination **STRG + L** oder dem Kontextmenü der rechten Maustaste übersetzt. Findet EPLAN im Wörterbuch mehrere Einträge, die passen könnten, blendet es den Dialog **GEFUNDENE WÖRTER** ein. Es kann jetzt der passende Eintrag ausgesucht werden, und mit Klick auf **OK** wird der Eintrag übernommen.

7.1.3 Menü Sortieren

Das Menü **SORTIEREN** bietet einige automatische Sortiermöglichkeiten der Kennzeichen. Egal, welche Sortierung angewendet wird, es handelt sich erst einmal um eine temporäre Sortierung und wird auch erst übernommen, wenn der Dialog **KENNZEICHEN** mit **OK** oder **ÜBERNEHMEN** geschlossen wird.

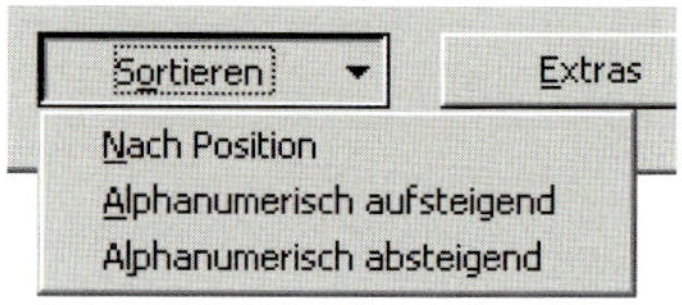

Bild 7.15
Button Sortieren

Mithilfe des Menüs **SORTIEREN** und der Möglichkeit **NACH POSITION** sortiert EPLAN die Kennzeichen neu. Die Option **ALPHANUMERISCH AUFSTEIGEND** sortiert die Kennzeichen nach ihren Zeichenketten entsprechend (es gilt Zahlen vor Buchstaben). Die Option **ALPHANUMERISCH ABSTEIGEND** sortiert die Kennzeichen entgegengesetzt.

Generell brauchen die Kennzeichen nicht markiert zu werden, um sie mithilfe der Option **SORTIEREN** zu ordnen. Es reicht, wenn der Cursor in einem Feld steht. Es sollte aber darauf geachtet werden, wenn die Kennzeichen über die Automatik sortiert werden, dass sich natürlich die Sortierung der Seitenstruktur der der Kennzeichen anpasst.

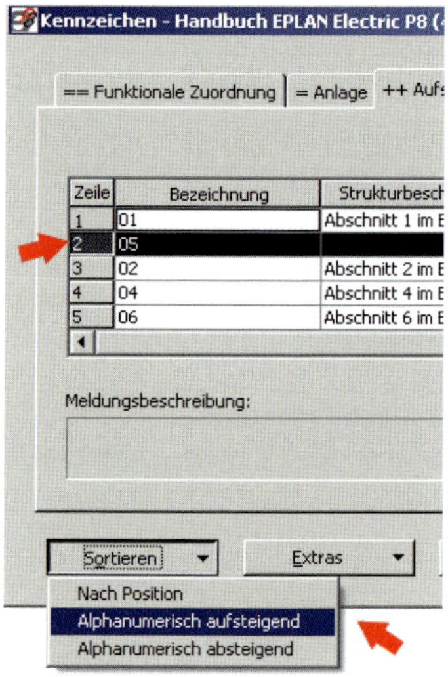

Bild 7.16
Position Cursor

HINWEIS: Eine neue Sortierung gilt immer für alle Kennzeichenarten gemeinsam. Einzelne Kennzeichen können nicht automatisch sortiert werden.

7.1.4 Menü Extras

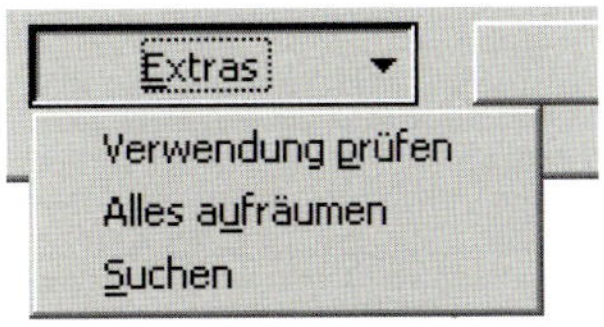

Bild 7.17 Button Extras

Hinter dem Button **EXTRAS** verbirgt sich ein weiteres Menü. Dieses Menü enthält Einträge, um die Datenbank von überflüssigen Einträgen zu befreien und auch um sie mit der Funktion **SUCHEN** zu durchsuchen.

Die Option **VERWENDUNG PRÜFEN** funktioniert wie folgt: Wird diese Funktion ausgeführt, prüft EPLAN alle Kennzeichen dahingehend, ob sie im Projekt gebraucht und vorhanden sind oder ob es sich nur um Einträge in der Kennzeichendatenbank handelt. Das können Einträge sein, die beispielsweise aus früheren Kopieraktionen entstanden sind und mittlerweile entfernt werden können. EPLAN kennzeichnet solche Einträge, die keine Verwendung mehr haben, mit einem **Nein** in der Spalte **Verwendung**. Diese Kennzeichen können problemlos aus der Datenbank mit dem grafischen Button **[LÖSCHEN]** entfernt werden.

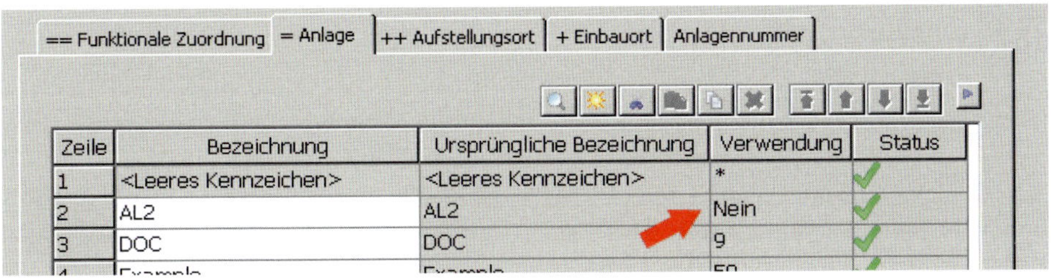

Bild 7.18 Verwendung überprüfen

Die Option **ALLES AUFRÄUMEN** entfernt alle nicht mehr benötigten Einträge automatisch aus der Datenbank ohne weitere Abfrage.

> **HINWEIS:** Nach dem Starten der Funktion kommt keine Rückfrage mehr, sondern die Einträge werden auf ihre Verwendung hin geprüft und alle überflüssigen Kennzeichen sofort entfernt.

Da das System nicht unbedingt »weiß«, dass zum Beispiel auch schon Kennzeichen für Anlagen oder Einbauorte manuell eingefügt worden sind, die erst später verwendet werden sollen, entfernt es solche Kennzeichen wieder. Daher ist diese Funktion mit Vorsicht zu behandeln. Werden die Änderungen mit Klick auf den Button **OK** übernommen, werden diese zusätzlichen (unbenutzten) Einträge endgültig aus der Datenbank entfernt.

Die Option **SUCHEN** startet den Dialog **ERSETZEN**. Mit ihm können Einträge in der Datenbank gesucht und gegen andere Zeichenketten ersetzt werden. Das Suchen und Ersetzen bietet die Möglichkeit, recht einfach Begriffe (oder Teilbegriffe) gegen andere Begriffe zu ersetzen. Auch hier ist sorgfältiges Arbeiten angebracht, da es ebenfalls keine UNDO-Funktion gibt. Ersetzt heißt dann auch ersetzt!

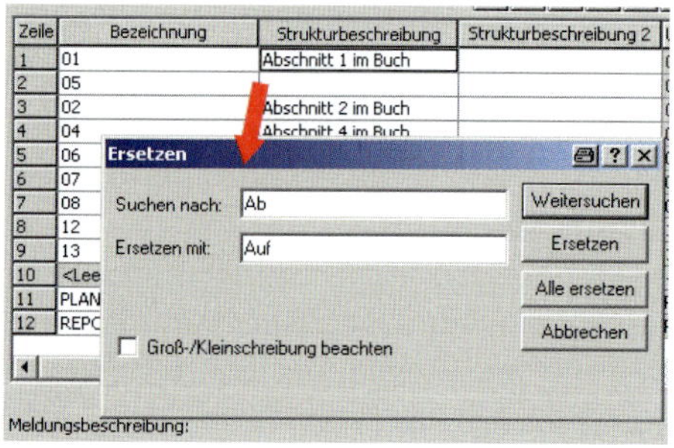

Bild 7.19 Vor dem Ersetzen

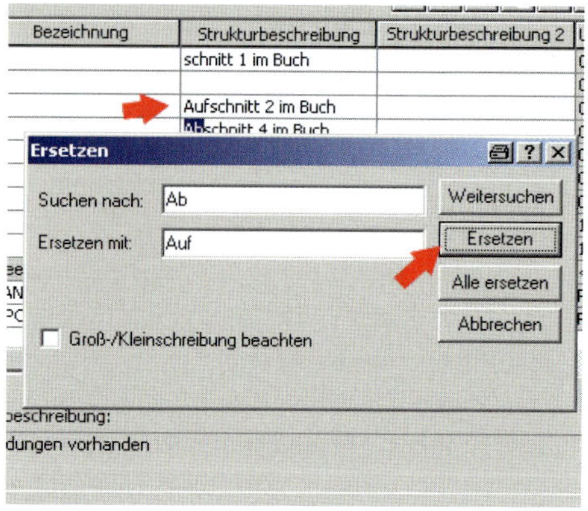

Bild 7.20 Nach dem Ersetzen

HINWEIS: Auch eine ungewollte Ersetzen-Aktion kann nur rückgängig gemacht werden, wenn der Dialog **KENNZEICHEN** über den Button **ABBRECHEN** verlassen wird.

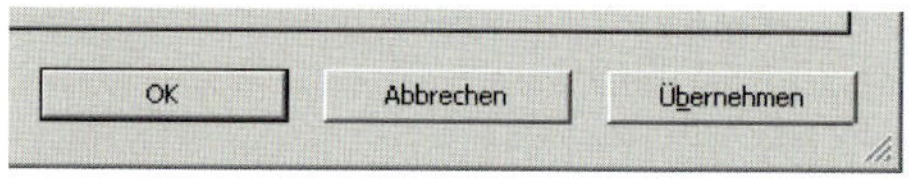

Bild 7.21 Weitere Buttons

Der Dialog enthält neben den bisher beschriebenen Buttons **SORTIEREN** und **EXTRAS** noch die Buttons **OK**, **ABBRECHEN** und **ÜBERNEHMEN**.

Mit dem Button **OK** verlässt man den Dialog **KENNZEICHEN** und muss, je nach durchgeführter Aktion, eventuell noch Folgedialoge bestätigen.

Der Button **ABBRECHEN** ist ein sehr wichtiger Button, der es ermöglicht, alle Änderungen zu verwerfen, da es innerhalb der Bearbeitung von Kennzeichen keine UNDO-Funktion gibt.

Mit dem Button **ÜBERNEHMEN** werden Änderungen in der Kennzeichen-Verwaltung übernommen, ohne dass der Dialog **KENNZEICHEN** geschlossen wird. Werden größere Aktionen, wie Umbenennen oder Entfernen von nicht mehr benötigten Kennzeichen, ausgeführt, sollte der Dialog **KENNZEICHEN** mit dem Button **ÜBERNEHMEN** erst einmal beispielsweise vor der Ersetzen-Aktion gespeichert werden. Geht währenddessen etwas schief, kann der Dialog mit genau dem Stand vor der Ersetzen-Aktion verlassen werden, ohne zu speichern. Somit ist die ganze vorherige Arbeit umsonst gewesen.

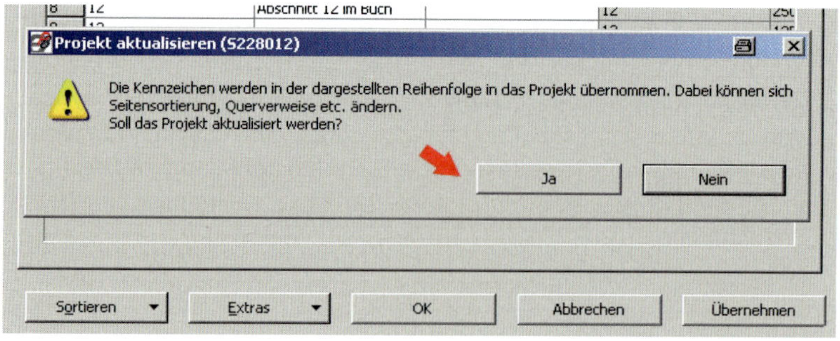

Bild 7.22 Abfrage nach Klick auf den Button **ÜBERNEHMEN**

HINWEIS: Eine Art »Zwischenspeichern« (Button **ÜBERNEHMEN**) ist beim Bearbeiten der Kennzeichenstruktur wichtig, um nicht alle Änderungen insgesamt zu verwerfen.

7.2 Meldungsverwaltung

Warum eine Meldungsverwaltung? EPLAN ist ein Online-System und bietet mit der Meldungsverwaltung ein optimales Werkzeug, um sofort (also online) vom System her überprüfen zu lassen, ob die eben getätigte Eingabe (in Abhängigkeit der Möglichkeiten der eingestellten Prüfroutinen) korrekt ist.

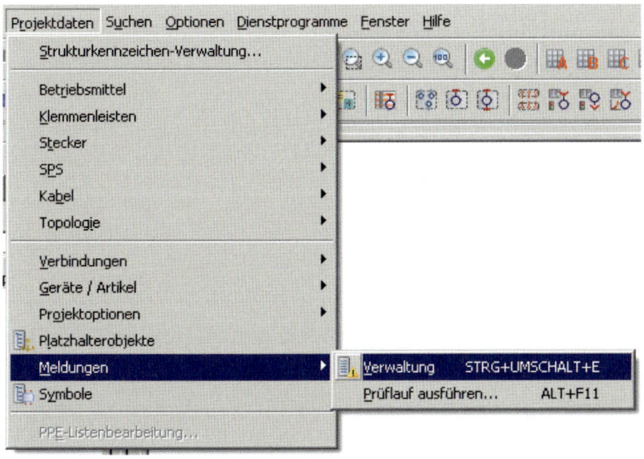

Bild 7.23 Meldungsverwaltung

Gestartet wird die Meldungsverwaltung als Extra-Dialog über das Menü **PROJEKTDATEN/ MELDUNGEN/VERWALTUNG** oder über eine Tastenkombination, beispielsweise **STRG + UMSCHALT + E**.

Der Dialog **MELDUNGSVERWALTUNG** ist beliebig auf dem Desktop platzierbar und kann über die (eventuell eigene) Tastenkombination **STRG + UMSCHALT + E** ein- und auch wieder ausgeblendet werden. Für eine Projektbearbeitung ist es nicht nötig, diesen Dialog ständig offen zu haben. Wer fehlerhafte Eingaben sofort berichtigen möchte (abhängig von den eingestellten Prüfarten), sollte die Meldungsverwaltung allerdings immer geöffnet haben.

TIPP: Je größer die Anzahl der Meldungen in der Meldungsverwaltung ist, umso langsamer könnte die Projekt- bzw. die grafische Bearbeitung werden. Daher sollte der Dialog, wenn nicht nötig, ausgeblendet werden.

Ist die Projektbearbeitung weitgehend abgeschlossen, und soll das Projekt auf fehlerhafte Eingaben überprüft werden, kann der Dialog als Hilfe dazu eingeblendet werden, da hier alle **Fehler, Warnungen** und **Hinweise**, die durch den entsprechenden **Prüflauf** erzeugt worden sind, aufgeführt werden.

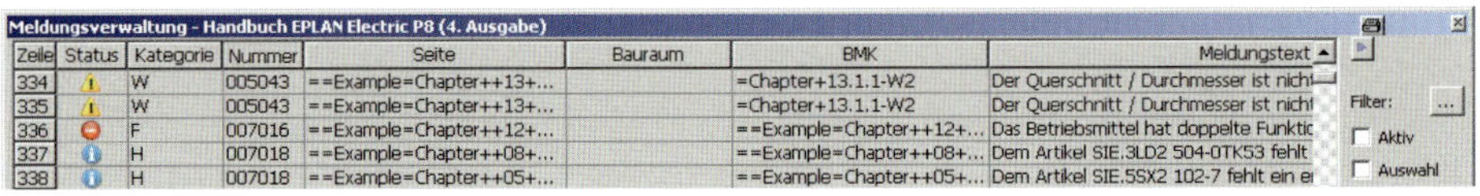

Bild 7.24 Meldungsverwaltung

Wird in EPLAN mit der Projektbearbeitung begonnen, können unterschiedliche Aktionen, wie zum Beispiel komplette Seiten aus anderen Projekten einfügen oder bestehende Makros dem Projekt hinzufügen, zu unerwünschten Daten in den verschiedenen Datenbänken führen. Es entstehen beispielsweise ungewollte Betriebsmittelkombinationen, oder neue Strukturkennzeichen werden dem Projekt hinzugefügt. Diese Daten, die nicht zum Projekt passen, kann man während der Bearbeitung erst einmal zum größten Teil nicht verhindern, ohne in seiner eigentlichen Projektbearbeitung »behindert« zu werden. Um nicht zu vergessen, diese ungewollten Daten abzuändern, bietet EPLAN eine Online-Überwachung an, oder es können manuell Prüfläufe angestoßen werden, die das Projekt später nach einem vorgegebenen Schema offline prüfen und die Meldungen in die Meldungsdatenbank schreiben.

7.2.1 Optik der Meldungsverwaltung

Der Dialog unterstützt den Anwender mit folgenden Möglichkeiten: Anzeigen der Art der Meldungen, der Meldungspriorität und weitere Informationen, wie eine kurze Meldungsbeschreibung oder den Einsprungpunkt der fehlerhaften Stelle im Projekt. Optisch sind diese Arten von Meldungen anhand kleiner farbiger Icons sehr gut zu unterscheiden und zu erkennen.

	Fehler	Beispielsweise »Anschlussbezeichnung doppelt«
	Warnung	Beispielsweise »Anschlussbeschreibung fehlt«
	Hinweis	Beispielsweise »Eine Platzierung liegt außerhalb«

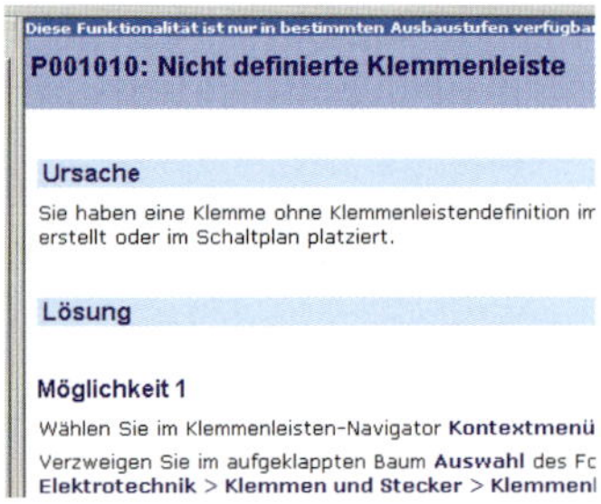

Bild 7.25 Hinweis zur Meldung in der Online-Hilfe

Stellt man den Cursor in eine Meldungszeile und drückt anschließend die Taste F1, verzweigt EPLAN in die Online-Hilfe zur entsprechenden Meldungsnummer und zeigt die Ursache(n) auf und eine oder mehrere Lösungen zur angewählten Meldung an.

7.2.2 Prüfläufe

EPLAN unterscheidet generell zwischen der **Offline-Prüfung** und der **Online-/Offline-Prüfung**, der Prüfart **Fehler verhindern** und bietet auch die Möglichkeit, Prüfungen ganz aus dem Prüflauf »herauszunehmen«, also mit der Prüfart *Nein* die Überprüfung auszuschalten. Diese Möglichkeit sollte allerdings so wenig wie möglich genutzt werden, denn sonst könnte es leicht passieren, dass der eine oder andere wirkliche Fehler (beispielsweise BMK doppelt) in der Projektbearbeitung nicht entdeckt wird, was später beim Bauen der entsprechenden Anlage jedoch sicher schonungslos auffallen würde.

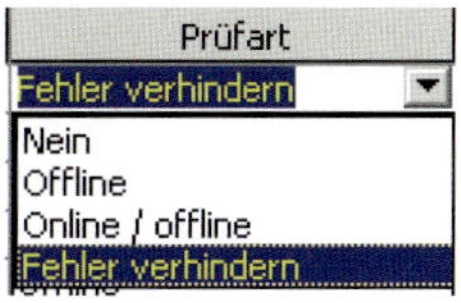

Bild 7.26 Prüfarten

Welche Art von Prüfroutinen benutzt wird, entscheidet der Anwender. Die **Online-Prüfroutine** ist die erste Wahl, allerdings sehr rechenintensiv, da alle Daten und die daraus entstehenden Meldungen ständig aktualisiert und überprüft werden. Darunter leidet natürlich die Performance während der Projektbearbeitung. Die **Offline-Prüfroutine** ist sozusagen die zweite Wahl, aber ich würde sie bevorzugen. Denn wer kommt schon dazu, etwaige Online-Meldungen (Fehler, Warnungen oder Hinweise) ständig im Projekt zu korrigieren.

Prüfläufe werden aus dem Menü PROJEKTDATEN/MELDUNGEN/PRÜFLAUF AUSFÜHREN gestartet oder direkt in der geöffneten Meldungsverwaltung über das Kontextmenü der rechten Maustaste und hier über die Funktion PRÜFLAUF AUSFÜHREN.

7.2.3 Meldungsklassen und Kategorien von Meldungen

EPLAN überlässt es dem Anwender, in welche Kategorien Meldungen einzustufen sind. Das hat den großen Vorteil, dass firmenbezogene Prüfroutinen entwickelt werden können, die genau zur Arbeitsweise der Projektbearbeitung der Firma passen.

Nicht alle Meldungen, die EPLAN erzeugt bzw. zur Verfügung stellt, sind beispielsweise in dem Sinne ein Fehler. Ein Beispiel ist die Meldung *<017003 Falscher Kennbuchstabe>*. Sie kann, je nachdem, wie die Projektbearbeitung abläuft, ein Fehler, eine Warnung oder ein Hinweis sein. Damit solche Meldungen genau auf die Projektbearbeitung abgestimmt werden, kann man in der Meldungsverwaltung eigene Schemata für Prüfläufe erstellen.

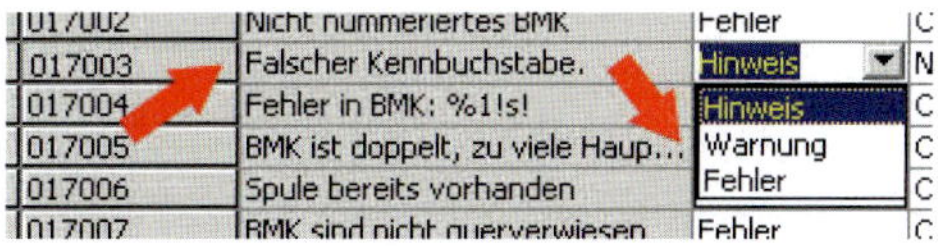

Bild 7.27 Prüflaufmeldung 017003

Dazu wird über das Menü **PROJEKTDATEN/MELDUNGEN/PRÜFLAUF AUSFÜHREN** der Dialog **PRÜFLAUF AUSFÜHREN** gestartet. In diesem Dialog kann jetzt für den folgenden Prüflauf aus dem Auswahlfeld *Einstellung* ein Schema ausgewählt werden.

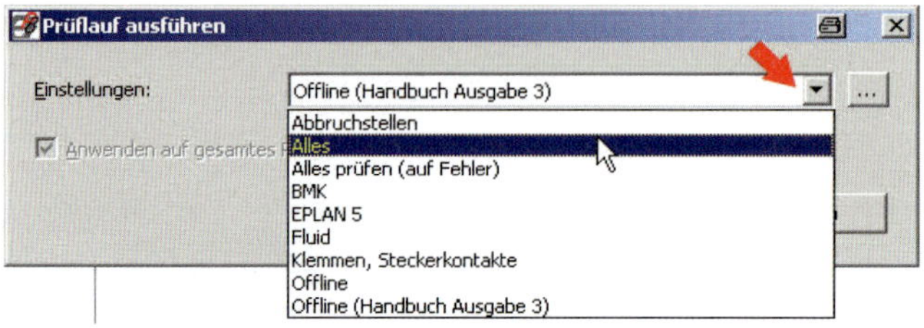

Bild 7.28 Dialog Prüflauf ausführen

Um dieser Auswahl ein eigenes Schema hinzuzufügen, wird auf den Auswahlbutton [...] geklickt. Nun öffnet sich der Dialog **EINSTELLUNGEN/MELDUNGEN UND PRÜFLÄUFE**. Um ein neues Schema zu erstellen, wird in der oberen Buttonleiste der Button **[NEU]** angeklickt.

Einstellungen für Meldungen und Prüfläufe

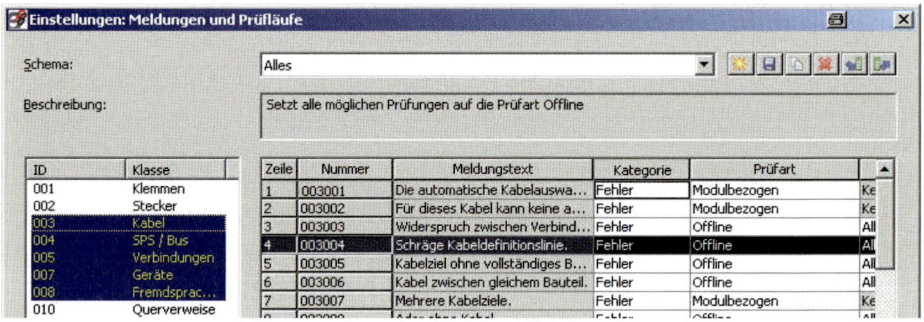

Bild 7.29 Dialog zum Erstellen von Prüfschemata

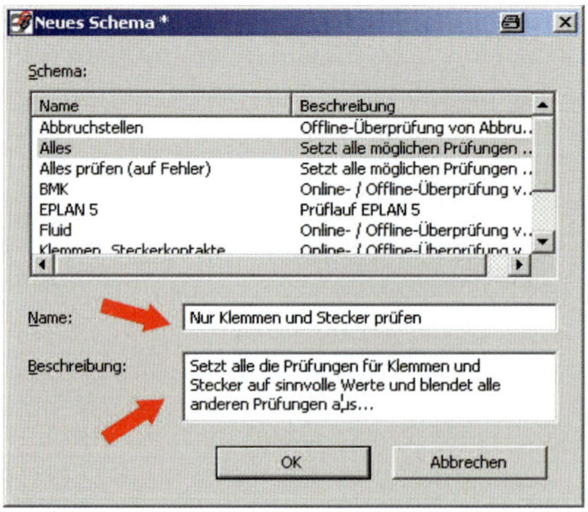

Bild 7.30 Neues Schema erstellen

EPLAN öffnet den Dialog **NEUES SCHEMA**. Hier werden ein aussagekräftiger **Name** und eine **Beschreibung** vergeben. Nach Klick auf den Button **OK** wird das Schema gespeichert und automatisch in das Auswahlfeld **Schema** im Dialog **EINSTELLUNGEN: MELDUNGEN UND PRÜFLÄUFE** eingetragen.

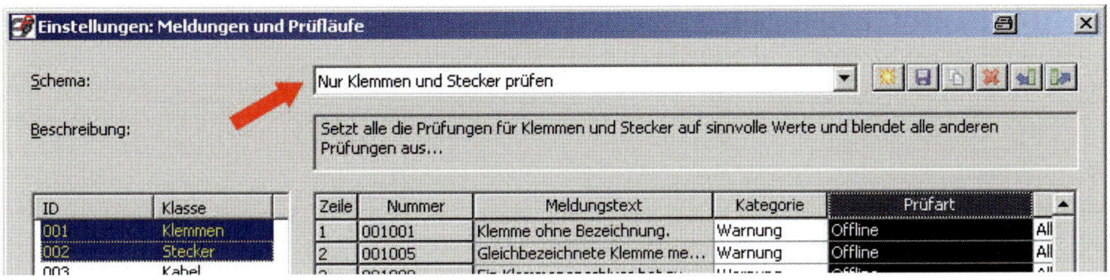

Bild 7.31 Beispiel des neuen Schemas

Jetzt können die einzelnen Meldungen entsprechend den Vorgaben eingestellt und überarbeitet werden.

Jede Meldung gehört zu einer Klasse von Meldungen. Es gibt momentan 26 Klassen von Meldungen. Sie reichen von der Meldungsklasse 001 Klemmen bis zur Meldungsklasse 999 Extern. Die Meldungsklassen können nicht erweitert oder verändert werden und sind von EPLAN fest vorgegeben.

Daher beginnt jede Meldung mit einer bestimmten dreistelligen Nummer. Diese bezieht sich auf die Meldungsklasse. Um bei unserem Beispiel zu bleiben, wird die Meldung *<017003 Falscher Kennbuchstabe>* der Meldungsklasse BMK zugeordnet. Der Rest der Meldungsnummer ist eine dreistellige Nummer.

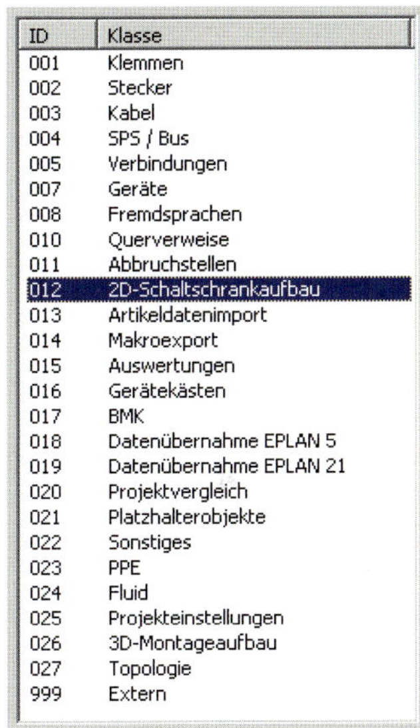

Bild 7.32 Meldungsklassen

Zu jeder Meldungsnummer gehört ein Meldungstext. Dieser Meldungstext ist, ebenso wie die Meldungsnummer, nicht änderbar und auch von EPLAN fest vorgegeben. Allerdings kann der Anwender, um zum eigenen Schema zurückzukehren, die Kategorie und die Prüfart für diese Meldung einstellen.

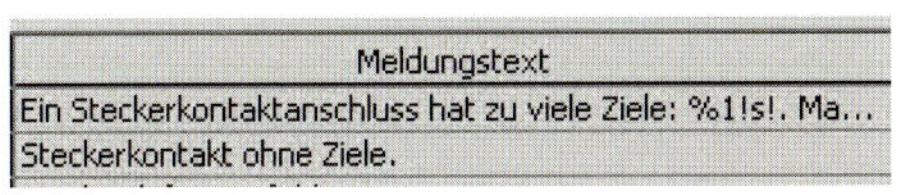

Bild 7.33 Meldungstext

EPLAN unterscheidet Meldungen in drei Kategorien. Es gibt den **Hinweis**, eine **Warnung** und einen **Fehler**. Der Anwender muss sich jetzt für eine dieser drei Kategorien von Meldungen entscheiden. Nachdem die Kategorie für die Meldung festgelegt wurde, muss sich für eine Prüfart entschieden werden. EPLAN unterscheidet mehrere Prüfarten.

Bild 7.34 Kategorie

Die Prüfart **Nein** führt für diese Meldung keinerlei Prüfungen durch, weder automatisch noch im manuellen Modus. Ein kleines Beispiel soll das verdeutlichen.

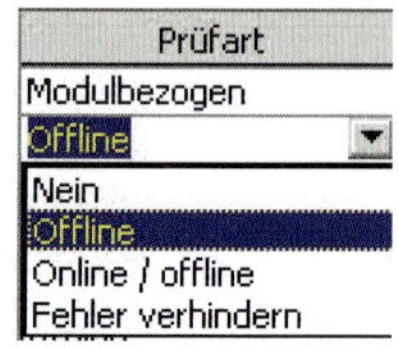

Bild 7.35 Prüfarten

Bild 7.36 Eingestellte Prüfart »Nein«

Meldungstext	Kategorie	Prüfart
Klemme ohne Bezeichnung.	Fehler	Nein

Im Stromlaufplan wird eine Klemme positioniert. Diese Klemme bekommt keine Bezeichnung, und die Überprüfung für die Meldung *Klemme ohne Bezeichnung* wird auf **Nein** gesetzt. Führt man jetzt einen Prüflauf durch, erfolgt keine Prüflaufmeldung *Klemme ohne Bezeichnung*.

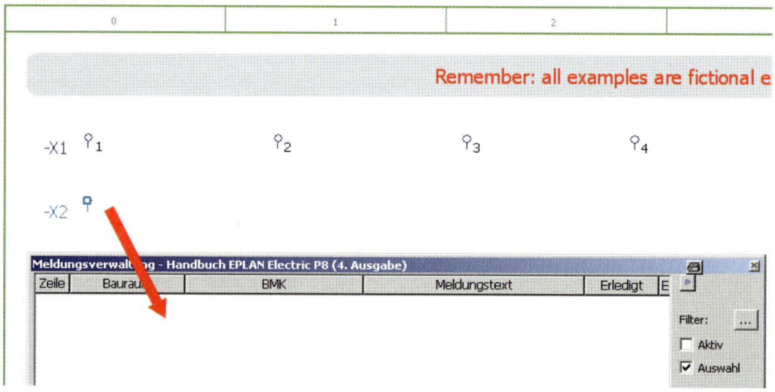

Bild 7.37 Meldungsverwaltung nach durchgeführtem Prüflauf

Bild 7.38 Eingestellte Prüfart »Offline«

Die Prüfart **Offline** erzeugt erst Meldungen, wenn ein Prüflauf manuell gestartet wurde.

Meldungstext	Kategorie	Prüfart
Klemme ohne Bezeichnung.	Fehler	Offline

Nun wird im Stromlaufplan wieder eine Klemme positioniert. Diese Klemme bekommt ebenfalls keine Bezeichnung, und die Überprüfung für die Meldung *Klemme ohne Bezeichnung* wird auf **Offline** gesetzt. Während des Absetzens prüft EPLAN diese Klemme noch nicht. Erst wenn der Prüflauf manuell (offline) gestartet wurde, erzeugt EPLAN jetzt die Prüflaufmeldung *Klemme ohne Bezeichnung*.

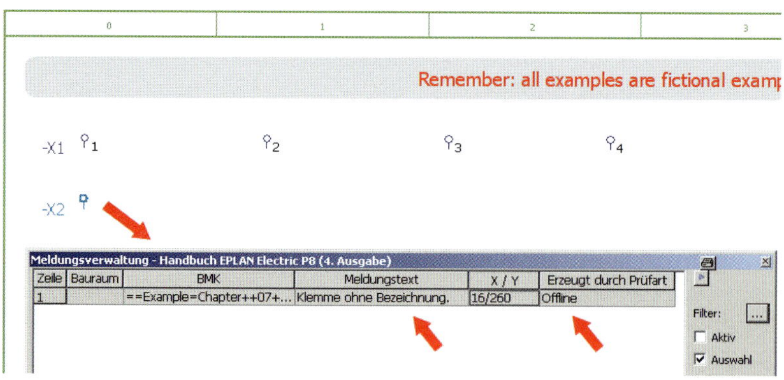

Bild 7.39 Eingestellte Prüfart »Offline«

Die Prüfart **Online/Offline** erzeugt Meldungen sofort online und trägt sie in die geöffnete Meldungsverwaltung ein. Erledigte Meldungen werden allerdings erst nach einem erneuten Prüflauf aus der Meldungsdatenbank ausgetragen.

Meldungstext	Kategorie	Prüfart
Klemme ohne Bezeichnung.	Fehler	Online / offline

Bild 7.40 Eingestellte Prüfart »Online/Offline«

Es wird im Stromlaufplan erneut eine Klemme positioniert. Diese Klemme bekommt keine Bezeichnung, und die Überprüfung für die Meldung *Klemme ohne Bezeichnung* wurde auf **Online/Offline** gesetzt. Im Gegensatz zu den bisherigen Prüfläufen prüft EPLAN schon während des Absetzens der Klemme, ob eine Bezeichnung eingetragen wurde. Da in unserem Beispiel keine Bezeichnung vergeben wurde, erzeugt EPLAN sofort (online) die entsprechende Prüflaufmeldung *Klemme ohne Bezeichnung*.

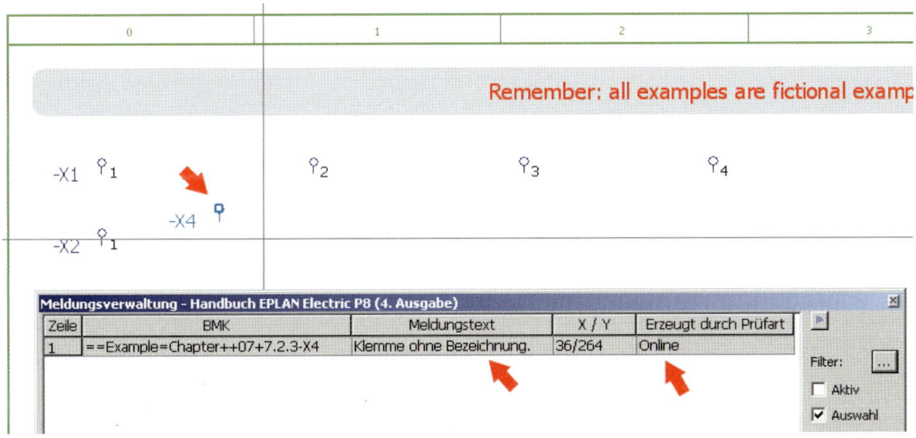

Bild 7.41 Eingestellte Prüfart »Online/Offline«, EPLAN meldet sofort den Fehler.

Die Prüfart **Fehler verhindern** bedeutet, dass EPLAN schon während einer Aktion, beispielsweise beim Einfügen von Geräten, die Eingaben prüft und, wenn sie einen Fehler erzeugen würden, sofort eine Meldung bringt und anschließend die Aktion »verhindert«.

Meldungstext	Kategorie	Prüfart
Klemme ohne Bezeichnung.	Fehler	Fehler verhindern

Bild 7.42 Eingestellte Prüfart »Fehler verhindern«

Wieder wird eine Klemme eingefügt und ohne Bezeichnung abgesetzt. EPLAN prüft während des Platzierens, ob diese Aktion gegen eine Prüfung verstößt, und meldet sofort den Fehler im Dialog FEHLER VERHINDERN.

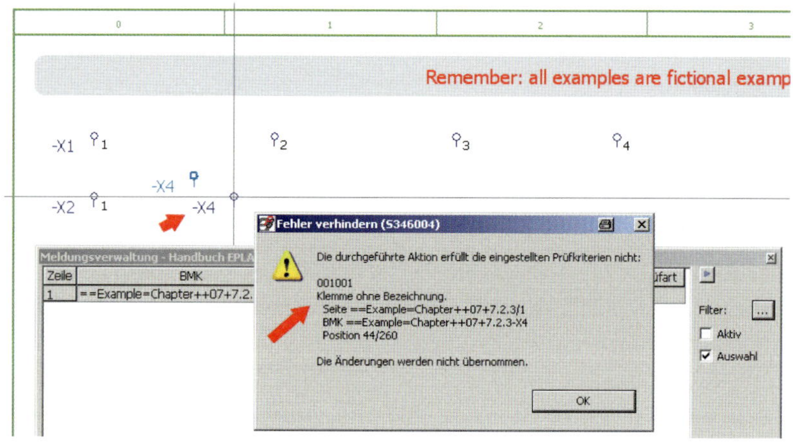

Bild 7.43 EPLAN verhindert den Fehler, bedingt durch die eingestellte Prüfart.

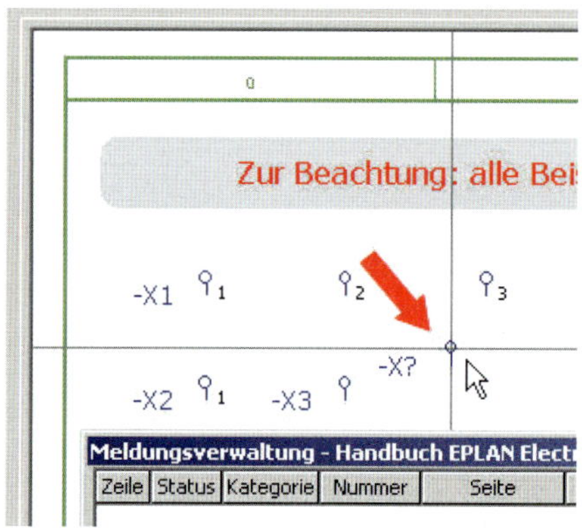

Bild 7.44 Die Klemme kann erneut positioniert werden.

EPLAN bricht diese Aktion ab, und man kann die Klemme erneut positionieren und beschriften. Wenn die Vorgaben erfüllt sind (Klemmenbezeichnung vorhanden), kann die Klemme platziert werden.

> **HINWEIS:** Die Prüfart **Fehler verhindern** ist natürlich sehr streng und sollte (dies ist meine persönliche Empfehlung) nicht während einer laufenden Projektbearbeitung eingesetzt werden. Aber wenn beispielsweise Stromlaufpläne revidiert werden, ist dies eine sehr gute Möglichkeit, Fehler beim Revidieren der Stromlaufpläne sofort zu verhindern und diese nicht erst durch einen späteren Prüflauf zu berichtigen.

Die Prüfart **Modulbezogene Prüfung** erzeugt während bestimmter automatischer Aktionen ebenfalls Meldungen und kann nicht weiter beeinflusst werden.

Nummer	Meldungstext	Kategorie	Prüfart
003001	Die automatische Kabelauswahl wird abgebrochen, weil kein Kabel vorausgewählt werden konnte.	Fehler	Modulbezogen

Bild 7.45 Modulbezogene Prüfung

Wird das nicht gewünscht, kann diese Prüfart auf **Nein** geändert werden.

7.2.3.1 Filter für jede Prüflaufmeldung

Neben den bisherigen Einstellungen der Prüfarten oder der Kategorien ist es möglich, für jede einzelne Prüflaufmeldung einen separaten Filter einzustellen.

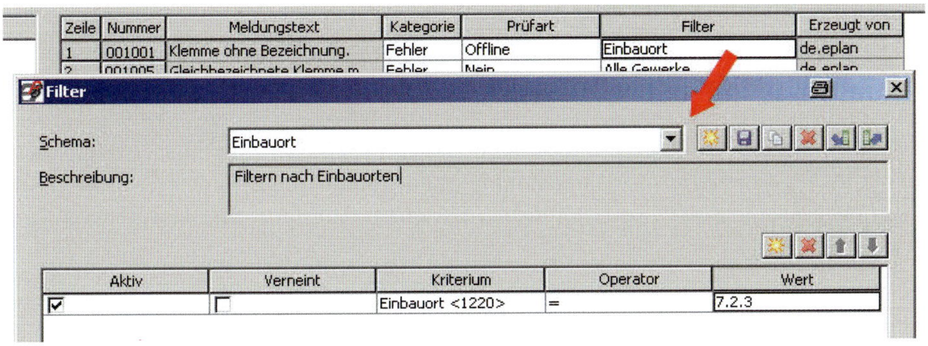

Bild 7.46 Filtermöglichkeiten für jede einzelne Prüflaufmeldung

Dieser Filter ermöglicht es, bestimmte Prüfungen auf bestimmte Bereiche oder Eigenschaften zu reduzieren. Das heißt, man kann ganz gezielt bestimmte Prüfungen durchführen.

Die Prüfung *Klemme ohne Bezeichnung* wird auf die Prüfart **Offline** gesetzt und soll aber nur in einem bestimmten Einbauort geprüft werden. Damit werden alle anderen fehlerhaften Klemmen, die nicht mit dem festgelegten Filterkriterium übereinstimmen, nicht überprüft.

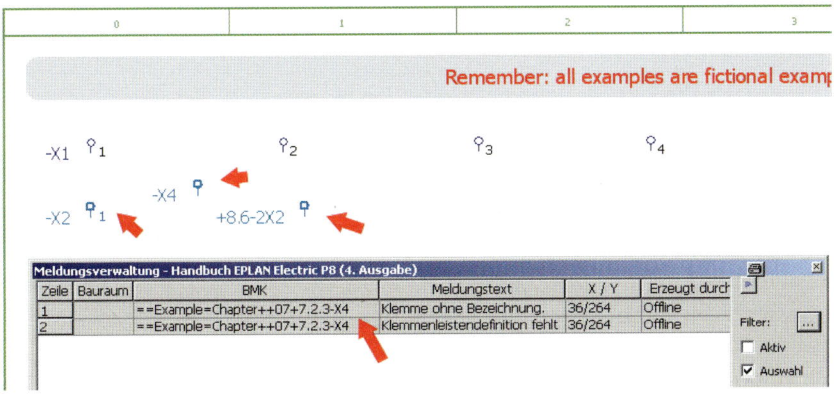

Bild 7.47 Nur die per Filter festgelegten Prüfungen wurden durchgeführt.

Im Beispiel wurde die Klemme ohne Bezeichnung mit einem anderen Einbauort, wie im Filter festgelegt, durch den Prüflauf ignoriert. Die mit dem Einbauort aus dem Filter übereinstimmende Klemme wurde dagegen durch den Prüflauf erfasst, und EPLAN hat eine entsprechende Prüflaufmeldung erzeugt.

> **TIPP:** Das Feature, Filter auf einzelne Prüflaufmeldungen zu setzen, sollte sehr sparsam eingesetzt werden. Der Prüflauf könnte dadurch sehr langsam werden, da EPLAN zusätzlich zur Prüflaufmeldung immer noch die Filter auswerten muss.

7.2.4 Filter in der Meldungsverwaltung

In EPLAN werden Meldungen in bestimmte Meldungsklassen zusammengefasst, wie in Abschnitt 7.2.3 beschrieben. Alle Meldungsklassen und deren Bereiche (Elektrotechnik, Fluid oder beispielsweise Fehler) können über einen Filter aus- oder eingeschaltet werden.

7.2.4.1 Einstellung Filter Aktiv

Setzen Sie die Auswahlbox **AKTIV** und rufen Sie über den Button der Dialog **FILTER: MELDUNGEN** auf.

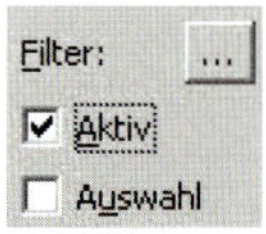

Bild 7.48
Filter Aktiv

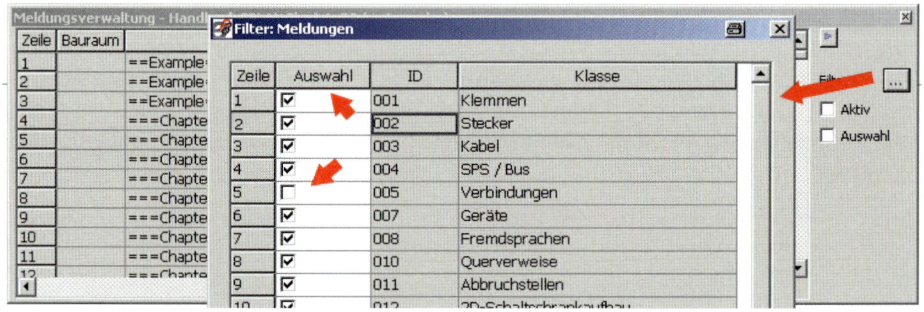

Bild 7.49
Filtereinstellungen für Meldungsklassen-Auswahl

In diesem Dialog können durch die Abwahl der **Meldungsklassen** (Klemmen, Stecker, Kabel etc.), aber auch der **Bereiche** (Elektrotechnik, Verfahrenstechnik etc.), unterschiedliche Angaben gefiltert werden. Zum Beenden der Eingaben wird der Dialog einfach mit dem

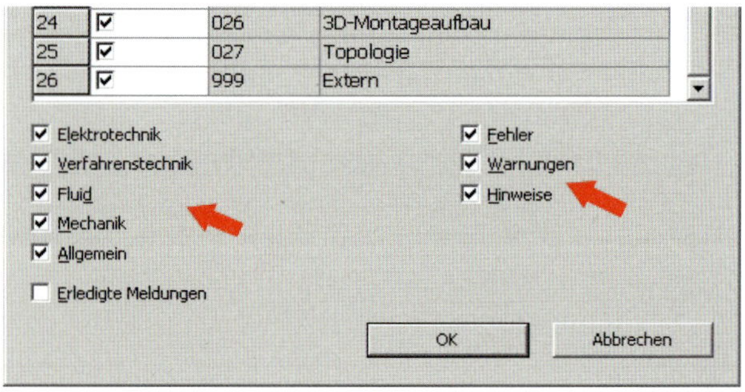

Bild 7.50
Filtereinstellungen für die Bereiche

Button **OK** geschlossen. Um den Filter auf die Anzeige der Meldungsverwaltung wirken zu lassen, muss das Häkchen in der Checkbox **Aktiv** unterhalb des Filters gesetzt werden (vgl. Bild 7.51).

Ein typisches Beispiel für eine gefilterte Ansicht wäre, die erledigten Meldungen aus der Meldungsverwaltung bis zum nächsten Prüflauf herauszunehmen.

7.2.4.2 Einstellung Filter Auswahl

Wird die Auswahlbox **AUSWAHL** gesetzt, werden in der Meldungsverwaltung nur Meldungen von markierten Objekten angezeigt. Alle anderen Meldungen, von anderen Objekten etc., werden ausgeblendet. Das macht dem umständlichen Suchen nach Meldungen an bestimmten Objekten ein Ende.

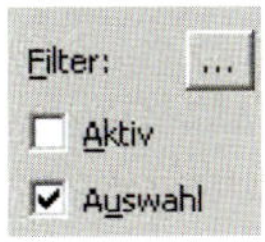

Bild 7.51 Filter Auswahl

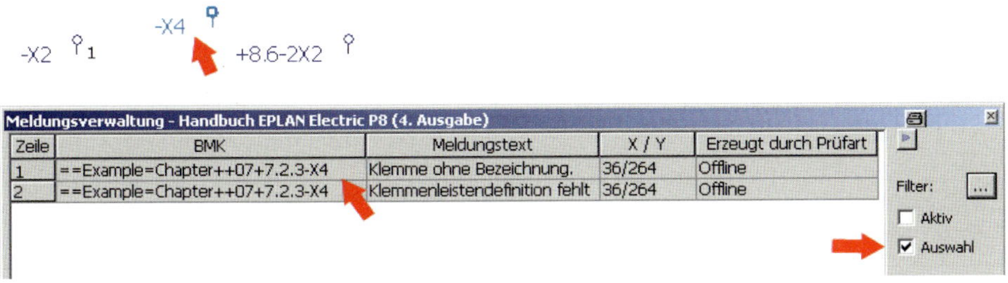

Bild 7.52 Auswahl wurde aktiviert.

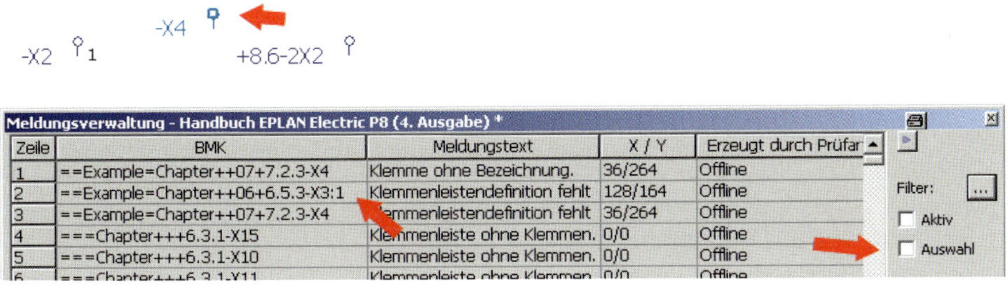

Bild 7.53 Auswahl nicht aktiviert

Ohne die Auswahlbox **AUSWAHL** aktiv zu schalten, werden in der Meldungsverwaltung alle Meldungen angezeigt. Eine Selektion von Objekten spielt hier keine Rolle.

7.2.5 Verschiedene Möglichkeiten der Meldungsbearbeitung

Dieser Abschnitt wird sich nicht mit der Fehlerbeseitigung von erzeugten Fehlern, Warnungen oder Hinweisen beschäftigen. Dazu möchte ich gerne auf die Online-Hilfe verweisen, die in einem großen Umfang Ursachen zu den Prüflaufmeldungen und entsprechende Lösungen für die Prüflaufmeldungen aufzeigt.

Vielmehr werden hier die Möglichkeiten aufgezeigt, wie Meldungen im Stromlaufplan lokalisiert werden können und welche Hilfsmittel EPLAN dem Anwender dafür zur Verfügung stellt. Die allgemeinen Funktionen zur Darstellung wie Bereich fixieren oder die Spaltenbreite anpassen oder auch Kopierfunktionen, werden hier allerdings nicht weiter beschrieben.

Das Kontextmenü der rechten Maustaste bietet mehrere Optionen zur einfachen Fehlerfindung an. Die wichtigsten werden im Folgenden beschrieben.

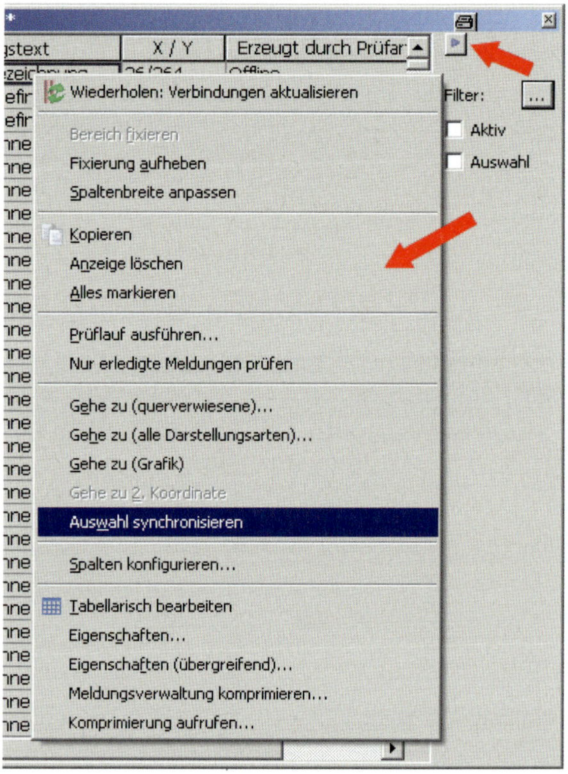

Bild 7.54 Kontextmenü

- **ANZEIGE LÖSCHEN:** Diese Option löscht alle Meldungen aus der Anzeige der Meldungsverwaltung. Die Meldungen bleiben aber weiterhin vorhanden. Nach dem nächsten Prüflauf erscheinen sie wieder.
- **PRÜFLAUF AUSFÜHREN:** Diese Funktion führt den eingestellten Prüflauf aus; je nach Selektion über das gesamte Projekt oder beispielsweise auch nur für eine einzelne Seite.
- **GEHE ZU (QUERVERWIESENE):** Mit dieser Funktion trägt EPLAN alle querverwiesenen Objekte in die Liste *Gehe zu* ein und öffnet anschließend den Dialog **SUCHEN** mit der Registerkarte *Gehe zu*.
- **GEHE ZU (ALLE DARSTELLUNGSARTEN):** Diese Funktion ermittelt alle Darstellungsarten (Schaltplan, Auswertungsseiten etc.) der Funktion und trägt sie ebenfalls in die Liste *Gehe zu* ein. Von hier aus kann man direkt auf die gewünschte Darstellung navigieren.
- **GEHE ZU (GRAFIK):** Diese Funktion ermöglicht es, direkt aus der Meldungsverwaltung zum betroffenen Objekt zu navigieren.
- **GEHE ZU 2. KOORDINATE:** Existieren beispielsweise zwei doppelte Klemmen, kann mit dieser Funktion die andere Klemme direkt angesprungen werden.
- **AUSWAHL SYNCHRONISIEREN:** Diese bekannte Funktion ermöglicht es, dass genau dieses Betriebsmittel in weiteren geöffneten Navigatoren, beispielsweise dem Betriebsmittel-Navigator, angesprungen und markiert wird. Damit entfällt das umständliche Suchen nach diesem einen Betriebsmittel in den Navigatoren.
- **SPALTEN KONFIGURIEREN:** Diese Funktion ermöglicht es, die angezeigten Spalten der Meldungsverwaltung zu erweitern oder zu reduzieren.

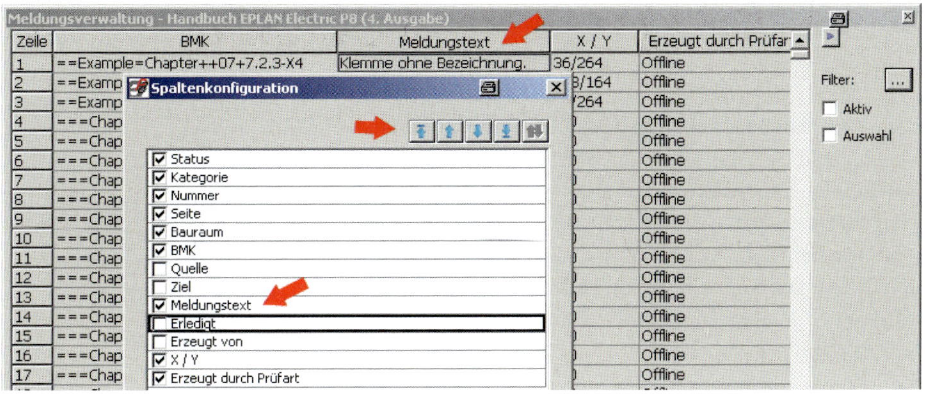

Bild 7.55 Spalten konfigurieren

Wird die Funktion ausgeführt, öffnet EPLAN den Dialog **SPALTENKONFIGURATION**. Hier können Spalten abgewählt, wieder hinzugefügt oder die Reihenfolge der Spalten geändert werden.

TIPP: Um eine Vorschau der fehlerhaften Objekte zu bekommen, sollte die **GRAFISCHE VORSCHAU** im Menü **ANSICHT** eingeblendet werden. Idealerweise sollte diese Vorschau mit einem Mehrschirmsystem genutzt werden.

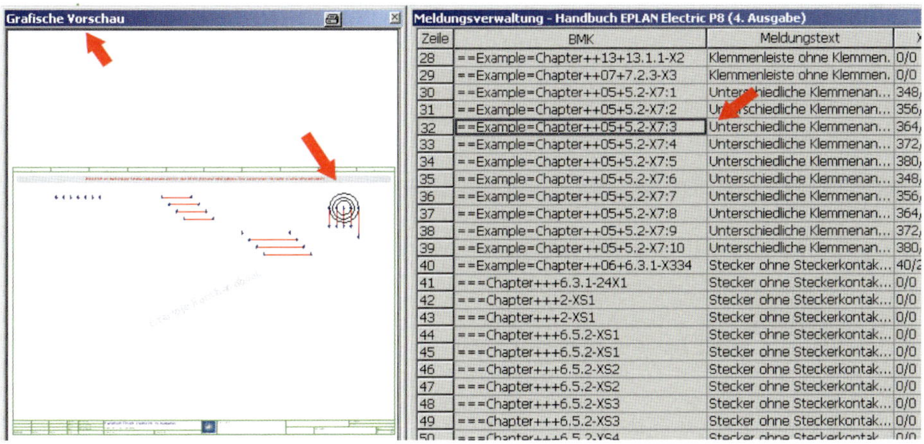

Bild 7.56 Fehlerstellen mithilfe der grafischen Vorschau

7.3 Ebenenverwaltung

Bild 7.57 Ebenenverwaltung

Was sind Ebenen? Ebenen, auch umgangssprachlich Layer genannt, sind aus dem Mechanikbereich (CAD) bekannt und nicht mehr wegzudenken. Dabei werden gleichartige Informationen auf eine gemeinsame Ebene gelegt, zum Beispiel Bemaßungen. Diese Ebene kann später beispielsweise in Form, Farbe, Schriftgröße oder anderen Formaten an zentraler Stelle einfach und fehlerfrei geändert werden.

Das ist ein sehr großer Vorteil, da ansonsten jede Eigenschaft, die keiner Ebene zugeordnet ist, manuell bearbeitet werden müsste. Mit einer Ebenenverwaltung sind solche Änderungsaktionen, auch nachträglich, ein »Klacks«. EPLAN hat dieses bekannte Merkmal aus der Mechanik-Welt in die CAE-Welt übernommen und erweitert.

Die Ebenenverwaltung wird über das Menü **OPTIONEN/EBENENVERWALTUNG** gestartet. Es folgt der Dialog **EBENENVERWALTUNG**. Die Ebenenverwaltung selbst ist eine projektbezogene Einstellung, zu erkennen auch an der Fenstertitelleiste, in der jeweils das aktive Projekt aufgelistet wird. Sie besteht aus einem Dialog mit einem linken und einem rechten Fenster. Im linken Fenster befinden sich der Baum der übergeordneten Ebenenbezeichnungen (die Knoten und eventuelle Unterknoten und anschließend die Ebenenbezeichnung EPLANxyz), während sich im rechten Fenster die dazugehörigen Einträge (die eigentlichen Informationen zu den Ebenen) befinden.

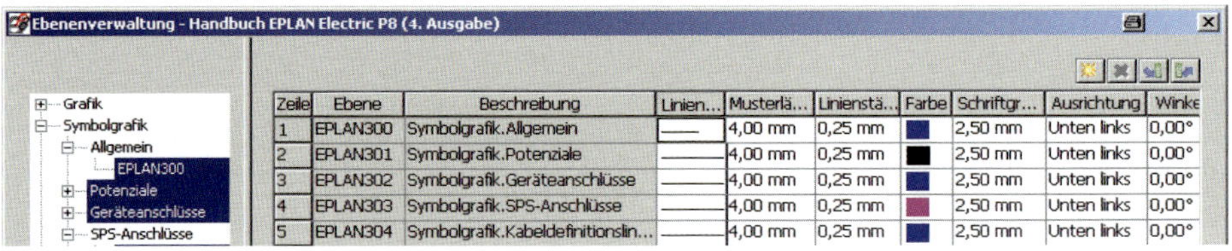

Bild 7.58 Dialog Ebenenverwaltung

7.3.1 Standardebenen

EPLAN liefert eine Reihe von Standardebenen mit. Sie beginnen mit dem Namen EPLAN und tragen anschließend eine dreistellige Nummer.

> **HINWEIS:** Originale EPLAN-Ebenen können nicht entfernt (gelöscht) werden.

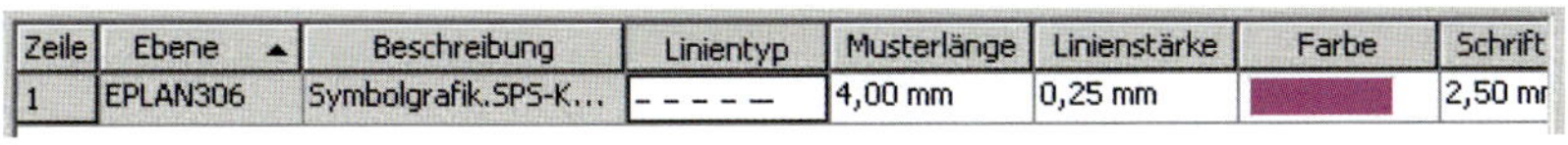

Bild 7.59 Standardebene von EPLAN

7.3.2 Export und Import von Ebenen

Alle Ebenen können verändert bzw. den Anforderungen angepasst werden, auch die originalen EPLAN-Ebenen. Bevor allerdings Änderungen an den Standardebenen durchgeführt werden, sollten alle Ebenen exportiert werden. Damit besitzt man im Fall der Fälle eine funktionierende Kopie der bisherigen Ebeneneinstellungen.

Ebenen werden wie folgt exportiert: Vor dem eigentlichen Export werden alle Ebenen mit den üblichen Windows-Funktionen markiert. Im Dialog selbst befinden sich rechts oben die grafischen Buttons. Mit dem Button wird ein Export gestartet. EPLAN öffnet den Dialog **EBENENEXPORT**. Der Dateiname wurde von EPLAN schon vorbelegt und trägt den Namen des Projekts. Mit Bestätigen des Buttons **SPEICHERN** werden die Ebenen exportiert und gespeichert.

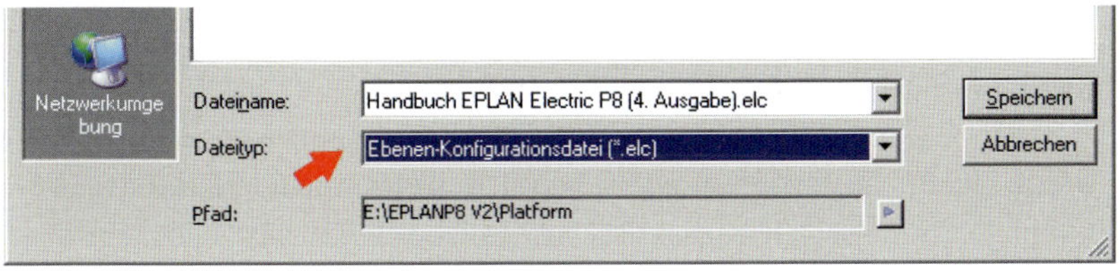

Bild 7.60 Export der Ebenen

Der Ebenenimport verläuft ähnlich. Mit dem Button öffnet EPLAN den Dialog **EBENENIMPORT**. Hier wird die gewünschte Ebenenkonfigurationsdatei ausgewählt und mit Klick auf den Button **ÖFFNEN** nach EPLAN in das geöffnete Projekt importiert.

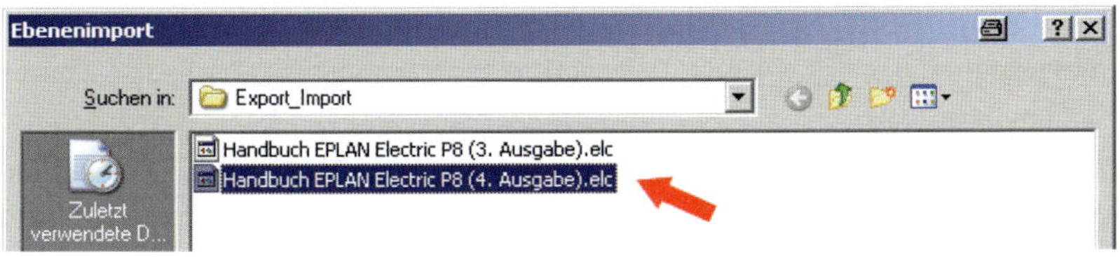

Bild 7.61 Import von Ebenen

> **HINWEIS:** Alle Ebenen, die nicht im Projekt vorhanden sind, werden importiert und neu angelegt. Befinden sich gleiche Ebenennamen im Projekt und in der zu importierenden Datei, haben immer die Daten der zu importierenden Datei Vorrang. Das heißt, Ebenen im Projekt werden eventuell aktualisiert.

7.3.3 Eigene Ebenen anlegen und löschen

Neben den Standardebenen, die EPLAN mitliefert, kann man natürlich auch eigene Ebenen anlegen. Es sollte dabei auch ein gewisses Schema überlegt werden, damit hier am Ende nicht ein »Wildwuchs« entsteht. Es können nur (direkte) Ebenen in vorhandenen Knoten, wie Grafik oder Eigenschaftsplatzierung, angelegt, doch keine neuen Knoten direkt (übergeordnete Bereiche) erzeugt werden.

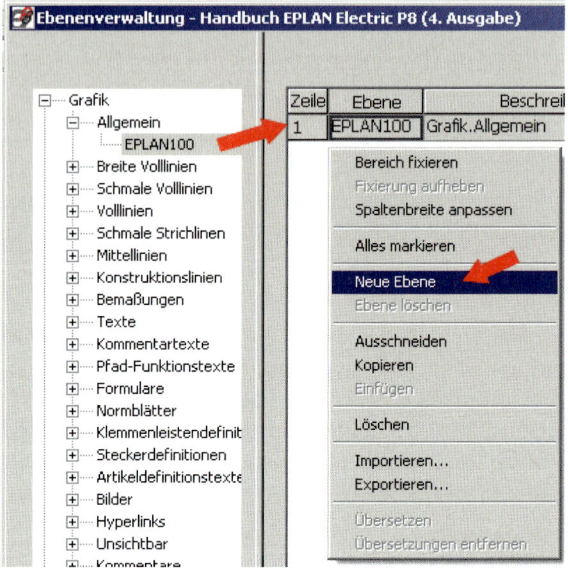

Bild 7.62 Eine neue Ebene anlegen

Eigene Ebenen werden im Dialog **EBENENVERWALTUNG** durch die Funktion aus dem Kontextmenü der rechten Maustaste **NEUE EBENE** (im rechten Teil des Dialogs der Ebenenverwaltung) oder mit dem Button angelegt. Dazu wird der Knoten ausgewählt, in dem die gewünschte Ebene erstellt werden soll, und mit der Maus markiert. Jetzt die Funktion **NEUE EBENE** aufrufen. EPLAN erzeugt eine neue Ebene mit dem Namen NEUE_EBENE_1.

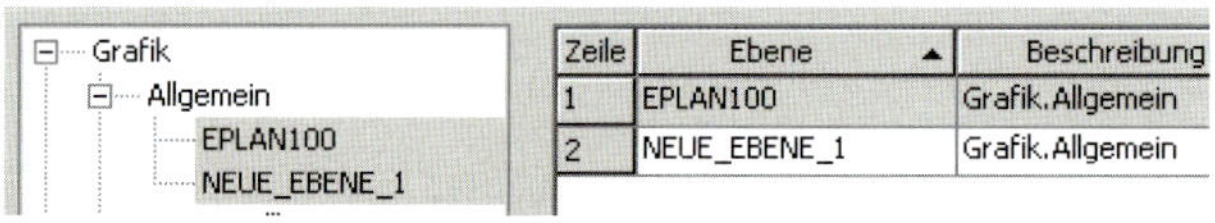

Bild 7.63 Eigene neue Ebene

Diese Ebene kann jetzt bearbeitet werden. Die wichtigsten Spalten sind die Spalte **Ebene** und die Spalte **Beschreibung.**

Die Spalte **Ebene** trägt den Ebenenname. Werden eigene Ebenen erstellt, sollten die Ebenen sinnvolle Namen tragen. Möglich wäre es, die Ebenen nach der Firma zu benennen und sich einen Nummernkreis zu überlegen; also beispielsweise FIRMA1000.

Die Spalte **Beschreibung** beschreibt die Ebene selbst. Diese Beschreibung kann später beim Zuordnen von Ebenen einzelner Objekte im Projekt eingesehen werden. Daher sollte hier ein aussagekräftiger Text stehen, womit die Ebene anhand der Beschreibung schon einer Funktion zugeordnet werden kann.

> Anhand der Beschreibung wird die Ebene später in der Ebenenverwaltung in den linken Bereich einsortiert.

Die Ebene wird nun von NEUE_EBENE_1 auf HB4-0100 geändert. Die Beschreibung der Ebene wird auf **Handbuch.Grafik.Spezial** geändert. Damit sortiert EPLAN die Ebene nach dem Abspeichern wie folgt ein.

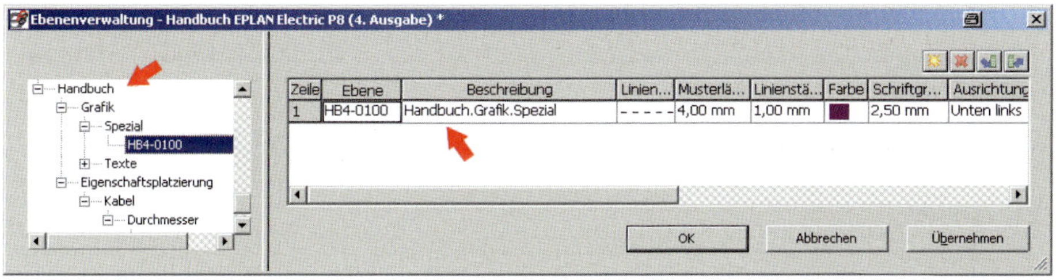

Bild 7.64 Neue einsortierte Ebene

Eigenschaften von Ebenen

Die Eigenschaften wie **Linientyp**, **Musterlänge**, **Linienstärke** etc. sind selbsterklärend und werden entsprechend der Anforderung an die Ebene eingestellt bzw. ausgewählt. Ebenso ist es möglich, Vorgabewerte für Winkel und deren Ausrichtung festzulegen oder ob sich diese Ebene im Hintergrund befinden soll.

Zeile	Ebene	Schriftgröße	Ausrichtung	Winkel	Zeilenabstand	Absatzabstand	Textrahmen	Sichtbar	Drucken	Gesperrt	Hintergrund
1	EPLAN574	1,00 mm	Unten links	0,00°	einfach	0,00 mm	nein	☑	☑	☐	☐
2	0	2,00 mm	Unten links	0,00°	einfach	0,00 mm	nein	☑	☑	☐	☐
3	HB4-0100	2,50 mm	Unten links	0,00°	einfach	0,00 mm	nein	☑	☑	☐	☐
4	HB4-0400	2,50 mm	Unten links	0,00°	einfach	0,00 mm	nein	☑	☑	☐	☐

Bild 7.65 Sonstige Einstellmöglichkeiten für eine Ebene

7.3.4 Einsatzmöglichkeiten von Ebenen

Nun, was tun mit den vielen Ebenen? Eigene Ebenen können beispielsweise für die Werkstatt genutzt werden, um vielfältige Informationen mit in das Projekt packen zu können. Das können Verdrahtungshinweise oder auch Termine sein. Der Vielfalt ist an dieser Stelle keine Grenze gesetzt.

Es wurde, wie in Abschnitt 7.3.3 beschrieben, eine neue Ebene HB4-0101 mit der Beschreibung **Handbuch.Grafik.Texte.Werkstattinformationen** angelegt. Diese Ebene soll weiterführende Informationen für die Werkstattfertigung im Stromlaufplan darstellen. Nach Abschluss der Arbeiten in der Werkstatt sollen diese Informationen aber einfach und für das gesamte Projekt wieder auszublenden sein.

Zeile	Ebene	Schriftgröße	Ausrichtung	Winkel	Zeilenabstand	Absatzabstand
1	HB4-0101	3,50 mm	Unten links	0,00°	einfach	0,00 mm

Bild 7.66 Ebene für die Werkstatt

Im Projekt wird zunächst eine Schaltplanseite geöffnet, auf der sich entsprechende Einträge befinden. Für die Werkstatt werden nun mit den EPLAN-Standardeinstellungen für Texte spezielle Informationen auf der Seite als Text platziert.

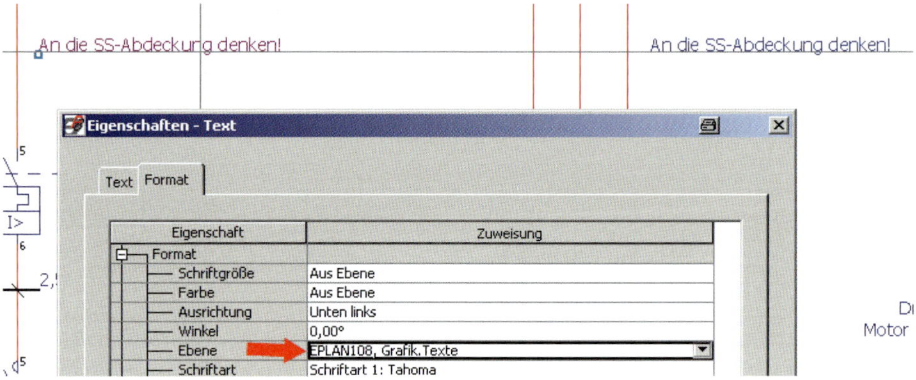

Bild 7.67 Text mit EPLAN-Standardeinstellung

Anschließend werden diese Texte markiert und auf die neu erstellte Ebene **Handbuch.Grafik.Texte.Werkstattinformationen** eingestellt.

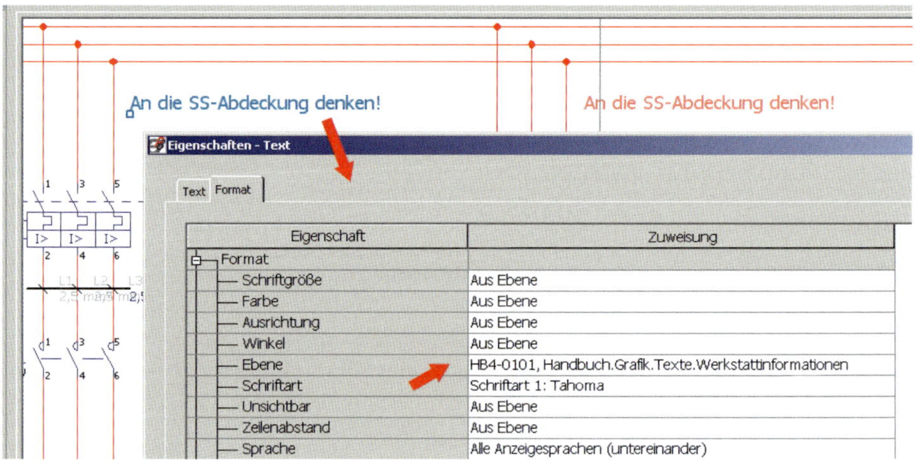

Bild 7.68 Auf die neue Ebene eingestellte Texte

EPLAN übernimmt die Einstellungen, die zu dieser Ebene gehören, und formatiert die Texte entsprechend. Über die Ebenenverwaltung können nun diese Informationen für die Werkstatt beispielsweise vor dem Drucken ausgeblendet werden.

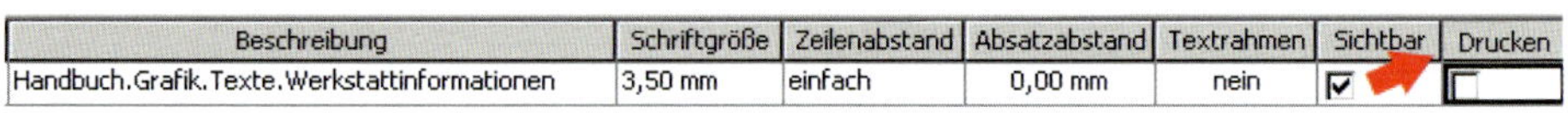

Bild 7.69 Ebene vom Drucken ausschließen

Das ist nur ein kleiner Teil, den die Ebenenverwaltung bieten kann. Dem Anwender sind hier kaum Grenzen gesetzt. Der größte Vorteil der Ebenen ist, dass hier global einfach mit wenigen Mausklicks das Format, die Darstellung etc. des entsprechenden Elements, das auf dieser Ebene liegt, verändert werden kann.

7.3.4.1 Nicht benötigte Ebenen aus dem Projekt entfernen

Um Ebenen, die beispielsweise durch Kopieraktionen oder das Einfügen von DXF-/DWG-Dateien in das Projekt eingelagert, später geändert wurden und daher überflüssig sind, zu entfernen, kann das Komprimieren des Projekts genutzt werden.

Bild 7.70 Komprimierungsschema zum Entfernen unnötiger Ebenen

Nach dem Starten des Schemas entfernt EPLAN die nicht benötigten Ebenen und zeigt anschließend eine Zusammenfassung dieser entfernten Ebenen an.

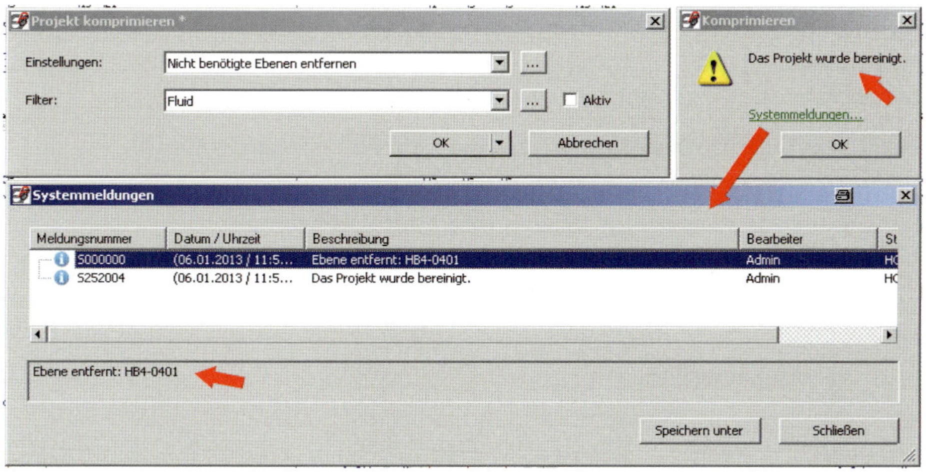

Bild 7.71 Systemmeldung

7.4 Artikelverwaltung

Mit der **Artikelverwaltung** werden in EPLAN alle Geräte mit all ihren technischen und kaufmännischen Daten, wie technische Kenngrößen, Abmessungen, wie Breite, Höhe, Tiefe oder Preise, verwaltet. Aber es werden nicht nur die gerätespezifischen Daten verwaltet, sondern für jedes Gerät können in der Artikelverwaltung entsprechende Funktionsdefinitionen, Symbole oder auch Symbolmakros hinterlegt werden.

Aufgerufen wird die Artikelverwaltung über das Menü **DIENSTPROGRAMME/ARTIKEL/VERWALTUNG.**

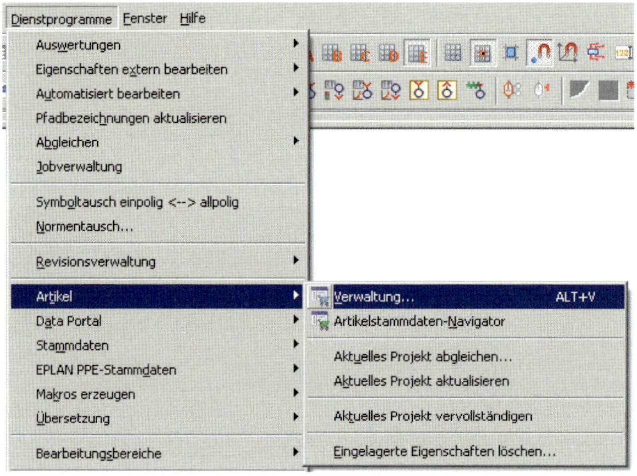

Bild 7.72 Menüaufruf Artikelverwaltung

Welche Artikeldatenbank benutzt wird, wird über **EINSTELLUNG/OPTIONEN/EINSTELLUNGEN/BENUTZER/VERWALTUNG/ARTIKELVERWALTUNG** festgelegt. Es ist – neben der Access-Datenbank – auch möglich, die Artikelverwaltung über einen SQL-Server zu betreiben.

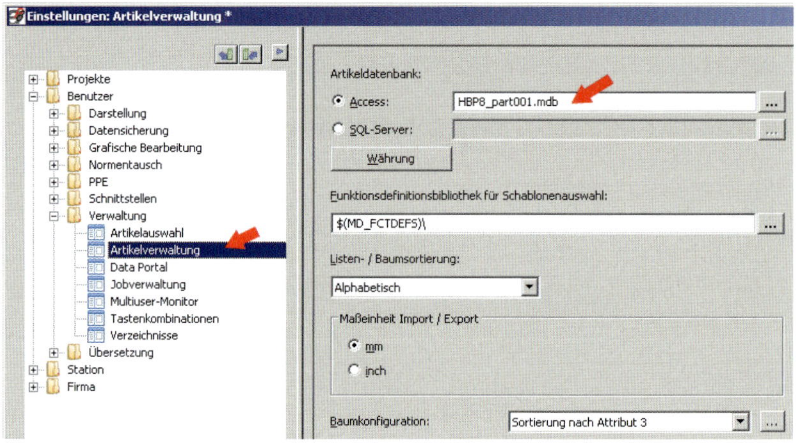

Bild 7.73 Benutzereinstellungen der Artikelverwaltung

In den **Benutzerbezogenen Einstellungen** kann auch die **Ansicht** der Artikelverwaltung (der Baumkonfiguration) eingestellt werden. Es gibt vielfältige Möglichkeiten, die Ansicht Baumkonfiguration durch eigene Schemata seiner gewünschten Anforderung anzupassen.

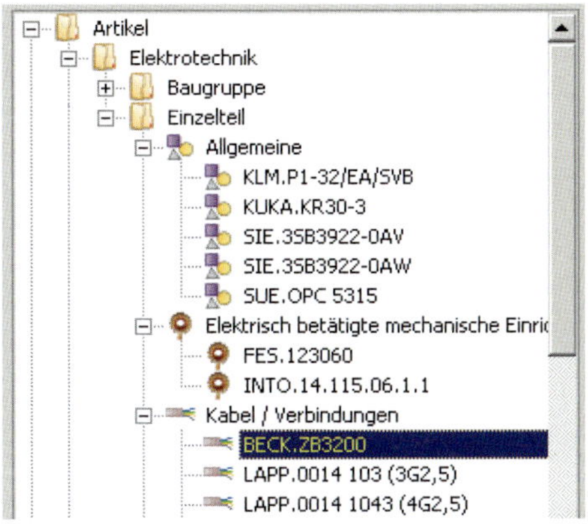

Bild 7.74 Standardansicht EPLAN

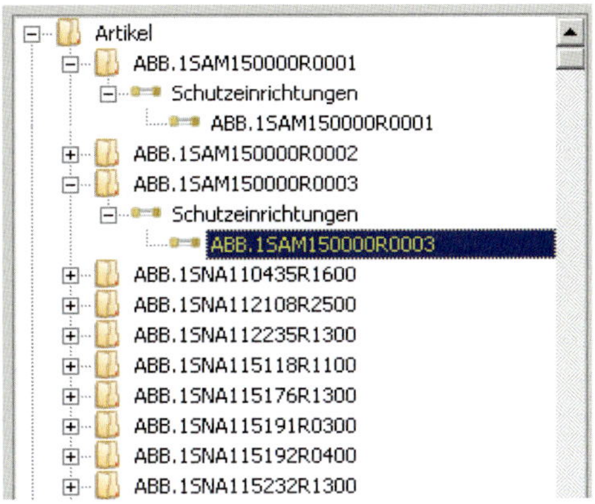

Bild 7.75 Ansicht nach Artikel

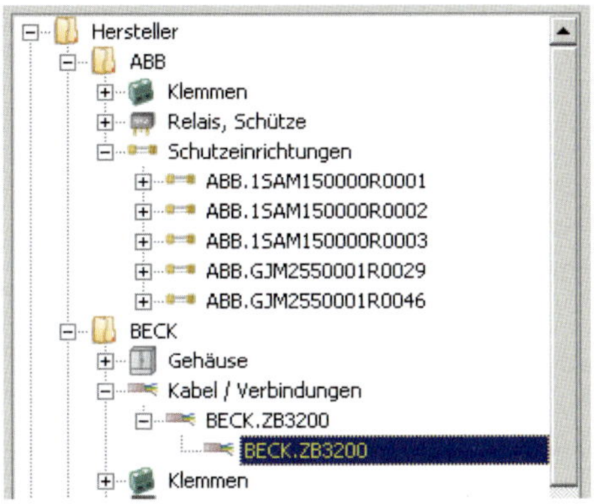

Bild 7.76 Ansicht nach Hersteller

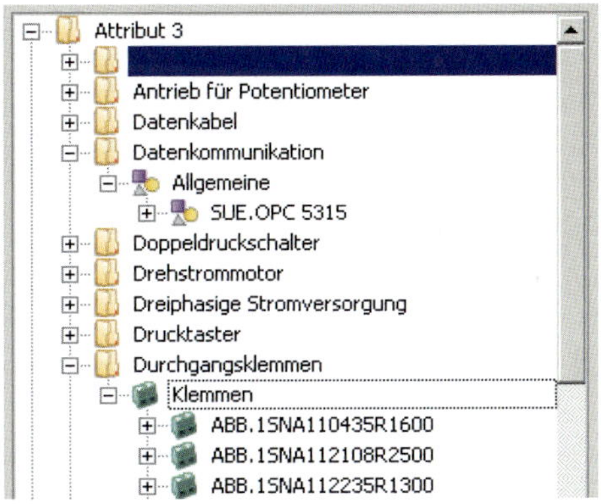

Bild 7.77 Ansicht nach Attribut 3

7.4.1 Aufbau der Artikelverwaltung

Um die Artikelverwaltung komplett in allen Einzelheiten zu beschreiben, kann man ein ganzes Buch füllen. Daher beschränkt sich dieser Abschnitt auf die wichtigsten Informationen, die für die praktische Arbeit interessant und nützlich sind.Wer sich näher mit diesem Thema beschäftigen möchte, dem empfehle ich mein Buch *EPLAN Electric P8 Artikelverwaltung* (ISBN 978-3-446-43332-8).

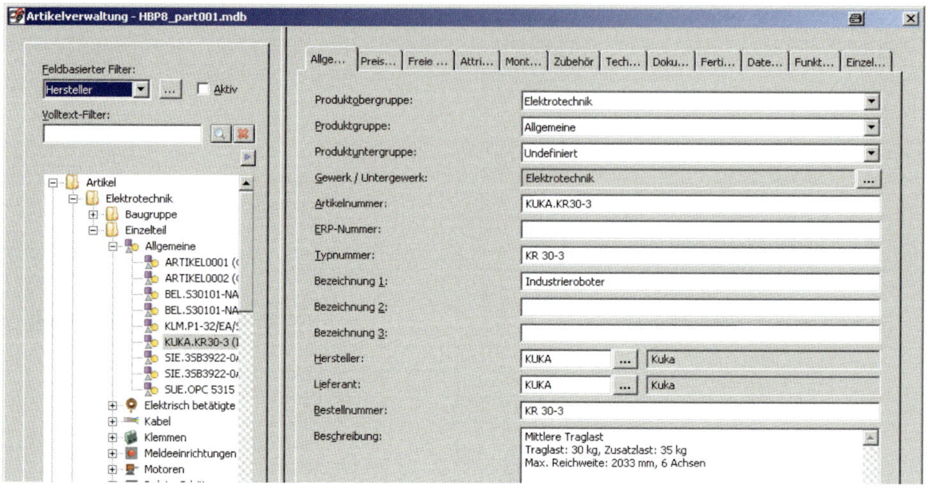

Bild 7.78 Übersicht über den Dialog Artikelverwaltung

Der Dialog **ARTIKELVERWALTUNG** besteht im Groben aus einem linken Teil – der Übersicht aller Artikel, Kunden und Hersteller/Lieferanten – und einem rechten Teil mit detaillierten Informationen. Beide Teile sind durch den »Splitter« getrennt und daher (fast) beliebig in der Größe festlegbar. Der rechte Teil bezieht sich immer auf einen (oder mehrere) markierten Artikel aus dem linken Teil – die Artikel oder Kunden bzw. Hersteller/Lieferanten. Der rechte Teil – also die Artikeldaten – wird weiterhin unterteilt in mehrere Registerkarten, die wiederum weitere Daten des Artikels enthalten.

7.4.2 Registerkarten der Artikelverwaltung

Es gibt für jeden Artikel mehrere Registerkarten. Auf diesen Registerkarten werden für den Artikel viele weitere technische und kaufmännische Daten festgelegt. Beispielgebend werden die vorhandenen Registerkarten des Artikels Siemens SIE.3LD2 504-0TK53 erläutert.

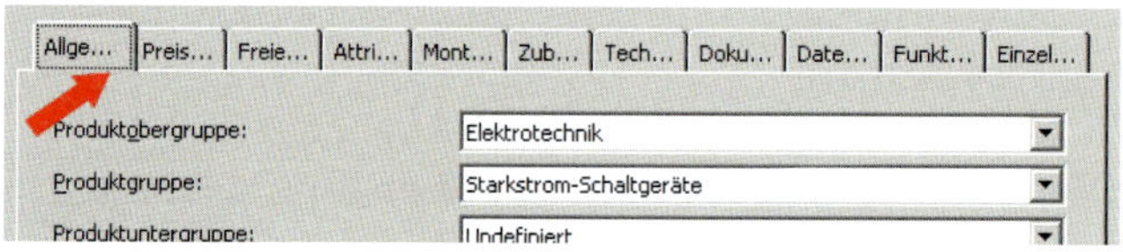

Bild 7.79 Die verschiedenen Registerkarten eines Artikels

HINWEIS: Die dargestellten Registerkarten *können* sich pro Artikel unterscheiden. Unterschiede gibt es beispielsweise für die Artikel Klemmen, Stecker, SPS etc. Das gilt es bei einer Bearbeitung zu beachten.

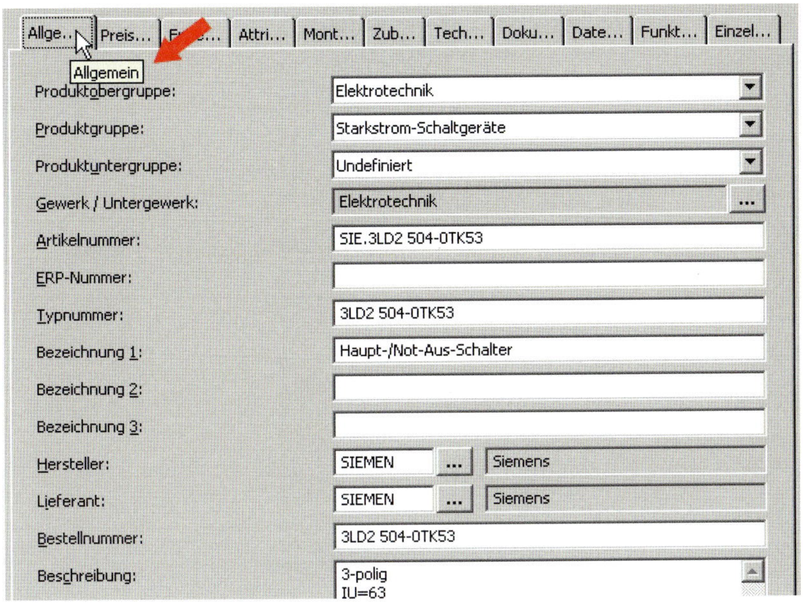

Bild 7.80 Registerkarte Allgemein

Die Registerkarte *Allgemein* beinhaltet allgemeine Informationen zum Artikel, wie die Artikelnummer, ERP-Nummer, die **Produktgruppe**, wie zum Beispiel ein Schütz oder das **Gewerk**. Weiterhin sind hier Informationen, wie **Artikelnummer**, **ERP-Nummer**, **Bestellnummer**, die **Bezeichnungen** für das Gerät oder der **Hersteller** zu finden.

HINWEIS: Die Artikelnummer und die ERP-Nummer sind für den Artikel identifizierend. Das heißt, sie müssen eindeutig sein und dürfen daher nur einmal in der Artikelverwaltung benutzt werden.

Die meisten dieser Felder sind reine Eingabefelder, und wo das nicht möglich ist, wie beispielsweise für die Produktobergruppe, sind feste Auswahllisten vorhanden. Die Felder **Hersteller** und **Lieferant** können, wenn der Hersteller bzw. der Lieferant als Datensatz in der Artikelverwaltung angelegt worden sind, über den Button [...] aus dem folgenden Dialog **HERSTELLER** bzw. **LIEFERANT** ausgewählt werden. EPLAN übernimmt dann diesen Eintrag und ergänzt den Langnamen des Herstellers bzw. des Lieferanten selbstständig.

HINWEIS: Diese Auswahllisten Produktobergruppe, Produktgruppe und die Produktuntergruppe können nicht selbst ergänzt werden. Das ist EPLAN vorbehalten.

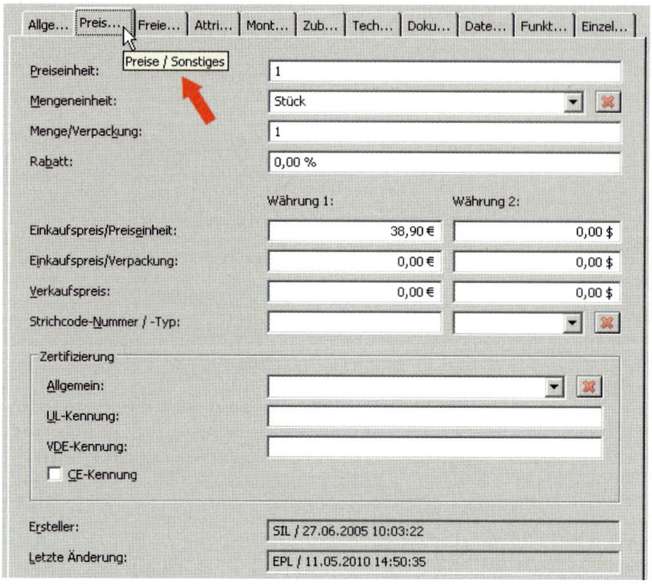

Bild 7.81 Registerkarte Preise/Sonstiges

Die Registerkarte *Preis/Sonstiges* enthält kaufmännische und organisatorische Einträge, wie **Mengeneinheit** oder **Verpackungsgrößen**, **Preise** oder auch verlinkte Dokumente zur **Zertifizierung**.

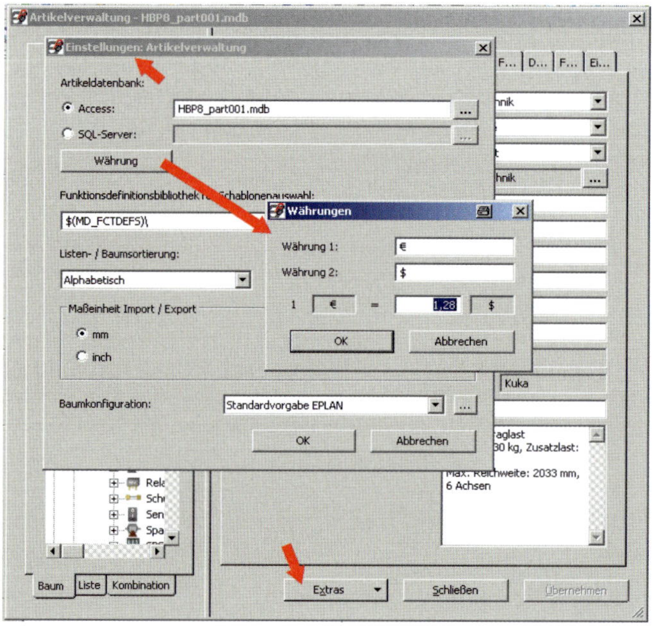

Bild 7.82 Festlegung Währung

Die Währung wird über den Button Extras in der Artikelverwaltung und hier mit dem Menüpunkt **EINSTELLUNGEN** im folgenden Dialog **EINSTELLUNGEN/ARTIKELVERWALTUNG** mit dem Button Währung festgelegt.

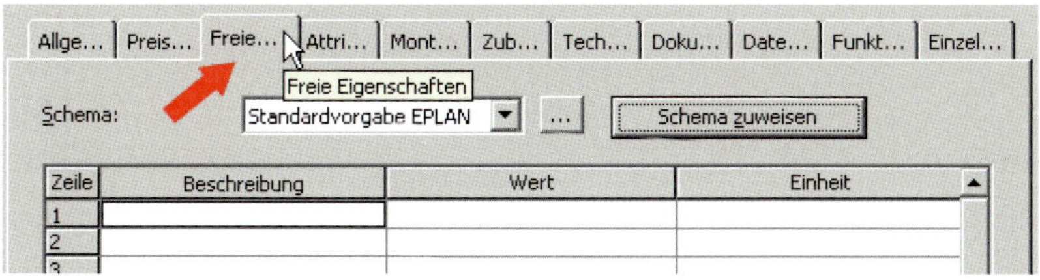

Bild 7.83 Registerkarte Freie Eigenschaften

Die Registerkarte *Freie Eigenschaften* umfasst 100 Eigenschaften, die frei zur Verfügung stehen. Diese freien Eigenschaften bestehen jeweils aus einer **Eigenschaft**, einem **Wert** für die Eigenschaft sowie einer **Einheit.**

Alle Felder sind frei in ihrer Verwendung und können zum Beispiel für Informationen genutzt werden, die kein Standardfeld des Artikels anbietet. Die freien Eigenschaften können mithilfe der Blockeigenschaften gezielt in einem Stromlaufplan an einem Symbol (wenn ein Artikel hinterlegt ist) notwendige oder zusätzliche Informationen anzeigen lassen.

Über die Möglichkeit, eigene Schemata mit freier Belegung der freien Eigenschaften zu erstellen, ist es möglich, Artikeln dieses Schema zuzuweisen, ohne die Inhalte der freien Eigenschaften bei jedem Artikel manuell einzutragen.

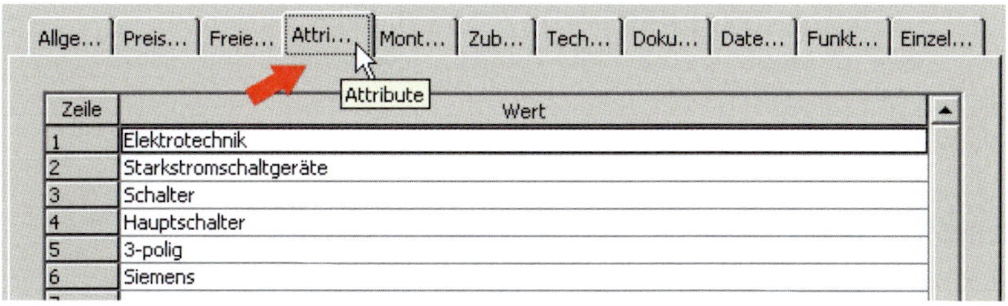

Bild 7.84 Registerkarte Attribute

Die Registerkarte *Attribute* ermöglicht, zu Artikeln noch weitere Informationen (in der Spalte **Wert**)zu hinterlegen, die standardmäßig nicht in der Artikelverwaltung vorhanden sind oder anderweitig gebraucht werden. Nach diesen Einträgen kann beispielsweise auch gefiltert oder sie können als Sortiermerkmal für die Baumkonfiguration genutzt werden. Die Einträge selbst sind auf 200 Zeichen begrenzt.

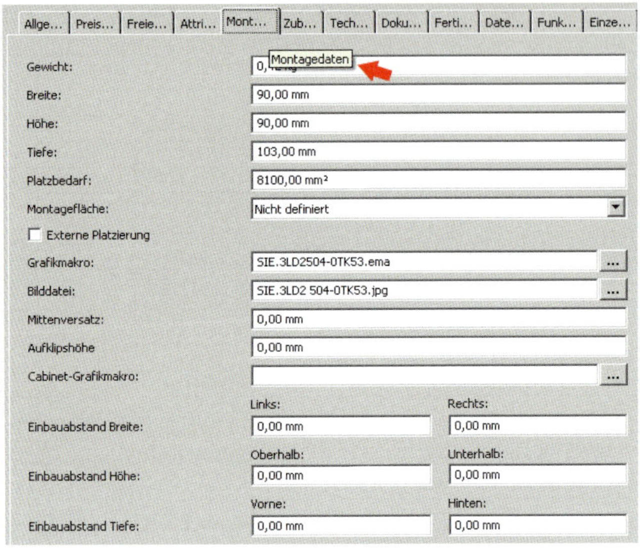

Bild 7.85 Registerkarte Montagedaten

Auf der Registerkarte *Montagedaten* befinden sich alle Informationen, die nötig sind, um den Artikel zum Beispiel für den Montageplattenaufbau nutzen zu können. Es empfiehlt sich, diese Informationen wie **Breite**, **Höhe** oder auch **Tiefe** (vor allem wichtig für den 3D-Montageaufbau (EPLAN Pro Panel)) für den Artikel exakt zu pflegen und fehlende Daten nachzutragen. Auch eine hinterlegte Bilddatei ist nützlich, da diese Information an verschiedenen Stellen in EPLAN ausgewertet werden kann. Dadurch wird die Arbeit, wie die Bestückung von Montageplatten oder die Auswertungen von Daten, wie beispielsweise Artikelstücklisten oder Betriebsmittellisten etc., sehr erleichtert, da diese benötigten Daten automatisch aus der Artikelverwaltung verarbeitet werden können.

HINWEIS: Das hier angebotene Feld **Grafikmakro** ist für das Add-on Pro Panel gedacht (3D-Makro). Für den 2D-Schaltschrankaufbau sollte das 2D-Makro auf der Registerkarte *Technische Daten* im Feld **Makro** hinterlegt werden.

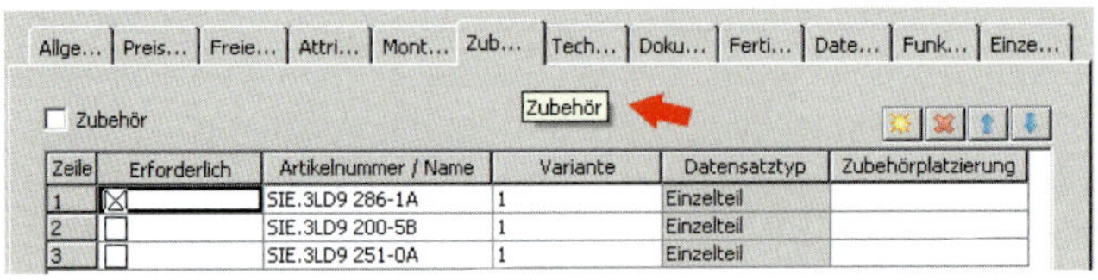

Bild 7.86 Registerkarte Zubehör

Die Registerkarte *Zubehör* ermöglicht es, »Haupt«Artikeln gezielt bestimmtes Zubehör zuzuordnen. Dieses Zubehör wird ebenfalls als ganz normaler Artikel angelegt. Über das Kontrollkästchen **Zubehör** wird es zum eigentlichen Zubehörteil und kann bei »Haupt«Artikeln in der Registerkarte *Zubehör* ausgewählt und zugeordnet werden.

Ausgewähltes Zubehör kann als **erforderlich** gekennzeichnet werden, oder wenn die Kennzeichnung fehlt, wird es als optionales Zubehörteil geführt.

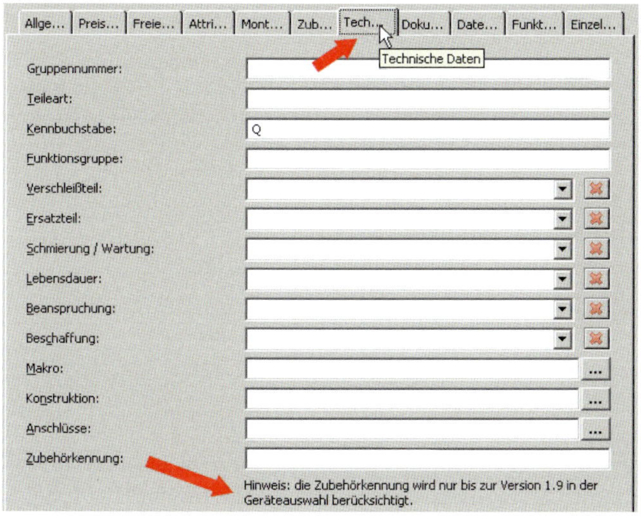

Bild 7.87 Registerkarte Technische Daten

Die Registerkarte *Technische Daten* enthält Daten zum Artikel, wie **Lebensdauer** oder ob der Artikel ein **Verschleißteil** ist. Auch hier sind die meisten Felder reine Eingabefelder wie das Feld **Gruppennummer** oder **Funktionsgruppe**.

> **HINWEIS:** Das Feld **Kennbuchstabe** wird nicht zur automatischen Vergabe von Kennbuchstaben beim Platzieren eines Gerätes genutzt. Vielmehr kann man dieses Feld nutzen, um in der Artikelverwaltung beispielsweise einen Filter auf den Kennbuchstaben Q zu setzen.

Die Felder **Verschleißteil**, **Ersatzteil**, **Schmierung/Wartung**, **Lebensdauer**, **Beanspruchung** und **Beschaffung** sind ebenfalls Eingabefelder. Allerdings wird hier jeder Eintrag von EPLAN erkannt und in eine (interne) Auswahlliste geschrieben, sodass sich über einen längeren Zeitraum in dieser Auswahlliste viele bisher getätigte Einträge, dann aber zum Auswählen, befinden.

Die restlichen Felder dieser Registerkarte, wie **Makro**, **Konstruktion**, **Anschlüsse** sind über den Auswahlbutton ... wählbar. Das Feld **Makro** kann das entsprechende Fenstermakro für das Projekt enthalten. Dieses Makro kann über die bekannten Makrofunktionen mit den verschiedenen Darstellungsarten (beispielsweise die Artikelplatzierung, Übersicht oder andere Darstellungsarten) so aufgebaut werden, dass es vielfältig während der Projektbearbeitung genutzt werden kann.

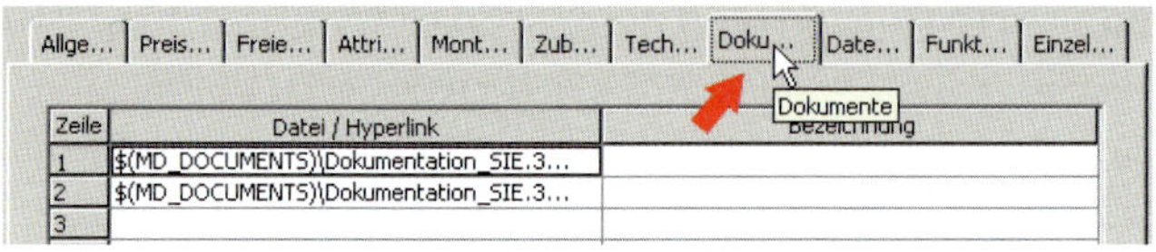

Bild 7.88 Registerkarte Dokumente

Die Registerkarte *Dokumente* kann bis zu 20 verschiedenen Dokumente aufnehmen. Das können Bedienungsanleitungen, Handbücher oder Ähnliches sein, mit der Möglichkeit, diese in verschiedenen Sprachen am Artikel zu hinterlegen.

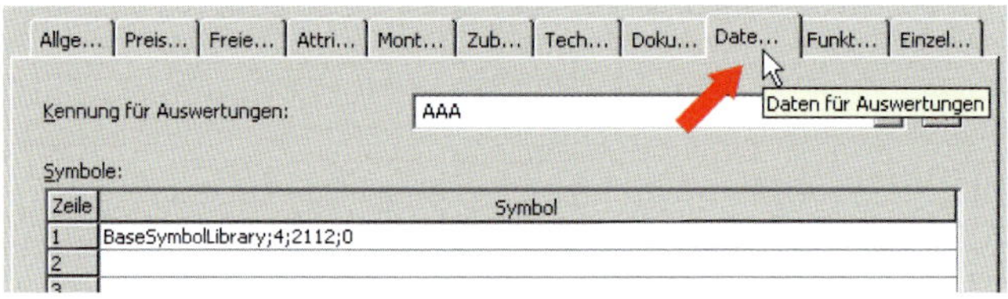

Bild 7.89 Registerkarte Daten für Auswertungen

Die Registerkarte *Daten für Auswertungen* wird in Verbindung mit dem Auswertungstyp **Betriebsmittelliste** und bedingten Formularen (so genannte Unterformulare für dynamische Formulare) sinnvoll genutzt. Damit lassen sich gezielt bestimmte grafische und komplexere Anforderungen an die Ausgabe der Artikel in einer Betriebsmittelliste darstellen.

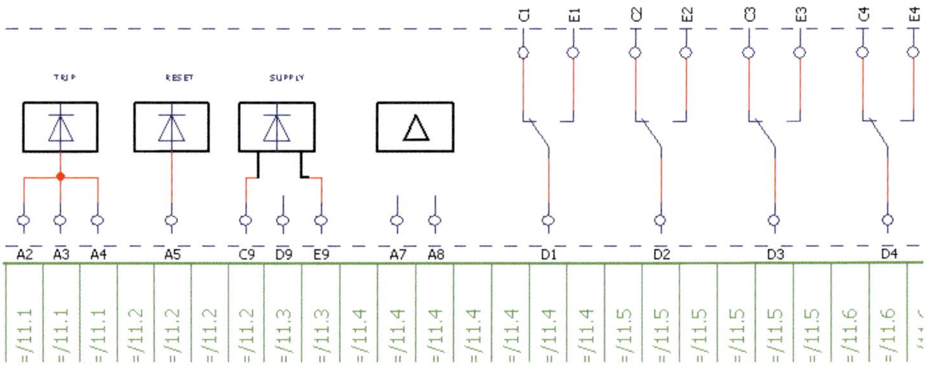

Bild 7.90 Beispieldarstellung einer komplexen grafischen Auswertung eines Artikels

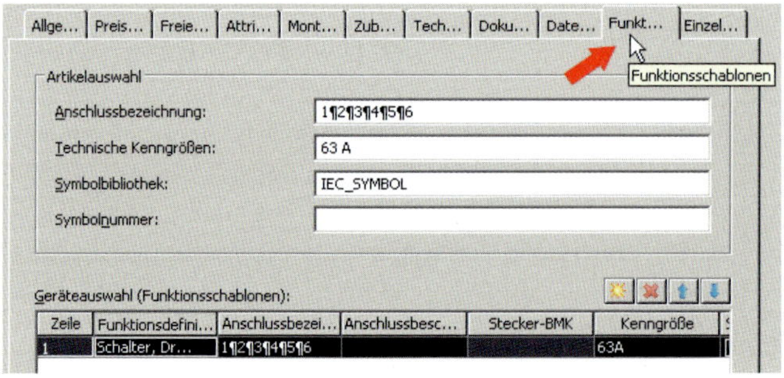

Bild 7.91 Registerkarte Funktionsschablonen

Die Registerkarte *Funktionsschablone* enthält die wichtigen Informationen zum eigentlichen Artikel und für die spätere Geräteauswahl des Artikels. Auf dieser Registerkarte werden die *Funktionsschablonen* für eine Geräteauswahl eines Artikels hinterlegt. Das heißt, hier wird festgelegt, ob es sich bei diesem Artikel um eine Lampe oder einen Hilfskontakt handelt.

Funktionsschablonen benötigt EPLAN, um während einer Geräteauswahl (nicht zu verwechseln mit einer Artikelauswahl) die vorhandenen verbauten Geräte im Projekt mit den Geräten in der Artikelverwaltung zu vergleichen. So können exakt die Geräte ausgewählt werden, die zu den verbauten Teilen im Stromlaufplan passen.

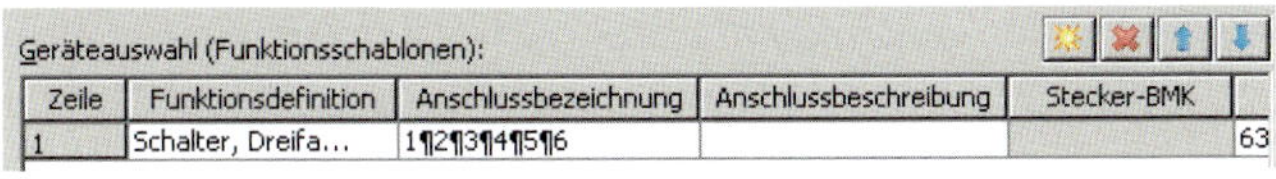

Bild 7.92 Die ersten Spalten der Funktionsschablone

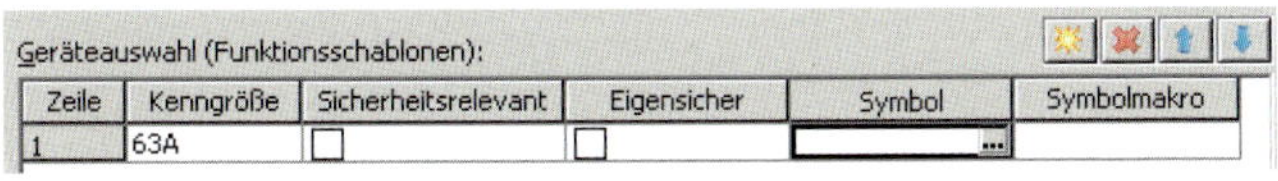

Bild 7.93 Die letzten Spalten der Funktionsschablone

Anhand der Einträge, wie der **Funktionsdefinition**, der **Anschlussbezeichnung**, der **Anschlussbeschreibung** oder der **Kenngröße** können Vergleichskriterien festgelegt werden. So wird ein Taster, der in der Artikelverwaltung mit der Funktionsdefinition Taster und den Anschlussbezeichnungen 7 und 8 versehen ist, nur einem Bauteil im Stromlaufplan mit exakt diesen Eigenschaften während einer Geräteauswahl zugeordnet werden können, wenn die Einstellung für die Geräteauswahl so festgelegt wird.

Zu jeder Funktionsdefinition können neben den vorangegangenen Werten auch bestimmte **Symbole** oder **Symbolmakros** festgelegt werden, welche EPLAN dann für die grafische Projektbearbeitung nehmen soll, falls das Standardsymbol nicht passen würde. Daneben können pro Funktionsdefinition Festlegungen getroffen werden, ob die Funktion *Sicherheitsrelevant* oder *Eigensicher* ist.

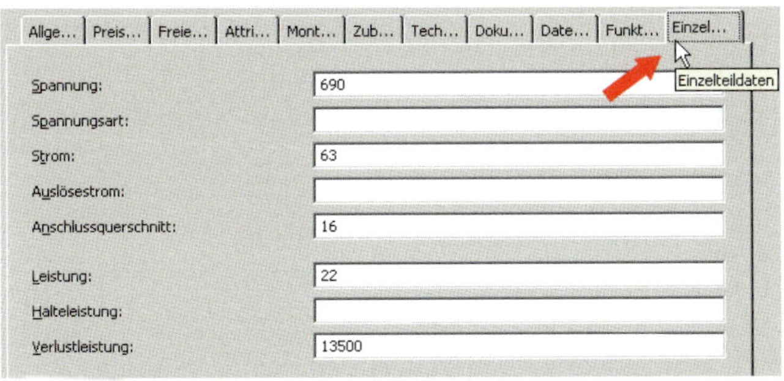

Bild 7.94 Registerkarte Einzelteildaten

Die letzte Registerkarte *Einzelteildaten* enthält weitere technische Daten zum Artikel, die auch ausgewertet werden können; sei es nun für Auswertungen, Berechnungen oder einfach als eine zusätzliche Darstellung im Stromlaufplan am Gerät.

7.5 Revisionsverwaltung

EPLAN Electric P8 bietet neben der eigentlichen Projekterstellung auch eine Verwaltung, um nach dem Ende der Projektbearbeitung Revisionen (Änderungen beispielsweise von der Baustelle, vom Endkunden etc.) an diesem Projekt zu erfassen, auszuwerten und je nach Anforderung zu dokumentieren.

Die Aufgabe, Revisionen erfassen, verwalten und dokumentieren, übernimmt in EPLAN Electric P8 die Revisionsverwaltung. EPLAN unterscheidet hier zwei grundsätzliche Verfahren, um eine Revisionsverwaltung durchzuführen: Die Revision auf Basis eines **Projektvergleiches** und die Revision anhand einer **Änderungsverfolgung**.

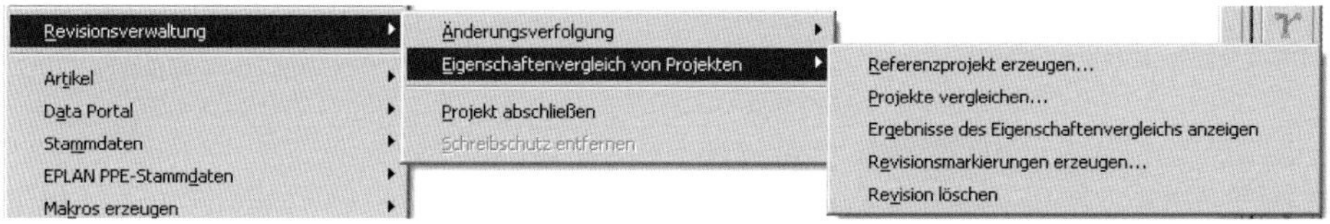

Bild 7.95 Revisionsverwaltung mit Eigenschaftenvergleich

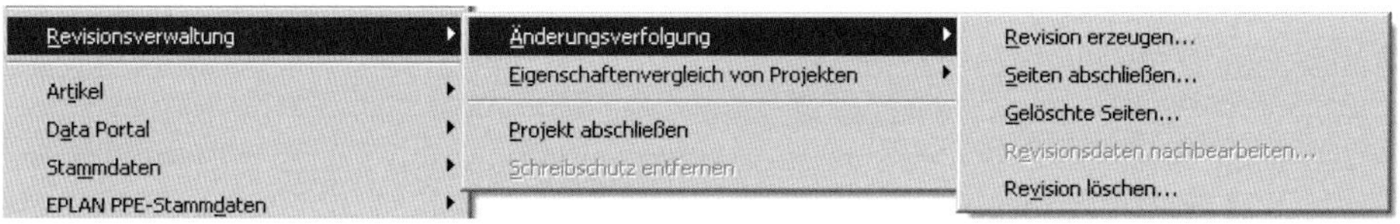

Bild 7.96 Revisionsverwaltung mit Änderungsverfolgung

7.5.1 Allgemeines

Grundsätzlich ist eine Revision in EPLAN Electric P8 Folgendes: Eine Revision ist ein bearbeitbares Projekt, in dem die verschiedensten Änderungen gekennzeichnet werden und dann über die Revision nachverfolgbar sind. Ein revisioniertes Projekt wird mit der Dateinamenerweiterung **.ell* abgespeichert.

Die folgenden Abschnitte werden die Revisionsverwaltung auf Basis einer Änderungsverfolgung erläutern.

7.5.2 Neue Revision erzeugen

Bevor eine Revision, und somit eine Änderungsverfolgung der sich geänderten Daten, durchgeführt werden kann, muss sie (die Revision) allerdings erst einmal für das Projekt aktiviert werden. Dazu wird über das Menü **DIENSTPROGRAMME/REVISIONSVERWALTUNG/ÄNDERUNGSVERFOLGUNG** der Menüpunkt **REVISION ERZEUGEN** gestartet.

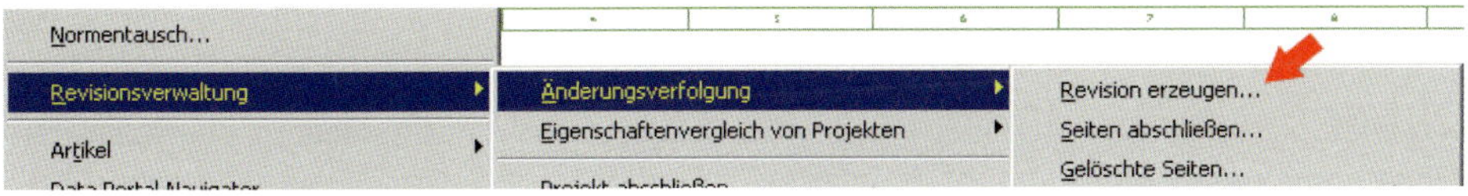

Bild 7.97 Eine Revision erzeugen

EPLAN startet den Dialog **REVISION ERZEUGEN.** Hier muss ein *Revisionsname* eingegeben werden. Der *Kommentar* zur Revision ist optional. Der *Benutzer* und das *Datum* sind nicht änderbar und werden von EPLAN automatisch gesetzt. Diese Daten gelten immer für eine komplette Revision. Man kann sie daher auch als eine Art globale »Überschrift« für die Revisionsdaten sehen. Diese Daten im Dialog **REVISION ERZEUGEN** gehören zu den Projekteigenschaften.

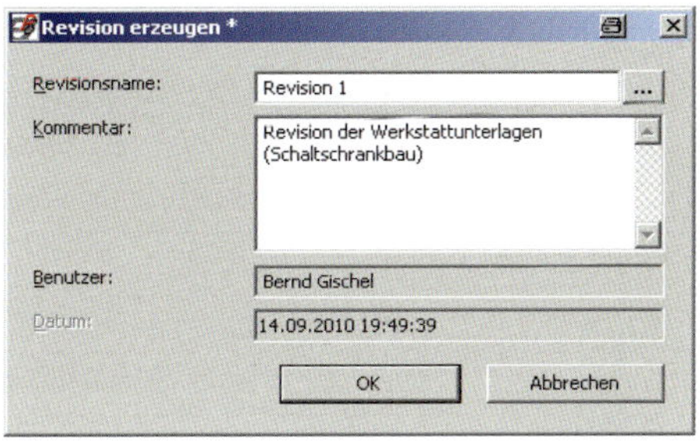

Bild 7.98 Revisionsdaten eintragen

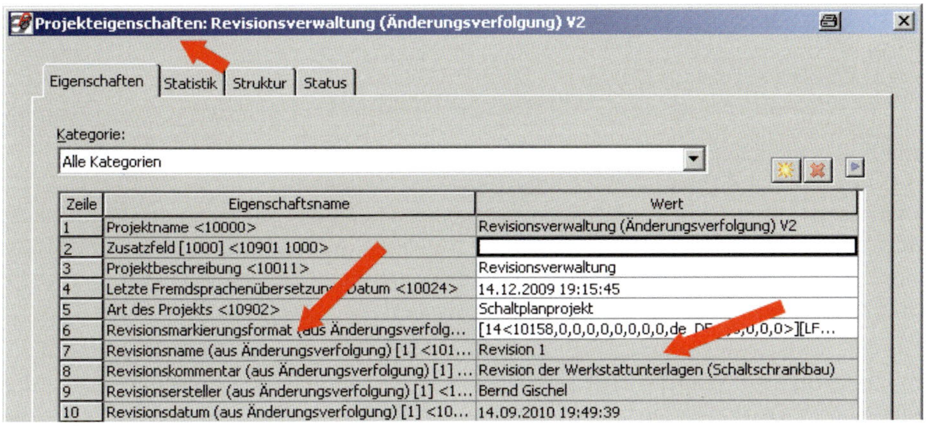

Bild 7.99 Projekteigenschaftsnamen der Revisionseinträge

Diese globalen Revisionsdaten kann man beispielsweise in das Normblatt einbinden. Wurden alle Daten eingetragen, kann der Dialog **REVISION ERZEUGEN** mit **OK** geschlossen werden. EPLAN erzeugt jetzt die Revision und ändert zur optischen Kontrolle das Icon des Projektes im Seiten-Navigator.

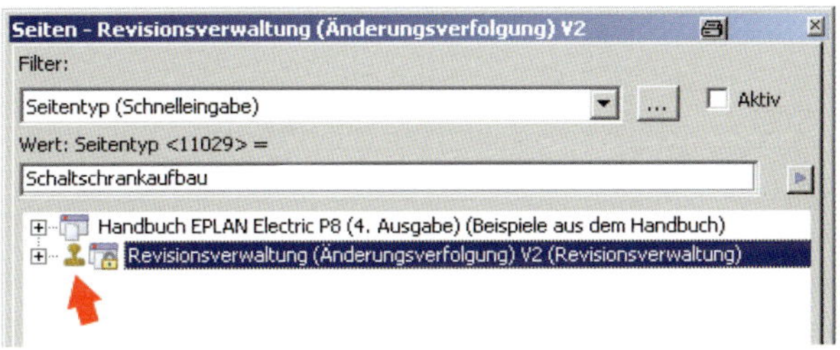

Bild 7.100 Geändertes Icon

7.5.3 Änderungen durchführen

Nachdem die Revision angelegt worden ist, können die Änderungen in die Stromlaufpläne eingetragen werden.

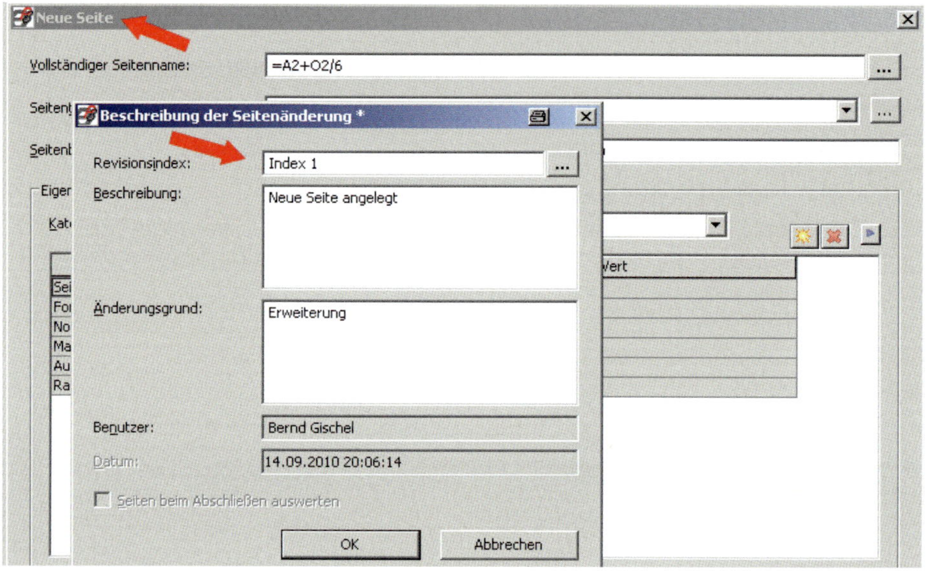

Bild 7.101 Indexabfrage nach einer Änderung

Nach Änderungen fragt EPLAN einen Revisionsindex ab. EPLAN öffnet dazu den Dialog **BESCHREIBUNG DER SEITENÄNDERUNG**. Hier wird der *Revisionsindex* festgelegt und eine *Beschreibung*, die wieder optional sein kann. Der Benutzer und das Datum der Änderung werden auch hier von EPLAN aus dem System fest vorgegeben.

Für den Revisionsindex sollte man sich auf ein System festlegen, damit hier kein Wildwuchs und nach dem Abschluss des Projektes kein chaotisches Durcheinander für die Nummerierung des Revisionsindex entsteht. Der Revisionsindex und eventuell auch die Beschreibung des Revisionsindex sollten sinnvollerweise in das Normblatt integriert werden. Damit wird auch beispielsweise bei einem Ausdruck sofort sichtbar, dass hier eine Seite geändert wurde.

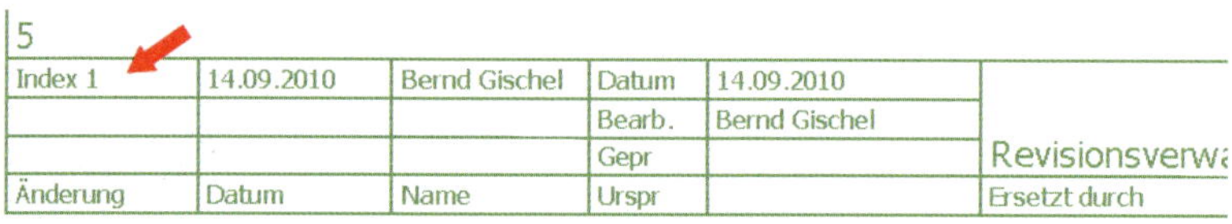

Bild 7.102 Eintrag des Revisionsindex im Normblatt

Die Eigenschaften des Revisionsindex und deren zusätzliche Daten, wie die Beschreibung, sind reine Seiteneigenschaften.

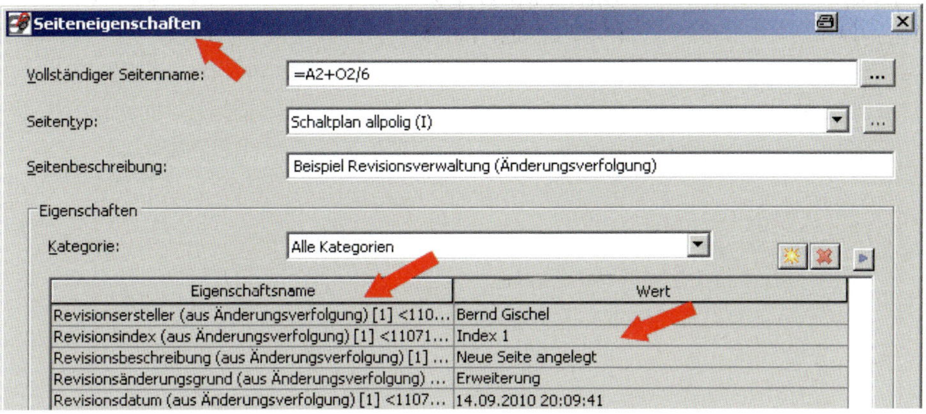

Bild 7.103 Der Revisionsindex in den Seiteneigenschaften

Generell sind nun beliebige Änderungen im Projekt möglich. Änderungen auf einer Seite werden mit dem **Wasserzeichen** (der Text des Wasserzeichens kann in den Einstellungen geändert werden) quer über das Normblatt gekennzeichnet, und in der Titelleiste des Fensters erscheint zusätzlich das Wort **Entwurf**. Damit ist schon rein optisch zu erkennen, dass diese Seite mit den Änderungen noch nicht abgeschlossen wurde.

EPLAN bietet die Möglichkeit, Revisionsmarkierungen für jede Änderung zu setzen. Dazu kommt noch die Möglichkeit, bei verschiedenen Arten von Änderungen auch verschiedene, optische Revisionsmarkierungen zu setzen.

Bild 7.104 Grafische Markierungen für verschiedene Änderungen

EPLAN unterscheidet also die Änderungen zwischen *Hinzugefügt*, *Geändert*, *Neu in Auswertung* und *Gelöscht*. Je nach Wunsch kann man sich diese grafischen Markierungen pro Projekt anders einstellen.

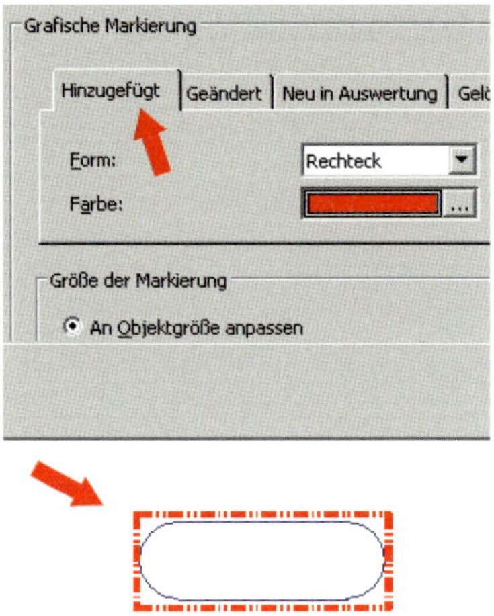

Bild 7.105 Grafische Markierung für hinzugefügte Objekte

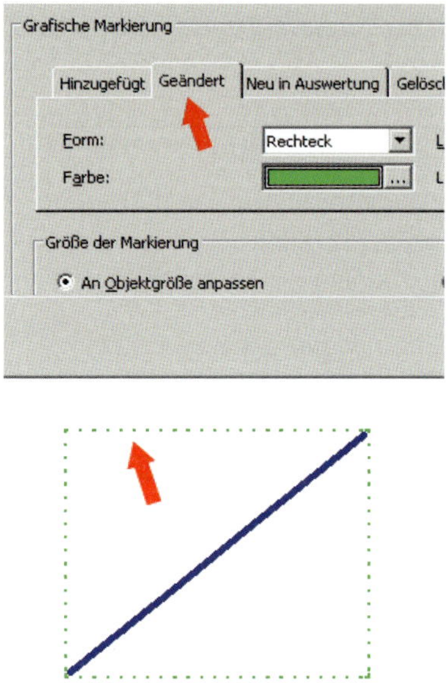

Bild 7.106 Grafische Markierung für geänderte Objekte

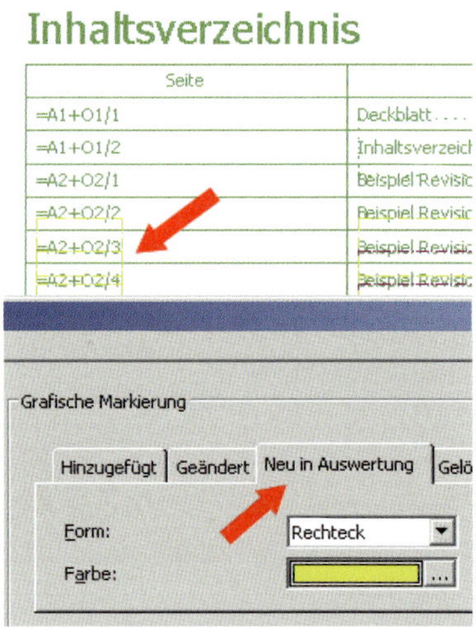

Bild 7.107 Grafische Markierung für »Neu in der Auswertung«

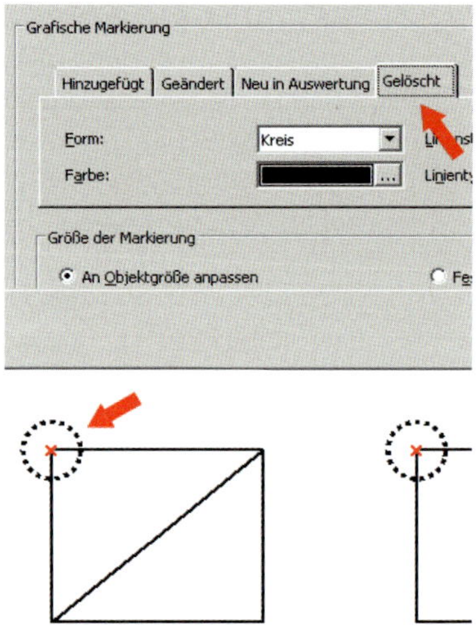

Bild 7.108 Grafische Markierung für gelöschte Objekte

7.5.4 Seite oder Seiten abschließen

Nachdem die Änderungen in das Projekt eingearbeitet wurden, sollten die Seite oder Seiten abgeschlossen werden. Dazu wird im Menü **DIENSTPROGRAMME/REVISIONSVERWALTUNG/ÄNDERUNGSVERFOLGUNG** der Menüpunkt **SEITEN ABSCHLIESSEN** gestartet.

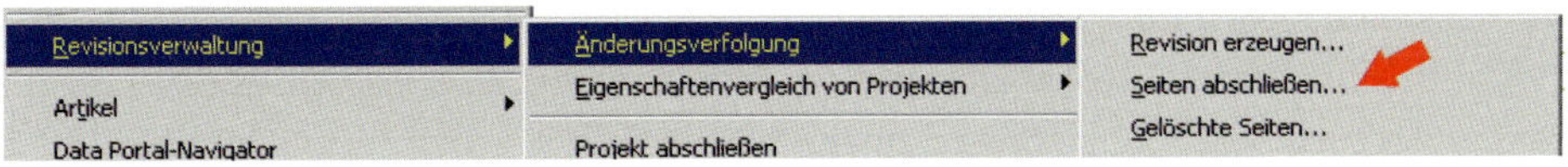

Bild 7.109 Seiten abschließen

EPLAN öffnet den Dialog **BESCHREIBUNG DER SEITENÄNDERUNG**. Hier muss jetzt der Revisionsindex eingetragen werden. Es kann aber auch anhand des More-Buttons in den Dialog **REVISIONSINDEX AUSWÄHLEN** gewechselt werden. Hier kann ein schon bestehender Revisionsindex ausgewählt, übernommen und abgeändert werden.

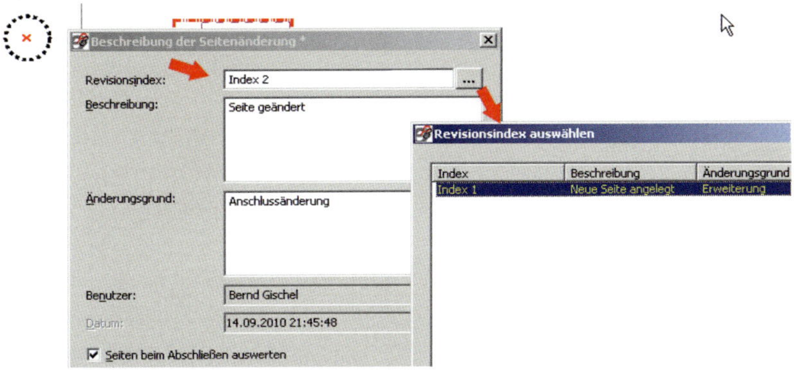

Bild 7.110 Beschreibung der Seitenänderung festlegen

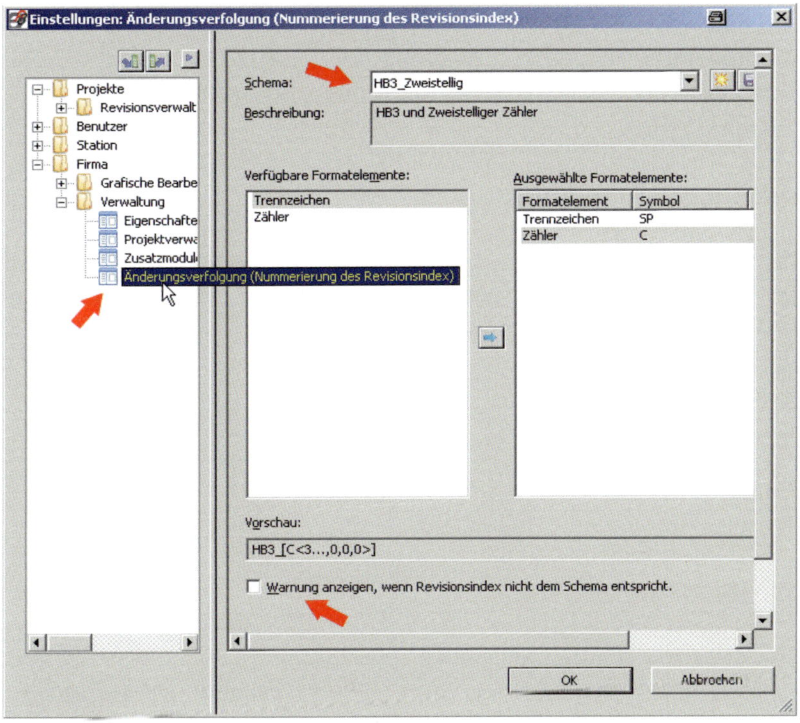

Bild 7.111 Nummerierung des Revisionsindex festlegen

Wurde in den Einstellungen (**OPTIONEN/DIENSTPROGRAMME/FIRMA/VERWALTUNG/ÄNDERUNGSVERFOLGUNG (NUMMERIERUNGSSCHEMA FÜR REVISIONSINDEX)**) ein Nummerierungsschema für den Revisionsindex festgelegt, wird automatisch ein Revisionsindex nach diesem eingestellten Schema vorgeschlagen.

> **HINWEIS:** Solange das Projekt nicht selbst abgeschlossen wurde, kann jede abgeschlossene Seite erneut geändert werden. Es muss anschließend nur wieder die Seite abgeschlossen werden.

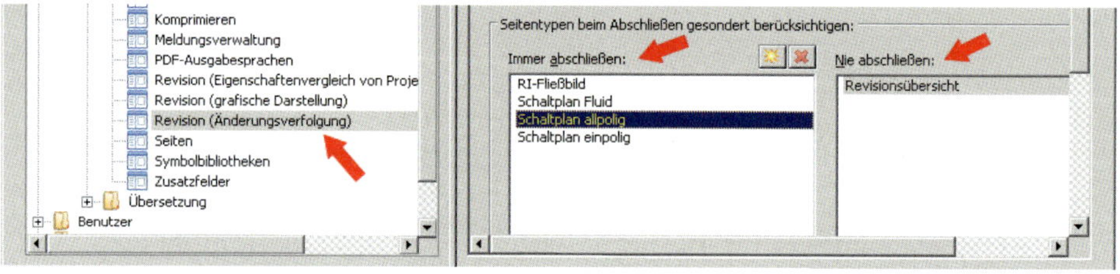

Bild 7.112 Seitentypen besonders behandeln

Die Option Seiten **Immer abschließen** bedeutet, dass diese Seiten immer einen Revisionsindex bekommen, auch wenn hier keine Änderungen durchgeführt worden sind. EPLAN kann hier aber nur einen automatischen Revisionsindex vergeben, wenn dafür in den Einstellungen ein Schema vorgegeben wurde.

Seiten **Nie abschließen** hat das Gegenteilige zur Folge. Diese Seiten werden bei einer Revision nicht berücksichtigt, auch wenn hier Änderungen durchgeführt wurden.

7.5.5 Auswertungen erzeugen

Wurden alle Änderungen durchgeführt, können die Auswertungen erzeugt und/oder aktualisiert werden. Spezielle Revisionsübersichten ermöglichen einen Überblick über die im Projekt durchgeführten Änderungen.

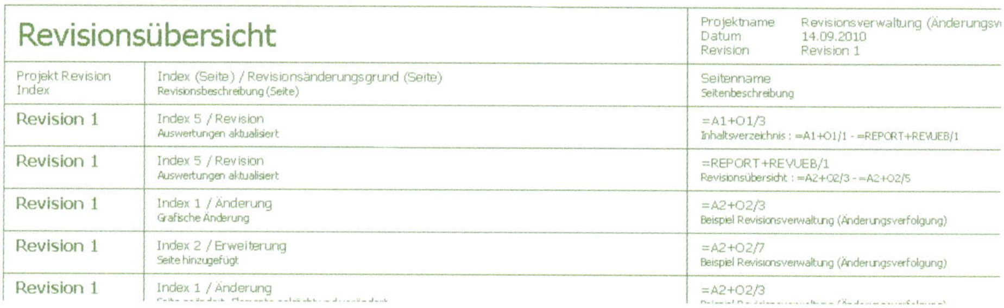

Revisionsübersicht		Projektname Revisionsverwaltung (Änderungsv Datum 14.09.2010 Revision Revision 1
Projekt Revision Index	Index (Seite) / Revisionsänderungsgrund (Seite) Revisionsbeschreibung (Seite)	Seitenname Seitenbeschreibung
Revision 1	Index 5 / Revision Auswertungen aktualisiert	=A1+O1/3 Inhaltsverzeichnis : =A1+O1/1 - =REPORT+REVUEB/1
Revision 1	Index 5 / Revision Auswertungen aktualisiert	=REPORT+REVUEB/1 Revisionsübersicht : =A2+O2/3 - =A2+O2/5
Revision 1	Index 1 / Änderung Grafische Änderung	=A2+O2/3 Beispiel Revisionsverwaltung (Änderungsverfolgung)
Revision 1	Index 2 / Erweiterung Seite hinzugefügt	=A2+O2/7 Beispiel Revisionsverwaltung (Änderungsverfolgung)
Revision 1	Index 1 / Änderung	=A2+O2/3

Bild 7.113 Auswertung Revisionsübersicht

Ein spezieller Menüeintrag ermöglicht es, auch die im Projekt gelöschten Seiten aufzulisten. Dieser Menüpunkt ist erreichbar über **DIENSTPROGRAMME/REVISIONSVERWALTUNG/ÄNDERUNGSVERFOLGUNG/GELÖSCHTE SEITEN**. Wird diese Funktion gestartet, öffnet EPLAN den Dialog **GELÖSCHTE SEITEN**. Darin befinden sich Informationen, wann und wie Seiten gelöscht worden sind (beispielsweise durch Auswertungen aktualisieren), zuzüglich der selbst eingegebenen Daten, wie zum Beispiel ein Änderungsgrund.

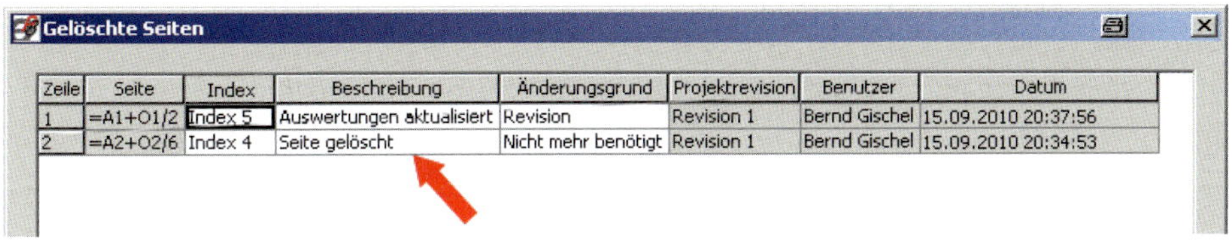

Bild 7.114 Dialog Gelöschte Seiten

7.5.6 Projekt abschließen

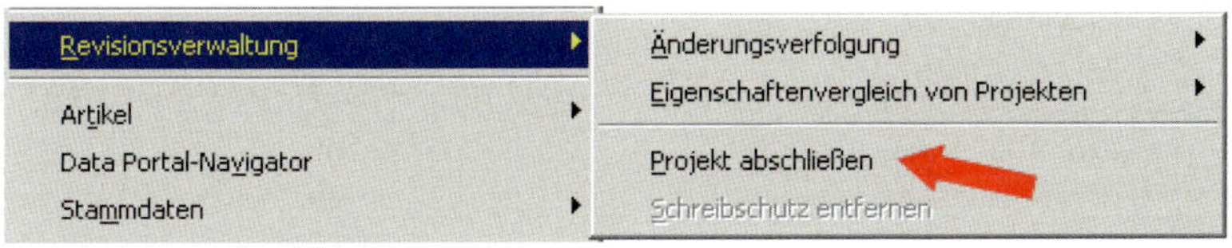

Bild 7.115 Projekt abschließen

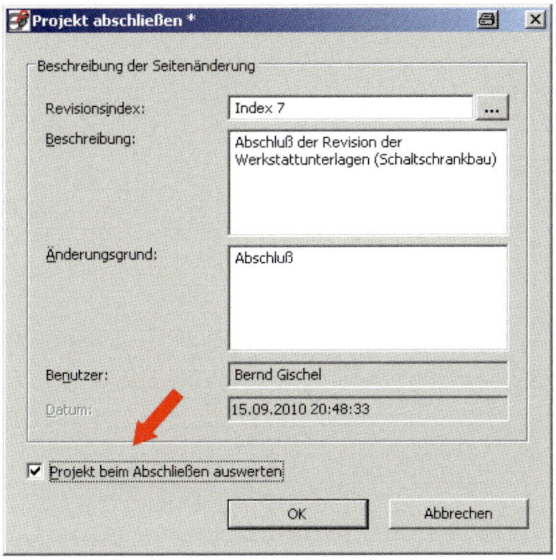

Bild 7.116 Projekt abschließen

Wurden alle Änderungen erledigt, die Auswertungen erzeugt und aktualisiert, die Seiten abgeschlossen, kann das Projekt selbst abgeschlossen werden. Dazu wird im Menü **DIENSTPROGRAMME/REVISIONSVERWALTUNG** der Menüpunkt **PROJEKT ABSCHLIESSEN** gewählt. EPLAN startet den Dialog **PROJEKT ABSCHLIESSEN**. Hier werden die schon bekannten Daten eingetragen, wie Revisionsindex oder der Änderungsgrund. Wird die Option **PROJEKT BEIM ABSCHLIESSEN AUSWERTEN** gewählt, passiert Folgendes: EPLAN aktualisiert das Projekt, wertet alle Auswertungen aus und schließt jede Seite ab, das heißt, EPLAN entfernt den Eintrag Entwurf bzw. das Wasserzeichen. Alle Revisionsindizes, die EPLAN dafür automatisch vergibt, tragen den letzten selbst festgelegten Revisionsindex.

Revisionsübersicht		Projektname Revisionsverwaltung (Änder Datum 15.09.2010 Revision Revision 3
Projekt Revision Index	Index (Seite) / Revisionsänderungsgrund (Seite) Revisionsbeschreibung (Seite)	Seitenname Seitenbeschreibung
Revision 3	Index 11 / Kompletter Abschluß Kompletter Abschluß inkl. Auswertungen erzeugen	=REPORT+REVUEB/1.a Revisionsübersicht : =A2+O2/5 - =A2+O2/5
Revision 3	Index 10 / Fertig gestellt Kundenänderungen	=A1+O1/3 Inhaltsverzeichnis : =A1+O1/1 - =REPORT+REVUEB/1..
Revision 3	Index 10 / Fertig gestellt Kundenänderungen	=A2+O2/1 Beispiel Revisionsverwaltung (Änderungsverfolgung)
Revision 3	Index 10 / Fertig gestellt Kundenänderungen	=A2+O2/2 Beispiel Revisionsverwaltung (Änderungsverfolgung)
Revision 3	Index 10 / Fertig gestellt Kundenänderungen	=A2+O2/3 Beispiel Revisionsverwaltung (Änderungsverfolgung)
Revision 3	Index 10 / Fertig gestellt Kundenänderungen	=A2+O2/4 Beispiel Revisionsverwaltung (Änderungsverfolgung)
Revision 3	Index 10 / Fertig gestellt	=A2+O2/5

Bild 7.117 Automatisches abgeschlossenes Projekt

Ein abgeschlossenes Projekt wird im Seiten-Navigator mit einem entsprechenden Icon dargestellt.

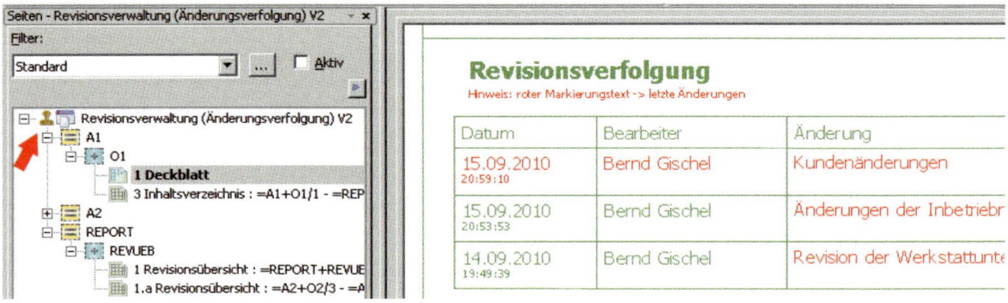

Bild 7.118 Icon eines abgeschlossenen Projekts

8 Export, Import, Drucken

EPLAN bietet eine Reihe von Export- und Importfunktionen für das gesamte Projekt oder auch einzelne Seiten an. Der Export bzw. Import ist eine relativ einfache Sache, die sich aber immer nur auf die markierten (oder immer alle) Seiten eines Projekts bezieht.

Ein Export wird über das Menü **SEITE/EXPORTIEREN/[ART DES EXPORTS]** gestartet, der Import über den Menüaufruf **SEITE/IMPORTIEREN/[ART DES IMPORTS]**.

Menü Export

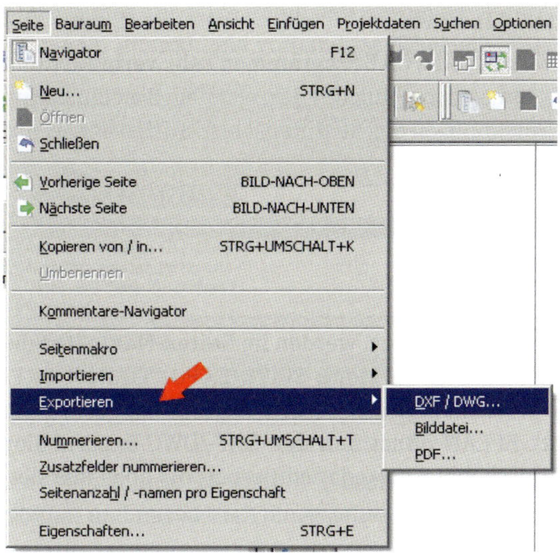

Bild 8.1 Menüaufruf der verschiedenen Exportmöglichkeiten

Menü Import

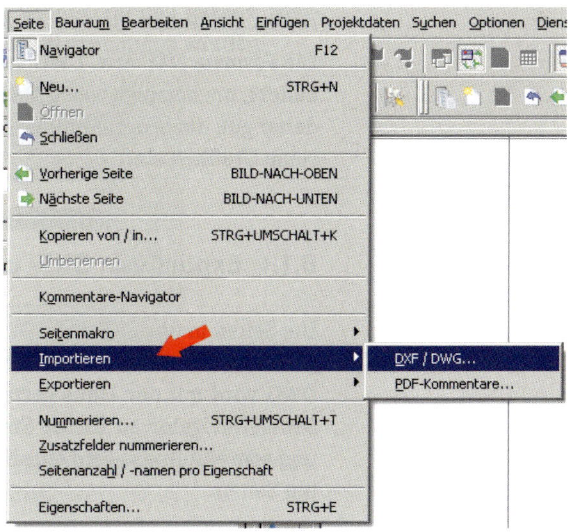

Bild 8.2 Menüaufruf der verschiedenen Importmöglichkeiten

HINWEIS: Exportierte Seiten in einem Bildformat oder im Format DXF/DWG enthalten nach dem Export keine (elektrotechnische) Logik mehr.

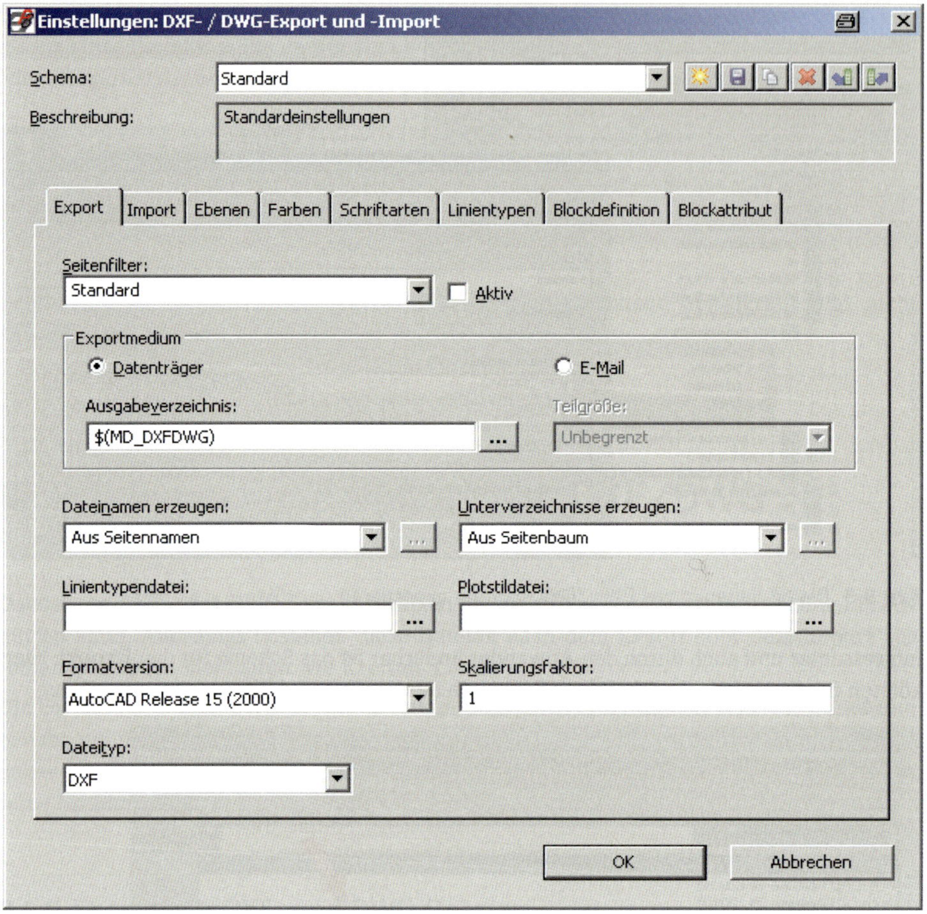

Bild 8.5 Einstellungen für den Export von DXF-/DWG-Dateien

Für einen Export von Seiten in das DXF-/DWG-Format sind einige Parameter wichtig. Es sollte aber an dieser Stelle ein neues Schema mit dem Button **NEU** angelegt und nicht im eingestellten Schema geändert werden. Eine Ausnahme wäre, wenn die Einstellungen im Schema nicht optimal sind. Dann werden diese angepasst, und das Schema wird mit dem gleichen Namen erneut gespeichert.

Wurden der Name und eine optionale Beschreibung für das neue Schema festgelegt, wird der Dialog mit **OK** verlassen. EPLAN trägt den neuen Schemanamen in das Auswahlfeld **Schema** ein. Anschließend können die gewünschten Exporteinstellungen angepasst werden.

Das **Ausgabeverzeichnis** kann hier, abweichend vom globalen Ausgabeverzeichnis für DXF-/DWG-Dateien, speziell für das geöffnete Projekt beliebig abgeändert werden.

Die **Formatversion** sollte an das Zielsystem angepasst werden. EPLAN bietet dazu im Auswahlfeld eine Reihe von unterschiedlichen Einträgen zur Auswahl an. EPLAN bietet eine gewisse Auswahl an verschiedenen Zielsystemen an.

Der **Dateityp** ist einstellbar auf DXF oder DWG. Auch diese Einstellung kann über das Auswahlfeld gewählt und muss je nach Anforderung eingestellt werden.

Der **Skalierungsfaktor** steuert die Vergrößerung oder die Verkleinerung der Ausgabe einer Seite. Im Normalfall beträgt er 1, das heißt, die Seite wird 1:1 ohne eine Vergrößerung bzw. Verkleinerung in das DXF-/DWG-Format geschrieben. Dieser Eintrag sollte auf dem Standardwert belassen werden.

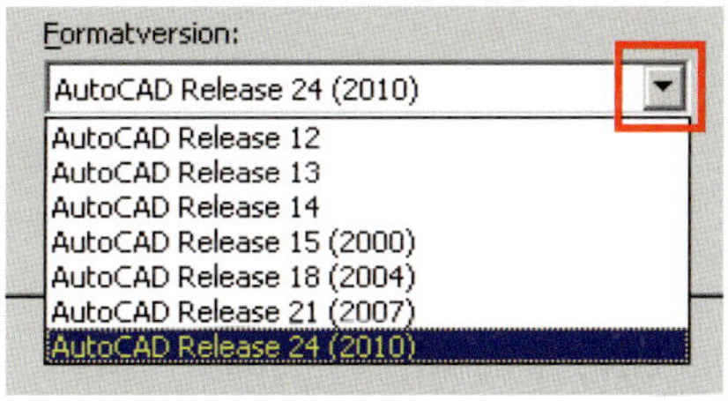

Bild 8.6 Auswahl der Formate

Die Option *Dateinamen erzeugen* lässt dem Anwender die Wahl, welche Bezeichnungen die erzeugten DXF-/DWG-Dateien bekommen sollen. Möglich wäre, dass EPLAN sie per Automatik aus einer *fortlaufenden Nummer* erzeugt, oder der Dateiname wird über ein eigenes Schema aus verschiedenen Eigenschaften der Seiten und/oder des Projekts selbst individuell festgelegt (Option *Aus Eigenschaften*).

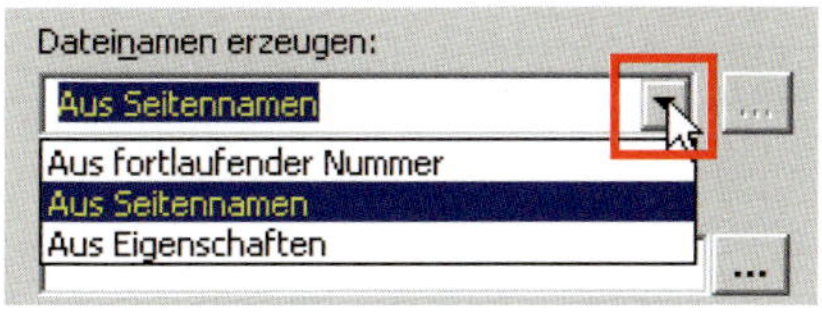

Bild 8.7 Möglichkeiten der Dateinamen

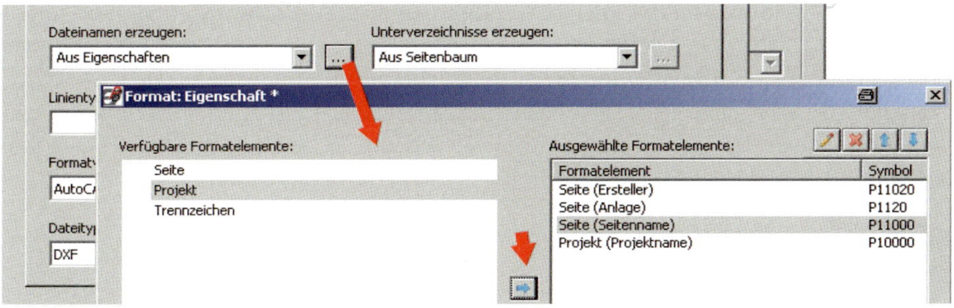

Bild 8.8 Dateinamen aus Eigenschaften (Formatelementen) erzeugen

Sind alle Optionen bzw. Parameter eingestellt, wird das Schema mit dem grafischen Button [SPEICHERN] gespeichert. Damit steht es nun immer zur Verfügung und kann, wie vorangehend schon beschrieben, auch für andere Projekte genutzt werden.

Des Weiteren ist es möglich, die zu erzeugenden DXF-/DWG-Dateien in festgelegte **Unterverzeichnisse** ausgeben zu lassen. Das wäre beispielsweise praktisch, wenn man die Ausgabe so strukturieren möchte, dass pro Anlage ein Unterverzeichnis erzeugt und dort alle zur Anlage gehörenden Seiten ausgegeben werden.

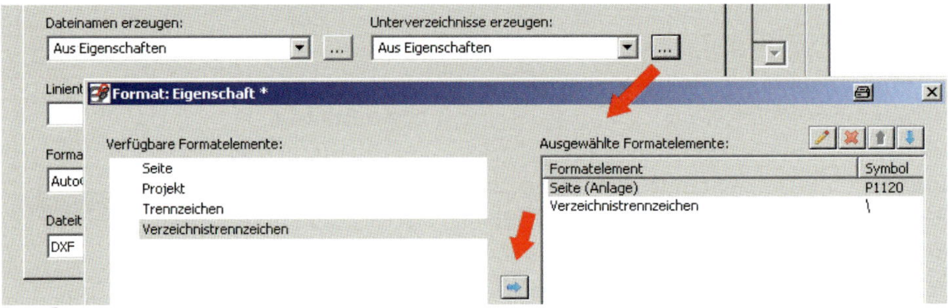

Bild 8.9 Möglichkeit der Ausgabe in Unterverzeichnisse

Die beiden restlichen Einstellungen Linientypdatei (*.lin) und Plotstildatei (*.ctb) werden vom Zielsystem vorgegeben und müssen als Datei vorliegen, um sie mit auswerten zu können.

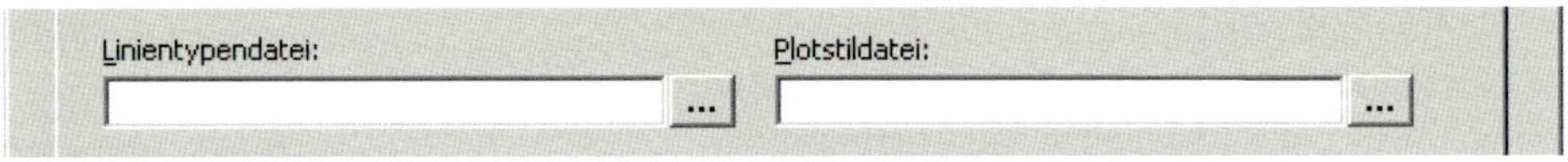

Bild 8.10 Möglichkeiten, Typen/Stile durch das Zielsystem vorgeben zu lassen

Der Dialog **Einstellungen des DXF-/DWG-Exports und -Imports** wird über den Button **OK** verlassen. Der Button **ABBRECHEN** verwirft im Übrigen alle gemachten Einstellungen zum Schema. EPLAN übernimmt nun das neu erstellte Schema in den Dialog **DXF-/DWG-Export** und passt auch das Ziel(verzeichnis) der Ausgabe an, falls es im Schema neu angegeben wurde. Mit Klick auf den Button **OK** erzeugt EPLAN für die markierten Seiten jeweils eine DXF- oder DWG-Datei mit den eingestellten Ausgabeparametern.

HINWEIS: Sollten sich doppelte Dateinamen ergeben, quittiert EPLAN das mit einer Meldung und bricht anschließend den Export ohne weitere Meldungen ab.

Bild 8.11 Fehlermeldung beim Erzeugen der Ausgabe

Läuft die Ausgabe ohne Probleme durch, werden die Ausgaben erzeugt. EPLAN schließt dann alle Dialoge, und der Fokus liegt wieder auf der grafischen Bearbeitung.

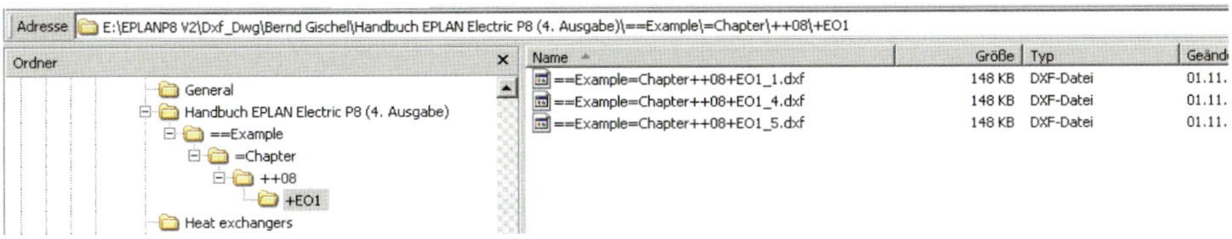

Bild 8.12 Erzeugte DXF-Dateien in der eingestellten Verzeichnisstruktur

8.1.2 Import von DXF- und DWG-Dateien

EPLAN kann nicht nur DXF-/DWG-Dateien exportieren (erzeugen), sondern auch CAD-Zeichnungen im DXF- und DWG-Format importieren und als Projektseiten anlegen.

Bild 8.13 Import von DXF-/DWG Dateien

Über das Menü **SEITE/IMPORTIEREN/DXF/** DWG wird der Dialog **DXF-/DWG-Dateiauswahl** gestartet. EPLAN öffnet standardmäßig das bei der Installation erstellte DXF-/DWG-Verzeichnis zur Auswahl der Dateien. Natürlich kann jedes beliebige Verzeichnis angewählt werden.

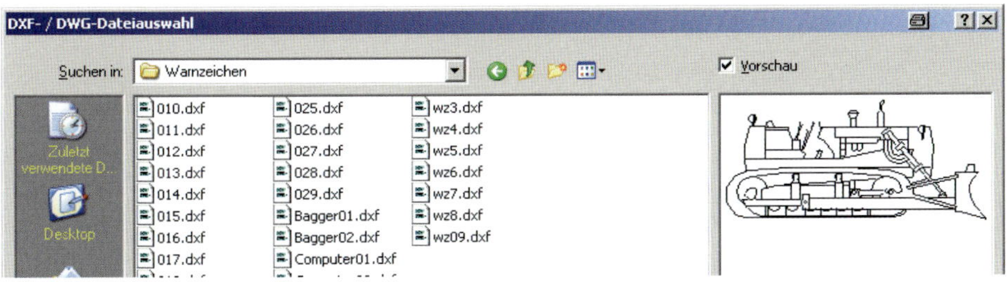

Bild 8.14 Dialog zum Importieren von DXF- oder DWG-Dateien

Der gewünschte Dateityp zum Import (DXF oder DWG) wird im unteren Bereich des Dialogs eingestellt.

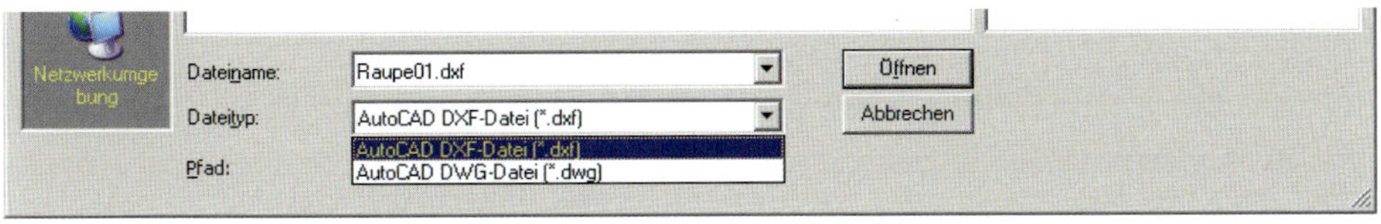

Bild 8.15 Auswahl des Dateityps

Um eine Vorauswahl treffen zu können, kann die Option **VORSCHAU** eingeschaltet werden. EPLAN zeigt dann eine kleine Vorschau der betreffenden Datei. Sind mehrere Dateien markiert, entfällt diese Vorschau.

Im Dialog **DXF-/DWG-Dateiauswahl** können nun eine oder mehrere Dateien markiert werden, mit dem Button **OK** wird diese Auswahl übernommen. EPLAN startet dann den Dialog **DXF-/DWG-Import**.

Das im unteren Bereich eingestellte Schema ist das gleiche wie für den Export von DXF-/DWG-Dateien (da dieses Schema auch die Importeinstellung enthält).

Um das Schema anzupassen oder ein neues anzulegen, wird mit dem Button [...] der schon bekannte Dialog **Einstellungen DXF-/DWG-Export und -Import** gestartet.

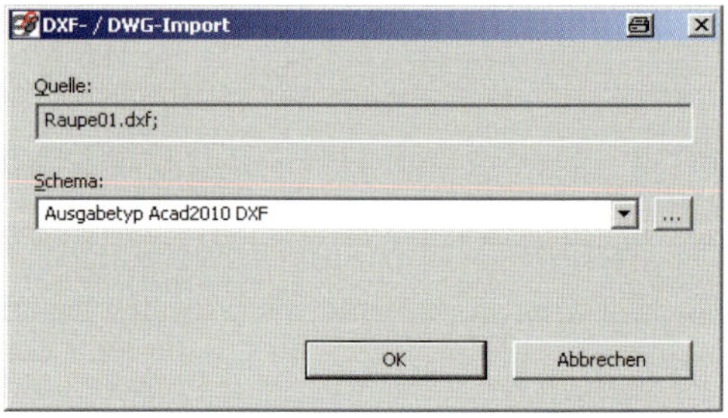

Bild 8.16 Importdialog

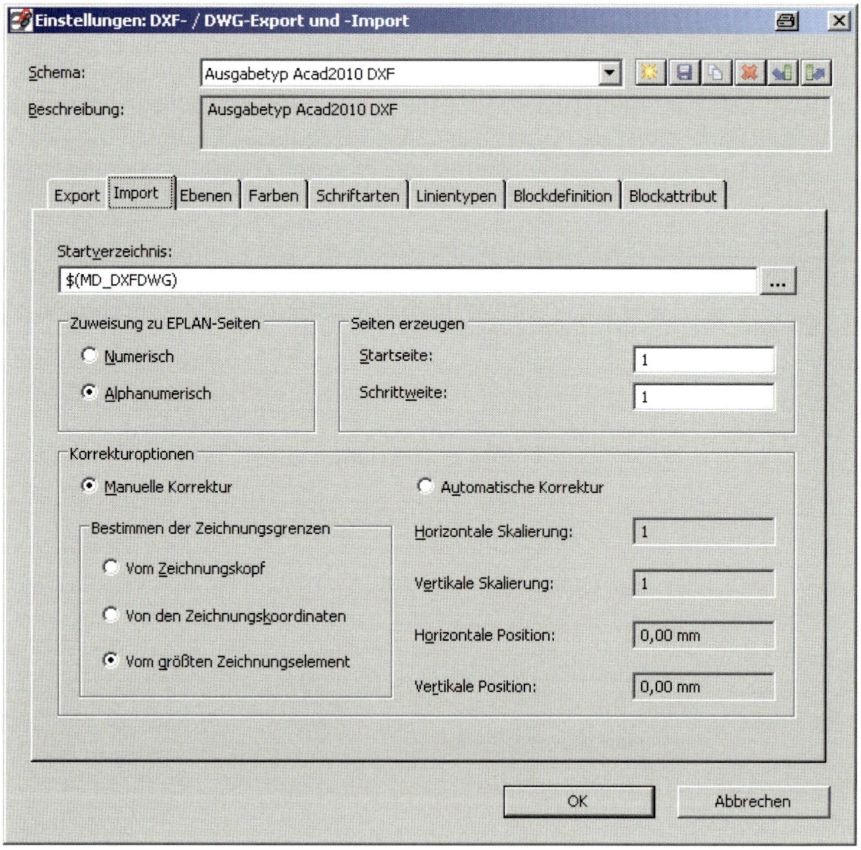

Bild 8.17 Einstellungen für den Import von DXF-/DWG-Dateien

Auf der Registerkarte **Import** können nun, vor dem eigentlichen Import, noch Parameter und Optionen für den Import der DXF-/DWG-Dateien eingestellt werden.

TIPP: Es empfiehlt sich, die Einstellungen erst einmal so zu übernehmen, wie EPLAN sie im Standardschema vorgibt. Die Einstellung **Seiten erzeugen** kann aber schon einmal vorgegeben werden. Sie wird jedoch mit einem späteren Dialog noch einmal abgefragt und bietet dann auch mehr Möglichkeiten, um die DXF-/DWG-Dateien gezielter im Projekt zu platzieren.

Der Dialog kann nun, wenn nichts geändert wurde, über **OK** verlassen werden. EPLAN kehrt zurück zum Dialog **DXF-/DWG-Import**. Mit einem Klick auf **OK** startet EPLAN den Import.

Im Dialog **Seiten zuweisen** folgt die wichtige Abfrage zur Einsortierung der DXF-/DWG-Dateien in die vorhandene Seitenstruktur des Projekts.

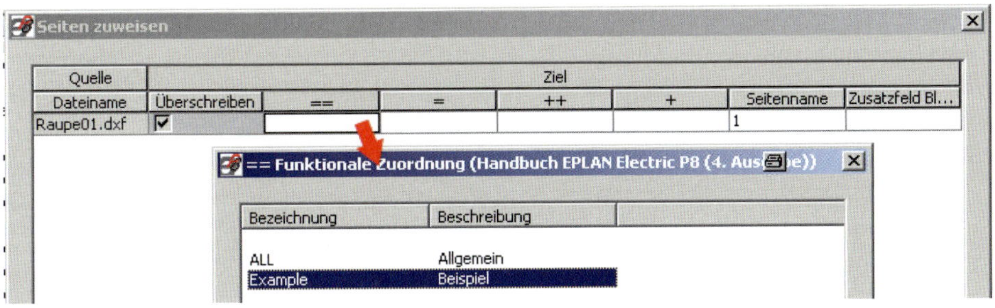

Bild 8.18 Seiten vor dem eigentlichen Erzeugen der Projektseiten zuweisen

Im Dialog können die gewünschten Zielbezeichnungen eingetragen werden. Über den Button NUMMERIEREN können die Zielseiten vor dem Import noch, wenn benötigt, neu nummeriert werden.

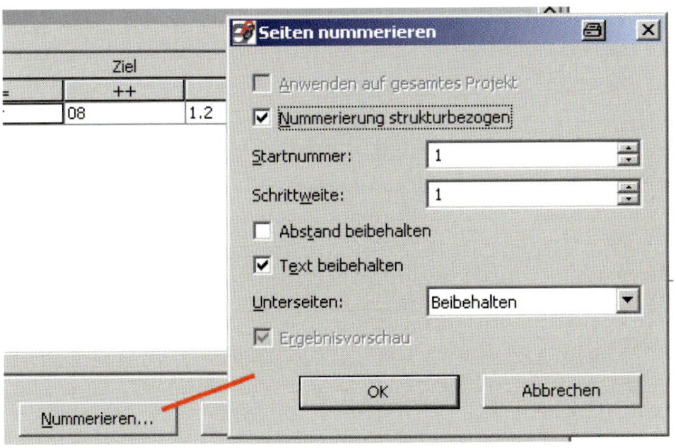

Bild 8.19 Seiten automatisch nummerieren lassen

Mit Klick auf OK im Dialog **Seiten zuweisen** werden die Seiten importiert (eventuell noch mit einem Abfragedialog **Importformatierungen**, der aber mit einem Klick auf OK bestätigt werden kann) und in der Seitenstruktur, wie angegeben, in das Projekt eingeordnet.

Der Import der DXF-/DWG-Dateien ist damit abgeschlossen. Die DXF-/DWG-Dateien wurden eingelesen und auf Seiten vom Typ Grafik abgebildet. Sie können jetzt mit den üblichen grafischen Bearbeitungsfunktionen weiter bearbeitet werden.

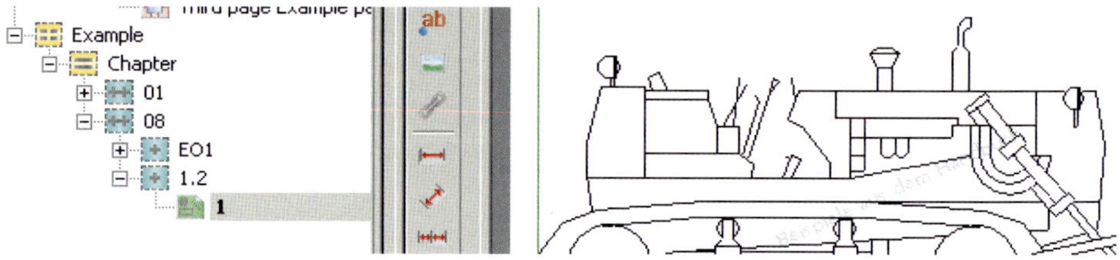

Bild 8.20 Eingelesenes Beispiel einer DXF-Datei

Es sei hier noch einmal darauf hingewiesen: Diese Seiten sind nur noch Grafikseiten ohne (elektrotechnische) Logik. Werden Stromlaufplanseiten im DXF-/DWG-Format exportiert, so werden die Seiten in Grafik »aufgelöst«.

Werden diese DXF-/DWG-Dateien (beispielsweise exportierte Stromlaufpläne) wieder importiert, sind sie nach einem Import weiterhin Grafikdateien und somit auch alle Elemente auf dieser Seite. Diese importierten DXF-/DWG-Dateien werden **nicht** wieder in logische Seiten umgewandelt.

8.2 Bilddateien

Neben dem DXF-/DWG-Export und -Import für verschiedene CAD-Systeme kann EPLAN auch Seiten eines Projekts als Bilddateien exportieren.

Üblicherweise werden Stromlaufpläne und alle weiteren zum Projekt gehörenden Seiten wie Auswertungen, Deckblätter oder das Inhaltsverzeichnis immer dann als Bilddateien exportiert, wenn sie beispielsweise archiviert werden sollen.

Das DXF-/DWG-Format eignet sich z. B. nicht zur Langzeitarchivierung, da sich diese Formate im Laufe der Zeit ändern können. Bildformate hingegen sind nach heutigem Stand zukunftssicher und werden als Langzeitarchivierung empfohlen.

8.2.1 Export von Bilddateien

Der Export von Bilddateien funktioniert ähnlich wie der Export von DXF-/DWG-Dateien.

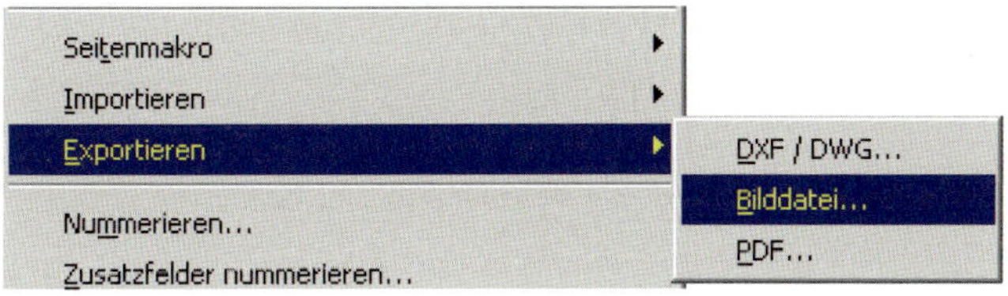

Bild 8.21 Menü Exportieren/Bilddatei

Im **Seiten-Navigator** werden die zu exportierenden Seiten markiert. Soll das gesamte Projekt exportiert werden, reicht es, wenn im Seiten-Navigator der Projektname markiert wird.

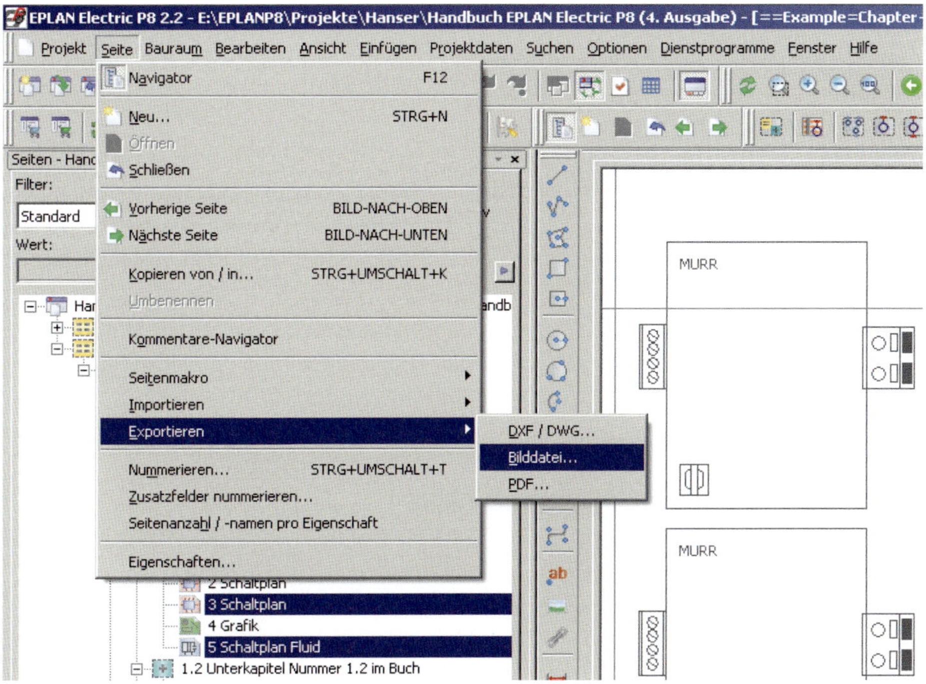

Bild 8.22 Markierte Seiten im Seiten-Navigator

> **HINWEIS:** Auch mit der Funktion **Bilddateien-Export** ist eine Auswahl nur aus einem Projekt erlaubt. Eine Auswahl von Seiten für den Export über unterschiedliche Projekte ist nicht möglich.

Über das Menü SEITE/EXPORTIEREN/BILDDATEI wird der Dialog **Bilddateien-Export** geöffnet.

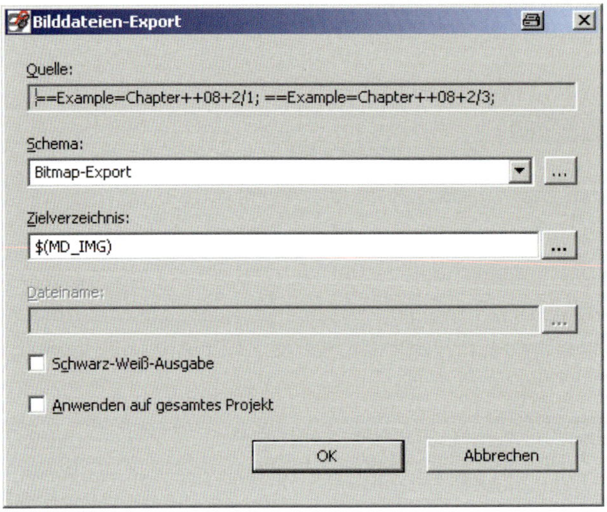

Bild 8.23 Dialog Bilddateien exportieren

Im Dialog kann nun zur Ausgabe ein vorhandenes Schema gewählt und übernommen werden. EPLAN bietet weiter aber auch die Möglichkeit, die Ausgabeeinstellungen wie Komprimierung oder die Farbtiefe der zu erzeugenden Bilddateien über eigene Schemata zu steuern.

Um ein eigenes Schema für die Ausgabe von Bilddateien zu erstellen, wird neben dem Auswahlfeld **Schema** der Button ... angeklickt. EPLAN öffnet nun den Einstellungsdialog **Bilddateien-Export.**

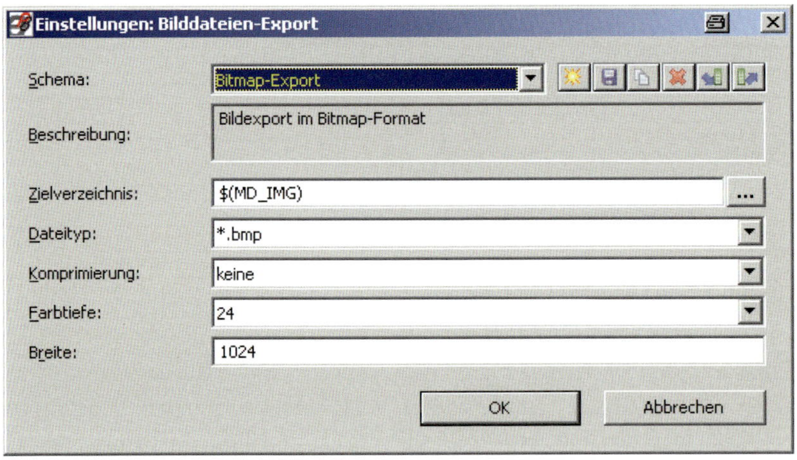

Bild 8.24 Einstellungen für den Bilddateien-Export

Für ein neues Schema wird der grafische Button NEU gewählt. Im folgenden Dialog **Neues Schema** werden ein neuer Schemaname und eine optionale Beschreibung des neuen Schemas festgelegt. Nach Bestätigung und Übernahme mit dem Button OK tritt der Dialog **Bilddateien-Export** wieder in den Vordergrund. Der neue Schemataname ist jetzt voreingestellt, und das Schema kann bearbeitet werden.

Nach Beenden aller gewünschten Einstellungen wie Auswahl des Dateityps, der Komprimierung oder der Farbtiefe sollte nicht vergessen werden, das Schema zu speichern. Dafür betätigen Sie den Button SPEICHERN. Der Dialog kann jetzt über OK verlassen werden.

EPLAN befindet sich nun wieder im Dialog **Bilddateien-Export**. In diesem Dialog gibt es neben der Möglichkeit, ein anderes Schema oder ein anderes Ausgabeverzeichnis zu wählen, noch zwei weitere Optionen.

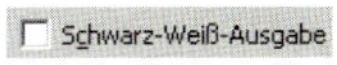

Die erste Option betrifft die Ausgabe der Seiten selbst: Sollen die Ausgaben farbig oder schwarz-weiß erzeugt werden? Die **Schwarz-Weiß-Ausgabe** erzeugt Bilddateien ohne jegliche Farbinformationen.

Eine Ausnahme bilden eingebettete Bilder wie zum Beispiel ein Firmenlogo im Normblatt oder in einem Deckblattformular. Diese werden generell in den Originalfarben ausgegeben. Wird die Option Schwarz-Weiß-Ausgabe nicht benutzt, erzeugt EPLAN die Seiten für die Ausgabe in Farbe. Farbe bedeutet in diesem Fall, dass die Ausgabe, wie auf dem Bildschirm zu sehen, in eine Bilddatei ausgegeben wird.

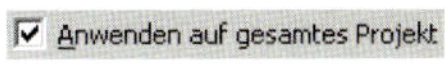

Die zweite Option **Anwenden auf gesamtes Projekt** betrifft den Umfang der Ausgabeseiten. Es besteht die Möglichkeit, an dieser Stelle doch noch alle Seiten des Projekts in Bilddateien zu exportieren, auch wenn für den Export nur mehrere Seiten und nicht das ganze Projekt markiert wurden. Dazu muss nicht der Export abgebrochen werden, sondern es wird einfach die Option **Anwenden auf gesamtes Projekt** aktiviert.

> **TIPP:** Das direkte Eintragen eines neuen Verzeichnisses im Feld *Ziel* (Ausgabeverzeichnis) ist möglich. EPLAN kann an dieser Stelle das Verzeichnis *[Neues Verzeichnis]* beim Export selbst erzeugen. Sollte EPLAN das Ausgabeverzeichnis also nicht finden können, legt EPLAN es selbst an.

Wurden alle Einstellungen getroffen, kann EPLAN den Export starten. Dazu wird der Dialog mit OK verlassen. EPLAN erzeugt jetzt die einzelnen Bilddateien und speichert sie in das eingestellte Ausgabeverzeichnis.

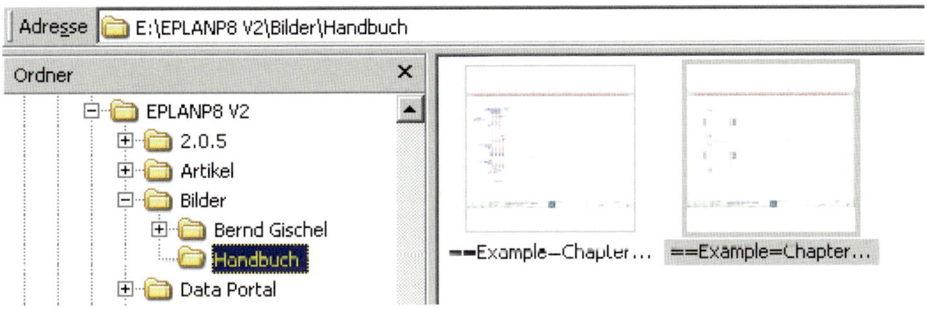

Bild 8.25 Exportierte Planseiten als Bilder

8.2.2 Einfügen von Bilddateien (Import)

Den Import von Bilddateien als Seite gibt es so nicht in EPLAN. Daher befindet sich auch im Menü **SEITE/IMPORTIEREN** keine Funktion *Bilddateien (importieren)*. Man kann solch eine Funktion also nicht mit dem Import von DXF-/DWG-Dateien vergleichen. Es sind völlig unterschiedliche Funktionen.

HINWEIS: EPLAN behandelt den Import von Bilddateien anders. Bilddateien werden nicht importiert, sondern eingefügt und sind auch später noch in ihrer Größe oder Auflösung änderbar.

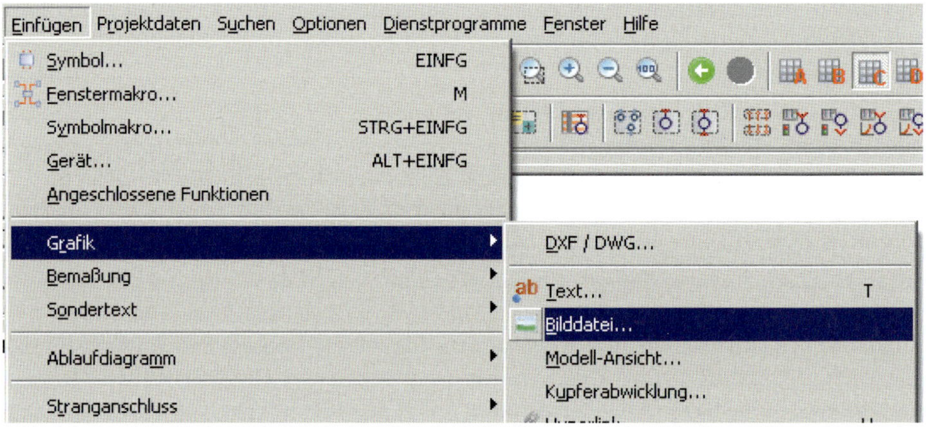

Bild 8.26 Menü Einfügen von Bilddateien

Über das Menü **EINFÜGEN/GRAFIK/BILDDATEI** öffnet EPLAN den Dialog **Auswahl/ Bilddatei**. Wie bei EPLAN üblich, wird im Dialog das eingestellte Benutzerstandardverzeichnis (hier für Bilder) angezeigt. Natürlich können problemlos auch andere Verzeichnisse ausgewählt werden.

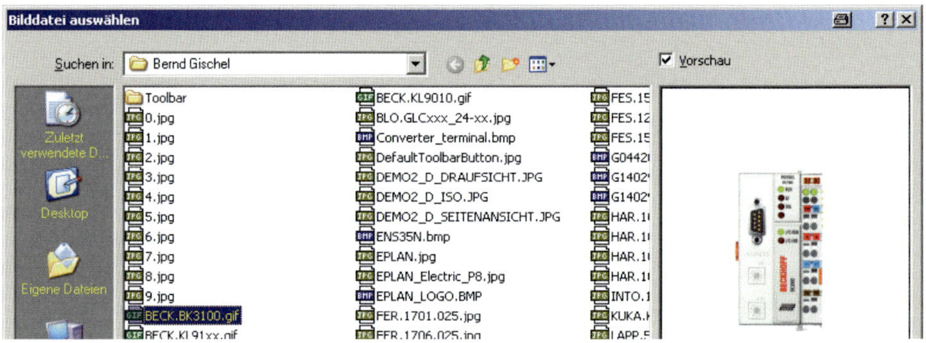

Bild 8.27 Dialog für die Auswahl von Bilddateien

EPLAN kann eine Vielzahl verschiedener Bildformate einfügen. Das entsprechende Bildformat wird im Dialog **Auswahl/Bilddatei** im unteren Bereich vorgewählt.

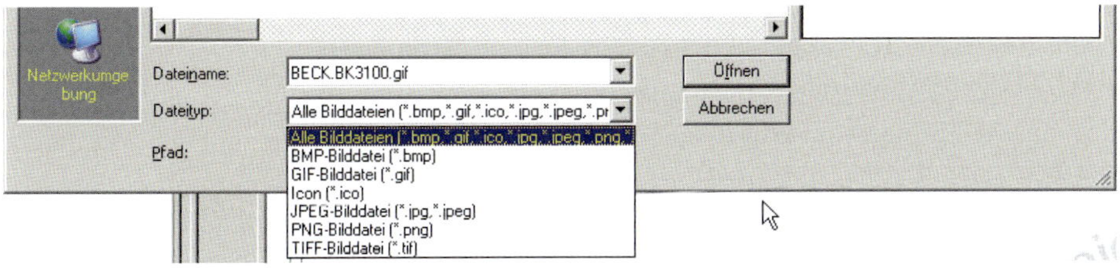

Bild 8.28 Auswahl des Bildformats

Dateitypen wie **.bmp* oder **.jpg* sind die gebräuchlichsten, aber auch platzsparende Formate wie **.png* sind möglich. Hinsichtlich der Verzeichnisstruktur und der Dateinamen gibt es keine Beschränkungen. Sonderzeichen oder eine weit verzweigte Verzeichnisstruktur (auch mit Leerzeichen) sind für EPLAN kein Problem beim Einfügen.

Nach Auswahl der entsprechenden Bilddatei (es ist immer nur eine Bilddatei pro Einfügevorgang möglich) wird der Button ÖFFNEN betätigt. Es folgt der wichtige Dialog **Bilddatei kopieren**.

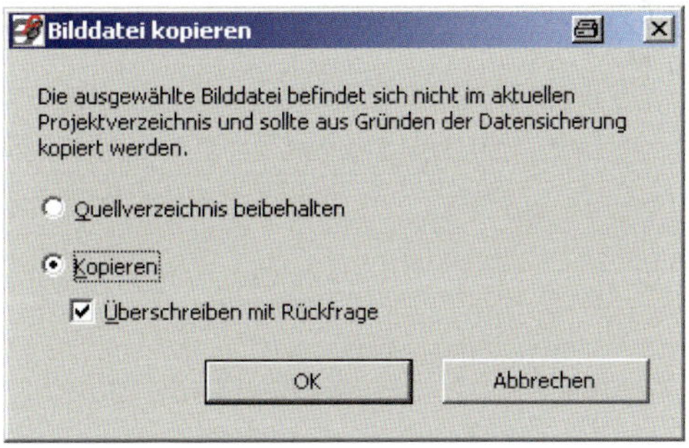

Bild 8.29 Bilddatei kopieren

TIPP: Den Hinweis im Dialog sollte man ernst nehmen. Wird die Bilddatei nicht mit in das Projektverzeichnis kopiert (Option **Quellverzeichnis beibehalten**), besteht die Möglichkeit, dass bei einer Datensicherung diese »verknüpfte« (referenzierte) Bilddatei nicht mitgesichert wird (abhängig je nach Einstellung). Daher ist zu empfehlen, im Dialog gleich die Option **Kopieren** zu nutzen.

Der Parameter **Überschreiben mit Rückfrage** sollte je nach Bedarf aktiv geschaltet werden. Sollte sich schon eine Bilddatei mit dem gleichen Namen im Zielverzeichnis befinden, erfolgt vor dem Überschreiben eine Sicherheitsabfrage. Es besteht also die Möglichkeit, das Kopieren an dieser Stelle noch abzubrechen.

Mit Bestätigen des Dialogs durch OK kopiert EPLAN die Bilddatei in das Projektverzeichnis *\IMAGES* und wechselt in die grafische Bearbeitung zurück. Nun wird der erste Eckpunkt des Bildes durch Drücken der Taste ENTER oder einen linken Mausklick festgelegt.

Ein Bild in eine Seite einfügen

EPLAN öffnet jetzt ein Fenster, das man durch Ziehen mit der Maus oder mit den Cursortasten vergrößern kann. Die Größe des Fensters legt erst einmal die Größe des Bildes auf der Seite fest.

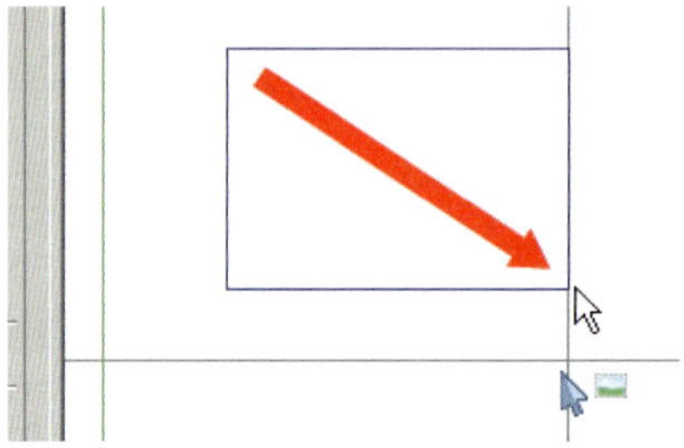

Bild 8.30 Fenster aufziehen

Nach einem erneuten Linksklick bzw. Drücken der Taste **ENTER** öffnet EPLAN den Dialog **Eigenschaften des Bildes**. Hier sind Einstellungen zum **Größenverhältnis in Koordinaten** oder in **Prozentsätzen** zur Originalgröße vorhanden.

Wichtig ist die Einstellung *Seitenverhältnis beibehalten*. Damit wird ein Verzerren des Bildes vermieden. Deshalb sollte die Einstellung immer aktiviert sein.

Eigenschaften eines Bildes

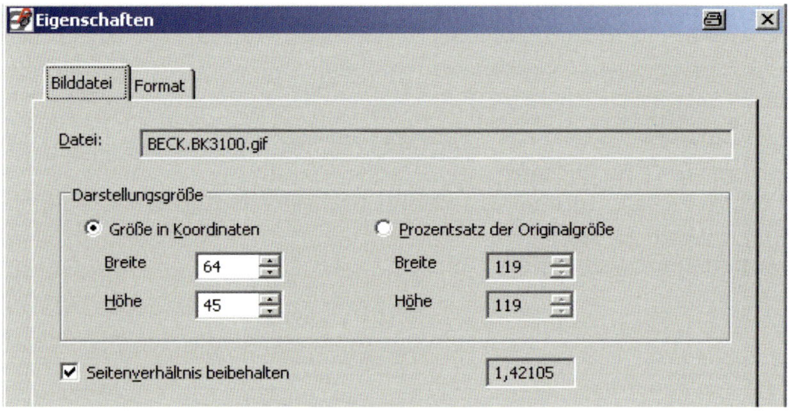

Bild 8.31 Dialog der Formatierungsmöglichkeiten

Nach Übernahme der Einstellungen mit **OK** ist das Bild eingefügt (platziert).

Um später Bilder nachzubearbeiten, sei es um die Größe zu ändern oder um nachträglich etwas in das Feld **Beschreibung** einzutragen, wird die Grafik mit einem einfachen Linksklick markiert. EPLAN verändert die Darstellung und »zeichnet« einen Kasten mit kleinen Anfasspunkten um die Grafik.

Jeder dieser Anfasspunkte kann benutzt werden, um die Grafik einfach mit der Maus größer oder kleiner zu ziehen. Natürlich kann man die Größe des Bildes auch noch nachträglich direkt in den Eigenschaften ändern. Es ist außerdem möglich, anhand einer neuen Ebene in EPLAN die Grafik so in den Hintergrund zu verschieben, dass Bearbeitungsfunktionen wie Löschen, Verschieben etc. nicht mehr möglich sind, wenn in der Ebenenverwaltung des Projekts die Option *Hintergrund* aktiviert ist. Diese Ebene hat den Namen *EPLAN705,Grafik.Hintergrund* und wird im Eigenschaftsdialog auf der Registerkarte **Format** in der Auswahl **Ebene** gewählt bzw. eingestellt.

Um den Dialog der **Eigenschaften** zu öffnen, kann die Grafik wie oben beschrieben markiert werden. Mit der Tastenkombination **STRG + D** öffnet sich der Eigenschaftsdialog. Diese Funktion zum Aufrufen der Eigenschaften ist natürlich auch im Kontextmenü der rechten Maustaste vorhanden.

8.3 Drucken

Der Druckbefehl für Seiten wird in EPLAN einfach über das Menü **PROJEKT/DRUCKEN** aufgerufen. Der Dialog **Drucken** bietet dem Anwender einige Einstellungen, die im Folgenden kurz erläutert werden. Die Anpassung des Seitendrucks sollte auf die entsprechenden Drucker einmalig angepasst werden.

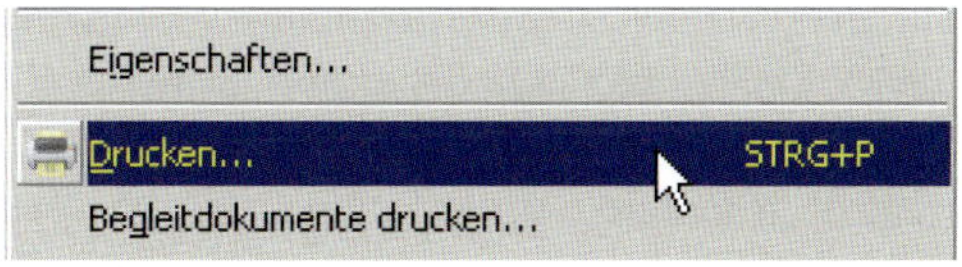

Bild 8.32 Der Menüaufruf Drucken

8.3.1 Der Dialog Drucken und seine Optionen

Sollen Seiten gedruckt werden, so werden sie im **Seiten-Navigator** markiert und über das Menü **PROJEKT/DRUCKEN** aufbereitet. Nach dem Menüaufruf startet EPLAN den Dialog **Drucken.**

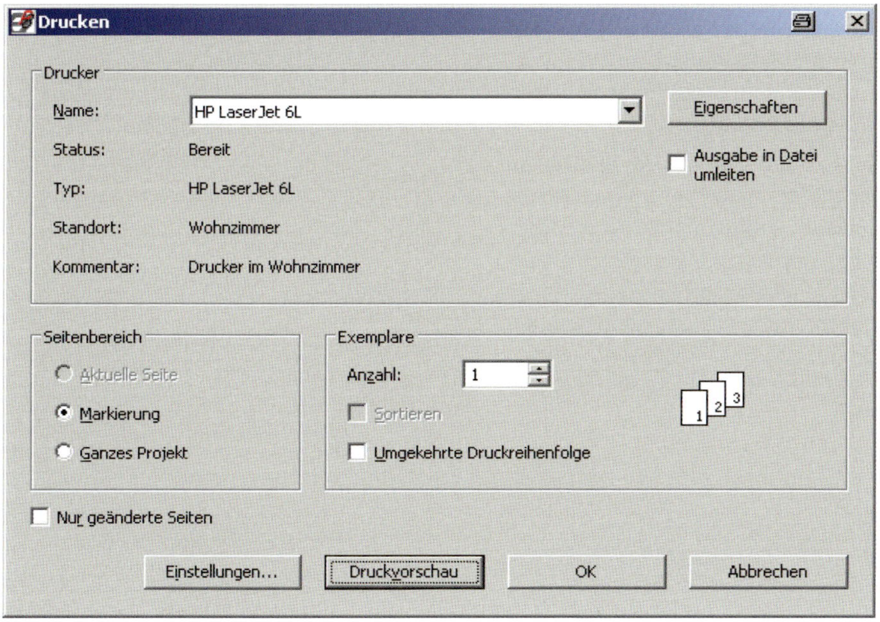

Bild 8.33 Der Dialog Drucken

Bis auf einige Ausnahmen ähnelt der Dialog **Drucken** den herkömmlichen und bekannten Windows-Dialogen zum Drucken. Bekannt sind die Auswahl der installierten Drucker sowie die Möglichkeit, mehrere Exemplare mit den unterschiedlichen Ausgabesortierungen zu drucken.

8.3.1.1 Die Optionen Seitenbereich/geänderte Seiten

EPLAN ermöglicht es dem Anwender, über die Option **Seitenbereich** mit der Option **Markierung** nur die aktuell im Seiten-Navigator markierten Seiten zu drucken oder an dieser Stelle noch auf die Option **Ganzes Projekt** auszuweichen. Die Option **Aktuelle Seite** wird automatisch inaktiv geschaltet, sobald mehr als eine Seite im Seiten-Navigator markiert wurde. Die Einstellung **Nur geänderte Seiten** druckt nur Seiten, die seit dem letzten Drucken geändert wurden.

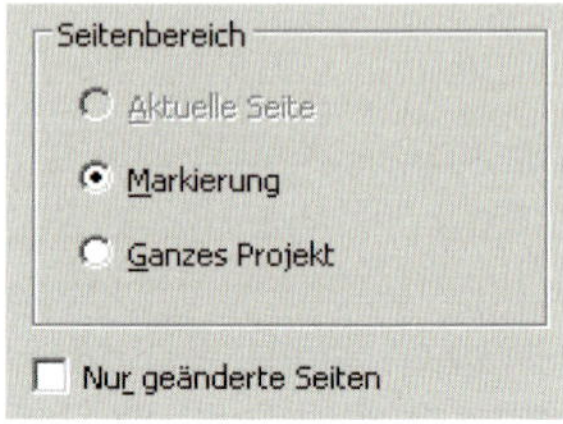

Bild 8.34
Druckoptionen

8.3.1.2 Der Button Einstellungen

Der Button **Einstellungen** enthält einige Druckeinstellungen für die Seiten selbst. Hier kann die Druckgröße festgelegt werden, wobei **Maßstäblich drucken** Folgendes bedeutet: Wurde einer Seite beispielsweise ein A3-Normblatt zugeordnet, wird auch im A3-Format 1:1 ausgedruckt. Auf Druckern kleiner als A3 (also normalerweise A4-Drucker) würde beispielsweise nur der linke obere Bereich dieser Seiten gedruckt werden.

Die Einstellung **Auf Seite skalieren** sowie der Parameter **Seitenverhältnis beibehalten** sollten als Standard übernommen werden. Damit werden alle größeren Maßstäbe auf das Druckermodell herunterskaliert und somit immer eine komplette Seite gedruckt. In der Regel wird auf die Seitengröße A4 skaliert.

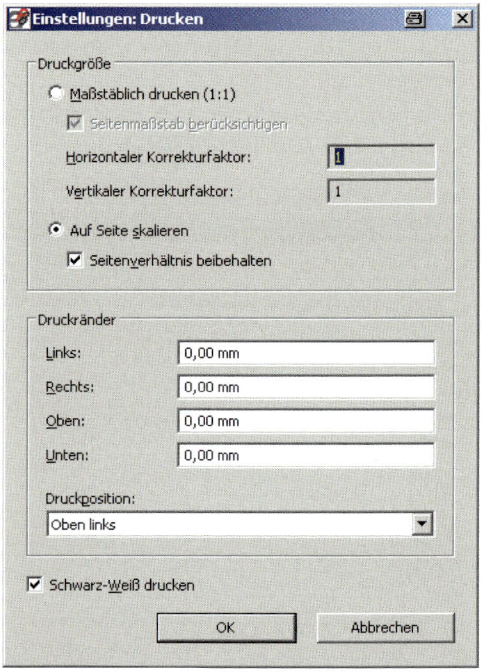

Bild 8.35
Weitere Seiteneinstellungen

HINWEIS: Die Einstellungen **Druckränder** sollten einmalig auf den oder die installierten Drucker angepasst werden.

Leider kann man keine allgemeingültigen Vorschläge für die Druckränder geben, da es einfach zu viele Druckermodelle mit den unterschiedlichsten technischen Eigenschaften gibt. Hier heißt es also, wirklich auszuprobieren und Tests mit den angeschlossenen Druckern durchzuführen.

Die Auswahl der **Druckposition** ermöglicht es, die Seite entsprechend auf dem Blatt zu positionieren. EPLAN bietet eine Reihe verschiedener Druckpositionen an. Es empfiehlt sich, die Einstellung **Oben zentriert** in Verbindung mit 10 mm oberer Druckrand zu nutzen.

Die **Korrekturfaktoren** bieten eine zusätzliche Einstellung, um geringe Abweichungen im maßstäblichen Druck auszugleichen. Auch an dieser Stelle ist ein wenig Ausprobieren nötig, da diese Werte vom Druckermodell sowie vom verwendeten Druckertreiber abhängig sind. Daher können hier ebenfalls keine allgemeingültigen Werte vorgegeben werden.

8.3.1.3 Der Button Druckvorschau

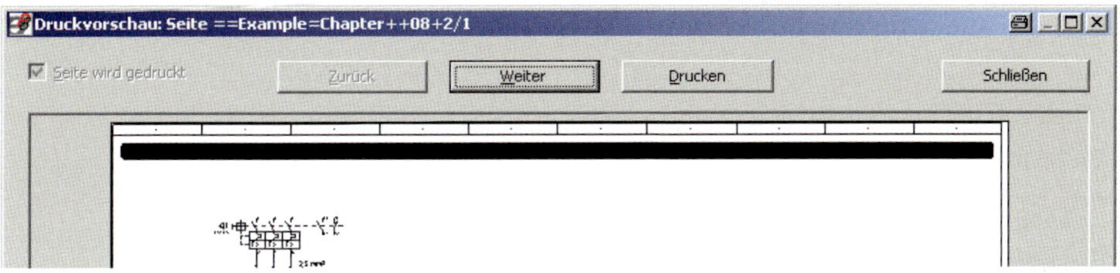

Bild 8.36 Druckvorschau

Der Button **Druckvorschau** im Dialog **Drucken** bietet eine grobe Vorschau vor dem eigentlichen Drucken. Es werden aber nicht alle Informationen, die sich auf einer Seite befinden, gezeigt. Das ist an der Stelle auch nicht so wichtig, da sich die Druckvorschau mehr auf die Kontrolle der Position der Seite bezieht. Ist die Druckvorschau in Ordnung, kann direkt über den Button **DRUCKEN** gedruckt werden. EPLAN startet dann ohne weitere Abfragen sofort den Druck auf dem im Betriebssystem angegebenen Standarddrucker.

8.3.2 Wichtige Einstellung zum Export/Drucken

Neben dem einfachen Drucken/Exportieren und den Druckeinstellungen im Dialog **Drucken** gibt es noch eine wichtige Benutzereinstellung, die das Drucken bzw. den Export des Projekts betrifft. Wie der Name schon sagt, sind diese Einstellungen immer auf den Benutzer bezogen.

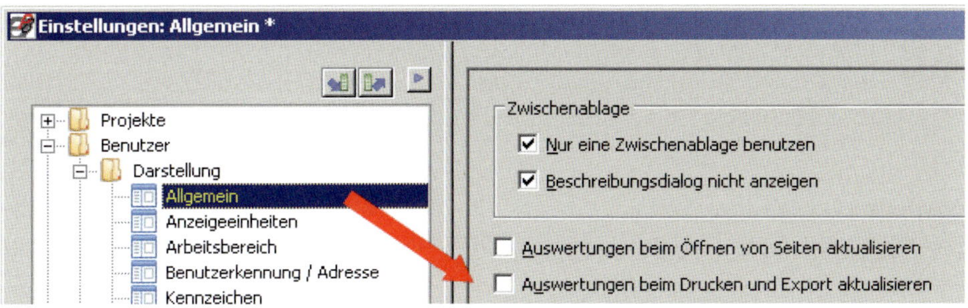

Bild 8.37 Einstellung Auswertungen beim Drucken/Exportieren aktualisieren

Um zu gewährleisten, dass die Auswertungen aktuell sind, sollte die Einstellung **Auswertungen beim Drucken und Export** aktiviert werden. Damit wird verhindert, dass das Projekt mit veralteten Auswertungen ausgedruckt wird. Zu finden ist diese Einstellungen im Menü OPTIONEN/EINSTELLUNGEN/BENUTZER/DARSTELLUNG/ALLGEMEIN.

8.4 Export und Import von Projekten

EPLAN bietet neben dem Export und Import von Bilddateien oder auch DXF-/DWG-Dateien die Möglichkeit des Exports und Imports von Projekten ins XML-Format.

Bild 8.38 Projektdaten aus- und einlesen

8.4.1 Export von Projekten

Projekte werden im **Seiten-Navigator** über das Menü PROJEKT/ORGANISIEREN/EXPORTIEREN exportiert.

Dazu markieren Sie das gewünschte Projekt und rufen anschließend die Funktion EXPORTIEREN auf. Nach Aufruf der Funktion *Exportieren* folgt der Dialog **Ordner suchen**, in dem das Verzeichnis festgelegt wird, in dem das zu exportierende Projekt gespeichert werden soll.

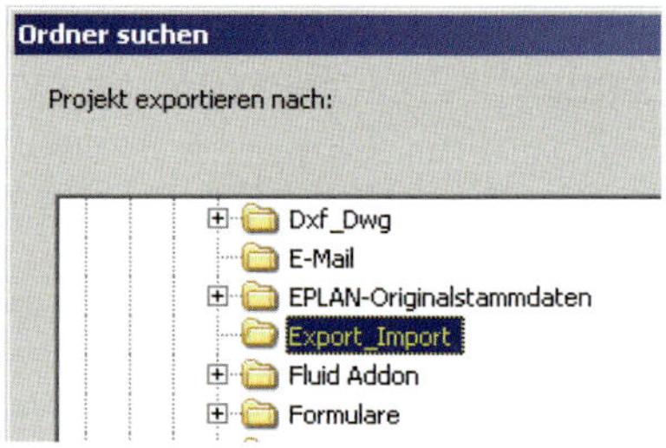

Bild 8.39 Ordner für Export festlegen

> **HINWEIS:** Mit dem Seiten-Navigator ist es nur möglich, **ein** Projekt zu exportieren. Werden mehrere Projekte markiert, ist die Funktion *Exportieren* nicht möglich (der Eintrag ist dann ausgegraut).

Nach Auswahl des Exportordners und Klick auf den Button **OK** startet EPLAN sofort ohne weitere Abfragen den Export. Das Projekt wird exportiert und bekommt die Dateiendung **.epj*.

8.4.2 Import von Projekten

Das Gegenstück zum Export ist der Import von XML-Projekten. Ausgeführt wird die Funktion in der grafischen Bearbeitung über das Menü SEITE/ORGANISIEREN/IMPORTIEREN.

Nach Aufruf der Funktion **IMPORTIEREN** öffnet EPLAN den Dialog **Projekt importieren**. Hier wird aus der Verzeichnisstruktur das entsprechende Verzeichnis gewählt, in das das zu importierende Projekt (**.epj*) gespeichert ist.

Bild 8.40 Ein Projekt (*.epj) importieren

Das Projekt wird markiert und mit dem Button **ÖFFNEN** im unteren Bereich des Dialogs übernommen. EPLAN öffnet den Dialog **XML-Projekt** und fügt das gewählte Projekt ins Feld **XML-Datei** ein.

Der Parameter **Artikelabgleich durchführen** ermöglicht, dass EPLAN während des Imports die Projektartikel mit den Stammartikeln abgleicht. Im Feld **Zielprojekt** wird der Name des Projekts eingetragen, unter dem das importierte Projekt in der Projektverwaltung zu finden sein wird.

Mit dem Button ... ist es auch in diesem Dialog möglich, andere Verzeichnisse zu wählen. Nach Klick auf **OK** wird der Importvorgang gestartet und EPLAN erzeugt das Projekt in der angegebenen Verzeichnisstruktur.

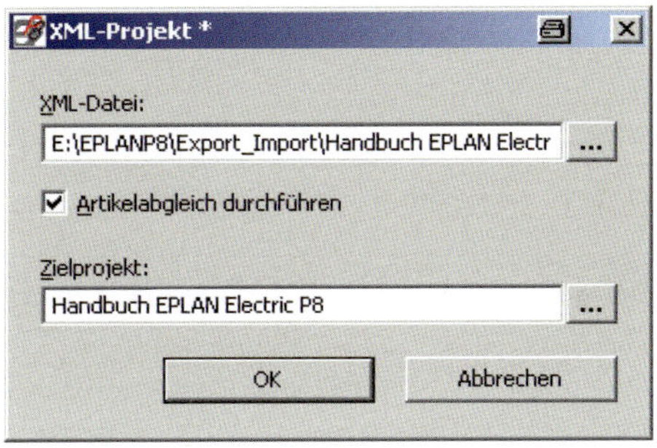

Bild 8.41 XML-Projekt importieren

8.5 Begleitdokumente drucken

Um alle Dokumente, die im Projekt eingelagert sind, wie beispielsweise PDF-Dokumente, in einem »Rutsch« und nicht einzeln ausdrucken zu müssen, gibt es im Menü **PROJEKT** die Funktion **BEGLEITDOKUMENTE DRUCKEN**.

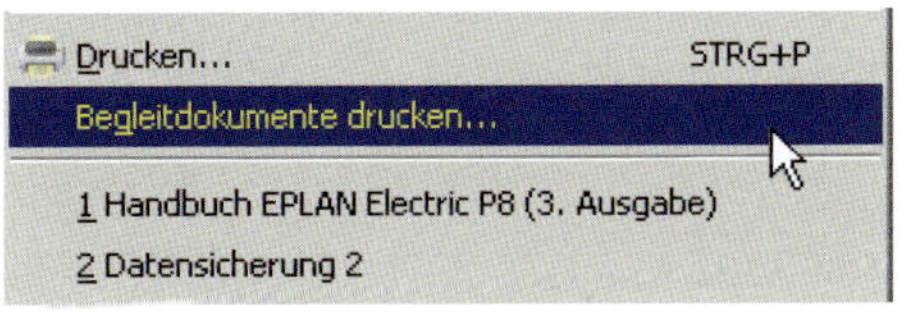

Bild 8.42 Begleitdokumente drucken

Wird diese Funktion angewählt, öffnet EPLAN den Dialog **Begleitdokumente drucken** des aktuellen Projekts. In diesem Dialog können nun einzelne Dokumente vom Drucken ausgenommen werden. Dazu wird der Haken in der Spalte **Drucken** entfernt.

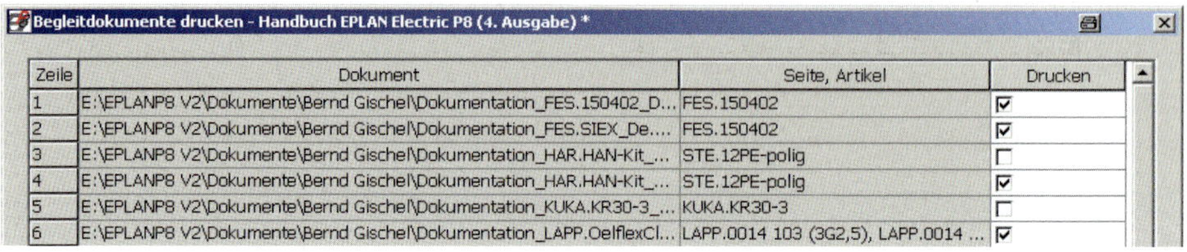

Bild 8.43 Dialog zum Auswählen der Begleitdokumente

Nach Klick auf den Button **OK** schickt EPLAN nacheinander selbstständig alle markierten Dokumente aus dem Dialog **Begleitdokumente drucken** an den angeschlossenen Drucker.

HINWEIS: Fremddokumente (Seitentyp *Fremddokument*), verlinkte Dokumente auf Auswertungsseiten und Dokumente, die auf Internetseiten verlinkt sind, können nicht gedruckt werden.

8.6 PDF-Kommentare importieren

EPLAN bietet die Möglichkeit, in PDF-Dokumenten (den aus EPLAN erzeugten Stromlaufplänen) eingetragene Kommentare (Notizen etc.) zu importieren und auf eine extra Ebene zu legen. Damit kann beispielsweise ein Monteur auf der Baustelle im vorhandenen PDF des Stromlaufplanes seine Kommentare direkt elektronisch einfügen. Diese können anschließend in EPLAN importiert, angesehen, bearbeitet und ausgewertet werden.

HINWEIS: Um ein kommentiertes PDF später wieder in EPLAN importieren zu können, ist es notwendig, die interne PDF-Ausgabe von EPLAN zu verwenden. Sie befindet sich im Menü **SEITE/EXPORTIEREN/PDF**. Außerdem darf kein Schreibschutz für die zu erzeugende PDF-Ausgabe aktiviert sein. Diese Einstellung ist im Menü **OPTIONEN/EINSTELLUNGEN/BENUTZER/SCHNITTSTELLEN/PDF-EXPORT** zu finden. Auf der Registerkarte *Allgemein* befindet sich die Einstellung *Schreibgeschützt*.

8.6.1 Import von kommentierten PDF-Dokumenten

Um in einem PDF Kommentare hinterlegen zu können, ist es notwendig, das durch EPLAN erzeugte PDF zum Kommentieren freizugeben. Möglich ist das mit dem Adobe Acrobat Professional (Version >= 7) oder der Freeware PDF XChange Viewer (erfolgreich getestet mit der Version 2.0 Build 42.4).

In Acrobat Professional wird die Kommentarfunktion für den Adobe Reader (Version >=7) über das Menü **KOMMENTARE** und hier über den Menüeintrag **ZUM KOMMENTIEREN IN ADOBE READER AKTIVIEREN** freigeschaltet. Bei der Freeware PDF XChange Viewer reicht es, das PDF zu öffnen, die Kommentare einzutragen und danach zu speichern.

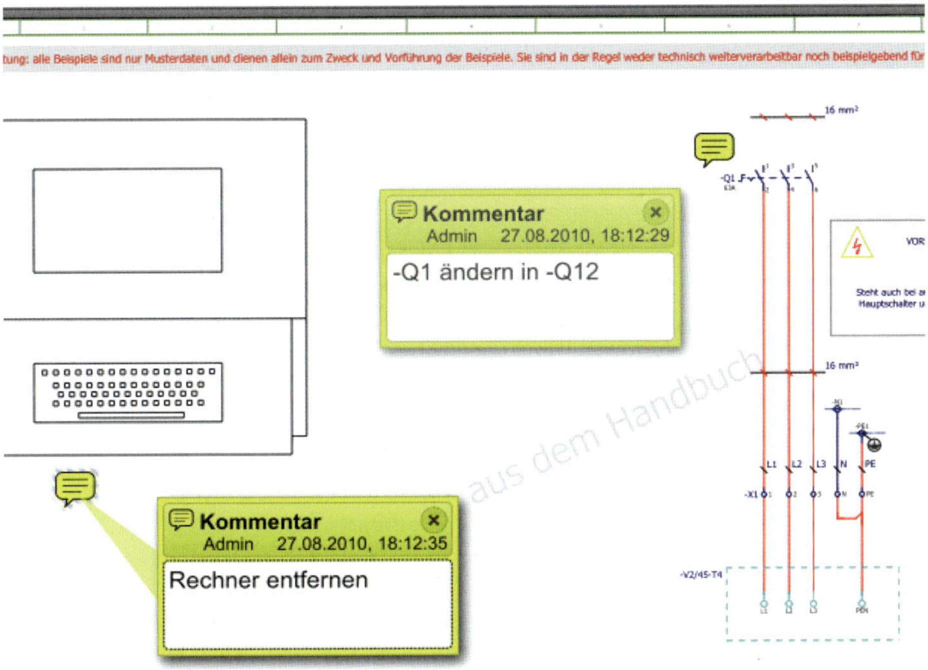

Bild 8.44 Kommentareinträge auf einer Stromlaufplanseite

Das fertig kommentierte PDF-Dokument wird nach der Kommentierung im Acrobat Reader oder im PDF XChange Viewer geschlossen und gespeichert. In EPLAN kann dieses kommentierte PDF-Dokument nun über den Menüaufruf **SEITE/IMPORTIEREN/PDF-KOMMENTARE** aus dem entsprechenden Verzeichnis importiert (eingelesen) werden.

> **HINWEIS:** Das Projekt muss sich, vor dem Import, im gleichen Verzeichnis befinden, aus dem es exportiert wurde.

Nach dem erfolgreichen Importieren folgt der Dialog **PDF-Kommentare importieren**, der einige Informationen zum Import gibt.

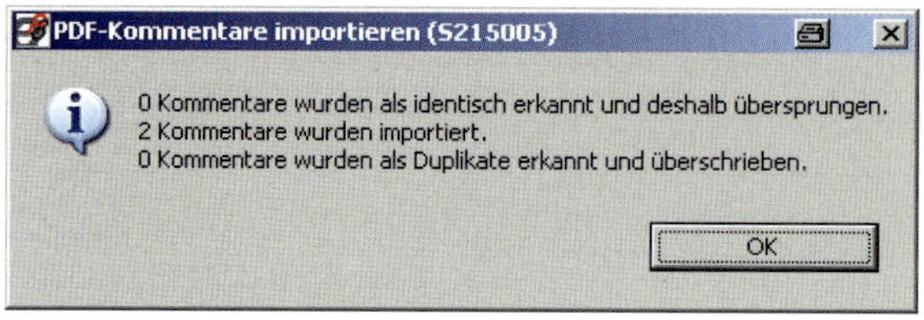

Bild 8.45 Erfolgreicher Importvorgang

Das importierte Ergebnis kann man sich im Kommentare-Navigator ansehen. Der Kommentare-Navigator ist über das Menü **SEITE/KOMMENTARE-NAVIGATOR** erreichbar.

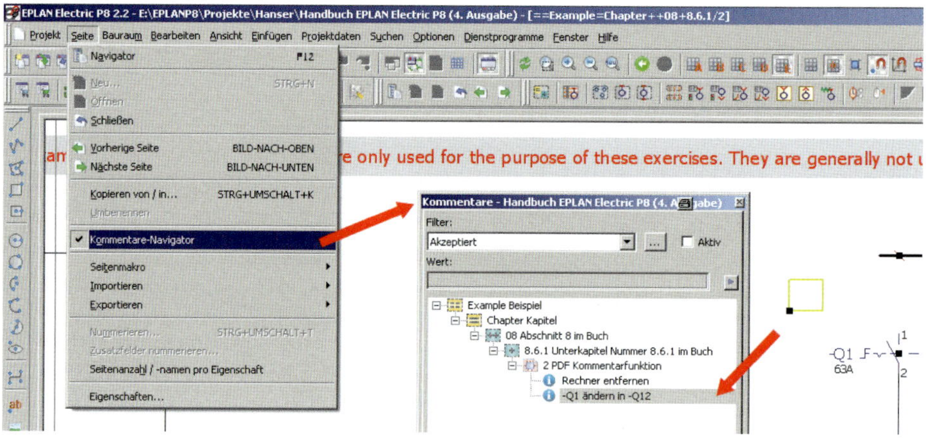

Bild 8.46 Der Kommentar-Navigator

Im Kommentare-Naviagator sind u.a. auch Möglichkeiten zur weiteren Bearbeitung der Kommentare wie »abgelehnt«, »akzeptiert« etc. über die Eigenschaften des jeweiligen Kommentars vorhanden.

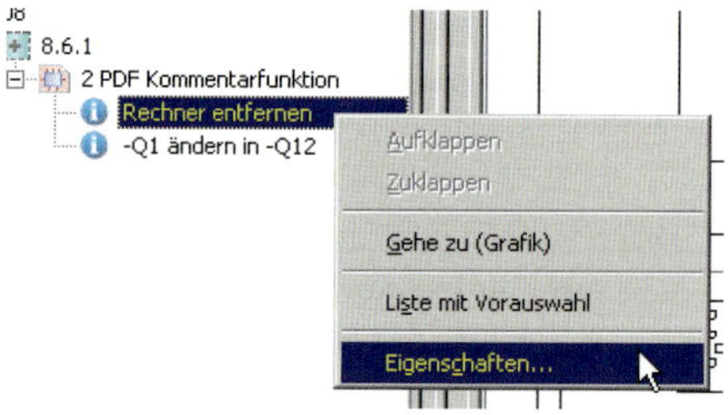

Bild 8.47 Eigenschaften eines Kommentars

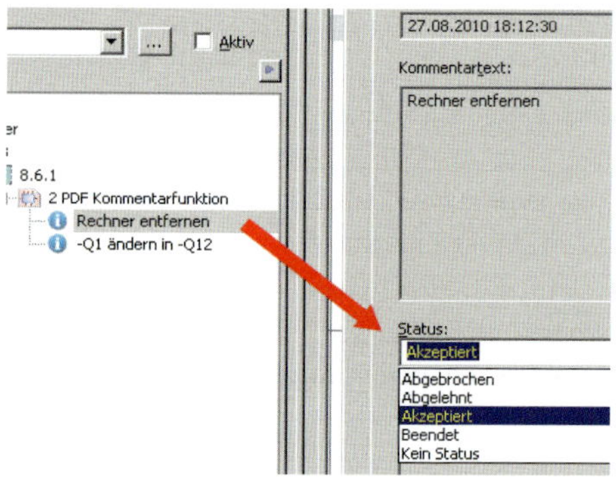

Bild 8.48 Status eines Kommentars

Natürlich gibt es diese Eigenschaften auch direkt an den Kommentaren im Stromlaufplan. Geöffnet werden diese durch einen Doppelklick auf das gelbe Kästchen.

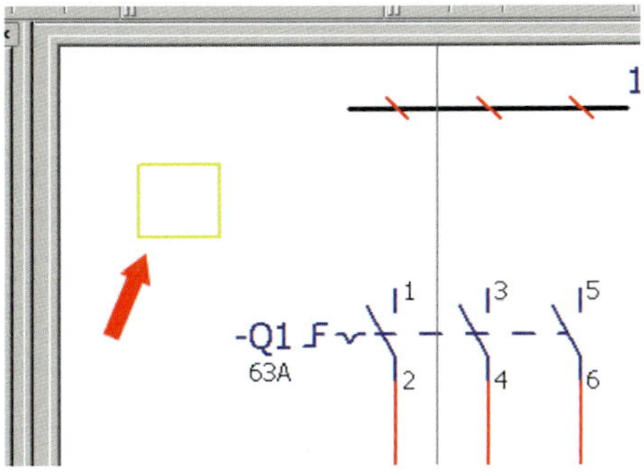

Bild 8.49 Kommentarmarkierung

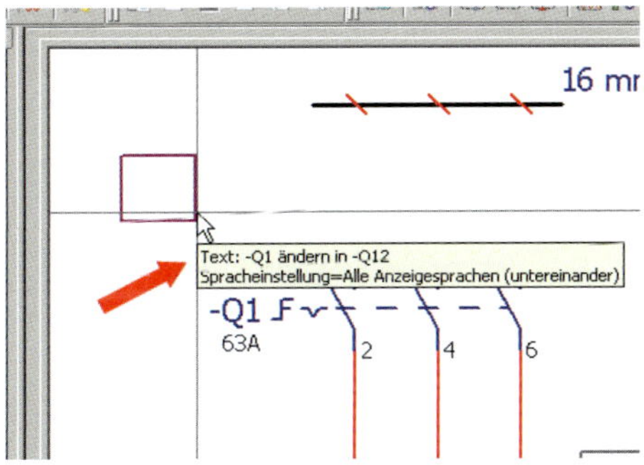

Bild 8.50 Kommentar

8.6.2 Löschen von PDF-Kommentaren

Um PDF-Kommentare nicht nur zu bearbeiten (Status der Kommentare etc.), sondern auch wieder zu löschen, können diese manuell, d.h. durch Markieren, wie üblich in EPLAN, gelöscht werden.

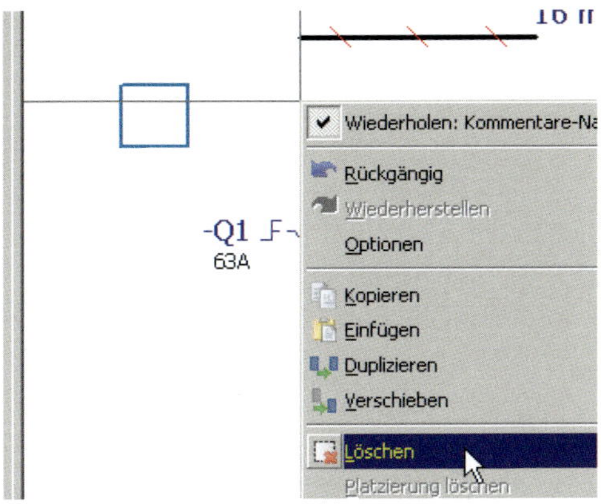

Bild 8.51 Löschen von Kommentaren

Eine zweite, wesentlich komfortablere Lösung wäre es, das Projekt zu komprimieren und sich ein entsprechendes Schema »Entfernen aller PDF-Kommentare« zu erstellen (über das Menü **PROJEKT/ORGANISIEREN/KOMPRIMIEREN** und dann ein passendes Schema erweitern oder ein neues erstellen). Damit werden alle importierten, und überflüssig gewordenen, PDF-Kommentare in einem Arbeitsgang, automatisch und endgültig aus dem Projekt entfernt.

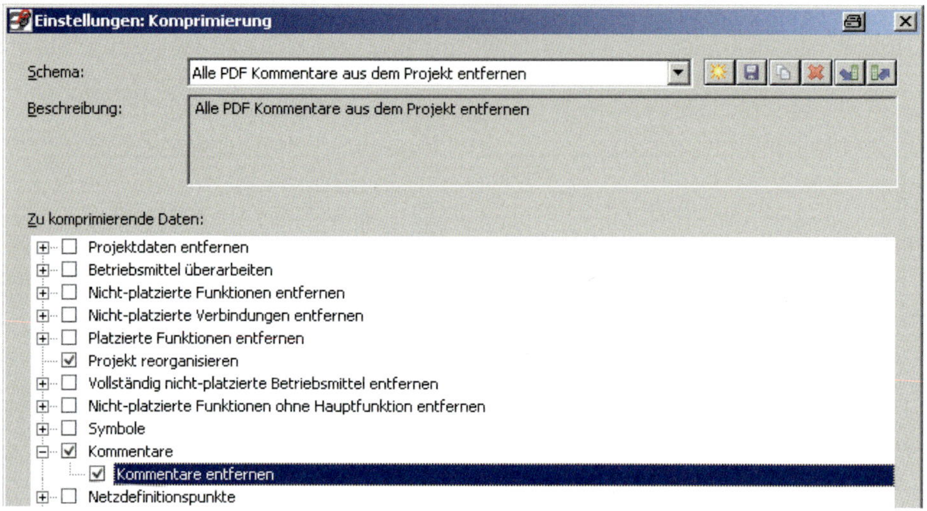

Bild 8.52 Komprimierungsschema, um PDF-Kommentare zu entfernen

■ 8.7 PDF-Dokumente erzeugen

Um einen problemlosen Austausch von Dokumenten zu gewährleisten, wird im Normalfall das PDF-Format verwendet. Das PDF-Format hat sich weltweit als »Quasistandard« zum Austausch von Dokumenten durchgesetzt. Da liegt es nahe, für Stromlaufpläne bzw. Schaltungsunterlagen ebenfalls das PDF-Format zu nehmen.

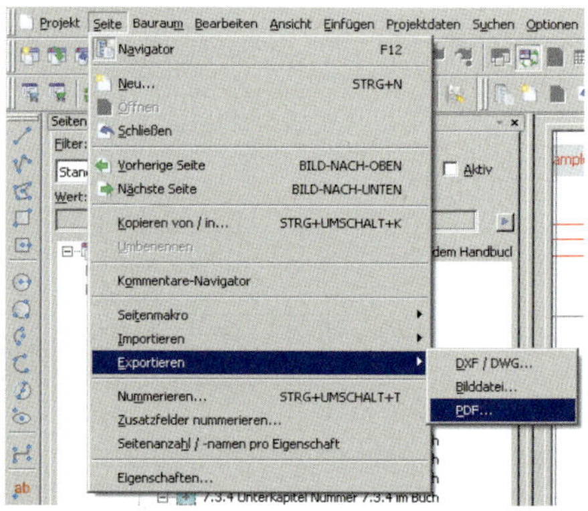

Bild 8.53 Menüaufruf Export als PDF

EPLAN bietet mit dem integrierten PDF-Format nicht nur das Erzeugen von Dokumenten im PDF-Format an. Es kann auch mit Intelligenz ausgestattet werden. Intelligenz bedeutet bei EPLAN, dass dem PDF-Dokument Navigationselemente wie Sprungfunktionen bei querverwiesenen Bauteilen etc. mitgegeben werden. Neben dem intelligenten PDF kann EPLAN auch ein PDF im Format PDF/A-1b zur Archivierung über einen längeren Zeitraum erzeugen.

> **HINWEIS:** Wird das Format PDF/A-1b genutzt, werden verlinkte Dokumente und Modelle **nicht** mit in das PDF ausgegeben.

Die Einstellung, ob das PDF ein normales PDF oder ein PDF im Format PDF/A-1b werden soll, wird in den Einstellungen zur PDF-Ausgabe festgelegt. Dazu wird nach dem Anwählen des Menüs **SEITE/EXPORTIEREN/PDF** im Dialog **PDF-Export** das Schema zur PDF-Ausgabe geöffnet (*More*-Button drücken).

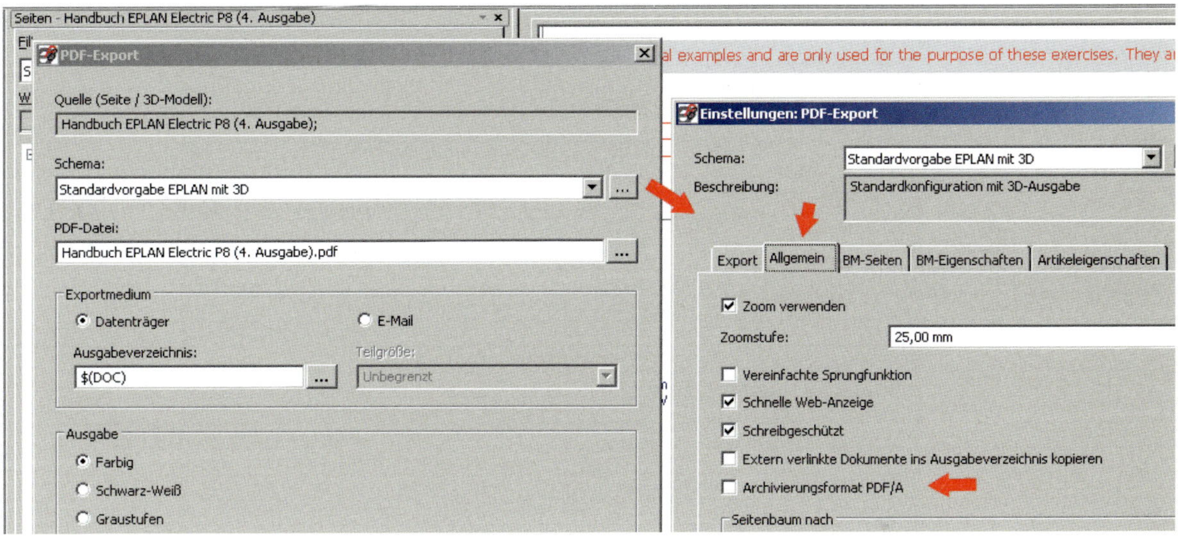

Bild 8.54 Archivierungsformat PDF/A-1b aktivieren

Im nun geöffneten Schema der Einstellungen für den *PDF-Export* wird die Registerkarte *Allgemein* geöffnet und die Option *Archivierungsformat PDF/A* aktiviert.

8.7.1 Export von PDF-Dateien

Das Erzeugen von PDF-Dokumenten ist mit EPLAN ein regelrechtes Kinderspiel. Wie schon beim Export von DXF- oder Bilddateien werden die gewünschten Seiten oder das komplette Projekt im Seiten-Navigator markiert. Auch beim PDF-Export gilt die Einschränkung, dass nur Seiten aus einem Projekt exportiert werden können. Seiten aus unterschiedlichen, im Seiten-Navigator geöffneten Projekten zu exportieren, ist nicht möglich.

Nach der Markierung der Seiten wird über das Menü **SEITE/EXPORTIEREN/PDF** der Dialog **PDF-Export** aufgerufen.

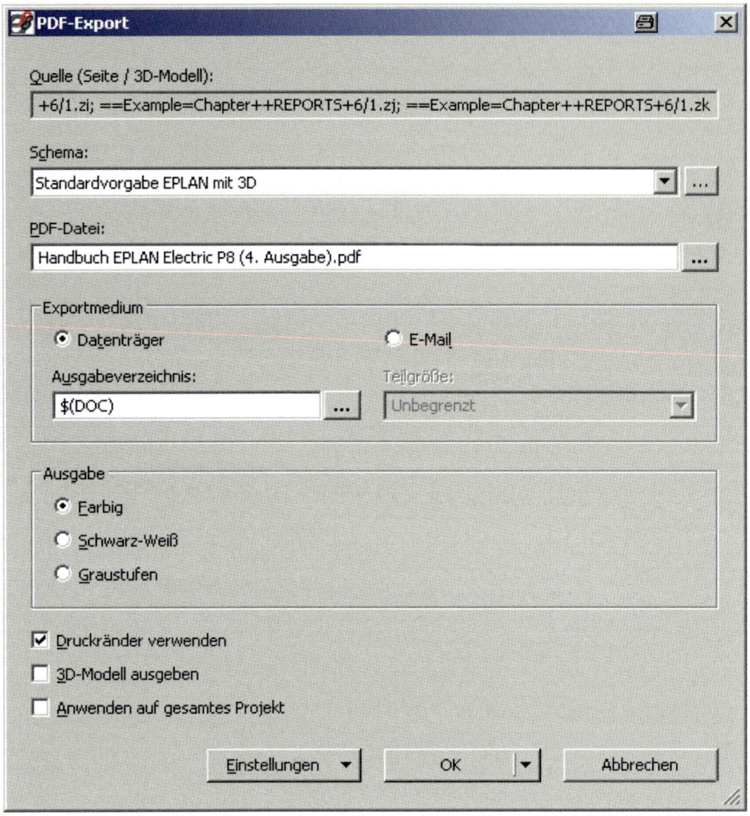

Bild 8.55 Dialog PDF-Export mit seinen Einstellmöglichkeiten

Der Dialog **PDF-Export** ähnelt an einigen Stellen den Dialogen des DXF-/DWG-Exports oder des Bilddateien-Exports. Im Feld *Quelle (Seite/3D-Modell)* trägt EPLAN automatisch die markierten Seiten ein. Wurde der Projektname im Seiten-Navigator markiert, befindet sich im Feld Quelle der Projektname, und die Option *Anwenden auf gesamtes Projekt* ist ausgegraut.

Im Feld *PDF-Datei* wird der Name PDF-Datei eingetragen. Standardmäßig stellt EPLAN das Zielverzeichnis zum Dateinamen automatisch auf das Projektverzeichnis **[PROJEKT-NAME]\ DOC** in der Auswahl *Exportmedium* und hier im Feld *Ausgabeverzeichnis* ein. Die zu erzeugende PDF-Datei bekommt automatisch erst einmal den Projektnamen zugeordnet.

Natürlich sind das Zielverzeichnis und der Name der PDF-Datei beliebig wählbar. Dazu wird neben dem Feld PDF-Datei der Button  betätigt. EPLAN öffnet anschließend den Dialog **PDF-Export**. Hier kann über die bekannten Windows-Funktionen das Verzeichnis gewechselt werden oder es können neue Verzeichnisse angelegt und der PDF-Dateiname geändert werden.

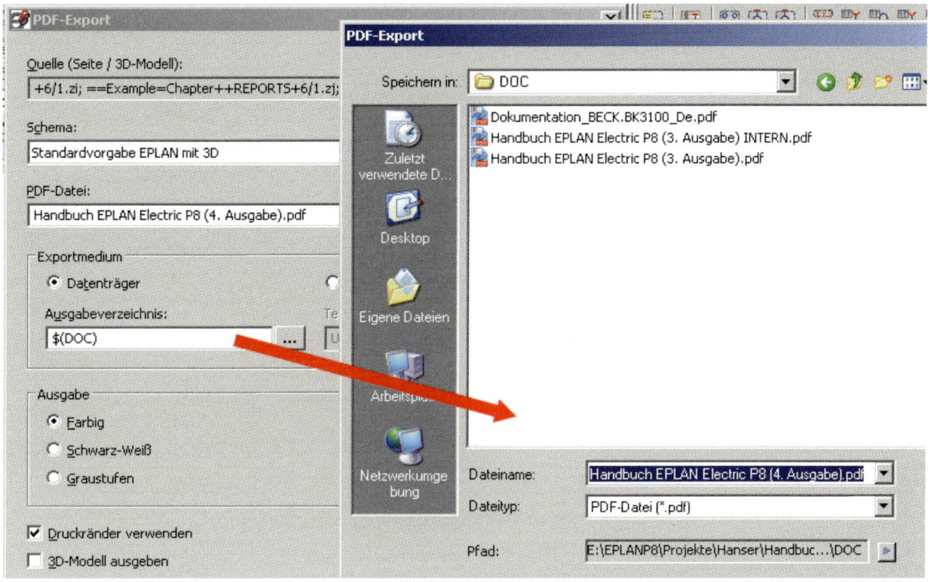

Bild 8.56 Auswahl des Verzeichnisses und Dateiname für den Export

Diese Änderungen werden mit dem Button **SPEICHERN** gespeichert und EPLAN übernimmt die neuen Einstellungen des PDF-Dateinamens in das Feld *PDF-Datei*.

Bild 8.57 Option E-Mail nutzen

In den Einstellungen des Dialogs **PDF-Export** ist es auch möglich, direkt als Exportmedium die Option *E-Mail* inklusive ihrer Einstellungen (Teilgröße) zu benutzen. Wäre diese Einstellung aktiv, würde EPLAN das PDF erzeugen, den E-Mail-Client öffnen und das PDF, in gepackter Form, an eine neue Mail anhängen.

Die PDF-Datei könnte jetzt erzeugt werden. EPLAN bietet aber noch weitere Einstellungen für die Ausgabe: die Einstellung *Farbig*, *Schwarz-Weiß*, *Graustufen* sowie *Druckränder verwenden*, *Modell ausgeben* und *Anwenden auf gesamtes Projekt*.

Die Option **Anwenden auf gesamtes Projekt** kann nachträglich aktiviert werden, wenn man sich dazu entschließt, anstelle der markierten Seiten doch das gesamte Projekt auszugeben. Wurde das gesamte Projekt bereits markiert, ist diese Einstellung ausgegraut.

Die Option Ausgabe **Farbig** erzeugt ein farbiges PDF; also wie in der Bildschirmansicht zu sehen. Generell ist das ganz nett, aber für den Druck auf einen Schwarz-Weiß-Drucker ungeeignet. Die Farbeinstellungen des Hintergrundschemas *Weiss* werden übernommen. Diese Einstellung ist unter den Optionen EINSTELLUNGEN/BENUTZER/GRAFISCHE BEARBEITUNG/ALLGEMEIN zu finden.

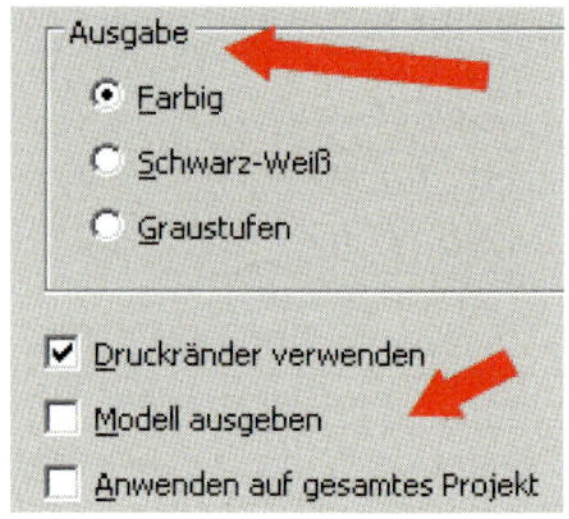

Bild 8.58 Weitere Einstellungen

Die Option Ausgabe **Schwarz-Weiß** erzeugt, wenn sie aktiviert wurde, ein schwarz-weißes PDF-Dokument. Das heißt, alle farbigen Elemente werden schwarz auf weißem Hintergrund gedruckt. Für eingebettete Bilddateien gilt aber, dass sie farbig ausgegeben werden.

Die letzte Option der Ausgabe **Graustufen** erzeugt ein PDF mit Graustufen. Je nach Wunsch sollte man das auf jeden Fall einmal probieren. Diese Option ist meine Empfehlung.

Die Einstellung **Druckränder verwenden** nimmt die Druckränder aus den Stationseinstellungen für den Punkt *Drucken*. Diese sind zu finden unter OPTIONEN/EINSTELLUNGEN/STATION/GRAFISCHE BEARBEITUNG/DRUCKEN. Sie kann aber auch jederzeit direkt im Dialog **PDF-Export** geändert werden. Dazu klicken Sie den Button EINSTELLUNGEN an, wählen den Menüpunkt DRUCKRÄNDER und nehmen die gewünschten Einstellungen vor.

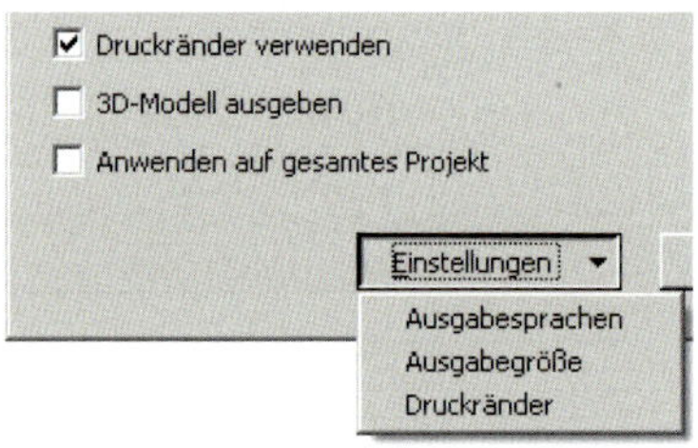

Bild 8.59 Einstellungen Druckränder

Bild 8.60 Dialog Druckränder

Weiterhin befindet sich hinter der Einstellung **Ausgabegröße** die Möglichkeit, die Seiten skaliert oder entsprechend der original eingestellten Seitengröße (die Seitengröße wird aus den Abmessungen des eingestellten Normblattes ermittelt) in das zu erzeugende PDF auszugeben.

Die Option **Modell ausgeben** ermöglicht EPLAN, dass die im Projekt vorhandenen Modelle (3D-Schaltschrankansicht) mit ausgegeben werden.

Nach Abschluss aller Einstellungen kann das PDF-Dokument mit Klick auf **OK** erzeugt werden. EPLAN erstellt das PDF-Dokument und speichert es im angegebenen Zielverzeichnis. Nach dem erfolgreichen PDF-Export folgen keine weiteren Meldungen mehr.

Bild 8.61 Einstellungen PDF-Ausgabegröße

8.7.1.1 Weitere Einstellungen für den PDF-Export

Neben den bisher beschriebenen, »einfachen« Einstellungen und Optionen für den PDF-Export bietet EPLAN anhand eines PDF-Exportschemas noch wesentlich mehr Einstellungen, in denen ausgewählt werden kann, mit welchen Informationen und wie das PDF-Dokument erzeugt werden soll.

Um das eingestellte Schema zu öffnen, klicken Sie auf den *More*-Button im Dialog **PDF-Export.**

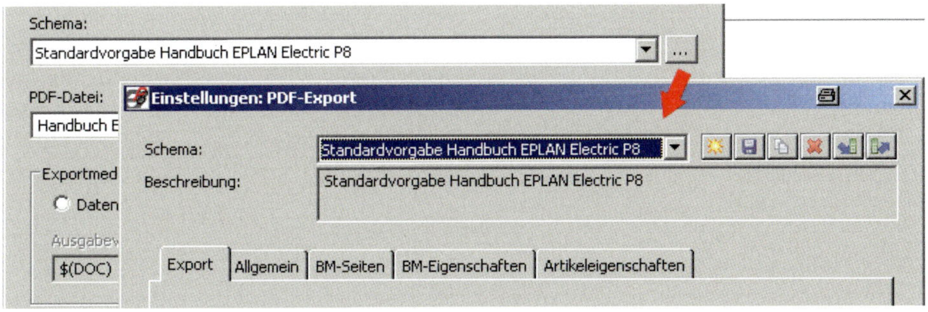

Bild 8.62 Schema für weitere detaillierte Einstellungen

In diesem Schema gibt es mehrere Registerkarten. Die Registerkarte *Export* enthält diverse Einstellungen, wie und wohin das PDF erzeugt werden soll, wie weiter oben schon beschrieben.

Die Registerkarte *Allgemein* enthält Einstellungen und Optionen, mit welchen grundlegenden Funktionen das PDF ausgestattet werden soll. Also beispielsweise *vereinfachte Sprungfunktionen*, *schnelle Webanzeige*, oder ob das PDF nach den Strukturkennzeichen oder den Seitentypen sortiert werden soll.

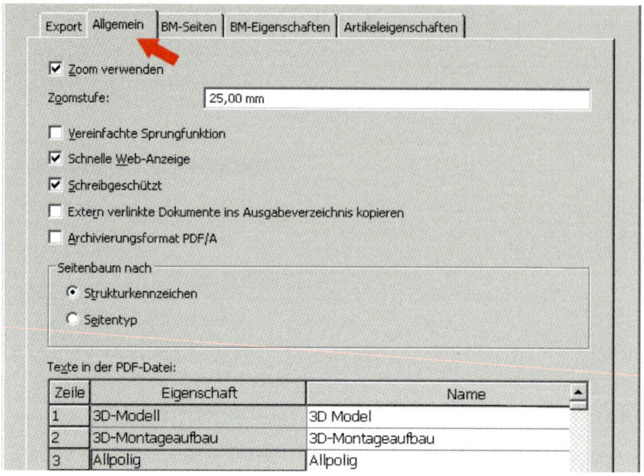

Bild 8.63 Allgemeine Einstellungen

In der Registerkarte *BM-Seiten* wird festgelegt, ob überhaupt Betriebsmittel-Seiten erzeugt werden sollen. Falls ja, können noch weitere Einstellungen zum Detailgrad eingestellt werden. Also z.B., ob auch die *BM-Eigenschaften* oder *Artikeleigenschaften* mit ausgegeben werden sollen oder für welche *Funktionsbereiche* diese Einstellungen nicht gelten sollen.

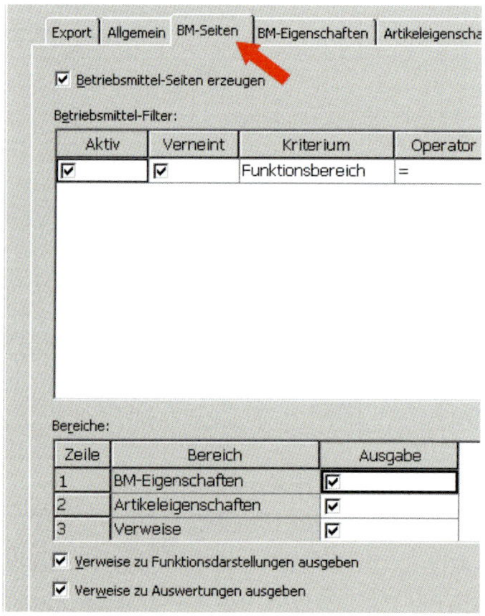

Bild 8.64 Einstellungen für BM-Seiten

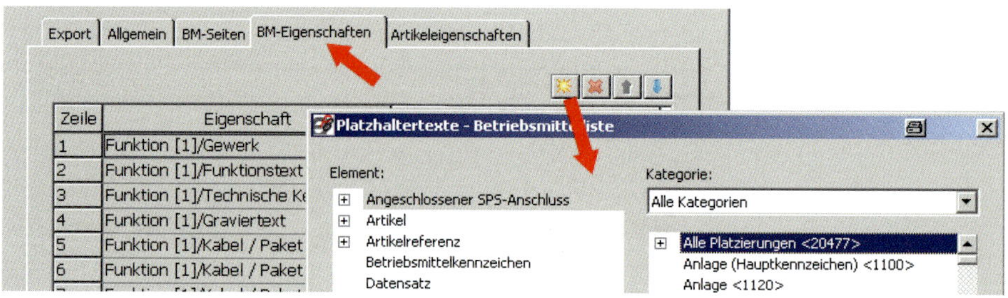

Bild 8.65 BM-Eigenschaften festlegen

Mit den Möglichkeiten der Registerkarte *BM-Eigenschaften* können gezielt nur bestimmte Eigenschaften der Betriebsmittel in das PDF ausgegeben werden. Über die in EPLAN übliche Vorgehensweise können hier *Platzhalter* hinzugefügt oder aus der Liste gelöscht werden.

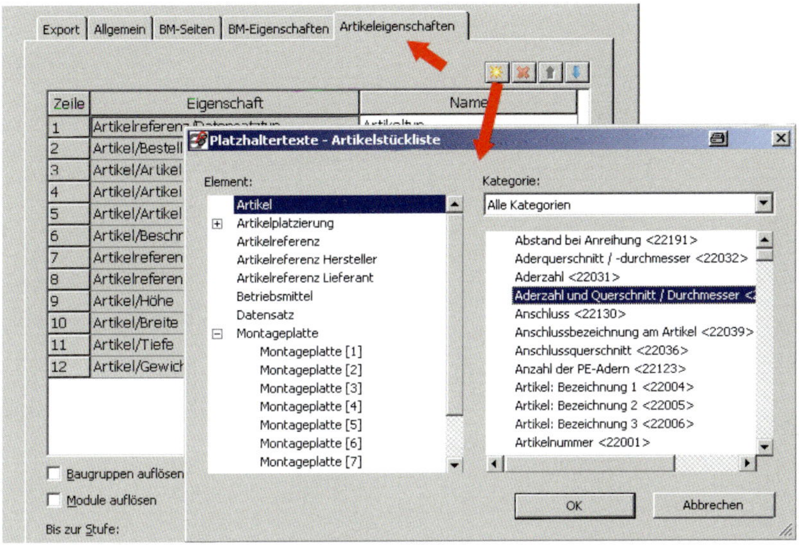

Bild 8.66
Artikeleigenschaften zum PDF-Export festlegen

Die Registerkarte *Artikeleigenschaften* bietet an, dass nur die gewünschten Artikeleigenschaften in das PDF geschrieben werden. Das könnten dann z. B. nur die *Artikelnummer* und die erste *Bezeichnung* eines Artikels sein.

Wurden alle Einstellungen entsprechend geändert und das Schema gespeichert, steht dieses Schema allen anderen Projekten zur Verfügung, und man könnte mit den darin enthaltenen Einstellungen das PDF von EPLAN erstellen lassen.

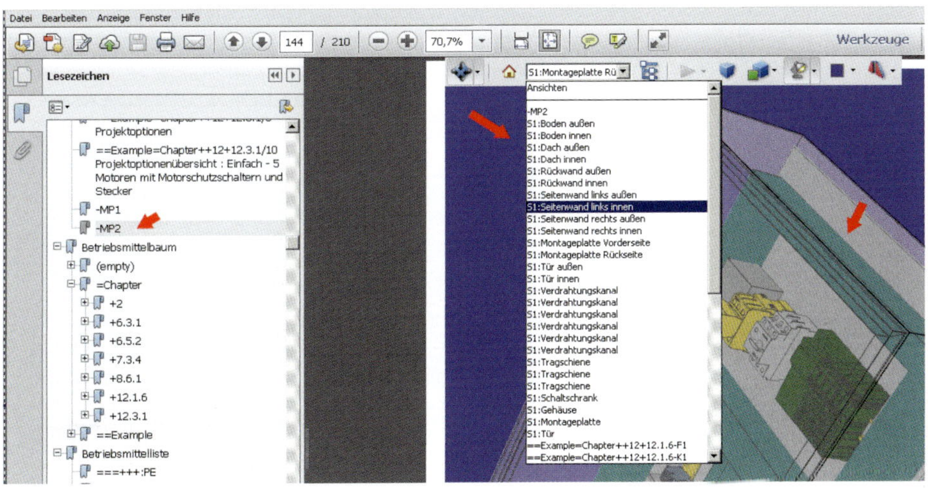

Bild 8.67
Beispiel: erzeugtes PDF, mit dem Acrobat Reader geöffnet

9 Datensicherung

Ein wichtiger Punkt in EPLAN betrifft die Datensicherung. Zur Datensicherung gehört nicht nur, dass Projekte gepackt, entpackt, gesichert oder wiederhergestellt werden, sondern auch beispielsweise eine E-Mail-Funktion, die ein bequemes Austauschen von EPLAN-Projekten zwischen Anwendern elektronisch ermöglicht.

Projekte packen, sichern oder wiederherstellen ist aber nicht alles, was EPLAN bietet. Auch einzelne Dateien wie ein Normblatt, die Artikeldatenbank oder das Wörterbuch (Fremdsprachendatenbank) können separat gesichert und auch separat wiederhergestellt werden.

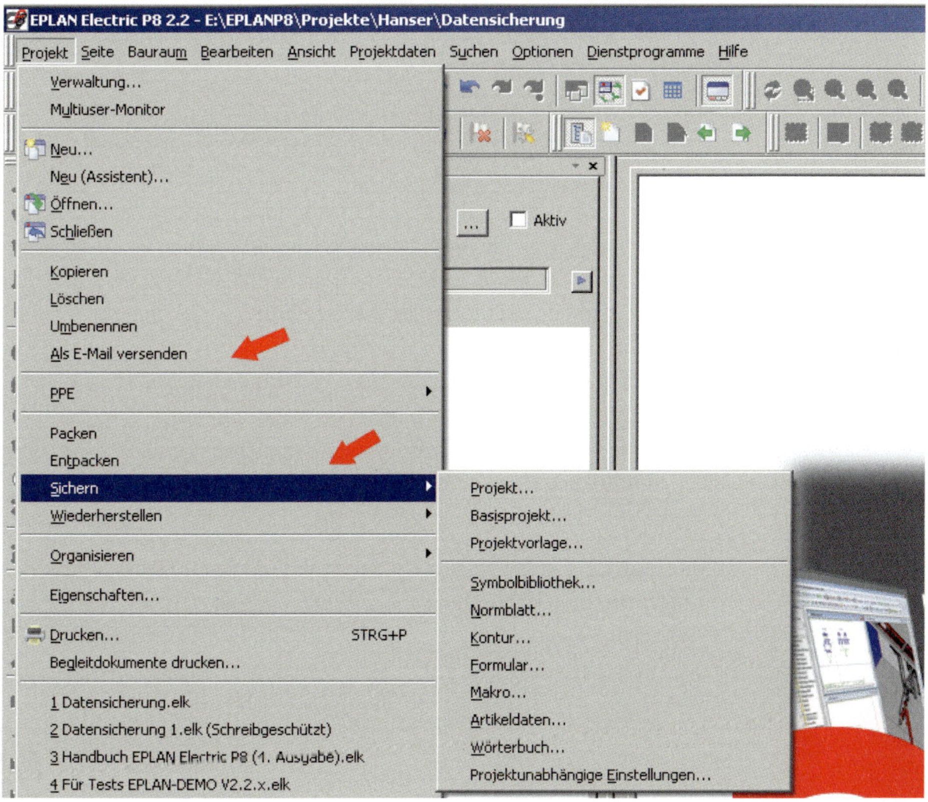

Bild 9.1
Menü mit den Sicherungsmethoden

9.1 Packen und Entpacken von Projekten

EPLAN versteht unter dem Packen eines Projekts, dass das komplette Projektverzeichnis in eine einzige Projektdatei (zzgl. der Projektinformationsdatei *ProjectInfo.xml*) gepackt und somit Speicherplatz gespart wird.

9.1.1 Projekte packen

Das Packen wird über das Menü **PROJEKT/PACKEN** gestartet. EPLAN führt es nach einer Sicherheitsabfrage sofort durch. Für die Funktion *Packen* sind keine besonderen Einstellungen nötig.

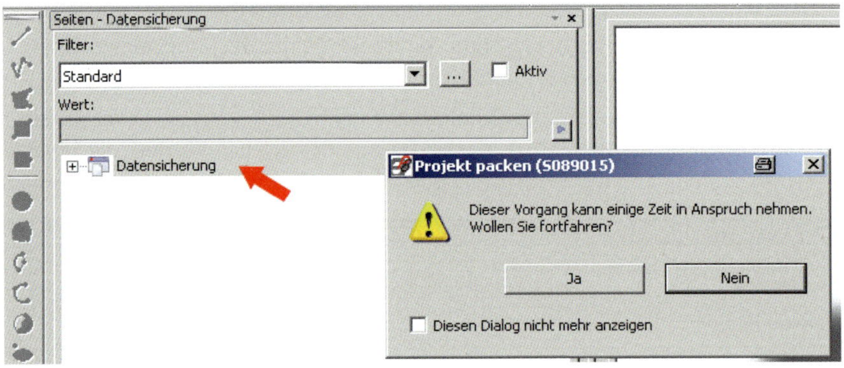

Bild 9.2 Abfragedialog, ob das Projekt gepackt werden soll

Dabei werden immer **alle Daten**, die im Projektverzeichnis vorhanden sind, gepackt. EPLAN belässt nur die Information der Projekteigenschaften (*ProjectInfo.xml*) und die gepackte Projektdatei (*[Projektname].zw0*) im Projektverzeichnis.

HINWEIS: Aus dem Menü **PROJEKT** heraus kann immer nur ein Projekt gepackt werden. Gepackte Projekte werden nicht mehr im Seiten-Navigator angezeigt, da sie nach dem Packen automatisch geschlossen und optisch aus dem Seiten-Navigator entfernt werden.

Hat EPLAN die Funktion **PACKEN** (des Projekts) beendet, erscheint ein Dialog mit einer Hinweismeldung, und das Projekt »verschwindet« aus dem Seiten-Navigator.

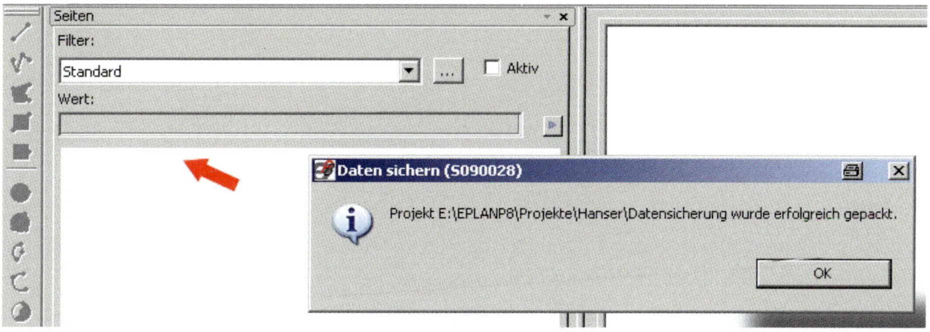

Bild 9.3 Meldung »Projekt wurde erfolgreich gepackt.«

9.1.2 Projekte entpacken

Ein einmal gepacktes Projekt kann mit mehreren Möglichkeiten wieder zum Bearbeiten geöffnet werden.

Eine Möglichkeit wäre es, das Projekt über das Menü **PROJEKT/ENTPACKEN** auszuwählen und dann mit dem Button **ÖFFNEN** zu entpacken. Wurde das Projekt entpackt, wird es nicht mehr im Seiten-Navigator angezeigt. Das entpackte Projekt muss zusätzlich erst über **PROJEKT/ÖFFNEN** geöffnet werden.

Eine zweite Möglichkeit wäre es, das gepackte Projekt wie üblich über **PROJEKT/ÖFFNEN** auszuwählen und dann zum Bearbeiten zu öffnen. Auch hier wird das Projekt entpackt, aber im Gegensatz zur ersten Möglichkeit nach dem Entpacken sofort im Seiten-Navigator geöffnet.

Wird ein Projekt entpackt, startet EPLAN automatisch den Dialog **Wiederherstellen.** Das Projekt wird entpackt und anschließend wird der Seiten-Navigator geöffnet. Das entpackte Projekt wird dort, je nach Entpackmethode, den anderen, eventuell geöffneten Projekten hinzugefügt. Das Projekt kann dann sofort weiter bearbeitet werden.

9.2 Sichern und Wiederherstellen von Projekten

Im Gegensatz zum Packen eines Projekts bieten die Optionen **SICHERN** und **WIEDERHERSTELLEN** eine weitaus größere Anzahl von individuellen Einstellmöglichkeiten der Datensicherung und der Datenrücksicherung an.

9.2.1 Projekte sichern

Im Gegensatz zur Funktion *Packen* ist der Sinn der Funktion *Sichern* von Projekten, dass diese entsprechend ausgelagert oder extern zum Kunden geschickt werden können. Das ist der größte Unterschied dieser beiden Methoden. Natürlich kann auch ein gepacktes Projekt zum Kunden geschickt werden, sinnvoller ist es aber, die Funktion *Sichern* zu benutzen.

Aus dem Seiten-Navigator kann über das Menü **PROJEKT/SICHERN/PROJEKT** die Sicherungsfunktion auch direkt während einer Projektbearbeitung aufgerufen werden.

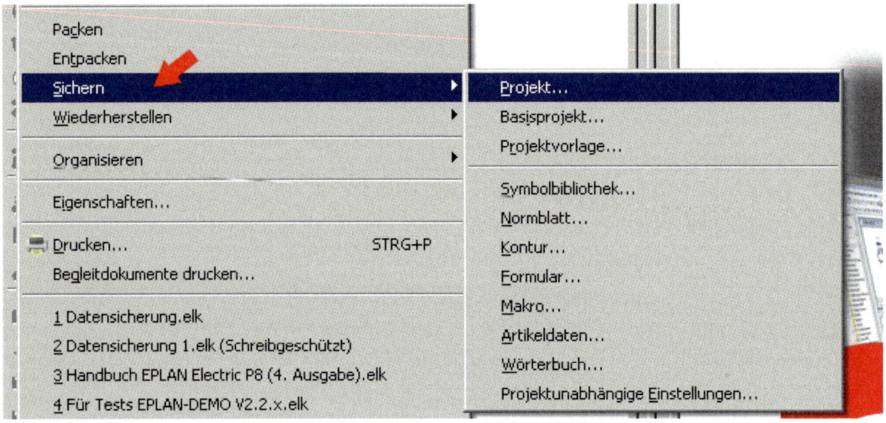

Bild 9.4 Menü Sichern und dessen Möglichkeiten

9.2.1.1 Sicherungsoptionen (aus dem Seiten-Navigator)

Bevor die Funktion **SICHERN** aufgerufen wird, sollte das zu sichernde Projekt im Seiten-Navigator markiert werden. Nun kann es über das Menü **PROJEKT/SICHERN/PROJEKT** gesichert werden. EPLAN öffnet dazu den Dialog **Projekte sichern**. Der Dialog ermöglicht weitere Einstellungen, die den Sicherungsumfang des Projekts betreffen.

Im Feld **Ausgewählte Projekte** steht der Projektname, der zum Sichern im Seiten-Navigator markiert wurde. EPLAN übernimmt ihn automatisch und zeigt daneben informativ zusätzlich das Verzeichnis zum Projekt an.

> **HINWEIS:** Das Feld *Beschreibung* ist nur informell. Das heißt, hier kann optional etwas eingetragen werden. Auswirkungen auf die eigentliche Sicherung gibt es nicht. Die Beschreibung wird aber beispielsweise beim Wiederherstellen (Zurücksichern) im Dialog mit angezeigt.

Das Auswahlfeld **Methode** legt fest, wie die Sicherung behandelt werden soll. Das hat auch Auswirkungen darauf, ob man das Projekt anschließend weiterbearbeiten kann oder nicht.

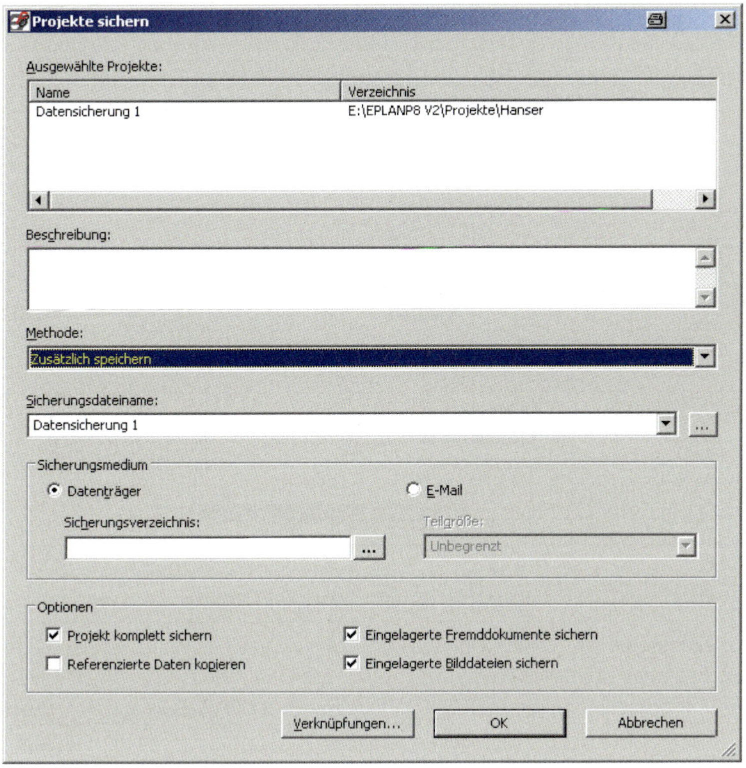

Bild 9.5 Dialog Projekte sichern

EPLAN bietet hier dem Anwender folgende Möglichkeiten.

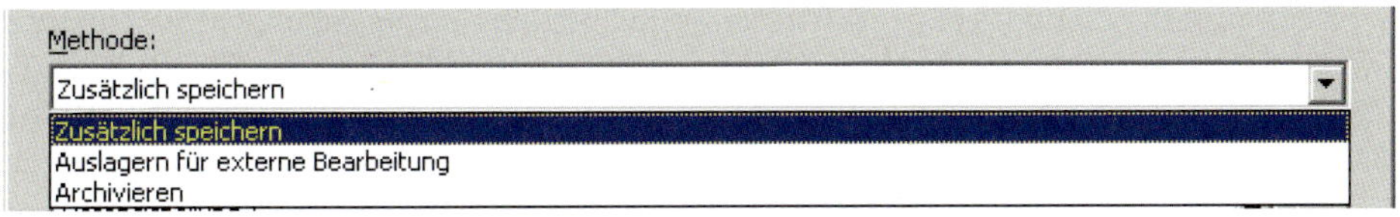

Bild 9.6 Auswahlmöglichkeiten der Sicherungsmethode

Sicherungsmethode

- **Zusätzlich speichern:** Das Projekt wird **zusätzlich** auf einem anderen Laufwerk gesichert (als **.zw1*) bzw. als Anhang für eine E-Mail aufbereitet. Es verbleibt weiterhin im originalen Projektpfad, wird also weder gelöscht noch verändert. Diese Option empfehle ich.
- **Auslagern für externe Bearbeitung:** Das Projekt wird zusätzlich gespeichert (als **.zw1*), aber das Originalprojekt wird mit einem Schreibschutz versehen, sodass keine Änderungen möglich sind. Diese Methode ist zu empfehlen, wenn das Projekt beispielsweise zum Kunden ausgelagert werden soll, da er selbst Änderungen einpflegen möchte und keine Änderungen im Ursprungsprojekt bis zum Wiederherstellen (Zurücksichern) durchgeführt werden sollen.

- **Archivieren:** Das Projekt wird nicht zusätzlich gesichert, sondern es wird auf ein anderes Laufwerk ausgelagert (als **.zw1*). Das Ursprungsprojekt wird – bis auf die Projektinformationen (*ProjectInfo.xml*) – im originalen Projektpfad gelöscht.

Sicherungsmedium

Neben der Auswahl der Datensicherungsmethode bietet EPLAN auch zwei Möglichkeiten von Sicherungsmedien für das zu sichernde Projekt an.

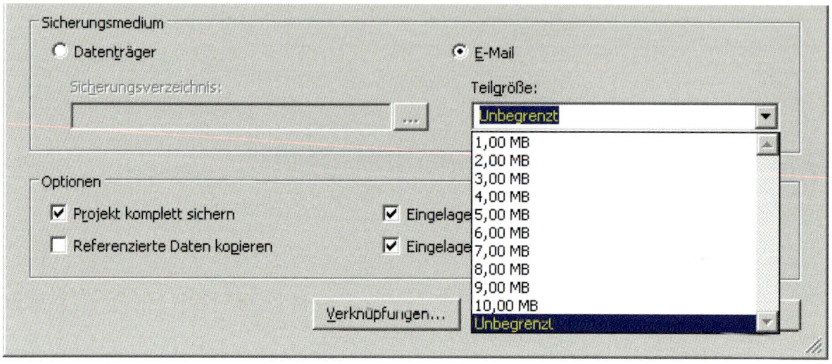

Bild 9.7 Auswahl des Sicherungsmediums

- **Datenträger:** Üblicherweise ein anderes Laufwerk – die Verzeichnisstruktur ist dabei völlig beliebig, und es sind keinerlei Beschränkungen gegeben. Sollte das Betriebssystem es unterstützen, kann das Projekt auch direkt auf einen CD-/DVD-Brenner gesichert werden.
- **E-Mail:** Hier wird das Projekt gesichert und mit der Endung **.zw1* versehen. Anschließend wird der installierte E-Mail-Client geöffnet und das Projekt angehängt. EPLAN bietet die Option, die E-Mail-Datei in mehrere Dateien (Teile) aufzuteilen (per Auswahlliste sind einige Größen voreingestellt, diese können aber beliebig abgeändert werden, auch 6,5 MB sind möglich). Das ist von Vorteil, wenn der Empfänger keine großen Anhänge empfangen kann. Der Empfänger selbst **muss alle Dateien (Teile)** der erhaltenen E-Mails in ein Verzeichnis seiner Wahl speichern, um das Projekt später wiederherzustellen.

Mit der Methode **Zusätzlich speichern** und dem Sicherungsmedium **E-Mail** wurde ein Projekt gesichert. Die Teilgröße wurde auf 2 MB eingestellt.

Sichern per E-Mail

Nach Klick auf den Button **OK** beginnt EPLAN mit der Datensicherung. Sollte das Projektverzeichnis vom Standardprojektverzeichnis abweichen, erscheint ein Dialog mit einem entsprechenden Hinweis zum Verzeichnis.

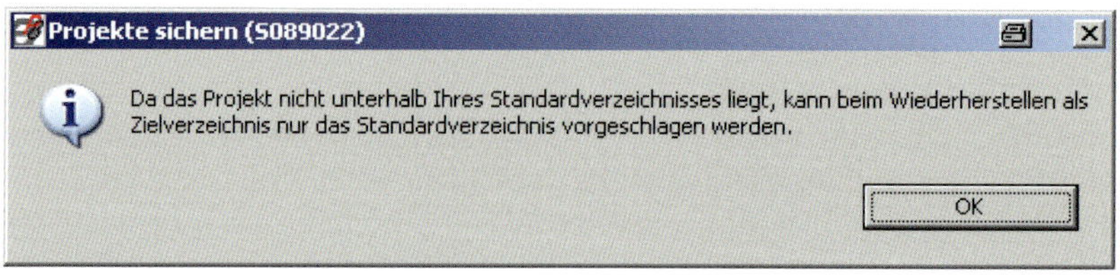

Bild 9.8 Hinweis, wenn das Verzeichnis vom Standard abweicht

EPLAN erzeugt jetzt intern mehrere Dateien, öffnet das installierte E-Mail-Programm und hängt den ersten Teil (Teil 2 von [Gesamt]) zuerst als Dateianhang an eine neue Mail an.

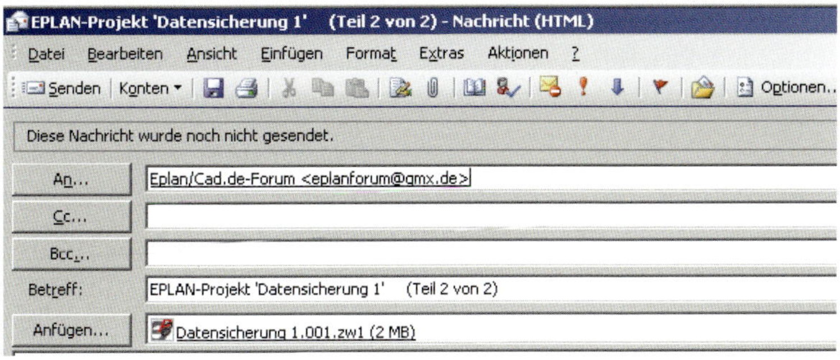

Bild 9.9 Erste, von EPLAN automatisch erzeugte Mail

Der Betreff wird automatisch mit dem Projektnamen, der Information, welcher Teil an dieser Mail als Dateianhang hängt, und der Gesamtzahl der zu sendenden Teile versehen.

EPLAN führt die Datensicherung erst weiter, wenn die E-Mails abgesendet wurden. Auf diese Art und Weise erzeugt EPLAN alle Teile und die entsprechenden E-Mails selbsttätig. Nur das Senden und natürlich den Eintrag unter Empfänger muss man selbst durchführen.

Der letzte Teil (Teil 1 von [Gesamt]) ist der wichtigste. Diesen Teil sucht EPLAN später beim Wiederherstellen des Projekts im ausgewählten Verzeichnis, wo auch alle anderen Teile gespeichert werden müssen.

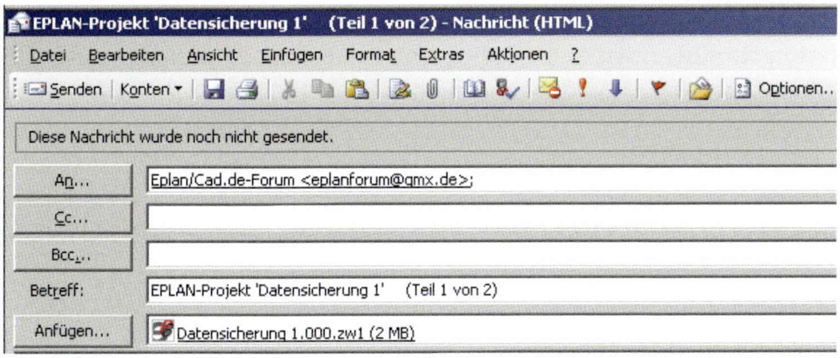

Bild 9.10 Zweite Mail mit dem letzten Teil der Projektsicherung

Damit wäre das Sichern per E-Mail schon beendet. EPLAN bringt zum Abschluss (nachdem der letzte Teil gesendet wurde) noch eine Erfolgsmeldung.

Bild 9.11 Erfolgsmeldung, wenn alle Teile gesendet wurden

HINWEIS: Sollte in einem dieser Teile ein Fehler aufgetreten sein, kann EPLAN das Projekt später nicht wiederherstellen. EPLAN verwendet dazu ein Hinweisfenster, in dem der Anwender mitgeteilt bekommt, dass das Projekt nicht wiederhergestellt werden konnte. Sollte dieser Fall eintreten, ist es unvermeidlich, die Datensicherung noch einmal anzufordern.

Um ein gesichertes Projekt nicht unnötig »groß« (Datenmenge) werden zu lassen, bietet EPLAN vier zusätzliche Optionen im Dialog **Projekte sichern** an, um diese Datenmenge zu reduzieren.

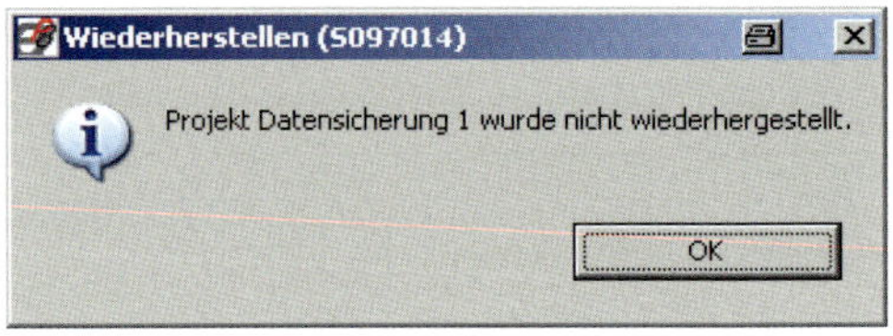

Bild 9.12 Fehlermeldung, wenn das Projekt nicht wiederhergestellt werden konnte

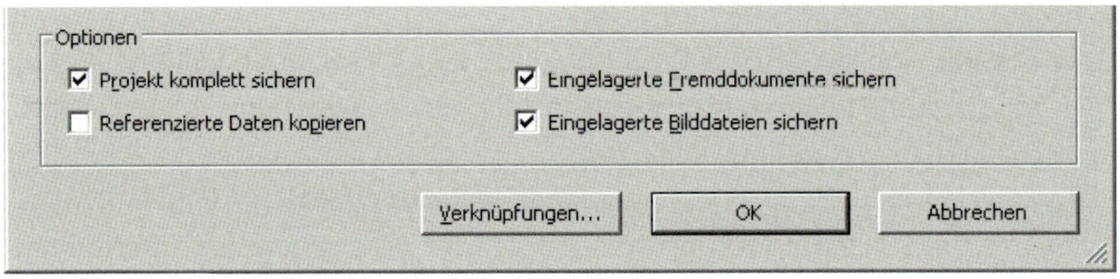

Bild 9.13 Datenmenge reduzieren anhand der Optionen

- **Projekt komplett sichern:** Damit wird das Projekt mit allen Daten aus dem Projektverzeichnis inklusive der Unterverzeichnisse gesichert.
- **Referenzierte Daten kopieren:** Ist diese Option gesetzt, sichert EPLAN alle, auch die referenzierten Daten. Das erhöht die Datenmenge des Projekts. Dazu müssen aber die Optionen für eingelagerte Fremddokumente und eingelagerte Bilddateien ebenfalls aktiviert sein.

HINWEIS: Referenzierte Daten sind Daten, die nicht im Projekt eingelagert sind, sondern nur als Referenz zur Verfügung stehen. Kurzum: EPLAN kennt nur den Link (den Dateipfad), unter dem beispielsweise die Grafik auf dem Server abgelegt ist.

- **Eingelagerte Fremddokumente sichern:** Diese Option lässt dem Anwender die Möglichkeit, in das Projekt eingebundene Fremddokumente wie PDF- oder Excel-Dokumente mit in die Datensicherung aufzunehmen oder nicht. Es werden allerdings nur Fremddokumente mitgesichert, die sich im Verzeichnis *\[Projektname]\DOC* befinden.
- **Eingelagerte Bilddateien sichern:** Ähnlich wie bei der letzten Option (Fremddokumente) gibt es hier die Möglichkeit, Bilddateien mitzusichern oder von der Sicherung auszuschließen. Dies gilt ebenfalls nur für Bilddateien, die sich im Verzeichnis *\[Projektname]\Images* befinden.

Fremddokumente oder auch Bilddateien, die sich **nicht** im Projektverzeichnis befinden, werden bei einer Sicherung **nicht** automatisch eingebunden. Die oben genannten Optionen **Fremddokumente sichern** und **Bilddateien sichern** greifen an dieser Stelle dann **nicht**.

Sollen diese Dateien ebenfalls mitgesichert werden, müssen sie entweder in das Projekt eingelagert werden (beim Einfügen während der Projektbearbeitung in das Projektverzeichnis kopieren lassen), oder sie werden über den Button VERKNÜPFUNGEN zusätzlich in das Projektverzeichnis von EPLAN automatisch eingelagert.

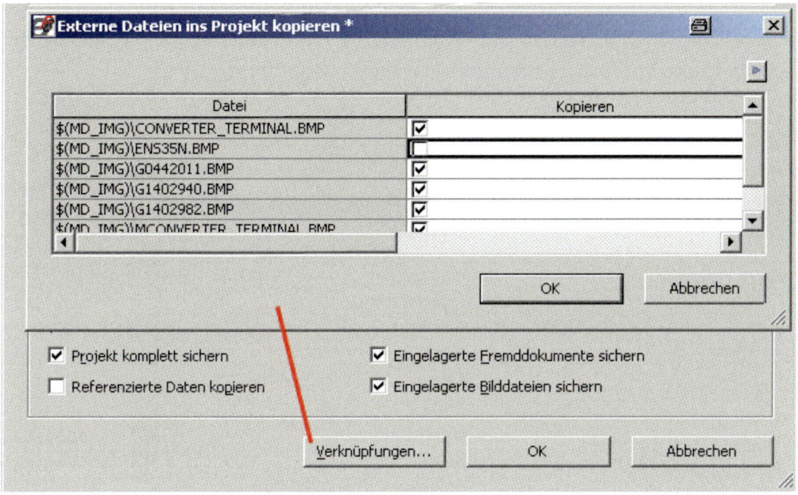

Bild 9.14 Externe verknüpfte Dateien in das Projekt kopieren (Projekte sichern)

Für Fremddokumente und auch Bilddateien, die über Hyperlinks eingebunden sind, gibt es eine weitere Möglichkeit, sie vor einer Datensicherung zu sammeln und gemeinsam in das Projektverzeichnis zu kopieren. Dazu öffnet man über den Aufruf im Menü BEARBEITEN/WEITERE/VERKNÜPFUNGEN den Dialog **Externe Dateien ins Projekt kopieren**. Dieser Dialog ist identisch mit dem Dialog, den man während des Sicherns von Projekten aufrufen kann.

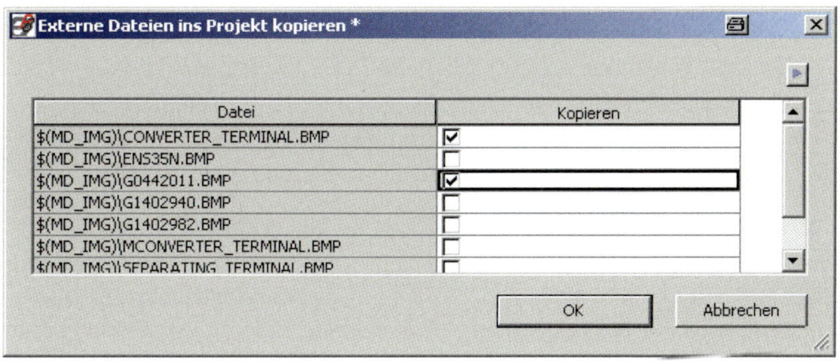

Bild 9.15 Externe verknüpfte Dateien in das Projekt kopieren (Grafischer Editor)

EPLAN listet nun alle verknüpften Fremddokumente auf. Anschließend müssen Sie bei allen gewünschten Dokumenten die Funktion **Kopieren** auswählen. Nach Bestätigen des Buttons **OK** werden alle markierten Dateien in das Projektverzeichnis *\[Projektname]\DOC* bzw. *\IMAGES* kopiert.

9.2.2 Projekte wiederherstellen

Gesicherte Projekte können wiederhergestellt werden. Dazu wählt man nach dem Aufruf im Menü **PROJEKT/WIEDERHERSTELLEN/PROJEKT** in der grafischen Bearbeitung ein oder mehrere Projekte zum Wiederherstellen (Zurücksichern) aus.

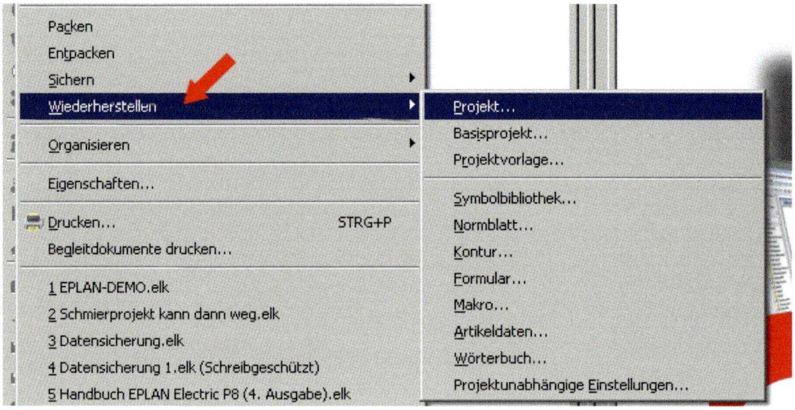

Bild 9.16 Menü Projekte wiederherstellen

Einstellungen Projekte wiederherstellen

Nun öffnet sich der Dialog **Projekt wiederherstellen** mit einigen Einstell- und Auswahlmöglichkeiten.

- **Sicherungsverzeichnis:** Im Dialog **Projekt wiederherstellen** kann man über den Button **[...]** das Sicherungsverzeichnis auswählen. Das Sicherungsverzeichnis kann beliebig sein und ist an keine besondere Struktur gebunden.

TIPP: Es empfiehlt sich, ein festes Verzeichnis für die Sicherungsdateien bzw. die E-Mail-Dateien festzulegen. Es würde sich anbieten, dieses Verzeichnis in das normale, zur Installation benutzte EPLAN-Verzeichnis zu integrieren.

- **Projekte:** Das Projekt, das wiederhergestellt wird, muss hier markiert werden.
- **Zielverzeichnis:** Bevor ein Projekt wiederhergestellt wird, sollte das Feld *Zielverzeichnis* kontrolliert bzw. auf den korrekten Projektpfad eingestellt werden. Um das Zielverzeichnis zu ändern, wird der Button **[...]** angeklickt und ein anderes Verzeichnis ausgewählt.

- **Projektname:** Dieser kann im gleichnamigen Feld vor der Wiederherstellung neu vergeben werden oder man behält den aktuellen Projektnamen bei.

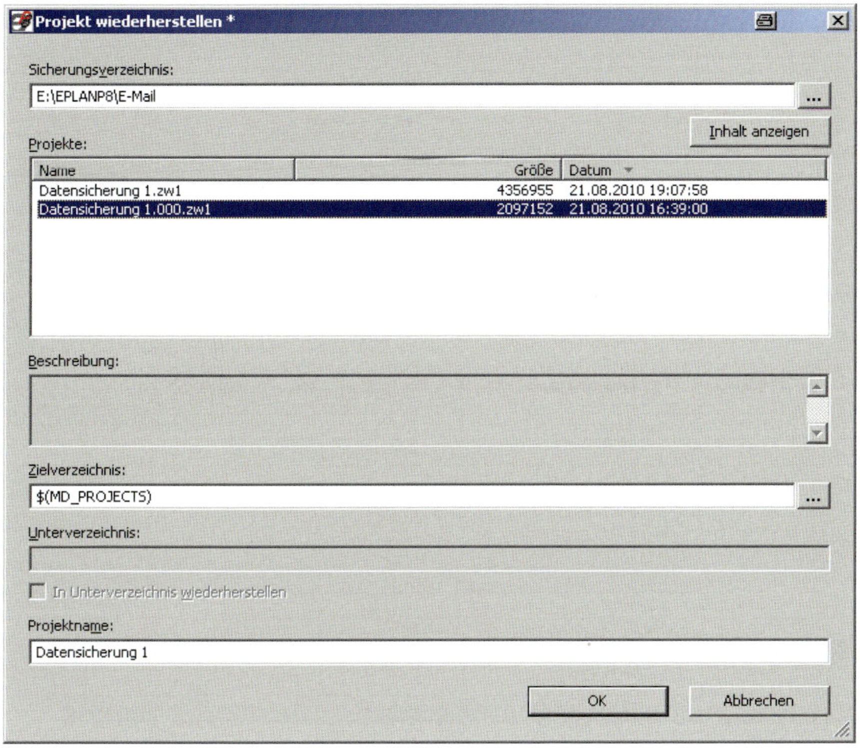

Bild 9.17 Dialog Projekt wiederherstellen

Mit **OK** oder einem Doppelklick mit der linken Maustaste (im Feld *Projekte*) auf das Projekt wird die Wiederherstellung mit den oben eingestellten Parametern gestartet. EPLAN beginnt anschließend sofort mit der Wiederherstellung. Es folgen keine weiteren Abfragedialoge.

Sollte ein Projekt im Zielverzeichnis schon mit gleichen Namen vorhanden sein, bringt EPLAN einen Warnhinweis, ob das Zielprojekt überschrieben werden soll. Mit Bestätigen des Buttons **JA** sichert EPLAN das Projekt zurück und überschreibt das alte Projekt.

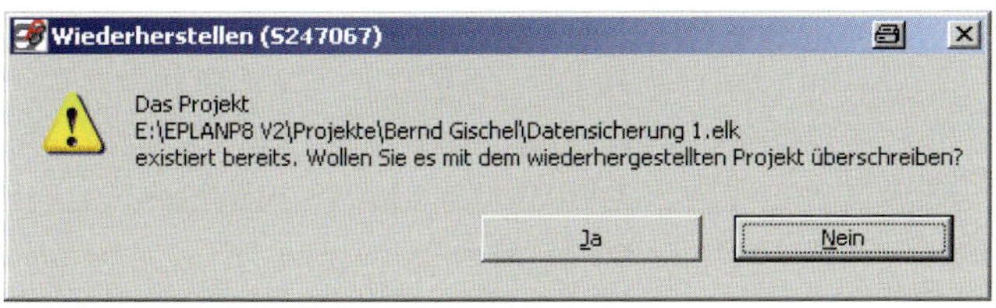

Bild 9.18 Mögliche Hinweismeldung, wenn ein Projekt schon existiert

EPLAN kann, wenn gewünscht, auch geöffnete Projekte überschreiben. Dazu schließt EPLAN das Projekt nach einer Abfrage und sichert es dann zurück.

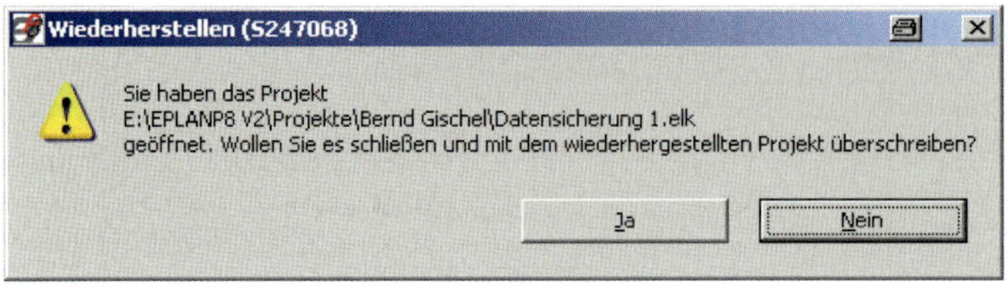

Bild 9.19 Eine weitere Hinweismeldung, wenn ein Projekt schon existiert

Wurde das Projekt endgültig wiederhergestellt, öffnet EPLAN das Projekt anschließend im **Seiten-Navigator.**

Mit dem Button **NEIN** wird solch ein Wiederherstellungsvorgang abgebrochen, und EPLAN bringt einen Hinweis, dass das Projekt nicht wiederhergestellt wurde.

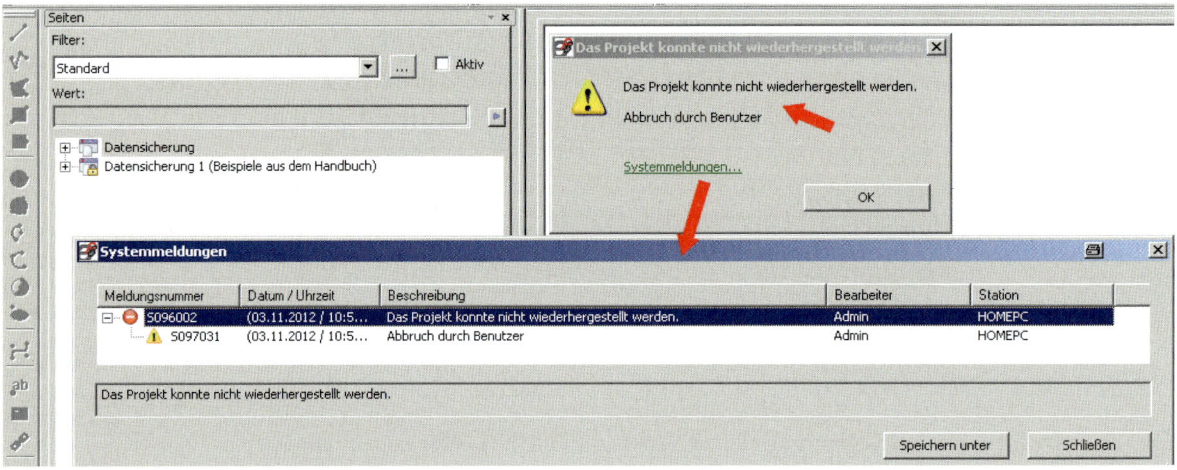

Bild 9.20 Hinweis bei Abbruch durch den Benutzer

EPLAN schreibt den Grund des Abbruchs in die Systemmeldungen. Diese kann man per Mausklick auf den Link **SYSTEMMELDUNGEN...** erreichen. EPLAN öffnet nun den Dialog **Systemmeldungen**. Die Systemmeldungen können gespeichert oder der Dialog einfach beendet werden. Wurde der Dialog **Systemmeldungen** geschlossen, befindet man sich wieder im Vordialog und mit Klick auf den Button **OK** automatisch wieder in der grafischen Bearbeitung.

9.3 Weitere wichtige Einstellmöglichkeiten

Im Zusammenhang mit dem Sichern und Wiederherstellen von Daten gibt es auch Voreinstellungen, um zum Beispiel Sicherungsverzeichnisse festzulegen oder um Projekte von alten, nicht mehr benötigten Daten zu bereinigen. Es besteht weiter die Möglichkeit, die Datensicherung und das Bereinigen von Projekten automatisiert zu bearbeiten.

9.3.1 Voreinstellungen für die Projektsicherung (globale Benutzereinstellung)

Für Projekte können globale Voreinstellungen in den Einstellungen festgelegt werden. Diese werden dann für ein Projekt übernommen. Um diese und andere Voreinstellungen anzupassen, können in EPLAN über **OPTIONEN/EINSTELLUNGEN/BENUTZER/DATENSICHERUNG/VOREINSTELLUNGEN/PROJEKTE** das Zielverzeichnis, die Teilgröße von E-Mail-Anhängen sowie die verschiedenen Optionen angepasst werden, wie beispielsweise das Projekt komplett sichern, Fremddokumente und Bilddateien sichern, und die Voreinstellung für das Beschreibungsfeld beim Sichern. Diese Einstellungen werden dann beim Sichern eines Projekts übernommen.

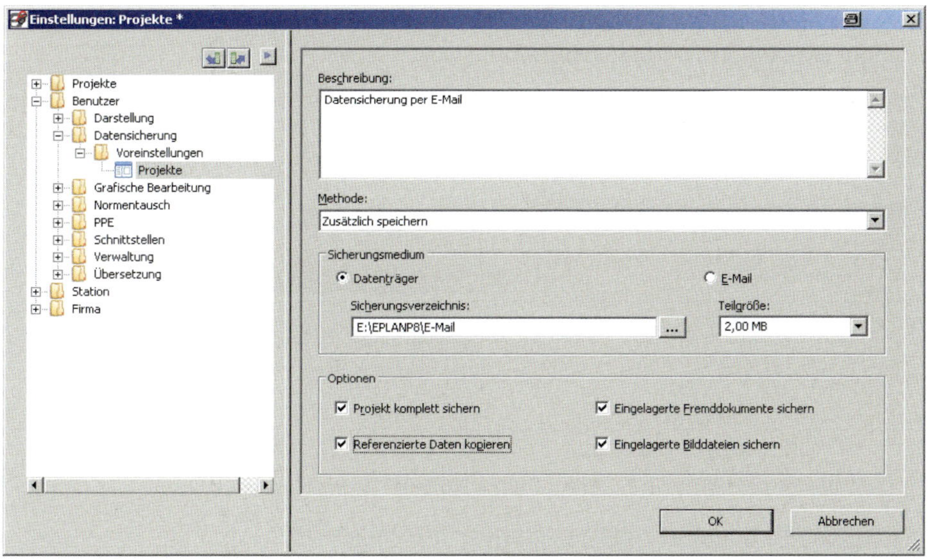

Bild 9.21 Voreinstellungen zum Sichern von Projekten

TIPP: Werden diese Einstellungen bei einer Projektsicherung noch nachträglich geändert, merkt sich EPLAN genau für dieses Projekt die geänderten Einstellungen. Damit greifen dann die eben global eingestellten Benutzereinstellungen nicht mehr. Die aktualisierten Datensicherungseinstellungen für ein Projekt haben immer Vorrang vor den Datensicherungseinstellungen in den Benutzereinstellungen und werden auch künftig immer für dieses Projekt benutzt.

Natürlich können das Sicherungsverzeichnis und auch die Teilgröße des E-Mail-Anhangs nachträglich jederzeit auch für schon gesicherte Projekte geändert werden. Diese neuen Einstellungen werden dann beim nächsten Sicherungsvorgang erneut übernommen.

9.3.2 Projekt komprimieren (nicht benötigte Daten entfernen)

Ein Projekt kann im Laufe der Projektbearbeitung mit vielen Daten »befüllt« werden. Es können nichtplatzierte Betriebsmittel eingefügt werden oder auch Formulare (Stammdaten), die nur für Testzwecke benutzt worden sind. Da EPLAN alle einmal benutzten Daten automatisch in das Projekt einlagert, kann es passieren, dass sich zum Beispiel im Projekt zehn verschiedene Klemmenplanformulare oder Dutzende Artikel befinden, obwohl am Ende der Projektbearbeitung nur eines endgültig für die Auswertungen benutzt wurde oder die besagten Artikel gar nicht mehr benötigt werden.

Funktion Projekt komprimieren

Diese im Laufe der Projektbearbeitung überflüssig gewordenen Daten können in EPLAN mit der Funktion *Projekt komprimieren* entfernt werden. Diese Funktion erreicht man über das Menü **PROJEKT/ORGANISIEREN/KOMPRIMIEREN.**

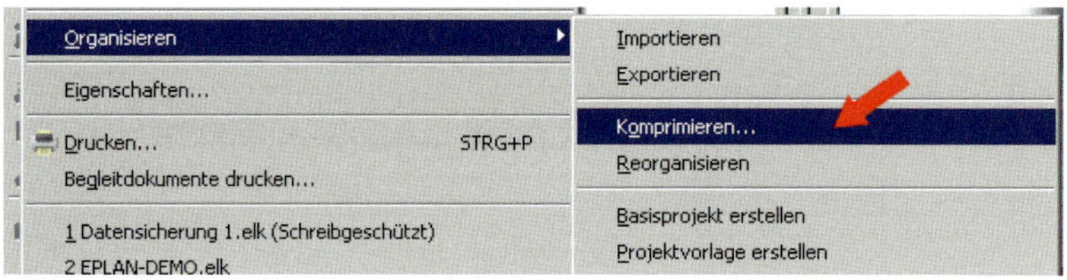

Bild 9.22 Menü Projekt/Organisieren/Komprimieren

EPLAN startet nach dem Aufruf den Dialog **Projekt komprimieren.**

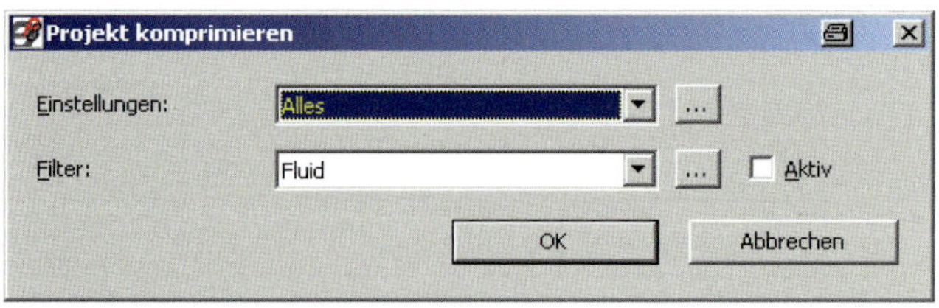

Bild 9.23 Dialog Projekt komprimieren

Der Dialog bietet diverse Möglichkeiten, die Datenmenge des Projekts zu beeinflussen.

Im Auswahlfeld **Einstellungen** wird das gewünschte Schema zum Komprimieren der Daten ausgewählt. EPLAN gibt einige Standardeinstellungen vor (fertige Schemata per Auswahlliste wählbar), aber auch hier können eigene persönliche Einstellungen als Schema erstellt und abgespeichert werden. Dazu wird neben dem Auswahlfeld **Einstellungen** der Button [...] gewählt. Anschließend wird der Dialog **Einstellungen Komprimierung** geöffnet.

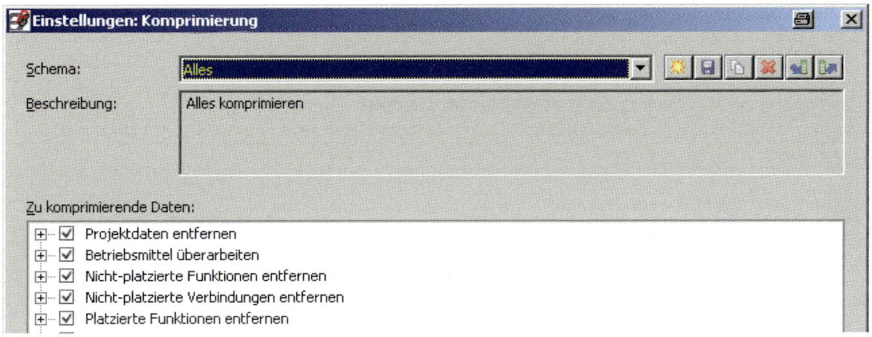

Bild 9.24 Einstellmöglichkeiten für ein Komprimierungsschema

Hier kann jetzt über die schon bekannten grafischen Buttons ein neues Schema angelegt oder ein vorhandenes kopiert und abgeändert werden.

Im unteren Feld **Zu komprimierende Daten** bietet EPLAN eine Reihe von Aktionen an, die es während der Komprimierung ausführen soll.

Ein Beispiel wäre der Punkt **Projektdaten entfernen/Nicht verwendete Formulare**. Diese Einstellung entfernt alle nicht im Projekt verwendeten Formulare, sodass das Projekt anschließend nur noch die verwendeten Formulare enthält.

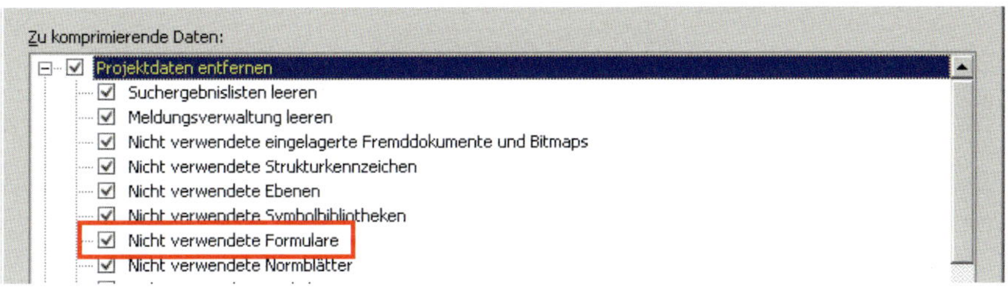

Bild 9.25 Einstellung, um überflüssige Formulare entfernen zu lassen

HINWEIS: Sollte aber beispielsweise vor der Komprimierung eine Formulardokumentation erstellt worden sein, bleiben alle Formulare (auch die nicht benutzten) im Projekt eingelagert, da sie für die Formulardokumentation gebraucht werden. Hier sollten also die Auswertungen vor einer Komprimierung, hier speziell die Formulardokumentation, entfernt werden.

Eine zweite, zusätzliche Möglichkeit ist es, während der Komprimierung mit Filtern zu arbeiten. Diese Filter können wie üblich eingestellt und als Schema neu angelegt oder verändert werden. Im **Filter** für die Komprimierung können somit beispielsweise ganz bestimmte Bereiche von der Komprimierung ausgeschlossen werden, wie bestimmte Funktionen des Stromlaufplanes oder komplette Strukturkennzeichen.

EPLAN ermöglicht also anhand verschiedener Optionen, welche Daten zu entfernen sind und - anhand von Filtern - auf welche Bereiche oder auf welche Daten es die Komprimierung ausdehnen soll.

9.3.3 Ein Projekt automatisiert bearbeiten

Bisher wurden immer nur Einzelschritte betrachtet. Es wurde z. B. die Funktion **Organisieren/Komprimieren** benutzt, um das Projekt von überflüssigem Ballast zu befreien, und anschließend wurde die Funktion **Projekt/Sichern/Projekte** gestartet, um das Projekt zu sichern.

EPLAN bietet mit der Funktion **Automatisiert bearbeiten** eine Möglichkeit an, solche verschiedenen Aktionen zu kombinieren und automatisch ablaufen zu lassen. In folgendem Beispiel wären das die Aktionen Projektkomprimierung und anschließende Datensicherung.

Zu finden ist die Funktion **Automatisiert bearbeiten** unter dem Menü DIENSTPROGRAMME/AUTOMATISIERT BEARBEITEN. Hier gibt es drei weitere Menüpunkte: AKTIVES SCRIPT AUSFÜHREN, AUSFÜHREN und die EINSTELLUNGEN.

Automatisiert arbeiten mit Skripten

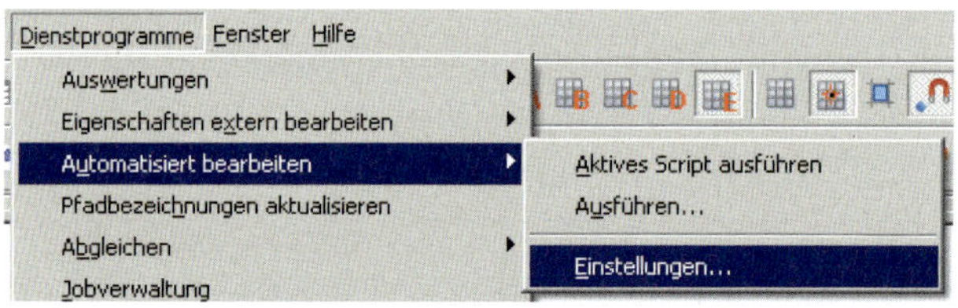

Bild 9.26 Der Menüaufruf Automatisiert bearbeiten und deren Möglichkeiten

Unter dem Menüpunkt EINSTELLUNGEN verbirgt sich der Dialog **Einstellungen automatisiert bearbeiten**. Damit werden, wie in EPLAN üblich, neue Schemata erzeugt und gespeichert. Diese stehen für alle Projekte zur Verfügung.

Die Funktion **Automatisiert bearbeiten** ist, wie schon erwähnt, ein Schema. Damit können diese Schemata exportiert und auch importiert werden. Die Schemata liegen im Verzeichnis *Scripte* (gilt für eine Standardinstallation). Der Dialog selbst setzt sich aus den Auswahlfeldern **Schema** und **Beschreibung** zusammen.

Markierte, verfügbare Aktionen werden über den Button → in das Feld **Ausgewählte Aktionen** hinzugefügt. Gibt es für diese Aktion weitere Einstellungen, öffnet EPLAN nach dem Verschieben den entsprechenden Dialog für weitere Einstellungen zu dieser Aktion.

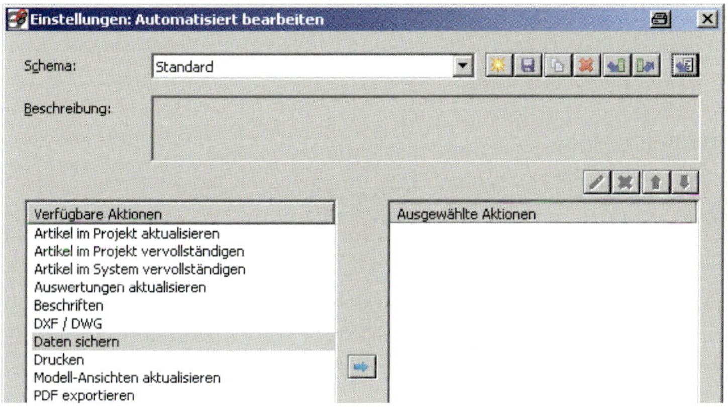

Bild 9.27
Die Einstellmöglichkeiten des automatisierten Bearbeitens

Für die Aktion **Daten sichern** wird beispielsweise der gleichnamige Dialog geöffnet. Hier können für dieses Skript noch spezielle Einstellungen vorgenommen werden.

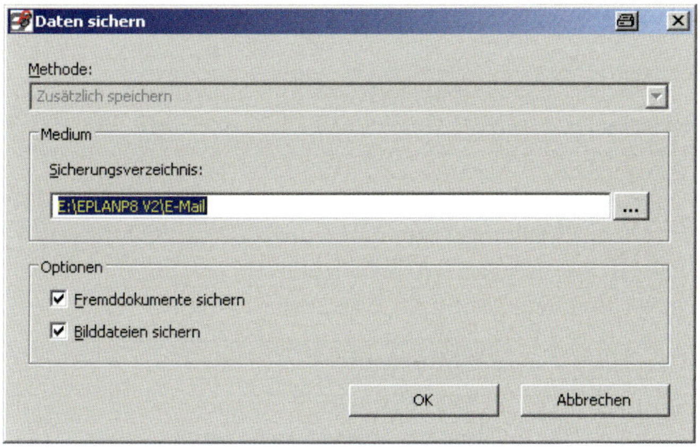

Bild 9.28
Weiterführender Dialog für das Schema Daten sichern

Einstellungen kombinieren für Skripte

Kombiniert man nun diese Einstellungen, also Projekt komprimieren und anschließendes Daten sichern, kann man es nun automatisiert bearbeiten.

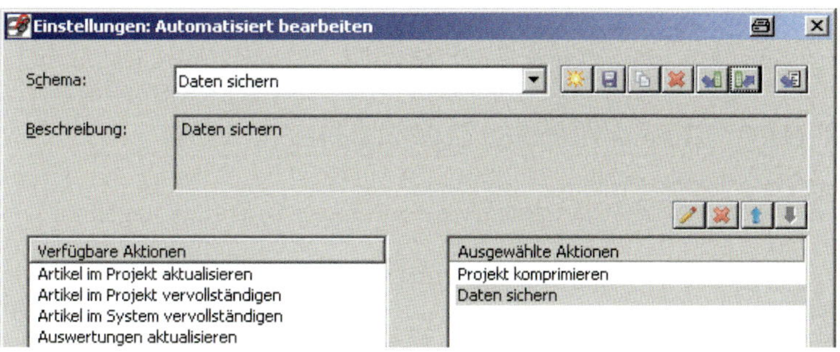

Bild 9.29
Fertiges Schema mit den ausgewählten Aktionen

Das heißt, es gibt keine Einzelschritte mehr, sondern es wird nur noch dieses eine Schema aufgerufen, und EPLAN erledigt alle vorher festgelegten Aktionen in einem Arbeitsgang und vollautomatisch.

Verfügbare Aktionen können auch später über die rechte obere Buttonleiste nachbearbeitet werden. Dazu wird die entsprechende Aktion im Feld **Ausgewählte Aktionen** markiert und mit dem *Bearbeiten*-Button geöffnet.

> **HINWEIS:** Erstellte Schemata werden nicht projektbezogen abgespeichert. Das heißt, dass solch ein Schema sich im Verzeichnis (als Beispiel meine Kundenkennung) *\Bernd Gischel\Scripte* befindet.

Generell wird das letzte bearbeitete Schema in den Einstellungen gespeichert und kann dann über den Menüpunkt **DIENSTPROGRAMME/AUTOMATISIERT BEARBEITEN/AUSFÜHREN** gestartet werden. Aber auch andere fertige Schemata können an dieser Stelle gewählt und ausgeführt werden.

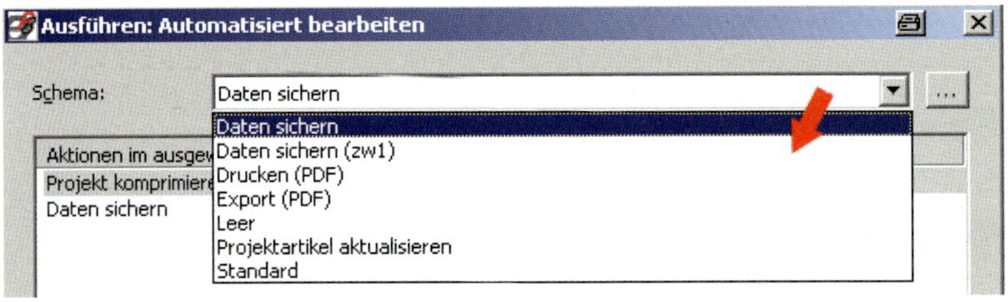

Bild 9.30 Auswahl Schema

Nach dem Start arbeitet EPLAN die gespeicherten Aktionen ab und informiert den Anwender anhand eines Dialogs über den derzeitigen Stand des Ablaufes.

Wurde das Script (Schema) abgearbeitet, erfolgen keine weiteren Meldungen mehr.

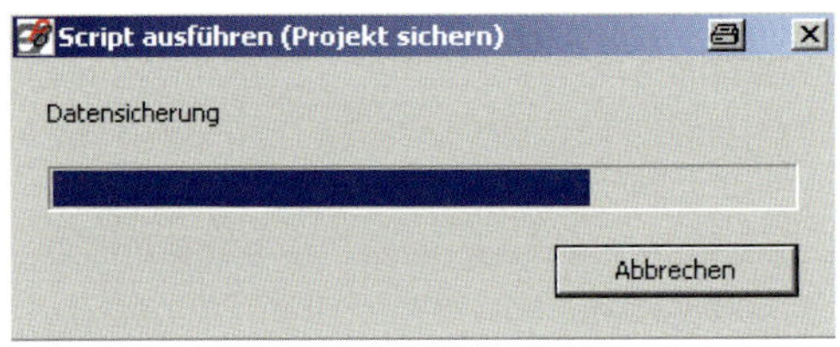

Bild 9.31 Status des Skriptes (Schema)

9.4 Sichern und Wiederherstellen von Stammdaten

Neben Projekten können in EPLAN auch alle Stammdaten gesichert und wiederhergestellt werden. Das ist von großem Vorteil, da es hier eine einheitliche und einfache Methode zum Datenaustausch zwischen den EPLAN-Anwendern gibt. EPLAN unterscheidet die verschiedenen Datensicherungen u.a. anhand ihrer Dateiendungen.

Dateiendungen von EPLAN-Sicherungsdateien

- **zw1:** Dateiendung für Projekte
- **zw2:** Dateiendung für Symbolbibliotheken
- **zw3:** Dateiendung für Normblätter
- **zw4:** Dateiendung für Formulare
- **zw5:** Dateiendung für Makros
- **zw6:** Dateiendung für Artikeldaten
- **zw7:** Dateiendung für Wörterbücher
- **zw8:** Dateiendung für Benutzer- und Stationsdaten

9.4.1 Sichern von Stammdaten

Das Sichern von Stammdaten läuft generell immer nach dem gleichen Schema ab. Stammdaten werden über den Menüaufruf **PROJEKT/SICHERN** gespeichert. Im weiteren Verlauf wird dann die gewünschte Stammdatenart ausgewählt, die gesichert werden soll.

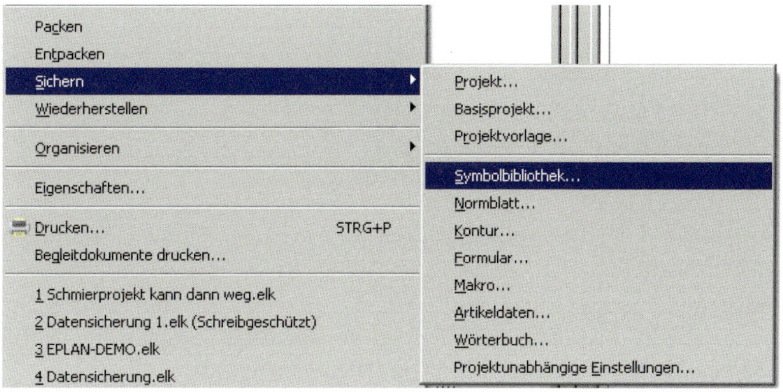

Bild 9.32 Menü Projekt – Sichern – [Stammdaten]

Werden Stammdaten über den Menüaufruf gesichert, öffnet EPLAN den entsprechenden Dialog **Sichern [Stammdaten]**, wobei **[Stammdaten]** hier für die verschiedenen Arten wie Symbolbibliotheken, Formblätter oder auch die Artikeldatenbank steht. In der jeweiligen Fenstertitelleiste steht auch die Information, um welchen Datensicherungsdialog es sich im Moment handelt.

Der Dialog **Artikeldaten sichern** soll hier als allgemeines Beispiel dienen, da alle Dialoge gleich aufgebaut und gleich bedient werden.

Bild 9.33 Titelleiste

Ein Datensicherungsdialog der Stammdaten enthält ein Fenster mit dem Eintrag, um welche Stammdaten es sich handelt. Im Beispiel handelt es sich um das Sichern von Artikeldaten.

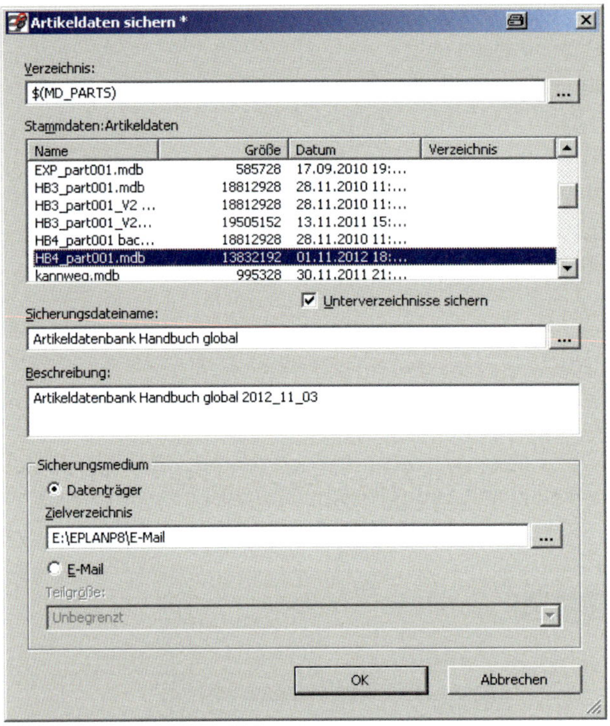

Bild 9.34
Dialog als Beispiel für das Sichern von Stammdaten

- **Verzeichnis:** Auswahlfeld, wo das Verzeichnis der zu sichernden Stammdaten ausgewählt und eingestellt wird
- **Sicherungsdateiname:** Ein sehr wichtiger Eintrag, da ohne eine Eingabe keine Sicherung erzeugt wird. EPLAN benutzt diesen Namen als späteren Dateinamen für die Datensicherung und hängt ihm die entsprechende Dateiextension an.
- **Beschreibungsfeld:** Hier kann (muss aber nicht) eine Beschreibung zur aktuellen Datensicherung stehen. Es gibt keine Einschränkungen beim Bearbeiten dieses Feldes. Diese Beschreibung wird später beim Zurücksichern ebenfalls im Feld *Beschreibung* angezeigt.

Die Felder bzw. Optionen wie **Datenträger** oder **E-Mail** sind schon ausreichend während der Datensicherung von Projekten erläutert worden. Daher wird an dieser Stelle darauf verzichtet.

Sind alle Einstellungen korrekt, kann der Datensicherungsvorgang mit Klick auf **OK** gestartet werden. EPLAN beginnt mit der Sicherung der Daten. Nach erfolgreichem Sichern erscheint noch eine Meldung.

Damit ist das Sichern der entsprechenden Stammdaten abgeschlossen.

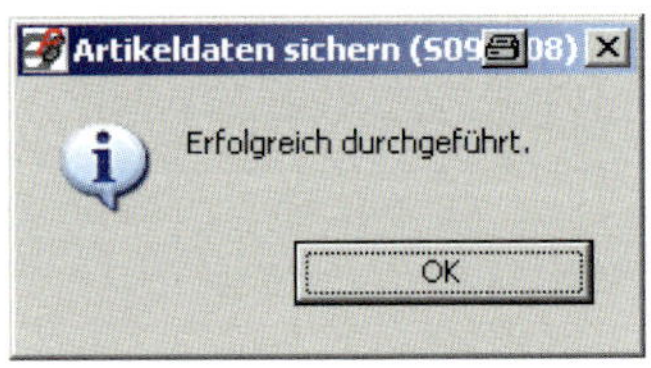

Bild 9.35
Erfolgsmeldung

9.4.2 Wiederherstellen von Stammdaten

Über das Menü **PROJEKTE/WIEDERHERSTELLEN [STAMMDATEN]** erfolgt das Wiederherstellen (Zurücksichern) von Stammdaten. Stammdaten sind wie schon in Kapitel 8, »Export, Import, Drucken«, beschrieben Normblätter, Formulare, Artikeldaten oder auch Symbolbibliotheken.

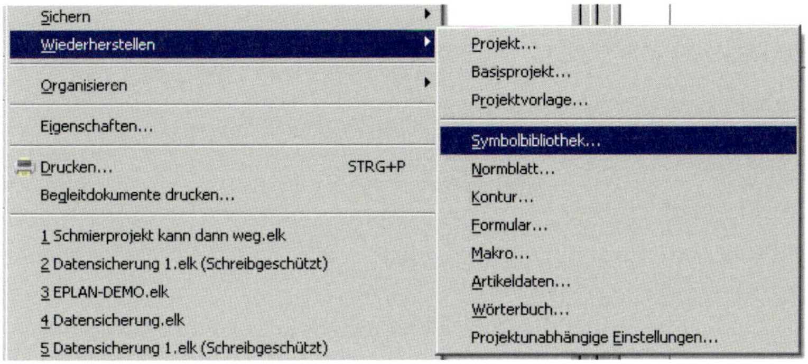

Bild 9.36
Menü Projekt – Wiederherstellen

Sollen diese Daten wiederhergestellt werden, wird in EPLAN über das Menü **PROJEKT/ WIEDERHERSTELLEN [STAMMDATEN]** der entsprechende Dialog aufgerufen.

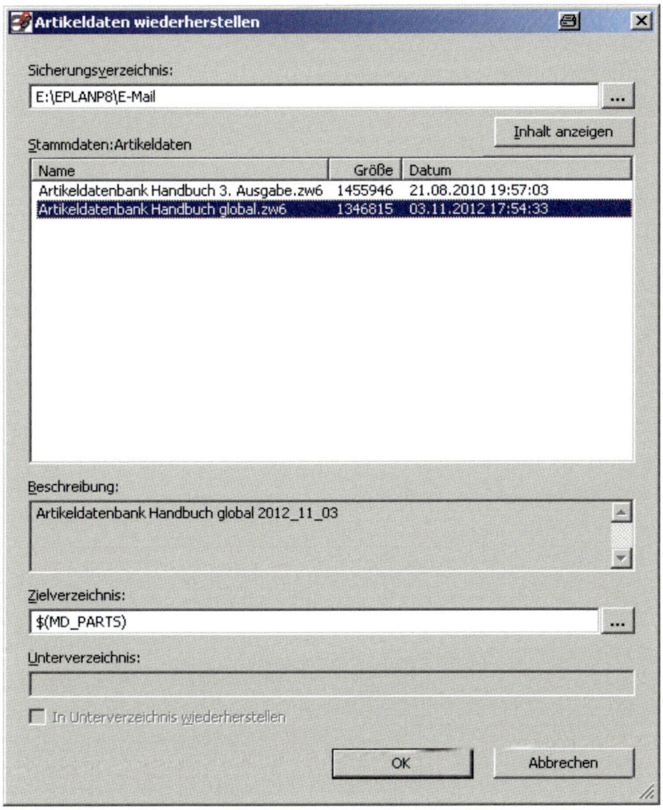

Bild 9.37
Beispiel eines Dialoges Stammdaten wiederherstellen

EPLAN hat für die verschiedenen Arten der Stammdaten einheitliche Dialoge entworfen, sodass der hier gezeigte Dialog zum Wiederherstellen von Stammdaten für alle anderen Stammdatenarten identisch ist.

Im Feld **Sicherungsverzeichnis** wird das Verzeichnis eingestellt, in dem die wiederherzustellenden Daten liegen. Dafür kann über den Button ... der entsprechende Speicherort ausgewählt werden, wenn er vom Standardspeicherordner abweicht.

Wurde der richtige Ordner ausgewählt, werden im Feld **Stammdaten: [Stammdatenart]** die gefundenen Sicherungen (Dateien) aufgelistet.

HINWEIS: Es ist nur möglich, jeweils eine Datei wiederherzustellen. Eine Mehrfachauswahl ist an dieser Stelle nicht möglich.

Im Feld **Beschreibung** wird die Information gezeigt, welche beim Sichern der Stammdaten eingegeben wurde. Dieses Feld ist rein informativ.

Um die Stammdaten gezielt in ein anderes Verzeichnis ausgeben zu können, muss im Feld **Zielverzeichnis** der, vom Standardverzeichnis abweichende, passende Ordner eingestellt werden. Das Standardverzeichnis ist das, aus dem die Stammdaten »herkommen«, es ist also da, wo ihr Ursprungsort beim Sichern lag.

Stimmen alle Angaben mit den gewünschten Anforderungen überein, kann das Wiederherstellen von Stammdaten mit Klick auf den Button **OK** beginnen.

EPLAN sichert die ausgewählten Stammdaten in das eingestellte Verzeichnis zurück und anschließend erscheint eine abschließende Meldung mit weiteren Informationen zur Wiederherstellung der Stammdaten.

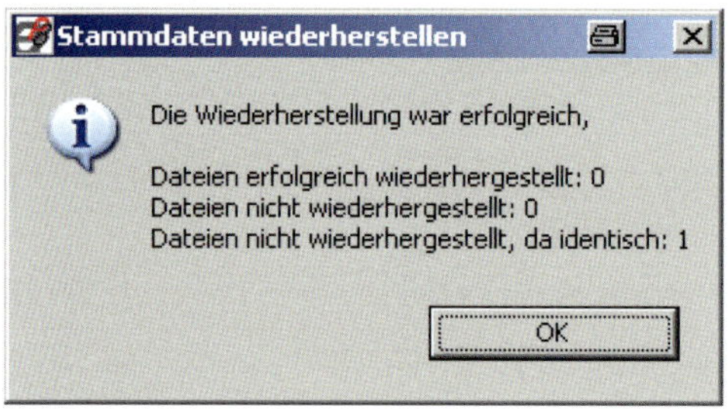

Bild 9.38 Erfolgsmeldung

9.5 Projekt direkt als E-Mail versenden

Zusätzlich zur Auswahl der E-Mail-Funktion während des normalen Sicherungsvorgangs ist es in EPLAN auch möglich, dass ein Projekt direkt per E-Mail versendet wird. Die Funktion ist über den Menüaufruf **PROJEKT/ALS E-MAIL VERSENDEN** erreichbar.

Dann wird das entsprechende Projekt im **Seiten-Navigator** markiert und anschließend die Funktion **Als E-Mail versenden** aufgerufen. EPLAN startet mit einem Abfragedialog.

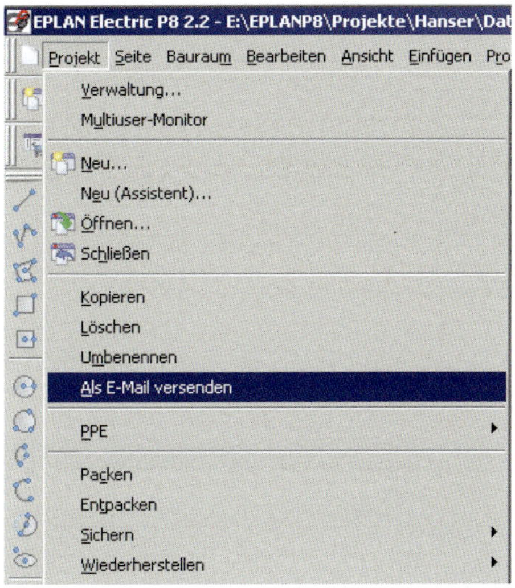

Bild 9.39 Projekt direkt mailen

Anschließend übernimmt EPLAN die Voreinstellungen für den E-Mailversand (beispielsweise die angegebene Größe von Teildateien) und beginnt, die Sicherungsdateien zu erzeugen.

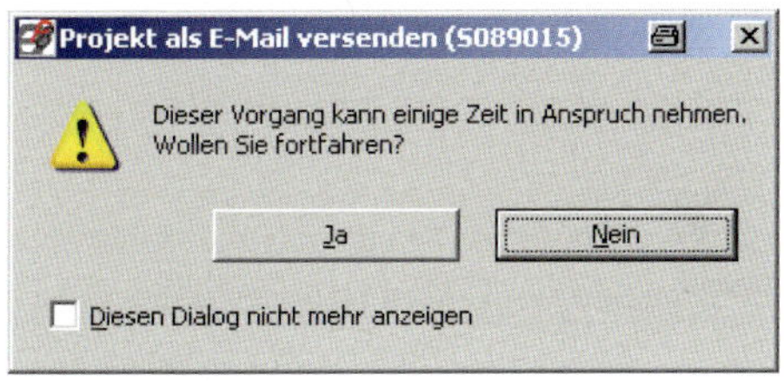

Bild 9.40 Erster Hinweis zum Mailversand

Bild 9.41 Fortschrittsdialog beim Projekt sichern per E-Mail

Je nach vorgegebener Größe der Dateien erzeugt EPLAN jetzt wieder eine oder mehrere E-Mails mit den Teildateien des Projekts und wartet anschließend auf den Benutzer, der diese E-Mails nun versenden kann.

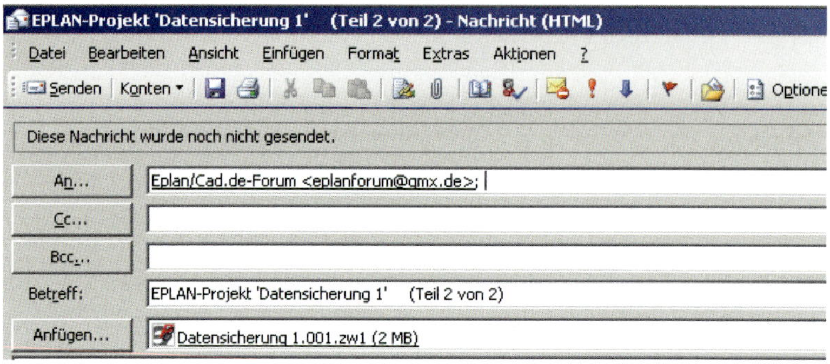

Bild 9.42 Neue erzeugte E-Mail mit den Teildateien des Projekts

Wurden alle E-Mails gesendet, erscheint eine Erfolgsmeldung. Das Projekt wurde damit vollständig gesendet.

Bild 9.43 Erfolgsmeldung beim E-Mail versenden

HINWEIS: Aus dem **Seiten-Navigator** heraus ist es nur möglich, ein Projekt als E-Mail zu versenden. Eine Mehrfachselektion,d. h., das Versenden mehrerer Projekte als E-Mail, ist im **Seiten-Navigator** nicht möglich.

10 Editoren der Stammdaten

Vorweg: EPLAN liefert eine große Anzahl fertiger Systemstammdaten für Formulare, Normblätter oder auch Symbole mit. Im Normalfall reichen diese Stammdaten aus. Werden aber bestimmte Anforderungen an die Optik gestellt oder sollen bestimmte Projekt- oder Betriebsmitteldaten beispielsweise in den ausgewerteten Formularen erscheinen, welche aber die mitgelieferten EPLAN-Auswertungen (Formulare) nicht ermöglichen, müssen teilweise Systemstammdaten wie beispielsweise eine Auswertung (Formular) neu erstellt werden.

HINWEIS: In EPLAN ist ein Formular im Normalfall eine spätere Auswertung. Daher kann man von Auswertungen oder Formularen sprechen. Aber nicht jede Auswertung ist ein Formular. Eine Auswertung kann auch eine Excel-Tabelle sein, die mit der Funktion *Beschriftung* erstellt wurde.

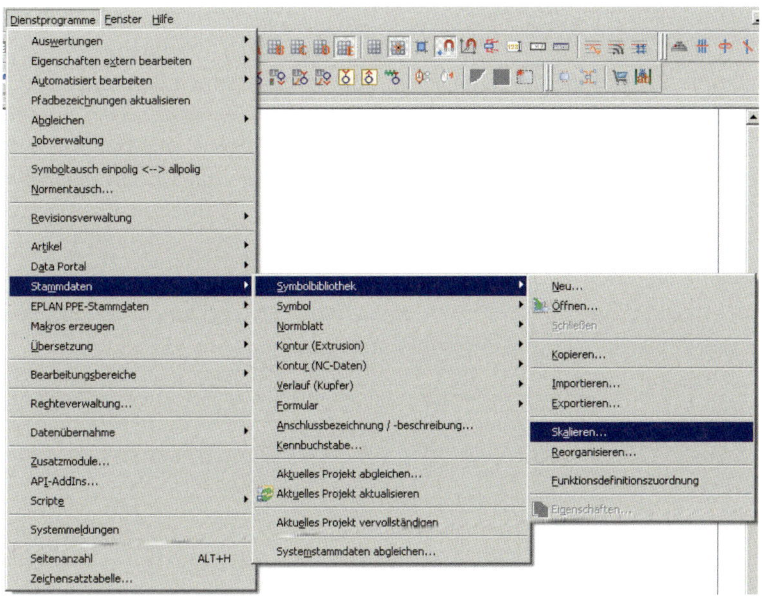

Bild 10.1 Das Menü Stammdaten mit den möglichen Editoren

> **HINWEIS:** EPLAN öffnet Stammdaten zum Bearbeiten immer temporär im aktuellen Projekt. Welches Projekt, ist dabei nicht entscheidend. Aber es muss zwingend ein Projekt geöffnet sein.

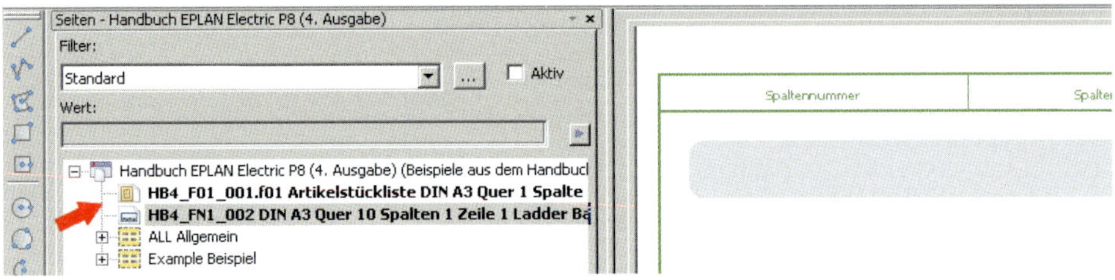

Bild 10.2 Beispieldarstellung für Stammdaten, die zum Bearbeiten geöffnet wurden

Generell werden immer Systemstammdaten bearbeitet. Projektstammdaten werden von den Stammdateneditoren nie geändert, sondern es wird immer das Formular oder das Normblatt, das sich in den eingestellten Verzeichnissen der Systemstammdaten befindet, abgeändert bzw. das neu erstellte erst einmal in den Systemverzeichnissen der Stammdaten abgelegt.

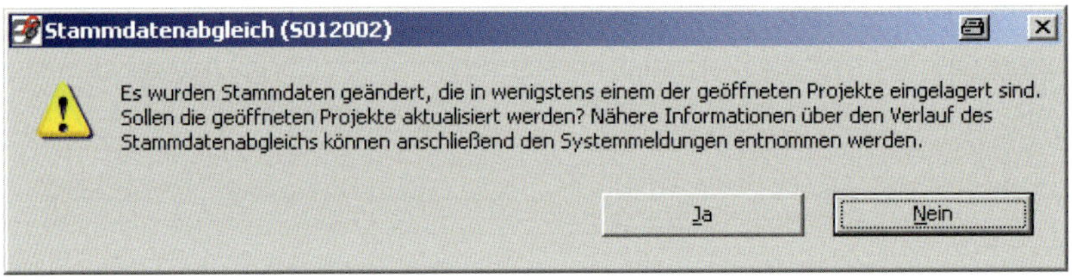

Bild 10.3 Nachfrage, wenn eingelagerte Stammdaten geändert wurden

Sollen geänderte Stammdaten auch im aktuellen Projekt verwendet werden, muss nach der Änderung von Stammdaten ein Abgleich der Systemstammdaten mit den Projektstammdaten erfolgen, d. h., die automatische Abfrage, ob die Daten angeglichen werden sollen, muss mit **JA** beantwortet werden, ansonsten greifen die Änderungen der Stammdaten nicht im aktuellen Projekt, da sie ja nicht auf dem aktuellen Änderungsstand sind.

Die verschiedenen Editoren erreicht man über das Menü **DIENSTPROGRAMME/STAMMDATEN [ART DER STAMMDATEN]**. **[ART DER STAMMDATEN]** können sein: Symbolbibliotheken generell, Symbole, Normblätter oder Formulare.

> **HINWEIS:** Die Möglichkeit, Konturen oder Verläufe zu erstellen, wird in dieser Ausgabe nicht behandelt.

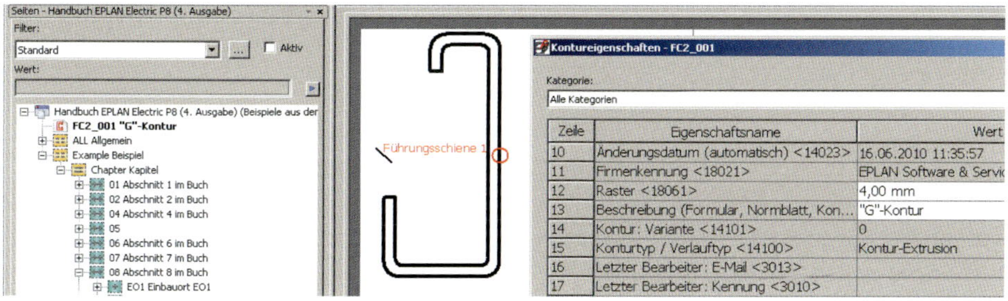

Bild 10.4 Beispiel einer fertigen Kontur (erstellt durch EPLAN)

HINWEIS: Bevor Sie mit der Bearbeitung von Stammdaten beginnen, sollten Sie Folgendes beachten: Mitgelieferte originale EPLAN-Stammdaten sollten nie geändert werden. Es ist zwar möglich, diese zu ändern, aber ich empfehle, wenn EPLAN-Stammdaten als Grundlage eigener Stammdaten passen, sie zu kopieren und mit einem neuen Namen zu versehen. Danach können sie nach Wunsch abgeändert werden.

Folgt man dieser Empfehlung, können bei Updates oder Ähnlichem immer die neuen, eventuell abgeänderten originalen EPLAN-Stammdaten in den eigenen Systemdatenverzeichnissen problemlos gegen die EPLAN-Stammdaten gleichen Namens ersetzt werden. Damit kommt man in den Genuss, dass hier Verbesserungen oder Funktionserweiterungen sofort zur Verfügung stehen und man sie nicht selbst mühsam in die eigenen Stammdaten einbauen muss.

TIPP: Am schnellsten und einfachsten ist es, auf vorhandene Stammdaten zum Bearbeiten aufzusetzen. Natürlich können auch komplett neue erstellt werden. Das ist aber mit einem erhöhten Zeitaufwand verbunden und erfordert naturgemäß tieferes Wissen für die Stammdatenbearbeitung.

Dieses Kapitel wird die grundlegenden Funktionsschritte, die zum Bearbeiten und Verstehen nötig sind, erläutern. Es können jedoch nicht alle Einzelheiten und alle Möglichkeiten, die der Formulareditor, der Normblatteditor, der Symboleditor sowie der Symbolbibliothekseditor bieten, behandelt werden. Dafür sind diese Editoren einfach zu umfangreich, denn es gibt (fast) unzählige Möglichkeiten, verschiedene Anforderungen an die Stammdaten umzusetzen.

10.1 Vorbereitende Maßnahmen

So schön es ist, aus jedem beliebigen Projekt Systemstammdaten bearbeiten zu können, birgt diese Vorgehensweise auch »Gefahren«. Je mehr sie genutzt wird, umso mehr steigt die »Gefahr«, eines Tages den Überblick zu verlieren: Was habe ich denn nun schon für Formulare/Normblätter erstellt, wie sehen sie aus, und welche kann ich als Vorlage für ein neu zu erstellendes Formular/Normblatt nehmen?

Das Ende vom Lied ist, dass man sich durch viele Formulare/Normblätter durchklicken muss und aufgrund der kleinen Vorschau nicht immer alle Informationen auf dem Formular/Normblatt erkennt. Also wird das Formular geladen, um festzustellen, dass es doch nicht das ist, was man letzte Woche in einem anderen Projekt benutzt hat.

TIPP: Wenn eine Mehrschirmlösung eingesetzt wird, sollte man idealerweise die separate grafische Vorschau einschalten. Diese Vorschau kann in der Fenstergröße beliebig verändert werden, und man kann sich die Formulare/Normblätter in angenehmer Größe anschauen. Die grafische Vorschau wird im Menü **ANSICHT/GRAFISCHE VORSCHAU** aktiviert.

10.2 Formulare übersichtlich

Um diesem eventuell entstehenden »Stammdatenchaos« zu entgehen, gibt es verschiedene Möglichkeiten, um Formulare/Normblätter strukturiert abzubilden.

10.2.1 Erste Möglichkeit – manuelle Übersicht

Formulare übersichtlich wäre eine Art »Formularprojekt«, das manuell angelegt und gepflegt wird. Das ist aber nichts anderes als ein normales Schaltplanprojekt. In diesem werden bzw. können, je nach Wunsch und Organisation, alle Formulare und Normblätter als extra Seiten abgelegt werden. Das heißt, alle Formulare/Normblätter werden in einem Projekt gesammelt und als eigene Seiten angelegt sowie manuell das entsprechende Formular oder das Normblatt dieser Seite zugeordnet.

Die gewählte Seitenstruktur umfasst im Beispiel alle Kennzeichen, sodass eine tiefe Strukturierung der Seiten nach Kunden, Seitentypen (hier Auswertungstypen) möglich ist und wäre. Das ist jedoch Geschmackssache und bleibt dem Anwender am Ende selbst überlassen.

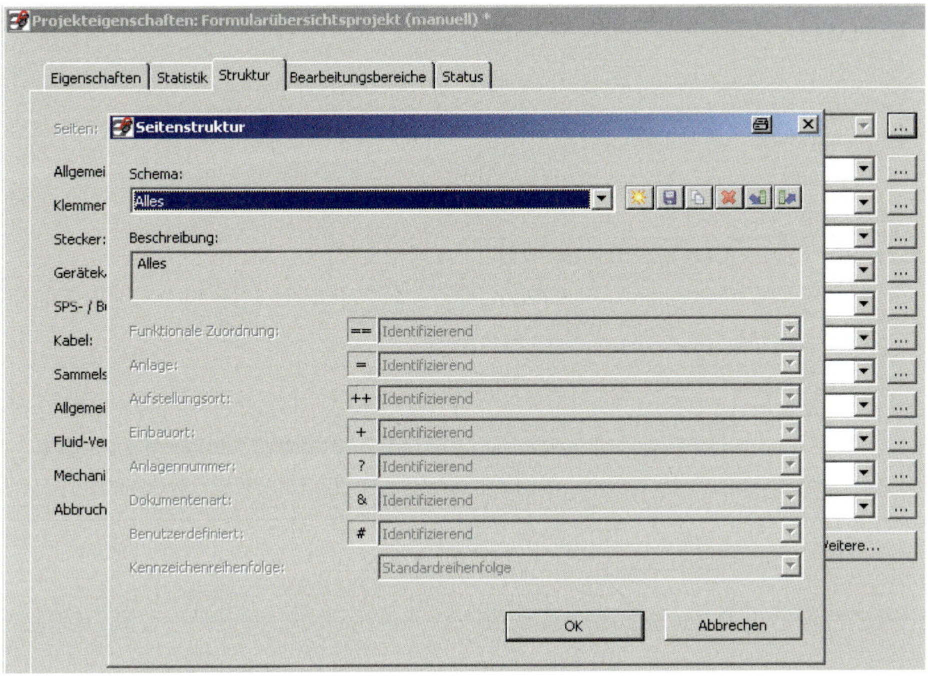

Mögliche Struktur eines Projekts zur Übersicht aller Formulare und Normblätter

Bild 10.5 Eine Möglichkeit der Seitenstruktur

Bearbeiten kann man das Formular oder das Normblatt auf diesen Seiten natürlich nicht direkt. Das ist auch nicht gewollt. Aber man erhält, wenn das Projekt mit den Stammdaten immer gepflegt wird, einen recht guten Überblick, welche Formulare bzw. Normblätter im Laufe der Zeit erstellt worden sind, und kann bei Bedarf gezielt ein Formular oder ein Normblatt zur Nachbearbeitung auswählen.

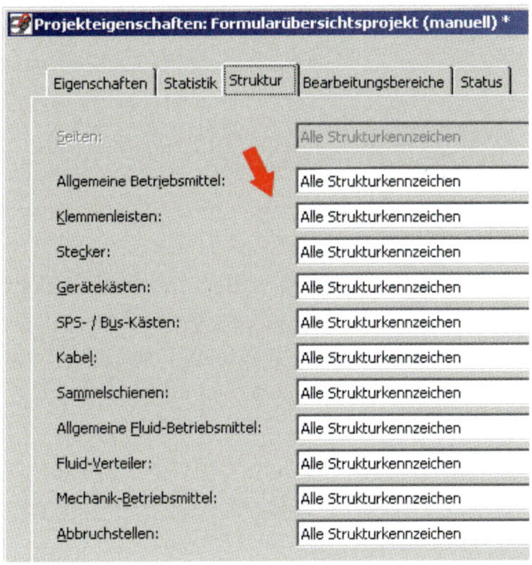

Bild 10.6 Strukturierung der restlichen Objekte

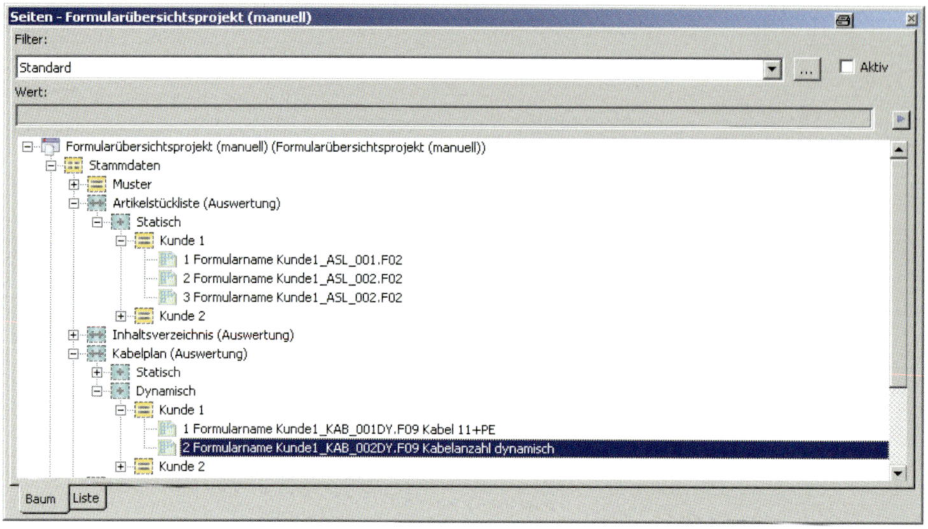

Bild 10.7 Möglicher Aufbau der Seitenstruktur mit den verschiedenen Kennzeichenarten

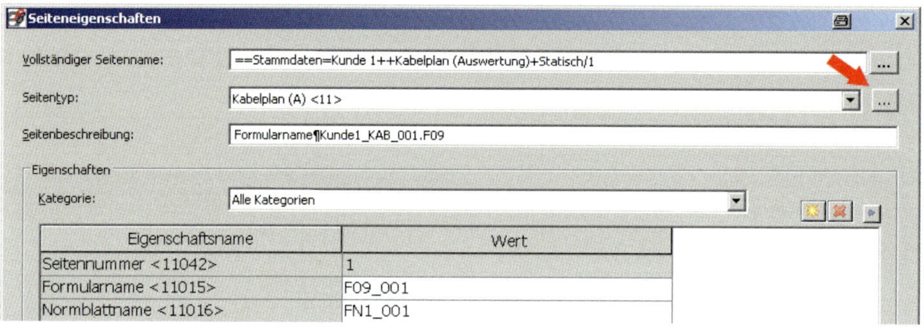

Bild 10.8 Seiteneigenschaften einer Seite im Projekt

Die Seiten werden nach den bekannten Schritten angelegt, die entsprechenden Seitentypen (hier beispielsweise eine Kabelplan) für die Seiten eingestellt, die Seitenbeschreibung ausgefüllt und in der Eigenschaft *<11015 Formularname>* wird das Formular über die Auswahl ausgewählt. Damit wird es auf die Seite eingelagert und angezeigt.

10.2.2 Zweite Möglichkeit – automatische Übersicht

Eine zweite Möglichkeit, Formular und Normblätter zu dokumentieren, wäre es, die EPLAN-eigenen Mittel zur Übersicht zu nutzen.

Dazu wird ebenfalls ein neues Projekt angelegt und alle Stammdaten (Formulare, Normblätter) werden aus dem entsprechenden Kundensystemstammdatenverzeichnis in das Projekt eingelagert. Das funktioniert am einfachsten über den Stammdatenabgleich (Menü **DIENSTPROGRAMME/STAMMDATEN/AKTUELLES PROJEKT ABGLEICHEN**).

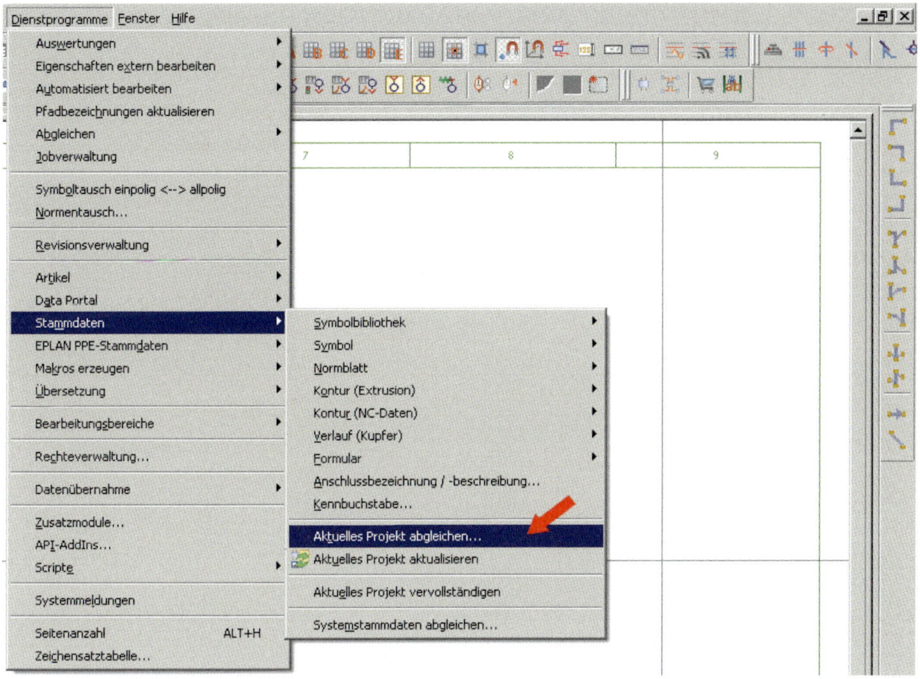

Bild 10.9 Aufruf des Stammdatenabgleichs für ein Projekt

Im Folgedialog **Stammdatenabgleich** können dann alle (nicht) vorhandenen Systemstammdaten in das Projekt kopiert werden.

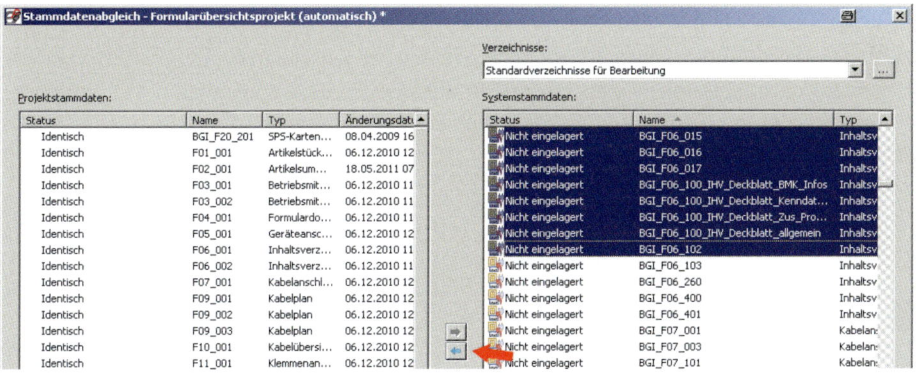

Bild 10.10 Dialog Stammdatenabgleich

Wurden alle Stammdaten wie Formulare und Normblätter in das Projekt kopiert, können nun die Auswertung *Formulardokumentation* und die Auswertung *Normblattdokumentation* erzeugt werden. EPLAN erzeugt für alle im Projekt vorhandenen Formulare und Normblätter automatisch die entsprechende Übersicht im Projekt. Diese kann dann ebenfalls als Übersicht der vorhandenen Stammdaten in den Systemverzeichnissen genutzt werden.

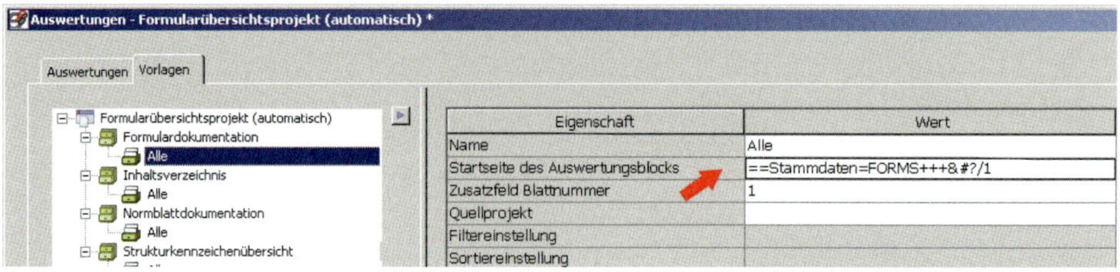

Bild 10.11 Vorlagen für die Auswertungen Formular- und Normblattdokumentation

Das Endergebnis könnte wie in Bild 10.12 aussehen.

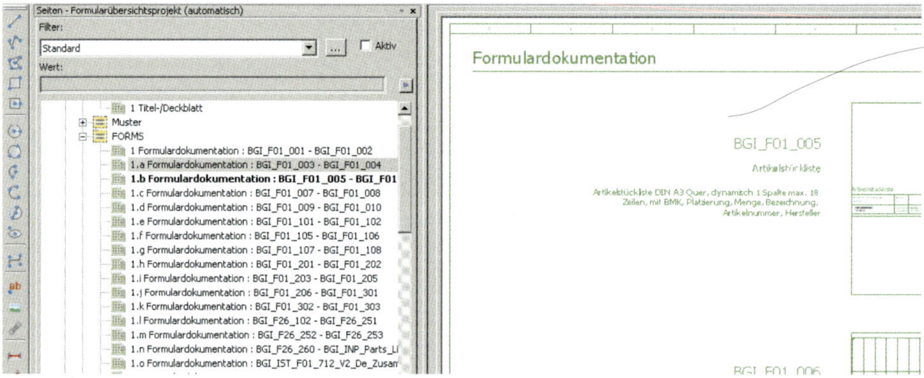

Bild 10.12 Darstellung im Seiten-Navigator

Leider sind keine weiteren Sortierungen für die Formulardokumentation bzw. die Normblattdokumentation möglich. Aber zur schnellen Übersicht reicht es aus.

Der große Vorteil einer automatischen Erzeugung der Formulardokumentation bzw. der Normblattdokumentation besteht eindeutig darin, dass hier wirklich auf »Knopfdruck« die entsprechenden Seiten automatisch von EPLAN generiert werden. Schneller geht's nicht!

10.3 Formulare

Formulare werden genutzt, um ausgewertete Projektdaten der Projektdokumentation grafisch hinzuzufügen. Formulare sind zum Beispiel Klemmenpläne, Kabelpläne, Betriebsmittelliste oder auch ein einfaches Inhaltsverzeichnis.

Nun passen die mitgelieferten Stammdaten nicht immer exakt auf die vorhandenen Projektdaten. Sei es, dass die Seitenverweise zu lang sind, die Funktionstexte nicht in die dafür vorgesehenen Zeilen und Spalten passen oder die Anzeige von PE-Klemmen mit einem kleinen grafischen Symbol aufgepeppt werden soll. Dazu müssen Auswertungen angepasst oder neu erstellt werden.

Menü zum Bearbeiten von Formularen

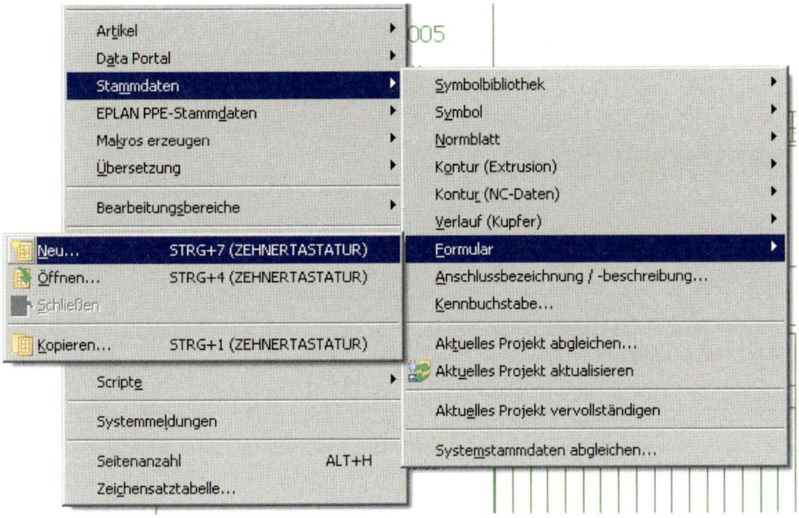

Bild 10.13 Aufruf des Formulareditors

Es gibt mehrere Wege in EPLAN, um ein Formular entsprechend anzupassen. Formulare können neu erstellt, bearbeitet (das heißt, vorhandene Formulare werden geöffnet und geändert) oder kopiert und anschließend angepasst werden.

Den Formularbau erreicht man über das Menü **DIENSTPROGRAMME/STAMMDATEN/ FORMULAR**.

HINWEIS: Es gibt im Formulareditor keine Funktion *Speichern*. Werden Änderungen vorgenommen und der Formulareditor über die Funktion **SCHLIESSEN** im Menü **DIENSTPROGRAMME/STAMMDATEN/FORMULAR** verlassen, ist das Formular automatisch mit diesen Änderungen in den Systemstammdaten gespeichert.

In den Projektstammdaten befindet sich allerdings immer noch das bisherige »alte« Formular, das man zur Not wieder in das Systemstammdatenverzeichnis kopieren könnte. Das heißt, solange kein (manueller) Abgleich der Stammdaten (Systemstammdaten mit den Projektstammdaten) erzeugt wird (beispielsweise erreichbar über das Menü **DIENSTPROGRAMME/STAMMDATEN/AKTUELLES PROJEKT ABGLEICHEN**), kann über diesen Weg das geänderte Formular in den Systemstammdaten wieder auf den Stand der Projektstammdaten gebracht werden.

EPLAN öffnet nach dem Starten der Funktion den Dialog **STAMMDATENABGLEICH [PROJEKTNAME]**. Jetzt wird das Formular im Bereich der Projektstammdaten markiert und mithilfe des Buttons in den Bereich der Systemstammdaten kopiert.

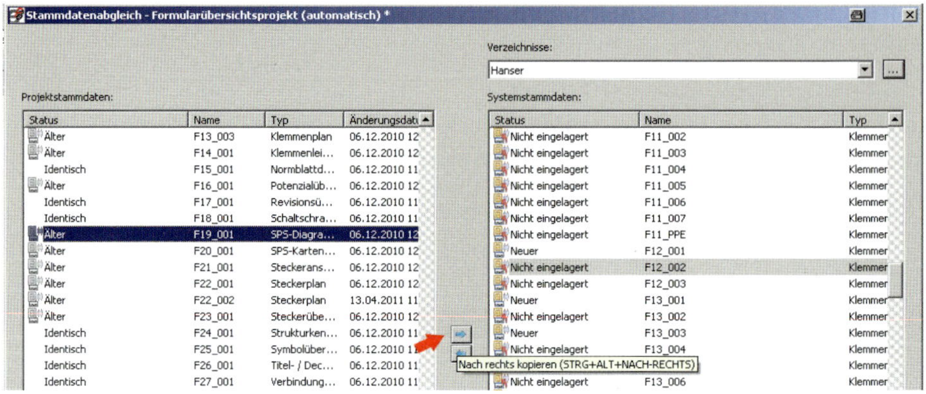

Bild 10.14 Dialog Stammdatenabgleich

EPLAN öffnet beim Finden schon vorhandener Stammdaten den Dialog **STAMMDATEN VERGLEICHEN**. Hier muss nun entschieden werden, ob die Systemstammdaten mit den Projektstammdaten ersetzt werden sollen.

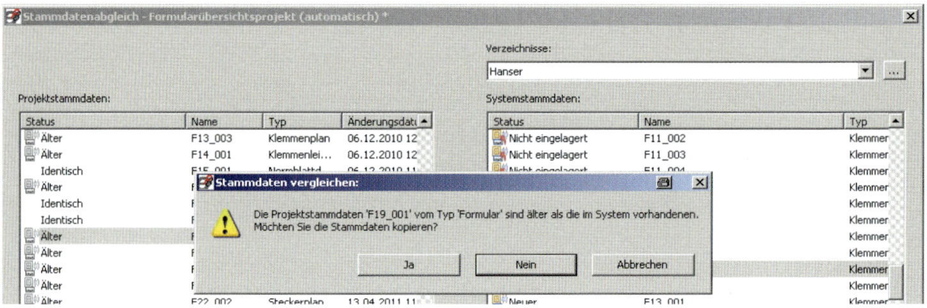

Bild 10.15 Abfrage, ob die Systemstammdaten überschrieben werden sollen

Wird der Dialog mit dem Button **JA** bestätigt, werden die Systemstammdaten mit den Projektstammdaten überschrieben, und EPLAN bringt eine Hinweismeldung, dass die Systemstammdaten aktualisiert wurden.

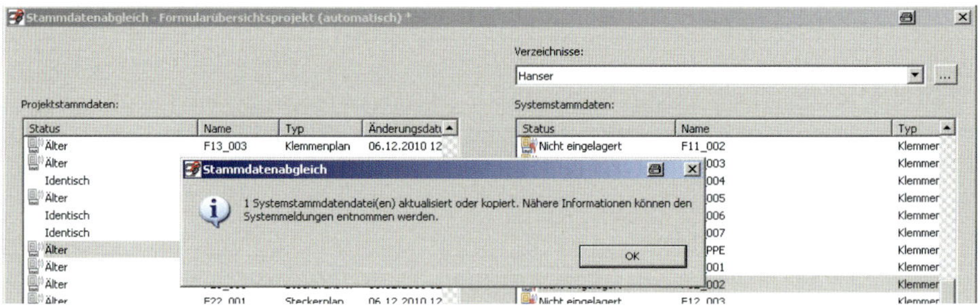

Bild 10.16 Ergebnismeldung im Dialog Stammdatenabgleich

HINWEIS: Der vorangehend beschriebene Weg kann aber nur ein »Notfallplan« sein, um versehentliche Änderungen von Stammdaten rückgängig zu machen. Wie schon erläutert, besteht in EPLAN die Möglichkeit, dass Stammdaten beim Öffnen von Projekten automatisch abgeglichen werden.

Werden also Systemstammdaten unsachgemäß auf alte Stände zurückgesetzt, kann es passieren, dass in vorhandenen Projekten (Bedingung ist, dass der automatische Stammdatenabgleich aktiviert wurde) Stammdaten abgeglichen werden, was eventuell nicht erwünscht ist. Daher ist hier immer mit äußerster Sorgfalt zu arbeiten.

10.3.1 Neues Formular erstellen (aus Kopie)

Ein Formular auf Basis eines vorhandenen zu erstellen, ist der einfachste Weg. Es spielt dabei keine Rolle, welcher Seitentyp aktuell im Projekt geöffnet ist. Dazu wird das Menü **DIENSTPROGRAMME/STAMMDATEN/FORMULAR/KOPIEREN** aufgerufen. EPLAN startet den Dialog **Auswahl/Formular kopieren**.

Bild 10.17 Dialog Formular kopieren

Im Dialog wird das zu kopierende Formular ausgewählt. Diese Auswahl wird im unteren Bereich des Dialogs mit dem Button **ÖFFNEN** bestätigt.

EPLAN öffnet anschließend den Dialog **Formular erstellen.** In diesem Dialog wird der neue Formularname im Feld **Dateiname** eingetragen.

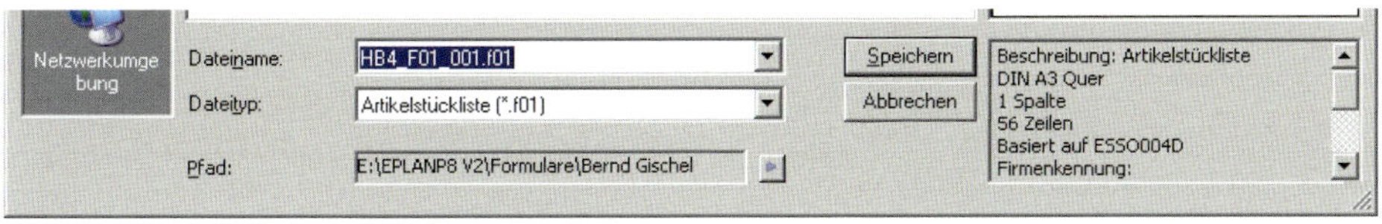

Bild 10.18 Eintrag im Feld Dateiname

Das Formular kann jetzt mit dem Button **SPEICHERN** gesichert werden. EPLAN schließt den Dialog, öffnet eine temporäre Seite mit dem **Seitentyp Kabelplan** und bildet das kopierte Formular auf dieser Seite zum Bearbeiten ab.

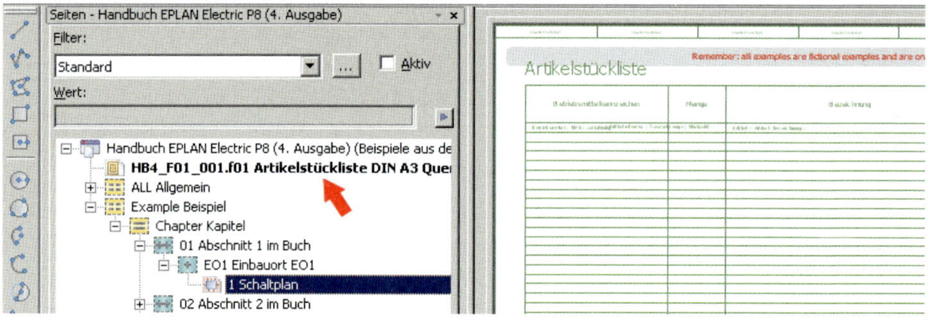

Bild 10.19 Temporäre Seite mit dem Formular im Seiten-Navigator

Das Formular kann jetzt bearbeitet werden. Im Formulareditor sind alle Grafikfunktionen wie **Linien** oder **Kreise einfügen** (über das Menü EINFÜGEN/GRAFIK) ebenso verfügbar wie Funktionen, um normale Texte einzubinden.

Das Menü EINFÜGEN beinhaltet jedoch noch einige andere Funktionen, die nur auf den Formulareditor zugeschnitten sind. Die Grafikfunktionen wurden schon erläutert bzw. sind bekannte Funktionen im grafischen Editor.

Es können Sondertexte wie Projekt-, Seiten- oder Formulareigenschaften in Formularen platziert werden. Die eigentlichen Formulartexte (Daten für die Auswertungen) heißen in EPLAN Platzhaltertexte. Im Gegensatz zu den Sondertexten Projekt-, Seiten- oder auch Formulareigenschaften werden die Platzhaltertexte erst nach dem Auswerten und dem grafischen Erzeugen von Auswertungen mit Projektdaten gefüllt.

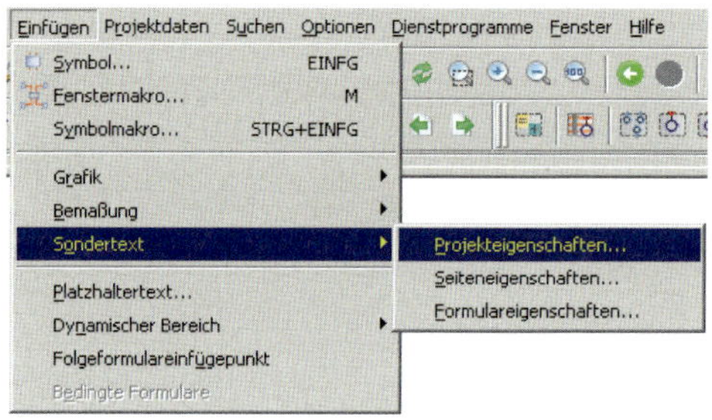

Bild 10.20 Sondertexte

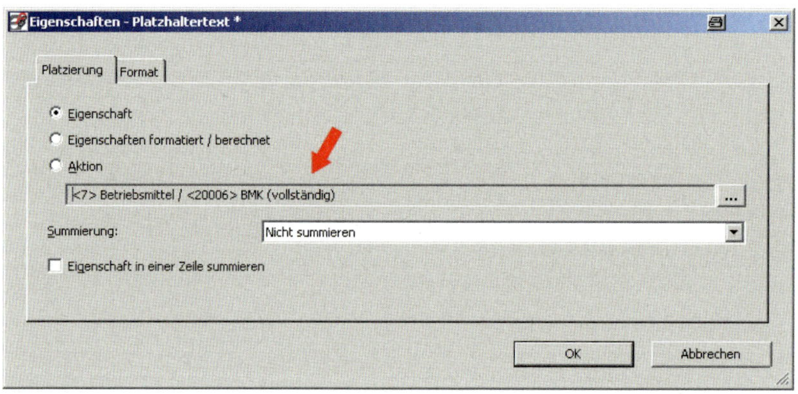

Bild 10.21 Dialog Anzeige Platzhaltertext

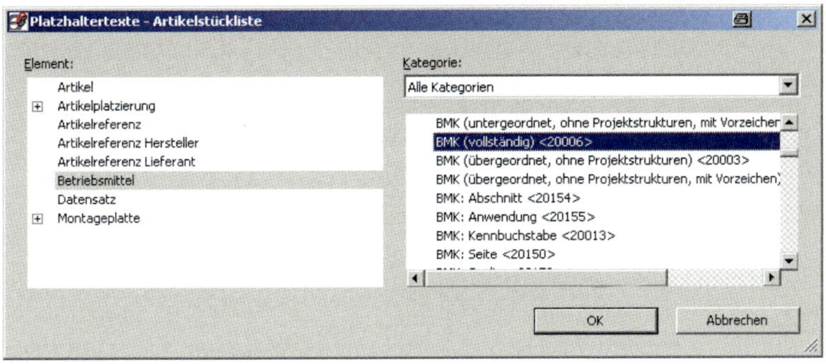

Bild 10.22 Dialog Auswahl Platzhaltertext

Platzhaltertexte einfügen

Ein Platzhaltertext wird nach dem Starten über das Menü **EINFÜGEN/PLATZHALTER-TEXT** aus dem Dialog **Platzhaltertext** auf der Registerkarte **Platzierung** mithilfe des Buttons ... im nachfolgenden Dialog **Platzhaltertexte – [Auswertungstyp]** ausgewählt.

Die hier gezeigte Auswertung ist ein Beispiel – für alle anderen Formulare gelten dann entsprechende andere Platzhaltertexte. In unserem Beispiel wird das Element im linken Bereich vorgewählt (linker Auswahlbereich im Dialog) und anschließend wird die gewünschte Eigenschaft im rechten Bereich des Dialogs ausgewählt, die benötigt wird. Diese Auswahl kann jetzt mit **OK** bestätigt werden.

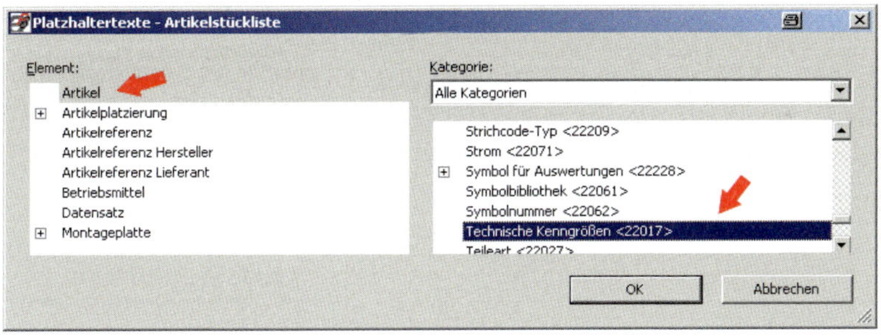

Bild 10.23 Vorwahl (links) und Auswahl (rechts) der Eigenschaft

EPLAN schließt die offenen Dialoge und überträgt den gewählten Platzhaltertext in den gleichnamigen Dialog.

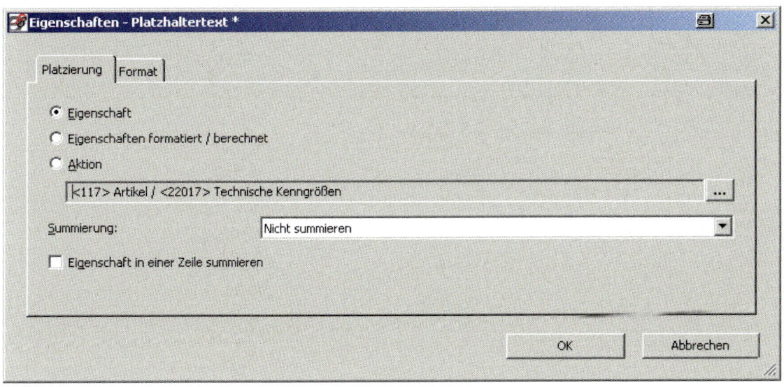

Bild 10.24 Übernommener Platzhaltertext

Der Dialog **Platzhaltertext** wird mit OK bestätigt. Der Platzhaltertext hängt jetzt am Cursor und kann im Formular an einer beliebigen (natürlich sinnvollen) Stelle platziert werden.

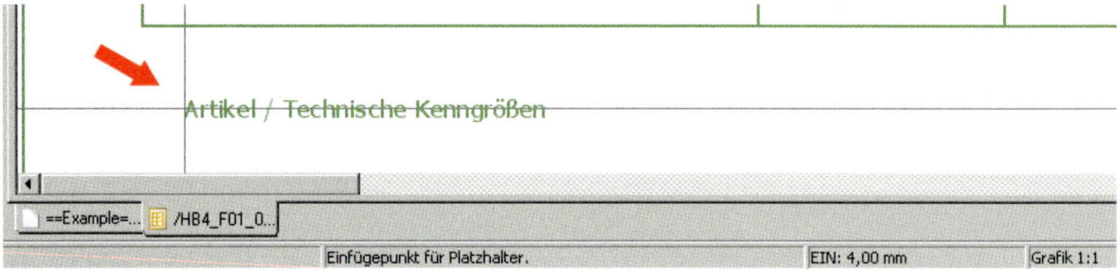

Bild 10.25 Wahl der Platzierung

Ein Platzhaltertext kann wie jeder andere beliebige (freie) Text beliebig formatiert werden. Auf diese Weise kann das Formular entsprechend »zusammengebaut« werden. Natürlich ist es auch möglich, Platzhaltertexte nachträglich zu ändern, also einen anderen auszuwählen. Dazu wird der Platzhaltertext ausgewählt und über einen Doppelklick oder einen Klick im Kontextmenü werden seine **Eigenschaften** wieder aufgerufen.

Jetzt folgt der eingangs beschriebene Weg. Über den Button ... werden die nachfolgenden Dialoge aufgerufen und nach dem üblichen Schema werden andere Eigenschaften gewählt, übernommen und wieder platziert.

Funktion Formular überprüfen

Nach Fertigstellung kann das Formular überprüft werden. Mit der Funktion im Menü **DIENSTPROGRAMME/FORMULAR PRÜFEN** kann EPLAN das Formular auf Fehler überprüfen. Ist das Formular in Ordnung, erscheint die Erfolgsmeldung: »Das Formular ist in Ordnung.«

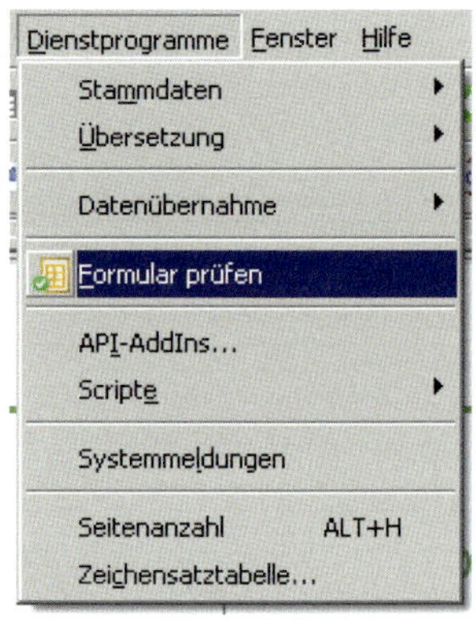

Bild 10.26 Formular prüfen

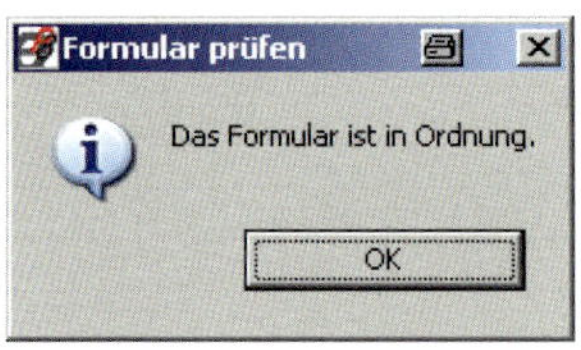

Bild 10.27 Erfolgsmeldung

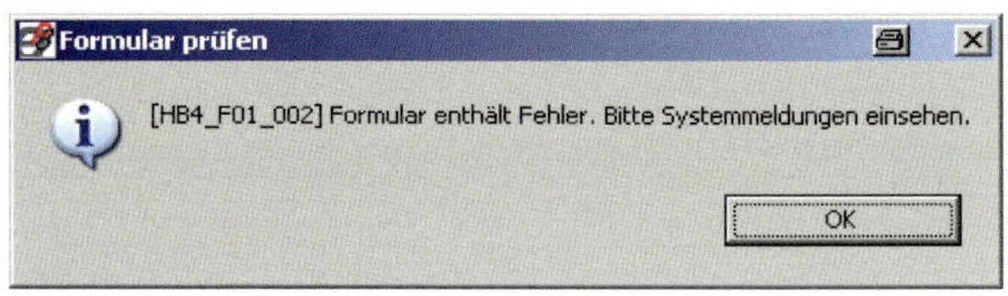

Bild 10.28 Fehler im Formular

Ist das Formular fehlerhaft, meldet EPLAN das und schreibt den Fehler in die Systemmeldungen. Er sollte beseitigt werden, um fehlerhafte Systemstammdaten zu vermeiden.

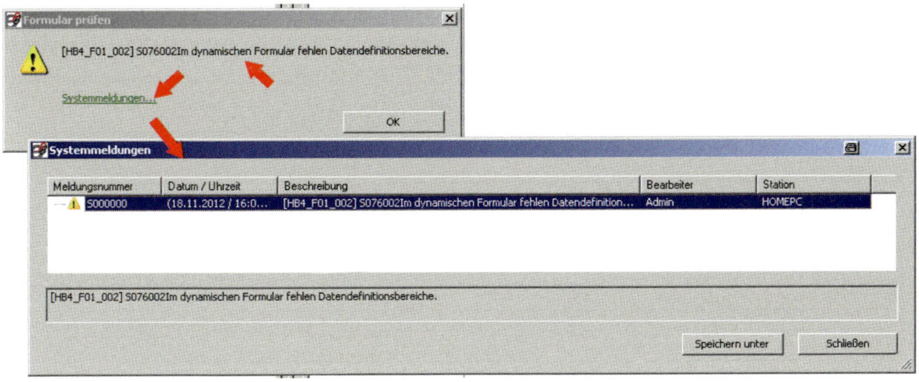

Bild 10.29 Systemmeldungen zum fehlerhaften Formular

Formularhandhabung dynamisch oder statisch

EPLAN unterscheidet in der Formularhandhabung zwischen dynamischen Formularen, wo es nur bestimmte Bereiche wie beispielsweise einen Datenbereich gibt (der eine x-Menge Daten enthalten kann), und statischen Formularen, wo die Anzahl der Daten fest im Formular »verdrahtet« ist.

Dynamische Formulare erweitern ihren Darstellungsbereich der Grafik anhand der ermittelten Projektdaten. Die maximale Anzahl der Daten, die dynamische Formulare darstellen sollen, wird in den Formulareigenschaften festgelegt. Im Beispiel (die Vorgehensweise gilt für alle Formulare) erreicht man die Formulareigenschaften mit der Tastenkombination **STRG + M + D** oder im Seiten-Navigator über das Kontextmenü der rechten Maustaste und die Funktion **EIGENSCHAFTEN**.

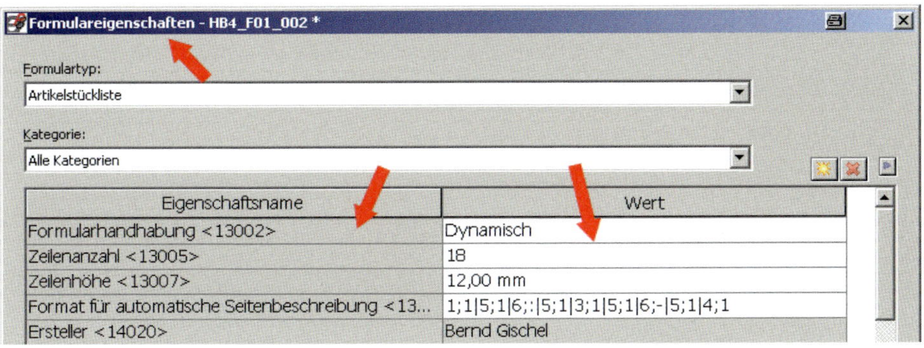

Bild 10.30 Dialog Formulareigenschaften

Formulareigenschaften

EPLAN öffnet daraufhin den Dialog **Formulareigenschaften.** Darin werden alle relevanten Daten für das Formular festgelegt. Wie soll das Formular behandelt werden, dynamisch oder statisch, welche Einträge in der Eigenschaft *automatische Seitenbeschreibung* sollen bei der Auswertung von Projektdaten geschrieben werden, oder wie viele Daten (Zeilenanzahl) soll das Formular maximal darstellen, bevor ein Umbruch bzw. eine neue Auswertungsseite angelegt wird?

Ein Beispiel eines dynamischen Formulars sieht wie in Bild 10.31 aus. Die Zeilen werden, je nach Umfang der Daten, dynamisch erweitert. Besitzt eine Klemmenleiste fünf Klemmen, folgen im Formular fünf Zeilen mit Daten. Eine Klemmenleiste mit zwölf Klemmen wird nach der Auswertung im Formular mit zwölf (Daten-)Zeilen dargestellt.

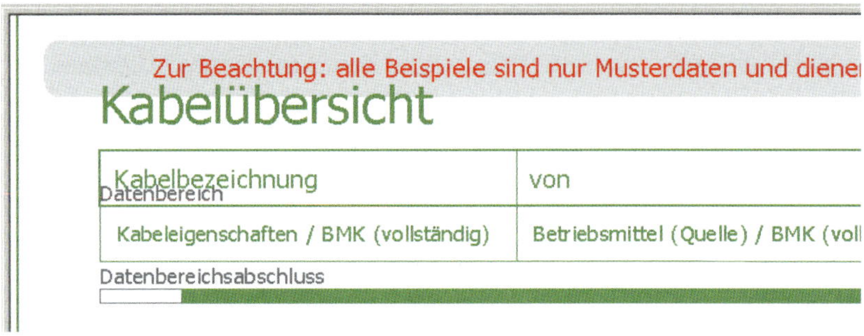

Bild 10.31 Beispiel eines dynamischen Formulars

Statische Formulare besitzen im Prinzip die gleichen Eigenschaften wie dynamische Formulare. In statischen Formularen sind die Datenbereiche aber fix, also festgelegt, und die maximale Anzahl der Datenzeilen wird fest in den Formulareigenschaften eingetragen – so wie auch die Grafik für das Formular mit der maximalen Anzahl von Datensätzen erstellt wurde.

Ein Beispiel eines statischen Formulars ist in Bild 10.32 zu sehen. Der Unterschied ist klar zu erkennen. Während ein dynamisches Formular eine Datenzeile besitzt, die dann dynamisch erweitert wird, besitzt ein statisches Formular schon alle Datenzeilen als fertige Grafik. In diese grafischen Zeilen werden die Daten bei einer Auswertung geschrieben.

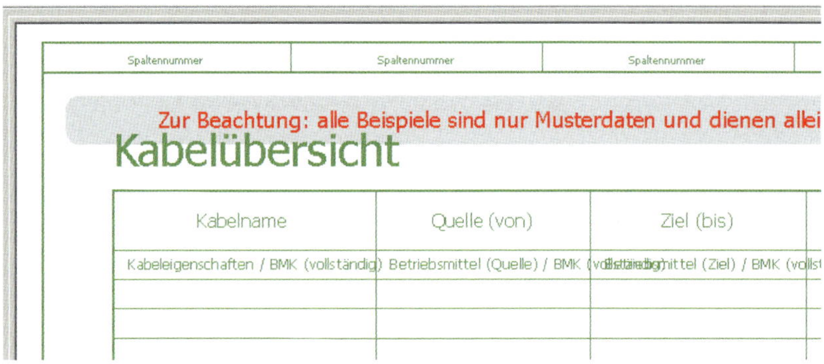

Bild 10.32 Beispiel eines statischen Formulars

Ist das Formular in Ordnung, kann es über das Menü **DIENSTPROGRAMME/STAMMDATEN/FORMULAR/SCHLIESSEN** verlassen werden. Es wird dann sozusagen endgültig »gespeichert«.

HINWEIS: Ein kopiertes Formular wird nach dem erstmaligen Bearbeiten automatisch in die System- und (bei Benutzung) in die Projektstammdaten eingelagert. Es braucht an dieser Stelle kein Abgleich der Stammdaten (System und Projekt) vorgenommen zu werden.

Wird das Formular ein zweites Mal bearbeitet, wird es nur in den Systemstammdaten aktualisiert. Jetzt muss der Stammdatenabgleich erzeugt bzw. bestätigt werden, um die Projektstammdaten mit den Systemstammdaten zu aktualisieren bzw. abzugleichen.

10.3.2 Vorhandenes Formular bearbeiten

Ein vorhandenes Formular wird über das Menü **DIENSTPROGRAMME/STAMMDATEN/ FORMULAR/ÖFFNEN** im Dialog **Formulare öffnen** zum Bearbeiten ausgewählt. EPLAN öffnet anschließend direkt eine temporäre Seite, in der das ausgewählte Formular zum Bearbeiten eingelagert wurde.

Bild 10.33 Beispiel: Formular zum Bearbeiten geöffnet

HINWEIS: Auf eine Erläuterung zum Bearbeiten des Formulars wird an dieser Stelle verzichtet, da sich die generelle Vorgehensweise beim Bearbeiten eines geöffneten Formulars nicht von der in Abschnitt 10.3.1 beschriebenen Vorgehensweise unterscheidet.

10.3.3 Neues Formular erstellen

Ein neues Formular wird über den Menüpunkt **DIENSTPROGRAMME/STAMMDATEN/ FORMULARE/NEU** erstellt. EPLAN öffnet nach Auswahl der Funktion den Dialog **Formular erstellen**. Hier wird der neue **Formularname** in das Feld **Dateiname** eingetragen.

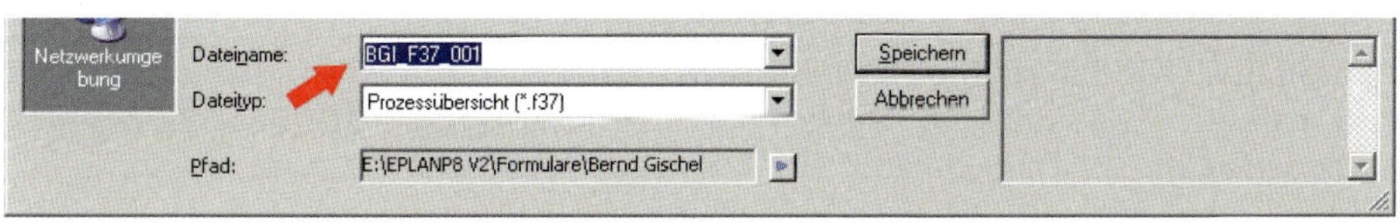

Bild 10.34 Formularname festlegen

Der Dialog **Formular erstellen** kann jetzt mit dem Button **SPEICHERN** verlassen werden. EPLAN öffnet, wie schon bekannt, eine temporäre Seite im Hintergrund, und im Vordergrund erscheint der Dialog **Formulareigenschaften**. Hier können nun die ersten Einträge vorgenommen werden. Das ist zu diesem Zeitpunkt nicht unbedingt nötig und kann später nachgeholt werden.

Bild 10.35 Dialog Formulareigenschaften

Die Formularbearbeitung selbst kann, wie in den letzten Abschnitten schon beschrieben, mithilfe der verschiedenen Funktionen, wie Einfügen von Grafikelementen oder Texten, durchgeführt werden.

Ein Formular neu zu erstellen kann mühsam sein, da mit einem »nackten« Formular begonnen wird. Daher ist es zu empfehlen, ein ähnliches Formular zu kopieren und diese Kopie abzuändern.

HINWEIS: Die Vorgehensweise, ein Formular neu zu erstellen und zu bearbeiten, gleicht der zum Bearbeiten von vorhandenen oder kopierten Formularen und wird daher nicht weiter erläutert.

10.4 Normblatt

Normblätter bilden sozusagen einen Rahmen um die eigentlichen Projektseiten. Sie beinhalten beispielsweise die Strukturkennzeichen, Spalten- und/oder Zeileninformationen und weitere Daten wie die Seitenbeschreibung etc.

Der Normblatteditor ähnelt in seiner Vorgehensweise zum Bearbeiten von Normblättern sehr stark dem Formulareditor. Er wird über das Menü **DIENSTPROGRAMME/STAMMDATEN/NORMBLATT** aufgerufen.

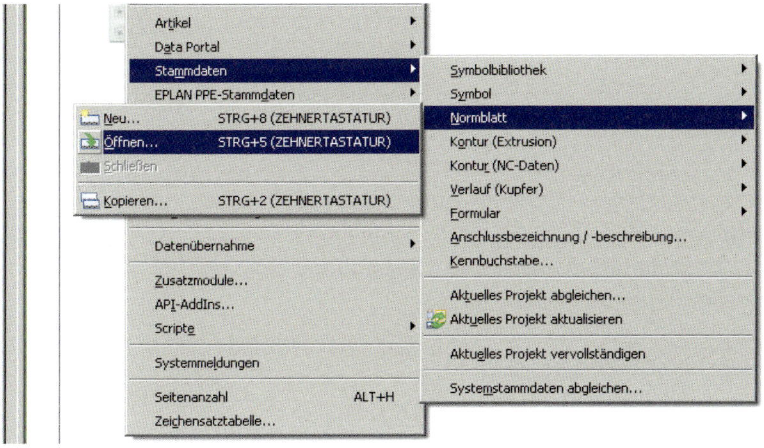

Menü zum Bearbeiten von Normblättern

Bild 10.36 Aufruf des Normblatteditors

Wie schon im Formulareditor gibt es hier die Einträge **NEU**, **ÖFFNEN**, **SCHLIESSEN** und **KOPIEREN**. Die Vorgehensweise ist der Bearbeitung von Formularen sehr ähnlich. Es wird daher nur auf Besonderheiten des Normblatteditors eingegangen.

HINWEIS: Auch im Normblatteditor gibt es keine Funktion *Speichern*. Um versehentlich veränderte Normblätter wiederherzustellen, sollte daher auch im Normblatteditor die *Undo*-Funktion benutzt oder die Vorgehensweise des Abgleichens von vorhandenen Projektstammdaten mit den Systemstammdaten in Erwägung gezogen werden.

10.4.1 Neues Normblatt erstellen (aus Kopie)

Um ein Normblatt zu kopieren und anschließend zu bearbeiten, wird über das Menü **DIENSTPROGRAMME/STAMMDATEN/NORMBLATT** die Funktion **KOPIEREN** gewählt. EPLAN öffnet den Dialog **Normblatt kopieren.**

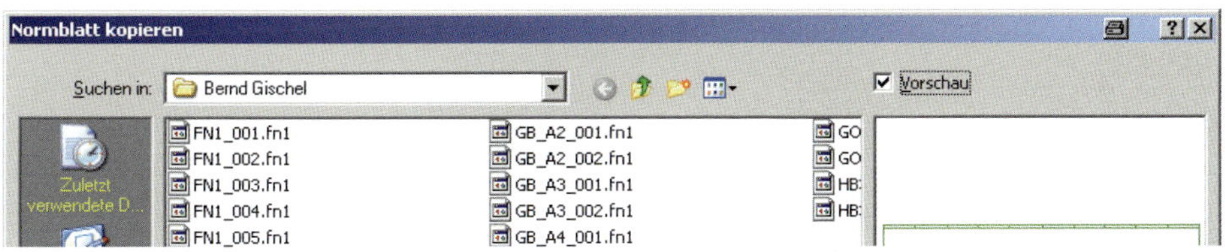

Bild 10.37 Dialog Normblatt kopieren

In diesem Dialog wird ein passendes Normblatt ausgewählt und mit dem Button im unteren Bereich **ÖFFNEN** übernommen. EPLAN schließt den Dialog **Normblatt kopieren** und öffnet den Dialog **Normblatt erstellen.**

Bild 10.38 Dialog Normblatt erstellen

Im Feld **Dateiname** wird der neue Name des Normblattes eingetragen. Mit dem Button **SPEICHERN** wird der Dialog geschlossen und EPLAN öffnet temporär im aktuellen Projekt eine Seite mit dem kopierten Normblatt.

Bild 10.39 Geöffnetes Normblatt im Seiten-Navigator

Das Normblatt kann jetzt bearbeitet werden. Dafür kommen die gleichen Funktionen zum Einsatz wie in Abschnitt 10.3 zur Formularbearbeitung schon mehrfach beschrieben. Es können also auch im Normblatteditor Grafikelemente oder Texte platziert werden.

Im Gegensatz zum Formular ist es aber zusätzlich möglich (und teilweise für die Projektierung nötig), dem Normblatt Spaltentexte (Pfade) und/oder Zeilentexte mitzugeben. Weitere Möglichkeiten bestehen darin, in dem Normblatt einen Sondertext Wasserzeichen einzubetten. Dieser Sondertext würde dann beispielsweise automatisch mit Daten aus der Revisionsverwaltung gefüllt.

Sondertexte für Normblätter

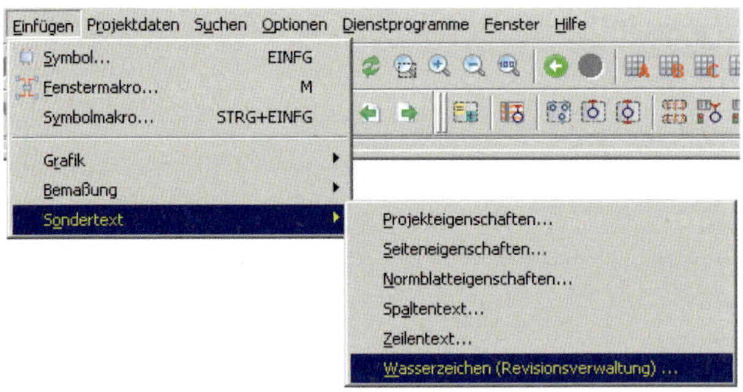

Bild 10.40 Menü Einfügen/Sondertext

Spalten- oder auch Zeilentexte werden wie ganz normale Texte behandelt. Dazu gehören auch die Formatierungen (Schriftgröße, Farbe etc.).

Spalten- oder auch Zeilentexte sind Platzhaltertexte, die durch die Einträge im Dialog **Normblatteigenschaften** festgelegt werden (über die Tastenkombination **STRG + M + D** oder es wird im **Seiten-Navigator** die temporäre Seite markiert und im Kontextmenü der rechten Maustaste der Eintrag **EIGENSCHAFTEN** gewählt) und später im Projekt automatisch gefüllt werden.

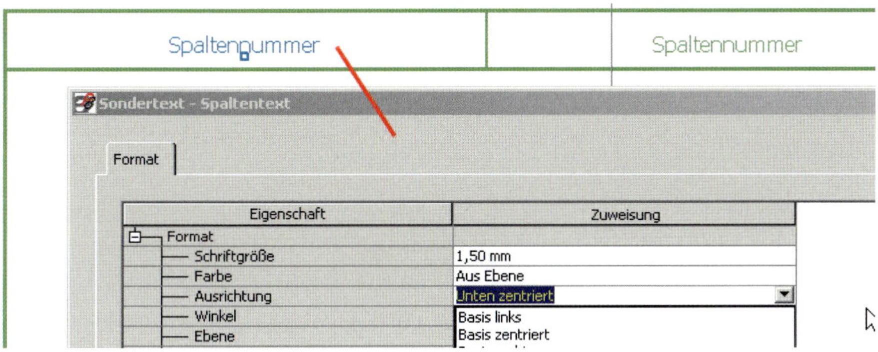

Bild 10.41 Formatierungsmöglichkeiten für die Spalten- und/oder Zeilentexte

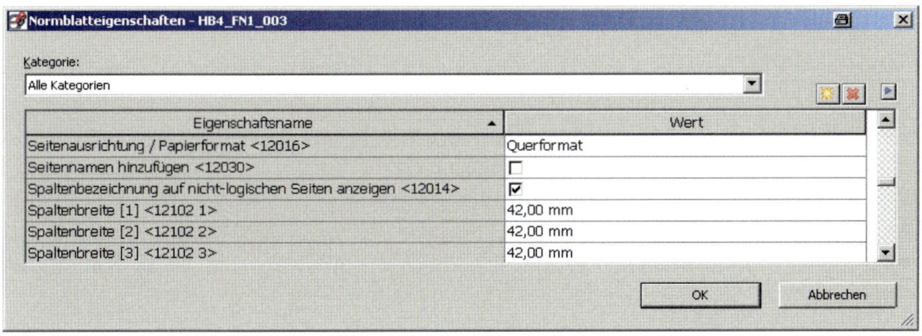

Bild 10.42 Normblatteigenschaften

Wurden alle Einträge erstellt bzw. das Normblatt nach Wunsch grafisch geändert, kann das Normblatt geschlossen (»gespeichert«) werden, indem im Menü **DIENSTPROGRAMME/ STAMMDATEN/NORMBLATT** die Funktion **SCHLIESSEN** gewählt wird.

EPLAN schließt und »speichert« das Normblatt endgültig in den Systemstammdaten. Wird das Normblatt für das Projekt gebraucht, dann wird es automatisch in das Projekt aus den Systemstammdaten eingelagert. Dieser Funktionsablauf ist identisch dem beim Arbeiten mit Formularen, ebenso der Abgleich bei späteren Änderungen des Normblattes.

10.4.2 Vorhandenes Normblatt bearbeiten

Neben dem Kopieren von Normblättern können natürlich auch vorhandene Normblätter bearbeitet werden. Dazu wird über das Menü **DIENSTPROGRAMME/STAMMDATEN/ NORMBLATT** die Funktion **ÖFFNEN** aufgerufen. EPLAN startet daraufhin den Dialog **Normblatt öffnen.**

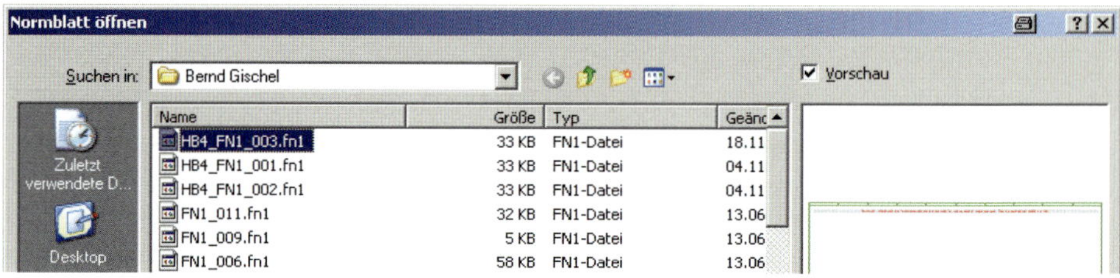

Bild 10.43 Dialog Normblatt öffnen

Hier wird das zu bearbeitende Normblatt ausgewählt und mit dem Button **ÖFFNEN** im unteren Bereich des Dialoges geöffnet. EPLAN schließt den Dialog und öffnet das Normblatt wieder als temporäre Seite im Seiten-Navigator des aktuellen Projekts.

Nun kann es, wie gewohnt, mit den bekannten Funktionen (Grafik, Texte etc.) bearbeitet werden bzw. können die Normblatteigenschaften angepasst oder erweitert werden.

Über das Menü **DIENSTPROGRAMME/STAMMDATEN/NORMBLATT/SCHLIESSEN** wird das Normblatt geschlossen. Wurde das Normblatt im aktuellen Projekt verwendet, erfolgt anschließend die Abfrage des Abgleichs mit den Projektstammdaten.

10.4.3 Neues Normblatt erstellen

Um nicht nur Normblätter zu kopieren bzw. bestehende zu bearbeiten, kann mit der Funktion **NEU** im Menü **DIENSTPROGRAMME/STAMMDATEN/NORMBLATT** ein komplett neues Normblatt erstellt werden. EPLAN öffnet nach der Auswahl den Dialog **Normblatt erstellen**.

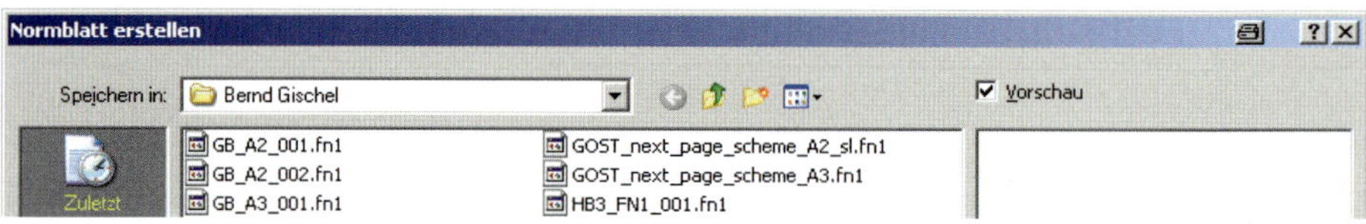

Bild 10.44 Dialog Normblatt erstellen

Im Feld **Dateiname** des Dialogs **Normblatt erstellen** wird der neue Name des Normblattes eingetragen.

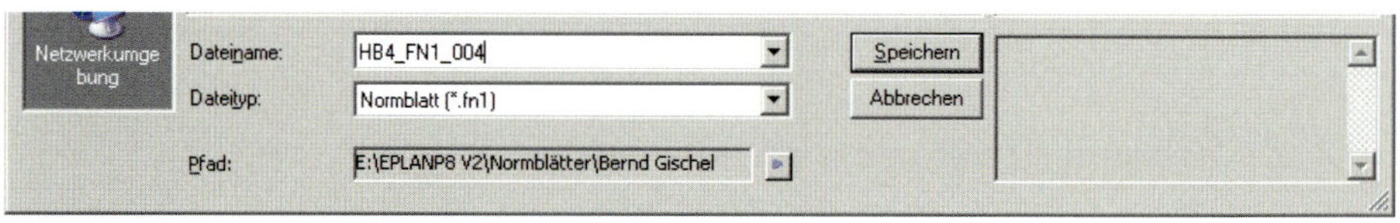

Bild 10.45 Neuer Normblattname im Feld Dateiname

Mit Anklicken des Buttons **SPEICHERN** wird das Normblatt angelegt, und EPLAN öffnet die **Normblatteigenschaften** des neuen Normblattes und zugleich eine leere temporäre Seite im Seiten-Navigator des aktuellen Projekts.

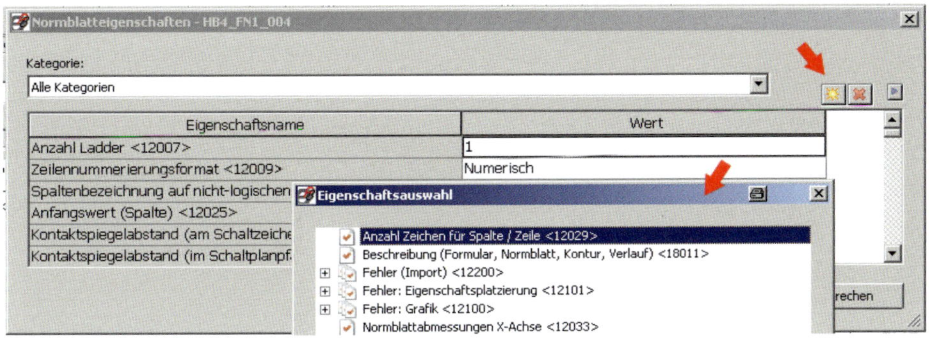

Bild 10.46 Normblatteigenschaften des neuen Normblattes

Jetzt kann das Normblatt mit den schon bekannten Funktionen bearbeitet werden.

> **HINWEIS:** Anstatt ein neues Normblatt zu erstellen, kann auch hier ein kopiertes Normblatt als Vorlage für das neue Normblatt verwendet und dieses Normblatt dann entsprechend abgeändert werden.

Die Vorgehensweise gleicht dem normalen Bearbeiten eines vorhandenen Normblattes. Auf eine weitere Erläuterung wird daher an dieser Stelle verzichtet.

11 EPLAN-Altdaten (EPLAN 5 ...)

Generell ist zur Übernahme von Daten der Altversionen EPLAN 5, EPLAN 21, PPE und FLUID zu sagen, dass es zwar eine schnelle und zeitsparende Möglichkeit ist, mit diesen Projekten in EPLAN Electric P8 weiter zu arbeiten. Auch die Konvertierung funktioniert bis auf wenige Speziallösungen problemlos. Trotzdem ist dies nicht die ideale Lösung.

TIPP: Es ist die bessere Lösung, neue Projekte nicht auf die Datenbasis von Projekten der Altversionen zu stellen, sondern neue Projekte komplett mit EPLAN Electric P8 zu beginnen.

Es ist auch kein zwingendes Muss, alle Projekte von den Altversionen nach EPLAN Electric P8 zu konvertieren. Da EPLAN die Altversionen noch eine Zeit lang unterstützen wird, besteht kein Grund, in Panik zu verfallen. Ältere oder aktuell laufende Projekte können in den Altversionen weiterbearbeitet bzw. fertiggestellt werden.

Dieses Kapitel wird die Importfunktionen nur sehr kurz darstellen. Weiterführende Informationen finden Sie in der 1. Ausgabe des Handbuches (ISBN 978-3-446-40266-9), die ein ausführliches Kapitel zur Übernahme von Altdaten enthält. Alternativ können Sie die Online-Hilfe von EPLAN Electric P8 nutzen, die Support-Dokumente zur Datenübernahme der Altversionen nach EPLAN Electric P8 im EPLAN-Supportbereich nachlesen oder verschiedenen EPLAN-Foren im Internet nutzen.

Generell ist voranzustellen, dass die Möglichkeiten, in den EPLAN-Altversionen Stromlaufpläne zu erstellen, groß waren. So wird es unweigerlich auch an der einen oder anderen Stelle in einem konvertierten (importierten) Projekt zu eventuellen Abweichungen kommen.

HINWEIS: Falls Projekte aus den Altversionen nach EPLAN Electric P8 übernommen werden, bleibt das Projekt der Altversion weiterhin vorhanden. Es existieren dann das Ursprungsprojekt (das der Altversion) und das gleiche (»neue«) Projekt, aber konvertiert in das Datenmodell von EPLAN Electric P8. Es werden hier also keine alten Daten gelöscht oder verändert, sodass ein problemloses Weiterbearbeiten des Ursprungsprojekts in den Altversionen möglich ist.

Wird das Projekt in den Altversionen weiterbearbeitet, stimmt das es anschließend nicht mehr mit dem schon einmal konvertierten EPLAN Electric P8-Projekt überein. Dafür müsste es erneut in EPLAN Electric P8 übernommen werden.

11.1 Übernahmemöglichkeiten

EPLAN Electric P8 bietet einen Import-Assistenten für die verschiedenen EPLAN-Altversionen sowie für die verschiedenen Daten der Altversionen an. Dabei kann es sich um ganze Projekte oder aber auch um einzelne Daten wie ein Formular, ein Makro, Artikel- oder Kabeldaten handeln.

Diese Import-Assistenten finden Sie im Menü **DIENSTPROGRAMME/DATENÜBERNAHME** in den Menüpunkten **EPLAN 5/FLUIDPLAN-DATENÜBERNAHME** (für EPLAN 5- und Fluid-Projekte sowie für EPLAN 5-/Fluid-Stammdaten), **EPLAN 21** (für EPLAN 21-Projekte bzw. EPLAN 21-Stammdaten), **EPLAN PPE** und **EPLAN CABINET** (für PPE-Altprojekte, PPE-Altdaten und Cabinet-Daten).

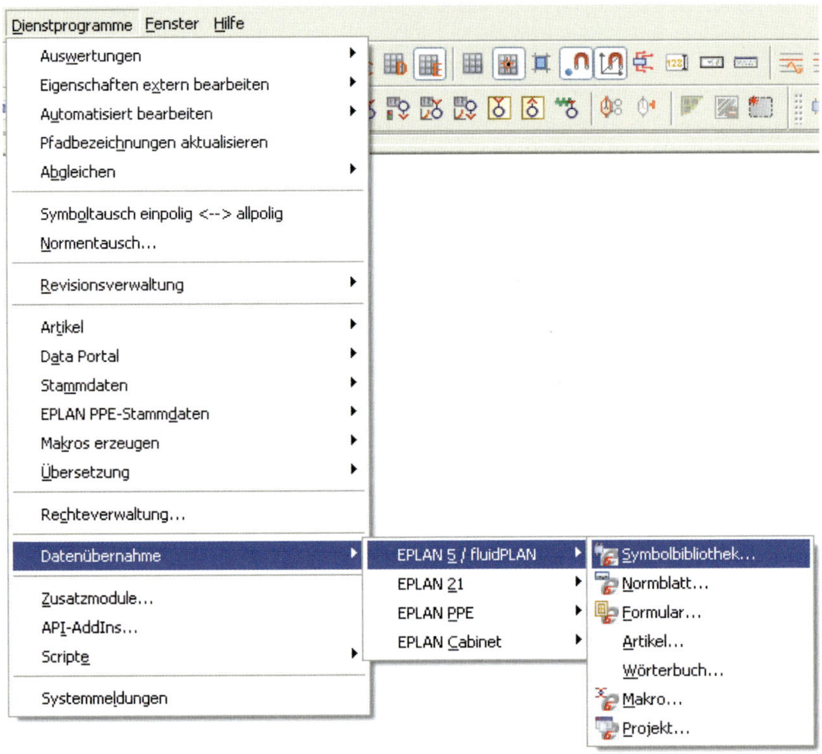

Bild 11.1 Menüs der (Alt-)Datenübernahme

Generell ist es mit EPLAN Electric P8 möglich, nicht nur gesamte Projekte zu importieren, sondern auch einzelne Daten. Dazu wurden in den Menüpunkten der einzelnen Datenübernahme (beispielsweise für EPLAN 5/fluidPLAN, EPLAN 21, EPLAN PPE und EPLAN Cabinet) weitere Funktionen bzw. Aufrufe integriert, die es ermöglichen, beispielsweise ein einzelnes Normblatt oder aus den Altsystemen exportierte Artikeldaten nach EPLAN Electric P8 zu übernehmen.

HINWEIS: Wichtig bei einer Datenübernahme ist die im Menü dargestellte Reihenfolge der Menüpunkte. Diese wurde nicht willkürlich gewählt, sondern stellt die Standardreihenfolge bei einer Datenübernahme dar. ■

Bei einer EPLAN 5-Datenübernahme sollte beispielsweise mit der verwendeten Symbolbibliothek begonnen werden. Es wird dann der Plotrahmen importiert (EPLAN 5-Begriff, in EPLAN Electric P8 heißt der Plotrahmen nun Normblatt), weiter geht es mit den benutzten Formularen, anschließend den Artikeldaten und der Fremdsprachendatei (in EPLAN Electric P8 heißt das Wörterbuch) sowie eventuellen Makros. Zum Schluss kann das eigentliche EPLAN 5-Projekt importiert werden.

Neben diesen einzelnen Schritten bietet EPLAN Electric P8 auch einen »Ein-Knopf-Assistenten« zur Datenübernahme an. Dafür würde man bei einem Import von Altdaten sofort mit dem Menüpunkt **DIENSTPROGRAMME/DATENÜBERNAHME/EPLAN 5 – FLUIDPLAN/PROJEKT** beginnen, innerhalb der folgenden Dialoge nur noch einige Informationen angeben und EPLAN Electric P8 dann den Rest des Importvorganges automatisch erledigen lassen.

12 Erweiterungen

Neben den Standardfunktionen, die EPLAN Electric P8 von Haus aus mitliefert, gibt es eine Reihe weiterer Funktionserweiterungen, die durch Zusatzmodule – auch Add-ons genannt – abgedeckt werden. Diese Zusatzmodule erleichtern den Umgang mit den Projekten und deren Daten oder helfen auf andere Art und Weise, das Engineering zu beschleunigen und zu optimieren. Auf einige dieser Zusatzmodule wird in diesem Kapitel eingegangen. Es gibt neben den hier aufgezeigten aber noch eine Reihe weiterer Zusatzmodule, die gerne bei EPLAN direkt erfragt werden können.

12.1 EPLAN Pro Panel

Das Modul **EPLAN Pro Panel** bietet einen Montageaufbau in 3D, was erhebliche Vorteile für den EPLAN-Anwender und die Folgeanwender (Werkstatt, Kunde etc.) bringt.

12.1.1 Was leistet das EPLAN Pro Panel?

EPLAN Pro Panel ist eine nützliche Alternative zum herkömmlichen 2D-Montageplattenaufbau. Der 3D-Ansatz basiert auf dem vorhandenen Stromlaufplan, kann aber natürlich auch mit den gewählten Artikeln selbst begonnen werden, ohne dass es einen Stromlaufplan gibt. Dafür sorgt die gemeinsame Datenplattform, auf der alle Produkte, wie EPLAN Electric P8, EPLAN Fluid oder beispielsweise auch EPLAN Pro Panel aufsetzen.

EPLAN Pro Panel unterstützt den Anwender in der Projektierung und beim Montageaufbau, beispielsweise mit einer Kollisionskontrolle, sodass Geräte erst gar nicht an den falschen Stellen im Aufbau geplant werden. Natürlich nimmt EPLAN Pro Panel keinem Anwender die (Denk-)Arbeit ab, aber hilft Fehlentscheidungen (zum Beispiel Fehlplatzierungen) zu vermeiden und somit am Ende doch wieder Zeit zu sparen.

In diesem Abschnitt können nicht alle Funktionen von EPLAN Pro Panel beschrieben und erläutert werden. Dazu sind sie zu umfangreich, und es gibt einfach zu viele Möglichkeiten, wie man Aufgabenstellungen mit EPLAN Pro Panel lösen könnte. Aber es werden einige Grundlagen erklärt, erste Schritte vom Projekt mit seinen verbauten Betriebsmitteln, über den 3D-Aufbau einer Montageplatte und weiter bis zum Abschluss, dem Erzeugen der bekannten 2D-Modell-Ansicht (ähnlich dem bereits bekannten 2D-Schaltschrankaufbau).

12.1.2 Allgemeines

Neben den verschiedenen Einsatzmöglichkeiten, die EPLAN Pro Panel bietet, sind einige Bedingungen für den Einsatz zu beachten. Das betrifft die Hardware ebenso wie welche Daten überhaupt notwendig sind, um mit EPLAN Pro Panel schnell zu Erfolgserlebnissen zu kommen.

12.1.2.1 Welche Hardware wird benötigt?

Hardwaretechnisch sind hier keine gewaltigen »CAD-Maschinen« notwendig, sondern es reicht die Hardware, die beispielsweise auch für EPLAN Electric P8 benutzt wird. Einzig und allein die Grafikkarte sollte dem 3D etwas Tribut zollen. Es wird hier mindestens eine Grafikkarte erwartet, die OpenGL in der Version 2.1 oder höher verarbeiten kann. Prinzipiell ist die Bearbeitung auch ohne OpenGL möglich, aber ohne OpenGL wird der eine oder andere Baustein später grafisch nicht richtig dargestellt, und die Freude, mit EPLAN Pro Panel zu konstruieren, kommt etwas abhanden.

Dass auch EPLAN Pro Panel mit Mehrschirmlösungen besser zu bedienen ist als mit einer kleinen Einschirmlösung, braucht sicher nicht erwähnt zu werden.

12.1.2.2 Welche Daten werden benötigt?

Grundsätzlich werden keine allzu großen Ansprüche gestellt, was die Daten und deren Inhalte betrifft. Man muss keine ausgefeilten 3D-Modelle haben. Die einfachen Werte für **Breite**, **Höhe** und **Tiefe** reichen erst einmal aus.

Idealerweise sollten auch die Daten für die **Einbauabstände**, den **Mittenversatz** und die **Aufklipshöhe** korrekt ausgefüllt werden.

Möchte man anstatt eines einfachen »gesichtslosen« Körpers einen detaillierten Körper mit der kleinsten Schraubennachbildung im Aufbau haben, kann man natürlich ein dementsprechendes Makro hinterlegen (Feld **Grafikmakro**). Auch eine Bilddatei ist immer von Vorteil, nicht nur für EPLAN Pro Panel.

Diese Daten können dann ebenfalls in den verschiedenen Auswertungen (beispielsweise in einer Artikelstückliste mit Angabe der technischen Daten und einem Bild des Gerätes) genutzt werden, sie beschränken sich also nicht nur auf den Einsatz im EPLAN Pro Panel.

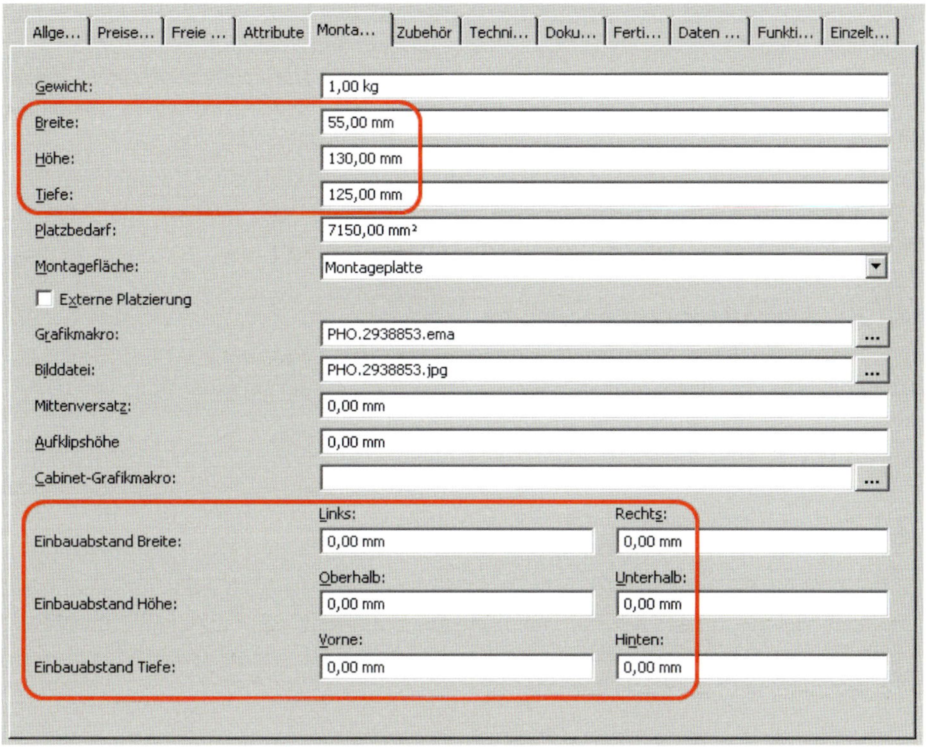

Bild 12.1 Notwendige technische Daten für einen Artikel

12.1.2.3 Was ist möglich mit EPLAN Pro Panel?

Neben dem optisch ansprechenden Aufbau in einer 3D-Darstellung (für den Kunden zum besseren Verständnis) sind aus dieser Darstellung nützliche »Abfallprodukte« möglich – beispielsweise eine 2D-Ableitung des 3D-Aufbaus.

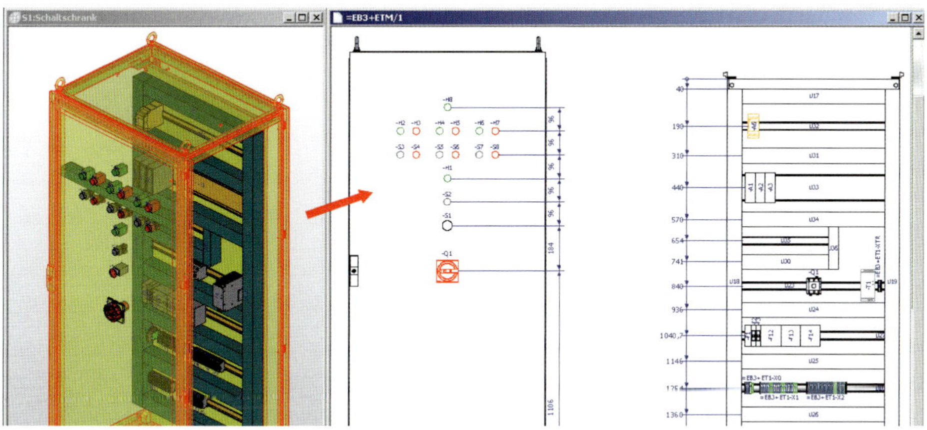

Bild 12.2 3D-Darstellung und die daraus abgeleitete 2D-Ansicht

Klarer Vorteil, der hier offensichtlich ist: In der 3D-Darstellung wird der Schaltschrank projektiert, und die 2D-Darstellung mit ihren Maßen, der Aufteilung, den Vorder- oder auch den Seitenansichten und eventuellen weiteren Folgedokumenten, wie eine Schaltschranklegende, kann automatisch erzeugt und der Werkstatt zum Aufbau übergeben werden.

Es wird also nicht zweimal ein Aufbau gemacht, sondern es wird nur der Montageaufbau in 3D erstellt, geändert oder erweitert. Die 2D-Ableitung und alle anderen automatischen Folgedokumente werden wie Auswertungen einfach aktualisiert.

12.1.2.4 Allgemeines zur Bedienung

In den folgenden Abschnitten werden einige grundsätzliche Einstellungen, Hinweise zur Bedienung und der Bedeutung dieses oder jenes Buttons, der Menüeinträge etc. behandelt.

12.1.3 Symbolleisten in EPLAN Pro Panel

Neben den Menüfunktionen gibt es einen großen Teil der Funktionsvielfalt auch in Form von Symbolleisten für EPLAN Pro Panel. Die Symbolleisten werden, wie in EPLAN Electric P8 üblich, über einen Rechtsklick mit der Maus in den Symbolleistenbereich aufgelistet und können dort aktiviert werden.

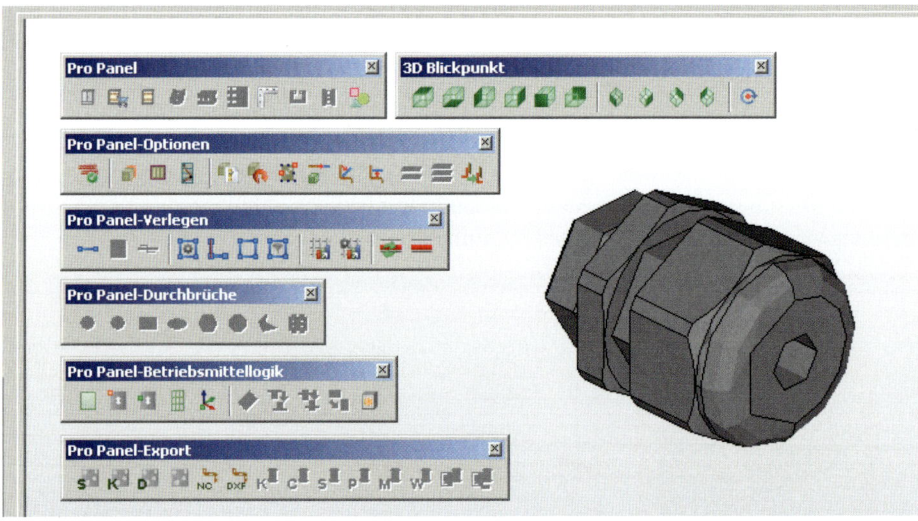

Bild 12.3 Verschiedene Symbolleisten für EPLAN Pro Panel

Mehrere Symbolleisten liefert EPLAN standardmäßig mit (u. a. **3D BLICKPUNKT** oder **PRO PANEL-OPTIONEN**). Andere, beispielsweise **PRO PANEL EINFÜGEN ...**, kann man sich selbst zusammenstellen. Sie können das Einfügen der Geräte, wie Schaltschrank, Tragschiene oder auch beispielsweise von Platzier-Sperrflächen, beinhalten. Damit spart man sich den Umweg über das Menü **EINFÜGEN/[GERÄT FÜR PRO PANEL]**, wobei mit **[GERÄT FÜR PRO PANEL]** z.B. Montageplatten, Tragschienen etc. gemeint sind. Einige der Symbolleisten werden in den nachfolgenden Abschnitten kurz vorgestellt.

12.1.3.1 Symbolleiste 3D-Blickpunkt

Diese Symbolleiste bietet mit den ersten sechs Buttons die verschiedenen *2D-Blickrichtungen*, beispielsweise auf den Schaltschrank, den Klemmenkasten oder andere Teile.

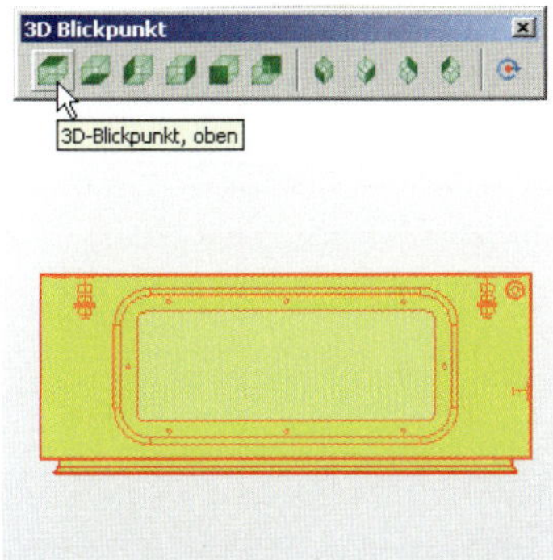

Bild 12.4 Ansicht von oben

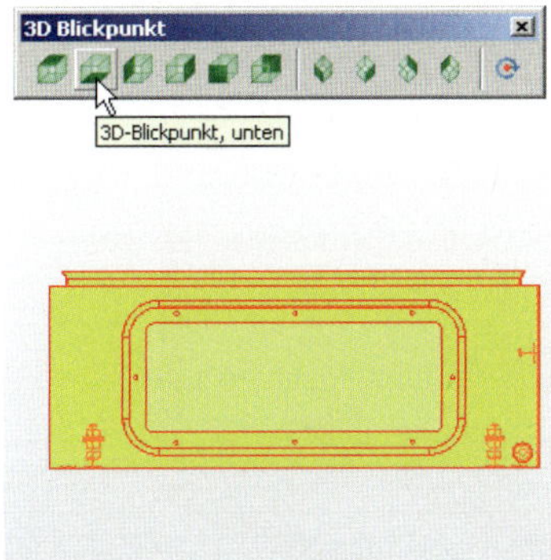

Bild 12.5 Ansicht von unten

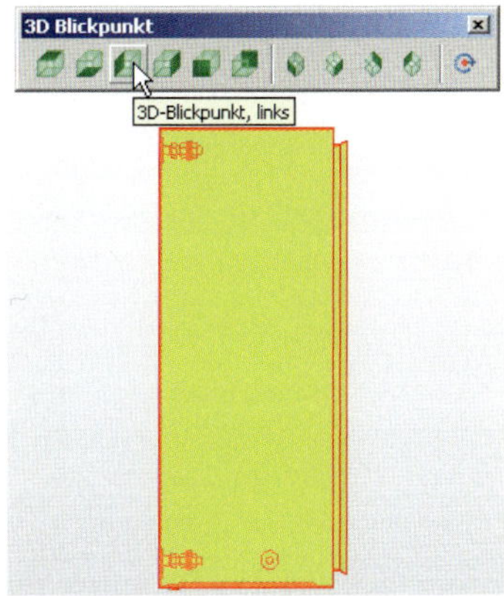

Bild 12.6 Ansicht von links

Bild 12.7 Ansicht von rechts

Bild 12.8 Ansicht von vorne

Bild 12.9 Ansicht von hinten

Mit den nächsten vier Buttons wird die *3D-Ansicht* mit ihren vier verschiedenen isometrischen Blickpunkten aktiviert.

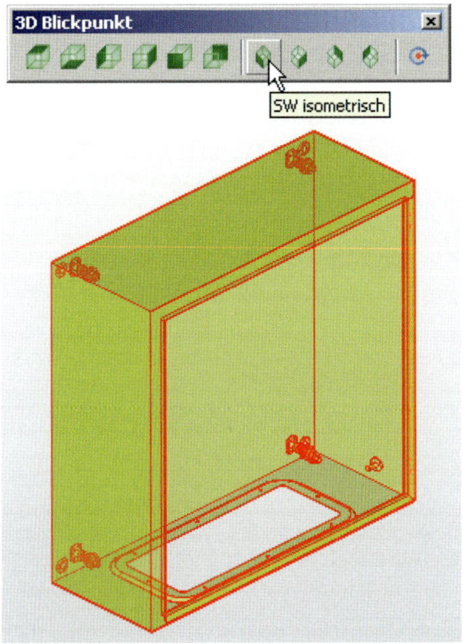

Bild 12.10 Ansicht Südwest isometrisch (SW)

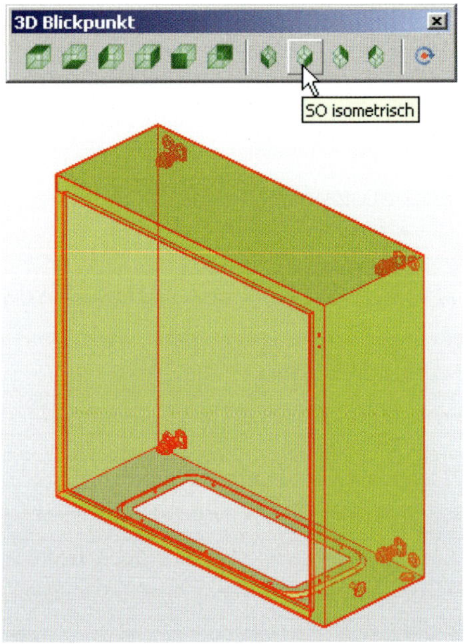

Bild 12.11 Ansicht Südost isometrisch (SO)

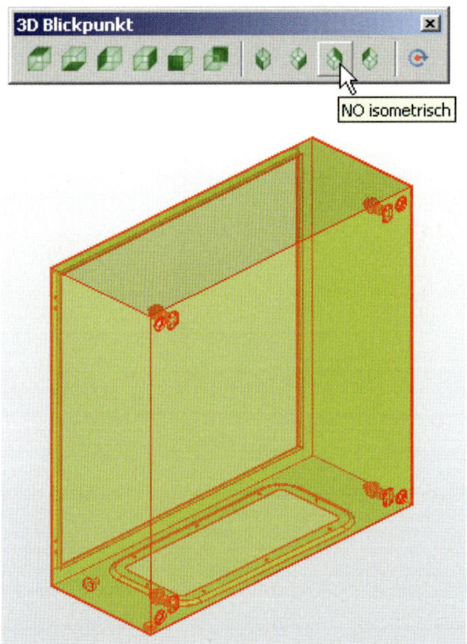

Bild 12.12 Ansicht Nordost isometrisch (NO)

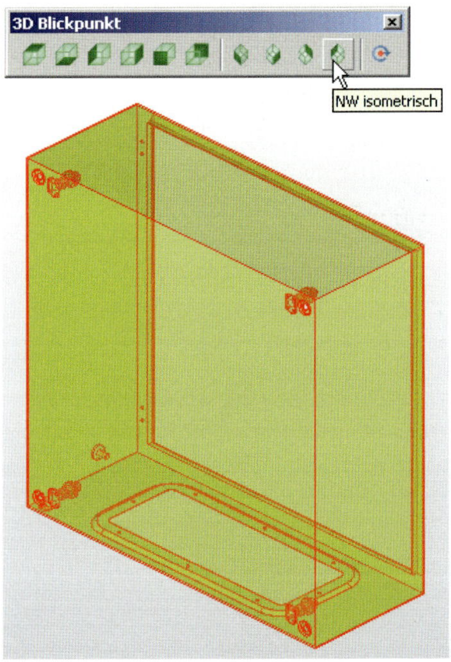

Bild 12.13 Ansicht Nordwest isometrisch (NW)

Der letzte Button dieser Symbolleiste **BLICKWINKEL DREHEN** ermöglicht mit der (gedrückt gehaltenen) linken Maustaste ein freies, stufenloses Drehen des Objektes, um genau den Blickwinkel zu bekommen, der gewünscht und gebraucht wird.

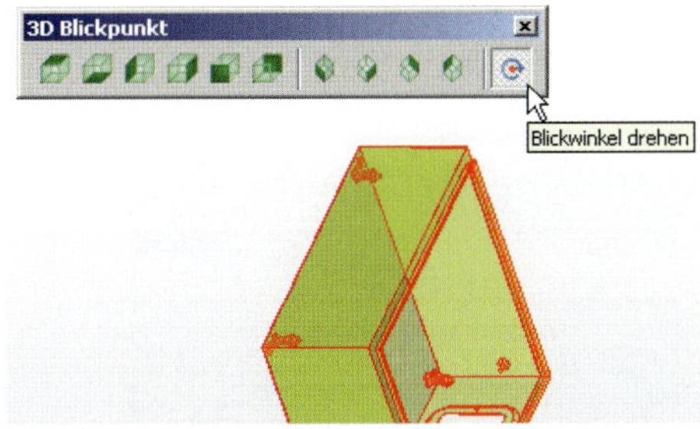

Bild 12.14 Drehwinkel manuell wählen

12.1.3.2 Symbolleiste Pro Panel-Optionen

Die Symbolleiste **PRO PANEL-OPTIONEN** ermöglicht u. a. diverse Anzeige- und Kontrollfunktionen.

Wird der Button **KOLLISIONSKONTROLLE** eingeschaltet, berechnet EPLAN schon vor dem Absetzen, ob hier Bauteile miteinander kollidieren, zeigt dieses Verhalten farbig an und lässt ein Platzieren des Gerätes nicht zu.

Der Button **EINBAUABSTÄNDE ANZEIGEN** ermöglicht die schnelle optische Kontrolle, ob nicht doch noch etwas Platz rund um das platzierte Gerät vorhanden ist oder ob die Einbauabstände schon am Minimum sind.

Bild 12.15 Kollisionskontrolle

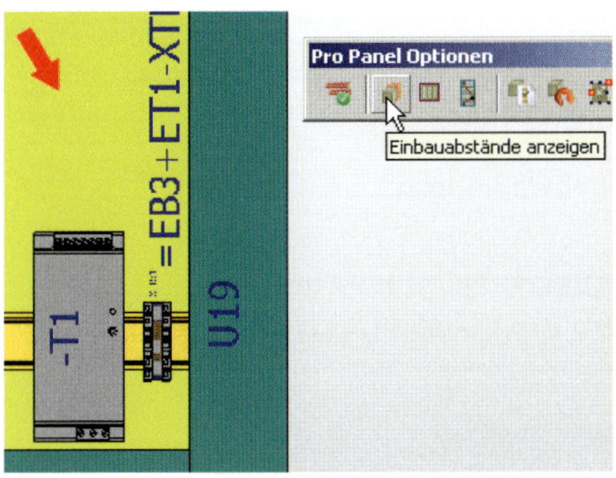

Bild 12.16 Einbauabstand nicht anzeigen

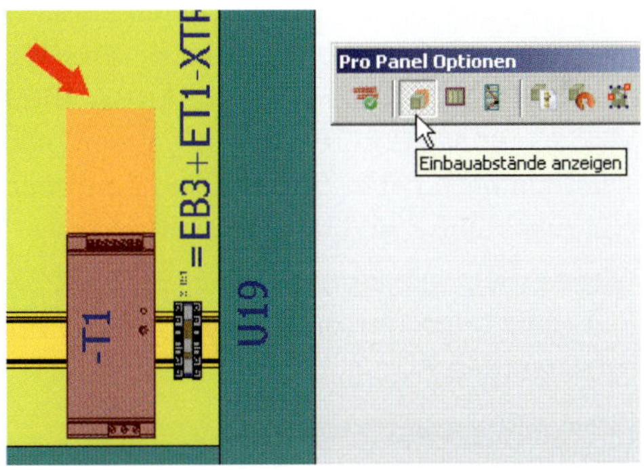

Bild 12.17 Einbauabstand anzeigen

Hinter dem Button **VEREINFACHTE DARSTELLUNG** verbirgt sich die Funktion, dass alle Geräte in einem einfachen »Klotz« ohne weitere aufwendige Grafik angezeigt werden.

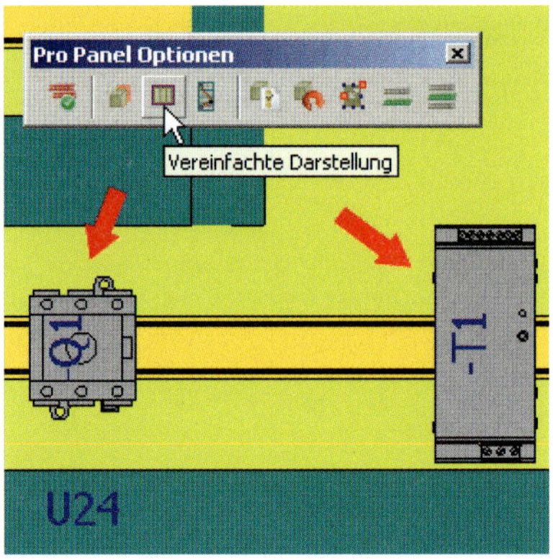

Bild 12.18 Detaillierte Darstellung

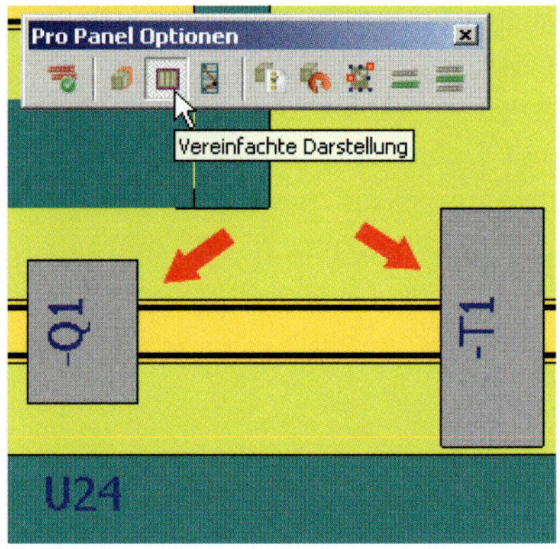

Bild 12.19 Vereinfachte Darstellung

In Bild 12.18 werden alle Geräte (wenn im Makro auch so vorhanden und gezeichnet) mit vielen Details, wie Schrauben, Einstellbereichen, Schaltern etc., gezeigt. Werden diese Details nicht gebraucht oder wird der grafische Aufbau zu langsam, kann man die vereinfachte Darstellung einschalten (Bild 12.19). Das gilt beispielsweise auch für große, umfangreiche Klemmenleisten, wo es weniger um die einzelne Klemme geht, sondern mehr um das Identifizieren der Klemmenleiste als Ganzes im Montageaufbau.

Der Button **VERBINDUNGSVORSCHAU** beinhaltet eine Vorschau der miteinander verbundenen Betriebsmittel.

Bild 12.20 Verbindungsvorschau

Alle weiteren Buttons in der Symbolleiste **PRO PANEL-OPTIONEN**, wie **PLATZIEROPTIONEN**, **DREHWINKEL ÄNDERN**, **ANFASSPUNKT WECHSELN**, **LÄNGE ÜBERNEHMEN** und **MITTIG PLATZIEREN** werden in den nachfolgenden Abschnitten noch näher beschrieben. An dieser Stelle folgt jetzt nur eine kurze Funktionsübersicht.

Widmen wir uns zunächst dem Button **PLATZIEROPTIONEN**. Wird ein Gerät platziert und »hängt« am Cursor, kann mit diesem Button der Dialog **PLATZIEROPTIONEN** aufgerufen werden.

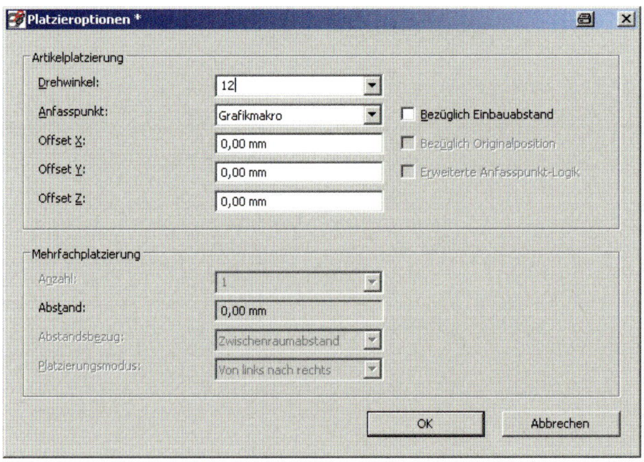

Bild 12.21 Dialog Platzieroptionen

Im Dialog **PLATZIEROPTIONEN** gibt es verschiedene Möglichkeiten, die Platzierung zu beeinflussen. In der Auswahl *Drehwinkel* kann aus der Auswahlliste ein Wert übernommen werden, aber es sind hier auch beliebige Gradzahlen eintragbar, sodass man beispielsweise das Gerät um 50 Grad gedreht platzieren könnte.

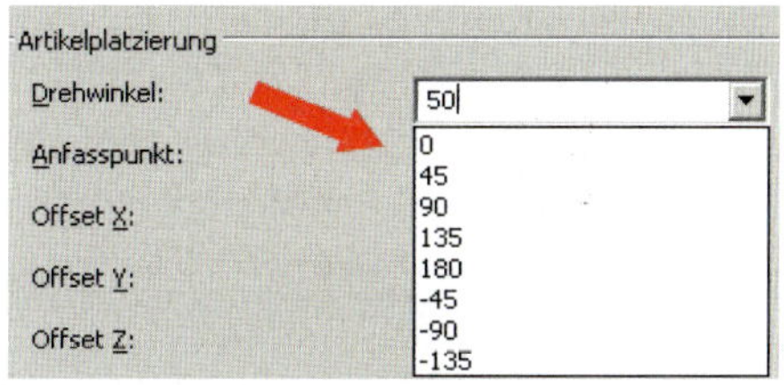

Bild 12.22 Einstellbarer Drehwinkel

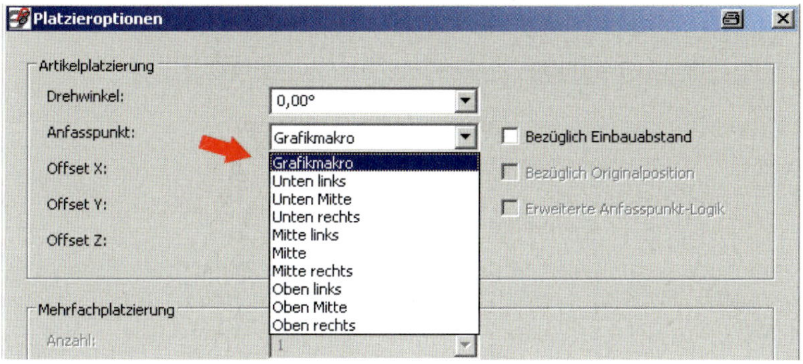

Bild 12.23 Anfasspunkt wählen

Es ist weiterhin möglich, den *Anfasspunkt* vorzuwählen. Hier kann ebenfalls aus der Auswahlliste ein Wert übernommen werden. Diese Auswahlliste ist selbst allerdings nicht erweiterbar. Der Anfasspunkt steht mit der Einstellung *Bezüglich Einbauabstand* in enger Verbindung. Wird diese Einstellung aktiviert, wird der Einbauabstand zum Anfasspunkt mit hinzugerechnet und das Gerät dementsprechend »weiter« (also mit Einbauabstand) platziert.

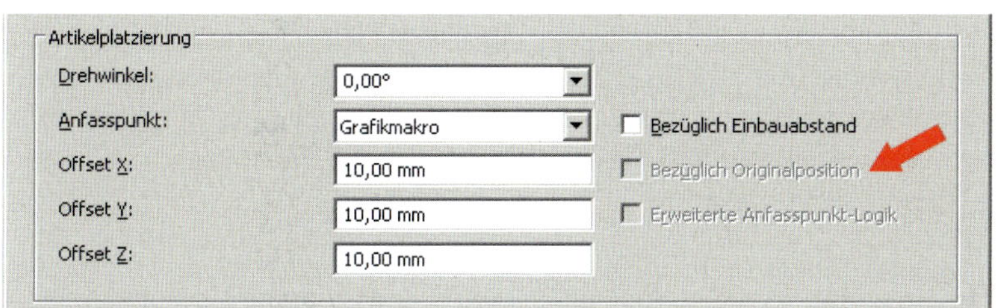

Bild 12.24 Offseteinstellungen

Offseteinstellung X, Y, Z: Hier können direkt Werte vorgegeben werden, um eine genaue Platzierung zu bestimmten Kanten zu erreichen. Damit lässt EPLAN Pro Panel keine andere Platzierung zu, als beispielsweise das Gerät 50 mm vom Rand entfernt zu platzieren. Eine manuelle Abweichung, wie das »Mauszittern« beim Platzieren, ist daher nicht möglich.

Die daneben liegende Einstellung *Bezüglich Originalposition* ist nur bei Aktionen wie Kopieren, Duplizieren etc. aktiv einschaltbar. Damit kann direkt ein Offset-Wert eingeben werden, und EPLAN Pro Panel berechnet automatisch die zusätzliche Platzierung (beispielsweise bei einer Kopie eines Gerätes) von der Originalposition aus.

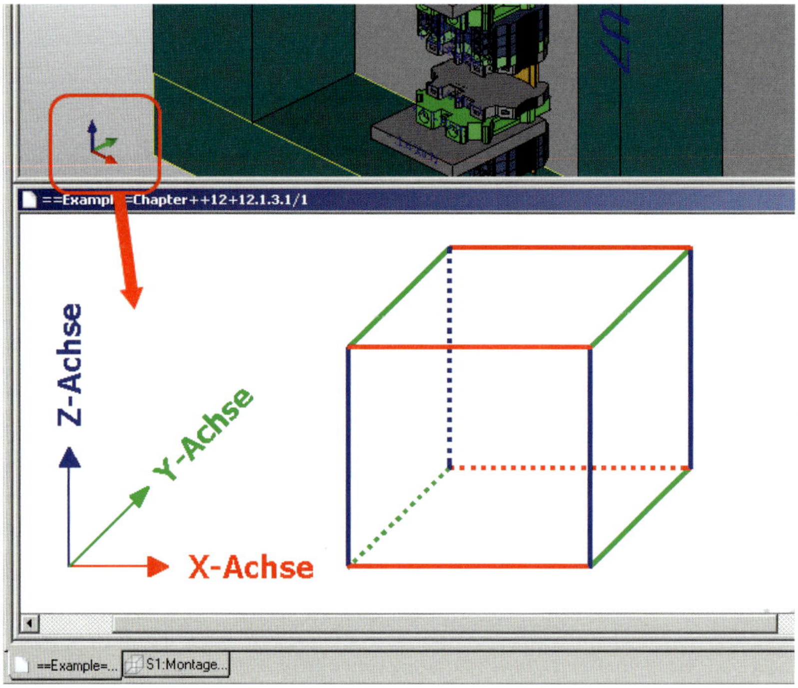

Bild 12.25 Achsen

Für die Offseteinstellungen ist es gut zu wissen, dass man sich in einem 3D-Raum mit seinen drei Zeichnungsachsen X, Y und Z befindet. Die drei Zeichnungsachsen werden in EPLAN Pro Panel anhand farbiger Linien dargestellt und verlaufen immer rechtwinklig zueinander. Diese Achsen dienen beispielsweise zur nützlichen Orientierung im 3D-Raum während des Platzierens von Objekten.

HINWEIS: Die Achse Y ist die grüne Linie, die Achse X die rote Linie und die Achse Z ist die blaue Linie in der 3D-Darstellung von EPLAN Pro Panel.

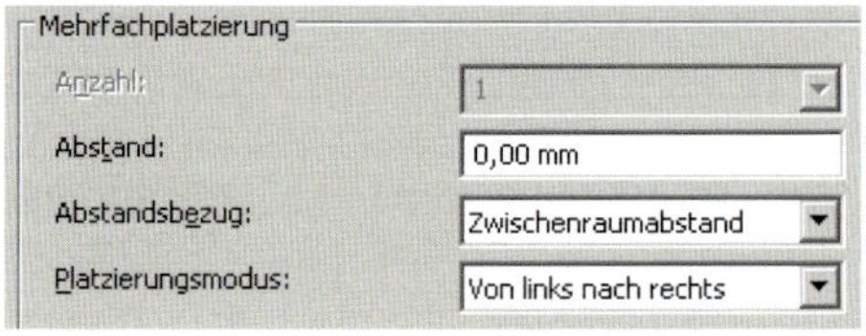

Bild 12.26 Mehrfachplatzierung

Mit der Einstellung *Mehrfachplatzierung* können in einem Rutsch mehrere Objekte zusammenplatziert werden. Dabei »hängen« alle im **3D-Montageaufbau-Navigator** markierten Objekte am Cursor, und nach dem Absetzen des ersten Gerätes auf der Bestückungsfläche (beispielsweise einer Montageplatte) werden alle nachfolgenden Geräte, wie in der Einstellung *Mehrfachplatzierung* festgelegt, automatisch platziert.

Bild 12.27 Einstellung für Abstandsbezug und Abstand

Ein Beispiel wäre das Platzieren von Bedienelementen in einer Tür. Damit werden von EPLAN Pro Panel die gewünschten Abstände vom ersten Bedienelement automatisch ermittelt und erreicht, ohne dass »manuell« jedes einzelne Bedienelement selbst platziert werden muss.

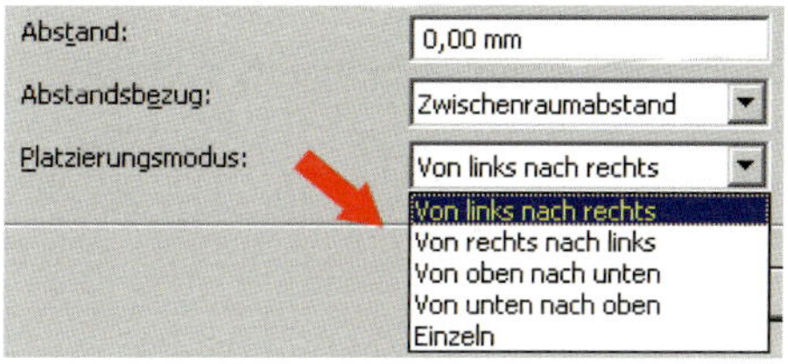

Bild 12.28 Einstellung für Platzierungsmodus

Ein weiterer Button **DREHWINKEL ÄNDERN** bietet die Möglichkeit, vor dem Platzieren eines Gerätes, den Drehwinkel recht einfach zu ändern. Hier wird allerdings immer nur in festen 90-Grad-Schritten gedreht.

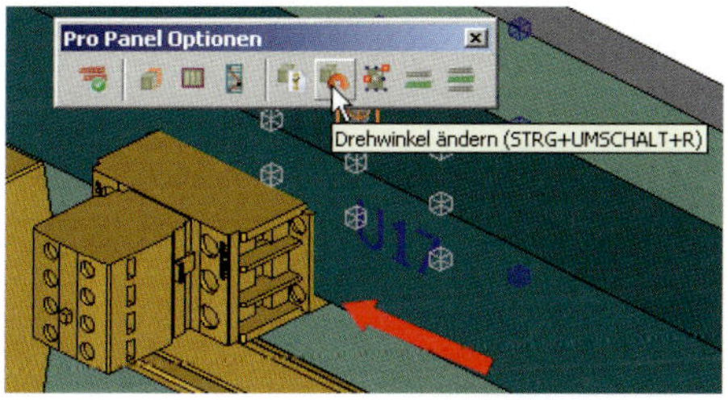

Bild 12.29 Drehwinkel vor dem Platzieren ändern

Mit dem Button **ANFASSPUNKT WECHSELN** (oder einfach immer die Taste **A** drücken) kann schnell der Anfasspunkt des Objekts gewechselt werden. In Bild 12.30 ist recht gut zu erkennen, dass das Schütz mehrere Anfasspunkte hat, äußere und innere, die zudem mittig, links oder rechts angeordnet sind. Damit kann das Objekt beliebig angefasst und mit dem gewünschten Punkt abgesetzt werden.

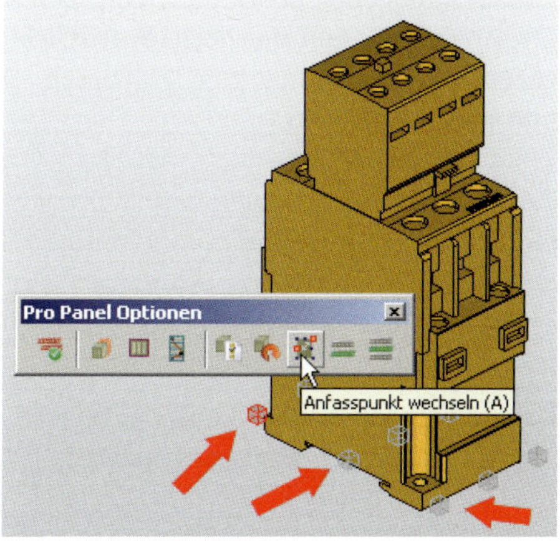

Bild 12.30 Anfasspunkt wechseln

Um beispielsweise später noch zusätzlich eine Tragschiene oder einen Kabelkanal mit gleicher Länge wie die bereits vorhandene Tragschiene oder wie des vorhandenen Kabelkanals zu platzieren, kann der Button **LÄNGE ÜBERNEHMEN** genutzt werden.

Bild 12.31 Länge übernehmen

Hierfür gilt folgende Vorgehensweise: Ein Kabelkanal mit der gleichen Länge wie der benachbarte Kabelkanal soll zusätzlich auf der Montageplatte in den freien Raum platziert werden. Über das Menü **EINFÜGEN/VERDRAHTUNGSKANAL** wird ein Kabelkanal gewählt und übernommen. Der Kanal »hängt« nun am Cursor.

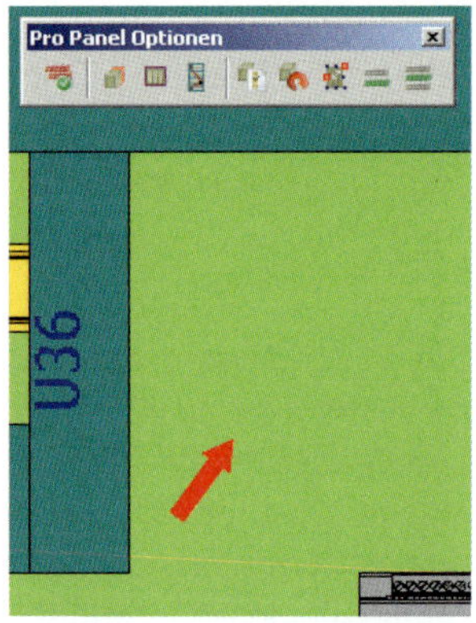

Bild 12.32
Freier Platz

Jetzt soll dieser Kanal genau die gleiche Länge haben wie der links dargestellte Kanal (U36) in Bild 12.33. Dafür wird nun (der neue Kanal »hängt« immer noch am Cursor) der Button **LÄNGE ÜBERNEHMEN** angeklickt. Der Cursor verändert jetzt sein Aussehen.

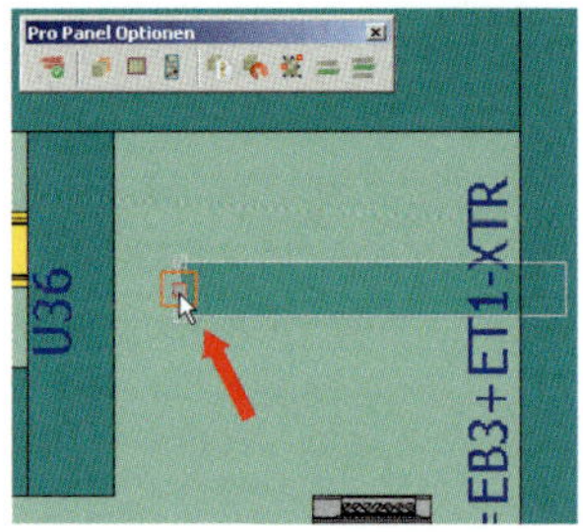

Bild 12.33
Kanal »hängt« am Cursor.

Anschließend wird der Kanal (U36), dessen Länge und Ausrichtung übernommen werden sollen, angezeigt, und EPLAN Pro Panel übernimmt sofort dessen Daten. Am Cursor »hängt« nun der, jetzt in Ausrichtung und Länge geänderte, neue Kanal zum Platzieren. Der Kanal kann nun platziert werden.

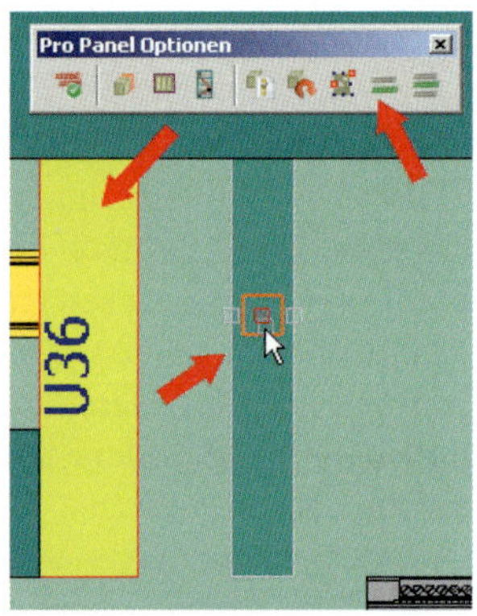

Bild 12.34
Übernommene Daten

Nach dieser Platzierung kann der nächste Kanal platziert werden, oder die Aktion wird beendet.

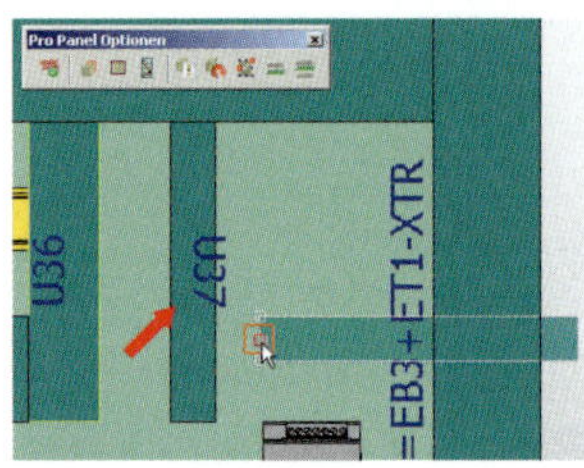

Bild 12.35
Platzierter Kanal

Der letzte Button **MITTIG PLATZIEREN** auf der Symbolleiste **PRO PANEL-OPTIONEN** ermöglicht es, eine Tragschiene oder einen Kabelkanal zwischen zwei anderen

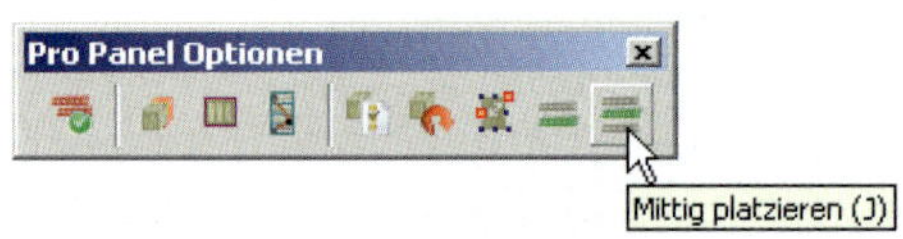

Bild 12.36
Button Mittig platzieren

Tragschienen oder Kabelkanälen genau mittig zu platzieren. Bedingung ist natürlich, dass mindestens schon zwei Tragschienen oder zwei Kabelkanäle platziert sind.

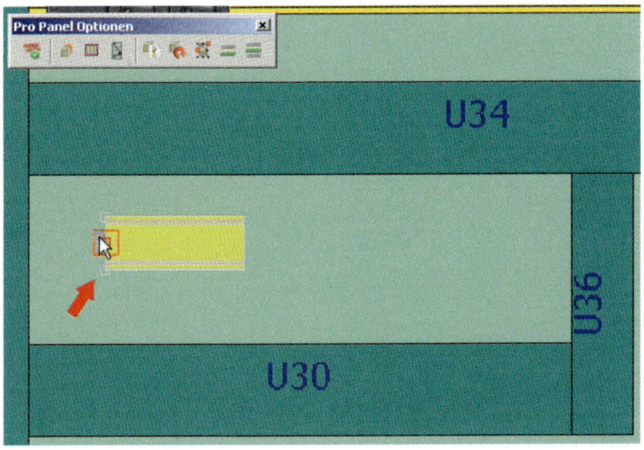

Bild 12.37 Tragschiene platzieren

Dazu wird eine Tragschiene über das Menü **EINFÜGEN/TRAGSCHIENE** aus der Artikelverwaltung ausgewählt und übernommen. Die Tragschiene »hängt« jetzt am Cursor.

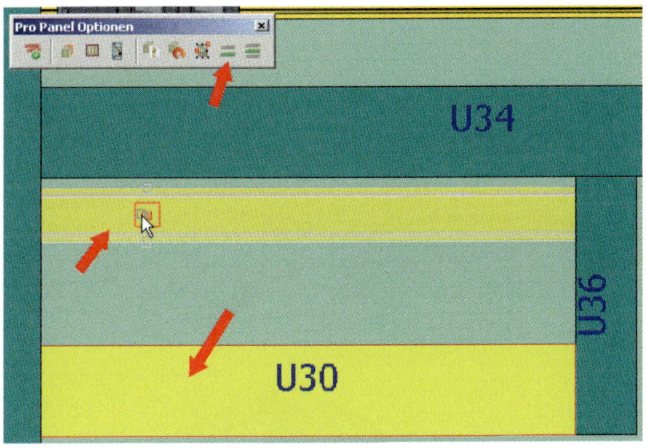

Bild 12.38 Vorhandene Länge übernehmen

Jetzt wird der Button **LÄNGE ÜBERNEHMEN** angeklickt und anschließend der Kabelkanal, dessen Länge die Tragschiene übernehmen soll (U30). EPLAN Pro Panel übernimmt die Länge des Kabelkanals für die zu platzierende Tragschiene.

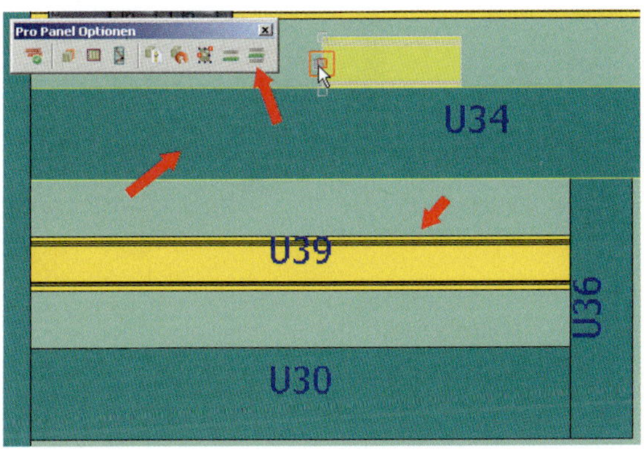

Bild 12.39 Mittig platzierte Tragschiene

Jetzt wird der Button **MITTIG PLATZIEREN** angeklickt, der Cursor verändert sein Aussehen, und danach folgt das »Gegenstück«, der obere Kabelkanal (U34). EPLAN Pro Panel platziert anschließend automatisch die Tragschiene mittig zwischen den beiden Kabelkanälen. Nun kann die nächste Tragschiene platziert (»hängt« immer noch am Cursor) oder die Aktion beendet werden.

12.1.3.3 Symbolleiste Pro Panel einfügen ...

Die letzte Symbolleiste **PRO PANEL EINFÜGEN ...** ist eine »persönliche« Symbolleiste, die EPLAN Pro Panel standardmäßig *nicht* mitliefert. EPLAN enthält zwar eine ähnliche Menüleiste, aber diese beinhaltet nicht die Möglichkeit, per Button eine Platziersperrfläche einzufügen.

TIPP: In den Beispieldaten zu diesem Handbuch ist die Symbolleiste **PRO PANEL EINFÜGEN ...** vorhanden und kann bei Bedarf nach EPLAN importiert werden.

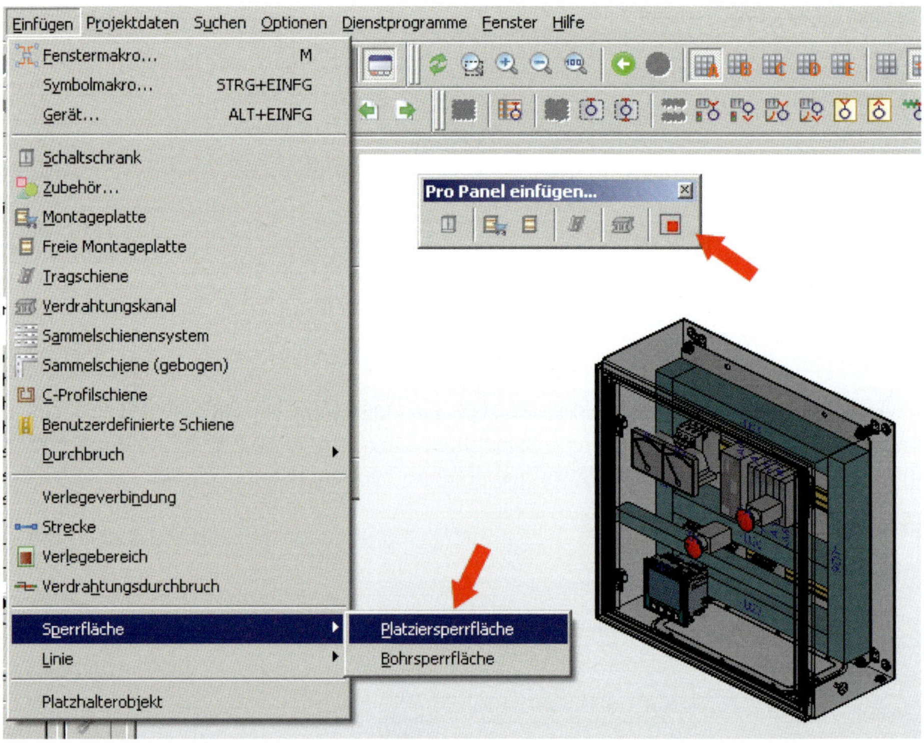

Bild 12.40 Symbolleiste Pro Panel einfügen ...

Die Symbolleiste führt die Menüfunktionen aus dem Menü **EINFÜGEN/SCHALTSCHRANK** oder **EINFÜGEN/MONTAGEPLATTE** etc. nach einem Klick auf jeweils einen dieser Buttons aus und macht damit das Arbeiten mit EPLAN Pro Panel noch ein wenig schneller, da man sich hier den Weg über das Menü **EINFÜGEN** spart.

Zur Funktion **TRAGSCHIENE** gibt es nur wenig zu sagen. Wird sie angeklickt, öffnet sich die **Artikelverwaltung** schon im richtigen Bereich und bietet nur Tragschienen zur Auswahl an.

Bild 12.41 Button Tragschiene

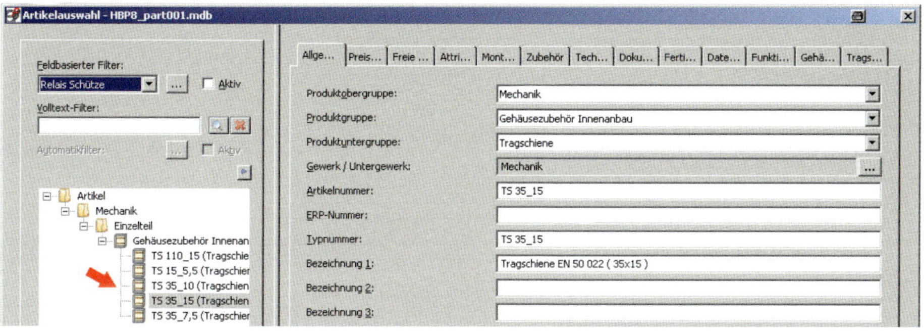

Bild 12.42 Auswahl einer Tragschiene

Diese können dann direkt übernommen werden. Nach Klick auf den Button **OK** in der **Artikelverwaltung** schließt EPLAN diese wieder, und die Tragschiene kann platziert werden.

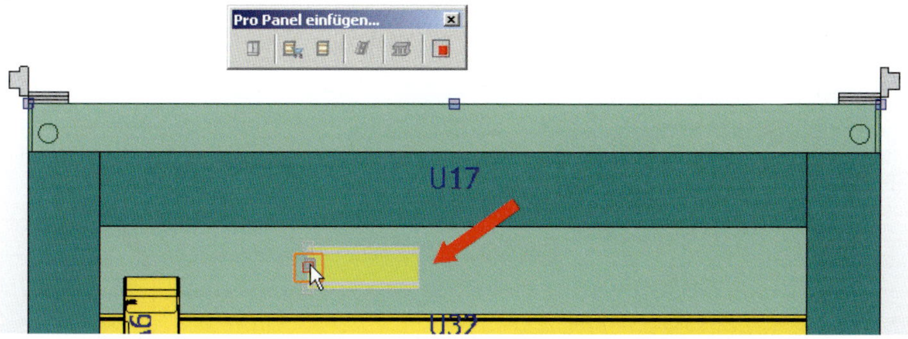

Bild 12.43 Neue Tragschiene platzieren

12.1.4 Menüs in EPLAN Pro Panel

Neben den Symbolleisten bietet EPLAN Pro Panel weitere Funktionen in neuen Menüs bzw. erweiterten vorhandenen Menüs mit zusätzlichen Funktionen und Ähnliches an. Alle Funktionen können aus Platzgründen nicht beschrieben werden, aber es soll ein kurzer Ein- und Ausblick in einige Möglichkeiten des Add-ons EPLAN Pro Panel gezeigt werden.

> **HINWEIS:** Ein Teil der Menüs bzw. der Menüerweiterungen überschneidet sich mit der Funktionsbeschreibung der einzelnen Buttons aus den Symbolleisten. Daher werden sie an diesen Stellen zwar erwähnt, aber nicht mehr ausführlich behandelt. Stattdessen verweise ich auf Abschnitt 12.1.3, »Symbolleisten in EPLAN Pro Panel«.

12.1.4.1 Menü Bauraum

Das Menü **BAURAUM** umfasst allgemeine Funktionen. Der Menüeintrag **BAURAUM/NAVIGATOR** öffnet den Bauraum-Navigator. Die Menüeinträge **NEU**, **ÖFFNEN**, **SCHLIESSEN** erstellen einen neuen Bauraum bzw. öffnen oder schließen einen vorhandenen Bauraum. Für die Menüeinträge **ÖFFNEN** und **SCHLIESSEN** gilt, dass hier der Bauraum-Navigator geöffnet sein muss, ansonsten sind diese Menüeinträge ausgegraut.

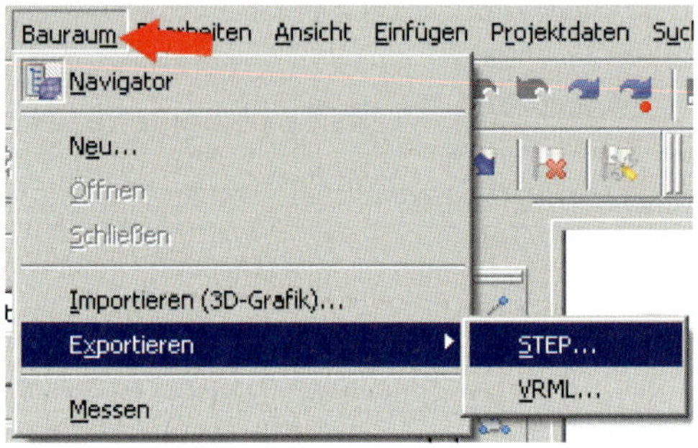

Bild 12.44 Menü Bauraum

Damit überhaupt 3D-Modelle dargestellt werden können, ist ein Bauraum zwingend notwendig. Falls es noch keinen Bauraum gibt, muss also einer erstellt werden. Dazu wird im Menü **BAURAUM** der Eintrag **NEU** angeklickt.

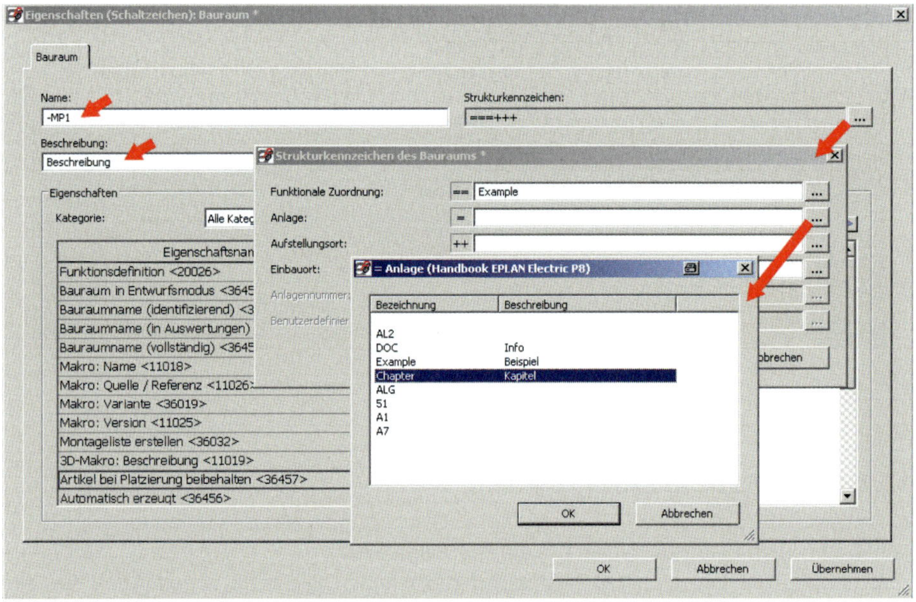

Bild 12.45 Neuen Bauraum erstellen

EPLAN öffnet nun den Dialog **EIGENSCHAFTEN (SCHALTZEICHEN): BAURAUM**. Hier wird ein **Name** für den Bauraum vergeben, **Strukturkennzeichen** können zugeordnet und weitere Eigenschaften, wie eine **Bauraumbeschreibung**, können ebenfalls vergeben werden.

Nach einem Klick auf den Button **OK** wird der neue Bauraum im Bauraum-Navigator angelegt und steht ab sofort für 3D-Objekte zur Verfügung.

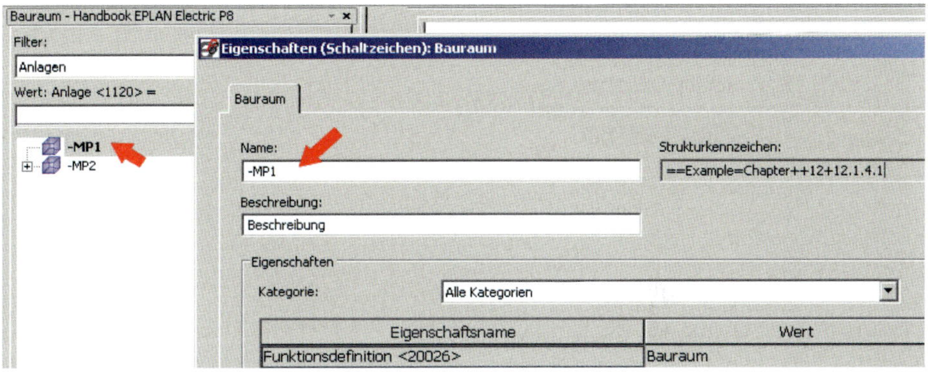

Bild 12.46 Verfügbarer Bauraum

Der Menüeintrag **BAURAUM/IMPORTIEREN (3D-GRAFIK) ...** ermöglicht es, CAD-Daten nach EPLAN zu importieren.

> **HINWEIS:** Die zu importierenden 3D-CAD-Daten müssen im neutralen Format *STEP* (Dateiendung **.stp*, **.step* oder **.ste*) vorliegen. Nicht alle diese CAD-Daten sind jedoch für den Einsatz in EPLAN Pro Panel geeignet, da manche Hersteller diese Daten sehr detailliert und komplex aufbereiten, die einen Standard-Rechner an seine Grenzen bringen können. Das gilt es vor einem Import abzuwägen.

Nach dem Anwählen des Menüeintrags **BAURAUM/IMPORTIEREN (3D-GRAFIK) ...** öffnet sich der Dialog **ÖFFNEN**.

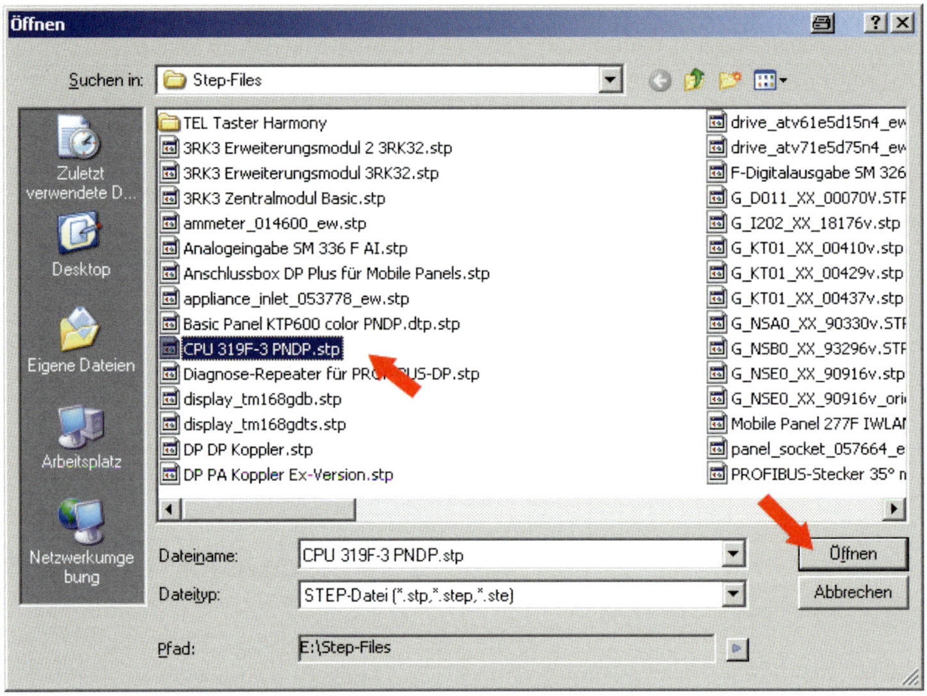

Bild 12.47 Importieren einer 3D-Datei

In diesem Dialog wird die zu importierende Datei ausgewählt und mit dem Button **ÖFFNEN** übernommen.

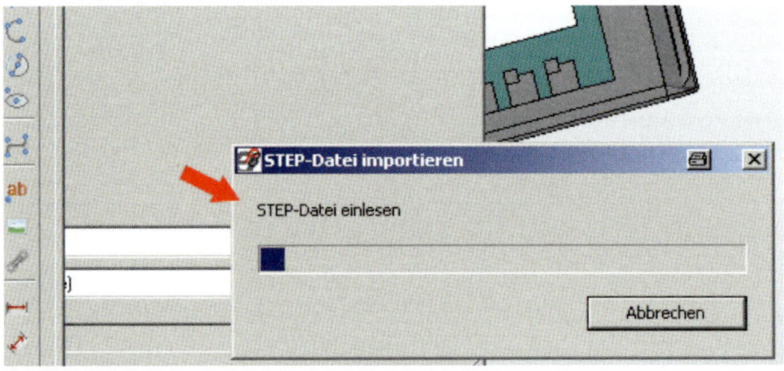

Bild 12.48 Importieren einer externen STEP-Datei

EPLAN erzeugt danach, ohne weitere Abfragen, die 3D-Darstellung und stellt sie im Bauraum als 3D-Objekt dar.

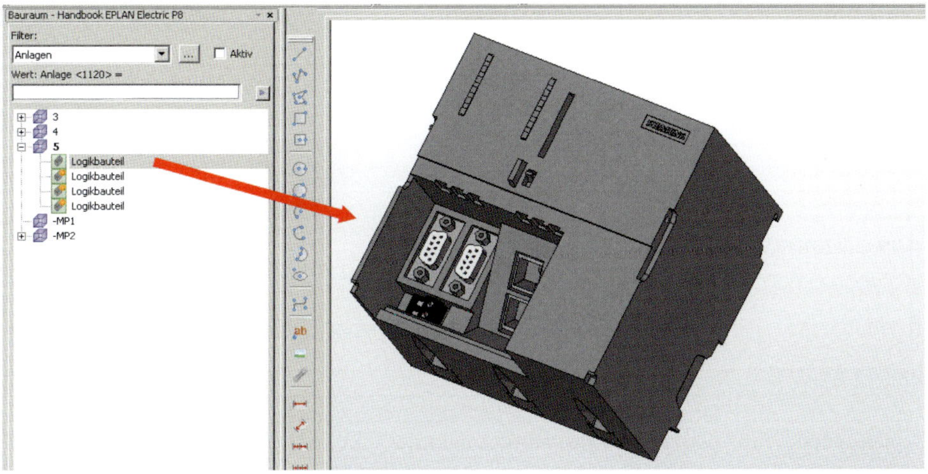

Bild 12.49 Importierte Datei als 3D-Objekt

Der Menübefehl **BAURAUM/EXPORTIEREN** bietet mehrere Exportmöglichkeiten, um einzelne Objekte oder den gesamten Bauraum in externen CAD-Tools weiterzubearbeiten.

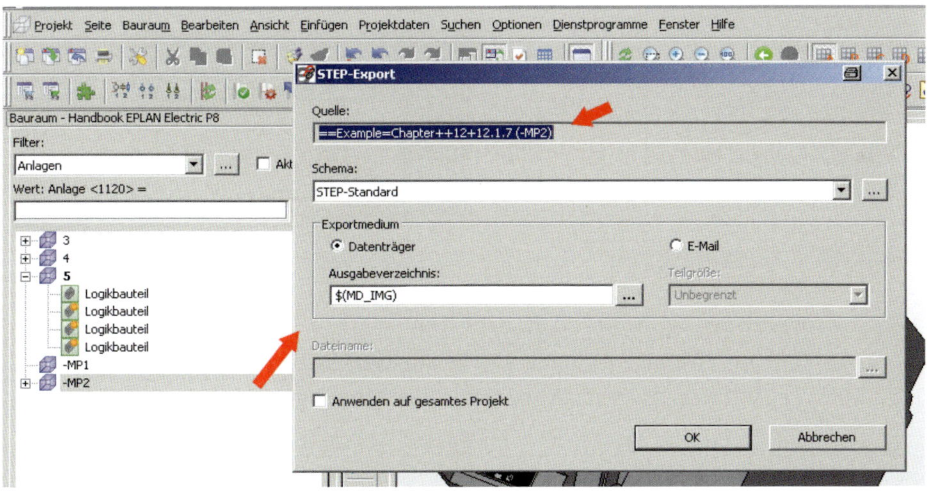

Bild 12.50 Exportmöglichkeiten

Mit der Funktion **MESSEN** im Menü **BAURAUM** können Messungen beispielsweise auf einer bestückten Montageplatte durchgeführt werden.

Wird die Funktion **MESSEN** gestartet, öffnet sich der Dialog **MESSERGEBNIS**, und man kann mit dem Cursor den ersten Punkt der Messung anklicken.

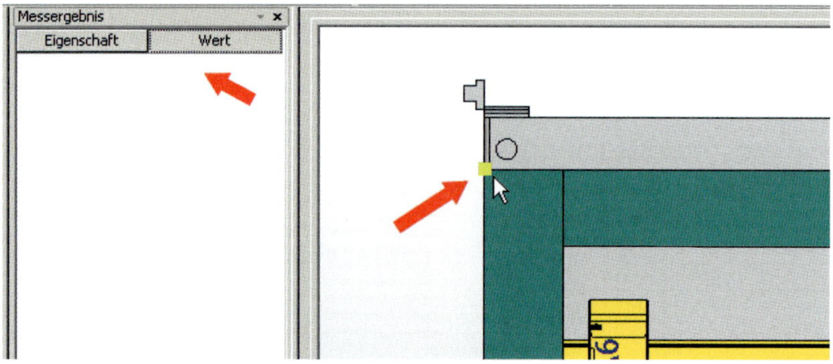

Bild 12.51 Ersten Messpunkt setzen

Anschließend wird der zweite Messpunkt angeklickt. EPLAN Pro Panel ermittelt die entsprechenden Werte und stellt sie im Dialog **MESSERGEBNIS** dar.

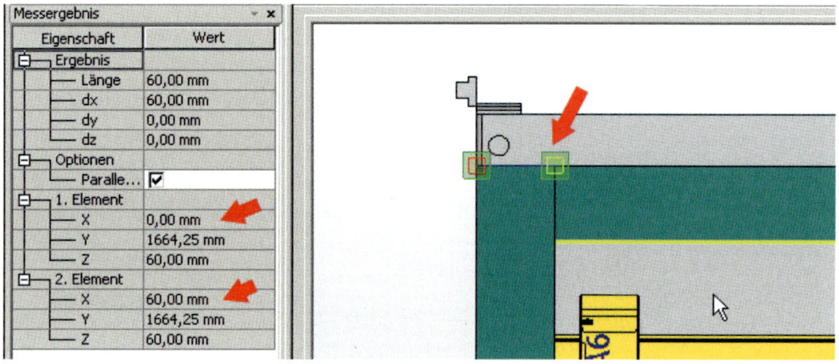

Bild 12.52 Der zweite Messpunkt wurde gesetzt und die Länge ermittelt.

12.1.4.2 Erweiterung im Menü Bearbeiten

Im Menü **BEARBEITEN** gibt es einen neuen Menüpunkt **BETRIEBSMITTELLOGIK** für EPLAN Pro Panel. Dieser Menüpunkt besitzt weitere Untermenüpunkte.

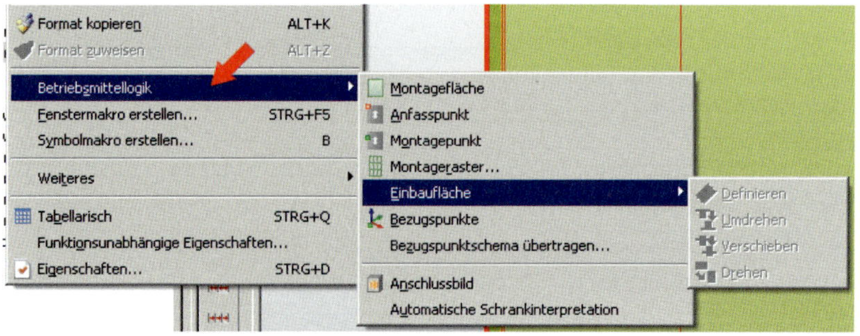

Bild 12.53 Menü Betriebsmittellogik

Der Menüpunkt **BETRIEBSMITTELLOGIK** hat prinzipiell folgende Aufgabe: Da Betriebsmittel, die für den Montageaufbau genutzt werden möchten, bestimmte Eigenschaften besitzen müssen – wie zum Beispiel, dass sie im Bauraum oder auf anderen Objekten platziert werden können oder wo die Anfasspunkte sitzen etc. –, kann man mit diesen Menüpunkten die genauen Eigenschaften über die Betriebsmittelogik festlegen.

Für eine korrekte Platzierung ist es deshalb mindestens erforderlich, für diese Objekte eine Einbaufläche zu definieren. Das geschieht anhand des Menüpunktes **BEARBEITEN/ BETRIEBSMITTELLOGIK/EINBAUFLÄCHE** und der daran anschließenden Funktionen.

Im Gesamten betrachtet, gehört dieser Bereich der Betriebsmittellogik in den Bereich der grafischen Bearbeitungsfunktionen.

12.1.4.3 Erweiterungen in den Menüs Ansicht, Einfügen und Optionen

Das Menü **ANSICHT** wurde um einige Menüpunkte für das Arbeiten mit Objekten im Bauraum ergänzt.

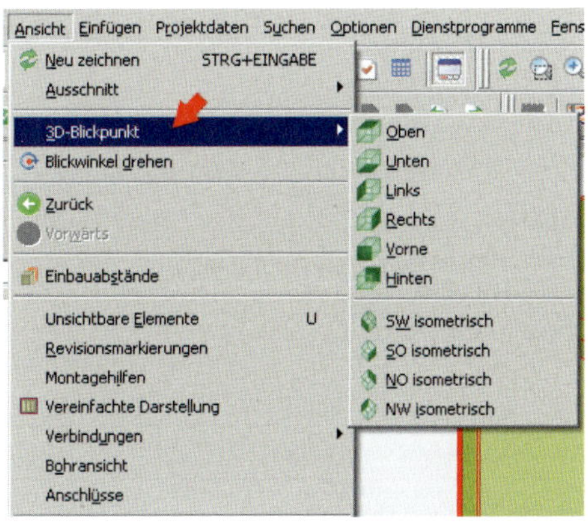

Bild 12.54 Erweiterungen im Menü Ansicht (1)

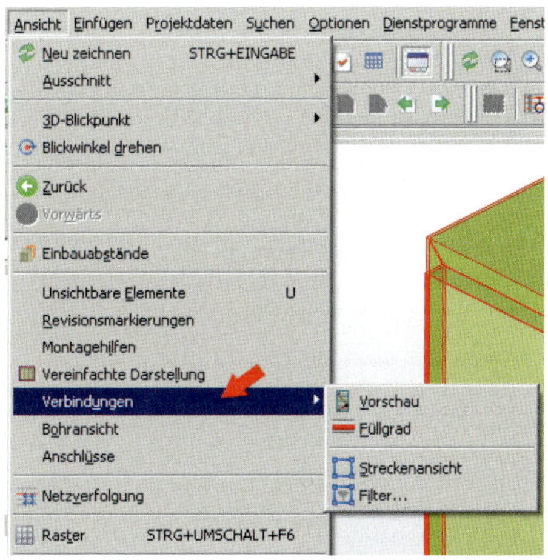

Bild 12.55 Erweiterungen im Menü Ansicht (2)

Die Menüpunkte, wie zum Beispiel der **3D-BLICKPUNKT** (siehe auch Bild 12.54 Erweiterungen im Menü Ansicht (1)) oder auch die **VEREINFACHTE DARSTELLUNG**, haben die gleiche Funktion wie in den vorhandenen Symbolleisten **3D-BLICKPUNKT** bzw. **PRO PANEL-OPTIONEN** und wurden in den vorangegangenen Abschnitten schon genauer beschrieben. Daher wird hier auf eine Wiederholung der Funktionsbeschreibung bzw. der Funktionsweise verzichtet.

Wie schon das Menü **ANSICHT** wurde auch das Menü **EINFÜGEN** um die entsprechenden Menüpunkte für das Arbeiten mit EPLAN Pro Panel erweitert.

Auch hier liegen die entsprechenden Menüpunkte auf der mitgelieferten Symbolleiste **PRO PANEL**, die schon ausführlich erläutert wurden und deshalb hier nicht wiederholt werden.

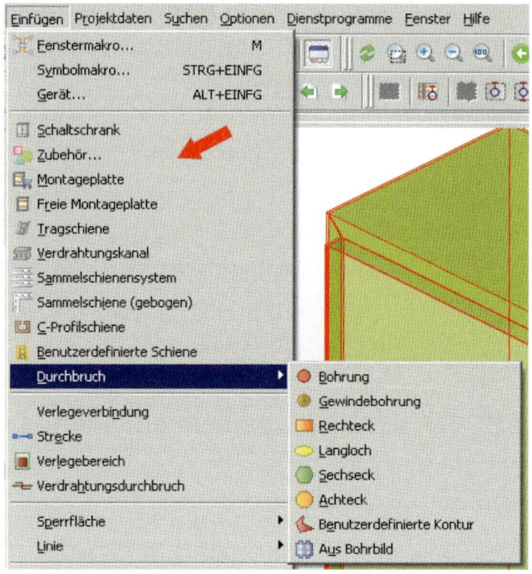

Bild 12.56 Erweiterungen im Menü Einfügen

Für das Menü **OPTIONEN** gilt das Gleiche wie für die beiden vorangegangenen Menüs **ANSICHT** und **EINFÜGEN**.

Die Funktionserweiterungen für das Arbeiten, wie **DREHWINKEL ÄNDERN** oder **ANFASSPUNKT WECHSELN**, wurden bereits ausführlich beschrieben.

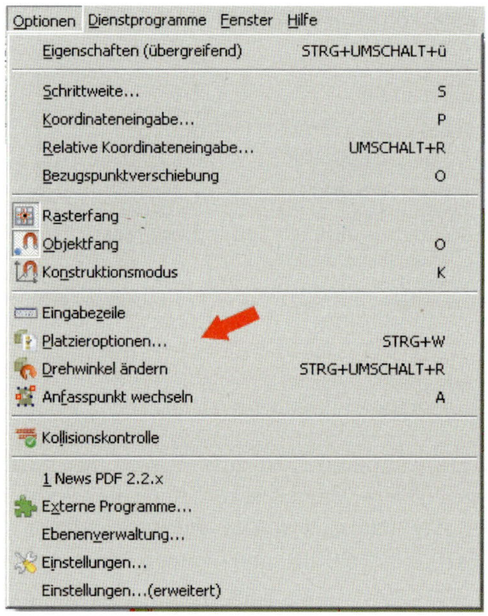

Bild 12.57 Weitere Pro Panel-Menüpunkte

12.1.4.4 Menü Einfügen/Modell-Ansicht (2D) erzeugen

Mit dem Menüeintrag **EINFÜGEN/GRAFIK/MODELL-ANSICHT** kann eine 2D-Ansicht des 3D-Montageaufbaus und dessen Komponenten (wie Montageplatte oder eine Seitenwand) erstellt werden.

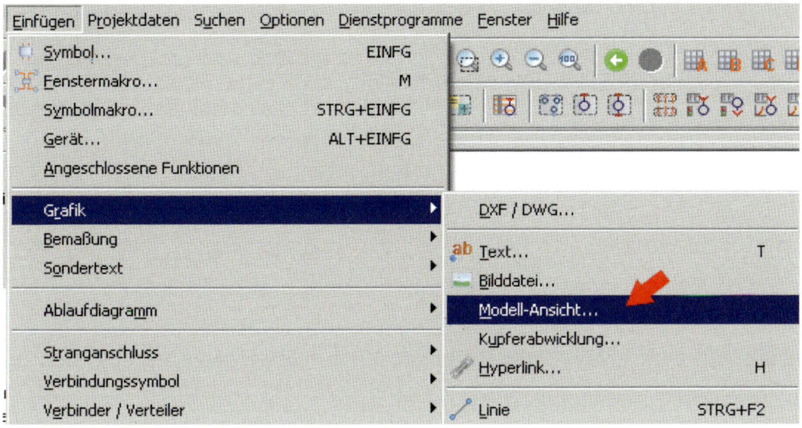

Bild 12.58 Modell-Ansicht (2D aus 3D) erzeugen

Um eine Modell-Ansicht (eine 2D-Darstellung) aus der 3D-Darstellung erzeugen zu lassen, muss zuerst in die normale Bearbeitung gewechselt werden. Der grafische Editor und die entsprechende Seite, auf der die Modell-Ansicht platziert werden soll, sind geöffnet.

HINWEIS: Der Seitentyp, auf dem eine 2D-Ableitung erzeugt werden soll, muss eine **Modell-Ansicht** sein.

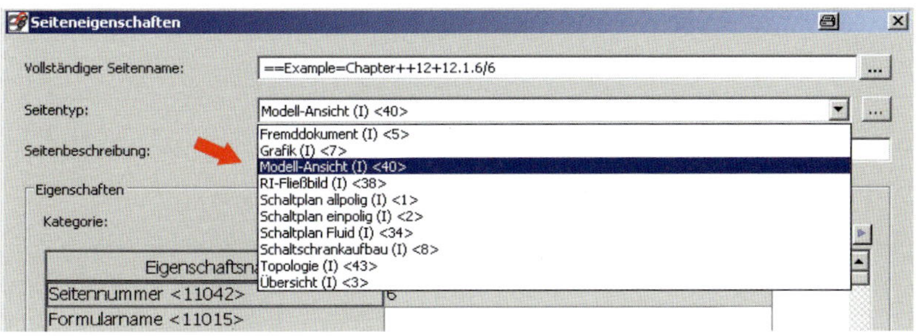

Bild 12.59 Neuer Seitentyp Modell-Ansicht

Jetzt wird der Menüeintrag **EINFÜGEN/GRAFIK/MODELL-ANSICHT** angeklickt.

Der Cursor verändert sich, und es wird die erste Ecke der Modell-Ansicht markiert. Nach dem Absetzen der ersten Ecke wird die zweite Ecke markiert und angeklickt.

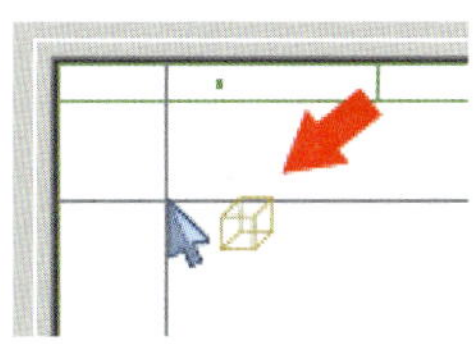

Bild 12.60 Erste Ecke setzen

EPLAN öffnet jetzt den Dialog **MODELL-ANSICHT**. In diesem Dialog werden in der Registerkarte *Ansicht* ein **Ansichtsname** und eine optionale **Beschreibung** der Modell-Ansicht festgelegt.

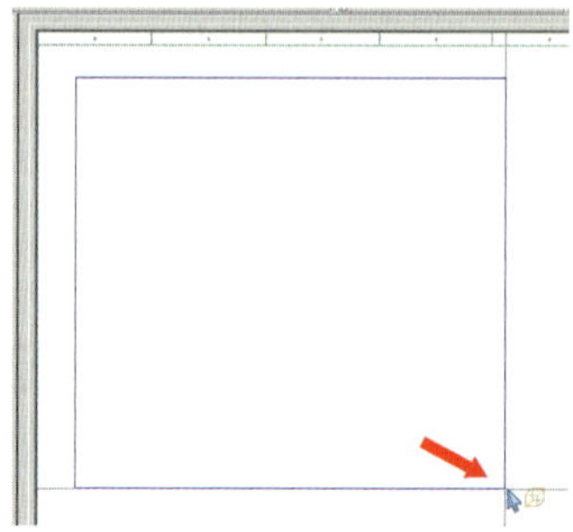

Bild 12.61 Zweite Ecke setzen

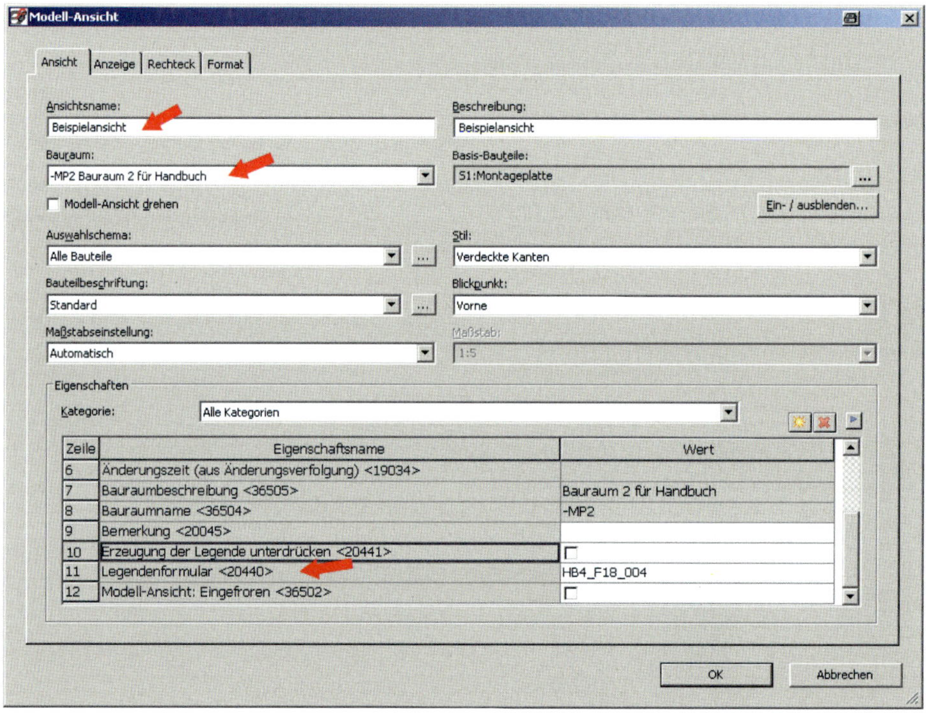

Bild 12.62 Dialog Modell-Ansicht

Anschließend sind der **Bauraum** und die **Basis-Bauteile** auszuwählen. Der Bauraum kann beispielsweise ein **Klemmenkasten** oder ein **Schaltschrank** sein. Basis-Bauteile können die **Montageplatte**, ein **Flansch** oder auch **Seitenwände** sein. All diese Objekte (3D) kann man aus den Auswahllisten wählen.

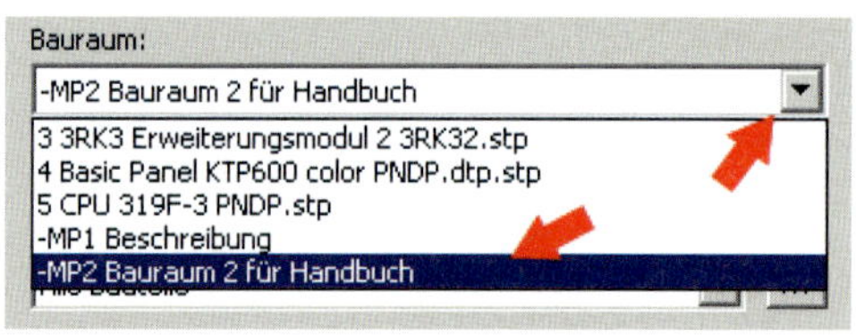

Bild 12.63 Auswahl des Bauraums

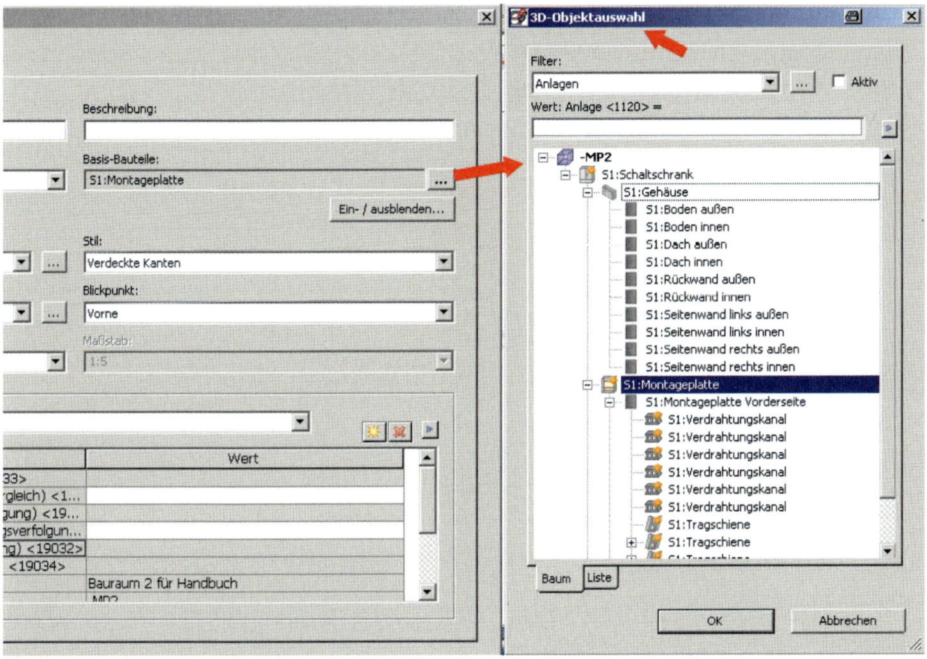

Bild 12.64 Auswahl der Objekte (3D)

Wurden die eben beschriebenen Auswahlen getroffen, müssen noch Festlegungen getroffen werden, welcher **Blickpunkt** (Ansicht) erzeugt werden und ob eine **Bauteilbeschriftung** erfolgen soll, und wenn ja, nach welchem Filterschema.

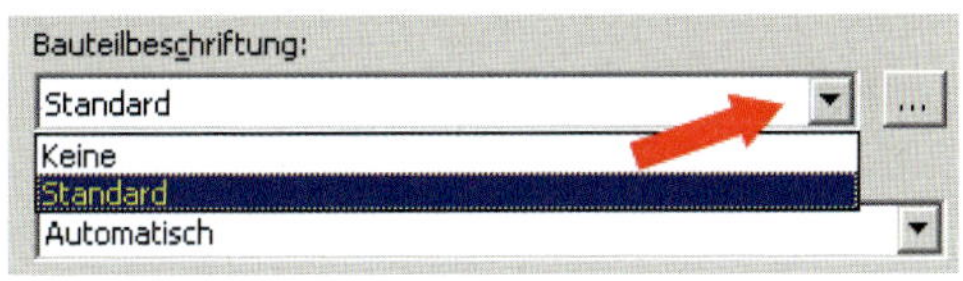

Bild 12.65 Bauteilbeschriftung festlegen

Wurden diese beiden Einstellungen erledigt, kann der Dialog **MODELL-ANSICHT** grundsätzlich mit **OK** verlassen werden. EPLAN erzeugt nun die 2D-Modell-Ansicht mit den festgelegten Einstellungen und zeigt das mit einem Fortschrittsdialog an.

Bild 12.66 Blickpunkt (auf das Objekt) festlegen

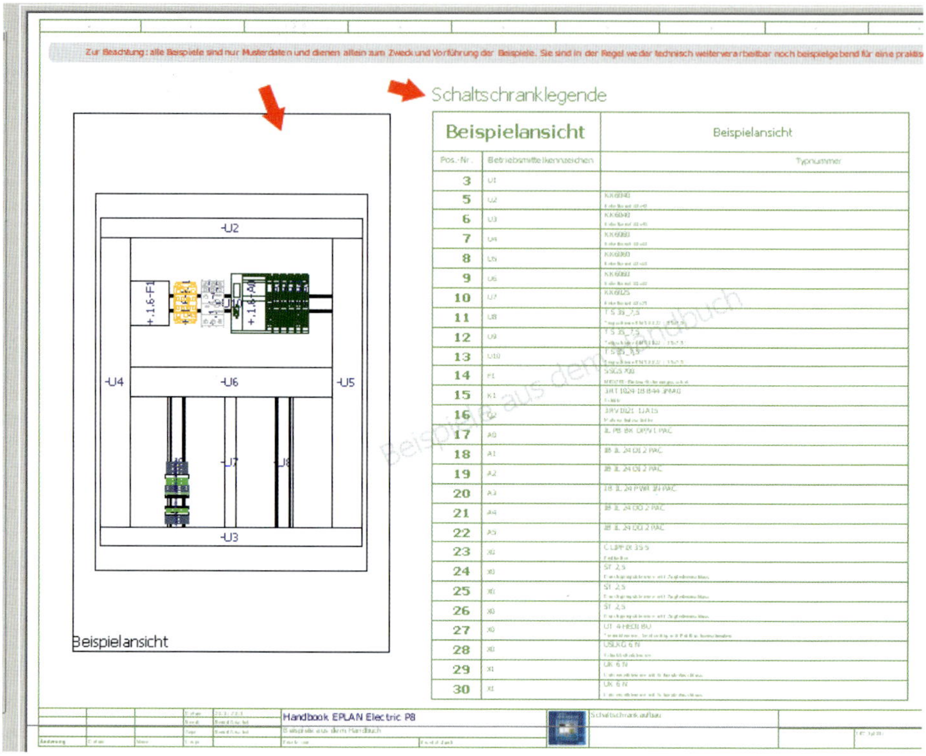

Bild 12.67 Fertige Modell-Ansicht mit eingefügter Schaltschranklegende

Um das 3D-Modell aus der 2D-Modell-Ansicht zu öffnen, reicht es, wenn die 2D-Modell-Ansicht markiert und über das Kontextmenü der rechten Maustaste der Eintrag **3D-ANSICHT ÖFFNEN** gewählt wird.

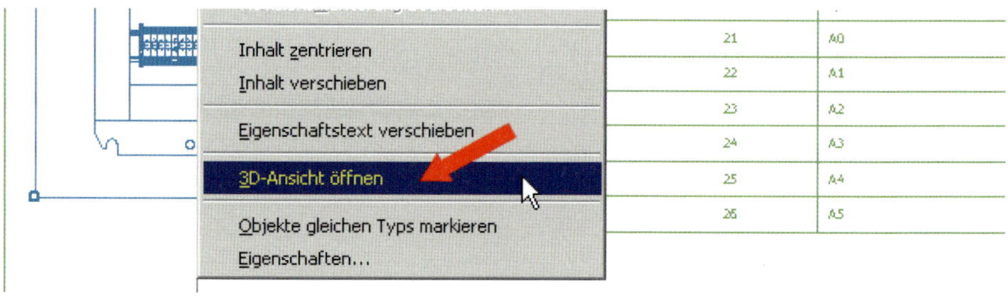

Bild 12.68 3D-Ansicht öffnen

EPLAN öffnet nun die 3D-Ansicht.

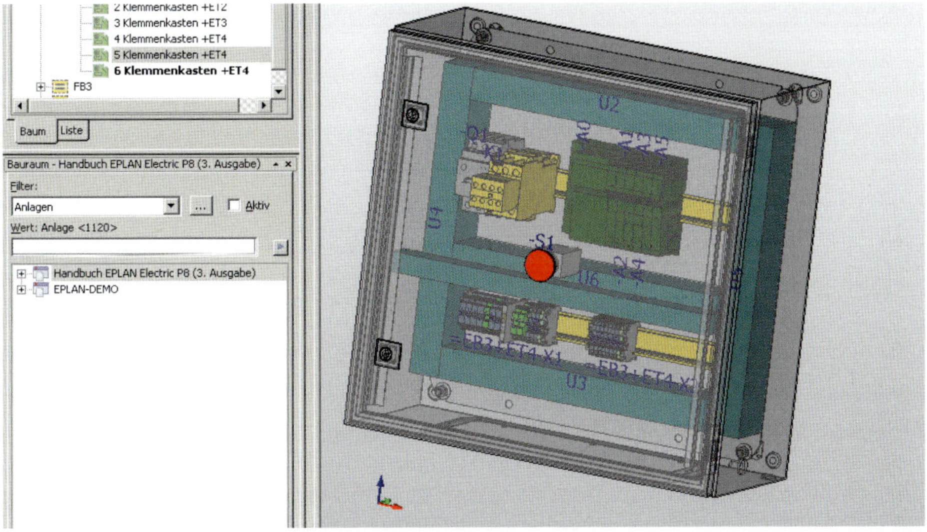

Bild 12.69 Geöffnete 3D-Ansicht (manueller Drehwinkel)

12.1.4.5 Erweiterung im Menü Dienstprogramme/Auswertungen

Im Menü **DIENSTPROGRAMME/AUSWERTUNGEN** verbirgt sich das Aktualisieren der im Projekt vorhandenen Modell-Ansichten.

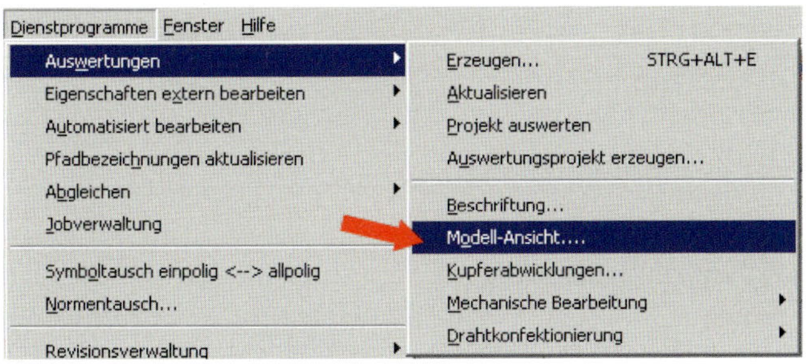

Bild 12.70 Modell-Ansicht aktualisieren

Um eine oder mehrere Modell-Ansichten im Projekt zu aktualisieren, wird die Funktion **MODELL-ANSICHT** im Menü **DIENSTPROGRAMME/AUSWERTUNGEN** gestartet. EPLAN öffnet den Dialog **MODELL-ANSICHTEN**.

Sollen jetzt eine oder mehrere Ansichten aktualisiert werden, werden diese Auswertungen (Modell-Ansichten) im linken Bereich des Dialogs markiert und mit dem Button **AKTUALISIEREN** aktualisiert. Damit sind alle markierten Modell-Ansichten wieder auf dem gleichen Stand wie ihre »Vorlagen«, die 3D-Ansichten.

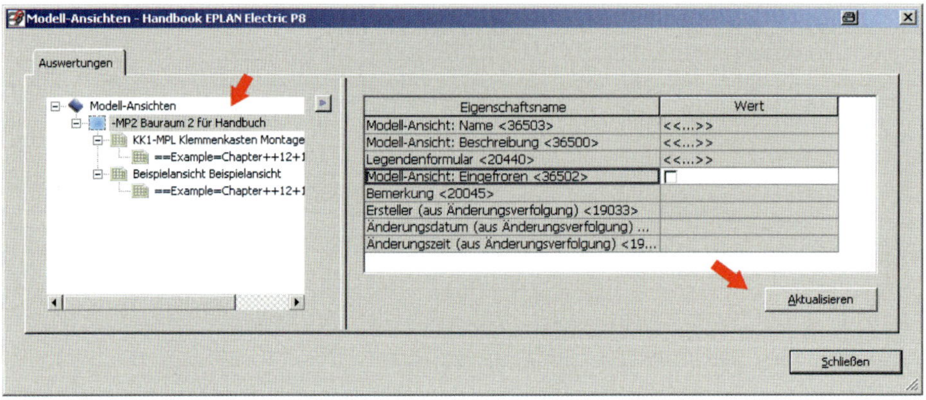

Bild 12.71 Dialog Modell-Ansichten mit den im Projekt vorhandenen Ansichten

Um eine neue Auswertung auf einer Seite mit der Modell-Ansicht zu erzeugen, wird, wie in EPLAN üblich, eine neue Auswertung vom Typ **Schaltschranklegende** benutzt. Dazu kann ein Legendenformular in den Eigenschaften der Modell-Ansicht eingetragen werden.

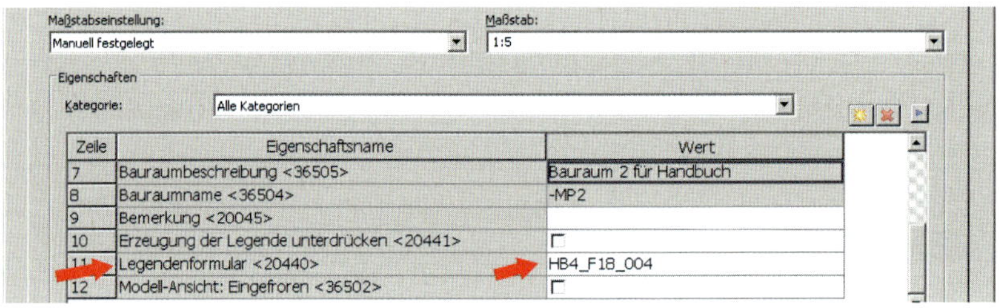

Bild 12.72 Legendenformular Modell-Ansicht

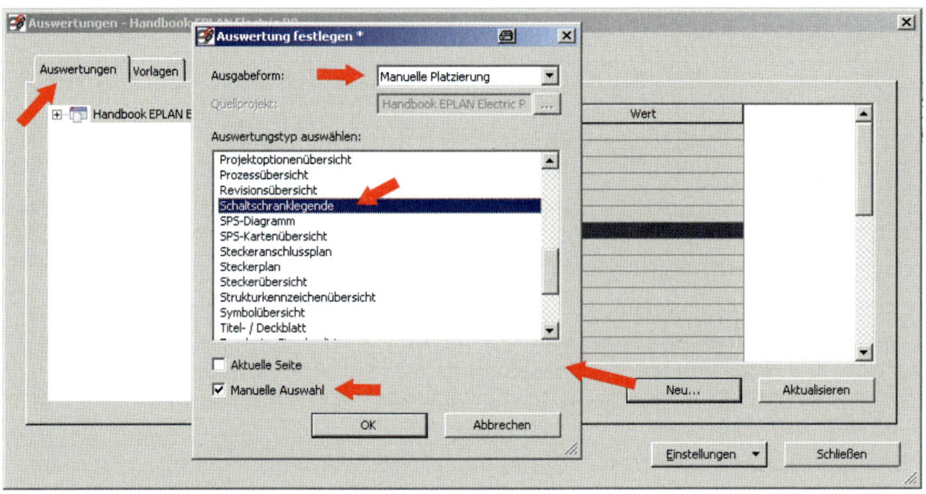

Bild 12.73 Voreinstellungen für die Ausgabe der Legende

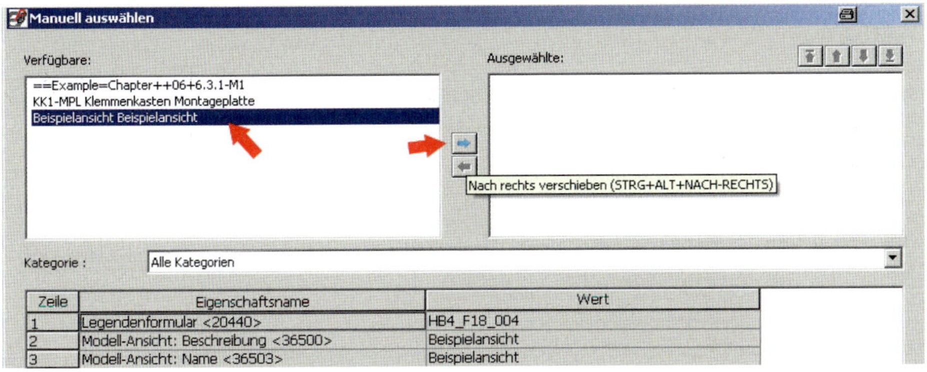

Bild 12.74 Modell-Ansicht auswählen

Nach Klick auf **OK** im Dialog **MANUELL AUSWÄHLEN** folgen eventuell noch Abfragen nach Filter- und Sortiervorgaben, und EPLAN »hängt« dann die Auswertung zum Platzieren an den Cursor. Die Auswertung kann nun platziert und beispielweise später über das Menü **AUSWERTUNG/MODELL-ANSICHT** aktualisiert werden.

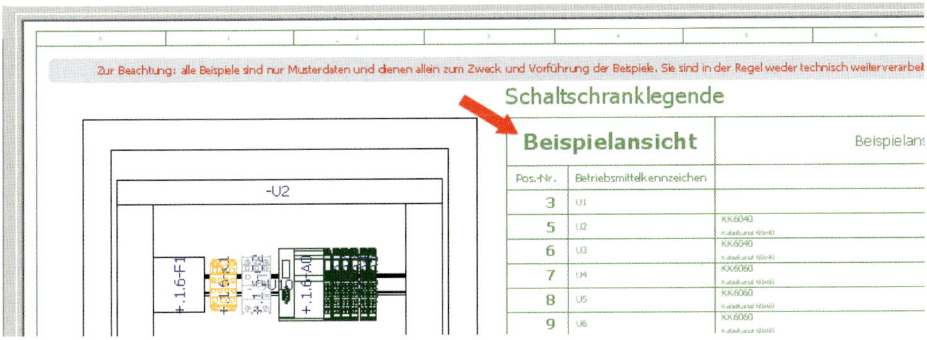

Bild 12.75 Platzierte Auswertung

12.1.5 Navigatoren in EPLAN Pro Panel

Neben den vielen Symbolleisten und den Menüs bzw. den Erweiterungen in den Menüs gibt es für EPLAN Pro Panel noch zwei neue Navigatoren.

12.1.5.1 Bauraum-Navigator

Wie schon bekannt, ist eine 3D-Ansicht ohne einen Bauraum nicht möglich. Daher müssen Bauräume zwingend angelegt werden. Das geschieht über das Menü **BAURAUM/NEU**, wie schon beschrieben.

Wurde ein Bauraum angelegt, befindet er sich im **Bauraum-Navigator**. Der **Bauraum-Navigator** lässt sich über das Menü **BAURAUM/NAVIGATOR** öffnen.

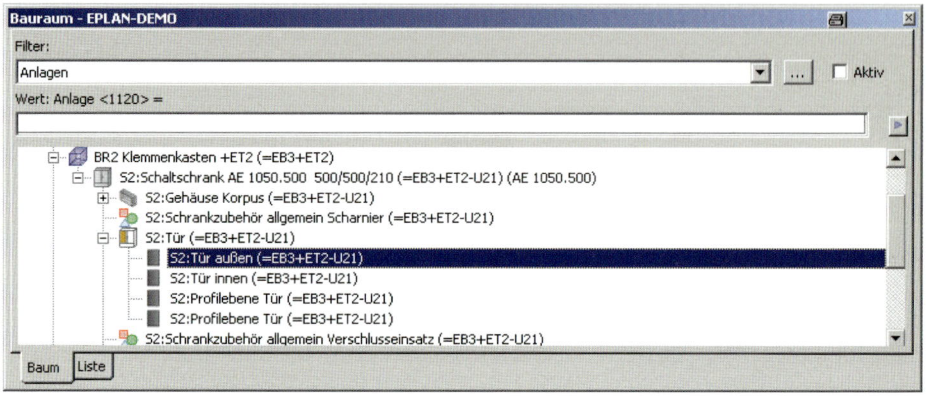

Bild 12.76 Bauraum-Navigator

Der **Bauraum-Navigator** beinhaltet alle Objekte, die für den 3D-Aufbau notwendig sind. Je nach Wunsch kann die ANSICHT im **Bauraum-Navigator** um- bzw. eingestellt werden. Dazu wird im **Bauraum-Navigator** die rechte Maustaste betätigt und der Menüeintrag ANSICHT angewählt.

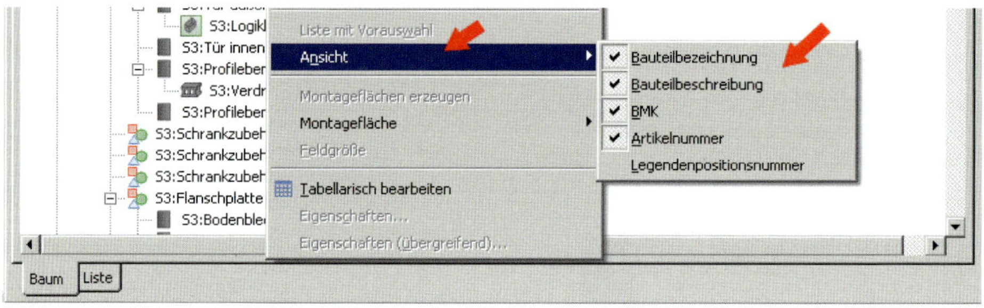

Bild 12.77 Eintrag Ansicht im Kontextmenü

Neben den verschiedenen Ansichten beinhaltet das Kontextmenü noch eine Reihe weiterer Funktionen für die Bearbeitung der 3D-Modelle.

Neben den, auch von anderen Navigatoren bekannten, Menüpunkten, wie **NEU** oder **GEHE ZU (GRAFIK)**, gibt es im **Bauraum-Navigator** einige spezielle Menüpunkte, wie zum Beispiel die Funktion **DIREKT AKTIVIEREN**, die genau das 3D-Objekt aktiviert, das im **Bauraum-Navigator** markiert wurde.

Die Funktion **DIREKT AKTIVIEREN** aktiviert die gewählte Montagefläche und alle darauf enthaltenen Teile und zeigt die Montagefläche von vorn in einer 2D-Ansicht. Alle dazugehörenden Objekte in diesem Bauraum werden ausgeblendet.

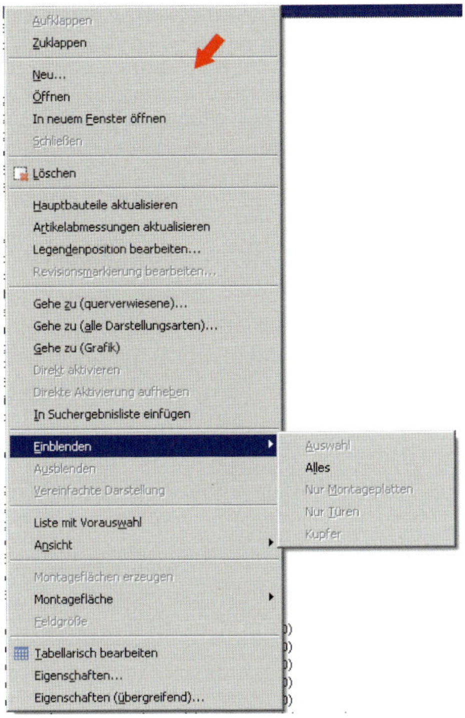

Bild 12.78 Kontextmenü

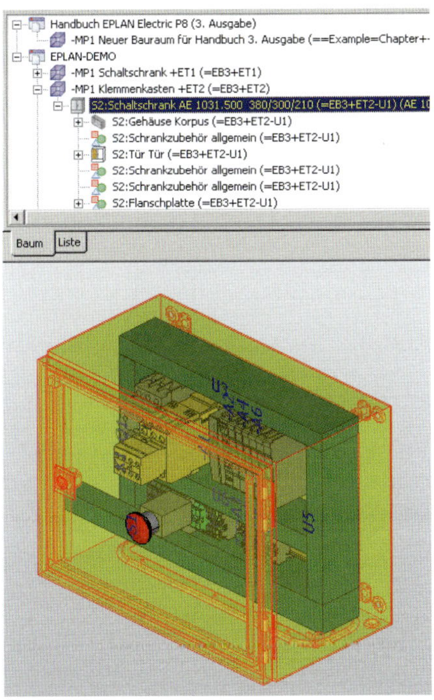

Bild 12.79 Standardansicht

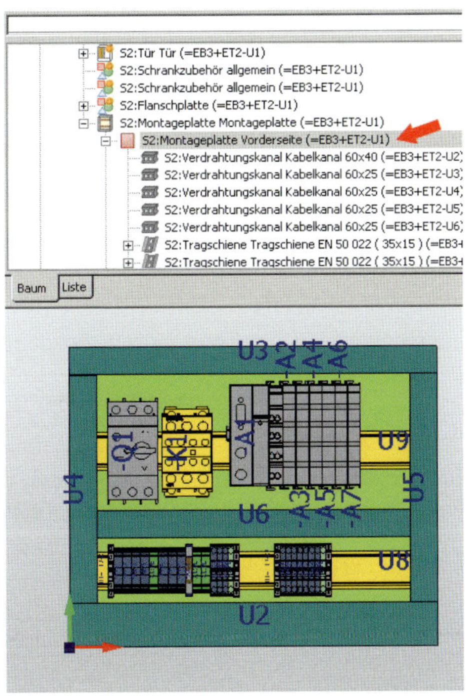

Bild 12.80 Montageplatte direkt aktiviert

Um die direkte Aktivierung wieder rückgängig zu machen, wird im Kontextmenü der Menüeintrag **DIREKTE AKTIVIERUNG AUFHEBEN** gewählt. Damit wird wieder die Standardansicht eingestellt.

Zusätzlich zu den eben genannten Funktionen gibt es noch die Funktionen **EINBLENDEN** und **AUSBLENDEN**. Mit **AUSBLENDEN** kann der komplette Inhalt des Bauraums oder des ausgewählten Objektes ausgeblendet werden. Mit **EINBLENDEN** können gezielt bestimmte oder alle Objekte wieder eingeblendet werden.

12.1.5.2 3D-Montageaufbau-Navigator

Neben dem **Bauraum-Navigator**, der u.a. die Endergebnisse einer Bestückung zusammenstellt, aber auch alle mechanischen Teile, wie Schaltschränke, Sockel, Blenden, enthält, gibt es den **3D-Montageaufbau-Navigator**.

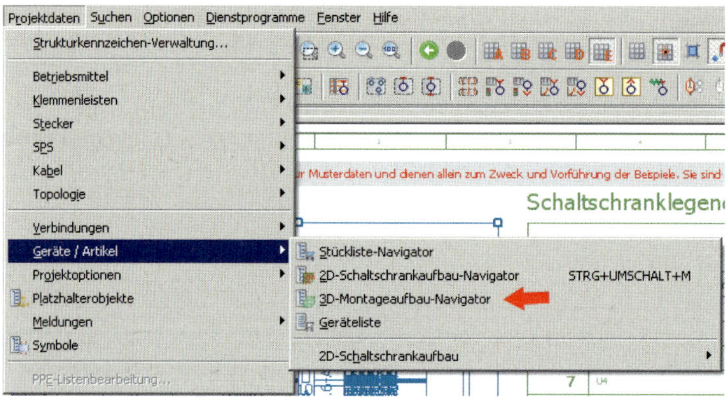

Bild 12.81 Aufruf des 3D-Montageaufbau-Navigators

Der **3D-Montageaufbau-Navigator** hat die Betriebsmittelsicht auf das Projekt. Hier werden also alle Betriebsmittel aufgelistet und zu einer Platzierung im Bauraum angeboten.

Der Navigator selbst wird über das Menü **PROJEKTDATEN/GERÄTE/ARTIKEL/3D-MONTAGEAUFBAU-NAVIGATOR** aufgerufen.

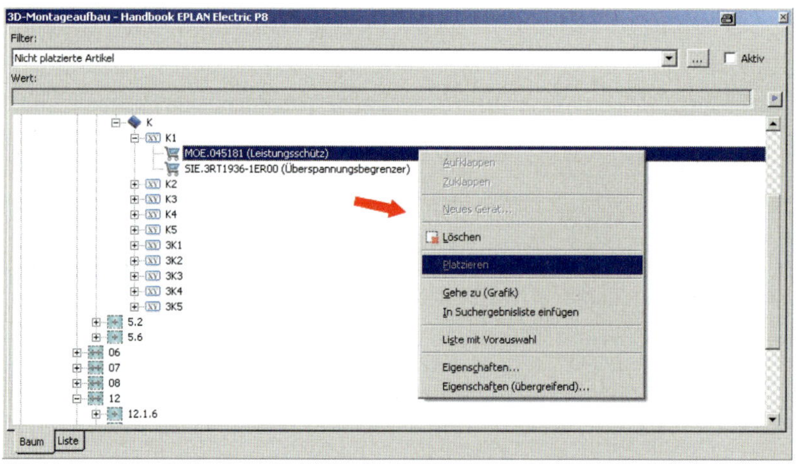

Bild 12.82 Der 3D-Montageaufbau-Navigator

Aus dem **3D-Montageaufbau-Navigator** können nun die gewünschten Betriebsmittel ausgesucht und im Bauraum platziert werden.

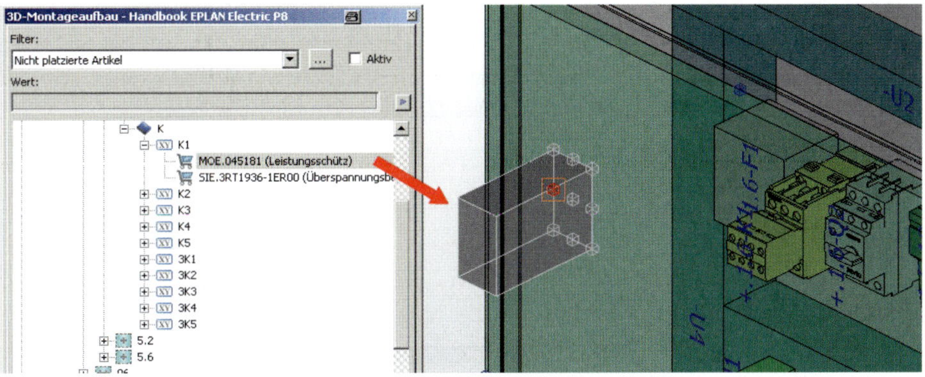

Bild 12.83 Ein zu platzierendes Objekt »hängt« am Cursor.

Dazu werden ein oder mehrere Betriebsmittel markiert und im Kontextmenü der Menüeintrag **PLATZIEREN** gewählt. Die gewählten Betriebsmittel »hängen« jetzt am Cursor und können nun im Bauraum abgesetzt werden.

HINWEIS: Im **3D-Montageaufbau-Navigator** werden nur Betriebsmittel angezeigt, die einen Artikeleintrag besitzen. Unabhängig davon, ob dieser Artikel weitere technische Daten trägt, wie Breite, Höhe, Makrodaten oder Ähnliches.

Sollten die Artikel keine Daten enthalten, die zum Platzieren benötigt werden, meldet EPLAN das mit einem Hinweis, und die Platzierung wird abgebrochen.

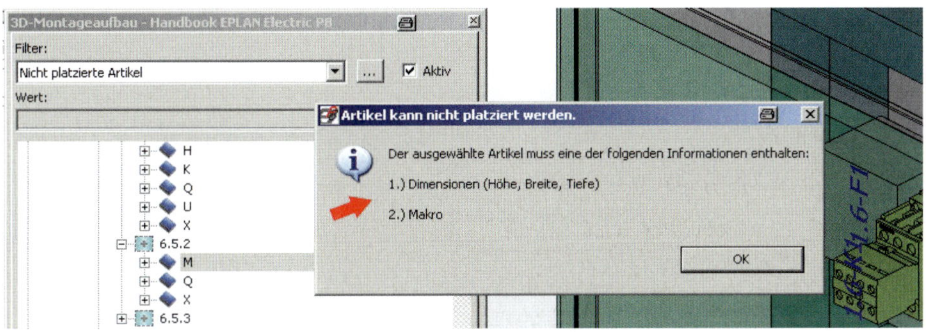

Bild 12.84 Artikeldaten fehlen zum Platzieren.

12.1.6 Einstellungen für EPLAN Pro Panel

Für EPLAN Pro Panel gibt es allgemeine, projektbezogene und benutzerbezogene Einstellungen.

Die **projektbezogenen Einstellungen** werden im Menü OPTIONEN/EINSTELLUNGEN/PROJEKTE/[PROJEKTNAME]/VERWALTUNG/3D-IMPORT vorgenommen.

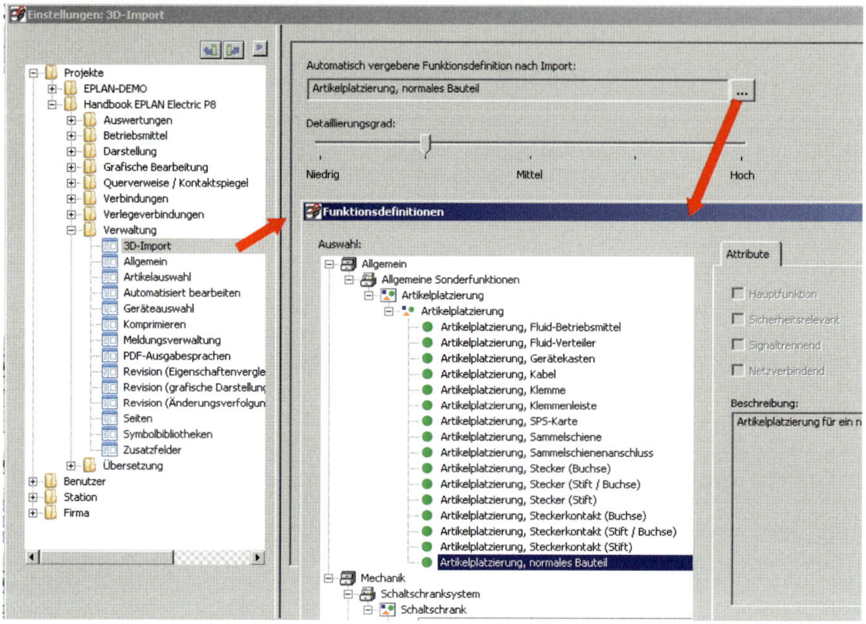

Bild 12.85 Projektbezogene Einstellung (1)

Hier wird die beim 3D-Import benötigte automatische Funktionsdefinition festgelegt.

Daneben gibt es noch eine **zweite projektbezogene Einstellung**. Mit dieser können die Hintergrundfarben der Modell-Ansichten festgelegt werden. Diese Einstellung ist unter OPTIONEN/EINSTELLUNGEN/PROJEKTE/[PROJEKTNAME]/GRAFISCHE BEARBEITUNG/ALLGEMEIN zu finden.

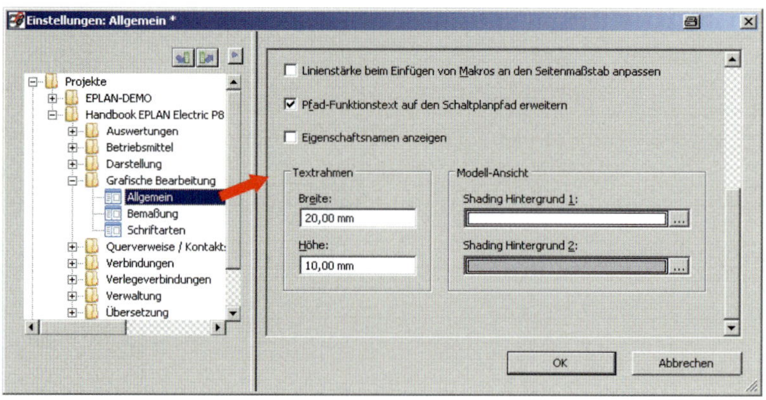

Bild 12.86 Projektbezogene Einstellung (2)

Die **benutzerabhängigen Einstellungen** für den 3D-Bereich befinden sich unter OPTIONEN/EINSTELLUNGEN/BENUTZER/GRAFISCHE BEARBEITUNG/3D.

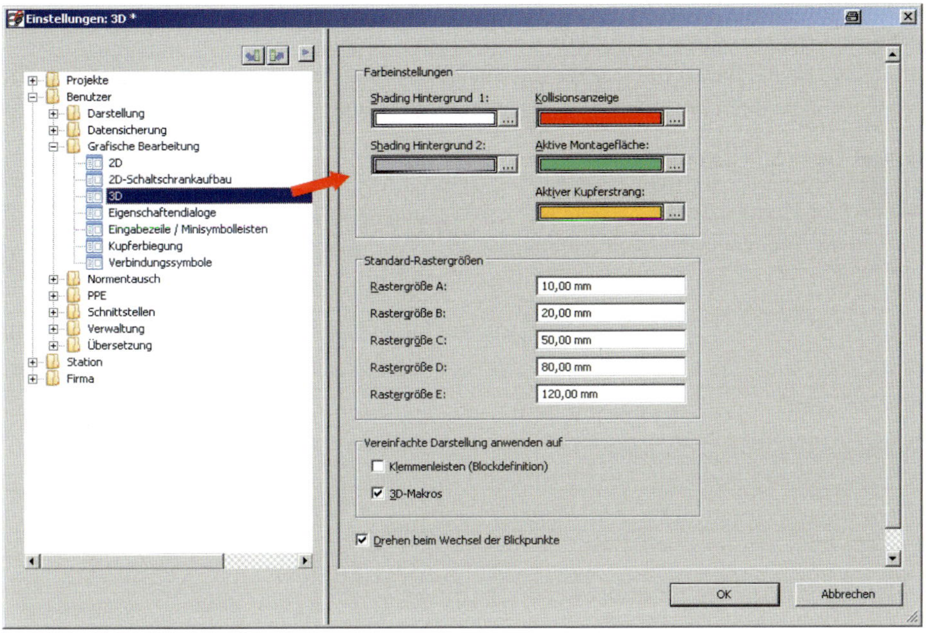

Bild 12.87 Benutzerbezogene Einstellung (1)

Hier sind Farbeinstellungen für die Hintergründe möglich oder andere Rastergrößen. Daneben wird die Voreinstellung getroffen, wie Klemmenleisten (einzelne Klemmen) oder die 3D-Makros in der vereinfachten Darstellung behandelt werden sollen.

Neben diesen Einstellungen ist es auch möglich, während der Arbeiten im 3D-Bereich eine Eingabezeile mit einzublenden. Diese Einstellung befindet sich unter OPTIONEN/EINSTELLUNGEN/BENUTZER/GRAFISCHE BEARBEITUNG/EINGABEZEILE/MINISYMBOLLEISTEN.

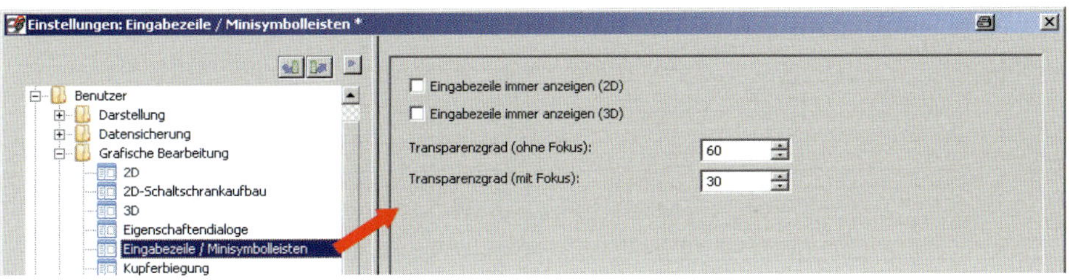

Bild 12.88 Benutzerbezogene Einstellung (2)

12.1.7 Praktisches Beispiel mit EPLAN Pro Panel

Nachdem Sie nun einen kleinen Ausblick auf die Funktionen und Funktionsweisen von EPLAN Pro Panel gewonnen haben, soll in diesem Abschnitt anhand eines kleinen, einfachen Beispiels die praktische Handhabung gezeigt werden. Dabei wird Schritt für Schritt vorgegangen, sodass dieses Beispiel einfach nachvollzogen werden kann.

> **HINWEIS:** Bedingung für einen 3D-Aufbau ist, dass sich Betriebsmittel mit dazugehörigen Artikeln im Projekt befinden. Diese Artikel besitzen die Minimalanforderungen an technischen Daten, wie Breite, Höhe und Tiefe.

Schritt 1: Begonnen wird damit, dass ein Bauraum im Menü **BAURAUM/NEU** erstellt wird. Der Bauraum bekommt einen **Namen**, eine **Beschreibung** und ein **Strukturkennzeichen**.

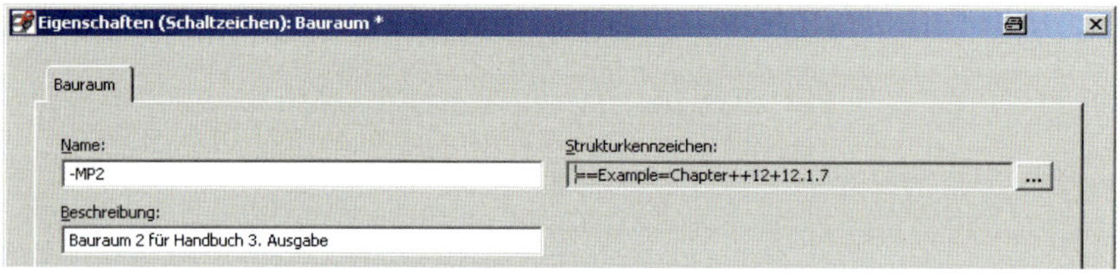

Bild 12.89 Ein neuer Bauraum wurde angelegt.

Schritt 2: Der Bauraum wird geöffnet (Menü **BAURAUM/ÖFFNEN**), der gewünschte Bauraum im **Bauraum-Navigator** markiert und anschließend über das Menü **EINFÜGEN/SCHALTSCHRANK** ein Klemmenkasten AE 1058.500 aus der **Artikelverwaltung** gewählt, übernommen und damit in den Bauraum eingefügt.

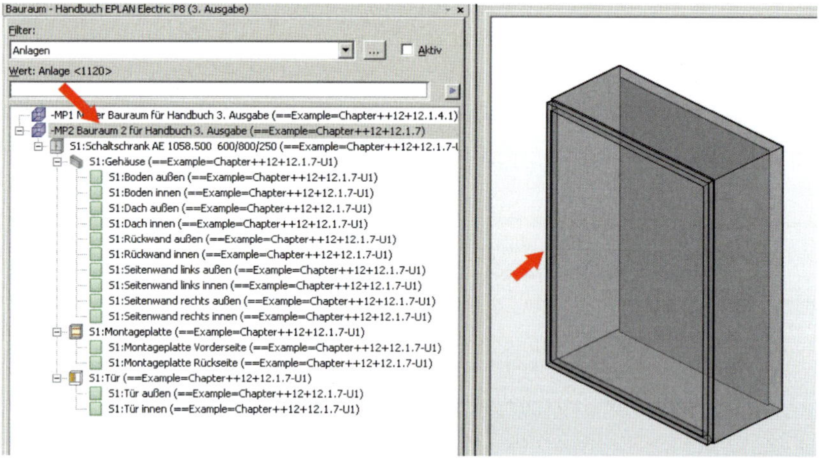

Bild 12.90 Eingefügter Klemmenkasten

Schritt 3: Nun werden einige Kabelkanäle auf die Montageplatte des Klemmenkastens platziert. Dazu wird im **Bauraum-Navigator** die Montageplatte direkt aktiviert, sodass die Vorderansicht in der 3D-Ansicht zu sehen ist. Dafür wird die *Montageplatte Vorderseite* im **Bauraum-Navigator** markiert und über das Kontextmenü die Funktion **DIREKT AKTIVIEREN** ausgewählt.

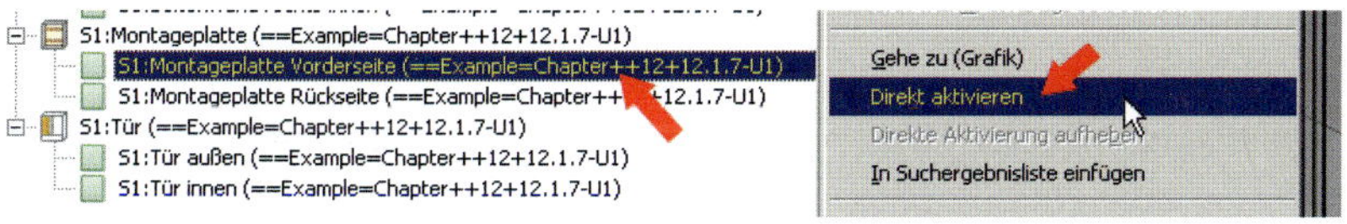

Bild 12.91 Die Montageplatte Vorderseite wird markiert.

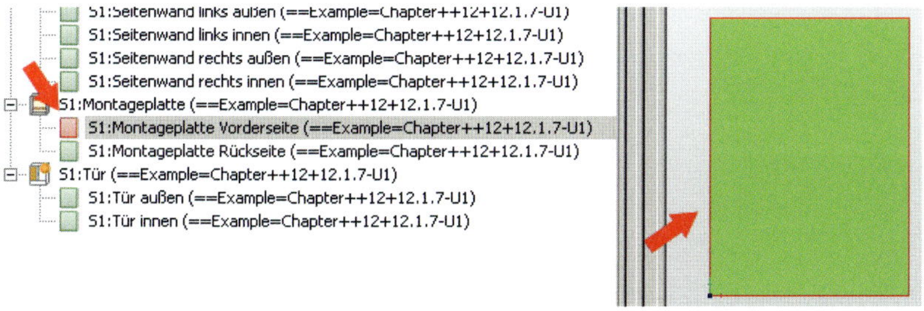

Bild 12.92 Die Montageplatte Vorderseite ist jetzt aktiviert.

Schritt 4: Nun wird über das Menü **EINFÜGEN/VERDRAHTUNGSKANAL** ein Kabelkanal aus der **Artikelverwaltung** ausgewählt und dann auf der Montageplatte platziert. Vor dem Platzieren werden über das Kontextmenü die **PLATZIEROPTIONEN** aufgerufen. Der obere Kabelkanal soll 50 mm vom oberen Rand und 10 mm vom linken Rand der Montageplatte abgesetzt werden. Anschließend soll der Kabelkanal bis zum rechten Rand verlängert und dort ebenfalls 10 mm vom Rand abgesetzt werden.

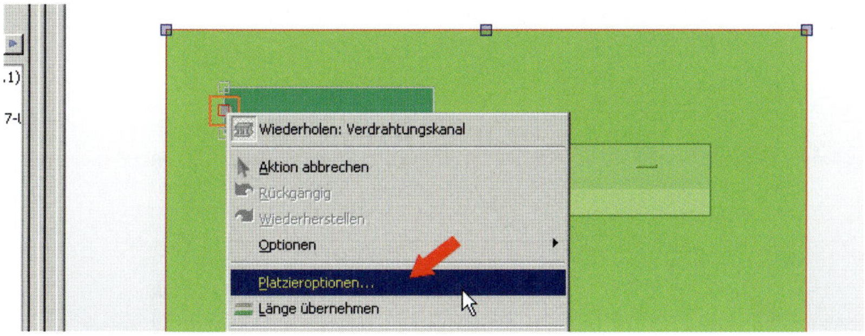

Bild 12.93 Kabelkanal über Platzieroptionen platzieren

Nachdem der Menüeintrag **PLATZIEROPTIONEN** angeklickt wurde, werden zuerst die entsprechenden Offsets X und Y sowie der Anfasspunkt, von dem die Offsets berechnet werden, für den ersten Absetzpunkt eingestellt.

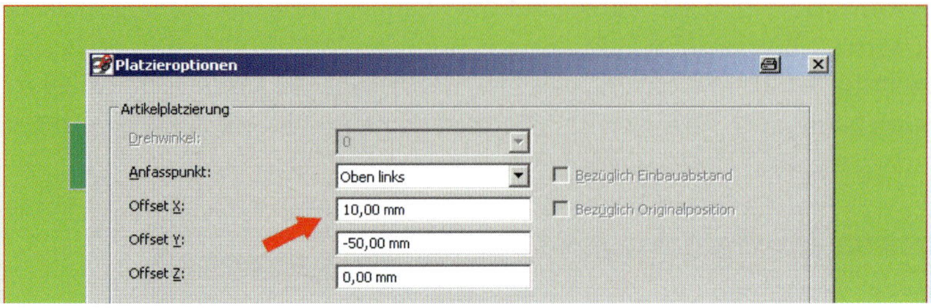

Bild 12.94 Platzieroptionen des Kabelkanals einstellen (erster Anfasspunkt)

Nachdem der Dialog mit **OK** verlassen wurde, wird der Anfasspunkt auf die linke obere Ecke der Montageplatte gesetzt, indem diese Ecke mit der Maus angeklickt wird.

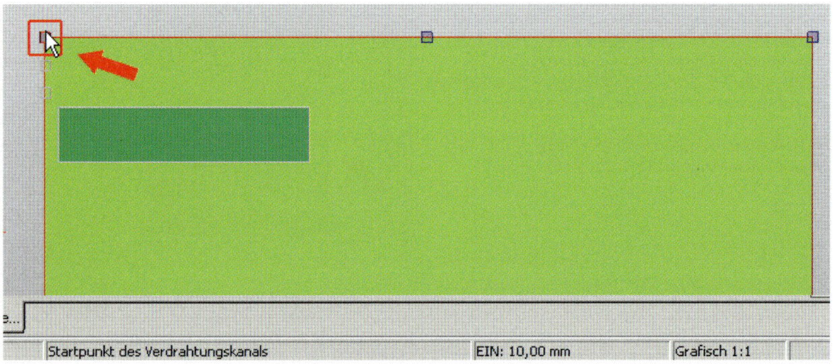

Bild 12.95 Der erste Anfasspunkt wird gesetzt.

Jetzt wird über das Kontextmenü wieder der Dialog **PLATZIEROPTIONEN** aufgerufen, und für die zweite Platzierung werden die entsprechenden Offsets eingetragen.

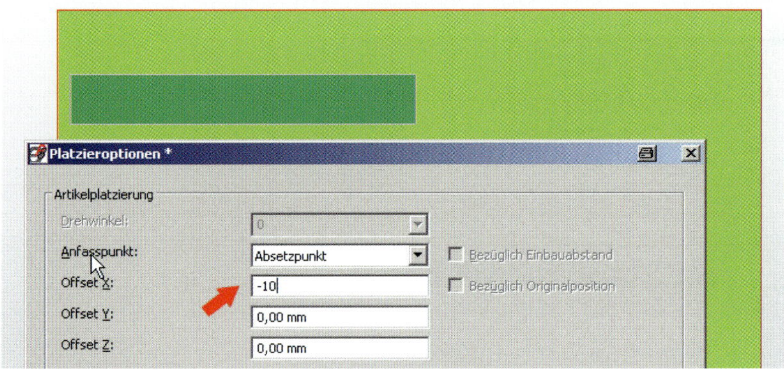

Bild 12.96 Der zweite Anfasspunkt wird eingestellt.

Der Dialog **PLATZIEROPTIONEN** kann nun wieder verlassen werden, und mit der linken Maustaste wird die obere rechte Ecke der Montageplatte angeklickt. EPLAN Pro Panel platziert jetzt den Kabelkanal wie gewünscht.

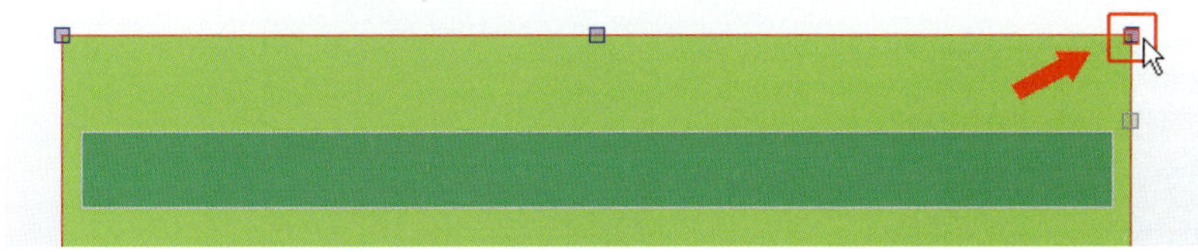

Bild 12.97 Der zweite Anfasspunkt wurde platziert.

Schritt 5: Mit den gleichen Schritten wird der untere Kabelkanal platziert. Die Offseteinstellungen für den ersten Anfasspunkt lauten: Offset X = 10 mm; Offset Y = 50 mm; Anfasspunkt = unten links. Die Offseteinstellungen für den zweiten Anfasspunkt lauten Offset X = −10 mm; Offset Y = 0 mm.

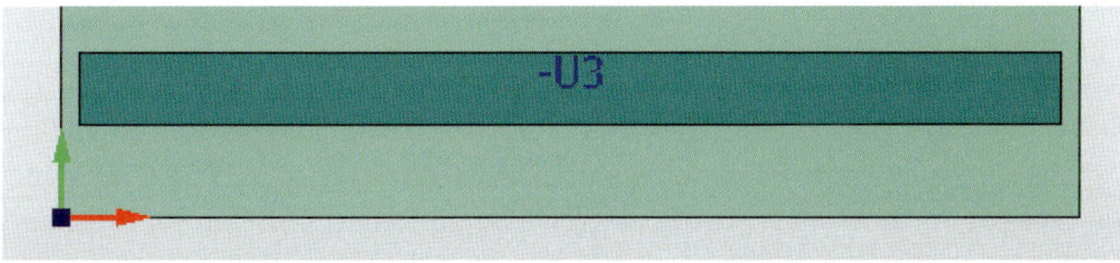

Bild 12.98 Fertig platzierter zweiter Kanal

Schritt 6: Nun soll auf der linken und rechten Seite jeweils ein Kabelkanal den oberen und unteren Kabelkanal verbinden. Dafür wird über das Menü **EINFÜGEN/VERDRAHTUNGSKANAL** ein Kanal aus der **Artikelverwaltung** gewählt und übernommen. Der Kanal »hängt« am Cursor. Nun kann mit der Taste A dieser Anfasspunkt auf einen der äußeren Anfasspunkte gewechselt und danach mit der linken Maustaste ein Ende des vorhandenen Kanals angeklickt werden.

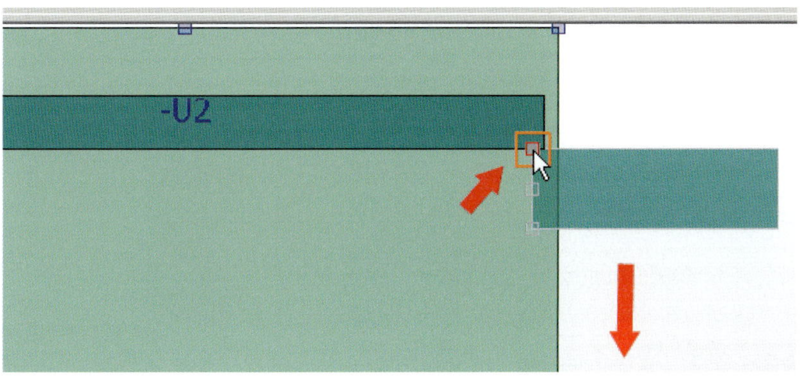

Bild 12.99 Neuen Kanal platzieren

Als Nächstes wird der Kanal mit der Maus nach unten gezogen und dabei auf den äußeren Anfasspunkte des vorhandenen Kanals abgesetzt (mit der linken Maustaste anklicken). Damit ist auch dieser Kanal platziert.

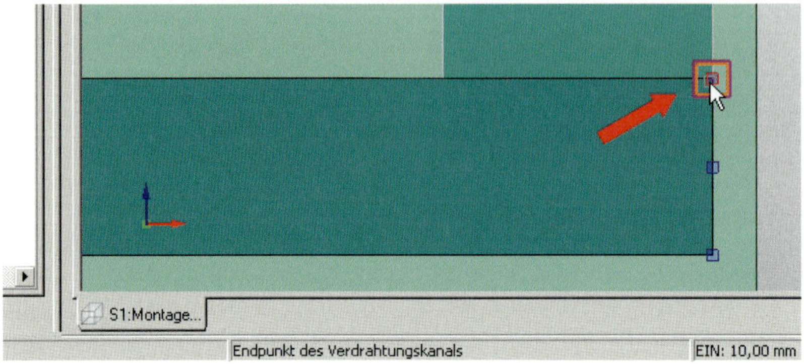

Bild 12.100 Der neue Kanal ist platziert.

Schritt 7: Jetzt wird zwischen den Kabelkanälen ein Kabelkanal mittig platziert. Da EPLAN Pro Panel hier die mittigen Anfasspunkte an den vorhandenen Kabelkanälen selbst findet, ist das relativ einfach. Über das Menü **EINFÜGEN/VERDRAHTUNGSKANAL** wird ein Kanal aus der **Artikelverwaltung** ausgewählt und anschließend auf dem mittigen Anfasspunkt des linken Kanals platziert.

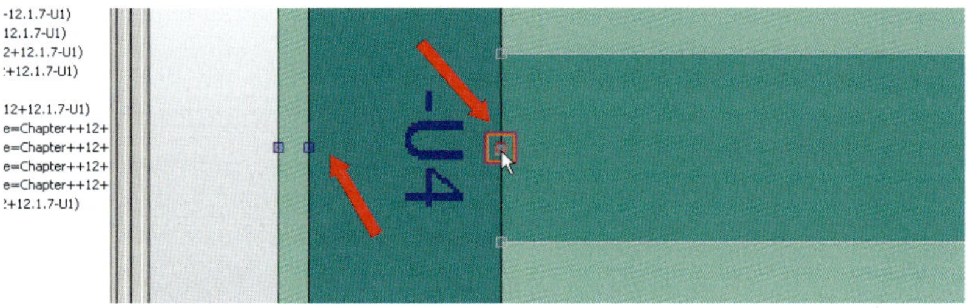

Bild 12.101 Neuen Kanal auf Anfasspunkt »einrasten« lassen

Nun wird dieser Kanal mit der Maus nach rechts auf den rechten Kanal gezogen. Hier wird er auf dem mittleren Anfasspunkt »eingerastet«.

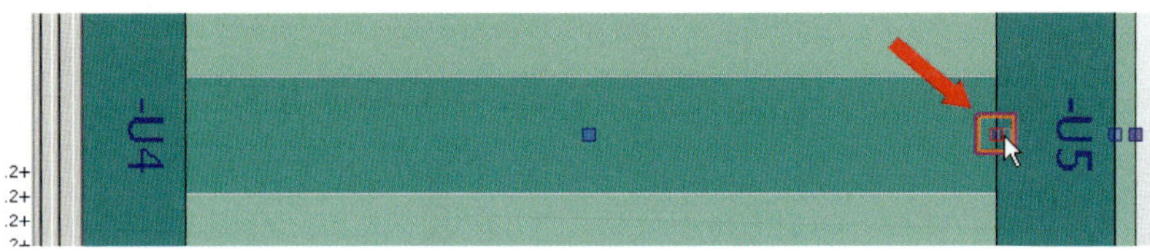

Bild 12.102 Neuen Kanal mit rechtem Kanal verbinden

Damit wurde der mittlere Kanal fertig platziert und sitzt genau mittig zwischen dem oberen und unteren Kanal.

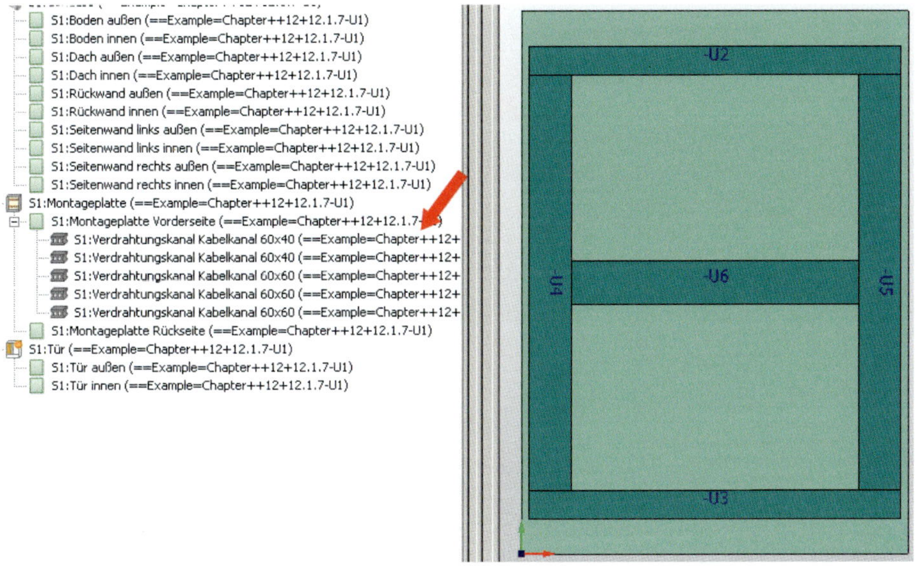

Bild 12.103 Gesamtansicht Montageplatte

Schritt 8: Jetzt wird noch ein weiterer Kanal platziert, im unteren Bereich genau mittig zwischen dem linken und rechten Kanal. Dazu wird ein Kabelkanal aus der **Artikelverwaltung** gewählt, der mittig an den **Kabelkanal –U6** angesetzt werden soll.

Der Kabelkanal »hängt« nach der Auswahl am Cursor. Nun werden im Menü PRO PANEL-OPTIONEN der Button LÄNGE ÜBERNEHMEN und danach der **Kabelkanal –U4** angeklickt.

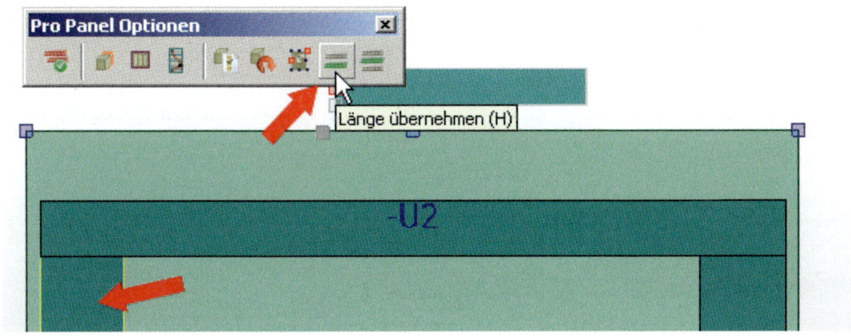

Bild 12.104 Länge übernehmen

Anschließend werden im Menü PRO PANEL-OPTIONEN der Button MITTIG PLATZIEREN angeklickt und danach der **Kabelkanal –U5**. EPLAN Pro Panel platziert den neuen Kanal nun genau mittig.

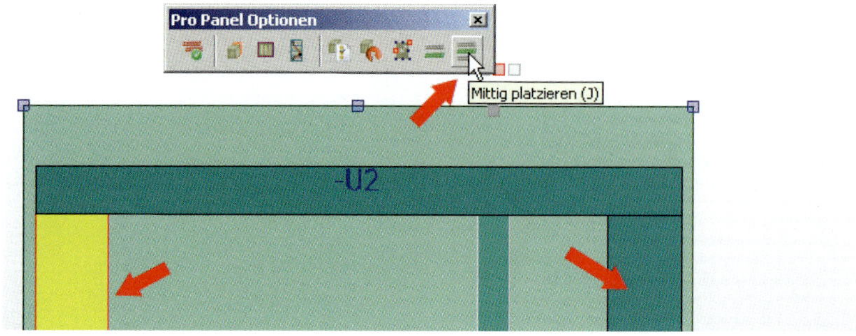

Bild 12.105 Mittig platzieren

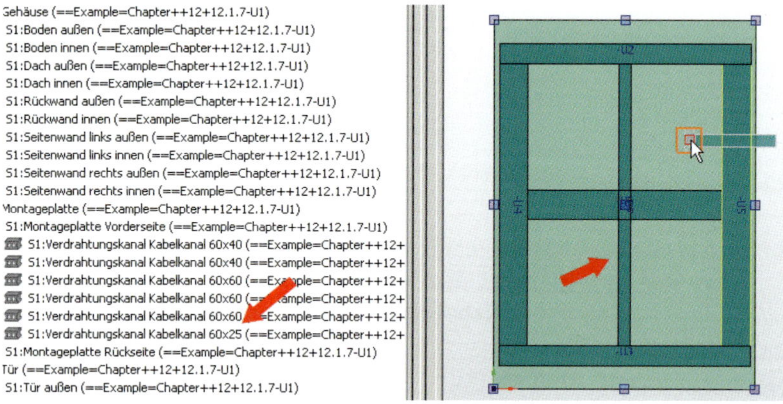

Bild 12.106 Fertig platzierter Kanal

Schritt 9: Jetzt ist dieser Kanal natürlich zu lang und würde, wenn im Menü **PRO PANEL-OPTIONEN** die **KOLLISIONSKONTROLLE** eingeschaltet wäre, auch so nicht platziert werden können, da er den mittleren Kanal »schneidet«. Deshalb wird jetzt der obere Teil des Kanals getrimmt, also gekürzt.

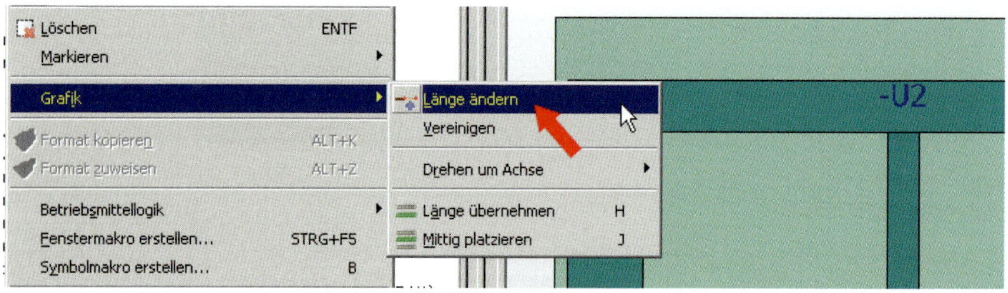

Bild 12.107 Länge ändern

Dazu wird im Menü **BEARBEITEN/GRAFIK** der Menüpunkt **LÄNGE ÄNDERN** aufgerufen und der mittlere Kanal angeklickt.

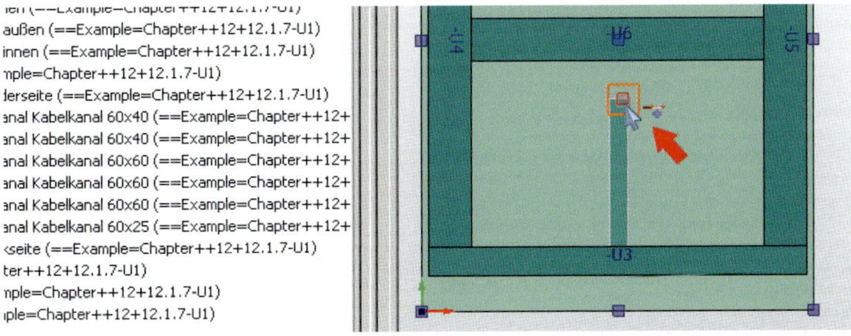

Bild 12.108 Verändern der Kanal-Länge

Nachdem der Kanal angeklickt wurde, kann die Länge durch Ziehen mit der linken Maustaste geändert werden. Der Anfasspunkt wird also auf den Kanal –U6 gezogen und dort »eingerastet«. Damit wurde der Kanal gekürzt, und alle gewünschten Kabelkanäle wurden nun platziert.

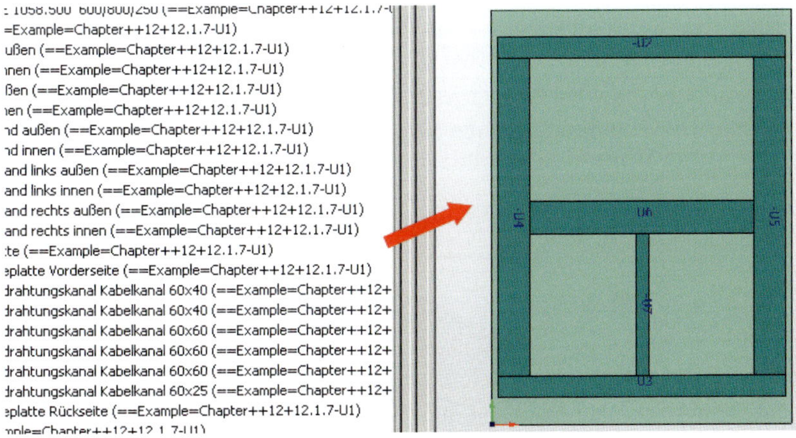

Bild 12.109 Fertige, mit Kabelkanälen bestückte Montageplatte

Schritt 10: Anschließend werden noch einige Tragschienen platziert. Tragschienen werden in gleicher Weise wie Kabelkanäle platziert, das heißt, sie werden über das Menü EINFÜGEN/TRAGSCHIENEN aus der **Artikelverwaltung** ausgewählt und entsprechend auf der Montageplatte platziert. Dazu werden die Anfasspunkte der Kanäle oder die Funktionen LÄNGE ÜBERNEHMEN und MITTIG PLATZIEREN genutzt.

Die mit Tragschienen bestückte Montageplatte sieht dann wie in Bild 12.110 aus.

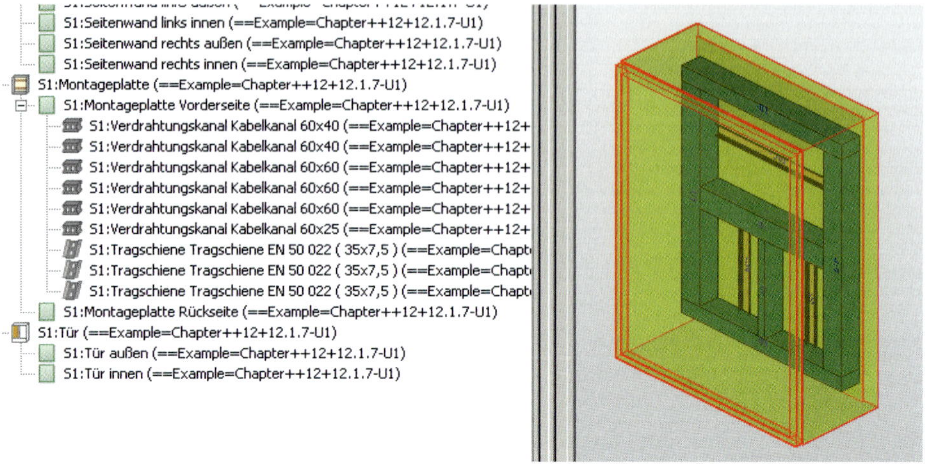

Bild 12.110 Mit Kanälen und Tragschienen bestückte Montageplatte

Schritt 11: Nachdem die Kabelkanäle und Tragschienen auf der Montageplatte platziert worden sind, können nun die Geräte eingefügt werden.

Dazu wird im Menü **PROJEKTDATEN/GERÄTE/ARTIKEL** der **3D-MONTAGEAUFBAU-NAVIGATOR** geöffnet. Anschließend wird die Montageplatte in der Symbolleiste auf die Ansicht **3D-BLICKPUNKT VORNE** eingestellt.

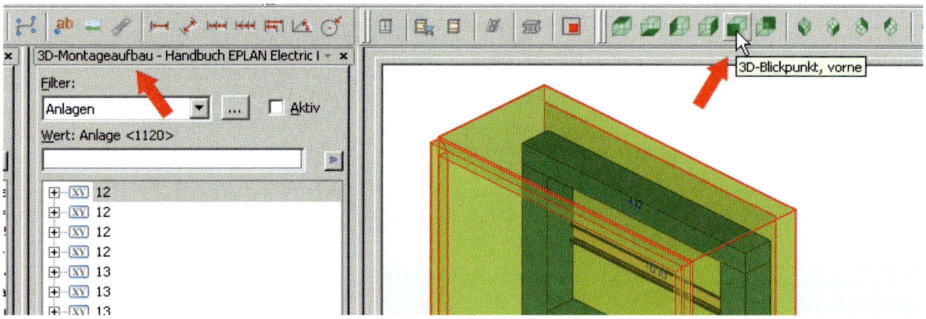

Bild 12.111 Geöffneter 3D-Montageaufbau-Navigator

Schritt 12: Nun können die im Projekt vorhandenen und im **3D-Montageaufbau-Navigator** aufgelisteten Geräte auf der Montageplatte platziert werden.

Dazu werden die Geräte im Navigator markiert und mit der rechten Maustaste aus dem Kontextmenü der Menüeintrag **PLATZIEREN** ausgewählt.

Nach Klick auf **PLATZIEREN** »hängen« die Betriebsmittel am Cursor und können auf der Tragschiene »aufgerastet« werden. Vor dem Platzieren können natürlich auch die **PLATZIEROPTIONEN** noch einmal aufgerufen und die gewünschten Platzieroptionen eingetragen werden, entweder im Kontextmenü der rechten Maustaste oder über den entsprechenden Button.

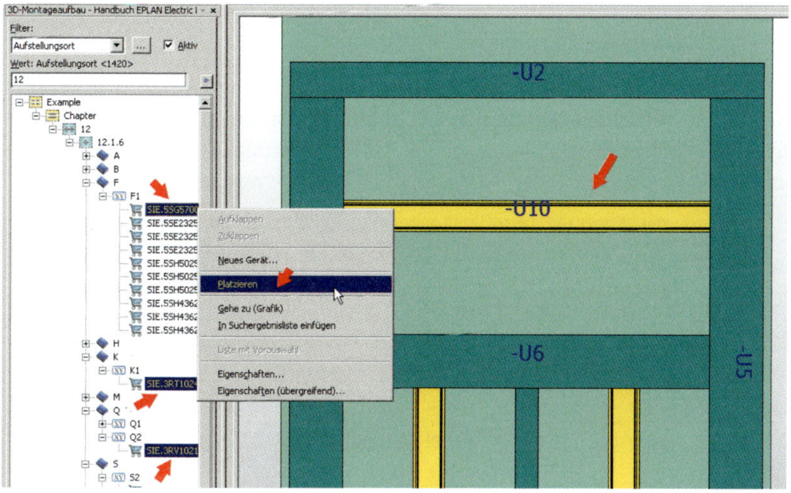

Bild 12.112 Zu platzierende Betriebsmittel werden im Navigator markiert.

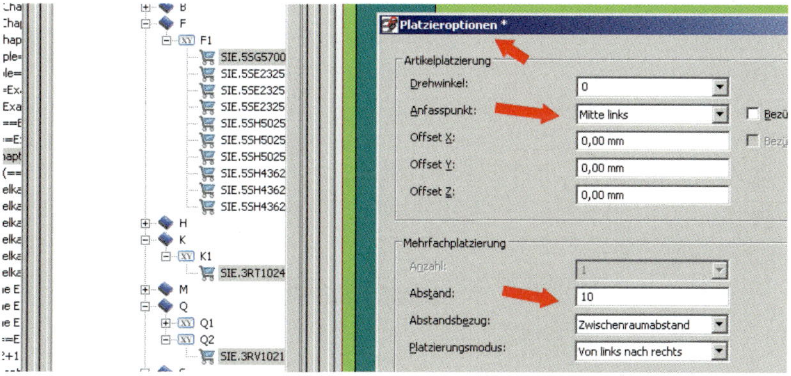

Bild 12.113 Platzieroptionen festlegen

Nach Klick auf **OK** und Absetzen des ersten Anfasspunktes auf der Mitte der Tragschiene (EPLAN »rastet« hier selbst ein) werden alle Geräte mit den eingestellten Platzieroptionen abgesetzt. Mit den anderen Geräten, die noch auf diese Tragschiene gehören, wird ähnlich verfahren (siehe Schritt 13).

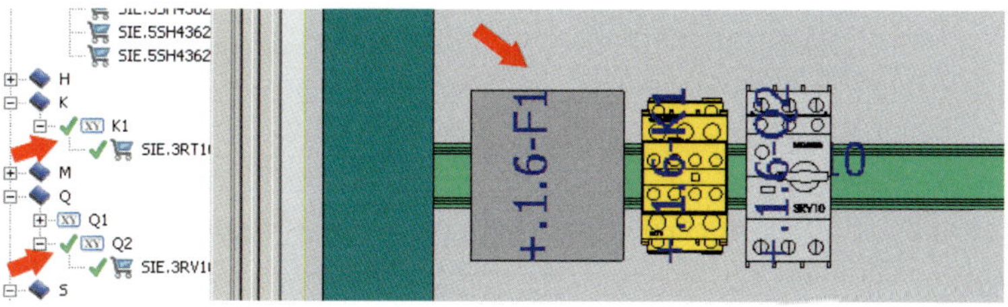

Bild 12.114 Die ersten platzierten Geräte

EPLAN vergibt für die optische Kontrolle der Platzierung eines Gerätes, ein kleines grünes Häkchen an das Betriebsmittel im Navigator.

Schritt 13: Nun werden die weiteren Geräte platziert. Die Klemmenleisten werden hier im unteren Bereich hochkant auf den beiden kürzeren Tragschienen platziert. Dazu werden die Klemmen im Navigator markiert und über das Kontextmenü die Funktion **PLATZIEREN** aufgerufen.

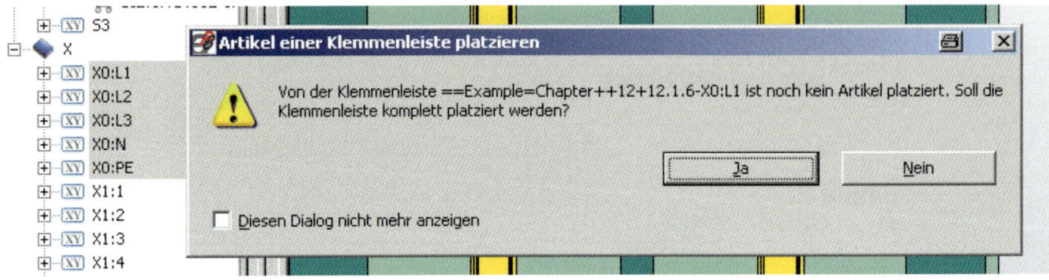

Bild 12.115 Nachfrage, wie die Klemmen platziert werden sollen

EPLAN fragt vor dem Absetzen im Dialog **ARTIKEL EINER KLEMMENLEISTE PLATZIEREN**, wie die Klemmen platziert werden sollen. Wird dieser Dialog mit **JA** beantwortet, kann die erste Klemme auf der Tragschiene abgesetzt werden, und EPLAN platziert automatisch alle restlichen markierten Klemmen. Wird die Abfrage mit **NEIN** beantwortet, können alle Klemmen nach und nach einzeln auf der Tragschiene platziert werden.

Im Beispiel wird die Abfrage mit **JA** beantwortet. Vor dem Platzieren der ersten Klemme wird zusätzlich noch der Dialog **PLATZIEROPTIONEN** aufgerufen. Hier wird der Platzierungsmodus festgelegt, und zwar sollen die Klemmen von unten nach oben platziert werden.

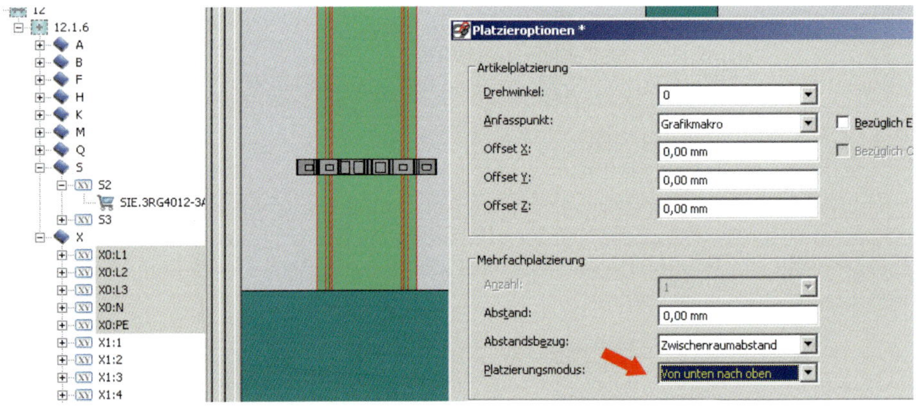

Bild 12.116 Platzierungsmodus für Klemmen festlegen

Anschließend kann der Dialog mit **OK** verlassen und die erste Klemme platziert werden. EPLAN Pro Panel reiht dann alle weiteren markierten Klemmen an diese erste Klemme automatisch an. Ebenso wird mit den nächsten Klemmen verfahren. Diese werden markiert und dann auf der Tragschiene abgesetzt. Damit sind alle Klemmen platziert worden.

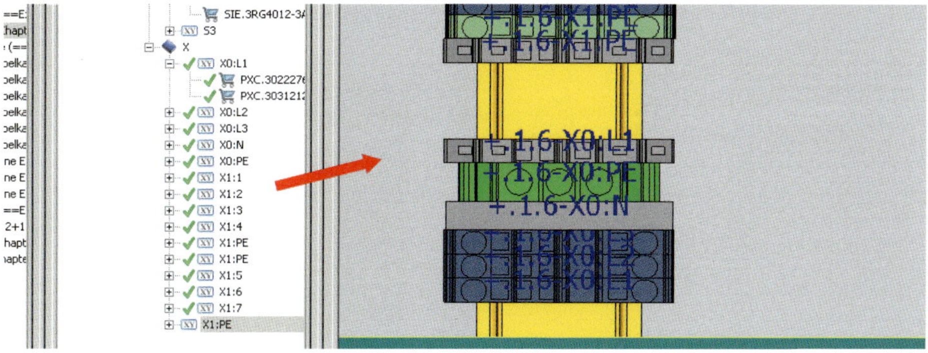

Bild 12.117 Platzierte Klemmen

Schritt 14: Nun soll noch die Meldeleuchte in die Tür eingebaut werden. Dazu wird im **Bauraum-Navigator** die Tür außen direkt aktiviert und in der Symbolleiste die Ansicht 3D-BLICKPUNKT VORNE eingestellt.

Die Meldeleuchte wird im **3D-Montageaufbau-Navigator** markiert, die Funktion PLATZIEREN aufgerufen und anschließend, ebenfalls mit der rechten Maustaste, die PLATZIEROPTIONEN. Hier wird ein Abstand von der oberen Türkante von 300 mm eingetragen.

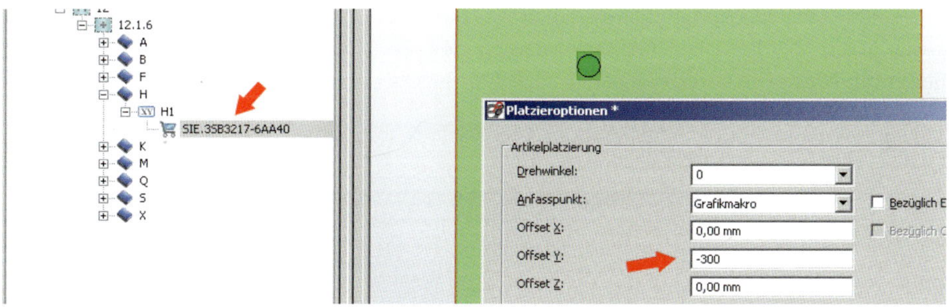

Bild 12.118 Vor dem Platzieren der Meldeleuchte

Anschließend wird der Dialog mit **OK** bestätigt. Nun können mit den »Fangfunktionen« die Mitte der oberen Kante »gefangen« und mit der linken Maustaste angeklickt werden. EPLAN platziert die Meldeleuchte jetzt mittig und mit einem Abstand von 300 mm zum Rand der Türkante.

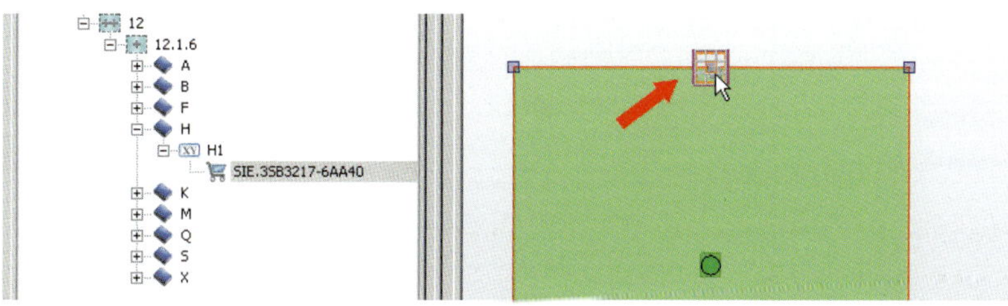

Bild 12.119 »Fangen« des Mittelpunktes

Das Ergebnis sieht in der 3D-Ansicht dann so aus wie in Bild 12.120.

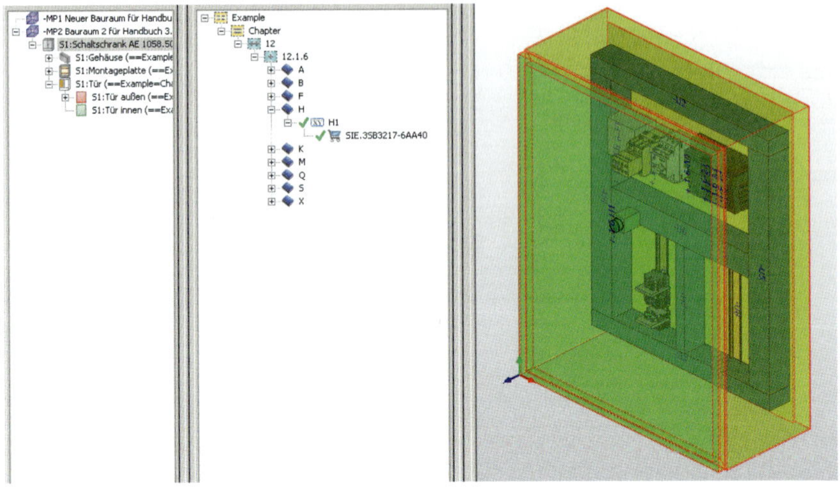

Bild 12.120 Endergebnis: Bestückter Schrank

Schritt 15: Um die Dokumentation zu vervollständigen, wird aus der 3D-Ansicht eine 2D-Modell-Ansicht erzeugt. Die Navigatoren **Bauraum** und **3D-Montageaufbau** können geschlossen werden. Als Nächstes wird in den grafischen Editor gewechselt und der Seitentyp **Modell-Ansicht** angelegt.

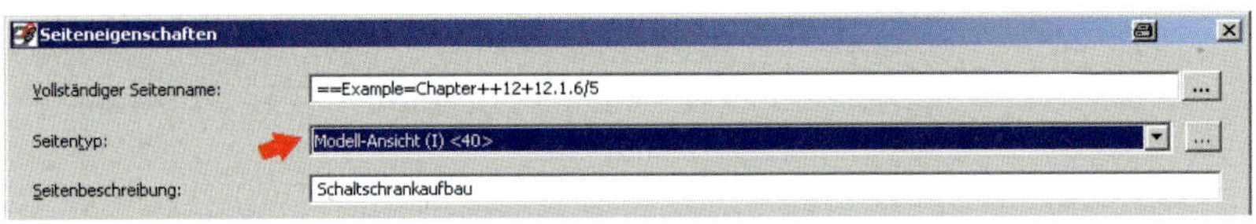

Bild 12.121 Neuen Seitentyp Modell-Ansicht erstellen

Schritt 16: Diese Seite wird geöffnet und über das Menü EINFÜGEN/GRAFIK/MODELL-ANSICHT (PRO PANEL) wird eine **Modell-Ansicht** eingefügt. Der Dialog MODELL-ANSICHT wird nach dem Platzieren geöffnet.

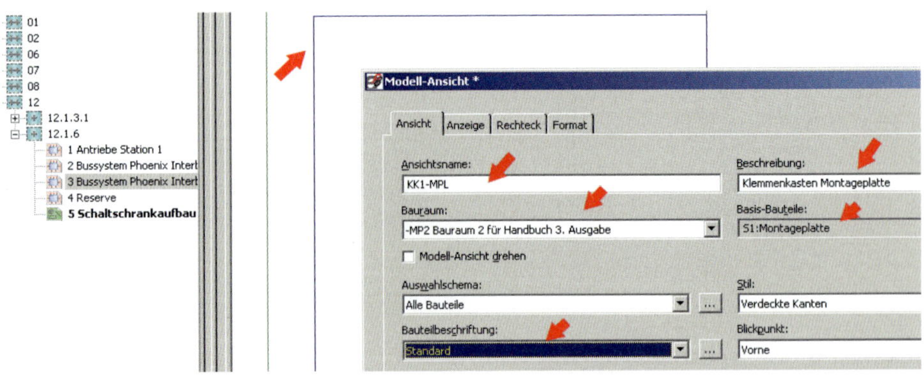

Bild 12.122 Einstellungen für das Erzeugen der Modell-Ansicht

Im Dialog werden der **Ansichtsname**, die **Beschreibung**, der darzustellende **Bauraum** und die **Basis-Bauteile** des darzustellenden Bauraumes (hier *Montageplatte*) eingestellt. Zusätzlich wird das Schema für die **Bauteilbeschriftung** auf *Standard* eingestellt.

Nach Klick auf den Button **OK** wird der Dialog geschlossen, und EPLAN erzeugt die 2D-Modell-Ansicht.

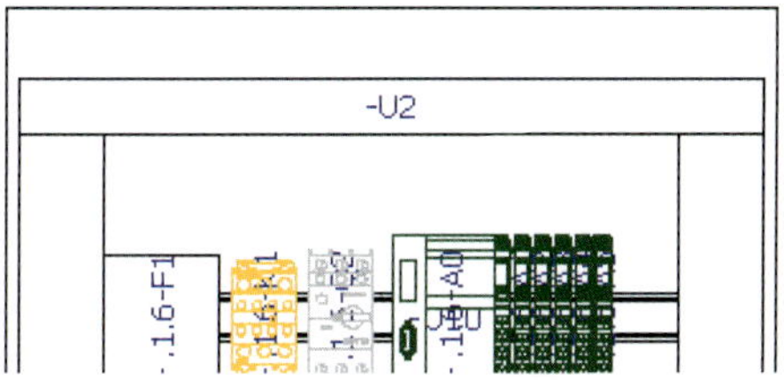

Bild 12.123 Teilansicht 2D-Modell

Schritt 17: Nun wird noch eine Schaltschranklegende auf der Seite platziert. Um eine Schaltschranklegende zu platzieren, werden die **Eigenschaften** des Dialogs **MODELL-ANSICHT** geöffnet (Modell-Ansicht markieren und mit einem Doppelklick oder der Tastenkombination **STRG + D**) und im **Eigenschaftsnamen** das *Legendenformular <20440>* für den Schaltschrank ausgewählt.

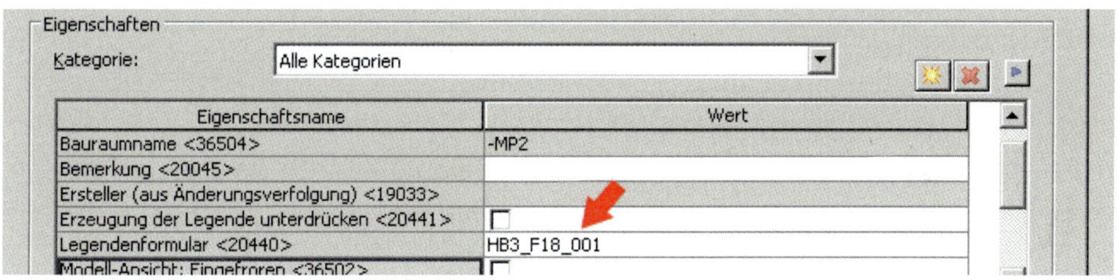

Bild 12.124 Legendenformular für diese Modell-Ansicht festlegen

Anschließend kann die Auswertung **Schaltschranklegende** über das übliche EPLAN-Electric-P8-Verfahren manuell auf dieser Seite platziert werden.

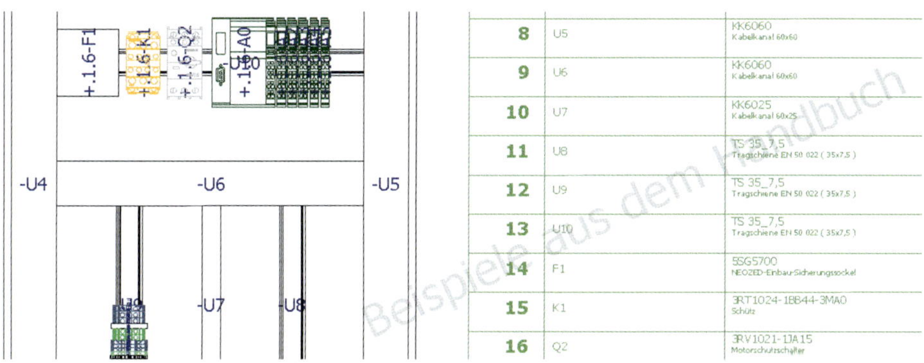

Bild 12.125 Montageplatte mit Schaltschranklegende

12.2 EPLAN Data Portal

In den vorangegangenen Abschnitten wurde bereits auf die Notwendigkeit korrekter Funktionsschablonen (den einzelnen Funktionsdefinitionen von Geräten), der Geräteauswahl oder fertiger Makros hingewiesen. Funktionsschablonen sind u. a. ein Dreh- und Angelpunkt beim Arbeiten mit EPLAN Electric P8. Jetzt könnten natürlich die eigenen Artikel mit diesen weitergehenden Informationen selbst gefüllt werden, oder es wird die Lösung genutzt, die EPLAN mit dem EPLAN Data Portal anbietet.

12.2.1 Welche Vorteile bringt das EPLAN Data Portal?

Das EPLAN Data Portal stellt online Artikeldaten bereit, die direkt während und zur späteren Projektierung genutzt werden können. Diese Artikeldaten werden im Normalfall vom Hersteller bereitgestellt, durchlaufen eine Eingangskontrolle durch EPLAN (wobei EPLAN als Softwarehersteller nicht die Richtigkeit der von den Herstellern angebotenen Daten prüfen kann) und werden abschließend im EPLAN Data Portal online gestellt. Somit kann der Anwender Artikel (Geräte, Makros etc.) aus dem EPLAN Data Portal direkt nutzen, ohne sie selbst in der eigenen Artikelverwaltung anlegen oder erstellen zu müssen.

12.2.1.1 Nutzungsvoraussetzungen

Um das EPLAN Data Portal nutzen zu können, muss ein gültiger Softwarewartungsvertrag vorliegen. Mit den Daten aus dem Vertrag kann das EPLAN Data Portal dann beliebig genutzt werden.

EPLAN unterscheidet je nach Stufe des Softwarewartungsvertrags noch zwischen bestimmten Nutzergruppen, aber das spielt für das Benutzen des EPLAN Data Portals keine große Rolle. Wie immer gilt hier, je umfangreicher und präziser ein Softwarewartungsvertrag, umso größer sind die Möglichkeiten, das EPLAN Data Portal zu nutzen.

Die nachfolgenden Abschnitte werden sich auf eine Standardnutzung beschränken.

HINWEIS: Das EPLAN Data Portal wird automatisch mit installiert, wenn beispielweise EPLAN Electric P8 installiert wird. Eine separate Installation ist nicht nötig.

12.2.2 Vor dem ersten Start

Um das EPLAN Data Portal nutzen zu können, ist es notwendig, ein Konto einzurichten. Dafür wird der Menüpunkt **OPTIONEN/EINSTELLUNGEN/BENUTZER/VERWALTUNG/ DATA PORTAL** gestartet.

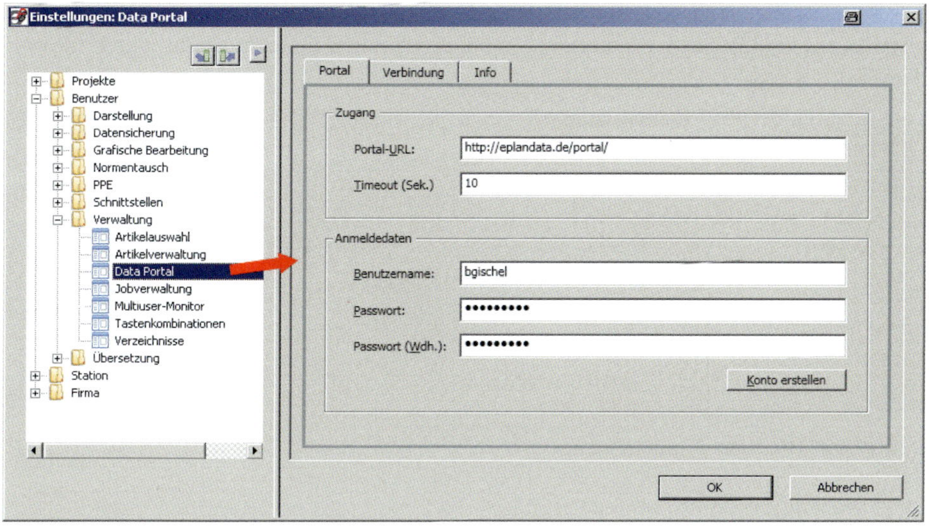

Bild 12.126 EPLAN Data Portal-Einstellungen

Die Einstellungen für das EPLAN Data Portal unterteilen sich in mehrere Registerkarten. Auf der Registerkarte *Portal* werden der **Zugang** festgelegt (Voreinstellung von EPLAN schon eingetragen - braucht nicht geändert zu werden) sowie die eigenen **Anmeldedaten**. Damit wird ein Konto angelegt, und der Anwender kann nach erfolgreicher Durchführung der Abfragen das Data Portal nutzen.

Die Einstellungen auf der Registerkarte *Verbindung* brauchen im Normalfall nicht geändert zu werden.

12.2.2.1 Data Portal-Navigator

Der **Data Portal-Navigator** ist der Dreh- und Angelpunkt des EPLAN Data Portals. Gestartet wird er über das Menü DIENSTPROGRAMME/DATA PORTAL/NAVIGATOR.

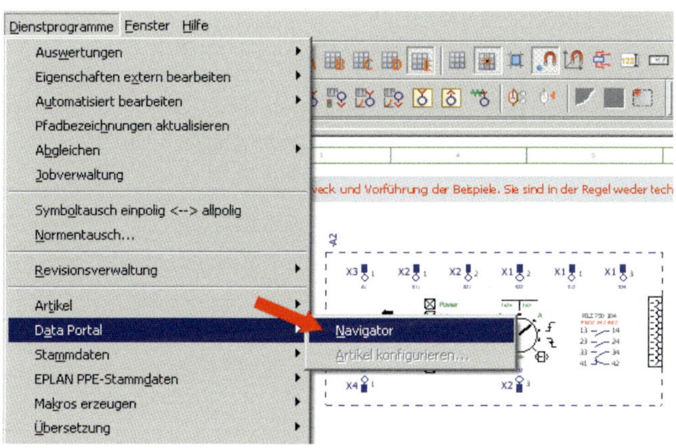

Bild 12.127 Menüaufruf des Data Portal-Navigators

Der Navigator selbst lässt sich, wie in EPLAN üblich, beliebig an- bzw. abdocken. Er kann also frei auf dem Desktop platziert oder an einer ebenso beliebigen Stelle angedockt werden.

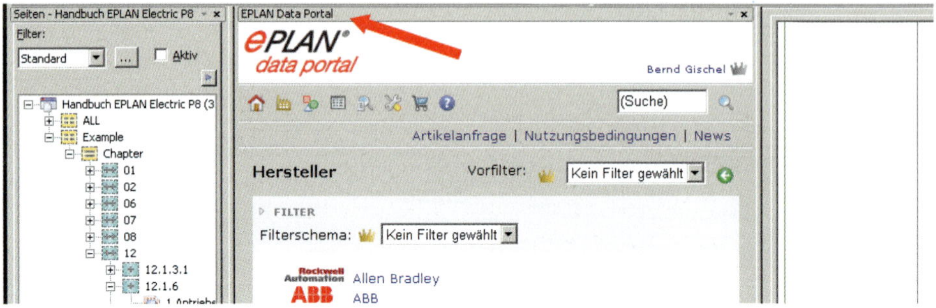

Bild 12.128 Der Data Portal-Navigator

Im Dialog des Navigators befinden sich unterhalb des Logos die Navigations- bzw. Symbolleisten mit Buttons für die Funktionen, wie **HERSTELLER ANZEIGEN**, **SUCHFUNKTION**, **EINSTELLUNGEN** oder auch für die **ONLINE-HILFE**.

Bild 12.129 Navigations- bzw. Symbolleiste des Data Portal-Navigators

Die Buttons der Navigationsleiste haben folgende Bedeutung:

	Startseite öffnen		Hersteller anzeigen
	Katalog anzeigen		Liste anzeigen
	Suche anzeigen		Einstellungen anzeigen
	Warenkorb anzeigen		Hilfe anzeigen

Etwas »abseits« gibt es noch den Button , der es ermöglicht, zur jeweils letzten Seite des Navigators zurückzukehren.

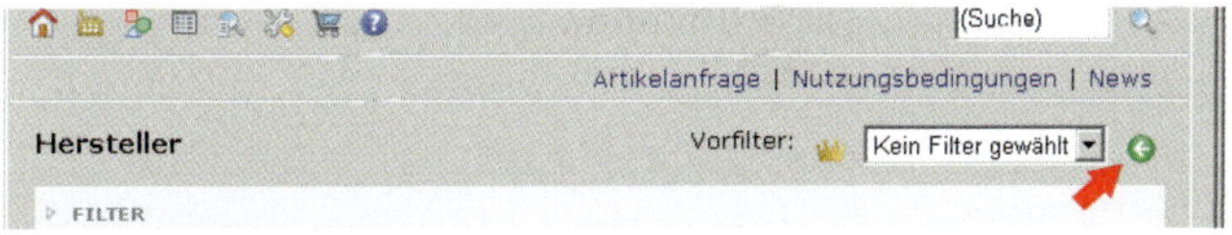

Bild 12.130 Zurück-Button

Unterhalb der Navigations- bzw. Symbolleiste befindet sich der eigentliche »Datenbereich« des Navigators. Beim ersten Starten des Navigators ist hier eine Übersicht der im EPLAN Data Portal vorhandenen Hersteller aufgelistet. Jeder Hersteller kann hier angeklickt werden, und das Portal öffnet die entsprechenden Seiten mit den bisher verfügbaren Herstellerdaten. Anschließend kann weiter in den Daten navigiert werden.

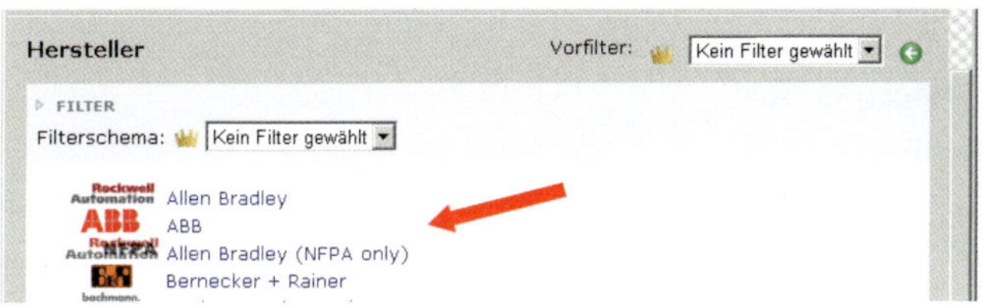

Bild 12.131 Im Data Portal vertretende Hersteller

12.2.3 Die Funktionsweise des EPLAN Data Portals

Wie funktioniert nun das EPLAN Data Portal? Recht einfach. Mit dem Portal können während der Projektierung fehlende Artikeldaten oder auch Makros auf den Stromlaufplanseiten und/oder in die Artikelverwaltung eingefügt werden. Das gilt natürlich immer unter dem Aspekt, dass die fehlenden Daten sich auch im Portal befinden.

12.2.3.1 Artikel, Makros, Daten aus dem Portal einfügen

Anhand eines kleinen Beispiels soll gezeigt werden, wie ein PNOZ-Gerät im Portal gesucht und dann in die geöffnete Stromlaufplanseite eingebunden wird.

Voraussetzung: Der Data Portal-Navigator wurde gestartet. Anschließend wird die Suchfunktion mit dem Button [Symbol] gestartet.

EPLAN öffnet nun die Maske **Suche**. Hier kann in das Feld **Bezeichnung** der Wert *PNOZ* eingegeben und im Feld **Hersteller** der Eintrag *Pilz* vorgenommen werden. Alle anderen Filter werden nicht benutzt bzw. stehen auf dem Eintrag *Kein Filter*. Mit **ENTER** bzw. einem Klick auf den Button **SUCHEN** ganz unten in der Maske **Suche** wird die Suche gestartet.

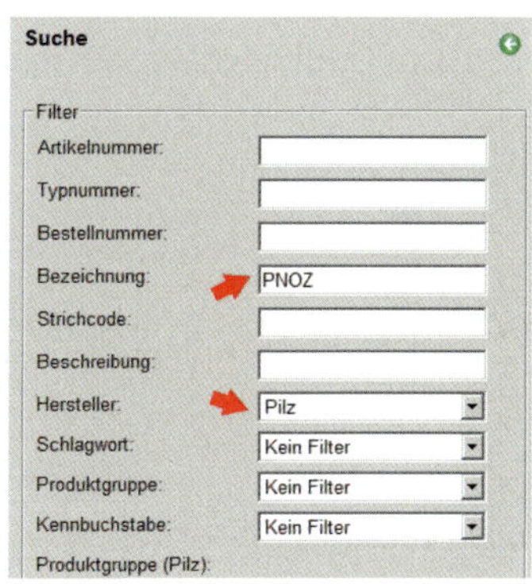

Bild 12.132 Suchfunktion

Findet EPLAN Artikel, die zu dem Suchausdruck passen, listet sie das Data Portal in einer Übersichtsliste auf. Die Liste enthält neben den Kopfdaten, wie Hersteller, Untergruppe, Sprachen und Merkmale, die eigentlichen, durch die Suche gefundenen Artikel.

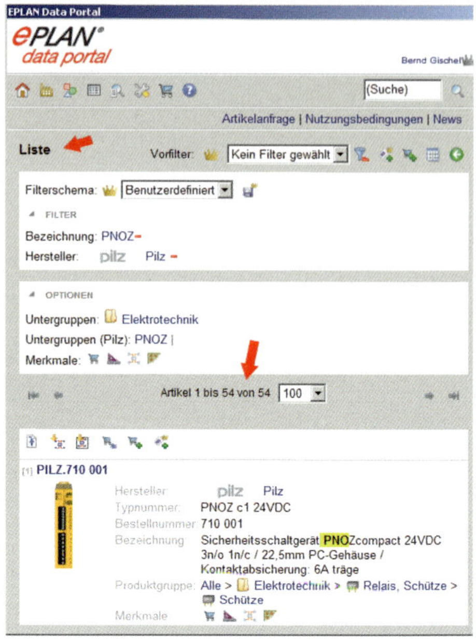

Bild 12.133 Gefundene Artikel

Zur Liste gehören neben den eigentlichen Geräten und deren Artikelnummern noch weitere Informationen, wie Typ- und Bestellnummer, Bezeichnung, in welcher Produktgruppe sich das Gerät befindet, welcher Kennbuchstabe zugeordnet wurde, in welchen Sprachen das Gerät in der Datenbank vorhanden ist und welche weitergehenden Merkmale das Gerät besitzt. Merkmale sind weiterführende Informationen.

Einfach gesagt, bedeutet dies, je höherwertig und funktioneller ein Artikel im Portal vorhanden ist, umso mehr Merkmale trägt er im Portal. Merkmale können sein: Das Gerät besitzt Gerätedaten (Funktionsdefinitionen/Schablonen) oder es sind beispielsweise Makros für das Gerät vorhanden.

HINWEIS: Die Suchergebnisse sind immer abhängig davon, wie die Suche, inklusive diverser Suchkriterien, eingestellt wurde bzw., welche Daten im EPLAN Data Portal vorhanden sind.

Bild 12.134 Ausgewähltes PNOZ-Gerät

In unserem Beispiel handelt es sich um den Artikel PILZ.750 104. Dieses gefundene Gerät kann jetzt direkt in die Projektierung übernommen werden.

Dafür gibt es in der Listendarstellung des Portals mehrere Buttons oberhalb eines Artikels mit folgender Bedeutung:

Zurück zum Seitenanfang

Dieser Button sollte selbsterklärend sein. Damit kommt man zurück an den Seitenanfang.

Makro <xyz> im grafischen Editor (auf der Stromlaufplanseite) einfügen

Wird dieser Button angeklickt, »hängt« EPLAN das Makro an den Cursor, und es kann dann im grafischen Editor auf der Stromlaufplanseite platziert werden.

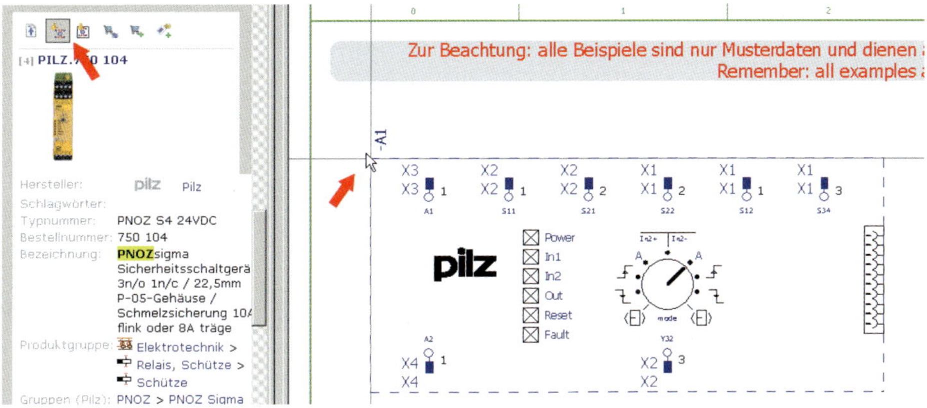

Bild 12.135 Ausgewähltes Makro direkt im grafischen Editor platzieren

Artikel <xyz> als Gerät im grafischen Editor (auf der Stromlaufplanseite) einfügen

Wird dieser Button betätigt, folgt als Erstes der Abfragedialog **ARTIKELIMPORT**.

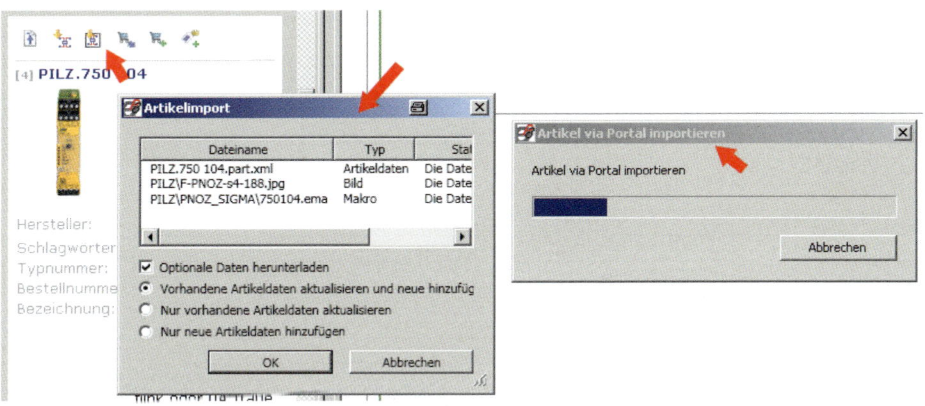

Bild 12.136 Gerät im grafischen Editor einfügen

Je nach Anforderung muss entschieden werden, wie die Daten in die vorhandene **Artikelverwaltung** eingelagert oder ob beispielsweise die *optionalen Daten* mit übernommen werden sollen.

Nach Klick auf **OK** im Dialog **ARTIKELIMPORT** importiert EPLAN die Daten in die **Artikelverwaltung** und »hängt« im Abschluss das Makro wieder an den Cursor. Jetzt kann das Makro auf der Stromlaufplanseite platziert werden.

Artikel <xyz> importieren

Wird dieser Button betätigt, werden nur die gewählten Artikeldaten in die **Artikelverwaltung** importiert. EPLAN startet wieder den Dialog **ARTIKELIMPORT**, und je nach Einstellung werden die entsprechenden Artikeldaten in die Artikelverwaltung importiert und die restlichen Daten in der Verzeichnisstruktur abgelegt (zum Beispiel Bilder).

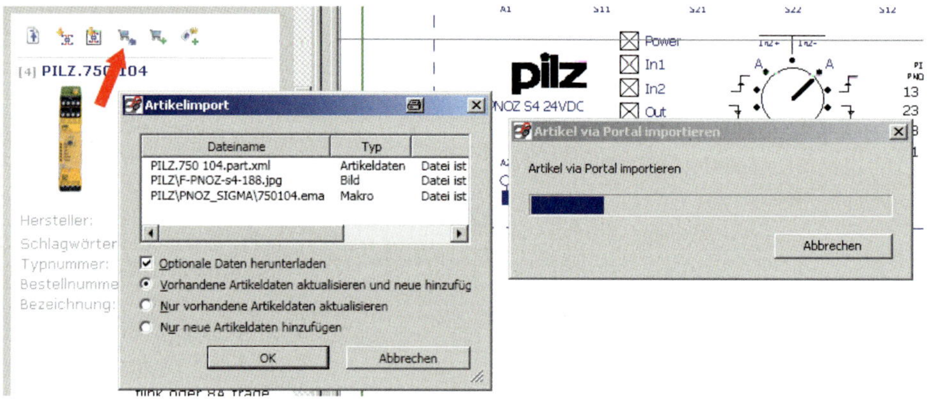

Bild 12.137 Reiner Artikelimport

Nach dem Import schließt EPLAN diese Dialoge, und der grafische Editor ist wieder aktiv.

Artikel <xyz> in den Warenkorb legen

Mit Betätigen dieses Buttons wird das gewählte Gerät dem Warenkorb hinzugefügt. Der Warenkorb selbst wird über den Button aufgerufen.

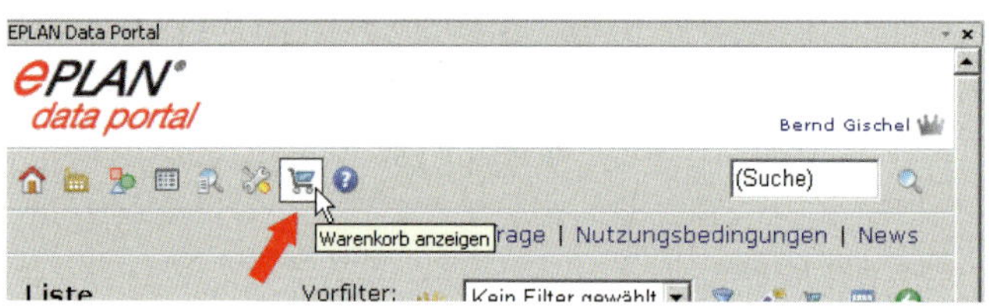

Bild 12.138 Warenkorb anzeigen

Hier können alle Geräte, die sich im Warenkorb befinden, komplett (gesammelt) importiert werden.

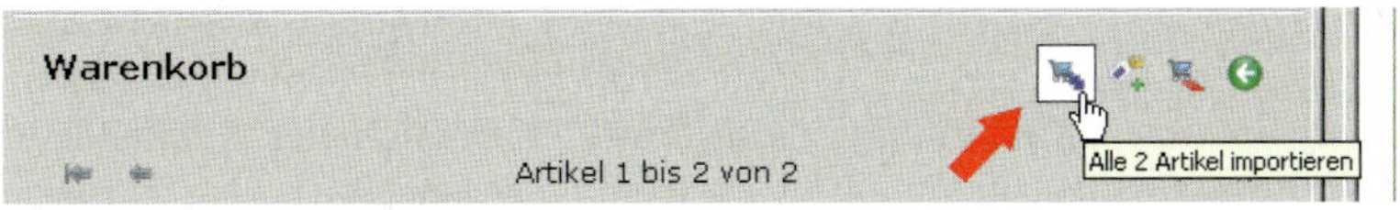

Bild 12.139 Kompletten Warenkorb importieren

Ebenso können alle Artikel aus dem Warenkorb wieder entfernt werden.

Bild 12.140 Kompletten Warenkorb leeren

Zurück zur vorherigen Seite kommt man durch das Anklicken des entsprechenden Buttons.

Bild 12.141 Zurück-Button

12.3 Project Options (Projektoptionen)

In EPLAN Electric P8 sind Makros mit Wertesätzen sehr variabel, aber dennoch sind sie in einem Punkt eingeschränkt. Makros mit Wertesätzen können nur auf der gleichen Seite in EPLAN benutzt werden. Seitenübergreifende Makros mit Wertesätzen gibt es bisher nicht. Diese Lücke schließt EPLAN mit dem Modul **Project Options (Projektoptionen)**.

Dieser Abschnitt kann die Möglichkeiten der Anwendung von Projektoptionen leider nur streifen bzw. die Vorgehensweise für das Erstellen von Projektoptionen nur etwas näher bringen. Aufgrund der Funktionsvielfalt und der Möglichkeiten des Moduls **Project Options** sowie dem, wie immer, begrenzten Platz in diesem Buch ist es nicht möglich, alle Details der **Projektoptionen** zu beschreiben. Daher soll dieser Abschnitt vorrangig als Denkanstoß dienen und grob und in Ansätzen zeigen, was mit den **Projektoptionen** möglich ist. Der Vielfalt sind hier natürlich (fast) keine Grenzen gesetzt.

12.3.1 Was sind Projektoptionen?

Projektoptionen sind, wie der Name schon sagt, verschiedene Optionen (Teilbereiche) eines Projekts. Das kann beispielsweise so aussehen, dass die verwendete SPS eines Projekts in einem Fall mit einer Siemens-SPS und im gleichen Projekt, aber bei einem anderen Kunden, mit einer Schneider-SPS ausgeführt werden soll. Das lässt sich mit der Funktion WERTESATZMAKROS nicht mehr erledigen, aber mit dem Modul **Project Options (Projektoptionen)** sehr wohl. Dafür werden einfach die gewünschten Optionen ein- bzw. ausgeblendet.

Projektoptionen können nicht projektübergreifend erstellt werden. Sie sind immer nur für das Projekt verfügbar, für das sie erstellt worden sind. Es lassen sich aber Vorlagen für Projektoptionen erstellen, die dann auch in anderen Projekten verwendet werden können.

12.3.2 Begriffe im Modul Project Options

Projektoptionen sind eine Art »Überbegriff«. Um die Projektoptionen zu verstehen, folgt eine kurze Erläuterung der verwendeten Begriffe.

- **Projektoptionengruppe:** Diese Funktion dient der Gruppierung von Projektoptionen. Eine Projektoptionengruppe kann mehrere Projektoptionen enthalten, aber es kann immer nur eine Projektoption eingeschaltet sein. Alle anderen zur Projektoptionengruppe gehörenden Projektoptionen sind dann ausgeschaltet. Projektoptionengruppen können nur im **Projektoptionen-Navigator** erstellt werden.
- **Projektoptionen:** Das sind die Teilbereiche eines Projekts, die sich, je nach gewünschter Ausführung, ein- bzw. ausschalten lassen. Sie können aus einem oder mehreren Ausschnitten, Seiten oder Bereichen von Seiten oder auch aus nichtplatzierten Objekten bestehen. Projektoptionen können ebenfalls nur im **Projektoptionen-Navigator** erstellt werden.
- **Ausschnitte:** Ein Ausschnitt ist immer einer Projektoption zugeordnet. Ein Ausschnitt kann aus Teilschaltungen, aus einer kompletten oder aus mehreren Seiten bestehen. Ebenfalls möglich in Ausschnitten sind nichtplatzierte Objekte. Ausschnitte können, neben dem **Projektoptionen-Navigator**, auch aus dem Menü PROJEKTDATEN/PROJEKTOPTIONEN/AUSSCHNITT ERZEUGEN erstellt werden.

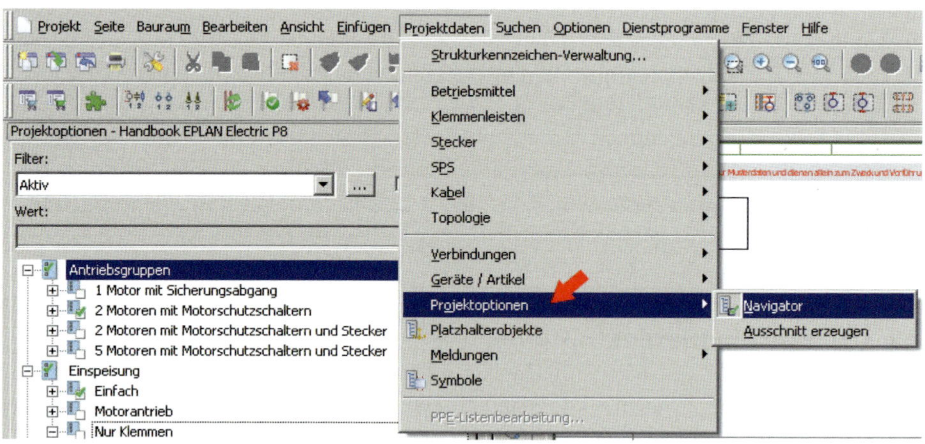

Bild 12.142 Aufruf des Projektoptionen-Navigators

- **Projektoptionen-Navigator:** Um die Projektoptionengruppen bzw. die Projektoptionen zu erstellen, zu verwalten und/oder die Optionen ein- bzw. auszuschalten, gibt es den Projektoptionen-Navigator. Dieser wird über das Menü **PROJEKTDATEN/PROJEKTOPTIONEN/NAVIGATOR** aufgerufen. Innerhalb dieses Navigators sind die üblichen und bekannten Ansichten der Baum- und Listendarstellung möglich. Ebenso kann die Ansicht im Navigator natürlich auch über eigene Filter individuell eingestellt werden.

12.3.3 Optionen und Ausschnitte erstellen

Damit in einem Projekt per »Schalter« verschiedene Optionen leicht ein- und ausgeschaltet werden können, sind gewisse Vorarbeiten nötig. Es müssen **Projektoptionengruppen** angelegt werden, in diese gehören **Projektoptionen**, und zu guter Letzt folgt der wichtigste Punkt, die Festlegung der **Ausschnitte**.

Abschnitt 12.3.3.1 erklärt in kurzen Schritten die wichtigsten Punkte zum Anlegen der oben genannten Optionen und der dazugehörenden Teile.

12.3.3.1 Projektoptionengruppe

Eine **Projektoptionengruppe** wird im **Projektoptionen-Navigator** erstellt. Dazu wird der Navigator im Menü **PROJEKTDATEN/PROJEKTOPTIONEN/NAVIGATOR** gestartet.

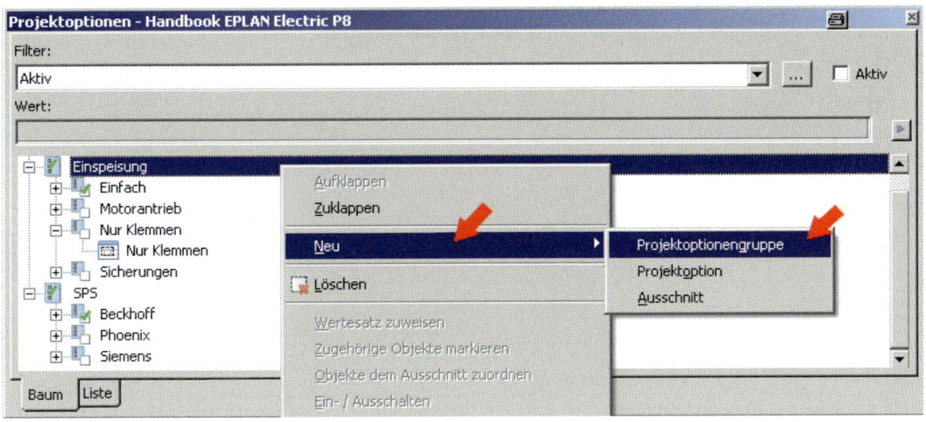

Bild 12.143 Projektoptionengruppe erzeugen

Anschließend wird im Kontextmenü des **Projektoptionen-Navigators** der Eintrag **NEU/PROJEKTOPTIONENGRUPPE** aufgerufen. EPLAN öffnet nun den Dialog **PROJEKTOPTIONENGRUPPE**.

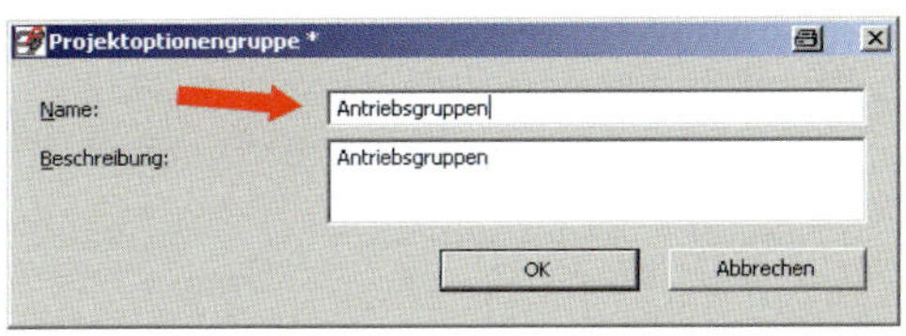

Bild 12.144 Neue Projektoptionengruppe

Hier muss der **Name** und kann eine **Beschreibung** festgelegt werden. Durch Klick auf den Button **OK** wird die Gruppe gespeichert und im Navigator abgebildet.

Projektoptionengruppen können beispielsweise sein: *Einspeisung*, *SPS*, *Automatikbedienung*, *Handbedienung* etc. Unterhalb dieser Projektoptionengruppen können nun die eigentlichen Projektoptionen der Einspeisung oder auch der SPS angelegt werden.

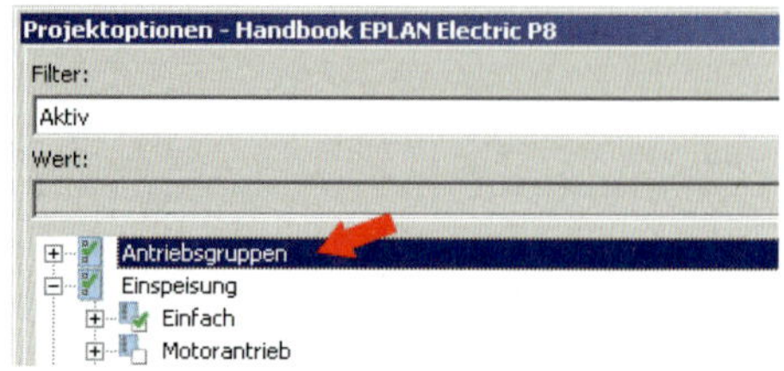

Bild 12.145 Ansicht im Navigator

12.3.3.2 Projektoptionen

Projektoptionen können ebenfalls nur im **Projektoptionen-Navigator** erstellt werden. Projektoptionen gehören immer einer Projektoptionengruppe an. Das heißt, es wird eine solche markiert, oder es muss beim Erzeugen einer Projektoption eine Projektoptionengruppe ausgewählt werden. Dazu wird im **Projektoptionen-Navigator** im Kontextmenü der Befehl NEU/PROJEKTOPTION gestartet.

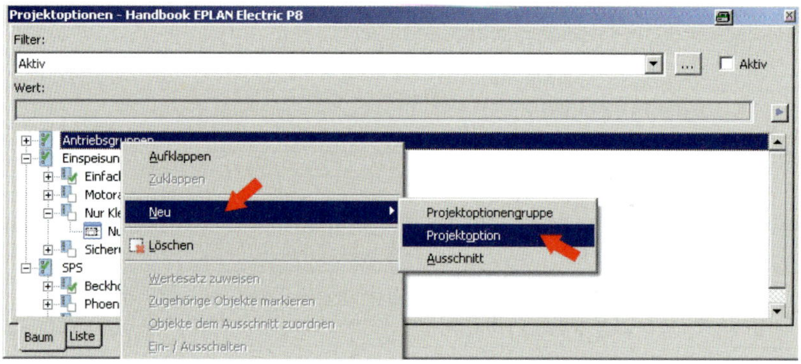

Bild 12.146 Neue Projektoption anlegen

EPLAN öffnet nun den Dialog PROJEKTOPTION. Hier kann die Projektoptionengruppe noch einmal geändert werden, wenn gewünscht. Anschließend wird der **Name** der Projektoption festgelegt, und es kann eine **Beschreibung** dazu eingegeben werden.

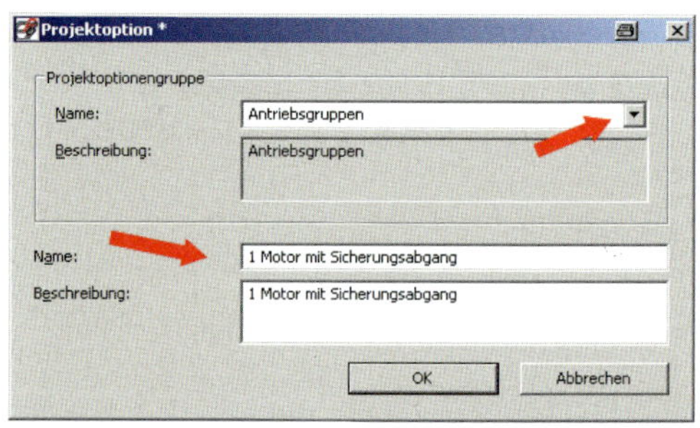

Bild 12.147 Neue Projektoption anlegen

Nach Klick auf den Button **OK** wird die Projektoption gespeichert und unterhalb der gewählten Projektoptionengruppe im **Projektoptionen-Navigator** eingeordnet.

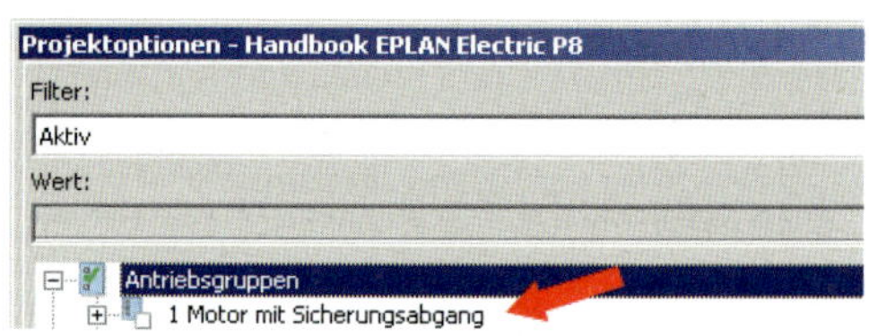

Bild 12.148 Neue angelegte Projektoption

Einer Projektoptionengruppe können mehrere Projektoptionen zugeordnet sein. Es kann aber nur jeweils eine der Projektoptionen aktiv, das heißt eingeschaltet sein.

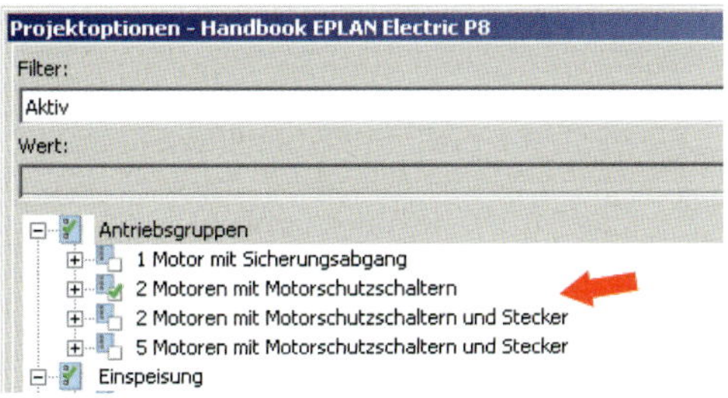

Bild 12.149 Mehrere Projektoptionen

Ob eine Projektoption eingeschaltet ist, erkennt man an dem Icon vor dem Namen der Projektoption. Hier ist der kleine grüne Haken gesetzt.

12.3.3.3 Ausschnitte

Innerhalb von Projektoptionen können nun die eigentlichen **Ausschnitte** zugeordnet werden. Ausschnitte können, wie schon beschrieben, Teilschaltpläne, eine oder mehrere Seiten oder auch nichtplatzierte Funktionen sein.

Um einen Ausschnitt zu erzeugen, wird im **Projektoptionen-Navigator** die entsprechende **Projektoptionengruppe** und eine der darunter liegenden **Projektoptionen** markiert. Dann kann über das Kontextmenü NEU/AUSSCHNITT ERZEUGEN der Ausschnitt erzeugt werden.

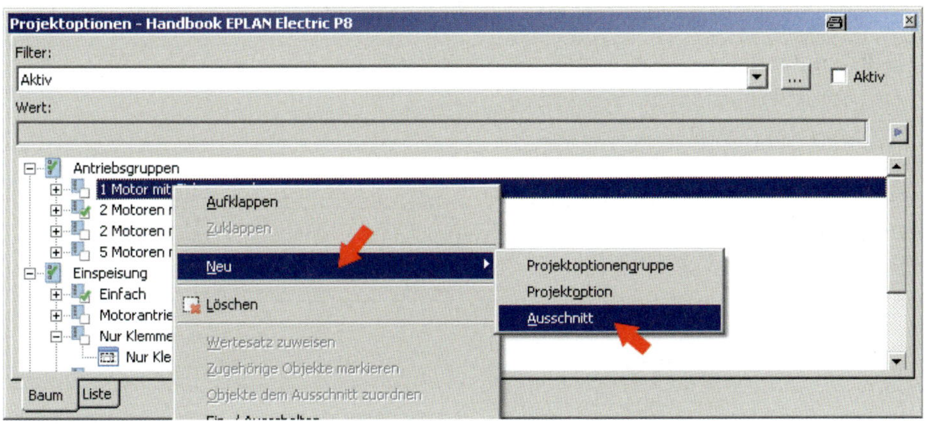

Bild 12.150 Neuen Ausschnitt erzeugen

EPLAN startet nun die Funktion. Jetzt müssen die Objekte festgelegt werden, die zu diesem Ausschnitt gehören sollen. Das geschieht mit der Fenstertechnik. Wurde dieser Vorgang abgeschlossen, werden im folgenden Dialog AUSSCHNITT ein **Name** sowie eine **Beschreibung** für den Ausschnitt festgelegt.

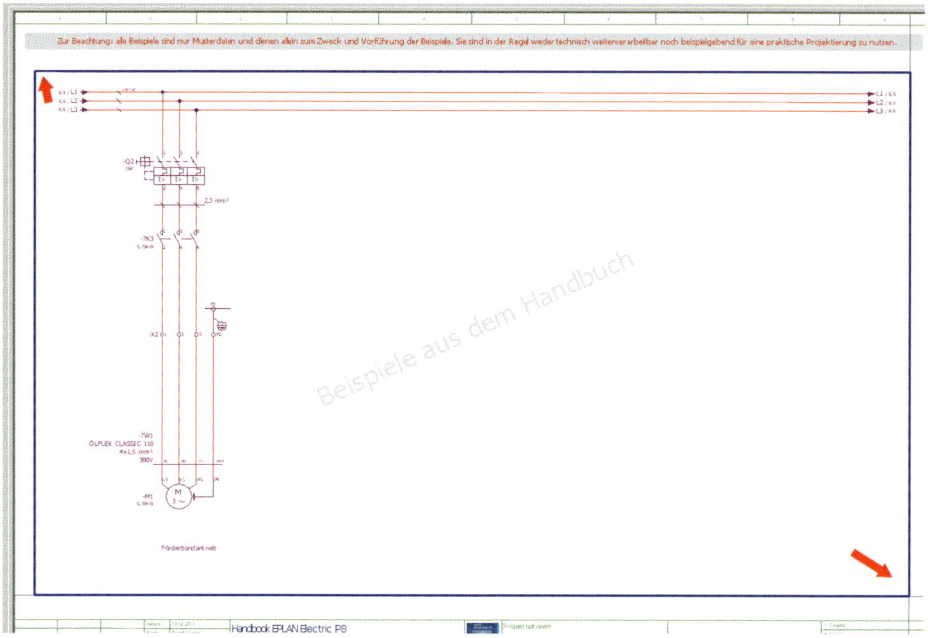

Bild 12.151 Ausschnitt per Fenster festlegen

Im Dialog **AUSSCHNITT** ist es jetzt auch noch einmal möglich, dem Ausschnitt eine andere Projektoptionengruppe bzw. eine andere Projektoption zuzuordnen. Nach Klick auf den Button **OK** wird der Ausschnitt gespeichert und im **Projektoptionen-Navigator** unter der dazugehörigen **Projektoptionengruppe** und der **Projektoption** eingeordnet.

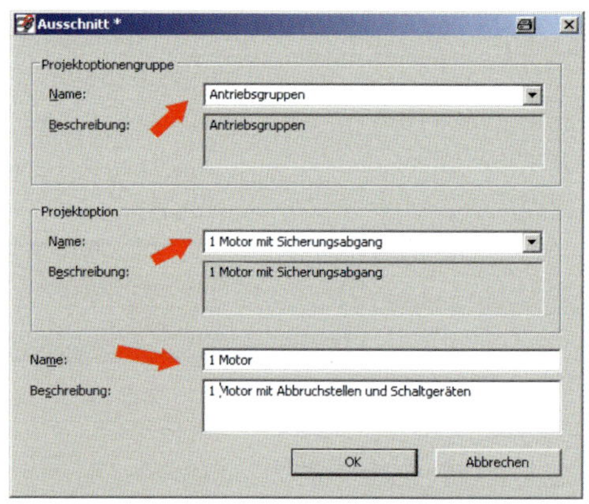

Bild 12.152 Neuen Ausschnitt bezeichnen

Nun kann der nächste Ausschnitt erstellt werden. Dabei kann der erste Ausschnitt als Konstruktionshilfe auf transparent geschaltet werden. Dazu wird der Ausschnitt markiert und über das Kontextmenü die Funktion **TRANSPARENT SCHALTEN (EIN/AUS)** angeklickt (eingeschaltet). Anschließend muss der bisherige Ausschnitt durch Anklicken des grünen Hakens vor dem Namen der Projektoption ausgeschaltet werden.

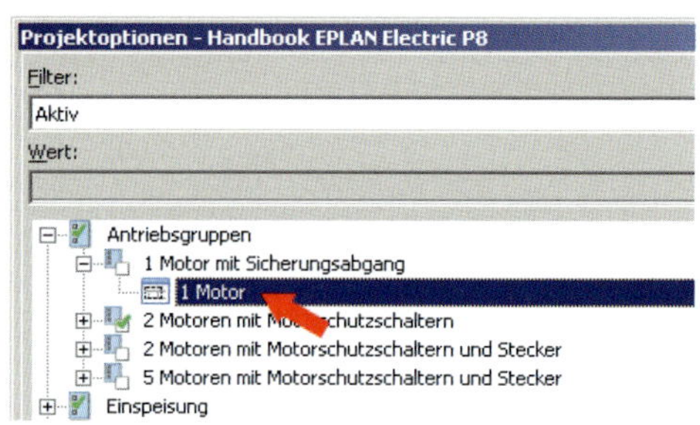

Bild 12.153 Ausschnitt im Navigator

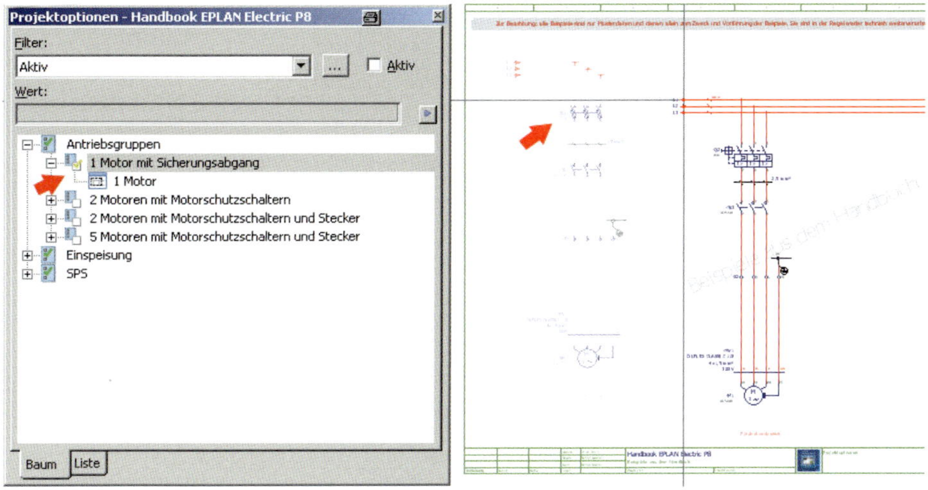

Bild 12.154 Neue Schaltungsteile für neuen Ausschnitt bearbeiten

EPLAN schaltet jetzt optisch den bisherigen Ausschnitt auf transparent. Das ist am gelben Häkchen vor dem Ausschnittsnamen zu erkennen. Nun kann der »neue« Ausschnitt bearbeitet werden. Dazu werden die gewünschten Elemente platziert und bearbeitet. Rein optisch können auch die Platzierungen der (vorherigen) transparenten Option (des Ausschnittes) dazu genutzt werden, um die neuen Geräte zu platzieren.

Als Bearbeitungshilfe kann man sich auch beispielsweise den vorherigen Ausschnitt kopieren und über den transparenten Ausschnitt legen. Jetzt können die Geräte ausgetauscht, neue hinzugefügt oder überflüssige Geräte und sonstige Elemente gelöscht werden. Auch ganz andere Beschaltungen können erstellt werden, je nachdem, welche Teilschaltung für diese Option erwünscht oder gefordert ist.

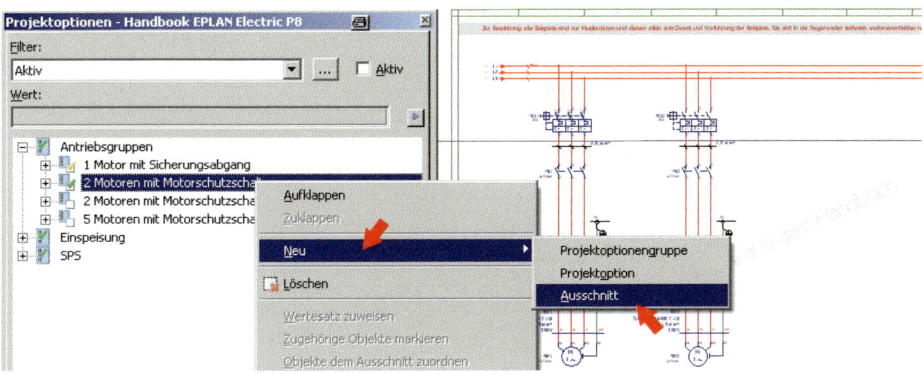

Bild 12.155 Neuen Ausschnitt festlegen

Sind alle Änderungen für diesen Ausschnitt erstellt worden, kann der Ausschnitt festgelegt und gespeichert werden. Dazu werden die Geräte wieder per Fenstertechnik markiert. Über das Menü **PROJEKTDATEN/PROJEKTOPTIONEN/AUSSCHNITT ERZEUGEN** oder über das Kontextmenü des **Projektoptionen-Navigators** wird der neue Ausschnitt erzeugt.

Der neue Ausschnitt bekommt wieder einen **Namen** und eine **Beschreibung**. Anschließend wird der Ausschnitt gespeichert. Nun sind beide Ausschnitte als Option im Projekt vorhanden und lassen sich beliebig ein- und ausschalten.

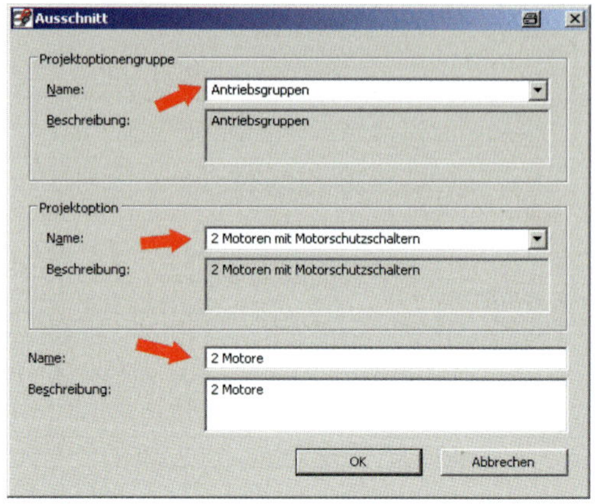

Bild 12.156 Neuen Ausschnitt bezeichnen

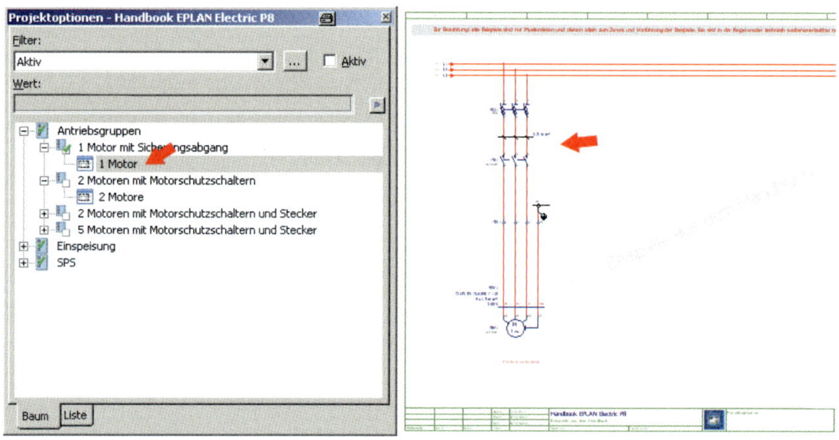

Bild 12.157 Ausschnitt mit einem Motor

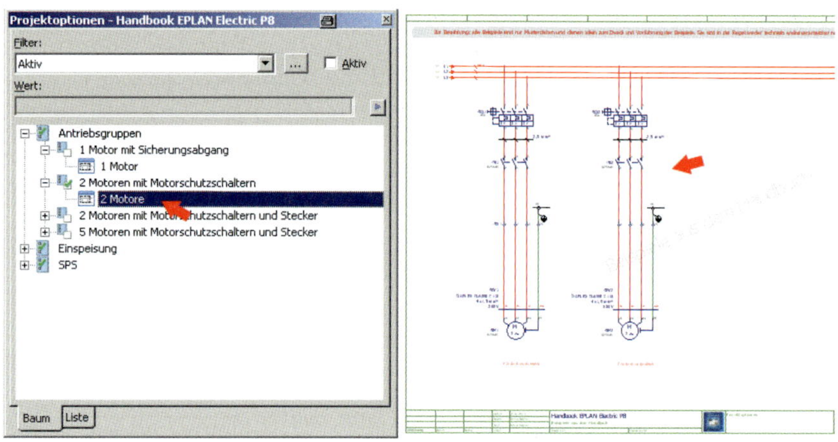

Bild 12.158 Gleiche Seite mit einem anderen Ausschnitt

12.3.4 Optionen übersichtlich auswerten

Werden viele Optionen in einem Projekt benutzt, kann es hilfreich sein, eine Übersicht über die verwendeten und nicht verwendeten Optionen zu haben. EPLAN bietet dafür die einfache Möglichkeit, Auswertungen in den verschiedensten Formen automatisch zu erstellen. Alles, was gebraucht wird, ist ein Formular des Typs **Projektoptionenübersicht** und eine Auswertung oder eine Auswertungsvorlage.

Ein Beispiel, wie solch eine Übersicht über die verwendeten Optionen als Auswertung aussehen kann, ist in Bild 12.159 zu sehen. Natürlich kann hier mit Filtern und Sortierungen gearbeitet werden, sodass beispielsweise nur die aktiven Optionen im Formular ausgewertet werden.

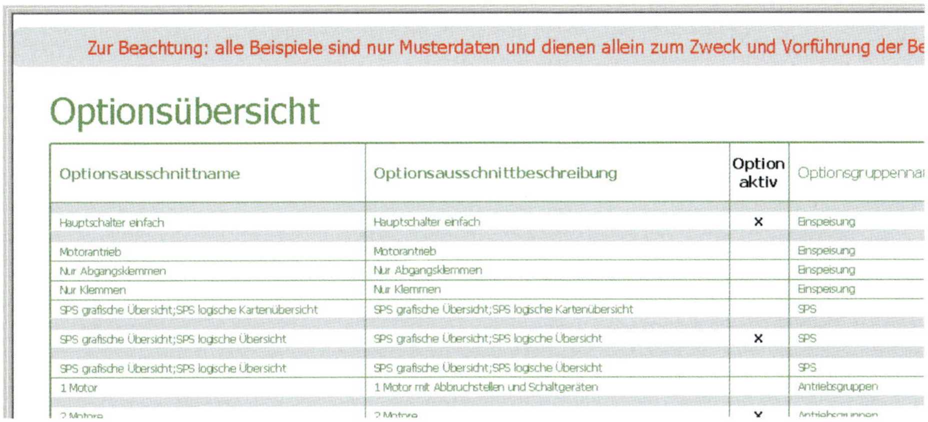

Zur Beachtung: alle Beispiele sind nur Musterdaten und dienen allein zum Zweck und Vorführung der Be

Optionsübersicht

Optionsausschnittname	Optionsausschnittbeschreibung	Option aktiv	Optionsgruppenna
Hauptschalter einfach	Hauptschalter einfach	x	Einspeisung
Motorantrieb	Motorantrieb		Einspeisung
Nur Abgangsklemmen	Nur Abgangsklemmen		Einspeisung
Nur Klemmen	Nur Klemmen		Einspeisung
SPS grafische Übersicht;SPS logische Kartenübersicht	SPS grafische Übersicht;SPS logische Kartenübersicht		SPS
SPS grafische Übersicht;SPS logische Übersicht	SPS grafische Übersicht;SPS logische Übersicht	x	SPS
SPS grafische Übersicht;SPS logische Übersicht	SPS grafische Übersicht;SPS logische Übersicht		SPS
1 Motor	1 Motor mit Abbruchstellen und Schaltgeräten		Antriebsgruppen

Bild 12.159 Automatisch erzeugte Optionsübersicht

13 FAQs

Trotz der umfangreichen Online-Hilfe, die EPLAN mitliefert, gibt es natürlich immer die eine oder andere Frage, die darin nicht beantwortet wird oder deren Antwort nicht genau für den aktuellen Fall aus der Praxis passt. Dieses Kapitel beinhaltet deshalb eine Vielzahl von oft gestellten Fragen zu EPLAN Electric P8 aus verschiedenen Kategorien und deren Antworten.

HINWEIS: Ich möchte darauf hinweisen, dass es auf manche Fragen mehrere Antworten geben könnte. EPLAN Electric P8 ist bekannt dafür, dass nicht immer zwingend nur ein »Weg nach Rom« führt, sondern dass es verschiedene Lösungsansätze geben kann.

13.1 Allgemeines

Frage: Wie werden gruppierte grafische Elemente am schnellsten gedreht?

Antwort: Wenn man die gruppierten Elemente markiert und dann den Drehpunkt definiert (über Menü **BEARBEITEN/DREHEN**), kann man im Menü **OPTIONEN/RELATIVE KOORDINATENEINGABE** (oder mit der Tastenkombination **SHIFT + R**) und im nachfolgenden Dialog **Relative Koordinateneingabe** den gewünschten Winkel, um den das gruppierte Element gedreht werden soll, direkt angeben. Die Eingabe ist mit **OK** zu bestätigen. Dann muss noch einmal die Taste **OK** gedrückt werden, und daraufhin dreht EPLAN das Element um den eingestellten Winkel.

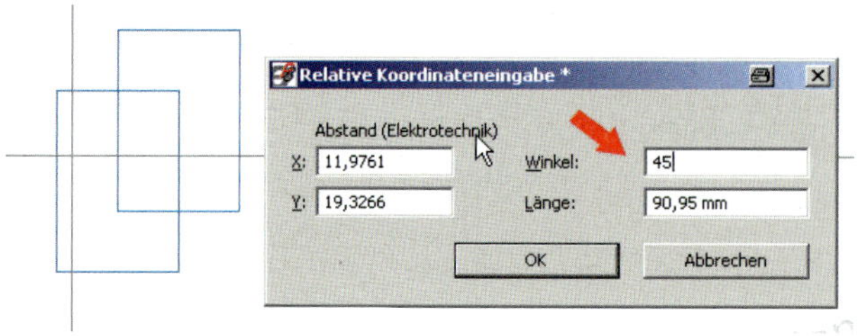

Bild 13.1 Winkel im Dialog einstellen

Frage: Wie vergrößere oder verkleinere ich grafische Objekte?

Antwort: Sie markieren das zu vergrößernde/zu verkleinernde Objekt und wählen im Menü **BEARBEITEN/GRAFIK** die Funktion **SKALIEREN** aus. Danach geben Sie den Ursprung für die Skalierung an und bestätigen mit **OK**.

> **HINWEIS:** Es sind nur ganzzahlige Werte oder Werte mit Komma gültig.

Frage: Welche Bedeutung hat die Funktion **EIGENSCHAFTEN (ÜBERGREIFEND)** im Menü **OPTIONEN**?

Antwort: Um Eigenschaften übergreifend zu bearbeiten, wird das Menü **OPTIONEN/ EIGENSCHAFTEN ÜBERGREIFEND** aktiviert. Damit ist es möglich, ein Schütz und seine im Stromlaufplan verteilten Kontakte gleichzeitig (also übergreifend) zu bearbeiten. Man könnte als Beispiel das BMK komplett ändern.

Bild 13.2 Option Eigenschaften übergreifend

Ist die Option **EIGENSCHAFTEN ÜBERGREIFEND** aktiviert, ist es nicht möglich, in den Symboleigenschaften das *sichtbare BMK* zu ändern. Das Feld ist dann ausgegraut. Es ist nur möglich, das Feld *Vollständiges BMK* zu bearbeiten.

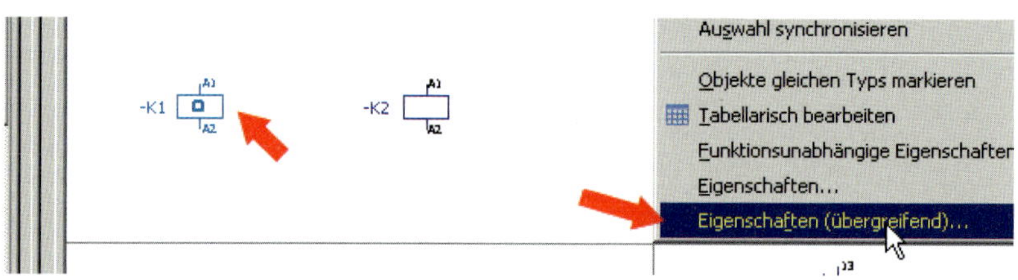

Bild 13.3 Kontextmenü

Die Funktion *Eigenschaften übergreifend* liegt auch im Kontextmenü der rechten Maustaste. Um diese Funktion zu benutzen, muss beispielsweise ein Betriebsmittel markiert werden. Danach kann aus dem Kontextmenü *Eigenschaften übergreifend* aufgerufen werden. Es ist übrigens beliebig, welches Betriebsmittel markiert wird. Es kann die Spule sein, es kann aber auch ein Kontakt der Spule sein.

Frage: Was ist der Unterschied zwischen einem *Basisprojekt* und einem *Vorlageprojekt*?

Antwort: *Projektvorlagen* enthalten immer alle projektbezogenen Einstellungen und die Schemen für die Projektstruktur. Projektvorlagen haben die Dateinamenerweiterung **.ept*. Wird ein Projekt auf Grundlage einer Projektvorlage neu erstellt, werden die projektbezogenen Einstellungen übernommen. Die Seitenstruktur in solch einem neu erzeugten Projekt lässt sich nachträglich anpassen, wenn noch keine Seiten im Projekt vorhanden sind.

Basisprojekte enthalten sowohl Seiten als auch alle projektbezogenen Einstellungen. Diese haben die Dateinamenerweiterung **.ebp*. Wird ein Projekt auf Grundlage eines Basisprojekts erstellt, werden die projektbezogenen Einstellungen und die im Basisprojekt vorhandenen Seiten übernommen. Die Seitenstruktur im neuen Projekt ist aber durch die Seiten des Basisprojekts vorgegeben und lässt sich, im Gegensatz zu einer Projektvorlage, nicht verändern.

Die Seitennummerierung kann man grundsätzlich bei beiden Projektarten immer verändern. Der große Unterschied besteht im Ändern der Seitenstruktur. Sie ist einmal änderbar (neues Projekt aus einer Projektvorlage) und einmal nicht änderbar (neues Projekt aus einem Basisprojekt).

HINWEIS: Ab der Version EPLAN Electric P8 1.9.x haben Basisprojekte immer die Dateiendung **zw9*. Das bisherige Format **epb* ist weiterhin vorhanden und kann als Grundlage für neue Projekte genutzt werden. Allerdings ist es nicht mehr möglich (gilt ebenfalls ab der Version 1.9.x), Basisprojekte mit der Endung **epb* zu erstellen.

Frage: Wie ändere ich den Linientyp von Autoconnecting-Verbindungen?

Antwort: Um die Formatierung von Autoconnecting-Linien zu ändern, besteht die Möglichkeit, einen *Potenzialdefinitionspunkt* auf die Autoconnecting-Linie zu setzen und in den Symboleigenschaften auf der Registerkarte *Verbindungsgrafik* die Formatierung der Autoconnecting-Linie zu beeinflussen. Ein Potenzialdefinitionspunkt wird über das Menü EINFÜGEN/POTENZIALDEFINITIONSPUNKT eingefügt.

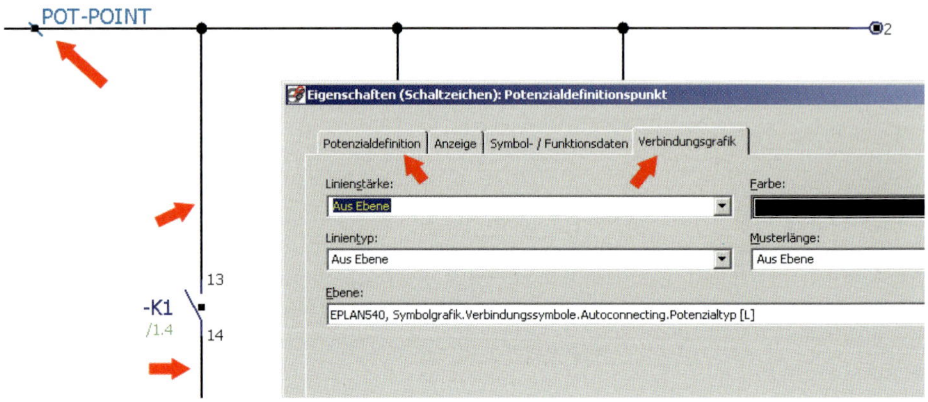

Bild 13.4 Formatierung von Autoconnecting-Linien global verändern

Da es sich hierbei um eine Verbindung handelt, sollten anschließend die Verbindungen aktualisiert werden (im Menü **PROJEKTDATEN/VERBINDUNGEN/AKTUALISIEREN**). Damit werden alle Verbindungen, die es betrifft (beispielsweise PE-Verbindungen), aktualisiert, und sie übernehmen das Format des Potenzialdefinitionspunktes.

Möchte man nur für eine Teilverbindung den Linientyp ändern, muss man einen Verbindungsdefinitionspunkt benutzen. Ein Verbindungsdefinitionspunkt wird über das Menü **Einfügen/Verbindungsdefinitionspunkt** eingefügt und anschließend auf das gewünschte Teilstück der Verbindung gesetzt.

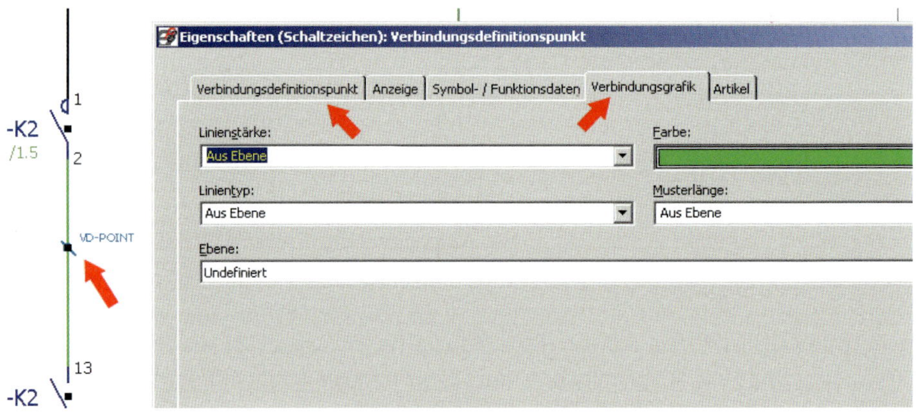

Bild 13.5 Eigenschaft einer Teilverbindung ändern

Frage: Können Makros mit Wertesätzen seitenübergreifend genutzt werden?

Antwort: Nein. Makros mit Wertesätzen können nur auf oder mit einer Seite benutzt werden. Möchte man seitenübergreifend Makros mit Wertesätzen nutzen, muss man auf das (kostenpflichtige) Add-On **Project Options** zurückgreifen.

Frage: Warum verweisen meine Abbruchstellen im Projekt immer auf sich selbst pro Seite?

Antwort: Damit die Querverweisbildung bei Abbruchstellen funktioniert, muss Folgendes beachtet werden.

- *Erste Seite:* Einfügen einer abgehenden Abbruchstelle
- *Zweite Seite:* eine ankommende und eine abgehende Abbruchstelle einfügen
- *Dritte Seite:* eine ankommende und eine abgehende Abbruchstelle einfügen
- *Letzte Seite:* eine ankommende Abbruchstelle einfügen

Abbruchstellen sind immer als Paare zu betrachten. Eine Spitze der Abbruchstelle muss also immer auf den Stumpf der nächsten Abbruchstelle treffen; dann wieder Spitze auf Stumpf und so weiter. Nun funktionieren die Querverweise (wenn alle anderen Eigenschaften auf Standard eingestellt sind), und die Abbruchstellen verweisen nicht falsch.

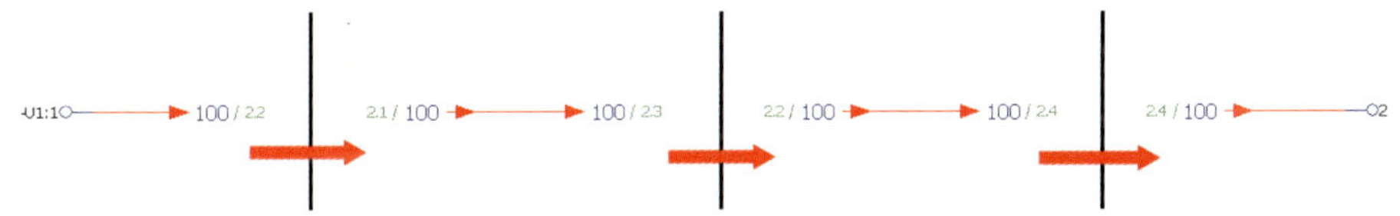

Bild 13.6 Standardsortierung von Abbruchstellen

Man kann über die Vorgabe einer Sortierkennung für Abbruchstellen auch gezielt bestimmte Abbruchstellen miteinander verbinden (gleiches BMK vorausgesetzt). Aber auch hier gilt: Es muss immer ein Paar mit der gleichen Sortierkennung geben.

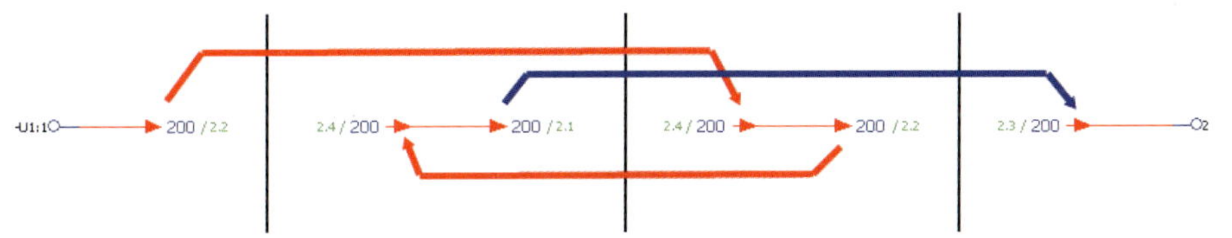

Bild 13.7 Abbruchstellen gegen den Standard sortieren

Frage: Warum habe ich teilweise rote Ausrufezeichen an meinen Geräten im Betriebsmittel-Navigator?

Antwort: Befindet sich ein rotes Ausrufezeichen an einem Gerät, bedeutet das, dass für dieses Gerät eine Meldung durch den Meldungs-Navigator vorliegt.

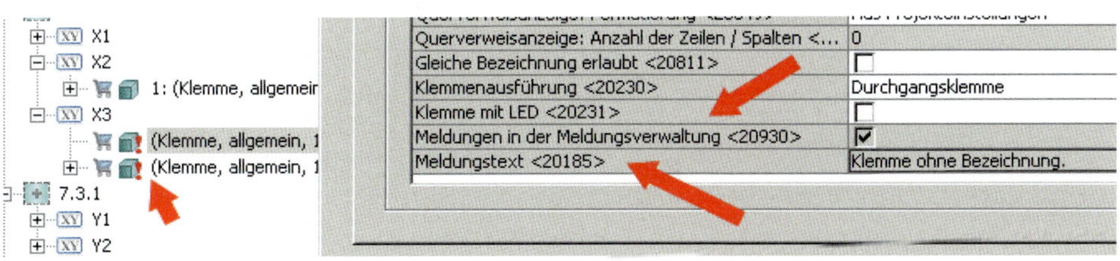

Bild 13.8 Symboleigenschaften

In diesem Falle öffnen Sie einfach den Meldungs-Navigator, setzen den Haken bei *Auswahl*, markieren das Gerät im Betriebsmittel-Navigator, und dann werden genau die Meldung bzw. die Meldungen angezeigt, die für dieses Gerät im Prüflauf erzeugt worden sind.

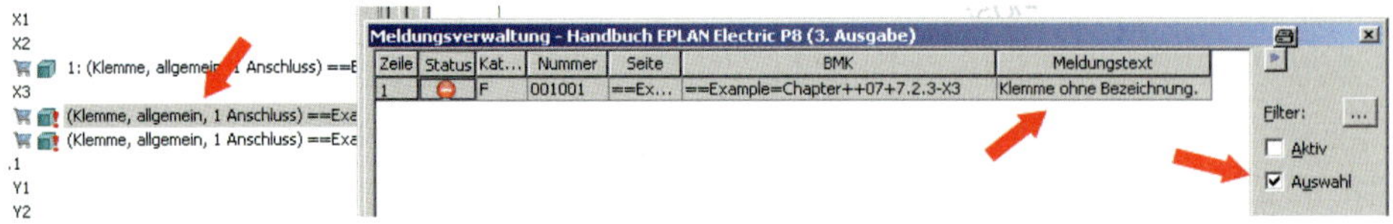

Bild 13.9 Meldung im Meldungs-Navigator

Frage: Warum erzeugt mir EPLAN Electric P8 keine Verbindungen, und warum werden keine Querverweise dargestellt?

Antwort: Es handelt sich in diesem Fall um kein Projekt vom Typ **Schaltplanprojekt,** sondern um ein Projekt vom Typ **Makroprojekt**. In Makroprojekten gibt es diese Einschränkungen.

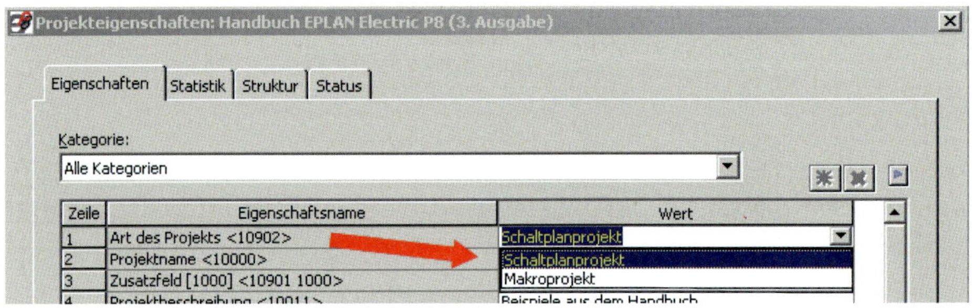

Bild 13.10 Projektart einstellen

Ist das nicht gewollt, muss in den Projekteigenschaften die Eigenschaft *Art des Projektes <10902>* umgestellt werden.

Frage: Wie kann ich die Projektstruktur (Seitenstruktur) nachträglich ändern?

Antwort: Erst einmal gar nicht. Die grundlegende Struktur des Projekts (Seitenstruktur) kann nachträglich nicht mehr geändert, sondern im Normalfall nur einmalig (beim Erstellen des Projekts) ausgewählt werden.

> **HINWEIS:** Die Seitenstruktur kann auch nicht geändert werden, wenn das Projekt anhand eines Basisprojekts neu erstellt wird, da sie schon im Basisprojekt festgelegt wurde. Dies gilt auch für den Fall, dass das Projekt auf Basis einer Kopie eines anderen Projekts neu erstellt wird. Auch hier ist das Ändern der Seitenstruktur des Projekts nicht möglich, da sie schon im zu kopierenden Projekt festgelegt wurde.

Alle anderen Strukturen wie für Betriebsmittel, Kabel etc. können aber auch später den Anforderungen des Projektes angepasst werden.

Frage: Warum funktioniert das Kopieren und Einfügen mit STRG + C und STRG + V nicht mehr wie gewohnt?

Antwort: Wenn das Kopieren mit **STRG + C** und das Einfügen mit **STRG + V** nicht mehr wie gewohnt funktioniert (z. B. Objekt markieren, dann mit **STRG + C** kopieren und anschließend mit **STRG + V** wieder einfügen), ist im Menü **OPTIONEN** der **KONSTRUKTIONSMODUS** eingeschaltet. Dieser sollte wieder abgeschaltet werden. Das Kopieren/Einfügen funktioniert dann wieder wie bisher gewohnt.

Frage: Was ist der Unterschied zwischen *Löschen* und *Platzierung löschen*?

Antwort:

Löschen: Das markierte Objekt wird komplett gelöscht (grafische Platzierung und eventuelle Geräteinformationen) und steht dann ab sofort nicht mehr in den Projektdaten und auch in keinem Navigator mehr zur Verfügung.

Platzierung löschen: Das Objekt wird nur »grafisch« gelöscht. Es ist also nicht mehr grafisch sichtbar (beispielsweise auf einer Stromlaufplanseite), aber das Objekt selbst ist weiterhin mit allen seinen Geräteinformationen in den Projektdaten vorhanden, beispielsweise im Betriebsmittel-Navigator, und kann später wieder neu »grafisch« platziert bzw. aus den entsprechenden Navigatoren abgebucht werden.

Frage: Warum kann ich im Feld »Sichtbares BMK« keine Daten mehr eingeben (es ist ausgegraut)?

Antwort: Wenn in den Symboleigenschaften das Feld *Sichtbares BMK* ausgegraut ist (d. h. man kann hier keine Daten mehr eingeben), ist die Option *Eigenschaften (übergreifend)* aktiviert. Diese muss wieder deaktiviert werden, und dann kann man das Feld *Sichtbares BMK* wieder wie gewohnt bearbeiten.

Frage: Wo finde ich eine Demo-Version von EPLAN Electric P8?

Antwort: Es gibt eine 270-Tage-Studentenversion von P8. Sie nennt sich EPLAN Education und ist auf der EPLAN-Website downloadbar. Sie beinhaltet neben EPLAN Electric P8 auch EPLAN Fluid, EPLAN PPE und weitere Programme je nach Entwicklungsstand. Eine Installationsanweisung steht ebenfalls zum Download bereit.

> **HINWEIS:** Die Daten der Education-Version sind nicht kompatibel mit den Daten der Industrieversionen (= Kaufversionen). Daten der Industrieversionen können mit der Education-Version auch nicht bearbeitet werden.

Frage: Wie kann ich innerhalb einer Gruppierung ein einzelnes Objekt bearbeiten?

Antwort: Innerhalb einer Gruppierung kann man ein einzelnes, in der Gruppierung eingebettetes Objekt bearbeiten (ohne die Gruppierung aufzuheben), indem man die **SHIFT**-Taste gedrückt hält und dann das gewünschte Element mit der linken Maustaste doppelt anklickt. Jetzt öffnet EPLAN genau dieses Objekt, und man kann die Daten verändern.

Frage: Wie kann man mit EPLAN gleichzeitig fünf Linien um eine bestimmte Länge kürzen?

Antwort: Diese Funktion nennt sich Stretchen, kommt aus dem CAD-Bereich und funktioniert wie folgt (idealerweise sollte der Modus **OBJEKTFANG** im Menü **OPTIONEN** eingeschaltet sein): Rufen Sie im Menü **BEARBEITEN/GRAFIK** die Funktion **STRETCHEN** auf.

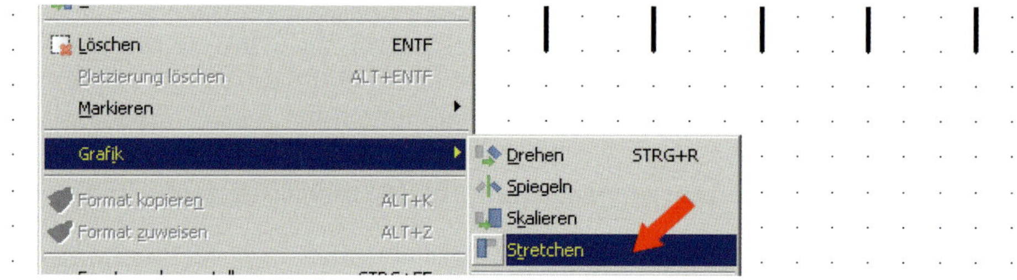

Bild 13.11 Stretchfunktion

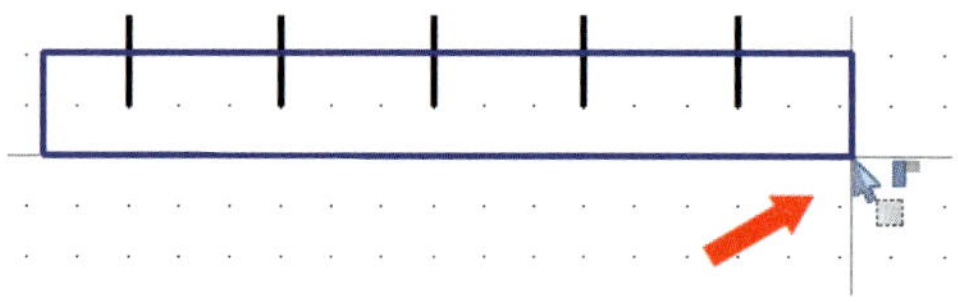

Bild 13.12 Fenster aufziehen

Jetzt müssen alle Enden der Linien durch Aufziehen eines Fensters (mit der linken Maustaste) markiert werden (die Enden »einrahmen«). EPLAN markiert die Enden der Linien mit einem Kreis.

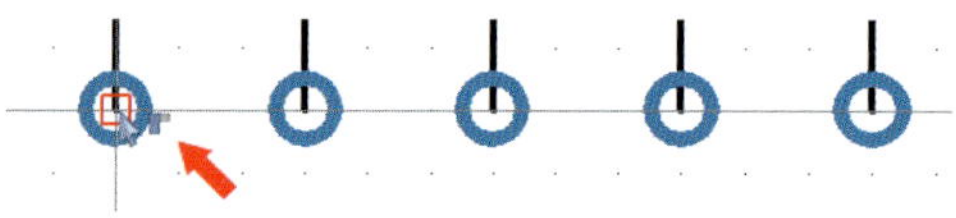

Bild 13.13 Startpunkt der Streckung angeben

Anschließend wird der Startpunkt der Streckung festgelegt. Im Normalfall wird dazu das Ende einer Linie angeklickt. Ist der Objektfang aktiviert, »rastet« der Cursor dort ein (rotes Rechteck).

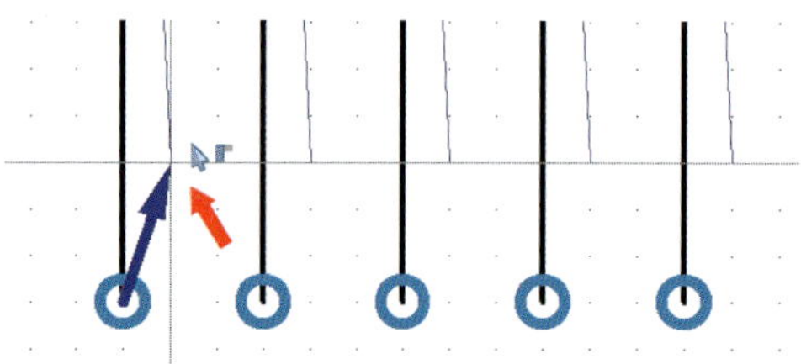

Bild 13.14 Endpunkt der Streckung angeben

Anschließend wird der Endpunkt der Streckung angegeben (mit der linken Maus variabel wählbar – EPLAN zeigt jetzt am Cursor einen blauen Pfeil an, solange nicht platziert wird). Der Endpunkt ist dabei beliebig wählbar.

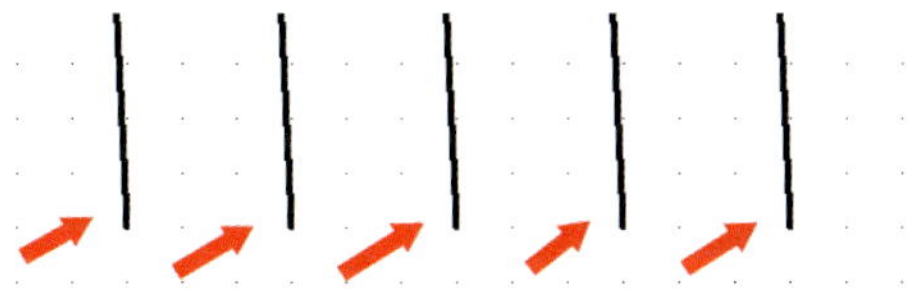

Bild 13.15 Die Liniendaten wurden gemeinsam geändert.

Wurde der Endpunkt von der Platzierung her gewählt, bestätigen Sie mit der linken Maustaste (einmal klicken). Die Linien werden nun auf diesen Endpunkt »gestretcht«, d.h. in diesem Fall gekürzt. Natürlich können sie auch verlängert oder der Winkel für alle gemeinsam verändert werden.

Frage: Wie kann man Ersteller-, Kunden- oder Endkundendaten in den Projekteigenschaften automatisch ausfüllen lassen?

Antwort: Um nicht jedes Mal die Ersteller-, Kunden- oder Endkundendaten wie Adresse, Name etc. in den Projekteigenschaften manuell eintragen zu müssen, gibt es in EPLAN die Möglichkeit, diese Daten (die zuvor natürlich in der Artikelverwaltung im Bereich **Kunde** eingepflegt wurden) automatisch durch EPLAN in die Projekteigenschaften schreiben zu lassen. Dazu wird die (optionale) *Projektverwaltung* im Menü **PROJEKT** geöffnet und das gewünschte Projekt markiert. Nun wird der Button **EXTRAS** angeklickt und die Funktion **KUNDENDATEN EINLESEN** ausgewählt. Hier besteht die Möglichkeit, die Daten für den Ersteller, Kunden oder Endkunden aus dem folgenden Dialog **Adresse wählen** auszuwählen und per Klick auf den Button **OK** in die Projekteigenschaften zu übernehmen. EPLAN füllt dann automatisch die entsprechenden Projekteigenschaften mit den in der Artikelverwaltung hinterlegten Daten.

Frage: Was ist der Unterschied zwischen *Projekteigenschaften* und *Projekteinstellungen*?

Antwort: *Projekteigenschaften* sind Eigenschaften des Projekts wie Einstellungen zur Struktur des Projekts oder der darin verwendeten Arten von Betriebsmitteln wie Klemmenleisten oder allgemeine Betriebsmittel. Projekteigenschaften sind auch bestimmte Eigenschaften, die global für das gesamte Projekt gelten wie Eigenschaften des Erstellers oder das Datum des Projektbeginns. Des Weiteren gehören zu den Projekteigenschaften auch statistische Informationen wie Anzahl von bestimmten Seitentypen etc. Projekteigenschaften werden über das Menü **PROJEKT** und den Menüeintrag **EIGENSCHAFTEN** aufgerufen. Alternativ wird das Projekt im **Seiten-Navigator** markiert, und dann wird im Kontextmenü der Eintrag **PROJEKT** und daraufhin der Eintrag **EIGENSCHAFTEN** ausgeführt.

Projekteinstellungen sind Einstellungen, die zwar ebenfalls das Projekt betreffen, aber sich mehr um den »Inhalt« des Projekts kümmern, wie z.B. welche Formulare man für welche Auswertungen des Projekts benutzen soll, welches Online-BMK-Nummerierungsschema verwendet wird oder auch wie die Projektstruktur im Seiten-Navigator angezeigt werden soll. Projekteinstellungen werden über das Menü **OPTIONEN** und den Menüeintrag **EINSTELLUNGEN** aufgerufen. Anschließend ist das richtige Projekt im Knoten **Projekte** (bei mehreren geöffneten Projekten) auszuwählen.

Frage: Wie kann eine Autoconnecting-Linie unterbrochen werden?

Antwort: Eine Autoconnecting-Linie kann man mit dem Symbol ACBP (Autoconnecting-Unterbrechungspunkt) unterbrechen. Das Symbol kann durch Drücken der Tastenkombination **STRG + SHIFT + U** eingefügt werden oder im Menü **EINFÜGEN/VERBINDUNGS-SYMBOL/UNTERBRECHUNG** ausgewählt und anschließend wie jedes Symbol beliebig platziert werden.

Frage: Wie kann man die Position des Kontaktspiegels verändern?

Antwort: Man kann die Position des Kontaktspiegels auf unterschiedliche Weise verändern, z.B. in den Seiteneigenschaften der aktuellen Seite durch Ändern der Eigenschaft *Kontaktspiegelverschiebung <12061>*. Dieser Wert gilt nur für die aktuelle Seite und für alle davon betroffenen Symbole.

Man kann die Position auch global verändern, indem das verwendete Normblatt angepasst wird. Dazu wird die Eigenschaft *Kontaktspiegelverschiebung <12061>* im Normblatteditor angepasst. Diese Einstellung gilt anschließend für das gesamte Projekt.

Bild 13.16 Position des Kontaktspiegels manuell verändern

Eine dritte Möglichkeit wäre, direkt am betroffenen Symbol auf der Registerkarte *Anzeige* im Bereich *Kontaktspiegel* mit dem More-Button den Dialog **Kontaktspiegelposition** aufzurufen und hier die Positionen x und Y manuell festzulegen.

Es ist auch möglich, das Symbol zu markieren, die Tastenkombination **STRG + B** zu drücken, mit der Maus den Kontaktspiegel anzuklicken und mit gedrückter linker Maustaste in eine beliebige Position zu verschieben.

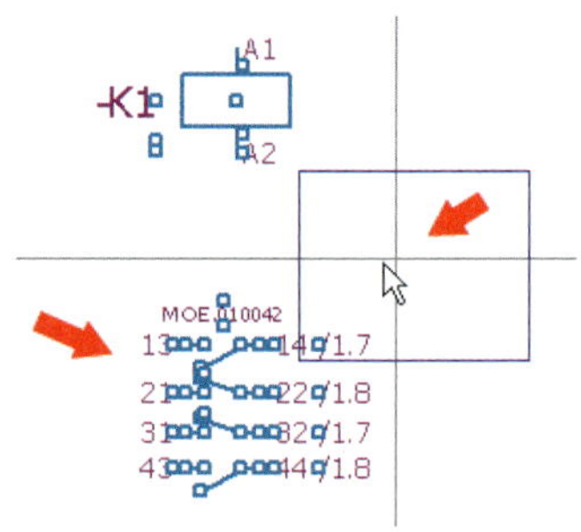

Bild 13.17 Verschieben

Frage: Was bedeutet die Option »Übergeordnet« in der Projektstruktur bei verschiedenen Betriebsmitteln?

Antwort: Ist die Option *Übergeordnet* gesetzt, ordnet EPLAN diesem Betriebsmittel in der Auswertung das Strukturkennzeichen zu bzw. nicht. Die Zuordnung hängt davon ab, ob das Betriebsmittel das *Vorzeichen* »-« trägt.

Bild 13.18 Einstellung Übergeordnet

Trägt das Betriebsmittel das Vorzeichen »-«, werden dem Betriebsmittel die Strukturkennzeichen (der Seite etc.), wie in der Projektstruktur eingestellt, zugeordnet. Trägt das Betriebsmittel nicht das Vorzeichen »-«, geschieht dies nicht.

Man kann also beispielsweise eine Klemmenleiste über mehrere Einbauorte als eine gesamte Leiste erzeugen lassen, indem das Vorzeichen »-« weggelassen wird. Aber es ist gleichzeitig auch möglich, durch Setzen des Vorzeichens »-« die restlichen Klemmenleisten je nach eingestellter Projektstruktur beispielsweise nach Anlage und Einbauort auswerten zu lassen.

Für folgende Betriebsmittelarten ist die Option *Übergeordnet* möglich: Klemmenleisten, Stecker, Kabel und Abbruchstellen.

Frage: Wo und wie kann ich meine Strukturkennzeichen neu sortieren?

Antwort: Um Strukturkennzeichen wie die Anlage oder den Einbauort neu zu sortieren, gibt es die Strukturkennzeichen-Verwaltung. Diese ist im Menü **PROJEKTDATEN/STRUKTURKENNZEICHEN-VERWALTUNG** zu finden. Hier stehen Bearbeitungsmöglichkeiten zur Verfügung, um Kennzeichen neu zu sortieren, umzubenennen, neue Kennzeichen anzulegen oder auch die Beschreibungen der Strukturkennzeichen zu überarbeiten oder gänzlich neu anzulegen u. v. m.

Frage: Wie kann ich die Meldung(en) in der Meldungsverwaltung nur für ein bestimmtes Objekt anzeigen?

Antwort: Um sich nur die zu einem Bauteil gehörigen Meldungen aus der Meldungs-Verwaltung im Betriebsmittel-Navigator anzeigen zu lassen, sind folgende Schritte nötig:

1. Starten Sie die Meldungsverwaltung **PROJEKTDATEN/MELDUNGEN/VERWALTUNG** mit dem entsprechenden Prüflauf.
2. Setzen Sie im Fenster der Meldungsverwaltung das Häkchen bei **AUSWAHL**.
3. Starten Sie den Betriebsmittel-Navigator.
4. Klicken Sie das gewünschte (Fehlerbehaftete) Bauteil im Betriebsmittel-Navigator.
5. Nun werden nur die Meldungen in der Meldungsverwaltung angezeigt, die dieses Bauteil betreffen.

Frage: Wo kann man in EPLAN eigene Anschlussbezeichnungen oder Anschlussbeschreibungen für Symbole eintragen?

Antwort: Um beispielsweise für eine Hupe (Meldeeinrichtung) neben den vorhandenen Anschlussbezeichnungen [x1 x2] noch die Anschlussbezeichnung [L N] zur Auswahl zu haben (im Symboleigenschaftsdialog der Hupe), sind folgende Schritte nötig:

1. Öffnen Sie über das Menü **DIENSTPROGRAMME/STAMMDATEN** den Menüpunkt **ANSCHLUSSBEZEICHNUNGEN/ BESCHREIBUNGEN**.

2. Suchen Sie auf der Registerkarte *Anschlussbezeichnungen*[1] die entsprechende Funktionsdefinition (hier *Meldeeinrichtung akustisch einfach*) in der Spalte *Funktionsdefinition*.

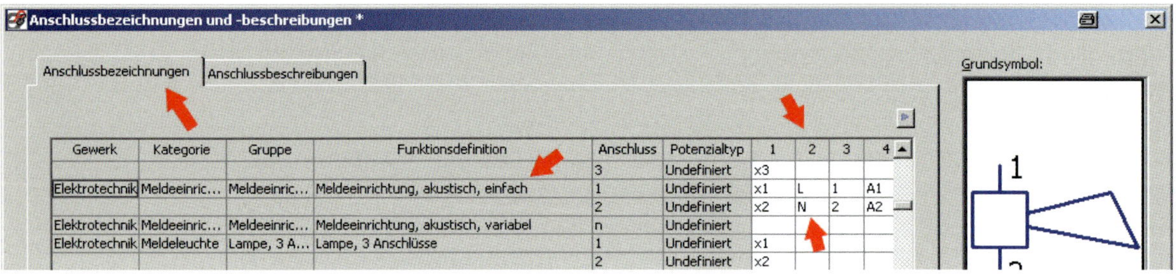

Bild 13.19 Anschlussbezeichnungen ergänzen

3. Tragen Sie in der Spalte 2 die zusätzlichen Anschlussbezeichnungen pro Anschluss ein.
4. Klicken Sie den Button **ÜBERNEHMEN** an und schließen Sie den Dialog mit **OK**.
5. Wählen Sie im Menü **DIENSTPROGRAMME/STAMMDATEN** den Menüeintrag **AKTUELLES PROJEKT AKTUALISIEREN** aus. EPLAN aktualisiert nun die Stammdaten des Projekts.
6. Ab sofort stehen die neue Anschlussbezeichnungen [L N] an der Hupe zum Auswählen zur Verfügung.

Frage: Was ist der Unterschied zwischen *[Aktuelles Projekt aktualisieren]* und *[Projekt abgleichen]*?

Antwort:

Aktuelles Projekt aktualisieren: Hier führt EPLAN automatisch eine Aktualisierung der Projektstammdaten mit den Systemstammdaten durch. Beispielsweise wird u. a. versucht, Stammdaten einzulagern, die im Projekt verwendet, aber nicht gefunden werden. Ein manueller Eingriff ist nicht mehr möglich. Wird diese Funktion gestartet, erfolgt anschließend keine Sicherheitsabfrage mehr (Abbruch nur über den Button **ABBRECHEN** im Dialog möglich). EPLAN liefert nach dem Aktualisieren eine entsprechende Hinweismeldung.

Bild 13.20 Hinweismeldung zum Stammdatenabgleich

1 Für eigene Anschlussbeschreibungen gilt die gleiche Vorgehensweise. Es muss nur im Dialog die Registerkarte *Anschlussbeschreibungen* gewählt werden.

Aktuelles Projekt abgleichen: Hier wird zunächst der Dialog **Stammdatenabgleich** gestartet. In diesem Dialog können gezielt Stammdaten (in beide Richtungen, also System nach Projekt bzw. Projekt nach System) ausgetauscht werden. Es besteht also u. a. die Möglichkeit, ganz gezielt Stammdaten manuell zu aktualisieren (abzugleichen).

Beide Menüaufrufe sind im Menü **DIENSTPROGRAMME/STAMMDATEN** zu finden.

Frage: Kann EPLAN von mehreren Seiten ein Makro erstellen?

Antwort: Ja, das ist mit EPLAN möglich. Solche Makros werden in EPLAN Seitenmakro genannt.

Ein Seitenmakro einer Seite kann mit der Tastenkombination **STRG** (oder **CTRL**) + **F10** erstellt werden, oder die Seite wird im Seiten-Navigator markiert und dann wird im Kontextmenü der rechten Maustaste der Eintrag **SEITENMAKRO ERSTELLEN** gewählt. Anschließend sind die gewünschten Informationen im Dialog **Speichern unter** einzutragen.

Um ein Seitenmakro von mehreren Seiten zu erstellen, gilt sinngemäß das Gleiche. Die Seiten werden im Seiten-Navigator markiert. Anschließend kann die Tastenkombination **STRG** (oder **CTRL**) + **F10** gedrückt bzw. im Kontextmenü der rechten Maustaste der Menüpunkt **Seitenmakro erstellen** aufgerufen werden.

Frage: EPLAN Electric P8 und Windows Vista oder Windows 7 – geht das?

Antwort: EPLAN Electric P8 (und die restliche EPLAN-Plattform wie EPLAN PPE, EPLAN Fluid etc.) ist neben der Windows Version XP Professional SP3 (32 Bit) ab der Version 1.9.x auch für Windows Vista und ab der 2.0 auch für Windows 7 freigegeben.

Folgende Windows Vista-Versionen werden unterstützt: Windows Vista Enterprise; Windows Vista Business N und Windows Vista Ultimate, jeweils SP2 und 32 Bit oder 64 Bit.

Folgende Windows 7-Versionen werden unterstützt: Windows 7 Enterprise; Windows 7 Business und Windows 7 Ultimate (jeweils 32 Bit oder 64 Bit).

Frage: Warum anstelle der Grafiksymbole in den Auswertungen blaue Kästchen angezeigt?

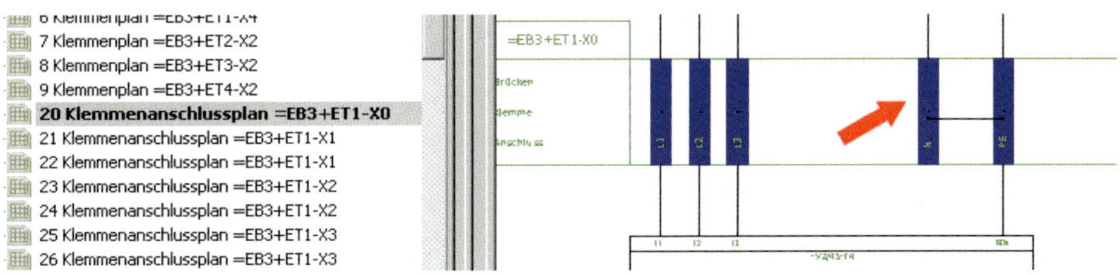

Bild 13.21 Blaue Kästchen

Antwort: Damit Grafiksymbole beispielsweise aus der Symbolbibliothek GRAPHICS in den Auswertungen, wie Klemmen- oder Kabelplänen, angezeigt werden, muss folgende Benutzereinstellung gesetzt werden: Navigieren Sie sich ins Menü **OPTIONEN/EINSTELLUNGEN/BENUTZER/GRAFISCHE BEARBEITUNG/2D** und wählen Sie im Auswahlfeld für die Farbeinstellung *Grafisches Symbol* die Einstellung *Aus Symbol*.

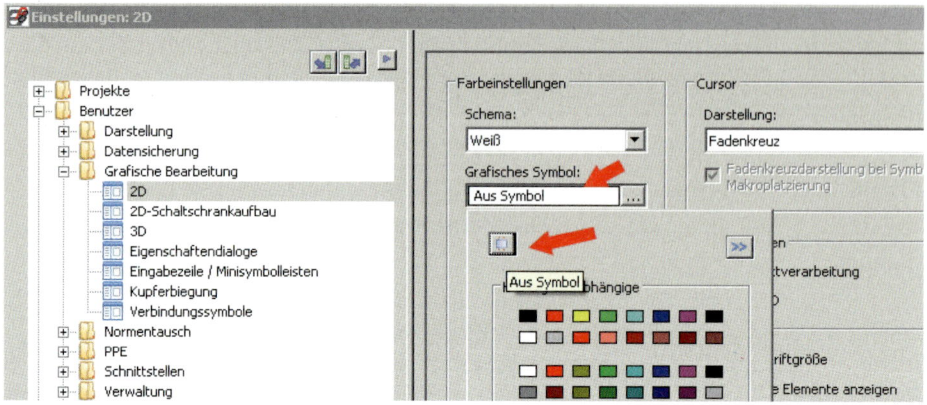

Bild 13.22 Farbeinstellung aus dem Symbol

Nun werden auch in den Auswertungen die grafischen Symbole vollständig angezeigt.

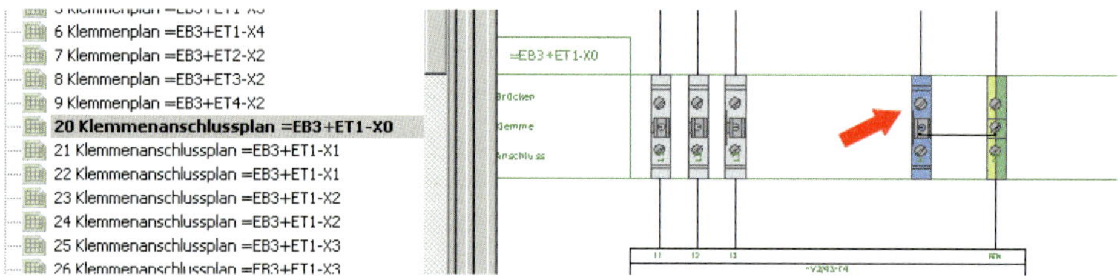

Bild 13.23 Symbolfarbeinstellungen

Frage: Was ist der Unterschied zwischen einem Fenstermakro und einem Symbolmakro?

Antwort: Prinzipiell gibt es hier keine großartigen Unterschiede. Beide Makrotypen (Fenstermakro **.ema* und Symbolmakro **.ems*) können Teile einer Seite oder verschiedene Objekte in einem Makro zusammenfassen bzw. speichern und sind dann später als Fenster- bzw. Symbolmakro aufrufbar.

Ein Fenstermakro kann mit der Taste **M** oder über das Menü **EINFÜGEN/FENSTERMAKRO** aufgerufen werden, ein Symbolmakro kann mit der Tastenkombination **STRG/CTRL + EINFG** oder über das Menü **EINFÜGEN/SYMBOLMAKRO** aufgerufen und dann frei auf der Seite platziert werden.

Frage: Wie kann das EPLAN-Installationslaufwerk nachträglich – ohne Neuinstallation – geändert werden?

Antwort: Um beispielsweise das Installationslaufwerk von *C:\Programme\EPLAN Electric P8* auf *E:\EPLANP8 V2* zu ändern, ist keine Neuinstallation erforderlich. Es reicht aus, wenn die Installationspfade in der Datei *Install.xml* angepasst werden.

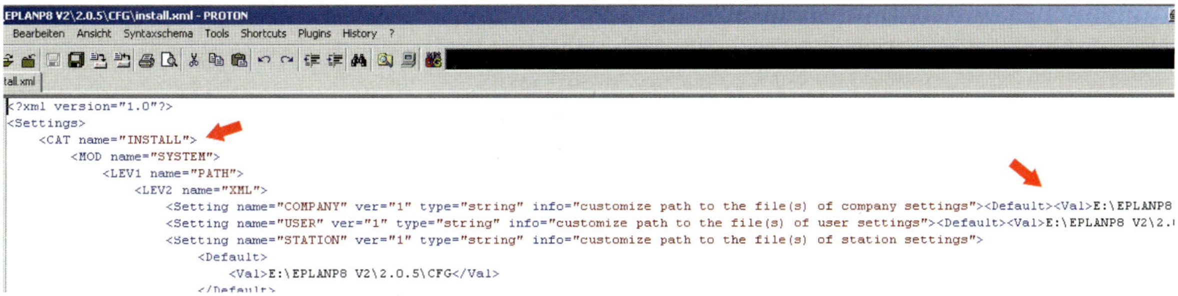

Bild 13.24 Installationspfade nachträglich ändern

Die Datei *Install.xml* liegt beispielsweise im Installationsverzeichnis *Laufwerk:\EPLANP8 V2\2.0.5\CFG* (je nach eigener Installation könnte der Pfad ein anderer sein).

Frage: Wie kann der CompanyCode (Firmenkennung) nachträglich – ohne Neuinstallation – geändert werden?

Antwort: Um beispielsweise den *CompanyCode* (= die Firmenkennung) von FirmaXYZ auf FirmaTheBestOfTheWelt zu ändern, ist keine Neuinstallation erforderlich. Es reicht, wenn der *CompanyCode* in der Datei *Install.xml* angepasst/geändert wird.

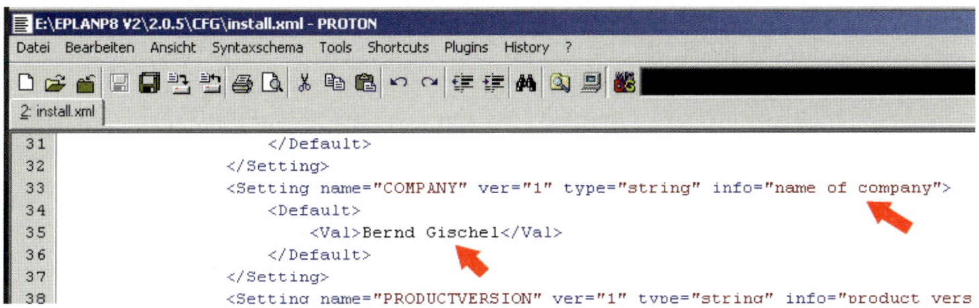

Bild 13.25 CompanyCode nachträglich ändern

Die Datei *Install.xml* liegt beispielsweise im Installationsverzeichnis *Laufwerk:\EPLANP8 V2\2.0.5\CFG* (je nach eigener Installation könnte der Pfad ein anderer sein).

HINWEIS: Die Rechtedatenbank muss sich vor dem Neustart von EPLAN (und nach dem Ändern des CompanyCode in der Datei *Install.xml*) im neuen Verzeichnis (neuer CompanyCode) befinden. EPLAN startet sonst nicht! Die Rechtedatenbank liegt im Verzeichnis *E:\EPLANP8\Verwaltung\CompanyCode* (den CompanyCode müssen Sie durch die eigene Firmenkennung ersetzen).

Frage: Was ist eine Hauptfunktion?

Antwort: Eine *Hauptfunktion* ist das »führende« Betriebsmittel bei (verteilt) dargestellten Betriebsmitteln (z.B. die Spule eines Schützes oder ein einzelner Schalter). Nur die Hauptfunktion trägt z. B. die Gerätedefinition (die Artikeldaten) des Betriebsmittels. Alle anderen möglichen Funktionen (beispielsweise die Kontakte der Spule) sind damit automatisch keine Hauptfunktionen oder eben Nebenfunktionen.

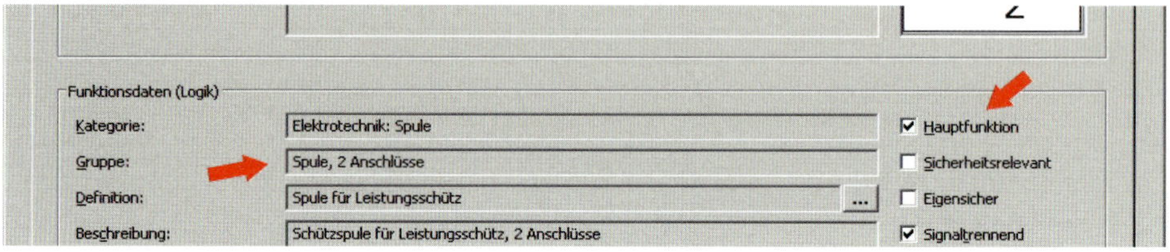

Bild 13.26 Hauptfunktion Spule

In EPLAN darf es zu einem Betriebsmittel immer nur genau *eine* Hauptfunktion des verwendeten Betriebsmittels geben. Das betrifft alle Objekte, ob es nun Schütze, Motorschutzschalter oder auch Kabeldefinitionen sind.

Frage: Wo werden die Seitensortierungen (Unterseite, welche Zeichen) der Auswertungen eingestellt?

Antwort: Um eine gewünschte Sortierung der Auswertungsseiten zu bekommen (Unterseiten ja/nein, numerisch, Buchstaben groß/klein), wird über das Menü **DIENSTPROGRAMME/AUSWERTUNGEN/ERZEUGEN** der Dialog **Auswertungen** gestartet. Hier klicken Sie den Button **EINSTELLUNGEN** an und wählen den Menüeintrag **AUSGABE IN SEITEN**. Anschließend stellen Sie im Dialog die gewünschte *Sortierung* in der Spalte *Zeichen* ein und legen fest, ob überhaupt Unterseiten (Spalte *Unterseite*) erzeugt werden sollen. Anschließend schließen und verlassen Sie den Dialog mit **OK**. Jetzt können die Auswertungen erzeugt bzw. aktualisiert werden.

Frage: Welche Projektinformationen erscheinen im Dialog **Projekt öffnen** auf der rechten Seite des Dialogs?

Antwort: Die Projektinformationen im Dialog **Projekt öffnen** (auf der rechten Seite im Vorschaufenster) werden aus den Projekteigenschaften entnommen und können nicht beeinflusst oder gegen andere Projekteigenschaften getauscht werden.

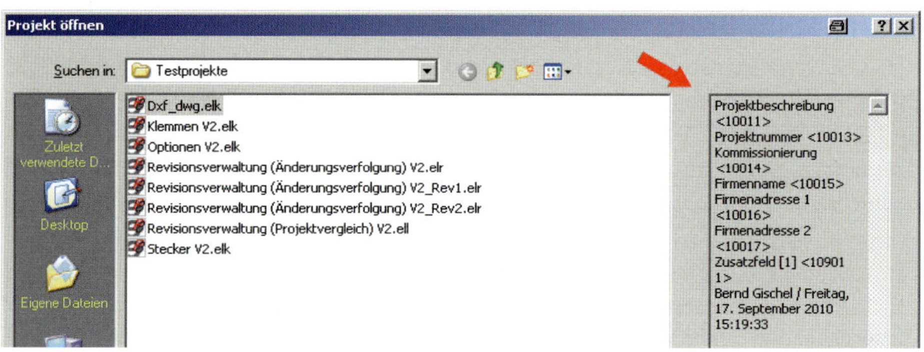

Bild 13.27 Informationen im Dialog Projekt öffnen

Folgende Projekteigenschaften werden angezeigt (wenn sie in den Projekteigenschaften ausgefüllt wurden): Projektbeschreibung <10011>; Projektnummer <10013>; Kommission <10014>; Firmenname <10015>; Firmenadresse 1 <10016>; Firmenadresse 2 <10017>; Zusatzfeld [1] <10901 1>; Letzter Bearbeiter: Anmeldename <10022> und das Änderungsdatum <10023>

Frage: Wie kann EPLAN auf die Werte der Standardinstallation zurückgesetzt werden?

Antwort: Um EPLAN auf die Werte der Standardinstallation zurückzusetzen (wenn unklare Zustände auftreten, die man sich nicht erklären kann und die sich nicht anders beseitigen lassen), kann EPLAN mit folgenden Aufruf gestartet werden: *»C:\Programme\EPLAN Electric P8\2.0\BIN\W3u.exe« /setup* – wobei das hier angegebene Programmverzeichnis an das eigene Installationsverzeichnis angepasst werden muss.

> **HINWEIS:** Mit diesem Aufruf gehen alle persönlichen Einstellungen wie eingestellte Schemen, Arbeitsbereich etc. verloren. Diese Einstellungen gilt es deshalb vorher unbedingt zu sichern.

Frage: Der Fang von Objekten für die Bemaßungsfunktion klappt nicht mehr.

Antwort: Wenn auf Seiten Grafikobjekte – beispielsweise für die Bemaßungsfunktion – nicht mehr automatisch mit der Maus gefangen werden können (das kleine rote Viereck), ist im Menü **OPTIONEN** der **OBJEKTFANG** ausgeschaltet.

Wird der Objektfang wieder eingeschaltet, klappt auch das Fangen von Objekten(punkten) wieder.

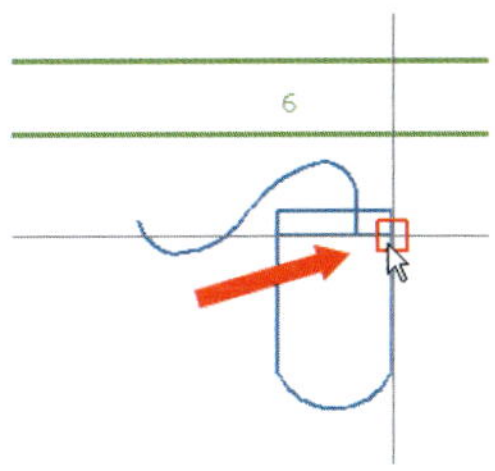

Bild 13.28 Objektfang ein

Frage: Wie werden Verbindungen komplett neu erzeugt bzw. repariert?

Antwort: Wenn Verbindungen (bzw. deren weitergehende Informationen) ein merkwürdiges Verhalten zeigen, können alle Verbindungen im Projekt komplett neu erzeugt werden. Dazu werden die Tasten **SHIFT** und **STRG** gedrückt gehalten und im Menü **PROJEKTDATEN/VERBINDUNGEN** der Menüpunkt **AKTUALISIEREN** aufgerufen. Es werden nun alle Verbindungen (bzw. die Verbindungsdatenbank) neu erzeugt. Je nach Anzahl der Verbindungen im Projekt kann das anschließend etwas dauern, da EPLAN hier erst alle Verbindungsdaten löscht und dann komplett neu erzeugt.

Frage: Wie können nachträglich die Strukturkennzeichen, wie Anlage oder Einbauort, anders sortiert werden?

Antwort: Um Kennzeichen (Strukturkennzeichen) wie das Anlagen- oder die Einbauortskennzeichen zu sortieren, muss im Menü **PROJEKTDATEN** die **STRUKTURKENNZEICHEN-VERWALTUNG** aufgerufen werden. Im folgenden Dialog können dann, auf den entsprechenden Registerkarten, die verschiedenen im Projekt benutzten (aber auch unbenutzten) Kennzeichen in der Reihenfolge verändert werden.

Frage: Kann EPLAN auch Seitennamen wie »Siebzig« verarbeiten?

Antwort: Ja, das ist möglich. Im Normalfall besteht der Seitenname aus einer Zahl (der Seitennummer). Zum Beispiel kann die Seite »70« heißen. EPLAN kann aber auch alphanumerische Bestandteile in den Seitenamen aufnehmen. Eine Seite kann demnach auch den Seitennamen »Siebzig« besitzen. Allerdings könnten eventuelle Nachfolgeoperationen wie das Nummerieren von Seiten oder Ähnliches dann nicht mehr so funktionieren wie gewünscht, da der Seitenname dann u. a. aus alphanumerischen Zeichen besteht.

> Daher heißt die Eigenschaft der Seiten»nummer« auch nicht »Nummer«, sondern Seiten»name«, da ein Seitenname auch alphanumerische Bestandteile tragen kann.

Frage: Wie können beispielsweise Geräteanschlüsse mit dem Potenzialtyp PE die gleiche Bezeichnung haben, ohne dass EPLAN eine Prüflaufmeldung bringt?

Antwort: Dazu muss die **LOGIK** (auf der Registerkarte *Symbol-/Funktionsdaten* und hier der Button **LOGIK**) des Geräteanschlusses angepasst werden. Im folgenden Dialog **Anschlusslogik** gibt es die Einstellung *Gleiche Anschlussbezeichnung erlaubt*. Diese muss dann für die entsprechenden Geräteanschlüsse aktiviert werden. Damit beanstandet EPLAN die gleich bezeichneten Funktionen ab sofort nicht mehr.

Frage: Hat die Reihenfolge der eingelagerten Symbolbibliotheken Auswirkungen auf die Darstellung der Symbole?

Antwort: Nein. Die Reihenfolge der eingelagerten Symbolbibliotheken spielt bei EPLAN-Projekten keine Rolle. EPLAN wählt immer das Symbol aus der richtigen Symbolbibliothek. Es stützt sich dabei auf Informationen wie den Namen der Symbolbibliothek, die Symbolnummer bzw. den Symbolnamen. Voraussetzung ist natürlich, dass die gleichen Symbolbibliotheken in den verschiedenen Projekten eingelagert wurden/sind.

Frage: Warum sind nach dem Einfügen eines Makros lauter rote Kreuze anstelle von Symbolgrafiken zu sehen?

Antwort: Wenn nach dem Einfügen eines Makros oder Ähnlichem lauter rote Kreuze anstelle von Symbolgrafiken dargestellt werden, fehlt mindestens eine Symbolbibliothek im Projekt.

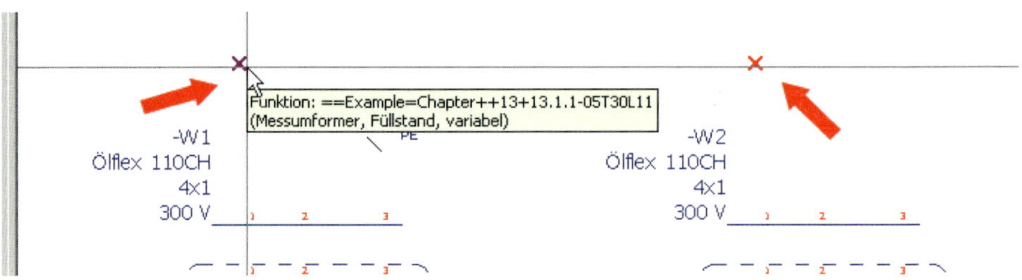

Bild 13.29 Fehlende Symbole

Da die Symbolbibliothek(en) beim Erzeugen eines Makros oder Ähnlichem (in einem anderen Projekt) nicht in das Makro oder Ähnliches eingelagert wird, braucht EPLAN die Information für die Darstellung der richtigen Symbolgrafik aus eben dieser Symbolbibliothek, die im Projekt (wo das Makro erzeugt wurde) verwendet wurde.

Bild 13.30 Warnmeldung von EPLAN, wenn Symbole fehlen

Abhilfe schafft hier bislang nur das Einstellen/Einlagern der entsprechenden (fehlenden) Symbolbibliothek in das aktuelle Projekt. Anschließend muss das Makro neu eingefügt werden, oder man wählt das Symbol noch einmal neu aus.

Frage: Wie kann man Sonderzeichen in EPLAN einfügen, die es nicht im Dialog **Sonderzeichen** gibt?

Antwort: Um Sonderzeichen in Texten oder Ähnlichem in EPLAN einzufügen, kann über die Tastaturkombination **STRG + S** der Dialog **Sonderzeichen** aufgerufen werden. Die Auswahl, die dort angeboten wird, ist aber beschränkt. Möchte man ein Sonderzeichen einfügen, das in EPLAN nicht standardmäßig vorhanden ist, kann man aus einer anderen Windows-Anwendung, beispielsweise Word, dieses Sonderzeichen kopieren und in P8 einfach einfügen.

Frage: Es wurde versehentlich ein Projekt gelöscht. Was kann man tun?

Antwort: Wurde mit EPLAN ein Projekt auf dem Server gelöscht, ist es für EPLAN unwiederbringlich verloren, da Windows als Betriebssystem auf dem Server keinen Papierkorb anbietet. Wurde das Projekt auf der lokalen Festplatte gelöscht, kann das Projekt über den Papierkorb von Windows wiederhergestellt werden.

HINWEIS: Um auf dem Server gelöschte Projekte wiederherzustellen, hilft nur, auf die hoffentlich vorhandene Datensicherung zurückzugreifen.

Frage: Kann man den automatischen Abstand des Kontaktspiegels am Schaltzeichen verändern?

Antwort: Ja. Um den automatischen Abstand des Kontaktspiegels an einem Schaltzeichen zu verändern, müssen die *Symboleigenschaften* aufgerufen werden. Dann wechseln Sie auf die Registerkarte *Anzeige*, schalten im Bereich des *Kontaktspiegels* die Automatik aus und tragen einen neuen, gewünschten manuellen Wert für die X/Y-Position (Verschiebung) ein.

Frage: Was bedeuten die plötzlich auftretenden, merkwürdigen Umrandungen um meine Symbole beim Verschieben oder Ähnlichem?

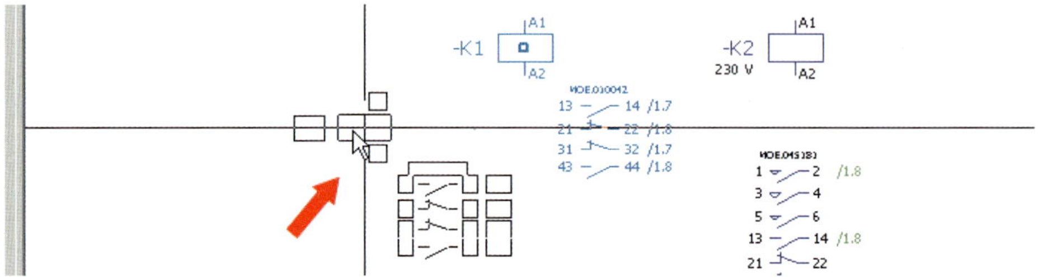

Bild 13.31 Umrandungen des Terminalservers

Antwort: Sollten die Symbole plötzlich merkwürdige Umrandungen bei verschiedenen Aktionen wie dem Kopieren, Verschieben etc. besitzen, wurde die Einstellung *Optimierung für Terminalserver* unter **STATION/DARSTELLUNG/ALLGEMEIN** aktiviert. Damit verändert u. a. der Cursor bei Aktionen wie dem Kopieren, Verschieben etc. sein Aussehen. Um das bisherige Verhalten/Aussehen wieder zu erreichen, muss diese Einstellung deaktiviert werden.

Frage: Wo finde ich eine Dokumentation zur EPLAN Electric P8 API-Schnittstelle?

Antwort: Die Dokumentation zur API-Schnittstelle bekommt man zurzeit nur, wenn man die API-Schnittstelle bei EPLAN auch erwirbt. Einige Hinweise zum Einsatz der API-Schnittstelle sind allerdings auch in der Online-Hilfe zu EPLAN Electric P8 zu finden.

Frage: Wie erhalte ich einen Zugang zum EPLAN Data Portal?

Antwort: Wer einen Softwarewartungsvertrag besitzt, erhält nach dem Anlegen eines Benutzerkontos sofort den (kostenlosen) Zugang zum Portal und zu den darin enthaltenen Daten.

Frage: Wie kann ein Strukturkennzeichen, beispielsweise ein Einbauort, am einfachsten automatisch umbenannt werden?

Antwort: Um ein *Strukturkennzeichen* wie beispielsweise einen Einbauort *+OT12* in *+U23* global, also über das gesamte Projekt, automatisch umzubenennen, ist es am einfachsten, die *Strukturkennzeichen-Verwaltung* zu benutzen. Dadurch wird der im Projekt benutzte Einbauort *+OT12* überall gefunden und in das neue Strukturkennzeichen Einbauort *+U23* umbenannt, ohne manuell eingreifen zu müssen. Die Strukturkennzeichen-Verwaltung finden Sie im Menü **PROJEKTDATEN** unter dem Menüpunkt *Strukturkennzeichen-Verwaltung*.

Frage: Was verbirgt sich hinter den Einsteigern, Fortgeschrittenen und Experten im Startdialog *Menüumfang auswählen*?

Antwort: Die drei Einstellungen *Einsteiger*, *Fortgeschrittene* und *Experten* entsprechen drei fest definierten Benutzergruppen, die auswählbar sind, wenn man EPLAN ohne Rechteverwaltung betreibt.

Einsteiger haben Zugriff auf die Funktionalitäten, die zum Zeichnen von Schaltplänen und zum Arbeiten mit Makros und den Projektdatendialogen unbedingt erforderlich sind.

Fortgeschrittene können darüber hinaus weitere Funktionen nutzen (z. B. Anzeigeoptionen wie Mindesttextgröße, leere Textfelder anzeigen etc.). Außerdem können sie zusätzlich die Datenübernahme nutzen.

Experten haben Zugriff auf alle Funktionalitäten, d. h., sie können Funktionalitäten nutzen, die zur Arbeitsvorbereitung erforderlich sind wie Systemeinstellungen vornehmen, Stammdaten bearbeiten, mit Revisionen und mit Projektoptionen arbeiten, Datensicherung etc.

HINWEIS: Im Umkehrschluss heißt das: Wenn die eine oder andere Funktion nicht vorhanden ist, laut Lizenz aber da sein sollte, müssen Sie unbedingt prüfen, mit welchem Menüumfang Sie EPLAN gestartet haben.

Frage: Wie und wo kann man die Ansicht des Arbeitsbereiches ändern?

Antwort: Über das Menü **ANSICHT/ARBEITSBEREICH** ist es möglich, aus voreingestellten Ansichten zu wählen. Zusätzlich kann man hier neue eigene Ansichten des Arbeitsbereichs erstellen und speichern. Ebenso ist es möglich, den aktuellen Arbeitsbereich mit all seinen Einstellungen auf ein momentan eingestelltes Schema neu zu speichern (zu überschreiben).

Frage: Wie aktiviert man den Modus für das direkte Bearbeiten von Eigenschaftstexten?

Antwort: In EPLAN ist es möglich, bestimmte Eigenschaften direkt zu bearbeiten, also ohne den Symboleigenschaftsdialog aufzurufen.

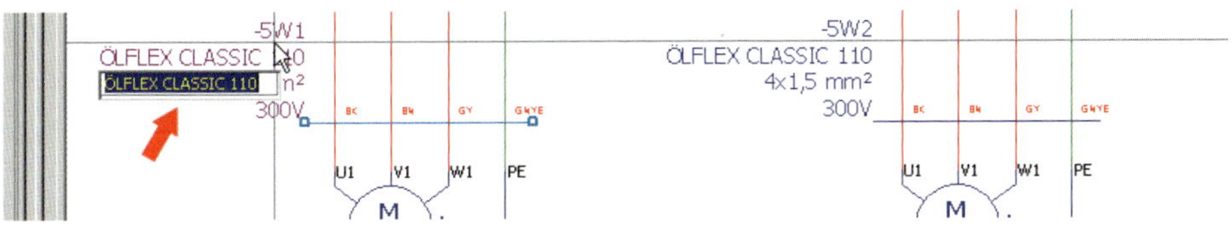

Bild 13.32 Eigenschaften direkt bearbeiten

Neben der Möglichkeit, diesen Bearbeitungsmodus über das Menü **OPTIONEN** ein- und auszuschalten, kann man das direkte Bearbeiten auch temporär über die Maus oder die Tastatur aktivieren.

Mit der Maus: Halten Sie hierzu, sobald ein Text oder ein Schaltzeichen markiert wurde, die linke Maustaste für eine kurze Zeit gedrückt. Nun öffnet sich ein kleines Fenster, wo die Daten direkt bearbeitet werden können.

Mit der Tastatur: Stellen Sie den Cursor in die Nähe des Textes oder des Schaltzeichens und drücken Sie die Taste [F2]. Nun öffnet sich ebenfalls wieder ein kleines Fenster zum direkten Bearbeiten.

TIPP: Bei mehreren Eigenschaften an Symbolen kann man nach dem Aktivieren des direkten Eingabemodus mit der Tabulatortaste die einzelnen Eigenschaften »anspringen« und dann editieren.

Frage: Wie und wo kann man das Farbschema (die Hintergrundfarbe) für den grafischen Editor ändern?

Antwort: Unter **OPTIONEN/EINSTELLUNGEN/BENUTZER/GRAFISCHE BEARBEITUNG/ ALLGEMEIN** kann man das Farbschema für den grafischen Editor ändern. Die Namen der Farbschemata geben die Farbe des Bildschirmhintergrunds an: Man hat hier also die Wahl zwischen einem *weißen*, *schwarzen* oder *grauen* Hintergrund. Die Farben der einzelnen Elemente sind jeweils für den entsprechenden Hintergrund angepasst. Ich empfehle, den weißen Hintergrund zu benutzen.

Frage: Wie aktiviert man unterdrückte Dialoge/Meldungen wieder?

Antwort: Um Dialoge, die man deaktiviert hat (beispielsweise den Tipp des Tages), wieder zu aktivieren, muss in den Einstellungen für den Benutzer das Häkchen wieder gesetzt werden. Dazu öffnen Sie das Menü **OPTIONEN/EINSTELLUNGEN** und wählen nun im geöffneten Dialog in der Baumstruktur **BENUTZER/DARSTELLUNG/OBERFLÄCHE**. Dort können Sie auf der rechten Seite die Möglichkeit *Unterdrückte Meldungen reaktivieren* auswählen. Danach beenden Sie den Dialog wieder. Alle deaktivierten Meldungen/ Dialoge sind ab sofort wieder verfügbar. Eventuell muss EPLAN bei gewissen Dialogen/ Meldungen noch einmal neu gestartet werden.

Frage: Wie kann ich ein Projekt oder eine Seite in EPLAN speichern?

Antwort: Ein Projekt oder eine Seite muss in EPLAN gar nicht gespeichert werden. Jede Änderungen wird direkt »geschrieben« = gespeichert (auf dem Datenträger wie eine Festplatte). Damit entfällt ein zusätzliches manuelles Speichern.

Frage: Wie kann man die Reihenfolge der Projekte im Seiten-Navigator verändern?

Antwort: Gar nicht. Die Reihenfolge der Projekte (u. a. im **Seiten-Navigator**) hängt davon ab, in welcher Reihenfolge sie geöffnet wurden.

Frage: Kann man die Beschreibung zu Strukturkennzeichen im Seiten-Navigator ausblenden?

Antwort: Nein. Diese Beschreibung wird von EPLAN automatisch eingeblendet und ist nicht einstellbar.

Frage: Kann man EPLAN Electric P8 (alle Versionen) parallel zu einer der Vorgängerversionen, beispielsweise einer EPLAN 5-Version (ebenfalls alle Versionen), installieren?

Antwort: Ja, das ist problemlos möglich, da die beiden Programme im praktischen Betrieb nichts miteinander zu tun haben.

Frage: Kann man die maximalen Einträge (12) der Zwischenablage erhöhen?

Antwort: Nein. Die Zwischenablage ist auf 12 Einträge begrenzt. Die Zwischenablage > 1 wird wie folgt aktiviert: Öffnen Sie über das Menü **OPTIONEN/EINSTELLUNGEN** den Knoten **BENUTZER/DARSTELLUNG/ALLGEMEIN** und setzen hier die Einstellungen im rechten Bereich des Dialogs für die Zwischenablage.

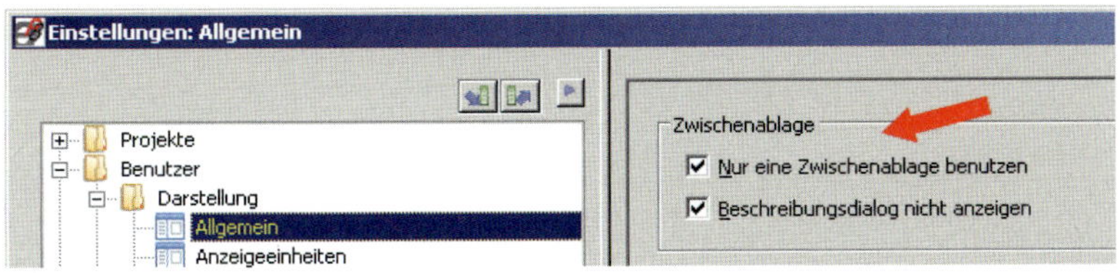

Bild 13.33 Einstellungen der Zwischenablage

Frage: Kann man die Funktion *Verbindungen aktualisieren* auf eine Tastenkombination legen?

Bild 13.34 Eigene Tastenkombination F11

Antwort: Ja, das ist möglich und sogar sehr zu empfehlen, da diese Funktion öfters gebraucht wird. Meine persönliche Empfehlung ist die Funktionstaste **F11**. Diese ist von EPLAN noch nicht standardmäßig mit einer Funktion belegt und einfach zu erreichen bzw. zu merken.

Frage: Wie kann die Prüfmeldung »Spule ohne Kontakte« unterdrückt werden?

Antwort: Sollten im Projekt Schütze, Relais oder Ähnliches als Reserve (ohne Kontakte zu benutzen) eingesetzt werden, erscheint eventuell die Prüfmeldung »P007009: Spule ohne Kontakt«.

Lösung 1: Abhilfe schafft man hier, wenn dieser Spule ein Artikel mit korrekter Funktionsschablone zugeordnet wird, also eine Geräteauswahl durchgeführt wird. Dann werden Reservespulen im Projekt nicht mehr mit einer Prüflaufmeldung bedacht.

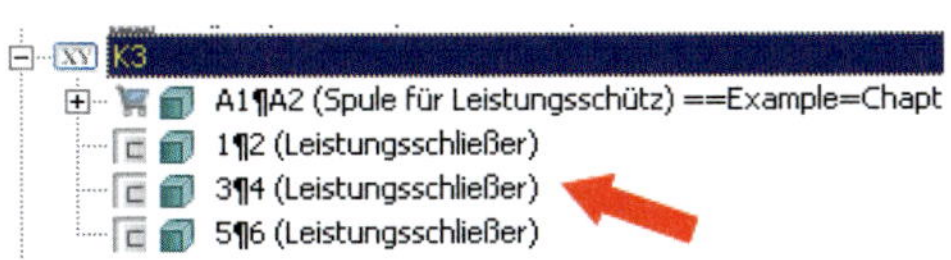

Bild 13.35 Nichtplatzierte Funktionen

Lösung 2: Mögliche Kontaktbelegungen (also Kontakte wie Schließer, Öffner etc.) werden als neue Funktionen der Spule im Betriebsmittel-Navigator als nichtplatzierte Funktionen hinzugefügt.

Frage: Kann man die PDF-Kommentarfunktion in EPLAN nur mit dem Adobe Acrobat Writer (Vollversion) nutzen?

Antwort: Nein. Es besteht u. a. die Möglichkeit, die Funktion *Redlining* (d. h. eingetragene Kommentare im erzeugten, EPLAN-internen PDF wieder nach EPLAN einzulesen) mit der Freeware PDF-XChange Viewer zu nutzen (Stand September 2010).

HINWEIS: Der Schreibschutz für die interne EPLAN-PDF-Ausgabe sollte ausgeschaltet sein (über **OPTIONEN/EINSTELLUNGEN/BENUTZER/SCHNITTSTELLEN/PDF-EXPORT** und die Registerkarte *Allgemein*). Ansonsten kann es zu Problemen beim Importieren des kommentierten PDFs kommen (es kann dann nicht eingelesen werden). Das gilt auch für die Lösung mit der Acrobat-Software.

Frage: Wie kann man ein bestimmtes Strukturkennzeichen im Projekt am schnellsten finden?

Antwort: Dafür muss im **Seiten-Navigator** (wird aufgerufen mit F12 – Standardtastenkombination) mit der rechten Maustaste der Menüeintrag **DETAILLIERTE AUSWAHL** angewählt werden. Nun öffnet sich der Dialog **Seiten auswählen**. In diesem Dialog wird ein Vorfilter erstellt, der dann die Strukturkennzeichen im Projekt herausfiltert.

Frage: Warum finde ich trotz aktivierten Vorfilters ein bestimmtes Strukturkennzeichen nicht im Projekt?

Antwort: Sollte sich ein Strukturkennzeichen grafisch über einen aktivierten Vorfilter im **Seiten-Navigator** nicht im Projekt finden lassen, ist es Bestandteil eines nicht-platzierten Objekts.

Nicht platzierte Objekte und deren Strukturkennzeichen kann man beispielsweise im **Betriebsmittel-Navigator** finden. Die Anordnung/Reihenfolge der Strukturkennzeichen wird aus den Projekteinstellungen übernommen. (unter **DARSTELLUNG/PROJEKTSTRUKTUR (NAVIGATOREN)** zu finden)

Frage: Wie kann man auch Kleinbuchstaben beispielsweise für eine BMK-Bezeichnung nutzen bzw. eingeben?

Antwort: Um auch Kleinbuchstaben für ein BMK eingeben zu können, sollte unter **OPTIONEN/EINSTELLUNGEN/PROJEKTE/[PROJEKTNAME]/BETRIEBSMITTEL/BMK** und die Einstellung *Großbuchstabenkonvertierung* deaktiviert werden (= Häkchen entfernen).

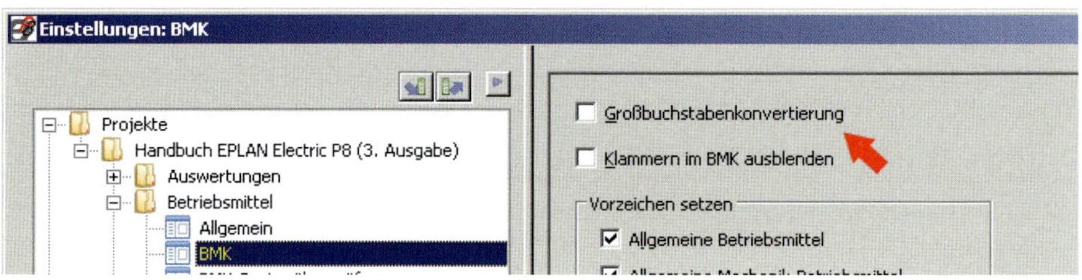

Bild 13.36 Großbuchstaben oder Kleinbuchstaben

Diese Einstellung gilt für folgende Eigenschaften im Symboldialog:

- Sichtbares BMK
- Vollständiges BMK
- Anschlussbezeichnungen

- Klemmenbezeichnung
- Stecker-BMK, Kanalbezeichnung und Adresse (bei SPS-Anschlüssen)
- Strukturkennzeichen.

> **HINWEIS:** Wird die Einstellung *Großbuchstabenkonvertierung* aktiviert/deaktiviert, werden Kleinbuchstaben nicht automatisch in Großbuchstaben getauscht oder umgekehrt. Die »Konvertierung« gilt erst ab dem Aktivieren/Deaktivieren der Einstellung. So bleiben alle eingegebenen »alten« BMKs in Kleinbuchstaben erhalten, auch wenn man die Einstellung aktiviert. Erst die nächste neue eingegebene BMK-Bezeichnung wird automatisch in Großbuchstaben »konvertiert« (= umgewandelt).

Frage: Wie kann ich eine mechanische Wirklinie automatisch zwischen zwei Objekten einfügen?

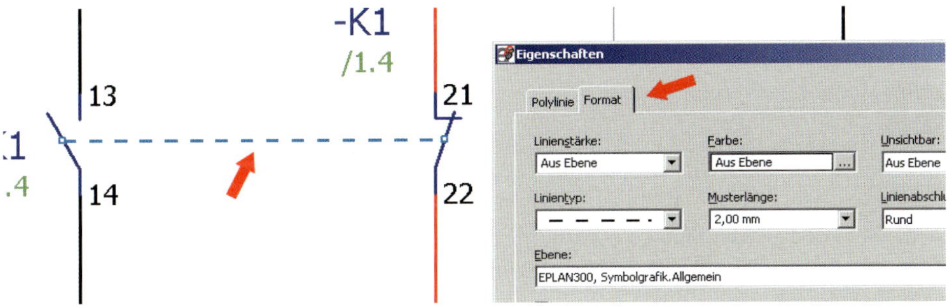

Bild 13.37 Mechanische Wirklinie

Antwort: Eine mechanische Wirklinie ist in EPLAN eine rein grafische Darstellung ohne jegliche logische Funktion. Dargestellt wird sie einfach durch eine grafische Linie zwischen zwei Objekten, beispielsweise zwei Kontakten, und dann entsprechend in den Eigenschaften der Linie formatiert.

Frage: Wie kann ich direkt aus der Projektbearbeitung ein Dokument/Bild zu einem eingelagerten Artikel öffnen?

Antwort: Um ein an einem Artikel in der Artikelverwaltung hinterlegtes Dokument (oder ein Bild) direkt aus der Projektbearbeitung zu öffnen, müssen die *Eigenschaften* des Symbols aufgerufen werden und hier muss dann auf die Registerkarte *Artikel* gewechselt werden. Anschließend wird der gewünschte Artikel angewählt und mit der rechten Maustaste das Kontextmenü aufgerufen.

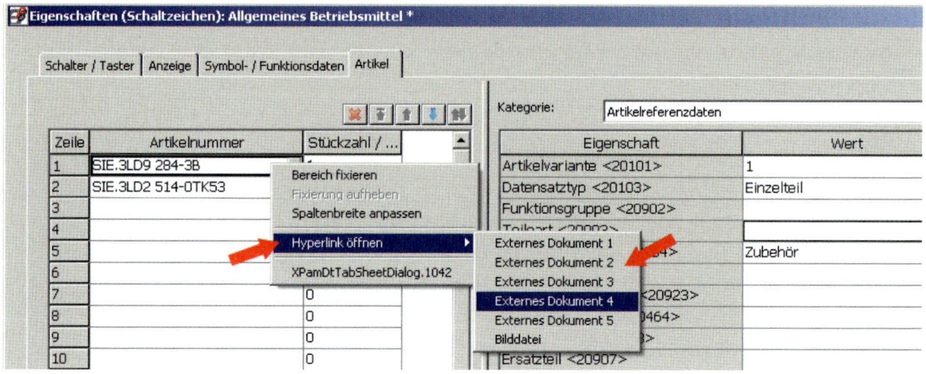

Bild 13.38 Hyperlinks öffnen

In diesem Kontextmenü stehen unter dem Eintrag **HYPERLINKS** die gewünschten Informationen zur Verfügung. Man kann hier also die hinterlegten externen Dokumente 1 bis n (je nach Anzahl am Artikel in der Artikelverwaltung) sowie ein Bild des Artikels finden.

HINWEIS: Sind am Artikel in der Artikelverwaltung keine solchen Informationen (wie externe Dokumente oder ein Bild) hinterlegt, werden die Kontextmenüeinträge grau dargestellt und sind nicht anwählbar.

Frage: Wo ist der Unterschied zwischen Hauptfunktion und Hauptfunktion des übergeordneten Betriebsmittels?

Antwort: Um das zu verstehen, sollte man sich ein geschachteltes Betriebsmittel vorstellen. Ein Gerät A (als *Hauptfunktion*) befindet sich demnach beispielsweise in einem Gerätekasten B (ebenfalls eine Hauptfunktion). Der Gerätekasten B ist also die *übergeordnete Hauptfunktion* des Gerätes A.

Frage: Wodurch unterscheiden sich die Möglichkeiten *Zusätzlich speichern*, *Auslagern* und *Archivieren* im Dialog der Datensicherung?

Antwort:

Zusätzlich speichern: Bei einer Datensicherung wird eine komplette (je nach Anwahl der Optionen) Kopie des Projekts auf einem anderen Datenträger gespeichert. Über die Projektverwaltung können auch mehrere Projekte gesichert werden. Nur in der Projektverwaltung ist eine Mehrfachauswahl möglich.

Auslagern: Wenn ein Projekt weitergegeben werden soll (beispielsweise zum Kunden), kann man die Option *Auslagern* benutzen. Dabei wird eine Kopie des Projekts erzeugt (beispielsweise auf einem anderen Datenträger), und das Quellprojekt wird mit einem Schreibschutz versehen. So wird verhindert, dass in der Zwischenzeit Änderungen an diesem (ausgelagerten) Projekt vorgenommen werden können. Sollte trotzdem jemand versuchen, ein ausgelagertes Projekt zu bearbeiten, erhält er den Hinweis, dass das Projekt ausgelagert und für die Bearbeitung gesperrt ist.

Archivieren: Fertige (abgeschlossene) Projekte können archiviert werden, um wieder »Platz« auf der Festplatte zu schaffen. Dabei wird eine Kopie des Projekts auf einem anderen Datenträger gesichert (beispielsweise auf die lokale Festplatte), und das (fertige) Quellprojekt wird bis auf eine Informationsdatei von der Festplatte gelöscht.

Frage: Wie kann ich beispielsweise eine Excel-Tabelle über die externen Programme starten?

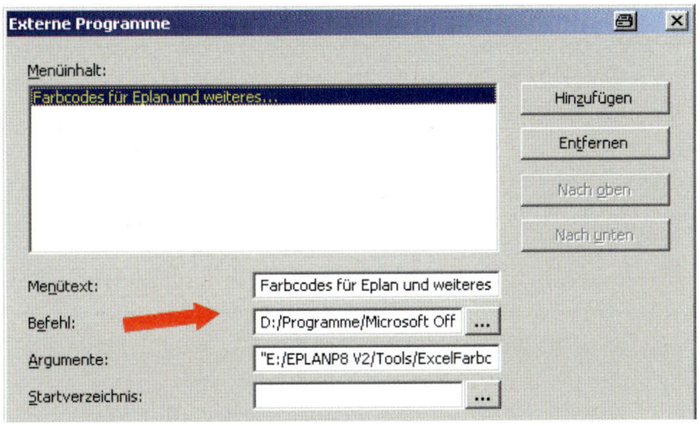

Bild 13.39 Externe Programme nutzen

Antwort: Um beispielsweise eine Excel-Tabelle über das Menü **EXTERNE PROGRAMME** einzubinden und damit später im Menü **OPTIONEN** aufrufen zu können, sind folgende Schritte nötig:

1. Öffnen Sie die externen Programme über das Menü **OPTIONEN/EXTERNE PROGRAMME**.
2. Erzeugen Sie über den Button **HINZUFÜGEN** einen neuen Menüpunkt.
3. Tragen Sie einen geeigneten (später über das Menü **OPTIONEN** erreichbaren) *Menütext* ein, beispielsweise »Farbcodes für EPLAN und weiteres ...«.
4. Tragen Sie im Feld *Befehl* den Pfad zur *Excel.exe* ein, beispielsweise: *D:/Programme/Microsoft Office/OFFICE11/EXCEL.EXE.*
5. Tragen Sie im Feld *Argumente* den Pfad zur Excel-Tabelle ein. Setzen Sie diesen bei Leerzeichen im Pfad in Anführungszeichen, beispielsweise: »E:/EPLANP8 V2/Tools/ExcelFarbcodes für Eplan E5, P8.xls«

Speichern Sie nun alle Änderungen mit **OK**. Nun steht ab sofort im Menü **OPTIONEN** der Menüpunkt »Farbcodes für Eplan und weiteres ...« zur Verfügung und öffnet die Excel-Tabelle, wenn er angewählt wird.

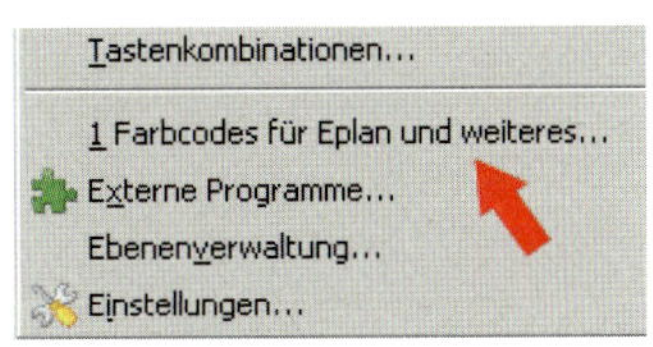

Bild 13.40 Neuer Menüpunkt

> **TIPP:** Dieser Menüeintrag kann auch mit einer eigenen Tastenkombination belegt werden.

Frage: Warum wird die Einheit des Querschnittes/Durchmessers einer Verbindungsdefinition nicht angezeigt?

Antwort: Wenn die Einheit des Querschnittes/Durchmessers nicht angezeigt wird, wird die falsche Eigenschaftsanordnung verwendet. Standardmäßig wird die Einheit nicht eingeblendet. Daher muss hier eine andere Eigenschaft zur Anzeige der Einheit eingestellt werden.

Um die Anzeige »mm²« bei der Querschnittsangabe anzeigen zu lassen, wird beispielsweise die Eigenschaft *Verbindungsquerschnitt/-durchmesser mit Einheit <31007>* benötigt. Diese muss auf der Registerkarte *Anzeige* des Dialoges **Eigenschaften (...)** hinzugefügt und entsprechend formatiert werden.

> **TIPP:** Die Auswahl der Einheit kann manuell im Dialog **Eigenschaften (...)** eingestellt bzw. ausgewählt werden. Diese Vorgehensweise ist jedoch nicht empfehlenswert.
>
> Die Einstellung des Feldes *Einheit* kann alternativ auch auf dem Standardwert des Projekts belassen werden. Dann wird die Einheit in den Einstellungen des Projekts unter **VERBINDUNGEN/EIGENSCHAFTEN** auf der Registerkarte *Elektrotechnik* im Feld *Einheit* voreingestellt. Das gilt dann global und deshalb sollte diese Vorgehensweise bevorzugt werden.

Frage: Ist es möglich, im Dialog *Projekt öffnen* das rechte Anzeigefenster um Informationen zu erweitern?

Antwort: Nein. Diese Informationen können nicht selbst erweitert werden und sind von EPLAN vorgegeben.

Frage: Wo und wie kann ich für meine Strukturkennzeichen eine Beschreibung vergeben?

Antwort: Um für Strukturkennzeichen eine oder mehrere Beschreibungen vergeben zu können, müssen diese direkt in der **STRUKTURKENNZEICHEN-VERWALTUNG** (Menü **PROJEKTDATEN**) eingegeben werden.

Frage: Kann man die Zeilenhöhe (und somit die Schriftgröße der Anzeige) beispielsweise im Dialog **Eigenschaften** (Schaltzeichen) oder auch in der tabellarischen Bearbeitung etc. verändern, um sie besser lesen zu können?

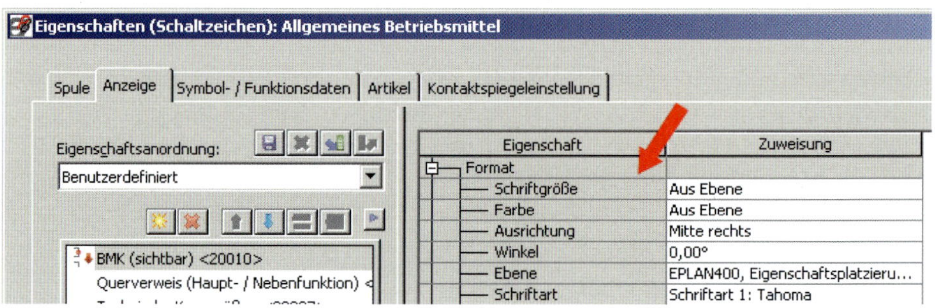

Bild 13.41 Größe der Zeilen ändern – vorher

Antwort: Ja, das ist möglich. Um die Zeilenhöhe (und somit die Schriftgröße der Anzeige) zu vergrößern, muss man in die entsprechende Anzeige klicken, dann die **STRG(CTRL)**-Taste gedrückt halten und das Scrollrad der Maus drehen. Je nach Richtung wird die Anzeige vergrößert oder verkleinert.

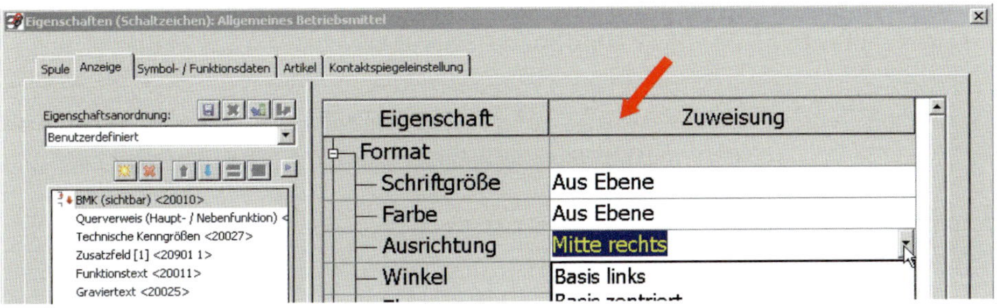

Bild 13.42 Größe der Zeilen ändern – nachher

Frage: Ist es möglich, die Funktion *Neues BMK ermitteln* im Dialog **Eigenschaften (Schaltzeichen) ...** im Feld *Sichtbares BMK* (rechte Maustaste) auf eine Tastenkombination zu legen?

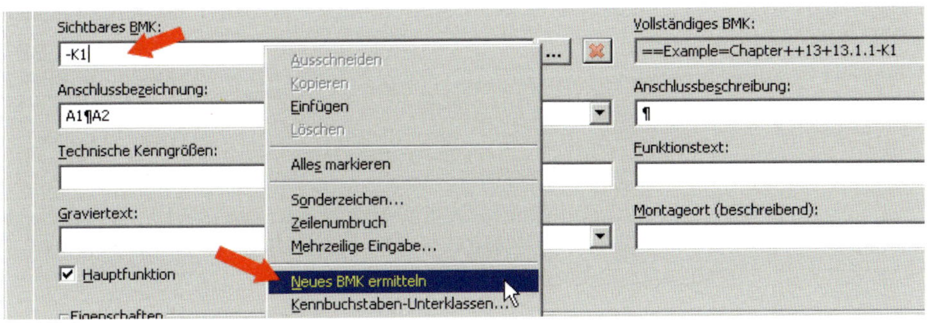

Bild 13.43 Neues BMK ermitteln lassen

Antwort: Eigene Tastenkombinationen können nicht benutzt werden, aber wenn man sich im Feld *Sichtbares BMK* befindet und die Tastenkombination **STRG (CTRL) + N** drückt (wobei die **STRG(CTRL)**-Taste gedrückt gehalten werden muss), führt EPLAN genau die gleiche Funktion aus, die im Kontextmenü (**NEUES BMK ERMITTELN**) vorhanden ist.

Frage: Ich bekomme eine Prüflaufmeldung, die für mich aber keine Bedeutung hat.

Antwort: Wenn Prüfungen nicht nötig sind, lassen sich diese im Prüflaufschema ausschalten. Dazu öffnen Sie das Prüflaufschema zum Bearbeiten, suchen die entsprechenden Prüflaufmeldungen heraus und stellen auf die Prüfart »Nein« um.

Frage: Gibt es eine Möglichkeit, die manuelle Seitensortierung im Seiten-Navigator wieder komplett zurückzusetzen?

Antwort: Ja, das ist möglich. Folgende Schritte sind nötig, um eine manuelle Seitensortierung komplett auf die Standardsortierung zurückzusetzen:

1. Öffnen Sie den **Seiten-Navigator** und wählen Sie die *Listendarstellung* an (Lasche am unteren Rand des Seiten-Navigators)
2. Betätigen Sie die rechte Maustaste im Seiten-Navigator wählen Sie und den Menüeintrag MANUELLE SORTIERUNG.
3. Betätigen Sie nun wieder die rechte Maustaste im Dialog und klicken Sie den Menüeintrag STANDARDSORTIERUNG AUSWÄHLEN an.

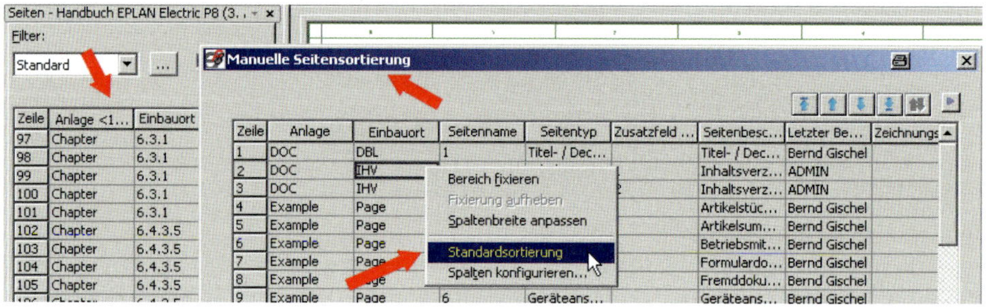

Bild 13.44 Manuelle Seitensortierung zurücksetzen

EPLAN setzt jetzt die manuelle Seitensortierung im Seiten-Navigator auf den Standardanzeigewert zurück.

Frage: Ist es möglich, außerhalb des Normblattes platzierte Objekte automatisch finden zu lassen?

Antwort: Ja. Dafür gibt es von EPLAN die sogenannte *Prüflaufmeldung*. Diese muss aktiviert werden, damit EPLAN die außerhalb des Normblattes platzierten Objekte automatisch findet. Sie ist in den Einstellungen für den Prüflauf unter der *ID 010 Querverweise* zu finden und hat die Meldungsnummer »010001« mit dem Meldungstext »Die Platzierung liegt außerhalb des Auswertungsbereichs des Normblatts«.

> **HINWEIS:** Die Prüflaufmeldung erfasst nur logische Objekte. Freie Objekte wie Texte etc. werden von dieser Prüfung nicht erfasst.

13.2 Artikel

Frage: Ich habe während der Geräteauswahl einen Schreibfehler in der Bezeichnung 1 meines Artikels gesehen. Kann ich diesen Schreibfehler direkt beseitigen, ohne erst die Artikelverwaltung zu starten?

Antwort: Ja, das ist möglich. Dazu muss die Einstellung *Änderung während der Auswahl erlaubt* unter BENUTZER/VERWALTUNG/ARTIKELVERWALTUNG aktiviert sein.

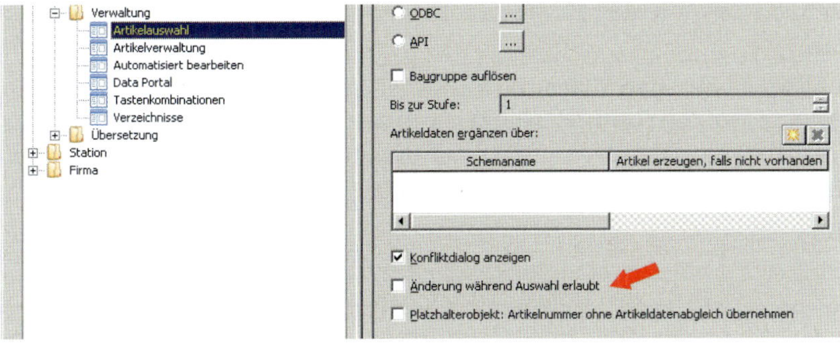

Bild 13.45 Einstellung Artikeldaten während der Auswahl ändern

Frage: Ist es möglich, dass die eingelagerten Artikeldaten beim Öffnen des Projekts automatisch abgeglichen werden?

Antwort: Ja, diese Möglichkeit besteht. Dazu muss in den Einstellungen des Projekts die Einstellung *Eingelagerte Artikel beim Öffnen aktualisieren* aktiviert werden.

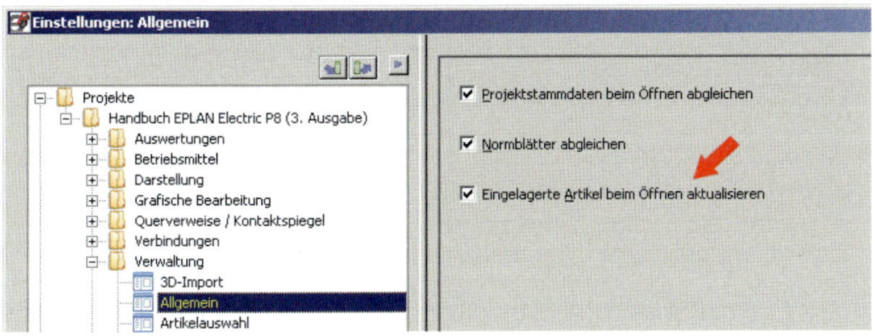

Bild 13.46 Eingelagerte Artikel beim Öffnen des Projekts aktualisieren

Frage: Kann man mehr als ein Dokument an einem Artikel in der Artikelverwaltung hinterlegen?

Antwort: Das ist ohne Weiteres möglich. EPLAN bietet die Möglichkeit, bis zu 20 Dokumente an einem Artikel in der Artikelverwaltung zu hinterlegen. Dazu müssen sie in der Artikelverwaltung beim gewünschten Artikel auf der Registerkarte *Dokumente* eingetragen bzw. aus den Verzeichnissen ausgewählt und übernommen werden.

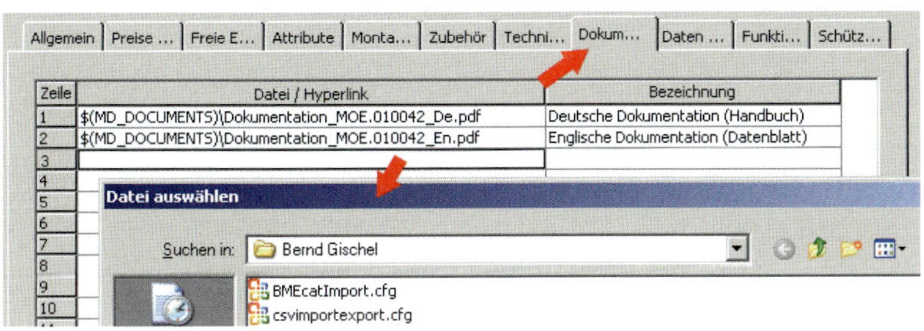

Bild 13.47 Registerkarte Dokumente

Frage: Warum kann ich an meiner Funktion keinen Artikel eingeben (es fehlt die Registerkarte Artikel)?

Antwort: Nur *Hauptfunktionen* können Artikeldaten tragen. Eine Funktion muss also eine Hauptfunktion sein, um Artikeldaten tragen zu können. Fehlt dieses Merkmal (die Einstellung *Hauptfunktion* ist nicht angehakt, beispielsweise auf der Registerkarte *Symbol-/Funktionsdaten*), steht auch die Registerkarte *Artikel* nicht zur Verfügung.

Frage: Was ist der Unterschied zwischen einer Geräteauswahl und einer Artikelauswahl?

Antwort: Bei einer *Artikelauswahl* prüft EPLAN nicht, ob der Artikel zum Gerät im Projekt »übereinander« passt, wenn der Artikel am Gerät über die Registerkarte *Artikel* im Feld *Artikelnummer* über den More-Button **[...]** ausgewählt wird. Überspitzt formuliert könnte man dem Gerät Motorschutzschalter auch den Artikel SPS-Karte zuordnen.

Bild 13.48 Einfache Artikelauswahl

Eine *Geräteauswahl* hingegen prüft sofort nach dem Anklicken des Geräteauswahl-Buttons, welche Funktionen des Geräts schon vorhanden sind, und bietet anschließend nur Artikel (Geräte) an, die auf die Funktionsdefinitionen passen. Mit der Geräteauswahl ist es also nicht möglich, einem Motorschutzschalter das Gerät SPS-Karte zuzuordnen.

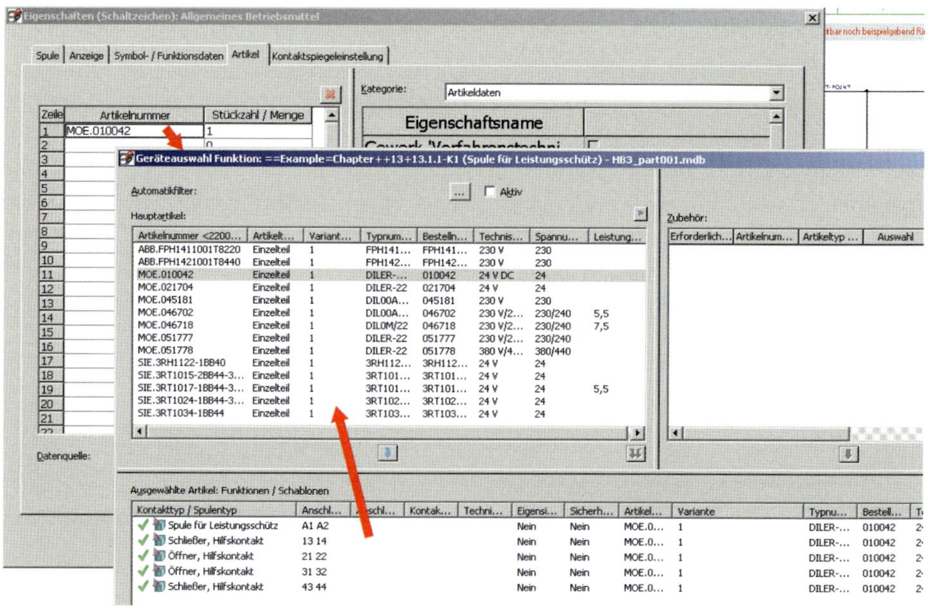

Bild 13.49 Geräteauswahl

Frage: Wie können alle (oder einzelne) Artikel im Projekt in eine neue Artikelverwaltung exportiert werden?

Antwort: Um verwendete (eingelagerte) Artikel eines Projekts in eine neue Artikelverwaltung zu exportieren, sollte zuerst eine neue Datenbank in der Artikelverwaltung erstellt werden. Dazu öffnen Sie die Artikelverwaltung und klicken auf den Button **EXTRAS**. Hier wählen Sie die Funktion **NEUE DATENBANK**. Anschließend übernehmen Sie die neue Datenbank als aktuelle und verlassen die Artikelverwaltung.

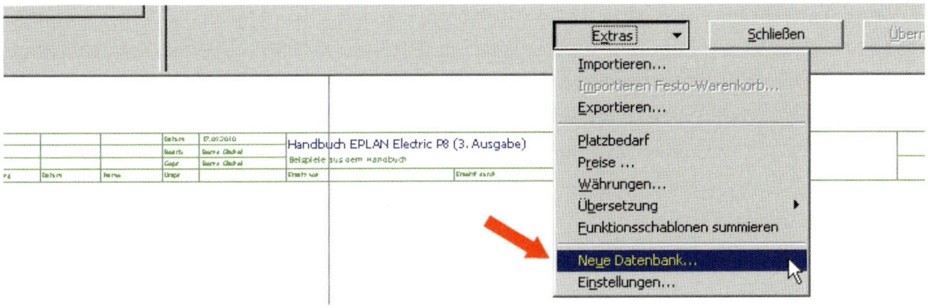

Bild 13.50 Neue Datenbank anlegen

Jetzt wählen Sie im Menü **DIENSTPROGRAMME/ARTIKEL** die Funktion **AKTUELLES PROJEKT ABGLEICHEN**. EPLAN startet den Dialog **Artikelabgleich**. In diesem markieren Sie die gewünschten oder alle Artikel und schieben sie mit dem Button nach rechts in die neue Datenbank.

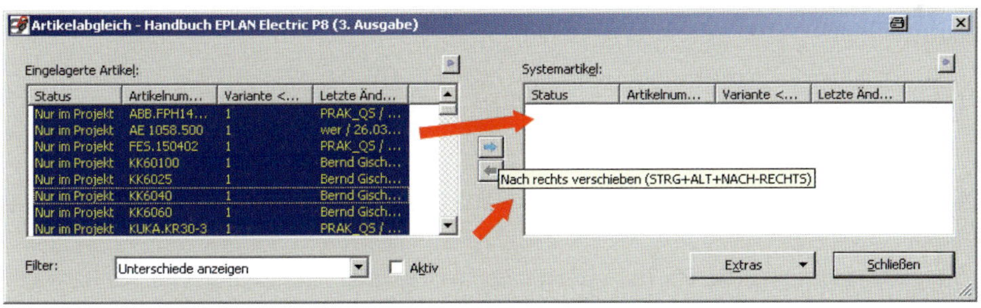

Bild 13.51 Projektartikel in neue Datenbank einlagern

Damit sind alle Projektartikel in einer separaten Artikeldatenbank gespeichert.

Frage: Wie kann man in der Artikelverwaltung neue Produktgruppen, Produktober- bzw. Untergruppen anlegen?

Antwort: Das ist generell – aus Gründen des Datenaustausches – nicht möglich. Neue Produktobergruppen, Produktgruppen sowie neue Produktuntergruppen können in der Artikelverwaltung von EPLAN nicht selbst angelegt oder erstellt werden. Diese Gruppen werden von EPLAN fest vorgegeben

Frage: Wie kann ich in Baugruppen die Funktionsschablonen einzelner Geräte eintragen?

Antwort: Manuell braucht man das nicht zu tun. EPLAN erledigt dies automatisch. Klicken Sie dazu einfach auf den Button **EXTRAS** in der Artikelverwaltung und wählen hier den Menüeintrag **FUNKTIONSSCHABLONEN SUMMIEREN** aus. EPLAN sammelt jetzt die Funktionsschablonen der einzelnen Geräte und trägt sie automatisch in die Registerkarte *Funktionsschablone* der Baugruppe ein.

Frage: Kann man in der Artikelverwaltung eine vorhandene Funktionsschablone eines Artikels kopieren?

Antwort: Ja, das ist möglich. Um eine passende Funktionsschablone eines schon vorhandenen Artikels auf einen anderen Artikel ohne Funktionsschablone zu übertragen (zu kopieren), sind folgende Schritte nötig:

1. Öffnen Sie die Artikelverwaltung.
2. Markieren Sie einen Artikel mit einer passenden Funktionsschablone in der Baum- oder Listenansicht.
3. Öffnen Sie das Kontextmenü mit der rechten Maustaste und wählen Sie die Funktion **KOPIEREN** aus.
4. Nun markieren Sie den gewünschten Artikel (denjenigen ohne Funktionsschablone) in der Baum- oder Listenansicht.
5. Öffnen Sie das Kontextmenü mit der rechten Maustaste und wählen Sie die Funktion **EINFÜGEN FUNKTIONSSCHABLONE** aus.
6. EPLAN überträgt jetzt die Funktionsschablone an den Artikel.

HINWEIS: Falls der Artikel schon eine Funktionsschablone besitzt, wird vor dem Einfügen noch eine Sicherheitsabfrage gestellt, ob die vorhandene Funktionsschablone überschrieben werden soll oder nicht. Diese muss entsprechend bestätigt werden.

Frage: Ist es möglich, aus eingelagerten Artikeldaten eine Geräteliste für ein Fremdprojekt zu erzeugen?

Antwort: Ja, das ist möglich. Dazu müssen die Artikeldaten über ein passendes Beschriftungsschema exportiert und dann im Fremdprojekt als Geräteliste importiert werden.

Frage: Welche Bedeutung hat der Kennbuchstabe am Artikel in der Artikelverwaltung (Registerkarte *Technische Daten*)? Er wird manchmal beim Einfügen eines Gerätes scheinbar nicht übernommen.

Antwort: Der Kennbuchstabe, der am Artikel eingetragen werden kann, bietet die Möglichkeit, die Artikelverwaltung auf diesen Kennbuchstaben hin zu filtern (beispielsweise für eine Artikelauswahl in der grafischen Bearbeitung). Er hat also keine weitere Bedeutung.

Frage: Wie erzeugt man eine Übersetzung des Textes *Bezeichnung 1* von Artikeln?

Antwort: Um den Text *Bezeichnung 1* eines Artikels manuell zu übersetzen, sind die nachfolgenden Schritte nötig.

1. Öffnen Sie die Artikelverwaltung.
2. Klicken Sie in das Feld *Bezeichnung 1* des gewünschten Artikels.
3. Rufen Sie das Kontextmenü der rechten Maustaste auf und wählen Sie den Eintrag **ÜBERSETZEN**.
4. EPLAN öffnet ggf. den Dialog **Gefundene Wörter**. Hier müssen Sie die entsprechende Übersetzung auswählen.
5. Übernehmen Sie die Übersetzung per Klick auf den Button **OK**.

Der Text *Bezeichnung 1* wurde jetzt übersetzt und kann in mehrsprachigen Formularen und anderen Auswertungen benutzt werden.

> **HINWEIS:** Folgende Bedingung muss vor dem Übersetzen gewährleistet sein: Der zu übersetzende Text muss schon im Wörterbuch vorhanden sein.

Frage: Wie erreicht man, dass Beistellungsartikel nicht in den Auswertungen aufgelistet werden?

Antwort: Um zu erreichen, dass beispielsweise Artikel, die vom Kunden als Beistellung geliefert worden sind, aber nicht in den Auswertungen mit aufgelistet werden sollen, reicht es, diesem Artikel ein Merkmal mitzugeben, um später danach filtern zu können.

Beispielsweise könnte man das Feld *Teileart* in den Artikelreferenzdaten dazu nutzen. Hier könnte der Eintrag KDB stehen (KDB = Kundenbeistellung; grundsätzlich ist der Eintrag aber beliebig). Für die Auswertung werden diese Artikel mit einem Filterschema herausgefiltert und entsprechend nicht in die Auswertungen ausgegeben.

> **TIPP:** Das Feld *Teileart* kann auch für Artikel, die generelle Kundenbestellungen sind, in der Artikelverwaltung auf der Registerkarte *Technische Daten* mit dem Eintrag KDB vorbelegt werden. Damit wird das Feld *Teileart* beim Zuweisen des Artikels am Gerät automatisch mit dem Eintrag KDB gefüllt.

Frage: Wo wird eine projektbezogene Artikeldatenbank abgespeichert?

Antwort: Die projektbezogene Artikeldatenbank wird im Projektverzeichnis *\...*.edb* unter dem Dateinamen *part.mdb* abgespeichert.

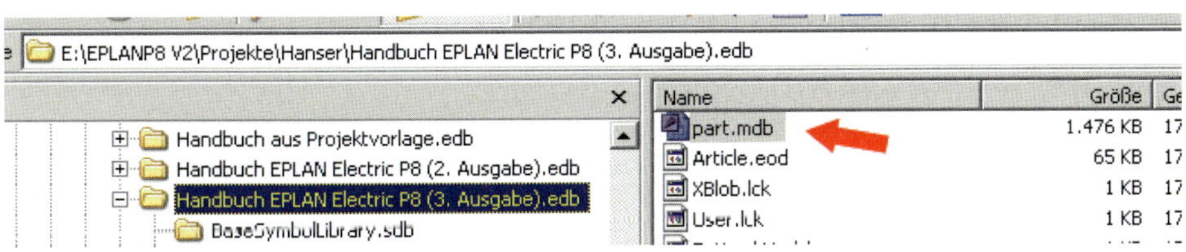

Bild 13.52 Projektbezogene Artikeldatenbank

Frage: In meiner Artikelverwaltung fehlen viele Artikel. Wo bekomme ich die gewünschten Artikel her?

Antwort: EPLAN liefert mit der Artikeldatenbank *ESS_part001.mdb* nur eine begrenzte Auswahl diverser Artikel (als Musterartikel) mit. Um an weitere Artikel zu gelangen, sind mehrere Wege möglich. Man kann das EPLAN Data Portal nutzen oder diverse Hersteller-Internetseiten besuchen und prüfen, ob EPLAN-Artikeldaten verfügbar sind. Zu guter Letzt kann und muss man dann die fehlenden bzw. gewünschten Artikel selbst in der Artikelverwaltung anlegen.

13.3 Klemmen, Stecker

Frage: Was ist eine Hauptklemme?

Antwort: Eine Hauptklemme kann man mit einer Hauptfunktion in EPLAN vergleichen. Eine Hauptfunktion kann weitere Funktionen wie beispielsweise einen Schütz und dessen Kontakte tragen. Diese Funktionen kann man aus den Navigatoren einfach abbuchen oder platzieren.

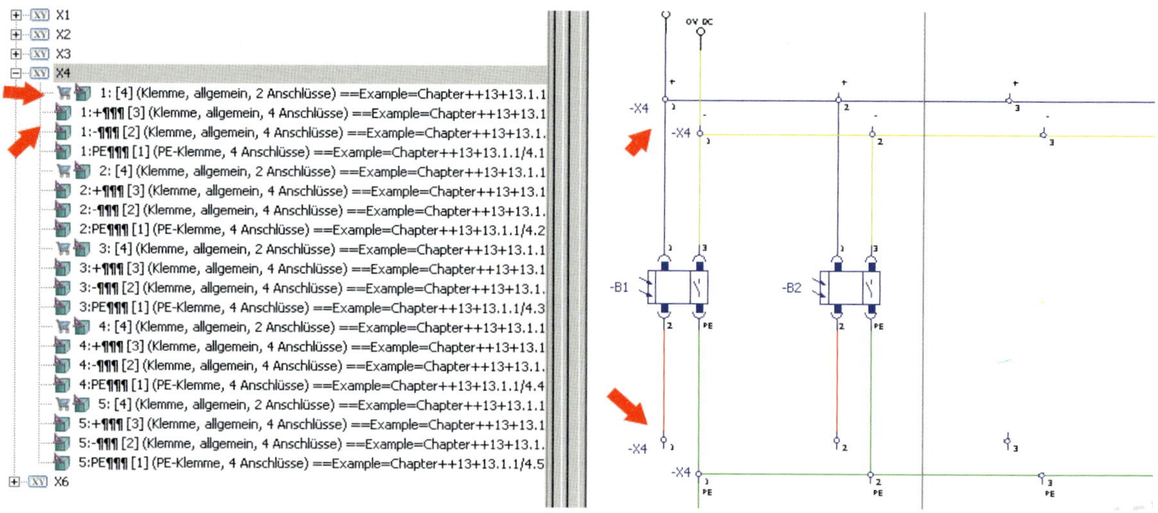

Bild 13.53 Hauptklemmen und Nebenklemmen im Navigator

So verhält sich auch eine Hauptklemme. Ein Beispiel wäre eine Initiatorklemme. Neben dem geschalteten Anschluss existieren noch weitere Anschlüsse an der Klemme wie Plus, Minus oder ein PE-Anschluss. Diese Funktionen sind aus den Navigatoren ebenfalls abbuchbar.

Frage: Wie kann man Klemmen positionieren, also eine Reihenfolge vorgeben?

Antwort: Klemmen besitzen u.a. die Eigenschaften *Sortierung* <*20809*> und *Sortierung (grafisch)* <*20810*>. Mit diesen beiden Eigenschaften können Klemmen unabhängig von ihrer Klemmenbezeichnung frei auf einer Klemmenleiste positioniert werden. Allerdings schließt eine gesetzte Eigenschaft die andere aus.

Für die Eigenschaft *Sortierkennung (Klemme/Steckerkontakt)* <*20809*> (freie Sortierung (seingabe)) sind auch Eingaben mit Punkten wie 0.1 erlaubt. Für die Eigenschaft *Sortierung (grafisch)* <*20810* > gilt: Ist diese Eigenschaft gesetzt, positioniert EPLAN diese Klemme hinter der links liegenden Klemme in die Klemmenreihenfolge ein.

Frage: Kann man sich eine gleiche Klemmenleiste in zwei verschiedenen Auswertungen ausgeben lassen?

Antwort: Das funktioniert nicht (außer man friert die erste Auswertung ein). Da Klemmenleisten funktionsbezogene Auswertungen sind, besteht keine Möglichkeit, diese gleiche Klemmenleiste zweimal in einen Klemmenplan auszugeben. Funktionsbezogene Auswertungen dürfen und können nur einmal im Projekt vorkommen.

Frage: Warum erscheinen die eingegebenen Klemmenleistenartikel nicht in der Artikelstückliste?

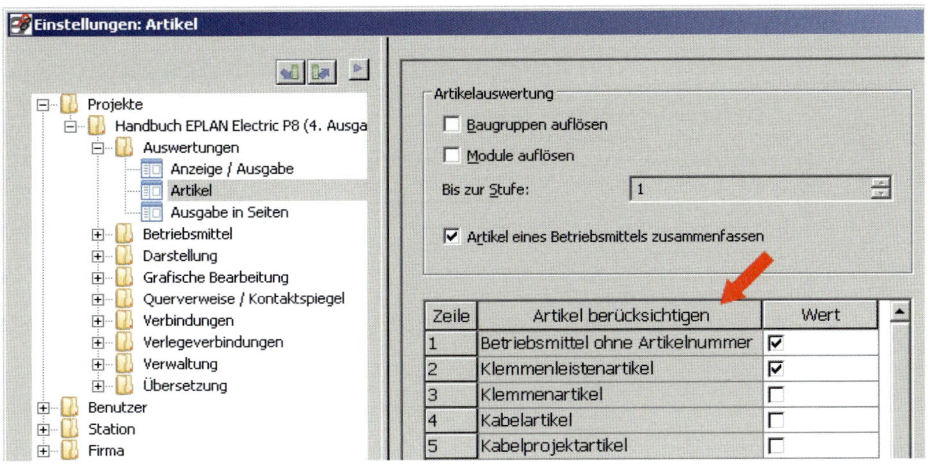

Bild 13.54 Artikel berücksichtigen

Antwort: Damit Artikel wie *Klemmenleistenartikel, Klemmenartikel, Kabelartikel, Kabelprojektartikel, Kabeladerartikel, Verbindungsartikel* etc. in den Auswertungen wie beispielsweise der Artikelstückliste berücksichtigt werden, muss in den Einstellungen der Auswertungen unter *Artikel berücksichtigen* das Häkchen in der Spalte **WERT** bei den entsprechenden Artikeln (die berücksichtigt werden sollen) gesetzt sein. Das Gleiche gilt für die Option, eine Artikelstückliste mit allen Betriebsmitteln auszugeben, auch wenn diese keine Artikeldaten tragen (Betriebsmittel ohne Artikelnummer).

Frage: Wie kann einer Klemmenleiste ein »übergeordneter« Funktionstext übergegeben werden?

Antwort: Um einer Klemmenleiste einen Funktionstext zu übergeben (damit dieser dann beispielsweise in einer Klemmenleistenübersicht ausgewertet werden kann), muss der Funktionstext an der Klemmenleistendefinition eingetragen werden.

Bild 13.55 Funktionstext an der Klemmenleistendefinition

Sind die Klemmenleistendefinitionen nicht vorhanden, kann man unter **PROJEKTDATEN/ KLEMMENLEISTEN** die Funktion **KORRIGIEREN** aufrufen und die Klemmenleistendefinitionen von EPLAN automatisch erzeugen lassen.

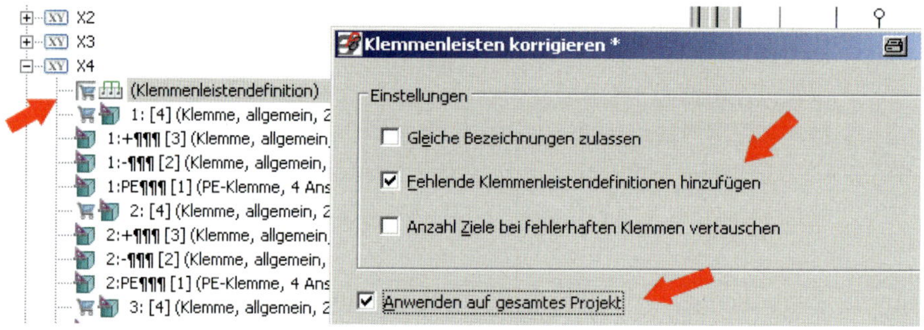

Bild 13.56 Klemmenleiste korrigieren

HINWEIS: Damit die Korrekturfunktion genutzt werden kann, muss mindestens eine Klemme im Projekt markiert werden. Um welche Klemme es sich dabei handelt, ist beliebig, wenn man die Korrektur auf das gesamte Projekt anwenden lassen möchte.

Frage: Wie können Steckerdefinitionen automatisch erzeugt werden?

Antwort: Um Steckerdefinitionen automatisch erzeugen zu lassen, muss im Menü **PROJEKTDATEN/STECKER** der Menüpunkt **KORRIGIEREN** aufgerufen und die Einstellung *Fehlende Steckerdefinitionen hinzufügen* gewählt werden. Wenn die Funktion für das gesamte Projekt durchgeführt werden soll, muss die Einstellung *Anwenden auf gesamtes Projekt* markiert werden.

Nach Klick auf den Button **OK** erzeugt EPLAN die Definitionen als nichtplatzierte Funktionen (sichtbar in den entsprechenden Navigatoren, und von hier aus sind sie auch platzierbar auf Seiten, wenn benötigt).

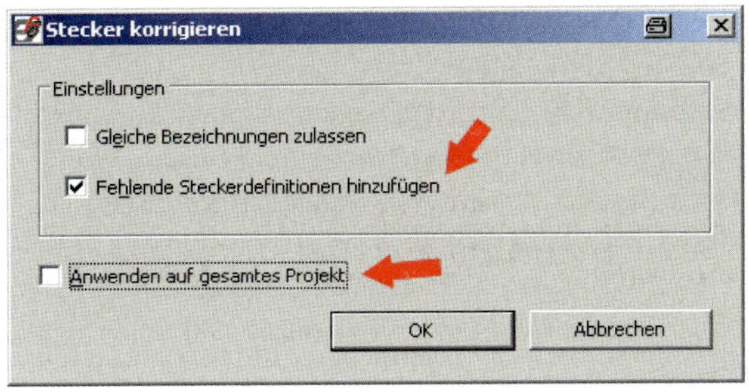

Bild 13.57
Stecker korrigieren

Frage: Wie können Klemmen die gleiche Klemmenbezeichnung haben, ohne dass EPLAN eine Fehlermeldung sendet?

Antwort: Um bei Klemmen, die die gleiche Klemmenbezeichnung tragen, beispielsweise bei PE-Klemmen die Klemmenbezeichnung PE, Fehlermeldungen im Prüflauf zu vermeiden, muss die Eigenschaft *Gleiche Bezeichnung erlaubt <20811>* in den Symboleigenschaften der Klemme aktiviert werden.

Bild 13.58 Eigenschaft gleiche Klemmenbezeichnung zulassen

Frage: Wie kann man überflüssige Klemmenleisten- oder auch Steckerdefinitionen automatisch aus dem Projekt entfernen?

Antwort: Um überflüssige Klemmenleistendefinitionen (oder auch Steckerdefinitionen) nicht manuell im Klemmenleisten- bzw. Stecker-Navigator löschen zu müssen, erstellt man im Menü **PROJEKT/ORGANISIEREN/KOMPRIMIEREN** ein Schema, das diese überflüssigen Daten automatisch aus dem Projekt entfernt.

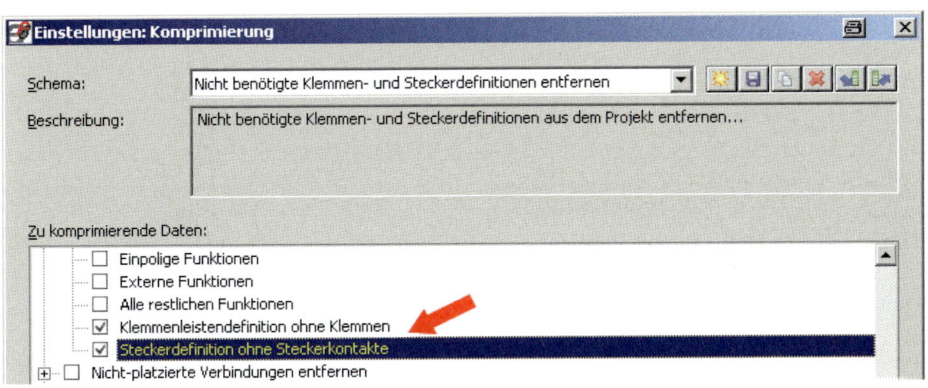

Bild 13.59 Komprimierungsschema

Frage: Wie können mehrere Klemmenpläne platzsparend auf einer Auswertungsseite ausgegeben werden?

Antwort: Um mehrere Klemmenpläne (Klemmenleisten) auf einer Auswertungsseite ausgeben zu lassen, müssen mehrere Bedingungen eingehalten werden. Das zu benutzende Formular muss ein dynamisches Formular sein, und im Dialog **AUSWERTUNGEN** (Menü **DIENSTPROGRAMME/AUSWERTUNGEN/ERZEUGEN**) unter dem Button **EINSTELLUNG/ AUSGABE IN SEITEN** muss in der Spalte *Zusammenfassen* bei der betreffenden Auswertung ein Häkchen gesetzt sein.

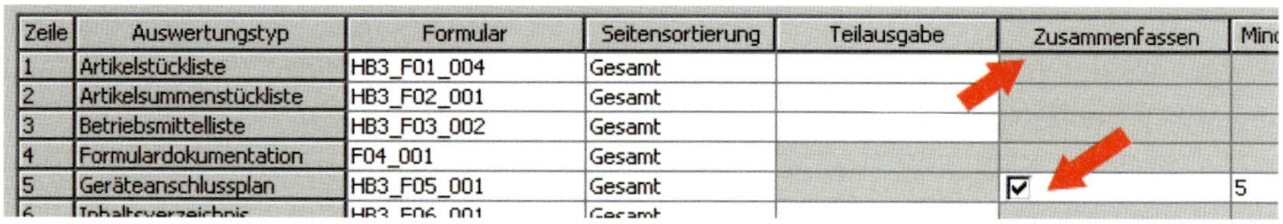

Zeile	Auswertungstyp	Formular	Seitensortierung	Teilausgabe	Zusammenfassen	Min
1	Artikelstückliste	HB3_F01_004	Gesamt			
2	Artikelsummenstückliste	HB3_F02_001	Gesamt			
3	Betriebsmittelliste	HB3_F03_002	Gesamt			
4	Formulardokumentation	F04_001	Gesamt			
5	Geräteanschlussplan	HB3_F05_001	Gesamt		☑	5
6	Inhaltsverzeichnis	HB3_F06_001	Gesamt			

Bild 13.60 Zusammenfassen für eine Auswertung aktivieren

Neben der Auswertung *Klemmenplan* ist die Option *Zusammenfassen* bei folgenden Auswertungen möglich: Geräteanschlussplan *.f05; Kabelplan *.f09; Kabelanschlussplan *.f07; Klemmenplan *.f13; Klemmenanschlussplan *.f11; Klemmenaufreihplan *.f12; Schaltschranklegende *.f18; SPS-Diagramm *.f19; Steckerplan *.f22; Steckeranschlussplan *.f21, Symbolübersicht *.f25, Montageliste *.f32 und die Auswertung Topologie: Streckenplan *.f35.

13.4 Kabel

Frage: Warum kann in EPLAN keine korrekte Geräteauswahl von Kabeln (mit dem Zuweisen von Aderinformationen) an offenen Abbruchstellen durchgeführt werden?

Antwort: Eine offene Abbruchstelle gilt in EPLAN noch nicht als logische Verbindung. Das ist gut zu sehen, wenn man den Cursor auf die Autoconnecting-Linie setzt und den Tooltipp dazu anschaut. Eine Geräteauswahl und das automatische Auflegen von Adern wird deshalb nur an gültigen (verbundenen) logischen Verbindungen unterstützt.

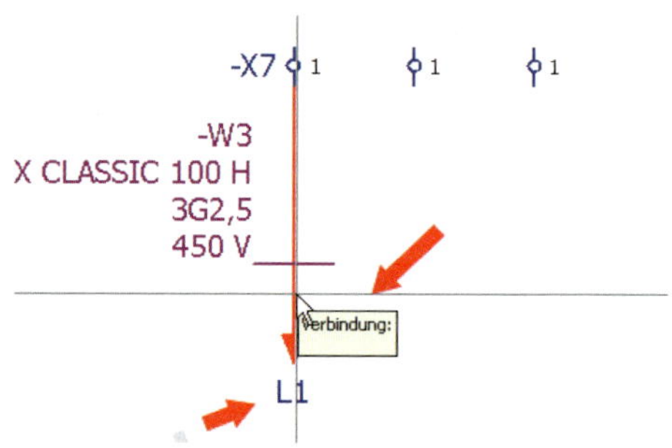

Bild 13.61 Offene Verbindung

Frage: Welche Eigenschaften sind bei einer Kabeldefinition identifizierend?

Antwort: Folgende Eigenschaften eines Kabels sind identifizierend: Die eigentliche *Funktionsdefinition*, die *Abschirmungsbezeichnung* (Abgeschirmt von), der *Paarindex*, der *Potenzialtyp*, die (Ader-)*Farbe* bzw. *Nummer* und der *Querschnitt* bzw. der *Durchmesser*.

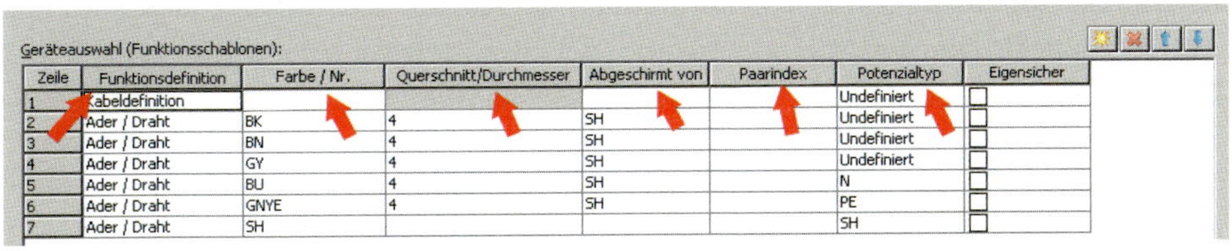

Geräteauswahl (Funktionsschablonen):

Zeile	Funktionsdefinition	Farbe / Nr.	Querschnitt/Durchmesser	Abgeschirmt von	Paarindex	Potenzialtyp	Eigensicher
1	Kabeldefinition					Undefiniert	☐
2	Ader / Draht	BK	4	SH		Undefiniert	☐
3	Ader / Draht	BN	4	SH		Undefiniert	☐
4	Ader / Draht	GY	4	SH		Undefiniert	☐
5	Ader / Draht	BU	4	SH		N	☐
6	Ader / Draht	GNYE	4	SH		PE	☐
7	Ader / Draht	SH				SH	☐

Bild 13.62 Identifizierende Eigenschaften eines Kabelartikels

Diese Eigenschaften müssen demnach mit den Funktionsdefinitionen bei einer Geräteauswahl übereinstimmen, wenn das Kabel bzw. deren Verbindungsdaten vorher manuell bearbeitet wurden (beispielsweise wurden die Kabeladern oder der Paarindex manuell eingefügt).

Stimmt eine dieser Eigenschaften nicht mit dem Kabel (bei einer Geräteauswahl) in der Artikelverwaltung überein, wird eine Gerätauswahl kein passendes Kabel finden.

Frage: Warum sind Kabelinformationen wie beispielsweise Adern eines Kabels mehrfach im Kabel-Navigator vorhanden?

Antwort: Wenn Kabelinformationen wie beispielsweise Adern oder der Einkaufskorb mehrfach im Kabel-Navigator vorhanden sind, liegt die Ursache darin, dass es mehrere (verteilt dargestellte) Kabeldefinitionen(bzw. -linien) im Projekt gibt und diese alle das Merkmal *Hauptfunktion* sowie jeweils einen Artikel tragen.

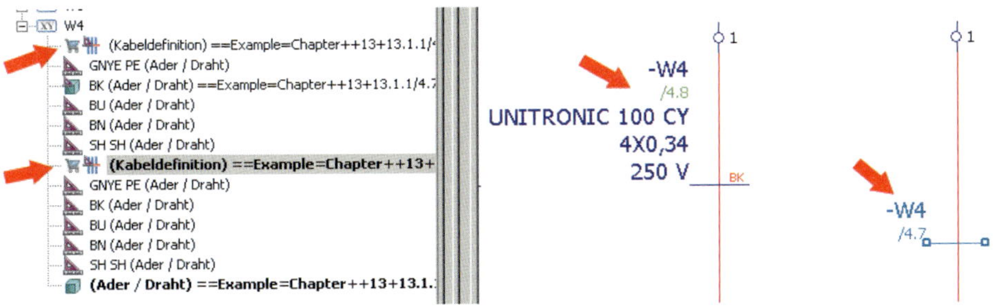

Bild 13.63 Doppelte Kabeldefinition im Navigator

Auch bei Kabeln darf es in EPLAN immer nur eine Hauptfunktion geben. Wo, mit welcher Darstellungsart bzw. an welcher Kabeldefinition sich die Hauptfunktion und die entsprechenden Artikeldaten befinden, ist in EPLAN egal.

Frage: Wie können die Adern eines Kabels in EPLAN automatisch vergeben werden?

Antwort: Um bei einem Kabel die Aderinformationen wie Farbe oder Querschnitt automatisch von EPLAN »füllen« zu lassen, ist es notwendig, das Kabel als Artikel, komplett mit allen Adern, in der Artikelverwaltung anzulegen.

Wird dieses Kabel während der Eingabe des Kabels im Stromlaufplan über die Geräteauswahl ausgewählt und übernommen, werden nach Verlassen des Dialogs *Symboleigenschaften Kabel* die Adern (die Verbindungen kreuzen) automatisch, anhand der Daten aus der Artikelverwaltung, von EPLAN beschriftet.

Frage: Wie kann man freie Adern eines Kabels auf Klemmen auflegen, ohne sie im Projekt darzustellen?

Antwort: Um freie Adern eines Kabels auf Klemmen aufzulegen, diese aber nicht im Plan darzustellen, kann die Funktion **GERÄTE VERSCHALTEN** im Menü **PROJEKTDATEN/ BETRIEBSMITTEL** benutzt werden.

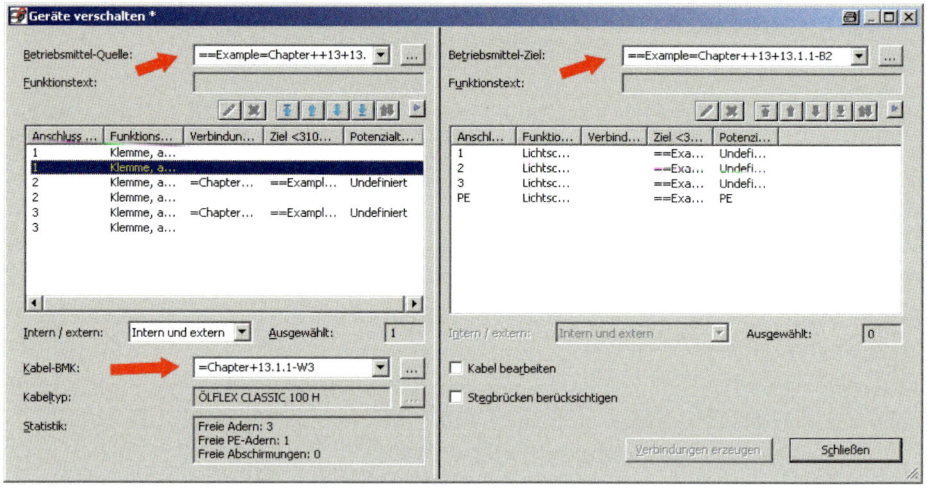

Bild 13.64 Geräte »virtuell« verschalten

Hier können die gewünschten Klemmenleisten/Geräte und das gewünschte Kabel ausgewählt werden. Danach werden die entsprechenden Klemmen/Geräte markiert und mit dem Button **VERBINDUNGEN ERZEUGEN** die Verbindungen hergestellt.

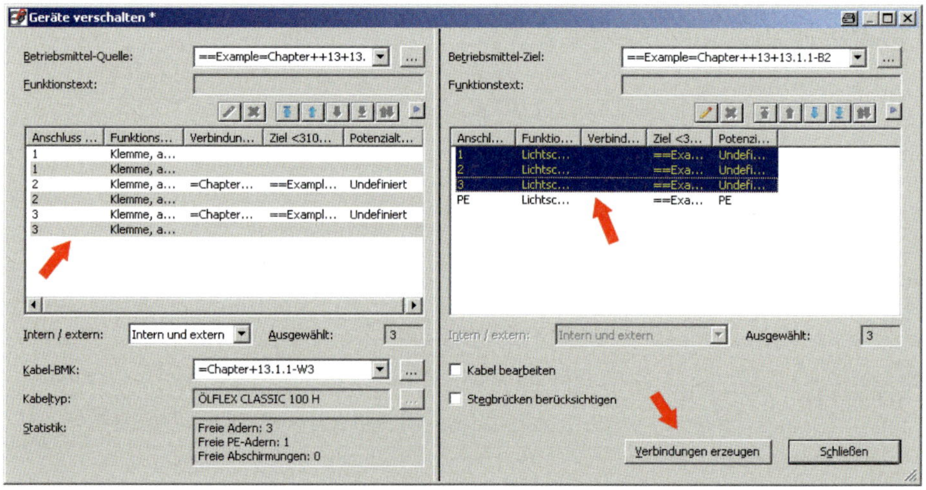

Bild 13.65 Geräte wählen und Verbindungen erzeugen

Eine »virtuelle« Verbindung wird in EPLAN mit einem kleinen roten Schrägstrich optisch dargestellt.

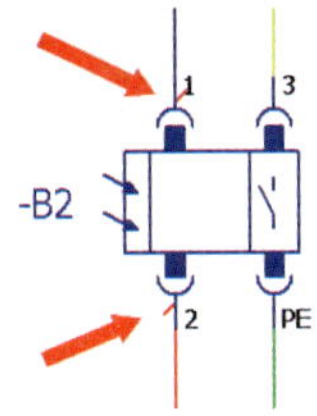

Bild 13.66 Markierung

Frage: Wie legt EPLAN fest, was Quelle und Ziel bei einer Kabelverbindung sind?

Antwort: EPLAN schaut beim Auswerten von rechts nach links und von unten nach oben. Dann bestimmt EPLAN, was Quelle und was Ziel ist. Das heißt, wenn das Kabel von links nach rechts verläuft, dann wäre links die Quelle und rechts das Ziel. Das Gleiche gilt auch von unten nach oben. Dann würde die Quelle unten und das Ziel oben sein.

13.5 SPS

Frage: Wie können gleiche Adressenbereiche bei verschiedene SPSen in einem Projekt genutzt werden?

Antwort: Um gleiche Adressbereiche innerhalb eines Projekts (beispielsweise beim Einsatz mehrerer CPUs) vergeben zu können, ist es zwingend notwendig, den einzelnen SPS-Hauptfunktionen einen CPU-Namen »mitzugeben«. Damit kann EPLAN dann auch mehrere gleiche Adressen anhand der Zuordnung der CPU(-Namen) ohne eine Prüflaufmeldung unterscheiden.

Bild 13.67 Eigenschaft CPU-Name

Die Einstellung des CPU-Namens wird in der Eigenschaft *CPU: Name <20433>* des SPS-Kastens der Hauptfunktion eingetragen (bei allen Hauptfunktionen der SPS-Komponenten, die zu dieser CPU gehören).

Frage: Muss man den SPS-Anschlüssen (Ein- oder Ausgänge) oder SPS-Kästen einen CPU-Namen zuweisen?

Antwort: Das ist abhängig davon, wie viele CPUs (SPS-Stationen) im Projekt benutzt werden. Wenn es nur eine SPS-Station gibt, ist es nicht nötig, einen CPU-Namen zuzuweisen (Eigenschaft *CPU: Name <20433>* an der Hauptfunktion). Gibt es jedoch mehrere SPS-Stationen, sollte immer ein CPU-Name (auch hier nur an der Hauptfunktion) vergeben werden. Damit ist es auch möglich, dass separate Zuordnungslisten ausgegeben werden können.

13.6 Eigenschaften, Ebenen

Frage: Kann ich in den Projekteigenschaften eigene Eigenschaftsnamen vergeben?

Antwort: Ja, das ist möglich. Dazu öffnen Sie die Einstellungen für das Projekt (im Menü **OPTIONEN/EINSTELLUNGEN**) und öffnen dann im Zweig **VERWALTUNG** den Eintrag **ZUSATZFELDER**. In der Registerkarte *Projekt* können nun eigene Namen für die *Benutzer Zusatzfeld n <4000n>* vergeben werden.

Frage: Welche Informationen verbergen sich hinter der Projekteigenschaft *<10200> (Seitenanzahl pro Seitentyp)*?

Antwort: Diese Eigenschaft bzw. der Wert wird automatisch aus dem Projekt ermittelt. Summiert wird hier übrigens gar nichts, sondern diese Werte kommen aus den Projekteigenschaften der Registerkarte *Statistik*.

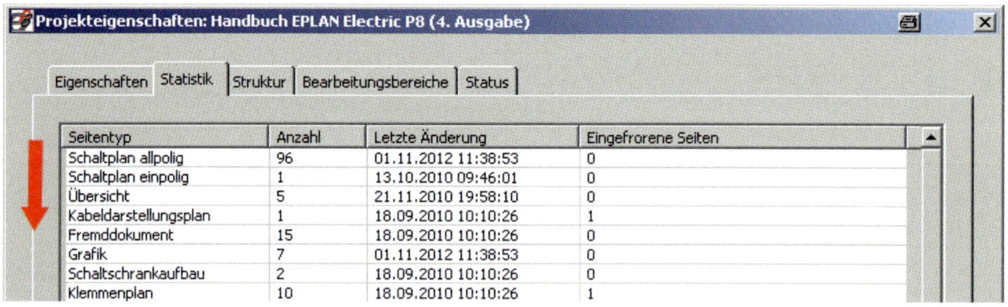

Bild 13.68 Statistik der verschiedenen Seitentypen

In der Eigenschaft *Seitenzahlen pro Seitentyp 10200 [n]* teilt sich das wie folgt auf:

[1] Schaltplan allpolig
[2] Schaltplan einpolig
[3] Übersicht
[4] Kabeldarstellungsplan
[5] Fremddokument
[6] Logocad TRIGA Zeichnung (wird nicht mehr verwendet)
[7] Grafik
[8] Schaltschrankaufbau
[9] Klemmenplan
[10] Klemmenanschlussplan
[11] Kabelplan
[12] Klemmenaufreihplan
[13] Betriebsmittelliste
[14] Inhaltsverzeichnis
[15] Klemmenleistenübersicht
[16] SPS-Kartenübersicht
[17] Titel-/Deckblatt
[18] Symbolübersicht
[19] Verbindungsliste
[20] Potenzialübersicht
[21] Kabelübersicht
[22] Artikelstückliste
[23] Steckerübersicht
[24] SPS-Diagramm
[25] Geräteanschlussplan
[26] Kabelanschlussplan
[27] Steckeranschlussplan
[28] Steckerplan
[29] Schaltschranklegende
[30] Artikelsummenstückliste
[31] Strukturkennzeichenübersicht
[32] Formulardokumentation
[33] Normblattdokumentation
[34] Schaltplan Fluid
[35] Revisionsübersicht
[36] Optionsübersicht
[37] Platzhalterobjektübersicht
[38] RI-Fließbild
[39] Hersteller/Lieferantenliste
[40] Modell-Ansicht
[41-42] Reserviert
[43] Topologie
[44-?] Reserviert für spätere Seitentypen

Frage: Wie kann man die Eigenschaftsanordnungen von einem Betriebsmittel auf ein anderes schnell übertragen?

Antwort: Um die eventuell mühsam eingestellten Anordnungen von Eigenschaften von einem Betriebsmittel auf ein anderes zu übertragen, können in EPLAN die Funktionen **FORMAT KOPIEREN** und **FORMAT ZUWEISEN** im Menü **BEARBEITEN** genutzt werden.

Wie wird eine Eigenschaftsanordnung nun übertragen? Dazu sollten Sie zunächst das (fertig) formatierte Betriebsmittel markieren. Jetzt öffnen Sie das Menü **BEARBEITEN** und wählen den Befehl **FORMAT KOPIEREN**. Nun markieren Sie das Betriebsmittel, auf welches das eben kopierte Format übertragen werden soll. Nun öffnen Sie wieder das Menü **BEARBEITEN** öffnen und wählen den Befehl **FORMAT ZUWEISEN**. Das Format der Eigenschaftsanordnung wurde nun an das Betriebsmittel übertragen.

TIPP: Blockfunktionen wie Mehrfachselektion sind möglich. Auf einem Blatt können also mehrere Betriebsmittel markiert werden. An diese kann gleichzeitig das Format übertragen werden. Das funktioniert auch in den Navigatoren. Hier müssen Sie ebenfalls die zu ändernden Betriebsmittel markieren und das Format zuweisen.

HINWEIS: Formate lassen sich nur an ähnliche Betriebsmittel (Funktionsgleiche) übertragen. Es funktioniert beispielsweise nicht, ein Format eines Kabels an einen Motor zu übertragen, da das eine völlig andere Funktion ist.

Frage: Auf welcher Ebene liegt der »Anker« (Platzhalterobjekt) eines Makros mit Wertesätzen?

Antwort: Die Ebene des sogenannten Ankers (Platzhalterobjekt; Symbol 323/PLHO) eines Makros mit Wertesätzen liegt auf der *EPLAN322 Symbolgrafik.Makro.Platzhalterobjekt*. Hier kann z. B. die Einstellung getroffen werden, ob das Symbol gedruckt werden soll oder ob es sichtbar im Plan ist.

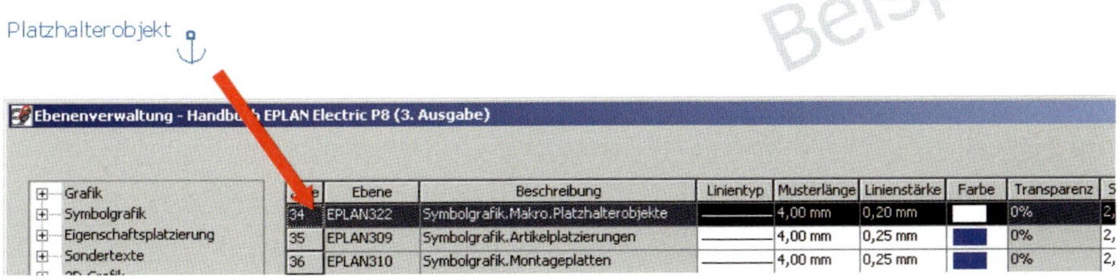

Bild 13.69 Eigenschaften der Ebene EPLAN322

Das Symbol mit der Symbolnummer 323 (Symbolname PLHO) kommt aus der Symbolbibliothek SPECIAL und ist nicht änderbar, da die Symbolbibliothek SPECIAL gegen Veränderungen von EPLAN geschützt ist.

Frage: Auf welcher Ebene liegt das Symbol Artikeldefinitionspunkt (Symbolnummer 80, Symbolname ADP)?

Antwort: Das Symbol Artikeldefinitionspunkt (Menü **EINFÜGEN – ARTIKELDEFINITIONSPUNKT**) liegt auf der Ebene *EPLAN321 Symbolgrafik.Artikeldefinitionspunkte*.

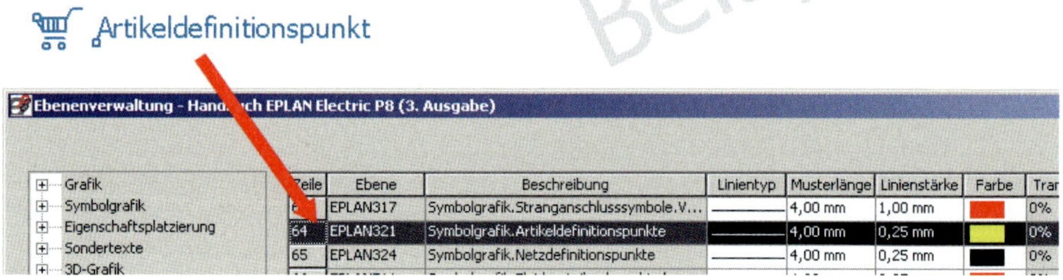

Bild 13.70 Eigenschaften der EBENE321

Das Symbol mit der Symbolnummer 80 (Symbolname ADP) kommt ebenfalls aus der Symbolbibliothek SPECIAL. Diese ist nicht änderbar, da die Symbolbibliothek SPECIAL gegen Veränderungen von EPLAN geschützt ist.

Frage: Wie kann man die Dicke (Strichstärke) einer Maßlinie (Bemaßungsfunktionen) verändern?

Antwort: Um die Dicke einer Maßlinie von verschiedenen Bemaßungsfunktionen zu verändern, kann/muss die Ebene *EPLAN107 (Grafik.Bemaßungen)* in der Ebenenverwaltung entsprechend bearbeitet werden.

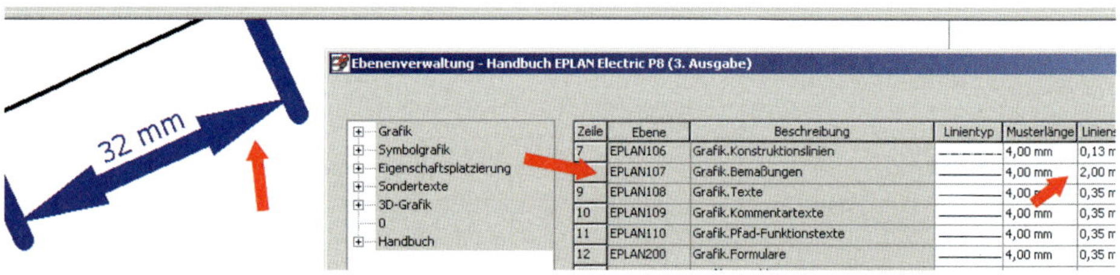

Bild 13.71 Eigenschaften der Ebene EPLAN107

Frage: Was bedeuten die drei unterschiedlichen Möglichkeiten der Eigenschaft *Querverweisanzeige <20021>*?

Antwort: Für die Eigenschaft *Querverweisanzeige <20021>* stehen drei Möglichkeiten zur Auswahl.

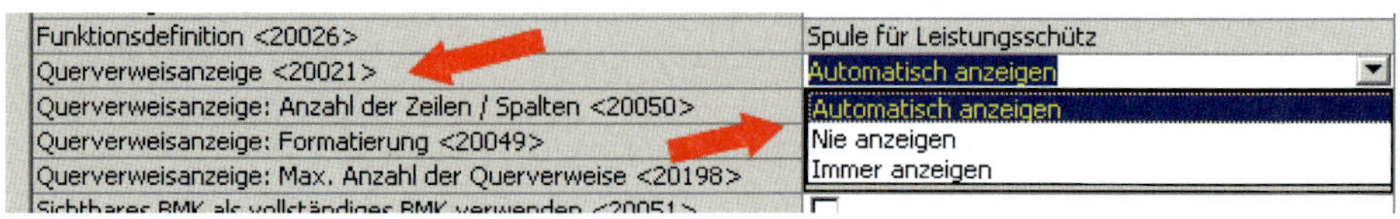

Bild 13.72 Unterschiede Querverweisanzeige <20021>

Sie regeln die Anzeige von automatischen Querverweisen zwischen der Hauptfunktion und deren Nebenfunktionen und haben folgende Bedeutungen:

Automatisch anzeigen: Es wird nur ein Querverweis angezeigt, wenn das Feld *Sichtbares BMK* mit einem korrekten BMK gefüllt, also nicht leer ist.

Nie anzeigen: Es wird nie ein Querverweis angezeigt, bestehende Querverweise werden in der Anzeige unterdrückt.

Immer anzeigen: Es werden generell Querverweise angezeigt.

Unabhängig von den Anzeigen besteht immer die logische Verbindung zwischen der Haupt- und der Nebenfunktion. Alle Navigationsbefehle wie **GEHE ZU ...** funktionieren wie gewohnt.

Frage: Wo kann die Textgröße der Artikelnummer bzw. der Typennummer ober-/unterhalb des Kontaktspiegels geändert werden?

Antwort: Diese Informationen (die Formatierungsmöglichkeiten) liegen auf der Ebene *EPLAN480 Eigenschaftsplatzierungen.Artikelnummer* (für die Artikelnummer) sowie der Ebene *EPLAN481 Eigenschaftsplatzierungen.Typennummer* (für die Typenbezeichnung).

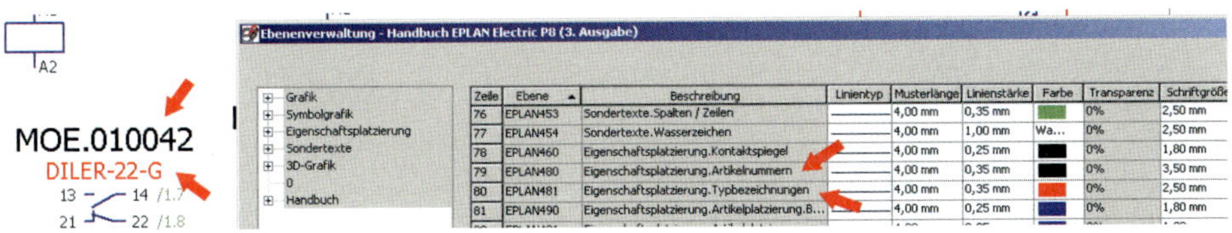

Bild 13.73 Eigenschaften der Ebene EPLAN480 und EPLAN481

Frage: Gelten die Einstellungen der Ebenenverwaltung generell global oder sind sie projektbezogen?

Antwort: Die Einstellungen der Ebenenverwaltung (Aufruf über das Menü **OPTIONEN/ EBENENVERWALTUNG**) sind immer auf das aktuelle Projekt bezogen.

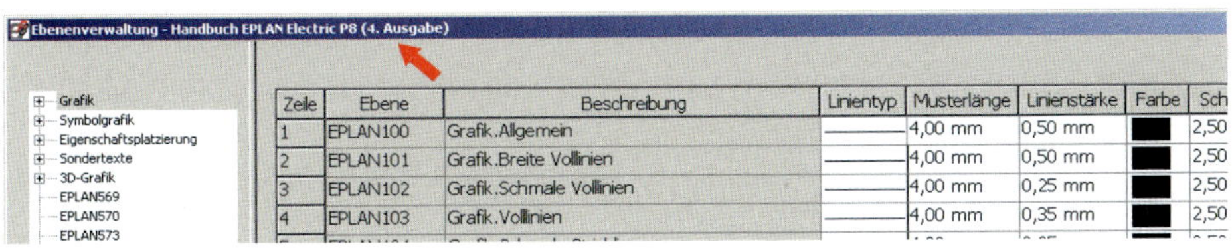

Bild 13.74 Ebenenverwaltung und das Projekt

Frage: Auf welcher Ebene liegen beispielsweise die Farbeinstellungen für den Positionsrahmen von Texten?

Antwort: Der Positionsrahmen ist beispielsweise einstellbar auf der Registerkarte *Format* im Textdialog und besitzt keine eigene Ebene. Alle Einstellungen (Farbe, Unsichtbar etc.) werden über die Ebene *EPLAN106 Grafik.Texte* bzw. *EPLAN110 Grafik.Pfad-Funktionstexte* gesteuert.

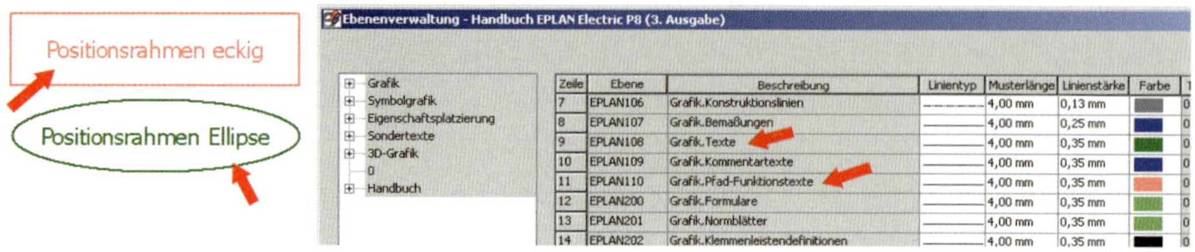

Bild 13.75 Eigenschaften der Ebenen EPLAN108 und EPLAN110

Frage: Wie kann die Beschreibung von Strukturkennzeichen an Betriebsmitteln angezeigt werden?

Antwort: Wenn man sich die Beschreibungen von Strukturkennzeichen an Betriebsmitteln anzeigen lassen möchte, braucht man nur am gewünschten Betriebsmittel die entsprechende Eigenschaft in der Anzeige der Eigenschaften (Registerkarte *Anzeige – Eigenschaftsanordnungen – Schaltzeichen*) einzublenden.

Folgende Eigenschaften sind nötig, um sich die Beschreibungen von Strukturkennzeichen einblenden zu lassen:

- *Beschreibung: Anlage <1130>*
- *Beschreibung: Anlagennummer <1730>*
- *Beschreibung: Aufstellungsort <1430>*
- *Beschreibung: Benutzerdefiniert <1630>*
- *Beschreibung: Dokumentenart <1530>*
- *Beschreibung: Einbauort <1230>*
- *Beschreibung: Funktionale Zuordnung <1330>*

13.6.1 Stammdaten

Frage: Wie kann man Zeilennummern in das Normblatt mit aufnehmen?

Antwort: Im Normblatteditor sind dazu folgende Einstellungen für das Normblatt vorzunehmen:

- Erst einmal müssen Sie das Normblatt über das Menü **DIENSTPROGRAMME/STAMMDATEN/NORMBLATT/ÖFFNEN** zum Bearbeiten öffnen.
- Fügen Sie nun die *Zeilentexte* im grafischen Editor mit der gewünschten Anzahl ein (Menü **EINFÜGEN/SONDERTEXT**).

Bild 13.76 Zeilentexte einfügen

- Rufen Sie nun mit **STRG + M** und danach **STRG + D** die *Normblatteigenschaften* auf.
- Tragen Sie dann die *Anzahl der Zeilen* ein, legen Sie die *Zeilenhöhe*, die *Zeichenketten* sowie das *Nummerierungsformat* für die Zeilen fest und verlassen Sie die Normblatteigenschaften mit Klick auf **OK**.

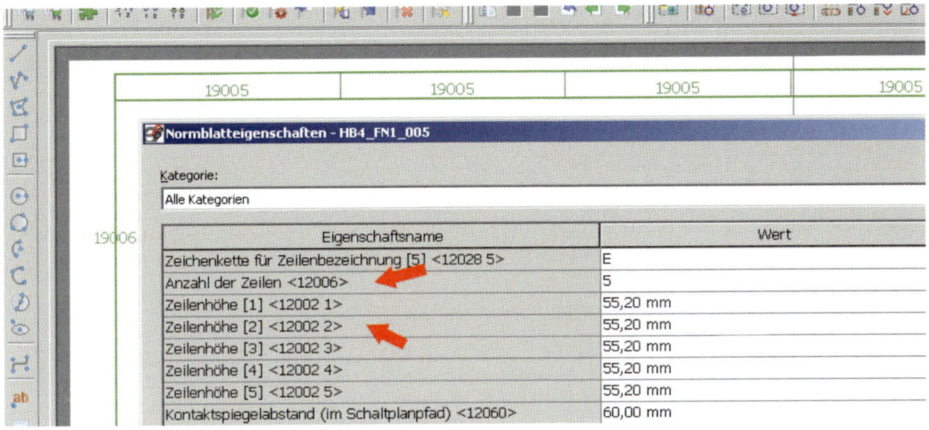

Bild 13.77 Eigenschaften für die Zeilen eintragen

- Wählen Sie anschließend den Menüeintrag **DIENSTPROGRAMME/SPALTEN- UND ZEILENTEXT NEU PLATZIEREN**. EPLAN platziert nun die *Spaltentexte* und *Zeilentexte* anhand der Breiten bzw. Höhen aus den Normblatteigenschaften selbstständig neu. Sie können diese Abstände eventuell manuell korrigieren und eine grafische Linie eintragen, wenn gewünscht.

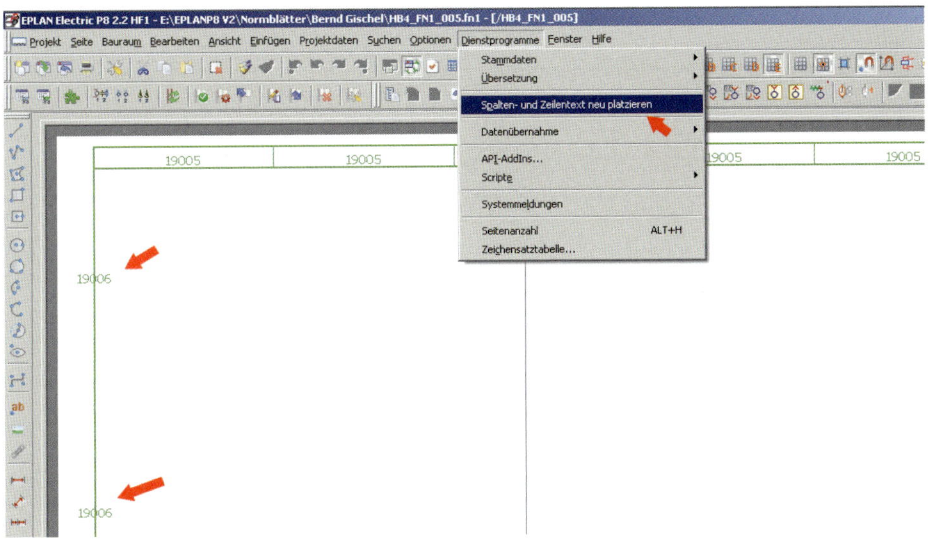

Bild 13.78 Die Abstände von EPLAN selbst ermitteln lassen

Damit ist das Normblatt fertig bearbeitet. Es kann geschlossen und benutzt werden.

Frage: Was ist der Unterschied zwischen den Symbolen XBD und XBD2?

Antwort: In Verbindung mit den richtigen »Gegensymbolen« wird bei der einen Kombination keine Verbindung erzeugt (XBD), bei der anderen (XBD2) schon. Damit wird dann auch das Gegenstück des Steckers (der Buchse) gefunden und querverwiesen.

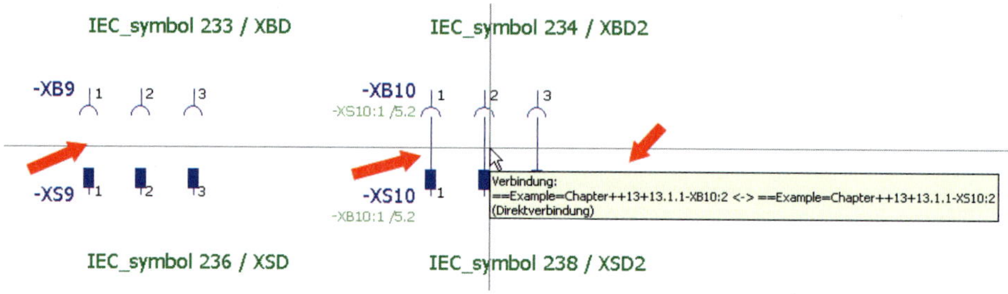

Bild 13.79 Unterschiede Symbole XBD/XBD2 und XSD/XSD2

Frage: Warum ist mein Auswertungsformular wie beispielsweise ein Klemmenplan größer als mein Normblatt?

Antwort: Es handelt sich dabei um ein importiertes EPLAN 5-Projekt. Das Normblatt (in der Altversion EPLAN 5 als Plotrahmen bezeichnet) wurde in den Projekteinstellungen belassen, aber für die Auswertungen wurden die EPLAN Electric P8-Auswertungsformulare genommen. Da importierte Normblätter aus den Altversionen EPLAN 5 (die Plotrahmen) aber von der Größenausdehnung her kleiner als die EPLAN Electric P8-Auswertungsformulare sind, werden die Auswertungsformulare über das Normblatt »hinaus geschrieben« bzw. platziert.

Abhilfe wird hier nur geschaffen, wenn man ein neues Normblatt aus den EPLAN-Systemstammdaten wie beispielsweise *FN1_001.FN1* in den Projekteinstellungen wählt oder ein vorhandenes Normblatt entsprechend des alten Plotrahmens (der Altversion EPLAN 5) abändert, um dieses neue Normblatt dann in den Projekteinstellungen einzutragen. Die Einstellung des Normblatts erfolgt in den Projekteinstellungen: **OPTIONEN/EINSTELLUNGEN/PROJEKTE/[PROJEKTNAME]/VERWALTUNG/SEITEN**.

Frage: Wo kann ich das globale Standard-Normblatt gegen ein anderes austauschen?

Antwort: Das globale Standard-Normblatt (gilt als Voreinstellung für alle Seiten) kann in den Einstellungen des Projektes unter **VERWALTUNG/SEITEN** geändert bzw. getauscht werden.

HINWEIS: Wurde einer Seite ein Normblatt direkt zugeordnet (über die Seiteneigenschaften, Eigenschaft *11016 Normblattname*), greift das global eingestellte Standard-Normblatt nicht. Hier wird dann immer das der Seite zugeordnete Normblatt angezeigt.

Frage: Wo kann man einer bestimmten Montageplatte (im 2D-Schaltschrankaufbau) ein anderes Legendenformular zuordnen?

Antwort: Um einer bestimmten Montageplatte ein anderes Formular als das global in den Auswertungen eingestellte auszuwählen, wird die Montageplatte markiert, anschließend werden die Eigenschaften der Montageplatte geöffnet und hier die Eigenschaft *Legendenformular <20440>* eingefügt (wenn nicht vorhanden).

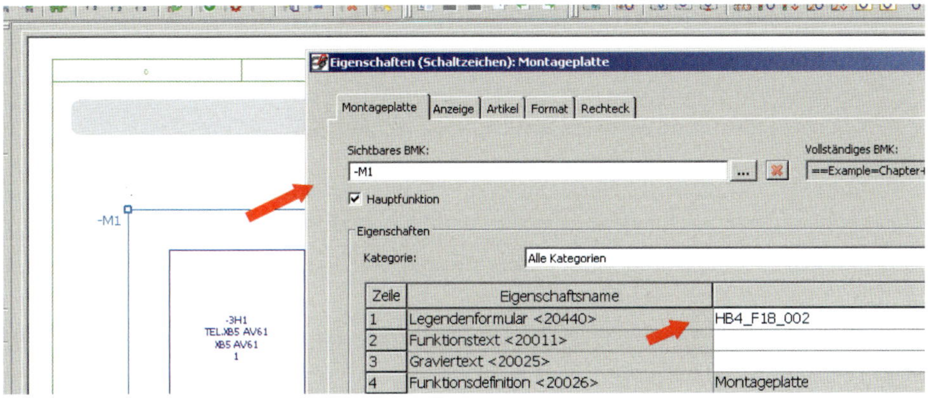

Bild 13.80 Eintrag Legendenformular

In der Spalte *Wert* kann nun für diese Montageplatte ein anderes Formular eingetragen werden.

Frage: Wie kann man einem Formular ein eigenes Normblatt als Standard zuordnen, damit nicht das Standard-Normblatt aus den Projekteinstellungen genommen wird?

Antwort: Um einer Auswertung (beispielsweise einem Klemmenplan) generell ein anderes Normblatt als das Standard-Normblatt des Projektes, zuzuordnen, sind folgende Schritte durchzuführen:

- Öffnen Sie die gewünschte Auswertung (Formular) über den Menüpunkt **DIENSTPROGRAMME/STAMMDATEN/FORMULARE/ÖFFNEN.**
- Wählen Sie im Dialog **FORMULAR ÖFFNEN** das gewünschte Formular aus und öffnen Sie es.
- Setzen Sie in den *Formulareigenschaften* (erreichbar durch Drücken der Tastenkombinationen **STRG + M** und danach **STRG + D**) die Eigenschaft *Normblatt zur Bearbeitung des Formulars bei Auswertungen verwenden <13055>* und stellen Sie in der Eigenschaft *Normblatt zur Bearbeitung des Formulars <13001>* das gewünschte Normblatt ein, das für diese Auswertung (für dieses Formular) zukünftig automatisch eingestellt werden soll.

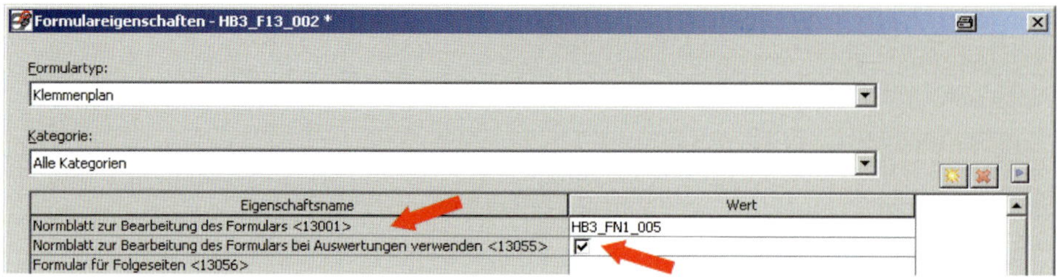

Bild 13.81 Formulareigenschaften anpassen

- Schließen Sie die Formulareigenschaften und anschließend das Formular.

Ab sofort wird für dieses Formular das in den Formulareigenschaften eingestellte Normblatt bei der grafischen Ausgabe immer automatisch zugeordnet.

Frage: Welche Formularinformationen erscheinen im Dialog **Formular öffnen** auf der rechten Seite, und kann man diese erweitern?

Antwort: Folgende Formularinformationen erscheinen im rechten Feld des Dialogs **Formular öffnen:**

- Beschreibung: Beschreibung (Formular, Normblatt, Kontur) <18011>
- Firmenkennung:
- Ersteller: Bernd Gischel
- Erstellungsdatum: 18.09.2010
- Letzter Bearbeiter: Bernd Gischel
- Änderungsdatum: 18.09.2010
- Formularhandhabung: Statisches Formular

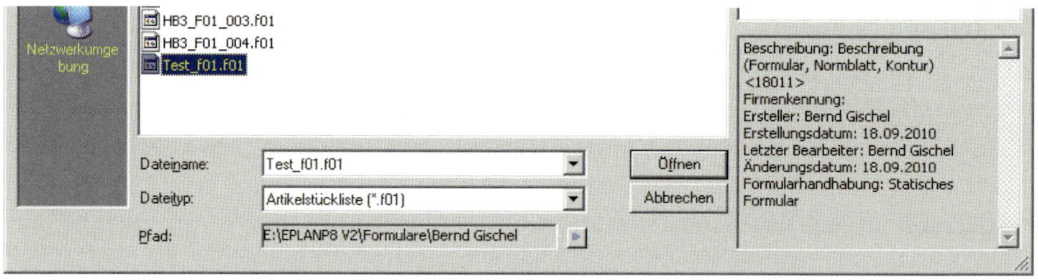

Bild 13.82 Formulareigenschaften im Dialog Formular föfnen

Diese dargestellten Informationen können nicht erweitert werden.

Frage: Welche Normblattinformationen erscheinen im Dialog **Normblatt öffnen** auf der rechten Seite, und kann man diese erweitern?

Antwort: Folgende Normblattinformationen erscheinen im rechten Feld des Dialogs **Normblatt öffnen:**

- Beschreibung: Beschreibung (Formular, Normblatt, Kontur) <18011>

- Firmenkennung:
- Ersteller: Bernd Gischel
- Erstellungsdatum: 18.09.2010
- Letzter Bearbeiter: Bernd Gischel
- Änderungsdatum: 18.09.2010

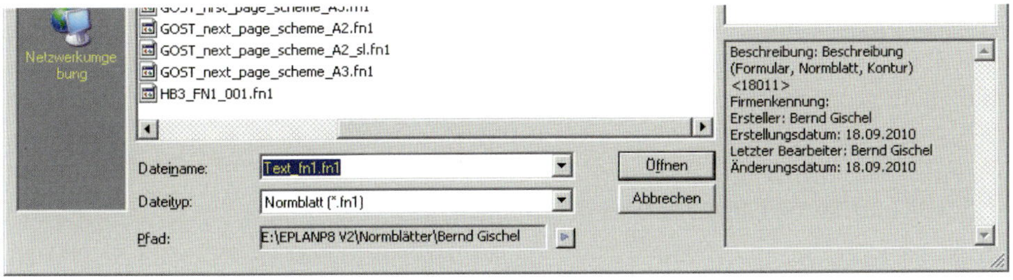

Bild 13.83 Normblatteigenschaft im Dialog Normblatt öffnen

Auch hier kann die Anzeige nicht selbst um weitere Informationen ergänzt werden.

Frage: Wie kann ein Formular bearbeitet werden, das sich nur im zugesandten Projekt eines Zulieferers und nicht im System befindet?

Antwort: Um ein Formular (eine Auswertung) zu bearbeiten, das sich nur in den Projektstammdaten und nicht in den Systemstammdaten befindet (beispielsweise wenn das Projekt von einem externen Zulieferer gekommen ist, der bestimmte eigene Formulare im Projekt benutzt hat), müssen folgende Schritte durchgeführt werden:

1. Öffnen Sie das Projekt, welches das Formular enthält.
2. Rufen Sie im Menü **DIENSTPROGRAMME** den Punkt **STAMMDATEN/AKTUELLES PROJEKT ABGLEICHEN** auf. Es öffnet sich der Dialog **Stammdatenabgleich**.
3. Markieren Sie das nicht in den Systemstammdaten eingelagerte Formular im linken Bereich des Dialogs (den Projektstammdaten) und kopieren Sie es mit dem Button in der Mitte nach rechts in die Systemstammdaten von EPLAN kopieren.
4. Schließen Sie den Dialog wieder. Das Formular (Auswertung) kann jetzt wie üblich mit EPLAN (Stammdateneditor) bearbeitet werden.

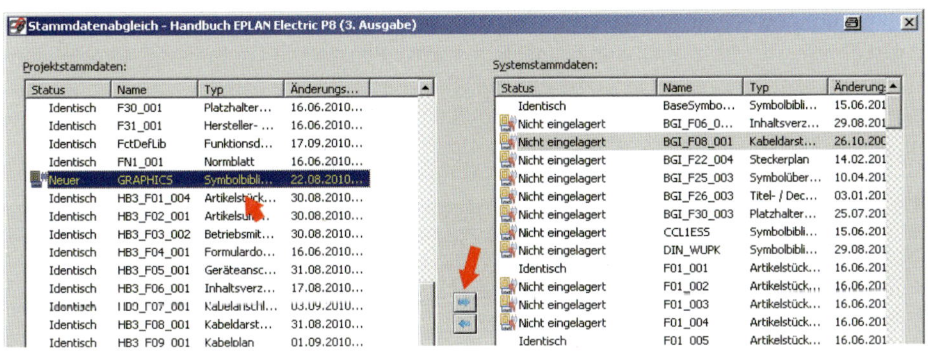

Bild 13.84 Stammdatenabgleich bei fremden Stammdaten

HINWEIS: Diese Vorgehensweise trifft auch für die restlichen, nur im Projekt eingelagerten Stammdaten wie Normblätter etc. zu.

Frage: Wie kann man die »festen« Projekteigenschaften beispielsweise auf dem Deck-/Titelblatt ändern?

Antwort: Man kann die Projekteigenschaften direkt über den Menüpfad **PROJEKT/EIGENSCHAFTEN** öffnen und in der Registerkarte *Eigenschaften* die gewünschten Einträge ändern.

Ein anderer Weg wäre, das Projekt im **Seiten-Navigator** anzuwählen (eine Seite markieren reicht), dann über die rechte Maustaste das Kontextmenü aufzurufen und hier ebenfalls **PROJEKT/EIGENSCHAFTEN** zu wählen.

Frage: Ich bekomme die Meldung »S079005 Formular nicht vorhanden« beim Auswerten. Was kann ich dagegen tun?

Antwort: Wenn diese Meldung beim Auswerten eines Projekts oder einer bestimmten Auswertung von EPLAN erzeugt wird, fehlt das entsprechende Formular, das in den Ausgaben für Seiten oder in der Auswertungsvorlage eingetragen wurde.

Öffnen Sie dazu anschließend im Dialog **Auswertungen** unter dem Button **EINSTELLUNGEN** den Menüpunkt **AUSGABE IN SEITEN**. Wählen Sie hier in der Zeile der Auswertung, beispielsweise vom Klemmenplan, in der Spalte *Formular* ein vorhandenes Formular aus. Alternativ können Sie auch in der entsprechenden (Auswertungs-)Vorlage (im Dialog **Auswertungen**; Registerkarte *Vorlagen*) in der Zeile *Formular* ein vorhandenes Formular auswählen und übernehmen.

Frage: Wie kann ich ein Symbol (bzw. dessen Symbolgrafik) auf unsichtbar stellen?

Antwort: Ein Symbol (bzw. die eigentliche Symbolgrafik) kann man nicht auf unsichtbar stellen. Um ein Symbol (bzw. die eigentliche Symbolgrafik) auf unsichtbar zu stellen, muss das vorhandene Symbol gegen ein Symbol ausgetauscht werden, das in den Symbolbibliotheken als genau dieses Symbol, aber mit den Symbolgrafikeigenschaften »unsichtbar« vorhanden ist. Sollte sich kein »unsichtbares« (Gegenstück-)Symbol in den Symbolbibliotheken befinden, kann das Symbol nicht auf unsichtbar eingestellt werden.

Frage: Kann man Symbole in Grafik »umwandeln«, um sie dann beispielsweise für Innenschaltungen zu verkleinern oder zu vergrößern?

Antwort: Ja, das ist recht einfach möglich. Dazu wird das entsprechende Symbol markiert und über das Menü **BEARBEITEN/WEITERES/SCHALTZEICHEN IN GRAFIK UMWANDELN** angeklickt. EPLAN löst dann dieses Symbol »auf« und erzeugt für jedes Element einen eigenen Anfasspunkt.

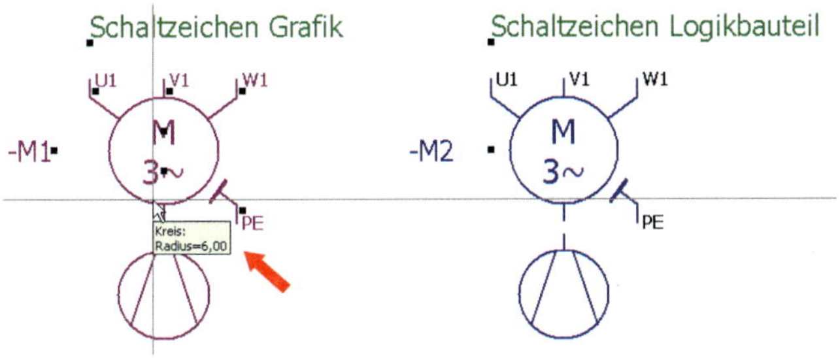

Bild 13.85 Schaltzeichen in Grafik umgewandelt

> **HINWEIS:** Diese Aktion lässt sich nur zeitnah (also möglichst gleich nach dem Umwandeln) rückgängig machen. Wurde das Projekt geschlossen oder aus sonstigen Gründen die **UNDO**-Liste geleert, ist ein »Rückumwandeln« (über **GRAFIK > SCHALTZEICHEN/SYMBOL**) nicht mehr möglich.

Frage: Wie kann ich eine Symbolbibliothek aus dem Projekt entfernen?

Antwort: Das funktioniert grundsätzlich erst, wenn alle benutzten Symbole aus dieser Symbolbibliothek komplett aus dem Projekt entfernt worden sind. Vorher lässt EPLAN das Entfernen einer Symbolbibliothek nicht zu – aus dem einfachen Grund, dass diese Symbole noch benutzt werden.

13.7 Datenaustausch

Frage: Gibt es in EPLAN Electric P8 eine EXF-Schnittstelle wie im Altprodukt EPLAN 5?

Antwort: Nein, es gibt in EPLAN Electric P8 keine solche EXF-Schnittstelle. Das ist auch nicht mehr nötig, da Daten in EPLAN Electric P8 über vorhandene Schnittstellen, beispielsweise Excel, bequem und komfortabel von »außen« geändert werden können.

Frage: Wie bekommt man EPLAN Electric P8-Projekte in die Altversionen EPLAN 5 oder EPLAN 21?

Antwort: Logisch (also mit auswertbaren Informationen) gar nicht. EPLAN Electric P8-Projekte sind nicht abwärtskompatibel zu EPLAN 5 bzw. zu EPLAN 21. Rein grafisch, beispielsweise im DXF/DWG-Austauschformat, ist das aber möglich. Natürlich sind hier gewisse Einschränkungen hinsichtlich der Darstellung, Linienstärken oder auch der Textgrößen vorhanden.

Frage: Gibt es einen Viewer für EPLAN Electric P8?

Antwort: Ja. Es gibt einen (kostenpflichtigen) Viewer für EPLAN. Dieser kann bei EPLAN käuflich erworben werden.

Frage: Sollten importierte EPLAN 5- oder EPLAN 21-Projekte als Grundlage für neue Projekte in EPLAN Electric P8 genommen werden?

Antwort: Obwohl die Importfunktion recht gut ist (sieht man einmal von besonderen oder völligen exotisch »verbogenen« Altprojekten ab), würde ich persönlich keine importierten EPLAN 5- oder EPLAN 21-Projekte als Grundlage zukünftiger EPLAN Electric P8-Projekte verwenden.

Sicherlich könnte man importierte EPLAN 5- oder EPLAN 21-Projekte mit den neuen Möglichkeiten von EPLAN Electric P8 ergänzen. Der Aufwand erscheint erst einmal nicht so hoch wie die Neuerstellung eines EPLAN Electric P8-Projekts. Aber konvertierte Daten können Tücken haben oder sind nicht wirklich an das neue System (hier EPLAN Electric P8) optimal angepasst.

Ein Beispiel wären die zusätzlichen Hilfskontakte bei einem Motorschutzschalter, die man in EPLAN 5 an den eigentlichen Motorschutzschalter zeichnen musste, damit man mit dem Paarquerverweis einen Querverweis bekam. Diese Vorgehensweise ist so auch in EPLAN Electric P8 möglich, aber überflüssig. Überflüssig deshalb, da ein Motorschutzschalter mit Hilfskontakten als Artikel inklusive der Funktionsschablone angelegt werden kann und somit der »Kontaktspiegel« am Motorschutzschalter automatisch nach einer Geräteauswahl abgebildet wird. Es entfällt hier das erneute Setzen von Hilfskontakten, nur damit am Motorschutzschalter (und an deren Hilfskontakten) der Querverweis zum verbauten Hilfskontakt zu sehen ist.

Und so gibt es eine ganze Reihe von Beispielen, die in EPLAN Electric P8 wesentlich eleganter und komfortabler gelöst werden. Deshalb ist ein Neuanfang in EPLAN Electric P8 der bessere Weg.

Frage: Wie können bestimmte Informationen von Betriebsmitteln nach Excel exportiert werden?

Antwort: Um Informationen (Eigenschaften) von Betriebsmitteln nach Excel zu exportieren, sollte das Modul **Beschriftung** genutzt werden. Das Modul **Beschriftung** befindet sich im Menü **DIENSTPROGRAMME/AUSWERTUNG**. Generell stehen hier mehrere Dateiformate zur Verfügung: das Excel-Format **.xls*, die Textdatei **.txt* und als dritte Möglichkeit eine XML-Datei **.xml.*

EPLAN liefert eine Reihe fertiger *Schemata* mit, um bestimmte Eigenschaften von bestimmten Betriebsmitteln wie Kabel, Klemmen oder allgemeinen Betriebsmitteln nach Excel zu importieren. Diese Schemen können kopiert werden. Auf der Registerkarte *Etikett* können anschließend die zu exportierenden Eigenschaften verändert werden. Es können aber natürlich, auf Basis der verschiedenen *Auswertungstypen* wie Klemmenplan, Betriebsmittelliste etc., auch komplett neue, eigene Schemen erstellt werden.

Innerhalb des Schemas (zum Exportieren nach Excel) stehen viele Formatierungsmöglichkeiten auf den verschiedenen Registerkarten (*Kopfbereich*, *Fußbereich* und *Etikett*) für die Ausgabe zur Verfügung. Ebenso können Filter- und Sortiermöglichkeiten (Registerkarte **Einstellungen**) in Schemata eingestellt werden.

Frage: Kann man für den Ex- und Import von EPLAN Electric P8-Daten andere Programme als Microsoft Excel benutzen?

Antwort: Nein, es ist bisher nicht möglich, andere Programmpakete wie beispielsweise OpenOffice etc. für Funktionen wie den Ex- und Import von Beschriftungen oder die Funktionen des externen Bearbeitens zu nutzen. Es wird generell Microsoft Excel für diesen Datenaustausch vorausgesetzt.

13.8 Auswertungen

Frage: Ist es möglich, eine Betriebsmittelliste mit der grafischen Übersichtsdarstellung von komplexen Geräten ausgewertet zu bekommen, wie es zum Beispiel die Energieversorger (EVU) verlangen?

Antwort: Ja, das ist mit EPLAN möglich. Dazu können u. a. die sogenannten bedingten Formulare benutzt werden.

Man muss folgende Schritte in EPLAN durchführen:

1. Erstellen Sie eine grafische Übersichtsdarstellung des Geräts. Idealerweise sollte hierfür eine eigene Symbolbibliothek angelegt werden, wo solche Übersichtsdarstellungen erstellt und gespeichert werden.

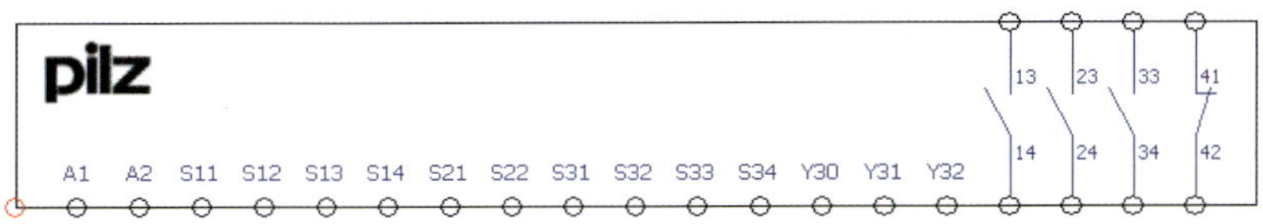

Bild 13.86 Grafische Übersichtsdarstellung

2. Dem Artikel, der in der Betriebsmittelliste mit dieser grafischen Übersichtsdarstellung ausgewertet werden sollte, kann dieses Symbol auf der Registerkarte *Daten für Auswertung* in der Artikelverwaltung zugeordnet werden.

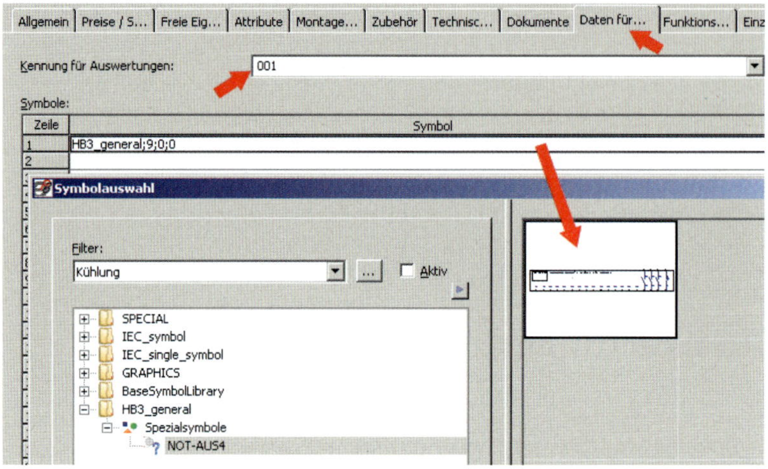

Bild 13.87 Zuordnen der Symbole zum Artikel

3. Anschließend müssen entsprechende Betriebsmittellisten-Formulare erstellt werden, damit die Darstellung später auch darauf abgebildet wird. Als Grundlage kann ein Grundformular genommen werden, das alle anderen Betriebsmittel ohne detaillierte Darstellung weiter wie bisher abbildet.

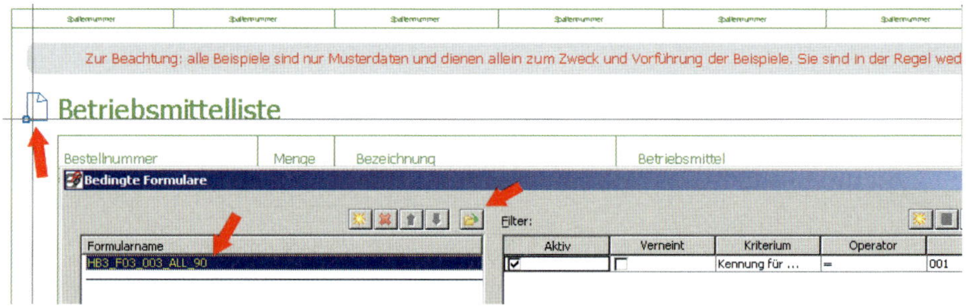

Bild 13.88 Grundformular-bearbeitung

4. In dieses Standardformular wird ein bedingtes Formular abgesetzt (über das Menü **EINFÜGEN/BEDINGTE FORMULARE**) und über den Button im Dialog **Bedingte Formulare** das Unterformular für die grafische Detaildarstellung ausgewählt.

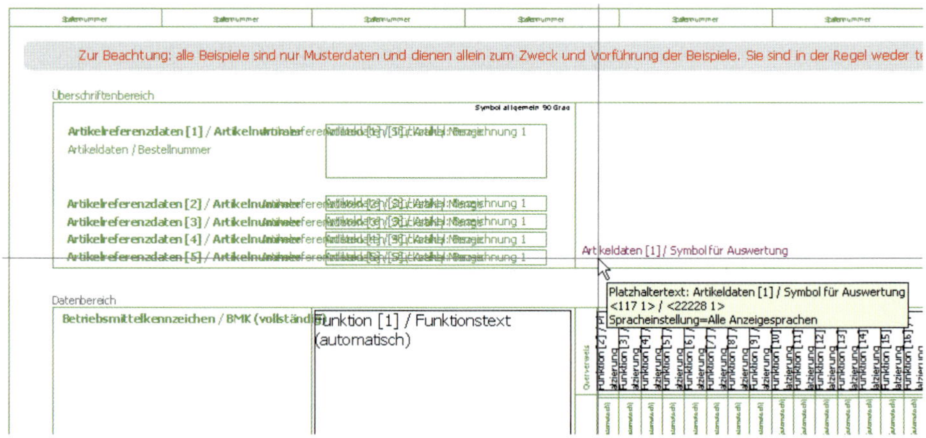

Bild 13.89 Unterformular

5. Das Unterformular kann komfortabel direkt aus dem Grundformular zum Bearbeiten aufgerufen werden. Wird das Unterformular wieder geschlossen, kehrt EPLAN zurück zum Dialog **Bedingte Formulare**. In diesem Dialog ist es wichtig, dass nun für die Auswertung eine *Kennung* festgelegt wird, damit EPLAN beim Auswerten den Artikel (mit seiner Kennung auf der Registerkarte *Daten für Auswertung*) und die *Kennung* des bedingten Formulars (Unterformular) richtig zuordnen kann.
6. Wurden diese Vorbedingungen alle erfüllt, kann eine Auswertung vom Betriebsmittelplan gestartet werden. EPLAN erzeugt die Auswertung und stellt die Geräte entsprechend dar.

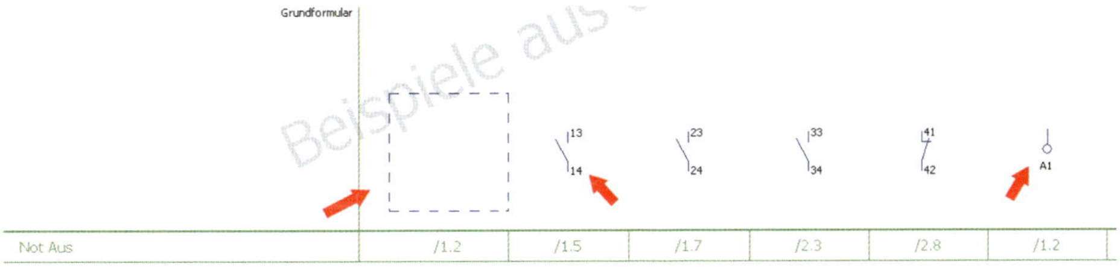

Bild 13.90 Standardauswertung ohne Detaildarstellung

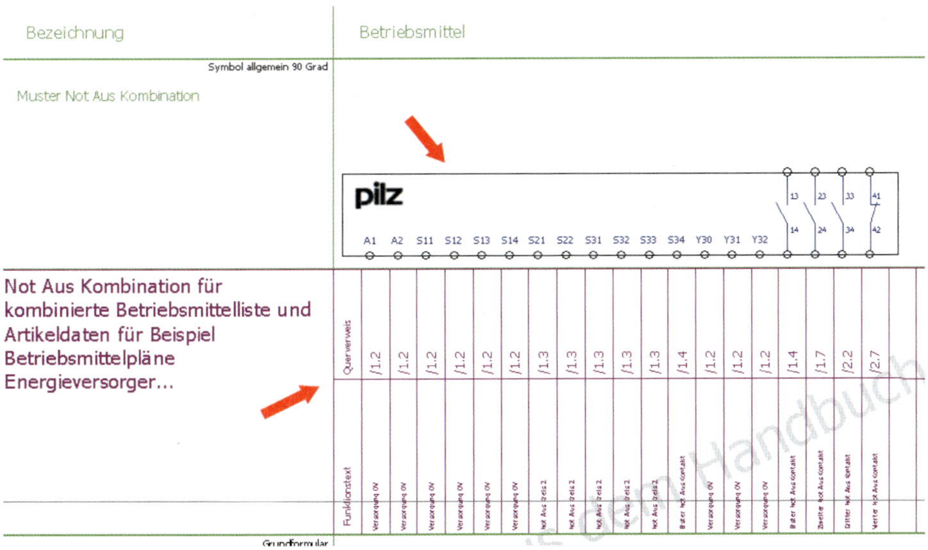

Bild 13.91 Detaillierte Auswertung mit Symbol und spezieller Auswertung

Diese »Not Aus-Kombination« ist natürlich ein recht einfaches Beispiel. Möglich und denkbar sind Beispiele komplexer Geräte mit Innenschaltbildern oder Einschubtechnik etc.

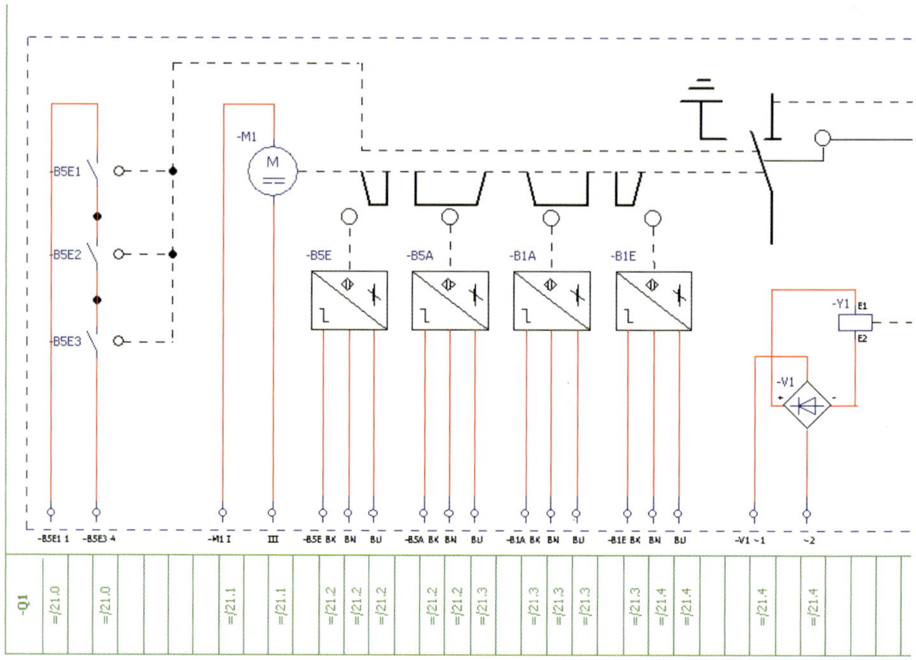

Bild 13.92 Beispielgerät in der Betriebsmittelliste

14 Ein Schaltplanprojekt erstellen – Schritt für Schritt

Die Praxis hat gezeigt, dass es an der einen oder anderen »Bearbeitungsstelle« in EPLAN Electric P8 Schwierigkeiten gibt, obwohl die Lösung meistens so nahe liegt. Daher wird sich dieses Kapitel mit einfachen praktischen Beispielen beschäftigen, die Schritt für Schritt erklärt und nachvollzogen werden können.

> **HINWEIS:** Es gibt in EPLAN Electric P8 nicht genau »den einen« Weg, um etwas zu erledigen. Daher sind die nachfolgend aufgeführten Anwendungsfälle als Beispiele zu betrachten, die man auch anders lösen könnte.

Um mit EPLAN Aufgaben zu erledigen, sollte zuerst ein Schaltplanprojekt mit einer bestimmten Projektstruktur, anhand einer vorhandenen Projektvorlage, erstellt werden. Im Groben besteht eine Projektbearbeitung in EPLAN prinzipiell aus folgenden Schritten:

1. Projekt anlegen
2. Seiten erzeugen
3. Schaltplan erstellen
4. Auswertungen erstellen

14.1 Projekt anlegen

Was ist ein Projekt? In EPLAN werden Schaltpläne, Klemmenpläne etc. als Seiten innerhalb eines Projekts erstellt und erzeugt. Vereinfacht gesagt, ist also ein Projekt, eine große Datenbank, in der alle zum Projekt gehörenden Teile abgelegt sind.

Was ist eine Projektstruktur? In EPLAN wird eine Projektstruktur als die Struktur bezeichnet, in der das Projekt aufgebaut sein soll. Strukturen sind Kennzeichen, wie eine Anlage (=) oder der Aufstellungsort (++). Alle im Projekt befindlichen Objekte sind in einer solchen Projektstruktur abgelegt und in diese Struktur eingegliedert.

Was ist eine Projektvorlage? Um ein neues Projekt zu erstellen, benötigt EPLAN eine Projektvorlage. Solch eine Projektvorlage gibt bestimmte Einstellungen bereits vor, sie können aber meistens anschließend auch noch abgeändert werden.

EPLAN bietet mehrere Möglichkeiten, Projekte neu zu erstellen. Im Beispiel wird dazu der Menüaufruf **PROJEKT/NEU** gewählt.

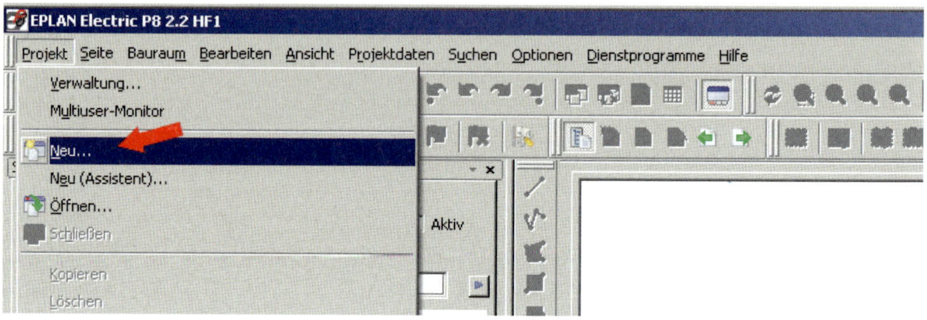

Bild 14.1 Menü Projekt/Neu

EPLAN öffnet anschließend den Dialog **PROJEKT ERSTELLEN** und fragt die in Bild 14.2 dargestellten Einstellungen ab.

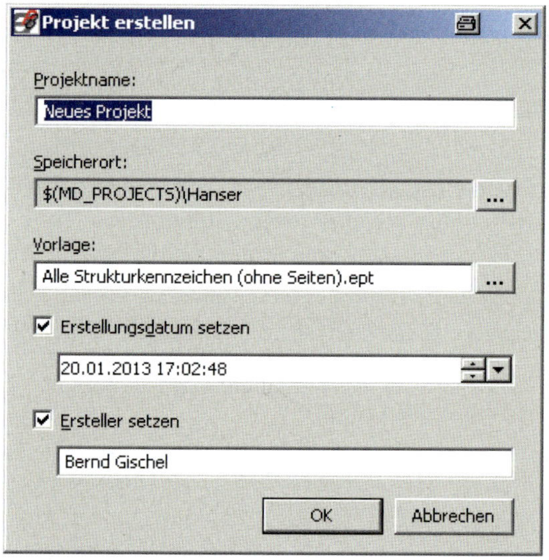

Bild 14.2
Dialog Projekt erstellen

Tabelle 14.1 Die wichtigsten Einträge zum neuen Projekt

Abfrage	Bemerkung	Beispieleintrag
Projektname	Hier wird der Namen des Projekts eingetragen.	Musterprojekt
Speicherort	Hier wird der Speicherort über den Button [...] des neuen Projekts ausgewählt.	E:\EPLANP8\Projekte
Vorlage	Hier wird die Vorlage über den Button [...] ausgewählt, die als Grundlage für das neue Projekt dienen soll.	IEC_tpl001.ept

Abfrage	Bemerkung	Beispieleintrag
Erstellungsdatum	Hier wird das gewünschte Datum und die Uhrzeit angegeben.	12.12.2012 12:12:12
Ersteller	Hier wird der Name eingetragen, der als Ersteller für das Projekt aufgeführt werden soll.	Bernd Gischel

Nach dem Eintragen der Werte kann der Dialog mit dem Button **OK** geschlossen werden. EPLAN übernimmt die Einträge und erzeugt das neue Projekt mit den eben vorgenommenen Einstellungen.

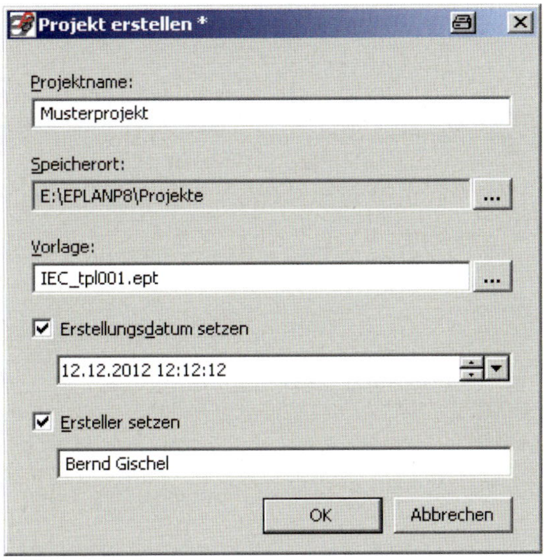

Bild 14.3 Abgeänderte Einträge im Dialog Projekt erstellen

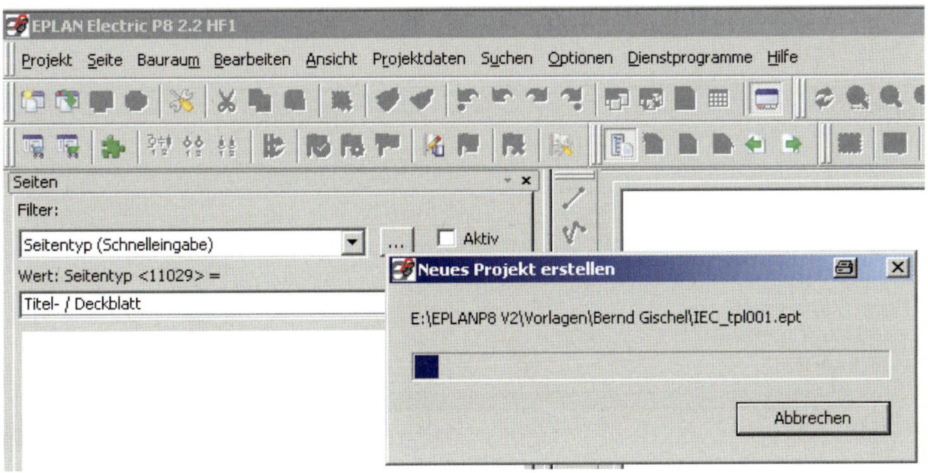

Bild 14.4 Neues Projekt wird erzeugt

Nach dem Erzeugen des Projekts öffnet EPLAN automatisch den Dialog **PROJEKTEIGENSCHAFTEN**, und es können weitere Angaben zum Projekt eingetragen werden, wie beispielsweise eine Projektbeschreibung oder eine Kommissionsnummer.

HINWEIS: Projekteigenschaften können später in der Regel noch entsprechend angepasst werden. Das heißt, zwingend sind diese Projekteigenschaften – mehr oder weniger ja beschreibende Angaben – für eine Projektbearbeitung erst einmal nicht.

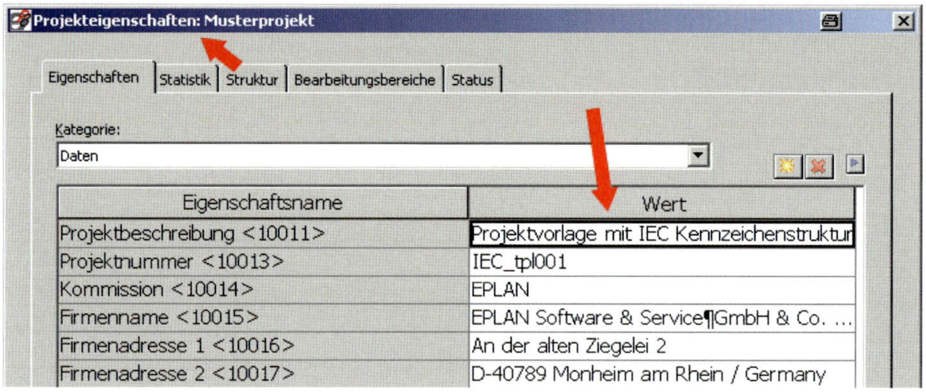

Bild 14.5 Dialog zum Ändern der Projekteigenschaften

Der Dialog **PROJEKTEIGENSCHAFTEN** kann nun geschlossen werden, und EPLAN öffnet das neue Projekt daraufhin im **Seiten-Navigator.**

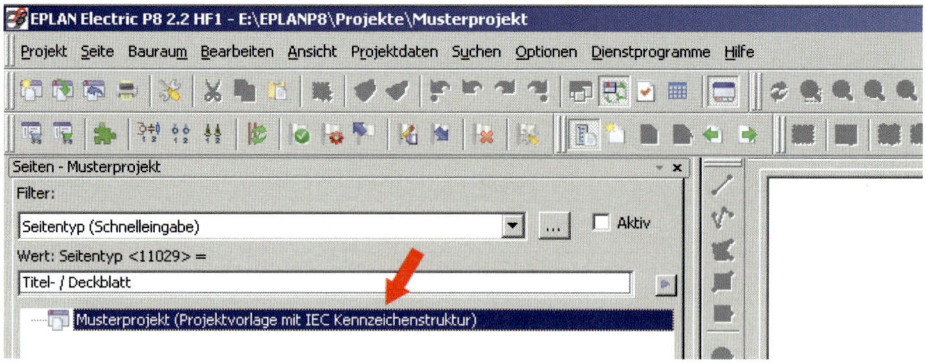

Bild 14.6 Geöffnetes Projekt im Seiten-Navigator

14.2 Seiten erzeugen

Damit nun weiter mit dem Projekt, u.a. mit dem grafischen Editor, gearbeitet werden kann, benötigt EPLAN Seiten (eventuell auch mit verschiedenen Seitentypen), die dann später auch im **Seiten-Navigator** aufrufbar sind.

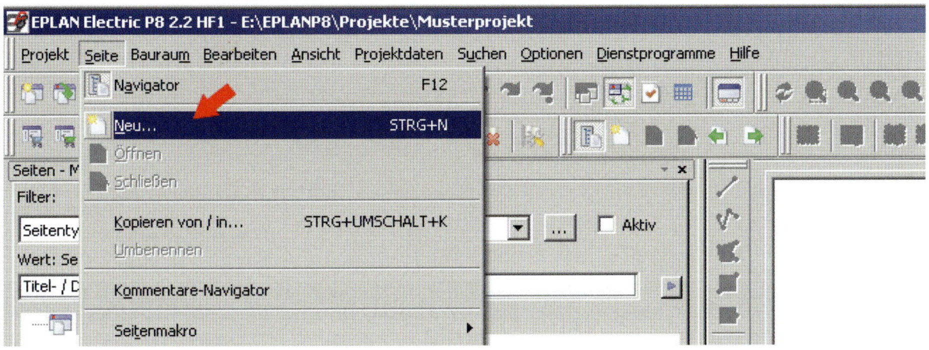

Bild 14.7 Menü Seite

Was sind Seiten? Seiten sind in EPLAN notwendig, damit beispielsweise ein Schaltplan erstellt werden kann. Seiten können über das Menü **SEITEN/NEU** erzeugt werden und können unterschiedliche Seitentypen sein.

Was sind Seitentypen? Als Seitentypen bezeichnet man in EPLAN die Art der Seiten. Für einen Schaltplan werden im Normalfall Seiten des Seitentyps *Schaltplan allpolig* benötigt. Ein Deckblatt wäre dann der Seitentyp *Titel-/Deckblatt* und eine Auswertung, beispielweise ein Klemmenplan, der Seitentyp *Klemmenplan*. EPLAN unterscheidet zwischen Automatikseiten (wie ein *Klemmenplan*, der von EPLAN automatisch erzeugt wird) oder interaktiven Seiten (wie ein *Schaltplan allpolig*, der manuell angelegt und bearbeitet werden kann).

Was ist ein grafischer Editor? Der grafische Editor ist der Programmteil in EPLAN, mit dem ein Schaltplan oder auch Übersichten erstellt und verändert werden können. Der grafische Editor beinhaltet weitere Funktionen, die über die diversen Menüs, wie **EINFÜGEN** oder auch **BEARBEITEN**, erreichbar sind.

Was ist ein Seiten-Navigator? Der Seiten-Navigator kann auch als Dreh- und Angelpunkt der Seitenbearbeitung bezeichnet werden. Mit dem Seiten-Navigator können Seiten neu erzeugt, umbenannt, deren Seiteneigenschaften geändert oder auch beispielsweise gelöscht werden.

Seiten werden über das Menü **SEITE/NEU** erzeugt. Daraufhin werden die Seiteneigenschaften festgelegt (vgl. Bild 14.8 und Tabelle 14.2).

> **HINWEIS:** Ein Schaltplanprojekt sollte mit einer Deckblattseite beginnen (Seitentyp *Titel-/Deckblatt*). Dieser Seitentyp kann automatisch erzeugt oder auch, als Ausnahme von der Regel, manuell angelegt werden.

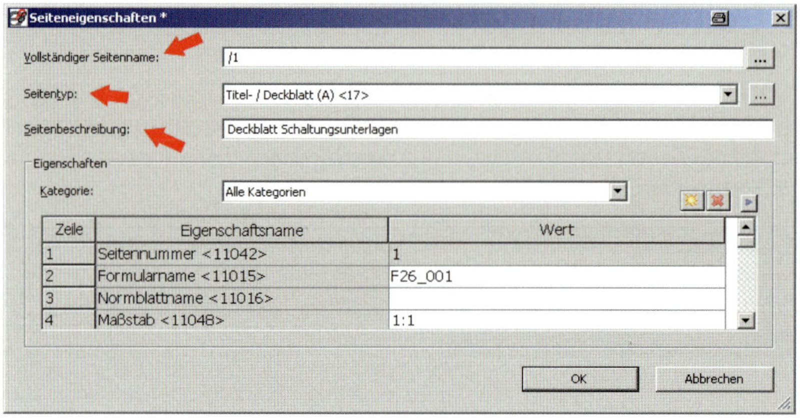

Bild 14.8
Dialog Seiteneigenschaften

Tabelle 14.2 Die wichtigsten Einträge zu einer Seite

Abfrage	Bemerkung	Beispiel
Vollständiger Seitenname	Hier wird die Struktur der Seite vorgegeben. Dazu können auch über den Button **[...]** Eingaben erfolgen.	»1« oder »10«
Seitentyp	Hier wird der Seitentyp (*Schaltplan allpolig*, *Titel-/Deckblatt* etc.) über die Auswahlliste oder den Button **[...]** vorgegeben.	»Titel-/Deckblatt« oder »Schaltplan allpolig«
Seitenbeschreibung	Hier kann eine Beschreibung der Seite eingetragen werden.	»Deckblatt Schaltungsunterlagen« oder »Einspeisung«
Optional; Eigenschaften	*Optional*; Formularname (Achtung: Ausnahme wird in der Regel automatisch von EPLAN gefüllt).	*Optional*; F26_001

Sind diese Eingaben erledigt, kann der Dialog mit dem Button **OK** geschlossen werden. EPLAN übernimmt die Einstellungen, erzeugt die neue Seite und stellt sie im Seiten-Navigator dar.

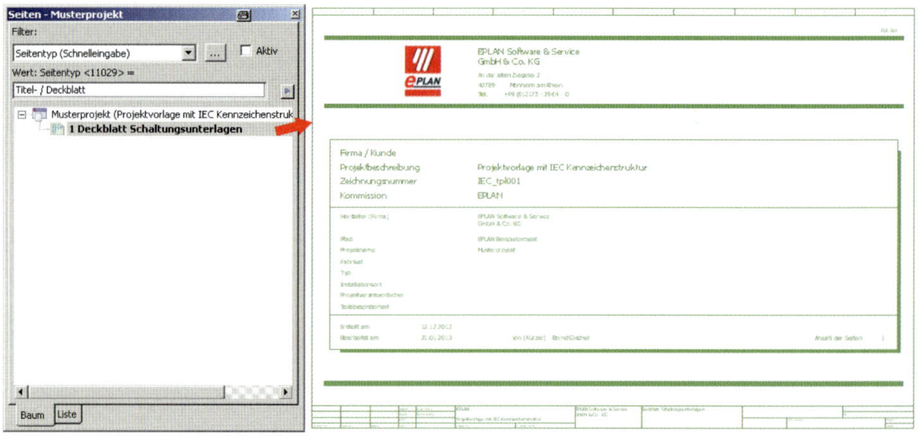

Bild 14.9
Erste Seite – Deckblatt

Eine nächste Seite wird wieder über die gleichen Schritte erzeugt.

- Aufruf Menü **SEITE/NEU**
- Eintrag **Vollständiger Seitenname** im Dialog **NEUE SEITE**
- Auswahl **Seitentyp** im Dialog **NEUE SEITE** (Hinweis: Viele Seiteneigenschaften, u.a. auch der **Seitentyp**, werden immer von der aktuell markierten Seite übernommen; es muss also gegebenenfalls der Seitentyp über die Auswahlliste abgeändert werden.)
- Eintrag **Seitenbeschreibung** im Dialog **NEUE SEITE**
- Dialog **NEUE SEITE** mit Klick auf **OK** speichern und schließen

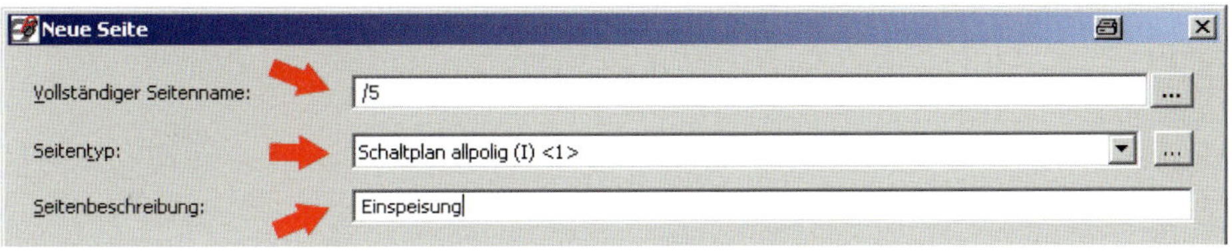

Bild 14.10 Neue Seite des Seitentyps Schaltplan allpolig

> **TIPP:** Um die Seiteneigenschaften nachträglich zu bearbeiten, wird die Seite beispielsweise im geöffneten **Seiten-Navigator** markiert und mit der rechten Maustaste der Eintrag **EIGENSCHAFTEN** aufgerufen.

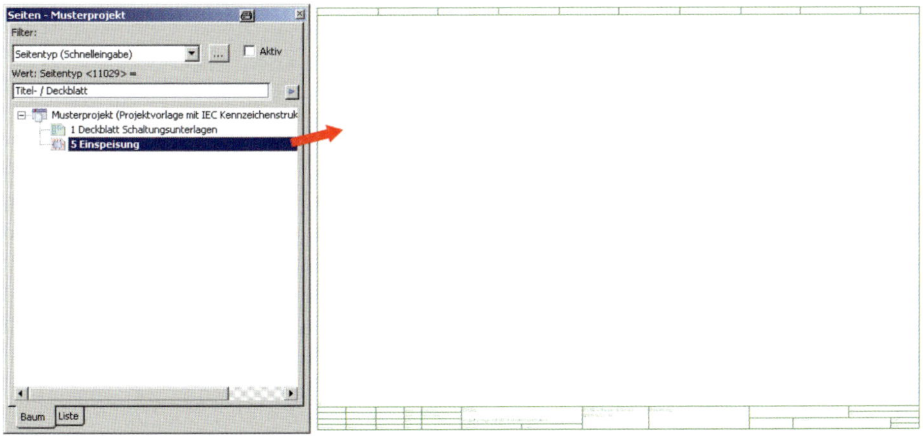

Bild 14.11 Fertige Seite im Seiten-Navigator

Wurden alle benötigten Seiten angelegt, können diese bearbeitet werden. Dazu wird die zu bearbeitende Seite im **Seiten-Navigator** markiert und mit einem Doppelklick geöffnet. EPLAN öffnet anschließend die Seite im grafischen Editor.

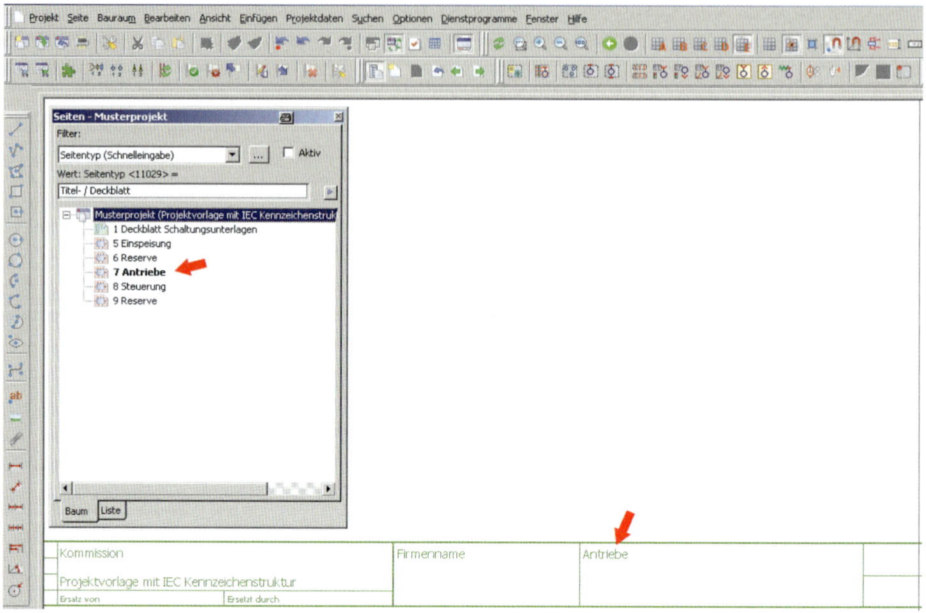

Bild 14.12 Geöffnete Seite im grafischen Editor

14.3 Schaltplan erstellen

Ein Schaltplan besteht im Wesentlichen aus verschiedenen Symbolen, Schaltzeichen, grafischen Elementen und im Normalfall aus so genannten Verbindungssymbolen, die u. a. die Autoconnecting-Verbindungen automatisch herstellen.

Was ist ein Symbol? Ein Symbol ist eine grafische Darstellung, die EPLAN zum Darstellen von Funktionen benutzt. Eine Funktion kann beispielsweise ein Motor, eine Spule oder auch eine Meldeleuchte sein. Ein Symbol ist aber erst einmal nur eine Grafik bzw. grafische Darstellung und besitzt keinerlei logische Daten.

Was ist ein Schaltzeichen? Ein Schaltzeichen ist ein Symbol, aber mit einer dazugehörenden logischen Funktion. Die Funktion selbst enthält logische Daten, wie weitere Funktionsdefinitionen. Beispielweise besitzt eine Spule, neben der Spule selbst, weitere Funktionen, wie zwei Schließer und zwei Öffner. In Verbindung mit dem grafischen Symbol der Spule und deren weiteren Funktionen wird dann von einem Schaltzeichen gesprochen.

Was sind grafische Elemente? Grafische Elemente können Linien, Kreise oder auch Rechtecke sein. Grafische Elemente besitzen nie logische Funktionen und können in einem Schaltplan nur zeichnerisch unterstützend sein. Sie spielen bei der logischen Auswertung eines Schaltplans keine Rolle.

Was sind Verbindungssymbole? Verbindungssymbole sind spezielle Symbole, die es ermöglichen, logische Daten über die bestehenden automatischen Verbindungen »weiterzuleiten« oder grundsätzlich erst einmal überhaupt logische Verbindungen zu erzeugen. Verbindungssymbole sind Winkel, T-Stücke oder auch Abbruchstellen.

Was sind Autoconnecting-Verbindungen? Ein Vorzug von EPLAN ist die so genannte Autoconnecting-Verbindung. Sobald sich im Schaltplan zwei Anschlüsse eines beliebigen Symbols, das können auch Verbindungssymbole sein, genau gegenüberstehen, werden diese automatisch (= Autoconnecting) mit einer Art »Linie« verbunden. Nur diese Autoconnecting-Linien werden als logische Verbindungen von EPLAN erkannt und ausgewertet. Verbindungen, die als grafische Linie zwischen zwei Anschlüssen eines Symbols gezeichnet werden, sind keine logischen Verbindungen.

14.3.1 Symbole einfügen

Um ein Symbol einzufügen, wird die Taste **EINFG** gedrückt. EPLAN startet nun den Dialog **SYMBOLAUSWAHL**.

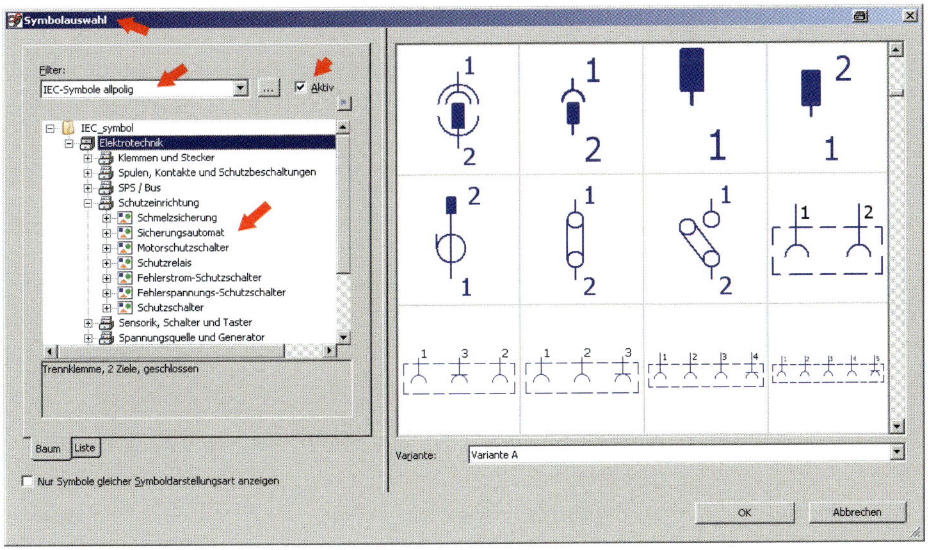

Bild 14.13 Dialog Symbolauswahl

In diesem Dialog kann man nun das entsprechende Symbol auswählen und mit Klick auf den Button **OK** übernehmen. EPLAN »hängt« daraufhin das Symbol an den Cursor, und es kann auf der Seite an einer beliebigen Stelle platziert werden.

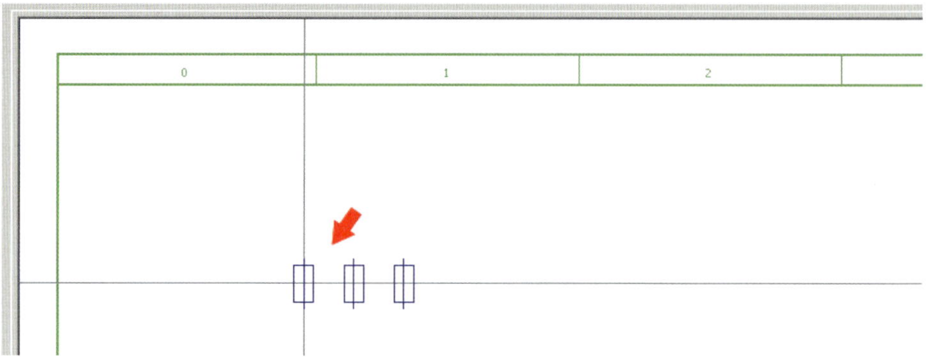

Bild 14.14 Symbol platzieren

Nach dem Absetzen (Platzieren) des Symbols öffnet EPLAN den Dialog **EIGENSCHAFTEN (SCHALTZEICHEN): ALLGEMEINES BETRIEBSMITTEL**. Einige Eigenschaften können schon von EPLAN vorbelegt sein. Beispielweise das Betriebsmittelkennzeichen (BMK), je nachdem, wie die Online-Nummerierung in den Projekteinstellungen eingestellt ist.

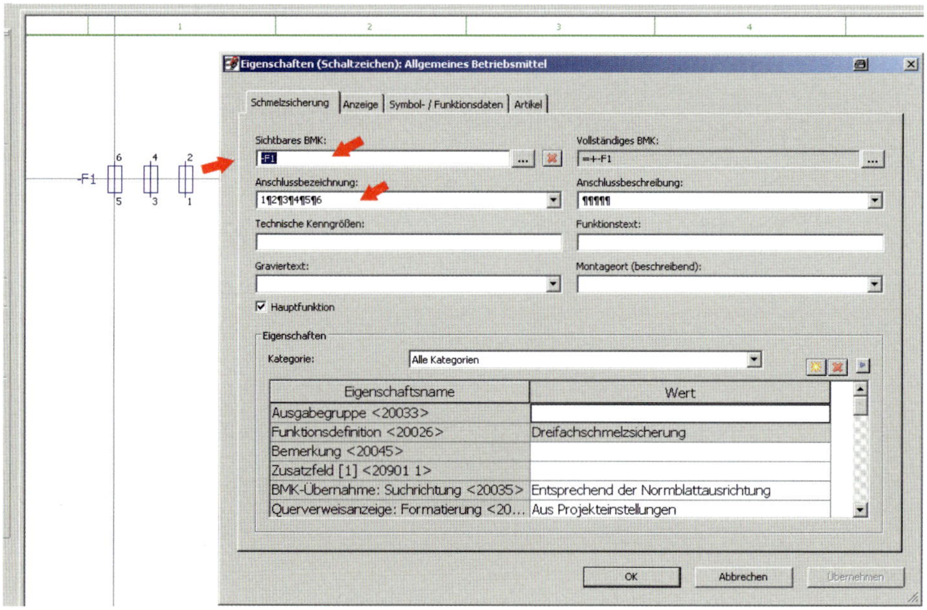

Bild 14.15 Dialog Eigenschaften (Schaltzeichen): Allgemeines Betriebsmittel

Das Symbol sollte mindestens folgende Einträge im Dialog besitzen:

Abfrage	Bemerkung	Beispieleintrag
Sichtbares BMK	Das eigentliche Betriebsmittelkennzeichen	–F1
Anschlussbezeichnungen	Bezeichnungen der Anschlüsse, für eine Spule beispielsweise A1 | A2	1 | 2 | 3 | 4 | 5 | 6 Hinweis: Das Trennzeichen »|« kann mit Drücken der Tasten STRG + ENTER erzeugt werden.
Optional; Technische Kenngröße	*Optional;* Technische Kenngröße des Geräts	*Optional;* 32A
Hauptfunktion	Je BMK darf es nur eine Hauptfunktion geben. Es muss aber mindestens eine Hauptfunktion geben.	Häkchen setzen und somit Hauptfunktion aktiv schalten

HINWEIS: Das vollständige Betriebsmittelkennzeichen (BMK) erzeugt EPLAN automatisch aus den Kennzeichen der Seite, inklusive dem sichtbaren BMK. Hier muss also im Normalfall nicht manuell eingegriffen werden.

Nach Beenden aller Eingaben kann der Dialog mit Klick auf den Button **OK** gespeichert und geschlossen werden.

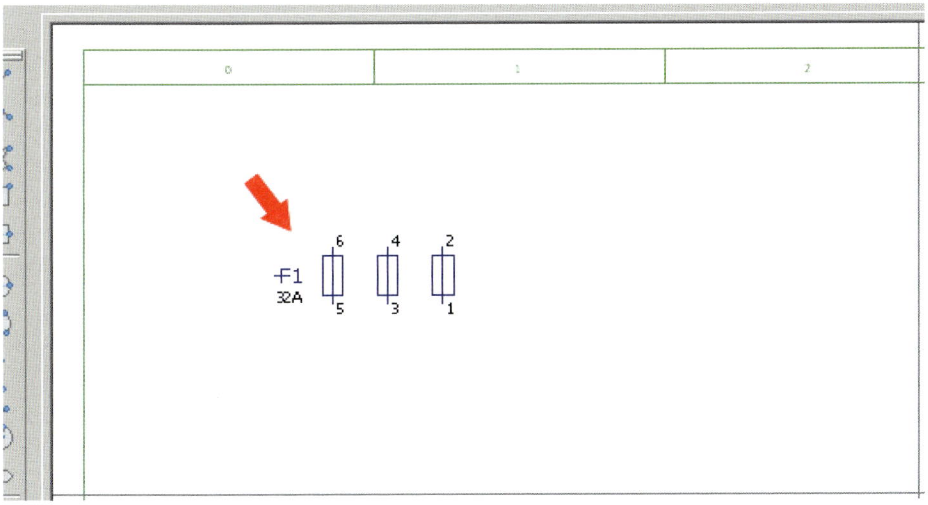

Bild 14.16 Fertiges Symbol mit Einträgen

Anschließend werden weitere Symbole eingefügt und entsprechend platziert. Am Ende werden diese Symbole mit den Verbindungssymbolen verbunden. Dazu wird beispielsweise ein Winkel über das Menü **EINFÜGEN/VERBINDUNGSSYMBOL** ausgewählt und platziert.

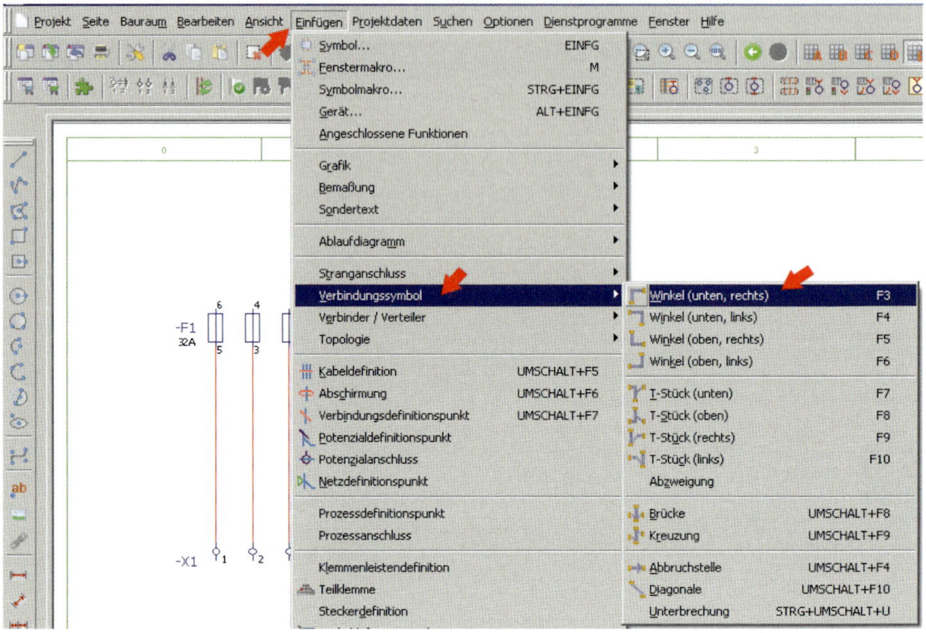

Bild 14.17 Verbindungssymbol platzieren

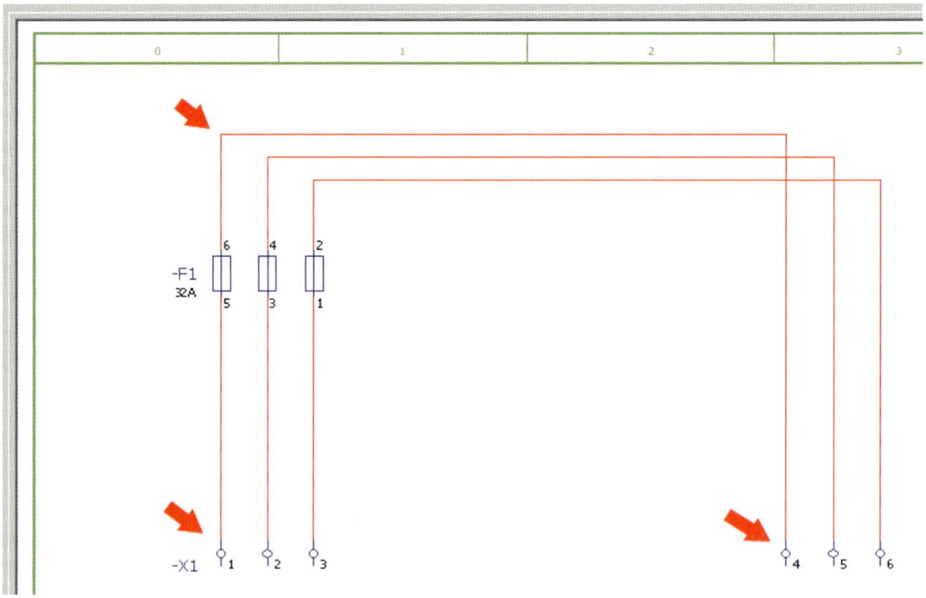

Bild 14.18 Schaltplan mit Verbindungssymbolen

Die in den Bildern zu sehenden Klemmen werden wie normale Betriebsmittel eingefügt, also über das Menü **EINFÜGEN/SYMBOLAUSWAHL** oder mit der Taste **EINFG**.

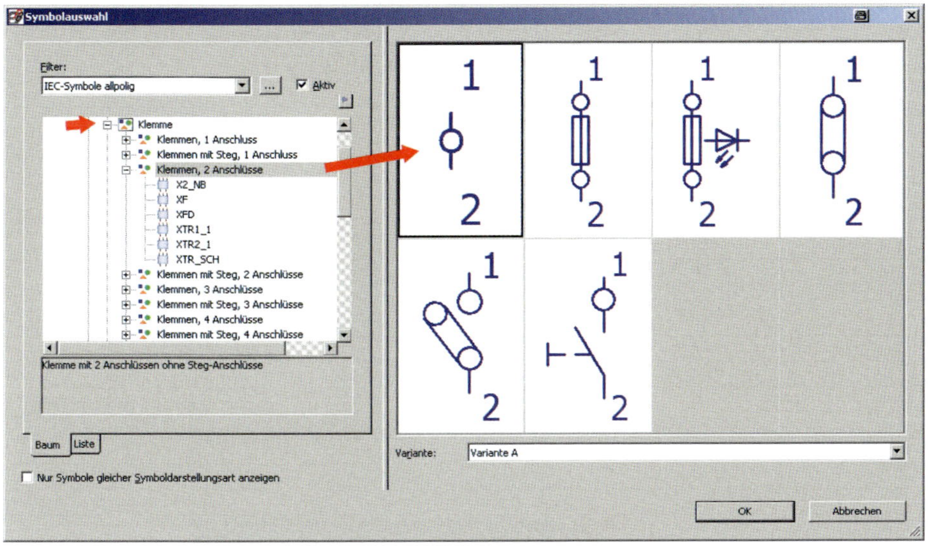

Bild 14.19
Klemmen einfügen

Nach dem Platzieren öffnet EPLAN den Dialog **EIGENSCHAFTEN (SCHALTZEICHEN): KLEMME**. Hier werden das **Sichtbare BMK** und die **Anschlussbezeichnung** (Klemmen- oder Steckerbezeichnung) vergeben.

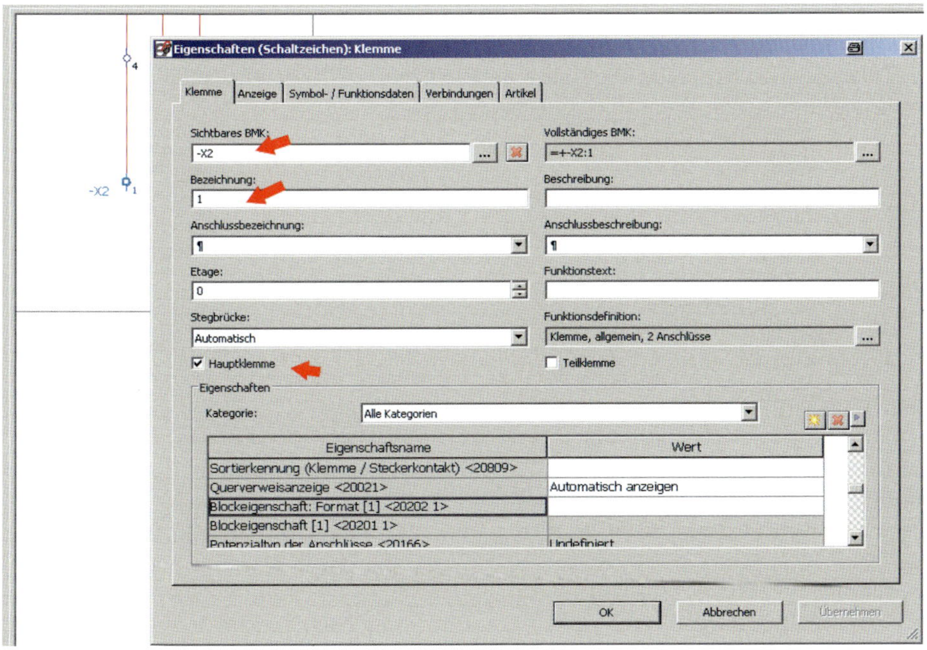

Bild 14.20
Dialog Eigenschaften (Schaltzeichen): Klemme

14.3.2 Kabel einfügen

Neben den allgemeinen Betriebsmitteln, wie Spulen, Klemmen etc., können ebenfalls Kabel eingefügt werden. Kabel können mit der Tastenkombination **SHIFT + F5** eingefügt oder aus dem Menü **EINFÜGEN/KABELDEFINITION** platziert werden.

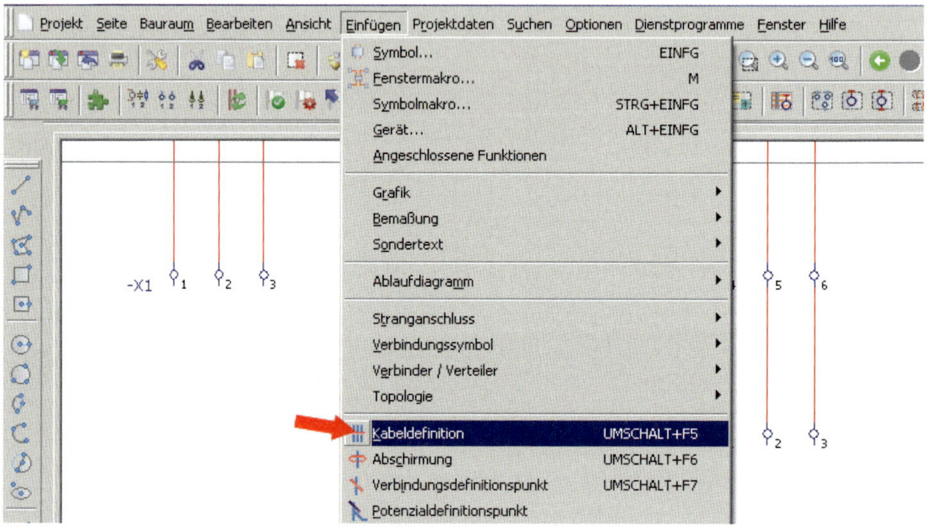

Bild 14.21 Kabel einfügen

Nach dem Anwählen »hängt« die Kabeldefinition am Cursor, und es kann begonnen werden, das Kabel zwischen den Betriebsmitteln einzufügen. Dazu wird mit der linken Maustaste der Startpunkt festgelegt (im Normalfall links).

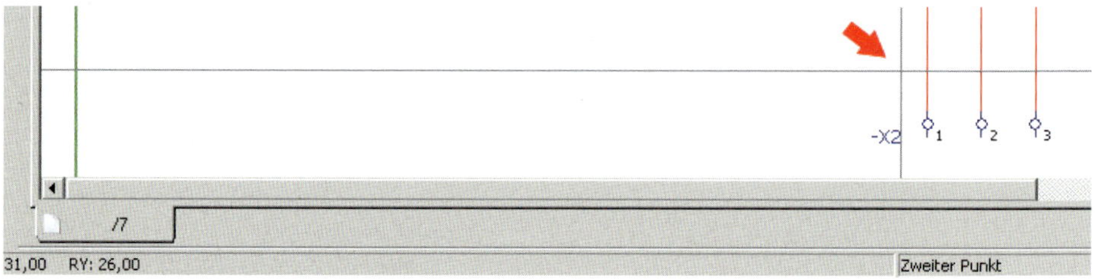

Bild 14.22 Startpunkt Kabeldefinition

Anschließend wird das Kabel über die Verbindung gezogen und mit der linken Maustaste der zweite Punkt angeklickt. EPLAN öffnet anschließend den Dialog **EIGENSCHAFTEN (SCHALTZEICHEN): KABEL**, in dem die Daten, wie **Sichtbares BMK**, eingetragen werden.

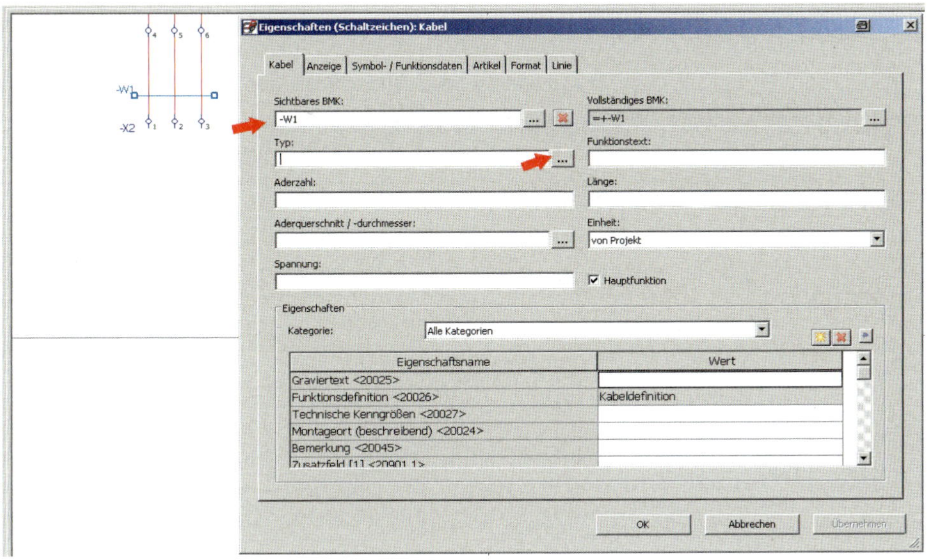

Bild 14.23 Dialog Eigenschaften (Schaltzeichen): Kabel

Die weiteren Kabeldaten, wie **Kabeltyp**, können jetzt aus der **Artikelverwaltung** hinzugefügt werden. Dies geschieht am besten, indem der Button [...] angeklickt und das Kabel aus der Artikelverwaltung ausgewählt und übernommen wird.

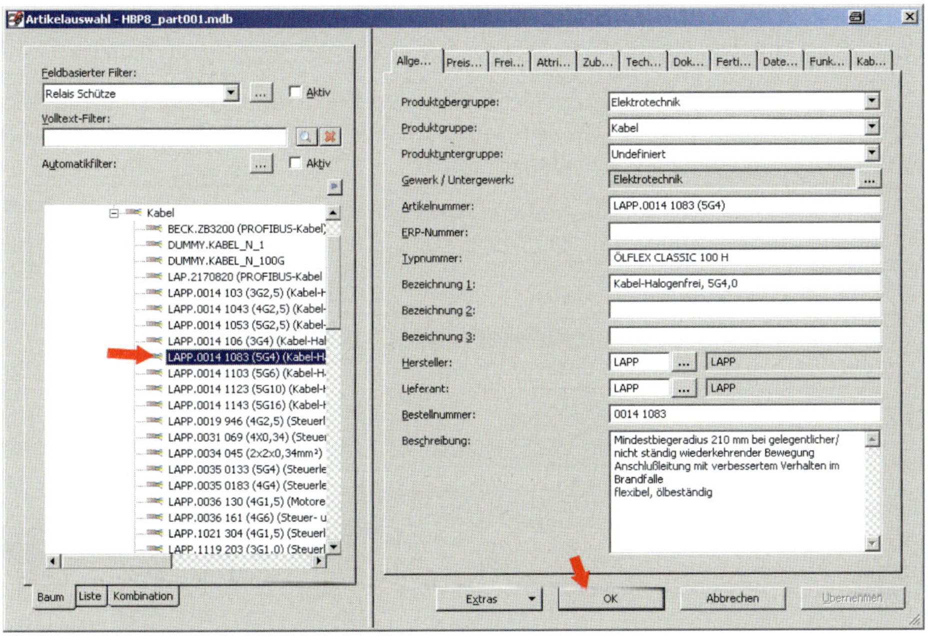

Bild 14.24 Kabel aus der Artikelverwaltung wählen

Nach Klick auf den Button **OK** wird die Artikelverwaltung geschlossen und die fehlenden Kabeldaten, wie Kabeltyp, Aderzahl etc., werden an der Kabeldefinition von EPLAN automatisch ergänzt.

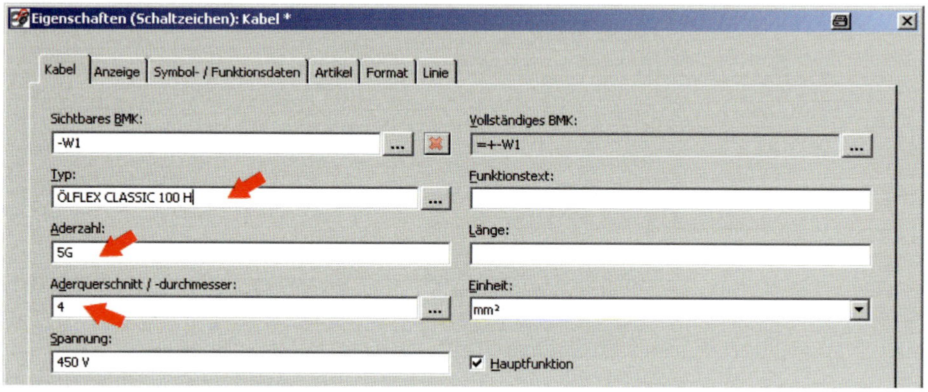

Bild 14.25 Ergänzte Kabeldaten

Nach Klick auf den Button **OK** im Dialog **EIGENSCHAFTEN (SCHALTZEICHEN): KABEL** schließt EPLAN den Dialog, und das Kabel wird mit all seinen Daten im Schaltplan dargestellt.

> **TIPP:** Ergänzende Kabeldaten, wie Kabeltyp, Aderzahl oder Aderfarben, können auch manuell eingegeben werden.

Um die Adern zu beschriften, wird das Kabel markiert und dann im Menü **PROJEKTDATEN/KABEL/ADERN ZUORDNEN** der Eintrag **ALLE NEU ZUORDNEN** gewählt. EPLAN ordnet jetzt die Adern dem Kabel automatisch zu.

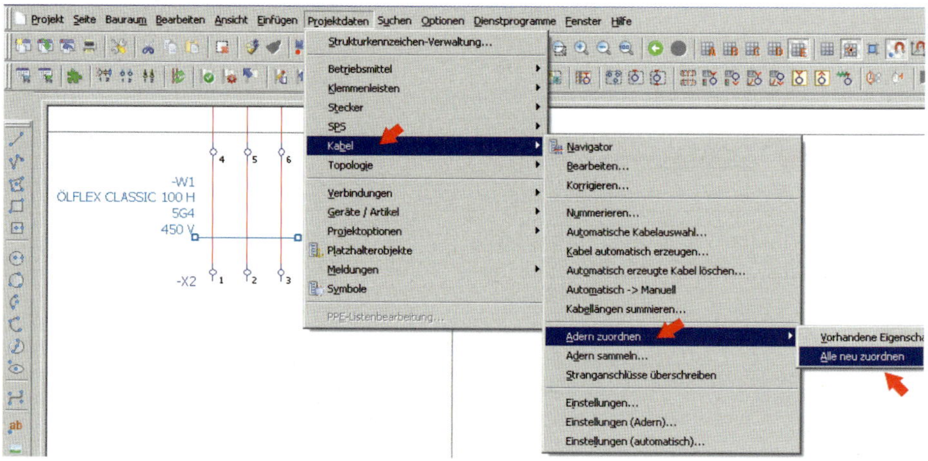

Bild 14.26 Adern dem Kabel zuordnen

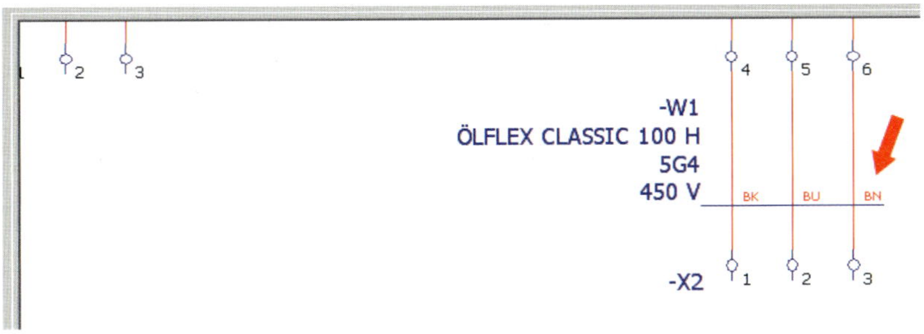

Bild 14.27
Zugeordnete Adern

14.3.2.1 Texte einfügen

Neben den eigentlichen Symbolen oder Schaltzeichen gehören zu einem Schaltplan auch Texte, die eine Funktion näher beschreiben oder erläutern. EPLAN unterscheidet zwischen einem freien Text und einem Pfad-Funktionstext.

Ein freier Text wird in Auswertungen, wie beispielsweise einem Klemmenplan, nicht ausgewertet. EPLAN beachtet diesen Text sozusagen nicht. Er ist also nur »optisch« auf der Seite vorhanden.

Ein Pfad-Funktionstext dagegen wird bzw. kann von EPLAN ausgewertet werden. Das heißt, diese Textform kann beispielsweise von EPLAN in einem Klemmenplan mit ausgegeben werden. Daher ist diese Textform im Normalfall dem freien Text vorzuziehen.

Freie Texte werden über das Menü **EINFÜGEN/GRAFIK/TEXT** eingefügt.

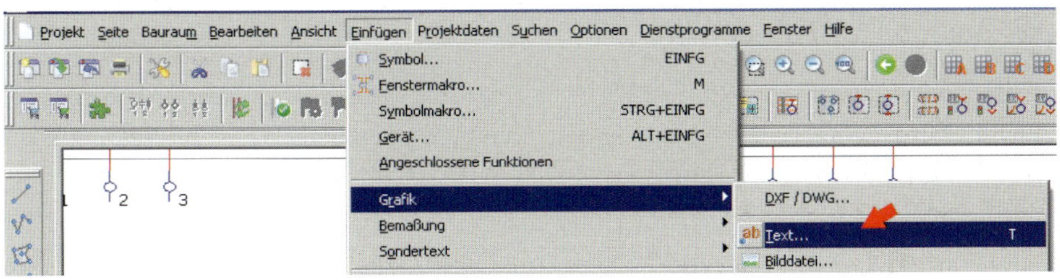

Bild 14.28
Einfügen freier Texte

Pfad-Funktionstexte werden über das Menü **EINFÜGEN/PFAD-FUNKTIONSTEXT** eingefügt.

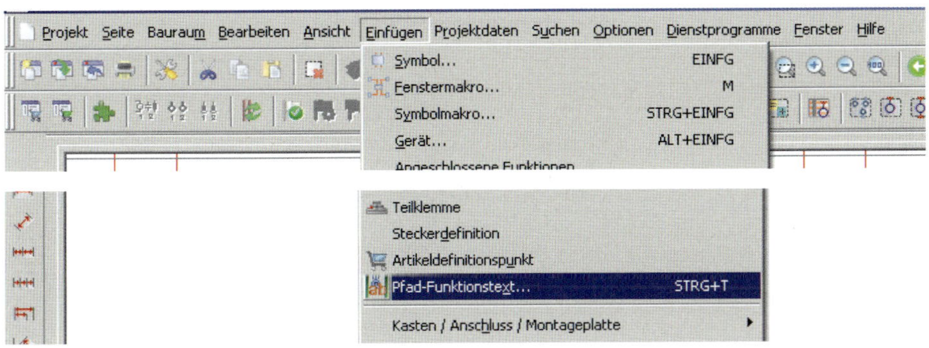

Bild 14.29
Pfad-Funktionstext einfügen

Wurde eine der Textformen gewählt, öffnet EPLAN den Dialog **EIGENSCHAFTEN/TEXT** und der Text kann eingegeben sowie anschließend platziert werden.

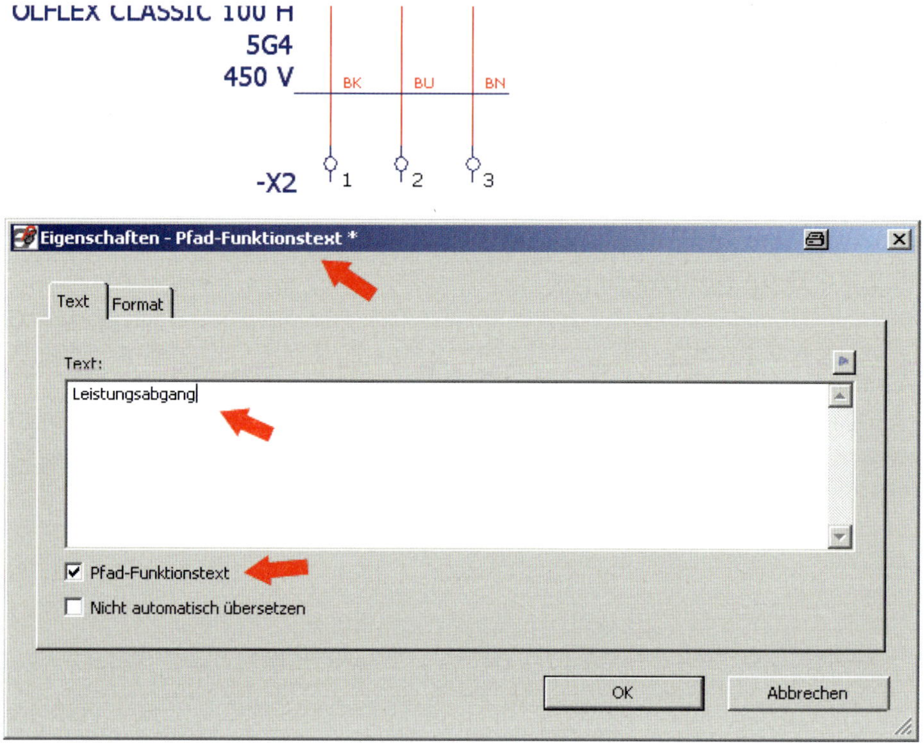

Bild 14.30 Mit Text beschriften

Bild 14.31 Platzierter Pfad-Funktionstext

Damit wäre das Schaltplan-Beispiel in einfacher Form erstellt.

14.4 Auswertungen erstellen

Neben dem Erstellen von Schaltplänen können zu einem Projekt auch Auswertungen, wie Klemmenpläne, Kabelpläne oder auch ein Inhaltsverzeichnis, gehören.

Was sind Auswertungen? Auswertungen sind grafische Listen, die von EPLAN mit den Daten gefüllt werden, die sich im Projekt bzw. im Schaltplan befinden. Das können Klemmeninformationen für einen Klemmenplan oder auch Seiteninformationen für ein Inhaltsverzeichnis sein.

Auswertungen werden in EPLAN mit wenigen Mausklicks erzeugt. Dazu wird im Menü **DIENSTPROGRAMME/AUSWERTUNGEN** der Eintrag **ERZEUGEN** aufgerufen.

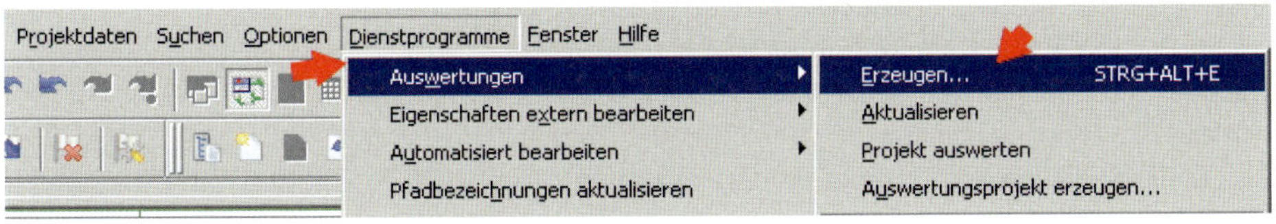

Bild 14.32 Menüaufruf Auswertungen erzeugen

EPLAN öffnet anschließend den Dialog **AUSWERTUNGEN**. Hier wird auf die Registerkarte *Auswertungen* gewechselt.

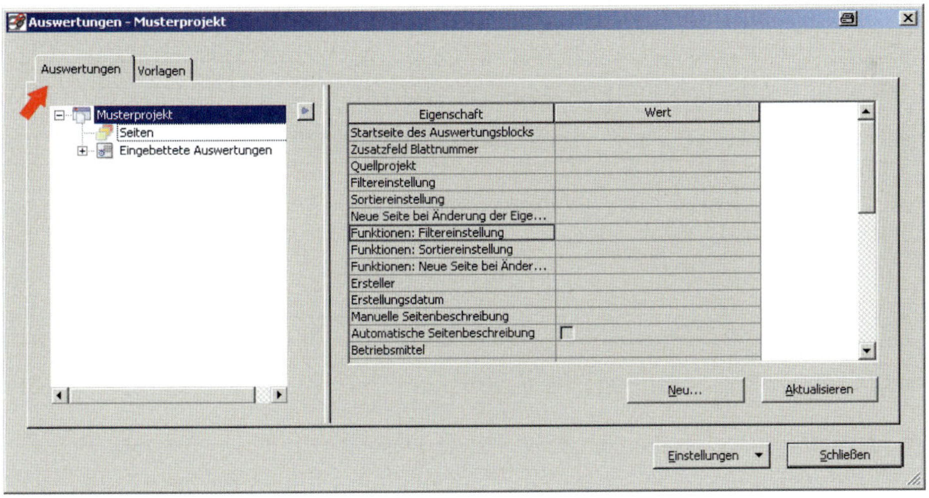

Bild 14.33 Dialog Auswertungen

Mit Klick auf den Button **NEU...** startet EPLAN den Dialog **AUSWERTUNG FESTLEGEN**. In diesem Dialog wird der gewünschte **Auswertungstyp** markiert und die **Ausgabeform** festgelegt.

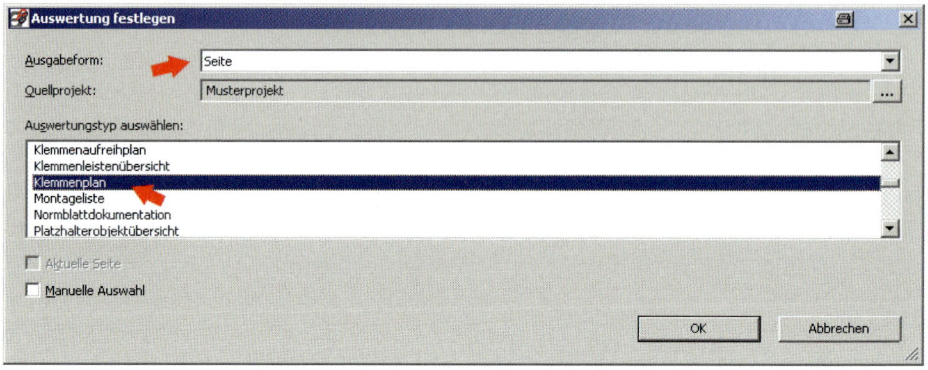

Bild 14.34 Dialog Auswertung festlegen

Nach der Festlegung kann der Dialog **AUSWERTUNG FESTLEGEN** mit einem Klick auf den Button **OK** verlassen werden. EPLAN öffnet den Dialog **FILTER/SORTIERUNG – KLEMMENPLAN**. Dieser kann erst einmal getrost mit einem Klick auf den Button **OK** übergangen werden.

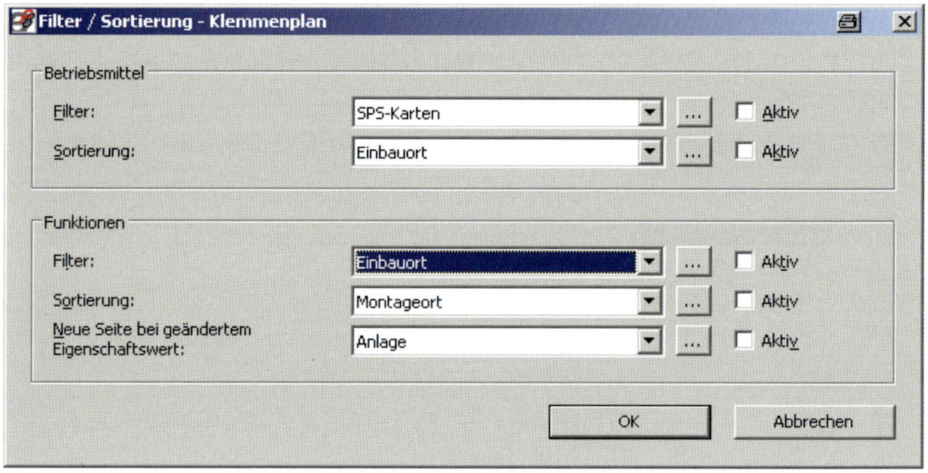

Bild 14.35 Filter und Sortiermöglichkeiten

Wurde dieser Dialog bestätigt, fragt EPLAN die Startdaten für den Klemmenplan ab. Das heißt, auf welcher Seiten(nummer) soll der Klemmenplan erzeugt und wie soll die Seitenbeschreibung lauten.

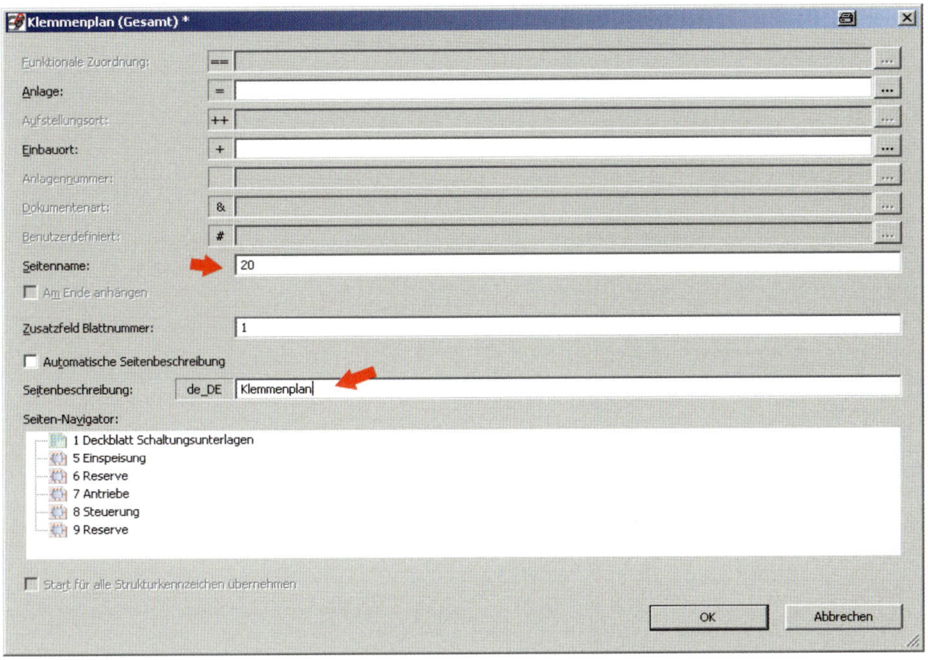

Bild 14.36 Daten für die Seite Klemmenplan

Nach den Eintragen dieser Daten und einem Klick auf den Button **OK** erzeugt EPLAN den Klemmenplan und fügt ihn als neue Seite(n) automatisch in das Projekt ein.

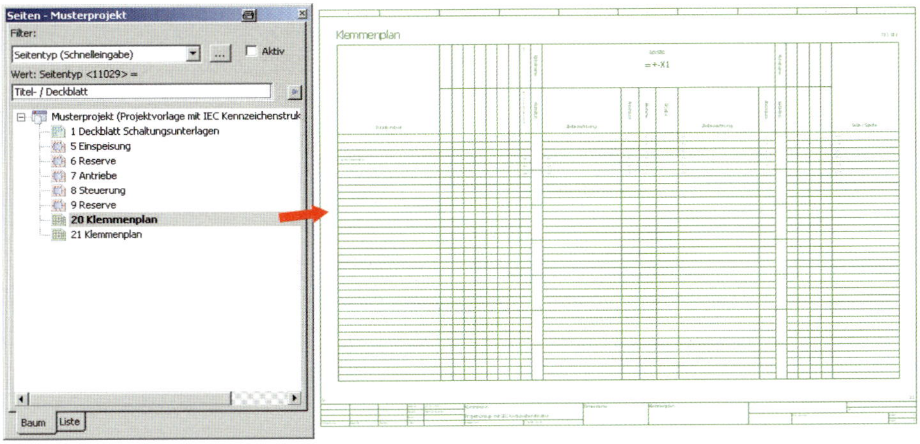

Bild 14.37 Fertige Auswertung

14.4.1 Weitere Auswertungsseiten erstellen

Neben dem eben erstellten Klemmenplan können natürlich weitere Auswertungen erzeugt werden. Beispielsweise ein Inhaltsverzeichnis, welches alle Seiten des Projekts in einer Listenform ausgibt. Die Vorgehensweise gleicht der aus Abschnitt 14.4. Bild 14.38 zeigt, wie ein Inhaltsverzeichnis in ein Projekt eingebunden wurde.

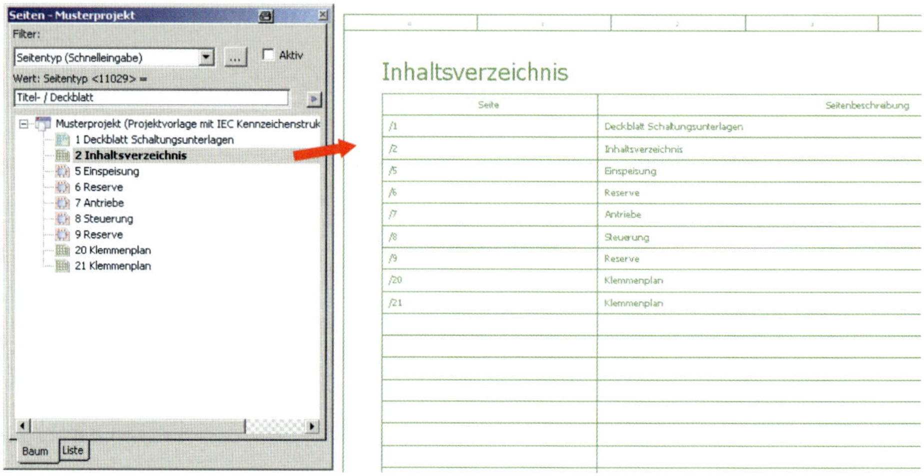

Bild 14.38 Weitere Auswertung

Index

B

C

D

E

Q

R

S

T